ANIMAUX VENIMEUX ET VENINS

PRINCIPALES PUBLICATIONS DE Mme PHISALIX
SUR LES VENINS

Recherches histologiques, embryologiques et physiologiques sur les glandes à venin de la Salamandre terrestre. *Paris,* 1900.

Immunité naturelle des Vipères et des Couleuvres contre les venins des Batraciens et mécanisme de l'immunité. (*Journ. de Physiol. et de Path. gén.,* 1909, n° 5.)

Action physiologique du venin muqueux des Batraciens sur ces animaux eux-mêmes et sur les Serpents. (*Journ. de Physiol. et de Path. gén.,* 1910.)

L'appareil venimeux et le venin de l'Heloderma suspectum. (*Journ. de Physiol. et de Path. gén.,* 1917, XVII.)

Modifications que la fonction venimeuse imprime à la tête et aux dents chez les Serpents. (*Ann. des Sc. Nat. Zool.,* 9° s., 1912, t. XVI.)

Anatomie comparée de la tête et de l'appareil venimeux chez les Serpents. (*Ann. des Sc. Zool.,* 9° s., 1914, t. XIX.)

L'extension de la fonction venimeuse dans l'ordre entier des Ophidiens et son existence chez des familles où elle n'avait pas été soupçonnée jusqu'ici. (*Journ. de Physiol. et de Path. gén.,* 1917-1918, t. XVIII.)

MARIE PHISALIX

AGRÉGÉE DE L'ENSEIGNEMENT SECONDAIRE DES JEUNES FILLES
DOCTEUR EN MÉDECINE DE LA FACULTÉ DE PARIS

Phisalix-Picot

ANIMAUX VENIMEUX ET VENINS

*LA FONCTION VENIMEUSE CHEZ TOUS LES
ANIMAUX; LES APPAREILS VENIMEUX,
LES VENINS ET LEURS PROPRIÉTÉS;
LES FONCTIONS ET USAGES DES VENINS;
L'ENVENIMATION ET SON TRAITEMENT*

———

521 figures dans le texte, 9 planches en noir, 8 planches
en couleur hors-texte.

MASSON & Cie, ÉDITEURS

LIBRAIRES DE L'ACADÉMIE DE MÉDECINE
120, Boulevard Saint-Germain, PARIS (VIe)
1922

TABLE ANALYTIQUE DES MATIÈRES

CHAPITRE I. — **BATRACIENS**

CLASSIFICATION GÉNÉRALE DES BATRACIENS : Apodes, Urodèles, Anoures 1

GLANDES CUTANÉES VENIMEUSES.

HISTORIQUE 5

Répartition des glandes venimeuses: Dissémination primitive des deux sortes de glandes, muqueuses et granuleuses; localisation secondaire des glandes granuleuses 10

Lignes et bourrelets glandulaires parotoïdes, pustules, verrues, plis, poils cutanés. 14

Rapports entre la topographie des organes de la ligne latérale et celle des bourgeons glandulaires. 27

Structure de la peau et des glandes venimeuses : Peau de la larve de la Salamandre et du sujet adulte; origine et développement des bourgeons glandulaires. Développement et structure des glandes granuleuses; travail secrétoire du noyau. Développement et structure des glandes muqueuses 31

Modifications de la structure de la peau; saillies temporaires; saillies permanentes, ongles, griffes, ergots, cornes, crêtes; épiderme vasculaire, mélanisme, albinisme; inclusions dermiques; écailles, os 50

Modifications de la structure des glandes granuleuses, leur renouvellement 63

VENINS CUTANÉS :

VENIN MUQUEUX.

HISTORIQUE 67

Physiologie de la sécrétion: Propriétés générales du venin. Composition. *Action physiologique. Immunité naturelle* contre le venin muqueux et mécanisme de l'immunité. *Vaccination* contre le venin muqueux par le venin lui-même. *Vaccination* par le venin muqueux contre le venin de Vipère et contre le virus rabique 89

Indépendance des propriétés toxiques et des propriétés vaccinantes du venin muqueux des Batraciens. 85

Venin granuleux.

Physiologie de la sécrétion 96

Venin de la Salamandre terrestre: Préparation, propriétés générales. Extraction et propriétés des substances actives : Samandarine, premier alcaloïde connu d'origine animale; Salamandrine, Salamandridine 99
   Action physiologique du venin et de ses alcaloïdes; pouvoir
      convulsivant 100
   Immunité naturelle vis-à-vis du venin de Salamandre; échelle
      de résistance des animaux à la Salamandrine 116

Venin du Triton crêté: Ses propriétés, son action physiologique.. 123

Venin du Spelerpes brun: Ses propriétés, son action physiologique. 128

Venin du Crapaud commun: Propriétés générales. Extraction, et
   propriétés des principes actifs; Bufonine, Bufotaline; action
   toni-cardiaque et myotique 130
   Résistance relative des espèces au venin de Crapaud. Immunité
      naturelle 141

Venin du Crapaud calamite 142

Venin de la Grenouille rousse: Son action physiologique 142

Venin de la Grenouille à tapirer: Batracine, son action 144
   Action comparée des venins granuleux des Batraciens 146
   Action comparée des deux venins cutanés des Batraciens .. 148

Toxicité du sang des Batraciens: Du Dendrobates; de la Salamandre, du Crapaud, de la Grenouille, du Discoglosse. Tableau de la
   toxicité comparée du sang de ces espèces. Action hémolytique. 149

Toxicité des œufs des Batraciens: Du Crapaud, de la Salamandre,
   de l'Alyte 154
   Innocuité de la chair des Batraciens 156

Fonctions et usages: Rôle des venins cutanés dans la défense passive, dans l'ovogénèse, dans la nutrition, dans l'immunité naturelle des Batraciens vis-à-vis des venins d'autres espèces, des
   poisons; dans la production de l'immunité acquise 161

Liste des figures 162

Bibliographie 164

CHAPITRE II. — LÉZARDS VENIMEUX

Historique 175

Biologie et classification des Hélodermatidés : Heloderma, Lanthanotus 177

Appareil venimeux : Tête osseuse; maxillaires et mandibulaires à
   dents sillonnées. Muscles de la tête, mécanisme de la morsure
   et de l'inoculation du venin 179

Glande venimeuse mandibulaire; forme et structure. Glandes accessoires. 188

VENIN: Caractères et propriétés 195

PATHOLOGIE DE LA MORSURE: Observations des cas bénins, de morsures graves et d'autres mortelles 196

ACTION PHYSIOLOGIQUE DU VENIN: Action sur les Mammifères (chien, lapin, cobaye, rat, souris); sur les Oiseaux (poule, pigeon, moineau); sur les Batraciens et les Reptiles (grenouille, vipère). Résumé des symptômes de l'envenimation et mécanisme de la mort 199
    Comparaison entre le venin de l'Héloderme et celui de la Vipère aspic, défaut d'immunité croisée........................ 208

IMMUNITÉ NATURELLE: Du chat, du hérisson, des lézards vis-à-vis du venin de l'Héloderme; échelle de résistance des animaux à ce venin. 210

IMMUNITÉ ACQUISE: Vaccination du cobaye avec le venin d'Héloderme et avec la cholestérine 214

FONCTIONS ET USAGES 215

LISTE DES FIGURES 216

BIBLIOGRAPHIE 216

CHAPITRE III. — SERPENTS

POSITION SYSTÉMATIQUE DES SERPENTS VENIMEUX; EXTENSION DE LA FONCTION VENIMEUSE 221

CLASSIFICATION DES OPHIDIENS 222

CARACTÈRES EXTÉRIEURS DES SERPENTS VENIMEUX: L'œil et la forme de la pupille, coloration et dessins de la peau, les plaques et les écailles; les fossettes lauréales et le crepitaculum des Crotales.. 224

FAMILLES D'OPHIDIENS RENFERMANT DES ESPÈCES VENIMEUSES : Boïdés, Uropeltidés, Ilysiidés, Amblycéphalidés, Colubridés, Vipéridés; leurs caractères et leurs subdivisions 237

RÉPARTITION GÉOGRAPHIQUE DES SERPENTS ET FAUNES VENIMEUSES RÉGIONALES 243
    Serpents venimeux d'Europe; tableau des genres et des espèces : Couleuvres Tropidonotes, Zamenis, Coronelles, Cœlopeltis, Macroprotodon, Tarbophis, Vipera aspis, V. berus... Ancistrodon, etc 244
    Serpents venimeux d'Afrique; tableau des genres et des espèces : Leptodira, Psammophis, Dispholidus, Naja, Sepedon, Dendrophis, Causus, Bitis, Cerastes, Atheris, Atractaspis, etc.... 264
    Serpents de Madagascar; tableau des genres et des espèces : Colubridés Aglyphes et Opisthoglyphes, Protéroglyphes, Hydrophiinés, pas de Vipéridés 280

Serpents venimeux d'Asie et de l'Archipel asiatique; tableau des genres et des espèces: Eryx, Cylindrophis, Silybura, Plectrurus, Platyplectrurus, Lycodon, Simotes, Oligodon, Zamenis, Dendrophis, Tropidonotus, Homalopsis, Cerberus, Dipsadomorphus, Dryophis, Hydrus, Hydrophis, Distira, Enhydrina, Bungarus, Naja, Callophis, Doliophis, Azemiops, Vipera, Echis, Ancistrodon, Lachesis. 283

Serpents venimeux d'Australie et de Tasmanie; tableau des genres et des espèces: Colubridés Opisthoglyphes et Protéroglyphes : Hydrelaps, Diemenia, Pseudechis, Denisonia, Hoplocephalus, Tropidechis, Notechis, Acanthophis,... Pas de Vipéridés 312

Serpents venimeux d'Amérique; tableau des genres et des espèces. Xenodon, Trimorphodon, Erythrolamprus, Elaps. Crotalinés : Ancistrodon, Lachesis, Sistrurus, Crotalus; pas de Vipéridés. 320

APPAREIL VENIMEUX DES SERPENTS.

Constitution graduelle de l'appareil venimeux 336

Constitution et modifications de la tête osseuse et de la bouche: Tête osseuse des Boïdés, des Colubridés Aglyphes, des Colubridés Opisthoglyphes, des Colubridés Protéroglyphes, des Vipéridés 343

Développement de l'appareil venimeux des Serpents: Chez la Vipera aspis. Développement des crochets et formation du canal venimeux; mode de fixation des crochets; mode de succession 370

Glandes venimeuses :

Glande parotide, sa répartition, ses rapports avec les glandes labiales supérieures, avec la gaine des crochets, avec le tendon articulo-maxillaire, avec les dents maxillaires. Tableau des C. Aglyphes dépourvus de parotide et de ceux qui en sont pourvus 385
Glande temporale antérieure des Boïdés, des Ilysiidés et des Uropeltidés, sa coexistence avec une gl. parotide chez les Ilysiidés 395
Glande à réservoir des C. Protéroglyphes et des Vipéridés.... 395
Structure des glandes venimeuses et des gl. labiales supérieures, chez le Tropidonotus natrix, le Cœlopeltis monspessulana, le Naja haje, la Vipera aspis, le Causus rhombeatus........ 399

Vaisseaux céphaliques et glandulaires:

Cœur et vaisseaux immédiatement en rapport avec lui........ 413

Nerfs de l'appareil venimeux: Le trijumeau et sa distribution .. 423

Musculature de la tête des Serpents: Muscles de la tête du Python regius et mécanisme de la morsure. Muscles de la tête chez les Serpents venimeux : Cœlopeltis, Naja, Dendrophis, Vipera, Causus, Doliophis, etc. Liste des muscles de la tête des Serpents 427

Mécanisme de l'inoculation du venin, chez les Colubridés et les
Vipéridés 451

LISTE DES FIGURES 460

BIBLIOGRAPHIE 464

VENIN DES SERPENTS.

Quantités moyennes de venin fournies par un Serpent 470
Toxicité globale du venin 472
Mortalité causée par les Serpents 473

Propriétés du venin: Propriétés générales du venin des Colubridés
Aglyphes et Opisthoglyphes; propriétés physiques du venin
des C. Protéroglyphes et des Vipéridés 474

Agents modificateurs des venins: Action des agents physiques :
dessication, dissolution, chaleur, froid, lumière, filtration, dialyse, électricité, émanation du radium 478
Action des agents chimiques : alcool, éther, chloroforme, acétone, toluol; oxydants (oxygène, eau oxygénée, eau chlorée,
bromée, iodée) iodures; alcalis caustiques, acides; permanganate de potasse, azotate d'argent, chlorure de fer, chlorure d'or, tétrachlorure de platine; hypochlorite de chaux,
de potasse, de soude; sucs digestifs et ferments 481

Composition des venins: Vipérine, Crotaline, Najine, lécithides de
Kyes, Ophiotoxine de Ed. Faust; échidnase, échidno-toxine,
échidno-vaccin du venin de Vipère aspic (C. Phisalix) 488

BIBLIOGRAPHIE 497

PATHOLOGIE DES MORSURES ET PHYSIOLOGIE DE L'ENVENIMATION 499
Serpents à glande parotide venimeuse 499
Serpents à glande temporale venimeuse 500

Action de la sécrétion parotidienne des Colubridés Aglyphes et
Opisthoglyphes : Lycodon, Trimorphodon, Cœlopeltis, Tarbophis, Dryophis, Erythrolamprus, Xenodon, Tropidonotus, Zamenis, Cerberus, Dipsas, Dispholidus, Trimerorhinus, Leptodira, Coronella, Helicops, Dendrophis, Oligodon, Polyodontophis, Simotes 500

Action de la sécrétion de la glande temporale antérieure des Boïdés
et Uropeltidés : Eryx, Silybura, Platyplectrurus 515

Action du venin des Colubridés Protéroglyphes: Des Hydrophiinés
ou Serpents marins : Hydrophis, Distira, Hydrus, Enhydrina. 519
Des Elapinés : Naja (N. tripudians, N. bungarus, N. haje), Bungarus (B cœruleus, B. fasciatus); Sepedon, Elaps, Pseudechis. 523

Action du venin des Vipéridés. Vipérinés: Vipera (V. aspis, V. russelli), Echis, Cerastes, Bitis, Causus, Atractaspis. Crotalinés :
Ancistrodon, Lachesis (L. mutus, L. lanceolatus, L. anamallensis, L. gramineus, L. monticola, L. flavoviridis), Crotalus adamanteus 542

Relations entre les venins des Serpents 575

*Comparaison entre l'action du venin chez les animaux à tempéra-
    ture constante et chez ceux à température variable* 578

BIBLIOGRAPHIE 579

NEUROTOXINES DES VENINS: Propriétés générales. Recherches physi-
    co-chimiques ayant pour but de séparer les Hémolysines, les
    Neurotoxines et les Hémorragines. Lésions du tissu nerveux dé-
    terminées par les neurotoxines 589

BIBLIOGRAPHIE 600

CYTOLYSINES DES VENINS: Lésions déterminées *in vivo* par les venins
    sur les organes et les tissus : sur le foie, les reins, le cœur, les
    poumons, les muscles, la rate, la muqueuse digestive, la conjonc-
    tive et la cornée, les membranes séreuses. Mécanisme de l'action
    cytolytique. Action *in vitro* des venins sur les tissus et les cel-
    lules organiques; action sur les tissus végétaux 602

BIBLIOGRAPHIE 612

HÉMORRAGINES DES VENINS. Lésions endothéliales déterminées par les
    hémorragines 614

BIBLIOGRAPHIE 619

HÉMOLYSINES ET AGGLUTININES DES VENINS: Historique. Ere actuelle
    des recherches sur l'hématolyse. *Erythrolyse.* Compléments
    hémolytiques des venins contenus dans le sérum des Serpents,
    contenus dans les autres sérums : 1° lécithine et ses composés,
    venin-lécithide de Kyes; 2° lipoïdes non phosphorés contenus
    dans les globules rouges. Ambocepteurs hémolytiques contenus
    dans les venins. Causes qui influent sur l'hémolyse par les ve-
    nins : influence de l'espèce de globules, de l'espèce de venin,
    de la dose et de l'état du venin, des sels, des sucres, des fer-
    ments. Hémolysine et antivenin. Effets du venin sur les globules
    des animaux à température variable. Mécanisme de l'Hémato-
    lyse : théorie chimique, théorie osmotique, théorie diastasique. 620

Leucolyse 652

BIBLIOGRAPHIE 654

VENINS ET COAGULATION DU SANG.

HISTORIQUE 659

Action coagulante: Venin des Vipéridés (Vipera, Echis, Bitis, Cau-
    sus, Lachesis, Crotalus...); venin des C. Protéroglyphes d'Aus-
    tralie (Pseudechis, Notechis...). Mécanisme de l'action coagu-
    lante 675

Action anticoagulante: Venin des C. Protéroglyphes ordinaires
    (Naja, Bungarus...); venin des Vipéridés et des C. Protérogly-
    phes d'Australie. Mécanisme de l'action anticoagulante 680

Conditions qui influent sur la coagulation: Espèce envenimée, es-
    pèce venimeuse, dose de venin, température, filtration, dialyse,

dilution, absorption, sels, alcalis et acides, alcool, hypochlorites, permanganate de potasse, sérum normal, sérum antivenimeux. Prétendu antagonisme entre les venins coagulants et
les anticoagulants 685

BIBLIOGRAPHIE 693

FERMENTS DES VENINS.

HISTORIQUE 698
    Action coagulante sur le sang, sur le lait. Action diastasique.
        Action protéolytique. Action lipolytique 698

BIBLIOGRAPHIE 705

PRÉCIPITINES DES VENINS: De Naja, Bungarus, Notechis, Enhydrina,
    Vipera, Echis, Lachesis, Crotalus 707

BIBLIOGRAPHIE 711

PROPRIÉTÉS ANTIBACTÉRICIDES DU VENIN 713

BIBLIOGRAPHIE 715

TOXICITÉ DES HUMEURS ET DES TISSUS DES SERPENTS.

HISTORIQUE 716
    Substances venimeuses du sang: Toxicité globale vis-à-vis des pe-
        tits passereaux, vis-à-vis du cobaye; toxicité comparée du
        sang des Serpents avec celui des Batraciens et des Poissons.
        Neurotoxines, Cytotoxines, Hémorragines, Hémolysines...... 721
    Substances antivenimeuses: Vaccination par les sérums naturels. 734

    Comparaison entre les propriétés des sérums et celles des venins
        des Serpents: Multiplicité des substances actives, séparation
        des substances venimeuses et des substances antivenimeuses,
        toxicité globale, symptômes généraux d'envenimation, hypo-
        thèses diverses sur l'origine des substances actives des sérums,
        rapports avec celles des venins 735

    Toxicité des œufs des Serpents 740

BIBLIOGRAPHIE 741

IMMUNITÉ CONTRE LE VENIN.

    Immunité naturelle: Immunité des Serpents (Vipères, Couleuvres..),
        de certains Poissons, des Batraciens, de quelques Invertébrés,
        de certains Oiseaux (Corbeau, Circaète, Canard, Chouette,
        Buse, Oie...), de quelques Mammifères (Hérisson, Mangouste,
        Chat, Lérot...). Mécanisme de l'immunité naturelle......... 744

    Immunité acquise: Accoutumance. Vaccination. Méthodes de vac-
        cination par le venin lui-même, entier ou atténué. Diversité
        des substances vaccinantes : sérums antivenimeux, sécrétion
        cutanée muqueuse des Batraciens, venin des Vespidés, bile,
        sels biliaires, cholestérine, tyrosine, tubercules de dahlia, sucs
        de champignons 759

Sérothérapie antivenimeuse. Relations entre les propriétés préventives et les propriétés antitoxiques du sérum antivenimeux. Spécificité des antivenins. Sérums monovalents: anti Vipère, anti Cobra, anti Crotale, anti Notechis, anti Daboia, anti Lachesis... Sérums polyvalents 767

Immunité et anaphylaxie 782
Mécanisme de l'action du sérum antivenimeux, actions réciproques des venins et des antivenins 783
Régénération du venin et de l'antivenin de leur combinaison neutre 786

BIBLIOGRAPHIE 792

TRAITEMENT DES MORSURES DE SERPENTS.

Traitement non spécifique: Local, ligature élastique, ventouses, scarification, injections d'agents destructeurs des venins (permanganate de potasse, hypochlorite de chaux...) 800
Médication symptomatique, technique du traitement.......... 805

Traitement spécifique: Sérothérapie antivenimeuse 811

BIBLIOGRAPHIE 812

CHAPITRE IV. — ORNITHORHYNQUE

Ornithorhyncus anatinus, caractères et biologie 817

APPAREIL VENIMEUX.

Glande venimeuse fémorale, sa structure; ergot inoculateur.... 822

VENIN. Composition, action physiologique 824

BIBLIOGRAPHIE 827

CHAPITRE V. — FONCTIONS ET USAGES DES VENINS

Rôle des venins dans l'attaque et la défense, dans la nutrition de l'animal venimeux, dans l'immunité naturelle, dans la thérapeutique antivenimeuse 829

CHAPITRE PREMIER

BATRACIENS

La fonction venimeuse est presque générale chez les Batraciens ; elle se manifeste par la sécrétion de deux catégories de glandes cutanées, par leur sang et leurs glandes génitales. C'est sous ce triple point de vue que nous aurons à les étudier.

CLASSIFICATION DES BATRACIENS

Les Batraciens sont répartis en quatre ordres, dont trois seulement sont actuellement vivants, et dont deux sont nombreux en espèces :

1° Les STÉGOCÉPHALES, qui comprennent les Labyrinthodontes et les familles voisines. Ce groupe, dont l'origine remonte au Dévonien, est éteint depuis le Trias ; on ignore tout des parties molles de leur corps, et en particulier de leurs téguments ; nous n'aurons donc pas à y revenir au cours de cet ouvrage.

2° Les APODES OU PÉROMÈLES, qui peuvent être dérivés de l'ordre précédent, n'ont pas encore été rencontrés à l'état fossile. Ils ont le corps segmenté et sont terricoles comme les Typhlops, ou plus rarement aquatiques. On les rencontre dans les régions intertropicales des deux continents, où les indigènes les redoutent et les considèrent, avec quelque raison, comme venimeux.

3° Les URODÈLES (*Salamandre, Triton*), sont très répandus dans l'hémisphère boréal. Dans l'ancien continent, l'Atlas et l'Himalaya constituent leur limite méridionale, à deux exceptions près : un *Tylotriton* de la Birmanie et un *Amblystome* du Siam. Dans le nouveau continent, la limite est moins nette, car la chaîne élevée des Andes permet une extension plus grande vers le Sud ; on rencontre effectivement des *Spelerpes* jusqu'au Pérou, et un *Pléthodon* jusque dans l'Argentine.

4° Les ANOURES (*Grenouilles, Crapauds, Rainettes...*) forment l'ordre e plus nombreux et le plus répandu. Le premier spécimen en a été trouvé ıans le Jurassique supérieur.

En Europe et dans l'Amérique du Nord, il y a à peu près autant d'Urodèles que d'Anoures ; en Asie tempérée, les Anoures l'emportent ; ils forment la dominante batrachologique des forêts intertropicales. L'Amérique du Sud est la plus riche, puis viennent les Indes orientales et l'Afrique ; l'Australie est assez pauvre.

Les Batraciens sont absents de la plupart des îles du Pacifique. Cependant, les îles Fidji et Salomon font exception.

Seuls les trois derniers ordres nous intéressent au point de vue de la fonction venimeuse ; nous en indiquerons les caractéristiques et les principales subdivisions.

Ordre des Apodes

Le corps allongé des Apodes est formé d'un grand nombre d'anneaux distincts, la queue est courte ou même absente ; la tête est petite, à museau allongé ou obtus, et les yeux très réduits, situés sous l'épiderme ou même sous les os du crâne. Ils sont donc pratiquement aveugles. La plupart sont terricoles ; quelques-uns cependant sont aquatiques.

Ces Batraciens, dépourvus totalement de membres, forment une seule famille, celle des Cœcilidés, qui comprend une vingtaine de genres et une cinquantaine d'espèces. G. A. Boulenger l'a divisée en deux groupes, suivant la présence ou l'absence d'écailles dermiques.

Famille des Cœcilidés

Pourvus d'écailles dermiques. — Genres : Ichthyophis, *Fitz* ; Uræotyphlus, *Peters* ; Cœcilia, *Lin* ; Hypogeophis, *Peters* ; Dermophis, *Peters* ; Gymnopis, *Peters* ; Herpele, *Peters.*

Dépourvus d'écailles dermiques. — Genres : Gegenophis, *Peters* , Siphonops, *Wagl* ; Typhlonectes, *Peters* ; Chthonerpeton, *Peters* ; Boulengerula, *Blgr* ; Bdellophis, *Blgr* ; Amphiumophis, *Verner* ; Praslina, *Blgr.*

Nous verrons plus loin les rapports qui existent entre la répartition des glandes cutanées et celle des écailles dans le premier groupe des Apodes.

Ordre des Urodèles

Le corps allongé des Urodèles, l'existence d'une queue, de 2-4 pattes courtes leur donne une allure générale de lézards. Leur peau nue et glandulaire les en distingue à première vue. Ils sont divisés en quatre familles dont nous nous bornerons à indiquer les genres.

FAMILLE DES AMPHUMIDÉS

Tous les représentants de cette famille sont aquatiques, bien qu'ils manquent de branchies à l'état parfait. Elle comprend les genres :

Amphiuma, *Gard ;* Cryptobranchus, *Leuck ;* Megalobatrachus, *Tsch.*

FAMILLE DES SALAMANDRIDÉS

Elle est la plus nombreuse de l'ordre et se subdivise en quatre sous-familles :

Amblystomatinés. — Genres : Amblystomum, *Tsch.;* Dicamptodon, *Strauch ;* Hynobius, *Tsch.* (comprenant Salamandrella, *Dyb*) ; Onychodactylus, *Isch ;* Batrachyperus, *Blgr.* (comprenant Ranodon, *Kessl.*) ; Geomolge, *Blgr. ;* Pachypalaminus, *Blgr.*

Salamandrinés. — Genres : Salamandra, *Laur. ;* Chioglossa, *Boc cage ;* Molge, *Merrem ;* Salamandrina, *Fitz ;* Tylotriton, *Anders ;* Pachy-triton, *Blgr.*

Pléthodontinés. — Genres : Plethodon, *Tsch ;* Autodax, *Blgr. ;* Batrachoseps, *Tsch ;* Spelerpes, *Raf. ;* Typhlomolge, *Steij ;* Manculus, *Cope.*

Desmognathinés. — Genres : Desmognathus, *Baird ;* Typhlotriton, *Steij ;* Thorius, *Cope.*

FAMILLE DES PROTÉIDÉS

Elle ne comprend que les genres *Proteus* Laur, et *Necturus* Raf., avec chacun une seule espèce. Ce sont des animaux aquatiques, à vie retirée, car on ne trouve le *Proteus anguinus* que dans les cours d'eau souterrains du bassin Est de l'Adriatique. Cet animal aveugle et blanc est ainsi localisé au centre de l'Europe. Le *Necturus maculatus* des Etats-Unis et du Canada mène une vie analogue ; mais ses yeux petits sont apparents, bien qu'il ne s'en serve guère.

FAMILLE DES SIRÉNIDÉS

Comme les Protéidés, les Sirénidés possèdent des branchies à l'état adulte, ce qui les avait fait distinguer sous le nom de Pérennibranches Elle ne comprend que les deux genres *Siren* L., et *Pseudobranchus*, tous deux Américains. La *Siren lacertina* est l'unique espèce du genre ; on ne la rencontre qu'aux Etats-Unis. Le *Pseudobranchus striatus* de la Géorgie est également la seule espèce du genre qu'elle représente.

Ordre des Anoures

Les Anoures possèdent une queue et des branchies pendant leur vie larvaire ; mais ils perdent comme on sait l'une et les autres au cours de leurs métamorphoses. Leur genre de vie est des plus variés. Ils ont quatre membres toujours bien développés, et un tronc massif et raccourci qui se continue directement sans rétrécissement cervical marqué. Suivant l'absence ou la présence d'une langue, ils sont distingués en deux sous-ordres :

A. Sous-ordre des Aglosses. — Il n'est formé que d'une seule famille, celle des Pipidés, avec les genres Pipa *Laur.*, Xenophus *Wagl.*, Hymenochirus *Blgr.*

B. Sous-ordre des Phanéroglosses. — Il comprend lui-même deux groupes suivant que les cartilages épicoracoïdes chevauchent l'un sur l'autre (Arcifera), ou réunissent sans chevauchement les coracoïdes sur la ligne médiane (Firmisternia).

Firmisternia

FAMILLES	GENRES
RANIDÉS	Rana, *L* ; Oxyglossus, *Tsch* ; Rhacophorus. *Kuhl* ; Ixalus, *D. B.* ; Rappia, *Günth* . Mantidactylus, *Blgr* ; Trichobatrachus, *Blgr.*
DENDROBATIDÉS	Mantella, *Blgr.* ; Dendrobates, *Wagl.*
ENGYSTOMATIDÉS	Rhinoderma *D. B.* ; Phryniscus *Wiegm* : Engystoma, *Fitz* ; Callula, *Gray.*
DYSCOPHIDÉS	Dyscophus, *Grand.* ; Calluella, *Stol.* ; Mantipus *Peters* ; Plethodontohyla, *Blgr.* ; Platypelis, *Blgr.*

Arcifera

CYSTIGNATHIDÉS	Ceratophrys, *Boie* ; Hylodes *Fitz* ; Hyperolius, *Gray* ; Leptodactylus, *Fitz.*
DENDROPHRYNICIDÉS . . .	Dendrophryniscus, *Espada* ; Batrachophrynus, *Peters*
BUFONIDÉS	Bufo, *Laur.* ; Nectophrynus, *Buch et Peters* ; Notaden, *Günth.*
HYLIDÉS	Hyla, *Laur* ; Nototrema, *Günth* ; Phyllomedusa, *Wagl.*

Pelobatidés	Pelobates, *Wagl.* ; Pelodytes, *Fitz* ; Leptobatrachium, *Tsch.*
Discoglossidés	Discoglossus, *Oth.* ; Bombinator, *Merr.* ; Alytes, *Wagl* ; Ascaphus, *Stjn.*
Amphignathodontidés. . .	Amphignathodon, *Blgr.*
Hémiphractidés	Hemiphractus, *Wagl.* ; Ceratohyla, *Espada* ; Amphodus, *Peters.*

Tous les Batraciens possédant au moins une catégorie de glandes cutanées, et le plus souvent deux, sont susceptibles d'être venimeux ; c'est à ce titre que nous donnons la liste des genres, des familles et des ordres actuellement représentés.

GLANDES CUTANEES VENIMEUSES

Historique. — Les premières recherches relatives aux glandes cutanées des Batraciens se rapportent pour la plupart à la Salamandre terrestre, au Triton, au Crapaud et à la Grenouille. Quelques-unes cependant ont trait aux Batraciens Apodes.

En 1830, J. Müller décrit les grosses glandes dorsales de la *Salamandre*, et représente une coupe de la région parotidienne de cet animal En 1840, Ascherson observe la contraction spontanée de la palmure inter digitale de la *Grenouille*, et signale l'intérêt que pourrait en présenter une étude minutieuse pour élucider le mécanisme de la sécrétion.

En 1855, Rainey étudie les grosses glandes à sécrétion laiteuse du *Crapaud commun*, et compare le « follicule de venin » à un sac vasculaire, au corpuscule de Malpighi grossi. Il signale la nature musculaire de la membrane d'enveloppe de la glande, et attire l'attention sur la sécrétion par le noyau des granulations du venin : « le noyau contient de petites granulations que l'on peut voir augmenter de taille et devenir plus distinctes au fur et à mesure que les cellules dégénèrent et fondent ; enfin elles se transforment en ces petites granulations semblables à des gouttelettes de graisse dont la sécrétion est surtout constituée ». Mais, comme les auteurs précédents, Rainey pense qu'il n'existe qu'une seule catégorie de glandes cutanées à divers degrés de leur développement.

Cependant Hensche signale bientôt l'existence de deux sortes de glandes cutanées chez les *Cœcilies*, comme chez la *Grenouille rousse*, fait que Leydig confirme, en signalant en outre chez la *Cœcilia annulata* l'épaississement glandulaire de la région terminale du corps.

C'est Engelmann qui, le premier, précise les caractères principaux différentiels des deux sortes de glandes cutanées, voit la dissémination des plus petites, qu'il appelle *glandes muqueuses*, la répartition fixe des autres, qu'il appelle *glandes granuleuses*. Il confirme la nature musculaire de leur membrane d'enveloppe Enfin, il étudie physiologiquement les contractions spontanées et provoquées des premières; mais ne se préoccupe ni de l'action de leur produit ni de celui des glandes granuleuses.

Vers la même époque, LANGERHANS, PFITZNER et LEYDIG étudient surtout la structure de la peau des larves de la *Salamandre terrestre*. WIEDERSHEIM, dans son mémoire sur l'anatomie des Apodes, montre d'autre part la disposition relative des glandes et des écailles chez les *Ichthyophis*, mais sans donner de détails sur la structure glandulaire.

Il faut arriver jusqu'en 1883 pour trouver avec celui de CALMELS un travail d'ensemble sur les glandes et leur sécrétion. Dans cette étude, où les glandes du *Crapaud* sont représentées en figures schématiques, l'auteur admet comme RAINEY, qu'il n'existe qu'une seule catégorie de glandes avec quatre formes principales d'épithélium qui donneraient, suivant les circonstances, du mucus ou du venin.

Il remarque toutefois que les glandes dorsales seules sont capables de devenir vénénifères. Cette multiplicité de types épithéliaux tient vraisemblablement à ce que CALMELS a confondu l'épithélium avec les fibres de la membrane musculaire. Il admet que les premières granulations apparaissent dans le protoplasme périphérique, qui se comble peu à peu. confirme que la propriété venimeuse est corrélative de la présence des granulations dans la sécrétion. Il décrit aussi la mort du noyau « qui éclaterait en mettant un gros nucléole en liberté » !

Mais déniant toute contractilité à la membrane, qu'il confond avec un type épithélial, il admet que c'est par la contraction des muscles peauciers, s'exerçant sur la membrane propre, que le venin peut sortir de la glande.

Il étudie également les modifications qui surviennent dans l'épithélium glandulaire sous l'influence de l'excitation électrique, et constate que les granulations ne se régénèrent pas immédiatement sous cette influence seule. Dans un second travail, il reconnaît les principaux caractères de la sécrétion, et en fait une analyse chimique sur laquelle nous reviendrons à propos de l'étude physiologique du venin de Crapaud.

A la même époque CARRIÈRE et PAULICKI étudient le développement des glandes cutanées chez l'*Axolotl*.

Puis vient (1887) l'étude très complète de F. et P. SARASIN sur l'*Ichthyophis glutinosus*, montrant que cet Apode possède les deux catégories de glandes distinguées par HENSCHE chez les Cœcilies.

A partir de cette époque l'individualité des deux sortes de glandes n'est plus contestée ; mais les glandes granuleuses seules sont considérées comme sécrétant un venin, ce qui explique que la plupart des travaux histologiques des auteurs, et en particulier ceux de SCHULTZ et de DRASCH, portent principalement sur les glandes granuleuses.

P. SCHULTZ (1889), ne se préoccupe en aucune façon des glandes muqueuses ; mais il précise les données acquises sur la structure des glandes granuleuses et de leur épithélium. Il admet comme RAINEY la nature musculaire de la membrane d'enveloppe et l'efficacité de sa contraction pour vider la glande. Il compare le collet glandulaire, correspondant au pôle externe de l'acinus, à un entonnoir renversé, et observe qu'à ce niveau les fibres méridiennes sont doublées intérieurement de fibres circulaires, qui forment une sorte de sphincter à la base du canal excréteur, lorsque la glande est au repos.

Il admet en outre la division mitosique des noyaux de l'épithélium, glandulaire, division qui n'a été confirmée depuis par aucun auteur ; mais il décrit très bien l'évolution successive et atypique des cellules épithéliales, favorisant dit-il, la fonction de défense par leur continuité, l'ampleur que prennent ces cellules et qui les avait fait désigner par LEYDIG sous le nom de *cellules géantes*, le développement extraordinaire du noyau ; mais il ne voit pas le travail sécrétoire de celui-ci, bien qu'il rappelle les observations de RAINEY sur le réseau vasculaire qui entoure la glande.

Les recherches de DRASCH, entreprises à la même époque, semblent, à certains égards, un recul par rapport aux faits acquis par SCHULTZ : sa technique défectueuse l'amène à multiplier à l'excès les enveloppes périglandulaires ; il reconnaît cependant la nature musculaire de la membrane propre, dont il avait nié l'existence dans ses premières observations, et la décrit en détails avec ses fentes méridiennes, qui permettent la communication entre l'intérieur de l'acinus et le derme environnant. Il voit que les cellules géantes sont incluses dans un réseau protoplasmique commun, dans un syncytium, et considère celui-ci comme la seule couche génératrice des granulations venimeuses : « les cellules dites à venin, affirme-t-il, n'ont rien à voir avec l'élaboration de la substance venimeuse ».

Le travail du noyau lui échappe, moins profondément toutefois qu'à SCHULTZ, car il distingue dans la sécrétion examinée à la lumière polarisée deux sortes de granulations, les unes biréfringentes, qu'il considère comme étant seules venimeuses, et des granulations grises inactives et incluses dans le noyau, et qui n'auraient aucun rapport avec les premières. Il constate que l'expulsion du venin n'est pas soumise à la volonté de l'animal, et pense que les glandes vidées disparaissent complètement pour être remplacées par les petites glandes les plus voisines, qui prennent dès lors un grand développement.

SEECK (1891), est un des premiers auteurs qui aient posé la question de l'origine des glandes : « les glandes des Amphibiens, dit-il, sont des sacs creux revêtus de cellules épidermiques métamorphosées, provenant de la couche profonde de Malpighi, et qui se sont enfoncées plus ou moins dans le derme ». Ce n'est là toutefois, comme pour les devanciers, LEYDIG, ASCHERSON, STIEDA, qu'une simple opinion théorique, car l'auteur n'a fait non plus aucune recherche effective sur leur développement. Il n'admet ni l'existence d'une membrane propre différenciée, ni la nature musculaire de la membrane, se fondant en cela sur son origine ectoder-

mique, et attribue comme Calmels aux muscles sous-cutanés le pouvoir
en se contractant de presser sur le fond des acini glandulaires et d'en
expulser le contenu. Il n'admet pas non plus l'action du sphincter du
collet décrit par Schultz pour la raison « qu'il faudrait deux innervations
spéciales pour la glande ». Il établit une fausse comparaison entre les
glandes cutanées des Mammifères et celles des Batraciens : les glandes
muqueuses seraient analogues aux glandes sudoripares, les glandes granuleuses aux glandes sébacées.

Heidenhain et son élève Nicoglu (1893), dont les recherches portent
surtout sur le *Triton*, partagent l'opinion de Seeck sur l'origine ectodermique des glandes. Ils fondent leur conviction sur les rapports du collet
avec l'épiderme ; « la continuité de la pièce intermédiaire (*schaltstück*,
ou collet) montre que si l'on admet l'invagination, ce ne peut être qu'aux
dépens des cellules supérieures de l'épiderme » ; mais, pas plus que
Seeck, ces auteurs n'ont suivi le développement.

Outre ces deux catégories de glandes, les auteurs distinguent, chez le
Triton seulement, un troisième type mixte, pour ainsi dire, qui serait
représenté par l'inclusion d'un bourgeon de glande muqueuse sur la
paroi interne de la membrane d'une glande granuleuse, au voisinage du
collet. Ce bourgeon arriverait peu à peu à envahir la vieille glande et à
se substituer à elle « par *régénération métamorphosante* ». Le processus
inverse n'a pas été observé. Nous reviendrons d'ailleurs sur cette particularité à propos des modifications de structure des glandes. Heidenhain
et Nicoglu observent la division directe du noyau, et la présence dans
celui-ci de nucléoles nombreux et gros ; ils comparent les granulations
du venin à celle des grains de zymogène du pancréas ou à ceux des
glandes de l'estomac des Batraciens.

Avec les auteurs plus récents, le mécanisme de l'élaboration du venin
se précise : Trambusti (1895), en étudiant les glandes à venin du *Spelerpes
fuscus*, petit triton de l'Italie du nord, a observé la formation des granulations à l'intérieur du noyau : « à l'état dit de repos, le cytoplasme des
cellules à venin du Spelerpes ne contient pas de granulations ; quand
celles-ci apparaissent, elles sont petites et rondes, comme celles du noyau
et se colorent de la même façon...

Leur apparition et leur augmentation de nombre dans le cytoplasme
coïncident avec leur diminution dans le caryoplasme. Quand la sécrétion
est arrivée à son maximum d'intensité, le noyau devient très pauvre,
tandis qu'il augmente considérablement de volume ».

Maurer dans son important et consciencieux travail sur la peau des
Batraciens, paru en 1895, a le premier suivi le développement des glandes
cutanées sur le têtard de *Rana temporaria* sacrifié quelques jours avant la
transformation. En observant la disparition graduelle des grandes cellules
muqueuses épidermiques, dites *cellules de* Leydig, il n'admet pas leur
transformation, non plus que celle des organes sensoriels de la ligne
latérale en glandes venimeuses. Il considère, avec figures à l'appui, les

glandes de la Grenouille comme dérivées de la basale, et se prononce en conséquence pour leur origine ectodermique. Contrairement à HEIDENHAIN, il considère le canal excréteur des glandes, tout entier épidermique, comme un espace intercellulaire élargi par la pression de la sécrétion accumulée dans l'acinus primitivement clos, et non pas formé par une seule cellule qui s'enroulerait en entonnoir, comme on pourrait le supposer.

Dans son travail sur les glandes granuleuses du *Bufo cinereus* (1898), OTTO WEISS a vu comme CALMELS que par l'excitation électrique des animaux, la face dorsale seule se recouvre de sécrétion laiteuse, le ventre ne faisant que s'humecter par la sécrétion muqueuse ; mais il considère comme SCHULTZ que les granulations du venin prennent naissance dans le protoplasme, et il assimile l'épithélium des glandes granuleuses à celui de la glande mammaire.

M. PHISALIX a repris en 1900 la question de l'origine et du développement des glandes cutanées des Batraciens, et en particulier de la *Salamandre terrestre*, et a été amené à conclure à leur origine mésodermique, par des cellules mères situées immédiatement au-dessous de la basale, conclusion qui s'accorde avec la nature musculaire de la membrane de la glande.

Les auteurs contemporains, ANGEL, LINA FANO se sont élevés contre ces conclusions, et se rattachent à l'opinion courante. En ce qui concerne les glandes adultes, LINA FANO reprend la conception de RAINEY et de CALMELS, à savoir, que les différentes formes observées représentent des stades divers d'une même espèce, ce que l'on ne saurait admettre quand on a fait l'histologie comparée des glandes chez un certain nombre d'espèces.

BRUNO (1904) admet aussi parmi les plus petites glandes chez la *Rana esculenta* une deuxième espèce qui se colorerait par les réactifs comme les grosses glandes granuleuses ; mais pour nous, qui les avons aussi observées, elles représentent les phases de repos des glandes muqueuses.

Enfin, dans diverses publications récentes, nous avons déterminé l'extension de la fonction glandulaire venimeuse, la répartition et les modifications de groupement des glandes granuleuses dans les trois ordres actuels de Batraciens.

Dans cet historique, nous avons réservé à dessein pour l'étude physiologique les travaux qui ont trait aux recherches chimiques ou purement physiologiques, et qui nécessitent en conséquence une analyse plus détaillée.

Répartition des Glandes cutanées

La plupart des Batraciens possèdent en permanence deux catégories de glandes cutanées dont la taille, la répartition et la structure se montrent à certains égards opposées l'une à l'autre.

Glandes muqueuses

Les unes, petites, nombreuses, toujours isolées les unes des autres, sont disséminées sur toute la surface du corps, et les orifices de leurs fins canaux excréteurs apparaissent comme un piqueté uniforme à la surface de l'épiderme.

Elles ont été comparées par Seeck aux glandes sudoripares des Mammifères, parce qu'à la moindre excitation elles entrent en fonction et déversent une abondante rosée, qui humecte aussitôt l'animal. On les appelle indifféremment *petites glandes* ou *glandes muqueuses*. Leur sécrétion est claire, filante et permet à l'animal de glisser entre les doigts ou les instruments qui le saisissent. Pour tous les auteurs, cette sécrétion est absolument inoffensive. Cette opinion à priori n'est vraie que pour certaines espèces ; nous avons montré que chez d'autres elle se montre hautement toxique, et doit par conséquent être considérée comme un venin.

Glandes granuleuses

Tandis que les glandes muqueuses ont toujours un développement minime et uniforme, les glandes granuleuses sont susceptibles d'acquérir de plus grandes dimensions, et de former en certains endroits de la face dorsale de tout l'animal des groupements saillants divers, dont les plus volumineux sont les parotoïdes, situées de chaque côté de la tête entre l'angle postérieur de l'œil et le cou. Le produit très toxique de leur sécrétion est laiteux, et doit cette apparence à des granulations arrondies qui sont tenues en suspension dans le suc glandulaire à la façon des gouttelettes de beurre dans le lait. Ces glandes ont été comparées par Schulz aux glandes sébacées des Vertébrés supérieurs. En raison de ces diverses particularités, on les désigne indifféremment sous les noms de *grosses glandes*, *glandes granuleuses*, *glandes dorsales*, *glandes spécifiques ou venimeuses*, car c'est à elles seules que les auteurs ont reconnu un pouvoir toxique.

Nous emploierons toujours par la suite les termes de *glandes granuleuses* et de *glandes muqueuses*, qui prêtent moins que tous les autres à la confusion, et qui suffisent à différencier les deux catégories de glandes permanentes de la peau.

Il existe encore dans la peau des Batraciens et chez les mâles des Anoures seulement une troisième catégorie de glandes différant des deux autres par leur structure et les rapports étroits qu'elles affectent avec les productions temporaires qu'on appelle *excroissances nuptiales*. Elles représentent, du moins pour la plupart, la portion principale et quelquefois unique de ces bourrelets cutanés : telles sont par exemple les glandes brachiales du *Pelobates cultripes*, qui pourraient à première vue, être confondues avec des parotoïdes aberrantes.

—

Ces productions, qui occupent la base du pouce chez les Crapauds et les Grenouilles, sont généralement recouvertes par des aspérités cornées ; on ne leur connaît pas d'autre fonction que celle de favoriser la contention de la femelle pendant l'accouplement. Leur sécrétion très gluante n'a aucune action toxique ; elle n'est activement sécrétée que pendant la période nuptiale.

Les glandes muqueuses semblent représenter l'élément glandulaire fondamental de la peau, car dans beaucoup de types d'Urodèles, d'Anoures et d'Apodes (*Sirena, Amphiuma, Rana, Pelobates, Cœcilia...*), elles

Fig. 1. — L'*Ichthyophis glutinosus* de Ceylan, avec sa ponte. D'après SARAZIN.

ont une prédominance marquée sur les glandes granuleuses de la région dorsale ; elles existent seules chez le *Proteus anguinus* des cours d'eau souterrains tributaires des rives orientales de l'Adriatique.

La constance de leurs caractères extérieurs, de leur présence et de leur dissémination dans la peau de tous les Batraciens, nous dispense dans cet aperçu général de plus amples développements à leur sujet ; mais il n'en est pas de même pour les glandes granuleuses dont la répartition et les groupements doivent être signalés.

Répartition et localisation dorsale des glandes granuleuses

Chez quelques Batraciens Apodes la dissémination des glandes granuleuses sur toute la surface du corps est aussi complète que celle des glandes muqueuses ; chaque anneau cutané, qui primitivement correspond à un myomère, porte à la fois sur tout son pourtour les deux catégories de glandes (*Ichthyophis, Herpele*) (figs. 1-6). Les glandes muqueuses apparaissent comme un fin semis translucide, les glandes granuleuses tranchent par leur diamètre au moins quatre fois supérieur, et leur opacité jaunâtre.

Le bord postérieur de chaque anneau cutané est occupé par une ou

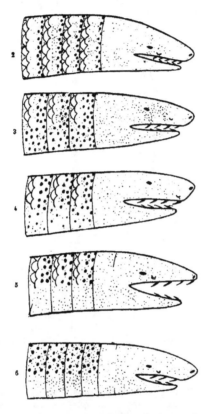

Figs. 2 à 6. — Répartition des glandes cutanées granuleuses chez les Batraciens Apodes. 2, *Icthyophis glutinosus*; 3, *Hypogeophis rostratus*; 4, *Coecilia tentaculata*; 5, *Dermophis thomensis*; 6, *Siphonops annulatus*. Orig. A.

plusieurs rangées d'écailles cycloïdes, qui s'imbriquent obliquement d'avant en arrière et de la profondeur vers la surface du derme, où elles viennent par leur bord terminal arrondi affleurer à la face interne de l'épiderme (figures 2-6). En suivant la régression successive des écailles chez des Apodes terricoles, nous avons observé ce fait très curieux que les glandes granuleuses disparaissent des régions abandonnées par les écailles, régions qui sont d'abord la face ventrale, puis les faces latérales du corps. Par les genres *Hypogeophis*, *Cœcilia* et *Dermophis*, on parcourt toutes les phases de la régression pour arriver au genre *Siphonops*, dépourvu d'écailles, et où les glandes granuleuses ont une localisation uniquement dorsale. Il semblerait donc que la localisation des glandes soit en rapport avec la répartition des écailles. Cependant, comme l'a fait remarquer

FIG. 7. — Disposition linéaire dorsale des gl. granuleuses du *Pipa americana*. Orig. A.

FUHRMANN, chez un Batracien Apode marin, le *Typhlonectes natans*, qui ne possède pas d'écailles, les glandes granuleuses sont disséminées sur le pourtour des anneaux. La localisation dorsale des glandes granuleuses, dont on surprend l'apparition chez les Apodes, n'est donc pas entièrement dépendante de la disparition des écailles comme nous l'avions pensé tout d'abord d'après les types que nous avions pu examiner ; elle ne dépend pas non plus des conditions de milieu, qui s'exercent de la même façon et sur toute la surface du corps chez les Apodes terricoles aussi bien que chez ceux qui sont aquatiques ; le déterminisme en est donc plus complexe et nous échappe encore.

Où intervient le processus de défense, que l'on attribue aux glandes dorsales, c'est dans le développement hypertrophique compensateur des glandes ainsi cantonnées, qui en amène un certain nombre à se fusionner en groupes divers, dont nous devons indiquer les principales dispositions chez les Anoures et les Urodèles.

Lorsque les glandes granuleuses conservent les dimensions moyennes et uniformes et la même dissémination sur la face dorsale, qu'on observe chez les Apodes, la peau de la tête, du corps et des membres demeure aussi régulièrement unie sur le dos que sur le ventre (*Hyla*,...); mais dès que certaines glandes granuleuses s'hypertrophient, elles soulèvent l'épiderme en petits monticules plus ou moins développés, au sommet et au

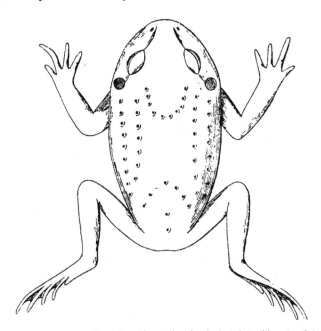

Fig. 8. — Disposition des gl. granuleuses dorsales du *Leptobatrachium fee*. Orig.

centre desquels on distingue aisément le pore excréteur de la glande sous-jacente.

Le premier effet de la différenciation réside dans le groupement de celles des glandes qui prennent un plus grand développement : tantôt ce sont des séries linéaires, tantôt des plages, que l'on peut reconnaître d'une manière précoce par le seul examen de la peau des larves, car les glandes ainsi groupées apparaissent les premières vers la fin de la vie larvaire.

Lignes et bourrelets glandulaires. — Chez le *Pipa americana* (fig. 7) il existe ainsi deux lignes glandulaires disposées en arcs sur chaque moitié du dos, l'une externe et longue, l'autre interne et plus courte, rapprochée de la ligne médiane. En outre, de petites papilles cornées, disséminées sur toute la face dorsale, sont pourvues à la base d'une grosse glande granuleuse. Chez le *Leptobatrachium fee*, il existe semblablement deux arcs latéraux et en outre deux arcs médians dont les sommets s'opposent vers le milieu du dos (fig. 8). Les lignes dorsales symétriques convergent

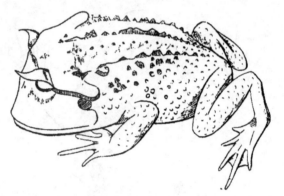

FIG. 9. — Lignes glandulaires dorsales du *Ceratophrys cornuta*. Orig.

en formant un V ouvert en avant chez le *Ceratophrys cornuta* (fig. 9). Chez l'*Alytes obstetricans* (fig. 10), il existe en arrière de l'œil un bourrelet formé de plusieurs glandes contiguës, qui se prolonge sur le flanc

FIG. 10. — Ligne glandulaire et petite parotoïde de l'*Alytes obstetricans*. Orig. A.

par une ligne de glandes isolées qui s'étend jusqu'au pli de flexion de la cuisse.

Ces lignes deviennent plus saillantes dans le genre *Salamandra* (Pl. 1 et fig. 12); elles occupent toute la région médiane dorsale et caudale formant deux lignes contiguës où il existe pour chacune autant de glandes qu'il y a de segments myomériques (fig. 11). Chez le *Tylotriton verrucosus* (fig. 12), les lignes médianes forment même un véritable bourrelet en dos d'âne depuis le cou jusqu'à la naissance de la nageoire caudale.

Surfaces et saillies glandulaires. (Parotoïdes, Pustules...). — La région post-oculaire, qui s'étend en arrière jusqu'au cou, est le lieu d'élec-

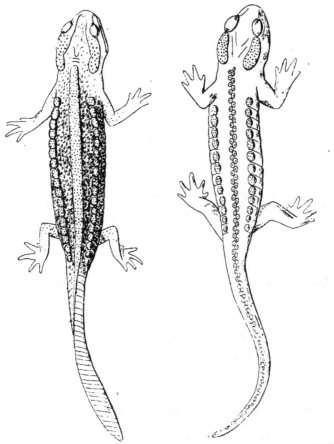

Fig. 11. — Ligne glandulaire médiane, tubercules latéro-dorsaux myomériques, et parotoïde du *Tylotriton verrucosus*. Orig·

Fig. 12. — Massif glandulaire dorso-caudal, tubercules dorso-latéraux et parotoïde de la *Salamandra atra*. Orig.

tion fréquent de groupements glandulaires qui prennent le nom de *parotoïdes*. (Nous rejetons le terme de parotides quelquefois employé, et qui peut créer une confusion avec les glandes salivaires homonymes des

Vertébrés supérieurs). La constitution de ce bourrelet saillant est déjà esquissée dans les genres Molge et Amblystomum, où les uns, comme *Molge alpestris, Molge cristata, Amblystomum tenebrosum* et *A. opacum*, ne présentent dans cette région qu'une réunion de glandes moyennement développées et non saillantes, tandis que les autres : *Molge montana, Amblystomum punctatum* et *A. paroticum* sont pourvus d'une parotoïde saillante. Parmi les Urodèles, la présence d'une parotoïde ne se rencontre ainsi que dans la famille des Salamandridés, où elle n'est même constante que dans le genre Salamandra. Les Sirénidés, les Amphiumidés en sont totalement dépourvus.

Il en est à peu près de même chez les Batraciens Anoures où, s'il existe des familles, ou des genres d'une même famille qui en sont totalement

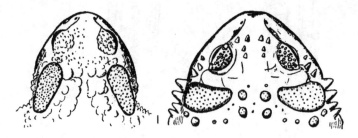

Fig. 13. — Parotoïde du *Bufo bufo*. D'après G.-A. Boulenger.

Fig. 14. — Parotoïde à grand axe transversal du *Bufo asper*. D'après G.-A. Boulenger.

dépourvus, elles existent chez d'autres et peuvent y prendre même un développement tel qu'elles impriment à l'animal une apparence particulièrement intimidante. Le Crapaud commun (*Bufo bufo*) est déjà bien pourvu ; sa parotoïde forme un amas ovoïde à grand axe longitudinal (fig. 13) ; dans d'autres espèces la parotoïde affecte comme chez la Salamandre une forme de demi-lune à convexité externe. Exceptionnellement cette direction du grand axe change, devient oblique, puis nettement transversale, comme dans les espèces *Bufo pellocephalus* et *Bufo asper* (fig. 14). Le plus grand développement de la parotoïde se rencontre chez un crapaud géant de la Guyane, le *Bufo marinus* ou *Bufo agua* qu'on appelle encore *Epaule armée* pour rappeler l'énorme extension des parotoïdes et l'attitude que prend l'animal lorsqu'il est intimidé ou effrayé : il fait saillir sa parotoïde qui recouvre toute la région scapulaire, en même temps qu'il abaisse la tête et fait entendre une sorte de grondement (voir Pl. III). Le *Bufo cruentatus* de Java possède même deux parotoïdes, l'une normale, située sur le cou, l'autre sur l'épaule ; il suffirait de supposer ces groupes fusionnés pour réaliser la

disposition observée chez le Bufo agua. La parotoïde se prolonge plus loin
encore en arrière chez un Hylidé grimpeur du Brésil, la *Phyllomedusa
bicolor*, véritable quadrumane parmi les Batraciens (fig. 15).

Outre les parotoïdes normales, quelques espèces de Crapauds : le *Bufo
viridis* et le *Bufo calamita*, possèdent sur la face antérieure du mollet et de

Fig. 15. — Parotoïde prolongée sur les flancs de la *Phyllomedusa bicolor*. Orig.

l'avant-bras, des amas glandulaires ayant le développement et la structure
des premiers, et qui constituent des parotoïdes aberrantes.

La région dorso-latérale présente en outre chez les Salamandridés
des groupes glandulaires plus ou moins saillants qui correspondent à
chaque segment cutané et qui exagèrent la saillie naturelle des myomères.
Cette disposition, qui apparaît déjà chez la *Salamandra maculosa*, est
plus marquée chez la *Salamandra atra* et le *Tylotriton verrucosus*.
De plus, chez le *Molge wattlii*, un des plus gros tritons connus, ces
tubercules latéraux, marqués par une tache claire, sont souvent tra-

versés par l'extrémité de la côte correspondante, de sorte qu'en maniant l'animal à rebours, on perçoit autant de piquants qu'il y a de côtes. La symétrie et la disposition myotomique des tubercules glandulaires latéraux se conservent encore quand leur nombre se réduit à une seule paire comme chez le *Cystignatus bibroni*, chez lequel il existe sur chaque flanc une énorme pustule glandulaire encerclée de blanc. Chez beaucoup de crapauds même, (*B. agua, B. viridis, B. calamita...*), les pustules de la région dorsale médiane sont fréquemment disposées

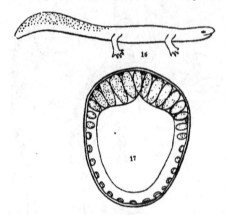

Figs. 16 et 17. — 16, Localisation caudale des glandes granuleuses chez le *Plethodon oregonensis*. 17, Section transversale de la queue, montrant la localisation des glandes granuleuses chez le *Plethodon oregonensis*. D'après MARIAN et HUBBARD.

en séries longitudinales presque symétriques. Les amas des flancs sont moins réguliers de situation et de dimensions que chez les Urodèles. Ainsi chez le *Bombinator maximus* du Chili, la face dorsale du corps et des membres est recouverte par des amas glandulaires irréguliers de forme et d'orientation et presque aussi volumineux que ses parotoïdes. tandis que les pustules sont plus petites chez nos Crapauds sonneurs indigènes.

Groupement caudal. — Indépendamment des parotoïdes, des lignes glandulaires dorsales, des amas des flancs, il existe aussi chez les Urodèles (*Amblystomum, Plethodon, Molge, Spelerpes, Salamandra...*), un autre lieu de groupement et de grand développement des glandes : c'est la région dorso-latérale de la queue (fig. 16).

Ce groupement existe même seul chez beaucoup de Tritons : les Spelerpes, les Plethodons, tandis qu'il coexiste avec d'autres amas chez la Salamandre terrestre.

Marian et Hubbard pensent que chez le *Plethodon oregonensis*,
cette agglomération caudale est en rapport avec la défense, car mis en
tête-à-tête avec un serpent qui en fait sa nourriture, le Pléthodon présenterait toujours à l'adversaire ostensiblement sa queue. Mais cette attitude
est pour ainsi dire normale chez les Urodèles terrestres quand ils sont au

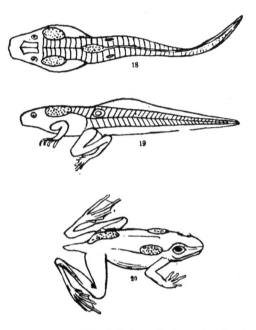

Fig. 18 à 20. — Parotoïdes des larves de la *Rana alticola*, en régression chez les jeunes.
D'après G.-A. Boulenger.

repos ; ce n'est que pendant la marche que la queue se trouve dans le
prolongement du corps. Le geste de défense serait d'ailleurs inefficace,
car les Serpents batracophages ne sont nullement rebutés par la saveur
amère des sécrétions dorsales des Batraciens. Nous avons observé maintes
fois le fait pour les Couleuvres tropidonotes qui mangent de préférence les
Tritons, les Salamandres et les Crapauds.

Les groupements glandulaires que nous venons de signaler ne se
rencontrent bien développés que chez les Batraciens adultes, notamment
chez les *Salamandridés* et les *Bufonidés*. Cependant, il faut signaler
quelques exceptions qui, pour être rares, n'en sont que plus suggestives :

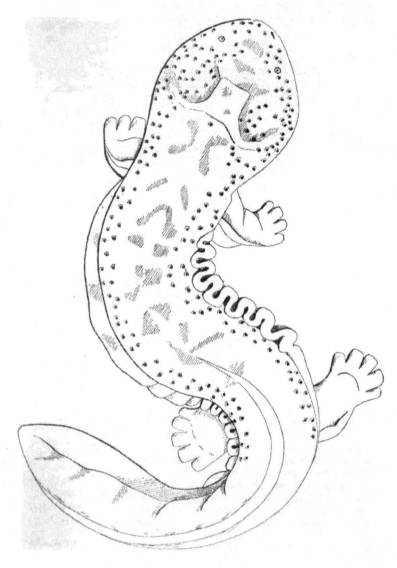

Fig. 21. — Verrues et replis cutanés du *Megalobatrachus maximus*. Orig.

c'est ainsi que les têtards de certains Ranidés d'Asie : *Rana alticola* des Indes, *Rana afghana* des Himalaya, *Rana curtipes* de Malabar, sont pourvus de chaque côté sur le bord dorsal antérieur de grandes plaques glandulaires ovalaires où l'on distingue nettement les orifices excréteurs des glandes sous-jacentes. Celui de Rana alticola possède, en outre, une autre bande analogue sur la région médiane postérieure du dos, vers la base de la queue (fig. 18-20). Ces groupements sont encore distincts sur le jeune animal récemment transformé, puis régressent plus ou moins rapidement, et sont remplacés chez l'adulte par les plis cutanés glandulaires qu'on observe chez la plupart des grenouilles.

On ne sait rien encore sur la signification de ces glandes, non plus que sur leur sécrétion : marquent-elles en même temps qu'une accéléra-

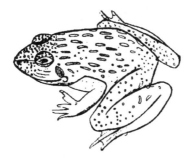

Fɪɢ. 22. — Verrues dorsales fusiformes de la *Rana verrucosa*. Orig. A.

tion embryogénique un stade de la disparition des parotoïdes chez les Ranidés, sont-elles formées des mêmes types glandulaires que ceux qui leur succèdent chez l'adulte, leur sécrétion est-elle ou non venimeuse ? C'est ce que l'on ne peut élucider, toute documentation manquant encore sur ces animaux.

Saillies cutanées glandulaires. — Dans les diverses modifications que nous venons d'examiner, les reliefs de la surface sont dûs bien plus au grand développement des acini glandulaires tangents les uns aux autres par leurs bords latéraux qu'à l'épaississement propre du derme où sont logés ces acini ; mais dans bon nombre de cas, la peau tout entière est soulevée avec ses glandes qui y prennent un plus grand développement qu'aux régions voisines, et l'on a alors soit des plis, soit des verrues, soit exceptionnellement des poils.

Verrues. — Lorsque le derme se soulève en papilles, les glandes suivent l'élévation dermique, sans que leurs rapports avec les couches de la peau soient changés. Une même papille porte ainsi en général plu-

sieurs glandes isolées ou confluentes ; on conçoit que ces soulèvements
de la peau en masse qui constituent les verrues puissent dépasser en
volume les pustules, exclusivement dues au développement hypertrophique des acini glandulaires. Les verrues qui sont disposées en série
linéaire sur chaque bord des flancs de la grande Salamandre du Japon

Fig. 23. — Plis glandulaires latéraux de la *Rana temporaria*. Orig.

(*Megalobatrachus maximus* (fig. 21), atteignent aisément la taille d'un
petit pois.

Plis. — La peau des Batraciens peut aussi se soulever en plis glandulaires plus ou moins allongés et diversement orientés. L'ébauche de ces
plis est déjà indiquée chez la *Rana verrucosa* et la *R. tigrina* (fig. 22), par
la forme ovale des verrues. Le cas le plus simple de l'existence de ces plis
est réalisé chez la *Rana esculenta* et la *Rana temporaria* (fig. 23) : sur chaque bord latéral du dos de ces animaux court un pli qui, de l'angle
postérieur de l'œil aboutit au pli de flexion du membre postérieur.
Deux autres plis plus courts partent chacun de l'angle postérieur de
l'orbite, se dirigent obliquement en arrière et en bas en passant au-dessus
de la région tympanique. Chez la *Rana ansorgei* il existe quatre plis dor-

saux longitudinaux, et on n'en observe pas moins de 8 ou 10 chez la *Rana mascareniensis* (fig. 24). Ces plis sont plus courts et obliques par rapport à la ligne dorsale médiane chez le *Pseudophrynus güntheri* (fig. 25), tandis qu'ils sont réduits à deux, volumineux et godronnés, chez le *Megalo-*

FIG. 24. — Plis glandulaires dorsaux de la *Rana mascareniensis*. Orig.

batrachus maximus et son proche parent américain le *Cryptobranchus alleghanensis* (fig. 21).

Poils glandulaires cutanés. — Enfin, le développement hypertrophique des papilles dermiques peut encore s'exagérer en hauteur et donner lieu à des productions filiformes, à des sortes de poils charnus et glandulaires dont l'axe est représenté par le derme, et la périphérie par les glandes recouvertes par l'épiderme. La structure de ces productions ne ressemble pas à celle des poils des Mammifères, et ne saurait souffrir une comparaison parfaite ; mais ces filaments, de 1 millimètre au plus diamètre, et de 10 à 15 millimètres de long forment sur les flancs et les cuisses d'une curieuse grenouille du Congo, le *Trichobatrachus robustus* (fig. 26) une sorte de toison partielle. La nature glandulaire de ces poils a été signalée par M. Laidlaw. L'étude histologique que nous avons pu en faire, grâce à la générosité de M. G.-A. Boulenger, l'éminent professeur du British Museum, qui a décrit le Trichobatrachus, a pleinement confirmé l'opinion de Laidlaw. Les glandes sont aussi nombreuses sur ces poils que sur la surface lisse voisine, de sorte que la toison de ces grenouilles nous apparaît comme un organe de multiplication des glandes et par conséquent comme un correctif à leur faible volume.

Les divers groupements glandulaires que nous venons de résumer peuvent se rencontrer diversement assemblés, sans aucun rapport avec les

Fig. 25. — Plis glandulaires du *Pseudophrynus güntheri.* D'après G.-A. Boulenger.

caractères taxonomiques adoptés : c'est ainsi que dans la famille tropicale des Engistomatidés, les représentants des genres *Callula* et *Rhinophrynus* ont une peau tout à fait lisse, tandis que ceux du genre *Calophrynus* ont la peau dorsale pustuleuse comme celle d'un crapaud. Le même fait se remarque chez les représentants indigènes des Discoglossidés : ceux du genre *Discoglossus* ont l'aspect des grenouilles, tandis que ceux du genre *Bombinator* ont la peau pustuleuse des Bufo, le genre *Alytes* occupant, quant aux accidents cutanés glandulaires, une position intermédiaire entre les deux premiers. La famille des Bufonidés n'est, sous ce rapport, pas plus homogène : si bon nombre de crapauds ont une forme trapue, une peau fortement pustuleuse, d'énormes parotoïdes, il en est par contre qui sont plus sveltes que la plupart de nos élégantes grenouilles : tel est par exemple le *Bufo jerboa*, dont la peau est tout à fait lisse et les parotoïdes très réduites.

En raison de ces variations dans l'agencement des glandes granuleuses dorsales, nous ne pouvons que résumer les dispositions le plus fréquemment réalisées chez les Batraciens actuels, en prenant comme point de départ les types représentés chez les Apodes par les genres *Ichthyophis*, *Herpele*, *Typhlonectes* et *Hypogeophis*. Chez ces animaux, les deux catégories de glandes sont également disséminées sur le pourtour de chaque segment myomérique ; chez d'autres Apodes, les glandes granuleuses sont déjà localisées sur la face dorsale du corps (*Cœcilia*, *Dermophis*, *Sipho-*

FIG. 26. — Poils glandulaires formant toison sur les flancs et les cuisses du *Trichobatrachus robustus*. D'après G.-A. BOULENGER.

nops, et cette localisation se retrouvera d'une manière constante chez tous les autres Batraciens.

Chez les Apodes et les Urodèles, la peau intimement fixée aux muscles sous-jacents en reproduit toutes les saillies. Les plus marquées correspondent transversalement aux côtes ou aux myotomes, et sont séparées par des sillons perpendiculaires à l'axe de symétrie du corps.

Les saillies longitudinales, déterminées par les muscles dorsaux, forment chez beaucoup d'Apodes des cordons continus, à large base qui marquent d'une manière assez exacte la limite de séparation du dos et des flancs et permet ainsi de délimiter l'aire de cantonnement dorsal des glandes.

Chez les Urodèles, si l'on en excepte les genres *Molge, Salamandra. Megalobatrachus* et *Cryptobranchus*, les saillies glandulaires cutanées sont plus rares chez les Anoures, où la laxité fréquente de la peau, qui forme à l'animal une sorte de sac, se prête à des différenciations plus nombreuses.

La peau reste donc lisse dans son ensemble, malgré les sillons, les rides, les cordons, chez beaucoup d'Apodes et d'Urodèles, où les saillies purement glandulaires qui dominent, sont rarement aussi élevées que celles où intervient l'hypertrophie dermique. Cependant beaucoup d'Anoures, ceux dont les glandes granuleuses ont conservé un développement uniforme et moyen ont aussi la peau de la face dorsale totalement accumulés qu'ils donnent à l'animal un aspect apocalyptique : Cera-lisse : les *Rhinophris*, les *Callula*, les *Pelobates* sont dans ce cas, tandis que chez d'autres, les accidents cutanés de toutes sortes semblent tellement accumulés qu'ils donnent à l'animal un aspect apocalyptique (*Ceratophrys cornuta, Otolyphus margaritifer*.

La peau des Batraciens Anoures et des Urodèles présente donc des combinaisons variées de massifs glandulaires parotidiens, caudaux, dorso-latéraux, de pustules, de verrues, de plis, de simples lignes, parfois entre-coupés d'accidents purement épidermiques permanents ou transitoires (éminences nuptiales). Elle est finement granuleuse sur tout le corps chez la *Salamandra perspicillata*, finement pustuleuse sur la face dorsale chez les *Bombinator igneus et pachypus ;* elle présente simultanément de grosses pustules et des parotoïdes développées chez les *Bombinator maximus* et bon nombre de *Crapauds ;* des lignes glandulaires, et des parotoïdes . chez la *Salamandra maculosa ;* il s'y ajoute de chaque côté du corps une ligne dorso-latérale de tubercules pustuleux chez la *Salamandra atra* et le *Tylotriton verrucosus*, enfin des saillies aiguës permanentes chez le *Ceratophrys* et l'*Otylophus*.

RAPPORTS ENTRE LA TOPOGRAPHIE DES ORGANES DE LA LIGNE LATÉRALE
ET CELLE DES BOURGEONS GLANDULAIRES

L'embryon de Salamandre avant l'éclosion, c'est-à-dire pourvu encore de son vitellus, possède déjà des bourgeons glandulaires pleins et des organes de la ligne latérale, bourgeons et organes qui présentent entre eux des rapports topographiques déterminés.

Les organes de la ligne latérale sont répartis suivant certaines lignes qui délimitent assez bien sur la peau les diverses régions du corps : ventre, dos, flancs, MALBRANC en a esquissé la répartition chez quelques Batraciens.

Chez la Salamandre terrestre, que nous avons particulièrement étudiée, les lignes de répartition des organes du sixième sens forment des cadres de distribution aux glandes granuleuses (fig. 27-31).

Sur le tronc et sur la queue, il existe deux de ces lignes, parallèles entre elles, ainsi qu'à l'axe longitudinale du corps ; ce sont :

1° *La ligne latérale inférieure*, qui s'étend depuis la racine de la patte antérieure à celle de la patte postérieure. Elle comprend une douzaine

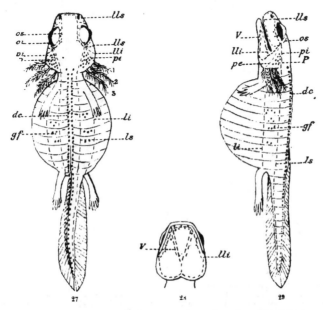

FIG. 27 à 29. — Embryon de la *Salamandra maculosa* (G = 4), montrant les rapports topographiques entre la distribution des bourgeons glandulaires primitifs (.) et les organes de la ligne latérale (—). Orig. A.

environ de cônes sensitifs, soit un par myomère. Cette ligne et sa symétrique limitent la face ventrale du corps.

2° *La ligne latérale supérieure* marque la limite de séparation entre le dos et le flanc, qui se trouve ainsi compris entre les deux lignes latérales inférieure et supérieure, tandis que le dos est limité par les deux lignes latérales supérieures.

Ces dernières s'étendent sur toute la longueur du corps, depuis l'extrémité de la queue, où elle s'arrête sans empiéter sur la nageoire caudale, jusque sur la région postérieure de la tête et va aboutir, après avoir divergé depuis le cou, vers l'angle postérieur de l'œil. Elle présente aussi sur le corps et la queue un cône sensitif par myomère.

Des territoires cutanés que circonscrivent ces deux lignes, le dos, les flancs, la queue, seuls sont pourvus de bourgeons glandulaires ; le ventre, les pattes, la nageoire caudale et les branchies, ne possèdent ni bourgeons glandulaires ni cônes sensitifs.

Sur la tête, les lignes de distribution des cônes sensitifs sont plus nombreuses et d'orientation plus variée. On peut les considérer comme

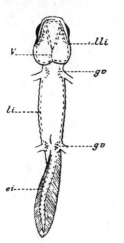

Fig. 30. — Face ventrale de l'embryon de la *Salamandra maculosa* (G = 4). Bourgeons glandulaires (.) ; organes de la ligne latérale (—). Orig. A.

Fig. 31. — Larve de la *Salamandra maculosa* sur le point de se transformer. Orig. A.

émergeant toutes de l'angle postérieur de l'œil ; en arrière et en dedans, nous trouvons d'abord le prolongement de la ligne latérale supérieure, déjà signalé, et qui passe un peu en dedans de la racine de la troisième branchie ; c'est la *ligne parotidienne interne*.

En arrière et en dehors, une deuxième ligne se dirige vers la première branchie, délimitant ainsi avec la ligne précédente, un espace triangulaire à sommet antérieur ; c'est la *ligne parotidienne externe*. Le triangle prébranchial ainsi délimité est le lieu d'apparition des bourgeons glandulaires de la parotoïde, au nombre d'une vingtaine. Ces bourgeons ne se rencontrent pas chez les plus jeunes embryons ; nous les avons vu apparaître chez ceux dont le vitellus était réduit de moitié.

Deux autres lignes se dirigent en avant en contournant l'œil, l'une au-dessus : c'est la *ligne orbitaire supérieure*, l'autre au-dessous : c'est la *ligne orbitaire inférieure*. Elles se réunissent au niveau de l'angle antérieur de l'œil en une seule ligne qui aboutit au bord libre de la lèvre supérieure, un peu en dedans de l'orifice externe des fosses nasales.

Entre cette sorte de cadre sensitif et l'œil se trouvent disséminés quelques bourgeons glandulaires.

Une cinquième ligne : *la ligne labiale supérieure*, se dirige de l'angle postérieur de l'œil vers la lèvre supérieure, en suit le bord pour former avec sa symétrique une bordure complète.

Une dernière ligne : *ligne labiale inférieure*, partant du même point, se dirige en arrière de la commissure, et se bifurque un peu au-dessus de celle-ci : une branche suit le bord de la lèvre inférieure, tandis que l'autre se dirige en arrière et contourne le rebord operculaire. Toutes deux s'avancent jusque sur la ligne médiane où elles rejoignent leurs symétriques, délimitant ainsi la surface du menton.

De la région médiane operculaire part enfin une série de cônes sensitifs disposés en un V ouvert en avant ; c'est le *V mentonnier*, dont les branches se terminent par une double rangée de cônes sensitifs.

Quelques bourgeons glandulaires sont disposés de part et d'autre de la ligne labiale inférieure, plus nombreux sur le bord antérieur du menton que sur les parties latérales où ils ne dépassent guère l'intersection des branches du V mentonnier avec la ligne de bordure comprise entre ces branches.

L'ensemble de toutes ces lignes délimitant les territoires où apparaissent les bourgeons des glandes granuleuses, il en résulte que la répartition de ceux-ci peut être résumée comme il suit :

1° *Ligne glandulaire médiane ;* elle s'étend depuis la région cervicale en avant jusqu'à l'extrémité de la queue, sans empiéter sur la nageoire caudale. Elle présente un ou deux bourgeons glandulaires par myomère. Elle est très rapprochée de sa symétrique, de telle façon que les bourgeons alternent parfois entre eux ;

2° *Groupe glandulaire parotoïdien*, compris entre les lignes parotidienne interne et externe, et le pli cervical ;

3° *Groupes glandulaires myomériques des flancs*, formés chacun de 2 à 6 bourgeons ;

4° *Bourgeons glandulaires périorbitaires ;*

5° *Bourgeons glandulaires labiaux inférieurs.*

Chez la larve, au moment de la naissance, l'ensemble glandulaire sus-indiqué se trouve déjà augmenté ; le nombre des bourgeons des lèvres et des flancs s'est accru, celui des lignes dorsales et du groupe parotoïdien restant à peu près fixe. Mais il apparaît en outre sur la face ventrale du corps, au voisinage des plis de flexion des quatre membres de nouveaux groupes de bourgeons ; la queue s'enrichit d'une nouvelle ligne de bour geons qui longe son bord inférieur, comme la ligne dorsale en longe le bord supérieur.

A la fin de la vie larvaire, sur la face externe des membres, apparaissent de nouveaux groupes de bourgeons ; il ne reste plus que la face interne des membres, la région ventrale et la région médiane du menton qui n'aient pas été envahies par les bourgeons des glandes granuleuses, de sorte que la larve âgée de cinq à six mois et sur le point de se transformer, présente quant aux glandes à venin granuleux, une topographie identique, au nombre de glandes près, à celle de l'adulte (fig. 31).

Dès que la larve est devenue jeune Salamandre, à robe noire tachetée de jaune, on distingue aisément dans les différents groupes de glandes celles qui prendront le plus grand développement. Elles forment déjà saillie sous la peau ; l'orifice de leur canal excréteur, nouvellement formé, s'ombilique et tranche fortement en noir au niveau des taches jaunes. Au fur et à mesure que la jeune Salamandre grandit, les bourgeons glandulaires augmentent de nombre et les premiers apparus s'accroissent. Chez l'adulte toute la face dorsale présente un semis de glandes granuleuses, parmi lesquelles les groupes apparus les premiers sont prédominants. Seules, la face inférieure des membres, la face ventrale délimitée par le quadrilatère d'insertion des membres, et la région moyenne du menton restent dépourvus de glandes granuleuses.

Quant aux glandes muqueuses, leurs bourgeons n'ont commencé à apparaître qu'au cours de la vie larvaire, avec la dissémination générale que nous avons déjà signalée.

Structure de la peau et des glandes venimeuses

LA PEAU

Les deux parties constitutives de la peau, épiderme et derme, ont un développement relatif différent chez les larves et chez les adultes ; les ébauches glandulaires sont déjà manifestes dans la peau des larves naissantes de *Salamandra maculosa*, que nous prendrons pour type de notre description.

Peau de la larve (fig. 32). — L'épiderme larvaire comprend deux couches distinctes : 1° le *stratum corneum*, ou couche externe, est constitué pendant toute la vie larvaire par une seule assise de cellules qui forment un épithélium pavimenteux régulier. Leur membrane, finement striée sur ses faces latérale et supérieure, présente en outre sur cette dernière une cuticule qui fixe fortement les colorants, et une pigmentation noire très fine qui n'envahit pas les autres faces.

A l'intérieur de chaque cellule de cette couche cornée se trouve un gros noyau remplissant presque toute sa cavité, entouré d'un protoplasme clair et réticulé. L'uniformité de la couche épidermique externe se poursuit sans interruption jusque sur la cornée ; mais au-dessus de chaque organe de la ligne latérale, les cellules s'écartent et ménagent un orifice elliptique, qui laisse entrevoir le sommet du cône sensoriel. Nous n'avons pu déceler dans l'épiderme les cellules en forme de bouteilles décrites par Pfitzner, et dont le col affleurant à la surface mettrait en rapport le stratum mucosum avec l'extérieur. Cette couche conserve sa configuration embryonnaire pendant toute la vie de l'animal. Par sa souplesse et l'active division mitosique de ses noyaux, elle se prête à l'accroissement limité de la larve, qui n'en change jamais. Mais chez l'animal devenu terrestre, elle perd à la fois cette souplesse et sa grande faculté

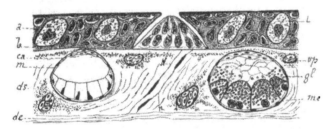

Fig. 32. — Coupe de la peau d'une larve de la *Salamandra maculosa* âgée de 4 mois. *a*, épiderme; *b*, sa basale; *L*, cellules de Leydig; *l*, organes de la ligne latérale; *ds*, couche spongieuse du derme; *dc*, couche profonde du derme; *m*, gl. muqueuse; *gl.*, gl. granuleuse. Orig. A.

d'accroissement. Quand elle devient trop étroite, l'animal s'en sépare par une mue. Celle-ci commence, comme on le sait, par le décollement des insertions labiale et cloacale, et la Salamandre sort de son stratum corneum par l'ouverture buccale, en s'aidant comme les serpents pour effectuer sa mue, de la résistance des parois des anfractuosités qu'elle habite.

2° Le *stratum mucosum, ou corps muqueux de Malpighi*, n'est chez les plus jeunes embryons formé que d'une seule assise de cellules cylindriques régulières. Il conserve même cette configuration chez les larves âgées sur certaines régions comme les pattes, les branchies, la moitié externe de la nageoire caudale et le bord de la lèvre inférieure. Partout ailleurs, la couche se modifie et s'épaissit par l'apparition précoce de volumineuses cellules que Leydig a le premier décrites comme cellules muqueuses, et qui ont conservé son nom. Elles se distinguent par divers caractères : d'abord leur diamètre qui dépasse trois à quatre fois celui des cellules primitives, de telle sorte qu'une *cellule de Leydig* occupe parfois toute la hauteur de l'épiderme ; par leur noyau irrégulièrement bosselé et ratatiné, toujours situé au milieu de la cellule, par le contenu protoplasmique réticulé, dans les mailles duquel on rencontre des granulations libres ; enfin, par une mince paroi hyaline dont les pores mettent en communication son protoplasme avec celui des cellules contiguës.

L'apparition des cellules de Leydig modifie profondément l'orientation des cellules avoisinantes : celles-ci se multiplient abondamment, comme celles de la couche cornée, par karyokinèse intense ; mais refoulées par la distension des premières elles s'incurvent, ainsi que leurs noyaux pour se mouler en arc sur ces cellules. Les cellules de Leydig sont caractéristiques de la vie aquatique et larvaire ; pendant cette période elles permettent dans tout le corps muqueux une circulation protoplasmique facile et maintiennent une perméabilité très favorable à l'osmose. Nous pensons, comme MAURER, qu'au terme de leur existence éphémère, elles ne se transforment pas en bourgeons glandulaires; et en fait, on ne rencontre pas de formes intermédiaires qui puissent justifier cette hypothèse.

Chez la larve sur le point de se transformer et chez la jeune Salamandre qui vient d'effectuer sa première mue, on assiste à leur réduction progressive : beaucoup d'entre elles semblent se transformer en cellules pigmentaires, ou être envahies par du pigment noir amorphe et finement granuleux. D'après WIEDERSHEIM, la plupart subissent une métamorphose régressive qui les ramène à l'état de cellules cylindriques ordinaires. Ces deux évolutions finales sont aussi vraisemblables l'une que l'autre, d'après les changements que l'on observe dans la peau à ce moment.

L'abondance des cellules pigmentaires, qui se développent en même temps dans la région supérieure du derme est telle que la peau devient opaque aussi bien au niveau des taches jaunes que sur le fond noir de la robe. En outre, à la section, on ne trouve plus dans le corps de Malpighi que des cellules cylindriques entre lesquelles s'insinuent quelques cellules pigmentaires.

Au fur et à mesure que la jeune Salamandre devenue terrestre grandit, le nombre d'assises épidermiques augmente, et passe de deux à cinq, puis à un nombre plus élevé encore chez l'adulte ; l'épiderme présente alors une épaisseur qui, suivant les régions du corps, varie de 4 à 166μ, et présente son maximum sur la face dorsale.

L'assise la plus profonde de l'épiderme, ou basale, présente comme d'ordinaire des cellules assez régulières dont le noyau ovoïde a son grand axe perpendiculaire à la surface libre de la peau. Cette orientation sépare nettement l'épiderme du derme sous-jacent.

Organes du sixième sens. — L'épiderme de la larve présente encore sur des lignes de direction déterminée, les organes dont les bourgeons ont pu être confondus avec ceux des glandes cutanées; ce sont les organes du sixième sens ou de la ligne latérale. Chaque organe bien développé apparaît en coupe verticale sous forme d'un bouton conique logé dans une crypte semblable qui occupe tout l'épiderme. La base du cône repose sur le derme, et l'ouverture de la crypte est bordée par les cellules du stratum cornéum.

Les cellules qui le composent sont superposées en deux assises : l'infé rieure repose sur le derme ; la seconde est superposée à la première et termine le cône sensoriel. Chaque cellule du bouton affecte la forme d'une poire à grosse extrémité inférieure, et se termine librement vers le haut par un court bâtonnet cylindrique.

Par sa surface de base, chaque bouton reçoit une terminaison du nerf vague qui parcourt auparavant dans le derme un assez long trajet avant d'arriver au cône sensitif.

Comme les cellules de Leydig, les organes du sixième sens sont corrélatifs de la vie aquatique ; ils régressent vers la fin de la vie larvaire chez les Batraciens qui deviendront terrestres à l'état adulte ; on n'en retrouve plus trace sur les jeunes Salamandres nouvellement transformées.

La couche profonde de la peau ou derme est formée chez la larve de Salamandre d'un tissu conjonctif lamelleux vingt fois plus mince que l'épiderme, et qui, au niveau des régions glandulaires est si intimement appliqué sur la basale qu'il en est peu distinct. Au fur et à mesure que la larve avance en âge le derme s'épaissit ; ses lamelles conjonctives sont dissociées par un grand nombre de cellules fixes : clasmatocytes, cellules pigmentaires, de fibres élastiques, de vaisseaux, de rameaux nerveux.

La couche supérieure spongieuse du derme contient les acini glandulaires entourés chacun d'un réseau vasculo-pigmentaire ; elle présente au-dessous de la basale un semblable réseau qui n'est séparé de cette dernière que par une mince lame dermique, et dont les cellules pigmentaires noires sont assez abondantes pour renforcer l'opacité de l'épiderme. Au niveau des taches jaunes du tégument, il n'existe plus guère de méla- noblastes ; les quelques-uns qui subsistent çà et là font alors partie comme ailleurs du réseau capillaire sous-basal, tandis que les cellules à pigment jaune très abondantes qui les remplacent sont localisées dans la lame dermique sous-basale, au-dessus du réseau vasculo-pigmentaire.

Les noyaux en sont très distincts, et leurs contours externes sont si peu ramifiés et accusés, qu'au premier abord elles apparaissent comme un dépôt granuleux amorphe. Le pigment jaune est un peu soluble dans l'alcool, l'éther, le chloroforme, tandis qu'il est non-seulement insoluble dans le formol, mais encore insolubilisé par ce fixateur.

En résumé, chez la jeune Salamandre nouvellement transformée, la peau a acquis dans son ensemble, et à l'épaisseur près, les caractères qu'elle possède chez l'adulte. Les organes de la ligne latérale disparais- sent et les cryptes qui les renfermaient se comblent par l'évolution régres sive des cellules sensorielles en cellules pyramidales normales ; les glan- des granuleuses des lignes dorsales et des parotoïdes ont acquis leur déve- loppement complet, et leurs fins canaux excréteurs criblent l'épiderme ; la jeune Salamandre a acquis sa livrée définitive, que les mues rafraî.

chiront avec une fréquence qui dépendra de la vitesse d'accroissement
des sujets.

Peau de la Salamandre adulte. — Le développement que nous venons
de suivre chez la larve jusques et y compris sa transformation en jeune
Salamandre terrestre, nous permettra d'être brève sur la constitution de la
peau de la Salamandre adulte, et d'en résumer les caractères.

L'épiderme est très homogène et formé de 4 ou 5 assises de cellules ;
l'assise la plus externe est pourvue d'une cuticule qui s'élimine plusieurs
fois par an et en bloc, formant le moule externe de l'animal.

Cette mue comprend aussi la cuticule des canaux excréteurs des
glandes, leur moule externe, de telle sorte que la face interne de la
mue présente autant de fins tubes hyalins dépourvus de noyaux, qu'il
y a de glandes développées.

Le derme épais est formé d'une couche supérieure ou couche spongieuse, en contact direct avec la basale ; à une petite distance de celle-ci
s'étale en nappe le réseau vasculo-pigmentaire, riche en clasmatocytes.
La lame dermique comprise entre ce réseau et la basale contient les chromoblastes jaunes au niveau des taches du tégument. Chez la plupart des
autres Batraciens, elle est plus riche encore en chromoblastes qui par
leurs contractions permettent les changements de coloration de l'animal,
l'homochromie si remarquable que les Batraciens partagent avec certains
animaux, tels que les Lézards et les Mollusques Céphalopodes. Au-dessous de l'assise vasculo-pigmentaire, les lames dermiques sont déviées de
leur direction uniforme par la présence des acini glandulaires.

La couche profonde, ou couche compacte du derme, sur laquelle
reposent par leur fond les acini glandulaires, est formée de lames parallèles au plan de la surface libre de la peau ; elle est plus mince que la
précédente, et se trouve séparée des plans musculaires sous-jacents par
un réseau capillaire à larges mailles. Ce réseau présente sur son trajet
quelques chromoblastes noirs isolés les uns des autres. Il envoie aux
deux couches du terme, qu'il traverse plus ou moins obliquement, ses
rameaux accompagnés de fibres élastiques, de vaisseaux lymphatiques et
de nerfs, et fournit ensuite les réseaux périglandulaire et sous-basal
L'irrigation lymphatique est très riche : Ranvier a observé chez la Grenouille que les capillaires lymphatiques forment un réseau à larges
mailles situé dans la portion supérieure du derme au-dessous du réseau
capillaire sanguin sous-basal.

LES GLANDES CUTANÉES

Origine des bourgeons glandulaires

Maurer a suivi le développement des glandes cutanées chez
la *Rana temporaria*, en étudiant la peau du têtard au moment où les
pattes antérieures commencent à émerger, c'est-à-dire une semaine

environ avant la métamorphose. Cet auteur figure dans la basale des amas cellulaires qu'il considère comme les ébauches des glandes cutanées.

GEGENBAUR, dans son traité d'Anatomie des Vertébrés, accorde les opinions de SEECK et de NICOGLU ; il les résume ainsi : « des éléments isolés de la couche profonde de l'épiderme et peut-être aussi des groupes d'éléments descendent dans le chorion et prennent place dans les couches les plus superficielles de ce dernier. Ils forment là, par multiplication et augmentation de volume d'énormes amas cellulaires ; ce sont les ébauches des glandes cutanées ».

Ainsi, à part MAURER, dont les figures schématiques, relatives au têtard de *Rana temporaria*, ne peuvent entraîner une conviction, les auteurs précédemment cités n'apportent que leur opinion théorique sur l'origine des glandes cutanées des Batraciens, et aucun fait en ce qui concerne la Salamandre.

En suivant ce développement sur l'embryon pourvu de son vitellus et sur des larves de différents âges de *Salamandra maculosa*, nous avons pu voir (1900) que les premières ébauches glandulaires apparaissent dans la lame sous-basale du derme aux dépens des cellules fixes de celui-ci. La cellule mère d'une glande se multipliant par karyokinèse donne après plusieurs divisions successives un bourgeon plein, qui, en raison de la minceur du derme, ne tarde pas à acquérir des rapports de contact avec l'épiderme.

De l'examen de nombreuses coupes en série, nous avons conclu à l'origine mésodermique des glandes cutanées de la Salamandre.

Dans un travail paru quelques mois après le nôtre sur le même sujet, M. ANCEL arrive à des conclusions différentes et revient à l'opinion des devanciers, à savoir l'origine ectodermique des glandes. Madame LINA FANO (1903) conclut dans le même sens à propos du Triton cristatus et de l'Axolotl.

Les divergences des auteurs sont minimes si l'on considère que la lame dermique dans laquelle nous avons vu naître les bourgeons glandulaires est celle qui est contiguë à la basale où les auteurs précédents situent les premières ébauchent glandulaires, si l'on considère en outre que la notion des feuillets embryonnaires a beaucoup perdu de l'importance qu'on lui attribuait.

Ces divergences peuvent tenir à ce que les bourgeons des organes du 6e sens apparaissent dans la basale avant ceux des glandes cutanées et qu'ils continuent à se former pendant les premiers stades de la vie larvaire ; à l'état le plus jeune, ils sont semblables à ceux des glandes, et rien, pas même la position, ne permet d'affirmer qu'ils deviendront des glandes.

Développement du bourgeon glandulaire

La karyokinèse qu'on observe sur la cellule mère du bourgeon glandulaire continue sur les cellules filles, et peut être suivie pendant toute la phase où le bourgeon est à l'état de glomérule plein. Quelle que soit l'opinion qu'on admette sur le lieu d'origine de la cellule mère, on doit reconnaître que le glomérule plein, formé d'un petit nombre de cellules, se trouve tout entier situé dans le derme et tangent à la face interne de la basale. C'est là qu'il effectuera son développement.

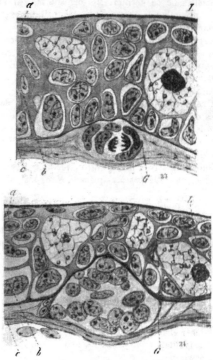

Figs 33, 34. — Coupe de la peau d'une larve de *Salamandra maculosa*, en 33, très jeune; 34, à un âge plus avancé. *G*, bourgeon glandulaire avec noyaux en karyokinèse, puis à un stade plus avancé. Orig. A.

Dès que la division indirecte a cessé dans le bourgeon, il y a différenciation de ses cellules, et formation d'une cavité glandulaire.

Les cellules périphériques s'aplatissent et s'allongent en fuseaux disposés suivant les méridiens du glandule ; elles se mettent en contact par leurs bords, formant une membrane mince et fenestrée qui deviendra la membrane musculeuse de la glande (fig. 33, 34). Vers le pôle le plus voisin de l'épiderme, les cellules centrales s'aplatissent également en s'allongeant aussi en fuseau ; mais leur direction change et devient per-

pendiculaire à celle des fibres externes ; elles se disposent circulairement
en quelques assises formant une sorte de calotte plus épaisse au centre
que sur les bords. Les noyaux de ces cellules sont réfringents et gardent
peu les colorants. Les cellules deviendront aussi des fibres musculaires
lisses.

PAULICKI, qui a observé cette calotte polaire dans les glandes de
l'*Axolotl*, en donne une autre interprétation ; il considère que les cellules
qui la forment existaient primitivement entre l'épiderme et l'ébauche
glandulaire, et qu'elles se sont ensuite aplaties sous la pression résultant
de l'accroissement du glandule. Cette conception peut surprendre quand
on suit le développement des bourgeons glandulaires et qu'on admet de
plus l'origine ectodermique de la cellule mère ; on voit en effet que
l'aplatissement des cellules de la calotte précède l'expansion qui serait
nécessaire à le produire ; en outre on ne voit ni pourquoi, ni comment
ces cellules, qui dans l'hypothèse de l'auteur devraient rester extérieures
au glandule, seraient venues s'accoler à la face interne de la future
membrane qui, à ce stade, ne présente pas d'orifice, et où elles ne
peuvent subir que la pression du contenu glandulaire encore insignifiant.

A l'intérieur de cette membrane et au-dessous de la région correspondant à la calotte, les cellules centrales se répartissent et s'appliquent
sur la membrane ; ce sont elles qui sécréteront le venin. Leur développement ultérieur est différent suivant que le bourgeon donnera une glande
muqueuse ou granuleuse. Nous le suivrons successivement chez les deux
sortes de glandes.

DÉVELOPPEMENT ET STRUCTURE DES GLANDES GRANULEUSES

Les cellules sécrétrices ne présentent pas de paroi propre ; leurs
noyaux s'appliquent directement et irrégulièrement sur la membrane.
Ceux du fond sont petits de grosseurs différentes ; ce sont des noyaux
d'attente, destinés à assurer la continuité de la sécrétion. Tous plongent
dans un même protoplasme réticulé qui ne remplit pas tout d'abord la
cavité centrale ; ce protoplasme forme donc un syncitium, ainsi que
l'avait vu DRASCH.

Quelques noyaux situés au voisinage de l'équateur de la glande
prennent bientôt un développement trois à quatre fois plus grand que les
autres ; ils ont un gros nucléole. Leur contenu devient granuleux et à
leur surface libre on ne tarde pas à voir apparaître en masse des granulations très réfringentes qui refoulent le protoplasme réticulé et s'en
forment une membrane réticulée elle-même.

Autour de chaque noyau qui a émis des granulations se forme donc
mécaniquement une sorte de paroi que LEYDIG a assimilée à une membrane cellulaire, d'où le nom de *cellule géante*, et qui se trouve bientôt
bourrée de granulations. Ces formations, sauf leur paroi, dérivent du
travail du noyau ; ce sont des *sacs à venin*, et leur individualité ressort

d'autant mieux qu'ils peuvent naître à l'intérieur même du syncitium. lorsque des noyaux n'ont pas encore gagné la paroi, ou l'ont quittée pendant une contraction de cette dernière.

Sur cette paroi, les noyaux sont isolés ou quelquefois groupés par deux.

Mais qu'ils soient isolés ou géminés, les noyaux en activité sécrétoire présentent à leur intérieur des granulations qui ont le même aspect que celles du sac extérieur ; la colorabilité seule en varie, comme si elles n'atteignaient leur maturité qu'après avoir franchi la membrane nucléaire.

Ces particularités, jointes à d'autres que nous signalerons en leur lieu, font admettre que la sécrétion des glandes granuleuses est élaborée par le noyau, qui l'émet d'une manière intermittente par les points libres de sa surface et de ses vacuoles. Nous reviendrons sur le travail intérieur qui aboutit à ce résultat.

On voit par tout ce qui précède qu'à la fin de la vie larvaire la glande granuleuse n'est encore qu'une glande close incluse dans le derme et tangente seulement à la face profonde de l'épiderme.

Elle comprend à ce moment des tissus périglandulaires dermiques et des tissus propres issus du développement du bourgeon.

Les tissus périglandulaires considérés de l'extérieur vers la partie centrale comprennent :

Une membrane primitive conjonctive, qui résulte du refoulement du derme par le bourgeon ;

Un réseau lymphatique, celui que RANVIER a mis en évidence dans la région supérieure du derme chez la Grenouille ;

Un réseau vasculo-pigmentaire, qui double la membrane dermique comme le précédent, et qui est issu du réseau inférieur du derme ;

Des nerfs et leurs terminaisons.

Quant aux tissus propres de la glande, ils se composent de :

Une membrane musculeuse nucléée, à noyaux très aplatis. Les cellules de cette membrane sont des fibres musculaires lisses embryonnaires ; elles forment sur le pôle externe de l'acinus tangent à l'épiderme une calotte épaisse à gros noyaux clairs ;

Un protoplasme réticulé, remplissant déjà l'acinus, dans la périphérie duquel se trouvent appliqués contre la membrane les noyaux et des sacs à venin.

Des noyaux et des sacs à venin. Les noyaux sont de deux sortes : les uns petits, appliqués directement contre la membrane sont des noyaux au repos, les noyaux d'attente et de réserve. Les autres gros sont des noyaux aux divers stades de leur activité, les uns encore nus dans le syncytium, les autres entourés de leurs granulations retenues par les parois des sacs à venin.

Formation d'un canal excréteur. — Cette structure est celle que l'on observe encore pour la plupart des glandes de la jeune Salamandre nouvellement transformée ; mais les glandes qui ont apparu les premières (ligne dorsale, parotoïdes...) acquièrent un canal excréteur. Celui-ci se forme secondairement, dès la fin de la vie larvaire par un mécanisme que des coupes en série permettent de saisir. Au fur et à mesure que l'acinus grandit et se distend par l'accumulation de la sécrétion, on voit son pôle supérieur se rapprocher de l'épiderme jusqu'à arriver au contact de celui-ci.

Du côté de l'épiderme, ce sont les cellules de Leydig qui deviennent cylindriques et se tassent ; dans le derme, c'est la membrane primitive ainsi que l'assise vasculo-pigmentaire qui sont refoulées à quelque distance, et forment ainsi un anneau autour du pôle supérieur de la glande. Les fibres méridiennes de la membrane, distendues par le contenu, laissent apercevoir en leur centre de réunion les fibres circulaires de la calotte. Celles-ci sont disposées en deux assises, une externe qui forme une sorte de diaphragme ou de muscle orbiculaire et une interne doublant la première. Sous l'influence de la pression continue due à l'accumulation de la sécrétion, et peut-être aussi aux premières contractions de la membrane musculaire, les fibres centrales de la calotte s'écartent de manière à transformer en un sphincter leur muscle orbiculaire. La sécrétion passe sous pression par l'orifice central et arrive ainsi au contact de l'épiderme. Dans l'épaisseur de celui-ci, et d'ordinaire suivant un trajet rectiligne perpendiculaire à la surface, on voit apparaître un mince cylindre de gélification, qui intéresse seulement la zone moyenne des cloisons des cellules épidermiques.

La gélification, qui a débuté vers la profondeur, progresse peu à peu jusqu'à la cuticule qui cède la dernière. Le canal excréteur, ainsi constitué, s'ouvre au dehors par un orifice circulaire, bien distinct de l'orifice ovalaire d'un cône sensoriel. Les parois latérales se pourvoient d'une cuticule qui se détache avec chaque mue, de sorte qu'il est aisé de constater que le canal est bien un espace intercellulaire, car le moule du canal ne contient pas de noyaux.

Le canal excréteur se forme donc de l'intérieur vers l'extérieur par écartement des fibres centrales de la calotte et gélification des cloisons intercellulaires de l'épiderme ; il est tout entier intra-épidermique.

Lorsque le venin ne distend plus l'acinus, c'est-à-dire quand cesse la contraction de la membrane propre, les fibres lisses du muscle orbiculaire reviennent à leur position première et ferment l'orifice inférieur du canal excréteur. On voit en effet, un grand nombre de glandes dont le canal excréteur, bien constitué et libre est fermé à la partie inférieure par les fibres de la calotte. Il en résulte que dans ces glandes, l'excrétion n'est jamais qu'intermittente, bien que le travail sécrétoire soit continu.

La glande granuleuse de la jeune Salamandre nouvellement transformée se montre aussi développée dans sa structure que celle de l'adulte.

Cependant son contenu, quoique granuleux, est encore inactif : il n'y a donc pas parallélisme absolu entre le développement morphologique de la glande et l'activité de sa sécrétion.

Chez la Salamandre adulte, la glande conserve sa forme antérieure de glande acineuse simple, à acinus ovoïde et à canal excréteur fin et court (fig. 35, 36). Elle subit des modifications de détails qu'il faut signaler.

Le canal excréteur s'évase par son pore externe, et tout autour de cet orifice il se forme, lorsque la glande est très développée, un épais bourrelet de cellules cylindriques, qui sert de point d'appui, pendant la contraction, aux fibres les plus externes de la membrane propre.

L'acinus peut atteindre 1550 μ en hauteur et 800 μ en largeur ; les glandes les plus grosses sont précisément les premières apparues.

La dissection fine de ces glandes montre qu'après avoir enlevé l'épi-

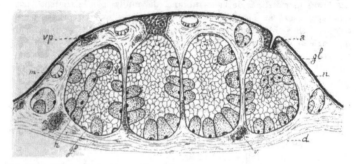

Fig. 35. — Coupe transversale et verticale de la glande parotoïde d'une *Salamandre adulte. Gl*, gl. granuleuses; *n*, leurs sacs à venin; *m*, gl. muqueuses. Orig. A.

derme et par conséquent le canal excréteur, il reste toujours adhérant à la membrane propre de l'acinus un ensemble de tissus périglandulaires que l'on peut décomposer ainsi, en partant de l'extérieur :

Une membrane primitive dermique, à lames conjonctives rapprochées et comprimées par l'expansion graduelle de la glande. Elle ne peut se distinguer extérieurement des autres parties du derme ; en dedans elle est adhérente à la couche sous-jacente, dont on ne peut la séparer par la dissection. Nous avons vu comment la compression l'a fait disparaître de la zone avoisinant le canal excréteur.

Un réseau lymphatique, dont les terminaisons aboutissent à l'acinus ;

Un réseau vasculo-pigmentaire, qui forme une couche très homogène, étroitement appliquée sur la glande lorsqu'elle est au repos. Suivant la comparaison très juste de RANVIER, l'acinus glandulaire se trouve comme une balle élastique dans son filet ; et ce réseau vasculaire a un tel développement que RAINEY décrivait la glande comme un sac vasculaire, et la rapprochait du corpuscule de Malpighi amplifié (fig. 37).

Une couche conjonctive lamelleuse et élastique très mince n'apparaît qu'au moment où la glande achève son évolution ; elle n'est bien distincte que sur les glandes à l'état de contraction. Elle est extrêmement souple et élastique, se prête à toutes les variations de volume du sac glandulaire, et guide le retour de celui-ci vers la position de repos lorsque cesse la contraction.

Des nerfs. Les expériences physiologiques sur l'excitation des nerfs

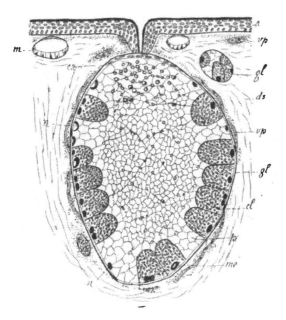

Fig. 36. — Coupe verticale d'une glande granuleuse de *Salamandra maculosa* passant par son canal excréteur. *G* = 53. *a*, épiderme; *ds*, derme; *gl*, glande granuleuse; *me*, sa membrane propre; *cl*, sac à venin; *n*, noyau libre dans le syncitium; *ca*, calotte; *m*, gl. muqueuse; *vp*, réseau capillo-pigmentaire sous-épidermique. Orig. A.

cutanés montrent l'existence des nerfs glandulaires ; mais RETZIUS, en 1892, les a observés directement, et a suivi les filets nerveux jusqu'au contact immédiat des sacs à venin, en dedans par conséquent de la membrane musculaire. Il existe aussi des terminaisons entre les sacs à venin et jusqu'entre les cellules qui bordent le canal excréteur.

Plus récemment (1904), ESTERLY a vu les terminaisons nerveuses sur les glandes de *Plethodon oregonensis*. Les cellules glandulaires sont entourées d'un filet de fibres dont les plus terminales aboutissent directement aux noyaux. Les fibres musculaires de la membrane reçoivent elles-mêmes des terminaisons effilées ou dilatées en expansions.

L'acinus se compose comme chez les jeunes d'une membrane muscu-laire, de noyaux et de sacs à venin et d'un réseau protoplasmique commun.

Une membrane musculeuse. Cette enveloppe a une épaisseur à peu

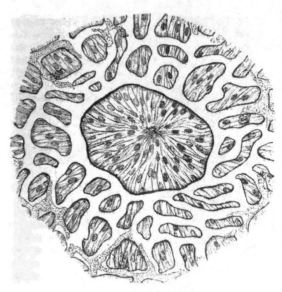

Fig. 37. — Pôle supérieur vu de face de la glande venimeuse de *Salamandra maculosa* montrant les fibres lisses méridiennes de la membrane, et le réseau capillaire enser-rant la glande. Orig. A.

près uniforme ; elle est constituée par des fibres musculaires lisses orien-tées pour la plupart suivant les méridiens de la glande. Elle est renforcée à son pôle externe par les fibres circulaires qui forment la calotte, ou collet de la glande. Entre les bords d'insertion des fibres méridiennes se trouvent de minces fentes qui favorisent la circulation plasmatique et la migration des globules blancs.

La membrane propre, contractile, est fermée à l'état de repos par le muscle orbiculaire de la calotte. L'existence de ce dernier est acceptée par tous les auteurs qui ont étudié par eux-mêmes la structure des glandes.

Sa disposition permet de résumer en quelques lignes le mécanisme de l'excrétion sur lequel nous reviendrons d'ailleurs dans l'étude physiologique.

Lorsque les fibres lisses de la membrane sont excitées, soit directement, soit par l'intermédiaire du système nerveux, elles entrent en contraction ; la membrane comprime son contenu en prenant un point d'appui sur le bourrelet épidermique que nous avons décrit et qui se déprime à ce moment en entonnoir. Le venin pressé du fond vers l'orifice écarte les fibres du muscle orbiculaire, et force l'étroit passage pour s'échapper par le canal. Peut-être à cette action mécanique doit-on ajouter une action inhibitrice sur le muscle orbiculaire ; c'est ce que nous ne pourrions jusqu'à présent démontrer.

Pendant cette contraction du sac glandulaire, on voit les noyaux qui reposent sur la paroi s'allonger radialement en ne conservant que de minces pédicules d'insertion, ou même quitter la paroi avec leurs sacs à venin.

Pendant toute la durée de la contraction, le sac musculaire abandonne, grâce à l'élasticité de la couche lamelleuse, le réseau vasculo-pigmentaire voisin. Il se fait donc dans cette région péri-glandulaire un vide partiel très favorable à la sortie des liquides et des leucocytes du réseau vasculaire et lymphatique environnant. On voit en effet, de nombreux globules blancs autour de la membrane propre lorsque celle-ci a repris son état de repos.

Nous avons constaté qu'en dehors de l'état de contraction, on ne voit jamais sourdre de venin par les pores épidermiques.

L'action expulsive de la contraction normale ne vide pas complètement la glande ; en outre elle n'aboutit jamais à la projection au loin de gerbes de venin, comme quelques auteurs le signalent. L'expulsion est involontaire et résulte d'un réflexe, comme nous le verrons au chapitre de la physiologie.

Le protoplasme. A l'intérieur de la membrane propre on trouve un protoplasme commun réticulé qui présente les mêmes caractères que chez la larve âgée. Les mailles du réseau s'insèrent sur tous les points libres de la membrane, sur les noyaux nus et sur les sacs à venin. Un suc hyalin est répandu entre les mailles, et l'on trouve aussi des granulations libres provenant des sacs à venin.

Les noyaux et les sacs à venin. La plupart des noyaux sont appliqués directement sur la membrane propre ; mais on en peut trouver aussi à quelque distance de la paroi, libres ou inclus dans les sacs à venin. Ils forment donc un revêtement discontinu et des plus irréguliers, qu'on ne pourrait guère comparer à un épithélium. Les noyaux géminés sont aussi nombreux que chez la larve et résultent d'une division directe

Des groupes de 4, 6, 8, se montrent en outre sur certains points de la paroi, qui paraissent ainsi des nids à noyaux.

En ces points, nous n'avons jamais rencontré de mitoses, mais la division directe y est très active. Il y a en outre afflux de leucocytes par les fissures de la membrane pendant les contractions de celle-ci, car les nombreux petits noyaux que l'on rencontre intimement appliqués sur la face interne de cette membrane électriquement excitée, ne diffèrent pas de ceux qui se trouvent sur sa face externe ou dans l'espace sous-vasculaire. Les leucocytes une fois entrés donnent-ils des noyaux de remplacement qui, avec les noyaux provenant de la division directe, pourvoieraient à l'activité continue de la glande? Le fait est possible sans être certain. Il n'est pas admis par tous les auteurs, car les noyaux embryonnaires et ceux qui proviennent de la division directe peuvent suffire au fonctionnement continu de la glande.

Travail sécrétoire du noyau. — Les noyaux d'attente restent généralement petits et appliqués sur la membrane. Ils sont sphériques, de même que la plupart des gros noyaux au début de leur période d'activité.

Parmi ces gros noyaux, les uns après s'être développés et avoir émis autour d'eux des granulations, peuvent se détacher de la paroi avec le sac qui les entoure et terminer leur évolution à l'intérieur de l'acinus.

Des noyaux peuvent même accomplir toute leur évolution dans le réticulum protoplasmique, et donner lieu à des sacs à venin aberrants, comme nous l'avons plusieurs fois observé. La plupart toutefois accomplissent au contact de la membrane musculaire toutes les phases de leur existence. Ils augmentent d'abord considérablement de volume ; leur plus grand diamètre qui, au repos, n'atteint par 20 μ, est porté progressivement à 95 sur 8 à 37 de large ; ils fixent fortement les colorants basiques et présentent un gros nucléole acidophile. A l'intérieur, il se forme une ou plusieurs vacuoles et, dans un ou plusieurs points du réseau nucléaire, ainsi que sur la surface libre du noyau, on voit apparaître des boyaux nucléiniens moniliformes, puis des granulations réfringentes, régulièrement sphériques ou ovoïdes dont le diamètre varie de 1 à 10 μ, et qui fixent comme le nucléole les colorants acides. Le plus souvent les granulations gagnent le centre vacuolaire du noyau et s'y accumulent. D'après VIGIER qui a étudié sur le *Molge cristata* la sécrétion nucléaire, ces granulations proviendraient du travail propre du nucléole vrai, signalé par Heindenhain. LAUNOY (1903) a confirmé ces données pour le même animal.

La portion du noyau comprise entre cette poche centrale à contenu granuleux et la membrane propre se réduit de plus en plus ; le noyau prend alors la forme d'une cupule appliquée par ses bords sur la membrane propre, d'une sorte de têt à gaz enfermant entre sa voûte et la membrane les granulations sécrétées. Suivant l'obliquité de la coupe, un tel noyau apparaît soit comme un arc, soit comme une couronne elliptique ; et ses grandes dimensions permettent de le suivre sur plusieurs coupes successives. Quelquefois il se forme à l'intérieur du noyau plusieurs groupes de granulations qui découpent alors la trame en fragments plus irréguliers laissant subsister un ou plusieurs piliers centraux supportant la voûte : ces noyaux rappellent ainsi la forme d'un agaric ; ceux qui ne semblent reliés à la membrane que par des filaments périphériques apparaissent plutôt comme une nacelle renversée fixée par ses cordages, et Schultz, qui avait aussi observé ces aspects, compare un tel noyau à un aérostat.

Chez tous les autres Batraciens dont nous avons étudié la peau, nous n'avons pas observé ces formes ; le noyau est toujours ovoïde ou sphérique, malgré son grand développement, même lorsqu'une contraction violente de la membrane l'a libéré dans le protoplasme commun.

Au fur et à mesure que le noyau émet ses granulations, le réseau nucléaire devient plus clair ; les granulations incluses s'échappent par les interstices et les mailles des cordages. En même temps, les portions du réseau nucléaire qui retenaient les granulations changent d'électivité pour les colorants et fixent ceux du protoplasme, la périphérie et la membrane nucléaire évoluant les dernières. C'est ainsi que meurt le noyau, après s'être réduit en granulations, qu'il met en liberté autour de lui, et en un fin réticulum, qui devient indistinct du réseau environnant. Les produits de sa fonte constituent le venin.

Ces noyaux en cupules, en nacelles, en champignons, ne se rencontrent que dans les glandes de la Salamandre âgée, ou tout au moins adulte. Ils représentent probablement les noyaux embryonnaires, ceux qui proviennent de la division mitoxique, au terme de leur évolution. Ce qui donnerait quelque raison à cette manière de voir, c'est leur adhérence intime à la membrane propre. Pendant les contractions de celle-ci, ils se déforment, leurs tractus s'étirent, mais ils restent attachés à la paroi, tandis que dans les mêmes conditions les noyaux sphériques peuvent devenir libres.

Sacs à venin. Les sacs à venin se trouvent irrégulièrement répartis sur la membrane propre, plus nombreux toutefois sur le pôle profond que vers la moitié supérieure de la glande. Ils forment des masses volumineuses à surface libre arrondie et turgescente, qui sont les cellules géantes de Leydig. Leurs sommets se trouvent le plus souvent disposés sur un même arc concentrique à la section de la membrane, ce qui donne à première vue l'illusion d'un épithélium continu.

Mais le plus souvent, à un moment donné, un petit nombre des noyaux seulement sont granulifères ; ils donnent lieu dans ce cas à des groupes de sacs à venin séparés par des intervalles ; ou bien on voit partir des points de la paroi correspondant à ces noyaux des colonnes articulées de sacs à venin, qui s'avancent vers le centre de l'acinus en masses bourgeonnantes ou qui la traversent pour atteindre un autre point de la paroi. Les sacs qui font partie de ces bourgeonnements entraînent leur noyau qui achève son évolution comme s'il était encore attenant à la membrane (voir fig. 35).

Qu'ils reposent directement sur la membrane, qu'ils se trouvent isolés dans le protoplasme central, ou bien encore qu'ils fassent partie de masses bourgeonnantes, ces sacs sont toujours essentiellement constitués par le noyau, les granulations qu'il émet et la membrane d'enveloppe provenant du refoulement du réseau protoplasmique environnant.

D'ordinaire, les granulations sont très serrées dans la membrane qu'elles distendent, et on ne peut distinguer entre elles aucune substance unissante ; mais lorsque la paroi est rompue ou partiellement vidée, on aperçoit à l'intérieur un fin réseau protoplasmique, reste peut-être du réseau nucléaire, et dont les filaments se trouvent, à travers les mailles de la membrane, en continuité avec ceux du réseau central commun.

L'ensemble du réseau protoplasmique, des sucs cellulaire et nucléaire, épaissi par les granulations qu'excrète le noyau constitue le venin des glandes granuleuses. Sa formation est continue, mais lente. Lorsqu'on a vidé la glande par une excitation électrique tétanisante ou par compression directe, le venin se régénère, d'abord opalin et fluide et ne possédant pas encore ses propriétés toxiques, qui sont corrélatives de la présence des granulations.

Développement et structure des glandes muqueuses

Les ébauches des glandes muqueuses n'apparaissent que tardivement vers la fin de la vie larvaire, alors que les glandes granuleuses primitivement apparues entrent en activité sécrétoire.

Nous avons vu que ces glandes sont disséminées chez l'adulte sur toute la surface du corps et qu'elles existent seules dans les régions du ventre, du menton et sur la face interne et inférieure des membres.

La première phase de l'évolution du bourgeon qui donnera une glande muqueuse est en tous points semblable à celle du bourgeon qui évoluera en glande granuleuse : la cellule mère se divise par karyokinèse, ainsi que les premières cellules filles, de façon à former un glomérule plein. Lorsque la karyoknèse cesse dans ce bourgeon, les cellules centrales s'écartent vers la périphérie, de manière à ménager une cavité intérieure qui va grandissant.

Les cellules sont encore à ce moment toutes de même grandeur ; elles ne fixent que modérément les colorants. Mais bientôt les plus externes du bourgeon s'aplatissent ainsi que leurs noyaux sur les cellules sous-jacentes, et forment par leur affrontement bords à bords une enveloppe qui deviendra la membrane propre. Vers le pôle épidermique cette jeune membrane présente le même épaississement en calotte que les glandes granuleuses.

Jusque là, et à ne considérer que les cellules externes du bourgeon, le développement est en tous points celui des glandes granuleuses. Mais si l'on considère les cellules centrales du bourgeon, la confusion à ce stade même devient impossible. Contrairement à ce qui a lieu pour les glandes granuleuses, ces cellules restent toutes égales entre elles et s'appliquent sur la membrane de façon à former un revêtement continu sur la moitié profonde de l'acinus.

Les cellules ainsi appliquées deviennent cylindriques ou cubiques ; elles ont des contours nets et s'allongent vers la lumière glandulaire. Leur développement est simultané et régulier, de sorte qu'elles forment un épithélium continu se terminant vers l'équateur de la glande (fig. 38). Dans chaque cellule, il n'y a de particulier que le noyau. Celui-ci n'acquiert jamais les dimensions énormes des noyaux des glandes granuleuses ; il reste toujours moyennement développé comme ses voisins ; mais il s'allonge radialement en même temps qu'il s'étale sur sa face de contact avec la membrane. Il prend ainsi une forme pyramidale, à sommet interne qui paraît s'insinuer sur une paroi latérale vers la lumière de la glande.

Autour de ces noyaux, jamais il n'apparaît de granulations, le protoplasme de la cellule est homogène, fixe très faiblement les colorants, contrairement au noyau qui se teinte fortement. Les membranes cellulaires sont distinctes et se terminent en un bord net formant dans l'ensemble un arc dont les extrémités vont rejoindre insensiblement la membrane musculaire ; l'épithélium sécréteur est donc ainsi disposé en cupule sur la moitié interne de l'acinus.

Quant à la lumière centrale elle est vide jusqu'à ce que les cellules entrent en activité sécrétrice.

A la fin de la vie larvaire, les glandes muqueuses comme les granuleuses sont donc des glandes closes incluses dans le derme qui recouvre leur pôle supérieur d'une mince lame conjonctive ; elles comprennent :

Des tissus périglandulaires.

Des tissus glandulaires proprement dits.

Les tissus périglandulaires sont constituées identiquement comme ceux des glandes spécifiques par les couches suivantes :

La membrane primitive dermique ;

Le réseau lymphatique ;

La couche vasculo-pigmentaire. Celle-ci, comme le réseau lymphatique, n'enveloppe pas complètement la glande ; elle forme une sorte de couronne parallèle au plan équatorial de l'acinus, et qui se continue avec le réseau capillaire supérieur du derme, ou plutôt ce réseau devient plus dense autour de chaque acinus ; il suffit à la glande dont les dimensions restent toujours petites, relativement au volume des glandes granuleuses.

La membrane propre de la glande est donc par sa calotte profonde directement appliquée sur la membrane dermique.

Des nerfs et leurs terminaisons. ENGELMANN a montré à propos de la Grenouille, que les tissus glandulaires proprement dits comprennent :

Une membrane propre, à fibres musculaires lisses embryonnaires, un peu moins épaisse que celle des glandes granuleuses, mais ayant exactement les mêmes caractères.

Un épithélium cylindrique, qui tapisse la moitié profonde de la glande et déverse sa sécrétion muqueuse dans la lumière de l'acinus. Cet épithélium est donc très différent de celui des glandes granuleuses ; il rentre dans les types les plus fréquents et, par son mode de sécrétion, fait de la glande à venin muqueux une glande mérocrine, tandis que la glande granuleuse serait comparable à une glande holocrine.

Cette structure générale de l'acinus glandulaire reste la même dans son ensemble chez la jeune Salamandre nouvellement transformée ; mais la glande achève son évolution morphologique.

En particulier, les fibres lisses embryonnaires se multiplient et acquièrent leur fonction contractile ; elles s'organisent définitivement en membrane musculaire. Autour de celle-ci apparaît cette couche conjonc-

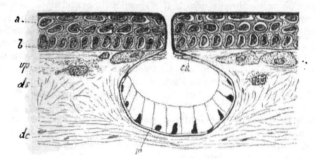

Fig. 38. — Coupe de la peau d'une *Salamandre* nouvellement transformée, au niveau d'une glande muqueuse *m*, et d'une tache jaune du tégument. *a*, épiderme et sa basale *b; ds, dc,* derme; *J,* chromoblastes jaunes; *vp,* réseau capillo-pigmentaire sous épidermique. Orig. A.

tive lamelleuse qui permet les variations de volume du sac glandulaire, sans arrachement ni compression du réseau vasculaire.

Il apparaît enfin un canal excréteur épidermique par le même mécanisme que pour la glande granuleuse.

C'est donc à la même période de la vie de l'animal, c'est-à-dire au début de l'existence terrestre que les deux sortes de glandes à venin achèvent leur développement morphologique, lent pour les glandes granuleuses, plus rapide pour les glandes muqueuses. Mais, tandis qu'à ce moment la sécrétion granuleuse n'est pas encore toxique, la sécrétion muqueuse a déjà acquis ses propriétés physiologiques venimeuses.

La glande muqueuse ainsi constituée ne se modifie guère chez l'adulte; elle acquiert une certaine grosseur, la même pour toutes, qui n'atteint jamais celle des glandes granuleuses à localisation fixe. Le fond de son acinus ne dépasse pas la moitié supérieure du derme. La peau seule s'est épaissie dans son ensemble et surtout dans son derme sans que changent la configuration générale ni les rapports de la glande (fig. 38). Ajoutons en outre, que l'excrétion de ces glandes a le même caractère d'intermittence que celle des glandes granuleuses ; la Salamandre ne sue ni comme elle veut ni quand elle veut ; la plupart du temps sa peau, quoique molle, est si sèche qu'elle en paraît vernie ; il faut l'exciter ou l'inquiéter pour qu'apparaisse sa sueur émotive.

On voit par ce qui précède que les deux sortes de glandes à venin de la Salamandre terrestre ont même origine, que la cellule mère subit la division mitosique qui se poursuit jusqu'à la formation d'un bourgeon glandulaire plein situé tout entier dans la partie supérieure du derme et tangent à la basale. Le développement est le même, sauf en ce qui concerne l'épithélium, atypique pour les glandes granuleuses, régulier pour les glandes muqueuses.

Ces glandes sont des glandes acineuses simples à canal excréteur tout entier situé dans l'épiderme ; elles ont le même mode intermittent d'excrétion. Quant à la différence de développement de leur partie essentielle, l'épithélium sécréteur, nous pensons qu'elle pourrait tenir à la diversité des cellules fixes du derme ; nous en avons trouvé qui évoluent en cellules pigmentaires, d'autres en clasmatocytes ; parmi celles qui prolifèrent par karyokinèse, il n'est pas étonnant qu'elles soient par ailleurs dissemblables, alors que les leucocytes eux-mêmes présentent de si grandes différences morphologiques et physiologiques.

MODIFICATIONS DE LA STRUCTURE DE LA PEAU

Elles ont été considérées comme résultant d'une disposition ou d'un développement prédominant de ses glandes venimeuses.

Nous avons vu les cas (verrues, plis, poils charnus), où cette interprétation est justifiée ; il nous reste à signaler les modifications qui en sont indépendantes et qui pourraient donner lieu à une confusion.

Ces accidents cutanés se rencontrent les uns sur toute la peau, les autres sur l'une ou l'autre seulement de ses couches ; elles ont trait aux saillies permanentes ou temporaires, à la vascularisation, à la pigmentation et aux inclusions dermiques.

Saillies temporaires. — Les principales sont liées à la période nuptiale, période où la plupart des Batraciens, même ceux qui mènent une vie terrestre, reviennent à l'eau pour s'y reproduire. Elles sont généralement plus marquées chez les mâles que chez les femelles, et peuvent changer la physionomie des animaux. Ainsi, tandis que la femelle du *Molge cristata* conserve à peu près sa livrée terrestre, l'épiderme acquérant toutefois la propriété d'être mouillée par l'eau et la queue se comprimant légèrement en nageoire, le mâle prend des tons plus éclatants, se pourvoit d'une ample nageoire caudale et d'une superbe crête qui s'étend sur la ligne médiane de tout le corps depuis la face supérieure de la tête jusqu'au voisinage de la nageoire caudale (fig. 39, 40).

Ces productions temporaires ne portent pas de glandes granuleuses. De plus, en arrière des pattes postérieures, les bords du cloaque forment à ce moment chez la plupart des Urodèles un volumineux bourrelet dû à l'hypertrophie momentanée des glandes génitales accessoires, un peu moins développées chez la femelle que chez le mâle.

Quelques-unes des productions de la période nuptiale sont constituées uniquement par l'épiderme et tombent après la période de reproduction. Il en est ainsi pour les *papilles* disséminées sur tout le corps chez la

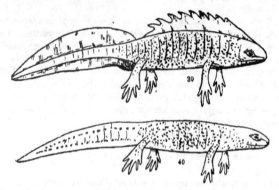

Figs. 39, 40. — *Molge cristata* : 39, mâle en parure de noce; 40, femelle.

femelle de la *Rana temporaria* et le mâle de la *Rana liebigii*, chez les Urodèles des genres *Euproctus* et *Pleurodeles ;* l'épiderme de ces derniers présente des aspérités formées de massifs de cellules disséminées sur les deux faces du corps. Chacune des éminences comprend une portion centrale de cellules polyédriques du stratum mucosum, recouverte de cellules plus aplaties du stratum cornéum.

D'après LEYDIG, les *Molge alpestris* et *punctatus*, en livrée ordinaire terrestre, ont un aspect rugueux dû aussi à des aspérités épidermiques unicellulaires qu'il appelle *bosses pyramidales*. Ces saillies sont le plus souvent brunâtres ou même noires vers leur extrémité libre (*Tylotriton, Pleuronectes, Euproctes, Bombinator...*) mais leur couleur peut aussi être plus claire : elles sont roses chez les *Rana temporaria et liebigii*, grisâtres chez les *Hyla*.

Chez les mâles les productions qui leur sont spéciales sont d'ordinaire localisées aux régions qui leur servent à maintenir la femelle pendant l'accouplement ou la ponte ; ce sont des saillies recouvertes de papilles et que LATASTE, qui les a particulièrement étudiées chez nos Batraciens indigènes, désigne sous le nom d'*excroissances nuptiales* ou de *brosses copulatrices*. Chez les Rana, elles sont limitées au tubercule plantaire principal, qu'elles recouvrent à peu près entièrement, et à la face interne et supérieure du pouce (fig. 41). Leurs dimensions et leurs dessins varient suffisamment pour avoir permis à THOMAS d'en faire des caractères spécifiques.

Le *Discoglossus pictus* est d'après LATASTE, l'espèce la plus riche en papilles ; ces dernières sont cornées, très noires, volumineuses ; elles recouvrent la tubérosité palmaire, la face interne et supérieure du pouce, la face interne du deuxième doigt ; une bande brune borde le pourtour de la lèvre inférieure ; d'autres sont isolées sur la poitrine, la gorge, l'avant-bras, le bord interne de la cuisse, toute la face supérieure de la jambe, la portion interne du tarse, et jusque sur le pied. Il en existe en outre au pourtour de l'orifice anal et jusqu'à la région lombaire.

Chez le *Bombinator igneus*, les brosses sont peu saillantes, mais assez

FIGS. 41, 42. — Excroissances nuptiales de la patte antérieure : 41, chez la *Rana temporaria;* 42, chez le *Bufo bufo.* D'après G.-A. BOULENGER.

larges ; leur teinte est gris bleu ; elles sont situées sur l'avant-bras, sur le tubercule palmaire principal et les deux premiers doigts.

Chez le *Pelodytes punctatus*, les brosses sont brunes, cornées et presque lisses (fig. 42).

Chez les *Bufo*, les plaques sont peu saillantes ; elles occupent le tubercule palmaire, les deux premières phalanges et un peu les troisièmes des deux premiers doigts. Leur aspect est le même chez le *Bufo bufo* que chez le *Bufo calamita.*

Plus récemment BRUNO, qui ne semble pas avoir connaissance du mémoire de Lataste, décrit tout au long la disposition du pouce des mâles chez la *Rana esculenta* et les glandes particulières du derme sous-jacent. Nos espèces indigènes suivantes : *Hyla viridis, Alytes obstetricans, Pelobates fuscus* et *cultripes* ne possèdent pas de brosses d'adhérence ; mais les pelotes visqueuses des doigts des Hyla leur rendent les mêmes services; l'Alyte mâle qui, seul parmi nos Anoures, ne fait pas sa ponte à l'eau, et dont le mâle se charge du soin des œufs, n'a pas besoin d'un mode de fixation durable et énergique de la femelle. Quant aux Pélobates mâles, ils possèdent une sorte d'organe dont l'usage n'apparaît pas au premier abord ; c'est une plage glandulaire saillante située sur la face supéro-externe du bras. A son niveau la surface de l'épiderme est absolument lisse et ne présente que des pores glandulaires. Pour ce motif LATASTE considère cette masse comme la portion dermique d'une excroissance nuptiale, puisque ses glandes entrent en activité sécrétoire au moment des amours, mais incomplète puisque l'épiderme qui la recouvre ne développe jamais de papilles (figs. 43 à 45). L'étude histologique que nous en avons faite justifie pleinement cette prévision : en comparant

FIG. 43. — Face ventrale du corps montrant les excroissances nuptiales du *Pelodytes punctatus.* D'après G.-A. BOULENGER.

cette masse à celle du pouce de la *Rana esculenta*, on n'observe d'autre différence que l'absence des papilles cornées. Chez les deux sujets, la masse glandulaire est formée de tubes courts ou d'acinus allongés en sacs, recouverts à l'intérieur d'un épithélium continu et cylindrique remplissant à peu près la lumière centrale. Chaque cellule se montre remplie dans le protoplasme de fines granulations de même volume, qui disparaissent au cours du développement, de telle sorte qu'au moment de l'excrétion on ne voit plus sur les parois des sacs que des noyaux plus ou moins nettement séparés par les restes des cloisons cellulaires, et plongeant dans la sécrétion muqueuse qui remplit tout le sac. Sans insister sur les détails que nous avons donnés dans un travail spécial, nous pouvons remarquer que les caractères précédents suffisent pour distinguer cette formation nuptiale des glandes muqueuses et d'une parotoïde aberrante.

Saillies permanentes. — L'épiderme forme parfois à lui seul des productions diverses qui se rencontrent chez les deux sexes, et peuvent déjà se manifester pendant la vie larvaire. Les extrémités des doigts et des orteils peuvent être pourvus d'ongles ou de griffes : chez le *Xenopus*

FIG. 44. — Glande brachiale du *Pelobates cultripes*. Orig. A.

lævis (fig. 46), les trois premiers orteils sont terminés par des griffes ; les larves d'*Hymenochirus* et d'*Onychodactyles* du Japon présentent comme les adultes des étuis cornés aux doigts et aux orteils. Chez le *Pelobates cultripes*, fouisseur nocturne des dunes de la Loire inférieure,

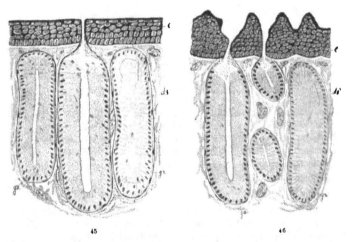

45   46

FIG. 45, 46. — Structure de la glande brachiale. 45, chez le *Pelobates cultripes;* 46, chez la *Rana esculenta, ga,* tube glandulaire en activité sécrétoire; *gr,* glande qui vient d'excréter. Orig. A.

le premier os cunéiforme se développe en une saillie recouverte par une lame cornée brunâtre et tranchante dont l'animal se sert pour pénétrer dans le sable (fig. 47). Sa position est alors des plus curieuses et peut être observée en captivité : mis au voisinage d'un tas de sable, l'animal tourne le dos au monticule, s'enfonce le derrière le premier, ramenant en avant, par le jeu alternatif de ses pattes postérieures, le sable dont il ne tardera pas à être recouvert.

Ces productions cornées ne peuvent donner lieu à aucune confusion en ce qui concerne les glandes venimeuses ; mais il n'en est pas de même des papules qui chagrinent la peau des *Molge* et le ventre des *Hylidés*, des *Ranidés* et des *Bufonidés*, non plus que les deux replis longitudinaux godronnés de la grande *Salamandre du Japon*, les arêtes tranchantes qui forment des crêtes dorsales et des cornes chez les *Ceratophrys*, et qui avec les dimensions énormes de la tête donnent à cet extraordinaire Cystignathidé du Brésil l'air d'un poisson cuirassé, les ailettes qui s'étendent verticalement en arrière de l'œil chez l'*Otolyphus margaritifer* et qui,

FIGS. 47, 48. — Productions cornées de la peau. 47, ongles cornés de la patte postérieure du *Xenopus lævis*; 48, ergot de la patte postérieure du *Pelobates cultripes*. D'après BLON.

jointes aux autres crêtes cutanées et aux granulations de toute la peau, impriment à cet étrange animal l'aspect d'un caméléon anoure. Toutefois, chez les Batraciens, qui sont déjà protégés par leurs glandes venimeuses, les expansions cornées épidermiques atteignent rarement l'exubérance qu'elles manifestent chez certains Sauriens, et ne semblent en aucune façon pouvoir être utilisées à la défense.

Epiderme vasculaire. — Chez tous les Batraciens, l'existence d'un réseau capillaire sous-épidermique très développé permet une respiration cutanée intense qui parfait la respiration branchiale à elle seule insuffisants, et supplée la respiration pulmonaire pendant l'immersion.

Cette respiration cutanée se trouve assurée chez les espèces à cuir épais, et chez d'autres mêmes à peau plus mince, par la pénétration dans l'épiderme du réseau sous-épidermique ; c'est là un fait qui n'a guère été jusqu'à présent signalé que chez les Batraciens et les Vers. LEYDIG, le premier, a observé chez le *Menopoma giganteum* de l'Amérique du Nord, proche parent de la Salamandre du Japon, et chez le *Pleurodeles waltlii* voisin de la Salamandre terrestre de nombreux capillaires envoyant des anses pénétrantes dans l'épiderme. Le même auteur a également signalé la présence de capillaires épidermiques chez les *Hirudinés*.

Mojsisovics a vu des capillaires pénétrer dans le milieu de l'épiderme des *Lombricides*.

Dans un travail sur l'épiderme et ses dépendances, MAURER signale dans la peau du *Megalobatrachus maximus*, des papilles pénétrant la couche de Malpighi et s'avançant jusqu'au-dessous de la couche cornée. Dans les unes, il décrit, sans les figurer, la pénétration de capillaires sanguins, mais il considère les autres comme des organes du sixième sens en voie de régression.

Or, en prélevant sur un sujet vivant un fuseau cutané et le fixant aussitôt par le sublimé acétique, nous avons pu voir sur les coupes que

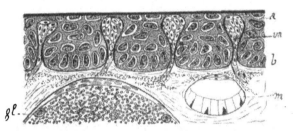

FIG. 49. — Coupe de la peau du *Megalobatrachus maximus*, montrant la pénétration jusqu'au dessous de la cuticule des anses capillaires. *a*, épiderme, et sa basale *b*; *m..gl.* muqueuse; *gl.*, pôle externe d'une gl. granuleuse. Orig. A.

toutes les papilles intra-épidermiques sont uniquement vasculaires et qu'elles contiennent des globules du sang. Elles ne sont séparées du corps muqueux que par la paroi très mince du capillaire (fig. 49, 50). Ces papilles forment des anses qui s'élèvent jusqu'au contact de la couche cornée, et ne présentent pas de ramifications transversales ; elles découpent l'épiderme en îlots assez réguliers d'aspect caractéristique, et amènent ainsi le sang à fleur de peau. Cette disposition permet à l'animal de rester longtemps immergé.

Chez un Apode aquatique, le *Typhlonectes natans*, FUHRMANN a vu l'épiderme relativement mince être pénétré par les capillaires dermiques et former un réseau superficiel. Chez l'*Euproctus asper* des Pyrénées, l'épiderme est aussi vascularisé (DESPAX), de même que sa muqueuse bucco-laryngée (CAMERANO), de sorte que chez ces animaux dépourvus de poumon, la respiration s'effectuerait par la peau et la muqueuse ; les expériences plus récentes de M. LAPICQUE sur l'*Euproctus montanus* montrent clairement que la respiration cutanée chez cet animal est la seule importante et indispensable.

Pigmentation (mélanisme, albinisme...). — Les cellules à pigment noir peuvent normalement exister seules dans le tégument des Batraciens (*Salamandra atra*...) ; elles forment la couleur de fond de beaucoup d'autres Urodèles (*Salamandra maculosa*, *Triton cristatus*, *Siren lacertina*, *Amphiuma means*, *Axolotl*...). Chez la Sirène lacertine, en particulier, elles forment une lame épaisse entre les deux couches du derme, sur laquelle reposent en y marquant leurs dépressions les acini des deux sortes de glandes. Le pigment s'y présente sous la forme de granulations ovoïdes toutes semblables entre elles, et comparables à de gros coccobacilles (fig 51). Par contre, lorsque ce pigment ne se trouve qu'en faible quantité, l'épiderme laisse transparaître en rose le réseau sanguin sous-épidermique, comme nous l'avons observé chez une Salamandre ter-

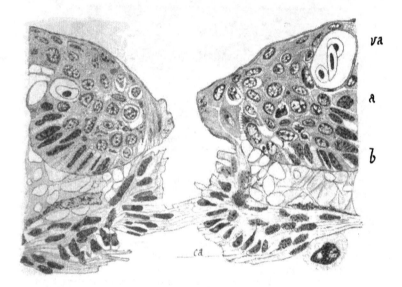

Fig. 50. — Coupe verticale au niveau du collet d'une gl. granuleuse de *Megalobatrachus maximus*. *c*, cuticule; *va*, coupe d'une anse vasculaire; *a*, épiderme et sa basale *b*; *ca*, fibres circulaires de la calotte. D'après C. PHISALIX.

restre ; le sujet est frappé d'albinisme relatif. Celui-ci est complet chez quelques Batraciens cavernicoles, tels que le *Proteus anguinus*, chez le *Typhlonectes rathbuni*, l'*Axolotl* (variété alba) ; encore peuvent-ils élaborer du pigment noir lorsqu'on les expose pendant un certain temps à la lumière. Sur ces albinos, on distingue très bien les glandes des deux sortes et même les écailles des Apodes.

L'albinisme et le mélanisme peuvent se rencontrer dans la même

espèce ; on en connaît des cas chez l'*Alytes obstetricans*, les *Rana esculenta* et *temporaria*, le *Bufo viridis*.

Dans la plupart des cas, les Batraciens possèdent dans cette assise
capillaire sous-dermique plusieurs catégories de cellules pigmentaires de
colorations diverses, dont la contraction réflexe par groupes déterminés
donne lieu à des changements mimétiques qu'on observe pour la même
cause chez les Mollusques Céphalopodes et les Caméléons.

Rarement, il n'existe qu'un seul pigment noir comme chez *Salamandra atra*, ou jaune comme chez *Dermophis thomensis*.

Inclusions dermiques (glomérules crétacés, os, écailles...). — Chez

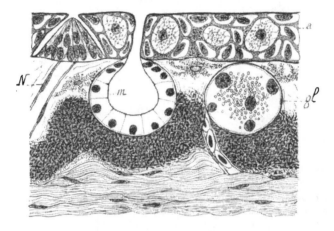

Fig. 51. — Peau de *Siren lacertina* avec son épaisse couche pigmentaire, *a*, épiderme
avec cellules de Leydig; *gl*, glande granuleuse; *m*, glande muqueuse; *N*, nerf. Orig. A.

quelques crapauds : *Bufo bufo*, *B. cinereus*, la couche spongieuse du
derme, dans la région qui correspond au pôle profond des acini muqueux,
est abondamment pourvue de glomérules anhystes, irréguliers et demi-
transparents dont la réfrigérence les rend très apparents sur les coupes
avant toute coloration. RAINEY, qui les a signalés le premier chez le *Bufo
bufo*, signale qu'ils font effervescence au contact des acides et les considère comme infiltrés de carbonates de chaux et de magnésie. Cette opinion a été confirmée par le Dr DAVY, d'après l'analyse élémentaire de la
peau. La crypte dermique qui les renferme ne montre ni parois différen-
ciées, ni noyaux refoulés et aplatis ; après leur décalcification, il reste un
substratum formé de couches irrégulièrement concentriques et ayant la
même élection pour les colorants que les glandes muqueuses (fig. 52)

Cette calcification du derme explique la dureté de la peau des Crapauds, qui résiste à la coupe, et qui n'a pas la même souplesse que chez les autres Batraciens. On observe également des dépôts calcaires dans le derme de la face dorsale chez la *Phyllomedusa bicolor*.

Chez d'autres Batraciens et seulement chez les Anoures, le derme

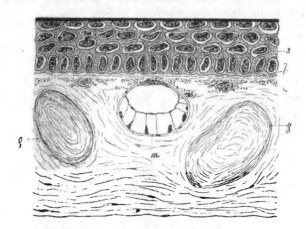

FIG. 52. — Glomérules fibro-calcaires intra-dermiques de la peau du *Bufo bufo*. Orig. A.

peut présenter des formations osseuses plus étendues qui se soudent aux apophyses des vertèbres ou aux surfaces du squelette sous-jacent. Cette

FIG. 53. — Ecaille dermique de *Cœcilia tentaculata*. Orig. A.

ossification se produit au niveau du crâne chez les *Pelobates*, les *Tripion*, les *Hemiphractus* et les *Colyptocephalus*, au niveau du dos chez le *Brachycephalus ephippium*.

Nous avons vu enfin que tout un groupe de Batraciens Apodes présentent sur le bord postérieur des anneaux cutanés de une à trois rangées d'écailles cycloïdes dirigées obliquement d'avant en arrière et de la profondeur vers la surface depuis la portion compacte du derme jusqu'au contact immédiat de la basale (fig. 53). Ces écailles sont constituées par une lame dermique dont les noyaux occupent la couche profonde, tandis que la couche superficielle porte de petits corps réfringents de forme irrégulière qui constituent la partie résistante de l'écaille et lui donnent sa striation.

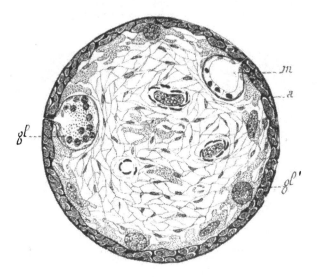

Fig. 54. — Coupe transversale d'un poil cutané glandulaire du *Trichobatrachus robustus*. *m*, *gl*. muqueuse ; *gl*, glande granuleuse ; *gl*, bourgeons glandulaires. Orig. A.

MODIFICATIONS DE LA STRUCTURE DES GLANDES

Les glandes muqueuses ne varient que très peu en raison de leur structure typique et simple ; aussi ne constate-t-on de différences que dans les dimensions de l'acinus, qui présente invariablement la forme d'une sphère plus ou moins aplatie contre la face interne de l'épiderme. Chez un même animal, elles ont les mêmes dimensions ; mais celles-ci varient un peu suivant l'espèce considérée : C'est dans la peau et les poils cutanés de *Trichobatrachus robustus* que nous les avons trouvées les plus faibles pour les deux catégories de glandes : elles n'atteignent que 60 à 90 μ de diamètre, soit environ la grosseur des noyaux des glandes granuleuses de la Salamandre terrestre (fig. 54). Chez l'*Ichthyophis glutinosus*, leur diamètre est voisin de

80 μ ; il est de 250 μ chez le *Siphonops annulatus*, de 95 à 150
μ chez la *Salamandra maculosa* ; il atteint 435 μ chez le *Megalobatrachus
maximus* du Japon.

Les glandes granuleuses présentent des modifications un peu plus
variées. Non seulement le volume du sac acineux montre de grands écarts
de dimensions chez un même animal, mais encore la forme n'est pas
toujours identique chez les différentes espèces.

La surface d'insertion de l'acinus à l'épiderme, l'épaisseur de la
membrane et de son renforcement externe en calotte, la forme et la gros-

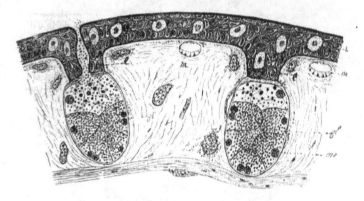

Fig. 55. — Coupe de la région dorso-caudale très glandulaire d'un *Siredon axolotl*
âgé. *gl.* glande granuleuse suspendue à un épaississement épidermique en forme de
colonne *e;* dilatation ampullaire du canal excréteur; *m, gl. muqueuse.* Orig. A.

seur des noyaux, celle des sacs à venin, celle des granulations, offrent des
variations dont nous devons signaler les principales.

Le canal excréteur reste partout dans les deux sortes de glandes, tout
entier situé dans l'épiderme, qu'il traverse en ligne droite perpendiculairement à la surface ; mais parfois il présente une ou plusieurs dilata-
tions ampullaires dans lesquelles la sécrétion granuleuse est partiellement
retenue après une période d'excrétion, comme nous l'avons vu chez
l'*Axolotl* âgé. Chez ce même animal, l'épiderme très épaissi au niveau du
canal, plonge dans le derme, formant une sorte de colonnette cylindrique
sur laquelle vient s'insérer en s'y appliquant exactement le pôle externe
de l'acinus qui s'aplatit suivant un cercle (fig. 55). Cette disposition se
répétant aussi bien sur les glandes qui sont encore closes que sur celles
qui ont déjà acquis leur canal excréteur, imprime à la coupe de la peau de
l'Axolotl un aspect particulier, chaque acinus étant suspendu sur le pédi-
cule épidermique plongeant comme le chapeau d'un coprin sur son pied.

L'acinus conserve assez longtemps et assez souvent la forme sphérique primitive du glandule ; il en est ainsi pour les glandes du *Bufo bufo*
et du *Megalobatrachus maximus* ; mais dans la plupart des cas, au fur et
à mesure que l'acinus se développe, il s'allonge en un sac ovoïde qui,
tout en restant tangent à la basale, pend dans le derme (*Salamandra,
Molge...*), ou, dont le collet s'étirant davantage, fait plonger plus profondément l'acinus (*Rana temporaria...*).

Chez l'*Ichthyophis glutinosus*, la direction oblique des écailles dermiques dévie le sac glandulaire dans la même direction et en détermine
un léger aplatissement (fig. 56). Enfin, tout en gardant sa symétrie par
rapport à l'axe du canal excréteur, l'acinus peut s'aplatir parallèlement à
la surface de telle sorte que le fond de l'acinus se rapproche de la calotte
(*Siphonops annulatus*).

Le plus grand diamètre des acini granuleux varie beaucoup par rapport à celui des glandes muqueuses, sauf chez le *Trichobatrachus robustus*, où, avons-nous vu, les deux sortes de glandes sont très petites et ont
sensiblement le même diamètre. Le tableau suivant résume quelques mensurations qui renseigneront sur les limites de la variation :

Diamètre maximum des acini des glandes granuleuses en millièmes de millimètres	
Trichobatrachus robustus	60 à 90
Rana temporaria	100
Hyla arborea	137
Discoglossus pictus	250
Molge cristata	436
Ichthyophis glutinosus	125 à 437
Axolotl	375 à 500
Dermophis thomensis	212 à 625
Bufo bufo	940
Salamandra atra	1250 à 1450
Salamandra maculosa	1550 à 1800
Megalobatrachus maximus	3000

Quelle que soit la variabilité du diamètre de l'acinus glandulaire, le
réseau vasculaire qui l'entoure comme d'un filet conserve toujours avec
lui les mêmes rapports et le même développement relatif.

La membrane propre de l'acinus conserve également ses caractères
généraux, mais chez le *Bufo bufo*, la calotte se développe d'une manière
telle qu'elle déprime le réseau protoplasmique de l'acinus.

Ce réseau, dans l'intervalle des périodes d'excrétion ou de fonte
nucléaire, ne contient que peu de granulations, mais quand un certain

nombre de sacs ont déversé leur contenu l'acinus se trouve rempli quelquefois à tel point que l'on ne distingue plus qu'une masse granuleuse homogène. Au voisinage de la calotte, les granulations présentent parfois des dimensions 5 à 6 fois plus grandes que celles du fond de l'acinus (*Axolotl...*). Leur diamètre varie avec les espèces, sans qu'il y ait aucun rapport avec le diamètre maximum que peuvent atteindre les acini ; c'est ainsi qu'il est de 3 à 4 μ chez la Salamandre et le Triton, tandis qu'il est beaucoup moindre chez le Crapaud commun et la Salamandre du Japon.

Ainsi qu'on le voit par ce rapide coup d'œil jeté sur les différents types morphologiques que présente la peau des Batraciens, les glandes

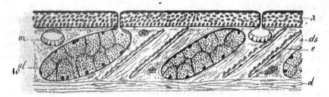

FIG. 56. — Coupe verticale et longitudinale de la peau de l'*Ichthyophis glutinosus*, montrant les sacs glandulaires inclinés entre les écailles du derme ; *m*, gl. muqueuses. Orig. A.

granuleuses ont une structure assez semblable dans ses grandes lignes, et les modifications secondaires qu'elles présentent sont le plus souvent sous la dépendance de l'inégalité de développement des acini glandulaires.

RENOUVELLEMENT DES GLANDES CUTANÉES VENIMEUSES

La période d'apparition des glandes n'est pas limitée à la vie larvaire ; elle se continue, plus ou moins active, pendant un certain temps, qui correspond très probablement à la période d'accroissement maximum de l'animal, car les glandes muqueuses, en particulier, sont, pour une même surface, aussi abondantes chez les adultes que chez les jeunes nouvellement transformées. Ces glandes ne dépassent guère un certain diamètre chez une même espèce et conservent toujours le même aspect, tandis que les glandes granuleuses, comme nous l'avons vu, présentent des variations considérables dans leurs dimensions et des particularités dans chacun de leurs éléments constitutifs.

Quelle que soit l'espèce considérée, on n'observe pas de traces de régression des glandes muqueuses, tandis que la résolution complète des noyaux des glandes granuleuses en granulations de venin aurait bientôt fait le vide dans chaque acinus si l'activité des noyaux n'était successive et discontinue.

Malgré l'évolution qui aboutit à la mort progressive de leur épithélium atypique, on ne trouve pas de glandes granuleuses désertes et privées de noyaux. Pour ces raisons, sans doute, CALMELS, de même que SEECK, considéraient, sans que ni l'un ni l'autre n'en donnent la preuve, que les noyaux de la membrane enveloppante, à laquelle le dernier auteur refusait en outre toute nature musculaire, étaient destinés à régénérer les épithéliums sécréteurs. SEECK dit textuellement : « *les cellules d'enve-*

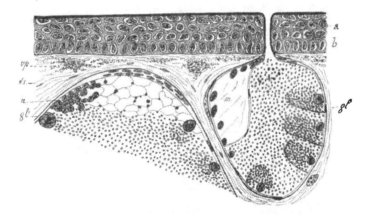

FIG. 57. — Régénération des glandes chez le *Molge cristata*. La glande granuleuse *gl*, montre un bourgeon *m*, inclus vers son pôle supérieur. Orig. A.

loppe ont pour rôle de remplacer les cellules des glandes granuleuses qui meurent par leur métamorphose en venin, ou les cellules qui s'usent par le fonctionnement prolongé des glandes muqueuses. » On peut d'autant mieux s'étonner d'une telle opinion qu'aucun aspect ne la justifie. et que les observations très précises d'ENGELMANN la rendaient fort improbable : Chez les jeunes Grenouilles seulement, cet auteur a constaté la présence dans le chorion de petits bourgeons pleins dont les plus gros avaient un diamètre de 3o μ environ. Les plus petits étaient formés d'éléments tous semblables, tandis que dans les plus développés, on pouvait distinguer deux sortes de cellules : les externes à noyaux aplatis et incurvés, qui se développeront en membrane, et les internes plus petits, qui donneront l'épithélium. Sur le pôle externe de ces bourgeons on remarquait une ébauche de canal excréteur.

Mais si les observations directes n'ont fourni aucun document significatif chez les Anoures adultes, il n'en est pas de même pour les Urodèles et les Apodes.

HEIDENHAIN a signalé chez le *Molge cristata* adulte des ébauches de glandes muqueuses qui apparaissent d'abord comme des groupes de 6 à 8 cellules, situées vers le pôle supérieur des glandes granuleuses, sur la face interne de la membrane musculaire. Ces cellules végètent chacune en bourgeon glandulaire qui s'aplatit et s'applique sur la membrane, en en suivant la concavité, tandis que vers l'intérieur, il est plan ou concave. Dans cette jeune glande, qui affecte ainsi l'allure d'un flacon plat, il apparaît une lumière irrégulière qui s'ouvre vers la calotte. Cette petite glande comble peu à peu la cavité de l'ancienne.

Le fait est assez fréquent chez le Triton cristatus pour que NICOGLU, qui représente ces jeunes bourgeons (fig. XV, pl. XXII) dans son important mémoire sur la peau des Amphibiens, ait fait de leur association

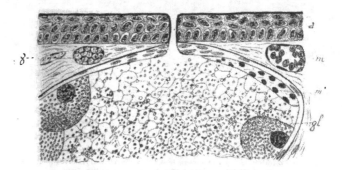

FIG. 58. — Régénération des glandes chez le *Dermophis thomensis*. La gl. granuleuse contient incluse vers son pôle supérieur une jeune gl. muqueuse (*m'*). Orig. A.

avec une glande granuleuse, un troisième type qu'on pourrait appeler mixte, s'il était prouvé que ces ébauches arrivent à un développement complet.

WOLMER confirme ces premières observations ; il remarque en outre que ces bourgeons se forment dans la région où le corps glandulaire passe au canal excréteur, c'est-à-dire au niveau inférieur du collet, et qu'ils s'intercalent entre la membrane musculaire et l'épithélium de la vieille glande. Leur développement donnerait de plus et intégralement soit une glande muqueuse, soit une glande granuleuse.

Nous avons remarqué aussi ces amas de cellules et ces bourgeons chez le *Molge alpestris* (fig. 57), mais dans aucun d'eux nous n'avons vu apparaître de granulations ni de lumière centrale, ni d'ouverture au voisinage du collet de la vieille glande ; les réactions colorantes des bourgeons les plus développés sont les mêmes que celles des glandes muqueuses. Chez la *Salamandre terrestre*, nous avons vu aussi des amas cellulaires semblant provenir de la division indirecte d'un noyau d'attente, et appliqués en divers points de la membrane propre, dans les glandes granuleuses seulement. Ces formations sont, en réalité, très rares, et dans le grand nombre de coupes en séries que nous avons faites de la peau de la Salamandre adulte, nous ne les avons jamais vu évoluer en glande muqueuse ou granuleuse. Dans les glandes granuleuses d'un Batracien Apode, le *Dermophis thomensis*, où l'absence de chromoblastes noirs permet de distinguer très bien les connections, nous avons observé des bourgeons muqueux appliqués contre la face interne de la membrane des glandes granuleuses et s'allongeant jusque sur une partie de la calotte (fig. 58). Ces productions, plus fréquentes encore que chez le Triton, ne semblent pas aboutir au développement complet, car la cavité glandulaire y est exceptionnelle et les noyaux peu différenciés. Jamais on ne voit les plus gros de ces bourgeons s'ouvrir dans l'acinus de la glande, jamais on n'y voit apparaître de granulations. Ils se développent aussi parfois dans l'épaisseur même de la membrane et plus souvent encore à sa surface externe, dans la partie supérieure du chorion, immédiatement au-dessous de la basale. Dans cette couche, on trouve chez le Dermophis adulte un nombre très grand de bourgeons des deux sortes de glandes, à tous les stades de leur développement. Les choses se passent donc comme si dans la couche supérieure du chorion les cellules migratrices du derme venues se fixer là étaient capables, les unes de donner des bourgeons de glandes granuleuses, les autres de glandes muqueuses, pouvant même traverser la membrane musculaire fenestrée et commencer à l'intérieur de celle-ci une évolution qui ne peut s'achever.

Junius, qui a observé quelques processus de régression chez la *Grenouille*, ne donne aucune observation sur le sujet de la régénération des glandes ; il exprime seulement l'opinion que les vieilles glandes granuleuses se vident, et que de nouvelles se forment, d'après le type usuel des ébauches embryonnaires, aux dépens des bourgeons épidermiques qui s'enfoncent dans le derme. Ce n'est aussi qu'une opinion sans fait nouveau qui puisse éclairer la question.

Esterly, qui a plus spécialement étudié les glandes du *Plethodon oregonensis*, prétend que la régénération se produit dans toutes les glandes par le développement de glandes nouvelles et plus petites ayant le caractère des glandes muqueuses. L'apparition de ces petites glandes serait complètement indépendante de la sécrétion granuleuse environnante qui ne pourrait, par la pression qu'elle exerce, qu'en gêner le développement. Les figures qu'il en donne (planche XX de son travail) montrent une glande muqueuse qui a presque entièrement supplanté une glande granuleuse réduite à sa membrane et à son réseau protoplasmique contenant encore des granulations. On sait, d'autre part, d'après Capparelli, que les glandes se reproduisent comme les autres tissus après l'amputation de la queue, et qu'elles y acquièrent, à la taille près, les mêmes caractères que les glandes primitives.

Ainsi qu'on le voit, la question de la régénération et de la mort des glandes présente encore bien des obscurités. Les glandes muqueuses ne présentent aucune forme qui puisse faire songer à leur disparition; les glandes granuleuses ont un travail très lent et discontinu; nous n'en avons jamais trouvé, même parmi celles qui abritent un bourgeon, qui soient dépourvues de noyaux en activité et de noyaux au repos, et qui présentent par conséquent les signes d'une disparition prochaine ; nous pensons donc que non seulement elles ne meurent pas, mais qu'il s'en développe ainsi que des glandes muqueuses pendant toute la durée de la vie de l'individu ; et que c'est dans ce processus surtout que consiste leur renouvellement.

PHYSIOLOGIE DES VENINS CUTANES

Historique. — La plupart des physiologistes qui ont étudié la sécrétion cutanée des Batraciens l'ont considérée dans son ensemble, sans distinguer ni recueillir séparément les produits des deux sortes de glandes ; ou s'ils ont signalé l'existence de ces dernières, comme CALMELS et P. SCHULZ, ils ont dénié toute toxicité au mucus, que SEECK et CAPPARELLI assimilaient à la sueur des Mammifères.

Suivant l'animal considéré, et pour un même animal, suivant le mode de préparation, les auteurs ont obtenu tantôt le venin muqueux, tantôt le venin granuleux, et le plus souvent le mélange des deux sécrétions en proportions diverses, ce qui explique les divergences qu'ils ont observées avec le venin brut d'une même espèce animale.

C'est l'action dominante, mais non exclusive du venin muqueux, qui a été observée par LAURENTI, VULPIAN et FORNARA pour le *Triton cristatus*, par SAUVAGE pour l'*Alytes*, le *Bombinator* et le *Pelobates fuscus*, par DEHAUT pour l'*Euproctus montanus*. C'est au contraire l'action dominante du venin granuleux qui a été connue d'abord pour la *Grenouille verte*, le *Crapaud commun* et la *Salamandre terrestre*.

En 1890, C. PHISALIX précisant les propriétés respectives des deux sécrétions cutanées de la Salamandre terrestre, a donné le moyen de les séparer et d'en comparer l'action physiologique. Cette étude, étendue par lui à la *Salamandre du Japon*, puis à d'autres espèces : *Crapaud, Alyte, Grenouille verte*, a montré les effets différents et parfois opposés de ces deux sécrétions. F. GIDON en a consigné dans sa thèse inaugurale quelques résultats inédits et y a joint l'étude personnelle du mucus de la *Grenouille rousse* et de la *Rainette verte*.

Depuis nous avons repris cette étude de la sécrétion muqueuse, et l'avons étendue à la plupart de nos Batraciens indigènes et à leurs larves (*Grenouille, Alyte, Discoglosse, Pelodyte, Bombinator, Pélobate, Spelerpes...*) et à quelques espèces exotiques (*Protée, Sirène, Axolotl*). Nous avons observé l'analogie des symptômes généraux que détermine le venin muqueux chez les animaux auxquels on l'inocule et les propriétés immunisantes qu'il possède soit contre sa propre action, soit contre celle d'autres venins.

VENIN MUQUEUX

Physiologie de la Sécrétion

Les causes qui agissent sur la sécrétion muqueuse sont variées, car les glandes muqueuses comme les glandes sudoripares, sécrètent avec la plus grande facilité sous l'influence d'un léger contact de vapeurs irritantes ou enfin de la seule émotion que cause à l'animal le fait de le tenir dans la main. Aussi l'arrêt de cette sécrétion est-il facile à constater : aussitôt qu'elle a cessé, la peau devient sèche et finement ridée.

1° SÉCRÉTION DIRECTE. — INFLUENCE DES CENTRES NERVEUX. — ACTION DES LOBES OPTIQUES ET DES HÉMISPHÈRES. — La Salamandre, dont les lobes optiques, mis à nu par ablation des pariétaux, sont excités par le simple contact des instruments, se couvre immédiatement d'une abondante sécrétion muqueuse ; en même temps, les glandes granuleuses de la queue excrètent aussi d'une façon modérée.

Au bout d'une vingtaine de minutes, les sécrétions paraissent taries ; mais la répétition de l'excitation mécanique, ou l'application d'un courant faible les fait réapparaître dans le même ordre.

Si on enlève les os frontaux et qu'on excite les hémisphères, ainsi mis à nu, il se produit encore une abondante sécrétion muqueuse ; mais bientôt survient une sécheresse de la peau qu'il est impossible d'entraver : les excitations mécaniques ou électriques portées sur les hémisphères ne produisent plus aucune réaction. Pour faire réapparaître la sécrétion muqueuse généralisée, il faut exciter les lobes optiques, soit par un courant, soit par le dépôt sur ces lobes de venin granuleux.

Si on enlève les hémisphères, l'excitation de la peau ne produit plus aucune sécrétion des glandes muqueuses.

D'après ces expériences, les lobes optiques peuvent être considérés comme des centres excito-sécrétoires des glandes muqueuses ; mais l'activité de leur fonctionnement diminue puis disparaît après l'altération ou l'ablation des hémisphères.

ACTION DU BULBE. — Le section du bulbe arrête également la sécrétion muqueuse ; après cette section, la peau se dessèche et desquame ; l'excitation électrique de la moelle, bout central et bout périphérique, est impuissante à réveiller cette sécrétion.

ACTION DES NERFS. — L'excitation des nerfs intacts ou sectionnés ne donne lieu à aucune sécrétion muqueuse : on peut exciter le sciatique sur un point quelconque de son trajet, le sectionner et en exciter à nouveau chaque bout sans provoquer de sécrétion directe ou réflexe.

Ce fait semble d'autant plus anormal que les filets nerveux excito-sécréteurs passent certainement par la moelle et les nerfs ; mais les filets frénateurs suivent également cette voie. On comprend donc que, suivant l'importance relative de ces nerfs antagonistes, une excitation, qu'il est impossible de localiser exactement, puisse agir sur un groupe de nerfs plutôt que sur l'autre, et même que la résultante d'une excitation simultanée sur deux groupes de nerfs antagonistes soit nulle. Mais nous possédons un moyen de dissocier fonctionnellement ces nerfs par l'emploi de substances qui ont une action élective sur les terminaisons des nerfs antagonistes. C'est cette action que nous allons examiner en prenant comme types l'atropine et la pilocarpine.

2° SÉCRÉTION RÉFLEXE. — ACTION EXCITO ET FRÉNO-SÉCRÉTRICE. — D'après nos recherches, la pilocarpine et l'atropine agissent sur la sécrétion muqueuse des Batraciens comme sur la sécrétion sudorale des Mammifères. Il existe pour chaque animal une dose optima de pilocarpine au-dessus de laquelle, aux effets sécrétoires accrus, s'ajoutent des phénomènes d'intoxication. Cette dose optima est de 0 milligr. 25 pour la Salamandre.

Lorsque l'animal est en sudation abondante, si on lui injecte une solution de sulfate d'atropine, il est d'abord excité, circule avec une vivacité inaccoutumée ; puis bientôt la peau du dos commence à sécher, ensuite celle du ventre et des membres, de sorte que la sécrétion est tout à fait tarie, alors qu'un sujet qui n'a reçu que la pilocarpine se montre encore en pleine sudation. L'action antagoniste de l'atropine est presque immédiate, et se produit toujours, quel que soit le temps que l'on mette à en pratiquer l'injection.

La pilocarpine qui, en injection sous-cutanée ou intra-péritonéale, a une action si manifeste sur la sécrétion muqueuse, n'influence pas d'une manière élective celle des glandes granuleuses.

Dans l'expérience précédente, si l'on intervertit l'ordre des injections d'atropine et de pilocarpine, on obtient des résultats différents suivant les doses respectives employées : c'est ainsi que 1 cc. de la solution au millième de sulfate d'atropine injecté dans le péritoine tarit en quelques minutes la sécrétion muqueuse ; 2 milligr. de pilocarpine, injectés par doses fractionnées, sont impuissants à faire réapparaître la sécrétion muqueuse, sauf en une zone très limitée autour du lieu d'inoculation ; ils traduisent toutefois leur effet toxique par des nausées, de la dépression et de l'affaiblissement musculaire.

Si on abaisse la dose d'atropine injectée à 0 millig. 25, quantité minima nécessaire pour produire l'action fréno-sécrétrice chez la Salamandre (très résistante à ce poison), et qu'on injecte ensuite 1 millig. de pilocarpine, c'est-à-dire une dose quadruple de celle de l'atropine, on voit apparaître sur la peau au bout de quelques minutes une discrète rosée muqueuse. Et les doses plus élevées n'aboutissent qu'à ce résultat ; il y a

sécrétion muqueuse suffisante pour humecter la peau, mais pas d'hypersécrétion marquée comme après l'action primitive de la pilocarpine.

Ces résultats sont comparables à ceux que STRAUS a obtenus sur
l'homme et quelques animaux. Après la section du bulbe, l'action de
l'atropine et de la pilocarpine se manifeste, mais avec quelques particularités : les nausées dues à la pilocarpine disparaissent ; en outre, il en
faut doubler la dose pour provoquer le même effet. On en peut conclure
à la double action de la pilocarpine : 1° sur les terminaisons nerveuses
des glandes à venin muqueux, 2° sur les centres cérébraux.

Lorsque l'animal dont le bulbe est sectionné est en hypersécrétion
pilocarpique, si on lui injecte 1 millig. d'atropine, il cesse de transpirer
et l'excitation de la moelle par un fort courant ne fait pas reparaître la
sudation.

Ainsi, il en est de la sécrétion muqueuse comme de la sécrétion
sudorale ; elle est actionnée par certains corps tels que la *pilocarpine*, la
strychnine, la *muscarine*, le *chlorure de baryum* (KOBERT), et inhibée par
d'autres, comme l'*atropine* qui, tout en agissant particulièrement sur les
terminaisons périphériques, peuvent avoir aussi une action directe sur les
centres sécréteurs. Nous n'avons toutefois vérifié le fait que pour la pilocarpine.

EXCITATIONS CUTANÉES. — Les excitations portées sur la peau sont plus
effectives que celles qui sont portées sur les nerfs ; elles donnent lieu à
une sécrétion réflexe.

L'*action mécanique*, même légère, comme le seul fait de prendre
l'animal dans la main ou de l'obliger à un exercice inaccoutumé, provoque immédiatement la sécrétion muqueuse : la peau se recouvre d'une
rosée abondante, sorte de sueur émotive, qui se reproduit après qu'on l'a
épongée, et qui cesse de se renouveler une dizaine de minutes après la
dernière excitation.

La *chaleur* agit également comme excitant ; un Batracien qu'on
expose dans l'étuve à la température de 44° se recouvre bientôt de sécrétion muqueuse ; celle-ci se concrète et limite une nouvelle émission ; mais
l'animal est affaissé et inerte. Il résiste une dizaine de minutes à l'élévation anormale de la température par l'excrétion de son mucus, comme un
Mammifère résisterait en pareil cas par l'activité de ses glandes sudoripares, mais non sans en être incommodé, car si on prolonge la surchauffe
ou l'excitation mécanique, l'animal reste en état de flaccité et meurt.

Les vapeurs irritantes d'*éther* ou de *chloroforme* produisent la même
action ; les animaux présentent une période d'excitation pendant laquelle
ils circulent d'une façon inaccoutumée, cherchant à fuir, puis survient
l'hypersécrétion muqueuse. Il n'est pas nécessaire d'attendre la période
de résolution pour atteindre l'effet utile, lorsqu'on fait servir cette action
à la préparation du venin muqueux. Les vapeurs irritantes sont en général
inefficaces à faire excréter les glandes granuleuses, ce qui permet d'isoler
pratiquement la sécrétion muqueuse.

Propriétés générales du venin muqueux

Le mucus des glandes cutanées a des propriétés physiques assez cons-tantes chez les divers Batraciens où nous l'avons jusqu'à présent étudié.

C'est un liquide incolore, filant, visqueux, neutre ou légèrement alcalin, qui à la moindre excitation, forme une mousse fine à la surface de son corps, ce qui fait que les Batraciens à la façon des Anguilles s'échap-pent aisément des doigts quand on essaie de les retenir.

Il est partiellement soluble dans l'eau, et donne une solution qui mousse fortement par agitation à l'air ; puis par le repos il se sépare en un liquide limpide, et un résidu pâteux plus ou moins abondant suivant les espèces et qui a l'aspect du verre soluble.

Le liquide limpide, d'abord incolore, se teinte le plus souvent par exposition à l'air : celui du *Discoglosse* en mauve rosé, qui passe insen-siblement au brun, celui de l'*Axolotl* en brun clair, celui de la *Grenouille* en jaune verdâtre clair, témoignant ainsi, comme l'a montré C. Phisalix, de la présence d'une diastase.

L'eau salée à 7,5 % le dissout encore mieux que l'eau ordinaire, car elle n'abandonne pas de résidu vitreux ; aussi convient-elle très bien pour le lavage des sujets dont on prépare le venin muqueux.

L'alcool fort le coagule aussi bien in vitro que dans les acini glandu-laires, et le coagulum retient assez fortement la substance toxique, que l'on peut ensuite reprendre par l'eau, si l'action de l'alcool n'a pas été trop prolongée. Le coagulum, ainsi que le liquide qu'on en sépare, sont tous deux toxiques et un peu moins que leur mélange.

Le mucus est ordinairement fade, sans saveur caractéristique, con-trairement à ce qui arrive pour le venin des glandes granuleuses.

Cependant il est très irritant pour les terminaisons nerveuses des muqueuses et de la peau ; ces propriétés appartiennent surtout aux pro-duits volatils et odorants qui caractérisent certaines espèces. On sait que la manipulation des Grenouilles et surtout des Tritons abandonne assez de substance active sur la peau pour provoquer du picotement, ou faire de l'érythème aux paupières si on y porte les doigts.

La conjonctive et la pituitaire sont plus sensibles que la muqueuse buccale : on observe du larmoiement, du coryza accompagné de crises sternutatoires répétées, rien qu'à manipuler des *Tritons*, des *Crapauds sonneurs*, des *Alytes*, des *Discoglosses*, des *Spelerpes*, et même des Batra-ciens Apodes, comme l'*Ichthyophis*.

Le mucus de tous ces animaux est odorant ; chez l'*Alyte* il a une odeur d'ail ; chez le *Triton crêté* une odeur de raifort, chez la *Rainette verte* une odeur de fourmi ; le *Crapaud sonneur* sent le cresson, la *Sala-mandre du Japon* le salol ; la *Salamandre noire* répand une fine odeur de mûres. Et ces odeurs sont exaltées par la sudation, qui amène à la surface de la peau le contenu glandulaire.

Par contre, chez la plupart des Batraciens, le mucus est inodore (*Protée, Sirène...*) ; il en est encore ainsi chez toutes les larves et les têtards des espèces mêmes dont le mucus des adultes est odorant.

Les substances volatiles et odorantes n'ajoutent rien à l'action toxique générale du mucus, action que possède déjà le mucus inodore des larves ; elles sont inconstantes et ne produisent que des effets locaux irritatifs. auxquels il faut peut-être rapporter la courte phase d'excitation initiale déterminée chez les animaux par l'inoculation sous-cutanée ou intra péritonéale du venin.

La dessiccation est un moyen de conservation du mucus, à la condition d'être effectuée rapidement, car les solutions s'altèrent assez vite par le vieillissement ; au bout de 20 jours les venins d'Alyte et de Triton, qui cependant sont parmi les plus actifs, ont perdu toute toxicité. Le résidu sec est peu abondant et grisâtre ; il a perdu toute odeur, et celle-ci ne réapparaît pas par redissolution. L'action toxique est toujours un peu atténuée par la dessiccation, d'où l'intérêt à utiliser dans les expériences les préparations fraîches.

La filtration soit sur papier, soit sur filtre Berkfeld n'altère ni l'odeur ni la toxicité du venin d'Alyte.

La chaleur n'élimine que partiellement les produits volatils et irritants ; mais elle ne supprime pas l'action nécrosante locale et dans la plupart des cas, ne fait pas disparaître la toxicité : si le venin de Triton est atténué par le chauffage en pipette close à 65-68°, les mucus de Salamandre terrestre d'Axolotl et d'Alyte portés à l'ébullition pendant 5 à 30 minutes, suivant l'espèce, conservent toute leur toxicité. Par les réactifs histo-chimiques, le mucus se prend en une masse nuageuse qui se colore identiquement comme le contenu des glandes muqueuses sur les coupes, et manifeste aux colorants les réactions de la mucine.

Composition

Le mucus contient une forte proportion d'eau, et ne laisse après dessiccation qu'un faible résidu grisâtre.

Ce résidu contient une quantité de mucine qui varie avec l'espèce considérée, et qui constitue avec l'albumine la portion principale des matières solides.

La présence de la mucine est tout à fait indépendante de celle des substances toxiques et des substances immunisantes, car chez le *Protée* et la *Sirène*, où la mucine est très abondante, le mucus n'a aucune action nocive, et chez le Protée seul aucune action immunisante. Il ne présente aucune des réactions pouvant laisser croire que l'un de ses composants soit un alcaloïde ; tout ce que l'on sait jusqu'à présent sur ses composants actifs a été fourni par l'étude de son action physiologique ; celle-ci a mis en évidence la présence de diastases (C. Phisalix), auxquelles le mucus doit vraisemblablement les variations de teinte qu'il présente lorsqu'il est abandonné au contact de l'air ; peut-être est-ce à ces substances qu'est due l'action locale digestive sur les tissus ; la présence aussi de produits odorants et volatils dont l'existence est confinée à quelques espèces ; celle d'une substance toxique dont les effets seront étudiés, effets qui semblent assez constants ; et de substances vaccinantes, indépendantes de la première et de toutes les autres.

Le mucus des Batraciens contient donc un certain nombre de substances actives qui apparaissent isolément ou diversement groupées, et les expériences que nous avons faites à son sujet établissent ainsi la seule chose que l'on connaisse d'elles jusqu'à présent, à savoir leur indépendance.

Préparation

Pour obtenir le venin muqueux on provoque la sudation de l'animal ou on fait macérer la peau du ventre, pratiquement dépourvue de glandes granuleuses.

VENIN OBTENU PAR SUDATION. — Après avoir nettoyé superficiellement la peau des sujets, et l'avoir rincée à l'eau stérilisée, on introduit les animaux dans un récipient en verre, avec une petite quantité d'eau distillée, ou mieux encore d'eau salée physiologique.

On ferme le récipient avec un tampon de coton imbibé de quelques gouttes d'éther ou de chloroforme, dont les vapeurs ne tardent pas à créer une grande agitation parmi les animaux, et à faire apparaître à fleur de peau leur sécrétion muqueuse. On imprime au flacon quelques mouvements pour faciliter le lavage des sujets, et on retire ceux-ci avant qu'ils n'entrent en résolution sous l'influence des anesthésiques.

La quantité d'eau à employer pour le lavage dépend de la taille des animaux et de l'activité de leur venin ; elle varie de 1 à 10 cc.

On en règle la concentration de façon à avoir un produit maniable, qui à la dose de 2 cc. ne foudroie pas le lapin par inoculation intraveineuse.

On filtre la solution muqueuse sur papier, on l'additionne d'un peu d'éther et on l'abandonne pendant 24 heures à la température de la glacière. L'expérience prouve que ces précautions suffisent pour le stériliser. On peut aussi arriver à ce résultat en portant la solution à l'ébullition, quand son pouvoir toxique résiste à la chaleur.

Comme la dessiccation atténue le mucus de la plupart des Batraciens, on ne dessèche guère le produit que pour en fixer la dose toxique.

Ce procédé convient à tous les Batraciens adultes, il présente les avantages de fournir du venin à peu près pur, d'être facilement réalisable, et permet de renouveler l'opération, puisqu'il respecte la vie de l'animal.

VENIN OBTENU PAR MACÉRATION DE LA PEAU. — La préparation précédente convient moins bien aux têtards et aux larves, qui sont aquatiques, et qu'on ne peut sortir de leur milieu sans les sacrifier. Dans ce cas, on enlève toute la peau dans laquelle les glandes muqueuses seules ont atteint leur maturité fonctionnelle, et, après l'avoir réduite en menus fragments, on la fait macérer pendant quelques heures dans de l'eau distillée ou salée additionnée d'un peu d'éther. On exprime ensuite le produit, on le filtre sur papier ou toile fine, et on l'abandonne pendant 24 heures, en contact avec de l'éther, à la température de la glacière.

Cette préparation, applicable aussi à la peau du ventre des adultes, donne un produit qui a dissous toutes les substances solubles de la peau ; mais où domine la sécrétion muqueuse des glandes, car si on compare les venins obtenus par sudation et par macération, on constate qu'ils ont des propriétés physiologiques identiques.

Action physiologique du venin muqueux

Nous avons essayé cette action pour la plupart de nos espèces indigènes et un certain nombre d'espèces exotiques.

Ce que nous a montré cette étude, c'est que le mucus cutané des Batraciens ne constitue pas primitivement un venin et qu'il acquiert isolément diverses propriétés, souvent même d'une manière brusque dans des espèces très voisines. Celui du *Protée* est totalement inoffensif ; ceux de la *Grenouille rousse* et du *Pélodyte ponctué* ne déterminent qu'une action locale irritante, tandis que ceux de la *Grenouille verte* et de la plupart de nos espèces indigènes sont à la fois doués d'une action locale caustique et nécrosante, et d'une action générale toxique.

Le mucus des Batraciens se montre toxique dès la vie larvaire, ainsi que nous l'avons constaté avec les têtards d'Alyte.

Action sur les Batraciens eux-mêmes : mucus de la Grenouille verte. — L'expérience directe montre qu'on peut envenimer un Batracien déterminé avec son propre mucus, comme on peut empoisonner mortellement un animal venimeux quelconque avec son propre venin.

PAUL BERT avait déjà vu que le produit du râclage de la peau dorsale du cou d'une dizaine de Grenouilles vertes, introduit sous la peau, détermine une action convulsivante sur les muscles et le cœur, et entraîne la mort aussi bien chez le Chardonneret que chez la Grenouille verte elle-même.

Mais ce produit de râclage des grenouilles était un mélange des deux sécrétions, car si l'on répète la même expérience en n'employant que l'eau de lavage des animaux mis en sudation, ou encore la macération de la peau du ventre, on n'observe plus que des effets stupéfiants et paralysants, et pas de convulsions. Comme nous l'avons observé, une Grenouille verte est tuée en une heure, par l'inoculation dans le péritoine du mucus de cinq animaux de la même espèce ; en 8 à 9 heures avec le mucus correspondant à un sujet de plus forte taille.

Aussitôt après l'inoculation, l'animal est pris d'une agitation extrême, puis tombe brusquement dans l'immobilité et la stupeur. Les excitations portées sur les pattes aboutissent à provoquer quelques sauts, mais la fatigue survient très vite, et la grenouille s'arrête en emprosthotonos, criant très haut, si on continue à l'inquiéter. En la laissant reposer, on peut encore de la même façon obtenir quelques mouvements, après lesquels le sujet retombe dans la stupeur. La respiration se ralentit et subit des arrêts. La paralysie, qui avait débuté par les pattes postérieures, progresse ; l'excitabilité réflexe est presque abolie, et l'animal reste flasque, en arrêt respiratoire, jusqu'à l'arrêt complet du cœur.

L'inoculation sous la peau du dos est équivalente pour l'ensemble des symptômes généraux et leur durée à l'inoculation intrapéritonéale : mais elle provoque en outre un œdème précoce et persistant du sac lymphatique dorsal qui est distendu par un liquide grisâtre et louche.

On sait d'ailleurs que le mucus qui lubréfie la peau des grenouilles irrite fortement, à travers la peau humaine intacte, les terminaisons nerveuses, surtout aux endroits comme les paupières où cette peau est fine et mince.

A l'autopsie, on observe toujours de la congestion du tube digestif et des reins ; le cœur est arrêté, les oreillettes remplies de sang, le ventricule relâché, en diastole ; des hémorrhagies à distance se rencontrent dans les muscles des membres, dans la peau, sous la capsule du foie ; toutefois elles sont beaucoup moins prononcées qu'avec le venin des Vipéridés.

Mais, fait remarquable, tandis que le sang de la Grenouille n'est pas altéré par le venin de Vipère, il subit de la part du venin muqueux une hémolyse intense, et le phénomène paraît général, car nous l'avons rencontré chez les divers Batraciens inoculés avec leur propre mucus ou celui d'autres espèces.

Cette action a été récemment confirmée, ainsi que l'action toxique du mucus par FLURY (1917) pour la *Rana esculenta*.

La cholestérine, en solution alcoolique exerce. une action empêchante sur l'hémolyse par le mucus venimeux.

Action sur les Serpents. — L'action du mucus des divers Batraciens, bien que constante au point de vue des symptômes qu'elle entraîne, est très inégale d'intensité sur les mêmes espèces de serpents : Vipère aspic ou Couleuvres tropidonotes.

Ce sont les venins du *Triton* et de l'*Alyte* qui se montrent les plus actifs, car il suffit de la dose correspondant à un seul Triton ou à un tout jeune Alyte, nouvellement transformé, pour tuer en moins d'une heure, une vipère pesant 5o à 6o grammes. Les venins de la *Salamandre terrestre* et du *Discoglosse peint* sont beaucoup moins toxiques ; il faut la quantité correspondant à 3 Salamandres pour tuer la Vipère, et celle de 6 sujets pour envenimer mortellement une Couleuvre de même poids.

Avec celui des 8 *Discoglosses*, on n'observe plus aucun effet sur la Vipère. Entre ces extrêmes, se placent les mucus de *Grenouille verte*, de

Pélobate cultripède et d'*Axolotl*. Les symptômes identiques qu'ils provoquent se déroulent avec une vitesse moyenne qui entraîne la mort en un à trois jours, suivant la dose injectée ; il suffit donc de rapporter l'une des expériences pour montrer l'allure générale que revêt l'envenimation chez les Serpents.

Une Vipère aspic, qui reçoit sous la peau du dos la dose de mucus correspondant à trois Grenouilles (dose sans action sur la Couleuvre vipérine), manifeste aussitôt une grande agitation ; pendant un temps qui varie de quelques secondes à une minute, elle se tortille, fait rapidement vibrer sa langue, ouvre la bouche et érige ses crochets venimeux. Puis elle s'affaisse brusquement, inerte et flasque, dans un état de torpeur, qui peut s'établir subitement, sans phase d'excitation, si la dose inoculée a été plus forte.

La Vipère n'effectue aucun mouvement spontané ; si on la pince, elle se retourne pour mordre ; mais cette unique réaction s'affaiblit à son tour, et la paralysie apparaît, débutant par l'extrémité postérieure du corps, que l'animal remorque comme un corps étranger. La pupille est dilatée, les mouvements respiratoires inappréciables. Le cœur bat faiblement, d'un rythme régulier, mais de plus en plus ralenti. L'excitabilité réflexe est abolie, la sensibilité très diminuée, et l'arrêt complet du cœur survient au bout d'une vingtaine d'heures, l'animal étant complètement paralysé et flasque.

Ces effets sont identiquement les mêmes, quel que soit le lieu de l'inoculation ; mais la survie devient trois fois plus longue lorsque le venin a été introduit dans le tube digestif, ce qui montre que par cette voie, l'absorption est assurée, mais toutefois ralentie.

Dans tous les cas, on observe les mêmes lésions à l'autopsie.

C'est une action nécrosante sur tout le tissu conjonctif sous-cutané atteint. Souvent le muscle sous-jacent est le siège d'une infiltration hémorrhagique, et il existe également de petites hémorrhagies à distance dans les muscles dorsaux et intercostaux.

Le foie présente constamment sur le trajet de la veine hépatique un exsudat sanguin sous-capsulaire.

Le tube digestif est congestionné, surtout au niveau de l'estomac et de l'intestin et contient du mucus teinté de sang. Les reins sont également congestionnés, tandis que les poumons et la rate-pancréas ne sont pas atteints.

Le cœur est arrêté en relâchement complet, toutes les cavités remplies de sang ; il présente de petites hémorrhagies sous-péricardiques à la surface du ventricule.

Le sang est partiellement hémolysé ; les noyaux des hématies sont encore intacts, et ont conservé leur colorabilité normale.

Comme on le voit, les symptômes déterminés par le mucus de la Grenouille sont identiques sur ces animaux eux-mêmes, ainsi que sur les Serpents ; il en est de même pour celui de la plupart d'entre eux, avec les restrictions précédemment indiquées : c'est d'abord une agitation folle pendant quelques minutes avec les doses moyennes ; avec les doses fortes, la stupeur survient immédiatement, l'animal restant flasque, déjà entre les mains de l'opérateur ; les mouvements respiratoires, d'abord accrus, quand il y a une phase d'excitation, se ralentissent, subissent des pauses, jusqu'à leur arrêt complet, qui entraîne la mort ; on observe ordinairement de la mydriase. La paralysie est un symptôme précoce, qui débute par la queue et les membres postérieurs, et qui progresse d'une façon continue. L'excitabilité réflexe disparaît ; les battements du cœur s'affaiblissent jusqu'à leur arrêt complet, ventricule en diastole

Les lésions congestives et hémorrhagiques que l'on observe sont moins intenses qu'avec le venin de Vipère ; mais l'action hémolytique s'exerce déjà *in vivo* sur les globules mêmes de la Vipère et de la Grenouille, globules qui résistent dans les mêmes conditions à l'envenimation vipérique.

L'action du mucus des Batraciens sur le cœur est généralement diastolique ; mais on observe quelques exceptions ; c'est ainsi que le mucus d'*Axolotl* est un poison systolique pour la Salamandre terrestre et la Grenouille verte ; celui de *Triton* agit de même sur le cœur du Pélobate et du Crapaud ; de même encore celui de l'*Alyte* pour la Salamandre et le Crapaud.

Cette action systolique, plus ou moins marquée, coïncide d'ailleurs avec des nausées qui sont comme elle constantes dans l'empoisonnement par le venin des glandes dorsales.

Mais ces mêmes Batraciens rentrent dans la règle générale pour le mucus des autres Batraciens jusqu'ici considérés ; le cœur de la Grenouille verte en particulier, est arrêté en diastole par les mucus de *Salamandre terrestre*, de *Salamandre du Japon*, de *Triton crêté*, de *Crapaud sonneur*, de *Discoglosse peint*, de *Pélobate* et d'*Alyte*.

Bien que le mucus des Batraciens acquière fréquemment en s'atténuant, par le vieillissement, des propriétés systoliques, le fait qu'une même préparation fraîche d'Axolotl, de Triton ou d'Alyte, inoculée simultanément à divers Batraciens, tétanise le cœur des uns, qui sont l'exception, et paralyse le cœur de tous les autres, montre que les premiers ont une sensibilité propre au poison systolique des glandes granuleuses dont il existe inévitablement des traces dans les préparations fraîches de mucus. Ces traces manifestent plus ostensiblement leur action propre quand le mucus est atténué, c'est-à-dire plus ou moins détruit.

Le tableau suivant, qui résume les conditions de l'envenimation pour les mucus d'*Alyte*, de *Triton* et de *Salamandre*, montre en particulier que les chiffres qui expriment la résistance d'un même poids d'animal sont parfois plus élevés pour les Serpents, les Couleuvres surtout, que pour les Batraciens.

Bien qu'il soit difficile de régler pour le mucus de tous les Batraciens la dilution d'un produit dont les principes actifs sont encore

ACTION COMPARÉE DU VENIN MUQUEUX D'ALYTE, DE TRITON ET DE SALAMANDRE
SUR LES BATRACIENS ET LES SERPENTS

ORIGINE DU VENIN	DÉSIGNATION DES ANIMAUX	Poids de l'Animal (grammes)	DOSES DE MUCUS FRAIS correspondant à :	LIEU DE L'INOCULATION	MODE D'ARRÊT DU CŒUR	MORT	RÉSISTANCE RELATIVE pour un même poids d'animal
1° Mucus de Triton crêté	Crapaud commun.....	58	Eau lavage 3/5 de Triton	Sac dorsal	Ventricule en systole	En 1 h. 50	1
	Grenouille verte.....	22	Macération 1/3 peau	Abdomen	Ventric. en diastole	En 15 minutes	1.45
	Vipère aspic.........	96	Eau lavage 1 Triton 1/2	Sous la peau	Idem.	En 2 h. 16	1.51
	Pélobate cultiripède.	28	Idem.	Sac dorsal	Ventricule en systole	En 1 h. 05	5.15
2° Mucus de Crapaud accoucheur	Salamandre terrestre	23	Eau lavage 1/10 d'Alyte	Sous la peau	Ventricule en systole	En 2 heures	1
	Crapaud commun .	34	Eau lavage 1/2 Alyte	Idem	Idem.	En 1 h. 45	3.5
	Vipère aspic......	49	Eau lavage 1 Alyte	Idem	Ventric. en diastole	En 53 minutes	5.1
	Grenouille verte.....	10	Eau lavage 1/2 Alyte	Sac dorsal	Idem.	En 57 minutes	11.6
	Couleuvre à collier.	19	Eau lavage 1 Alyte	Sous la peau	Idem.	En 55 minutes	12
3° Mucus de Salamandre terrestre	Vipère aspic.........	50	Eau lav. de 3 Salamandres	Abdomen	Ventric. en diastole	En 2 jours	1
	Couleuvre à collier(1)	50	Eau lav. de 6 Salamandres	Idem.	» »	»	.
	Grenouille verte...	25	Eau lav. de 15 Salamandres	Sac dorsal	Ventric. en diastole	En 3 jours	10

Symptômes et lésions.— Agitation folle pendant quelques minutes avec les doses moyennes ; avec les doses très fortes, stupeur immédiate ; ralentissement respiratoire avec intermittences ; mydriase. Paralysie ascendante et progressive. Affaiblissement et ralentissement des battements cardiaques. Arrêt du cœur ventricule en diastole. — Exceptionnellement, quelques symptômes surajoutés du venin granuleux : nausées ; arrêt du cœur en systole ; mais jamais de convulsions. — Lésions congestives et hémorragiques du tissu conjonctif, du foie, du tube digestif, des reins. — Dissolution du stroma des hématies.

(1) Symptômes parétiques.— Guérison.

inconnus, et de le peser sec, parce que la dessiccation l'atténue souvent, les résultats indiqués dans ce tableau restent néanmoins comparables entre eux, parce que les mucus toujours employés frais, ont été obtenus par la même méthode, et que le produit d'une même opération a été inoculé simultanément aux animaux d'essai.

Action sur les Oiseaux. — Les Oiseaux sont très sensibles au venin muqueux ; le moineau en particulier est foudroyé par l'inoculation dans le muscle pectoral de o cc. 25 de mucus correspondant au quart de ce que peut fournir le simple lavage d'une *Grenouille verte*, d'un *Alyte* ou d'un *Discoglosse*. Avec des doses moindres d'une solution plus diluée, les symptômes généraux se déroulent, assez semblables à ceux que nous avons observés, mais toujours plus rapidement. A l'autopsie, on note un œdème sous-cutané au point de la peau qui a été traversé ; le muscle pectoral est pâle et décoloré, le cœur est en résolution et rempli de sang. Ce dernier est hémolysé d'une façon encore plus manifeste que chez les Batraciens et les Serpents.

Action sur les Mammifères : sur le Cobaye par injection sous-cutanée ou intra-péritonéale. — Le cobaye adulte est peu sensible au mucus des Batraciens ; généralement c'est l'action locale digestive et nécrosante qui domine, pouvant faire de larges plaies qui guérissent par cicatrisation fibreuse. Mais les jeunes sujets éprouvent plus fortement l'action géné-rale ; après inoculation dans l'abdomen de 1 cm. 5 de mucus d'*Axolotl*, dose qui correspond à la macération de la moitié de la peau du ventre d'un sujet, et qui est inefficace pour l'adulte, le petit cobaye pousse des cris plaintifs pendant quelques minutes, puis il reste sur place immobile et somnolent ; ses mouvements respiratoires se ralentissent, la paralysie apparaît, débutant par les pattes postérieures, et suivie *d'hypothermie* comme avec le venin des Vipéridés. Le cœur s'affaiblit également, et au moment de la mort on le trouve arrêté, ventricules en diastole et rempli de sang. Celui-ci est déjà altéré, partiellement hémolysé. Le tube digestif, depuis l'estomac jusqu'au rectum, est très congestionné, avec des taches hémorrhagiques sur l'intestin. Le foie est pâle, jaune et paraît exsangue. Ces effets sont identiques sur les autres jeunes des petits Rongeurs.

Action sur le Lapin par injection intraveineuse. — L'inoculation intra-veineuse de mucus de Batraciens détermine le plus souvent quand le produit est étendu ou de toxicité moyenne, les symptômes généraux de l'envenimation qui évoluent en moins de quelques heures ; il en est ainsi avec les mucus de *Pélobate*, de *Salamandre*, d'*Axolotl* ; mais dans certains cas, l'action est foudroyante et tue le sujet pendant l'inoculation même ; il suffit du 1/10 de la dose de venin de *Discoglosse*, qui tue en 24 à 48 heures la vipère ou la grenouille, pour foudroyer le lapin et le moineau ; le mucus d'une seule *Grenouille verte* produit le même effet, alors qu'il en faut trois fois autant pour tuer la vipère ou la grenouille elle-même. L'eau de lavage de l'*Euproctus montanus* foudroie également le lapin par injection intraveineuse, à la dose de 1 cc. 5, qui correspond à six individus (DEHAUT).

L'inoculation dans le muscle pectoral du moineau et les veines du lapin sont donc en réalité les procédés de choix pour essayer la toxicité du venin muqueux des Batraciens.

Aussitôt après avoir reçu dans les veines la quantité de mucus d'Axolotl (soit 2 cc.), qui correspond à la macération de la peau du ventre d'un sujet âgé, le lapin fait quelques bonds en secouant les oreilles, puis il s'arrête bientôt épuisé et se couche sur le flanc. Si on l'excite à se déplacer, il fait quelques pas et s'allonge de nouveau, refusant d'exécuter tout autre déplacement. La pupille est dilatée. Les mouvements respiratoires, exagérés au début, diminuent et tombent au-dessous de la normale. La somnolence survient, irrésistible ; le lapin, mis sur le ventre, semble lutter contre le sommeil et la perte d'équilibre, les pattes antérieures allongées en avant et écartées, la tête inclinée et oscillante.

Au bout d'une heure, l'animal qui a cependant conservé toute sa connaissance, est en résolution musculaire complète ; seul, le réflexe palpébral persiste. La température rectale est descendue de 39°5 à 37°8 ; le cœur bat faiblement et lentement ; les mouvements respiratoires sont affaiblis, et un liquide teinté de sang, puis du sang pur est émis par l'orifice anal.

Cette période de collapsus dure environ 2 heures, après lesquelles l'animal s'éveille momentanément pour retomber bientôt dans la stupeur, la température s'étant encore abaissée jusqu'à 35°.

Il reste dans cet état d'insensibilité et d'hypothermie pendant toute une journée, puis la paralysie respiratoire et cardiaque progressent ; après la respiration, le cœur s'arrête à son tour, en relâchement complet comme tous les autres muscles.

A l'autopsie, on trouve l'intestin et les reins fortement congestionnés ; le sang est partiellement hémolysé, et les hématies qui restent ont leurs contours crénelés.

Action sur le Hérisson. — Comme les petits Rongeurs adultes et plus encore que ces animaux, le hérisson résiste au venin muqueux des Batraciens. L'injection sous-cutanée de la dose forte qui correspond à deux Axolotls n'entraîne que des symptômes généraux légers et fugaces et une action locale nécrosante sur la peau au lieu de l'inoculation. La dose mortelle est trois fois plus forte que pour le cobaye, et sept à huit fois plus élevée que pour le lapin. Le hérisson, qui résiste aux venins de *Vipère*, d'*Héloderme*, d'*Insectes*, aux toxines microbiennes (*tuberculine...*) et aux poisons en général, présente aussi une immunité assez marquée vis à vis du mucus, et occupe ainsi une position intermédiaire entre les animaux sensibles et les animaux réfractaires comme les Serpents et les Batraciens eux-mêmes.

IMP. DÉVAL, PARIS

SALAMANDRA MACULOSA
(ORIG.)

Comme on le voit en essayant successivement sur les mêmes animaux le mucus des différents Batraciens, lorsque ce mucus est toxique, il détermine toujours à doses moyennes les mêmes symptômes généraux que nous pouvons résumer comme il suit :

Phase primitive d'excitation. Celle-ci est souvent très vive et très courte, ne durant qu'une à deux minutes, et se produisant avec les doses moyennes.

Stupeur profonde pouvant même se manifester à l'exclusion de l'excitation lorsque la dose inoculée est très forte ou le venin très toxique. Dans ce cas, l'action du venin est simultanée sur toutes les fonctions, et le sujet tombe inerte et inconscient. Mais avec les doses moyennes, les symptômes évoluent d'une manière assez progressive pour que l'analyse en soit possible. Ces symptômes sont spécialement d'ordre paralytique et portent surtout sur la pupille, la respiration, le mouvement volontaire et le cœur.

Mydriase. — La dilatation de la pupille est constante et précoce ; elle se manifeste aussitôt après l'injection intraveineuse chez le lapin.

Troubles de la respiration. — On note généralement de l'accélération respiratoire à la phase d'excitation ; puis il survient du ralentissement, des arrêts momentanés avant l'arrêt définitif qui entraîne la mort.

Paralysie musculaire. — Celle-ci débute d'une manière précoce par de l'asthénie ; le sujet se déplace quand on l'excite, mais bientôt s'arrête, la région postérieure du corps étant la première paralysée.

La paralysie gagne les sphincters qui laissent échapper le contenu de la vessie et de l'intestin.

Paralysie du cœur. — Elle est un peu plus tardive que celle des muscles moteurs du corps ; mais elle atteint tout le muscle cardiaque qui finit par s'arrêter oreillettes et ventricules en *diastole*.

Hypothermie. — Le venin muqueux comme le venin des Vipéridés est hypothermisant. L'abaissement de la température est même un des symptômes les plus constants de l'envenimation ; il est précoce et progressif comme la paralysie.

Hémolyse. — Les effets sur le sang in vivo et in vitro sont fortement hémolytiques, car le mucus détruit jusqu'aux globules des Batraciens eux-mêmes ; l'hémolyse est particulièrement marquée chez le chien et les autres Vertébrés à température constante.

Action locale. — Le mucus des Batraciens a généralement une action locale qui varie depuis la simple irritation jusqu'à la nécrose. Cette action est la seule apparente pour quelques venins tels que celui de *Rana temporaria* ; elle est atténuée mais non détruite par le chauffage. Elle se traduit parfois par de l'infiltration hémorrhagique.

RÉSISTANCE COMPARÉE DES ESPÈCES AU VENIN MUQUEUX DES BATRACIENS

ORIGINE DU VENIN	DÉSIGNATION DES ANIMAUX	POIDS DE L'ANIMAL	DOSES DE MUCUS FRAIS	LIEU DE L'INOCULATION	MODE D'ARRÊT DU CŒUR	DURÉE DE LA SURVIE	RÉSISTANCE pour 1 kilogramme d'animal
		grammes					
1° MUCUS DE DISCOGLOSSES PICTUS.	Lapin	1,500	Eau lav. 1/10 *Discoglossus.*	Veines	Ventricule en diastole	Mort foudroyante	»
	Souris blanche	1,550	1cc,5 mucus très dilué	Idem.	Idem.	12 heures	»
	Moineau	20	Eau lav. 3/10 *Discoglossus.*	Péritoine	Idem.	3 heures	»
	Vipère aspic	20	Eau lav. 1/10 *Discoglossus.*	Muscle pectoral	Idem.	Mort foudroyante	»
	Grenouill. verte	18	Macération 3 peaux ventre.	Abdomen	Idem.	24 heures	»
		25	Eau lavage 1 *Discoglossus.*	Sac dorsal	Idem.	48 heures	»
2° MUCUS DE RANA ESCULENT.	Lapin	1,700	1cc,5 = lav. 1 Grenouille.	Veines	Ventricule en diastole	Mort foudroyante	»
		1,450	1cc,5 = rinçage 1 Grenouille.	Sous la peau	Idem.	3 jours et demi	1
	Moineau	20	0cc,25 = lav. 1/5 Grenouille.	Dans le muscle pectoral	Idem.	Mort foudroyante	»
		22	0cc,25 = ring. 1,4 Grenouille.	Sous la peau	Idem.	12 heures	18
	Vipère aspic	45	3cc lavage 3 Grenouilles.	Dans l'abdomen	Idem.	21 heures	193
		38	Idem.	Dans l'estomac	Idem.	21 heures	»
	Couleuvre vipérine	48	Idem.	Sous la peau	Idem.	3 jours Totale	»
	Grenouille verte	25	3cc lavage 5 Grenouilles.	Dans l'abdomen	Idem.	1 heure Totale	581
3° MUCUS DE SIRADOX AXOLOTL.	Lapin	1,300	2cc mac. 1 peau ventre.	Dans les veines	Ventricule en diastole	1 jour et demi	1
	Cobaye) jeune	100	0cc.5 mac. 1/2 peau ventre.	Dans le péritoine	»	2 h 25 Totale	»
	) adulte	500	Idem.	Sous la peau	Ventricule en diastole	1 jour et demi Totale	6 97
	Hérisson	1,150	5cc mac. 7 peaux ventre.	Idem.	Idem.	Totale	»
	Moineau	1,650	3cc mac. 2 peaux ventre.	Dans le muscle pectoral	Ventricule en diastole	17 heures	6.66
	Vipère aspic	20	0cc,10 = mac. 1/10 peau ventre.	Dans l'abdomen	Idem.	3 jours Totale	29.33
	Couleuvre vipérine	42	2cc mac. 2 peaux ventre.	Idem.	»	9 heures	Plus gᵈᵉ que 63
	Grenouille verte	50	1cc mac. 1 peau ventre.	Idem.	Ventricule en systole	4 jours	26.66
	Salamandre terrestre	35	2cc mac. 2 peaux ventre.	Idem.	Idem.		76
4° MUCUS DE PÉLOBATES CULTRIPES.	Lapin	2,260	5cc eau lavage 5 Pélobates.	Veines	Ventricule en diastole	5 jours	»
	P.tit Passereau	10	0cc,2 eau lavage 1 Pélobate.	Muscle pectoral	Idem.	24 heures	»
	Vipère aspic	27	2cc mac. 3 peaux ventre.	Sac dorsal	Idem.	1 jour et demi	»
	Grenouille rousse	20	Idem.	Idem.	Idem.	3 jours	»
	Crapaud commun	28	Idem.	Idem.	Idem.	4 jours	»

Lésions. — Ce sont des lésions de congestion passive et d'hémorrhagie. Le tube digestif, les reins, le cerveau, les muscles présentent une congestion plus ou moins marquée et des taches ou de petits épanchements hémorrhagiques. Cette action est moins intense qu'avec le venin de vipère.

Immunité naturelle contre le venin muqueux

S'il est possible, comme nous l'avons montré, d'envenimer mortellement les Serpents et les Batraciens avec le mucus de la peau de ces derniers, il faut du moins employer des doses qui sont très élevées, comparativement à celles qui suffisent à tuer les Mammifères et les Oiseaux.

Le tableau ci-contre donne une idée assez exacte de la résistance relative des divers Vertébrés au mucus de quelques Batraciens. On y remarquera en effet que la dose mortelle pour une vipère, qui ne pèse pas plus de 5o gr., ou pour une grenouille, ne dépassant pas 25 gr., n'est pas plus élevée que pour un lapin pesant 1.3oo gr., et que cette dose n'a même aucun effet sur la Couleuvre vipérine et la Salamandre terrestre.

Mécanisme de l'immunité. — Nous verrons que les Serpents sont aussi résistants que les Batraciens eux-mêmes à la salamandrine, et que leur immunité est due à l'antagonisme physiologique entre cette substance et la toxine contenue dans leur sang.

C'est par ce même mécanisme que les Batraciens, et en particulier la Salamandre, sont protégés à la fois contre leurs sécrétions cutanées, toutes deux venimeuses, l'une primitivement paralysante comme le venin de Vipère, l'autre tétanisant d'abord les muscles comme la salamandrine ; et on comprend que la présence simultanée dans leur sang de ces venins à effets opposés, maintienne l'équilibre physiologique chez l'animal normal, et que cet équilibre puisse être rétabli chez l'animal inoculé par l'apport immédiat et constant du produit antagoniste.

Quant à l'immunité naturelle des Vipères et des Couleuvres contre le mucus, elle a la même origine que celle de ces Reptiles contre leur propre venin : elle est due à l'antitoxine dont C. PHISALIX a montré l'existence dans leur sang, et qu'il a désignée sous le nom d'échidno-vaccin.

Si on détruit en effet le pouvoir toxique du sérum de Vipère, soit en le chauffant pendant 15 minutes à 58°, soit en le précipitant par cinq à six fois son volume d'alcool à 95°, on constate qu'il se montre antitoxique aussi bien vis-à-vis du mucus d'Axolotl que vis-à-vis du venin de Vipère : c'est ainsi que le mélange *in vitro* du précipité de 4 cc. de sérum avec la dose de mucus mortelle pour la Vipère, inoculé dans l'abdomen de celle-ci, ne produit plus qu'une asthénie passagère, alors que les témoins meurent en quelques heures. La même dose de ce précipité, inoculé dans l'abdomen vingt-quatre heures avant l'inoculation sous-cutanée de mucus, exerce également chez la Vipère une action préventive contre la dose mortelle de celui-ci. Mais la dose d'antitoxine contenue dans le sérum d'une seule Vipère serait insuffisante à neutraliser la dose élevée de mucus qui la fait périr, et suffirait à peine à protéger un animal sensible : il faut donc admettre ou bien que l'inoculation du mucus, comme celle du venin de Vipère, est suivie de la formation plus active d'antitoxine, comme elle serait chez les Batraciens suivie d'un apport plus rapide du venin antagoniste, ou bien que les cellules nerveuses des animaux réfractaires ont une résistance particulière au venin paralysant.

Ce qui montre la réalité de la première hypothèse, c'est qu'on peut paralyser les Batraciens et les Serpents en portant directement le poison sur leurs centres nerveux; ainsi, une Couleuvre à collier meurt en trois heures, une Grenouille verte en quinze heures, après avoir reçu sur l'encéphale, à travers la membrane occipito-atloïdienne, la vingtième partie du mucus qu'elles tolèrent par les autres voies. Les cellules des centres nerveux des animaux les plus réfractaires n'ont donc pas de résistance manifeste au venin muqueux ; et on constate qu'il en est de même vis-à-vis de la salamandrine ; une dose de o mgr. 5 de ce venin, introduite semblablement dans le crâne, convulsive aussitôt et tue en trente minutes une Couleuvre à collier qui en supporterait 15 milligr. par les autres voies.

La Salamandre elle-même est tétanisée par o mgr. 3o, et la Grenouille verte par o mgr. 10 de salamandrine, alors qu'il faudrait des doses 10 et 6 fois plus grandes introduites sous la peau ou dans l'abdomen pour produire le même effet.

La sensibilité des cellules cérébrales aux venins est telle qu'elle permet de déterminer exactement les doses de venins antagonistes dont les effets s'annulent ; c'est ainsi que le mélange des solutions à 2 pour 1000 de salamandrine et de venin de vipère, dans les proportions de 1/3 de la première pour 2/3 de la seconde, ne produit pas plus d'effet que les mêmes volumes d'eau salée physiologique inoculés aux animaux témoins.

Il en est de même quand on substitue au venin de vipère le mucus de Salamandre terrestre, dont on peut facilement régler la concentration, · et qui, sans perdre ses propriétés toxiques, peut être, ainsi que la salamandrine, stérilisée par la chaleur, ce qui écarte les causes d'erreur, dues à la présence de toxines microbiennes par exemple.

Non seulement les animaux neufs, mais encore ceux dont on a renforcé l'immunité naturelle par une ou plusieurs inoculations de venin, se montrent sensibles à l'inoculation intra-crânienne, sans qu'on puisse établir de différence avec les premiers dans la façon dont ils réagissent au mucus ou à la salamandrine : c'est ainsi qu'une Couleuvre à collier qui avait supporté l'inoculation sous la peau du mucus de six Salamandres, et une Couleuvre vipérine qui avait de même résisté à l'inoculation de la quantité de mucus correspondant à la peau du ventre d'un Axolotl, sont mortes de la même façon et dans le même temps que les témoins inoculés comme elles avec la même dose de mucus de Salamandre.

La résistance des cellules nerveuses des Batraciens et des Serpents ne semble pas non plus augmenter par les inoculations répétées de venin à leur surface, car une Grenouille verte qui avait reçu, à intervalles de quelques jours, de petites doses de son propre mucus, s'est montrée aussi sensible à la quatrième inoculation qu'à la première ; et il en a été de même pour une Couleuvre à collier vis-à-vis d'inoculations répétées de salamandrine.

Ces résultats, joint à ceux que nous avons déjà obtenus, établissent les rapports d'immunité réciproque des Batraciens et des Reptiles, ainsi que les analogies du mucus des Batraciens avec le venin de Vipère et le sérum d'Anguille. Ils sont à rapprocher de ceux qui ont été obtenus par C. PHISALIX avec la salamandrine déposée directement sur les lobes optiques de la Salamandre elle-même, et avec le venin de Vipère introduit dans le crâne de ce Serpent, de ceux de MM. ROUX·et BORREL avec la morphine, les toxines tétanique et diphtérique, de MM. LINGELSHEIM, BORREL, avec la toxine tuberculeuse, et de ceux de M. GLEY avec les sérums d'Anguille et de Torpille.

Immunité acquise

La grande analogie qui existe entre l'action physiologique de la sécrétion cutanée muqueuse des Batraciens et celle des sérums d'Anguille et de Hérisson, des venins d'Abeille, d'Araignée et de Vipère, sérums et venins qui, privés en tout ou en partie de leur pouvoir toxique par un chauffage approprié, se comportent comme des vaccins vis-à-vis du venin de Vipère lui-même, pouvait faire prévoir que le venin muqueux possèderait la même action immunisante.

Déjà en 1897, C. PHISALIX avait montré cette action pour le venin de la Salamandre du Japon (*Megalobatrachus japonicus*, TEMMINCK), en se fondant précisément sur son analogie d'action avec le sérum d'Anguille dont il venait d'établir les propriétés vaccinantes.

Il avait constaté aussi que non seulement le venin de la Salamandre du Japon, chauffé pendant 20 minutes à 50° vaccine la grenouille contre l'action mortelle du venin entier, mais encore que, si on l'inocule à doses petites et répétées au cobaye, il immunise celui-ci contre la dose mortelle de venin de Vipère.

Ces recherches que nous avons étendues à un certain nombre de Batraciens : *Salamandra maculosa, Rana esculenta, Pelobates cultripes, Discoglossus pictus, Alytes obstetricans, Siredon axolotl, Rana temporaria, Siren lacertina*, de même qu'à des poissons, l'*Anguille* et le *Protoptère*, ont montré qu'il est possible de vacciner les animaux sensibles avec la plupart des mucus de la peau.

Vaccination de la Grenouille verte contre son venin muqueux. — Nous avons vu que le mucus d'une seule grenouille suffit à en tuer une plus petite par inoculation intra-péritonéale. Mais le chauffage en pipette close à 100° pendant 5 à 6 minutes fait perdre à ce venin ses propriétés toxiques, en même temps qu'il met en évidence ses propriétés vaccinantes. La dose de venin muqueux qui serait mortelle, si elle était inoculée fraîche, devient un vaccin quand elle est chauffée ; après deux inoculations intra-péritonéales faites à trois jours d'intervalle de une, puis de deux fois la dose qui serait mortelle, le sujet peut subir avec succès l'épreuve de la dose mortelle ; l'immunité déjà manifeste au bout de 24 heures, est complète au bout de 48 heures.

On obtient les mêmes résultats quand on emploie comme substance immunisante le mucus frais de *Discoglosse ;* il suffit de l'eau de lavage d'un seul sujet, pour immuniser par injection intra-péritonéale, la grenouille contre la dose mortelle de son propre venin.

Vaccination du Cobaye contre le venin muqueux. — Elle a été réalisée avec du venin muqueux d'*Axolotl.* La dose mortelle pour un jeune cobaye du poids de 100 gr., correspond à la macération de la moitié de la peau du ventre d'un sujet qui mesure 18 cm. de long.

Le même mucus chauffé à 58° pendant 15 m. conserve ses propriétés vaccinantes.

Deux inoculations sous-cutanées faites à trois jours d'intervalle avec des doses équivalentes au 1/3 puis aux 2/3 de ce que fournit la peau du ventre d'un Axolotl, suffisent pour prévenir l'action de la dose mortelle du venin entier. A l'épreuve, le cobaye ne manifeste qu'un peu de stupeur passagère.

Vaccination du Lapin contre le venin muqueux. — L'immunisation la plus rapide s'obtient en inoculant la solution venimeuse directement dans les veines. Mais, comme l'action du venin entier est dans certains cas foudroyante (venin d'*Alytes obstetricans*, de *Discoglossus pictus*, de *Rana esculenta*...), il est nécessaire de détruire l'action phlogogène et la toxicité par un chauffage approprié. Il est commode également de n'employer qu'un mucus de toxicité moyenne, et qui ne présente pas de grandes variations d'activité. Le mucus de la *Salamandre terrestre* répond à ces conditions ; il présente en outre l'avantage de conserver ses propriétés après une ébullition prolongée pendant plus d'une demi-heure, ce qui permet de réaliser des inoculations aseptiques. On a vu qu'il faut le mucus entier de quatre sujets, en moyenne, pour déterminer la mort du lapin par inoculation intraveineuse ; or, deux inoculations successives faites à quelques jours d'intervalle les unes des autres, avec des doses de mucus chauffé, doubles de la dose mortelle, vaccinent le lapin contre la dose mortelle de venin non chauffé ; l'animal ne manifeste aucun des symptômes qu'on observe sur les sujets neufs : asthénie, stupeur, paralysie, hypothermie, mydriase.

On obtient les mêmes effets immunisants si l'on emploie, sans chauffage préalable, des venins peu toxiques comme celui de *Pélobate cultripède*, ou des venins plus actifs, mais très dilués, comme ceux d'*Alyte*, de *Discoglosse* ou de *Grenouille verte ;* mais il faut dans ce dernier cas procéder avec grande précaution pour ne pas perdre d'animaux au cours de l'immunisation ; et on observe toujours à chaque inoculation les symptômes, atténués, il est vrai, mais manifestes, des solutions concentrées.

De plus, l'immunisation commencée avec le venin muqueux d'un Batracien peut être continuée avec celui d'une autre espèce ; c'est ainsi qu'un sujet, inoculé d'abord avec du mucus de Pélobate et quelques jours après avec du mucus de Discoglosse, s'est montré aussi bien immunisé que ceux qui n'avaient reçu qu'un même mucus.

Ce fait d'équivalence immunisante entre les mucus d'espèces zoologiques différentes offre une commodité très précieuse au point de vue de son utilisation pratique ; il est analogue à celui des équivalents toxiques des poisons.

Vaccination contre le venin de Vipère aspic. — Nous avons vu que le venin muqueux des Batraciens a une grande analogie d'action physiologique avec celui du venin de Vipère. Ce fait entrevu par C. Phisalix a été pleinement confirmé par nos propres recherches.

C. Phisalix a montré que les Grenouilles qui ont été vaccinées contre le venin muqueux de la Salamandre du Japon et qui ont subi avec succès l'inoculation d'épreuve de ce venin résistent deux jours après à la dose mortelle de venin de Vipère.

Toutes nos expériences confirment ce premier résultat : la *Grenouille verte* fortement immunisée contre l'action toxique de son propre mucus, l'est également contre le venin de Vipère, car, éprouvée trois jours après la dernière inoculation de son venin, avec 1 milligr. de venin de Vipère, elle résiste à cette dose qui fait mourir en l'espace de 4 heures la Grenouille non préparée.

Mais le venin muqueux n'est pas antitoxique vis-à-vis du venin de la Vipère, car les sujets qui reçoivent un mélange de la dose mortelle de chaque venin meurent en même temps que les témoins.

De même le cobaye, vacciné contre le venin d'*Axolotl*, supporte l'inoculation de la dose mortelle de venin de Vipère. Il manifeste seulement l'action locale atténuée du venin, de la rougeur de la peau du ventre qui n'aboutit pas à l'escarre ; mais pas de symptômes généraux. notamment cette hypothermie progressive qui accompagne l'envenimation vipérique à terminaison fatale.

De même encore le lapin vacciné contre le venin de *Salamandre terrestre* par des inoculations intraveineuses de ce venin peut subir avec succès 5 jours après l'épreuve de l'injection intrapéritonéale d'une dose de 10 milligr. de venin, qui est deux fois mortelle pour un lapin de même poids non préparé.

Vaccination du Lapin contre le virus rabique. — Le venin muqueux de Salamandre, non plus que le venin de Vipère employés seuls ne confèrent au lapin une immunité manifeste contre la rage expérimentale produite par l'inoculation intra-cérébrale de virus fixe ; ils retardent seulement l'éclosion de celle-ci ; mais fait particulier, les animaux immunisés successivement contre les deux venins, ou simultanément par des inoculations intra-veineuses du mélange de ces venins, se montrent réfractaires au développement du virus fixe.

Dans ces expériences, nous avons employé le venin de Salamandre terrestre stérilisé par ébullition et ensuite le venin de Vipère en solution aqueuse au 1/1000, ou bien encore, et avec le même résultat, le mélange des deux venins chauffé en pipette close pendant 15 minutes à la température de 75° qui ne détruit pas l'échidnovaccin du venin de Vipère.

Les inoculations, au nombre de quatre ou cinq ont été faites à 3 jours d'intervalle, et les lapins trépanés 6 jours après la dernière inoculation ; ils ont résisté et étaient donc immunisés.

La durée de l'immunité conférée par ce moyen est voisine de deux mois ; les lapins trépanés et inoculés à nouveau avec le virus fixe au bout de temps variables, depuis 6 semaines à 6 mois, n'ont de nouveau résisté que 6 et 7 semaines après la première épreuve de virus fixe ; les autres ont succombé comme les témoins.

Nous avons obtenu les mêmes effets immunisants contre le virus fixe en substituant au venin muqueux de Salamandre celui de l'*Axolotl* ou de la *Grenouille rousse*. La quantité de venin fournie par deux Axolotls ou trois Grenouilles rousses et celle fournie par une seule Vipère, soit 10 milligr. environ, suffisent à immuniser un lapin. Dans ces expériences, nous avons mélangé les produits venimeux, et après chauffage du mélange en pipettes closes à 75° pendant 15 minutes, nous l'avons inoculé de deux en deux jours aux doses croissantes de 1, 2, 3, 4, 5 cc. Les sujets éprouvés trois jours après la dernière inoculation intraveineuse par introduction de virus fixe dans le cerveau, ont tous résisté à cette inoculation.

Dans cette vaccination, il est à remarquer que la ou les substances immunisantes ne résultent pas d'une réaction chimique entre les venins employés, car on obtient les mêmes résultats quand on vaccine successivement par l'un puis par l'autre venin, ainsi que nous avons procédé dans nos premières expériences.

La durée de l'immunité ainsi conférée s'est montrée, comme dans les premières expériences, voisine de deux mois.

Indépendance des propriétés toxiques et des propriétés vaccinantes dans le venin muqueux des Batraciens

Nous avons vu que la sécrétion des glandes cutanées muqueuses n'est pas primitivement toxique : c'est un fait qu'avait observé Bugnon, qui opposait ainsi le *Protée* à l'*Axolotl* ; nous l'avons confirmé.

Il en est de même pour la *Grenouille rousse*, dont le mucus est simplement doué d'une action irritative locale assez faible (Gidon). Nous avons constaté nous-même l'innocuité de ce même mucus chez la *Sirène lacertine*, et quelques poissons, comme l'*Anguille* et le *Protoptère*.

La sécrétion cutanée de tous ces animaux, inoculée dans les veines du pigeon et du lapin aux doses qui correspondent à ce que fournit le lavage d'un animal, doses bien supérieures à celles où les mucus de Grenouille verte, de Discoglosse et d'Alyte, foudroient les mêmes animaux, ne détermine effectivement aucun symptôme général d'ordre toxique.

La Grenouille rousse établit une transition entre les Batraciens à mucus toxique et ceux à mucus anodin, car sa sécrétion, bien que dénuée d'action générale apparente, a un pouvoir phlogogène local manifeste, pouvoir que ne détruit pas le chauffage à 80°, prolongé pendant 10 minutes.

Mais, cette action purement locale mise à part, il est intéressant au point de vue biologique, de voir apparaître spontanément la toxicité générale du mucus chez une espèce aussi voisine de la *Rana temporaria* que la *Rana esculenta ;* ce caractère physiologique suffirait à lui seul à distinguer les deux espèces.

Ces faits montrent encore que la ou les substances venimeuses du mucus, sur la nature chimique desquelles on ne sait encore que fort peu de choses, sont totalement indépendantes de la substance muqueuse de la sécrétion, car ce sont précisément les sécrétions les plus riches en mucine, comme celles de la Sirène et du Protée, qui se montrent le plus complètement anodines.

Mais ces mucus non toxiques auraient-ils néanmoins des propriétés immunisantes contre le venin de Vipère ou contre des mucus toxiques ?

Nos recherches ont porté sur *la Rana temporaria,* la *Siren lacertina, le Proteus anguinus,* le *Protopterus annectens* et l'*Anguilla vulgaris.*

Elles ont donné les résultats suivants : Les animaux (cobayes) préparés avec le mucus de *Sirène* ou d'*Anguille* ont résisté définitivement à l'inoculation d'épreuve faite soit avec un mucus toxique, soit avec le venin de Vipère. Les cobayes préparés avec le mucus de *Protoptère* n'ont survécu que quelques heures aux témoins. Enfin, ceux qui avaient été préparés avec du mucus de *Protée* ou de *Grenouille rousse* ont succombé dans le même temps que les témoins.

Au point de vue des résultats fournis par ces recherches, on peut grouper comme il suit les sécrétions cutanées muqueuses des Batraciens et des quelques Poissons essayés.

1° *Sécrétions muqueuses venimeuses et vaccinantes contre leur action propre et celle du venin de Vipère,* celles de

> Megalobatrachus maximus,
> Siredon mexicanus,
> Salamandra maculosa.
> Rana esculenta.
> Discoglossus pictus,
> Alytes obstetricans ;

2° *Sécrétions muqueuses non venimeuses, mais vaccinantes :*
nettement vaccinantes ; celles de Siren lacertina,
                                  Anguilla vulgaris.

un peu vaccinantes ; celles de   Pelobates cultripes,
                                  Protopterus annectens.

3° *Sécrétions muqueuses ni venimeuses, ni vaccinantes ;* celles de
          Proteus anguinus.
          Rana temporaria,

En ce qui concerne les mucus des animaux des deuxième et troisième groupe, il faut noter que le chauffage à 58° pendant 15 minutes
n'a pas augmenté le pouvoir vaccinant de ceux du deuxième groupe et
ne l'a pas fait apparaître pour ceux du troisième.

De plus, l'inefficacité complète du mucus de Protée, cependant très
riche en mucine, montre que les propriétés vaccinantes, comme les propriétés toxiques, sont totalement indépendantes de la présence de la
mucine : celle-ci ne sert que d'excipient aux substances actives du mucus
et ne les fixe même pas.

Les mucus vaccinants contre leur propre action, le sont également,
avons-nous vu, contre le venin de Vipère ; leur substance vaccinante
semble être la même dans les deux cas ; en est-il encore de même vis-à-vis
du virus rabique? l'exemple de la Grenouille rousse nous fournit immédiatement la réponse : le mucus cutané de cette grenouille ne vaccine ni
contre les mucus toxiques, ni contre le venin de Vipère ; mais par contre
se montre immunisant contre le virus rabique. Il faut en conclure que la
substance qui dans ce mucus vaccine contre les venins n'est pas la même
que celle qui vaccine contre le virus rabique.

En résumé, la sécrétion muqueuse de la peau des Batraciens nous
apparaît comme une des plus intéressantes par les diverses propriétés
physiologiques qu'elle est susceptible de manifester isolément ou simultanément, sans que ses qualités physiques de liquide limpide, plus ou
moins muqueux aient été par ailleurs modifiées : primitivement *atoxique*
chez le *Proteus anguinus,* le *Xenopus lœvis,* la *Siren lacertina...,* et justi-
fiant ainsi pour un nombre limité d'espèces la comparaison qui en a été
faite avec la sueur des Mammifères, elle ne manifeste chez beaucoup d'espèces que des *propriétés phlogogènes* locales (*Rana esculenta, Alytes obstetricans*) ; elle est hautement *toxique* chez la plupart des espèces examinées
(*Rana esculenta, Alytes obstetricans, Discoglossus pictus, Bombinator pachypus, Siredon mexicanus*) ; atoxique ou toxique, elle se montre *vaccinante contre sa propre action et contre celle du venin de Vipère* chez le
Megalobatrachus maximus, la *Siren lacertina,* le *Pelobates cultripes,* la
Salamandra maculosa, et enfin elle possède un certain pouvoir immunisant contre le virus rabique indépendant de ses autres propriétés chez la
Salamandra maculosa, le *Siredon mexicanus* et la *Rana temporaria.*

Dans le venin des Serpents, et notamment celui de la Vipère aspic, où ces diverses propriétés se trouvent réunies, l'indépendance des substances phlogogènes, venimeuses, vaccinantes... a besoin d'une démonstration expérimentale délicate, et celle-ci a été fournie par C. Phisalix, pour le venin de Vipère ; mais dans celui des Batraciens cette indépendance est évidente puisque les diverses substances actives peuvent apparaître isolément chez des espèces différentes et parfois très voisines d'un même genre, telles que la *Rana temporaria* et la *Rana esculenta*.

VENIN GRANULEUX

Les propriétés générales du venin granuleux sont assez analogues chez le petit nombre de Batraciens où elles ont jusqu'ici été observées. C'est toujours un liquide d'aspect et de consistance crémeuse, comparable à la sécrétion parotidienne des Colubridés Aglyphes et Opisthoglyphes, et qui, contrairement au mucus des glandes cutanées, s'est jusqu'à présent montré toxique chez toutes les espèces. Il n'a été bien étudié que chez un petit nombre d'entre elles : *Salamandre terrestre, Triton crété, Spelerpes, Crapaud commun, Dendrobates* et *Grenouille rousse*. Les particularités qu'il présente et l'action toxique moins uniforme que celle du venin muqueux nous obligent à l'étudier séparément chez ces différentes espèces. Nous devons au préalable en étudier les conditions de la sécrétion.

Physiologie de la sécrétion

Causes qui agissent sur la sécrétion. — A l'inverse des glandes à venin muqueux, les glandes à venin granuleux excrètent très difficilement leur contenu. On peut tenir une Salamandre dans la main, la piquer, élever sa température à 45°, sans qu'aucune goutte de venin laiteux soit expulsée. Un courant électrique capable de tétaniser les muscles, appliqué en n'importe quel point du corps, ne fait pas sortir le venin. On ne comprendrait pas que les muscles des glandes, en se contractant, n'expulsent pas leur contenu, si on n'admettait pas l'existence d'un sphincter ; ici l'expérience vient confirmer le fait anatomique que nous avons décrit au chapitre de l'Histologie.

Toutefois, si on applique les électrodes sur le dos, au niveau de la moelle et qu'on fasse passer un fort courant, les glandes de la queue se mettent à sécréter presque aussitôt, et quelques secondes après, les glandes du dos dans le voisinage des électrodes. Dès qu'on cesse l'excitation, le flux de venin s'arrête pour reprendre dès qu'on pose de nouveau les électrodes. Il est évident que l'activité des glandes situées à l'extrémité de la queue, loin du point d'application de l'excitant, entre en jeu sous l'influence du système nerveux, et ne peut être attribuée à une excitation directe de la glande.

Calmels avait vu le fait à propos du Crapaud, et avait remarqué que la face dorsale seule se recouvre de sécrétion laiteuse, la peau ventrale devenant seulement plus humide.

On peut en dire autant des autres modes d'excitation portés sur la peau, ils agissent par l'intermédiaire du système nerveux. Aussi l'étude physiologique du fonctionnement de la glande réside presque entièrement dans celle de ses rapports avec le système nerveux. Cette étude a été faite déjà par C. Phisalix, puis par C. Phisalix et Contejean.

1° Sécrétion directe. — Influence des centres nerveux. — *Action des lobes optiques.* — MM. Phisalix et Contejean ont démontré que les glandes à venin granuleux sont sous la dépendance de centres excito-sécrétoires situés dans les lobes optiques et dans la moelle. Ces centres peuvent être excités directement et par voie réflexe, par des expériences qu'il est facile de répéter, et qui donnent une idée saisissante de l'influence du système nerveux sur la sécrétion des glandes cutanées.

Si l'on pique les lobes optiques de la Salamandre terrestre au niveau du troisième ventricule, on voit au bout de quelques secondes, la sécrétion apparaître à la base de la queue ; c'est d'abord un liquide opalin, qui bientôt devient laiteux. Puis la sécrétion se généralise ; les parotoïdes, les glandes du dos et celles des flancs sécrètent abondamment, et pendant un certain temps, comme on peut s'en assurer en essuyant la peau de l'animal. Cependant, au bout de deux heures environ, l'animal est prostré, respire à peine, et l'excitation des lobes optiques par quelques gouttes d'acide azotique dilué ne provoque que quelques mouvements de la queue, sans aucune sécrétion glandulaire.

L'excitation primitive des lobes par un courant électrique faible reproduit les mêmes phénomènes et dans le même ordre.

On observe la même sécrétion généralisée en excitant les lobes optiques. En outre, d'après Kobert, il existerait dans la moelle d'autres centres excito-sécrétoires.

Mais le pouvoir excito-sécrétoire des lobes optiques s'affaiblit après chaque excitation, et il faut augmenter progressivement l'intensité de l'excitation pour obtenir un résultat positif ; puis la fatigue arrive, les centres s'épuisent, et il est dès lors impossible de faire sécréter les glandes, quelles que soient la nature et la force de l'excitation. Parmi les excitants chimiques, il en est un qui mérite d'être mentionné, c'est le venin granuleux lui-même. En effet, il provoque non-seulement la sécrétion des glandes, mais encore détermine des accidents convulsifs, comme s'il avait été inoculé dans les veines.

Action des nerfs. — L'excitation du bout périphérique d'un nerf sectionné détermine la sécrétion de toutes les glandes granuleuses innervées par ce nerf. On a ainsi un moyen de déterminer physiologiquement l'innervation des différents groupes glandulaires. On délimite aisément, par ce procédé, les glandules qui sont innervées par les différentes branches du trijumeau. On voit de même que les parotides sont innervées en grande partie par le facial et reçoivent quelques filets du groupe du vague. Les amas glandulaires des flancs sont desservis par les nerfs intercostaux. Pour les membres postérieurs, en particulier, l'expérience est très nette avec le sciatique et le crural ; on peut, par leur excitation, beaucoup mieux que par une dissection, mettre en évidence la distribution des filets cutanés de ces nerfs. Ces faits s'appliquant à tous les Batraciens (Salamandre, Crapaud, Triton, etc.), contredisent l'opinion de SEECK d'après laquelle le contenu des glandes serait expulsé par l'élévation de la pression lymphatique dans le sac dorsal, et qui serait la conséquence du tétanos des muscles du dos.

2° SÉCRÉTION RÉFLEXE. — Après la section d'un nerf, l'excitation du bout central donne lieu à une sécrétion réflexe. C'est ainsi que l'excitation du bout central du sciatique provoque une sécrétion des glandes granuleuses de la patte symétrique et de celles de la queue.

En pénétrant dans l'orbite par le plafond buccal, on peut isoler très facilement le nerf optique et l'exciter. Même avec un courant faible, on obtient ainsi immédiatement une sécrétion généralisée, comme si l'on avait excité les lobes optiques.

L'irritation directe de la peau par les vapeurs nitreuses, l'ammoniaque, le chloroforme, produit une sécrétion réflexe de toutes les glandes du corps ; ce sont les glandes muqueuses qui sécrètent les premières ; puis les glandes spécifiques. Cette sécrétion est bien d'ordre réflexe, car des lambeaux de peau fraîche placés dans ces vapeurs irritantes ne sécrètent pas, tandis que des queues récemment amputées et dont on a mis la moelle à l'abri des vapeurs sécrètent abondamment.

ACTION EXCITO ET FRÉNO-SÉCRÉTRICE. — « Pour obtenir la sécrétion directe ou la sécrétion réflexe par l'excitation du nerf, il faut un courant notablement plus fort et plus longtemps prolongé que pour l'excitation des centres : cela tient probablement à la présence dans le tronc nerveux de filets fréno-sécrétoires ; mais nous n'avons pu encore en démontrer l'existence. » (PHISALIX et CONTEJEAN). On sait seulement, d'après les mêmes auteurs, qu'à ce point de vue, l'atropine qui tarit la sécrétion muqueuse inhibe également la sécrétion des glandes spécifiques directement ou indirectement excitées.

Il en est de même de la duboisine, de la cocaïne, des cyanure et sulfocyanure de potassium, du curare à dose massive, de l'ésérine, des piqûres de chloroforme et de la morphine.

Que les nerfs qui partent des centres nerveux contiennent des filets excito-sécrétoires, c'est ce que montrent les faits suivants : MM. PHISALIX et CONTEJEAN ont vu « qu'une glande excitée excrète, en peu de temps, beaucoup plus de venin qu'elle n'en pouvait contenir, et que, un peu avant l'épuisement de la glande, la sécrétion devient opaline, presque limpide et fluide, différant sensiblement de la sécrétion normale qui est blanche et visqueuse ».

Ce venin opalin, sécrété pendant l'excitation constante du nerf, contient de moins en moins de granulations actives. Même, lorsqu'on a vidé la glande par expression directe, le venin qui se régénère, dans les jours qui suivent, a tout à fait ce caractère et ne contient qu'un très petit nombre d'éléments figurés. Il est, comme le premier, un venin incomplet, où les substances actives sont en défaut et le support fluide en excès.

C'est dans la production continue de cette partie fluide qu'intervient l'excitation électrique portée sur le nerf, excitation qui agit à la fois sur la membrane propre pour la faire contracter, et sur les vaisseaux du réseau périglandulaire pour en produire la vaso-dilatation.

En effet, lorsque la membrane propre, à fibres lisses, entre en contraction pour expulser son contenu, l'histologie nous a montré que la membrane vasculo-pigmentaire ne suivait pas le mouvement de retrait et restait appliquée contre la paroi dermique. Entre les deux membranes, il existe donc un vide partiel dans les mailles de la couche lamelleuse conjonctive sous-vasculaire. Il se produit de ce fait une vaso-dilatation mécanique qui s'ajoute à la vaso-dilatation due à l'excitation électrique du nerf glandulaire, et un afflux conséquentif de liquide dans l'espace sous-vasculaire ou périglandulaire. Le liquide exsudé dans cet espace peut ensuite traverser la membrane propre, soit par osmose, soit par les pores que ses fibres ménagent, et pourvoir à la continuité de l'excrétion.

La nature particulière des éléments figurés du venin, nous permet donc d'affirmer que l'excitation portée sur le système nerveux et en particulier sur le nerf glandulaire, intervient plus spécialement dans les phénomènes mécaniques que dans les phénomènes chimiques de la sécrétion.

Dans ce mécanisme, que nous avions effleuré seulement à propos de l'histologie de la glande, il faut également tenir compte de la présence des fibres orbiculaires de la calotte, qui s'opposent à l'écoulement continu du venin. Si l'on détruit cet écran en enfonçant une épingle fine dans le canal excréteur, on voit aussitôt le venin sourdre par l'orifice et son excrétion devenir continue. Il faut donc, la membrane propre étant en contraction, pour que le venin s'écoule au dehors, que le muscle orbiculaire cède au niveau de l'orifice inférieur épidermique du canal excréteur. Sous quelle influence cède-t-il ? Est-il simplement forcé par le liquide comprimé de la glande ; est-il plutôt inhibé par l'excitation de fibres nerveuses spéciales, c'est ce que nous ne pouvons dès maintenant déterminer. Il faudrait admettre dans cette dernière hypothèse, et en raison de la simultanéité de la contraction de la membrane propre et de l'ouverture du muscle orbiculaire de cette membrane, que les fibres inhibitrices de l'iris glandulaire font partie du nerf moteur de la membrane, ce qui n'est pas invraisemblable.

D'autre part, le venin est d'autant plus aisément expulsé qu'il est plus fluide, et qu'il transmet plus rapidement les pressions exercées sur lui. Cette remarque témoigne en faveur de son action mécanique sur le muscle orbiculaire de la glande, et permet aussi d'expliquer les différences d'action de la pilocarpine sur les deux espèces de glandes à venin, différences qui tiendraient plus à la consistance des venins qu'à l'action propre du réactif.

Quoi qu'il en soit pour les détails intimes de ces phénomènes, en raison de la lenteur du travail des noyaux, qui aboutit à la sécrétion des granulations de venin, il faut admettre que les substances excito-sécrétrices, comme la muscarine, la strychnine, le chlorure de baryum et l'ammoniaque, le venin granuleux lui-même et ses alcaloïdes exercent spécialement leur action sur les phénomènes moteurs de la glande.

Cette réserve étant faite, il est en tous cas bien difficile de séparer nettement les excitations qui actionnent l'excrétion de celles qui pourraient agir sur les noyaux de la glande et en stimuler le travail.

Comme le montrent l'embryologie et le développement, la membrane propre et les noyaux affectent des connexions si intimes qu'il n'est pas déraisonnable de supposer qu'une excitation portée sur l'une puisse tout au moins retentir sur le travail chimique de l'autre. Mais si l'épithélium très spécial des glandes spécifiques est influencé par les excitations portant sur les terminaisons nerveuses motrices de la membrane, cette influence met un certain temps à produire un effet utile ; son action n'est qu'inductrice, puisque les granulations de venin ne sont pas formées aussitôt qu'afflue le liquide venant de la couche capillo-pigmentaire.

Parmi les substances dont l'action sur la sécrétion granuleuse a été essayée, il en est comme la nicotine, la quinine, le chloral, qui, même à dose toxique, n'ont aucune influence sur cette sécrétion et ne l'empêchent pas de se produire par l'excitation électrique.

Quant à la pilocarpine, il est intéressant de comparer l'action si intense et si prompte qu'elle exerce sur la sécrétion muqueuse, à son apparente inaction sur la sécrétion granuleuse. Dans trois expériences sur cinq, l'injection de 1, 1,5 et 2 milligrammes de pilocarpine n'a agi immédiatement que sur la sécrétion muqueuse ; dans les deux autres, où il n'avait été injecté que 1 milligramme du réactif, quelques glandes granuleuses ont sécrété isolément et un liquide opalin, mais sans généralisation dans chaque groupe glandulaire, et surtout sans relation proportionnelle avec la dose injectée. Il est probable que, dans ce cas, ce sont les glandes dont le venin n'a encore acquis sa viscosité et ses propriétés définitives qui ont été influencées, car il serait difficile de comprendre pourquoi la pilocarpine qui agit si activement sur la membrane propre à fibres lisses des glandes muqueuses, sur les fibres de la vessie et sur les fibres des cornes utérines jusqu'à provoquer la ponte forcée que nous avons plusieurs fois observée chez la Salamandre, n'agirait pas sur les fibres également lisses de la membrane propre des glandes granuleuses.

Quelques-uns des poisons excito-sécréteurs méritent aussi une mention spéciale, d'après les expériences de MM. C. Phisalix et Contejean.

« Les animaux empoisonnés avec une dose de 2 à 3 milligrammes de strychnine ne sécrètent que dans des cas très rares et très incomplètement. Mais si après avoir lié un animal au milieu du corps avec une bande de caoutchouc très serrée, de façon à ne laisser entre le train antérieur et le train postérieur d'autre communication que la moelle et les vaisseaux qui l'accompagnent, on empoisonne la partie antérieure avec des doses de strychnine moitié moindres, les phénomènes observés sont très différents.

« Tandis que le train antérieur intoxiqué n'est le siège d'aucune sécrétion, le train postérieur sécrète abondamment. Cette expérience montre que la strychnine, tout en excitant les centres, paralyse les terminaisons nerveuses des glandes à venin.

« Une expérience analogue avec la *muscarine* montre que ce poison agit seulement sur les terminaisons nerveuses sécrétoires ; car dans ce cas, le train antérieur seul sécrète.

« Dans le courant de ces expériences, nous avons constaté aussi que les Salamandres résistent d'une façon remarquable à l'action de certains poisons. C'est ainsi qu'une Salamandre pesant 28 grammes n'a été complètement curarisée qu'après avoir reçu 43 milligrammes de curare. Une grenouille témoin pesant 29 grammes était en résolution complète après avoir reçu o millig. 5 du même curare.

« La Salamandre résiste à des doses de 4 centigrammes pour la duboisine, de 6 pour l'ésérine et de 22 pour la morphine. Elle paraît jouir d'une immunité complète pour ce dernier poison. »

VENIN GRANULEUX DE LA SALAMANDRE TERRESTRE

Préparation

Pour obtenir le venin granuleux on peut employer trois moyens principaux :

1° Exprimer le contenu des glandes, soit par pression directe exercée dans les régions accessibles comme les parotoïdes, la queue, la face externe des membres ; soit par pression indirecte au moyen d'un courant tétanisant. Ce procédé a l'avantage de renseigner sur la régénération du venin, que quelques auteurs mettent en doute.

2° Un second procédé consiste à exciter soit les lobes optiques, si l'on veut produire une sécrétion généralisée, soit le nerf d'une région, si l'on veut limiter la sécrétion à un territoire déterminé.

On obtient ainsi un venin suffisamment pur pour en constater les propriétés physiques ; le mucus qu'il contient, et dont le principe actif est insoluble dans l'alcool, pourra d'ailleurs en être séparé aisément.

3° On pourrait enfin traiter la peau tout entière par un dissolvant du venin granuleux : alcool, éther, chloroforme ; mais nous reviendrons sur ce procédé qui sert surtout à l'extraction des principes actifs du venin.

Propriétés générales du venin granuleux

Examiné à l'état frais, dès qu'il vient d'être exprimé de la glande, le venin granuleux est un liquide de couleur et de consistance crémeuses. Il devient fluide et opalin après une excitation prolongée de la glande, ou l'expulsion totale de son contenu. C'est qu'il ne contient plus alors que quelques rares granulations qui, nous l'avons vu, mettent un assez long temps à se former, tandis que le contenu liquide emprunté aux vaisseaux périglandulaires peut se reproduire plus rapidement.

Ce venin répand à l'air une odeur aromatique, rappelant celle du salol. Sa réaction est fortement acide, et sa saveur si amère que les animaux, sur la langue desquels on en dépose une trace, cherchent aussitôt à s'en débarrasser et sont pris de nausées.

Il brunit et coagule rapidement au contact de l'air ; il précipite en masses floconneuses blanches quand on l'exprime directement dans l'eau. Si l'on a ajouté à cette eau une solution d'oxalate de soude ou d'ammonium, l'émulsion s'éclaircit en même temps qu'il se forme au fond du verre un dépôt d'oxalate de calcium. Peut-être le calcium joue-t-il, dans la coagulation du venin, soit à l'air, soit dans l'eau, le même rôle que dans la coagulation du sang.

L'émulsion du venin dans l'eau permet d'en étudier au microscope les éléments figurés. Elle ressemble à du lait. Dans ce liquide opalin, on aperçoit alors les granulations sphériques dont nous avons étudié la formation au cours du développement des glandes, et le réticulum nuageux représentant la partie fluide du venin. Ces granulations ont des diamètres inégaux variant entre 2 et 15 μ. Quelques-unes sont plus grosses que celles qu'on rencontre incluses dans les sacs à venin examinés en coupes ; mais peut-être les réactifs de fixation et de montage les ont-ils réduites, ou peut-être encore, ce qui est plus probable, ont-elles grossi après leur sortie des sacs à venin. Quoi qu'il en soit, les éléments du venin frais fixent les colorants avec la même électivité que si on avait au préalable traité celui-ci par un liquide fixateur ; la seule précaution à prendre, dans ce cas, est d'éviter les colorants à l'alcool qui attaquent et désagrègent la plupart des granulations.

Celles-ci présentent des stries concentriques alternativement sombres et claires, et leur centre est très réfringent ; examinées à la lumière polarisée, un grand nombre d'entre elles, les plus grosses, en général, montrent une croix de polarisation blanche sur fond noir.

La plupart, cependant, sont inactives ; et DRASCH fait remarquer avec raison, que plus la sécrétion devient fluide, plus les granulations biréfringentes y sont rares. On peut ajouter d'ailleurs que, dans ce cas, le nombre des granulations inactives diminue également.

Cette propriété optique des granulations peut être conservée pendant quelques heures, en employant comme fixateur le liquide de Flemming ;

elle persiste plus longtemps après l'action de la solution iodo-iodurée.
Mais la plupart des liquides fixateurs et des colorants la détruisent, notamment l'alcool, le chloroforme, l'éther ; et nous n'avons jamais pu observer
la biréfringence des granulations sur les coupes montées.

DRASCH a tourné la difficulté et a pu voir la biréfringence sur des
granulations incluses dans la glande :

« Si on prépare une petite glande à venin de Salamandre qu'on vient
de tuer, en enlevant le sac, la membrane capillaire, et, autant que possible, beaucoup de tissu conjonctif lamelleux, qu'on l'arrose avec quelques gouttes de liqueur de Flemming, qu'on la coupe en deux et qu'on
porte l'un des segments ainsi obtenus sous le microscope polariseur,
alors apparaissent les cellules à venin neutres (c'est-à-dire ce que j'ai
appelé les sacs à venin), incluses dans une masse qui paraît traversée par
de nombreuses perles étincelantes de toutes couleurs ».

DRASCH en conclut, d'une manière qu'il considère comme irréfutable,
que les granulations biréfringentes sont une production exclusive du
syncytium, c'est-à-dire du protoplasme général et périphérique de la
glande et que les cellules à venin (c'est-à-dire les sacs à granulations) n'y
sont pour rien ; ils fourniraient simplement les granulations inactives de
la sécrétion.

Dans son assertion, il s'appuie encore sur d'autres faits que j'ai vus
aussi de mon côté : c'est la production de cristaux toxiques, dans les
préparations de venin frais, aux dépens des granulations biréfringentes.
Cette apparition se produit presque instantanément, sous les yeux de
l'observateur, lorsqu'on fait passer sous la lamelle qui recouvre le venin
frais une goutte d'eau aiguisée d'acide chlorhydrique ou d'acide azotique
à 5 p. 100 : à la place même des granulations qu'on voit disparaître, il
se forme des aiguilles cristallines qui forment bientôt des faisceaux. Ces
cristaux, préparés par le même procédé et en quantité qui permettent d'en
essayer l'action, se montrent très toxiques, ce sont des sels des alcaloïdes
du venin. Il n'est d'ailleurs pas nécessaire d'employer des acides ; ils se
forment à l'état d'alcaloïdes pur dans les émissions aqueuses du venin ;
mais leur apparition est un peu plus longue à se produire, c'est là toute
la différence.

Ainsi, il existe dans le venin des granulations biréfringentes et d'autres, en plus grand nombre, qui ne le sont pas. Dans la glande, ces granulations biréfringentes ne se trouvent pas incluses dans les sacs à venin,
mais disséminées dans le syncytium.

De notre côté, nous avons pu constater, par les colorants divers, que
le syncytium et les sacs contiennent en général des granulations de même
couleur et de même aspect ; en outre que les sacs renferment quelques
granulations identiques à celles qu'on trouve en formation à l'intérieur
du noyau. En particulier, le procédé de Heidenhain a montré que, dans
le syncytium, il n'existe que des granulations colorées en noir, tandis

que dans les sacs, il y a, outre des granulations noires, un grand nombre de granulations grises, à peine colorables.

Nous avons vu aussi qu'il ne suffit pas que le venin contienne des granulations pour qu'il soit actif ; chez les jeunes Salamandres, nouvellement transformées, et où les glandes ont acquis leur forme définitive, il y a un contenu granuleux, mais inactif. Chez l'adulte, C. PHISALIX a signalé le même fait, à savoir que le venin qui devient fluide et opalin après les excitations prolongées, par exemple, devient de moins en moins toxique.

Mais pour toutes ces raisons, faut-il conclure, comme le fait DRASCH, que les granulations des sacs et celles du syncytium sont de nature et d'origine tout à fait différente ? On ne peut admettre cette manière de voir.

L'étude embryologique du développement des glandes, du développement des sacs à venin et du travail du noyau, les faits physiologiques mêmes qui se rapportent à la lenteur du travail de sécrétion, nous portent au contraire à croire que les différences physiques que présentent les granulations du venin, sont dues à l'évolution graduelle de ces granulations, à une maturité imparfaite des jeunes grains, qui n'acquièrent d'emblée ni leur structure physique, ni leurs propriétés chimiques définitives.

Extraction et propriétés des substances actives du venin

L'action physiologique du venin de Salamandre a été étudiée et signalée sur divers animaux, et même sur l'homme, bien avant qu'on ait songé à en rechercher la nature chimique et à en extraire le principe actif.

Le premier travail important que l'on rencontre sur le sujet est publié, en 1866, par ZALESKY. L'auteur y donne un procédé de traitement du venin granuleux et en retire un alcaloïde qu'il appelle *Samandarine* et dont il fait l'étude toxicologique.

Plus récemment, C. PHISALIX, en 1889, a retiré du venin granuleux un alcaloïde dont le chlorhydrate cristallise aisément, et qui, tout en ayant les mêmes propriétés physiologiques que la Samandarine de ZALESKY, en diffère par quelques propriétés physiques telles que la solubilité et la cristallisation. Il l'appelle *Salamandrine*, comme les autres auteurs français. En 1892, M. le Professeur ARNAUD retirait à son tour du venin deux alcaloïdes, un premier identique à la Salamandrine de C. PHISALIX, et un second qui semble être une espèce nouvelle différente des deux premières. Enfin ED. FAUST, en 1899, a également isolé deux alcaloïdes dont il a fait une étude très complète ; il conclut à deux espèces chimiques différentes, et il donne le nom de *Samandaridine* à l'alcaloïde le moins soluble, celui qui correspond à l'alcaloïde isolé et étudié par C. PHISALIX, en conservant le nom de *Samandarine* à l'alcaloïde découvert par ZALESKY.

Nous résumerons les procédés employés par ces auteurs pour l'extraction des alcaloïdes du venin et décrirons ensuite le nôtre qui nous a fourni un rendement plus considérable.

Procédé Zalesky. — La sécrétion crémeuse des glandes granuleuses de la Salamandre est obtenue en râclant avec un scalpel ou mieux avec une cuillère à thé les parties postérieures et latérales de la tête et du dos de l'animal. La masse ainsi obtenue est plongée dans l'eau bouillante, et cet extrait aqueux chaud traité par l'acide phospho-molybdique : il se forme un abondant précipité blanc jaunâtre, floconneux, qui possède une grande toxicité. On le lave, on le dissout dans l'eau de baryte, et on précipite la baryte en excès par un courant de gaz carbonique. On porte à l'ébullition et on filtre. Le filtratum est d'abord distillé, autant que possible à feu nu dans une cornue tubulée ; ensuite il est complètement desséché au bain-marie dans un courant d'hydrogène. Avant que le résidu soit complètement sec, il se forme en abondance de longs cristaux en aiguilles, qui disparaissent par la dessication complète. Après celle-ci, il reste une masse amorphe, incolore, cassante, dont la plus grande partie est facilement soluble dans l'eau.

Pendant la dessication dans le courant d'hydrogène, une partie de la masse se modifie de telle sorte qu'il se produit un corps résineux, insoluble dans l'eau, légèrement soluble dans l'alcool, auquel il donne une fluorescence passagère.

La solution aqueuse ou alcoolique de cette masse, saturée avec l'acide chlorhydrique et évaporée au bain-marie dans le courant d'hydrogène, abandonne avant la dessication de longs cristaux en aiguilles qui disparaissent de nouveau par la dessication complète.

La base isolée de sa combinaison chlorhydrique a donné à l'analyse la formule $C^{68}H^{60}Az^9O^{10}$; elle s'unit à 2HCl pour former le chlorhydrate : c'est la *Samandarine*. Cette base est un alcaloïde fixe, qui, desséché, conserve ses propriétés pendant plusieurs mois ; il est soluble dans l'eau et dans l'alcool. Sa solution est indécomposable à l'ébullition ; mais lorsqu'on dessèche le produit à l'air, il perd d'abord son eau de cristallisation, puis se décompose. Avec les acides, il donne des sels neutres ; l'acide phospho-molybdique, en particulier, le précipite de ses dissolutions ; il en est de même du chlorure de platine. Quand on évapore une solution chlorhydrique de samandarine dans laquelle on a versé du chlorure de platine, il se forme une masse bleue amorphe qui permet de déceler l'alcaloïde.

Dans ce mode de préparation, où l'auteur utilise la propriété de l'acide phospho-molybdique de précipiter les alcaloïdes, il n'obtient qu'un corps par le traitement du résidu sec. C'est avec le chlorhydrate de ce corps qu'il a réalisé ses expériences sur divers animaux.

C. Phisalix, répétant le procédé de Zalesky, et en suivant attentivement les phases, a observé qu'au début de l'évaporation, dans un courant d'hydrogène, du liquide alcalin, il se forme un précipité blanc pulvérulent qui ne disparaît pas. En décantant à ce moment le liquide soumis à l'évaporation, il a vu que le précipité est un peu soluble dans l'eau et dans l'éther, et que dans la solution éthérée abandonnée à l'évaporation, il se forme de belles aiguilles cristallines qui se groupent en faisceaux. Ces cristaux dissous dans l'eau se montrent très toxiques ; ils tuent la souris avec les mêmes symptômes convulsifs que le venin entier. L'éther et le sulfure de carbone enlèvent à cette poudre une substance d'aspect graisseux.

Si, après avoir séparé ce premier précipité, on continue l'évaporation dans le courant d'hydrogène, on obtient un résidu jaunâtre de consistance cireuse. Ce résidu est très alcalin ; l'éther ne lui enlève qu'un peu de substance grasse. Il est peu soluble dans l'eau. Traité par l'eau bouillante, il dégage une odeur parfumée de cire d'abeille. La solution aqueuse acidulée par l'acide chlorhydrique et évaporée au bain-marie abandonne de longues aiguilles prismatiques ; elle est très toxique et produit les mêmes symptômes que celles du premier précipité.

L'observation précédente suggère l'idée que deux corps différents peuvent exister dans la sécrétion venimeuse de la Salamandre terrestre. Ils y existent, en effet, comme nous le verrons bientôt, et tout en possédant les mêmes propriétés physiologiques, ils se distinguent par d'autres caractères, entre autres leur coefficient de solubilité.

Procédé C. Phisalix. — C. PHISALIX a employé, pour extraire l'alcaloïde du venin de la Salamandre terrestre la méthode suivante : il exprime le venin directement par pression, ou par excitation électrique, et le reçoit dans l'eau distillée. L'émulsion laiteuse ainsi obtenue est acidifiée par l'acide chlorhydrique ; on filtre et on évapore dans le vide sur l'acide sulfurique. Le résidu est repris par l'alcool à 95°. Celui-ci., évaporé lentement ou distillé, laisse apparaître de beaux cristaux en aiguilles qui sont plongés dans une matière visqueuse, jaunâtre, soluble dans l'alcool. Ces cristaux, lavés avec un peu d'alcool, sont essorés à la trompe et purifiés par plusieurs cristallisations successives.

Si au lieu de recevoir le venin dans l'eau on l'exprime sur une plaque de verre, il ne tarde pas à coaguler et à se prendre en une masse molle, élastique, qui brunit peu à peu à l'air. Pour en retirer l'alcaloïde, on réduit le coagulum en menus fragments, et on l'épuise par l'eau aiguisée d'acide chlorhydrique à 1 pour 1.000, en chauffant au bain-marie. On filtre, on évapore jusqu'à ce qu'on voie se déposer quelques cristaux ; on laisse la liqueur refroidir ; la cristallisation se fait alors très rapidement. Ce sont des cristaux en aiguilles, groupés soit en faisceaux, soit en étoiles, que l'on purifie comme il est dit ci-dessus et qui représentent le chlorhydrate de Salamandrine.

M. le Professeur LACROIX, dont on connaît la compétence en cristallographie, en a déterminé les caractères optiques. Ce sont de petites baguettes allongées, sans pointement, qui forment souvent des mâcles à 60° ; ils sont monocliniques ; les extinctions sont toujours parallèles aux côtés du prisme. Le plan des axes optiques est perpendiculaire à l'allongement. Les cristaux allongés sont couchés suivant deux faces, l'une à allongement négatif, l'autre à allongement positif. Cette dernière est sensiblement normale à la bissectrice de l'angle aigu des axes optiques. Cette bissectrice est positive ; l'angle 2 E des axes optiques est égal à 25°.

Malgré la pureté apparente de la substance cristallisée ainsi obtenue, il était à prévoir qu'elle n'était pas homogène. C. PHISALIX a eu recours à l'habileté du Professeur ARNAUD auquel on doit la découverte d'intéressants alcaloïdes. Du venin granuleux de 3oo Salamandres, exprimé dans l'eau distillée, puis traité par l'acide chlorhydrique, M. ARNAUD retira par cristallisations fractionnées deux chlorhydrates différant entre eux par quelques détails de propriétés physiques : l'un de ces sels est moins soluble dans l'eau, plus blanc, plus dense ; l'autre est plus soluble, moins blanc, moins dense ; le premier est un peu plus toxique que l'autre.

Procédé de Edwin S. Faust. — Cet auteur emploie l'animal entier pour extraire le venin contenu dans la peau. A cet effet, les Salamandres sont tuées par le chloroforme, qui détermine une abondante sécrétion des glandes cutanées. et découpées en morceaux. Ce hachis de Salamandres est arrosé avec une grande quantité d'eau, additionnée d'acide acétique, jusqu'à faible réaction acide, puis porté à l'ébullition ou chauffé pendant plusieurs heures au bain-marie. Après refroidissement, on filtre ; la masse que retient le filtre est de nouveau épuisée au bain-marie par de l'eau légèrement acétifiée. Le filtratum trouble est directement traité par l'acétate de plomb en excès : il se forme un abondant précipité que l'on sépare par filtration. Au filtratum clair, on ajoute de la lessive de soude pour enlever une partie du plomb ; le précipité d'hydroxyde de plomb entraîne une nouvelle quantité d'albumine. Ce précipité est séparé par filtration, et le liquide additionné d'acide sulfurique dilué : le plomb encore dissous précipite à peu près complètement ; nouvelle filtration après laquelle le liquide filtré donne encore la réaction du biuret.

Si l'on ajoute à ce filtratum, qui contient encore un peu d'acide sulfurique libre, de l'acide phospho-tungstique, il se forme un volumineux précipité qui, indépendamment des corps albuminoïdes, renferme la véritable substance toxique de la sécrétion venimeuse. Ce précipité est traité à la manière ordinaire par l'eau de baryte ; on filtre ; le filtratum est neutralisé avec l'acide sulfurique, et le sulfate de baryum formé est séparé par filtration. Le liquide est alors additionné d'alcool qui dissout les alcaloïdes, tandis que les albumines et les peptones restent en partie insolubles. L'alcool filtré est concentré par évaporation ; le résidu sirupeux est encore additionné d'alcool et filtré. On évapore de nouveau et on renouvelle cette opération plusieurs fois. On obtient enfin une solution de *Samandarine* ne donnant que très faiblement la réaction du biuret, et qui peut être conservée sans altération pendant des mois. E. FAUST débarrasse complètement cette solution de traces de peptones, en la traitant à nouveau par la baryte caustique, finement pulvérisée. Les peptones forment avec le baryum un précipité insoluble dans l'alcool, ce qui per-

met d'obtenir une solution de Samandarine, pure de toutes traces d'albu.
minoïdes, et ne donnent plus la réaction du biuret.

La Samandarine ainsi préparée ne cristallise pas ; elle est insoluble
dans l'éther éthylique ainsi que dans l'éther de pétrole.

Après avoir vainement esayé d'en faire des sels cristallisables avec les
acides chlorhydrique, azotique, acétique, oxalique et picrique, E. Faust
a réussi à préparer le sulfate cristallisé par le moyen suivant : la solution
de Samandarine est acidulée avec l'acide sulfurique et précipitée de nouveau avec l'acide phospho-tungstique pur ; le précipité rassemblé sur le
filtre est bien lavé, puis décomposé à la manière ordinaire par la baryte
caustique pure ; on filtre, et la baryte est précipitée par l'acide sulfurique et un courant d'acide carbonique.

Si on neutralise par l'acide sulfurique la solution aqueuse de Samandarine ainsi obtenue, et qu'on évapore à sec, à une chaleur modérée,
on obtient un résidu amorphe, faiblement coloré en jaune et soluble
dans l'alcool. La solution alcoolique est additionnée d'éther jusqu'à la
production d'un trouble persistant : on voit alors se former, au bout de
quelques jours, à basse température, de très fines aiguilles cristallines
microscopiques, qui se réunissent en touffes ou en amas étoilés. Ces cristaux sont lavés avec un mélange d'alcool et d'éther, et desséchés.

Si on en fait à chaud une solution de concentration moyenne et qu'on
laisse lentement refroidir, il se forme de belles aiguilles de 1 cm 1/2 de
long. Ces cristaux tombent en efflorescence à l'air ; ils sont lévogyres et
dévient à — 53°,59 le plan de polarisation. La constitution de ce corps,
établie par l'analyse élémentaire, correspond à la formule $C^{52}H^{80}Az^4O^2$
$+SO^4H^2$, que l'on peut écrire, l'acide sulfurique étant bibasique
$(C^{26}H^{40}Az^2O)^2+SO^4H^2$.

Si l'on ajoute à la solution de sulfate de Samandarine une lessive de
soude, la base devient libre et se sépare sous forme d'huile légèrement
colorée en jaune qui, même après un séjour de deux semaines à la glacière, ne se congèle pas.

Additionnée d'acide chlorhydrique concentré et porté à l'ébullition,
la Samandarine donne naissance à un corps d'aspect huileux, sur la nature duquel des données précises ne peuvent être fournies.

Le sulfate de Samandarine peut être décelé par une réaction donnant
un produit coloré : si on ajoute de l'acide chlorhydrique concentré sur
des cristaux de sulfate, et qu'on porte à l'ébullition, on aperçoit au bout
de quelques minutes, une coloration violette, qui devient bleu intense
par une ébullition plus prolongée.

Cette réaction explique l'observation de Zalesky relativement au
chlorure de platine, qu'il fait agir sur une solution chlorhydrique de
Samandarine : par évaporation à sec, il se forme une masse bleue amorphe
transparente et insoluble dans l'eau, mais dans la production de laquelle
le chlorure de platine ne joue aucun rôle. Pour les alcaloïdes connus, on

n'observe cette réaction précise qu'avec la vératrine qui, dans les mêmes conditions, donne une belle coloration rouge.

Séparation d'un deuxième alcaloïde dans le procédé de Faust. — Le premier précipité obtenu avec l'acide phospho-tungstique, dans la décoction de Salamandre préparée comme il vient d'être dit, est additionné d'eau de baryte qui met le ou les alcaloïdes en liberté. On neutralise avec l'acide sulfurique et on filtre pour séparer le sulfate de baryum. De la solution chaude, neutre, donnant encore la réaction du biuret, il se sépare un sulfate cristallisé dont la base diffère de la samandarine par sa constitution et quelques-unes de ses propriétés. Faust lui a donné le nom de *Samandaridine.* Cette base qui correspond probablement à celle du premier précipité obtenu par C. Phisalix en employant la méthode de Zalesky, a pour constitution $(C^{20} H^{31} Az\ O)$; et son sulfate $(C^{20} H^{31} Az\ O)^2 + SO^4 H^2$.

Ce sulfate est moins soluble dans l'eau et dans l'alcool que le sulfate de samandarine, et n'a pas d'action sur la lumière polarisée. Avec l'acide chlorhydrique à l'ébullition, la Samandaridine se comporte comme la première, donnant d'abord une coloration violette, puis bleu intense si l'on prolonge l'ébullition.

Par distillation sèche avec le zinc en poudre, elle donne un distillat alcalin dont l'odeur fait aussitôt penser à la présence de pyridine, de quinoléine ou de leurs dérivés.

En traitant ce distillat par l'eau acidulée à l'acide chlorydrique, la plus grande partie du produit se dissout ; on a une solution acide qu'on agite avec de l'éther ; puis on décante celui-ci, tandis que le résidu aqueux est filtré bouillant sur noir animal. On ajoute au filtratum chaud et acide du chlorure de platine. Par refroidissement, il se forme de fines aiguilles cristallines d'un jaune sombre ; et ces cristaux essorés fondent à 261°. 0 gr. 1622 de cette substance calcinée laissent un résidu de 0 gr. 0444 de platine, c'est-à-dire équivalant à 27,36 p. 100 de platine. Le point de fusion, ainsi que la teneur en platine du sel double ainsi préparé, et isolé par l'auteur des produits de décomposition de la Samandaridine, caractérisent ce même corps comme *isoquinoléine.* Pour le chloroplatinate d'isoquinoléine, le point de fusion est 263° et la composition $(C^9 H^7 Az\ HCl)^2 Pt\ Cl^4 + 2 H^2 O$ correspondant à une teneur en platine de 27,59 %. La Samandaridine serait d'après cela un dérivé d'une substance hydrocarbornée hexacyclique contenant de l'azote dans son noyau.

Si l'on compare la constitution $C^{26} H^{40} Az^2 O$ de la Samandarine à la formule $C^{20} H^{31} Az\ O$ qui correspond à la Samandaridine, on voit que la première contient en plus de la seconde $C^6 H^9 Az$, c'est-à-dire un ensemble très voisin d'un groupe méthylpyridique, $C^5 H^5 (CH^3) Az$. L'auteur en conclut qu'on pourra peut-être réussir à obtenir de la Samandarine par l'action d'un halogène méthylpyridique sur la Samandaridine, ou inversement obtenir de la Samandaridine par dédoublement de la Samandarine. Mais on n'a pu encore justifier cette hypothèse. Jusqu'ici, ajoute E.

Faust, on pensait que les alcaloïdes toxiques appartenant aux dérivés de la quinoléine, étaient exclusivement formés par les végétaux. Par la préparation des deux alcaloïdes précédents, obtenus purs, et leur identification comme dérivés de l'isoquinoléine, cette possibilité est aussi démontrée pour les organismes animaux.

L'action physiologique de la Samandaridine est la même que celle de la Samandarine ; elle n'en diffère que par sa moindre toxicité.

Des 800 Salamandres sur lesquelles a porté l'intéressant travail de M. E. Faust, il a retiré en tout 5 gr. 8 des deux sulfates ; ce qui est un rendement assez faible, bien que les produits soient très purs. Cela tient sûrement à ce qu'il a employé tout l'animal, au lieu de n'opérer que sur le venin exprimé, ou tout au moins sur la peau qui, seule, contient des alcaloïdes en quantité appréciable. Il a de la sorte inutilement introduit dans sa préparation des substances qu'il a fallu précipiter successivement, et en grande masse par rapport aux principes à extraire. Les précipités successifs et nombreux de son procédé ont retenu et entraîné mécaniquement la plus grande partie des alcaloïdes. On ne peut comprendre ce mode de procéder que par le temps qu'a voulu gagner E. Faust à préparer ses matériaux, car il faut avouer que l'expression directe des glandes est une opération assez longue ; mais le dépouillement de l'animal est un moyen beaucoup plus rapide, et qui donne encore de bons résultats.

Procédé Marie Phisalix. — Le liquide laiteux fourni par l'expression des glandes granuleuses de la Salamandre dans l'eau distillée est concentré par évaporation à basse température et précipité par cinq à six fois son volume d'alcool à 95° qui précipite les albuminoïdes et dissout les principes immédiats générateurs des alcaloïdes. On met évaporer le filtratum dans le vide de la trompe. Au fur et à mesure que l'évaporation avance, on voit apparaître des cristaux blancs qui, à la fin de l'opération, occupent tout le fond du cristallisoir ; c'est la salamandridine.

Ces cristaux vus au miscroscope ont la forme d'aiguilles groupées en faisceaux ou en étoiles ; ils sont légers et secs, et possèdent les propriétés physiologiques du venin entier.

Une partie de l'extrait alcoolique ne cristallise pas, et reste à l'état de substance pâteuse et jaunâtre. Cette substance, reprise par l'alcool et par l'eau, peut encore donner une certaine quantité de cristaux. Ce procédé fournit presque sans déchet, et sans manipulations compliquées un des alcaloïdes du venin de Salamandre. Le rendement est, en effet, assez satisfaisant : 14 Salamandres ont donné, seulement pour les glandes caudales, 65 milligrammes de cristaux purs, ce qui équivaut à o gr 464 pour 100 Salamandres. Si l'on considère que le nombre des glandes de la queue n'est guère que le cinquième du nombre total des glandes granuleuses, on arrive au chiffre de 2 gr. 320 d'alcaloïde pour 100 individus, ou de 17 gr. 560 pour 800. Par son procédé, Faust n'a trouvé pour ce même nombre de 800 Salamandres hachées que 4 grammes de sulfate de Salamandridine et 1 gr. 8 de sulfate de Salamandrine, soit 5 gr. 8 seulement pour les deux sels d'alcaloïdes.

Il est presque impossible, on le comprend, quelque moyen que l'on emploie, de faire sortir tout le venin des glandes granuleuses. Aussi, si l'on veut compléter l'extraction du principe actif restant dans la peau, faut-il avoir recours à une manipulation complémentaire. L'animal dont on a exprimé la plus grande partie du venin, par pression directe, est chloroformé et dépouillé ; la peau est plongée dans l'alcool à 95°, qui coagule comme on sait le venin muqueux, et on la laisse macérer pendant plusieurs jours. On décante ensuite l'alcool, on exprime celui qui reste dans la peau, on filtre et on distille au bain-marie jusqu'à réduction de moitié du volume du liquide environ, puis on met évaporer à la température de 30°. Dans ce liquide alcalin, on voit se déposer peu à peu un précipité blanchâtre qui, vu au microscope, se montre formé de petites sphères hérissées d'aiguilles cristallines. On les sépare par filtration, on les lave sur le filtre, à l'eau distillée, puis on les reprend par l'eau bouillante, et on filtre de nouveau : au fur et à mesure que le liquide filtré se refroidit, il se trouble par la formation d'un précipité blanc qui se prend en masse. Celui-ci est constitué par de belles aiguilles groupées en pinceaux ou en étoiles. Ces cristaux représentent le premier alcaloïde isolé par C. PHISALIX. Les eaux mères sont à nouveau réduites par évaporation : il ne tarde pas à se former à leur surface de nouveaux cristaux très blancs, en grandes aiguilles qui flottent en voile épais. Ces cristaux moins denses, et plus solubles que les premiers représentent le deuxième alcaloïde de M. ARNAUD.

Essai de séparation des principes immmédiats du venin granuleux. — Jusqu'ici les auteurs qui, par des procédés divers, ont extrait les alca- loïdes du venin de Salamandre et déterminé leur constitution chimique, n'ont pas recherché sous quelle forme la substance active s'y rencontre. Existe-t-elle à l'état libre, en dissolution dans le plasma glandulaire ; fait- elle partie d'une combinaison chimique complexe, ou bien encore serait- elle un produit de formation secondaire, sous l'influence de réactifs chi- miques agissant soit dans l'organisme, soit en dehors de lui ? C'est ce que nous avons essayé d'élucider. Si on reçoit dans l'alcool fort le venin directement exprimé des queues de Salamandre, et qu'on mette évaporer cet alcool dans le vide, on obtient un extrait très toxique de consistance molle, de couleur jaunâtre, à odeur parfumée, dans lequel il n'apparaît pas de cristaux.

De même, si on plonge dans l'alcool fort les peaux desséchées, après les avoir ou non traitées par le sulfure de carbone, l'extrait alcoolique, aussi très toxique, n'abandonne pas de cristaux par évaporation.

Les alcaloïdes dont l'alcool est un des meilleurs dissolvants, n'exis- tent donc pas à l'état libre dans le venin.

Ces résultats se modifient si l'on traite ultérieurement l'extrait alcoolique de venin ou de peaux sèches par l'eau distillée, ou qu'on reçoive le venin dans l'eau, avant addition d'alcool, ou enfin qu'on plonge les peaux fraîches dans l'alcool.

En effet : en ajoutant de l'eau distillée sur cet extrait alcoolique fort de venin frais, il se produit un léger louche qui disparaît peu à peu, en même temps qu'on voit se former dans le liquide de fines aiguilles cristallines qui se groupent en faisceaux ou en mâcles ; ces cristaux sont de la Salamandridine. Pendant cette réaction, l'odeur primitive se développe davantage, et rappelle celle du miel ou du coing. On décante pour séparer les cristaux de l'eau jaunâtre et parfumée, et on les purifie.

Le liquide parfumé concentré par évaporation rapide, reste sirupeux ; quoiqu'il ne contienne plus de cristaux visibles au microscope, il est encore très toxique, car il suffit de o cc. oo66 pour provoquer en deux minutes, chez la grenouille, une attaque tonico-clonique, suivie d'une paralysie avec secousses cloniques, qui se termine au bout de 3 jours par la mort. Il était à présumer qu'une nouvelle addition d'eau dans ce liquide produirait une nouvelle apparition de cristaux toxiques, c'est en effet ce qui a lieu : on obtient une cristallisation aussi abondante que la première. On peut répéter plusieurs fois de suite la même opération ; vers la quatrième ou la cinquième, l'addition d'eau ne fait plus apparaître de cristaux ; on a un résidu toujours parfumé, mais très toxique, et contenant par conséquent encore des alcaloïdes. Injecté à une Grenouille, il produit les accidents caractéristiques à la dose de o cc. oo078, dose neuf fois plus faible que celle qui suffisait après l'enlèvement des premiers cristaux. Cette différence est certainement beaucoup plus grande que l'erreur possible. La toxicité continue et même croissante du résidu ne s'explique guère que par les réactions chimiques, que l'addition d'eau a provoquées. *Il est donc permis de penser que c'est par hydratation des principes immédiats, et dédoublements ultérieurs, que les alcaloïdes sont mis en liberté.*

Les principes immédiats qui contiennent les alcaloïdes du venin sont donc solubles dans l'alcool fort ; ils sont également solubles dans quelques autres réactifs, comme nous allons le voir.

Si on plonge dans le chloroforme des peaux fraîches de Salamandre, il se fait une plasmolyse lente et graduée qui expulse ou fait exsuder parmi les produits constitutifs de la peau et des glandes, ceux qui sont insolubles dans le chloroforme. Le liquide déplacé par le chloroforme vient surnager à la surface de celui-ci ; il est fortement alcalin. Aspirons-le au moyen d'une pipette, et injectons-en 1 cc. dans le péritoine d'une Grenouille. Au bout de dix minutes environ, la respiration du sujet devient intermittente et irrégulière, le saut pénible. La parésie augmente ; l'animal a peine à se mouvoir, et mis sur le dos, ne peut se retourner. Quant on l'excite, il réagit à peine par quelques mouvements des pattes ; au bout d'une heure, c'est la flaccidité absolue, qui aboutit à la mort. A aucun moment, on n'observe de mouvements convulsifs. Le symptôme caractéristique déterminé par la Salamandrine étant la convulsion, on peut donc en conclure que le liquide exsudé n'en contenait pas trace ; il manifestait au contraire l'action du venin muqueux. Les principes immédiats contenant les alcaloïdes ont été dissous entièrement par le chloroforme, ainsi que les corps gras du venin. Après distillation, l'extrait chloroformique de peau, laisse un résidu visqueux, huileux, jaunâtre, de réaction neutre. Ce résidu est, comme on peut s'y attendre, très toxique ; il tue la Grenouille en quelques heures à la dose de o cc. 14 en produisant les accidents convulsifs habituels. Toutes tentatives pour en retirer les corps cristallisables sont restées infructueuses.

Le traitement des peaux fraîches par le chloroforme, constitue en même temps un moyen de séparation des principes immédiats des corps toxiques, du venin muqueux et du venin granuleux.

Quand on répète l'expérience précédente en substituant l'éther au chloroforme, dans le produit plasmolysé dominent les principes toxiques du venin granuleux ; o cc. 3 de ce liquide injecté à une grenouille produisent des convulsions caractéristiques en vingt à vingt-cinq minutes. Quant à l'éther lui-même, il abandonne un résidu onctueux et jaune dans lequel on voit au microscope des cristaux en aiguilles et en mâcles. Si on émulsionne ce produit avec un peu d'eau et qu'on l'inocule à une grenouille, on observe une paralysie immédiate, puis dix minutes après l'inoculation une attaque tonico-clonique, suivie de quelques autres, et la mort en vingt-cinq minutes. L'éther a donc dissous lui aussi des principes immédiats toxiques, mais un peu moins que le chloroforme, puisqu'il en est resté dans le liquide plasmolysé.

En essayant de la même manière, mais sur des peaux séchées dans le vide, l'action dissolvante du sulfure de carbone, on obtient par distillation du sulfure un extrait huileux, jaunâtre, neutre, très riche en cholestérine : celle-ci cristallise spontanément, et peut ainsi être séparée. Cet extrait sulfo-carboné est soluble dans l'éther, mais très peu dans l'alcool ; au microscope, on aperçoit dans l'extrait, des cristaux de cholestérine, et des globules sphériques ou ovoïdes à zones concentriques alternativement claires et sombres ; la plupart de ces globules présentent la croix de polarisation.

Contre toute prévision, l'extrait sulfo-carboné, inoculé à la grenouille, a occasionné la mort avec les accidents convulsifs caractéristiques du venin. Il faut donc en conclure que le sulfure de carbone a aussi dissous les principes immédiats toxiques, et cela en assez forte proportion, car il suffit de o cc. 14 de l'extrait huileux pour tuer une grenouille en vingt-quatre heures.

Cependant la plus grande partie de la substance active est restée dans la glande, d'où on peut l'extraire par l'alcool fort : des peaux sèches, épuisées à trois reprises par le sulfure de carbone, ont été plongées dans l'alcool à 95°. L'alcool distillé dans le vide ou à l'air, laisse un résidu jaunâtre, visqueux, dans lequel surnagent quelques gouttelettes huileuses de couleur plus sombre. Ce résidu, très acide, reste liquide à l'air, et ne se dessèche pas complètement à la chaleur ; il reste incristallisable quand on ajoute de l'eau distillée ou même de l'eau acidulée. Cet extrait alcoolique est trois fois plus toxique que l'extrait sulfo-carboné, et produit les mêmes symptômes chez la grenouille.

Des essais précédents nous pouvons conclure 1° que les alcaloïdes n'existent pas à l'état libre dans la glande ; ils s'y trouvent sous forme de principes immédiats que nous n'avons pu isoler encore, et qui sont très solubles dans l'alcool et le chloroforme, un peu moins dans l'éther et le sulfure de carbone ; 2° que les actions chimiques qui aboutissent à la séparation des alcaloïdes nécessitent le contact de l'eau, ce qui permet de penser qu'elles sont dues à une hydratation suivie de dédoublement.

Les deux espèces de cristaux obtenus par cristallisations successives et qui diffèrent entre eux par leur solubilité et leurs poids spécifiques correspondent-ils aux deux alcaloïdes isolés et analysés par E. Faust ? Pour les identifier, il faudrait déterminer leurs constantes physiques ; malheureusement la quantité de substance dont nous pouvons disposer après essais physiologiques, était insuffisante pour cette recherche.

Toutefois en nous fondant sur les différences de toxicité, nous ne croyons pas que ces deux sortes de cristaux représentent la Samandaridine et la Samandarine de Faust. En effet, d'après ce dernier auteur, la dose de Samandaridine nécessaire pour déterminer la mort avec les mêmes symptômes est sept à huit fois plus grande que celle de Samandarine. La différence de toxicité entre nos alcaloïdes est moindre : chez la grenouille, la dose mortelle minima est environ o mmg. 6 pour le premier alcaloïde, le moins soluble, et de o mmg. 5 pour le second. Il est donc probable que la Salamandrine se trouve en solution dans le résidu sirupeux très toxique, qui reste après la séparation des cristaux par les procédés que nous avons employés. Ce résidu renferme encore quelques sels qui cristallisent, mais qui ne sont pas toxiques. Après les avoir enlevés, le liquide n'a rien perdu de sa toxicité ; il est insoluble dans l'éther, dans le mélange d'alcool et d'éther, et ne cristallise pas spontanément.

En résumé, on peut extraire du venin de Salamandre trois alcaloïdes. Les deux premiers cristallisent aisément et se distinguent par leurs caractères physiques (Arnaud) ; l'un d'eux correspond à la Samandaridine de Faust, et nous l'appelons *Salamandridine* ; le troisième cristallise difficilement et diffère des deux autres par ses caractères physiques et chimiques : c'est la *Samandarine* ou *Salamandrine* proprement dite, isolée en premier lieu par Zalesky. Ce sont les deux premiers alcaloïdes que nous avons préparés et qui ont servi à nos études physiologiques.

Action physiologique du venin granuleux et de ses alcaloïdes

L'action physiologique du venin de Salamandre produit les mêmes symptômes généraux que les alcaloïdes toxiques qu'on en retire ; ce qui

explique la connaissance assez exacte que l'on possédait de l'envenimation salamandrique, bien avant que les travaux de Gratiolet et Cloez,
et de Zalesky eussent attiré l'attention sur les propriétés chimiques du
venin, et permis à ce dernier auteur d'en isoler un principe actif.

Les alcaloïdes isolés ensuite, soit par C. Phisalix, soit par M. Arnaud,
soit par E. Faust, ou enfin par nous-même, ne possèdent entre eux que
des différences insignifiantes, portant sur la dose toxique et sur la durée
de la survie ; mais non sur la succession ni la nature des symptômes.

On peut donc, dans l'étude physiologique, employer soit le venin
en nature, à la manière des empiriques et des empoisonneurs ; soit les
alcaloïdes ou leurs sels, ce qui permet d'établir pour chacun d'eux les
doses toxiques minima qui agissent sur les différents animaux.

1° Action du venin en nature.

a) *Venin introduit dans l'estomac.*

Si on introduit dans l'estomac d'un chien de taille moyenne du
poids de 5 kilogrammes environ, une boulette formée de farine mélangée
à la sécrétion venimeuse exprimée de 4 Salamandres, on voit qu'au bout
de 2 minutes, le chien est agité, il tremble pendant quelque temps, met
sa queue entre ses jambes et devient triste.

Il se tient assis sur ses pattes de derrière, puis se couche complètement, et reste ainsi.

Cette expérience confirme une expérience analogue de Maupertuis,
qui prétend avoir nourri un chien et un coq indien avec une Salamandre
entière coupée en morceaux et sans inconvénient pour ces animaux.
Zalesky dément ce fait, mais sans apporter d'expérience à l'appui de sa
critique. Il se peut fort bien que dans ce genre d'expérimentation, interviennent dans l'estomac des réactions moins favorables à la mise en
liberté des alcaloïdes, ou peut-être ceux-ci sont-ils en partie annihilés
ou détruits dans l'intestin et le foie.

Une expérience de C. Phisalix tendrait à montrer que cette dernière
hypothèse est la plus probable :

Si on introduit dans l'estomac d'un petit chien, du poids de 1 kg. 540,
8 milligrammes de chlorhydrate de salamandridine : l'animal pousse
aussitôt de petits cris plaintifs, a de la salivation très abondante. Bientôt
après, il est pris de nausées, de vomissements et va à la selle sans nouveaux efforts de vomissements, sans résultats.

Le symptômes se bornent là, et l'animal se remet peu à peu.

Une expérience faite avec 10 milligrammes pour une souris donne
des résultats analogues : la souris éprouve un malaise manifeste, a des
nausées et des hoquets ; mais le lendemain, est tout à fait remise.

20 milligrammes introduits pareillement dans l'estomac d'un cobaye
ne produisent pas plus d'effet.

Pour tuer les animaux dans ces conditions, il faut des doses beaucoup
plus fortes qu'en injection hypodermique.

b) *Venin en nature déposé sur la langue.* — Les résultats de l'expérience changent, si, au lieu d'introduire le venin dans l'estomac, on le projette directement, en pressant les glandes à venin, sur la langue des animaux. Encore est-il des animaux, comme le cobaye, même nouveau-né, insensibles à ce genre d'envenimation ; mais la grenouille et le chien réagissent vivement, comme on peut le voir par les expériences suivantes :

Aussitôt que le venin est déposé, la grenouille salive, sa muqueuse buccale rougit fortement, elle est prise de nausées très vives, et passe les pattes antérieures sur sa langue pour la débarrasser de la substance amère.

Bientôt après, le saut provoqué devient paresseux, l'animal a de l'asthénie ; puis tout à coup il fait des bonds dans le sens vertical et retombe.

Il est aussitôt pris d'une attaque tonico-clonique ; il reste en opisthotonos, puis des secousses cloniques se produisent en même temps que reviennent les nausées. L'animal laisse échapper le contenu du rectum ; la sécrétion cutanée est exagérée.

Les secousses cloniques continuent dans les membres moins d'une demi-heure après le début de l'expérience, la grenouille, complètement flasque, est sur le dos, et ne peut se retourner ; elle est encore agitée de secousses cloniques intermittentes. Ces secousses diminuent et sont suivies de résolution complète, dans laquelle la grenouille est restée trois jours. Elle est restée depuis, malade et étique, bien qu'elle ait été nourrie et soignée.

Le chien est plus sensible encore que la grenouille à l'influence du venin ; il en meurt plus rapidement ; en 35 minutes pour 1/10 de centimètre cube de venin, et pour un chien de 1 kilogramme, d'après une expérience de C. Phisalix ; en 8 heures d'après notre observation personnelle, portant sur un jeune chien encore à la mamelle.

A l'autopsie, on notait une vive congestion de la muqueuse buccale, de larges taches hémorrhagiques sur la muqueuse de l'estomac et de l'intestin, une infiltration hémorrhagique des parois du rectum et de l'appendice cœcal ; de l'infiltration hémorrhagique du myocarde, de la substance médullaire des reins, ainsi que de la congestion des poumons.

c) *Venin en nature introduit sous la peau.* — Le venin introduit sous la peau d'une souris y produit les mêmes symptômes que s'il était déposé sur la langue, et donne lieu aux mêmes attaques tonico-cloniques, se terminant par la mort.

Mais le cobaye est plus résistant, car la même expérience répétée sur un jeune cobaye de 3 mois, produit bien les mêmes symptômes, mais n'aboutit pas à la mort. Sur un cobaye adulte, il ne se produit que des effets insignifiants, ce qu'on doit attribuer à la coagulation immédiate du venin, et à une absorption lente qui ne s'exerce qu'à la surface du coagulum.

d) *Action du venin frais sur la cornée.* — Lorsqu'on presse les glandes granuleuses de la Salamandre, ou qu'on enlève la peau de l'animal, pour en retirer les alcaloïdes, il arrive souvent que l'on reçoit du venin dans les yeux, ce qui permet d'en analyser exactement les premiers effets.

Sur les paupières, l'irritation est immédiate et provoque une rougeur et une cuisson un peu plus intenses que celles que provoque le mucus de grenouille. Mais ces phénomènes sont passagers ; ils durent à peine une heure pour la cuisson, deux heures au plus pour la rougeur.

Lorsque le venin est tombé directement sur la cornée, il produit une vive irritation, d'abord mécanique, due à sa coagulation rapide. Il en résulte un larmoiement immédiat, et l'impossibilité de maintenir les paupières ouvertes. Les vaisseaux de la conjonctive, du globe oculaire et de la caroncule lacrymale sont très injectés ; l'œil est douloureux dans son ensemble, comme après l'introduction sous les paupières d'un corps étranger résistant. Puis la sensation douloureuse s'atténue, d'autant mieux qu'en pareil cas, on s'empresse de retirer le coagulum irritant.

Sur les animaux (cobaye, lapin), le contact un peu plus prolongé du venin, détermine les mêmes symptômes ; mais il s'ajoute une irritation chimique due, soit au venin en nature dont on connaît la réaction fortement acide, soit aux produits qui se forment à la surface du coagulum, par contact avec la sécrétion lacrymale. La cornée se dépolit, et perd sa limpidité, mais la kératite est légère, sans doute parce que l'entraînement des corps irritants se fait assez rapidement sous l'influence de l'hypersécrétion lacrymale.

C'est probablement aussi pour cette dernière raison que le venin déposé en nature sur la cornée, ne produit pas d'effets généraux d'intoxication.

2° Action des alcaloïdes et de leurs sels.

Action sur les Mammifères. — L'action du chlorhydrate de Salamandridine sur les mammifères, et en particulier sur le chien qui présente une grande sensibilité au venin, a été étudiée dans ses détails par MM. C. Phisalix et Langlois, nous donnons donc les résultats qu'ils ont obtenus à ce sujet.

En procédant par doses fractionnées (1 mmg. 5 en injection intraveineuse pour des chiens de 8 à 12 kilogrammes), on suit pas à pas la marche des phénomènes. Après la première injection, on observe presque immédiatement de l'agitation, de l'inquiétude, puis de la salivation, du larmoiement, des vomissements, du tremblement, de la dyspnée. Pas de modifications pupillaires, ni de troubles moteurs évidents.

En augmentant progressivement la dose (2 mmg. 5), outre les symptômes ci-dessus qui s'exagèrent, on observe quelques contractions fibrillaires dans la face (lèvres et paupières), aboutissant presque aussitôt à de véritables convulsions, d'abord localisées dans les muscles de la face et de l'œil (nystagmus) ; puis les convulsions gagnent les muscles du tronc et des membres, mais il s'écoule souvent un certain temps (deux à quatre minutes) entre les convulsions des muscles de la face et du tronc. Cette dissociation n'existe plus si l'on donne d'emblée une dose massive (5 mil-ligrammes).

L'attaque généralisée présente une forme tonico-clonique. La phase tonique dure pendant trois à quatre secondes, et est suivie de la phase clonique, qui persiste plus longtemps et dont l'intensité est très variable. L'attaque peut être unique, multiple avec intervalles de calme, ou subintrante. Contrairement à l'opinion de E. Faust, la période convulsive peut durer quarante à cinquante minutes sans amener la mort ; les accidents s'affaiblissent insensiblement et se terminent par la somnolence, puis l'animal revient à son état normal. Il n'y a pas de troubles consécutifs au moins pendant un mois.

En raison de l'analogie de la Salamandridine avec la strychnine, au point de vue de l'action physiologique, C. Phisalix avait pensé que le chloral aurait vis-à-vis de l'alcaloïde du venin des propriétés antagonistes, et c'est en effet ce qu'il a constaté en 1893 au cours d'une expérience sur un chien de 6 kilogrammes, chloralisé depuis 5 heures et refroidi sur la gouttière. Il a pu injecter dans la saphène 6 milligrammes de chlorhydrate de Salamandridine, sans provoquer d'accidents convulsifs, et sans que la pression sanguine ait augmenté.

Cet antagonisme entre la Salamandridine et le chloral a été aussi constaté récemment pour la Salamandrine par E. Faust, qui s'est servi de ce moyen pour faciliter l'accoutumance du lapin à ce poison.

D'après E. Faust, les animaux intoxiqués par la Samandarine (ou Salamandrine) ne guérissent pas une fois que les convulsions ont commencé, et la mort arrive d'une manière constante. L'empoisonnement par la Salamandrine ressemblerait sous ce rapport à la rage, avec laquelle il offrirait du reste beaucoup de ressemblance comme symptomatologie.

Ce désaccord tient vraisemblablement à la non identité des alcaloïdes employés par les auteurs. S'il en est réellement ainsi, il faut admettre qu'entre la Salamandridine et la Salamandrine, il existe des différences portant non seulement sur la constitution chimique, mais encore sur les propriétés physiologiques de ces deux corps.

Déjà, dans quelques expériences, nous avons constaté que la grenouille et la souris revenaient à l'état normal après avoir présenté des symptômes convulsifs. Il en est absolument de même chez le chat.

Action sur le système nerveux. — Le symptôme caractéristique de l'intoxication salamandrique étant la convulsion, il est rationnel d'étudier en premier lieu l'action du poison sur le système cérébro-spinal. Les premiers phénomènes, inquiétude, état hallucinatoire, effroi, font penser à une action cérébrale. L'apparition des premiers symptômes convulsifs dans la sphère du facial, du trijumeau et des nerfs moteurs oculaires, ainsi que la dyspnée indiquent une action élective sur le bulbe, et le retard constaté entre les convulsions de la face et celles du tronc montre que la moelle ne réagit qu'en dernier lieu. Nous avons cherché à séparer l'action des centres corticaux bulbaires et médullaires.

Les expériences faites dans le but de déterminer la réaction des couches corticales, quoique favorables à cette idée que la substance agit primitivement sur les centres, ne sont pas encore assez précises pour nous permettre d'être affirmative ; mais quant à la différence d'action entre le système bulbo-cérébral, d'une part, et médullaire, de l'autre, les résultats sont plus concluants.

Chez un chien empoisonné par une dose minima, si l'on sectionne complètement la moelle au-dessous du bec du calamus, les convulsions cessent immédiatement dans le tronc et persistent dans la face.

Chez un chien empoisonné par une dose minima, si l'on sectionne complètement la moelle au-dessous du bec du calamus, les convulsions tronc reste absolument immobile. Cependant si l'on augmente notablement les doses successives (15 mill.), on observe, dans les membres postérieurs d'abord, des mouvements convulsifs qui se généralisent si l'on continue à élever les doses.

D'après ce qui précède, la Salamandrine agirait d'abord sur la cellule corticale, puis sur la cellule bulbo-protubérantielle, et en dernier lieu sur la cellule médullaire.

Chez les petits mammifères, l'injection de chlorhydrate de Salamandridine provoque les mêmes symptômes que chez le chien : attaques convulsives tonico-cloniques, amenant la mort après un temps qui varie avec la dose injectée.

Pour un cobaye du poids de 430 grammes, l'injection de 1 milligr. 12 correspondant à 2 milligr. 6 par kilogramme d'animal a amené la mort en quatre heures.

Pour la souris, d'un poids moyen de 22 grammes, quatre expériences ont donné pour la dose minima mortelle par kilogramme d'animal le chiffre de 2 milligr. 27 indiquant que la souris est plus sensible à la Salamandridine que le cobaye.

Action sur le Moineau. — A un jeune moineau du poids de 22 grammes, on inocule dans la peau du thorax une solution aqueuse contenant 1/15 de milligramme de chlorhydrate de Salamandridine. Quelques minutes après, l'oiselet écarte les pattes, comme s'il perdait l'équilibre ; sa queue, son thorax et son bec touchent la table sur laquelle il glisse, sans pouvoir voler ; il tourne en rayon de roue, puis il se produit des secousses des pattes et mouvements rapides et convulsifs du bec ; il a des nausées et des contractions qui vident l'intestin.

Puis il se sauve en voletant et en criant ; il a du tremblement ; les mouvements du bec continuent.

Le moineau est pris ensuite de convulsions, fait des bonds dans le sens vertical, puis retombe sur le flanc et sur le dos en criant. Il est halluciné, et secoue rapidement les ailes et les pattes.

Bientôt il survient une deuxième attaque convulsive, des mouvements rapides du bec et des membres ; l'animal pousse des cris d'effroi et fuit.

Les attaques tonico-cloniques deviennent subintrantes et se terminent brusquement par asphyxie, 14 minutes après l'injection. La température de l'animal est très élevée au moment de la mort, et même quelques instants après, alors que la rigidité cadavérique se produit déjà.

A l'autopsie, on trouve le cœur arrêté en systole, et des taches hémorrhagiques sur le myocarde.

Les oiseaux sont donc très sensibles au venin de Salamandre ; pour le moineau en particulier, la dose mortelle minima, calculée d'après plusieurs expériences, est égale, à peu près, à 1 milligr. 90 par kilogramme d'animal.

Action sur la température. — Sous l'influence des convulsions, la température monte rapidement et peut atteindre 43° au moment de la mort. Chez les animaux curarisés ou à moelle coupée, l'injection n'a aucune action sur la marche de la température.

Action sur la respiration. — Dès le début, apparaît une dyspnée qui affecte parfois une forme polypnéique. La contraction des muscles respiratoires, pendant la période convulsive détermine l'arrêt de la respiration, de telle sorte que l'animal meurt par asphyxie d'autant plus vite que les convulsions sont plus fortes et plus rapprochées ; mais si on pratique la respiration artificielle, on peut prolonger longtemps la vie de l'animal, même en augmentant les doses.

Action sur la circulation. — La Salamandrine n'agit pas directement sur le cœur, l'injection d'une dose, même massive n'amenant pas la mort par arrêt cardiaque; mais elle détermine une augmentation de tension considérable. Six à huit secondes après l'injection d'une dose faible (1 milligr. 25) pour un chien de 6 kilogr. curarisé, la pression augmente rapidement ; les amplitudes des oscillations de la pression carotidienne atteignent 0 m. 08 à 0 m. 9, et la pression totale atteint 0 m. 25 à 0 m. 27. Nécessairement pendant ces grandes oscillations le rythme est ralenti ; mais les injections suivantes, tout en maintenant ou élevant la pression, si celle-ci s'était abaissée, ne donnent plus lieu à ces grandes oscillations, mais à une accélération très nette du rythme.

A l'autopsie des chiens morts après de fortes convulsions, on trouve une congestion des principaux viscères, des taches hémorrhagiques dans l'épaisseur du diaphragme et du myocarde ; dans le poumon, outre l'emphysème sous-pleural et les taches ecchymotiques, des hémorrhagies qui occupent parfois tout un lobe.

Du côté du système nerveux, il existe aussi une congestion des méninges cérébrales et médullaires, et dans quelques cas, de petites taches hémorrhagiques sur la pie-mère du quatrième ventricule, et sur tout le trajet du canal épendymaire.

IMMUNITÉ NATURELLE CONTRE LE VENIN GRANULEUX ET SES ALCALOÏDES

Salamandra maculosa. — Nous avons déjà vu que le venin de la Salamandre, déposé sur les lobes optiques mis à nu, agit comme excitant de la sécrétion glandulaire. Si l'on injecte sous la peau de la Salamandre, le chlorhydrate de Salamandrine, on constate que cette substance agit aussi en provoquant les symptômes convulsifs puis paralytiques comme chez le chien ; mais il faut une dose très forte de chlorhydrate, 10 milligrammes pour provoquer la mort d'une Salamandre de 28 grammes ; soit la dose énorme de 357 milligrammes par kilogrammes d'animal, c'est-à-dire 160 fois la dose nécessaire pour tuer 1 kilogramme de souris, et 200 fois environ la dose minima mortelle pour 1 kilogramme de chien.

La Salamandre possède donc une résistance très grande à son propre venin ; il était intéressant de savoir si d'autres Batraciens venimeux, dont les glandes granuleuses ressemblent à celles de la Salamandre, et qui ont aussi une assez grande résistance à leur propre venin, possédaient contre le venin de Salamandre une certaine immunité. C'est dans ce but que les expériences suivantes sur le Triton, le Crapaud et la Grenouille ont été faites.

Molge cristata. — Cet animal est, après la Salamandre, l'animal qui résiste le mieux au venin ; les expériences que nous avons faites sur lui, pour fixer la dose mortelle minima ont toutes donné les mêmes symptômes, que nous pouvons résumer dans une expérience, suivie de mort.

On inocule dans le péritoine d'un triton du poids de 5 gr. 5, 0 milligr. 66 de chlorhydrate de Salamandridine, dissous dans 3/4 de centimètre cube d'eau.

L'effet est immédiat : l'animal se tortille de gauche à droite, de droite à gauche, puis est pris d'une attaque tonico-clonique, le corps en opisthotonos, tête et queue relevés, en même temps que les glandes caudales sécrètent abondamment, et répandent une forte odeur de radis.

L'animal ouvre la bouche, en proie à des nausées et à des hallucinations.

Cinq minutes après, il est sur le dos, complètement paralysé ; on réveille les attaques en touchant l'animal, ou en frappant sur la table.

Le lendemain, le triton est dans le même état que la veille au soir ; quand on le touche, il ouvre la bouche démesurément et les convulsions reviennent.

Dans l'intervalle des accès, il est inerte ; le corps est agité, à de rares intervalles, par des secousses cloniques.

Il reste ainsi pendant toute la journée ; on le trouve mort le surlendemain.

Alytes obstetricans. — Parmi les Anoures, l'Alyte est un des plus résistants ; il éprouve, sous l'influence du venin, les mêmes symptômes que les autres Batraciens, et répand une forte odeur d'ail. Pour tuer un

animal du poids de 8 grammes, il suffit d'une dose de o milligr. 5, c'est-
à-dire suffisante pour tuer une grenouille du poids de 20 grammes, et
correspondant à 62 milligrammes par kilogramme d'animal. Avec o mil
ligr. 1 à o milligr. 2 on n'obtient qu'un peu de paralysie passagère suivie
de guérison.

Bufo bufo. — A un crapaud du poids de 25 grammes, on inocule
dans le péritoine 1 milligramme de chlorhydrate (soit 40 milligrammes
par kilogramme, l'injection de o milligr. 53 sur un crapaud, essayée
précédemment, n'ayant rien donné).

Une minute après l'injection, les yeux se rétractent convulsivement,
les mouvements deviennent de plus en plus difficiles, et il survient de la
raideur des pattes.

Puis survient une attaque convulsive en opisthotonos ; les secousses
toniques suivies bientôt de secousses cloniques. La peau sécrète abondamment et devient gluante. La respiration est saccadée et accompagnée
de secousses du plancher buccal.

Les secousses deviennent de plus en plus rares ; les pattes postérieures
sont flasques, immobiles ; les antérieures repliées sous le ventre et con-
tractées, la tête relevée présente quelques secousses.

Il est trouvé mort le lendemain matin.

Il est à remarquer que la Salamandre terrestre est beaucoup plus
résistante au venin de crapaud qu'on n'aurait pu le supposer d'après les
expériences précédentes. C'est ainsi que pour tuer une Salamandre, il faut
une dose dix-huit fois plus grande de venin de crapaud que pour tuer
une grenouille de même poids.

Grenouille. — Si l'on injecte sous la peau ou dans l'abdomen d'une
grenouille une dose massive de chlorhydrate de Salamandridine, on voit
survenir presque immédiatement une attaque tonico-clonique, suivie de
mort. Il est impossible, en opérant ainsi, d'analyser l'action physiologique du venin. En procédant par doses progressives, on constate que
le phénomène initial n'est pas la convulsion. Au contraire, l'animal reste
d'abord immobile, comme frappé de stupeur ; il ne se déplace que sous
l'influence d'une excitation extérieure ; ses mouvements sont plus lents,
le saut plus pénible et plus court, les pattes postérieures restent longtemps
étendues après chaque saut, comme si l'animal éprouvait une difficulté
à les ramener à leur position naturelle ; enfin la fatigue augmente peu à
peu, et la grenouille, épuisée, mise sur le dos, est incapable de se
retourner. Les mouvements respiratoires se ralentissent, deviennent irréguliers, intermittents.

Les glandes cutanées sécrètent d'une manière anormale ; le corps
se couvre de sueur. Ces symptômes peuvent être très fugaces avec une
dose faible de 1/20 de milligramme par exemple ; ils sont plus accentués
et plus durables si l'on arrive à 2/10 de milligramme.

Avec ces doses faibles, les centres supérieurs sont d'abord atteints, puis les nerfs et les muscles dont l'excitabilité diminue. L'action sur les centres cérébraux se manifeste souvent par des coassements hallucinatoires. La sensibilité est intacte, mais il y a un retard manifeste dans la transmission des excitations périphériques, retard qui augmente avec la fatigue.

Si l'on augmente les doses jusqu'à 1/3 de milligramme, les accidents débutent de la même manière, puis il se produit quelques secousses fibrillaires des muscles, des trémulations dans les doigts, une rétraction convulsive des yeux. Enfin de véritables secousses cloniques apparaissent faibles et peu nombreuses ; le symptôme dominant est la paralysie, interrompue à de rares intervalles par une petite secousse des muscles, insuffisante pour déplacer le corps et les membres. On provoque ces secousses en frappant sur la table qui supporte l'animal ; mais il faut laisser un intervalle assez long entre les chocs pour qu'ils aient un résultat effectif, comme si la cellule nerveuse et les nerfs s'épuisaient par la brusque mise en jeu de leur activité.

Cet état de paralysie avec hyperexcitabilité des cellules motrices de la moelle peut durer pendant plusieurs jours, et se termine généralement par la mort.

Pendant ce temps, la respiration est arrêtée. Mais le cœur continue à battre à peu près normalement, et si l'on maintient l'animal sous une cloche humide, cette sorte de vie latente se prolonge plusieurs jours.

Chez les Batraciens à peau humide, on produit des accidents identiques, si au lieu d'injecter une solution de l'alcaloïde sous la peau ou dans le péritoine, on frictionne la surface du corps avec du venin frais extrait des glandes, ce qui montre qu'il est, dans ces conditions absorbé par la peau, ainsi que l'avait vu VULPIAN, pour la Grenouille et le Triton.

Chez les Mammifères intoxiqués par la Salamandridine on peut, en pratiquant la respiration artificielle, prolonger considérablement la vie de l'animal, qui se trouve alors dans des conditions très analogues à celles d'un animal à température variable.

Serpents : Vipère aspic, Couleuvres tropidonotes. — L'inoculation sous-cutanée de 2 milligr. de Salamandrine est douloureuse et excite la Vipère, car elle se tortille en tous sens, fait vibrer sa langue et se mord elle-même pendant qu'on la contient ; dès qu'elle est lâchée, elle se précipite en tous sens, cherchant une issue pour s'enfuir de la cage.

Mais le calme renaît bientôt, la respiration devient plus lente et plus ample, avec pauses inspiratoires de 4 à 6 secondes, suivies d'expirations soufflantes ; les battements du cœur diminuent également, tombent de 75 par minute, qui est à peu près la normale, à 40, 35 et moins encore. Les réflexes sont exagérés : le moindre choc, le moindre bruit, un souffle, dresse l'animal dans la position de défense ; puis il se précipite vers l'observateur sans erreur de direction, ce qui montre que la vue est intacte. Il survient des hallucinations d'effroi, car, en dehors de toute excitation, il avance, recule, change de direction et continue à se précipiter sur des ennemis imaginaires ; puis surviennent des nausées, des hoquets ; la Vipère sort une langue frémissante, la tête exécute de petites oscillations verticales, on note des mouvements ondulatoires du corps qui se propagent jusqu'à la queue ; de temps à autre, quelques secousses cloniques, puis, tout à coup, éclate la crise convulsive : l'animal, bouche ouverte, tête fléchie, roule plusieurs fois sur son axe, tout le corps en opisthotonos, en arc ou en tortillon serré, face ventrale en dehors et fortement déprimée en gouttière. Le cœur est tétanisé, et la Vipère rigide, plus ou moins contournée, reste en cet état de convulsion tonique pendant quelques minutes ; puis le corps se déroule un peu, tout en restant contracturé par segments, ce qui lui donne un aspect moniliforme ; les hoquets reprennent et, au bout de 20 à 30 minutes, la résolution survient, laissant le corps en paralysie flasque, sans que le cœur ait repris ses battements.

Lorsque la dose de salamandrine employée est plus forte, les symptômes se superposent et se confondent en une crise convulsive qui amène la mort en quelques minutes ; ou bien l'animal survit pendant quelques heures à la crise ; ses réflexes sont conservés, le cœur se reprend à battre, quoique faiblement quand on l'excite, et finit par s'arrêter en systole.

Lorsqu'on abaisse au contraire la dose de salamandrine, la phase convulsive est souvent inappréciable ou se réduit à une hyperexcitabilité qui est assez durable, et qui est suivie de paralysie.

Mais toute crise convulsive caractérisée n'aboutit pas fatalement à la mort rapide ; c'est ainsi qu'une Vipère pesant 40 grammes et qui avait reçu sous la peau 0 milligr. 5 de salamandrine a vécu encore près de quatre mois, paraissant en aussi bonne santé que les témoins. L'autopsie et les cultures du sang et des organes n'ont révélé que les lésions qu'on observe toujours après l'empoisonnement salamandrique.

Autopsie. — Les lésions que provoque la salamandrine sont de nature congestive et hémorrhagique.

On remarque tout d'abord la cyanose de la muqueuse buccale qui présente en outre, par places, des îlots d'un fin piqueté hémorrhagique. Souvent les glandes à venin et la gaine des crochets sont congestionnées. Au point d'inoculation existe toujours une réaction inflammatoire marquée, qui se traduit par une infiltration œdémateuse et rouge. De plus, le tissu conjonctif et la graisse qui entourent les organes, surtout au niveau de l'estomac et de l'intestin, sont infiltrés de sang.

L'œsophage est souvent obstrué par un mucus rosé qu'on retrouve dans l'estomac et jusque dans l'intestin, d'où il est parfois évacué pendant la crise. Les parois du tube digestif sont congestionnées. Le cœur luimême est noyé dans un épanchement sanguin péricardique : le ventricule est pâle, contracté, vide, tandis que les oreillettes et les vaisseaux contiennent du sang fluide dont les globules ne sont pas altérés.

Le poumon est congestionné et, chose qui doit être signalée au passage, lorsqu'il contient des Vers parasites, comme il arrive fréquemment chez la Couleuvre à collier infestée de Distomes, ceux-ci sont tués ainsi que leurs larves accrochées à la muqueuse buccale ; la salamandrine serait donc, à dose convenable, un bon vermifuge.

Le foie est celui de tous les viscères qui est le plus atteint : il est rouge foncé, marbré, luisant, vernissé par un exsudat sanguin.

Le corps thyroïde, la rate et les reins ordinairement pâles sont fortement congestionnés ou leurs lobes séparés par un épanchement sanguin ; les oviductes et les testicules sont normaux.

Ce sont les symptômes et, comme on le voit, les lésions que l'on retrouve avec une intensité plus ou moins marquée chez les Batraciens eux-mêmes et chez les autres animaux plus sensibles à la salamandrine.

D'après DUTARTRE, le colimaçon et la limace résistent à l'envenimation salamandrique, tandis que les grillons et les carabes ont une période convulsive suivie de léthargie.

Hérisson. — Parmi les mammifères, le hérisson qui résiste avec une si grande facilité aux substances toxiques, au venin de vipère, et, d'après des expériences récentes et inédites de C. PHISALIX, au venin de crapaud, résiste également au venin de Salamandre.

Nos expériences ont porté sur trois hérissons.

A un premier animal du poids de 560 grammes, il a été injecté sous la peau, 1 millig. 25 de chlorhydrate de Salamandridine (soit 2 millig. 23 par kilogramme d'animal) sans produire aucun effet.

Un deuxième du poids de 880 grammes a reçu également sous la peau 3 milligrammes du même produit ; il a manifesté les symptômes ordinaires du venin granuleux, autres que la convulsion, et l'animal s'est remis au bout de quatre heures environ, pour cette dose correspondant à 3 milligr. 04 par kilogramme d'animal.

Le troisième n'a pas survécu, et peut donner une idée de la dose mortelle minima. Ce hérisson du poids de 850 gr. a reçu 6 milligr. de chlorhydrate de Salamandridine (soit 7 milligr. 05 par kilogramme).

Dans cette dernière expérience, on constate qu'il n'existe pas de secousses tétaniques manifestes comme chez le chien et la grenouille ; les phénomènes hallucinatoires sont très intenses, et affectent des formes variées ; chez le deuxième hérisson, elles étaient ambulatoires ; l'animal rencontrait à chaque instant des proies imaginaires qu'il mordait, ou des ennemis également imaginaires devant lesquels il reculait. On peut constater en outre par les expériences précédentes que le hérisson a une résistance quatre fois plus grande au moins que le chien au venin granuleux.

DOSE MINIMA MORTELLE DE LA SALAMANDRINE

En dehors de l'inoculation intra-cérébrale qui surmonte toute espèce d'immunité, comme on l'a vu pour la Salamandre elle-même, qu'on peut convulsionner en portant le venin granuleux ou la salamandrine sur les lobes optiques mis à nu, c'est à l'inoculation sous-cutanée que les Serpents sont le moins résistants et à l'ingestion qu'ils le sont le plus. Le tableau suivant résume, quant à tous les animaux, les résultats des expériences faites avec la même salamandrine qui a servi pour établir cette

ÉCHELLE DE RÉSISTANCE DES ANIMAUX A LA SALAMANDRINE

DÉSIGNATION	POIDS MOYEN de L'ANIMAL	DOSES de Chlorhydrate de Salamandrine mortelles pour ce poids, par voie sous-cutanée	DOSES MINIMA MORTELLES POUR 1 KILOGRAMME D'ANIMAL		
			PAR VOIE sous-cutanée	PAR VOIE abdominale	PAR VOIE digestive
	grammes	milligr.	milligr.	milligr.	milligr.
I. ANIMAUX AYANT UNE GRANDE IMMUDITÉ POUR LA SALAMANDRINE					
Salamandre terrestre...	28	10	357	»	»
Couleuvre à collier.....	107	19	177	198 à 611	7,700
Triton crêté...	5,5	0,66	133	»	»
Alyte...............	7	0,50	62	»	»
Couleuvre vipérine.....	22	1	45	161	»
Crapaud commun......	25	1	40	»	»
Couleuvre lisse........	58	2	34	150	60
Grenouille	20	0,60	30	»	»
Vipère aspic..	46	1	21	30	58
II. ANIMAUX SENSIBLES A LA SALAMANDRINE.					
Hérisson,.	850	6	7,5	»	»
Cobaye...............	430	1,12	2,6	»	»
Souris blanche	22	0,05	2,27	»	»
Moineau.............	26	0,05	1,92	»	»
Chien...............	6,000	10,8	1,8	»	»
Chat....	2,800	3	1,07	»	»

échelle de résistance, et qui a été préparée d'après la méthode simple que nous avons donnée.

Mécanisme de l'immunité. — La Salamandre terrestre est protégée contre l'action de son venin granuleux convulsivant par l'existence dans le sang d'un venin antagoniste paralysant. Les larves naissantes de Salamandre jusqu'à l'âge où leurs glandes muqueuses se développent, se montrent sensibles à l'action convulsivante de la Salamandrine aussi bien qu'au venin muqueux de l'adulte. Kobert a vu le même fait, que nous avons également observé pour les têtards d'Alyte.

Les larves et têtards des Batraciens sont également sensibles aux poi sons vis-à-vis desquels les adultes ont l'immunité ; Vulpian, en 1838, a déjà signalé les effets du curare, de la strychnine, de la nicotine, de la cyclamine, de la digitaline, sur les têtards de Grenouille et les larves de Triton, effets que nous avons aussi observés avec le curare, la strychnine et la morphine sur les têtards de Grenouille, d'Alyte et les larves de Salamandre.

Les têtards d'Alytes à tous les âges sont tués en 24 à 72 heures lorsqu'on les plonge dans une solution au 1/100 de morphine.

Les larves de Salamandre sont plus résistantes à la morphine, car, exposées dans les mêmes circonstances, elles manifestent de la gêne, leur corps s'incurve, mais elles ne meurent pas ; il semble donc que vis-à-vis de la morphine, à laquelle la Salamandre adulte est aussi insensible qu'à son venin lui-même, l'immunité humorale de l'adulte se double d'immunité cytologique, fait qui est d'ailleurs fréquent et que nous retrouvons chez la Couleuvre à collier.

Ces larves de Salamandre sont aussi moins sensibles à la strychnine que les têtards d'Alyte qui meurent en 1 h. 45 minutes lorsqu'on les plonge dans une solution au 1/10.000 de strychnine. Dans ces conditions, les larves ne manifestent qu'un état spasmodique, mais reviennent à la normale si on les remet dans l'eau ordinaire.

Vis-à-vis du curare, les larves de Salamandre manifestent la même sensibilité que les têtards de grenouille : plongés dans une solution à 1 pour 1.000 ils résistent si au moment où ils sont curarisés on les replace dans l'eau ordinaire ; mais ils meurent constamment lorsqu'ils ont été plongés jusqu'à curarisation dans la solution à 1 pour 100.

Les têtards et les larves de Batraciens n'acquièrent l'immunité, moindre toujours que celle des adultes, que vers la fin de la vie larvaire, il est légitime d'admettre que cette immunité est due à la présence dans le sang de venins à action antagoniste.

Si on compare les Serpents les moins tolérants, ceux pour lesquels la Salamandre n'est pas une proie (Vipère aspic, Couleuvre lisse), aux autres animaux du précédent tableau, on constate que ces Serpents ont encore une immunité aussi élevée que celle des Batraciens eux-mêmes, et qui se manifeste quelle que soit la voie d'introduction du poison.

A quoi doivent-ils cette immunité ? Nos expériences faites en mélangeant à la dose mortelle de salamandrine inoculée soit du sérum frais de Vipère ou de Couleuvre, soit le même sérum privé de son pouvoir toxique par un chauffage à 58 degrés pendant 15 minutes, ont montré que le mélange *sérum chauffé + salamandrine* est aussi rapidement convulsivant que la salamandrine seule, et que le mélange *sérum frais salamandrine* non seulement ne tue pas l'animal, mais ne détermine pas de crise convulsive et le tonifie, comme le fait une dose modérée de strychnine. En d'autres termes, ces réactions se passent comme si la substance toxique du venin et du sang des Serpents, l'*Echidnine*, dont l'action est, comme on le sait, paralysante, éteignait partiellement les effets convulsivants de la salamandrine. L'immunité des Vipères et des Couleuvres pour ce poison relèverait ainsi de l'antagonisme physiologique entre les substances toxiques de leur venin et de celui de la Salamandre.

Cette origine de la résistance des Serpents au poison convulsivant n'est probablement pas unique, et des expériences sur d'autres venins et d'autres poisons pourront nous mieux renseigner ; elle n'exclut pas d'ailleurs l'influence de la résistance cellulaire, que certains Batraciens possèdent vis-à-vis de poisons comme la morphine et la cantharidine.

Mais pourquoi la Couleuvre à collier qui, sous le rapport des sécrétions internes, est si semblable à la Vipère, est-elle 8 à 9 fois plus résistante que cette dernière à la salamandrine ? Il est possible que l'accoutumance à des mets toxiques, le mithridatisme, vienne renforcer son immunité naturelle, d'autant que la bile de cet animal n'a aucun effet sur la salamandrine. Mais les observations qui montreraient la même immunité chez des Couleuvres n'ayant jamais mangé de proies vaccinantes manquent encore, ce qui ne permet pas de déterminer l'importance relative des causes, accoutumance ou grande résistance cellulaire auxquelles la Couleuvre à collier doit sa très haute immunité.

En résumé, nous pouvons admettre que :

1° *Les Batraciens et les Serpents qui résistent au venin granuleux dorsal des premiers, et en particulier à la salamandrine, manifestent une immunité naturelle aussi grande vis-à-vis du second poison cutané, le venin muqueux ;*

2° *Cette immunité ne se manifeste que si les venins (mucus ou salamandrine) ne sont pas portés directement sur les centres nerveux, qui n'acquièrent pas de résistance spécifique par les inoculations répétées à leur surface ;*

3° *C'est donc une immunité, surtout humorale, due pour les Batraciens à la présence simultanée dans leur sang des deux substances antagonistes et pour les Serpents au pouvoir antitoxique de leur sang qui se manifeste aussi bien vis-à-vis du mucus que vis-à-vis de leur propre venin.*

VENIN GRANULEUX DU TRITON CRÊTÉ

Chez le Triton crêté (*Molge cristata*), les glandes granuleuses dorsales ne font en général pas de saillies bien marquées sur la peau ; elles sont surtout abondantes dans la région cervicale et sur la face dorsolatérale de la queue.

Pour obtenir le venin granuleux, VULPIAN l'exprimait de la queue au moyen d'une pince à mors plats ; puis il l'enlevait en râclant la peau avec une spatule. Ce procédé est celui qui fournit le venin le plus pur, le moins mélangé de venin muqueux. Cette façon de procéder donne une importance très grande aux résultats obtenus par VULPIAN.

FORNARA excitait l'animal électriquement, ce qui produisait une sécrétion généralisée des deux venins, avec une notable proportion de venin muqueux. CAPPARELLI opérait de même, ou excitait le bout périphérique de la moelle, sectionnée au niveau du cou. GIDON faisait une macération de la peau, et obtenait comme FORNARA et CAPPARELLI un mélange des deux sécrétions, mais où prédominait surtout le venin muqueux.

C'est le venin exprimé directement de la queue, ou son extrait aqueux que nous avons nous-même employé dans nos expériences physiologiques.

En traitant ce mélange obtenu par excitation électrique de la peau, soit par la méthode de STAS-OTTO, soit par la méthode qui avait servi à ZALESKY à isoler la Salamandrine, CAPPARELLI avoue n'avoir pu isoler d'alcaloïde.

Par la méthode de STAS, il obtient deux extraits, l'un alcalin, dépourvu de toute action toxique, l'autre acide, odorant, qui irrite les muqueuses olfactive et conjonctive. Ce produit toxique se trouve constitué par une partie solide et cristalline et un liquide jaunâtre et dense.

Quant à la méthode de ZALESKY, elle lui a montré : 1° « que l'extrait éthéré acide est celui qui contient le principe toxique du venin ;

2° que cet extrait ne contenant pas d'azote n'est pas un alcaloïde ;

3° qu'il contient un produit volatil, capable de rougir le papier bleu de tournesol exposé à ses vapeurs. »

Ces essais chimiques ne nous renseignent donc ni sur l'une, ni sur l'autre des deux sécrétions, dont les principes actifs demeurent inconnus ; mais la sécrétion obtenue par expression des glandes caudales est assez pure, et celle qui est recueillie par électrisation est surtout formée de venin granuleux ; c'est son action prédominante que traduisent les résultats obtenus par VULPIAN, FORNARA et CAPPARELLI.

Ceux de CALMELS nous laissent dans la même incertitude au sujet des substances toxiques du venin. D'après cet auteur, le venin dorsal du triton, comme celui des autres Batraciens, renfermerait en abondance les cristaux de CHARCOT et VULPIAN (phosphates de la base C^2H^3Az). Grâce à sa concentration (il ne contient que 5 % d'eau), les granulations vénogènes ne s'y altèrent pas dans leur forme. Elles sont constituées par une pseudo-lécithine ou glycéride mixte très instable, et que l'eau dédouble en dioléine et un acide particulier. Le venin ne contient pas de carbylamine libre ; mais chauffé, sa pseudo-lécithine donne un abondant dégagement d'éthylcarbylamine.

Lorsqu'elle est abandonnée à l'air humide, la pseudo-lécithine s'hydrate spontanément, et au bout de quinze jours renferme des cristaux d'alanine ($C^3H^7AzO^2$), et de l'acide formique (CHO.OH). L'auteur en conclut que le poison du Triton correspond à l'acide *éthylcarbilamine carbonique* (C^4H^6,Azo,OH). L'éthylcarbilamine ne préexiste pas dans le venin ; elle s'y développe en raison de l'hydratation qui résulte du mode de vie de l'animal, nécessitant au moins une atmosphère humide, en dehors de la période nuptiale, où il est aquatique. C'est à elle que le venin doit son odeur et la plus grande partie de ses propriétés toxiques. C'est comme les carbylamines inférieures et leurs dérivés carboniques, un énergique poison systolique, sans grande action convulsivante.

Propriétés du venin

C'est un produit blanc, de consistance gommeuse, qui doit son aspect et sa consistance aux granulations qui en forment la plus grande partie. Il a une réaction acide marquée et répand une odeur forte qui rappelle celle du raifort. Projeté directement dans l'eau, il la rend laiteuse, en formant une émulsion dans laquelle il reste toujours des magmas floconneux et insolubles et qui possède les propriétés physiologiques du venin pur.

L'extrait opalin aqueux, additionné d'acide chlorhydrique, donne une solution plus claire qui précipite par les réactifs ordinaires des alcaloïdes, mais pas d'une manière assez nette pour entraîner la certitude quant à la nature du produit toxique.

L'extrait aqueux chauffé à 45-5o° abandonne par précipitation et repos à basse température, un dépôt qui, suivant FORNARA, contiendrait toute la substance venimeuse. L'alcool se comporte comme la chaleur et précipite dans le venin un coagulum albumineux.

Abandonné à l'air, le venin se concrète en une masse d'abord pâteuse, demi-translucide, qui durcit, devient translucide et écailleuse, jaunâtre, et se fendille spontanément ; elle ne se dissout plus aussi facilement dans l'eau que le venin frais. L'extrait aqueux tue les Amibes, mais non les Bactéries, de sorte qu'elle s'altère lorsqu'on l'abandonne à elle-même au contact de l'air.

Action physiologique

Action générale. — Dans ses expériences sur la Grenouille, le Cobaye et le Chien, VULPIAN emploie soit le venin frais étendu d'eau, soit le venin sec ramolli et délayé dans l'eau.

FORNARA et CAPPARELLI emploient les solutions aqueuses du venin obtenu par excitation électrique, et nous-mêmes le venin caudal frais, délayé dans l'eau à la façon de VULPIAN.

Action sur la Grenouille. — L'inoculation du venin étendu d'eau ou l'introduction sous la peau du venin frais détermine d'abord une grande agitation pendant laquelle la respiration s'accélère et la peau s'humecte d'une abondante sécrétion muqueuse. Bientôt succède brusquement une période de calme, en même temps que d'affaiblissement musculaire à début postérieur ; le sujet semble oublier l'arrière de son corps qui reste étendu et insensible. La pupille se rétrécit et les paupières sont demi-closes. Simultanément, il y a du ralentissement des battements cardiaques et des mouvements respiratoires ; l'affaiblissement musculaire s'accroît et la sensibilité diminue de plus en plus jusqu'à l'anesthésie complète voisine de la mort.

Suivant la dose inoculée, l'envenimation dure de 2 à 6 heures. A l'autopsie, on trouve le cœur immobile et complètement inexcitable au courant galvanique, le ventricule contracté, les oreillettes remplies de caillots sanguins. A la surface du muscle cardiaque existent des hypérémies circonscrites. L'excitabilité des muscles est conservée, puis bientôt disparaît, en relâchement complet. Le sang présente les deux raies de l'oxyhémoglobine.

Lorsque le venin est introduit par la voie gastrique, la mort de la grenouille survient en 5 heures, sans convulsions : on observe un affai-blissement général et progressif, quelques efforts nauséeux, qui n'about tissent pas au vomissement, et le ralentissement du cœur qui s'arrête inexcitable, ainsi que les muscles de l'appareil hyoïdien. Ceux du mouvement conservant encore pendant quelques minutes leur excitabilité, comme après l'injection hypodermique. Contrairement à VULPIAN, FOR-NARA réussit à tuer le triton avec son propre venin par inoculation sous-cutanée ; CAPPARELLI obtint les mêmes résultats par la voie intra-péri tonéale.

Action sur les Mammifères : Cobaye, Lapin, Chien, Hérisson. — Chez le *cobaye*, qui reçoit le venin sous la peau du dos, on observe d'abord de la douleur due au contact irritant du venin sur les tissus sous-cutanés : l'animal crie, tousse, fait des efforts de vomissement. Cette période d'excitation dure environ 25 minutes, après quoi survient une longue période de calme de 3 heures pendant laquelle on observe seulement un peu d'irrégularité cardiaque. Il se produit alors quelques convulsions éloignées caractérisées par un soubresaut général, accompagné d'un court tremblement de tout le corps. Cet état convulsif persiste. Il y a du ralen-tissement et de l'affaiblissement des battements du cœur.

La respiration s'affaiblit également, chaque expiration s'accompa-gnant d'un cri plaintif ; l'animal se refroidit et devient somnolent, puis tombe sur le flanc inerte et insensible ; le cœur s'arrête, et la mort sur-vient au bout de 9 heures, précédée d'une série d'inspirations incomplètes qui ressemblent à des bâillements.

Chez le *chien*, l'inoculation sous la peau de la dose qui correspond à 4 tritons, détermine d'abord une vive douleur pendant laquelle le sujet pousse des hurlements modulés, évacue des matières fécales. Au bout de 15 minutes, le sujet reprend son calme, il se couche sur le ventre, essaie de se relever, retombe, poussant de temps en temps des cris. Puis la respiration se ralentit, les contractions cardiaques s'affaiblissent, la sensibilité disparaît graduellement ; l'animal tombe sur le flanc dans un état comateux, en résolution complète, sans convulsions, et meurt en moins de trois heures. Il entre presque aussitôt en rigidité cadavérique. Le cœur est arrêté ventricules en systole. Les vaisseaux bulbaires sont très congestionnés.

Introduit dans la jugulaire chez le chien et le lapin, il produit l'arrêt du cœur avec du tétanos de cet organe. L'effet n'est pas aussi instantané que chez la grenouille : on note d'abord un abaissement, puis une forte élévation de la pression sanguine, enfin l'accès tétanique et l'arrêt du cœur. Injecté dans le cerveau, le venin détermine des contractions généralisées, l'arrêt de la respiration et du cœur (CAPPARELLI).

Le *hérisson* présente une certaine résistance au venin de triton, bien que la limite n'en ait pas été exactement fixée par FORNARA. En insérant sous la peau de la patte d'un sujet adulte une dose de venin mortelle, l'auteur assista seulement à une période d'agitation qui dura trois quarts d'heure : le hérisson était en défense, piquants hérissés, bouche ouverte et menaçante, et poussant, dit FORNARA, des cris avec un timbre de poule.

Il a obtenu aussi des cris de colère chez de vieilles *Tortues grecques* inoculées de même sous la peau de la patte.

Action locale. — Le venin n'est pas absorbé par l'épiderme intact, et c'est ce qui a déterminé l'insuccès de VULPIAN à envenimer des Batraciens et en particulier le triton lui-même en les plongeant dans la solution venimeuse ou en déposant du venin frais à la surface de la peau. Mais il n'en est plus de même sur les muqueuses : à leur contact, le venin détermine une action très vive et douloureuse, qui provoque une hypersécrétion réflexe des glandes lacrymales, nasales et salivaires, accompagnée de crises sternutatoires. Cet effet se produit par la simple manipulation des animaux. Les muqueuses sont donc absorbantes pour le venin de triton, et la muqueuse gastrique ne fait pas exception, ce qui permet l'envenimation par cette voie.

Action sur les tissus. — FORNARA a signalé l'action du venin sur les fibres musculaires, dont la contractilité disparaît déjà en une heure ; CAPPARELLI a vu, d'autre part, que les muscles détachés des animaux envenimés perdent en grande partie la faculté de respirer.

Cette action locale sur les tissus expliquerait la mort des Poissons plongés dans les solutions tritoniques, comme l'a observé FORNARA sur des Cyprins et des Gobius. Le venin tue les Amibes, mais non les Bactéries ; il abolit le mouvement de la zone ciliaire des épithéliums à cils vibratiles.

Action sur le cœur. — L'action systolique n'a été bien vue par VULPIAN que chez la grenouille ; FORNARA, auquel on doit cependant une importante étude sur le venin de Triton l'a même niée. CAPPARELLI, CALMELS et nous-même l'avons observée : après une injection hypodermique de venin, il se produit constamment un ralentissement des battements cardiaques, des hypérémies circonscrites dans le muscle lui-même et enfin l'arrêt, ventricule en systole. Appliqué à la surface externe du cœur du lapin, il produit un tétanos passager du muscle, puis une accélération et enfin un ralentissement des contractions cardiaques. Directement introduit dans le cœur, il détermine une courte convulsion tétanique, suivie de l'arrêt en systole (CAPPARELLI).

Cette action systolique est moins rapide que celle du venin de Crapaud, mais elle n'est pas moins nette quand on emploie le venin pur exprimé des glandes caudales, ou ses solutions aqueuses.

Action sur la respiration. — Le venin agit promptement sur la respiration des grenouilles et des Vertébrés supérieurs. Chez ces derniers, le venin introduit à faible dose dans la veine jugulaire, produit d'abord un ralentissement puis une accélération jusqu'au moment de l'arrêt complet. A dose forte, l'arrêt est presque instantané. Des phénomènes identiques se produisent quand on injecte le venin par les carotides dans le cerveau. Les modifications qui se présentent dans le tracé de la respiration sont analogues à celles que l'on constate chez les animaux non envenimés à la suite de la section du nerf vague dans la région cervicale (CAPPARELLI).

Action sur le sang. — Le venin favorise et détermine la coagulation du sang. Il détruit *in vivo* le stroma des globules rouges, mettant en liberté l'hémoglobine qui, dissoute dans le sérum, ne perd pas ses propriétés de se réduire et de s'oxyder. La coloration du sang envenimé est rouge cerise. Le venin hémolyse jusqu'aux globules des Batraciens, dont il met en liberté les noyaux, et cette action se produit *in vitro* sur les globules du triton lui-même (CAPPARELLI).

VENIN GRANULEUX DU SPELERPES FUSCUS

Ce petit Triton est spécial aux Alpes-Maritimes, à la Sardaigne et à l'Italie.

BENEDETTI et POLLEDRO (1899) en ont étudié la sécrétion cutanée de la même façon que CAPPARELLI pour le Triton cristatus, c'est-à-dire sans distinguer les produits des deux sortes de glandes, celui des glandes muqueuses étant tacitement considéré par les auteurs comme inoffensif.

Par l'excitation du courant induit, ils produisent une sécrétion généralisée, qu'ils recueillent par lavage des sujets dans une petite quantité d'eau.

La solution aqueuse ainsi obtenue est donc un mélange des deux sécrétions, car elles sont toutes deux solubles dans l'eau.

Les auteurs en ont essayé l'action sur les petits animaux, grenouille et cobaye, action qui est une résultante de celle des deux sécrétions. Ils ont vainement tenté d'extraire des alcaloïdes de ce venin brut en appliquant la méthode de STAS-OTTO, et d'obtenir du venin plus pur en employant la méthode de GRATIOLET-CLOEZ.

... es circonscrites dans le muscle lui-même et ... ... Appliqué à la surface externe du ... ... du muscle, puis une accélération ... saccadiques. Bientôt ... ... une ... de convulsion tétanique, suivie ...

... est moins toxique que celle du venin de ... ... paud, ... moins ... lorsque l'on emploie le venin ... expérimé ... ... ou ses solutions aqueuses

... ... *ation* ... ... s'exerce promptement sur la respiration ... ... et des ... Chez ces derniers, la ... grande dose ... dans la jugulaire, produit d'abord un ... au moment de l'arrêt complet ... est presque instantané. Des phénomènes identiques ... l'on injecte le venin par les carotides dans le cerveau ... ... se présentent dans le tracé de la respiration sont ... ... chez les animaux non envenimés à ... ... dans la région cervicale. Ce venin ... *i sang* ... ... et détermine la coagulation ... *in* ... ... des globules rouges, mettant en ... ... dans le sérum, ne perd pas ses pro- ... se réduire ... ... La coloration du sang envenimé est ... Le ... ... jusqu'aux globules des Batraciens, dont ... ... cette action se produit *in vitro* sur les ... (BATRACIENS).

... ULEUX DU SPELERPES FUSCUS

... spécial aux Alpes-Maritimes, à la Sardaigne et à ...

... ono (1890) en ont étudié la sécrétion cutanée de ... ... pour le Triton cristatus, c'est-à-dire sans ... deux sortes de glandes, celui des glandes ... ... considéré par les auteurs comme inoffensif ... induit, ils produisent une sécrétion géné- ... lavage des sujets dans une petite quantité ...

... externe est donc un mélange des deux ... ... aux solubles dans l'eau. ... ... tion sur les petits animaux, grenouille ... ... résultante de celle des deux sécrétions. Ils ... ... alcaloïdes de ce venin ... en appli- ... et d'obtenir du venin plus pur en em- ... ... croz.

MOLGE TOROSA

(Orig.)

IMP. DÉVAL, PARIS

Nous avons repris cette étude sur des sujets récoltés dans les Alpes-Maritimes, et en employant les sécrétions isolées. Toutes deux sont toxiques et d'une façon très manifeste, comme nous le verrons.

Les glandes granuleuses sont localisées sur la face dorsale du corps, sans former d'amas saillants parotoïdiens ou pustulaires ; comme chez d'autres tritons, elles ne prennent un grand développement que sur les faces dorsales et latérales de la queue, depuis la base de celle-ci jusqu'à une petite distance de la pointe ; on les voit serrées les unes contre les autres par leurs acini, qui se compriment mutuellement et forment une sorte de pavage sous-épidermique, comme chez le *Plethodon oregonensis* d'Amérique.

Leur contenu n'est expulsé que sous des excitations énergiques (courant électrique...), ou les réactifs contractant et durcissant la peau (formol). Mais ces excitants agissent d'abord sur les glandes muqueuses plus petites et plus nombreuses ; il faut donc les éviter si on veut obtenir du venin granuleux pur. La simple expression de la queue entre les extrémités mousses d'une pince à mors suffit pour faire sourdre le venin, qu'on râcle et qu'on dessèche, ou que l'on dissout dans l'eau pour un essai immédiat.

Propriétés du venin granuleux

Le venin exprimé des glandes caudales est un produit blanc, crémeux, comme les venins similaires de Molge cristata et de Salamandra maculosa. Il se prend rapidement au contact de l'air en une masse élastique poissante, qui se rétracte par dessiccation en un coagulum dur et vitreux.

Projeté frais dans l'eau distillée, il donne un liquide opalin, à réaction acide, et un résidu grisâtre. L'alcool détermine dans la solution aqueuse un coagulum partiel, tandis que le liquide surnageant reste un peu louche, moins cependant que l'extrait aqueux. Mais contrairement à ce qui arrive pour le venin de Salamandre, l'alcool dissout peu de venin, car d'une part, l'extrait alcoolique ne possède pas la saveur amère de l'extrait aqueux, d'autre part, il n'est pas toxique. Cet extrait alcoolique est légèrement parfumé, d'odeur particulière rappelant un peu celle du benjoin ou de la vanilline, et un peu différente de celle qu'on perçoit quand on garde quelques heures les Spelerpes en vase fermé.

L'essai de l'action de ce venin a été pratiqué en employant la solution aqueuse à raison de 1 cmc. d'eau distillée par sujet.

Action du venin granuleux

Sur la Grenouille. — La sécrétion de deux Spelerpes suffit à tuer en 1 h. 20 minutes une grenouille du poids de 15 grammes avec les symptômes suivants :

Aussitôt après l'inoculation sous-cutanée, il se produit de l'accélération des mouvements hyoïdiens, puis l'animal reste immobile un certain

temps, mais non prostré, car il se déplace de temps à autre spontanément
et d'une allure à peu près normale. Le venin granuleux est un excitant
énergique de la sécrétion muqueuse, car la peau s'humecte très rapidement. La pupille est moyennement rétrécie.

La respiration, qui avait été accélérée au début, se ralentit ensuite
progressivement, de manière à devenir rare et presque insensible. Les
battements cardiaques sont affaiblis et espacés ; les mouvements volontaires ne deviennent impossibles que vers la fin de l'envenimation et les
réflexes sont longtemps conservés. La peau prend une teinte agonique
jaunâtre. La respiration s'arrête définitivement en inspiration, laissant les
poumons gonflés d'air.

A l'ouverture du thorax, on voit le cœur complètement arrêté, ou les
oreillettes seules exécutant encore quelques battements, le ventricule
étant dans tous les cas arrêté en systole. Il existe de la congestion de la
muqueuse buccale et des viscères ; pas de rigidité cadavérique. Le sang
est de couleur sombre mais fluide ; il n'y a pas d'hémolyse *in vivo*.

Ces symptômes ont été observés aussi bien par BENEDETTI et POLLEDRO
que par nous-même, avec cette remarque que le venin pur produit un
myosis modéré, et que les sujets envenimés n'ont pas de stupeur ; ils
conservent l'aisance et la spontanéité de leurs mouvements ainsi que la
conscience jusqu'aux dernières minutes qui précèdent la mort.

Remarquons en outre qu'il nous a suffi de la sécrétion de 2 Spelerpes
pour entraîner la mort de la grenouille dans un temps moitié moindre
que les auteurs italiens, qui ont employé 14 animaux, mis en sécrétion
généralisée. L'écart des doses mortelles est trop considérable pour qu'il
puisse être dû simplement à des variations dans la virulence du venin ; il
doit être plutôt imputé à un certain antagonisme physiologique entre les
deux sécrétions ; c'est du moins ce qui ressort de l'action du venin muqueux pur telle que nous l'avons observée sur le même animal.

VENIN GRANULEUX DU CRAPAUD COMMUN

PRÉPARATION. — Pour obtenir le venin en nature, on peut l'exprimer
par pression directe des groupes glandulaires, tels que la parotide et les
pustules de la face dorsale du corps. On peut également, si l'on veut
obtenir une sécrétion généralisée, avoir recours à l'excitation électrique
des lobes optiques préalablement mis à nu; ou à l'excitation du nerf d'une
région si on veut mettre en évidence la richesse en glandes granuleuses
de cette région.

On râcle ensuite la peau pour enlever le venin jaunâtre qui se concrète bientôt en une masse collante.

On peut enfin recevoir dans l'eau le venin directement exprimé et
le traiter, ainsi que les peaux, pour en extraire les principes actifs,
comme nous le verrons plus loin.

Propriétés générales du venin

C'est un liquide crémeux, de couleur blanc-jaunâtre, qui, au contact de l'air devient pâteux, puis se dessèche en donnant une masse dure, cornée, demi-translucide et cassante. Il devient plus fluide et plus opalin après une sécrétion prolongée de la glande, les fines granulations qu'il tient en suspension ne se régénérant pas aussi vite que la partie fluide, comme l'avaient déjà remarqué VULPIAN, puis CALMELS.

Il répand une odeur aromatique particulière. La saveur en est amère et la réaction acide. Projeté directement dans l'eau, il s'y dissout partiellement, donnant un résidu floconneux blanc. L'émulsion examinée au microscope montre des granulations venimeuses à peu près uniformes et plus petites que celles du venin de Salamandre. Les réactifs histochimiques les colorent avec la même électivité que lorsqu'elles sont encore incluses dans l'acinus glandulaire.

Extraction et propriétés des principes actifs

En 1817, PELLETIER a été le premier à rechercher les propriétés du venin de crapaud ; il en constate l'acidité et la solubilité partielle dans l'alcool.

Plus tard (1863), JOHN DAVY constate aussi ces propriétés ; il voit, de plus, que les solutions aqueuses ou alcooliques précipitent légèrement par le sublimé, mais non par l'acétate de plomb, qu'elles virent à la teinte pourpre sous l'influence de l'acide azotique, et remarque que l'extrait alcoolique a une saveur amère comparable à celle de la teinture d'aconit.

La première tentative d'extraction des principes actifs est faite en 1852 par GRATIOLET et CLOEZ. Ils traitent à froid le venin desséché par l'éther rectifié. La solution est évaporée et le résidu, qui apparaît au microscope comme formé de granulations oléagineuses mélangées de fines aiguilles cristallines, est aussitôt inoculé à un *Verdier*, dont il détermine la mort en l'espace de quatre minutes. Ce résidu est donc très toxique ; il est traité par l'alcool qui en sépare plus ou moins complètement le principe actif. Celui-ci est complètement soluble dans l'eau acidulée d'acide chlorhydrique.

La solution ainsi obtenue précipite par les bichlorures de platine et de mercure, d'où les auteurs concluent à la nature alcaloïdique du principe actif.

En 1873, CASALI et FORNARA, en appliquant au venin de crapaud la méthode de Stas-Otto, en retirent un alcaloïde qu'ils appellent *Phrynine* et dont ils ne peuvent établir la composition centésimale. Ce corps blanc, amorphe, est peu soluble dans l'eau, mais très soluble dans l'alcool, l'éther et le chloroforme. Il précipite par les acides picrique et iodique, ainsi que par le chlorure de platine.

FORNARA a montré, de plus, que cette substance agit comme la digitale sur la respiration et la circulation; en faisant contracter les artérioles et élevant la pression, elle accroît les contractions cardiaques et la diurèse.

CALMELS, en 1884, déduit de ses recherches que le venin de crapaud contient surtout de l'acide *méthylcarbilamine-carbonique* ou *isocyanacétique*, et une petite quantité de *méthylcarbilamine* à laquelle il doit son odeur et une partie de sa toxicité. BUFALINI (1885) a obtenu avec le venin de Crapaud la diazo-réaction, indiquant ainsi la présence d'une substance réductrice encore inconnue.

En 1893, MM. C. PHISALIX et G. BERTRAND, au cours de leurs recherches sur la toxicité du sang de Crapaud commun, ont signalé aussi l'existence de produits alcaloïdiques dans le venin en faisant toutefois remarquer que c'était à d'autres produits de nature encore inconnue qu'il fallait rapporter presque toute l'activité de cette sécrétion toxique. Mais, quelques années après, en 1897, R. HEWLET revient à l'idée d'un alcaloïde comme substance active, sans doute en raison de l'amertume du venin. Ayant traité celui-ci, de même que les glandes, par l'alcool absolu, il obtint après filtration et évaporation un résidu grisâtre, amorphe, soluble dans l'eau distillée et plus encore dans l'eau acidulée d'acide chlorhydrique. Cette solution présente, d'après l'auteur, toutes les réactions de la digitaline.

Quelques années après (1902), ED. FAUST publiait un travail d'après lequel le venin de crapaud doit son activité à deux substances, qu'il nomme *Bufonine* et *Bufotaline*, ayant toutes deux, mais à un degré différent, la même action physiologique. Pour extraire ces substances, l'auteur tue les animaux par le chloroforme, les dépouille et fait macérer les peaux dans l'alcool à 96° pendant plusieurs semaines. L'extrait alcoolique repris par l'eau laisse la bufonine insoluble ; on purifie cette substance en la recristallisant après dissolution dans l'alcool chaud. Quant à la bufotaline, passée en dissolution dans l'eau, on la sépare, soit par précipitation avec l'iodure double de potassium et de mercure, soit par agitation avec du chloroforme. Les deux substances ainsi obtenues ne contiennent pas d'azote ; la bufonine est une substance neutre, la bufotaline, au contraire, a une réaction acide. L'auteur prétend qu'on peut passer de la première à la seconde par oxydation à l'aide du mélange chromo-sulfurique.

L'action physiologique de ces deux substances serait presque identique à celle de la digitaline.

Les résultats obtenus par FAUST ne rendant pas compte de tous les caractères physiologiques du venin et étant sur quelques points contradictoires avec les expériences poursuivies depuis 1893 par MM. PHISALIX et BERTRAND, ces auteurs en cherchèrent les raisons dans les différences de préparation des principes actifs.

La méthode employée par FAUST enlève effectivement à la peau du crapaud des substances qui n'ont aucun rapport avec le venin, ce qui

explique pourquoi MM. PHISALIX et BERTRAND n'ont pu retrouver la bufonine dans le venin exprimé directement des glandes.

Pour séparer les principes actifs, les auteurs expriment sous l'eau,
au moyen d'une pince à mors plats, le contenu des parotides jusqu'à
enrichissement suffisant de l'eau en venin, c'est-à-dire jusqu'à saturation. Le liquide lactescent ainsi obtenu a une réaction acide ; il est filtré
à la bougie de porcelaine et évaporé à consistance d'extrait. Pendant
l'évaporation, il se sépare une substance peu soluble, sous forme d'une
pellicule blanche, qu'on écume au fur et à mesure de sa formation. On
lave cette substance à l'eau distillée, puis on la redissout dans l'alcool
absolu ou le chloroforme ; il se sépare un peu de matières albuminoïdes
et le liquide filtré est évaporé complètement.

Le corps ainsi obtenu est un des principes actifs du venin, celui qui
agit sur le cœur de la grenouille et l'arrête en systole. Il se présente sous
la forme d'une résine transparente, presque incolore, et dont la composition centésimale correspond à la formule brute C^{110} H^{171} O^{25}. FAUST
attribuait à la bufotaline la composition C^{17} H^{33} O^5. Malgré la différence
de ces deux formules, PHISALIX et BERTRAND pensent que le corps isolé et
la bufotaline sont identiques ; mais la bufotaline de FAUST, retirée de
l'extrait de la peau entière, s'y trouve souillée par un corps acide, car
la bufotaline retirée du venin seul est neutre.

La bufotaline pure est très soluble dans l'alcool, le chloroforme,
l'acétone, l'acétate d'éthyle et l'acide acétique, moins dans l'éther, très
peu dans le tétrachlorure de carbone, insoluble ou presque dans le sulfure de carbone, le benzène et l'éther de pétrole. Lorsqu'on ajoute de
l'eau à sa solution alcoolique, elle précipite en donnant une émulsion
blanche qui finit par se dissoudre dans un grand excès d'eau. Cette solution a servi aux auteurs à leurs expériences physiologiques.

Bien que très diluée, elle a une saveur très amère et laisse sur la
langue une sensation spéciale très persistante.

Le second principe, que MM. PHISALIX et BERTRAND appellent bufoténine, celui qui agit sur le système nerveux et détermine la paralysie,
reste dans l'extrait aqueux d'où a été séparé le poison cardiaque. Il renferme encore une certaine quantité de celui-ci et quelques autres substances parmi lesquelles une matière albuminoïde et du chlorure de sodium. Pour le purifier, on le reprend par l'alcool à 96° ; la solution filtrée
est distillée et le résidu, dissous dans l'eau, est déféqué par le sous-
acétate de plomb et l'hydrogène sulfuré. On obtient de la sorte une
solution peu colorée, qu'on épuise successivement par le chloroforme
pour en extraire le poison cardiaque, et par l'éther, qui enlève presque
tout l'acide acétique ; la bufoténine se trouve dans le résidu de la solution
évaporée à sec dans le vide.

En résumé, d'après MM. PHISALIX et BERTRAND, le venin de crapaud
doit son activité à deux substances principales, la bufotaline, de nature

résinoïde, soluble dans l'alcool, mais peu soluble dans l'eau, et la *bufo-ténine*, très soluble dans ces deux dissolvants.

Injecté à la grenouille, qui lui est très sensible, le venin de crapaud amène l'arrêt du cœur en systole à cause de la première substance, tandis que la seconde entraîne la paralysie.

Action physiologique

Les auteurs anciens sont tous d'accord pour reconnaître à la sécrétion laiteuse dorsale des Salamandres et des Crapauds des propriétés venimeuses ; on trouve dans ARISTOTE, dans THÉOPHRASTE, dans PLINE et dans DIOSCORIDE plusieurs passages qui s'y rapportent.

La réputation du venin de Crapaud, en particulier, s'est étendue jusqu'aux auteurs dramatiques, qui y font très souvent allusion : *Shakspeare*, dans « Macbeth », en fait un des ingrédients essentiels que les sorcières ont à introduire dans leur chaudron. L'opinion populaire, en pays de Galles, voulait qu'un chien qui tourmente un crapaud devînt fou. Si le chien ne devient pas fou au sens propre du mot, il lâche du moins prise aussitôt, en salivant beaucoup et en proie, semble-t-il, à des hallucinations. On rapporte des observations d'empoisonnement chez des chiens après introduction de venin de crapaud dans la bouche : VON MÉHELY (cité par G.-A. Boulenger) a observé le fait sur un petit fox-terrier. BRINGARD (1905) en signale également des cas. Plus anciennement, GEMMINGER (1862) a vu mourir empoisonné un Epervier qui avait saisi un crapaud dans son bec.

Les premières expériences précises sont dues à GRATIOLET et CLOEZ (1851) ; elles montrent que 2 milligrammes de venin sec introduits sous la peau d'un *Verdier* déterminent la mort en 5 à 6 minutes, sans convulsions : l'oiseau ouvre le bec, chancelle comme en état d'ivresse, ferme les yeux et tombe mort. Une dose moindre serait aussi efficacement foudroyante.

Ces auteurs virent de même que les chiens et les cobayes sont tués en 30 à 90 minutes par l'inoculation sous-cutanée de venin de crapaud. Ils notent une période d'excitation suivie d'une période d'affaissement et une période nauséeuse aboutissant parfois aux vomissements. Chez les cobayes seulement, il se produirait, pendant un temps assez long, une période convulsive qui manque chez le chien ; mais la mort est précédée chez celui-ci d'une sorte d'ivresse qui dure environ deux minutes.

VULPIAN, vers la même époque (1854-1856), s'est également occupé du venin de crapaud et ses travaux sont de ceux auxquels on se rapporte les plus volontiers. Cependant, les symptômes de l'envenimation n'y sont pas analysés très finement, à part l'action cardiaque, tantôt diastolique et tantôt systolique, mais en tous cas suivie de mort, et l'absorption possible du venin par les plaies cutanées chez le chien et le cobaye et par la peau intacte des grenouilles et des tritons, qui sont tués en deux ou trois heures. L'introduction directe du venin dans la bouche d'un chien n'a déterminé que des vomissements, suivis de la guérison en moins d'une heure.

Malgré ces expériences concluantes sur les effets du venin dorsal de crapaud, RAINEY (1855) n'obtient, pas plus que DAVY, d'effets sensibles en appliquant le venin frais sur une plaie récente de l'oreille d'un chat, non plus qu'en introduisant en séton, dans la peau de souris blanches, un fil trempé dans le venin frais, ou même en inoculant des crapauds avec leur propre venin. L'auteur admet toutefois que ces résultats n'ont pas la valeur des faits positifs et qu'ils laissent simplement subsister un doute sur ceux qu'ont obtenus les auteurs français.

FORNARA (1877) a, mieux que VULPIAN, mis en lumière l'action tétanisante que le venin exerce sur le ventricule, action qui se produit encore après la section de la moelle ; il a réduit les convulsions au rang de symptôme secondaire et accessoire. Il employait soit l'extrait alcoolique, soit l'extrait aqueux du venin, soit l'eau de lavage du crapaud mis en sécrétion généralisée par l'excitation électrique, ce qui donnait dans tous les cas un mélange en proportions diverses des deux sécrétions. Malgré la variété de ces mélanges, c'est le venin dorsal qui y dominait, car les effets en sont assez bien décrits. Les résultats contradictoires dûs à la présence du venin muqueux sont mentionnés à titre d'exception.

CALMELS, en 1883, a donné un résumé succinct, mais exact, de l'action du venin de crapaud ; il a vu, en outre, ce fait significatif que si, avant d'électriser le crapaud pour en faire sécréter la peau, on a soin de laver le ventre pour éliminer toute trace du venin descendu des flancs et du dos, « on ne rencontre plus avec le liquide ventral les effets nets et caractéristiques observés avec le liquide dorsal ». Le produit essayé dans ces conditions ne pouvait être que du venin muqueux, dont CALMELS constate ainsi implicitement l'action toxique. Il n'avait d'ailleurs pas à s'étonner de ce résultat, puisqu'il considérait les glandes muqueuses comme un stade de l'évolution des glandes granuleuses. Ce qui semble plus surprenant, c'est que P. SCHULTZ, après ces expériences de CALMELS, refuse aux glandes muqueuses, dont il constate la présence sur le ventre à l'exclusion des autres, la possibilité de sécréter un venin, en fondant son opinion sur leurs caractères histologiques !

Les recherches physiologiques plus récentes que nous avons entreprises depuis 1895 ont montré que cette sécrétion muqueuse est cependant la plus intéressante des deux sécrétions cutanées par les symptômes qu'elle détermine et par les propriétés variées qu'elle manifeste. Enfin, G. PIERROTTI, en 1906, a donné une importante monographie de 120 pages faite à Pise sous la direction du professeur ADUCCO, et comprenant la bibliographie de la question. Cet auteur emploie soit le venin en solution aqueuse, soit les extraits alcoolique, éthéré, ou l'extrait aqueux dialysé.

Il fait remarquer que la partie active de la sécrétion n'est influencée par aucun des agents physiques ou chimiques ordinaires : temps, lumière, chaleur, putréfaction, dialyse, alcool, éther, solutions légèrement acides ou légèrement alcalines, et pense, sans avoir fait de recherches chimiques à ce sujet et sans tenir aucun compte de celles qui ont été faites antérieurement, que cette portion active est vraisemblablement composée de un ou plusieurs alcaloïdes.

ACTION GÉNÉRALE. — *Action sur la Grenouille.* — La grenouille est un des Batraciens les plus sensibles au venin de crapaud. La dose mortelle par la voie sous-cutanée ou péritonéale correspond à 35 milligr. de venin brut par kilo et à 25 milligr. si on emploie le résidu de l'extrait aqueux dialysé. Par la voie gastrique, cette dose minima mortelle est plus élevée et correspond à 76 milligrammes (PIERROTI).

L'inoculation d'une dose non mortelle détermine les symptômes suivants : au début, c'est une période d'agitation et d'hypersensibilité générale, compliquée d'état nauséeux ; puis, au bout d'une dizaine de minutes, surviennent de l'abattement et de la torpeur, phénomènes qui s'interrompent par des efforts de vomissements ; les battements cardiaques deviennent rares et amples, la systole ventriculaire est énergique, mais elle se fait péristaltiquement de la base à la pointe ; quelquefois même les mouvements sont dissociés, de telle sorte que la base et la pointe se contractent successivement et semblent alors séparés par un étranglement ; mais une légère excitation mécanique amène la rétraction immédiate du ventricule, qui reste pâle et contracté et s'arrête toujours dans les cas de mort avant les oreillettes.

Cette action sur le cœur est donc caractérisée au début par un ralentissement considérable dû à l'excitation des centres modérateurs et par une paralysie des centres accélérateurs et du sympathique, s'accordant avec le rétrécissement observé de la pupille ; puis survient la phase d'irrégularité avec contractions péristaltiques du ventricule ; enfin, arrêt de celui-ci par rétraction progressive du muscle.

La paralysie des centres nerveux et des nerfs ne pourrait expliquer l'arrêt, puisque la même action se produit lorsqu'on isole le cœur ; c'est donc une action sur les ganglions cardiaques et le muscle lui-même.

Simultanément à cette action cardiaque, la respiration est modifiée ; les mouvements hyoïdiens sont d'abord anxieux, amples et rares ; ils se régularisent ensuite peu à peu si la dose n'est pas mortelle, sinon ils subissent des arrêts de plus en plus fréquents avant l'arrêt définitif qui précède celui du cœur.

La motricité est également affectée ; on constate d'abord des contractions fibrillaires des muscles, de la parésie, puis de la paralysie du train postérieur.

L'ensemble des symptômes caractéristiques et constants du venin de crapaud observés sur la grenouille se résume ainsi : *affaiblissement de la respiration,* dont l'arrêt précédant celui du cœur, entraîne la mort; *ralentissement précoce des battements cardiaques, puis arrêt tardif, ven-*

tricule en systole ; paralysie musculaire à début postérieur ; nausées, myosis.

Pierrotti a observé des convulsions chez la grenouille, mais elles sont inconstantes, alors que chez le cobaye, le pigeon et le poulet, elles sont la règle et sont alors précédées d'un état spasmodique.

A l'autopsie de la grenouille, on trouve les poumons et l'intestin exsangues, le foie congestionné, le cœur arrêté en systole ventriculaire ; mais les oreillettes sont distendues par du sang noirâtre.

Action sur les Oiseaux (Poulet, Pigeon). — Malgré l'opinion de Fornara et celle de Lewin, les oiseaux sont très sensibles au venin de crapaud. Pierotti a fixé à 20 milligrammes par kilogramme d'animal la dose minima mortelle de venin brut inoculé par la voie intra-péritonéale ou pectorale.

Après une courte période d'excitation, les oiseaux deviennent somnolents et vacillent, exécutant des mouvements qui indiquent un état nauséeux. Puis éclatent de violents accès convulsifs du cou et des membres, le cou se tord, les ailes et les pattes sont agitées de mouvements cloniques ; la mort survient dans un accès convulsif.

A l'autopsie, le cœur est arrêté ventricules en systole, les oreillettes sont gonflées de sang, le foie est congestionné, les poumons et l'intestin anémiés.

Action sur les Mammifères (Rat, Cobaye, Lapin, Chien, Chat).— Chez ces animaux, la dose minima mortelle de sécrétion brute introduite par la voie péritonéale ou sous-cutanée est respectivement égale, par kilogramme d'animal, à 24, 16, 28,5 et 4,5 milligrammes. Le chat et le chien sont donc très sensibles au venin. L'envenimation se développe comme il suit : on observe d'abord une phase d'excitation générale ; les animaux ont le poil hérissé ; ils salivent quelquefois (chien) ou constamment (chat). Pierotti a noté chez tous de l'*hypothermie*. Le chien, d'après nos propres observations, a des hallucinations et de la dyspnée. Dans une seconde période, l'abattement et la somnolence succèdent à l'excitation ; les sujets ont du malaise et des attitudes anormales ; le train postérieur, d'abord parésié, se paralyse. La conscience est conservée quoique un peu moins vive. En même temps, on observe le ralentissement des battements cardiaques. Chez le chien, le cobaye, le rat, survient du ralentissement respiratoire, alors que c'est au contraire de l'accélération chez le lapin et chez le chat. L'hypothermie s'accentue (chien, cobaye, lapin).

Dans une troisième phase, il se produit un état nauséeux (sauf chez les souris blanches), aboutissant aux vomissements chez le chien et le chat ; chez tous, des accès convulsifs ; chez le chat, du myosis, qui persiste jusqu'à la mort.

Vers la fin de l'envenimation seulement, on constate qu'il y a perte de la conscience ; le cœur accélère ses battements, qui deviennent en outre irréguliers, la respiration est anxieuse et difficile, le réflexe cornéen aboli. Chez le cobaye, le chien et le chat, le cœur s'arrête avant la respiration ; c'est l'inverse qui se produit chez la souris et le lapin (PIBROTTI).

Cette symptomatologie se précipite lorsque le venin est introduit directement dans le sang ; les symptômes sont exaltés par leur superposition, la mort survient plus rapidement.

Par la voie stomacale, le venin détermine aussi une intoxication, contrairement à ce qui arrive pour le venin des Serpents ; mais tandis que les animaux qui vomissent, tout en étant très sensibles, guérissent (chien, chat), ceux qui n'ont que des nausées succombent (cobaye, lapin).

A l'autopsie des animaux envenimés, on trouve les ventricules cardiaques fortement contractés, les oreillettes et les grosses veines distendues par du sang noir ; le foie est congestionné et noir, les veines du système nerveux central sont turgides, des hémorrhagies se rencontrent parfois autour des centres nerveux, quelquefois sur le cœur ; les poumons et la rate sont pâles, la vessie et les intestins contractés. Les animaux entrent rapidement en rigidité cadavérique.

Le venin dorsal du crapaud a donc une toxicité très grande, qui se traduit chez les Vertébrés supérieurs, comme chez la grenouille :

1° Par l'*affaiblissement précoce et l'arrêt de la respiration*, précédant celui du cœur chez quelques-uns (souris, lapin), le suivant chez d'autres (chien, chat) ;

2° Par l'*action cardiaque systolique* chez tous ;

3° Les *nausées* et les *vomissements* ;

4° L'*action myotique* chez quelques-uns (grenouille, chat) ;

5° La *paralysie musculaire tardive* à début postérieur, précédée d'état spasmodique pouvant aller jusqu'aux *convulsions* ;

6° *L'hypothermie* constatée chez les Mammifères, phénomène qui serait constant et comparable à celui que C. PHISALIX a signalé dans l'envenimation vipérique.

ACTION LOCALE. — Déposé sur une plaie, le venin en nature détermine une douleur vive accompagnée de gonflement ; sur la peau intacte, une sensation de causticité atténuée, que l'on perçoit surtout quand le venin est projeté par compression des amas glandulaires, parotoïdes ou pustules. Lorsque dans les mêmes conditions il est projeté dans l'œil, il détermine une sensation de sécheresse de courte durée, puis une cuisson intense à laquelle fait suite de la gêne douloureuse, du larmoiement, de la douleur des paupières. Cet état se prolonge pendant plus d'une heure avec des périodes d'accalmie, puis la douleur cesse ; il subsiste pendant quelques heures un trouble de la cornée qui gêne la vision. STADERINI (1888) rapporte qu'une ophthalmie grave a été provoquée par la pénétration du venin dans l'œil, et signale de même que les effets inflammatoires sont accompagnés de douleur.

Lataste, dans une courte note (1876), s'étonne de ces effets locaux qui avaient déjà été signalés par Vulpian ; mais il est probable qu'il n'a jamais reçu le venin dans les conditions où on l'exprime d'un certain nombre de crapauds pour les essais physiologiques.

La bufotaline, comme l'a éprouvé C. Phisalix, exerce aussi une action irritante sur la conjonctivite ; elle y détermine une douleur vive et piquante, qui persiste malgré le lavage à grande eau, puis qui devient intermittente et sourde, comme celle qui résulte d'une contusion, mais il n'y a ni larmoiement ni hyperthermie.

Après la phase de douleur chez les animaux ayant reçu le venin en inoculation sous-cutanée ou en instillation dans le sac palpébro-oculaire, Pierotti (1906) a observé une action anesthésique qui se produirait même avec de faibles doses pourvu qu'elles suffisent à déterminer des symptômes généraux.

Le venin de Crapaud exerce donc à la fois son action sur le système nerveux, la respiration et la circulation, frappant ainsi directement tout l'organisme.

Action sur les principales fonctions

Action sur le cœur et la circulation. — L'action sur le cœur se fait déjà sentir 10-15 minutes après l'inoculation de venin dans le sac dorsal de la grenouille : les battements deviennent plus lents, plus amples et plus forts ; en l'espace d'une heure, ils peuvent passer de 60-70, qui est la normale, à 5 ou 6. Puis les contractions ventriculaires deviennent irrégulières, et sont entrecoupées par des pauses durant quelques minutes. Après la systole, le ventricule reste plus ou moins contracté, ne se remplit que difficilement par l'effet de la systole auriculaire jusqu'à ce qu'il se vide brusquement en une ou plusieurs contractions. Les systoles continuent à s'espacer, c'est alors qu'on note ces contractions partielles partant de la base et qui constituent le péristaltisme. Enfin, le ventricule s'arrête, le plus souvent en diastole avec les doses mortelles minima, les oreillettes continuant à battre pendant quelques instants, ou bien en systole avec les doses plusieurs fois mortelles, tandis que les oreillettes s'arrêtent ensuite en diastole forcée.

Les injections préventives d'atropine et de curare, la section ou la destruction de la moelle chez la grenouille n'empêchent pas l'action propre du venin. Cette action est encore la même lorsque le cœur isolé de l'organisme est plongé dans une solution saline qui contient le venin ou lorsqu'on laisse tomber la solution venimeuse à sa surface. La fibre cardiaque est encore sensible aux dilutions de 1 pour 500.000.

Ainsi le venin de Crapaud a sur le cœur de la grenouille une action d'abord excitante, puis paralysante.

Chez les Mammifères qui le reçoivent sous la peau ou dans le péritoine, il exerce cette même action : au début les battements sont ralentis, amplifiés, renforcés ; en même temps, la pression artérielle s'élève au dessus de la normale (*lapin, chien, chat*) ; ensuite, tandis que l'amplitude des battements cardiaques s'accroît, la pression artérielle continue à s'élever chez le lapin, elle redescend chez le chien et le chat au point de se rapprocher de zéro.

Chez le chien seul vient ensuite la période des oscillations de l'amplitude, de la fréquence du pouls et de la pression artérielle ; ces oscillations se répètent plusieurs fois.

En dernier lieu chez tous, tandis que le pouls devient petit, fréquent et irrégulier, la pression artérielle va en diminuant graduellement jusqu'à se rapprocher de zéro ; la paralysie du cœur s'accentue et il s'arrête. Avec les doses hypertoxiques, l'arrêt du cœur a lieu tandis que la pression est encore assez élevée.

Lorsque le venin est inoculé dans les veines, il ralentit instantanément les battements cardiaques et amplifie considérablement les excursions systolique et diastolique. En même temps, la pression artérielle, après s'être abaissée pendant quelques secondes, s'élève notablement au-dessus de la normale. Viennent ensuite, plus ou moins rapidement, suivant la dose injectée, l'irrégularité, la rapidité, la diminution d'ampleur des excursions et la chute plus ou moins rapide de la pression, avec l'arrêt du cœur.

En circulant dans le cœur isolé, préventivement atropinisé, le venin de Crapaud ranime l'activité ventriculaire, très déprimée par l'atropine, et l'élève au-dessus de la normale ; ce résultat concorde avec celui qu'on obtient sur le cœur de la grenouille, et montre en ce qui concerne l'action sur le cœur, l'antagonisme entre le venin de Crapaud et l'atropine. L'action n'est pas réciproque.

En circulant dans le cœur isolé du lapin, la digitaline a une action identique à celle du venin de Crapaud ; cependant, elle est beaucoup moins active, car elle cesse de produire son effet lorsque le titre de sa solution descend à 1 sur 350.000, tandis que la sécrétion de Crapaud est toujours active à la dilution de 1 sur 500.000.

Le venin de Crapaud est donc un poison cardiaque qui possède, exaltées, les principales propriétés de la digitaline, depuis la simple action irritative sur la muqueuse nasale jusqu'à l'action spécifique sur le cœur.

A dose modérée, il excite, ranime et renforce la fonction du myocarde ; à dose forte, il excite d'abord, puis paralyse l'appareil nerveux inhibiteur du cœur (système du vague).

L'excitation des vagues par un courant induit ne produit les effets inhibiteurs classiques sur le cœur et l'abaissement de la pression artérielle que dans la première phase de l'envenimation ; dans les autres phases, elle ne produit aucun effet.

La différence principale entre l'action de la digitaline et celle du venin réside dans l'effet mydriatique de la première sur la pupille, alors que le venin de Crapaud est nettement myotique.

Pugliese a recherché si le venin de Crapaud, soit *in vitro*, soit *in vivo*, a une action sur l'hémoglobine des globules, comme celle que Carreau avait observée avec le venin de Lachesis lanceolatus ; il constata :

1° que sur l'hémoglobine dissoute, le venin a une action méthémoglobinisante qu'il ne possède pas sur l'hémoglobine globulaire ;

2° que chez les animaux qui meurent envenimés, le sang extrait du cœur ne contient jamais de méthémoglobine.

Action sur la respiration. — Quelle que soit la voie d'introduction. le venin de Crapaud trouble le cours régulier de la respiration. Chez la grenouille, il arrête d'une manière précoce les mouvements hyoïdins. Chez le chien et la souris, les mouvements respiratoire vont graduellement en diminuant jusqu'à ce qu'ils s'éteignent. Chez le cobaye, après une première phase d'accélération, l'arrêt définitif et précoce se produit ; chez le lapin, elle devient d'abord rare et profonde, puis s'accélère et ne se ralentit que lorsque le cœur est près de s'arrêter ; chez le chat, l'accélération est primitive et se maintient telle jusqu'à la mort.

Ainsi l'action sur la respiration varie avec les diverses espèces animales. Pierotti émet l'opinion que peut-être les troubles de cette fonction sont liés à ceux de la circulation.

L'excitation par un courant induit des nerfs vagues provoque toujours l'arrêt de la respiration, à quelque phase de l'envenimation que soit pratiquée l'excitation.

Action sur le système nerveux : paralysie, nausées, myosis. — Nous avons vu qu'au début de l'envenimation se produit une phase d'excitation cérébrale qui, chez le chien, peut aller jusqu'aux phénomènes d'hallucination. Cependant, lorsque cette période est passée, les animaux conservent la conscience jusqu'à la période agonique. L'empoisonnement bulbaire est décelé par les nausées et les vomissements ; toutefois, ceux-ci font défaut chez les animaux dont les nerfs vagues ont été sectionnés. L'action excitante primitive sur les centres réflexes et toniques de la moelle est caractérisée par des convulsions tonico-cloniques, suivies de parésie générale et de paralysie du train postérieur (*grenouille, cobaye*).

Le venin a une action d'abord excitante, ensuite paralysante sur les nerfs moteurs, sur les muscles lisses et sur les muscles striés ; dans ces derniers, ce sont les terminaisons des nerfs moteurs qui sont le plus spécialement influencées.

Résistance relative des espèces au venin de Crapaud. —
Immunité naturelle

Nous avons vu que les divers animaux d'expérience sont inégalement résistants au venin de Crapaud ; les doses minima mortelles de venin sec ont été déterminées ainsi qu'il suit par Pierotti :

Rana	35 milligr. par kg
Lapin	28　　　　—
Rat blanc	24　　　　—
Cobaye	16　　　　—
Chien	5　　　　—
Chat	4,5　　　—·

C'est donc la grenouille qui dans cette liste montre la résistance la plus élevée. Il faut citer aussi les Serpents batrachophages, et en particulier les couleuvres qui digèrent sans inconvénients de volumineux crapauds, contenant dans leur peau une dose de poison susceptible de tuer plusieurs chiens ou plusieurs chats par la même voie digestive.

Le Crapaud lui-même possède une forte immunité pour son propre venin dorsal. Mais cette immunité qui, dans la pratique est absolue, peut néanmoins être surmontée, comme l'ont montré CL. BERNARD, puis VULPIAN, en employant des doses bien supérieures à celles qui tuent la grenouille, ou comme nous l'avons vu, en portant directement le poison sur les centres nerveux.

VENIN GRANULEUX DU CRAPAUD CALAMITE

Le venin exprimé des glandes paratoïdes et projeté dans l'eau distillée, donne une solution laiteuse qui exhale une fine odeur de mûres, laquelle s'exalte quand on chauffe le liquide pour coaguler ses produits albuminoïdes.

Pas plus que le venin de Crapaud commun ou de Salamandre terrestre, celui de Crapaud calamite ne s'altère par la chaleur ; l'ébullition tout en coagulant les albuminoïdes n'éclaircit pas la solution. L'extrait ainsi préparé possède les propriétés de l'extrait non chauffé et du venin entier. Il détermine chez la grenouille qui le reçoit dans le sac dorsal les symptômes identiques à ceux que produit le venin de Crapaud commun : ralentissement puis paralysie du cœur, qui s'arrête tardivement ventricule en systole et oreillettes en diastole, affaiblissement puis arrêt de la respiration ; nausées, myosis, paralysie musculaire à début postérieur. On note de la trémulation des membres et une période spasmodique qui n'aboutit pas aux convulsions.

VENIN GRANULEUX DE LA GRENOUILLE ROUSSE

En 1910, A. LEROY a recherché si la peau de la *Rana temporaria* contient un venin analogue à la Bufotaline. A cet effet, il fait macérer pendant 15 jours dans l'alcool absolu, la peau séchée et pulvérisée. La solution ainsi obtenue est filtrée et l'alcool évaporé. Le résidu est repris par l'eau salée physiologique à raison de 1 cmc. par peau, puis filtré à nouveau ; le liquide passant au filtre est blanchâtre et ressemble à une émulsion. Il est employé aussitôt aux essais physiologiques.

L'inoculation sous-cutanée produit chez les chiens et les lapins les mêmes symptômes que l'injection intraveineuse.

Action sur le Lapin. — Introduit dans la veine jugulaire du lapin, le produit que LEROY suppose être analogue à la bufotaline, détermine aussitôt pendant quelques secondes une chute de la pression carotidienne correspondant à 3 à 4 cm. de mercure, puis une hausse équivalente. Une seconde, et quelquefois une troisième chute de ce genre se produisent, suivies de hausses variables ; puis la pression s'abaisse lentement jusqu'à la fin de l'injection. Au début, le pouls est régulier ; il devient plus ample et plus lent après l'injection de 2 ou 3 cmc. Mais bientôt, il s'accélère et devient irrégulier.

La respiration, d'abord accélérée et profonde, se ralentit ensuite et s'arrête avant le cœur.

Presqu'aussitôt après l'injection, il y a émission d'urine et du contenu intestinal : au palper, on perçoit d'énergiques mouvements péristaltiques de l'intestin, qui persistent jusqu'à la fin.

L'animal meurt en l'espace de 20 à 35 minutes dans des convulsions généralisées ; il a reçu alors des quantités de poison qui correspondent au venin de 15 à 35 peaux par kilog. d'animal. La mort survient plus rapidement lorsque l'injection est faite plus rapidement ou que la solution est plus conventrée.

Par la voie sous-cutanée, et à la dose de 20 peaux par kilog. de poids d'animal, l'inoculation détermine d'abord une période d'excitation de 15 à 20 minutes, puis une anesthésie et une parésie générale, rapides et passagères. L'animal couché sur le ventre, les quatre pattes en extension ne réagit à aucune excitation. Le lendemain, il conserve une paralysie du train postérieur, mange bien ; mais on le trouve mort le surlendemain.

Action sur le Chien. — L'inoculation intraveineuse détermine les mêmes symptômes que chez le lapin : une chute initiale de 4 à 6 cm. de mercure de la pression carotidienne, à laquelle succède une hausse rapide et légère. La pression diminue ensuite progressivement jusqu'à la mort. Le pouls, régulier au début, s'accélère rapidement et s'affaiblit : il devient irrégulier vers la fin.

La respiration, d'abord profonde et accélérée au moment de la chute initiale de pression, se ralentit et se régularise, puis devient rare et irrégulière. L'animal est calme et paraît être sous l'action d'un anesthésique. On constate généralement à ce moment la disparition du réflexe cornéen.

La défécation, la miction, les convulsions généralisées s'observent comme chez le lapin. La mort est survenue en 45 minutes avec la quantité de poison correspondant à 35 peaux par kilog ; mais elle peut tarder plusieurs heures, même avec une dose plus grande.

Le poison des glandes granuleuses de Rana temporaria ou du moins celui qui dans l'extrait alcoolique est soluble dans l'eau (la portion insoluble n'ayant pas été essayée), semble agir sur le cœur et le système nerveux ; il partage encore avec le venin de crapaud diverses propriétés. La miction, le péristaltisme intestinal, les convulsions... démontrent son action excitante sur les centres de la moelle. Il a également une action anesthésique locale.

Mais du côté de la respiration et de la circulation, son action en diffère ; en effet, la respiration d'abord dyspnéique se ralentit, devient plus rare au lieu de s'accélérer. D'autre part, il n'y a pas élévation durable de la pression carotidienne, mais plutôt hypotension, celle-ci étant surtout marquée chez le chien.

VENIN DU DENDROBATES TINCTORIUS

Les Batraciens anoures du genre Dendrobates, de la famille des Dendrobatidés habitent l'Amérique tropicale, où ils se rencontrent dans les sous-bois humides au voisinage du sol. Leur venin est très actif, et joue sans doute un rôle dans la défense de ces petits animaux contre les attaques des Carnassiers.

Les Indiens du Choco, portion du territoire Colombien situé entre la Cordillière et le rivage du Pacifique, utilisent le venin du Dendrobates tinctorius pour empoisonner leurs flèches. Ils imitent son chant pour l'attirer, mais ne le saisissent qu'en l'enveloppant de feuilles d'arbres, car son contact avec la peau humaine détermine un vif prurit.

Pour lui faire exsuder son venin, ils l'embrochent depuis la bouche jusqu'à une patte postérieure au moyen d'une baguette de bois et l'approchent du feu. L'excitation intense qui résulte de ce traitement fait excréter un suc laiteux, jaunâtre, dans lequel les Indiens trempent les pointes de leurs flèches, qu'ils font ensuite sécher à l'air. Le venin d'une seule de ces petites rainettes suffit pour préparer 5o flèches. Les cadavres sont enterrés, car ils contiennent encore assez de poison pour envenimer les oiseaux de basse-cour qui pourraient les manger. Ce n'est toutefois qu'une opinion, car le Dr Posada Arango, auquel on doit une étude sur le poison des Dendrobates, en avala et en fit avaler impunément à des poules des doses capables de tuer des centaines de ces dernières par injection hypodermique.

Tel qu'on le trouve sur les flèches, le venin est d'un gris plus ou moins foncé, et inodore. Sa poussière est fortement sternutatoire. Il n'est ni amer, ni nauséeux, et provoque seulement quand on y goûte de l'hypersécrétion salivaire. Il est partiellement soluble dans l'eau et sa solution, neutre au tournesol, répand une odeur de poisson frais.

L'éther enlève à ce produit une substance résineuse inactive ; mais l'alcool dissout une substance toxique, qui se dépose par évaporation sous forme de poudre blanche, amorphe, que Posada-Arango appelle *Batracine.* Elle détermine les mêmes symptômes chez les animaux inoculés que le venin brut. Aronhson en a fixé les principales propriétés chi-

p[...] le venin d[...] grand diverses propriétés
[...] nal, les convulsions [...] démontrent son
[...] es de la [...] Il agit également une action

[...] pratique [...] la circulation, son action en
[...] ration d[...] dyspnéique se ralentit, devient
[...] altéré [...] re part, il n'y a pas élévation du
[...] andier [...] es plutôt hypotension, celle-ci étant
[...] z le c[...]

VENIN D[...] [...]ROBATES TINCTORIUS

[...] raciens [...]
droba[...] es habitent
sous bois humides
sous [...] toute un[...]
att[...] ques des [...]

[...] s Ind[...]
la Cordillèr[...]
tinctorius, [...]
[...] satur[...]
[...] e[...]

[...] genre [...] atrobates, de la famille des Den-
[...] ne tropicale, où ils se rencontrent dans les
[...] ge du sol. Leur venin est très actif, et joue
[...] de[...] nse de ces petits animaux contre les

[...] o, portion du territoire Colombien situé entre
[...] e du Pacifique, utilisent le venin du Dendrobates
[...] asonner leurs flèches. Ils imitent son chant pour
[...] saisissent qu'en l'enveloppant de feuilles d'arbres.
[...] la peau humaine détermine un vif prurit [...]
[...] suder son venin, ils l'embrochent depuis la bouche
[...] e au moyen d'une baguette de bois et l'ap-
[...] n intense qui résulte de ce traitement fait
[...] naître, dans lequel les Indiens trempent les
[...] ts te[...] nsuite sécher à l'air. Le venin d'une
[...] our préparer 50 flèches. Les cadavres
[...] ont assez de poison pour envenimer
[...] raient les manger. Ce n'est toutefois
[...] u Arango, auquel on doit une étude sur
[...] avala et en fit avaler impunément à des
[...] r des centaines de ces dernières par injec-

[...] es flèches, le venin est d'un gris plus ou
[...] poussière est fortement sternutatoire. Il n'est
[...] que seulement quand on y goûte de l'hy-
[...] partiellement soluble dans l'eau et sa solu-
[...] d'une odeur de poisson frais

[...] une substance résineuse inactive ; mais
[...] que, qui se dépose par évaporation sous
[...] ta, que Posada Arango appelle *Batra-
[...] toxicomes chez les animaux inoculés
[...] fixé les principales propriétés chi-

BUFO AGUA
(Orig.)

miques ; il pense que c'est un alcaloïde, sans avoir pu toutefois en établir la composition.

Action physiologique de la Batracine

On rapporte que les Indiens du Choco emploient leurs flèches non seulement pour tuer le gibier, mais aussi pour se défendre contre les Serpents qui infestent leurs régions. Posada n'en a essayé l'effet dans ces conditions que sur les Crapauds : introduisant la flèche dans l'intérieur des muscles, il n'a même pas obtenu d'effet local, tandis que le venin de Crapaud dans ces conditions détermine chez l'animal lui-même une paralysie passagère.

Dans ses expériences sur les Mammifères et les Oiseaux, Posada-Arango a employé soit les flèches elles-mêmes, dont quelques-unes étaient préparées depuis deux ans, soit la batracine obtenue par macération des flèches dans l'alcool, après que l'éther les avait débarrassées de leur substance résineuse. La batracine était introduite sous la peau au moyen d'une lancette.

Action sur les Oiseaux (Coqs, Poules, Canards). — Les animaux qui ont reçu la batracine meurent en une douzaine de minutes avec les symptômes suivants : on observe d'abord de la perte d'équilibre et de l'accélération respiratoire ; l'animal est haletant, il chancelle et tombe en agitant les ailes, fléchit le cou sur la poitrine, étend les pattes, qui sont secouées par de petits tremblements. Il salive abondamment, présente des contractions fibrillaires dans les muscles peauciers. Puis il entre en agonie, les yeux fermés, avec quelques battements d'aile et meurt. On n'observe pas de phénomènes asphyxiques : la crête ausi bien que les joues restent rouges.

Action sur les Mammifères (Chats, Cobayes). — On n'observe chez ces animaux aucun trouble asphyxique ou respiratoire ; ils manifestent seulement de l'agitation et de l'inquiétude marchent de côté et d'autre, se couchent, se relèvent et retombent épuisés pour se relever encore brusquement, comme s'ils étaient mus par un ressort.

Ils ouvrent la bouche, avec une agitation convulsive de la tête, ont des contractions fibrillaires des muscles peauciers et du tremblement des pattes. On note en outre des nausées, des vomissements, des mictions répétées. Chez les Chats, la vue est conservée pendant la période agonique, mais ils ne paraissent plus entendre.

A l'autopsie, on trouve le cœur rempli de sang liquide comme dans les cas de mort subite ; les globules sanguins ne sont pas altérés. La contractilité des muscles est conservée ; mais l'électrisation des nerfs moteurs des membres ne fait plus mouvoir ceux-ci.

Le poison du Dendrobates semble donc affecter surtout le système nerveux.

Les peuplades sauvages de l'Amérique Centrale, qui connaissent cependant des plantes à propriétés antivenimeuses n'ont pas trouvé d'antidote au poison de la Grenouille du Choco. Quand ils se blessent, ils en sont réduits à faire, s'il est possible, l'ablation de la partie atteinte pour éviter les vomissements, les évacuations intestinales et les tremblements que provoque chez l'homme le venin des flèches. Une seule d'entre elles suffit à tuer en quelques minutes un Chevreuil ou un Jaguar.

Bien que le poison soit inoffensif, quand il est introduit par les voies digestives, les Indiens retirent toujours du gibier tué par leurs flèches le cône de tissus qui entoure la blessure, et s'ils trouvent sous la dent quelque débris de flèche, ils n'hésitent pas à provoquer le vomissement.

Action comparée des venins granuleux des Batraciens

Si l'on compare l'action physiologique du venin granuleux des quelques espèces où il a été étudié, on est frappé de l'analogie qui existe entre les symptômes observés :

Phase primitive d'excitation. — Les centres cérébraux sont toujours frappés les premiers, d'où résulte une excitation qui est constante avec les divers venins et dure en moyenne une dizaine de minutes. Cette phase est marquée par de l'*inquiétude*, souvent de l'*effroi*, des *hallucinations* entraînant des cris ou des gestes non rationnels (venin de Salamandre sur la Grenouille, le Moineau, le Hérisson..., venin de Crapaud sur la Grenouille, le Pigeon, le Chien..., venin de Grenouille rousse sur le Lapin...).

Phase secondaire de stupeur — Cette période est généralement suivie d'une phase de *stupeur* et d'*affaiblissement* musculaire, où le sujet immobile, ne se déplace que sous l'influence d'une excitation

Myosis. — La contraction de la pupille est un phénomène précoce ; elle s'observe avec les venins de *Crapaud*, de *Triton*, de *Spelerpes* et de *Salamandre* sur la Grenouille, avec le venin de *Crapaud* sur le Lapin et le Chien.

Hypersécrétion glandulaire. — Cette hypersécrétion est la règle ; chez les Batraciens eux-mêmes elle porte d'abord sur les glandes muqueuses (venin granuleux de la *Salamandre* sur elle-même, venins de *Salamandre*, de *Spelerpes*, de *Triton*, de *Crapaud* sur la Grenouille). Les glandes granuleuses sont également intéressées lorsque la dose employée est forte. La salivation et le larmoiement sont observés chez le Chien qui a reçu du venin de *Crapaud* ou de *Salamandre*. Cette hypersécrétion est comparable à celle qu'on observe avec le venin de Cobra.

Nausées, Vomissements. — Les nausées sont fréquentes et traduisent l'intoxication bulbaire. On les observe avec le venin de Salamandre sur le Moineau, avec le venin de Crapaud sur la Grenouille, le
Pigeon, la Souris, avec le venin de Triton sur la Grenouille et le Cobaye.
Elles s'accompagnent de vomissements chez le Chien et le Chat qui ont
reçu du venin de Crapaud.

Troubles de la respiration. — Au début, pendant la phase d'excitation, il se produit une dyspnée qui affecte parfois une forme polypnéique.
La tétanisation des muscles respiratoires pendant la période convulsive
détermine l'arrêt de la respiration, et lorsque les crises sont subintrantes,
l'asphyxie. On peut prolonger la vie en pratiquant la respiration artificielle.

Etat spasmodique, convulsions précoces. — L'action convulsivante
est une des plus caractéristiques du venin granuleux. Elle existe à des
degrés divers, il est vrai, et ne se montre générale que sur les Vertébrés
supérieurs. Avant qu'éclatent les convulsions, on observe un état spasmodique, de l'hyperexcitabilité réflexe, des phénomènes prémonitoires qui
débutent par la région céphalique : trémulations fibrillaires des muscles
de la face, petites secousses cloniques locales.

Puis éclatent les convulsions tonico-cloniques, des membres, des
muscles du corps, rappelant l'action de la strychnine et de la brucine.
La phase tonique simulant le tétanos dure plus ou moins longtemps
suivant la dose ; elle est suivie de secousses cloniques : (venin de *Salamandre* sur le Moineau, le Chien, le Chat, le Hérisson, les Serpents...,
venin de *Grenouille rousse* sur le Lapin, venin de *Crapaud* sur les Oiseaux et les Mammifères). Les venins de Triton et de Spelerpes sont moins
convulsivants. Les animaux qui ont un venin convulsivant comme les
premiers sont moins sensibles au venin des autres espèces : ainsi, on
n'observe que d'une manière inconstante les convulsions chez la Grenouille. Cet effet convulsivant portant sur tous les muscles arrête, avons-
nous vu, la respiration et peut entraîner l'asphyxie au cours d'une crise
prolongée. S'effectuant même sur les fibres lisses de l'intestin et de la
vessie, il expulse le contenu intestinal et vésical. S'il meurt, la rigidité
cadavérique survient aussitôt.

Paralysie tardive. — Si l'animal survit aux crises convulsives comme
on l'observe assez souvent, il reste paralysé ; cette paralysie est toujours
tardive, et quelquefois même passe inaperçue lorsque la phase convulsive est précoce et que l'animal meurt au cours d'une crise.

Action tétanisante sur le cœur ou simplement systolique, hypertensive sur la pression artérielle. — De même que l'action convulsivante sur
les muscles du mouvement, celle qui s'exerce sur le cœur s'y présente
avec des degrés divers. Avec le venin de Salamandre, elle est modérée et
se traduit surtout par de l'hypertension artérielle considérable ; elle est

beaucoup plus marquée avec le venin de Crapaud, qui a pu être comparé sous ce rapport à la digitale.

Dans tous les cas, le cœur s'arrête tardivement plus ou moins tétanisé, suivant la dose et l'espèce qui a fourni le venin, ventricules en systole.

Hyperthermie. — Lorsque les animaux sont en période convulsive ou qu'ils meurent en cet état, on observe une élévation de leur tempéra·ture centrale, qui peut, chez les Mammifères, atteindre 43° au moment de la mort. Chez les animaux à moelle sectionnée ou curarisés, le venin granuleux n'a aucune action sur la marche de la température.

Action locale et lésions. — Elles sont beaucoup moins marquées qu'avec le venin muqueux ; ce n'est que dans le cas où les animaux succombent au cours d'une attaque convulsive qu'ils présentent des hémorrhagies dans les muscles et les viscères.

Cette analogie d'action du venin granuleux n'est pas, avons-nous vu, uniforme pour chaque espèce considérée ; une ou plusieurs actions peuvent dominer les autres ; c'est ainsi que le venin de la Salamandre terrestre et de la grenouille rousse sont surtout des convulsivants musculaires, que celui de Crapaud se caractérise par son pouvoir nauséeux, myotique et systolique et que celui du Triton présente ces mêmes propriétés bien qu'à un moindre degré.

Le venin granuleux est dans tous les cas un poison du système nerveux qui frappe successivement les centres cérébraux, bulbaires et médullaire en les excitant d'abord, puis les paralysant tardivement. Il ne semble pas avoir d'effet marqué sur les globules du sang.

Il se montre sous certains rapports un antagoniste du venin muqueux, comme le montre le tableau suivant :

ACTION PHYSIOLOGIQUE COMPARÉE DES DEUX SORTES DE VENINS CUTANÉS
DES BATRACIENS

Venin muqueux.	Venin granuleux.
Phase d'excitation au début (doses faibles) inconstante.	Phase d'excitation constante et immédiate : agitation, inquiétude, effroi, hallucinations, stupeur et affaiblissement musculaire succédant à l'excitation ;
Stupeur et affaiblissement musculaires (doses fortes) ordinairement immédiats.	
Mydriase.	Myosis ;
Hypersécrétion glandulaire inconstante.	Hypersécrétion glandulaire :
Pas de nausées, ni de vomissements.	Nausées, vomissements ;
Respiration : accélérée à la phase d'excitation, ensuite ralentie. irrégulière avec arrêts, puis arrêt définitif par paralysie avant celui du cœur.	Respiration : accélération, tétanisation des muscles respiratoires, asphyxie, mort possible ;

Venin muqueux.	Venin granuleux.
Pas de convulsions :	Convulsions musculaires, précoces à début antérieur, précédées d'hyperexcitabilité réflexe ; forme tonico-clonique, mort possible, rigidité cadavérique presque immédiate ;
Paralysie musculaire précoce, progressive, flasque, à début postérieur ;	Paralysie tardive ;
Paralysie du cœur, progressive, arrêt tardif en diastole complète ;	Tétanos du cœur, arrêt en systole ;
Hypothermie constante et progressive dans les cas mortels ;	Hyperthermie pendant les crises convulsives ou après la mort lorsque celle-ci survient dans une de ces crises.
Hémolyse ;	Pas d'hémolyse ;
Action locale nécrosante et hémorrhagique ;	Action locale faible ou nulle ;
LÉSIONS : Congestives et hémorrhagiques, viscérales et musculaires, moindres qu'avec le venin de vipère.	Lésions hémorrhagiques viscérales et musculaires, dans les cas seulement où la mort termine une crise convulsive.

TOXICITÉ DU SANG DES BATRACIENS

Action toxique générale

Comme celui des Poissons, le sang des Batraciens manifeste une toxicité qui détermine des accidents généraux d'envenimation chez les animaux auxquels on l'inocule, et des accidents locaux de destruction des cellules touchées par le sérum. A ces actions toxique et phlogogène, s'ajoute l'action propre sur les globules du sang.

Ces diverses propriétés n'ont été que peu étudiées jusqu'ici ; elles portent principalement sur le sang de la Salamandre terrestre et du Crapaud commun ; pour la Grenouille peinte, la Grenouille verte, la Grenouille rousse et le Triton, elles n'ont encore été que signalées.

DENDROBATES TINCTORIUS. — La toxicité du sang de la Rainette du Choco a été signalée par POSADA-ARANGO en 1871.

Ce sont particulièrement les propriétés irritatives locales qui ont été utilisées en Amérique du Sud pour tapirer les perroquets, c'est-à-dire pour déterminer des changements de coloration dans leur plumage, que l'on fait passer du vert au jaune ou au rouge en frictionnant avec le sang la peau des jeunes, préalablement dépouillés de leurs premières plumes. C'est de là que vient le nom de Grenouille à tapirer que les spécialistes de cette industrie donnent au Dendrobate.

˙ Mais l'étude physiologique générale de l'envenimation sérique n'a pas été faite pour cette espèce, et les premières données précises sur la toxicité du sang des Batraciens datent seulement des premières recher- ches de C. Phisalix (1889-93) sur la Salamandre terrestre.

SALAMANDRE TERRESTRE. — C'est le premier Batracien pour lequel la toxicité du sang a été constatée. En 1893, C. Phisalix a montré que la grenouille qui reçoit 2 cc. de sérum dans l'abdomen ou sous la peau devient paralysée comme si elle eût reçu du venin muqueux du même animal.

L'étude que nous avons reprise en 1900 de la toxicité de ce sérum nous a montré que, suivant les animaux auxquels on l'inocule, c'est la paralysie ou les convulsions que l'on observe.

Chez la grenouille, effectivement, il se produit après l'inoculation sous-cutanée de 2 cc. de sérum, de la *stupeur*, de la *paralysie*, débutant par le train postérieur, de la *dilatation pupillaire*, comme après l'inocu- lation du venin muqueux ou de faibles doses de chlorhydrate de sala- mandrine. Cette dose n'entraîne pas la mort.

Mais chez la souris blanche, la même dose de sérum inoculée sous la peau entraîne la mort en moins de 24 heures avec les symptômes suivants : *stupeur* et *affaiblissement musculaire*, *hyperexcitabilité réflexe*, *secousses cloniques*, puis *tremblement généralisé*, avec *raideur tétanique de la nuque et des membres*. Les accès tonico-cloniques se répètent sou- vent au cours de l'envenimation.

Le moineau est également convulsivé ; il meurt en 2 heures avec la dose de 1 cc. inoculée dans le muscle pectoral, en 3 minutes avec la dose de 2 cc. 5. Le poison du sérum qui produit les convulsions est soluble dans l'alcool, comme le venin granuleux.

D'après ces résultats, il apparaît que le sang de la Salamandre con- tient deux poisons qui ont respectivement l'action des deux venins cutanés, quelle que soit d'ailleurs l'opinion qu'on adopte sur l'origine de ces poisons.

Indépendamment de ces substances à action générale, le sérum de Salamandre, comme celui de beaucoup d'animaux à sang froid, venimeux ou non, contient une ou plusieurs substances à action phlogogène locale, déterminant une réaction qui dépend du tissu touché : sous la peau, c'est un gonflement induré, de la suffusion hémorrhagique, suivis de mortification des tissus ; dans le péritoine, c'est une sérosité louche qui apparaît renfermant des globules rouges et des leucocytes ; le mésentère, le grand épiploon et les parois péritonéales du cobaye sont très conges- tionnés ; les parois des vaisseaux sont recouvertes d'hémorrhagies ponc- tiformes. Ces lésions s'observent aussi avec le venin muqueux de l'animal, et sont moins marquées qu'avec le venin de Vipère. ˙

CRAPAUD COMMUN. — La toxicité du sang du Crapaud a été constatée pour la première fois en 1893 par MM. Phisalix et Bertrand. La résis-

tance considérable qu'offrent ces animaux à l'action toxique de leur
propre venin, la perte de cette résistance lorsque, comme l'a fait Brown-
Séquard pour le Crotale, on détruit les glandes venimeuses, a suggéré
aux auteurs l'idée de rechercher si le sang contient le venin cutané,
s'il y a, en un mot, sécrétion interne du venin, dont la présence accoutu-
merait ainsi l'animal à son propre venin.

L'action du venin de Crapaud sur la Grenouille se traduit comme
nous l'avons vu, par quelques symptômes caractéristiques : *paralysie des
membres, myosis, arrêt du cœur ventricule en systole.*

Or, ce sont ces effets que l'on obtient lorsqu'on inocule 2 cc. de sang
de Crapaud sous la peau du dos d'une vigoureuse grenouille ; la mort
survient en 30 minutes. Le cobaye adulte qui reçoit 4 cc. de sang dans
le péritoine meurt en l'espace de 15 heures.

Les résultats obtenus avec le sérum sont identiquement les mêmes.

En raison de l'identité d'action physiologique du sang et du venin
dorsal de Crapaud, les auteurs ont recherché si les principes actifs se
trouvent sous la même forme dans le sang et dans le venin. L'un et
l'autre ont, à cet effet, subi le même traitement par l'alcool à 95° ; le
précipité alcoolique repris par l'eau a donné dans les deux cas des résultats physiologiques identiques à ceux du venin et du sang employé frais.
D'après ces résultats on pouvait supposer que les principes actifs du sang
et du venin étaient de même nature chimique. En réalité, il n'en est pas
absolument ainsi : En effet, les deux extraits alcooliques de sang et de
venin ayant été agités successivement avec de l'éther et du chloroforme,
avec ou sans addition d'ammoniaque, dans ces conditions, l'extrait préparé avec le sang n'a cédé aucune substance toxique aux dissolvants
employés, tandis que celui provenant du venin leur a abandonné des
produits à réaction alcaline dont la solution chlorhydrique précipite par
l'iodure de mercure et de potassium, l'acide picrique, le chlorure de
platine, etc..., qui ont une action physiologique ne différant en rien de
celle obtenue avec l'extrait alcoolique du sang.

Cette identité physiologique des principes toxiques, malgré leur dis-
semblance chimique, pourrait s'expliquer, disent les auteurs, en suppo-
sant qu'un même noyau soit associé dans les deux humeurs à des fonctions chimiques différentes, ne modifiant pas son action physiologique,
mais suffisantes pour en empêcher la séparation par une même méthode
chimique.

« Quoi qu'il en soit, la présence de principes actifs du venin dans le
sang explique l'immunité relative du Crapaud pour son propre venin.
Nous fondant sur la facilité avec laquelle on peut faire absorber par le
réseau capillaire des glandes le venin qu'elles contiennent et sur les résultats physiologiques précédents, nous arrivons à cette conclusion que les
glandes venimeuses, indépendamment de leur sécrétion externe, fournissent au sang une partie des éléments qu'elles élaborent et apportent

ainsi dans ce liquide des modifications et des qualités particulières qui jouent sans doute un rôle considérable dans la biologie de l'espèce. »

DISCOGLOSSUS PICTUS. — Comme nous l'avons observé, le sérum de la Grenouille peinte tue la Grenouille verte (d'un poids de 57 gr.), en 48 heures à la dose de 3 cc. inoculée dans le péritoine, la Grenouille rousse d'un poids moitié moindre en 4 jours à la dose de 2 cc., la Souris blanche en 2 heures, à la dose de 1 cc. Les symptômes immédiats sont peu marqués chez les grenouilles, et se confondent, ainsi que les lésions hémorrhagiques viscérales et musculaires, avec celles du venin muqueux.

Chez la souris qui a reçu le sérum dans le péritoine, on observe aussitôt un tremblement généralisé, de petites secousses cloniques de la tête et des membres, de la dyspnée, de la perte d'équilibre. L'arrêt du cœur survient ventricules en diastole.

RANA ESCULENTA. — La toxicité du sang a été signalée par divers observateurs : STEPHENS et MYERS, MAZZETTI, JURGELUNAS. Nous-mêmes l'avons étudiée comparativement à celle de l'espèce voisine *Rana temporaria* sur le cobaye : 6 cc. 5 de sérum inoculé dans l'abdomen d'un cobaye adulte (P = 550 gr.), le fait périr dans l'espace de 1 à 2 heures. L'animal est frappé de stupeur ; il reste immobile, poil hérissé ; puis est pris de nausées, et fait des efforts de vomissements. Le train postérieur s'affaiblit et tombe ; la respiration est lente et pénible, les battements du cœur sont très affaiblis et presque imperceptibles ; l'hypothermie est très marquée et atteint progressivement 2° par heure.

A l'autopsie, on constate une congestion intense de l'estomac, des intestins, des parois abdominales et du poumon ; le cœur est arrêté en systole.

Dans ce cas encore la symptomatologie tient de celles des deux venins cutanés.

Le chauffage du sérum à 58° pendant 15 minutes atténue les effets toxiques, car la dose mortelle devient environ double de sa valeur initiale (soit 12 cc.).

RANA TEMPORARIA. — La dose minima mortelle pour le cobaye adulte est de 5 cc. par injection intra-péritonéale ; elle entraîne la mort du sujet en l'espace de 3 jours. Avec la dose de 6 cc. la mort survient en 24 heures.

On note de la stupeur, de l'affaiblissement musculaire ; le train postérieur tombe, la respiration est pénible, le poil hérissé ; il y a de l'hypersécrétion salivaire. Le cœur s'affaiblit aussi et le museau se cyanose. L'hypothermie est la même qu'avec les autres sérums.

Le chauffauge à 58° pendant 15 minutes atténue ces effets toxiques sans les faire complètement disparaître.

Un fait digne de remarque est la différence de toxicité du sang de deux espèces aussi voisines l'une de l'autre que la Rana esculenta et la Rana temporaria : la même dose de sang (6 à 6 cc. 5) qui tue le Cobaye en

1 heure dans le cas de Rana esculenta, met 22 heures à entraîner cette
mort avec le sérum de Rana temporaria. Or, comme nous l'avons
montré, la sécrétion cutanée de cette dernière espèce de Grenouille n'a
pas d'action générale sensible, contrairement à celle de Rana esculenta ;
les variations de toxicité de cette sécrétion et celle du sérum des deux
espèces varient dans le même sens ; c'est l'espèce la plus venimeuse qui
possède le sang le plus toxique.

TOXICITÉ COMPARÉE DU SANG DES BATRACIENS

ESPÈCE DE BATRACIEN	ESPÈCE ANIMALE inoculée et son poids, en grammes	DOSE de sérum inoculé en cc.	LIEU de l'inoculation	DURÉE de la survie
Salamandra maculosa	Rana esculenta 20 gr.	2	sous la peau	totale
	Souris blanche 20 gr.	2	id.	moins de 24 heures
	Moineau 20 gr.	1	m. pectoral	2 heures
	id.	2.5	id.	3 min.
Bufo bufo......	Rana esculenta 20 gr	2	sous la peau	30 min.
	Cobaye 500 gr.	4	péritoine	15 heures
Discoglossus pictus..	Rana temporaria 30 gr.	2	id.	4 jours
	Rana esculenta 57 gr.	3	id.	48 heures
	Souris blanche 20 gr.	1	sous la peau	2 heures
Rana esculenta......	Cobaye 500 gr.	6	péritoine	1 à 2 heures
Rana temporaria. ...	id. id.	6	id.	22 heures
	id. id.	5	id.	3 jours

Action hémolytique du sérum des Batraciens

Dès 1908, FRIEDBERGER et SEELIG ont signalé l'action hémolytique
du sérum de *Rana esculenta*.

Dans ses recherches sur le sérum des animaux à sang froid, MAZ-
ZETTI en 1914, a examiné si ce sérum contient de vraies hémolysines ou
bien des hémotoxines ; si ces dernières se laissent compléter par la lécithine ou les lipoïdes du sérum ou bien par l'alexine ; enfin quel est le
mode d'action de ces substances hémolytiques en ce qui concerne leur
spécificité et leur action sur les hématies nucléées.

Ces recherches ont porté sur la *Testudo grœca*, le *Lacerta muralis*, le *Coluber œsculapii*.. parmi les Reptiles, la *Rana esculenta*, le *Triton crista-tus* et le *Bufo bufo* parmi les Batraciens. Elles ont montré que le sérum de ces animaux contient de véritables sensibilisatrices normales, susceptibles d'être activées par des alexines de nature déterminée. La teneur en ces sensibilisatrices varie dans de fortes proportions d'une espèce à l'autre. Leur action n'est pas spécifique et s'exerce sur un grand nombre d'hématies.

Nous avons vu que le venin muqueux exerce son action non seulement sur le stroma globulaire, mais sur le noyau lui-même ; il en est de même d'après Mazzetti, du sérum des Serpents et des Batraciens.

TOXICITÉ DES ŒUFS DES BATRACIENS

En 1903, C. Phisalix signale la toxicité des œufs du Crapaud, puis de la Salamandre et de l'Alyte ; l'année suivante, G. Loisel constate cette toxicité pour les œufs de la Grenouille verte.

Bufo bufo. — L'extrait huileux que l'on obtient en broyant des œufs de Crapaud dans le chloroforme étendu d'un peu d'eau distillée est mortel pour la grenouille aux doses qui correspondent à 150 œufs.

Presque aussitôt après l'inoculation on observe de l'affaiblissement musculaire à début postérieur ; la peau se recouvre de sécrétion muqueuse ; la pupille est ordinairement rétrécie, mais peut aussi **rester** normale ou se dilater au cours de l'envenimation. La respiration **est** ralentie et affaiblie, subit des interruptions avant l'arrêt définitif, **qui** précède celui du cœur. Les pattes ont des trémulations ; la paralysie progresse, les réflexes disparaissent et l'animal meurt en 18 à 24 heures, suivant les doses qui ont été employées.

Le cœur s'arrête tardivement en systole.

L'extrait alcoolique entraîne la mort de la grenouille plus rapidement en 1 à 2 heures.

Ces symptômes montrent que l'action sur le système nerveux **est** plus marquée que sur le cœur, ainsi qu'il arrive avec le venin dorsal du Crapaud.

Comme une ponte de Crapaud peut s'élever à 6.000 œufs, et que la dose mortelle pour une grenouille correspond à 150, on voit que cette ponte contient une quantité de substance venimeuse capable de tuer 40 grenouilles.

La toxicité de l'œuf disparaît au cours du développement, car on n'en retrouve plus trace chez les têtards non plus que chez les larves : ainsi, l'extrait chloroformique de 300 têtards est dépourvu de toute toxicité pour la grenouille ; il en est de même de l'extrait aqueux de 40 larves de Salamandre.

Des résultats concordant avec ces faits ont été obtenus plus tard par WALBUM, R. LÉVY et B. HOUSSAY pour la toxine hémolytique des œufs d'Araignées.

L'hypothèse de la sécrétion interne des glandes venimeuses appliquée au Crapaud, dont le sang a sensiblement même toxicité que le venin dorsal ; le fait que les œufs de Crapaud possèdent aussi cette même toxicité, et que les glandes de la femelle, contrairement à celles du mâle, sont presque vides de leur sécrétion pendant l'ovogénèse, a suggéré à PHISALIX l'idée que le venin du sang peut être fixé à ce moment par les ovaires.

Cette fixation de substances toxiques par l'ovaire n'est d'ailleurs pas un fait isolé : VAILLARD a montré que chez la Poule, réfractaire à la toxine tétanique, le sang, l'ovaire et le testicule fixent cette toxine ; d'après SCHILLER, d'autres produits, même antitoxiques, pourraient être semblablement fixés.

PHISALIX admet cette fixation du venin du sang non-seulement pour les Batraciens (Crapaud, Salamandre...), mais pour les autres animaux venimeux (Vipère, Abeille...), chez lesquels il a observé la toxicité des œufs.

SALAMANDRA MACULOSA. — L'extrait chloroformique des œufs détermine en quelques minutes, à la dose correspondant à 5o œufs, la mort des Moineaux qui le reçoivent dans le muscle pectoral.

Aussitôt après l'inoculation, le sujet s'affaisse sur les tarses, ailes tombantes, bec reposant sur le sol, yeux clos. De petites secousses cloniques agitent les ailes et le bec ; il y a de l'opisthotonos. L'oiseau est halluciné : il ouvre convulsivement le bec, chante ou babille ; les convulsions cloniques se répètent, puis le sujet tombe sur le flanc et meurt.

Si la dose employée n'est pas mortelle, les secousses cloniques s'espacent ,et l'oiseau se remet peu à peu, sans que l'envenimation laisse de séquelles.

A l'autopsie, on ne trouve que de la congestion des poumons et de l'intestin lorsque la mort est survenue au cours d'une crise.

ALYTES OBSTETRICANS. — L'extrait aqueux de la pulpe d'œufs d'Alyte présente l'odeur d'ail comme la peau des adultes, et cela quelles qu'aient été les précautions employées pour éliminer les enveloppes albuminoïdes des œufs. La réaction de l'extrait est acide.

La dose correspondant à une ponte partielle, une cinquantaine d'œufs, tue la grenouille en 4 à 16 heures, le moineau en 2 à 20 heures.

Chez l'un comme chez l'autre, on observe au début de l'affaiblissement musculaire qui va croissant, et laisse l'animal en état de paralysie flasque.

Il y a en même temps chez le moineau, et surtout au début de l'excitation qui fait défaut chez la grenouille ; puis l'oiseau ne peut voler, reste immobile, penché sur le côté inoculé, mais la connaissance reste entière, car il se défend du bec si on l'approche ; ses plumes sont hérissées. La respiration, faible et rapide au début, se ralentit et devient intermittente, puis rare ; elle s'arrête la première ; puis la paralysie progresse, les réflexes disparaissent, le cœur se ralentit, puis s'arrête, ventricules en systole, et l'oiseau meurt.

Il existe une action locale nécrosante au lieu d'inoculation, et de la congestion du tube digestif.

Les recherches de LOISEL sur les poisons des glandes génitales de différents animaux (*Oursin, Grenouille, Cobaye, Chien*), au moment de leur maximum d'activité, ont donné à l'auteur les résultats suivants :

Les extraits salé ou acides de ces glandes contiennent des substances toxiques ; des globulines dans l'extrait salé, des alcaloïdes dans l'extrait acide, produits qui agissent par injection intraveineuse ou sous-cutanée.

Les effets généraux de ces extraits sont uniformes : en injection intraveineuse, les extraits d'ovaire, ramenés au degré voisin de l'isotonie, font mourir le lapin en déterminant d'abord des troubles moteurs : *contractions tétaniques* violentes, parfois suivies de paralysies, puis de la *dyspnée.*

Avec les extraits testiculaires, il se produit en outre des troubles circulatoires : *hypersécrétion lacrymale* et *salivaire*, parfois de l'exophtalmie et une *polyurie très prononcée.* Ces symptômes montrent l'influence du poison des œufs sur le système nerveux.

En injection sous-cutanée, les extraits concentrés d'ovaires de Grenouille tuent promptement le cobaye, le lapin, la souris, la grenouille ; à dose plus faible, ils font avorter le cobaye et entravent la croissance des jeunes.

Les extraits des glandes femelles sont beaucoup plus toxiques que ceux des glandes mâles, et la toxicité est variable avec l'espèce : ainsi, chez la grenouille, elle est plus grande que chez l'oursin ou la chienne.

Ces toxines se conservent pendant 4 mois dans l'alcool à 90°, ou par dessiccation à 55-60° ; mais la virulence en est atténuée.

L'auteur tire de ces faits quelques conclusions relatives à l'opothérapie ovarienne.

Innocuité de la chair des Batraciens

La chair de tous les Batraciens est comestible. Le fait ne souffre aucune contradiction lorsqu'il s'agit de la *Grenouille*, quelle qu'en soit l'espèce. L'*Axolotl* constitue un mets recherché au Mexique ; la Salamandre géante (*Megalobatrachus maximus*), est semblablement appréciée au Japon, malgré sa peau venimeuse. En Europe, on ne mange guère que la Grenouille, bien que certains marchés de Paris aient pu être approvisionnés en *Crapaud*, dont la chair est d'ailleurs très bonne. Même le *Pelobate cultripède* et le *Discoglosse peint*, dont la chair a été réputée comme venimeuse, sont, d'après notre expérience personnelle, parfaitement comestibles. L'usage alimentaire des Batraciens ne doit donc être limité que par l'importance qu'acquiert chez ces animaux le système musculaire, et par la facilité d'en séparer le sang et la peau qui contiennent les substances venimeuses et de mauvais goût.

FONCTIONS ET USAGES

Rôle des glandes venimeuses dans les fonctions de défense

Les glandes muqueuses avons-nous vu fonctionnent à la moindre excitation et enveloppent bientôt le sujet d'une couche continue, glissante qui peut lui permettre d'échapper souvent à la prise d'un ennemi. Ses propriétés irritatives locales, parfois très marquées, son action sternutatoire et même paralysante par simple contact, peuvent à la vérité limiter le nombre des espèces qui en feraient volontiers leur proie.

Quant au venin granuleux, son excrétion est soustraite à l'influence de la volonté ; il faut une excitation tétanisante, un traumatisme grave, ou l'action de violents irritants cutanés pour faire sourdre le venin laiteux. Le plus souvent lorsque les Batraciens sont malmenés, c'est un abondant jet d'urine que lance l'animal effrayé, et de ce fait est née, sans doute, l'opinion populaire que le Crapaud et la Salamandre lancent leur venin. Celui-ci peut n'être jamais expulsé de toute la vie de l'animal, et s'accumuler ainsi dans les sacs glandulaires qu'ils distendent. Son amertume et son action caustique ne sont perçues que si l'animal est mordu par un autre animal sensible aux saveurs. Un chien qui, par inexpérience, mord un Crapaud, lâche bientôt prise et s'éloigne en s'essuyant fortement la bouche et manifestant une sorte d'ébriété. Il en est de même vis-à-vis de la Salamandre, qui excite la curiosité aussi bien que la méfiance des chiens et des chats : nous avons observé le fait à propos d'une chatte, très bonne chasseresse qui, n'ayant encore jamais vu de Salamandre, eut l'imprudence de mordre un de nos sujets d'expérience. Elle la rejeta bien vivement, mais fut prise de tremblements et d'une salivation intense qui durèrent plusieurs heures.

Il est certain qu'un chien ou un chat ayant ainsi planté les crocs dans un Crapaud ou une Salamandre ne recommenceront pas et s'en tiendront à leur expérience ; le venin servira de moyen de défense passive vis-à-vis d'un nombre limité d'ennemis ; mais il en reste encore beaucoup d'autres, tels bon nombre d'Oiseaux et de Serpents qui font des Batraciens leur nourriture occasionnelle ou accoutumée.

Ni les venins cutanés, ni ceux du sang n'empêchent les Batraciens d'être attaqués et souvent mis à mal par les sangsues pendant la période nuptiale, où la plupart se rendent à l'eau pour pondre.

Le rôle défensif des venins cutanés nous semble donc bien réduit, puisque tout appareil inoculateur manque ; mais cette défense passive existe néanmoins et s'exerce vis-à-vis de quelques espèces. La défense ne

nous paraît pas être ici le rôle principal des venins ; ceux-ci sont utiles
à l'individu lui-même avant d'être utilisés au service de l'espèce. Cette
défense ne profite elle-même qu'aux adultes, puisque les plus jeunes
larves, au moment où l'espèce est le plus exposée, sont encore dépourvues de venin.

Rôle des venins dans l'ovogénèse

Nous avons vu que l'ovaire, au moment où il entre en activité fonctionnelle, fixe le venin du sang, et que ce venin disparaît au cours du
développement de l'œuf, de telle sorte que les têtards et les larves sont
totalement atoxiques jusqu'au moment où leurs glandes venimeuses entrent en active sécrétion. C'est la sécrétion muqueuse qui manifeste la
première ses propriétés toxiques chez les têtards d'Alyte, de Salamandre
et de Grenouille.

Rôle des venins dans la nutrition

On sait que les Batraciens, même les plus terrestres, passent l'hiver
dans le jeûne le plus absolu, jeûne qu'ils sont capables de prolonger
même en été pendant les périodes de sécheresse, malgré leur appétit
toujours en éveil. En captivité, on peut les tenir de longs mois à une
diète forcée avant qu'ils ne se cachectisent, pourvu que l'atmosphère soit
autour d'eux humide. Or, ils ne possèdent pas de réserves graisseuses ou
amylacées assez importantes pour suffire aux dépenses même réduites de
la vie ralentie, car les corps adipo-lymphoïdes, d'après KENNEL, sont surtout utilisés par les glandes génitales. On ne peut non plus les rendre
obèses en les soumettant à la suralimentation ; il existe donc un mécanisme régulateur et modérateur de leur nutrition ; quel est-il?

Si on considère que les venins du sang ont une action paralysante
sur le système nerveux, il est légitime de penser qu'ils exercent, par
l'intermédiaire de ce système, une influence marquée sur les échanges
nutritifs. On sait déjà par l'expérience, que l'un des effets les plus marqués des venins, comme des toxines microbiennes, est de produire un
amaigrissement qui peut aller jusqu'à la cachexie, si la dose administrée
est voisine de la dose mortelle.

D'autre part, des expériences précises du Professeur DESGREZ, sur les
effets de la triméthylamine, montrent que cette base organique, de toxicité moyenne, mais certaine, produit une *épargne de la matière protéique, et active au contraire la destruction des composés ternaires, notamment des corps gras.*

Or, il existe de tels produits dans les venins cutanés : CALMELS attribue effectivement l'odeur et une partie de la toxicité du venin dorsal de
Triton à sa facilité de donner de l'*éthylcarbilamine* et de l'*alanine* ; celle
du venin de Crapaud à une petite quantité de *méthylcarbilamine.*

MM. Phisalix et Bertrand ont également signalé l'existence de produits alcaloïdiques dans le même venin, à côté de la Bufotaline et de la Bufoténine.

Ces faits, qu'on pourrait développer avec détails, suffisent à expliquer l'apparente contradiction qui existe entre l'absence de réserves devant suffire à la nutrition générale chez des Batraciens en pleine activité organique, et leur résistance à l'inanition.

Rôle des venins dans l'immunité naturelle des Batraciens

Nous avons vu que les Batraciens possèdent une grande résistance à leur venin muqueux aussi bien qu'à leur venin granuleux. Cette résistance s'étend aussi, quoique à un moindre degré, aux venins des autres espèces de la même classe : le Triton, l'Alyte, le Crapaud, la Grenouille sont parmi les animaux qui résistent le mieux au venin muqueux, à la salamandrine et à la bufotaline.

Immunité vis-a-vis du venin de Vipère. — La résistance des espèces du tableau suivant nous apparaîtra mieux si nous la comparons à celle du cobaye pour le même venin de Vipère aspic.

ANIMAL INOCULÉ	SON POIDS en grammes	POIDS DE VENIN de Vipère inoculé, en milligrammes	RÉSULTAT
Cobaye	500	0.4	mort en 6 à 8 heures
Rana temporaria.	20	0.75	survie totale
	20	1	mort en 22-24 heures
Pelobates cultripes..........	32	0.50	mort en 19 heures
Bufo bufo........	38	0.40	aucun symptôme
	43	5.50	mort en 19 heures
Discoglossus pictus	18	0.50	mort en 15 heures
Salamandra maculosa	24	0.25	survie totale
		0.35	mort en 19 heures

Immunité naturelle de la Salamandre terrestre vis-a-vis des poisons. — MM. Phisalix et Contejean ont montré que la Salamandre résiste à des doses élevées de certains poisons : *duboisine* (40 millig.), *ésérine*

(60 millig.), *morphine* (220 millig.). Vis-à-vis de ce dernier poison, la Salamandre est pratiquement insensible.

Elle résiste également au *curare* : c'est ainsi qu'un sujet du poids de 28 grammes n'est complètement curarisé que par la forte dose de 43 millig., alors qu'une grenouille de même poids est en résolution complète après avoir reçu une dose 86 fois moindre. Cette immunité est due à la présence dans le sang de la salamandre d'une substance anti-toxique vis-à-vis du curare.

C'est vraisemblablement par antagonisme physiologique entre les deux venins paralysant et convulsivant de son sang qu'elle résiste à ces venins.

IMMUNITÉ NATURELLE DU LEPTODACTYLUS OCELLATUS VIS-A-VIS DU CURARE ET DE LA NICOTINE. — En 1917, M. CAMIS a observé que cette espèce de Batracien de la République Argentine possède comme la Salamandre une immunité remarquable vis-à-vis du *curare*. Pour l'immobiliser, il faut des doses dix à vingt fois plus fortes que pour les grenouilles d'Europe et la paralysie n'arrive que très lentement. Dans l'expérience classique de CL. BERNARD, de la préparation neuro-musculaire (sciatique-gastrocnémien), à muscle plongé dans la solution de curare, le nerf émergeant, on n'obtient pas l'abolition de l'excitabilité indirecte du gastrocnémien ; mais seulement une légère augmentation du seuil de l'excitabilité.

Le Leptodactyle montre vis-à-vis de la nicotine une résistance comparable à celle qu'il possède contre le curare.

Si l'on considère que la paralysie causée par de fortes doses de curare se termine par la mort sans qu'il y ait abolition de l'excitabilité nerveuse, on en arrive à conclure que le muscle du Leptodactyle est dépourvu de la substance réceptive, que LANGLEY suppose exister chez les autres animaux, pour le curare.

IMMUNITÉ NATURELLE DU CRAPAUD VIS-A-VIS DE LA DIGITALE ET DES AUTRES POISONS CARDIAQUES. — HOMOLLE et QUÉVENNE, dans leur ouvrage sur la Digitaline, relatent les opinions de STANNIUS, KING et BEDDOES, MONGIARDINI, d'après lesquelles cette substance a peu d'action sur les Batraciens.

Cette assertion est trop absolue ; VULPIAN ne l'a trouvée exacte qu'en ce qui concerne le crapaud, dont le venin dorsal a comme on sait une action toni-cardiaque comme la digitaline.

Cet auteur a vu que les grenouilles, les tritons éprouvent les effets usuels de cette substance ; mais que le crapaud résiste pendant plusieurs heures à des doses dix fois plus élevées que celles qui tuent rapidement la grenouille ; le cœur conserve son rythme, sans qu'il se produise de ralentissement. O. HEUSER, plus récemment (1902), a repris cette question de l'action de la digitale et des substances à action cardiaque (*strophantine, helléborine, scyllipicrine*) sur le cœur des Batraciens. L'auteur ne semble pas connaître les recherches de VULPIAN sur le même sujet. Il constate, en essayant comparativement sur le crapaud commun et la grenouille rousse, par inoculations sous-cutanées, les effets de ces substances, que le crapaud résiste pendant un temps cinq fois plus long à une dose de *strophantine* 120 fois plus forte que celle qui suffit à arrêter le cœur de la grenouille.

L'*helléborine* et la *scyllipicrine* donnent des résultats concordants.

Le mélange de strophantine et de sérum de crapaud agit sur la grenouille comme la strophantine seule ; il n'existe donc pas dans le sang du crapaud commun d'anticorps contre cette substance, ni probablement contre les autres substances digitaliques. Le cœur du crapaud aurait ainsi une résistance propre à ces substances, de même que vis-à-vis de la *physostigmine*, de la *muscarine* et de l'*alcool*.

Par contre, dans le sang du *Bombinator igneus*, il existerait un anticorps spécifique contre le venin, que PRÖSCHER appelle *Phrynolysine*. et qui représente vraisemblablement le venin muqueux. Les deux venins du Bombinator en d'autres termes sont antagonistes comme ceux de la Salamandre et d'autres Batraciens.

Nous avons vu que les Batraciens possèdent une immunité remarquable vis-à-vis de leurs propres venins, des venins des autres espèces et de nombreux poisons alcaloïdiques ou autres.

Nous avons montré, en effet, que la Salamandre est à poids égal 357 fois plus résistante que le Chat à l'action de la Salamandrine.

Pareillement, il faut le venin muqueux correspondant à 5 Grenouilles vertes pour tuer l'une d'entre elles, d'un poids moyen de 15 grammes, alors que cette même dose suffit à foudroyer deux lapins du poids de 1.700 grammes, par injection intraveineuse, et à en tuer quatre en l'espace de 48 heures par inoculation sous-cutanée : la résistance de la Grenouille verte à son venin muqueux est donc à poids égal 1.100 fois environ plus grande que celle du Lapin.

. Les Batraciens résistent aussi beaucoup mieux que les Vertébrés supérieurs aux venins d'action analogue aux leurs : c'est ainsi qu'il faut 40 et 30 milligr. de Salamandrine pour tuer respectivement 1 kilog de Crapaud et de Grenouille, alors qu'il suffit de 1 milligr. 07 pour tuer 1 kilog de Chat.

Immunité de la Grenouille vis-à-vis de la cantharidine. — On sait qu'il suffit de 1 milligr. de Cantharidine pour tuer 1 kilog. de Lapin ; or, la Grenouille paraît absolument insensible à ce produit, et peut se nourrir impunément de Cantharides et autres insectes vésicants.

Action vaccinante des venins des Batraciens

Rappelons que le venin muqueux des Batraciens est capable de vacciner les animaux sensibles contre sa propre action et contre celle du venin de Vipère aspic, et que, associé à ce dernier, il immunise le lapin contre le virus rabique.

Les mécanismes de l'immunité sont, nous l'avons vu, variables · humeurs antitoxiques ou antagonistes, accoutumance, résistance cellulaire... ; mais quels qu'ils soient, l'origine en est commune, car cette immunité n'apparaît qu'au moment où les glandes cutanées commencent à élaborer leur venin normal, et où les substances venimeuses apparaissent, dans le sang ; on convulsive effectivement les larves de la Salamandre en incorporant 1 millig. par litre de Salamandrine à l'eau de leur bassin ; on les paralyse si on les soumet à une solution diluée du venin muqueux. Nous avons vu également que les têtards et les larves peuvent être curarisés.

En résumé, les poisons des Batraciens, comme ceux de la plupart des animaux venimeux, nous apparaissent comme des *sécrétions primitivement et principalement utiles à l'individu* qui les produit par l'*influence régulatrice qu'elles exercent sur sa propre nutrition* et par la *résistance qu'elles lui confèrent vis-à-vis des proies toxiques.*

Elles *deviennent utiles à l'espèce* par l'emploi qui en est fait dans le développement de l'œuf, et dans la *défense passive*, qui limite le nombre des animaux pouvant faire des Batraciens leur nourriture accoutumée.

Enfin, l'intérêt que leurs venins ont inspiré aux empiriques, et plus encore aux empoisonneurs, a franchi le domaine de la science pure, pénétré dans celui des physiologistes et des médecins, car ces venins, *créateurs de l'immunité*, dont ils éclairent par surcroît l'origine et les mécanismes intimes, trouveront leur application justifiée comme *modificateurs de la nutrition ;* et on sait que sur ces phénomènes de la plus haute importance biologique et pratique, s'exercent les efforts les plus grands, comme les plus fructueux de la médecine moderne.

Liste des figures

Pages

Fig. 1. — *Ichthyophis glutinosus*, Batracien Apode de Ceylan 11

Fig. 2 à 6. — Disposition relative des glandes granuleuses et des écailles chez les Batraciens Apodes 12

Fig. 7. — *Pipa americana*, répartition des glandes granuleuses......... 13

Fig. 8. — *Leptobatrachium fee*, répartition des glandes granuleuses. ... 14

Fig. 9. — *Ceratophrys cornuta*, répartition des glandes granuleuses..... 15

Fig. 10. — *Alytes obstetricans*, répartition des glandes granuleuses..... 15

Fig. 11. — *Salamandra atra*, répartition des glandes granuleuses. 16

Fig. 12. — *Tylotrition verrucosus*, répartition des glandes granuleuses. . 16

Fig. 13. — *Bufo bufo*, montrant les glandes parotoïdes très développées. . 17

Fig. 14. — *Bufo asper*, montrant les glandes parotoïdes très développées. 17

Fig. 15. — *Phyllomedusa bicolor*, grand développement de la glande parotoïde 18

Fig. 16. — *Plethodon oregonensis*, agglomération caudale des glandes granuleuses 19

Fig. 17. — *Plethodon oregonensis*, section transversale de la queue. 19

Pages

Fig. 18 à 20. — *Rana alticola*, position anormale des glandes parotoïdes..   20

Fig. 21. — *Megalobatrachus maximus*, schéma de la répartition des glandes granuleuses   21

Fig. 22. — *Rana verrucosa* et ses verrues glandulaires...................   22

Fig. 23. — *Rana temporaria* et les plis dorso-latéraux glandulaires.......   23

Fig. 24. — *Rana mascareniensis* et les plis dorso-latéraux glandulaires. ..   24

Fig. 25. — *Pseudophrynus güntheri*, plis glandulaires dorsaux...........   25

Fig. 26. — *Trichobatrachus robustus*, avec ses poils cutanés glandulaires sur les flancs et les cuisses   26

Fig. 27 à 30. — *Salamandra maculosa*, rapports topographiques entre les premiers bourgeons glandulaires et les organes de la ligne latérale   28

Fig. 31. — *Salamandra maculosa*, larve sur le point de se transformer.   29

Fig. 32. — *Salamandra maculosa*, coupe de la peau de la larve.   32

Fig. 33 et 34. — *Salamandra maculosa*, bourgeons glandulaires   37

Fig. 35. — *Salamandra maculosa*, coupe verticale et transversale de la glande parotoïde   41

Fig. 36. — *Salamandra maculosa*, coupe longitudinale d'une glande granuleuse   42

Fig. 37. — *Salamandra maculosa*, vue de face du pôle d'une glande cutanée   43

Fig. 38. — *Salamandra maculosa*, coupe de la peau d'un jeune sujet nouvellement transformé   49

Fig. 39 et 40. — *Molge cristata*, mâle et femelle   51

Fig. 41 et 42. — Excroissances nuptiales de la patte antérieure : 41, chez *Rana temporaria* ; 42, chez *Bufo vulgaris*   52

Fig. 43. — *Pelodytes punctatus* en parure de noce ; face ventrale.   53

Fig. 44. — Glande brachiale de *Pelobates cultripes*.   54

Fig. 45 et 46. — Structure de la glande brachiale : 1° chez le *Pelobates cultripes* ; 2° chez la *Rana esculenta*   54

Fig. 47 et 48. — Productions cornées de la peau : 47, ongles cornés du *Xenopus lævis* ; 48, ergot de la patte postérieure du *Pelobates cultripes*   55

Fig. 49. — *Megalobatrachus maximus*, vaisseaux de l'épiderme..   56

Fig. 50. — *Megalobatrachus, maximus*, collet glandulaire   57

Fig. 51. — *Siren lacertina*, coupe de la peau.   58

Fig. 52. — *Bufo bufo*, glomérules fibro-calcaires de la peau...........   59

Fig. 53. — Ecaille de la peau de *Cœcilia tentaculata*.   59

Fig. 54. — *Trichobatrachus robustus*, coupe transversale d'un poil glandulaire   60

Fig. 55. — *Siredon axolotl*, peau et ses glandes......................   61

Fig. 56. — *Ichthyophis glutinosus*, structure de la peau et de ses glandes.   63

Fig. 57. — *Molge cristata*, rénovation des glandes.   64

Fig. 58. — *Dermophis thomensis*, rénovation des glandes..............   65

Planches en couleur

I. — *Salamandra maculosa*.

II. — *Molge torosa*, triton de l'Ouest de l'Amérique du Nord.

III. — *Bufo agua*, ou Epaule armée de la Guyane.

Bibliographie

Glandes venimeuses

ANCEL (P.). — Etude du développement des glandes de la peau des Batraciens et en particulier de la Salamandre terrestre, *Arch. de Biol. de Van Ben. et Bambeke*, 1901, **XVIII**.

ARNOLD (J.). — Uber Bau und secretion der drüsen der Froschhaut ; Zugleichem Beitrag zur Plasmosomen-Granulalehre, *Arch. f. Mikr. Anat.*, **LXV**, . p. 649-665, pl. XXX.

ASCHERSON. — Uber die Hautdrüsen der Frosches, *Müller's Arch. f. Anat. u., Physiol. w. Wiss. Med.*, Jarhb., 1840.

BARFURTH (D.). — Zur regeneration der gewebe, *Arch. f. mikr. anat.*, 1891, **XXXVII**, p. 406-491, pls. XXII-XXIV.

BETHE (A.). — Die nervenendigungen in Gaumen und in der Zunge des Frosches, *Arch. f. mikr. Anat.*, 1894, **XLIV**, p. 185-206, pls. XII, XIII.

BIEDERMANN (W.). — Zur histologie und Physiologie der Schleimsecretion, *Litzungb. d. k. Ak. d. Wiss. Mat. Nat.*, 1886, **XCIV**, Abth III, Jahrb.

BIEDERMANN (W.). — Uber den Farbenwechsel der Frösche, *Arch. f. Ges. Phys.*, 1892, **LI**, p. 455.

BOLAU. — Beiträge zur Kentniss der Amphibien Haut., *Diss. Gottingen*, 1864.

BOULENGER (G.-A.). — Further nothes on the African Batrachians Trichobatrachus and Gampsosteomyx, *P. Z. S. of London*, 1901, **II**, p. 709, pl XXXVIII.

BRISTOL (C.-L.) et BARTHELMEX (G.-V.). — The poison glands of Bufo agua, *Ann. Soc. Zool. Sc. and Illust.*, Jour. 1908, 2ᵉ s., **XXVII**, p. 455 (petit article résumé).

BRUNO (A.). — Sulle ghiandole cutane della Rana esculenta, *Napoli Boll. Soc. Nat.*, 1905, Scr. I, 18, n° 904, p. 215-223, 1 pl.

BUGNON. — Recherches sur les organes sensitifs qui se trouvent dans l'épiderme du Protée et de l'Axolotl, *Bull. de la Soc. Vaudoise des Sciences Natur.*, 1873, t. XII.

CALMELS (G.). — Evolution de l'épithélium des glandes à venin du crapaud, *C. R. Ac. des Sc.*, 1882, **XCV**, p. 1007.

CALMELS (G.). — Etude histologique des glandes à venin du crapaud et recherches sur les modifications apportées dans leur évolution normale par l'excitation électrique de l'animal, *Arch. de Physiol. et de Pathol.*, 1883, 3ᵉ sér., I, p. 321.

CAMERANO (L.). — Ricerche anatomo-fisiologiche intorno ai Salamandridi normalmente apneumoni, *Anat. Anz.*, 1896, **IX**, p. 676.

CARRIÈRE (J.). — Die postembryonale Entwicklung der Epidermis des Siredon pisciformis, *Arch. f. mikr. Anat.*, 1884, **XXIV**, p. 19, pl. II et III.

CACCIO. — Intorno alla minuta fabrica della pelle della Rana esculenta, *Palermo*, 1867 (*Estratto dal « Giornale di Scienze nat. ed économiche »*, vol. II, anno II).

COGHILL (G.-E.). — Nerve termini in the skin of the Common Frog, *Journ. Comp. neurolt.*, 1899, 9, p. 53-64, pls. IV et V.

DESPAX (R.). — Sur la vascularisation de la peau chez l'Euprocte des Pyrénées : Triton (s. g. Emproctus asper Dugès), *Bull. Soc. Zool. de France*, 1914, **XXXIX**, p. 215.

DRASCH. — Beobachtungen an leberden Drüsenmit und ohne Reizung der nerven derselben, *Arch. f. Anat. u. Phys. Abth.*, 1889.

DRASCH. — Ueber die giftdrüsen des Salamanders, *Verh. d. Anat. Ges.*, 1893, VI, p. 244.

DRASCH. — Der bau der giftdrüsen des gefleckten Salamanders, *Arch. f. Anat. u. Phys.*, 1894. p. 244.

EBERTH. — Untersuchungen zur normalen und pathologischen Anatomie der Froschhaut, *Leipzig*, 1869.

ECKHARDT. — Ueber den Bau der Hautdrüsen der Kroten und die Abhängigkeit der Enterung ihres sekretes vom centralen nervensystem, *Arch, f. Anat u. Phys. u. Med.*, 1849, pl. IV, lig. 2.

ENGELMANN (TH.-W.). — Ueber das Vorkommen und die innervation von contractilen drüzenzellen in der Froschhaut, *Pfluger's Arck. f. ges. Physiol.*, 1871, IV.

ENGELMANN (TH.-W.). — Ueber die elektromotorischen Kräfte der Froschhaut, ihren sitzund ihre Bendentung dur die sekretion, *Ibid.*, 1872, V. p. 498.

ESTERLY. — The structure and regeneration of the poison glands of Plethodon oregonensis, *Berkeley Univ. Calif. pub. zool.*, 1904, I, p. 227-268, *With. text.-fig.*

FANO (L.). — Sulle ghiandole cutanee degli Anfibi, *R. C. della terza Ass. ord. e del conv. dell' un. zool. ital. in Roma*, p. 61 ; *Monit. zool. Ital.*, 1902, An. XIII, t. XIII.

FANO (L.). — Sull' origine, lo sviluppo e la funzione delle ghiandole cutanee degli anfibi, *Arch. ital. di Anat. e di embryol.*, 1903, S. II, 2, pl. 404-426.

FICALBI (E.). — Ricerche sulla struttura minuta della pelle degli anfibi. Pelle degli anuri della famiglia delle Hylidæ, *Atti della R. Accad. Peloritana, Messina*, 1896, An. XI, 4 pl.

FLURY (F.). — Ueber das Hautsekret der Froösche, *Arch. f. exp. Path. und Pharm.*, 1917, LXXXI, p. 319-382.

FRENCKEL (S.). — Nerv und Epithel am Froschlarveschwang, *Arch. f. An. u. Physiol.*, 1886, p. 415-430, pl. XIII.

FURHMANN. — Le genre Typhlonectes, *Voyage d'exploration scientifique en Colombie, Neufchâtel*, 1912, p. 112-138.

GADOW (H.). — Trichobatrachus, *An. Anz.*, 1900, XVIII, p. 588-589.

GALEOTTI. — Sull' importanza del nucleo cellulare nei processi di secrezione, *Monti. z. ital.* Anno 12, 1901.

GEERTS (DE). — Notice sur la grande Salamandre du Japon, *Nouv. Arch. du Mus.*, t. V, 2ᵉ s.

GEGENBAUR. — Wergleichende Anat. der Wirbelthiere, 1898, I, *Leipsig Engelmann.*

HEIDENHAIN. — Ueber die Hautdrüsen der Amphibien, *Sitz. berich. der phys. Ges. z. Wursburg*, 1893, p. 52.

HEIDENHAIN. — Ueber die Vorkommen von intercellularbrucken zwischen glatten muskelfarsen und Eipithelzellen des ausseren keim blattes und deren theretische Bendentung, *Anat. Auz.*, 1893.

HENSCHE. — Ueber die Drüsen und glatten muskeln in der aussern haut von Rana temporaria, *Zeitsch. f. wiss. zool.*, 1856, XIII. 1896, XLVII, p. 136-154, pl. X.

KINGSBURY (B.-F.). — The lateral line system of sense organs in some American Amphibia, *Trans. Am. Micr. Sc.*, 1896, XVII, p. 115.

Klinchœwstrœem. — Zur anatomie der Pipa Americana integument, *Zool. Jahrb. Abth. f. Anat.*, 1894, VII.

Klein. — Observations on the glandular epithelium and division of unclei in the skin of newt, *Quat. Jour. of. Micr. Sc.*, 1879.

Langerhans. — Ueber die Haut der larve von Salamandra maculosa, *Arch. f. mikr. Anat.*, 1873-1874, IX, p. 745.

Lapicque (L.) et Petetin (J.). — Sur la respiration d'un Batracien Urodèle sans poumon, Euproctus montanus, *C. R. Soc. Biol.*, 1910, LXIX, p. 84.

Lataste. — Mémoire sur les brosses copulatrices des Anoures, *Ann. des Sc. Natur.*, 1876 (6), III, n° 10.

Launoy. — Contribution à l'étude des phénomènes nucléaires de la sécrétion, *Ann. des Sc. Nat. zool.*, 1903, 8° s., VIII.

Leydig (F.). — *Lehrbuch fur Histologie*, 1857.

Leydig (F.). — Ueber organe eines sechsten sinnes, *Nov. act. Acad. Nat. Curiosorum*, 1868, XXXIV.

Leydig (F.). — Die Hautdecke und Hautsinnesorgan der Urodelen, *Morph. Jahrb.*, 1876, II.

Leydig (F.). — Uber die allgemeinen Bedeckungen der Amphibien, *Arch. f. mikr. Anat.*, 1876, XII.

Leydig (F.). — Die Rieppenstacheln der Pleurodeles Waļthi, *Arch. f. Nat.*, 1879, XLV, fig. 7.

Leydig (F.). — Ueber die giftdrüsen des Salamanders, *Verh. der An. Ges.*, 1892.

Leydig (F.). — Zur integument wiederer wirbelthiere, *Biolog. Centralb.*, 1892, XII.

Leydig (F.). — Vascularisirtes Epithel, *Arch. f. mikr. Anat.*, 1898, LII, p. 158.

Macallum (A.-B.). — Nerve ending in the cutaneous epithelium of the Tadpole, *Quat. jour. micr. sc.*, 1886, vol. 26, p. 53-70, pl. V.

Magnan (A.). — Extraction des pigments chez les Batraciens, *C. R. Ac. des Sc.*, 1907, CXLIV, p. 1068.

Malbranc. — Von der seitenlinie und ehren sinnesorgan bei Amphibien, *Zeitsch. f. Wiss. Zoll.*, 1876, XXVI, p. 24.

Marian and Hubbard. — Correlated protective devices in some califormia salamanders, *Univ. of. Calif. publ. Zool.*, 1903, I, pp. 150-170, pl. 16.

Marshall (A.-M.). — The Frog : an introduction to anatomy and histology, Londres 1885, in-8° nouv. éd., par H. Fowler, 1896.

Massie (J.-H.). — Glands and nerve endings in the skin of the Tadpole, *Jour. Comp. neur.*, 1894, vol. 4, pp. 7-12.

Maurer (F.). — Die epidermis und ihre Abkömmlinge, *Leipzig* 1895, in-4°, p. 160.

Maurer (F.). — Blutegefässe in Epithel, *Morp. Iahrb*, 1897, XXV.

Maurer (F.). — Die Vaskularisirung der Epidermis bei anuren Amphibien zur zeit der metamorphose, *Morp. Iahrb*, 1898, XXVI, p. 330-336.

Mitrophanow. — Ueber die organ des sechsten Sinnes bei Amphibien, *Warschau*, 1888, 80 p. 3 taf.

Mojsisovics. — Kleine Beiträge zur Kenntniss der Anneliden. *Sitzb. akad. d. Wien*, 1877.

Moodie (R.-L.). — The clasping organs of extinct and recent Amphibia, *Biol. bull.*, 1908, XIV, p. 249.

MULLER (J.). — De glandularum secernentium structura penitiori, *Leipzig* 1830, p. 35, pl. 1, fig. 1.

NETOLITZKY (F.). — Untersuchungen über den giftigen Bestandteil des Alpensalamanders, Sal. Atra, Laur, *Arch. exp. Path. Leipzig*, 1904, LI, p. 118-129.

NIGOGLU (Ph.). — Ueber die hautdrusen der Amphibien, *Zeitsch. f. wiss. Zool* 1893, LVI, pp. 408-485.

NIREINSTEIN (Ed.). — Ueber den Ursprung und die Entwickelung der giftdrüsen der Salamandra maculosa nebst einen Beiträge zur morphologie des secretes, *Arch. f. mih. anat.*, 1908, LXXII, p. 47-140.

OPENCHOWSKI (Th.). — Histologisches zur innervation der Drusen, *Pfluger's Arch.*, 1882, XXXVII, p. 223-233, pl. VI.

PAULICKI. — Ueber die haut des Axolotl, *Arch. f. mikr. anat.*, 1884, XXIV, pl. VIII et IX ; id. 1889.

PFITZNER. — Die Leydig scheuzellen in der Schlemihaut der Larve von Salamandra maculosa, *Diss. Kiel*, 1879.

PFITZNER. — Die Epidermis der Amphibien, *Morp. Iahrb*, 1880, IV.

PHISALIX (Marie). — Origine et développement des glandes à venin de la Salamandre terrestre, *C. R. Soc. de Biol.*, 1900, LII, p. 479.

PHISALIX (Marie). — Sur les Clasmatocytes de la peau de la Salamandre terrestre et de sa larve, *C. R. Soc. de Biol.*, 1900, LII, p. 178.

PHISALIX (Marie). — Recherches embryologiques, histologiques et physiologiques sur les glandes à venin de la Salamandre terrestre, *Thèse Paris*, 1900, in-8°, 7 pls.

PHISALIX (Marie). — Origine des glandes à venin de la Salamandre terrestre, *Arch. de Zool. exp.*, 1903, I, p. 125-137.

PHISALIX (Marie). — Morphologie des glandes cutanées des Batraciens Apodes, et en particulier du Dermophis thomensis et du Siphonops annulatus, *Bull. du Mus.*, 1910, n° 4, p. 238-242, pls. V et VI.

PHISALIX (Marie). — Structure et signification de la glande brachiale du Pelobates cultripes, *Bull. du Mus.*, 1910, n° 5, p. 282-285, pl. VII.

PHISALIX (Marie). — Répartition des glandes cutanées en fonction des écailles chez les Batraciens Apodes, *Congrès int. de Zool. Graz.*, 1910, p. 605-609, pl. IV et 2 figures dans le texte.

PHISALIX (Marie). — Structure et signification des poils cutanés d'un Ranidé d'Afrique, le Trichobatrachus robustus Boul., *Bull. du Mus. d Hist. Nat. de Paris*, 1910, n° 6, p. 346-348, pl. VIII.

PHISALIX (Marie). — Répartition et signification des glandes cutanées chez les Batraciens, *Ann. des Sc. Nat.*, 1910, 9° s., XII, p. 183-201, pls II à X.

PHISALIX (Marie). — La peau et sa sécrétion muqueuse chez le Protée anguillard et la Sirène lacertine, *Bull. du Mus. d'Hist. Nat.*, Av. 1912, p. 191.

RAINEY (G.). — On the structure of cutaneous follicles of the Toad, *Quat. jour. of mikr Sc.*, 1855, III, p. 257.

RANVIER. — Sur le mécanisme de la sécrétion, *Jour. de microgr.*, 1887.

RANVIER. — Morphologie du système lymphatique ; de l'origine des lymphatiques dans la peau de la grenouille, *C. R. Acad. des Sc.*, 1895, CXX, p. 132.

RETZIUS (G.). — Kleine mittheilungen aus dem gebiete der nervenhistologie (IV Zur kenntniss der drüsennerven). *Biol. Unters, N. F.*, 1892, IV.

Rœber (H.). — Ueber das elektromotoriche verhalten der troschhaut bei Reizung ihrer nerven, *Arch. f. Anat. u. Physiol.*, 1869, p. 633-649.

Roule (L.). — Sur la structure des protubérances épidermiques de certains Amphibiens Urodèles et sur leurs affinités morphologiques avec les poils, *C. R. Acad. des Sc.*, 1910, CL, p 121.

Roule (L.). — Sur les Amphibiens du genre Euproctus, *C. R. Ac. des Sc.*, CXLIX, p. 1092.

Sarasin (P. et F.). — Zur Entwicklungeschichte und anatomie der ceylonsischen blindwüble Ichthyophis glutinosus, *Wiesbaden*, 1887, p. 85-94.

Seeck (O.). — Ueber die Hautdrusen einiger Amphibien. *In. diss. Doepat,* 1891, Iahrb.

Schuberg. — Beiträge zur Kenntniss der Amphibien Haut, *Zool. Abt. f. anat. u. Ont.*, 1893, VI.

Schulze (F.-E.). — Epithel und Drüsenzellen, *Arch. f. mikr. anat.*, 1867, III.

Schulze (F.-E.). — Ueber die nervenendigung in den sogenanten Schleimkanälen der Fische und über entsprechende organe der durch Kiemen athmende Amphibien, *Arch. f. mikr. anant. u. Physiol.*, 1861, p. 759.

Schulze (F.-E.). — Ueber cuticulare Bildungen und Verhornung von Epithelzellen bei den Wirbelthieren, *id.*, 1869, p. 295.

Schulze (F.-E.). — Ueber die sinnesorgan der seitenlinie bei fischen und Amphibien, *Arch. f. mikr. anat.*, Bonn, 1870.

Schultz (P.). — Ueber die giftdrusen der Kröten und Salamander. Eine hist. studie, *Arch. f. mikr. Anat.*, 1889, XXXIV, p. 40, Bonn.

Stieda (L.). — Ueber den Bau der Haut Frosches (Rana temporaria), *Arch. f. anat. u. Physiol.*, 1865, p. 52.

Stricker (S.) et Spina (A.). — Untersuchungen über die mechanischen Leistungen der acinösen drüsen, *Sitzungsb. d. k. Akad. d. Wiss. mat. nat. Cl.*, 1879, Bd 80, Abth. III, Wien, 1880.

Szczesny. — Beiträge zür kenntniss der textur der Froschhaut, *Inaug. dissert.* Dorpat, 1867.

Tornier (G.). — Die Farben der thierischen Haut, *Kriechthiere Deutsch, ost-Afrikas.* Berlin, 1897, in-8°, p. 109.

Trambusti (A.). — Contributo allo studio della fisiologia della cellula, *Lo Sperim.*, 1895, XLIX, p. 194.

Valaortis (E.). — Ueber die oogenosis beim land Salamander, *Rep. from. Zool. Anz.*, Leipzig, 1879.

Vaillant (L.). — Note sur la structure des téguments chez quelques Urodèles (Molge vulgaris Linné, et Molge palmata Schneider), *Bull. de la Sté philom.*, 8° s. 1-2, 1889-90, p. 137-138.

Vaillant (L.). — Observations sur les changements qu'on observe dans la structure histologique des téguments suivant les saisons chez les Molge vulgaris et palmata, *C. R. Soc. Philomat.*, 1890.

Vigier (P.). — Le nucléole, morphologie, Physiologie, *Thèse Doct. Méd.,* Paris, 1900.

Wiedersheim. — Anatomie der Gymnophionen, *Iéna*, 1879.

Weiss (Otto). — Ueber die Hautdrüsen von Bulo cinereus, *Arch. f. mikr. anat.*, 1898, LIII.

Werner (F.). — Ueber die Veranderung der Hautfarbe bei Europäischen Batrachiern, *Verh. Zool. 1890, Bot. ges.*, Wien, XL, p. 169.

Wilder. -- Lungelose Salamandriden, *Anat. anz.*, 1894, IX, p. 216.

Wilder. — The pharyngo-œsophageal lung of Desmognathus, *Ann. Nat.* 1901, XXXV, p. 383.

Wolmer (E.). — Ein Beitrag zur Lehre von regeneration speciel der Haütdrüsen der Amphibien, *Arch. f. mikr. anat.*, 1893, XLII, p. 405-423, pls XXIV et XXV.

Zist (J.-H.). — Ueber den feineren Bau schleim secernirender Drüsen zellen nebst Bermerkungen uber dem secretion process, *Anat. Auz. Iahrb*, 1889, 4, p. 84-94.

Venin muqueux

Bugnon. — Organes sensitifs du Protée et de l'Axolotl. *Thèse Zurich*, 1873.

Gidon (F.). — Venins multiples et toxicité humorale chez les Batraciens indigènes. *Thèse Méd., Paris*, 1897.

Lewin (J.). — Physiological studies on mucine, *The Am. jour. of. Physiol*, 1901, IV, p. 90-95.

Phisalix (Césaire). — Propriétés immunisantes du venin de Salamandre du Japon. Atténuation par la chaleur et vaccination de la grenouille contre ce venin. *C. R. Soc. Biol.*, 1897, XLIX, p. 723.

Phisalix (Césaire). — Propriétés immunisantes du venin de Salamandre du Japon vis-à-vis du venin de Vipère, *id.* p. 822.

Phisalix (Marie). — Action physiologique du venin, muqueuse des Batraciens et en particulier des Discoglossidés. *Bull. du Mus. d'Histoire Nat. Paris*, 1908, XIV, p. 305-310.

Phisalix (Marie). — Action physiologique du venin, muqueuse des Batraciens anoure, le Pelobates Cultripes, *C. R. Soc. Biol.*, 1909, LXVII, p. 285.

Phisalix (Marie). — Action physiologique du venin muqueux des Batraciens sur ces animaux eux-mêmes et sur les Serpents. Cette action est la même que celle du venin de Vipère, *Jour. de Physiol. et de Path. gén.*, 1910, n° 3 mai, p. 326-330.

Phisalix (Marie). — La peau et sa sécrétion muqueuse chez le Protée anguillard et la Sirène lacertine. *Bull. du Mus. d'Hist. Nat. Paris*, 1912, XVIII, p. 191, 1 pl. — Les venins cutanés du Spelerpes fuscus gray. *Bull. soc. Path. exot.*, 1918, IX, p. 105.

Phisalix (Marie) et Dehaut (G.). — Action physiologique du venin muqueux de Discoglossus pictus. *Bull. du Mus. d'Hist. Nat. de Paris*, 1908, XIV, p. 302-305.

Venin granuleux

Pathologie des accidents dûs au venin granuleux

Bringard — Curieux cas d'empoisonnement d'un chien par l'absorption buccale de la sécrétion des glandes cutanées d'un crapaud. *Arch. Méd. d'Angers*, 1905, IX, p. 668.

Escobar. — Sur une Rainette de la Nouvelle Grenade qui sécrète un venin dont les Indiens se servent pour empoisonner leurs flèches. *C. R. Ac. des Sc.*, 1868, LXVIII.

Lataste. — Observations relatives à l'action sur l'homme de la sécrétion cutanée des Batraciens. *Ass. franç. pour l'Av. des Sc.*, 1876, p. 541-542.

Meynier. — Empoisonnement par la chair de grenouilles infectées par des insectes du genre Mylabris. de la famille des Méloïdes. *Arch. de Méd. mil.*, 1893, XXII, p. 53.

Posada-Arango (A.). — Le poison de la Rainette des sauvages du Choco. *Arch. Méd. Nav.*, 1871, XVI, p. 203-213.

Action physiologique du venin granuleux

Albini. — Ricerche intorno al veleno della Salamandra maculosa, *Giorn. Veneto di Sc. Med. Venezia*, 1859, 2 s. XII, p. 509-522.

Albini. — Uber das gift des Salamanders, *Verh. der. K. Zool. bot. ges Wien.*, 1859, Bd 8.

Abel (J.) et Macht (D.). — Two crystalline pharmacological agents from the tropical Bufo agua, *Jour. of. pharm. and exp. thér.*, 1912, III, p. 320-377

Benedetti (A.) et Polledro (O.). — Sur la nature et sur l'action physiologique du venin de Spelerpes fuscus, *Arch. Ital. de Biol.*, 1899, XXXII, p. 135.

Bernard (Cl.). — *Leçons sur les substances toxiques et médicamenteuses*, 1857, p. 255 (poison des flèches).

Bert (P.). — Venin cutané de la grenouille, *C. R. Soc. de Biol.*, 1885, XXXVI, p. 524.

Bochefontaine. — Note sur les effets physiologiques du venin de la Salamandre terrestre, *C. R. Soc. Biol.*, 1877, IV.

Boie (F.). — Ueber das Leuchten einiger Batrachier, *Isis*, 1827, XX, p. 726.

Boulenger (G.-A.). — The poisonous secretion of Batrachians, *Natural Science*, 1892, I, p. 185-190.

Bufalini. — Sopra una reazione del veleno di Rospo, *Ann. di chimica e farmacologia*, 1885, II, S. IV.

Calmels (G.). — Sur le venin des Batraciens, *C. R. Ac. des Sc.*, 1884, XCVIII, p. 536.

Capparelli (A.). — Ricerche sul veleno del Triton cristatus, *Atti acc. Giœn catan* (3), 1863, XVII, p. 41.
Id. in Arch. it. de Biol., 1883, IV, p. 72.

Davy (J.). — On the acrid fluid of the Toad, *Physiological researches. Edimb.*, 1863, p. 187.

Dehaut (E.-G.). — Note sur l'Euproctus montanus, Urodèle apneumone caractéristique de la faune Corse, *C. R. Soc. de Biol.*, 1909, LXVI, p. 413.

Dehaut (E.-G.). — Les venins des Batraciens et les Batraciens venimeux, *Paris*, 1910.

Delamaziere. — Observation sur le venin de Crapaud, *Journ. de Méd. Chirurgie, Pharm., etc.*, 1761, XV, p. 220, Paris.

Dutartre (A.). — Recherches sur l'action du venin de la Salamandre terrestre, *C. R. Ac. des Sc.*, 1889, CVIII, p. 683.

Engelmann (Th. W.). — Die Hautdrüsen des Froches. Eine physiological studie, *in Dies Arch.*, 1871, IV, p. 1 et *Pfluger's Arch.*, 1872, V, p. 498.

Faust (Ed.). — Beitrage zur kenntniss des Samandarins, *Arch. f. exp. Path. u. Pharm.*, 1898, XLI, p. 229.

Faust (Ed.). — Ueber das Samandarin, *Id.*, 1899, XLIII.

Faust (Ed.). — Ueber bufonin und Bufotalin, *Leipzig*, 1902, in-8°.

Flury (E.). — Ueber das Hautsekret der Frosche. (La sécrétion cutanée des Grenouilles). *Arch. f. exp. Path. und Pharm.* 1917, LXXXI, p. 319-382.

Fornara (D.). — Il veleno della Salamandra d'acqua, *Lo Sperimentale*, 1875, XXXV, p. 156.

Fornara (D.). — Sur les effets physiologiques du venin de Crapaud, *Journ. de thér.*, 1877, IV, p. 882 et 929.

Gemminger. — Todtliche Vergiftung eine sperbers durch eine Krote, *Ill. med. Zeitung*, 1862, I.

Gidon (F.). — Venins multiples et toxicité humorale chez les Batraciens indigènes, Thèse, *Paris*, 1897, in-8°.

Gratiolet (F.) et Cloez (S.). — Notes sur les propriétés vénéneuses de l'humeur lactescente que sécrètent les pustules cutanées de la Salamandre terrestre et du Crapaud commun. *C. R. Ac. des Sc.*, 1851, XXXII, p. 592.

Gratiolet (F.) et Cloez (S.). — Nouvelles observations sur le venin contenu dans les pustules cutanées des Batraciens, *C. R. Ac. des Sc.*, 1852, XXXIV, p. 729.

Henneguy. — Sur l'action des poisons multiples, *Thèse Montpellier*, 1875.

Hermann. — Ueber die secretionströme und die secretion action der Haut bei Froschen, *Pfug. s. Arch. f. d. ges. Physiol.*, 1878, XVII.

Hewlet (R.-I.). — The venom of the Toad and Salamander, *Science Progress*, 1897 (2), I, p. 397-405.

Jordan. — Action de la pilocarpine sur la Salamandre. *Arch. f. exp. path. u. Pharm.*, 1878, VIII, p. 17-23-29.

Josse (H.). — Les venins des Batraciens, *Bull. de la Soc. Linn. du Nord de la France*, 1878-79, 4, p. 369-372.

Kobert. — Giftabsonderung der Kroten. *Gers. bei der univ. Dorpat*, 1889, IX.

Kravkov. — Ueber das giftige sekret der Hautdrüsen der Kroten (en russe), *Russ vràc, St-Petersburg*, 1904, 3, p. 761-766.

Lacerda (de). — Algunas experiencias come o veneno do Bufo ictericus Spix, *Arch. mus. nacion. Rio de Janeiro*, 1878, III.

Laurenti. — Specimen medicum, exhibens synopsis Reptilium emendatam cum experimentis circa venena et antidota Reptilium austriacorum, *Vienne*, 1768, p. 149-151, 158 et 159.

Leroy (A.). — Rana temporaria possède-t-elle comme Bufo vulgaris un poison cutané, *Arch. int. de physiol.*, 1910, IX, fasc. 3, p. 283-287.

Lewin (L.). — Traité de toxicologie, *traduit et annoté par Pouchet, Paris*, 1903.

Martin (R.) et Rollinat (R.). — Vertébrés sauvages du département de l'Indre, *Paris* 1894, p. 1-455, in-8°.

Maupertuis. — Observations et expériences sur une des espèces de Salamandres, *Hist. de l'Ac. royale des Sc.*, 1827.

Ormerod (Miss). — Observations on the cutaneous exsudation of the Triton cristatus, or great Water-newt, *Jour. linn. Soc.*, 1872, XI.

Pelletier. — Note sur le venin des Crapauds, *Jour. de Méd. Chir. Pharm.*, 1817, XL, p. 75.

Phisalix (C.). — Nouvelles expériences sur le venin de la Salamandre terrestre, *C. R. Ac. des Sc.*, 1889, CIX, p. 405.

Phisalix (C.) et Langlois (J.-P.). — Action physiologique du venin de Salamandre terrestre, *C. R. Ac. des Sc.*, 1889, CIX, p. 482.

Phisalix (C.). — Expériences sur le venin de la Salamandre terrestre et son alcaloïde, *Ass. franç. pr l'av. des Sc.*, 14 août, 1889.

Phisalix (C.). — Sur quelques points de la physiologie des glandes cutanées de la Salamandre terrestre, *C. R. Soc. Biol.*, 1890, XLII, p. 225.

Phisalix (C.) et Contejean (Ch.). — Nouvelles recherches sur les glandes à venin de la Salamandre terrestre, *C. R. Soc. Biol.*, 1891, XLIII, p. 33.

Phisalix (C.) et Bertrand (G.). — Sur les principes actifs du venin de Crapaud commun. *C. R. Soc. Biol.*, 1902, LIV, p. 932.

Phisalix (Marie). — Recherches embryologiques, histologiques et physiologiques sur les glandes à venin de la Salamandre terrestre, *Paris* 1900, in-8°.

Pierotti (F.-G.). — Recherches expérimentales sur le venin de crapaud et sur son action physiologique, *Monog.* de 120 p. *Pise*, 1906; résumé de l'*Aut. dans Arch. it. de Biol.*, 1906, XLVI, p. 97-130, 2 pls.

Richters. — Giftigkeit des Feuersalamanders, *Zool. Garten*, 1886.

Roth (W.). — Note sur les effets physiologiques du venin de Salamandre terrestre, *C. R. Soc. de Biol.*, 1877, IV, p. 358.

Sauvage (H.-E.). — Sur l'action du venin de quelques Batraciens de France, *Ass. franç. pr. l'Av. des Sc.*, 1879, p. 778.

Staderini. — *Ann. di Ottalmogia*, 1880, XVIII, fas. V., et *Bol. n. Acad. di Fisiol. di Siena*, 1888, IV, fas. VII (où l'auteur rapporte des cas d'ophtalmie et de vésication dues au venin de Crapaud).

Vulpian. — Sur le venin du Crapaud commun, *C. R. Soc. Biol.*, 1854, I, 2° s. p. 133.

Vulpian. — Etude physiologique des venins du Crapaud, du Triton et de la Salamandre terrestre, *C. R. Soc. Biol.*, 1856, 2° s., p. 125-138.

Weiss (O.). — Uber die Hautdrüsen von Bufo cinereus, *Arch. f. mikr. an*, 1899, LIII.

Zalesky. — Uober das Samandarin, das gift der Salamandra maculosa, *Méd chem. Untersch (Hoppe-Seyler)*, 1866, I, p. 85.

Toxicité du sang des Batraciens

Phisalix (C.) et Bertrand (G.). — Recherches sur la toxicité du sang du Crapaud commun. *Arch. de Physiol. norm. et Path.*, 1893 (5), V, p. 511-517.

Phisalix (C.) et Bertrand (G.). — Toxicité comparée du sang et du venin du Crapaud considérée au point de vue de la sécrétion interne des glandes cutanées de cet animal. *C. R. Soc. Biol.*, 1893, XLV, p. 477.

Phisalix (C.) et Contejean (Ch.). — Sur les propriétés antitoxiques du sang de Salamandre terrestre vis-à-vis du curare. *C. R. Ac. des Sc.* 1894, CXIX, p. 434.

Phisalix (Marie). — Recherches embryologiques... de la Salamandre terrestre, *Thèse de Méd.*, *Paris*, 1900 (Toxicité du sang de la Salamandre terrestre).

Toxicité des œufs

Phisalix (C.). — Corrélations fonctionnelles entre les glandes à venin et l'ovaire chez le Crapaud commun, *C. R. Ac. des Sc.*, 1903. CXXXVIII, p. 1082.

LOISEL (G.). — Recherches sur les ovaires de Grenouille verte. *C. R. Soc. Biol.*, 1903, LV, p. 1329.

LOISEL (G.). — Recherches comparatives sur les toxalbumines contenues dans les divers tissus de Grenouille, *id.* 1904, LVI, p. 883.

Immunité

BERNARD (Cl.). — Leçons sur les substances toxiques et médicamenteuses, *Paris*, 1857, p. 255 (poison des flèches).

BERNARD (Cl.). — *Leçons de pathologie expérimentale, Paris*, 1872, p. 152, 524, 527 (venin de Crapaud et de Dendrobate).

CAMIS (M.). — Sur la résistance au curare du Leptodactylus ocellatus, et sur d'autres points de la physiologie générale des muscles, *Arch. Ital. de Biologie*, 1917, LXVI, p. 17-46.

DESGREZ (A.), RÉGNIER (P.) et MOOG (R.). — Influence du chlorhydrate de triméthylamine sur les échanges nutritifs, *C. R. Ac. des Sc.*, 1911, CLIII, p. 1328.

HEUSER (O.). — Ueber die giftfestigkeit der Kroten, *Arch. int. de Pharmac. et de Thérap.*, 1902, X. n°ˢ 5-6.

JAKABHAZY (S.). — *Arch. f. exp. Path. und Pharmak.*, 1899, 42, p. 10 (confirme l'immunité vue par Phisalix et Contejean de la Salamandre pour le curare).

KOBERT. — Giftabsonderung der Kroten. *Sitz der Nat. ges bei der Muiv. Dorpat*, 1889.

PHISALIX (C.) et CONTEJEAN (Ch.). — Sur les propriétés antitoxiques du sang de la Salamandre terrestre vis-à-vis du curare, *C. R. Ac. des Sc.*, 1894, CXIX, p. 432.

PHISALIX (C.). — Propriétés immunisantes du venin de Salamandre du Japon vis-à-vis du venin de vipère, *C. R. Soc. Biol.*, 1897, XLIX, p. 822.

PHISALIX (C.). — Action physiologique du venin de Salamandre du Japon. Atténuation par la chaleur et vaccination de la grenouille contre ce venin, *C. R. Soc. Biol.*, 1897, LXIX, p. 723.

PHISALIX (C.). — Nouvelles expériences sur le venin de la Salamandre terrestre. *C. R. Ac. des Sc.*, 1889, CIX, p. 405 (montrant la sensibilité des larves à la Salamandrine).

PHISALIX (Marie). — Immunité naturelle des Batraciens et des serpents contre le venin muqueux des premiers et mécanisme de cette immunité, *Jour. de Phys. et de Path. gén.*, 1910, p. 340-344.

PHISALIX (Marie). — Sur l'indépendance des propriétés toxiques et des propriétés vaccinantes dans la secrétion cutanée muqueuse des Batraciens et de quelques Poissons. *C. R. Ac. des Sc.*, 1913, CLVII, p. 1160.

PHISALIX (Marie). — Propriétés vaccinantes du venin muqueux de la peau des Batraciens contre lui-même et contre le venin de Vipère aspic. *Bull. de la Soc. de Path. exot.*, 1913, VI, p. 190-195, et *C. R. Cong. Int. de Zool. de Monaco*, mars, 1913.

PHISALIX (Marie). — Vaccination contre la rage expérimentale par le venin muqueux de Batraciens puis par le venin de Vipère aspic. *C. R. Ac. des Sc.*, 1914, CLVIII, p. 111.

PHISALIX (Marie). — Mécanisme de la résistance des Batraciens et des Serpents au virus rabique. *Bull. Loc. Path. exot.*, 1915, VIII, p. 13, et *Bull Mus. H. N.*, 1915, p. 29.

PHISALIX (Marie). — Les propriétés vaccinantes de la sécrétion cutanée muqueuse des Batraciens contre le virus rabique sont indépendantes de celles qu'elle possède contre sa propre action et contre celle du venin de Vipère aspic. *Bull. Soc. Path. exot.*, 1915, VIII, p. 730, et *Bull. du Mus.*, 1915, p. 297.

PROSCHER. — Zur Kenntniss der Krotengiftes, *Beitr. z. Chem. Physiol. u. Path.*, 1902, I, p. 575-582.

VULPIAN. — Sur quelques expériences faites avec le curare. *C. R. Soc. Biol.*, 2ᵉ s., I, 1854, p. 73.

VULPIAN. — Absorption du curare et du venin de Crapaud commun mis en contact avec la peau intacte des Grenouilles ; absorption du venin de Crapaud commun dans les mêmes conditions par les Tritons, *C. R. Soc. Biol.*, 2ᵉ s., II, 1855, p. 90.

VULPIAN. — De l'action de la digitaline sur les Batraciens, *C. R. Soc. Biol.*, 1856, VIII.

VULPIAN. — Note sur l'effet de diverses substances toxiques sur les embryons de Grenouille et de Triton, *C. R. Soc. Biol.*, 2ᵉ s., V, 1858, p. 71-81.

VULPIAN. — Note relative à l'action du venin des Batraciens venimeux sur les animaux qui le produisent, *C. R. Soc. Biol.*, 1864, XXVI, p. 188-191.

LÉZARDS VENIMEUX

Historique. — La fonction venimeuse, si répandue chez les Serpents, ne se trouve actuellement bien affirmée que dans un seul groupe de Lézards, que GRAY a détachés des Varanidés pour en faire une famille spéciale, celle des *Hélodermatidés*.

Lorsqu'en 1651, F. HERNANDEZ publia son *Historiæ animalium et mineralium novæ Hispaniæ*, il donna à l'Europe la première description de l'Héloderme caractéristique du Mexique : gros lézard de trois pieds de long, trapu, à mâchoires fortes, protégé par une armure de verrues osseuses, fastueusement coloré en orange et noir ».

Les Indigènes l'avaient en grande frayeur, et l'appelaient *Acastelpon*, les Créoles espagnols, *Escorpion*, nom qu'ils appliquaient d'ailleurs à tous les animaux capables d'infliger des blessures venimeuses. Les Aztèques superstitieux attribuaient à sa morsure la propriété d'engendrer la folie : aussi le trouve-t-on représenté sur la nuque des statuettes d'idiots gâteux, qui constituent quelques-uns de leurs ex-voto. Ils l'appelaient *Temalcuilcahuya*, considéraient son odeur comme à elle seule mortelle, et le tuaient au fusil pour ne pas le toucher vivant.

C'est avec cette réputation qu'il parvint plus tard en Europe, où WIEGMANN le décrivit en 1829, d'après un exemplaire en peau que le musée de Berlin venait de recevoir du Mexique. En raison de ses téguments recouverts de tubercules, WIEGMANN désigna l'espèce, qu'il considérait comme unique, sous le nom de *H. horridum*, nom qui resta jusqu'en 1869 appliqué à tous les lézards présentant les mêmes caractères des téguments.

WAGLER, en 1833, place l'Héloderme parmi les Thécoglosses pleurodontes, et avec une figure de médiocre valeur, en donne une description en latin. La même année SCHINZ reproduit la figure de WAGLER et sa description en allemand.

En 1834, WIEGMANN, dans son *Herpetologia mexicana*, place l'Héloderme parmi les Fissilingues et en fait une famille sous le nom de *Tachydermi*, qu'il range entre les Varanidés et les Ameivés. Sa description se termine par une figure d'ensemble qui donne les caractères extérieurs du Lézard.

En 1836, DUMÉRIL et BIBRON consacrent une mention à l'Héloderme, qu'ils décrivent sommairement d'après WIEGMANN, et ajoutent qu'on le considère à tort comme venimeux.

Puis GRAY en 1837, sans faire mention de l'opinion de WIEGMANN, créé pour le lézard la famille des Hélodermatidés, qu'il maintient dans le groupe des Leptoglosses.

En 1853, TROSCHEL, décrit d'après un exemplaire mal conservé dans l'alcool, et envoyé au musée de Bonn, les caractères internes du Lézard, mais ne se prononce pas sur sa position systématique. La description de TROSCHEL est traduite et commentée en 1856 par Aug. DUMÉRIL qui rappelle les caractères différentiels avec les Varans.

En 1859, SPENCER BAIRD donne une figure de médiocre valeur, accompagnée de quelques détails zoologiques.

E. D. COPE s'est, à diverses reprises, intéressé à l'Héloderme ; en 1864, il crée un groupe des Pleurodontes, et parmi les Diploglosses place les Hélodermatidés avec les Anguidés et les Gerrhonotidés. En 1869, ayant remarqué que les sujets capturés aux Etats-Unis ou au voisinage de Sonora différaient par quelques détails de leurs alliés du Sud, ayant cru voir en outre que les conduits de la volumineuse glande salivaire aboutissaient à la base des sillons des dents « évidemment avec l'effet de porter la salive dans la blessure » il donna, pour ces raisons, à l'espèce de l'Arizona le nom de *H. suspectum*, qui lui est resté depuis.

J. J. KAUP (1864-65) décrit, d'après un jeune individu que le musée de Darmstadt venait de recevoir, toutes les particularités du crâne, dégagé de la peau ossifiée, puis le développement des dents, leurs rapports avec celles des autres Sauriens, et même avec celles des Solubridés Opisthoglyphes. Une figure montre la tête osseuse avec les petites dents mousses sur. le palatin et le ptérygoïdien.

En 1873, PAUL GERVAIS fait préparer le squelette d'un spécimen adulte d'*Heloderma horridum*. Il donne une description complète de la tête osseuse, et des sections des dents sillonnées. Il confirme l'opinion de KAUP, suivant laquelle les dents de remplacement sont logées dans la muqueuse gingivale plutôt qu'enfoncées dans des alvéoles. Il considère les détails qu'il donne, joints à ceux de GRAY, comme suffisants à démontrer que l'Héloderme doit constituer un groupe distinct, et que ses affinités le relient plutôt aux Varanidés qu'aux Iguanidés.

En 1878, DUMÉRIL et BOCOURT, dans leur important ouvrage « *Mission scientifique au Mexique et dans l'Amérique Centrale* » donnent une description complète de *l'Heloderma horridum*, avec des très bonnes figures, d'un sujet recueilli à Sinaloa. En raison des incertitudes de leurs devanciers, les auteurs cherchent la place exacte de l'Héloderme, et acceptent la famille des Tachydermiens proposée par WIEGMANN.

J. G. FISCHER, en 1882, tombe dans la même erreur que COPE quant à.

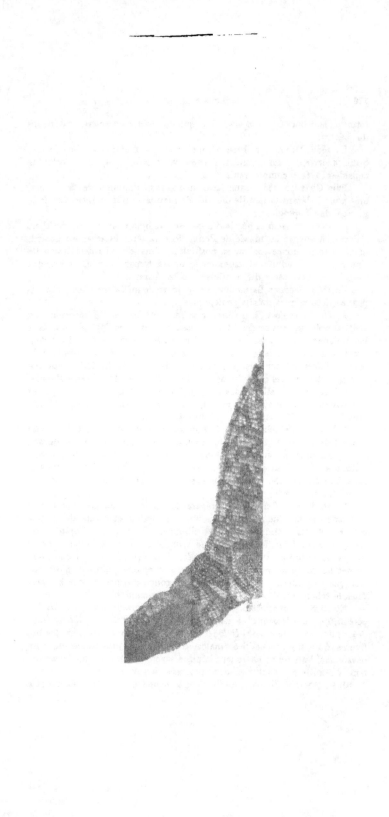

... les considèrent comme appartenant aux Hélodermes,
... suivent ... l'opinion de Weismann, et ajoutent qu'ils ... le
... par ...

... que l'opinion de Weismann
... de leur ... et il pet ... des, qu'il maintient dans ...
des ...

... d'après ... avoir aussi bien conservé ...
et ... de B... s caractères internes du leur...
... sur sa p... systématique. La description d...
et comp... en 18.. par Aug. Dumér... q...
... différent ... avec les V... s.

... listes ... une figure de médiocre valeur, acc...
... pas

... reprises ... tressé à l'Héloderme, en
... rodome ... portent les Diploglosses place
... Auguste ... les Gerrhonotides. En 1 6...
... capture ... aux États-Unis ou au voisinage ...
... res de ... de leurs alliés du Sud, ayant ... a ...
... fits de la ... onduite ... glande salivaire aboutiss...
... des dents ... iment avec l'effet de porter
... il ... pour ... raisons à l'espèce de l'Ar...
... tam, q... es t ... de ...

décrit, d'après un jeune individu que le musée, ca...
... voir, dans les ... particularités du crâne, désign...
... le développement des dents, leurs rapports avec
... os, et même ... ce celles des Solubird's Op...horgly...
... la tête ... se avec les petites dents mousses sur
... obser...

... et ... préparer le squelette. L'un spécimen adulte
... tissue que la description complète de la tête
... s dents ... bonnées. Il confirme l'opinion de...
... dents de remplacement sont logées dans le...
... s ... rangées dans des alvéoles. Il considère
... aux de Guay, comme suffisants à démon-
... ner un groupe distinct, et que ses affi-
... ités qu'aux Iguanidés.

... dans leur important ouvrage « Mission
dans l'Amérique Centrale » donnent une
... oderma horridum, avec des très bonnes
... sur loi. En raison des incertitudes de leurs
... ant la place exacte de l'Héloderme, et accep-
... ... proposée par Weismann.

... de dans la même erreur que Cope, quant à

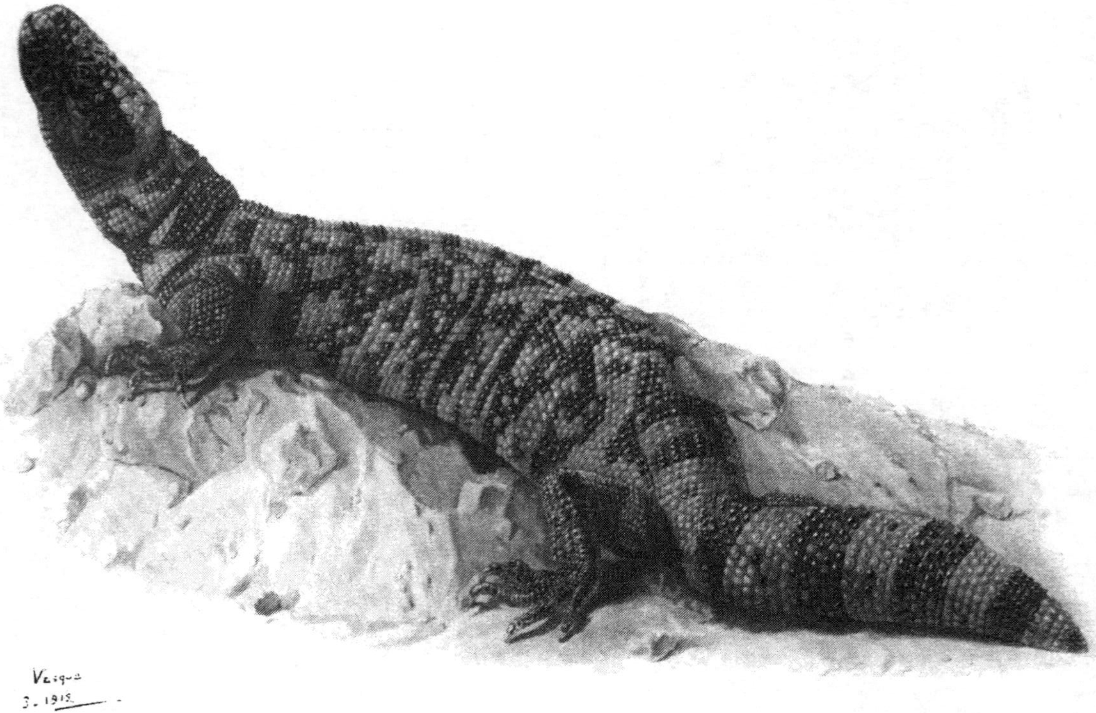

l'interprétation des cordons qui relient la face interne de la glande à l'os dentaire, cordons qu'il prend pour les canaux excréteurs des différents lobes de la glande. Il rapporte quelques accidents consécutifs à la morsure faite par l'animal et le considère comme nettement venimeux.

La même année, Günther donne, dans *Encyclopedia britannia*, un résumé incomplet du sujet.

En 1891, G. A. Boulenger fixe la position systématique de la famille des Hélodermatidés entre les Varanidés et les Anguidés. Des notes successives du même auteur, ainsi que l'important mémoire de Shufeldt paru en 1890, ont résumé les principaux points qui établissent les caractères différentiels entre les deux espèces admises depuis Cope.

Au point de vue de la glande venimeuse, l'étude plus restreinte de Stewart (1891), a indiqué la disposition générale de la glande et la position exacte de ses conduits excréteurs. Celle de Holm (1897) a complété la précédente par des généralités sur la configuration interne des lobes glandulaires. Nous avons repris cette étude, comparativement à celle des glandes des autres Reptiles venimeux.

Quant aux documents précis qui étayent la réputation de l'Héloderme comme animal venimeux, ils sont moins nombreux que les précédents, et tous de date postérieure à 1875. Les premières observations sont dues à Sumichrast et ont été faites avec de jeunes individus d'Heloderma horridum sur la poule et le chat ; d'autre part, celles de Weir-Mitchell et Reichert, de G. A. Boulenger, de Fayrer, de Van Denburg, de Santesson, de Van Denburg et Wight, de Shufeldt, d'Alf. Dugès et les nôtres ont fixé, tant sur les petits animaux de laboratoire que sur l'homme, les détails de l'envenimation par le poison des Lézards.

Les effets bénins, ou même nuls, consécutifs à la morsure signalés par Horan, Dr Irwing, H. C. Yarrow, Garman, Shufeld, ne sauraient infirmer les résultats positifs des observations ou des expériences directes.

BIOLOGIE ET CLASSIFICATION DES LÉZARDS VENIMEUX

Les Hélodermatidés sont admis actuellement par tous les Herpétologistes comme famille distincte et voisine d'une part des Varanidés, d'autre part des Anguidés. Elle ne comprend que les deux genres actuellement vivants *Heloderma* Wiegmann, et *Lanthanotus* Steindachner.

L'espèce unique de ce dernier genre habite Bornéo ; elle ne possède, d'après M. G. A. Boulenger, qui l'a examinée sur ce point, ni la glande venimeuse, ni les crochets sillonnés de l'Héloderme. Par contre, parmi les Anguidés, l'*Anguis fragilis* et l'*Ophisaurus harti* possèdent des crochets sillonnés, sans que l'on sache rien encore des propriétés de leur salive.

Le genre Heloderma est représenté par deux espèces, l'une du Mexique l'*H. horridum*, Wiegmann, l'autre de l'Arizona, du Nouveau-Mexique et du Sonora, l'*H. Supectum* Cope.

Ces deux espèces sont si voisines, les caractères donnés comme différentiels si inconstants, que l'on serait fondé à considérer la seconde comme une variété de la première ; néanmoins les expériences précises n'ayant porté que sur le venin de la seconde, nous devons accepter la distinction des deux espèces jusqu'à ce que les propriétés de la salive de la première aient été essayées.

Les caractères extérieurs par lesquels les deux espèces se distinguent tiennent à la taille, aux proportions relatives de la queue et du corps, à la couleur, aux dessins et au relief des téguments.

Mœurs. — On ne connaît pas très exactement les mœurs de ces animaux qui sont semi-nocturnes et que les Indigènes évitent. SUMICHRAST a donné ses impressions sur l'*H. horridum* : « ce singulier Saurien, dit-il, atteint chez quelques individus 1 m. 50 c. de longueur ; il habite exclusivement la zone chaude qui s'étend du revers occidental de la Cordillière jusqu'aux rivages de l'Océan Pacifique ; il n'a jamais été à ma connaisance rencontré sur les côtes du Golfe du Mexique. Ses conditions d'existence le confinent dans les localités sèches et chaudes telles que les cantons de Jamitepec, Juchitan, Tehuantepec, etc...

Il fréquente les endroits secs à la lisière des bois ou dans les anciens défrichements dont le sol est couvert de débris végétaux, de troncs pourris et de graminées.

Pendant la saison sèche, de novembre à mai, on rencontre rarement ce reptile, qui ne se laisse voir avec quelque fréquence que dans les temps de pluie.

Quant à l'*Heloderma suspectum* (Pl. IV), qu'on rencontre surtout en Arizona, dans la basse Californie, le nouveau Mexique, le Texas, l'Utah, dans les régions élevées, rocailleuses et la plupart inaccessibles des Montagnes Rocheuses, ses mœurs n'ont pas été mieux étudiées. Tout ce que l'on sait de précis, c'est qu'il se nourrit volontiers d'œufs d'Iguanes, qu'il sait découvrir dans les anfractuosités des rocs.

En captivité, il présente toutes les allures d'un animal nocturne ; si on le dépose sur le sol, il se dirige de préférence vers les coins obscurs.

Dans sa cage même, il affectionne les abris couverts, et y fait de longues siestes.

S'il est harcelé, il fait entendre une sorte de soufflement sourd, et soulève la tête en ouvrant la bouche d'une façon menaçante vers ceux qui l'excitent. Il les suit parfaitement des yeux et se met en défense d'un geste brusque de la tête à toute nouvelle approche ; mais sans se précipiter comme les Serpents en pareille circonstance ; nous n'avons réussi à leur faire accepter d'autre nourriture que des œufs, qu'ils préfèrent crus et que nous leur présentions battus, blanc et jaune bien mélangés.

Ils lappent ce repas en faisant de longues et fréquentes pauses, tête élevée, et se léchant amplement les lèvres : mais ils ne semblent jamais affamés et mangent rarement plus d'un œuf de poule à chaque repas hebdomadaire.

APPAREIL VENIMEUX DE L'HÉLODERME

Il se compose des glandes venimeuses et de l'ensemble des tissus, tête osseuse et muscles, qui constituent l'appareil masticateur

Tête osseuse.

Elle comprend le crâne et les mandibules, dont les parties antérieures constituent une face très réduite, comme chez tous les Reptiles.

La tête tout entière est remarquable par sa solidité compacte ; tous les os qui la forment sont robustes et solidement engrenés les uns dans

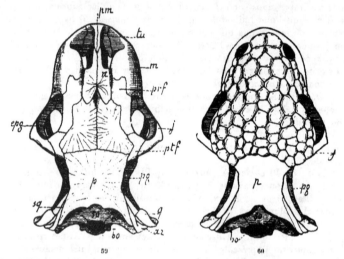

FIGS. 59 60. — Tête osseuse de l'*Héloderme*. 59, face supérieure du crâne d'un jeune *Heloderma horridum* avant la soudure des tubercules dermiques ; 60, face supérieure de la tête d'un *Heloderma suspectum* adulte, après la soudure ; *pm*, prémaxillaire ; *tu*, turbinol ; *m*, maxillaire ; *n*, nasal ; *prf*, préfrontal ; *f*, frontal ; *ptf*, post-frontal ; *j*, jugal ; *epg*, ectoptérygoïde ; *pg*, ptérygoïde ; *p*, pariétal ; *q*, quadratum ; *sq*, squamosal ; *so*, sous-occipital ; *eo*, exoccipital *bo*, basi-occipital ; *ap*, apophyse parotique. Orig. A.

les autres ; en outre, chez les adultes des deux espèces, la carapace osseuse dermique adhère à la face supérieure du crâne dans sa moitié antérieure, ne laissant libres que les orifices des fosses nasales en avant et une mince bande sur le bord de la lèvre supérieure et la portion externe et postérieure de l'orbite. En arrière, les frontaux, et quelquefois même aussi une zone centrale sur le pariétal, se trouvent pareillement soudés à la peau, de sorte que pour distinguer nettement ces différents os, il faut examiner la tête d'un jeune sujet (fig. 59,60).

La forme générale de la tête osseuse est elliptique avec deux proémi-
nences jugales, qui sont débordées sur le vivant par les saillies des muscles
temporaux ; l'orbite est petit, latéral ; la fosse temporale énorme, et ce qui
est caractéristique de l'Héloderme, c'est que, contrairement aux autres
lézards, il manque d'arcade zygomatique. Un très petit os (fig. 61),
situé à l'articulation quadrato-pariétale, représente pour quelques anatomistes, le reste de cette arcade. En arrière des fosses temporales, et s'étendant sur toute la largeur de l'occiput se trouve une autre cavité de forme
générale triangulaire à sommet antérieur, la fosse occipitale, qui est
comprise entre le bord inférieur du pariétal et la face supérieure des

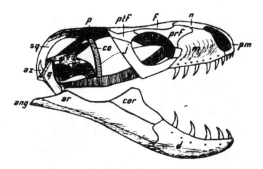

Fig. 61. — Face latérale de la tête osseuse de l'*Heloderma suspectum*.
Les mêmes lettres désignent les mêmes os que dans les figures précédentes. En outre : *co*, columella cranii; *pro*, prootique; *ax*, supra-
quadratum; *pl*, palatin. Mandibule : *ang.* angulaire; *ar*, articulaire;
cor, coronoïde; *d*, dentaire. Orig. A.

occipitaux. Sur la face inférieure du crâne, les différents os laissent entre
eux des ouvertures assez grandes ; en avant deux ouvertures allongées et
symétriques, les *dépressions nasales*, puis *deux trous palatins*, situés en
arrière et en dehors des premiers, puis une grande et profonde dépression
médiane encadrée latéralement par les ptérygo-palatins, et en arrière par le
basi-sphénoïde (fig. 62, 63). Au fond de cette cavité, une membrane
robuste s'étend sur les os avoisinants et constitue la fermeture vers le
bas de la boîte crânienne.
    Enfin, la moitié postérieure de cette cavité est représentée par les
fosses temporales, au-dessus desquelles les ptérygoïdiens forment un pont
    Les mandibules, très fortes, se réunissent à angle aigu en avant,
tandis qu'en arrière chacune d'elles s'articule avec le quadratum qui la
relie au crâne.
    Ces généralités étant connues, il nous reste à examiner en particu-
lier les caractères des dents et des os qui les portent, caractères qui

parmi les Lézards, appartiennent en propre aux Hélodermes et à deux autres genres seulement de Sauriens. Les figures ainsi que leurs légendes permettront d'ailleurs d'identifier les différents os qui constituent la tête osseuse.

Maxillaires et prémaxillaire. — Les maxillaires sont séparés en avant pas un os impair, le *prémaxillaire.*

Cet os a la forme générale d'un T dont la branche transversale est recourbée légèrement en arc et forme le bord antérieur convexe du museau. En haut et en arrière, il envoie un prolongement médian qui se

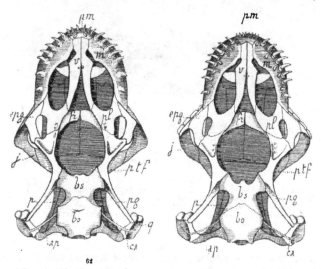

FIGS 62, 63. — Face intérieure de la tête osseuse. 62, chez l'*Heloderma horridum;* 63, chez l'*Heloderma suspectum; v,* vomer; *bs,* basi-spénoïde; *bo,* basi-occipital; *ca,* collumella auris; *fr,* prolongement inférieur des frontaux. Orig. A.

termine en triangle à sommet postérieur, et s'engrène dans l'encoche correspondante des os nasaux. Sur sa face inférieure, il porte de petites dents coniques un peu arquées et pleines, dont les latérales sont un peu plus grandes que les médianes. Leur nombre ne dépasse guère 8 chez H. suspectum ; G. A. BOULENGER en signale 6, et 9 chez H. horridum ; mais les variations n'en sont pas constantes, et tiennent surtout à ce que sur le petit nombre de sujets examinés, quelques-uns étaient partiellement édentés.

Les maxillaires occupent les bords latéraux du museau, depuis le prémaxillaire jusqu'à l'angle antérieur de l'orbite. Ils forment deux arcs

symétriques, dont le bord externe limite la bouche, dont le bord inférieur, déprimé en gouttière, porte les dents, et dont le bord interne
continue le plancher incliné des fosses nasales.

Dans sa moitié postérieure, il se relève et se suture au nasal, au
préfrontal en haut et en arrière, au lacrymal et au jugal en avant de
l'orbite. Son bord labial externe présente de petits orifices pour le passage
des vaisseaux et nerfs maxillaires.

Les dents en exercice sont soudées au bord interne du maxillaire par
un certain nombre de digitations, que l'on aperçoit très bien après
avoir retiré la muqueuse, et qui apparaissent également en section transversale. Cette synostose a été représentée par P. Gervais. Il n'existe ordinairement que 5 à 7 dents en exercice, assez espacées sur le maxillaire ;

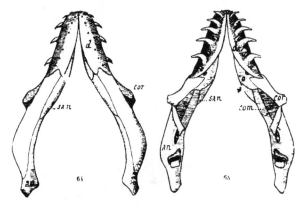

Figs 64, 65. — Mandibule d'*Heloderma suspectum*. 64, face supérieure; 65, face inférieure; *an*, angulaire; *san*, sous-angulaire; *cor*, coronoïde; *com*, complémentaire;
o, operculaire; *d*, dentaire. Orig. A.

elles sont soudées obliquement sur la face inféro-interne. En dedans, on
rencontre un certain nombre de dents plus petites, à divers degrés de
développement, les unes ne tenant que par une base molle à la muqueuse
gingivale, les plus grandes commençant à s'implanter sur le maxillaire
et s'y trouvant déjà soudées avant que leur pointe ne dépasse le bord libre
de celui-ci. Toutes ces dents sont doublement sillonnées : le sillon antérieur, le principal, s'étend depuis la base jusqu'à une faible distance
de l'apex, le sillon postérieur est peu marqué et n'existe que vers la
base.

Les figures 62 et 63 qui représentent la face intérieure du crâne et les
dents maxillaires montrent aussi une particularité qui a été signalée et représentée par Troschel et par Kaup pour l'Heloderma horridum ; les arcs
ptérygo-palatins portent sur leur bord inférieur et interne saillant de petits

tubercules, sortes de dents rudimentaires, rappelant la disposition qu'on observe chez les Serpents. Les auteurs précédents en signalent de 5 à 7 sur chaque ptérygoïdien, trois sur chaque palatin. Sur le crâne préparé par Paul Gervais, il n'existe, comme nous l'avons vérifié, que deux petits tubercules sur le palatin et un sur le ptérygoïdien.

Bocourt, et après lui G. A. Boulenger, ont considéré ces tubercules dentaires comme caractéristiques de l'espèce H. horridum ; mais nous les

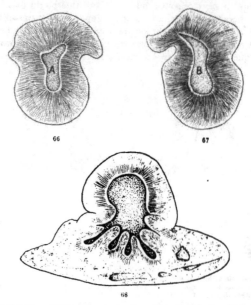

FIGS 66 à 68. — Coupe transversale d'une dent sillonnée mandibulaire d'*Heloderma horridum* à différents niveaux, montrant la synostose de la dent avec la mandibule. D'après P. Gervais.

avons retrouvés sur l'un des deux crânes d'H. suspectum que nous avons préparés, et que nous représentons figure 63, comparativement à l'exemplaire de Paul Gervais ; il y a deux denticulations sur le ptérygoïdien droit, et trois sur le gauche.

Ainsi ces tubercules perdent leur caractère spécifique pour garder cependant un caractère générique, car ils sont une exception chez les Lacertiliens. On ne les rencontre effectivement que dans les deux genres *Ophisaurus* et *Chameleolis*.

Mandibules et leurs dents sillonnées. — Les deux mandibules qui, par leur réunion, forment la mâchoire inférieure, constituent chacune un arc massif et robuste. Leur réunion se fait en avant par un cartilage

articulaire qui est homogène chez H. suspectum, tandis que, d'après
BOULENGER, il présente une petite ossification chez H. horridum.

L'ensemble forme un triangle à sommet antérieur et à côtés sinueux,
dont les portions antérieures se rapprochent de manière à constituer une
promandibule moins large que l'arc maxillaire supérieur.

En arrière, les branches mandibulaires forment des arcs convexes
extérieurement, et s'articulent de chaque côté avec le condyle du quadratum (fig. 64, 65).

Chaque arc se compose de plusieurs pièces unies entre elles par
engrenages ; d'arrière en avant on distingue extérieurement l'*articulaire*
qui présente une cavité glénoïde peu accusée et dirigée obliquement d'arrière en avant sur le dos d'âne du corps de l'os pour recevoir la trochlée
du quadratum. Au-dessous de lui est l'*angulaire* dont le bord supérieur
passe sous le *coronoïde*, lequel s'érige en crête oblique.

En avant et au-dessous, se trouve le *sous-angulaire*, s'articulant en
avant avec l'os qui porte les dents, ou *dentaire*. Sur la face interne, on
distingue en outre l'*operculaire* qui ferme le canal vasculo-nerveux de la
mandibule ; et en arrière de lui, au-dessous du coronoïde, un os qui
forme le plancher de la dépression sous-coronoïdienne, c'est le *complémentaire*.

Les dents mandibulaires sont plus fortes et plus acérées que les dents
maxillaires, plus inclinées aussi en dents de cardes sur l'os dentaire.
Elles ont sur cet os le même mode d'implantation que les dents maxillaires. Leur sillon antérieur est aussi marqué que sur le crochet
Colubridés Opisthoglyphes ; le sillon postérieur moins profond, s'étend
néanmoins jusqu'à l'apex. Il y a 4 ou 5 dents très développées en exercice
de 5 millimètres de long, puis une seconde rangée de remplacement dont
les plus grandes sont déjà soudées à la mandibule (fig. 66 à 68).

La structure de ces dents est celle des dents de tous les Reptiles et
ne mérite aucune autre mention, sinon, qu'en ce qui les concerne, l'Héloderme est pleurodonte ; mais à un degré moins accusé que la plupart
des autres Lézards.

Muscles des mâchoires

Le principal de tous les muscles est le *temporal*, fusionné avec le masséter, chez les Lézards. Il a le volume d'un œuf de pigeon et non seulement comble la profonde fosse temporale mais encore la déborde. Il
s'insère sur tout le pourtour et les parois supérieure et postérieure de la
fosse temporale, en arrière sur la face antérieure, presque plane du
quadratum, en haut et en arrière sur la face inférieure du squamosal et
du pariétal, en avant et en haut sur le bord postérieur du post-frontal.

De cette surface d'insertion très étendue, ses fibres convergent rapidement en avant et en bas en devenant très tendineuses. Elles prennent

une large insertion sur le bord supérieur de la mandibule depuis l'articulation jusqu'au dentaire. Ce muscle, qui est le plus puissant de toute la musculature de la tête de l'Héloderme, ferme la bouche avec une vigueur disproportionnée avec la taille du Lézard (fig. 69).

Il a pour antagoniste un faisceau musculaire aplati, inséré, d'une part sur la région latéro-postérieure du crâne au niveau d'articulation du squamosal avec la corne du pariétal, d'autre part sur l'apophyse posté-

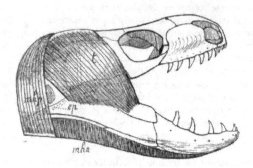

FIG. 69. — Muscles superficiels de la tête d'*Heloderma suspectum*, *mha*, mylo-hyoïdien antérieur; *mhp*, mylo-hyoïdien postérieur; *pe*, insertion du ptérygoïdien externe; *t*, temporal. Orig. A.

rieure de la mandibule, limitant vers le tiers moyen le bord postérieur du trou auriculaire, dont le bord antérieur est formé par l'arête du quadratum.

Ce faisceau porte dans sa région antérieure le nom de *digastrique*, dans sa région postérieure, celui de *neuro-mandibulaire* (fig. 70, 71).

Les mouvements de latéralité sont assurés par les muscles ptérygoïdiens :

Le *ptérygoïdien externe* est un gros muscle qui s'insère sur le bord externe et inférieur du ptérygoïde, se dirige en arrière et en dehors, sous forme d'un énorme faisceau qui passe en écharpe sous l'extrémité subterminale de l'angulaire et, se réfléchissant vers le haut en contournant l'extrémité de la mandibule, vient s'insérer sur sa surface élargie immédiatement au-dessous de l'articulation quadrato-mandibulaire. C'est ce muscle qui forme dans l'intérieur de la bouche, en arrière de la commissure, cette énorme saillie en boule, recouverte par la muqueuse noire.

Le *ptérygoïdien interne* est plus petit que le précédent ; il prend son insertion fixe sur le bord inférieur et externe du pariétal et la surface adjacente du prootique, et se dirige vers la région antéro-externe de l'orbite. De ce point, ses fibres prennent la même direction que celles du temporal et, passant en bas et en avant, vont s'insérer sur le bord de la mandibule au-dessous et en arrière du coronoïde.

Enfin un rideau musculaire dont nous n'avons pas trouvé la description dans les auteurs, relie le bord interne de la branche ptérygoïdienne

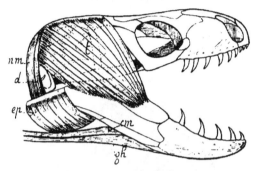

FIG. 70. — Muscles du plan moyen de la tête d'*Heloderma suspectum* : *nm*, neuro-mandibulaire; *d*, digastrique; *pe*, ptérygoïdien externe; *cm*, cérato-mandibulaire; *gh*, génio-hyoïdien. Orig. A.

postérieure et le basi-sphénoïde au prolongement oblique du prootique, passe sous la columella cranii, fermant ainsi l'espace compris latéralement entre ces os. On pourrait désigner ce muscle, d'après ses inser-

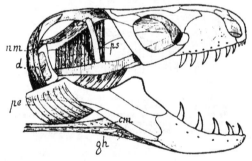

FIG. 71. — Muscles profonds de la tête d'*Heloderma suspectum. ps*, sphéno-ptérygoïdien. Orig. A.

tions, sous le nom de *ptérygo-sphénoïde*. Sa contraction permet un certain pivotement du ptérygoïdien sur son articulation sphénoïde.

La mandibule est reliée au crâne par le muscle *mylo-hyoïdien posté-rieur*, qui s'étend en collier depuis la région occipitale médiane jusque vers le milieu du menton, où les deux bandes symétriques sont réunies par un raphé tendineux.

Les branches mandibulaires elles-mêmes sont réunies par un léger voile musculaire superficiel dont les fibres continues sont disposées transversalement : c'est le muscle *mylo-hyoïdien antérieur*, il recouvre légèrement en arrière le précédent.

Un deuxième plan musculaire qui forme la région moyenne du

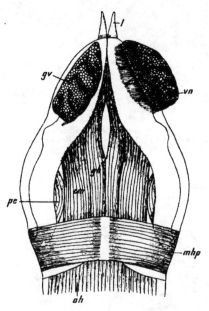

Fig. 72. — Face inférieure de la tête, privée de la peau, d'*Heloderma suspectum*, montrant les muscles et à g. la glande venimeuse en place, à droite, la glande soulevée laissant voir les cordons vosculaires et nerveux. Muscles : *mhp*, mylo-hyoïdien postérieur ; *cm*, cérato-mandibulaire ; *gh*, génol-hyoïdien ; *pe*, ptérygoïdien externe. Orig. A.

plancher buccal, double le précédent ; il est formé de chaque côté par deux faisceaux : l'un interne, c'est le muscle *génio-hyoïdien*, s'insérant sur le bord antérieur tout entier du thyro-hyal (correspondant de l'os hyoïde), où ses fibres s'accolent sur la région médiane à celles du muscle symétrique. Ces deux faisceaux restent d'abord confondus, puis s'écartent temporairement laissant entre eux un espace fusiforme, se rejoignent et vont s'insérer sur le tiers antérieur du dentaire.

Le faisceau externe ou *cérato-mandibulaire* ne paraît représenter que la continuation latérale du précédent.

Enfin, doublant immédiatement la muqueuse du plancher buccal, se trouve un troisième plan de grosses fibres musculaires ; la plus grande partie est formée par le muscle *cérato-hyoïdien* qui s'insère en avant sur le dentaire, en arrière de la symphise (fig. 72).

Outre les différents muscles qui relient entre elles les deux mandibules et celles-ci au crâne, et qui assurent le mécanisme de la morsure, SHUFELDT a signalé un intéressant tendon, que nous avons vu également sur les sujets que nous avons disséqués. Il s'insère sur l'extrémité postérieure de la mandibule, en suit le bord supérieur, commence à s'élargir sur le coronoïde en s'étalant en éventail, et vers l'extérieur va s'insérer intimement à la face interne de la peau qui recouvre la mandibule, immédiatement en contact dans cette région avec la glande venimeuse sousjacente. Quelques fibres musculaires se trouvent dans la portion antérieure du tendon, de telle sorte que, dans sa contraction, la glande peut être serrée contre la mandibule, ce qui favorise la sortie de sa sécrétion. Ce n'est pas là un vrai muscle compresseur ; mais plutôt une disposition analogue à celle qui, chez les Couleuvres Aglyphes et Opisthoglyphes permet une certaine contention de la glande venimeuse.

Mécanisme de l'inoculation du venin

L'introduction du venin s'effectue pendant la morsure. Celle-ci est simple et ne tire sa particularité que de la force des mâchoires et du volume de la masse musculaire temporale, qui fait que l'Héloderme mord comme un boule-dogue, et maintient longtemps sa prise. La salive venimeuse a donc tout le temps de pénétrer dans les tissus par les plaies multiples que font les dents aiguës et sillonnées ; elle y passe par capillarité comme chez les C. Opisthoglyphes, puisqu'il n'existe pas de muscle compresseur propre de la glande ; mais comme il y a environ une vingtaine de dents en exercice sur l'ensemble des deux maxillaires, il en résulte que la morsure correspond à une quarantaine d'inoculations faites simultanément et pouvant durer plusieurs minutes. C'est plus qu'il n'en faut pour envenimer mortellement les sujets mordus.

Glandes venimeuses

Forme extérieure. — Chez les Sauriens, les glandes digestives buccales sont peu variées, les unes, *glandes muqueuses*, sont de simples cryptes folliculaires de la muqueuse, sécrétant un liquide non toxique ; elles sont nombreuses et rapprochées. Les autres volumineuses, sont au nombre de deux, et symétriquement appliquées sur la face externe de la mandibule, faisant un bourrelet saillant sous la peau. Chez l'Héloderme, il n'existe pas de glande correspondant au groupe maxillaire supérieur des Serpents. La glande mandibulaire est donc la seule glande digestive de quelque importance, car on n'attribue généralement qu'un rôle mécanique au mucus buccal.

Chez les Sauriens, autant qu'on la connaît, cette glande est très petite, et consiste, chez le Lézard vert, en une agglomération de tubes qui s'ouvrent séparément sur le côté interne de la lèvre inférieure. Le fait intéressant, qui domine la disposition de l'appareil salivaire, est précisément l'adaptation à la fonction venimeuse de la glande mandibulaire, prenant dès lors un développement énorme, qui avait attiré l'attention de Fischer. Elle occupe la plus grande partie de la moitié antérieure de la mandibule ; elle ne laisse libre en avant que la symphise, en arrière que la commissure labiale, en bas et en dedans qu'un étroit liséré mandibulaire, servant d'insertion aux tendons des muscles du plancher buccal (Voir fig. 72).

La face externe est convexe, divisée par quatre sillons principaux, peu profonds, en 5 lobes contigus, dirigés obliquement de bas en haut et d'arrière en avant. Les sillons interlobulaires sont en partie comblés par les veines de la glande, qui se dirigent vers son bord inférieur, où elles déversent le sang dans la veine efférente, qui longe ce bord et sort de la glande par son extrémité postéro-inférieure, avant de se réunir à la jugulaire interne. La face interne est légèrement concave et ne présente pas de dépressions interlobaires, ni de saillies lobulaires. En l'écartant de la mandibule on aperçoit quatre ou cinq cordons vasculo-nerveux qui avaient été considérés par E. D. Cope comme des conduits excréteurs. Cette erreur a été rectifiée par Stewart.

La longueur maxima de la glande est de 25 millimètres ; sa hauteur de 15 et son épaisseur de 4 à 6 millimètres.

Le poids déterminé à l'état frais sur deux sujets s'est trouvé de 700 milligr. chez l'un, mâle adulte du poids de 520 gr., tandis que chez l'autre, une femelle pesant 605 gr. il atteignait 1 gr. 020.

Les lobes de la glande, malgré leur fusion latérale, conservent néanmoins l'indépendance de leurs conduits excréteurs, qui vont s'ouvrir séparément, après un court trajet intra-dermique, dans la portion du repli gingivo-labial qui correspond à la moitié antérieure de la glande (fig. 73).

Chez l'Heloderma horridum, Stewart n'a trouvé qu'un seul orifice pour la sortie du venin ; il y aurait donc fusion plus complète des lobes de la glande ; mais sur trois sujets d'H. suspectum, nous avons toujours constaté par les coupes et l'injection séparée, l'indépendance des lobes.

Structure. — Elle n'a été que peu étudiée par les auteurs ; Holm en a tracé sans détails les lignes générales ; quant à la sécrétion en elle-même, aux phases de son élaboration, il n'en est fait nulle mention, non plus que de l'existence des petites glandes accessoires, dont la présence avait été soupçonnée par Stewart d'après l'aspect de la sécrétion qui s'en échappe, lorsqu'on vient à presser sur la région postéro-supérieure de la glande. Nous avons repris cette étude sur plusieurs sujets de la ménagerie du Muséum de Paris, avec les résultats suivants :

GLANDE PRINCIPALE. — Elle est entourée par une membrane formée
de deux couches : l'une externe, réticulée, formée de fibres conjonctives
et élastiques. Elle passe comme un voile sur la face externe de tous les
lobes, et laisse passer les vaisseaux et les nerfs glandulaires. L'autre
couche, interne, est exclusivement conjonctive ; elle envoie des prolongements qui séparent les différents lobes, et les plus fins lobules, enserrant
entre ses lamelles les capillaires et les terminaisons nerveuses.

Tous les lobes forment des sortes d'ampoules allongées, dirigées
obliquement de bas en haut et d'arrière en avant ; leurs extrémités

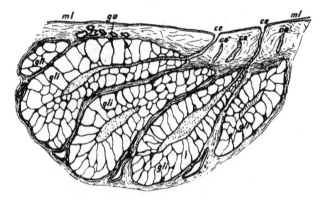

FIG. 73. — Coupe verticale de la gl. venimeuse d'*Heloderma suspectum*. *gli*, lobes de la
glande ; *gn*, gl. accessoires ; *ce*, canal excréteur ; *cé*, coupe du canal excréteur, G.-50.
Orig. A.

terminales amincies se rapprochent, de telle sorte que les canaux sécréteurs indépendants viennent s'ouvrir librement dans la muqueuse, au
niveau du tiers antérieur de la région dentaire. Ils ont la même constitution, et sont formés chacun de lobules placés côte à côte ; la lumière
centrale de ceux-ci s'ouvre dans la lumière du lobe, qui sert de réservoir
à la sécrétion. L'examen des différents lobes en section transversale
montre que les lumières des tubes sécréteurs n'ont pas toujours le même
diamètre ; celui-ci se modifie suivant les divers stades de l'élaboration du
venin (fig. 74).

Le travail sécrétoire de l'épithélium correspond à quatre phases principales :

Etat de repos. — Après une décharge de la sécrétion, la lumière des
tubes glandulaires est assez grande ; l'épithélium bas et régulier, est
formé par des cellules presque cubiques de 15 μ de haut sur 12 ou 13 de
large. Le noyau est situé vers la base, près de la membrane ; il mesure

généralement 7 à 9 μ, et présente un **gros nucléole central, ainsi que de**
fines granulations périphériques de même chromaticité que lui. Nucléole,
granulations chromatiques et membrane nucléaire fixent fortement les
colorants basiques, mais le caryoplasma est peu colorable. Quelques-
uns des noyaux semblent réduits à une trame pigmentaire, qui les rend
visibles sur les coupes non colorées, et qui finit par masquer tous les
autres détails de leur structure. De tels noyaux se rencontrent dans tous

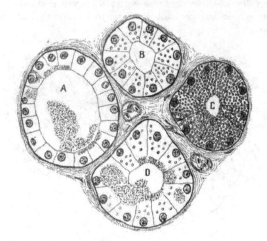

Fig. 74. — Coupe transversale des tubes glandulaires d'*Heloderma
suspectum* aux divers stades du travail secrétoire : *A*, au moment
où l'excrétion s'achève ; *B*, au début du travail ; *C*, en pleine élaboration ; *D*, au début de l'excrétion. Orig. A.

les lobes. Le protoplasme ne montre pas d'inclusions et ne fixe que
faiblement les colorants. Tel est l'aspect qui correspond au retour des
cellules sur elles-mêmes pendant leur court repos physiologique.

Premier stade du travail sécrétoire. — Dans les lobes dont la lumière
centrale ne contient plus trace de sécrétion, les tubes glandulaires ont
un autre aspect qui correspond au début du travail sécréteur. La lumière
du tube est plus réduite, l'épithélium est plus élevé, atteignant environ
20 μ ; le noyau nucléolé des cellules mesure 9 μ ; il est toujours rapproché
de la membrane et se teint très faiblement, quel que soit le réactif
employé.

Il en est de même du protoplasme ; mais celui-ci contient quelques
granulations espacées dont le diamètre varie de 1 à 4 μ. Ces granulations
sont elles-mêmes faiblement colorables, et ont la même électivité acidophile que le protoplasme.

Deuxième stade. — Il s'observe dans ceux des lobes de la glande qui ont fixé le plus fortement les colorants. La lumière de chaque tube est réduite au maximum par l'élévation turgescente des cellules épithéliales, qui atteignent la hauteur de 25 μ. Les granulations incluses dans le protoplasme sont beaucoup plus nombreuses ; elles bourrent la cellule ; tout en conservant leurs propriétés acidophiles, elles sont devenues plus colorables. On a ainsi dans chaque cellules épithéliale un noyau nucléolé, qui conserve les caractères du stade précédent, et un contenu protoplasmique granuleux très compact, qui ne permet de distinguer aucun autre détail. L'extrémité libre des cellules bombe légèrement dans la lumière glandulaire.

Troisième stade. — Dans quelques-uns des lobes les plus colorables, un changement se produit dans l'électivité des granulations pour les colorants : celles-ci prennent graduellement la coloration du noyau. Cette modification se produit rarement d'une manière simultanée dans toutes les cellules d'un même tube ; certaines cellules sont en avance sur les autres dans leur processus sécréteur ; mais les limites cellulaires restent toujours nettement distinctes. L'épithélium est aussi élevé et le protoplasme aussi bourré, le noyau reste distinct avec son gros nucléole et ses petites granulations chromatiques.

Quatrième stade. — Dans un lobe qui va excréter, mais dont les lumières lobulaires sont encore vides, on constate que les grosses granulations basophiles sont devenues plus rares, en même temps qu'on aperçoit vers l'intérieur de la cellule une masse finement granuleuse de colorabilité différente. Cette masse semble émigrer vers le pôle apical où elle forme une sorte de liseré parallèle au bord libre. Si toutes les cellules d'un tube atteignent en même temps ce stade, le tube semble doublé d'un revêtement uniforme ; mais le plus souvent le liseré est interrompu par le retard du travail de quelques cellules. Enfin, cette masse finement granuleuse passe par effraction dans la lumière tubulaire en conservant ses caractères, et la membrane cellulaire se reconstitue derrière elle. Le noyau à ce stade est resté visible vers la base de la cellule.

Entre la fonte progressive des grosses granulations acidophiles du début, qui en augmentant en nombre deviennent basophiles, et la formation du granulum plus fin et plus condensé qui s'échappe au dehors pour constituer la sécrétion, il est rationnel d'établir un rapport de cause à effet. Toutefois, si la fonte des grosses granulations s'est reformée en un granulum plus fin, c'est en changeant de constitution et en empruntant quelque nouvel élément au protoplasme de la cellule ou à l'excrétion du noyau. Ce granulum apical, ainsi que la sécrétion en laquelle il se résout, ont effectivement une réaction différente aux mêmes colorants ; le Giemsa, par exemple, qui colore en rose le protoplasme et les grosses granulations à leur début, colore en bleu le noyau et les granulations mûres, en violet mauve le granulum et le venin élaboré.

Après la décharge glandulaire, les cellules reviennent à l'état de repos que nous avons caractérisé précédemment.

Lumière glandulaire et canal excréteur. — La lumière, qui, dans chaque lobe de la glande sert de réservoir au venin, forme une cavité en fuseau à petites anfractuosités latérales qui correspondent au confluent de chacune des lumières des lobules. Au niveau où ces anfractuosités s'ouvrent dans la lumière du lobe, les cellules de celui-ci gardent le caractère qui correspond à la phase de leur travail et qui contraste parfois avec celui des cellules qui revêtent la cavité du lobe.

La lumière lobaire est effectivement tapissée par un revêtement d'une

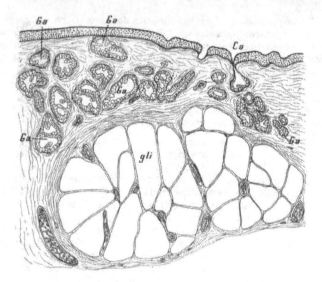

Fig. 75. — Coupe verticale de la région post. de la gl. venimeuse d'*Heloderma suspectum*.
ba, gl. venimeuses accessoires; *gli*, lobe postérieur de la gl. venimeuse. Orig. A.

certaine épaisseur, qui passe en nappe sur les lobules et sur le tissu conjonctif interlobulaire. Les cellules qui le forment, plus petites que celles des lobes, ont un noyau à fines granulations chromatiques, et un protoplasme homogène, sans inclusions.

Vers l'extrémité terminale de chaque lobe, la lumière glandulaire se rétrécit en un canal excréteur cylindrique. Celui-ci traverse le derme obliquement et s'ouvre au fond du sillon gingivo-labial par un orifice arrondi, assez visible pour qu'on puisse y introduire une soie de porc ou un crin de cheval. Sur toute cette portion intra-dermique, les parois du canal excréteur sont revêtues par des cellules polyédriques, qui forment plusieurs assises, et qui sont en continuité directe avec la muqueuse gingivale.

GLANDES ACCESSOIRES. — Elles coiffent l'extrémité terminale du lobe postérieur de la glande et sont incluses dans le derme de la muqueuse gingivo-labiale (fig. 75-76). Elles diffèrent des lobules aberrants de la glande principale par leur petit volume, leur répartition en chapelet, leur grande lumière centrale et les caractères de leur épithélium et de leur sécrétion. Leurs cellules épithéliales forment un revêtement régulier ; elles atteignent 25 à 40 μ de hauteur et une largeur de 10 à 15 μ ; le noyau est moins

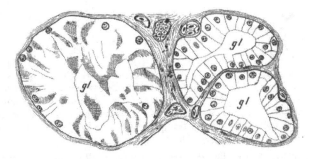

FIG. 76. — Lobules des gl. venimeuses accessoires d'*Heloderma suspectum*, gl. en période d'élaboration; gl. en période d'excrétion. Orig. A.

rapproché de la basale que dans les cellules de la glande venimeuse ; son diamètre de 10 à 11 μ est très peu différent de la largeur de la cellule ; quelquefois il s'allonge en même temps que celle-ci.

La plupart des noyaux ont un petit caryoplasme clair avec un nucléole fortement colorable, comme la membrane nucléaire, tandis que d'autres, plus rares, sont très riches en chromatine, fixent fortement les colorants, et sont entourés d'une zone claire. Le protoplasme est homogène, sans aucune enclave ; il fixe uniformément et fortement les colorants ; mais au moment du travail sécrétoire, on voit apparaître à son intérieur des masses nuageuses qui présentent les caractères de la mucine. Puis, au fur et à mesure que se fait l'élaboration, les parois cellulaires deviennent indistinctes, celle du bord libre disparaît, et bientôt toute la cavité de la petite glande acineuse est remplie par la sécrétion.

A aucun moment, on ne peut confondre ces glandes avec des lobules de la glande principale, puisqu'il n'apparaît jamais de granulations dans leur épithélium au cours de leur travail sécrétoire. Comme elles sont peu distantes du bord libre de la muqueuse labiale, le fin canal excréteur de chacune d'elles est plus court que celui des lobes de la glande principale ; il traverse perpendiculairement le derme et l'épiderme.

Ces petites glandes sont probablement les vestiges de celles qu'on observe chez certains lézards où la glande principale n'est pas développée. On voit de plus par cette étude histologique que l'ensemble des glandes mandibulaires chez l'Héloderme fait pendant à celui des glandes maxillaires qu'on trouve chez les Serpents venimeux. Le groupe est formé dans les deux cas d'une portion dont la sécrétion est hautement venimeuse, tandis que l'autre, du moins chez les Serpents, ne sécrète pas de venin, et même manifeste des propriétés antagonistes de ce dernier.

VENIN

Caractères et propriétés

Les propriétés venimeuses n'appartiennent qu'à la sécrétion de la glande maxillaire inférieure ; les nombreuses petites glandes qui tapissent la muqueuse buccale fournissent un mucus complètement inoffensif, comme on peut s'en assurer directement en le recueillant séparément et l'inoculant aux animaux sensibles. Ce mucus n'en communique pas moins à la salive mixte, qu'on recueille et qui constitue le venin brut, ses propriétés chimiques et physiques propres.

Manières de recueillir le venin. — Pour recueillir cette salive brute, on peut comme Santesson, faire mordre le lézard sur des éponges stérilisées ou sur du papier filtre ; une simple addition d'eau salée physiologique ou d'eau distillée dissoudra les substances actives. Dans nos expériences, nous avons procédé différemment pour éliminer autant que possible toute action étrangère : le venin a été recueilli au moyen d'une pipette en verre dans le sillon gingival de la mandibule, où s'ouvrent librement les cinq ou six canaux des lobes de la glande. Il est déposé sur un verre de montre flambé et taré d'avance, puis desséché rapidement à une chaleur douce. Il peut être conservé ainsi plus d'un an sans perdre ses propriétés toxiques. En pesant le venin frais et son résidu sec, on constate que la dessication lui a fait perdre environ 85 % de son poids.

Pour l'emploi physiologique, on redissout le produit dans l'eau distillée, on filtre sur papier Berzélius pour retenir les débris cellulaires de la desquamation buccale, et on ajoute de l'éther en assez grande quantité pour qu'il en reste une couche surnageante. Après 24 heures de séjour à la glacière, le liquide se montre aseptisé ; il suffit d'évaporer rapidement l'éther pour n'avoir pas à en considérer l'action propre et d'ailleurs fugace.

Propriétés physiques. — Quand on dissèque sous l'eau un sujet frais. on constate que la plus légère pression sur la glande mandibulaire fait sourdre un liquide laiteux des orifices glandulaires, comparable à celui que l'on obtient semblablement en comprimant la glande venimeuse d'un Colubridé Aglyphe ou Opisthoglyphe. Ce liquide venimeux diffuse rapidement dans l'eau, et chez le sujet vivant, dans le mucus buccal.

La même pression exercée dans la région postéro-supérieure de la glande fait sourdre un autre liquide, qui se répand en nuages filants plus transparents, et qui est le produit des glandes accessoires. On ne connaît pas les propriétés de cette sécrétion, qui n'entre d'ailleurs que pour une faible part dans la constitution de la salive mixte. C'est STEWART qui en a signalé l'existence ; et, par des coupes verticales de la glande (voir fig. 73) on aperçoit très bien les glandules qui sont superposés au lobe postérieur.

Les liquides émis par la masse glandulaire sont solubles en toutes proportions dans l'eau distillée et dans l'eau salée physiologique.

L'*alcool* fort y détermine un léger coagulum blanc ; il en est de même de la *chaleur* ; le chauffage du liquide, légèrement acidifié, détermine la formation de flocons plus ou moins abondants, dissociables et qui passent au filtre de papier.

Les *acides minéraux faibles* ou l'*acide acétique* ajoutés au liquide. jusqu'à réaction acide faible, donnent une légère opalescence.

La solution venimeuse filtrée donne par le *réactif* de MILLON un précipité qui chauffé devient rouge, tandis que le liquide reste incolore. Ce liquide filtré et traité par l'alcool donne peu à peu un nouveau précipité correspondant aux substances non coagulables par la chaleur. Ainsi le venin brut contient une albumine ou un corps réagissant comme elle (SANTESSON).

Les recherches sur la composition du venin n'ont pas été poursuivies au delà de ces quelques expériences ; et l'on ne sait rien encore de la nature de ses substances actives.

PATHOLOGIE DES ACCIDENTS DUS A LA MORSURE

Les cas d'accidents mortels consécutifs à la morsure de l'Héloderme sont assez fréquents pour que, dans son pays d'origine, il soit aussi redouté que le Crotale.

« *En une seule semaine*, dit WEIR-MITCHELL, *nous avons reçu deux lettres d'Arizona, l'une décrivant l'animal* « *comme plus pacifique et. plus innocent qu'un jeune missionnaire, l'autre comme étant pire que toute une boutique d'apothicaire* ».

D'autre part, une lettre du 2 mai 1882, adressée par G. A. TREADWELL à JOHN LUBBOCK, mentionne un accident mortel arrivé au Colonel YEARGER, de Fairbanks station, près de Trombstone (Arizona) qui, jouant avec un Gila, avait été fortement mordu au pouce.

Instantanément l'effet du poison se fit sentir, et, bien qu'on ait eu recours à tous les remèdes habituellement employés dans la localité, le Colonel ne vécut que peu d'heures. L'auteur ne donne aucun détail, soit sur les symptômes, soit sur les remèdes.

« Comme, dit TREADWELL, c'est la troisième ou quatrième mort qui a été occasionnée en Arizona par la morsure de ce reptile, on doit abandonner une fois pour toutes l'opinion que sa morsure n'est pas venimeuse. »

A l'opposé de cette assertion, se place celle de SHUFELDT : « Le 18 septembre 1882, examinant pour la première fois un Héloderme, le tenant de la main gauche, et de la droite explorant les différentes parties, j'étais sur le point de le remettre dans sa cage, lorsque la main gauche glissa légèrement ; aussitôt l'animal irrité fit un bond en avant, saisit le pouce de la main droite, infligeant une blessure sévère et lacérée. Il lâcha immédiatement, je le replaçai en toute hâte dans sa cage, et pensai à me soigner. Par succion je retirai un peu de sang, puis celui-ci cessa de couler. Cela fut suivi au bout de quelques instants par une douleur croissante, qui envahit non-seulement le bras, mais tout le côté correspondant. L'intensité de la douleur était si grande, qu'ajoutée au choc nerveux, sans doute, elle me fit défaillir sous les yeux du professeur GILL qui était à mes côtés. L'enflure était rapide ; l'action sur la peau était exaltée, et j'étais inondé par une sueur profuse. Mais l'accident ne comporta aucune suite ».

SHUFELDT conclut donc au peu de venimosité de la salive du Gila, et rejette sur le choc nerveux la principale action du venin.

Entre ces deux sortes de cas, les uns mortels confirmés par plusieurs témoins, l'autre anodin, comme celui de SHUFELDT, se place celui que nous avons observé sur nous-même, et où le choc nerveux n'a joué aucun rôle.

Le 6 juin 1911, vers les 5 heures du soir, nous examinions un des beaux spécimens de la ménagerie des Reptiles et, tenant l'animal de la main gauche, nous essayions avec l'index de la droite d'abaisser la lèvre inférieure pour apercevoir les dents sillonnées et les orifices des conduits excréteurs de la glande. L'examen était terminé à notre satisfaction quand, par un brusque mouvement latéral et très probablement réflexe de la tête, le Gila saisit en long l'extrémité de notre index droit entre la moitié droite de ses mâchoires.

La constriction était si forte proportionnellement à la taille de l'animal (qui ne mesurait que 40 cm. de longueur totale, et pesait seulement 520 gr.), que nous n'aurions pu espérer nous dégager seule, sans étouffer la bête. Mais fort heureusement, M. le Dr DEYROLLE, qui se trouvait présent, vint à notre aide avec les instruments de fortune qu'il avait sous la main : au moyen d'un couteau à huîtres qu'il engagea, ainsi qu'un tournevis, dans l'intervalle que ménageait à gauche le doigt serré

à droite, il parvint très adroitement à écarter les mâchoires de l'Héloderme sans lui faire aucune blessure, et à nous libérer. Nous pûmes donc
remettre le Gila sain et sauf dans sa cage, où il reprit ses allures torpides
et son calme ordinaire, sans manifester aucun signe d'irritation. L'instillation du venin avait duré quelques minutes.

Une seule des dents venimeuses avait profondément pénétré dans la
pulpe du doigt ; deux autres avaient comprimé l'ongle jusqu'à faire des
ecchymoses au-dessous, et deux dents du maxillaire supérieur s'étaient
profondément fixées dans les tissus. La plaie saignait beaucoup ; elle fut
lavée à grande eau pendant une dizaine de minutes ; et, comme la douleur
était violente, nous appliquâmes sur le doigt une compresse imbibée
d'éther pour essayer de la modérer ; elle s'irradiait au médius et se
propageait sur tout le trajet du nerf médian jusques et y compris l'aisselle.
En même temps apparaissait un gonflement de couleur pourpre, qui
s'étendit de l'extrémité de l'index jusqu'au poignet, en suivant le bord
interne de la face dorsale de la main. Mais dans cette action locale, le
pourtour de la blessure était aréolé d'une zone pâle, comme on l'observe
autour de la piqûre des Vespidés.

Les symptômes généraux suivirent, à 5 minutes près, la morsure ; ils
débutèrent par une sueur profuse généralisée avec pâleur marbrée de la
face, et des vertiges ; mais il ne se produisit ni nausées, ni vomissements.

Les phénomènes vertigineux étant un peu calmés, nous pûmes, au
bout d'une heure environ, rentrer à la maison où les vertiges et les sueurs
profuses reprirent. La sensation de défaillance nous obligea à nous étendre,
puis nous nous relevâmes bientôt pour recevoir M. le Dr DESGREZ qui,
informé de l'accident venait nous assister. A ce moment la douleur locale
était un peu calmée, les accidents généraux semblaient passés quand sans
prodromes, tout en parlant, nous perdîmes subitement connaissance. Pendant une minute environ que dura la syncope, il se produisit quelques
légers mouvements convulsifs.

Au réveil les sueurs profuses reprirent, ainsi que la sensation de
défaillance, qui disparut par le repos au lit. La phase critique de l'envenimation avait duré environ 3 heures.

Quant à la douleur locale, elle conserva une grande acuité malgré
l'enveloppement humide de la main ; mais le gonflement pourpre qui
suivit ne s'étendit pas au delà du poignet.

Dans la semaine qui suivit, la douleur locale persista avec des exacer-
bations dues sans doute à l'action irritative du venin resté dans la
profondeur de la plaie, car celle-ci avait bonne allure et ne manifestait
aucune infection secondaire ; il se produisit encore une syncope ; et les
phénomènes généraux : vertiges, asthénie, accès de narcose, sueurs profuses, sensations de défaillance au moindre effort, persistèrent pendant
environ 5 mois après la morsure.

Nous avons rapporté cette observation parce qu'elle est jusqu'à
présent la seule où les symptômes déterminés par les doses fortes aient été

suivis ; elle donne donc une idée exacte de l'empoisonnement aigu par le venin de l'Héloderme qui, dans ces conditions, porte son action la plus grave sur le cœur.

La dose mortelle pour l'homme nous paraît voisine de 5 milligr. de venin sec ; cette mesure approximative est déduite : 1° du fait qu'une seule morsure peut entraîner la mort ; 2° de la quantité de venin qu'un animal peut produire à un moment donné. Les nombreux prélèvements opérés sur six individus bien portants, nous ont fourni la moyenne de 5 milligr. par sujet.

ACTION PHYSIOLOGIQUE DU VENIN DE L'HÉLODERME

Sur les Mammifères

Sur le Chien. — Van Denburg, auquel on doit une étude minutieuse de l'action du venin, a constaté après l'inoculation sous-cutanée de 5 à 6 gouttes de venin frais, les symptômes suivants : c'est d'abord une vive douleur locale. Au bout de 10 minutes, tous les émonctoires fonctionnent ; ces phénomènes se répètent à diverses reprises, alternant avec des accès de narcose, qui laissent le chien dans l'assoupissement et l'inertie. Il salive, vomit pendant les périodes de réveil, où il a toute sa connaissance, et boit avidement. La pupille est dilatée, la respiration, affaiblie, subit des irrégularités et des pauses jusqu'à l'arrêt définitif, qui survient en moins de 24 heures.

Si l'ingestion de la même dose a été faite dans les veines, les symptômes apparaissent plus rapidement et sont plus marqués ; ils entraînent la mort en 15 à 18 minutes. C'est ainsi qu'après inoculation dans la jugulaire, un petit chien perd instantanément conscience, reste inerte sur le sol dans la position où on le dépose, hurlant mécaniquement à chaque expiration. La respiration s'arrête momentanément ; l'animal urine, défèque et salive ; la pupille est largement dilatée, et le réflexe cornéen presque normal. Puis la respiration reprend, avec des contractions convulsives des muscles thoraciques et de la tension des muscles abdominaux ; il y a de l'hyperexcitabilité des muscles des membres et du cou ; le pouls est faible et rapide. De nouveau, la respiration s'arrête pendant 1 m. 1/2, tandis que les membres sont raides ; puis elle reprend, convulsive, et le chien recommence à hurler à chaque respiration. Le museau tombe et s'appuie sur le sol, la bouche est ouverte, la langue protractée, le pouls filant.

La respiration faiblit de plus en plus, limitée d'abord aux mouvements labiaux postérieurs, puis s'éteint 17 minutes après l'inoculation. Le réflexe cornéen est aboli, les battements du cœur sont imperceptibles. Cependant à l'ouverture immédiate du thorax, on le trouve battant encore faiblement, mais sans coordination entre les ventricules, les oreillettes et les auricules, dont les mouvements sont les derniers à disparaître.

Le diaphragme répond encore aux excitations du phrénique ; la congestion veineuse des intestins, des reins, et quelquefois aussi de la vessie et de la rate, est énorme.

La coagulation du sang est d'abord accélérée, puis retardée ; en tous cas, une thrombose veineuse peut se produire, symptôme qui est d'accord avec les convulsions observées au cours de l'envenimation. Les hématies sont altérées par le venin de l'Héloderme ; elles deviennent sphériques, et le sang peut présenter un laquage in vitro.

Les effets du venin sur le cœur sont analogues aux effets sur la respiration ; mais d'après Van Denburg et Wight, ils apparaissent plus lentement, résultat qui rapprocherait ce venin de celui des Serpents ; d'autre part, Weir-Mitchell et Reichert ont constamment observé l'arrêt du cœur avant celui de la respiration, comme en témoignent leurs tracés.

La contradiction entre ces deux opinions peut n'être qu'apparente, car on sait que les venins de quelques Serpents arrêtent primitivement le cœur quand ils sont employés à haute dose, alors qu'à dose moindre c'est la respiration qui est d'abord frappée. Or, la virulence du venin de l'Héloderme, d'après nos propres constatations sur des sujets captifs, est aussi variable que celle du venin des Serpents, de sorte que toute augmentation de virulence équivaut à une augmentation de la dose, et peut ainsi porter son action initiale sur le cœur.

Action sur le Lapin. — D'après Weir-Mitchell et Reichert, les auteurs qui les premiers aient fait une étude physiologique du venin, l'injection dans la veine jugulaire externe du lapin de 1 cc. d'une solution dans l'eau distillée, correspondant à 1/6 de grain de venin sec, détermine une chute brusque de la pression artérielle qui, en 30 secondes, descend de 110 mm. (pression initiale), à 50 mm., puis à 20 en 8 minutes, au bout desquels surviennent des convulsions ; la pression continue de décroître jusqu'à 7 mm., et le sujet expire à la 19ᵉ minute.

Simultanément, la pupille est dilatée ; le pouls est faible, mais sans grande modification du rythme.

Cet affaiblissement cardiaque est dû à une action directe sur le cœur, et non à l'inhibition des pneumogastriques, car il se produit encore lorsque ces nerfs ont été préalablement sectionnés.

A l'autopsie, faite immédiatement après la mort, on trouve le cœur arrêté momentanément en diastole ; il ne réagit pas aux courants induits ; la moelle est inexcitable ; mais l'excitabilité des muscles et des nerfs moteurs est intacte ; l'intestin a des mouvements péristaltiques. Au bout de 5 minutes, le cœur recommence à se contracter, puis s'arrête, les cavités gauches surtout sont remplies de caillots noirs très fermes, l'arrêt étant probablement dû à la production rapide de la rigidité cadavérique, car le cœur perd son irritabilité dès qu'il cesse de battre.

WEIR-MITCHELL fait ressortir que l'action dominante sur le cœur.
la faible action hémorrhagique locale et à distance distinguent le venin
de l'Héloderme de celui des Serpents, et il n'établit sans doute la comparaison qu'avec le venin de Crotale, en reconnaissant toutefois que ce
dernier venin peut, lorsqu'il est employé à hautes doses, frapper primiti
vement le cœur.

Action sur les petits Rongeurs (Cobaye, Rat, Souris). — FAYRER,
rapporte qu'il vit deux cobayes mourir dans la journée après avoir été
mordus à la cuisse par un Héloderme. La marche de l'envenimation que
nous avons suivie sur de nombreux sujets est la suivante :

L'inoculation sous-cutanée d'une dose voisine de 3 milligr. de venin
est aussi douloureuse que la morsure, et détermine une phase d'excitation pendant laquelle le sujet crie ou fait claquer ses incisives, porte le
museau à la région inoculée.

Puis au bout de 5 à 6 minutes, il tombe dans la stupeur et l'inertie ;
il n'est cependant pas paralysé, car il se déplace et fuit quand on l'excite,
pour revenir bientôt à l'immobilté sur place, poil hérissé et yeux demi-
clos. Seules, pendant cette période de narcose, de petites plaintes répétées
traduisent l'action douloureuse prolongée du venin. Les mictions sont
fréquentes. La respiration est affaiblie, spasmodique, accompagnée de
râles ; puis survient de la paralysie qui débute par le train postérieur. Les
battements cardiaques sont faibles et précipités.

Si on suit la marche de la température, on constate que celle-ci
s'abaisse assez rapidement et d'une manière constante ; 20 minutes
déjà après l'inoculation, la température centrale s'est abaissée de 1°2 ; au
bout d'une heure, l'écart avec la température initiale est de 2° ; il est de
10° au bout de 4 heures, et va en augmentant, comme dans l'envenimation
vipérique, de telle sorte que la marche de la température peut faire prévoir
l'issue fatale. ou la guérison, suivant qu'elle continue de s'abaisser, ou
qu'elle se relève après un certain temps.

Les réflexes ne disparaissent qu'assez tard, car tout contact, même
léger, avec l'animal amène des secousses des pattes et une recrudescence
du rhoncus. Enfin, la mort survient en à 8 à 10 heures, par arrêt de la
respiration.

. A l'autopsie, on constate un œdème rosé du tissu cellulaire sous
cutané, qui s'étend à tout le côté inoculé ; la muqueuse intestinale est
apoplectique, l'estomac de couleur pourpre, les reins très congestionnés.
de même que les poumons, mais sans îlots hémorrhagiques. Le cœur,
relâché, contient des caillots et du sang fluide.

Le jeune *Rat gris* présente, après inoculation de venin d'Héloderme,
les mêmes symptômes que le cobaye. Il faut o miligr. 40 de venin pour
entraîner en 24 heures la mort d'un sujet pesant 52 gr.

La *Souris grise* est proportionnellement plus résistante ; un sujet du

poids de 15 gr. ne se montre pas incommodé par l'inoculation de
o milligr. 26 de venin ; la dose minima mortelle est supérieure à 16
milligr. par kilogramme de souris.

ACTION SUR LES OISEAUX

D'après les expériences de SUMICHRAST, l'action du venin est très
marquée sur les Poules ; nous rapportons textuellement son observation :

« Je fis mordre une Poule sous l'aile par un individu encore jeune, et
qui, depuis longtemps, n'avait pris aucune nourriture. Au bout de quelques minutes, les parties voisines de la blessure avaient pris une teinte
violette ; les plumes de l'oiseau étaient hérissées ; tout son corps éprouvait
un tremblement convulsif. Il ne tarda pas à s'affaisser sur lui-même ; au
bout d'une demi-heure environ, il était étendu comme mort, et de son bec
s'échappait une bave sanguinolente. Aucun mouvement ne semblait
indiquer l'existence, si ce n'est une légère secousse qui agitait de temps
à autre l'arrière de son corps. Au bout de 2 heures, la vie sembla renaître
un peu ; l'oiseau se releva sur le ventre, sans toutefois se tenir debout, et
ayant toujours les yeux fermés. Il demeura ainsi près de 12 heures, au
bout desquelles il finit par s'affaisser de nouveau sur lui-même, et expira.

D'après WEIR-MITCHELL, l'inoculation dans la veine axillaire d'un
Pigeon de 4 gouttes de venin frais, dilué dans o cc. 5 d'eau distillée,
détermine aussitôt du vertige et la perte de l'équilibre, l'oiseau tombe
bientôt sur le côté, les yeux clos. La respiration est forcée, rapide et
courte ; on voit effectivement le bec s'ouvrir et se fermer à chaque mouvement respiratoire. L'affaiblissement s'accentue de plus en plus ; .a tête
retombe inerte sur la poitrine, lorsqu'on tient l'animal par les ailes. A la
6e minute, le pigeon a des convulsions, la pupille est dilatée ; la tête
tombe en avant, bec clos ; la respiration s'arrête et le sujet meurt à la
7e minute.

A l'ouverture du thorax, on trouve le cœur arrêté en pleine diastole
et inexcitable ; il est rempli de caillots noirs et fermes. Les intestins sont
congestionnés. Les nerfs et les muscles réagissent encore aux courants
induits et aux excitations mécaniques. On n'observe pas d'action locale
L'action toxique générale est, d'après WEIR-MITCHELL, aussi intense que
celui du venin de Crotale.

Chez le *Moineau*, d'après nos expériences personnelles, il suffit de
o milligr. 5 de venin, inoculé en solution aqueuse dans le muscle pectoral
pour entraîner la mort en 10 à 15 minutes. Les symptômes sont identiques
à ceux qu'on observe chez le Pigeon ; le cœur survit peu à la respiration,
les oreillettes plus que les ventricules.

On n'observe pas d'action locale lorsque les symptômes évoluent en un temps aussi court ; mais les hématies sont altérées, et il existe déjà une hémolyse manifeste.

ACTION SUR LES BATRACIENS ET LES REPTILES

Le venin a une action moins intense, à doses égales, sur les Vertébrés à sang froid que sur les Vertébrés supérieurs, et la mort survient moins rapidement chez ces derniers. Nos expériences ont porté sur la Grenouille, le Lézard vert, la Vipère aspic, et les Couleuvres tropidonotes.

Action sur la Grenouille. — Les premiers symptômes de l'envenimation se manifestent par une grande excitation due à la douleur que détermine le contact du venin avec les tissus : dès que la Grenouille a reçu le venin, elle se raidit en extension, rentre les yeux et donne tous les signes d'une vive douleur. Mais cette phase ne dure que quelques minutes ; le sujet passe subitement à la stupeur et à l'immobilité par narcose. Ses pupilles sont dilatées. Si on l'excite, il exécute normalement quelques sauts ; mais bientôt il s'arrête. Ce qui domine toute la symptomatologie, ce sont les troubles respiratoires ; la respiration est dès le début ralentie, entrecoupée de pauses, de reprises explosives, jusqu'à la paralysie et à l'arrêt définitif qui entraînera la mort. En même temps, les réflexes et les contractions musculaires s'affaiblissent, la paralysie apparaît, à début postérieur et affectant surtout le cœur, dont les battements deviennent progressivement plus faibles et plus rapides. Les réflexes disparaissent vers la fin de l'envenimation ; le sujet meurt dans le coma.

L'arrêt du cœur suit de très près l'arrêt respiratoire, car à l'ouverture immédiate du thorax, on trouve déjà le cœur arrêté, et en diastole. WEIR-MITCHELL a produit cet arrêt en déposant directement à sa surface une petite parcelle de venin desséché.

Après la mort, les muscles et les nerfs conservent pendant quelque temps leur excitabilité ; il ne survient pas de rigidité cadavérique.

Quel qu'ait été le lieu de l'inoculation, l'action locale est peu marquée, et les globules rouges ne sont pas altérés ; mais il existe de la congestion gastro-intestinale, et quelques petites taches hémorrhagiques dans les muscles des membres.

Ainsi, douleur, narcose, affaiblissement et paralysie respiratoire, affaiblissement musculaire et cardiaque, mydriase, arrêt du cœur en diastole, faible action locale, telles sont les caractéristiques de l'action du venin d'Héloderme sur la Grenouille. Il ne faut pas moins de la dose correspondant à 7 milligr. de venin sec pour déterminer la mort d'un sujet ne pesant que 15 à 20 gr.

Action sur la Vipère aspic. — Aussitôt après l'inoculation du venin ou la morsure du Lézard, la vipère est prise d'une extrême agitation qui contraste avec ses allures normales ; elle est agressive et prompte à la riposte ; ses crochets venimeux se protractent à intervalles répétés ; elle fait rapidement vibrer la langue, souffle bruyamment, se jette brusquement de côté, puis revient, frappe sans rien discerner, dans le vide, ou manquant son but, comme en proie à des hallucinations et à une folle douleur. Cette période initiale est encore marquée par de l'accélération et de l'amplification des mouvements respiratoires ; on voit le poumon se distendre au maximum sur toute sa longueur, puis se vider en une expiration soufflante ; les battements cardiaques sont accélérés ; en posant le doigt sur le cœur, on en perçoit 90 à 100, au lieu de 60 à 70 par minute. Puis au bout de 5 à 8 minutes la vipère s'affaisse inconsciente, inerte, salivant abondamment, les pupilles largement dilatées. La résolution musculaire est complète ; le sujet est flasque, inerte ; si on le soulève par la tête, le corps tombe verticalement ; si on lui pince la queue, geste qui déclenche toujours le réflexe de morsure chez les sujets normaux, il ne répond par aucun mouvement. Les battements cardiaques ont repris leur rythme normal, mais sont très affaiblis ; la respiration est inappréciable, la conscience complètement abolie. Cet état de syncope se prolonge pendant une dizaine de minutes, après lesquelles survient un réveil momentané ; mais la vipère retombe bientôt dans la narcose et l'immobilité. Elle reste pendant 24 heures ou davantage dans cet état, ne réagissant que très faiblement aux excitations. Vers la fin, les battements cardiaques deviennent plus faibles et plus rapides ; les mouvements respiratoires tombent simultanément à 5 puis s'arrêtent, et leur arrêt entraîne la mort. Le cœur survit peu, car à l'ouverture du thorax, faite aussitôt, on le trouve, comme chez la grenouille, arrêté en diastole et inexcitable. Le sang est fluide et les hématies ne sont pas altérées. Le tube digestif, les reins, la rate-pancréas, le foie, le poumon, les organes génitaux sont congestionnés. Localement, on observe une action phlogogène peu marquée.

Ces symptômes et ces lésions sont, comme on le voit, très comparables à ce que l'on observe chez la grenouille ; mais chez la vipère, l'affaiblissement musculaire va jusqu'à la paralysie, et celui du cœur jusqu'à la syncope. Il suffit de la dose correspondant à 3 milligr. de venin sec pour déterminer en 22 heures la mort d'une vipère pesant 75 grammes.

RÉSUMÉ DES SYMPTÔMES DE L'ENVENIMATION

Ainsi à ne considérer que l'action sur les Vertébrés inférieurs, il serait difficile de distinguer celle du venin de l'Héloderme de celle du venin de Vipère et du venin muqueux des Batraciens : *douleur, narcose, hypersécrétion glandulaire, paralysie de la respiration et du cœur,* la première entraînant la mort, *mydriase ;* nous avons retrouvé les mêmes

symptômes chez les Vertébrés à sang chaud, et en outre quelques autres ;
nous les résumons dans leur ensemble.

La *douleur locale* est lancinante, irradiante et persistante ; elle n'est
pas atténuée par la *narcose*, qui survient presque aussitôt.

Il se produit de la *salivation*, de la *miction*, des *selles*, des *vomissements* (chez le chien après inoculation intraveineuse), des sueurs profuses
chez l'homme, de la *dilatation pupillaire*, du ralentissement puis de la
paralysie respiratoire qui, d'après les expériences de Van Denburg, serait
la cause de la mort chez le chien.

Concurremment de l'affaiblissement puis de la *paralysie cardiaque*,
avec arrêt du cœur *en diastole*. D'après Weir Mitchell cet arrêt précè-
derait celui du cœur chez le lapin.

Consécutivement aux paralysies musculaires, de *l'asthénie* et une
hypothermie marquée, comme dans l'envenimation vipérique.

Consécutivement à la paralysie du cœur, surviennent des *vertiges*,
des *syncopes*, accompagnées ou non de *convulsions*, et une *chute brusque*
puis progressive de la *pression artérielle*.

Le *gonflement œdémateux*, de couleur propre, qui suit la morsure
du lézard ou l'inoculation de son venin est toujours assez circonscrit,
et ne saurait être comparé à l'action hémorrhagique intense et étendue
que détermine le venin des Vipéridés (*Vipera aspis, Crotalus durissus*...),
mais il est plus marqué que l'œdème incolore consécutif à l'inoculation
de venin de cobra.

Chez la plupart des Vertébrés à sang chaud, le sang est fortement
atteint ; il est hémolysé, aussi bien in vivo qu'in vitro (*Chien, Lapin,
Cobaye, Moineau*), hémolysé *in vitro* chez l'Homme (l'hémolyse *in vivo*
n'a pas été recherchée), tandis que les globules des Vertébrés à sang
froid ne sont pas modifiés.

La coagulation subit des variations diphasiques : elle est d'abord
accélérée puis retardée ; si la première action est assez vive on peut avoir
des thromboses, comme avec le venin des Vipéridés.

L'envenimation non mortelle entraîne comme phénomènes secondaires un *amaigrissement* notable qui peut atteindre en peu de temps
jusqu'au cinquième du poids initial, ainsi que nous l'avons observé chez le
Hérisson, et que Sumichrast l'a vue chez le *Chat*.

Action du venin sur les différentes fonctions

Le mécanisme de l'action de venin sur les diverses fonctions a été
successivement étudié par Weir-Mitchell et Reichert, Van Denburg,
Santesson et Wight ; nous résumons pour cette mise au point du sujet
les interprétations qui résultent des minutieuses recherches de ces auteurs.

Effets sur la respiration. — Santesson, Van Denburg et Wight, ont
vu qu'avec des doses modérées, la cause immédiate de la mort est l'arrêt

de la respiration ; ils expliquent par les différences de doses employées les résultats opposés de Weir-Mitchell et Reichert, qui ont vu le cœur s'arrêter avant la respiration. Or l'influence de la dose est manifeste, du moins pour les venins des Serpents, car on a constaté pour certains d'entre eux qu'ils tuent par arrêt respiratoire quand ils sont donnés à faibles doses, et par arrêt cardiaque quand on les donne à hautes doses.

Santesson nota sur des souris de la dyspnée précédant l'arrêt respiratoire ; Van Denburg, sur des pigeons, observa un *grand accroissement dans le nombre et l'amplitude des mouvements respiratoires, suivi d'une paralysie graduelle de la respiration.* Le phénomène est constant chez le chien et chez la grenouille ; mais chez cette dernière la respiration s'arrête presque aussitôt après l'injection, il est attribué par Van Denburg et Wight à l'*action directe du poison sur le centre respiratoire.*

Après l'injection de fortes doses de venin, il survient parfois des spasmes inspiratoires, dans lesquels une inspiration peut durer 7 ou 8 secondes : ces spasmes sont apparemment dûs à la tétanisation des muscles respiratoires ; mais ils ne se prolongent jamais assez longtemps pour entraîner la mort.

Le diaphragme répond toujours après la mort aux excitations du phrénique. Les vagues gardent leur pouvoir d'inhiber l'activité du centre respiratoire.

Effets sur le cœur. — Les effets sont sensiblement les mêmes sur le cœur que sur la respiration ; mais ils sont plus tardifs. Un peu avant, ou au moment même où la pression sanguine a atteint son point le plus bas dans la chute primaire de la pression chez le chien, le pouls est d'ordinaire accéléré. Le manomètre montre, qu'en même temps, les battements cardiaques deviennent plus forts. Ces changements sont peut-être compensateurs ; mais ils se produisent encore lorsque les vagues et le cordon sympathique cervical ont été coupés, et ne peuvent donc être d'origine centrale. Après cette phase, les pulsations deviennent plus faibles et plus lentes jusqu'à ce que les ventricules, et en dernier lieu les oreillettes, aient cessé de battre. Ces effets cardiaques sont probablement dûs à l'action locale du poison (Van Denburg et Wight).

Après la mort, le cœur droit est habituellement distendu par le sang, tandis que le cœur gauche est presque vide. La respiration artificielle ne prévient pas l'arrêt graduel du cœur. Les vagues ne perdent pas le pouvoir d'inhiber l'activité du cœur quand on les excite.

Effets sur la pression artérielle. — Le premier effet de l'injection intraveineuse est une chute rapide et étendue de la pression artérielle ; elle survient souvent 5 secondes après le début de l'expérience et atteint rapidement, en 25 secondes, 40 ou 50 millimètres de mercure. Après cette première chute, on note ordinairement un accroissement modéré ; mais quand il se produit, c'est d'une manière transitoire, car il est bientôt suivi d'une chute graduelle, qui descend presque à zéro. Ces effets successifs sont-ils dûs à la résistance périphérique ou aux effets cardiaques du poison ?

Les tracés manométriques pris par Van Denburg et Wight sur le chien, montrent que les battements du cœur restent pratiquement normaux pendant la chute primaire de la pression, mais que la seconde chute et celles qui suivent correspondent à un affaiblissement progressif du cœur.

En outre, après la section du cordon sympathique cervical, l'injection de venin ne détermine plus de chute immédiate de la pression ; il semble donc que la chute primaire et les chutes secondaires soient d'origines différentes, la première étant due à une vaso-dilatation, les secondes à l'affaiblissement graduel des contractions cardiaques.

La vaso-dilatation est-elle due à la paralysie du centre vaso-constricteur ou à l'action périphérique du poison ? La question n'est pas complètement élucidée. Le fait que l'injection d'adrénaline, faite après la chute primaire, cause une élévation marquée de la pression, montre au moins que la tunique musculaire des artérioles n'a pas été sérieusement touchée. D'autre part, cette chute primaire étant supprimée par la section du sympathique cervical, et rétablie par l'excitation de son bout périphérique, il semble bien qu'elle soit dans une certaine mesure d'origine centrale. Les auteurs admettent encore, comme autre interprétation possible, que la conductibilité du trajet vaso-moteur est fortement diminuée.

Effets sur le système nerveux. — L'injection du venin dans le sac dorsal de diverses espèces de grenouilles (*Rana pipiens, Rana clamata...*) irrite le système nerveux ; la peau devient aussitôt anormalement irritable ; le moindre contact porté à sa surface détermine des mouvements de fuite. A cette phase, qui d'ailleurs peut manquer, en succède une autre, constante d'insensibilité, qui débute par la région postérieure. Les expériences classiques qui consistent à isoler une patte par ligature avant l'injection de venin dans le sac dorsal, ou à inoculer une patte isolée par ligature, montrent que la perte de la sensibilité n'est pas due à des modifications dans les terminaisons périphériques, mais qu'elle a une origine centrale ; la conduction centripète est atteinte, car l'excitation électrique de la région postérieure de la moelle ne produit pas de mouvements dans les membres antérieurs.

Les nerfs moteurs et leurs terminaisons restent intacts d'après Van Denburg et Wight, tandis que Santesson, dont les expériences ne sont pas concluantes d'ailleurs, dit qu'il a trouvé chez la grenouille une action du venin analogue à celle du curare.

Effets sur les hématies. — Santesson a montré que le venin mélangé au sang *in vitro* modifie les globules ; ceux-ci gonflent, perdent leur forme biconcave et apparaissent sphériques. Le processus peut aller beaucoup plus loin et amener un rapide laquage du sang ; il se produit en 4 minutes

20 secondes à la température de 38° (Van Denburg et Wight) avec les globules de chien. *In vivo* les globules des animaux sensibles sont partiellement dissous ; ceux des animaux résistants, tels que la grenouille, les lézards, le hérisson demeurent inaltérés.

Effets sur la coagulation. — Introduit dans les veines, le venin de Héloderme peut y produire deux effets opposés : la coagulation ou l'incoagulation. Il se comporte ainsi comme le venin des Vipéridés. Van Denburg a trouvé le sang fermement coagulé dans les ventricules du pigeon, alors que les oreillettes continuaient à battre. Les convulsions, parfois observées, trouvent une explication naturelle dans les thromboses et les embolies. Dans la plupart des cas, on n'observe que la phase négative de retard à la coagulation ou d'incoagulabilité.

L'influence des doses n'a pas été aussi bien définie que pour le venin des Serpents.

Effets sur la sécrétion et l'expulsion de l'urine. — La miction est un phénomène constant chez les animaux envenimés et non anesthésiés ; on l'observe même chez les chiens et les lapins quand ils sont sous l'influence de l'éther. Elle est due à une contraction lente de la vessie, sans qu'on puisse affirmer s'il s'agit d'une action nerveuse ou d'une action directe sur les fibres musculaires vésicales. Ainsi que permet de le prévoir la grande chute de la pression sanguine, la sécrétion de l'urine est presque immédiatement arrêtée.

Mécanisme de la mort. — La mort résulte ordinairement de la paralysie des centres respiratoires, comme avec le venin de cobra. Quand on pratique la respiration artificielle, la mort est un peu retardée, mais non évitée, et survient alors par arrêt du cœur ; elle peut être due aussi à la thrombose, comme avec les fortes doses de venin de daboïa.

Comparaison entre le venin de l'Héloderme et celui des serpents : défaut d'immunité croisée

La plupart des auteurs ont, avec quelque raison, rapproché le venin de l'Héloderme de celui des Serpents, les uns, tels que Van Denburg, signalant tout particulièrement les analogies d'action, les autres, comme Weir-Mitchell, faisant ressortir au contraire les caractères qui les distinguent. Mais les venins des Serpents n'ont pas tous la même action physiologique, bien qu'il existe entre les types extrêmes tous les intermédiaires ; aussi convient-il de limiter la comparaison, ou de l'établir successivement avec les venins les mieux connus. Weir-Mitchell avait surtout en vue celui des Vipéridés et spécialement le venin de *Crotale ;* nous pouvons y joindre celui de la *Vipère aspic ;* les analogies dominent les différences et ressortent clairement de l'étude physiologique précédente. Les principales différences objectives résident dans les caractères de la douleur et l'intensité de l'action locale. La douleur ressentie est infiniment plus vive avec le venin d'héloderme ; elle est plus durable, et subit des crises d'exaltation ; elle est irradiante, suivant les troncs nerveux qui desservent le lieu de la blessure ; tandis que la douleur consécutive à l'action du venin des Serpents, bien que parfois très grande au début, va en s'atténuant et ne se réveille pas.

L'action locale du venin d'héloderme représentée par un œdème modéré, de couleur propre, est intermédiaire entre celle qui est due aux venins hémorrhagipares des Vipéridés et celle qui est due au venin des Cobridés.

Mais la comparaison, symptôme à symptôme, des effets des venins ne donne qu'une approximation bien éloignée sur leur parenté physiologique ; et le fait est surabondamment montré par la spécificité des sérums antivenimeux ; aussi avons-nous recherché une précision plus grande dans la comparaison des venins d'héloderme et de vipère aspic en essayant l'immunité réciproque de ces animaux pour le venin l'un de l'autre.

Effets mortels réciproques de la morsure de l'Héloderme et de la Vipère aspic. — Expérience : le 6 juillet 1911, à 11 h. du matin, nous faisons mordre une vipère femelle de forte taille (long. 72 cm., poids 112 gr.), par un héloderme. La morsure est faite à la queue, de façon qu'aucun viscère n'est lésé ; elle se prolonge pendant 1 minute 1/2 environ, temps au bout duquel la vipère, contenue jusque-là, s'échappe et se rabat d'un seul coup sur le lézard, qu'elle mord à la joue. Après quelques minutes, la vipère s'affaisse inerte, inconsciente, et dès lors les symptômes précédemment décrits, *salivation, dilatation pupillaire, narcose, ralentissement respiratoire, affaiblissement musculaire et cardiaque,* se déroulent comme après l'inoculation, et entraînent la mort en l'espace de 52 heures. Ainsi, dans les conditions biologiques ordinaires, la vipère meurt de la morsure de l'héloderme, tandis qu'elle résiste parfaitement à celle de sa propre espèce. Cette constatation suffirait à montrer que les venins ne sont pas identiques ; mais les suites de la morsure du lézard par la vipère viennent compléter la démonstration et la rendre irréfutable ; immédiatement après la morsure, le gila lâche sa victime et donne des signes manifestes de douleur ; il passe la patte sur la joue, fait des gestes désespérés, et paraît angoissé.

Il salive abondamment, puis, au bout de 2 minutes, fait des efforts nauséeux, et vomit son repas de la veille. 45 minutes après, il est inerte, inconscient, en syncope si complète, que nous avons pu l'examiner, le retourner, l'ausculter, lui laver le museau à l'eau fraîche, sans déterminer la moindre réaction. Au bout d'une dizaine de minutes, il semble se ranimer, car remis sur les pattes, il lève la tête, mais retombe presque aussitôt inerte. Les mouvements respiratoires sont très faibles, ceux du cœur presque éteints. Trois heures après, le gila semble renaître, car de temps en temps il relève la tête et se lèche les lèvres ; mais les membres postérieurs sont paralysés ; il retombe dans l'assoupissement jusqu'à ce que les nausées et les vomissements se reproduisent. Il meurt 24 heures environ après la morsure, présentant les lésions usuelles dues au venin de Vipère.

Ainsi dans le combat singulier entre la vipère et l'héloderme, les deux adversaires sont restés sur le terrain ; ils n'ont pas, dans les conditions biologiques naturelles, l'immunité réciproque pour leurs venins, ce qui établit un caractère différentiel nouveau entre ceux-ci ; nous verrons qu'il n'est pas le seul.

La comparaison du venin d'héloderme avec celui des Serpents en général, peut néanmoins être soutenue, quant à la haute toxicité du produit, et à la similitude de la plupart des symptômes. C'est, de plus, comme le venin des Serpents, un poison du système nerveux et un poison du sang; mais la comparaison ne peut actuellement s'étendre au delà.

IMMUNITÉ

Immunité naturelle

Immunité du Chat. — D'après les expériences de Sumichrast, le chat possède une certaine résistance au venin de l'héloderme, car il ne meurt pas immédiatement de la morsure. Après avoir présenté les symptômes aigus qu'on observe chez les autres Mammifères, l'envenimation passe à l'état chronique ; elle se traduit par un *amaigrissement progressif* et par la perte de la vivacité de l'animal.

Immunité du Hérison. — Cet Insectivore, qui présente une résistance si marquée vis-à-vis des venins des Serpents, des Batraciens, des Insectes vésicants, et mêmes des toxines microbiennes, manifesterait-il la même résistance vis-à-vis du venin d'héloderme ? La question est intéressante au point de vue des processus par lesquels un même organisme se défend contre les poisons auxquels il est brusquement soumis, et vis-à-vis desquels on ne saurait invoquer l'accoutumance à une proie habituelle et toxique.

Tel est le cas pour le hérisson, insectivore spécial à l'ancien conti-nent, vis-à-vis de l'héloderme, cantonné dans une région limitée du nouveau monde.

Expérience. — Un hérisson mâle, pesant 55o gr., reçoit sous la peau de chaque aine 1 cc. 5 d'une solution à 1 % de venin sec dans l'eau distillée, soit en tout 3 milligr. de venin, dose capable d'entraîner, en l'espace de 8 heures, la mort d'un cobaye de même poids.

L'inoculation est très douloureuse, car le sujet, aussitôt libéré, s'en-roule violemment et se plaint très bruyamment.

Il reste ainsi pendant une vingtaine de minutes, après lesquelles la douleur s'exaltant, l'animal se déroule et se met à parcourir d'une façon inquiète et saccadée l'aire de sa cage, grattant furieusement le sol, et donnant de brusques coups de museau contre tous les obstacles.

Cette *période d'excitation* dure environ 45 minutes, après lesquelles survient une irrésistible *narcose* ; le hérisson s'enroule et s'endort ; mais le sommeil est de temps à autre interrompu par des réveils brusques, dûs à l'*exacerbation de la douleur* et accompagnés de *mouvements respiratoires d'abord accélérés et spasmodiques* (on note 44 inspirations par minute au lieu de 12 sur les témoins enroulés, mais non endormis), *puis ralentis*. Le cœur reste inexplorable, car le sujet s'enroule fortement dès qu'on le touche, quel que soit son état de veille ou de sommeil. Cet état se prolonge pendant 4 jours, le sujet n'ayant commencé à goûter à ses aliments que dans la nuit du 3ᵉ jour. Des troubles trophiques avec hémorrhagies cutanées survenues aux pattes retardèrent encore la guérison qui survint le 7ᵉ jour.

Malgré son jeûne presque absolu de plusieurs jours, le hérisson n'avait perdu au moment de la guérison que 30 gr. de son poids ; mais comme le chat de Sumichrast il continua de maigrir, perdit encore 100 gr. soit en tout le 1/5 de son poids environ, et ne revint à son poids primitif, 550 gr., que deux mois après l'inoculation. Le témoin de la même portée pesait à ce moment 830 gr.

Le venin d'héloderme frappe donc la nutrition, comme d'ailleurs d'autres venins et toxines.

Chez deux autres sujets, pesant 610 et 750 gr., ayant reçu respectivement 12 et 15 milligr. de venin (soit 20 milligr. par kilogr. dans les deux cas), la période d'excitation du début fut très écourtée (ce qui arrive toujours avec les doses massives) ; mais la douleur, la narcose, les troubles respiratoires présentèrent les mêmes caractères que chez le premier sujet, et ne furent pas compliqués de troubles trophiques, de sorte que les animaux guérirent en un jour des accidents immédiats, et ne présentèrent plus dans les semaines suivantes que l'*amaigrissement* déjà signalé.

Enfin chez un quatrième hérisson, pesant 570 gr., la mort survint avec un poids de venin égal à 19 milligr. (soit 33 milligr. par kilogr. d'animal), ce qui montre que la résistance du Hérisson vis-à-vis du venin d'héloderme est très voisine de celle qu'il manifeste vis-à-vis du venin de la vipère aspic.

Avec cette énorme dose, se produisent non seulement les symptômes déjà observés chez les trois premiers animaux, mais encore tous ceux qu'on obtient chez le cobaye mortellement envenimé : *inertie musculaire*, d'abord *par narcose, puis par paralysie ; hypothermie* aussi rapide et aussi marquée qu'avec le venin de vipère ; *affaiblissement cardiaque dominant*, accompagné de *syncope et de légères convulsions cloniques de la tête et des pattes ;* enfin *arrêt du cœur en diastole*, entraînant la mort en moins de 4 heures.

Les *globules du sang du hérisson n'étaient pas hémolysés*, contrairement à ce qui arrive pour ceux du cobaye, du moineau et des autres animaux sensibles au venin de l'héloderme.

On voit par les faits qui précèdent que si le hérisson se montre, dans une mesure appréciable, sensible à la dose du venin qui tue le cobaye, il ne pourrait, comme ce dernier, mourir de la morsure du lézard, car la quantité de venin que peut fournir à un moment donné un seul sujet de taille moyenne, est de 1 milligr. 5 environ ; ce n'est que pour le plus gros des sujets sur lesquels ont porté nos prélèvements (qui pèse 1060 gr. et mesure 510 millim.), que la quantité de venin atteint, mais ne dépasse pas 5 milligr.

C'est dire que le hérisson est beaucoup plus résistant que l'homme, pour lequel la dose de 5 milligr. représente certainement une dose foudroyante.

Comme il est bien avéré que le hérisson ne peut devoir au mithridatisme sa résistance au venin de l'héloderme, puisque les deux espèces habitent des continents différents ; que, d'autre part, le venin du lézard présente avec celui des Vipéridés quelques analogies d'action, nous avons recherché si le sang du hérisson qui est, comme l'ont montré MM. Phisalix et Bertrand, antitoxique vis-à-vis du venin de la vipère, aurait les mêmes propriétés vis-à-vis de celui de l'héloderme. Or, le sérum de hérisson, débarrassé de son pouvoir toxique par chauffage à 58° pendant 15 minutes, ne se montre nullement antivenimeux (MM. Camus et Gley ont vu qu'il en est de même pour le sérum d'anguille) ; la dose de 8 cc., que fournit un sujet adulte, mélangée avant l'inoculation à la dose de 3 à 4 milligr. de venin, sûrement mortelle pour le cobaye, ou bien inoculée séparément (sérum dans le péritoine, et aussitôt après le venin sous la peau), non seulement ne protège pas le cobaye, mais en précipite la mort. Celle-ci arrive en 55 minutes dans le premier cas, en 1 h. 10 dans le second, au lieu de 1 h. 38, comme après le venin injecté seul.

Cette contradiction entre la haute résistance de l'animal et l'action apparemment sensibilisante de son sérum, s'explique quand on observe ce qui se passe après l'inoculation du sérum seul ; bien que la dose de 8 cc. de ce sérum chauffé ne soit ni mortelle, ni manifestement toxique, elle détermine dans la première heure qui suit l'inoculation, et dans celle-là seulement, une hypothermie marquée (de 39°5 à 36°6), et une parésie du train postérieur, symptômes qui s'ajoutent aux symptômes similaires dûs au venin seul. Ce qui montre qu'il en est bien ainsi, c'est que dans le cas où l'inoculation du sérum est faite 24 heures avant celle du venin, la mort n'est pas avancée ; elle est même un peu retardée et survient en 2 heures au lieu de 1 h. 38.

De l'ensemble de ces faits on doit conclure : 1° que l'immunité du hérisson vis-à-vis du venin de l'héloderme est due à la résistance propre de ses cellules, au moins évidente en ce qui concerne les globules rouges ; c'est une *immunité cytologique* ; 2° que le hérisson résiste aux

poisons d'origine animale ou végétale par des mécanismes différents, dont
deux ont été expérimentalement établis : par les propriétés antitoxiques
du sang vis-à-vis du venin de la vipère (C. Phisalix et Bertrand), et
par la résistance cellulaire, vis-à-vis des toxines du bacille de Koch
(C. Phisalix), du sérum toxique d'anguille (Gley et Camus) et enfin du
venin de l'héloderme (M. Phisalix).

Immunité des Lézards. — Nos expériences n'ont porté que sur des
lézards de petite taille, tels que le Lézard vert et le Lézard ocellé.

Le *Lézard ocellé* d'un poids moyen de 3o gr. auquel on inocule o,25
à o milligr. 8o de venin (soit 26 mill. 6 par kilogr.) en solution aqueuse
à 1 % dans le péritoine ne présente que de la narcose et quelques nausées;
il guérit toujours rapidement en 1 à 2 heures.

Le *Lézard vert* est plus résistant encore ; un sujet du poids de 2o gr.
n'éprouve aucun symptôme objectif après l'inoculation de 1 milligr. de
venin, ce qui correspond à la dose énorme de 5o milligr. par kilogramme.

Nous résumons dans le tableau suivant les résultats qui concernent
la résistance relative des espèces à l'action toxique du venin de l'héloderme. Pour les animaux : *Grenouille, Lézard, Hérisson, Vipère, Cobaye*,
les moyennes obtenues résultent de six à huit expériences répétées en
diverses saisons ; pour les autres animaux du tableau, elles sont déduites
de deux ou trois observations seulement. Enfin elles ont été calculées pour
l'homme d'après de nombreux prélèvements sur un lot de six vigoureux
gilas de la ménagerie des Reptiles du Muséum de Paris, et d'après le
fait que l'homme peut mourir d'une seule morsure du lézard. . . .

ÉCHELLE DE RÉSISTANCE DES ANIMAUX AU VENIN D'HÉLODERME

ESPÈCES	LEUR POIDS en grammes	POIDS DU VENIN SEC en milligrammes	DURÉE de la survie	DOSE MINIMA mortelle pour 1 kg. en milligrammes
Grenouille.........	2o	7	1a heures	35o
Lézard vert.......	2o	1	totale	> 5o
Vipère aspic.....	75	3	2a heures	4o
Hérisson..........	57o	19	a4 heures	33
Lézard ocellé.....	3o	o.8	totale	> a6,6
Souris grise......	15	o,26	totale	> 16
Rat gris (jeune)..	5a	o,4o	a4 heures	7,7o
Lapin.............	1.5oo	1o,8		7,a
Cobaye............	5oo	3	8 heures	6
Homme............	6o kilog.	5 mgr.	quelq. heur.	o,o833

Immunité acquise

Vaccination du Cobaye. — Continuant la comparaison commencée dans les pages précédentes, entre le venin de l'héloderme et celui de la vipère aspic, nous avons recherché si le venin entier, tel que le lézard l'inocule en mordant, peut être employé comme vaccin ; si la chaleur l'atténue ou en change les propriétés, et si la cholestérine peut créer contre le poison du lézard une immunité comparable à celle qu'elle confère vis-à-vis du venin de quelques Serpents (non de tous), comme la vipère aspic et la vipère de Russell.

Pour résoudre ces diverses questions, quatre séries, de chacune trois cobayes, ont été préparées comme il suit :

Première série. — Des animaux du poids de 3oo à 4oo grammes reçoivent en injections péritonéales faites à six jours d'intervalle, deux inoculations de venin entier d'héloderme, la première correspondant à 2 milligr., la deuxième à 3 millig. de venin sec. (3 millig. représente la dose sûrement mortelle pour un sujet du poids des animaux employés).

Deuxième série. — Les cobayes reçoivent les mêmes doses de venin que les précédents, par la même voie et aux mêmes intervalles ; mais la solution venimeuse, à 1 o/oo, a été préalablement chauffée en pipette close au bain-marie pendant 5 minutes à la température de 8o°, conditions dans lesquelles le venin de la vipère aspic perd ses propriétés toxiques et conserve ses propriétés vaccinantes.

Troisième série. — Les cobayes reçoivent les mêmes doses de venin chauffé en pipette close pendant 5 minutes dans l'eau bouillante, conditions dans lesquelles le venin de la Vipère aspic perd jusqu'à ses propriétés vaccinantes, tandis que le venin d'héloderme, ainsi que l'avait déjà vu Van Denburgh, garde toute sa toxicité.

Quatrième série. — Les cobayes reçoivent deux injections sous-cutanées à 6 jours d'intervalle, d'une solution saturée de cholestérine dans l'éther, la première correspondant à 1o millig., la seconde à 15 millig. de cette substance. Ce sont les doses qui ont servi à C. Phisalix à vacciner des cobayes contre le venin de la vipère aspic.

Dans toutes ces expériences, c'est la même solution venimeuse qui a été employée.

Six jours après la dernière injection préparante, tous les cobayes ont été éprouvés par l'inoculation intra-péritonéale de 5 millig. de venin entier, dose qui correspond à près de 2 fois la dose mortelle, aussi bien pour l'homme d'un poids moyen de 6o kilogr. que pour le cobaye d'un poids de 4 à 5oo grammes.

Les résultats de cette inoculation d'épreuve ont été les suivants :

Les cobayes préparés avec le venin entier et avec la cholestérine ont tous résisté ; ils étaient donc vaccinés. Ceux qui avaient reçu le venin chauffé soit à 80°, soit à l'ébullition, sont tous morts, les uns, ceux de la deuxième série, en moins de 2 heures, ceux de la troisième en 4 à 5 heures, avec une avance de 10 heures environ sur les témoins.

De l'ensemble de ces expériences, il résulte :

1° Que le venin entier et la cholestérine se comportent comme des vaccins vis-à- vis du venin de l'héloderme, quel que soit d'ailleurs dans l'un comme dans l'autre cas, le mécanisme de la protection ; et que la morsure du lézard peut, suivant la dose qui a pénétré, créer une certaine immunité ou entraîner la mort des sujets mordus, comme des observations en sont relatées pour l'homme et pour divers animaux ;

2° Que le venin entier de l'héloderme contient au moins deux substances actives indépendantes l'une de l'autre, l'une vaccinante, qui est détruite par le chauffage à 80° prolongé pendant 5 minutes (et peut-être même avant, car la quantité de venin dont nous disposions nous a obligée à limiter les essais), l'autre toxique, qui résiste à l'ébullition.

Contrairement à ce qui se produit pour le venin de la vipère, le venin chauffé de l'héloderme n'est pas un vaccin, et perd par le chauffage les propriétés vaccinantes qu'il possède quand il est entier, ce qui crée un caractère différentiel nouveau à ajouter à ceux que nous avons déjà signalés, à savoir le défaut d'immunité réciproque de la vipère et du lézard pour leurs venins, les caractères différents de la douleur et de l'œdème local, simplement rose pourpre avec le venin du lézard, et franchement hémorrhagique avec le venin de la vipère.

La vaccination contre le venin de l'Heloderma horridum aurait été tentée par BELDEN en 1890 ; mais nous n'avons pu encore nous procurer la publication où les résultats en sont donnés.

FONCTIONS ET USAGES

La fonction venimeuse est assurée chez l'Héloderme par deux glandes volumineuses qui sont avant tout des glandes salivaires. Elles sont morphologiquement homologues des glandes mandibulaires, non venimeuses, des Serpents.

L'appareil inoculateur est constitué par l'ensemble des dents bisillonnées des deux mâchoires, dont une vingtaine environ sont normalement en exercice. Une morsure complète équivaut donc à une quarantaine d'inoculations faites simultanément. L'efficacité d'une telle morsure est en outre assurée par sa fermeté et sa ténacité habituelles.

Un tel appareil est utilisable à la défense de l'espèce, et les nombreuses observations de morsure prouvent que le lézard en use ; mais le peu que l'on sait de son régime alimentaire, qui doit consister surtout en œufs d'Oiseaux ou d'autres Reptiles (car il n'accepte que des œufs en captivité), semble indiquer que le poison n'a aucun rôle dans la recherche de la nourriture et la manière de la procurer.

Relativement au venin et à son mode d'action sur les animaux :

On ne sait rien sur la nature chimique des substances actives que renferme le venin. L'analyse physiologique, encore peu avancée, montre qu'il en existe au moins deux : une toxique, qui résiste à la température de 100°, et une vaccinante, qui est détruite à 80°.

Le venin d'Héloderme, comme celui des Serpents en général, a une action hémotoxique et neurotoxique paralysante qui, suivant les doses et les espèces envenimées, frappe primitivement soit la respiration, soit le cœur, soit le sang, de telle sorte que la mort peut survenir par arrêt respiratoire ou cardiaque, et même par thrombose étendue.

Malgré l'analogie de la plupart des symptômes observés avec le venin des Vipéridés et celui de l'Héloderme, il existe des différences importantes entre ces venins : celui de l'Héloderme détermine une douleur irradiante et persistante d'un caractère spécial ; il n'entraîne pas d'hémorrhagies locales ou à distance ; la chaleur lui fait perdre ses propriétés vaccinantes sans détruire la toxicité et enfin l'Héloderme et la Vipère meurent des morsures qu'ils peuvent réciproquement se faire : il n'y a pas d'immunité croisée.

Liste des figures

Pages

Fig. 59-60. — Tête osseuse de l'Héloderme, 59 face supérieure du crâne d'un jeune sujet avant la soudure de la peau ; 60, soudure des tubercules osseux dermiques chez un sujet âgé...... 179

Fig. 61. — Face latérale de la tête osseuse d'*Heloderma suspectum*..... 180

Fig. 62-63. — Face inférieure de la tête osseuse. 62 chez *H. horridum*. 63, chez *H. suspectum* 181

Fig. 64-65. — Mandibule d'*H. suspectum*. 64, face supérieure. 65, face inférieure 182

Fig. 66-68. — Coupe transversale d'une dent mandibulaire d'*H. horridum* différents niveaux 183

Fig. 69-71. — Musculature de la tête d'*H. suspectum*. 185-186

Fig. 72. — Face inférieure de la tête avec les glandes venimeuses...... 187

Fig. 73. — Coupe de la glande venimeuse. 190

Fig. 74-76. — Structure de la glande venimeuse et des glandes accessoires 191-193-194

Planche IV, en couleur : *Heloderma suspectum*.

Bibliographie

Appareil venimeux

Boulenger (G.-A.). — Observations upon the Heloderma, *Proc. z. s. of London* 1882, p. 631.

Boulenger (G.-A.). — The anatomy of Heloderma, *Nature*, XLIV, p. 444.

Boulenger (G.-A.). — Notes on the osteology of Heloderma horridum and H. suspectum, with remarks on the systematic position of the Helodermatidæ, *Proc. z. s. of London*, 1891, p. 109.

DUMÉRIL (Aug.) et BOCOURT (F.). — *Mission scientifique au Mexique et dans l'Amérique centrale*, Paris, 1878.

FISCHER (J.-G.). — Anatomische notizen über Heloderma horridum Wiegm, *Verhandl. des Vereins für naturew. Unterhaltung zu Hamburg*, 1882, V, p. 2-16, pl. III.

GERVAIS (P.). — Du Moloch et de l'Héloderme, *Journ. de Zoologie*, 1873, II, p. 453.

GERVAIS (P.). — Structure des dents de l'Héloderme et des Ophidiens, *C. R Ac. des Sc.*, 1873, LXXVII, p. 1019.

HOLM (J.-F.). — Some notes on the histology of the Poison glands of Heloderma suspectum, *Anat. Anz.*, 1897, XIII, p. 80-85.

KAUP (J.-J.). — Einige nachträge zur gattung Heloderma horridum, *Wiegm Arch. f. Naturgesch.*, 1865, p. 33-40, pl. III.

LOCKINGTON (W.-N.). — Heloderma suspectum Cope, *Am. Nat. Phil.*, XIII, p. 781.

PHISALIX (Marie). — Structure et travail sécrétoire de la glande venimeuse de l'Heloderma suspectum Cope, *Bull. du Mus. d'Hist. Nat. de Paris*, 1912, n° 3.

SANTESSON (C.-G.). — Uber das Gift von Heloderma suspectum Cope, einer giftiger Eidechse, *Nordkist medicinskt Arkiv. fustband* (Axel Key), 1897, n° 5.

SHUFELDT. — Contributions to the study of Heloderma suspectum, *Proc. z. s. of London*, 1890, p. 148-244, pls. XVI à XVIII.

SHUFELDT. — Poison apparatus of the Heloderma, *Nature, London*, 1890-91, XLIII, p. 514.

SHUFELDT. — Further notes on the anatomy of the Heloderma, *Nature*, 1891, XLIV, p. 294.

STEWART (C.). — On some points in the anatomy of Heloderma, *Proc. z. s. of London*, 1891, p. 119, Pl. XI.

TROSCHEL (F.-H.). — De Helodermate horrido, *Arch. f. Nat.*, 1853, p. 294, pls. XIII et XIV.

WIEGMANN (A.-F.). — Matériaux pour l'Erpétologie, *Isis*, 1828, XXII, p. 364. id. 1829, XXIII, p. 627.

Pathologie et physiologie

BELDEN (C.-D.). — Gila monster (H. horridum), *Homœop Rec., Phil.*, 1890, CLXIII.

BENDIRE (C.-E.). — Whip Scorpion and the Gila monster, *Forest and Stream*, 1887, XXIX, p. 64-65.

BOCOURT (F.). — Observations sur les mœurs de l'Heloderma horridum Wieg, par M. F. Sumichrast, *C. R. Ac. des Sc.*, 1875, LXXX, p. 676.

BRADFORD (T.-L.). — Is the Gila monster venomous? *Homœop. Recorder Lancaster*, 1895, X, p. 1-13.

CLARKE (W.-B.). — The Gila monster, *Med. Current*, Chicago, 1890, VI, p. 373-378.

COOKE (E.) et LŒB (L.). — Hæmolytic action of the venom of Heloderma suspectum, *Proc. Soc. f. exp. Biol. and Med.*, 1908, V, p. 104

DENBURG (J. Van). — Gila monsters venomous, *Scient. Am. N. Y.* 1897, LXXVI, p. 373.

Denburg (J. Van). — Some experiments with the saliva of the Gila monster, *Trans. of the am. Philos. Soc.*, 1898, XIX, p. 199-220.

Denburg (J. Van) and Wight. — On the physiological action of the Poisonous secretion of the Gila monster (H. suspectum), *Am. J. Physiol.*, 1901, IV, p. 209, 238.

Dugès (Alfred). — Venin de l'Heloderma horridum Wieg, *Bol. Cinquantenaire de la Soc. de Biol.*, 1899, p. 134-137.

Fayrer (J.). — On the bite of the Heloderma, *Proc. z. s. of London*, 1882, p. 632.

Garman (S.-W.). — The Gila monster, *Scient. Am. N. Y.*, 1879, XLI, p. 399.

Garman (S.-W.). — On the Gila monster, *Bull. of the Essex Inst.*, 1880, XXII, p. 60-69.

Garman (S.-W.). — The Gila monster, *Am. Nat. Phil.*, 1891, XXV, p. 668.

Garman (S.-W.). — A Gila monster's bite : terrible fate of a tourist's companion in Arizona, *Homœop. Recorder*, Phil., 1893, VIII, 318-320.

Gawke. — Poisonous Lizards in India, *Madras Mail*, 15 août 1911.

Günther (A.-C.). — *Encyclopedia Britannia*, 9e éd., Art. Lizards, 1882, XIV, p. 735.

Hernandez (F.). — *Historia animalium et mineralium novæ Hispaniæ liber unicus*, 1651.

Irving (Dr). — *American Naturalist*, nov. 1882.

Lœb et Fleisher. — The adsorption of the venom of Heloderma Suspectum, *Proc. Soc. for Exp. Biol. and Médicin.*, 1910, VII, p. 91-93.

Lubbock (J.). — Extracts from a letter adressed to him by G. A. Treadwell concerning a fatal case of poisoning from the bite of Heloderma suspectum, *Proc. z. s. of London*, 1888, p. 266.

Martin (C.-J.). — Le venin de l'Heloderma, *Nature*, London, XCIII, n° 2318.

Mitchell (Weir) et Reichert. — A partial study of the poison of Heloderma suspectum Cope, the Gila monster ; *Am. Natur.*, 1880, XVII, p. 800 ; *Read before the College of Phys. of Phil.*, 7 février 1883, 3e série, VI, p. 255-266 ; *New-Y. Am. J.*, 1883, XXXVIII, p. 520-520 ; *Med News, Phil.*, 1883, XLII, p. 209-212 ; *Science*, 1883, I, p. 372.

Packard (A.-S.). — Testimony as the poisonous nature of the bite of Heloderma suspectum Cope, *Am. Nat. Phil.*, 1882, p. 842 et 907.

Phisalix (Marie). — Effets de la morsure d'un lézard venimeux d'Arizona : l'Heloderma suspectum Cope, *C. R. Ac. des Sc.*, 1911, CLII, p. 1790.

Phisalix (Marie). — Note sur les effets mortels réciproques des morsures de l'Heloderma suspectum Cope et de la Vipera aspis Laur, et sur les caractères différentiels de leurs venins, *Bull. du Mus. d'Histoire naturelle*, 1911, XVII, p. 485, et *Soc de Pathol. exotique*, 1911, IV, p. 631.

Phisalix (Marie). — Immunité naturelle du Hérisson vis-à-vis du venin de l'Heloderma suspectum, *C. R. Ac. des Sc.*, 1912, CLIV, p. 1434.

Phisalix (Marie). — Vaccination contre le venin de l'Heloderma suspectum Cope avec ce venin lui-même et avec la cholestérine, *C. R. Ac. des Sc.*, 1914, CLX, p. 379.

Sclater (Ph.-L.). — A Heloderm Lizard (H. suspectum) from Arizona presented by sir John Lubbock, *P. z. Soc. of London*, 1882, p. 630.

Shufeldt (R.-W.). — The bite of the Gila monster (H. suspectum), *Am. Nat.*, 22 sept. 1882, p. 707.

Shufeldt (R.-W.). — The Gila monster, *Forest et Stream*, N.-Y., 1887, p. 24.

Shufeldt (R.-W.). — Medical and other opinions upon the poisonous nature of the bite of the Heloderme, *The N.-Y. Med. Jour.* 1891, LIII, p. 581-584.

Shufeldt (R.-W.). — Some opinions on the bite of the Gila monster (H. suspectum), *Nature's Realm*, 1891, p. 125-129, New-York.

Shufeldt (R.-W.). — Hobnobbing with a Gila monster, *J. homœop. Phil.*, 1901, p. 42-45, pl. ; aussi : *Metrop. New-York*, 1901, XIII, p. 26-3o.

Sumichrast (F.). — Helodermiens, *Bull. Soc. Zool. de France*, 188o, V, p. 178.

Sumichrast (F.). — Contribution à l'histoire naturelle du Mexique ; Notes sur une collection de Reptiles et de Batraciens de la partie occidentale de l'isthme de Tehuantepec, *Bull. Soc. zool. de France*, V, p. 162-190.

Yarrow (H.-C.). — Bite of the Gila monster, *Forest and Stream N.-Y.*, 1888, XXX, n° 1, p. 412.

CHAPITRE ¦III

SERPENTS

———

Comme les Poissons, les Batraciens et un certain nombre d'Invertébrés, les Serpents peuvent manifester leur pouvoir venimeux de diverses
manières : par des glandes spécifiques, par leur sang et par leurs glandes
génitales. On n'a pas observé jusqu'à présent chez eux de toxicité permanente ou saisonnière de leurs autres tissus.

Nous aurons donc à considérer cette triple venimosité ; mais c'est
jusqu'à présent celle des glandes qui a suscité le plus grand nombre de
recherches et qui est la mieux connue.

POSITION SYSTÉMATIQUE DES SERPENTS VENIMEUX ;
EXTENSION DE LA FONCTION VENIMEUSE

L'ancienne classification de Schlegel en *Serpents venimeux et non
venimeux*, travail le plus complet qui ait paru avant 1837, a dû subir
des modifications au fur et à mesure que les Serpents ont été mieux
connus.

J. E. Gray divise simplement les Serpents en deux sous-ordres :
Viperina et *Colubrina*.

Mais Duméril et Bibron, se fondant sur les caractères tirés de la
dentition, les répartissent en cinq familles, dont trois au moins, celles
qui correspondent aux Serpents à crochets venimeux, ont pu, sous des
noms différents, rester à peu près intactes, et dont les deux autres ont
dû être subdivisées.

A. Günther divise les Serpents en *Ophidiens colubriformes, Ophidiens
colubriformes venimeux et Ophidiens vipériformes.*

E. D. Cope fait intervenir dans la classification des caractères ostéologiques tels que les modifications de l'os squamosal, de l'ectoptérygoïde, les vestiges des membres postérieurs ; il divise les Serpents en *Scolocophidia* (Typhlopidés), *Catodonta, Tortricina, Asinea, Proteroglypha* et *Solenoglypha.*

Plus récemment G. A. BOULENGER a complété et modifié les classifications de DUMÉRIL et BIBRON et de COPE, et précisé les groupements naturels en étendant la comparaison morphologique des dents et celle de la tête osseuse tout entière. Cette classification est actuellement admise par la plupart des Herpétologistes ; comme c'est elle que nous suivrons dans notre exposé, nous en donnons aussitôt le tableau.

Classification des Ophidiens

Synopsis des familles du sous-ordre des Ophidiens :

I. — Pas d'ectoptérygoïde ; ptérygoïde n'atteignant pas le quadratum ou la mandibule ; pas de supratemporal ; le préfrontal présentant une suture avec le nasal ; coronoïde présent ; vestiges de pelvis.

Maxillaire vertical, étroitement fixé, pourvu de dents; mandibule dépourvue de dents ; un simple os pelvien . . . . *Typhlopidés.*

Maxillaire bordant la bouche, présentant une suture avec le prémaxilaire, le préfrontal et le frontal, dépourvu de dents ; mandibule avec dents ; pubis et ischiuns présents, les derniers formant une symphyse . . . . *Glauconiidés.*

II. — Ectoptérygoïde présent ; les deux maxillaires pourvus de dents.

A. Coronoïde présent ; préfrontal en contact avec le nasal.

1° Vestiges de membres postérieurs ; supratemporal présent ; supratemporal grand, suspendant le quadratum . . . . *Boïdés.*

Supratemporal petit, intercalé dans la paroi du crâne... *Ilysiidés.*

2° Pas de vestiges de membres ; supratemporal absent. *Uropeltidés.*

B. Cornoïde absent ; supratemporal présent.

1° Maxillaire horizontal ptérygoïde atteignant le quadratum ou la mandibule.

Préfrontal en contact avec le nasal . . . . *Xenopeltidés.*

Préfrontal non en contact avec le nasal . . . . *Colubridés.*

2° Maxillaire horizontal, convergeant en arrière vers le palatin ; ptérygoïde n'atteignant pas le quadratum ou la mandibule. *Amblycéphalidés.*

3° Maxillaire verticalement érectile, perpendiculairement à l'ectoptérygoïde ; ptérygoïde atteignant le quadratum ou la mandibule. *Vipéridés.*

L'auteur fait remarquer que si l'on met à part les Typhlopidés et les Glauconiidés, toutes les autres familles de Serpents peuvent être considérées comme dérivées des Boïdés. Les Serpents admis par tous les auteurs comme venimeux (C. Protéroglyphes et Vipéridés) dériveraient eux-mêmes des C. Aglyphes.

Mais les recherches que nous avons faites sur l'extension de la fonction venimeuse chez tous les Ophidiens ont montré que ce qui caractérise cette fonction, ce n'est pas tant la complication et le perfectionnement de l'appareil inoculateur, en l'espèce les dents, que l'existence même d'une glande venimeuse en rapport avec cet appareil ; car l'armature buccale est si complète chez les Serpents que le venin, même dilué dans la salive mixte, pénètre rapidement dans les tissus de la proie ou de toute autre victime par les multiples blessures que font les dents. Nous verrons d'ailleurs quels rapports existent entre les deux facteurs de la fonction venimeuse : glande à venin et appareil inoculateur.

Or, nous avons montré l'existence d'une glande morphologiquement comparable à la parotide des C. Opisthoglyphes chez un grand nombre de C. Aglyphes et dans les familles des *Boïdés*, des *Ilysiidés*, des *Uropeltidés*, et des *Amblycéphalidés* ; nous avons de plus vérifié expérimentalement l'action venimeuse de sa sécrétion chez l'*Eryx johnii* parmi les Boïdés et chez les espèces des genres *Silybura* et *Platyplecturus* parmi les *Uropeltidés.*

La glande venimeuse présente d'ailleurs, tant chez les Colubridés Aglyphes que chez les familles sus-mentionnées le même caractère distinctif de n'appartenir qu'à certains genres, et dans un même genre qu'à certaines espèces. Dans ces groupes, la fonction venimeuse est donc fréquente sans être générale ; elle ne devient constante que chez C. Opisthoglyphes et Protéroglyphes, ainsi que chez les Vipéridés.

Ces constatations sont significatives ; elles étendent la fonction glandulaire venimeuse chez les Serpents à des familles où on n'en avait pas jusqu'ici soupçonné l'existence, en même temps qu'elles la dégagent, dans une certaine mesure, des caractères génériques tirés de la dentition, et des questions phylogéniques sur lesquelles elle ne jette aucune lumière.

Pour nous *sont venimeux tous les Serpents qui possèdent une glande buccale à sécrétion toxique,* quelle que soit la dentition, qui suffit toujours à inoculer cette sécrétion par morsure faite, soit à la proie pendant l'engagement de celle-ci, soit à l'homme, soit aux animaux.

Ces réserves étant établies sur la filiation actuellement admise par M. G. A. BOULENGER, on ne saurait méconnaître que les différenciations morphologiques qui aboutissent au perfectionnement de l'appareil venimeux (glande venimeuse, os maxillaires et dents) suivent dans leurs grandes lignes l'ordre établi par G. A. BOULENGER.

Caractères extérieurs des serpents venimeux

Les subdivisions de chacune des sous-familles sont établies sur d'autres
caractères externes, tels que la forme de la pupille, la couleur, les dessins
des téguments, le nombre et la forme des écailles, la présence ou l'absence
de fossettes rétro-nasales ou prélabiales, avec la forme générale des parties
du corps corrélatives du genre de vie aquatique, terricole, terrestre ou
arboricole.

Nous examinerons donc rapidement ces caractères avant de décrire
les modifications ostéologiques fondamentales de la tête qui, en raison
de leur importance dans le mécanisme de la morsure et de l'inoculation
du venin, exigent un plus grand développement, et ne peuvent être
séparées de la description de l'appareil venimeux.

L'ŒIL ET LA PUPILLE

La grosseur de l'œil, la forme de la pupille sont des caractères utilisés dans la diagnose. La pupille est le plus souvent circulaire (la plupart
des Colubridés), ou allongée en un fuseau vertical (Boïdés, la plupart des
Vipéridés), rarement en un fuseau horizontal (Dryophis).

Une pupille verticale dénote des habitudes plus ou moins nocturnes ;
néanmoins, nos Vipères d'Europe, qui ont une telle pupille, contractile
par surcroît, ne sont pas exclusivement nocturnes ; on les rencontre en
plein jour, faisant leur sieste sous les broussailles ou sur les troncs à
demi ombragés, quelquefois même en plein soleil, chassant et s'accou-
plant.

Aucun serpent n'est absolument nocturne ; les deux espèces de
Coluber qu'on a trouvées dans les grottes calcaires de la Chine et de la
Péninsule malaise, où elles chassent principalement les Chauve-Souris,
se rencontrent aussi au-dehors et n'y vont probablement jamais pondre.

Coloration et dessins de la peau

La coloration, les dessins, le nombre et la forme des différentes
écailles peuvent souvent être utilisées à la détermination de l'espèce.

Ce sont les teintes neutres, grises ou jaunâtres, brunes ou verdâtres,
qui dominent chez les espèces terrestres ; le jaune et l'ocre chez les
espèces du désert ou des régions montagneuses, comme les Cerastes qui
ont la teinte blonde du sable dans lequel elles s'enlisent chaque soir
Quelques serpents arboricoles, mais pas tous, sont d'un beau vert feuillage (Dryophis mycterisans, Bothrops viridis...) ; d'autres réalisent les
tons des branches sur lesquelles ils s'enroulent ou se balancent. Cer-

taines espèces terricoles et nocturnes sont noires, comme cet Uropeltidé, le *Melanophidium bilineatum*, du sud de l'Inde ; mais cette couleur peut se rencontrer aussi chez des espèces diurnes, notamment chez une variété de *Vipera aspis*.

Sur le fond uni, moiré ou iridescent du tégument, plus clair en général sur la face ventrale que sur la dorsale, se détachent, chez la plupart des espèces, des dessins dont les variations de forme et de coloration, en général très grandes, peuvent néanmoins se ramener à un petit nombre de types :

Ou bien leur arrangement est longitudinal, formant des raies ou des séries linéaires de taches, dont le nombre varie de deux à cinq. Elles sont disposées symétriquement par rapport à l'axe longitudinal du corps, deux d'entre elles pouvant se fusionner sur la ligne médiane (*Coluber quadri lineatus...*)

L'arrangement des raies ou des taches peut être transversal, en anneau continu ou en demi-anneaux, d'ordinaire polychrômes, où sont le plus souvent diversement associés le blanc, le noir, le rouge et le jaune (*Elaps fulvius, Hydrophis...*).

Ces deux modes de disposition s'associent chez la Couleuvre à échelons (*Rhinechis scalaris*), du midi de la France.

Des bandes obliques se rencontrent souvent sur la tête des Serpents, sur la face supérieure formant des dessins en V, en A, sur les côtés, partant de l'œil pour se diriger vers le museau ou vers la région latérale du cou (*Vipera aspis, Tropidonotus Viperinus, Python...*).

Enfin, des combinaisons de lignes droites ou courbes, diversement agencées, donnent naissance à des zigzags, des carrés, des rectangles, des losanges, des anneaux ouverts ou fermés, des taches circulaires ou elliptiques, réalisant parfois un aspect assez caractéristique pour que l'on puisse identifier le serpent par le seul aspect de ses téguments ; il en est ainsi pour la Vipère du Gabon (*Bitis gabonica*) et pour le Bothrops alterné (*Lachesis alternatus*).

Quant aux reflets du tégument, ils varient avec l'état lisse ou accidenté de la surface. Lorsque les écailles sont parfaitement lisses, il se produit dans la couche cornée de l'épiderme des effets de lames minces. des irisations presque toujours plus marquées sur les écailles ventrales que sur les dorsales (*Xenopeltis unicolor, Coronella austriaca...*) ; ou bien encore la surface rugueuse des écailles donne aux téguments un aspect aussi velouté que celui des ailes de papillons (*Bitis, Lachesis neuwidii..*).

On n'observe généralement pas de différences essentielles entre les sexes pour la couleur et le système des dessins de la peau ; cependant, dans quelques espèces, comme notre Vipère aspic, il est facile de distinguer le mâle de la femelle par les dessins plus complets et plus marqués chez le premier.

Les jeunes ont parfois aussi des dessins qui disparaissent chez l'adulte, ou inversement, le tégument uni peut se compléter de dessins divers.

La variété des coloris, des dessins, des reflets, du velouté de la peau sont donc d'une réelle utilité dans la diagnose des espèces et font que malgré leur nudité sèche, beaucoup de Serpents sont néanmoins somptueusement vêtus.

PLAQUES ET ÉCAILLES

Les épaississements dermiques sur lesquels se moule l'épiderme des Serpents se distinguent en deux groupes principaux, les écailles et les plaques.

Ecailles. — Les plaques sont en général plus grandes, plus lisses que les écailles et ordinairement juxtaposées, alors que ces dernières sont

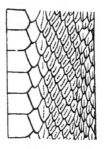

Fig. 77. — Ecailles ventrales
de *Typhlops*.

Fig. 78. — Ecailles dorsales et latérales
d'*Echis carinata*. D'ap. BOULENGER.

plutôt imbriquées. En distendant la peau, il est aisé de voir que les unes et les autres sont séparées par un sillon de peau non épaissie, disposition qui se prête à la souplesse onduleuse des mouvements.

Les plaques sont en général plus grandes, plus lisses que les écailles et ordinairement juxtaposées, alors que ces dernières sont plutôt imbriquées. En distendant la peau, il est aisé de voir que les unes et les autres sont séparées par un sillon de peau non épaissie, disposition qui se prête à la souplesse onduleuse des mouvements.

Rarement les écailles recouvrent tout le corps et sont toutes semblables : ce caractère ne se rencontre que chez deux familles de Serpents, les *Typhlopidés* et les *Glauconiidés* (fig. 77).

Généralement, écailles et plaques sont associées, leur groupement permettant de distinguer la face dorsale du corps de sa face ventrale, les plaques étant localisées à la tête et à la face ventrale, les écailles recouvrant le reste.

A partir de la région cervicale, le revêtement écailleux du dos devient assez régulier ; il n'est guère constant pour une même espèce que vers la région moyenne du dos. Le nombre de rangées de ces écailles est variable avec les espèces et dans des limites assez étendues : de 10, (*Herpetodryas*) à près de 100, (*Python, Boa*). Chez nos Serpents d'Europe, les limites extrêmes sont plus rapprochées : c'est ainsi qu'il y a 21 ou 23 rangées chez *Vipera aspis* (fig. 79), 17 ou 19 chez la Couleuvre de Montpellier (*Cœlopeltis monspessulana*).

Les écailles ont une forme générale elliptique ou lancéolée : elles sont imbriquées. Souvent lisses, planes ou légèrement convexes (*Rhinechis, Naja...*), on peut observer divers accidents, dépressions ou saillies, à leur surface. Les moindres sont des ponctuations en creux, au nombre

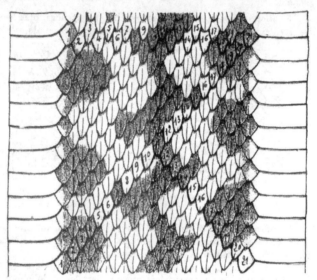

Fig. 79. — Fragment annulaire de peau de *Vipera aspis*. Orig. A.

de une ou deux, situées dans la région apicale, comme chez le *Lycodon aulicus ;* ou une dépression linéaire médiane formant gouttière, comme chez les *Coelopeltis*.

Les accidents en relief sont le plus souvent une carène médiane, comme chez la *Vipera aspis*, ou une crête barbelée, comme chez l'*Echis carinata* (fig, 78). D'autres fois, la surface des écailles présente de fines éminences punctiformes, isolées ou groupées en lignes, comme chez l'*Helicops infrateniatus*, ou en un soulèvement tuberculeux unique situé sur le milieu comme chez les *Eryx*.

Le dernier rang des écailles costales sous lequel s'engagent les plaques du ventre n'est pas ordinairement caréné ou ne l'est que très peu, et ne présente pas d'autres saillies ; ses pièces sont un peu plus grandes que les écailles contiguës, et d'ordinaire un peu plus larges.

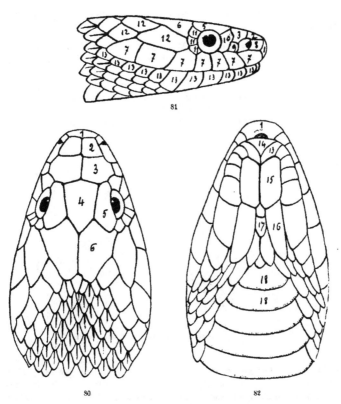

FIGS 80 à 82. — Plaques cephaliques du *Tropidonotus natrix*. Orig.

PLAQUES CÉPHALIQUES DES SERPENTS

1. Rostrale
2. Internasales ou apicales
3. Préfrontales ou canthales
4. Frontales
5. Sus-oculaires
6. Pariétales
7. Labiales supérieures.
8. Nasale
9. Loréale ou frénale
10. Préoculaires
11. Postoculaires
12. Temporales
13. Labiales inférieures
14. Sous-mandibulaire médiane.
15. Sous-mandibulaires antér[res]
16. Sous-mandibulaires postér[res]
17. Gulaires
18. Ventrales ou gastrotèges

Plaques. — Elles ont reçu des appellations différentes, suivant leur localisation :

1° Plaques céphaliques. — On en peut suivre la disposition sur les figures 80-82 qui représentent le tégument de la tête de *Tropidonotus natrix*.

D'avant en arrière, on distingue sur la face dorsale, les plaques suivantes : la *rostrale*, pièce impaire qui recouvre et protège l'extrémité du museau. Son bord inférieur présente une encoche destinée au passage de la langue, et qui permet ainsi au serpent de boire sans ouvrir la bouche ;

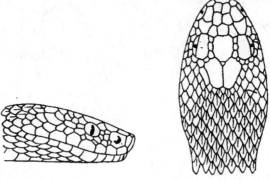

Figs 83, 84. — Plaques céphaliques de *Vipera berus*. Orig.

les *internasale ou apicales*, les *préfrontales ou canthales*, pièces symétriques occupant toute la largeur de la face dorsale du museau ; leur deuxième désignation s'emploie surtout quand elles sont subdivisées; la *frontale*, pièce impaire en forme d'écusson à sommet postérieur ; les *sus-oculaires*, symétriques, dont les bords internes enclavent la précédente et dont le bord externe surplombe plus ou moins le globe de l'œil ; les *pariétales*, en arrière de la frontale, terminent l'armature dorsale de la tête. Telle qu'elle vient d'être indiquée, elle représente la plus grande complication existant sur la tête des Serpents : la plupart de ces grandes plaques peuvent être segmentées en une multitude de petites autres, ainsi qu'il arrive chez la Vipère aspic, dont certains individus ont le sommet de la tête recouvert de menues écailles, où l'on ne distingue nettement que la rostrale, les sus-oculaires et les canthales, qui réunissent les deux précédentes.

Sur les faces latérales de la tête se voient les plaques labiales et celles qui sont interposées entre elles et les plaques céphaliques. Ce sont les *labiales supérieures*, qui se suivent et bordent la lèvre, depuis la rostrale

jusqu'à la commissure ; deux d'entre elles, dans l'exemple choisi, la 4°
et la 5°, longent directement le bord inférieur du globe oculaire. Il peut
exister une ou plusieurs rangées plus ou moins continues de petites

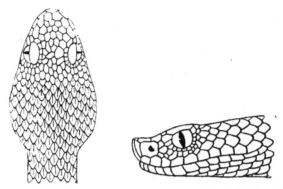

FIGS 85, 86. — Plaques céphaliques de *Vipera aspis*. Orig.

écailles entre l'œil et les labiales supérieures comme chez les Vipères aspic
ou berus, et le Crotale (fig. 83, 86, 87).

Immédiatement en avant de l'œil se trouve la *préoculaire*, représentée
par plusieurs pièces dans d'autres espèces. Aussitôt en arrière et au con-

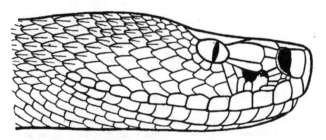

FIG. 87. — Plaques céphaliques de *Crotalus durissus*. Orig. A.

tact de la rostrale, se trouve la *nasale*, percée d'une ouverture qui correspond à l'orifice externe des fosses nasales.

La position de cet orifice est ici latérale ; mais chez les espèces
aquatiques, elle est reportée vers le haut, sur la face dorsale.

La nasale est parfois divisée en deux.

Entre la nasale et la préoculaire s'insère une plaque *loréale ou frénale* qui donne son nom à la région. Celle-ci est déprimée en gouttière, ce qui rend saillant l'angle dièdre d'intersection des deux faces, angle dont l'arête porte le nom de *canthus rostralis*.

Le globe oculaire est bordé en arrière par trois *postoculaires* ; ce nombre varie suivant les espèces. Les postoculaires sont suivies dans l'exemple choisi, de deux rangées de plaques *temporales*, la première ne comprenant qu'une plaque, la deuxième deux, ce que l'on exprime par 1 + 2 t. dans l'énoncé des caractères.

Les *labiales inférieures* bordent la lèvre inférieure depuis la commissure en arrière jusqu'à une petite pièce médiane et triangulaire en avant,

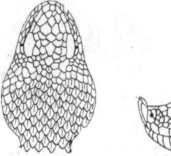

Figs 88, 89. — Plaques céphaliques de *Vipera latastei*. Orig.

qui protège l'extrémité des mandibules, et qui s'appelle *sous-mandibulaire médiane*. En arrière de celle-ci se trouvent disposées deux paires de plaques, les *sous-mandibulaires antérieures*, et les *sous-mandibulaires postérieures*, qui occupent la région médiane du menton séparées par un sillon de la peau. Le bord externe de ces plaques est en contact avec les premières labiales inférieures.

Cet arrangement et ce nombre peu variable de plaques céphaliques est réalisé fréquemment chez les Serpents ; il est général chez les Colubridés ; chez les Vipéridés, on rencontre encore des espèces pourvues de plaques céphaliques, mais chez la plupart, les grandes plaques sont segmentées en plus petites, et on assiste à cette segmentation chez les Vipereaux de V. aspis, qui présentent parfois encore les grandes plaques de la Vipera berus.

Cornes et prolongements écailleux du museau. — Chez la *Vipera latastei* d'Espagne et du Portugal (fig. 88, 89), chez la *Vipera ammodytes* d'Italie et de Dalmatie, l'extrémité rostrale exagère le relevé déjà manifeste chez la Vipera aspis, et se prolonge vers le haut en une pointe arquée, molle, formée par la peau recouverte de petites écailles (fig. 90-91).

L'allongement du museau se rencontre également chez quelques Opisthoglyphes ; il est déjà manifeste chez le *Dryophis nasutus* ; mais il est
surtout développé dans le genre malgache *Langaha*, dont il forme la
caractéristique extérieure la plus marquante. La figure 93 montre ce

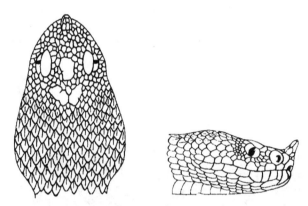

FIGS. 90, 91. — Plaques céphaliques de *Vipera ammodytes*. Orig.

prolongement écailleux qui dépasse la tête de toute sa longueur chez
le *Langaha nasuta*, et la figure 94 montre chez *Langaha crista-galli*, le
prolongement nasal développé en une sorte de petit drapeau à bords

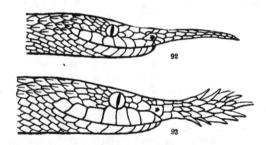

FIGS 92, 93. — Prolongement nasal chez *Langaha nasuta* (92) ; chez *Langaha
crista-galli* (93). Orig. A.

dentés par les saillants des écailles qui le recouvrent. Chez un autre Opisthoglyphe, l'*Herpeton tentaculatum*, il existe deux appendices symétriques
en forme de massues, mais moins allongés que la crête du Langaha.

Les prolongements peuvent être simplement de nature cornée et s'ériger soit au-dessus du museau, en une ou deux paires de cornes (*Bitis nasicornis*, fig 94), soit au-dessus des yeux (*Cerastes cornutus*, fig. 95), donnant à ces animaux un aspect des plus farouche.

Enfin, dans quelques espèces fouisseuses, l'extrémité du museau forme un rebord tranchant vertical ou horizontal propre à entamer le sol, comme chez le *Rhinechis* et l'*Atractaspis*.

Plaques de la face ventrale du corps. — Elles ont en général la longueur des écailles correspondantes de la région dorsale, mais elles sont

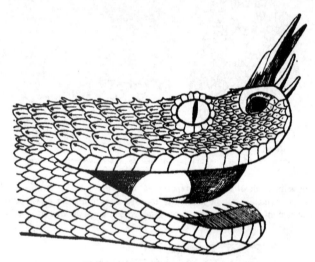

Fig. 94. — Plaques céphaliques de *Bitis nasicornis*. Orig. A.

plus ou moins élargies transversalement, n'occupant parfois qu'une petite portion médiane de la face ventrale, comme chez le *Xenopeltis unicolor* (fig. 96), soit toute la largeur de la face ventrale, comme chez la *Vipera aspis*.

Celles qui occupent la longueur du tronc sont appelées *gastrotèges* ou *ventrales* ; elles s'étendent depuis la région cervicale jusqu'à l'anus. La dernière d'entre elles a la forme générale d'un croissant dont le bord postérieur convexe recouvre en partie l'orifice anal : aussi porte-t-elle le nom d'*anale*. Cette plaque est entière chez beaucoup d'espèces ; mais elle peut être divisée en deux portions par une fente oblique comme chez l'*Hemibungarus nigrescens* (fig. 97). Les gastrotèges sont recouvertes sur leurs bords latéraux par le dernier rang des écailles costales. Leur nombre ne varie que dans certaines limites dans une espèce déterminée.

En arrière de l'orifice anal se trouvent les *urostèges* ou *sous-caudales*, qui se continuent régulièrement indivises jusqu'à l'extrémité de la queue (*Bungarus cœruleus* et *fasciatus*, fig. 98, 99), ou bien jusqu'à une certaine distance, et se divisant ensuite en deux par une fente, de manière à former deux rangées qui se continuent jusqu'à l'extrémité de la queue (*Bungarus flaviceps, Lachesis bungarus...*, fig. 100); Enfin, les sous-caudales peuvent être divisées dès l'origine (*Vipera aspis, Naja tripudians*, fig. 101).

Le nombre des rangées de ces écailles, leur disposition entière ou divisée, sont des caractères applicables à la diagnose.

Les fossettes lauréales et le crepitaculum des Crotales. — Le plus généralement, le revêtement des faces latérales de la tête est régulier, sans

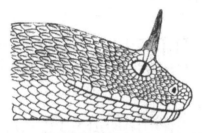

Fig. 95. — Plaques céphaliques de *Cerastes cornutus*. A.

saillies ni dépressions ; mais certains toutefois, tels que les Boïdés et les Crotalinés, présentent des dépressions occupant soit une, soit plusieurs écailles.

Chez les Boïdés, ce sont toujours les écailles labiales supérieures ou inférieures qui présentent vers leur centre de ces dépressions plus ou moins profondes, terminées en cul-de-sac ; mais chez les Crotalinés, on n'en trouve qu'une seule de chaque côté, plus profonde que les fossettes labiales, et correspondant à une encoche du maxillaire au niveau de la région loréale. Une branche du nerf maxillaire supérieur envoie de nombreuses terminaisons à la peau de la fossette dont la structure est connue depuis les travaux de WEST.

En raison de l'existence de cette fossette, les auteurs anglais et américains donnent parfois le nom de *Pit-vipers* aux Crotalinés ; un autre caractère tiré de la queue les a fait désigner aussi par ces mêmes auteurs sous le nom de *Rattlesnakes*.

La queue des Crotales est effectivement terminée par un organe spécial, le *rattle* des auteurs américains, *crepitaculum* ou *crotalon* des auteurs français. Cette sorte d'organe semble formée extérieurement par des anneaux cornés articulés entre eux (fig. 102). Ces anneaux, dans le mouvement de vibration que le serpent leur imprime à la moindre alerte, produisent un bruit de grelot perceptible à distance et servant d'avertisseur.

Chaque anneau du crotalon est formé par un ensemble de pièces creuses en forme de cloches semblables entre elles et à la dernière qui

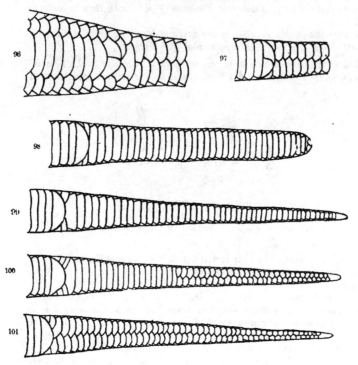

Figs. 96 à 101. — Ecailles de la queue des serpents. 96, *Xenopeltis unicolor*; 97, *Hemibungarus nigrescens*; 98, *Bungarus cœrulens*; 99, *Bungarus fasciatus*; 100, *Bungarus flaviceps*; 101, *Naja tripudians*. D'après F. Wall.

s'appelle « bouton ». Chaque cloche présente un ou deux rétrécissements circulaires dans lesquels le bord libre et incurvé de la pièce suivante s'engage. Ce mode d'articulation assure la réunion solide des diverses pièces, sans gêner leur mobilité réciproque, ni le mouvement vibratoire du crotalon.

Le cône basal de l'appareil recouvre l'extrémité caudale dont la peau est fortement épaissie. Celle-ci recouvre à son tour une pièce osseuse

élargie que l'on considère comme provenant de la fusion des sept ou huit
dernières vertèbres caudales (fig. 103). A chaque mue, et celle-ci survient
deux ou trois fois par an, une nouvelle pièce cornée est formée ; le nombre
de segments du crotalon n'est donc pas une mesure de l'âge, non plus
qu'il n'indique le nombre de mues, car tandis qu'il se forme de nouveaux segments à sa base, les segments terminaux se détachent en tout ou
en partie : un Crotale âgé de 16 mois peut avoir un crotalon formé de
6 pièces s'il a mué 6 fois, et que l'extrémité ne s'en soit pas rompue.

Les dimensions du bouton terminal indiquent s'il a été formé à la

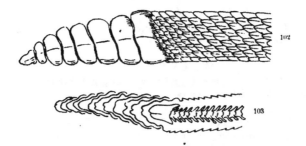

Figs. 102, 103. — Crepitaculum qui termine la queue des Crotales; 101, *Crotalus
basiliscus;* 103, coupe de l'appareil. D'après Garman.

naissance du sujet, ou plus tard, car il n'y a pas de croissance continue
dans le tissu corné.

Tous les Crotalinés ne sont pas pourvus d'un crotalon ; mais ils
semblent tous avoir la même coutume de faire vibrer leur extrémité
caudale pour manifester leurs sentiments : Une famille de Bothrops
alterné, composée de la mère et de neuf jeunes que nous avons gardée
pendant plus d'un an en captivité ne manquait jamais de saluer notre
approche par un mouvement d'ensemble de toutes les queues, qui, vi-
brant sur le sol en bois de sa cage, donnait l'impression d'un lointain
roulement de tambour.

D'autres Serpents, tels que l'Ancistrodon et quelques espèces de
Colubridés font aussi vibrer leur queue quand on les excite ; mais le bruit
qui en résulte est moins intense que celui produit par un grelot articulé.

Les données précédentes vont nous permettre de résumer les caractères des principales subdivisions de Serpents venimeux, en les laissant
toutefois dans leurs familles respectives.

Familles d'Ophidiens renfermant des espèces venimeuses

Boïdés

Ils comprennent les Serpents qui atteignent la plus grande taille. Dentition complète.

Présence d'une glande venimeuse (temporale antérieure) dans les espèces :

Ungalia maculata Bib.
Eryx conicus Schn.
Eryx jaculus Lin.
Eryx johnii Russell.
Eryx muelleri Blgr.

Les autres Boïdés n'ont pas encore été explorés au point de vue de l'existence d'une glande venimeuse.

Uropeltidés

Dentition incomplète. La présence d'une glande venimeuse a été observée par nous chez les espèces :

Rhinophis trevelyanus Kelaert.
Silybura nigra Bedd.
Silybura melanogaster Gray.
Silybura pulneyensis Bedd.
Plectrurus perroteti D. B.
Platyplectrurus madurensis Bedd.
Platyplectrurus sanguineus Bedd.
Platyplectrurus trilineatus Bedd.

Ilysidés

Dentition complète. Nous avons observé la présence de deux sortes de glandes venimeuses ; une parotoïde et une glande temporale antérieure chez les espèces :

Ilysia scytale Lin.
Cylindrophis rufus Laur.
Cylindrophis maculatus Lin.

Amblycéphalidés

Dentition complète. Nous avons constaté la présence d'une glande venimeuse chez les espèces :

Leptognathus elegans Günth.
Leptognathus brevifascies Cope.
Leptognathus viguieri Bocourt.
Leptognathus pavonina Scleg.

Colubridés

Corps allongé, tête assez grosse se continuant d'ordinaire sans démar-
cation avec le corps, museau obtus, arrondi.

Trois sous-familles :

1° COLUBRIDÉS AGLYPHES

Dents maxillaires postérieures développées ou non en crochets pleins;
présence ou absence d'une glande parotide venimeuse.

A. Genres pourvus d'une glande parotide et de crochets maxillaires
pleins :

Dinodon, D. B.	Lycodon, part. Boïe
Dromicus, part. D. B.	Lystrophis, Cope.
Heterodon, Latr.	Macropisthodon, Blgr.
Hormonotus, Hallow	Simocephalus, Günth.
Lioheterodon, Latr.	Xenodon, part Boïe.
Liophis, Wagl.	

B. Genres pourvus d'une parotide sans crochets maxillaires :

Atractus, Wagl.	Lamprophis, part. Smith
Chlorophis, Hallow	Leptophis, part. Bell
Coluber, part. Lin.	Liopholidophis, Moquard.
Contia, Baird.	Lytorhynchus, Peters
Coronella, part. Laur.	Oligodon, Boïe
Dendrelaphis, Blgr	Philothamnus, part. Smith
Dendrophis, Boïe	Polyodontophis, Blgr.
Dromicodryas, Blgr.	Pseudoxenodon, ,lgr.
Drymobius, Cope	Rhadinea, Cope
Dryocalamus, Günth.	Simotes, part. D. B.
Gastropyxis, Cope.	Trachischium, Günth.
Grayia, Günth.	Tropidonotus, Kuhl
Hapsidophrys, part. Fisch.	Xylophis, Bedd.
Helicops, part. Wagl.	Zamenis, Wagl.
Herpetodryas, Boïe	

Cette liste, encore incomplète, en ce qui concerne les vrais Aglyphes,
ne comprend que les genres où nous avons reconnu l'existence d'une
glande parotide ; dans la description de celle-ci, nous donnerons la liste
des Aglyphes qui en sont dépourvus.

2° COLUBRIDÉS OPISTHOGLYPHES

Dents maxillaires postérieures développées en crochets et sillonnées.
Glande parotide constante.

A. *Homalopsinés* :

Narines valvulaires sur la face supérieure du museau, yeux petits. Aquatiques et vivipares.

Genres :

Cantoria, Girard

Cerberus, Cuv.

Eurostus, D. B.

Fordonia, Gray

Gerardia, Gray

Herpeton, Lacép.

Hipistes, Gray

Homalopsis, Kuhl

Hypsirrhina, Wagl.

Myron, Gray

B. *Dipsamorphinés* :

Narines latérales ; dents bien développées.

Genres :

Alluaudina, Mocquard

Amblyodipsas, Peters

Amplorhinus, Smith

Anisodon, Rosen

Aparallactus, Smith

Apostolepis, Cope

Brachiophis, Mocquard

Calamelaps, Günth.

Chamaetortus. Günth.

Chrysopelea,)Ie

Cœlopeltis, Wagl.

Conophis, Peters

Cynodontophis, W ier

Dipsadoboa, Günth.

Dipsadomorphus, Fitz.

Dispholidus, Duvernoy

Dromophis, D. B.

Dryophis, Dalman.

Dryophops, Blgr.

Elapocalamus, Blgr.

Elapomoius, Ian

Elapomorphus, Wiegm.

Elapops, Günth.

Elapotinus, Ian

Erythrolampus, Wagl.

Eteirodipsas, Ian

Geodipsas, Günth.

Hemirhagerrhis, Boettg.

Himantodes, D. B.

Hologerrhum, Günth

Homalocranium, D. B.

Hydrocalamus, Cope

Hypostophis, Blgr.

Ialtris, Cope

Ithyciphus, Günth.

Langaha, Bruguière

Leptodira, Günth.

Lycodrias, Günth.

Lycognathus, D. B.

Macrelaps, Blgr

Macroprotodon, Guichenot

Macrelaps, Boettg.

Manelopis, Cope

Michellia, Müller

Mimometopon, Werner

Mimophis, Günth.

Miodon, D.

Ogmius, Cope

Oxybelis, Wagl.

Oxyrhopus, Wagl.

Philodryas, Wagl.

Polemon, Ian

Psammophis, Boïe

Psammodynastes, Günth.

Pseudoblables, Blgr.

Pseudotomodon, Koslowsky

Pseudoxyrhopus, Schenkel

Ramphiophis, Peters

Rachidelus, Blgr.	*Tarbophis*, Fleisch
Rhinobotryum, Wagl.	*Thamnodynastes*, Wagl.
Rhinocalamus, Günth.	*Theletornis*, Smith
Rhinostoma, Fitz.	*Tomodon*, D. B.
Scolecophis, Cope	*Trimerorhinus*, Smith
Stenophis, Blgr.	*Trimorphodon*, Cope
Stenorhina, D. B.	*Trypanurgos*, Fitz.
Tachymenis, Wiegm	*Xenocalamus*, Günth.
Taphrometopon, Brandt	*Xenopholis*, Peters

C. Elachistodontinés :

Dents rudimentaires, manquent à la région antérieure des maxillaires et des dentaires.

Genre unique : *Elachistodon* Reinh.

3° COLUBRIDÉS PROTÉROGLYPHES

Crochets sillonnés situés en avant du maxillaire. Glande venimeuse à acinus servant de réservoir au venin.

A. Hydrophiinés

La queue comprimée latéralement en nageoire ; marins.

Genres :

Acalyptophis, Blgr.	*Hydrelaps*, Blgr.
Aipysurus, Lacép.	*Hydrophis*, Daud.
Distira, Lacép.	*Hydrus*, Schn.
Enhydris, Merr	*Platurus*, Daud.
Enhydrina, Gray	*Thalassophis*, Schmidt

B Élapinés :

Queue cylindro-conique ; terrestres.

Genres :

Acantophis, Daud.	*Diemenia*, Günth.
Apistocalamus, Blgr.	*Doliophis*, Girard
Aspidelaps, Smith	*Elaps*, Schn.
Aproaspidelaps, Annandale	*Elapechis*, Blgr.
Boulengerina, Dollo.	*Elapognathus*, Blgr.
Brachyaspis, Blgr.	*Furina*, D. B.
Bungarus, Daud.	*Glyphodon*, Günth.
Callophis, Gray	*Hemibungarus*, Peters
Dendraspis, Schleg.	*Homorelaps*, Ian
Desidonia, Krefft	*Hoplocephalus*, Cuv

Hornea, Lucas et Frost
Micropechis, Blgr.
Naia, Laur.
Notechis, Blgr.
Ogmodon, Peters
Pseudapisthocalamus, Lönnberg
Pseudechis, Wagl
Pseudelaps, D. B.

Rhinophocephalus, F. Müller.
Rhynchelaps, Ian
Sepedon, Merr.
Toxicocalamus, Blgr.
Tropidechis Blgr.
Ultrocalamus, Sternberg
Walterinnesia, Lataste

Vipéridés

Corps trapu ; queue courte et conique ; tête aplatie triangulaire, plus large que le cou, museau tronqué.

Maxillaire supérieur très réduit, portant un ou deux crochets sillonnés. Glande venimeuse à acinus servant de réservoir au venin.

A. *Vipérinés :*

Habitent surtout l'ancien continent.
Pas de fossette loréale, pas d'évidement du maxillaire.

Synopsis des genres de Vipérinés

I. — Tête recouverte de grandes plaques symétriques ; dents mandibulaires bien développées ; œil modérément grand.
Narine entre deux nasales et internasales ; pupille ronde ; écailles obliques sur les côtés .... *Causus* Wagler.
Narine dans une nasale simple ; pupille verticale ; écailles non obliques....... *Azemiops* Blgr.

II. — Quelques-unes ou toutes les plaques céphaliques divisées en petites plaques ou en écailles ; dents mandibulaires bien développées ; œil moyen ou petit, avec la pupille verticale.

a) Ecailles latérales pas plus petites que les dorsales, sans carène dentelée ; ventrales arrondies ; urostèges sur deux rangs.

Nasale en contact avec la rostrale ou séparée par une naso-rostrale ; post-frontal petit. .... *Vipera* Laurenti.

Nasale séparée de la rostrale par de petites
  écailles ; très grand post-frontal........   *Bitis* Gray.
Nasale séparée de la rostrale par de peti-
  tes écailles ; pas de supra nasale.......   *Pseudocerastes* Blgr.
b) Ecailles latérales plus petites que les
  dorsales, disposées obliquement avec
  carène dentelée.
Ventrales anguleuses latéralement ; uros-
  tèges sur deux rangs.................   *Cerastes*, part. Wagler
Ventrales arrondies ; urostèges simples...   *Echis*, part. Merrem

c) Ecailles latérales plus petites que les
  dorsales, légèrement obliques ; carène
  non dentelée ; urostèges simples ; queue
  préhensible ....   *Atheris* Cope.

III. — Tête recouverte de grandes plaques symétriques ; dents mandibulaires réduites
  à deux ou trois vers le milieu du dentaire ; œil petit avec pupille ronde ;
  post-frontal absent ....   *Atractaspis* Smith

B. *Crotalinés* :

Habitent surtout le nouveau continent.
Fosette loréale de chaque côté du museau ; maxillaire supérieur
évidé.

.. *Synopsis des genres de Crotalinés*

queue	sans crepita-culum. Face sus-cé-phalique revêtue.	de 9 grandes scutelles symé-triques, les internasales et les préfontales exceptionnel-lement divisées	*Ancistrodon*, Pal. de Beau-vois.
		de petites écailles. dernières urostèges.	en une ou 2 rangées ré-gulières ... → *Trimeresurus*, Lacépède.
			divisées en pe-tites écailles épineuses. Ecailles du tronc tuber-culeuses. .. → *Lachesis*, Dau-din.
	terminée par un crepi-taculum. Tête couver-te en dessus.	de 9 grandes scutelles symé-triques	*Sistrurus*, Gar-man.
		d'écailles accompagnées ou non de quelques scutelles sy-métriques	*Crotalus*, L.

RÉPARTITION GÉOGRAPHIQUE DES SERPENTS ET FAUNES VENIMEUSES RÉGIONALES

Les Serpents sont répartis, mais inégalement sur tout le globe, à l'exception des régions polaires et de quelques îles comme l'Islande, l'Irlande et la Nouvelle-Zélande.

Ce sont les régions tropicales et tempérées qui en contiennent le plus d'espèces, et le nombre de celles-ci va en décroissant au fur et à mesure que l'on se dirige soit vers le nord, soit vers le sud.

La limite extrême dans l'hémisphère nord est marquée en Europe par le 67° parallèle (*Vipera berus*), en Asie par le 66° (*Vipera berus*), en Amérique par le 52° (*Tropidonotus ordinatus*).

Dans l'hémisphère sud, la limite est marquée par le 44° parallèle, avec le *Philodryas schotti*.

En altitude, les limites les plus grandes ont été rencontrées dans l'Himalaya avec le *Tropidonotus baileyi*, tandis que dans les Alpes la *Vipera aspis* ne se rencontre pas au-dessus de 2.960 mètres. Dans toutes les régions où l'on trouve des Ophidiens, les espèces inoffensives sont beaucoup plus nombreuses que les espèces venimeuses. Il faut en excepter cependant l'Australie, où ces dernières dominent.

Certaines régions sont particulièrement infestées, et la question du serpent y acquiert une grande importance par le nombre des accidents mortels qui s'y produisent : les péninsules indiennes en particulier paient un tribut annuel de 20 à 22.000 morts d'hommes, ainsi qu'en témoignent les statistiques officielles du Gouvernement anglais ; et il y faut ajouter les accidents plus nombreux encore qui surviennent chez les animaux. Le pourcentage élevé, en ce qui concerne les hommes, tient aux habitudes des indigènes de circuler nu-jambes et nu-pieds.

En ce qui concerne la distribution des serpents, les régions zoogéographiques n'ont pas plus de sens que les divisions physiogéographiques ordinaires, car les groupements d'espèces que l'on rencontre se relient par quelques-unes d'entre elles aux deux continents. Sauf en ce qui concerne la région Indo-malaise, où tous les groupes sont représentés, la caractéristique des diverses régions est donnée par la prédominance de certaines espèces plutôt que par leur nombre.

Le sud de l'Asie, à l'est de la Perse, est le grand centre de tous les Serpents ; les venimeux y sont représentés par des formes variées, comme ils le sont en Australie où ils forment la majorité, et même en Tasmanie, la faune ophidienne exclusive. Les côtes des Indes et de la Malaisie sont également le lieu d'élection de la presque totalité des Hydrophiinés. La faune asiatique se relie à celle de l'Amérique du Nord par ses Crotalinés.

L'Amérique tout entière est caractérisée par ses Crotalinés ; les Elapinés n'y sont représentés que par le seul genre Elaps. L'Amérique du

Sud est riche en Colubrinés et Dipsamorphinés, dont les genres sont différents de ceux des autres régions.

L'Europe et l'Afrique sont réunies, tandis que Madagascar se tient à part par son absence d'Elapinés et de Vipéridés. La grande île se rapproche de l'Amérique du Sud et se caractérise par les Typhlopidés, les Colubrinés et les Dipsamorphinés, tandis qu'en Afrique les Boïnés sont remplacés par les Pythoninés et que les Glauconiidés, les Elapinés et les Vipérinés sont également répandus.

Ce coup d'œil général est bien insuffisant pour nous donner une idée précise de l'importance de la faune ophidienne des diverses régions. L'intérêt qu'il y a pour la colonisation à connaître les dangers provenant des animaux venimeux d'un pays nous engage à donner quelque développement aux faunes locales, tout en tenant compte pour chacune d'elles des commodités d'une classification rationnellement établie.

SERPENTS VENIMEUX D'EUROPE

FAMILLES ET GENRES	ESPÈCES	HABITAT
Boïdés		
Eryx, Daud.	E. *jaculus* L.	S. E. Europe : Grèce, Turquie.
Colubridés Aglyphes		
Tropidonotus, Kuhl ..	T. *natrix* Lin.; T. *tessellatus* Laur.; T. *viperinus* Latr.	France, Italie, Suisse, Portugal, Espagne.
Zamenis, Wagl.......	Z. *gemonensis* Wagl.; Z. *dahli* Fitz.	Italie, France, Dalmatie.
	Z. *hippocrepis* Lin.	Espagne, Portugal, Sardaigne.
Coronella, Laur.	C. *austriaca* Laur.; C. *girondica* Daud.	Europe jusqu'au 62ᵉ parallèle. S. France, Italie, Espagne, Portugal.
Contia Baird et Girard.	C. *modesta* Martin.	Caucase.
Colubridés Opisthoglyphes		
Cœlopeltis, Wagl.	C. *monspessulana* Hermann.	Littoral méd. Ligurie, Caucase.
Macroprotodon, Guichenot	M. *cucullatus* Geoffroy.	S. E. Espagne, Baléares.
Tarbophis, Fleisch. ..	T. *fallax* Fleish. (= T. *vivax*. D. B.).	E. Adriat., Grèce, Archipel.
	T. *iberus* Eichw.	

FAMILLES ET GENRES	ESPÈCES	HABITAT
Vipéridés		
Vipera, Laur.	V. *ursini* Bonaparte.	Abruzzes, B.-Alpes, Autriche, Balkans.
	V. *renardi* Christoph.	Crimée, Caucase, Bessarabie.
	V. *berus* Lin.	N. ancien cont. jusqu'au 67° par.
	V. *aspis* Lin.	Fr., Suisse, All., Italie, Balkans, Sicile.
	V. *latastei*, Boscœ.	Espagne, Portugal.
	V. *ammodytes* Lin.	Vénétie. Adriat., Autriche, Balkans.
	V. *lebetina* Lin.	Chypre, Cyclades.
Ancistrodon, Palisot de Beauvois	A. *halys* Pallas.	Rives N. E. de la mer Caspienne.

Si l'on ajoute à ce tableau le genre *Coluber* parmi les Colubridés Aglyphes, qui n'a pas de parotide, le *Typhlops vermicularis*, seul représentant de la famille des Typhlopidés, l'*Eryx jaculus*, seul représentant de celle des Boïdés, on aura toute la faune ophidienne de l'Europe, assez pauvre comme on le voit.

En ce qui concerne plus particulièrement les Colubridés, les genres européens ne donnent qu'une idée incomplète de l'extension du groupe sur toute la surface du globe, à l'exception des régions arctiques et antarctiques, de la Nouvelle-Zélande et de la plupart des petites îles du Pacifique.

Dans notre description de la faune ophidienne européenne, nous suivrons de très près celle qu'en a donné M. G.-A. BOULENGER, dans son ouvrage le plus récent sur les Serpents d'Europe. Les figures que rous donnons pour la plupart des espèces reconnues venimeuses, ainsi que le cadre spécial du sujet, nous permettent d'abréger les descriptions en ce qui concerne les caractères spécifiques.

Boïdés

GENRE ERYX

Dents maxillaires et mandibulaires plus longues que les postérieures ; tête petite, peu distincte du cou, recouverte de petites écailles ; une grande rostrale. OEil très petit à pupille verticale. Corps cylindrique ; écailles petites ; plaques ventrales étroites ; sous-caudales pour la plupart simples.

Ce genre comprend huit espèces habitant le sud-est de l'Europe, l'Afrique, au Nord de l'Equateur jusqu'aux Indes et à l'Asie centrale.

Eryx jaculus

Coloration. — Gris pâle, rougeâtre ou brun jaunâtre en dessus, avec des dessins bruns ou noirâtres très irréguliers formant des séries alternées de taches ou de bandes transversales sur le dos ; souvent 1-3 courtes bandes sombres sur la nuque ; une bande sombre de l'angle de l'œil à la bouche ; quelquefois une bande transversale sombre incurvée d'un œil à l'autre, sur le museau. Parties inférieures blanc jaunâtre, uniformes ou avec de petites taches noirâtres.

Longueur totale : 51 centimètres ; queue : 4 cent. 5.

Mœurs. — Terricoles ; apparaît dans les districts arides et sablonneux à l'aube ou au crépuscule ; se précipite comme une flèche sur sa proie qui consiste principalement en petits Mammifères et Lézards, l'étouffe comme les autres Boïdés avant de l'avaler.

Venin. — Bien que l'espèce possède la même glande venimeuse que les autres Eryx, on ne sait rien encore des propriétés de la sécrétion, qui est probablement utilisée à tuer la proie.

Colubridés Aglyphes

Genre Tropidonotus

Dents maxillaires augmentant de dimensions d'avant en arrière ; tête plus ou moins distincte du cou ; œil moyen, pupille ronde. Corps plus ou moins allongé ; écailles carénées avec fossettes apicales ; queue de longueur moyenne.

Ce genre, très étendu, comprend 90 espèces, presque toutes cosmopolites, sauf en ce qui concerne l'Amérique du Sud et l'Australie.

Tropidonotus natrix

Syn : *Natrix vulgaris*, Laurenti ; *Coluber torquatus*, Lacép.

Noms populaires : Grass-snake, des auteurs anglais, « Couleuvre à collier » voir fig.(80-82 et pl. V.).

Coloration. — Très variable ; la forme type elle-même peut varier du gris au gris bleu, à l'olive ou au brun en dessus, avec des taches ou d'étroites barres noires sur le dos, des barres verticales sur les côtés ; lèvre supérieure blanchâtre ou jaunâtre, les sutures entre les écailles étant marquées de noir; collier blanc, jaune ou orange sur la nuque, quelquefois interrompu au milieu, bordé en arrière par deux taches triangulaires noires se réunissant sur la ligne médiane. Ventre mélangé de noir, de gris ou de blanc.

Longueur totale : 90 centimètres pour les mâles ; 1 m. 90 pour les femelles.

Mœurs. — Plus terrestre qu'aquatique ; chasse occasionnellement dans l'eau, mais mange la proie à terre. Souffle bruyamment quand on la poursuit, mais cherche rarement à mordre. Quant on la saisit, laisse échapper le contenu du cloaque rendu plus malodorant par le produit de glandes anales ; c'est une particularité très fréquente chez toutes les espèces du genre. Elle se nourrit de batraciens et de leurs larves, ainsi que de petits poissons. Nous en avons surpris une avalant un lézard gris.

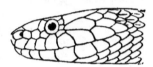

Figs. 104, 105. — Plaques céphaliques de *Tropidonotus tessellatus.* Orig.

En captivité, elle accepte toutes ces proies, même les Tritons, les Alytes, mais non les oiseaux et les souris, que nous n'avons jamais rencontrés dans son tube digestif.

Venin. — La glande parotide fonctionne comme glande à venin. Les morsures de cette couleuvre ne sont dangereuses ni pour l'homme, ni pour les gros animaux ; mais il n'en est pas de même pour la proie, qui meurt de ce venin lorsqu'elle parvient à se dégager de la bouche du serpent après avoir été ensalivée. (Voir le chapitre « Physiologie ».)

Tropidonotus tessellatus

Syn : *Coluber hydrus*, Pallas (fig. 104-105).
Forme assez allongée ; tête allongée et étroite ; museau obtus.

Coloration. — Très voisine de la précédente : gris olive ou brune en dessus avec de petites taches noires disposées en quinconce ou formant des barres étroites sur le dos. Une bande en Λ plus ou moins distincte sur la nuque. Lèvre supérieure jaunâtre avec labiales bordées de noir. Face ventrale blanchâtre, jaune, orange ou rouge, marbrée ou tachée de noir. Iris doré, bronzé ou cuivré.

Longueur totale : en moyenne 90 cent. ; exceptionnellement 1 m. 20.

Mœurs. — Plus aquatique que la précédente ; en été, on ne la rencontre que dans l'eau ; se meut également bien sur le sol. Se nourrit de poissons, occasionnellement de batraciens et de leurs larves. Les petites proies sont avalées dans l'eau, les grosses sur le sol. Ne mord que très rarement.

Venin. — N'est pas différent de celui de T. natrix.

Tropidonotus viperinus

Couleuvre vipérine (fig. 106-107).

Forme modérément allongée ; tête plus courte que chez les précédentes ; museau obtus, non proéminent ; narines valvulaires dirigées en haut et en dehors, de même que les yeux.

Coloration. — Grise, brunâtre ou rougeâtre en dessus ; deux séries alternes de taches brun sombre sur le dos, parfois réunies en un zigzag

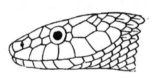

Figs. 106, 107. — Plaques céphaliques de *Tropidonotus viperinus*. Orig.

médian. Latéralement, une série de taches noires ocellées à centre jaune. Sommet de la tête symétriquement marqué de noir, un V sur la nuque et l'occiput. Lèvre supérieure jaune avec sutures noires entre les écailles Face ventrale jaunes, rousses ou noires. Iris doré, mélangé de brun.

Longueur totale : Atteint rarement 99 centimètres, comme le spécimen algérien du British Museum.

Mœurs. — Un peu moins aquatique que T. tessellatus ; fréquente les étangs, les mares, mais les sujets adultes se rencontrent aussi à quelque distance des eaux.

Se nourrit de petits poissons, de batraciens et de leurs larves, de gros vers de terre. Elle est aussi maniable que les deux espèces précédentes et ne cherche jamais à mordre quand on la saisit.

Quelques spécimens présentent avec la *Vipera berus* une ressemblance extérieure assez grande pour justifier le nom de *Viperinus*, qui caractérise l'espèce, et pour tromper à distance jusqu'aux spécialistes : c'est ainsi que Constant Duméril fut mordu par une Péliade dans la forêt de Sénart, accident arrivé plus récemment à un contemporain (M. Perrot), et que, par contre, Viaud-Grand-Marais a tué par erreur une Couleuvre vipérine.

Venin. — Il n'est pas différent de celui de Tropidonotus natrix.

Genre Zamenis

Les dernières dents maxillaires plus développées et séparées des autres par un intervalle. Tête allongée, distincte du cou ; œil assez grand, pupille ronde. Une ou plusieurs sous-oculaires. Corps et queue très allongés. Ecailles lisses avec fossettes apicales.

Le genre comprend une trentaine d'espèces répandues en Europe, dans le Nord de l'Afrique, en Asie, dans l'Amérique du Nord et l'Amérique Centrale ; trois espèces sont européennes.

Zamenis gemonensis

Syn. : *Coluber viridiflavus*, Lacépède ; *Coluber atrovirens*, Shaw (fig. 108-109).

Forme élancée, museau arrondi, avec canthus distinct, concave en avant de l'œil.

Coloration. — Forme type : brun jaunâtre ou olive clair en dessus, avec taches, ou en avant bandes transversales noirâtres, les écailles noires avec une ligne jaune ; côtés de la tête jaunes avec écailles bordées de noir.

Longueur totale : Atteint 1 m. 80 ; la variété Caspius dépasse 2 m. 40.

Mœurs. — Les noms populaires de « Serpent fouet », de « Loup cinglant » expriment les allures rapides et vigoureuses de cette couleuvre en même temps que les morsures furieuses qu'elle inflige quand on cherche à la saisir. Elle poursuit l'ennemi et l'homme qui l'inquiète. En captivité, certains sujets gardent leur caractère acariâtre, d'autres s'apprivoisent, mais ils sont toujours prêts à se détendre comme une flèche si la température élevée exalte leur vigueur. On les rencontre sous les arbrisseaux à la lisière des bois, dans les endroits secs.

Se nourrissent de petits rongeurs, de petits oiseaux, occasionnellement de batraciens, mais surtout d'autres reptiles : lézards, orvets, serpents, qu'elles saisissent directement et déglutissent sans les étouffer au préalable.

Venin. — La secrétion de la glande parotidienne ne semble pas être, d'après nos expériences, venimeuse toute l'année.

Zamenis dahli

Forme très élancée ; tête étroite, museau obtus, un peu proéminent.

Coloration. — Olive en avant, avec quelques taches noires bordées de blanc ou de jaune ; quelquefois, confluentes en un collier. Corps et queue olive pâle, jaunâtre ou rougeâtre en dessus, blanc jaunâtre en dessous. Tête brun olive en dessus ; labiales, préoculaire et post oculaires blanc jaunâtre.

Longueur totale : 90 centimètres, rarement 1 m. 20.

Mœurs. — Cette couleuvre est plus vive encore que la précédente et tolère mal la captivité. Vit dans les endroits secs, les broussailles, et se

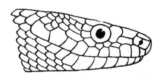

Fios. 108, 109. — Plaques céphaliques de *Zamenis gemonensis.* Orig.

nourrit de petits lézards, à l'occasion de sauterelles. Commune en Dalmatie.

Venin. — Rien de connu.

Zamenis hippocrepis

Syn. : *Periops hippocrepis* (fig. 110-111).

Coloration. — Brune, olive pâle ou rouge en dessus, avec une série de taches rhomboïdales brun sombre, bordées de noir, souvent débordées de jaune ; de chaque côté, une série de taches plus petites, alternantes. Une bande sombre transversale entre les yeux et une autre en A sur le sommet de la tête. Il existe souvent un cercle clair entre les pariétales. Les taches plus ou moins confluentes en trois raies sur la queue. Jaune, orange ou rouge en dessous, avec ou sans ponctuations, mais constamment une série latérale de taches noires, qui peuvent être étendues et se réunir aux taches latérales par des barres verticales.

Taille : Ne dépasse guère 1 m. 5o.

Mœurs. — Caractère irascible. En Espagne, comme en Algérie, elle fréquente souvent les habitations, en quête de souris, dont elle fait sa

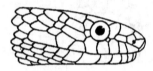

Figs. 110, 111. — Plaques céphaliques de *Zamenis hippocrepis.* Orig.

principale nourriture. Elle est aussi très friande d'oiseaux, et comme elle grimpe avec facilité, elle déniche les moineaux aussi bien à la ville qu'à la campagne. C'est un commensal utile à l'homme malgré son caractère un peu revêche.

En captivité, elle conserve ce caractère et se montre très agressive.

Glandes venimeuses et venin. — La glande venimeuse est très petite, située au-dessus de la moitié postérieure de la glande labiale supérieure. Malgré cette exiguité, sa sécrétion est très active ; la macération d'une seule glande suffit à tuer le cobaye avec des phénomènes asphyxiques se rapprochant de ceux produits par le venin de cobra. (Voir le chapitre « Physiologie ».)

Genre Coronella

Dents maxillaires subégales, ou augmentant un peu de grosseur d'avant en arrière. Tête peu ou pas distincte du cou ; œil petit, pupille ronde. Corps moyennement allongé. Écailles lisses avec fossette apicale. Queue moyenne.

Ce genre qui comprend 2o espèces n'est représenté en Europe que par deux d'entre elles.

Coronella austriaca

Syn. : *Coluber lœvis*, Lacép. (fig. 112-113).

Forme modérément élancée, museau proéminent, quelquefois pointu.

Coloration. — Grise, brune ou rougeâtre en dessus, avec petites taches symétriques noirâtres. Souvent deux raies sombres sur la nuque confluant avec une tache sombre occipitale. Une ligne sombre de l'orifice nasal à la commissure, se prolongeant parfois au delà ; face ventrale rouge brique, orange, brune, grise ou noire, uniforme ou ponctuée de noir et de blanc.

Longueur totale. — Dépasse rarement 60 cm.

Mœurs. — Spécialement terrestre. Fréquente les rocailles, les collires boisées et les localités sèches. Toujours prête à mordre. La nourriture

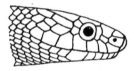

Figs. 112, 113. — Plaques céphaliques de *Coronella austriaca*. Orig.

consiste en lézards, orvets, autres serpents souvent de même taille, plus souvent de souris ou de musaraignes, qu'elle étouffe avant déglutition : occasionnellement des vers de terre.

Venin. — Ces couleuvres n'ont qu'une très petite glande à venin, située au-dessus de la commissure ; mais l'action de la sécrétion est assez vive et se rapproche de celle du venin de Cobra. La morsure est inoffensive pour l'homme.

Coronella girondica

Forme. — Se distingue de la précédente par une forme plus svelte, un museau plus obtus et un peu plus proéminent.

Coloration. — Brune, grisâtre, jaunâtre ou rougeâtre en dessus, avec des taches brunes ou des barres transversales. Une paire de traits noirs en forme d'**U** sur le cou ; une bande noire de l'œil au bord des lèvres.

Face ventrale jaune, orange ou rouge corail, avec de grandes taches noires, disposées en échiquier.

Longueur totale : 66 cm.

Mœurs — Elle fréquente les localités sèches et rocailleuses, les vieilles murailles, chassant les lézards dont elle se nourrit. Se montre au crépuscule, et a été rencontrée au clair de lune, rarement en plein jour. Contrairement à la précédente, a un caractère extrêmement doux.

Venin. — Rien de connu.

GENRE CONTIA

Dents maxillaires sub-égales. Tête peu ou pas distincte du cou ; œil petit à pupille ronde. Nasale simple ; pas de sous-oculaire ; corps modérément allongé ; écailles lisses avec une dépression apicale. Queue modérée.

Vingt-deux genres : l'un d'entre eux, asiatique, s'étend sur une faible partie du Caucase.

22 genres, l'une d'entre eux asiatique s'étend sur une faible partie du Caucase

Contia modesta

Cette couleuvre est le plus petit Colubridé d'Europe ; la présence d'une glande parotide fait supposer que l'animal est venimeux tout au moins pour sa proie ; mais on ne sait presque rien de ses mœurs, ni de sa morsure.

Colubridés Opisthoglyphes

GENRE CŒLOPELTIS

Dents maxillaires petites et égales, suivies après un court intervalle par un ou deux gros crochets situés au niveau du bord postérieur de l'œil. Les dents mandibulaires antérieures les plus développées. Tête peu distincte du cou, canthus saillant ; la sus-oculaire surplombe l'œil en avant ; œil assez grand, pupille ronde ; orifice nasal en croissant sur une nasale simple ou divisée. Corps allongé ; écailles lisses avec fossettes apicales plus ou moins distinctement sillonnées chez l'adulte. Queue moyenne.

Cœlopeltis monspessulana

Syn. : *Natrix lacertina*, Wagler ; *Coluber insignitus*, Geoffroy.
Couleuvre de Montpellier (fig. 114-116).

Forme élancée, tête allongée, étroite, concave entre les yeux jusqu'au museau avancé et arrondi, avec un canthus marqué et une région loréale concave.

Coloration. — Grisâtre, brun rouge ou olive en dessus ; quelques spécimens conservent les dessins des jeunes, plus ou moin atténués ; face ventrale jaunâtre avec petites taches sombres longitudinales. Iris brun avec cercle doré ou cuivré.

Mœurs. — Très vif ; vit à terre ou sur les arbrisseaux près du sol ; fréquente souvent les abords des habitations. En captivité, quelques sujets s'apprivoisent, tandis que d'autres restent farouches. Sens visuel

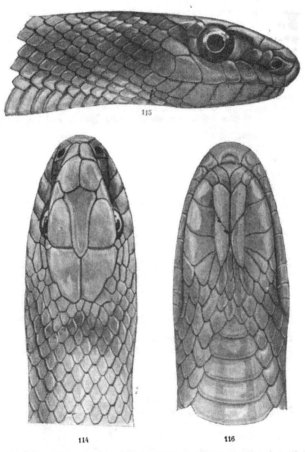

FIGS. 114 à 116. — Plaques céphaliques de Coelopeltis monspessulana. Orig.

très aigu. Se nourrit principalement de petits Rongeurs : souris, rats, tout jeunes lapins ; d'Oiseaux : petits poulets, perdrix, cailles ; de Reptiles : lézards ou serpents. Les proies volumineuses sont envenimées et ensalivées avant que commence la déglutition.

On prétend que dans l'est de l'Europe, la V. ammodyte est le priu-
cipal ennemi de cette couleuvre, de sorte que les deux espèces sont rarement trouvées dans la même localité.

Longueur totale : 1 m. 80.

Venin. — Bien que la morsure ne soit pas fatale pour l'homme, elle
peut déterminer des troubles assez graves qui se compliquent parfois
d'action septique. (Pour l'action du venin, voir le chapitre Physiologie.)

GENRE MACROPROTODON

Dents maxillaires peu nombreuses, inégales, la quatrième et la cinquième
ou la cinquième et la sixième plus grosses, séparées par un espace des deux
crochets sillonnés. Six dents mandibulaires développées en crochets pleins,
séparées des autres plus petites par un intervalle. Tête légèrement distincte

FIGS. 117, 118. — Plaques céphaliques de *Macroprotodon cucullatus.* Orig.

du cou ; œil assez petit avec pupille verticalement elliptique. Corps moyennement allongé ; écailles lisses avec fossette apicale. Queue modérée, plutôt
courte.

Macroprotodon cucullatus

Elle rappelle à la fois la Coronella austriaca et C. Girondica ; mais
le museau est plus large et plus déprimé que chez la première (fig. 117
et 118).

Longueur totale : 55 centimètres.

Venin. — Rien de connu quant aux glandes et aux propriétés de leur
sécrétion.

GENRE TARBOPHIS

Dents maxillaires peu nombreuses ; les antérieures, plus longues, décroissent graduellement ; une paire de gros crochets sillonnés, séparés par
un intervalle des autres dents. Les dents mandibulaires antérieures les plus

longues. Tête distincte du cou ; œil moyen, plutôt petit, avec pupille elliptique. Corps modérément allongé ; écailles lisses obliques avec fossettes apicales. Queue courte.

Des huit espèces dans ce genre, deux seulement sont européennes :

Tarbophis fallax

Syn. : *Ailurophis vivax*, Bonaparte (fig. 119-120).
Forme modérément allongée ; tête très déprimée.
Longueur totale : 85 centimètres.
Venin. — D'après EIFFE, la morsure de ce serpent entraîne la mort
du Lacerta vivipara en moins d'une minute ; et P. DE GRIJS a vu un des

FIGS. 119, 120. — Plaques céphaliques de *Tarbophis fallax.* Orig.

plus gros' Lacerta agilis mourir en deux ou trois minutes ; mais aucune
expérience directe n'a été encore tentée sur cette espèce.

Tarbophis iberus

Nom local : *Serpent-chat* du Caucase.
Diffère très peu de la première, et on ne sait rien sur les effets de
sa morsure.

GENRE VIPERA

Tête distincte du cou ; écailles céphaliques petites, la frontale et les
pariétales plus ou moins subdivisées en petites plaques ou en écailles ; œil
moyen ou petit avec pupille verticalement elliptique, séparé des labiales par
de petites écailles. Une naso-rostrale. Corps trapu ; écailles carénées avec fossettes apicales. Queue courte.

Le genre comprend onze espèces ; six se trouvent en Europe. La
distinction des espèces européennes est difficile en raison de leurs rela-

tions étroites et des intermédiaires qui les réunissent. Il est fort probable qu'il se produit des cas d'hybridation entre les espèces qui habitent une même localité.

Vipera ursini

Forme courte et grosse ; *museau en pointe obtuse*, plat en dessus, avec canthus relevé (fig. 121-122).

Coloration. — Indépendante du sexe. Jaunâtre ou brun pâle en dessus, plus sombre sur les côtés ; quelques spécimens uniformément bruns, avec taches brun sombre, transversales ou confluant en un zigzag dorsal ;

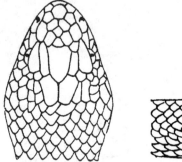

Figs. 121, 122. — Plaques céphaliques de *Vipera ursini.* Orig.

deux ou trois séries de taches sombres le long des côtés. Quelques petites taches et une figure en Λ sur le sommet de la tête ; une bande sombre de l'œil à la commissure. Menton et gorge blanc jaunâtre ; face ventrale noire ponctuée de blanc ; queue, chez quelques femelles, terminée par du jaune.

Longueur totale : 5o à 51 centimètres.

Mœurs. — On la rencontre en plein jour dans les prairies marécageuses ; se nourrit de lézards, de petits rongeurs, d'insectes. Ses proies sont saisies directement et dégluties sans être préalablement frappées et envenimées. Caractère très doux, ne se précipite jamais pour mordre.

Venin. — Semble n'avoir que peu d'effet sur l'homme ; aucune expérience n'a été faite sur l'action du venin.

Vipera renardi

Forme semblable à la précédente, mais museau plus pointu (fig. 123, et 124) ; les canthales et les rostrales soulevées en angle aigu ; œil assez grand.

Coloration. — Pas de différence entre les sexes ; les spécimens européens voisins de V. ursini, sauf pour les labiales bordées de sombre et piquetées de brun ou de noir.

Longueur totale : mâle O, 62 centimètres ; queue : 7,5 ; femelle O, 39 cm 5 ; 4.

Mœurs. — Plus frileuse que V. berus, ne sort que vers milieu d'avril

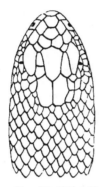
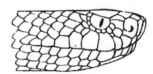

Figs. 123, 124. — Plaques céphaliques de *Vipera renardi*. Orig.

et rentre hiverner en octobre. Se nourrit de lézards et de petits mammifères.

Venin. — Rien de connu.

Vipera berus

Syn. : *Vipera chersea,* Cuvier ; *Pelias berus,* D. B.

Noms populaires : *Vipère noire, Vipère du Nord,* Adder (Voir figures 83-84).

Forme courte et épaisse ; museau plat en dessus, rarement un peu concave ; contour supérieur arrondi ou tronqué en avant ; canthus bien marqué, parfois surélevé, région loréale presque verticale.

Coloration très variable : grise, jaunâtre, olive, brune ou rouge en dessus, avec une bande dorsale ondulante ou en zigzag et une série de taches latérales ; une marque sombre en forme de **A, X,** ou **A** sur le sommet de la tête et un trait noir en arrière de l'œil. Labiales supérieures blanchâtres, le bord antérieur au moins liseré de noir ; grise, brune ou noire en dessous, uniforme ou taché de plus sombre ou de plus clair. Extrémité caudale jaune ou rouge corail. Quelques spécimens entièrement noirs, soit par assombrissement de la couleur de fond, soit par extension des dessins noirs. Les mâles se distinguent des femelles par leurs dessins plus sombres et la couleur du fond plus claire.

Longueur totale : mâle, 66 cm.; queue, 9 ; femelle, 70 ; queue, 7,5 ; très exceptionnellement, 89 cm.

En Europe, généralement distribuée au Nord ; dans le Centre, on la rencontre plutôt dans les montagnes ; elle est irrégulièrement répartie au Sud ; N. de l'Espagne et du Portugal, N. de l'Italie, Bosnie, Caucase, Sibérie, jusque vers l'I. Sachalien à l'Est.

En France, ne s'étend pas beaucoup au Sud de la Loire à l'Ouest ; des captures isolées ont été faites en Vendée, par VIAUD-GRAND-MARAIS, dans les Deux-Sèvres, dans la Vienne, dans l'Indre, par R. ROLLINAT, au Sud de Paris, dans l'Yonne, l'Allier, l'Auvergne. Elle est abondante dans quelques parties du Plateau central. A l'Est, on l'a signalée dans l'Aube, la Haute-Marne et les Vosges. Elle n'existe pas dans le Sud de la France.

Mœurs. — Fuit les parties les plus chaudes de l'Europe. Dans les plaines, fréquente les endroits marécageux ; au Nord, elle choisit les landes sèches, les collines bien exposées au soleil, bien qu'elle soit un peu nocturne.

Sa nourriture est très variée : souris, musaraignes, taupes, petits oiseaux, lézards. orvets, grenouilles, salamandres, grosses limaces ont été trouvés dans son estomac ; les jeunes mangent aussi des insectes et des vers. Assez irascibles quand elles viennent d'être capturées, mais apprivoisables et peuvent alors être manipulées sans danger.

Refusent d'ordinaire toute nourriture ; mais on a pu en conserver pendant cinq ans en les nourrissant de lézards.

Les jeunes, au moment de leur naissance, ont 19 à 20 cm. de long.

Venin. — Des accidents mortels, dus à leur morsure ont été assez fréquemment observés en France et en Allemagne.

Vipera aspis

Syn. : *Vipera vulgaris*, Latr.

Forme un peu plus allongée que la précédente, museau plat en dessus, plus ou moins relevé à l'extrémité, canthus peu ou pas relevé ; région loréale verticale. (Voir figures 85-86 et Pl. IX).

Coloration très variable : grise, jaunâtre, brune ou rouge en dessus, avec des taches noires paires ou des barres transversales, ou une bande en zigzag plus ou moins continue comme chez V. berus ; ordinairement, une marque en Λ sur le sommet de la tête et un trait noir derrière l'œil Quelquefois une barre transversale sur la région frontale et préfrontale. Les dessins sont beaucoup plus étendus et plus foncés chez les mâles que chez les femelles, où ils n'apparaissent parfois que sous forme de petites marques estompées, quand ils ne font pas complètement défaut ; lèvre supérieure blanchâtre, jaunâtre ou brique clair, avec ou sans bordure noire entre les labiales. La face ventrale aussi variable que la face dorsale : d'ordinaire jaunâtre, blanchâtre ou grise, ou rosée, avec ponctuations chez les femelles, souvent noire ou gris fer uniforme chez les mâles. Quelques spécimens sont entièrement noirs.

Longueur totale : mâle, 0,67 cm. 5; queue, 9,5 ; femelle, 0,62 ; queue, 7,5. Chez les centaines de sujets que depuis une vingtaine d'années, nous recevons deux fois l'an de Vendée ou de Franche-Comté, nous n'avons jamais trouvé de mâles dépassant 680 millim. Chez les mâles et les femelles qui ont même longueur du museau à l'anus, la queue des mâles dépasse de 10 à 15 millim. la longueur de celle des femelles.

Répartition. — Se rencontre partout en France au Sud d'une ligne qui joint les départements de Loire-Inférieure, Orne, Seine-et-Marne, Meurthe-et-Moselle. Elle s'élève dans les Pyrénées à 2.200 mètres, dans les Alpes, à plus de 2.900 mètres. Nous l'avons trouvée dans la vallée de l'Engadine, à 1.850 mètres. Elle existe aussi en Alsace-Lorraine, au Sud de la Forêt Noire, au Sud du Tyrol, en Suisse, Italie, Sicile.

Mœurs. — A une prédilection pour les localités chaudes et élevées ; à la fois diurne et nocturne ; chassant au crépuscule les petits rongeurs et se chauffant parfois aux endroits abrités et éclairés ; mais rarement en plein soleil ; elle préfère les broussailles qui tamisent la grande lumière. Elle est assez sédentaire pour que l'on puisse se livrer à une chasse fructueuse, quand on connaît les endroits qu'elle préfère. Assez lente dans ses allures, mais quand elle se croit en danger, prompte à la détente ; aussi constitue-t-elle en France, où elle abonde, un véritable danger pour les travailleurs des champs au moment des moissons, des foins ou des coupes de bois ; ils sont surtout blessés au moment de la sieste.

Sa principale nourriture consiste en petits rongeurs : souris, campagnols et leurs jeunes ; oiseaux au nid, lézard : mais les vipereaux mangent des insectes et des vers. L'adulte n'accepte d'ordinaire rien en captivité, bien qu'elle s'habitue assez vite à son entourage ; on peut la conserver plus de six mois sans lui fournir autre chose que de l'eau.

Venin. — Les animaux domestiques, même les plus gros, les chevaux, les bœufs, les moutons, sont très sensibles au venin de la Vipère et meurent souvent de la morsure (Voir chapitre : Physiologie).

Vipera latastei

Forme plus lourde que la précédente ; tête semblable (Voir figures 88 et 89), avec l'extrémité du museau parfois simplement relevé ou bien pourvu d'un appendice dermique un peu moins développé que chez V. ammodytes.

Coloration. — Grise ou brune en dessus, le dos souvent plus pâle que les côtés, avec une bande plus sombre, onduleuse ou en zigzag, bordée de noir, et une série latérale de taches. La bande dorsale est parfois remplacée par une série de taches rhombiques ou ovales transversalement, caractère qui se rencontre d'ailleurs aussi chez certains spécimens de *V.*

aspis. La tête, de ton uni ou marquée en dessus, a quelquefois deux traits obliques sur l'occiput ; une ligne sombre de l'œil à la première tache latérale ; lèvre supérieure blanche ou brun pâle, plus ou moins sablée ou tachée de noir. Parties inférieures grises, tachées de noir et de blanc ou noirâtre sablée de blanc ; l'extrémité de la queue jaune ou tachée de jaune.

Longueur totale : Ne dépasse guère 60 centimètres : le mâle mesure 55 cm.; queue, 8,5 ; la femelle a 61 cm.; queue, 8.

Mœurs. — Fréquente les endroits pierreux, arides, ainsi que les forêts. Comme V. aspis, se nourrit principalement de petits rongeurs ; on a toutefois trouvé dans son estomac des débris de scorpions, de myriapodes et de petits oiseaux.

Venin. — La morsure serait moins dangereuse pour l'homme et les animaux domestiques que celle de V. aspis. On n'a pas d'observations précises qu'elle ait causé des accidents sérieux.

Vipera ammodytes

Forme courte et épaisse. L'extrémité rostrale soulevée en un appendice cutané en forme de corne et recouvert de 10 à 20 petites écailles ; canthus fortement marqué, parfois surélevé ; région loréale inclinée (Voir figures 90-91).

Coloration. — Grise, brune ou rougeâtre en dessus avec une bande dorsale noire ou brun sombre onduleuse ou en zigzag. Il existe ou non une série latérale de taches noires ; tête avec ou sans dessins symétriques en dessus ; souvent un trait noir derrière l'œil ; face ventrale grisâtre ou rosée, poudrée de noir, avec ou sans taches noires ou blanches ; extrémité de la queue orange ou rouge corail. Les dessins plus marqués des téguments suffisent parfois à distinguer les mâles.

Longueur totale. — Moyenne : mâle, 55 cm.; queue, 8 ; femelle, 64 : queue, 7 cm. Le plus grand spécimen mâle du British Museum atteint 76 cm.

Mœurs. — Malgré sa spécification d'ammodyte, n'est pas confinée aux régions sablonneuses ; elle montre au contraire une prédilection marquée pour les collines pierreuses, et on l'a souvent rencontrée grimpant aux buissons bordant les routes ou les clairières. Dans les régions montagneuses fraîches, elle est surtout diurne et recherche le soleil ; mais dans les contrées chaudes, elle est surtout nocturne, se montrant en nombre au clair de lune. La durée de l'hibernation est relative au climat ; elle sort en hiver partout où le soleil donne.

Se nourrit de petits mammifères, d'oiseaux et de lézards ; elle tolère mieux la captivité et accepte plus aisément la nourriture que les autres vipères d'Europe. Elle est plus bruyante aussi, et souffle plus fort à l'approche de l'homme.

Venin. — Il passe pour être plus toxique que ceux des V. aspis et V. berus, et détermine assez fréquemment chez l'homme des accidents mortels.

Vipera lebetina

Forme courte et massive, museau arrondi, obtus, avec canthus bien marqué et région loréale oblique.

Coloration. — En Europe, est grise, gris chamois ou brun pâle en dessus, avec deux séries dorsales de taches sombres qui peuvent alterner, s'affronter plus ou moins en bandes transversales, ou former une bande

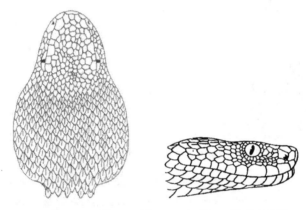

Figs. 125, 126. — Plaques céphaliques de *Vipera lebetina*. Orig.

dorsale onduleuse. Latéralement de petites taches en barres verticales, une grande marque en Λ sur le sommet de la tête et une autre en Λ sur l'occiput ; un trait sombre de l'œil à la commissure et souvent une tache ou un trait sombre au-dessous de l'œil. Face ventrale blanchâtre, poudrée de gris brun, avec ou sans tache sombre ; extrémité de la queue jaune. Chez quelques sujets les marques sont indistinctes.

Longueur totale. — Moyenne : mâle, 96 cm.; queu, 12 cm.; femelle, 1 m. 35 ; queue, 17 cm.

Mœurs. — Observée près d'Oran par M. Doumergue ; se montre surtout nocturne. Elle habite les localités rocailleuses, les broussailles et les vignobles. Se tient immobile pendant le jour sous les grosses pierres; on la rencontre fréquemment en avril et mai. A Milos, de Bedriaga l'a vue fréquenter les jardins avoisinant le village, après le coucher du soleil. La nourriture se compose surtout de petits mammifères.

Venin. — On ne sait rien de précis sur l'activité de son venin ; mais elle est aussi redoutée que son alliée des Indes, la Daboïa ou V. russelli.

GENRE ANCISTRODON

Tête distincte du cou et recouverte sur sa face supérieure de neuf grandes plaques comme chez les Colubridés typiques ; les internasales et les préfrontales sont quelquefois fragmentées en petites écailles; une fossette loréale; œil moyen ou petit avec pupille verticale. Corps cylindrique, moyen ou court;

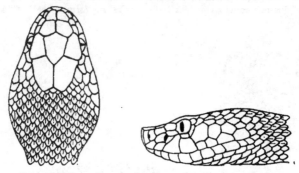

FIGS. 125, 126. — Plaques céphaliques d'*Ancistrodon halys*. Orig.

écailles lisses ou carénées avec fossettes apicales. Queue modérée ou courte. Urostèges entières ou divisées.

Des dix espèces qui composent le genre ,une seule, parmi les espèces asiatiques, pénètre jusqu'au Sud-Est de l'Europe, et représente le seul Crotaliné qu'on y rencontre.

Ancistrodon halys

Syn. : *Trigonocephalus halys*, Licht., D. B. (fig. 127-127).

Forme modérément allongée. Tête subtriangulaire, plate ou légèrement concave en dessus, élargie dans la région temporale, très distincte du cou. Museau terminé en pointe mousse, légèrement relevé avec un canthus obtus.

Coloration. — Jaunâtre, grisâtre ou brun pâle en dessus, avec des taches plus sombres ou des barres transversales dentelées ; 1 ou 2 séries latérales de taches sombres ; une tache noire sur le museau, une paire sur le vertex, et 2 paires de traits obliques sur la face dorsale de la tête ; une bande sombre bordée de clair sur la tempe ; lèvres ponctuées de brun ; face ventrale blanchâtre, plus ou moins ponctuée de gris ou de brun.

Longueur totale : 49 cm.; queue, 6,5. Peut atteindre 74 cm.

Mœurs. — On n'en connaît rien de précis ; on sait seulement que toutes les espèces du genre ont coutume de faire vibrer l'extrémité de la queue comme les Crotalinés, lorsqu'elles se mettent en attitude de défense.

Venin. — Il produit les mêmes effets que celui de la Vipère aspic ; mais semble moins actif, car la morsure est rarement mortelle pour l'homme.

SERPENTS VENIMEUX D'AFRIQUE

FAMILLES ET GENRES	ESPÈCES	HABITAT
Boïdés		
Eryx, Daud.	E. *thebaïcus.*	Hte-Egypte, E. Afr.
	E. *jaculus.*	Nord.
	E. *muelleri.*	Nubie.
Colubridés Aglyphes		
Tropidonotus, Kuhl..	T. *natrix,* T. *viperinus,* T. *tessellatus,* T. *olivaceus,* T. *fuliginosus,* T. *levissimus.*	N. O. S.
Helicops, Wagl.	H. *schistosus.*	Afr. tropicale.
Lamprophis, Fitz ...		Afr. S.
Simocephalus, Günth.	S. *capensis.*	Afr. S. et trop.
Hormonotus, Hallow..	H. *modestus.*	
Zamenis, Wagl.		N. Sénégambie.
Lytorhynchus, Peters.	L. *diadema.*	de Sahara alg. à la Syrie.
Chlorophis, Hallow..	Cl. *emini, heterodermum.*	Afr. S. et trop.
Philothamnus, Smith.	Ph. *semivariegatus,* Ph. *dorsalis.*	Afr. S. et trop.
Gastropyxis, Cope....	G. *smaragdina.*	Af. O.
Hapsidophrys, Fisch.	H. *lineata.*	Af. O.
Coronella, Laur......	C. *amalia, girondica, semi ornata.*	Maroc, Alg. E. Afr.
Oligodon, Boïc.......	O. *melanocephalus.*	Basse-Egypte.
Grayia, Günth.	G. *smithii.*	Afr. trop.
Colubridés Opisthoglyphes		
Geodipsas, Blg	G. *infralineata, boulengeri.*	Afr. Orient.
Pythonodipsas, Günth.	P. *carinata.*	Afr. du S.

FAMILLES ET GENRES	ESPÈCES	HABITAT
Dipsadophidium, Williston	D. *veileri*.	Cameroun.
Ditypophis, Günth. ...	D. *vivax*.	Socotora.
Tarbophis, Fleishm....	T. *savignyi, variegatus, semiannulatus, güntheri, obtusus*.	Afrique N. E. et tropicale.
Dipsadomorphus, Fitz.	D. *pulverulentus, blandingii, viridis, brevirostris, reticulatus*.	Afrique tropicale, Occ.
Dipsadoboa, Günth. ..;	D. *unicolor, isolepis*.	Afrique Oc. Cameroun.
Leptodira, Günth. ...	L. *hotambœia*, Laur.; *werneri, nycthemera, duchesnii, pobeguini, tripolitana*.	Afr. S. et trop. Or.
Chamætortus, Günth...	C. *aulicus*.	Afr. Or. et Centre.
Hemirhagerrhis, Bœttger.	H. *kelleri*.	Afr. Or.
Amplorhinus, Smith..	A. *multimaculatus nototænia, guntherie, tæniatus*.	Afr. trop. et du Sud. Or.
Trimerorhinus, Smith.	T. *rhombeatus, tritæniatus, variabilis*.	Afr. E. et S. de Equat.
Coelopeltis, Wagl. ...	C. *monspessulana, moilensis*.	Afr. N.
Rhamphiophis, Peters.	R. *rubropunctatus, oxyrynchus, togoensis, acutus, multimaculatus*.	Afr. trop.
Dromophis, Peters. ..	D. *lineatus, præornatus*.	Afr. trop.
Psammophis, Boïe ...	P. *notosticus, punctulatus, trigrammus, subtæniatus, bocagi, sibilans, furcatus, brevirostris, elegans, biseriatus, crucifer, angolensis, jallæ, leightoni, ansorgii, longementalis, regularis, transvaaliensis, thomasi*.	E. S. N.
Dispholidus, Duvern.	D. *typus*.	Afr. S. et trop.
Amblyodipsas, Peters.	A. *microphthalma*.	Mozambique.
Calamelaps, Günth. ..	C. *unicolor, polylepis, concolor, mironi, fee, warreni*.	Afr. trop., S.
Cynodontophis, Werner.	C. *æmulans*.	Congo.
Rhinocalamus, Günth.	R. *dimidiatus, ventrimaculatus, meleagris*.	Afr. E. S. O.
Xenocalamus, Günth...	X. *bicolor, mechovii, michelli*.	Afr. trop. Congo..

FAMILLES ET GENRES	ESPÈCES	HABITAT
Micrelaps, Bœttger ..	M. *vaillanti, nigriceps, bicoloratus.*	Somalis, Abys., Afr. occ.
Miodon, A. Dum.	M. *acanthias, collaris, gabonensis, notatus, neuwidii, chrystyi, graneri.*	Afr. Occ.
Elapocalamus, Blgr. ..	E. *gracilis.*	Cameroun.
Polemon, Ian	P. *barthi, michellia.*	Guinée, Congo.
Brachyophis, Mocq....	B. *revoili.*	Somali.
Macrelaps, Blgr.	M. *microlepidotus.*	Afr. S.
Hypoptophis	H. *wilsoni.*	Congo.
Aparallactus, Smith..	A. *jacksoni, werneri, concolor, lunulatus, güntheri, bocagii, capensis, nigriceps, lineatus, anomalus, boulengeri, ubangensis, niger, peraffinis, flavitorques, nolloi, congicus, hagmanni, batesi, lubberti, chrystyi.*	Afr. S. et trop.
Elapops, Günth.	E. *modestus, heterolepis.*	Afr. Occ.
Apostolepis, Cope. ...	A. *gerrardi.*	Katanga.
Colubridés Protéroglyphes		
Boulengerina, Dollo ..	B. *stormsi, chrystyi.*	Afr. centr. Congo.
Elapechis, Blgr.	E. *güntheri, niger, hessii, decosteri, sundevallii, boulengeri, duttoni.*	Afr. trop. et du Sud.
Naja, Laur.	N. *haje, flava, nigricollis, anchietæ, goldii, güntheri, multifasciata, yokohamæ, sputatrix.*	
Sepedon, Merr.	S. *hæmachates.*	Afr. S.
Aspidelaps, Smith. ..	A. *lubricus, scutatus.*	Afr. S. et Moz.
Valterinnesia, Lataste.	V. *ægyptia.*	Egypte.
Homorelaps, Ian.	H. *lacteus, dorsalis.* ..	Afr. S.
Dendraspis, Schleg. ..	D. *viridis, jamesoni, angusticeps, antinorii, mamba sjostedti.*	Afr. S. et trop.
Vipéridés		
Causus, Wagl.	C. *rhombeatus*, Licht.; *resimus, defilippii, lichteinsteinii.*	Afr. S. et trop.
Vipera, Laur.	V. *latastei*, V. *lebetina.*	Maroc, Alg. au N. de Atlas. Tunisie.

—

FAMILLES ET GENRES	ESPÈCES	HABITAT
Bitis, Gray	B. *arietans, peringueyi, atropos, inornata, cornuta, caudalis, gabonica, nasicornis.*	Afrique exclus.
Cerastes, Wagl.	C. *cornutus, vipera.*	Afr. N.
Echis, Merr.	E. *carinatus, coloratus.*	Afr. au Nord de l'Equat., Socotora.
Atheris, Cope	A. *chlorechis, squamiger, ceratophorus, nitschei, wosnami.*	Afr. trop. or.
Atractaspis, Smith....	A. *hildebrandtii, congica, irregularis, corpulenta, rostrata, bibroni, aterrissa, dahomeyensis, micropholis, leucomelas, microlepidotas, heterochilus, katangæ, coarti, bipostocularis, andersoni, duerdeni, caudalis, conradsti, watsoni, nigra, engdahlii, phillipsi.*	Afr. trop. et du S.
(Les genres *Lycophidium* (L. capense), *Pseudaspis* (P. cana) et *Prosymna* (P. meleagris) sont dépourvus de glande parotide, les autres genres africains m'ont pas été examinés.)		

Colubridés Aglyphes

Les caractères des genres *Tropidonotus*, *Zamenis* et *Coronella* parmi C. Aglyphes, *Tarbophis* parmi les Opisthoglyphes, ont été signalés à propos de la faune européenne ; on ne connaît jusqu'à présent rien sur le venin des espèces africaines appartenant à ces genres.

Colubridés Opisthoglyphes (Dipsamorphinés)

GENRE LEPTODIRA

Dents maxillaires de 15 à 18, croissant graduellement et très peu en longueur, suivies, après un intervalle, d'une paire de crochets sillonnés situés immédiatement derrière la verticale postérieure de l'œil. Les dents mandibulaires antérieures plus grandes. Tête distincte du cou ; œil assez grand, avec une pupille verticalement elliptique. Corps cylindrique ou modérément comprimé. Ecailles lisses ou faiblement carénées, avec fossettes apicales, en 17 à 25 rangées. Ventrales arrondies ; sous-caudales sur deux rangs.

Leptodira hotambœia

Syn. : *Herurus rufescens*, D. B.

Coloration. — Brun, olive ou noirâtre en dessus, uniforme ou avec des taches blanchâtres, ayant l'apparence d'œufs de mouches, une bande noire sur la tempe, se réunissant avec sa symétrique sur l'occiput ; lèvre supérieure rouge vif ou rouge orange ; parties inférieures, blanchâtres.

Longueur totale : 60 centimètres.

Mœurs. — Se rencontre fréquemment au voisinage des habitations après le coucher du soleil et quelquefois par les nuits de clair de lune. Mord violemment quand on cherche à le capturer ou qu'on l'effleure Se nourrit de souris, de petits crapauds, de lézards et d'insectes.

Venin. — Son venin, peu actif, ne cause ordinairement que des troubles passagers, rarement mortels, chez les poules et les lapins mordus ou inoculés avec la macération des glandes (FITZSIMONS).

GENRE TRIMERORHINUS

Dents maxillaires de 10 à 12, presque égales, suivies après un intervalle d'une paire de crochets sillonnés situés derrière le bord postérieur de l'œil ; dents mandibulaires antérieures très développées. Tête distincte du cou ; œil modéré avec pupille ronde. Narine en croissant entre les deux nasales et l'internasale. Corps cylindrique ; écailles lisses, avec dépressions apicales, en 17 rangées ; ventrales arrondies. Queue modérée ; sous-caudales en deux rangs.

Les deux espèces, *T. rhombeatus* et *T. tritœniatus*, qui appartiennent toutes deux à l'Afrique du Sud, sont peu agressives ; leur venin est beaucoup moins actif que celui des *Dispholidus ;* néanmoins, la morsure fait périr un rat en deux heures, les poulets en sept à dix heures, sans lésions hémorrhagiques, par paralysie progressive.

On ne cite aucun cas de mort chez l'homme consécutif à la morsure de ce serpent (FITZSIMONS).

GENRE PSAMMOPHIS

Dents maxillaires 10 à 13, une ou deux au milieu développées en crochets et isolées de part et d'autre par un espace, les deux dernières grandes et sillonnées situées en dessous du bord postérieur de l'œil. Les dents mandibulaires antérieures fortement développées. Tête distincte du cou avec un canthus angulaire. Œil modéré ou grand avec pupille ronde. Frontale étroite. (Fig. 129-130.)

Une dizaine d'espèces se rencontrent dans l'Afrique du Sud parmi lesquelles : .

Psammophis sibilans

Syn. : *Psammophis moniliger*, D et B.

Coloration. — Très variable, uniforme ou avec marques. Olive ou brune en dessus, les écailles le plus souvent bordées de noir. Une **ligne** vertébrale jaune étroite plus ou moins distincte et une bande semblable plus large de chaque côté du dos. Tête avec lignes jaunes bordées de noir en avant. Ces dessins peuvent s'atténuer et disparaître chez l'adulte Lèvre supérieure blanc jaunâtre, uniforme ou avec quelques points noirs sur les écailles antérieures. Ventrales blanc jaunâtre uniforme ou bordées d'une ligne brunâtre estompée.

Longueur totale : 1 m. 20 ; quelques spécimens atteignent 1 m. 50.

Venin. — Les espèces du genre Psammophis sont beaucoup moins venimeuses que celles du genre Dispholidus. Les sujets de taille moyenne

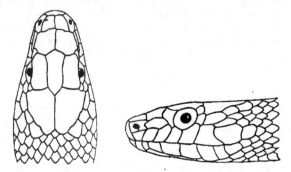

Figs. 129, 130. — Plaques céphaliques de *Psammophis sibilans*. Orig.

ne tuent pas le poulet par morsure, tandis que ceux de forte taille, mordant semblablement, tuent le poulet en 10 à 12 heures (FITZSIMONS).

GENRE DISPHOLIDUS

Maxillaire court, s'élargissant en arrière, où il s'articule avec l'ectoptérygoïde fourchu. Sept ou huit petites dents, suivies de trois gros crochets situés au-dessous de l'œil. Dents mandibulaires sensiblement égales. Tête distincte du cou, avec canthus également distinct. Œil avec pupille ronde. Nasale entière. Corps légèrement comprimé ; écailles très étroites, obliques, plus ou moins fortement carénées, avec dépressions apicales, en 19 ou 21 rangées ; ventrales arrondies ou se terminant latéralement en angle obtus. Queue longue. Sous-caudales en deux rangs. Exclusivement africain.

Dispholidus typus

Syn. : *Bucephalus capensis*, Smith. ; *Dispholidus lalandii*, Duvernoy Nom indigène : *Boomslang*.

Coloration. — Très variable. La variété type est brune en dessus, la lèvre supérieure et la face ventrale jaunâtre ou grisâtre; les jeunes avec des taches claires et des autres sombres et le ventre moucheté de brun.

Longueur totale : la plus fréquente de 1 m. 20 à 1 m. 5o; quelques sujets atteignent et même dépassent 1 m. 8o.

Mœurs. — Serpent très agressif, qui mange parfois les individus de sa propre espèce, et que les indigènes de l'Afrique du Sud redoutent beaucoup. Se nourrit ordinairement de grenouilles, de caméléons, de lézards, de petits rongeurs, de petits oiseaux, qu'il déniche et dont ils mange aussi les œufs.

Venin. — Le venin est très actif, comparable par sa toxicité à ceux du Naja flava et du Sepedon hemachates. Les accidents dûs à sa morsure ou à l'inoculation de son venin ont été rapportés par FITZSIMONS. (Voir chapitres Pathologie et Physiologie.)

Protéroghyphes Elapinés

GENRE NAJA

Maxillaire s'étendant au delà du palatin, avec une paire de gros crochets sillonnés, plus 1 à 3 petites dents légèrement sillonnées, à son extrémité postérieure. Les dents mandibulaires antérieures les plus longues. Tête peu ou légèrement distincte du cou. Œil moyen ou assez grand avec pupille ronde ; narine entre deux nasales et l'internasale ; pas de loréale. Corps cylindrique ; écailles lisses, sans fossettes apicales, disposées obliquement en 15 à 25 rangs (ou plus sur le cou) ; ventrales arrondies. Queue modérée ; sous-caudales toutes ou en partie sur deux rangs (fig. 131 et pl. VIII).

Naja haje

Noms populaires : « Aspic » d'Egypte, Spy-Slange de l'Afrique du Sud, nom qui signifie *spitting* et vient de l'habitude des cobras africains de lancer leur venin ; aussi les désigne-t-on quelquefois dans les colonies françaises sous le nom de serpents cracheurs. (Voir Pl. VIII.)

Coloration. — Jaunâtre ou de l'olive au brun sombre en dessus, uniforme ou avec des taches plus sombres ou plus claires ; parties inférieures jaunâtres, avec une bande brune ou brun sombre sur le cou ou encore noirâtre ; tête quelquefois noirâtre. Cette coloration est variable.

Longueur totale : 1 m. 5o.

Mœurs. — Caractère très irritable. A la moindre excitation, se dresse sur la partie postérieure de son corps, gonfle son cou en sifflant bruyamment et poursuit l'adversaire.

Les charmeurs indigènes lui font exécuter divers mouvements cadencés au son d'une musique spéciale ; le serpent suit avec la tête les mouvements de la main du charmeur sans essayer de le mordre. Si on le touche en comprimant légèrement une région de la nuque, on le voit s'étendre, tomber dans une sorte de torpeur cataleptique et devenir, pendant quelques minutes, raide comme une baguette. C'est le procédé employé par les magiciens des anciens Pharaons pour la transformation des verges en serpents. Nous avons reproduit involontairement cet état sur un Naja rapporté d'Egypte par M. le Docteur ARBEL, et, croyant cet animal mort, nous avons commencé à le saigner, ce qui l'a réveillé momentanément de son état.

Le Naja, dont l'image est sculptée sur un grand nombre des antiques monuments de l'Egypte, est un des serpents désignés sous le nom de « Aspis » par les Grecs et les Romains. Il est très redouté, car sa morsure est rapidement mortelle.

Venin. — Voir au chapitre « Physiologie ».

Naja flava

Cobra du Cap.

Coloration. — Donnant les variations suivantes :

Ordinairement jaune avec quelques écailles rouge brun, le rouge brun prédominant sur le jaune; terre d'ombre sombre, se rapprochant

FIG. 131. — Plaques céphaliques de *Naja haje*. Orig.

du noir. Quelques écailles colorées en jaune. Brun olive clair, teinté de jaune; quelques écailles brun foncé avec une ombre jaune olive. Noir pourpre brillant; plus intensément noir sur la face ventrale.

Longueur totale : 1 m. 5o, peut atteindre 2 mètres.

Mœurs. — C'est une espèce courageuse et audacieuse, poursuivant l'homme à l'occasion ou lui tenant tête s'il n'est pas à proximité de son lieu de refuge.

Venin. — Partout ce cobra est très redouté pour son caractère agressif et l'activité de son venin, qui cause des accidents mortels chez l'homme. Comme il fréquente le voisinage immédiat des habitations, les jardins, les dépendances, les écuries où l'attirent les petits rongeurs dont il se nourrit, et qu'il pénètre parfois jusque dans les lits, il cause de fréquents accidents, surtout chez les indigènes qui vont pieds et jambes nus.

L'homme meurt en quelques heures de la morsure de ce cobra ; les chiens et les singes en moins d'une heure, parfois en 5 à 1o minutes ;

la mort est instantanée lorsque l'inoculation du venin est faite dans les veines.

GENRE SEPEDON

Maxillaire s'étendant au delà du palatin avec une paire de gros crochets sillonnés. Pas d'autres dents maxillaires ; dents mandibulaires antérieures les plus longues. Tête non distincte du cou ; canthus rostralis distinct ; œil modéré avec pupille ronde ; narine entre deux nasales et l'internasale ; pas de loréale. Corps légèrement aplati. Ecailles obliques, carénées, sans dépressions apicales, en 19 rangs ; ventrales arrondies. Queue modérée ; sous-caudales sur deux rangs.

Une seule espèce, exclusivement africaine et localisée au sud, où il est commun.

Sepedon hœmachates

Nom populaire : *Ringhal* ou *Serpent cracheur.*
Ecailles fortement carénées, sans dépressions apicales.

Coloration. — Noire en dessus, tachetée, variée ou irrégulièrement barrée de brun pâle ou de blanc jaunâtre, ou tachetée de brun avec du noir, noire en dessous, ordinairement avec deux bandes transversales blanches ou jaunâtres sur le cou ; c'est la forme type et c'est à ces bandes qu'elle doit sa désignation populaire de « Rhinghal ». Une variété est noir de jais en dessus et en dessous, le ventre brillant, le dos terne avec une barre transversale blanche sur la gorge qui peut d'ailleurs faire défaut. Cette variété peut atteindre une plus grande taille que la forme type (1 m. 25).

Taille : de 76 à 90 centimètres.

Mœurs. — Bien qu'appartenant à un genre différent du genre Naja, il est aussi compris parmi les cobras et prend les mêmes attitudes de combat, dilatant son cou de la même manière, en forme de coiffe.

Si un serpent élève perpendiculairement la partie antérieure de son corps et relève ses côtes cervicales de façon à ce que la peau soulevée et étendue forme une coiffe, on peut être à peu près sûr qu'il s'agit d'un cobra, donc d'une espèce hautement venimeuse.

Comme les Najas, les Rhingals poursuivent l'homme ; mais celui-ci peut échapper par la course.

Le double jet de venin qu'il projette, en même temps que s'effectuent une expiration forcée et un souffle bruyant, s'éparpille en pluie à quelque distance. Le même crachement peut être répété plusieurs fois de suite, à de courts intervalles et avec le même succès, ce qui ne prouve pas, comme le pense FITZSIMONS, que le venin est très rapidement sécrété, mais bien plutôt que les glandes ne sont pas vidées en une seule fois.

Venin. — La morsure est mortelle pour l'homme.

Genre Dendraspis

Maxillaire recourbé vers le haut avec une apophyse postérieure dirigée en bas et en dehors ; *une paire de gros crochets canaliculés*, non suivis d'autres dents ; une grosse dent mandibulaire en crochet suivie d'un grand espace vide de dents. Tête étroite, élégante ; œil modéré avec pupille ronde ; narine entre deux écailles ; pas de loréale. Corps légèrement comprimé ; écailles lisses, très obliques, sans dépressions, en 13 à 23 rangées ; ventrales arrondies. Queue longue ; sous-caudales en deux rangs.

Il réalise déjà, pour l'appareil inoculateur, le type vipéridé.

Ce genre africain comprend cinq espèces.

Dendraspis angusticeps

Coloration. — Grise, olive ou noirâtre, uniforme ou quelques écailles bordées de noire ; jaunâtre ou vert pâle en dessous ; écailles caudales non bordées ; variété verte, variété noire.

Afrique centrale, orientale et du Sud.

Taille : de 1 m. 80 à 2 m. 75 à l'état adulte ; peut dépasser 4 mètres.

Mœurs. — La variété verte, un peu plus petite que la noire, est surtout arboricole et se rencontre dans les forêts et les vallées boisées ; mais on y trouve aussi la variété noire (Black Mamba), qui est la terreur des indigènes. Ceux-ci sont fréquemment mordus à la tête, au cou, aux épaules, en fréquentant les sentiers des bois ; les cavaliers eux-mêmes peuvent être frappés aux jambes lorsqu'ils traversent les prairies où domine la variété noire. Ces serpents sont les plus dangereux de tous ceux qu'on trouve dans l'Afrique du Sud par leur vivacité et leur précision d'allures, leur caractère agressif et l'activité de leur venin. Ils viennent chasser leur proie jusqu'aux abords immédiats des habitations.

Dendraspis mamba

Ecailles en 25 rangées ; 9 labiales supérieures.

Coloration. — Vert olive sombre en dessus, gris bleu en dessous : la peau pourpre sombre entre les écailles.

Ils sont redoutés au Transvaal.

On ne sait rien du venin des espèces *Dendraspis viridis*, Hallow. *Dendraspis jamesonii*, Traill et *Dendraspis antinorii*, Peters.

Vipéridés

Genre Causus

Tête distincte, recouverte d'écailles symétriques ; narine entre deux nasales et l'internasale ; loréale présente ; œil modéré avec pupille ronde, séparé des labiales par des sous-oculaires. Ecailles lisses ou carénées, avec dépressions apicales, obliques sur les côtés ; en 15 à 22 rangs ; ventrales arrondies. Queue courte ; sous-caudales entières ou sur deux rangs.

Causus rhombeatus

Noms populaires : *Vipère-démon, Night-Adder.*

Coloration. — Olive ou brun pâle en dessus, rarement uniforme, plus souvent avec des séries de taches rhomboïdales ou des taches brunes en forme de V qui peuvent être bordées de blanc. Ordinairement, un large Λ sombre marquant, sur le sommet de la tête, la limite du frontal et un trait oblique derrière l'œil ; labiales ordinairement bordées de noir. Parties inférieures jaunâtres, blanches ou grises, uniformes, ou les écailles bordées de noir.

Longueur totale moyenne : 60 centimètres.

Mœurs. — Nocturnes, d'où leur autre nom de Night-Adder. Fréquente les endroits humides recouverts de végétation et volontiers les alentours et les dépendances des habitations et les habitations elles-mêmes. Friande de souris, mais elle mange aussi à l'occasion des batraciens. Ses manières sont douces et, à moins d'être malmenée ou effrayée, elle n'essaie pas de mordre, comme nous l'avons maintes fois vérifié sur quelques sujets tenus en captivité.

Elle est ovipare, pond de douze à vingt-cinq œufs autour desquels la mère reste pendant quelques jours enroulée.

Glandes venimeuses et venin. — Les glandes assez spéciales, enveloppées d'un faisceau du muscle temporal antérieur qui leur forme un sac contractile, sont représentées (fig. 259). Le venin de cette vipère, très redoutée, est cependant moins actif que celui de la plupart des serpents d'Afrique. Les animaux mordus, de même que l'homme, après avoir présenté des symptômes d'envenimation, reviennent à l'état normal en quelques jours. Toutefois, si la morsure est prolongée, la quantité de venin absorbée peut devenir suffisante pour entraîner la mort. On en cite des cas chez l'homme et chez les animaux.

Causus defilippii

Museau pointu, proéminent, plus ou moins relevé.

Coloration. — Grise ou brune en dessus, région vertébrale plus sombre avec une série de grandes taches rhomboïdales ou en forme de V. Un grand Λ brun sombre sur le frontal ; un trait sombre oblique derrière l'œil ; labiales supérieures bordées de noir ou avec petites taches gris brun.

Longueur totale : 45 centimètres.
Afrique centrale et orientale, Transvaal.

Venin. — Rien de connu, non plus que sur les espèces du même genre : *C. resimus* Bocage et *C. lichtensteinii*, A. Duméril.

Causus resimus

Museau plus proéminent que dans les autres espèces, souvent relevé. Ecailles lisses, un peu carénées.

Coloration. — Grisâtre ou vert bleuâtre en dessus, avec étroites bandes en chevrons à sommet postérieur : étroites barres noires sur les côtés, souvent réduites à une bordure noire des écailles. Trois ou quatre labiales supérieures bordées de noir ; une ligne noire de l'arrière de l'œil au bord postérieur de la cinquième labiale supérieure. Face ventrale blanc jaunâtre uniforme ou écailles bordées de noir.

Longueur totale : 67 centimètres ; *queue :* 7 centimètres.

Genre Vipera

Vipera latastei.
Vipera lebetina.
Ces espèces ont été décrites avec les serpents d'Europe (p. 256).

Genre Bitis

Ce genre est spécial à l'Afrique, où il est représenté par une dizaine d'espèces.

Tête distincte du cou, recouverte de petites écailles imbriquées ; œil modéré avec pupille verticale, séparé des labiales par de petites écailles ; narine en haut et en dehors percée dans une nasale simple ou divisée avec une dépression profonde en dessus, fermée par une supranasale valvulaire et en croissant. Post-frontal développé en une lame onduleuse en contact avec l'ectoptérygoïde (fig. 132-133), lui-même très développé en toit. Ecailles carénées, avec dépression apicales, en 22 à 41 rangées ; écailles latérales dans quelques espèces, légèrement obliques ; ventrales arrondies. Queue très courte; sous-caudales sur deux rangs.

Bitis arietans

Syn. : *Echidna arietans,* Wagl ; *Clotho arietans,* Gray.
Nom local : *Puff-Adder ;* Vipère heurtante.
Narine dirigée directement en haut ; une ou deux séries d'écailles entre la nasale et la rostrale.

Coloration. — Jaune, brun pâle ou orange en dessus, avec des marques brun sombre en forme de chevrons ou des barres noires avec pointe postérieure, ou noire avec des dessins oranges ou jaunes. Une grande tache sombre sur le sommet de la tête, séparée d'une tache interorbitale plus petite par une étroite raie jaune. Une bande oblique sombre au-dessous et une autre derrière l'œil. Blanc jaunâtre en dessous, uniforme ou marquée de petites taches sombres.

Longueur totale moyenne : 75 à 90 centimètres.

Mœurs. — C'est la plus répandue des vipères dans l'Afrique australe et, comme les autres, elle pénètre jusque dans les habitations. Elle siffle bruyamment, ce qui permet parfois d'en déceler la présence assez tôt pour l'éviter.

Elle est vivipare et les jeunes, au sortir de la mince membrane dans

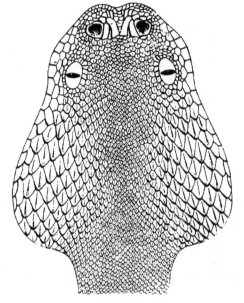

132

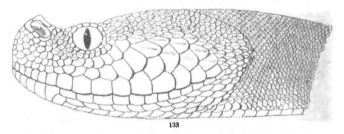

133

Figs. 132, 133. — Plaques céphaliques de *Bitis gabonica*. Orig.

laquelle ils sont enroulés, mesurent 18 centimètres. Comme les jeunes des autres espèces de Vipéridés, ils sont aussitôt capables de mordre et d'envenimer mortellement leur proie.

En captivité, cette espèce n'accepte aucune nourriture et finit par mourir d'inanition si on ne pratique pas le gavage.

Dans la nature, elle se montre friande de rats et de souris ; occasionnellement, elle mange des batraciens et des reptiles ; quand il s'agit de crapauds, elle saisit directement sa proie sans la frapper au préalable.

Venin. — La vipère heurtante fait beaucoup de victimes, surtout parmi les indigènes et tout particulièrement parmi les enfants dont les gestes turbulents déterminent la détente brusque du serpent effrayé.

La morsure peut être mortelle pour l'homme et les gros animaux en quelques minutes, plus ou moins, suivant la dose inoculée ; si elle atteint un gros vaisseau ou un endroit très vasculaire, la mort survient par coagulation intra-vasculaire.

Bitis gabonica

Syn. : *Echidna rhinoceros,* D. B. — *Echidna gabonica,* D. B.

Grandes écailles érigées en cornes entre les sus-nasales ; quatre ou cinq séries d'écailles entre la nasale et la rostrale. Une seule écaille au-dessus de la sus-nasale, en contact avec sa symétrique (fig. 132-133).

Coloration. — Brune en dessus avec une série vertébrale de taches quadrangulaires jaunâtres ou brun clair réunies par des taches brun sombre en forme de sablier. De chaque côté, une série de marques angulaires ou en croissant. Tête pâle en dessus avec une ligne médiane brun sombre. Une bande oblique brune derrière l'œil s'élargissant vers la bouche. Jaunâtre en dessous avec de petites taches brunes ou noirâtres. C'est une des plus belles vipères d'Afrique par les tons doux et veloutés de sa robe.

Longueur totale : 90 centimètres à 1 m. 75 ; le diamètre peut atteindre 10 centimètres.

Un sujet ayant vécu longtemps à la ménagerie du Muséum de Paris y a atteint 1 m. 75 de long et 6 kil. 500 en poids.

Venin. — N'a pas été expérimentalement étudié ; mais le volume de la glande venimeuse et la longueur des crochets venimeux rendent la morsure très dangereuse.

On ignore également l'activité de celui des autres espèces : *B. caudalis, B. cornuta, B. inornata, B. atropos* et *B. peringueyi.*

GENRE CERASTES

Tête distincte du cou, recouverte de petites écailles juxtaposées ou faiblement imbriquées ; œil modéré ou petit avec pupille verticale, séparé des labiales par de petites écailles ; narine en haut et en dehors, dans une nasale entière ou divisée. Corps cylindrique, écailles carénées, avec dépressions apicales, en 23-35 rangées ; écailles dorsales des séries longitudinales, avec carène en forme de massue ou d'ancre n'atteignant pas l'extrémité ; écailles latérales plus petites et obliques carénées ; ventrales avec une carène obtuse de chaque côté. Queue courte ; sous-caudales en deux rangs (voir fig. 95).

Cerastes cornutus

Syn.: *Vipera cerastes*, Latr.; *Cerastes œgyptiacus*, D. B.

Museau court et large ; tête recouverte de petites écailles en carène tuberculeuse et inégales entre les yeux ; souvent, une écaille érigée en forme de corne au-dessus de l'œil.

Coloration. — Brun jaune pâle ou grisâtre en dessus, avec ou sans taches brunes, formant quatre ou six séries longitudinales régulières, les deux médianes confluant parfois en barres transversales ; un trait oblique plus ou moins distinct derrière l'œil. Parties inférieures blanches. Extrémité caudale quelquefois noire.

Taille totale : 72 centimètres ; queue : 9 centimètres.

Mœurs. — Nocturne. Passe le jour sous des pierres ou enfoncée dans le sable. Pendant les nuits d'été, est d'une grande activité, tandis qu'en plein jour ses mouvements sont lents, et si elle est découverte sa seule préoccupation est de trouver une retraite.

Venin. — La morsure du Cerastes est mortelle pour un grand nombre d'animaux (cheval, chameau, pigeon).

Cerastes vipera

Syn. : *Echidna atricaudata*, part D. B.

Museau court et large ; tête recouverte de petites écailles *en carène tuberculeuse, inégales ou presque égales en dessus*.

Coloration. — Jaunâtre, brun pâle ou rougeâtre en dessus, avec ou sans taches plus sombres ; extrémité de la queue souvent noire ; parties inférieures blanches.

Longueur totale : 34 centimètres ; queue : 3 centimètres.

Mœurs. — Vit concurremment avec l'espèce précédente dans les mêmes localités ; mais elle est moins commune. Les deux espèces sont fort dangereuses pour leur venin et par la façon dont elles sont dissimulées dans le sable, où elles ne passent parfois que le sommet de la tête, représenté par la région oculaire.

GENRE ATHERIS

Tête très distincte du cou, recouverte de petites écailles imbriquées ; œil grand, avec pupille verticale, d'ordinaire séparé des labiales par de petites écailles ; narines latérales. Corps légèrement comprimé ; écailles carénées avec dépressions apicales, les latérales plus ou moins obliques ; plus petites que les dorsales et que le rang externe ; ventrales arrondies ; queue modérée, préhensile; sous-caudales entières.

Le squamosal très court, le quadratum long et mince.

Genre africain.

Atheris chlorechis

Neuf à onze écailles entre les yeux ; quinze à dix-sept autour de l'œil.

Coloration. — Verte en dessus, uniforme ou avec de petites taches jaunes ; uniformément jaunâtre ou vert pâle en dessus ; extrémité caudale jaunâtre ou noirâtre.

Longueur totale : 52 centimètres ; queue : 8 cm 5.

Venin. — Rien de connu, non plus que pour les espèces *A. squamiger*, Hallow et *A. ceratophorus* Werner.

GENRE ATRACTASPIS

Crochets venimeux énormément développés ; quelques dents sur les palatins, aucune sur les ptérygoïdes ; mandibule édentée en avant, avec deux ou trois petites dents au milieu du dentaire. Tête petite, non distincte du

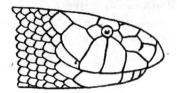

FIG. 134. — Plaques céphaliques d'*Atractaspis bibroni.* Orig.

cou, recouverte de grandes plaques symétriques ; narine entre deux nasales ; pas de loréale ; œil petit avec pupille ronde. Pas de post-frontal (figs. 206 à 208). Corps cylindrique ; écailles lisses sans dépressions, en 17 à 37 rangées ; ventrales arrondies ; queue courte. Sous-caudales entières ou en deux rangs.

Ce genre est remarquable par l'extrême spécialisation de l'appareil inoculateur, les crochets venimeux étant proportionnellement aussi grands que dans n'importe quelle autre forme et les dents solides du palatin et de la mandibule, dont le nombre est très réduit chez les Crotalinés, ayant presque disparu.

Ce genre comprend onze espèces.

Atractaspis aterrima

Syn. : *Atractaspis bibroni,* Ian (fig. 134).
Museau arrondi.

Couleur uniformément brune ou noire.

Longueur totale : 65 centimètres ; queue : 3 centimètres.

Venin. — La morsure est peu sévère en raison de la forte inclinaison des deux longs crochets venimeux (E.-G. BOULENGER).

SERPENTS VENIMEUX DE MADAGASCAR ET DES ILES VOISINES

FAMILLES ET GENRES	ESPÈCES	HABITAT
Colubridés Aglyphes		
Liophidium, Boulanger	L. *trilineatum, gracile.*	Mad. et Nossi-Bé
Dromicodryas, Boulanger	D. *bernieri, quadrilineatus.*	
Liopholidophis, Mocquard	L. *lateralis, sexlineatus, dolichocercus, grandidieri.*	Mad.
Idiophis, Mocquard. .		
Lioheterodon, D. B...	L. *madagascariensis, modestus, geayi.*	Mad.
Colubridés Opisthoglyphes		
Alluaudina, Mocq....	A. *bellyi.*	Mad. exclusiv.
Geodipsas, Boulenger..	G. *infralineata, boulengeri.*	Mad.
Ithycyphus, Günth....	I. *goudoti, miniatus.*	Mad., Comores.
Stenophis, Boulenger.	S. *güntheri, granuliceps, gaimardi, inornatus, arctifasciatus, betsileanus, maculatus,* S. *variabilis.*	Mad., Nossi-Bé.
Eteirodipsas, Ian. ...	E. *colubrina.*	Mad. exclusiv.
Langaha, Brugnière.	L. *nasuta, cristagalli, intermedia, alluaudi.*	Mad., Nossi-Bé.
Mimophis, Günther ..	M. *mahfalensis.*	Mad., Nossi-Bé.
Lycodryas, Günther..	L. *sancti johanis.*	Comores.
Colubridés Protérogyphes		
Hydrus, Schneider...	H. *platurus,* Lin.	Mer des Indes.
Enhydrina, Gray. ...	E. *valakadien,* Boie.	Mer des Indes.

Colubridés Opisthoglyphes

GENRE ALLUAUDINA

Narine valvulaire dirigée en haut, s'ouvrant sur la face latérale oblique du museau. Tête grosse déprimée. Rostrale visible d'en haut ; internasales très courtes ; grandes préfrontales aussi larges que longues ; frontale plus courte que les pariétales; sus-oculaire petite ; une loréale ; 2 préoculaires, 3 post-oculaires ; temporales carénées, 8 labiales supérieures, les 3ᵉ et 4ᵉ entourant l'œil. Ecailles rugueuses et fortement carénées en 25 rangs ; 161 ventrales. Anale entière ; 68 sous-caudales.

Un seul genre :

Alluaudina bellyi

Coloration. — Brun pourpre en dessus, avec une série de taches plus sombres le long des flancs ; face ventrale blanc grisâtre avec des taches noires quadrangulaires confluant en partie et irrégulièrement disposées.

Longueur totale : 31 cm 2 ; queue : 7 cm 3.

Venin. — Rien de connu.

GENRE GEODIPSAS

14 ou 15 dents maxillaires, égales, suivies, après un intervalle, d'une paire de gros crochets sillonnés ; dents mandibulaires presque égales. Tête distincte du cou ; œil de grandeur modérée, avec pupille ronde. Corps cylindrique ; écailles lisses, sans dépressions, en 19 rangées ; ventrales arrondies. Queue modérée ; sous-caudales sur deux rangs. Hypoapophyses développées sur toute la colonne vertébrale.

Ce genre n'est encore connu à Madagascar que par les deux espèces suivantes, ainsi caractérisées :

Une loréale unique ; 172 à 187 ventrales ; 55 à 62 souscaudales divisées ; 5 labiales inférieures en contact avec les mentales antérieures. Longueur : 76 centimètres (sous-mandibulaires) .... *infralineata* Günther.

Deux loréales superposées ; 137 ventrales ; 31 souscaudales ; 4 labiales inférieures en contact avec les sous-mandibulaires antérieures. Long. : 35 cm. *boulengeri* Peracca.

Venin. — Rien de connu.

GENRE ITHYCYPHUS

Syn. : *Dryophylax*, part. D. B.

15 à 18 dents maxillaires, sub-égales, suivies, après un court espace, d'une paire de gros crochets sillonnés. Dents mandibulaires antérieures allongées. Tête distincte du cou ; œil de grandeur modérée avec pupille ronde. Corps cylindrique ; écailles lisses, sans dépressions apicales, en 21 rangs ; ventrales obtusément angulaires latéralement. Queue longue ; sous-caudales en deux rangs. Hypoapophyses développées tout le long de la colonne vertébrale.

Deux espèces de ce genre sont également connues :

I. goudoti Schlegel, qui atteint 83 cm. de long et habite Madagascar ;

I. miniatus Schlegel, qui atteint 1 m. 23 et qu'on trouve en outre aux Comores.

L'espèce I. goudoti est arboricole et se laisse choir rapidement sur sa proie terrestre, qu'elle surprend ainsi (JOURDRAN), et quelquefois, par inadvertance, sur les voyageurs ou sur les bestiaux. Est très redouté des Sakalaves, comme d'ailleurs tous les serpents, bien que la morsure ne paraisse pas venimeuse.

L'espèce I. miniatus vit dans les lieux boisés.

Genre Eteirodipsas

14 à 16 dents maxillaires égales, suivies après un intervalle d'une paire de grands crochets sillonnés ; dents mandibulaires antérieures allongées. Tête distincte du cou ; œil de grandeur modérée, avec une pupille verticale, séparé des labiales par des sous-oculaires. Corps cylindrique. Ecailles lisses, avec dépressions apicales, en 25 à 29 rangs. Ventrales arrondies. Queue modérée ; sous-caudales en deux rangs. Hypoapophyses développées sur toute la colonne vertébrale.

Ce genre ne comprend que la seule espèce *E. colubrina* Schlegel, qui est spéciale à Madagascar.

La longueur totale atteint 86 centimètres.

Venin. — Rien de connu.

Genre Langaha

15 ou 16 dents maxillaires sub-égales, suivies par une paire de gros crochets sillonnés. Dents antérieures palatines et mandibulaires développées en crochets pleins. Tête distincte du cou ; museau recouvert de petites écailles se prolongeant en un appendice rostral flexible et écailleux, de forme variable, et qu'on ne rencontre chez aucun autre ophidien (Voir fig. 92-93). Œil de grandeur modérée avec pupille verticale. Nasale entière. Corps cylindrique ; écailles carénées, avec dépressions apicales, en 19 rangées ; ventrales arrondies ou se terminant en angle obtus latéralement. Queue longue ; sous-caudales en deux rangs. Hypoapophyses développées tout le long de la colonne vertébrale.

Synopsis des espèces :

Appendice rostral deux fois plus long que le museau
ensiforme sans dentelures sur les bords.......... *nasuta*, Shaw.

Appendice rostral de une fois et demie à une fois et
deux tiers plus longue que le museau, dentelé sur
son bord supérieur et de chaque côté de son bord
inférieur .... *crista-galli*, Dum et

Appendice rostral ne dépassant pas une fois et demi
le museau, dentelé seulement en dessus à son ex-
trémité .... *intermedia*, Boulenger.

Appendice rostral foliacé, en forme de large gouttière
renversée, dentelé sur ses bords et à son extrémité.
En dehors de la sus-oculaire moyenne, une écaille
dressée en forme de corne...................... *alluaudi*, Mocquard.

Les espèces crista-galli et alluaudi semblent particulières à Madagascar ; les deux autres ont été rencontrées également à Nossi-Bé.

Genre Mimophis

10 ou 11 dents maxillaires, dont les moyennes sont allongées en crochets et séparées des crochets par un intervalle. Dents mandibulaires antérieures, très développées. Tête distincte du cou. OEil assez large avec pupille ronde : frontale étroite ; narine occupant le milieu de la nasale entière ou à demi-divisée. Courte loréale séparée de la préoculaire par la préfrontale. Corps cylindrique ; écailles lisses avec dépressions apicales, en 17 rangs. Ventrales arrondies. Queue assez longue. Sous-caudales en deux rangs.

Ce genre n'est connu que par la seule espèce M. mahfalensis Grandidier, qui est spéciale à Madagascar. Elle atteint une longueur totale de 76 centimètres. Il se nourrit volontiers de ses congénères (JOURDRAN). Longueur : 76 centimètres ; queue 19 cm 5.

Genre Stenophis

Des huit espèces qu'il comprend, cinq n'ont été jusqu'à présent rencontrées qu'à Madagascar (S. güntheri, inornatus, arctifasciatus, betsileanus, variabilis) ; S. granuliceps est connue, en outre, à Nossi-Bé et S. gaimardi aux Comores.
L'habitat de S. maculatus est inconnu.

Aucun Protéroglyphe ou Vipéridé n'a, jusqu'à présent, été rencontré sur la terre ferme, à l'intérieur de Madagascar, et on ne cite pas d'accidents mortels survenus à la suite de la morsure d'Opisthoglyphes, bien que tous les serpents soient redoutés par les indigènes. Sur les côtes, l'Hydrus platurus, qui y a été observé, n'a pas donné lieu à des observations précises.

SERPENTS VENIMEUX DE L'ASIE ET DE L'ARCHIPEL ASIATIQUE

FAMILLES ET GENRES	ESPÈCES	HABITAT
Boïdés		
Eryx, Daudin	E. *jaculus*.	S. O., centre Asie, îles Ioniennes, Grèce.
	E. *johni*.	Indes.
	E. *conicus*.	Indes.
	E. *elegans*.	Afghanistan.
	E. *jayakari*.	Arabie.

FAMILLES ET GENRES	ESPÈCES	HABITAT
Ilysiidés		
Cylindrophis, Wagl..	C. rufus.	Burma, Cochin-chine, Java.
	C. maculatus.	Ceylan.
Uropeltidés		
Rhinophis, Hemprich.	R. trevelyanus.	Ceylan.
Silybura, Gray	S. melanogaster.	Ceylan.
....	S. pulneyensis.	Maduré.
....	S. nigra, brevis.	Maduré.
	S. broughami.	
Plectrurus, D. B.	P. perroteti.	Monts Anaima-lai et Nilgiri.
Platyplectrurus, Günth.	P. trilineatus.	Monts Anaima-lai et Nilgiri.
	P. madurensis.	Monts Travan-core et Palni.
	P. sanguineus.	E. Himalaya.
Colubridés Aglyphes		
Trachischium, Günth.	T. fuscum.	
Lycodon, Boïe	L. aulicus.	Indes.
Xylophis, Bedd.	X. perroteti.	S. Inde.
Lytorhynchus	L. diadema.	Perse.
Simotes, D. B.	S. arnensis.	Indes et Ceylan.
Oligodon, Boïe	O. subgriseus.	Indes.
Coronella, Laur	C. brachyura.	Deccan.
Zamenis, Wagl.......	Z. mucosus.	Indes, Malaisie.
Polyodontophis, Blgr.	P. collaris.	Himal., Assam., etc.
Dendrophis, Boïe	D. pictus.	Indes, Malaisie.
Dendrelaphis, Blgr. ..	D. caudolineatus.	S. Ide, Arch. et penins. ma-lais.
Pseudoxenodon, Blgr.	P. sinensis; macrops.	Himalaya.
Tropidonotus, Kuhl...	T. piscator, stolatus, plati-ceps, himalayanus, sub-miniatus.	Indes, Birmanie, S. Chine. Indo-Chine.
Helicops, Wagl.	H. schistosus.	S. Inde, Ceylan, Bengale.

FAMILLES ET GENRES	ESPÈCES	HABITAT
Colubridés Opisthoglyphes		
Hypsirhina, Wagl.	*H. indica, alternans, plumbea, jagorii, enhydris, benneti, polylepis, blanfordii, bocourtii, albomaculata, sieboldii, punctata, doriæ, multilineata.*	S. E. Inde, Asie, Papouasie
Homalopsis, Schleg...	*H. buccata.*	S. E. Asie.
Cerberus, Cuv.	*C. rhynchops, microlepis.*	S. E. Asie.
Eurostus, D. B.	*E. dussumieri.*	Bengale.
Gerardia, Gray	*G. prevostiana.*	Côtes des Ind., Ceylan, Birmanie.
Fordonia, Gray.	*F. leucobalia.*	Bengale, Birmanie, Cochin.; Arch. Malais.
Cantoria, Gir.	*C. violacea.*	Birmanie, Pén. mal., Bornéo,
Hipistes, Gray.	*H. hydrinus.*	Côtes Birman., Siam, Pénins. mal.
Herpeton, Lacép.	*H. tentaculatum.*	Cochinchine et Siam.
Hologerrhum, Günth..	*H. philippinum.*	I. Philippines.
Tarbophis, Fleischm...	*T. savignyi, fallax, rhinopoma, tessellatus.*	S. E. Asie.
Dipsadomorphus, D.B.	*D. trigonatus, multimaculatus, gokool, hexagonatus, ceylonensis, multifasciatus, dightonii, dendrophilus, cyaneus, nigriceps, jasbidens, burnesii, drapiezii, angulatus, irregularis, flavescens, philippinus, cynodon, forsteni, kræpelini, pallidus, quiconciatus, beddomei, andamanensis.*	S. E. de l'Asie. Papouasie.
Cœlopeltis, Wagl.	*C. monspessulana, moilensis.*	S.-O. de l'Asie.
Taphrometopon. Brandt	*T. lineolatum.*	Cent. Asie, Perse.
Psammophis, Boie ...	*P. leithii, schokari, punctulatus, trigammus, longifrons, condanarus, triticans.*	S.-E. Asie.

FAMILLES ET GENRES	ESPÈCES	HABITAT
Anisodon, Rosen	A. *lilljèborgi.*	Java.
Psammodynastes, Günther.	P. *pulverulentus, compressus, pictus.*	Formose, Hymalayas, etc. Japon, Sumatra, Java.
Dryophis, Dalman ...	D. *perroteti, dispar, froncticinctus, xanthosoma, prasinus, fasciolatus, mycterizans, pulverulentus.*	S.-E. Asie exclusivement.
Dryophiops, Blgr. ...	D. *rubescens, philippina.*	S.-E. Asie exclusivement.
Chrysopelea, Boie. ..	C. *rhodopleuron, ornata, chrysochlora.*	S.-E. Asie exclusivement.
Elachistodon, Rhein..	E. *westermanni.*	Bengale exclus.
Colubridés Protéroglyphes		
Hydrus, Schneider...	H. *plautrus.*	Oc. Indien et Pacifique.
Thalassophis, Schmidt	Th. *anomalus.*	Côtes de Java.
Acalyptophis, Blgr. ..	A. *peronii.*	Oc. pacif. occ. et équat.
Hydrophis, Daud. ...	H. *spiralis, polyodontus, schistosus, longiceps, cœruleus, frontalis nigrocinctus, mamillaris, latifasciatus, coronatus, gracilis, cantoris, fasciatus, brookii, melanocephalus, torquatus, obscurus, leptodira, flower, rhombifer.*	Oc. Ind. et Pac. Golfe Persique. S. Chine, N. Aust.
Distira, Lacép.	D. *stokesi, ornata, godefrovi, melanosoma, semperi, subcincta, brungmansii, tuberculata, grandis, macfarlani, cyanocincta, bituberculata, belcheri, pachycercus, lapemidoïdes, viperina, jerdonii, gillespiæ, wrayi, saravacensis, orientalis, annandalei, hendorsoni, cincinnatii, cyanosoma, mertoni.*	Océans Ind. et Pac. du G. Pers. au Japon et à la Nouv. Cal.
Enhydris, Merr.	E. *curtus, hardwickii.*	Des Côtes des Indes à la Chine et à la Nlle Guinée.
Enhydrina, Gray......	E. *valakadien.*	Du g. Pers. à la Nlle Guinée.

FAMILLES ET GENRES	ESPÈCES	HABITAT
Aipysurus, Lacép. ...	A. *eydouxii, annulatus, lævis.*	Oc. Pacif. Ouest et trop. Arch. Malais.
Platurus, Daud.	P. *laticaudatus, colubrinus, schistorhynchus, muelleri.*	E. d'Oc. Ind.; O. du Pacif.
Ogmodon, Peters.	O. *vitianus.*	Fidji.
Apistocalamus, Blgr...	A. *loriæ, pratti, loennbergi.*	Nlle Guinée anglaise.
Pseudapistocalamus, Lonnberg.	P. *nymani.*	Nlle Guinée.
Toxicocalamus Blgr. .	T. *longissimus, stanleyanus.*	Nlle Guinée anglaise.
Ultrocalamus	U. *preussi, bürgersi.*	Nlle Guinée.
Glyphodon, Günth. ...	G. *tristis.*	Nlle Guinée.
Pseudelaps, D. B.	P. *muelleri.*	Moluques, Papouasie, Nlle Bret.
Diemenia, Gray	D. *psammophis, olivacea.*	Nlle Guinée.
Pseudechis, Wagl. ...	P. *papuanus, scutellatus, schulzei.*	Nvelle Guinée, Philippines.
Denisonia, Krefft ...	D. *melanura, par, woodfordii.*	I. Salomon.
Micropechis, Blgr. ...	M. *ikaheka, clapoïdes.*	Nlle Guinée, I. Salomon.
Acanthophis, Daud...	A. *antarcticus.*	Moluques, Papouasie.
Bungarus, Daud.	B. *fasciatus, ceylonicus, candidus, lividus, bungaroides, flaviceps, cœruleus, sindamis, walli, niger.*	S.-E. Asie, Japon.
Naja, Laur.	N. *haje, tripudians, samarensis, bungarus, morgani.*	S.-E. Asie, Philippines.
Hemibungarus	H. *calligaster, collaris, nigrescens, japonicus, bœttgeri.*	S.-E. Asie, Philip. Japon. I. Loo-Choo.
Callophis, Gray	C. *gracilis, trimaculatus, maculiceps, macclellandii, bibroni.*	Indes, Birmanie.
Doliophis, Girard. ...	D. *intestinalis, bilineatus, bivirgatus, philippinus.*	Birm., Cochin., Penins. Mal., Arch.
Asproaspidops, Annandale	A. *antecursorum.*	Abor.
Vipéridés		
Azemiops, Blgr.	A. *fee.*	Hte Birmanie.

FAMILLES ET GENRES	ESPÈCES	HABITAT
Vipera, Laur.	*V. renardi, berus, radii, am-modytes, lebetina, russel-li, krasnakovi.*	Toute l'Asie.
Pseudocerastes	*P. persicus, bicornis.*	Perse, Indes.
Eristicophis.	*E. macmahoni.*	Belouchistan.
Cerastes, Wagl.	*C. cornutus.*	Arabie, Palesti-ne.
Echis, Merr.	*E. carinatus, coloratus.*	S. et S.-O. de l'Asie.
Atractaspis, Smith. ...	*A. andersoni, wilsoni.*	Arabie, Perse.
Ancistrodon, Pal de Beauvois.	*A. halys, intermedius, blo-mhoffii, himalayanus, rhodostoma, hypnale, mil-liardi, tibetanus, strauchi.*	Bords de la mer Caspienne. Chine, Yang-Tsé, Yennis-sei, Japon.
Lachesis, Daud.	*T. monticola, okinavensis, strigatus, flavoviridis, cantoris, jerdonii, mu-crosquamatus, luteus, pur-pureomaculatus, grami-neus, flavomaculatus, su-matranus, anamallensis, trigonocephalus, macro lepis, puniceus, borneen-sis, wagleri.*	Asie, Formose, Andaman Ni-cobar, Loo-choo, Suma-tra, Bornéo, Polavan, Phi-lippin., Arch. Malais.

Les espèces des genres *Ablabes, Calamaria* et *Coluber* ne possèdent pas de glande parotide.

Toutes les espèces contenues dans le tableau ci-dessus sont pourvues d'une parotide et la toxicité en a été, pour la plupart, observée.

Les autres genres asiatiques d'Aglyphes (*Blythia, Aspidura, Haplo-cercus, Hydrophobus, Pseudo-Cyclophis, Xenelaphis, Zaocys, Xenochro-phis, Stocliczkaia, Chersydrus*) n'ont pas encore été examinés.

Boïdés

Genre Eryx

Les caractères du genre et ceux d'E. jaculus, Lin. ont été donnés à propos de la faune d'Europe.

Eryx johni

Rostrale grande et large avec un bord aigu et horizontal ; deux paires de petites écailles derrière la rostrale ; 6 à 9 rangées d'écailles entre les yeux ; 10 ou 11 écailles entourant l'œil, qui est séparé des labiales par un ou deux rangs d'écailles. Queue arrondie à l'extrémité.

Coloration. — Gris sable, rougeâtre ou brun pâle en dessus, uniforme ou avec des bandes transversales noirâtres et plus ou moins distinctes sur la queue. Ventre brun, parfois taché de noir ; les jeunes ont souvent une coloration corail rose.

Longueur totale : 1 mètre ; queue : 8 centimètres.

Venin. — On ne connaît rien sur la gravité de la morsure ; mais la glande que nous avons découverte dans la région temporale de ce serpent a, d'après nos essais, une sécrétion très venimeuse.

Dans le *Journal de Bombay* (vol. 25, 1917, p. 151), il est rapporté que l'espèce voisine, *Eryx conicus*, est agressive. Les indigènes disent que le serpent se précipite sur l'homme et le bétail, qu'il tue sa proie à la façon du Python, et que sa morsure est très venimeuse.

Ilysiidés

Genre cylindrophis

Dents modérées sub-égales, 10 à 12 à chaque maxillaire, pas au prémaxillaire. Tête petite non distincte du cou ; œil très petit avec pupille ronde ou verticalement sub-elliptique ; tête avec de grandes écailles symétriques. Narine dans une nasale simple qui forme une suture avec sa symétrique derrière la rostrale. Ni loréale, ni préoculaire ; une petite post-oculaire. Sillon mentonnier. Corps cylindrique. Ecailles lisses en 19 ou 21 rangs ; ventrales faiblement grossies. Queue extrêmement courte et émoussée.

Cylindrophis rufus

Coloration. — Dorsale brune ou noire, avec ou sans bandes transversales claires ; ventre avec des bandes transversales ou des taches noires, ou noir avec des bandes transversales blanches. Surface inférieure de la queue rouge vermillon.

Longueur totale : 77 centimètres.

Cylindrophis maculatus

Coloration. — Sur le dos, réseau noir enserrant deux séries latérales de grandes taches brun rouge ; parties inférieures blanches variées de noir.

Longueur totale : 35 centimètres.

Nous n'avons examiné, au point de vue des glandes venimeuses, que les deux espèces précédentes et non la troisième espèce du genre : *C. lineatus* Blanf.

Uropeltidés

Genre Silybura

Œil situé à l'intérieur d'une écaille ; pas de sillon mentonnier ; pas de sus-oculaire, ni de temporale. Queue conique ou obliquement tronquée terminée par une scutelle carrée ou bifide.

Genre asiatique ; 22 espèces, dont l'une habite Ceylan.

Les espèces S. melanogaster, S. pulneyensis et S. nigra ont un venin très actif sécrété par une glande temporale. (Mme Phisalix et F. Caius.)

Silybura melanogaster

Museau pointu, œil petit ; queue arrondie ou légèrement comprimée.

Coloration. — Dorsale brun sombre avec des taches jaunes disposées en bandes latérales ; quelques jeunes spécimens sont jaunes. Une ponctuation brune sur chaque écaille de la face dorsale du menton et de la queue.

Longueur totale : 27 centimètres.

Silybura pulneyensis

Museau obtusément pointu ; rostrale séparant complètement les nasales ; œil occupant la moitié de la longueur de l'oculaire. Queue quelquefois comprimée, avec les dernières écailles légèrement carénées.

Coloration. — Brune, avec quelques points jaunes sur le dos. Une bande latérale jaune antérieurement. Ventre avec des taches ou de larges bandes transversales jaunes, rarement de couleur uniforme.

Longueur totale : 38 centimètres.

Silybura nigra

Museau pointu ; rostrale un peu plus longue que large séparant parfois les nasales ; œil petit, moindre que la moitié de l'oculaire. Queue arrondie ; les écailles caudales supérieures pluricarénées.

Coloration. — Dorsale noirâtre ou violet sombre, avec ocelles jaunes. Taches jaunes pouvant confluer en une bande latérale.

Longueur totale : 28 centimètres.

Genre Plectrurus

Œil situé dans une écaille ; pas de sillon mentonnier ; une sus-oculaire, pas de temporale. Queue comprimée ; la scutelle terminale comprimée avec deux points simples, bifides ou trifides.

Plectrurus perroteti

Museau obtus.

Coloration. — Brune ou pourpre, uniforme, ou chaque écaille bordée de noir ; les jeunes sont brun pâle avec des lignes longitudinales plus sombres.

Longueur totale : 33 centimètres.

Genre Rhinophis

Œil situé dans une écaille ; ni sus-oculaire, ni temporale. Pas de sillon mentonnier. Queue se terminant par une grosse écaille rugueuse et convexe qui n'est ni tronquée ni terminée par des épines.

Rhinophis trevelyanus

Museau terminé en pointe.

Coloration. — Dorsale brun noirâtre ; en dessous, jaune ; chaque écaille avec une tache noire. Une série de taches triangulaires jaunes de chaque côté du corps.

Longueur totale : 27 cm 5.

Genre Platyplectrurus

Œil distinct des écailles voisines, de dimensions modérées. Une sus-oculaire et une temporale. Queue cylindrique ou légèrement comprimée, la scutelle terminale pourvue de pointes ou d'un bord transversal.

Les trois espèces du genre sont venimeuses d'après les recherches de Mme Phisalix et F. Caius.

Platyplectrurus trilineatus

Museau largement arrondi.

Coloration. — Dorsale de l'adulte brun rougeâtre ou rouge brique avec trois bandes noires longitudinales. Les jeunes ont une coloration brun sombre ou noire en dessus avec deux bandes jaunâtres ; ventre jaunâtre, chaque écaille avec une tache brune.

Longueur totale : 40 centimètres.

Platyplectrurus madurensis

Genre très voisin du précédent.

Coloration. — Dorsale brun pourpre nacré ; écailles ventrales et les deux séries adjacentes blanches au centre, pourprées sur les bords.

Longueur totale : 35 centimètres.

Platyplectrurus sanguineus

Museau obtus ; queue terminée en pointe.

Coloration. — Dorsale brune ou rouge pourpre ; ventre rouge, uniforme, ou plus ou moins marqué de noir.

Longueur totale : 22 centimètres.

Coludridés Aglyphes

Genre Lycodon

Dents maxillaires antérieures développées, la 3e ou 4e en crochet plein et suivies par une barre. Dents mandibulaires antérieures également très développées. Tête plus ou moins déprimée ; peu ou pas distincte du cou.

Œil petit ou modéré avec une pupille verticalement elliptique. Ecailles de la tête normales. Corps plus ou moins allongé, cylindrique. Ecailles lisses ou carénées en 17 ou 19 rangs, avec dépression apicale. Ventrales avec ou sans latérale carène ; sous-caudales simples ou doubles.

Une dizaine d'espèces, dont une seule a été examinée et reconnue venimeuse ; elle est commune aux Indes.

Lycodon aulicus

Museau très déprimé ; coloration variable, brun uniforme en dessus ou avec des bandes transversales blanches ou avec réseau blanc. Lèvre supérieure uniformément blanche ou avec des taches encore brunes. Parties inférieures blanc uniforme.

Longueur totale : 51 centimètres ; queue : 11 centimètres.

La morsure est venimeuse et la sécrétion parotidienne est toxique pour les petits animaux.

Genre Simotes

Dents maxillaires 8 à 12, les postérieures très développées et comprimées; les dents mandibulaires sub-égales. Tête courte, non distincte du cou ; œil plutôt petit avec pupille ronde. Plaques céphaliques normales, la rostrale très développée. Corps cylindrique ; écailles lisses ou faiblement carénées en 13 à 21 rangs, avec ou sans dépressions apicales. Ventrales arrondies ou obtusément carénées latéralement. Queue courte ou modérée ; sous-caudales en deux rangs.

Simotes arnensis

Coloration. — Brun pâle ou orange en dessus avec des bandes transversales noires qui peuvent être bordées de blanc ; une bande noire entre les yeux, une autre ayant son apex sur le frontal, et une troisième sur la nuque. Surface ventrale jaunâtre et uniforme, ou parfois tachée de brun.

Longueur totale : 60 centimètres ; queue : 9 centimètres.

Venin. — Les glandes parotides sont petites ; mais d'après les essais de Mme Phisalix et F. Caius, le venin est très actif et foudroie les petits oiseaux. Les dix autres espèces du genre n'ont pas été examinées sous ce rapport.

Genre Oligodon

Les caractères sont ceux du genre Simotes, mais les dents maxillaires un peu moins nombreuses (6 à 8) ; pas de dents ptérygoïdiennes, le palais étant entièrement édenté ou avec deux ou trois dents sur chaque palatin. Ecailles en 15 à 17 rangs.

Oligodon subgriseus

Coloration. — Brune en dessus avec une série de grandes taches rhomboïdales noires ou de bandes transversales. Tête petite marquée de noir avec une bande en croissant sur le front à travers les yeux, de la

4° à la 5° labiale ; une bande s'élargissant en arrière des pariétales ou de la frontale à l'angle de la bouche, et une grande tache bifide en arrière de la frontale à la nuque. Face inférieure uniforme ou avec des taches ou des points noirs de chaque côté.

Longueur totale : 48 centimètres ; queue : 6 cm 5.

Venin. — La glande parotide est très petite et la quantité qui correspond à un sujet est insuffisante à tuer les petits oiseaux. Les autres espèces du genre n'ont pas été examinées.

Genre Zamenis

Les caractères en ont été indiqués à propos de la faune d'Europe (p. 249).

Zamenis mucosus

Museau obtus légèrement saillant ; œil grand.

Coloration. — Brun en dessus avec des bandes transversales plus ou moins distinctes sur la région postérieure du corps et la queue. Jaunâtre en dessous ; la région ventrale postérieure et les écailles caudales peuvent être bordées de noir.

Longueur totale : 2 m. 10 ; queue : 50 centimètres.

Venin. — L'action venimeuse de la morsure, signalée dès 1902 par Alcock et Rogers et constatée aussi par Mme Phisalix et F. Caius.

Les autres espèces asiatiques du genre n'ont pas été examinées au point de vue de la toxicité parotidienne.

Genre Polyodontophis

Dents petites, égales, nombreuses et rapprochées au nombre de 30 à 50 à chaque maxillaire. Os dentaire légèrement fixé à l'os articulaire, libre en arrière ; tête courte, peu distincte du cou ; œil assez petit avec pupille ronde : plaques de la tête normales. Corps cylindrique allongé. Écailles lisses sans dépresssions apicales, en 17 ou 19 rangs. Ventrales non anguleuses latéralement. Queue modérée ou longue ; sous-caudales sur deux rangs.

Neuf espèces appartenant à la faune indo-malaise.

Polyodontophis collaris

Coloration. — Brune en dessus, la région vertébrale grisâtre, ordinairement avec une série de petites taches rondes ; tête tachée ou vermiculée de noir en dessus, avec deux bandes noires transversales ; une autre sur la nuque bordée de jaune en arrière ; une ligne noire rejoint la narine à la bande ou à la tache de la nuque. Les parties inférieures jaunâtres. Chaque écaille ventrale, avec une tache ou un trait noir, qui peuvent confluer sur la région postérieure du corps ; les ventrales antérieures ont quelquefois, en outre, des points noirs supplémentaires.

Longueur totale : 76 centimètres ; queue : 23 cm 5.

Venin. — Les glandes parotides sont très petites et leur venin peu toxique d'après les recherches de Mme Phisalix et F. Caius.

Genre Dendrophis

25 à 30 dents maxillaires sub-égales ; dents mandibulaires antérieures les plus longues. Tête allongée, distincte du cou ; œil grand, à pupille ronde. Corps allongé et comprimé ; écailles lisses avec dépression apicale, en 13 ou 15 rangs, disposées obliquement ; celles du milieu, les plus grandes ventrales, avec une carène latérale et une encoche correspondante de chaque côté; sous-caudales en deux rangs.

Dendrophis pictus

Coloration. — Olive ou bronze en dessus avec une bande vertébrale jaune sur la partie antérieure du tronc. Le rang le plus externe d'écailles jaunâtres entre deux traits sombres plus ou moins marqués ; un trait noir de chaque côté de la tête passant à travers l'œil ; lèvre supérieure jaune ; parties inférieures uniformément jaunâtre ou gris pâle.

Longueur totale : 1 m. 18 ; queue : 44 centimètres.

Venin. — La glande parotide observée par Duvernoy dès 1832 ; l'inoculation de son extrait aqueux fait rapidement périr les petits oiseaux (Mme Phisalix et F. Caius).

Genre Tropidonotus

Les caractères en ont été donnés à propos de la faune d'Europe (p.246).

Tropidonotus piscator

Syn. : *Tropidonotus quinconciatus*, D. B.
OEil assez petit.

Coloration. — Très variable. Pointillé noir disposé en quinconce et souvent séparé par un réseau blanchâtre ou par des bandes longitudinales noires sur un fond pâle, ou barres noires transversales ; deux traits obliques noirs l'un au-dessous de l'autre, derrière l'œil, sont presque constants. Parties inférieures blanches, les écailles bordées ou non de noir.

Longueur totale : 1 m. 20 ; queue : 30 centimètres.

Venin. — La toxicité de la sécrétion parotidienne a été observée en 1902 par Alcock et Rogers. Les expériences de Mme Phisalix et F. Caius l'ont confirmée et l'ont étendue parmi les espèces asiatiques à :

Tr. stolatus L.
Tr. platyceps Blyth.
Tr. himalayanus Günth.
Tr. subminiatus Schleg.
Les autres espèces n'ont pas été examinées.

Genre Helicops

Environ 20 dents maxillaires, les postérieures les plus longues ; dents mandibulaires sub-égales. Tête légèrement distincte du cou ; œil modéré, à pupille ronde ; narines en dessus, dans une nasale divisée ; internasale simple. Corps plutôt épais, cylindrique ; écailles carénées en 19 à 23 rangs, sans dépresssions apicales ; ventrales arrondies ; sous-caudales en deux rangs.

Mœurs aquatiques ; se nourrit de poissons et batraciens.

Toutes les espèces, sauf la suivante, habitent l'Amérique tropicale.

Helicops schistosus

Coloration. — Brun olive en dessus, uniforme, ou avec deux séries de petites taches noires le long du dos ; un trait latéral sombre plus

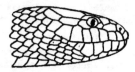

Fig. 135. — Plaques céphaliques d'*Hipsirhina indica*. Orig.

ou moins distinct ; la lèvre supérieure, le rang externe des écailles et la face inférieure jaunâtre.

Longueur totale : 75 centimètres ; queue : 18 centimètres.

Venin. — La glande parotide est assez développée ; d'après les essais de Mme Phisalix et F. Caius, la sécrétion en est très venimeuse. Cantor rapporte que cette espèce est très agressive et peut élargir ses côtes cervicales et aplatir son cou à la façon des cobras, bien qu'à un moindre degré.

Colubridés Opisthoglyphes

Homalopsinés. — Narines valvulaires sur la face supérieure du museau. Dentition bien développée. Hypoapophyses développées sur toute la colonne vertébrale. Complètement aquatiques ; les jeunes pondus vivants dans l'eau. Habitant le sud de la Chine, l'est des Indes, la Papouasie, le nord de l'Australie.

On ne sait rien sur les propriétés de la salive parotidienne de quelques genres ; nous n'indiquerons pour ceux-là que les caractères génériques.

Genre Hypsirhina

Dents maxillaires de 10 à 16, suivies après un intervalle d'une paire de gros crochets sillonnés. Dents mandibulaires antérieures les plus longues ; tête petite, peu ou pas distincte du cou ; œil petit, avec pupille ronde ou verticalement elliptique. Grandes écailles céphaliques ; nasales en contact derrière la rostrale, demi divisées, à fente inférieure ; internasale simple ou divisées en écailles ; nasales en contact derrière la rostrale ; deux inter-Ventrales arrondies. Queue modérée ou courte. Sous-caudales en 2 rangs.

Genre Homalopsis

Avec 15 espèces 11 à 13 dents maxillaires, décroissant de longueur d'avant en arrière, suivies après un intervalle d'une paire de crochets sillonnés, moyennement développés ; dents mandibulaires antérieures beaucoup plus longues que les postérieures. Tête distincte du cou ; œil petit, avec pupille

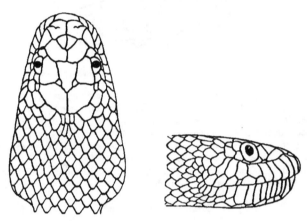

Figs 136, 137. — Plaques céphaliques d'*Homalopsis buccata*. Orig.

verticalement elliptique ; grandes écailles céphaliques ; nasales en contact avec la rostrale demi-divisée inférieurement ; internasale simple ou divisée ; loréale présente. Corps cylindrique. Ecailles nettement striées et carénées, sans dépressions, en 37 à 47 rangées ; ventrales bien développées, non carénées. Queue modérée ; sous-caudales sur deux rangs.

Avec l'espèce *Homalopsis buccata* Linné (fig. 136, 137).

Genre Cerberus

12 à 17 dents maxillaires, suivies après un court intervalle de deux crochets sillonnés moyens ; les dents mandibulaires antérieures les plus longues. Tête petite, peu distincte du cou ; œil petit avec pupille verticalement elliptique ; museau recouvert d'écailles ; plaques pariétales plus ou moins subdivisée : loréale présente. Corps cylindrique ; écailles lisses, en 19 à 31 rangs. nasales ; loréale présente. Corps cylindrique ; écailles striées et carénées, sans dépressions, en 23 à 29 rangs ; ventrales arrondies. Queue modérée, légèrement comprimée ; sous-caudales en deux rangs.

Avec trois espèces, *C. rhynchops, australis, microlepis* (fig. 138).

Cerberus rhynchops

Syn. : *Coluber cerberus*, Daud ; *Cerburus cœæformis*, D. B.

Ecailles fortement carénées en 23 ou 25 (rarement 27) rangs ; 132-160
ventrales ; anale divisée ; 49-72 sous caudales.

Coloration. — Grise, brune, olive ou noirâtre en dessus avec des
taches ou des barres noires plus ou moins distinctes ; un trait noir de

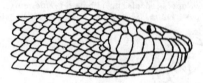

Fɪɢ. 138. — Plaques céphaliques de *Cerberus microlepis.* Orig.

chaque côté de la tête barrant l'œil ; une bande latérale blanche ou jaune
plus ou moins distincte. Jaunâtre ou blanchâtre en dessous, marquée ou
barrée de noir, ou presque entièrement noire.

Longueur totale : 98 centim. ; queue 18.

Venin. — Aʟᴄᴏᴄᴋ et Rᴏɢᴇʀs, ont constaté les propriétés venimeuses
de la morsure et de la salive de cette espèce.

Les deux autres espèces du même genre : C. australis, C. microlepis.
n'ont pas été examinées à ce point de vue.

Gᴇɴʀᴇ Dɪᴘsᴀᴅᴏᴍᴏʀᴘʜᴜs

10 à 14 dents maxillaires subégales en hauteur, suivies de 2 ou 3 dents plus
grandes et sillonnées. Dents mandibulaires antérieures les plus longues. Tête
bien distincte du cou ; œil grand ou modéré avec pupille verticalement elliptique. Nasale postérieure concave. Corps plus ou moins comprimé ; écailles lisses,
obliques, avec fossettes, apicales, en 17 à 19 rangs, le rang vertébral plus grand ;
ventrales obtusément angulaires latéralement. Queue moyenne ou longue :
sous caudales sur 2 rangs.

Dipsadomorphus forsteni

Syn.: *Triglyphodon forsteni*, D. B.; *Dipsas forsteni*, Ian.

Ecailles en 25-31 rangs, le rang vertébral plus développé ; 254-270
ventrales ; anale entière ; 103-131 sous-caudales.

Coloration. — Brune en dessus, uniforme ou avec des barres noires
anguleuses, plus ou moins régulières, avec ou sans taches blanches entre
elles. Une bande noire de la frontale à la nuque et une autre de chaque
côté derrière l'œil ; parties inférieures blanches, uniformes ou tachées de
brun.

Longueur totale, 172 cm. ; queue 33.

Venin. — MM. Aʟᴄᴏᴄᴋ et Rᴏɢᴇʀs (1902) ont signalé les propriétés
venimeuses de la salive de cette espèce.

Genre Dryophis

12 à 15 dents maxillaires, une ou deux médianes en crochets pleins, suivies après un intervalle par de très petites dents ; un ou deux crochets postérieurs sillonnés au-dessous du bord postérieur de l'œil ; les dents mandibulaires augmentant de taille d'avant en arrière jusqu'à la 3ᵉ ou la 4ᵉ, très grandes, les postérieures petites. Tête allongée, distincte du cou, avec un fort canthus et une région loréale concave. Œil assez grand, avec pupille horizontale ; narine sur la région postérieure d'une nasale entière ; frontale étroite en forme de cloche. Corps très allongé et comprimé. Ecailles lisses, sans dépressions, en 15 rangées, disposées obliquement, rang vertébral un peu plus développé ; ventrales arrondies. Queue longue ; sous-caudales sur deux rangs.

Dryophis prasinus

Syn. : *Tragops prasinus*, D. B.

Coloration. — Vert clair, olive pâle ou gris brun avec une ligne jaune de chaque côté de la face ventrale ; la peau du cou noire et blanche entre les écailles.

Longueur totale : 179 cm. ; queue 60.

Venin. — Le Pʳ L. Vaillant, du Muséum d'Histoire Naturelle de Paris, a observé les effets de la morsure de cette espèce sur un Lézard vert qui mourut en huit minutes après des convulsions généralisées.

Dryophis mycterisans

Syn. : *Dryinus nasutus*, Merrem, D. B.

Coloration. — Vert clair ou brun pâle, la peau noire et blanche entre les écailles sur les parties antérieures du corps qui semblent barrées quand elles sont distendues ; une ligne jaune ventrale latérale.

Longueur totale : 150 centim. ; queue 56.

Venin. — Les effets venimeux de la salive de cette espèce ont été pour la première fois observés par MM. Alcock et Rogers. Les 6 autres espèces du même genre n'ont pas été observées à ce point de vue.

Colubridés Protéroglyphes

Genre Hydrus

Maxillaire plus long que l'ectoptérygoïde, ne s'étendant pas en avant aussi loin que le palatin ; crochets venimeux, courts, suivis après un léger intervalle de 7 ou 8 dents pleines. Narine supérieure ; museau allongé. Grandes plaques céphaliques, nasales en contact l'une avec l'autre ; une préoculaire ; pas de loréale. Corps assez court ; écailles quadrangulaires ou hexagonales, juxtaposées ; ventrales non distinctes.

Hydrus platurus

Syn. : *Anguis platura*, L. ; *Hydrus bicolor*, Schneider ; *Pelamis bicolor*, Daud. D.

Coloration. — Noire ou brune et jaune ; les dessins variables, donnant lieu à diverses variétés.

Longueur totale : 70 centim. ; queue 8.

Venin. — Les observations de Cantor montrent que le venin de cette espèce est très actif.

Genre Hydrophis

Maxillaire plus long que l'ectoptérygoïde, ne s'étendant pas en avant aussi loin que le palatin ; gros crochets sillonnés suivis de 7 à 18 dents pleines. Tête petite ; narine en-dessus, percée dans une nasale entière, qui est en

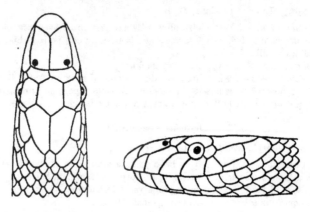

Fios. 139, 140. — Plaques céphaliques *d'Hydrophis gracilis.* Orig.

contact avec sa symétrique ; grandes plaques céphaliques ; une préoculaire ; loréale ordinairement absente. Corps allongé, souvent élancé en avant. Ecailles de la partie antérieure du corps imbriquées : ventrales plus ou moins distinctes, très petites (voir figs. 139, 140).

Le venin de ces serpents est très actif.

Genre Distira

Maxillaire plus long que la partie la plus basse de l'ectoptérygoïde, n'atteignant pas en avant le palatin. Gros crochets venimeux, suivis par 4 à 10 dents sillonnées ; dents mandibulaires antérieures, ordinairement sillonnées. Tête modérée ou assez petite ; narine supérieure percée dans une nasale entière ou divisée, qui est en contact avec sa symétrique ; grandes plaques céphaliques ; préoculaire présent ; loréale absente. Corps plus ou moins allongé ; écailles de la partie antérieure du corps imbriquées ; ventrales plus ou moins distinctes, très petites (figs. 141, 142).

L'espèce *D. semperi* de quelques lacs d'eau douce de Luçon, contrairement à toutes les espèces marines, ne serait pas venimeuse ; mais il n'existe aucune observation précise à cet égard.

GENRE ENHYDRINA

Maxillaire à peine plus long que l'ectoptérygoïde, ne s'étendant pas en avant aussi loin que le palatin, avec deux gros crochets venimeux, suivis de quatre dents pleines ; narines supérieures. Grandes plaques céphaliques ; nasales en contact l'une avec l'autre ; une préoculaire ; pas de loréale. Corps modérément allongé ; écailles imbriquées ; ventrales distinctes, mais très petites.

Une seule espèce.

Enhydrina valakadien

Coloration. — Chez les jeunes : olive ou gris en dessus, avec des bandes transversales noires, plus larges vers le milieu et s'amincissant

 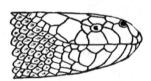

Figs 141, 142. — Plaques céphaliques de *Distira grandis*. Orig.

sur les côtés ; chez l'adulte, ces bandes sont moins distinctes, quelques spécimens étant uniformément gris sombre en dessus ; côtés et face ventrale blanchâtres.

Longueur totale : 1 m. 30 ; queue, 19 cm.

Venin. — D'après ROGERS, le venin de cette espèce est 10 fois plus actif que celui du Cobra.

GENRE GLYPHODON

Maxillaire s'étendant en avant, aussi loin que le palatin, avec une paire de gros crochets sillonnés, suivis après un grand intervalle de 6 petites dents sillonnées. Dents mandibulaires faiblement sillonnées, les antérieures développées en crochets. Tête petite, non distincte du cou ; œil petit avec pupille

ronde ou verticalement elliptique ; narine entre deux nasales ; pas de loréale.
Corps cylindrique ; écailles lisses, sans dépressions, en 17 rangs ; ventrales
arrondies ; queue courte ; sous-caudales en 2 rangs (figs. 143, 144).

Le préfontal et le postfrontal se rencontrent au-dessus de l'orbite, dont
ils excluent le frontal, comme dans les genres Distira et Enhydris, parmi les
Hydrophiinœ, qui se distinguent aussi par leurs dents maxillaires toutes un
peu sillonnées.

Une seule espèce : *Gl. tristis* Günther.

Longueur totale : 90 cm. ; queue, 12,5.

Venin. — Rien de connu.

GENRE BUNGARUS

Maxillaire s'étendant en avant aussi loin que le palatin, avec une paire
de gros crochets venimeux suivis de 1 à 4 petites dents faiblement sillonnées ·
les dents mandibulaires plus longues et faiblement sillonnées. Tête peu ou

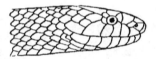

FIGS. 143, 144. — Plaques céphaliques de *Glyphodon tristis*. Orig.

pas distincte du cou ; œil petit, avec une pupille ronde ou sub-elliptique.
Narine entre deux nasales ; généralement pas de loréale. Ecailles lisses, obliques, sans dépressions, en 13 à 17 rangs, celles du rang vertébral plus grandes
et hexagonales ; ventrales arrondies ; queue modérée ou courte ; sous-caudales entières ou sur deux rangs.

Bungarus fasciatus

Coloration. — Jaune brillant, avec des anneaux noirs, aussi ou
plus larges que les intervalles qu'ils laissent entre eux ; une bande noire
s'élargissant en arrière, sur la .tête et la nuque, commençant entre les
yeux. Museau brun. Cette coloration suffit à l'identification

Longueur totale : 1 m. 45 ; queue, 13 cm.

Venin. — (Voir chapitre Physiologie).

Une femme Coolie mordue à la cheville pendant son sommeil par
l'espèce *Bungarus lividus*, mourut en quelques heures (A. E. LLOYD).

Bungarus ceylonicus

Coloration. — Noire avec des anneaux blanchâtres complets qui peuvent être très indistincts et interrompus sur le dos chez l'adulte. Parties inférieures et tête uniformément blanches chez les jeunes.

Longueur totale : 1 mètre ; queue, 9 cm.
Espèce particulière à Ceylan.

Venin. — F. WALL rapporte deux cas de morts survenus après la morsure de ces Serpents ; l'un d'un Coolie mordu au pied gauche et ayant succombé en 24 heures ; l'autre, d'une femme Malaise mordue à Colombo, et ayant succombé en 12 heures.

GENRE NAJA

Les caractères génériques ont été donnés à propos de la faune africaine (p. 270).

Naja tripudians

Cobra.
Coloration très variable. — La paire de lunettes marquée sur la coiffe du Serpent à lunettes, et la tache ovale, surmontée d'une ellipse de la coiffe de la variété monocellée de Birmanie, sont toutes deux caractéristiques de l'espèce ; cependant ces marques sont parfois si modifiées ou si éteintes qu'elles perdent leur valeur.

Aussi peut-on distinguer plusieurs variétés :

A *forme type.* — Du jaunâtre au brun sombre en dessus, avec la marque en lunette noire et blanche sur la coiffe et une tache noire et blanche de chaque côté de la face inférieure de celle-ci. 25-35 écailles au niveau du cou ; 23-25 au milieu du corps.

B *Var. cœca.* — Brun pâle uniforme ou gris au noirâtre ; pas de marque sur la coiffe ; une ou plusieurs bandes sombres transversales sur la partie antérieure du ventre. 25-31 écailles au niveau du cou ; 21-25 au milieu du corps.

C *Var. fasciata.* — Brune, olive ou noirâtre en dessus, souvent avec des barres transversales plus ou moins claires bordées de noir ; coiffe avec un anneau clair blanchâtre bordé de noir, ou un V ou une figure en forme de masque ; une tache noire de chaque côté sous la coiffe. 25-31 écailles au niveau du cou ; 19-21 au milieu du corps.

D *Var. sputatrix.* — Noire ou brun noir en dessus et en dessous avec un peu d'orange ou de jaune sur les côtés de la tête et du cou ; les jeunes avec une marque en V ou en O sur la coiffe et la gorge blanchâtre. 25 rangées d'écailles au cou ; 19-21 au milieu du corps.

E *Var. leucodira.* — Brune ou noirâtre, pas de marques sur la coiffe ; face inférieure du cou blanc jaunâtre, suivie d'une bande noire transversale avec une tache noire en azygos antérieurement et une ou deux de chaque côté. 21-25 écailles au niveau du cou ; 17-19 sur le milieu du corps.

F *Var. miolepis.* — Brun sombre ou noir ; côtés de la tête et de la gorge jaunâtres, pas de marque sur la coiffe. Les jeunes avec anneaux blanchâtres complets sur le corps et sur la queue. Le blanc des côtés du

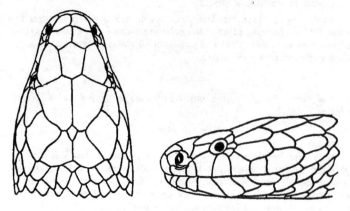

FIGS. 145, 146. — Plaques céphaliques de *Naja bungarus.* Orig.

cou se prolonge en arrière pour former une bande angulaire en arrière de la coiffe. 21-23 écailles au niveau du cou.

Longueur moyenne : 1 m. 80 à 2 m. 10 ; queue 25 à 30 cm.

Venin. — La morsure du Cobra est fatale dans 70 % des cas, les 30 % restant échappent après des symptômes plus ou moins graves suivant la dose reçue. (Voir chapitre Pathol., Physiol.).

Naja bungarus

Syn. : *Trimeresurus ophiophagus,* D. B. ; *Ophiophagus elaps* (Günther, *Hamadryas hannah* (Cantor).

Noms locaux : *Hamadryas, Cobra royal, Ophiophage* (fig. 145, 146).

Une paire de grandes plaques occipitales contiguës derrière les pariétales suffit à caractériser l'espèce. En outre, les écailles sous-caudales (80-117) entières à la base, divisées vers l'extrémité ; le rang vertébral d'écailles semblables aux voisins. Ces deux derniers caractères co-existant suffisent également à l'identification.

Coloration. — Très variable : jaunâtre, brune, de l'olive au noir en dessus, avec des barres transversales plus sombres, plus ou moins marquées. Les parties inférieures presque uniformes ou barrées ; mais la gorge est ordinairement jaune clair ou crême.

Longueur totale : moyenne, 3 m. 90 ; queue, 63 cm. ; un spécimen capturé dans le Konkan, et un autre de même taille provenant de Travancore mesuraient 4 m. 70. C'est le record actuel de la taille que peuvent atteindre les Serpents venimeux.

Venin. — (Voir chapitre Pathologie).

Genre Callophis

Maxillaire s'étendant en avant au delà des palatins ; avec une paire de gros crochets sillonnés, mais pas d'autres dents. Dents mandibulaires subégales. Os préfrontaux en contact l'un avec l'autre sur la ligne médiane. Tête

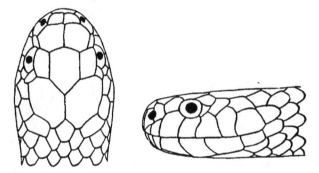

Figs. 147, 148. — Plaques céphaliques de *Callophis maccielandi.* Orig.

petite, non distincte du cou ; œil petit avec pupille ronde ; narine entre deux nasales ; pas de loréale. Corps cylindrique très allongé ; écailles lisses en 13 rangées ; ventrales arrondies. Queue courte ; sous-caudales en 2 rangées

Rien n'est connu sur le venin des 5 espèces qui constituent le genre

Genre Doliophis

Les caractères sont ceux des Callophis, sauf en ce qui concerne la glande venimeuse, qui s'étend de chaque côté du corps jusqu'au niveau du cœur, en pénétrant dans la cavité péritonéale. La longueur de cette glande peut atteindre le tiers de la longueur totale du corps.

On ne sait rien sur le venin des quatre espèces qui constituent le genre

Vipéridés

GENRE AZEMIOPS

Tête distincte du cou, recouverte de plaques symétriques ; narine dans une nasale entière ; loréale présente ; œil modéré avec pupille verticale. Corps cylindrique ; écailles lisses en 17 rangées ; ventrales arrondies ; queue courte ; sous-caudales sur deux rangs.

Azemiops fee

Museau court et arrondi, tête elliptique (fig. 149, 150).

Coloration. — Noirâtre en dessus, les écailles gris sombre au centre et bordées de noir. 15 bandes transversales blanches de la largeur d'une

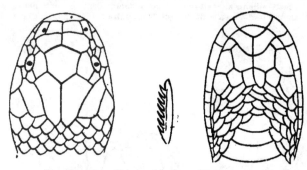

FIGS. 149, 150. — Plaques céphaliques d'*Azemiops fee*. Orig.

écaille, quelques-unes interrompues vers le milieu et alternant avec celles de l'autre côté.

Face supérieure de la tête noire avec une ligne médiane jaune, mince en avant, élargie en arrière ; extrémité du museau et côtés de la tête jaunes ; un trait noir au-dessous de l'œil au bord inférieur de la 4ᵉ labiale; un autre des postoculaires à la 6ᵉ labiale. Parties inférieures gris olive, avec de petites taches plus claires ; menton et gorge variés de jaune.

Longueur totale : 61 cm. ; queue, 9 cm.

Venin. — Rien de connu.

GENRE VIPERA

Les caractères en ont été donnés à propos de la faune d'Europe (p.256).

Vipera russelli

Syn. : *Vipera elegans* Daudin ; *Daboia russelli* Gray ; *Echidna elegans,* D. B. (fig. 151, 152).

Les sous-mandibulaires en contact avec 4 ou 5 labiales inférieures,

les sous-caudales divisées, et les trois séries de grandes taches dorsales
suffisent à établir l'identité.

Museau obtus, avec canthus distinct.

Coloration. — Brun pâle en dessus avec 3 séries longitudinales de
cercles annulaires ou rhombiques noires bordées de clair, qui peuvent

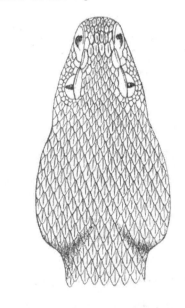

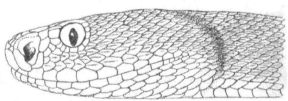

Figs. 151, 152. -- Plaques céphaliques de *Vipera russelli.* Orig.

entourer des taches brun rougeâtre ; les taches vertébrales peuvent se
fusionner en une ligne onduleuse. Tête avec de grandes marques sombres
symétriques et deux traits clairs se réunissant sur le museau et divergeant
en arrière. Blanc jaunâtre en dessous, uniforme, ou avec de petites taches
noires en croissants.

Longueur totale : moyenne 1 m. 25 ; queue, 17 cm., peut atteindre
1 m. 65, mais rarement (WALL).

Venin. — La morsure est souvent mortelle pour l'homme. (Voir chap.
Path. et Physiologie).

GENRE ECHIS

Tête distincte du cou, recouverte de petites écailles imbriquées ; œil
modéré avec pupille verticale, séparé des labiales par de petites écailles ; narine
dirigée en haut et en dehors dans une nasale simple ou divisée. Corps cylindrique ; écailles carénées avec dépressions apicales, en 27-37 rangées ; les
dorsales formant d'étroites séries longitudinales ; écailles latérales plus petites
obliques, inclinées vers le bas, avec carène dentelée ; ventrales arrondies.
Queue courte ; sous-caudales simples.

Echis carinatus

Museau très court, arrondi ; tête recouverte de petites écailles carénées, parfois une étroite sus-oculaire.

Coloration. — Chamois pâle, grisâtre, rougeâtre ou brune en dessus ;
avec une ou trois séries de taches blanchâtres bordées de noir, les externes
formant parfois des ocelles. Un zigzag sombre et une bande claire
peuvent s'étendre de chaque côté. Un dessin cruciforme, ou en Y marqué
de blanc souvent présent sur la tête. Parties inférieures blanchâtres, uniformes, ou avec des taches brunes ou noires.

Longueur totale : 72 cm. ; queue, 7 cm.

Venin. — (Voir chapitre Pathologie).

GENRE ANCISTRODON

Les caractères génériques ont été donnés à propos de la faune européenne (p. 263).

On ne connaît rien sur le venin des espèces suivantes : *A. acutus, A.
blomhoffii. A. rhodostoma* et *A. milliardi.*

Ancistrodon hypnale

Museau fortement relevé et recouvert de petites écailles ; canthus
anguleux. Ecailles plus ou moins distinctement carénées. Grandes plaques
céphaliques ; frontale aussi large que la sus-oculaire et que les pariétales

Coloration. — Très variable, brune, jaunâtre ou grisâtre en dessus,
uniforme, ou avec de petites taches noir sombre disposées par paires ;
côtés de la tête brun sombre bordés en dessus d'une fine ligne blanchâtre.
Ventre plus ou moins poudré de brun sombre.

Longueur totale : 46 cm. ; queue, 6,5.

..*Venin.* — TENNENT prétend que chez l'homme la morsure peut être
mortelle ; GÜNTHER affirme d'autre part qu'elle ne l'est qu'exceptionnellement.

Ancistrodon himalayanus

Les plaques céphaliques très développées en avant constituent une caractéristique de cette espèce (fig. 153, 154).

Coloration. — Brune avec des taches noires ou des bandes transversales ; quelquefois une bande vertébrale claire festonnée de noir ; une

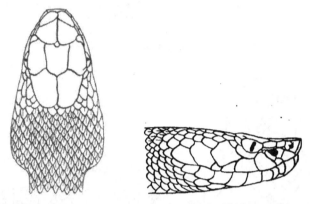

Figs. 153, 154. — Plaques céphaliques d'*Ancistrodon himalayanus.* Orig.

bande noire bordée de clair de l'œil à la commissure ; parties inférieures brun sombre ou variées de noir et de blanc.

Longueur totale : 59 cm. ; queue, 9 cm.

Venin. — L'action du venin a été observée par le Major F. WALL. (Voir chap. Path. et Physiol.).

GENRE LACHESIS

Tronc comprimé, écailles sus-céphaliques granuleuses, celles du vertex obscurément carénées ; écailles du tronc relevées de tubercules carénés, à peine imbriquées et pourvues d'une paire de larges fossettes apicales ; queue courte, non préhensile ; urostèges divisées, les postérieures remplacées par cinq rangées longitudinales d'écailles, dont les trois moyennes étroites, allongées et épineuses ne résultent pas d'une simple division des urostèges qui les précèdent. Dents ptérygoïdiennes ne dépassant pas en arrière l'articulation ptérygo-transverse.

Ce genre comprend une quarantaine d'espèces, dont dix-huit habitent le S.-E. de l'Asie ; les autres sont réparties dans l'Amérique du Sud, l'Amérique Centrale et le Mexique. Ce genre est inconnu en Australie, en Europe et en Afrique.

Lachesis monticola

1° C'est la seule espèce qui n'ait pas de plaque sous-oculaire, ce qui sert à la distinguer ;

2° Ecailles entre les yeux lisses ou obtusément carénées ; écailles gulaires lisses ; la première labiale inférieure en contact avec sa symétrique derrière la symphyse.

Grandes sus-oculaires séparées par 5 à 8 séries d'écailles ; écailles lisses ou faiblement carénées ; canthus obtus (fig. 155, 156).

Coloration. — Brune ou jaunâtre en dessus avec une ou deux séries dorsales de grandes taches brun sombre quadrangulaires, et une série

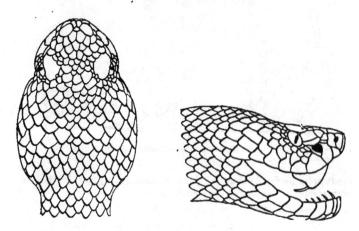

FIGS. 155, 156. — Plaques céphaliques de *Lachesis monticola.* D'après G.-A. BOULENGER.

latérale de plus petites ; tête brun noir en dessus, brun pâle ou jaunâtre sur les côtés avec un trait brun sur les tempes ; parties inférieures blanchâtres, tachées ou poudrées de brun, les taches brunes parfois confluentes en deux raies.

Longueur totale : 74 cm. ; queue, 4,5.

Venin. — Le major WALL rapporte des cas de morsures graves dues à L. monticola.

Lachesis strigatus

Syn. : *Atropos darwini*, D. B.

Nom local : *Vipère fer à cheval.*

Diffère de L. monticola par ses petites sus-oculaires, quelquefois divisées, séparées par 8 à 11 séries de petites écailles convexes. Les écailles sont faiblement carénées.

La 2ᵉ plaque labiale entièrement distincte de la dépression loréale suffirait à elle seule à caractériser l'espèce.

Coloration. — Brune, marquée irrégulièrement de noir. Une marque en fer à cheval, chamois ou jaunâtre sur la nuque. Un trait noir derrière l'œil ; face inférieure plus claire, variée de noir.

Longueur totale : 48 cm. ; queue, 5,5.

Venin. — JERDON rapporte qu'il a été mordu par une de ces Vipères, et qu'il s'en est tiré par une ligature et la succion immédiate et énergique. Il y avait eu en quelques minutes une hémorrhagie sous-cutanée autour de la blessure.

Lachesis purpureomaculatus

Coloration. — Brun pourpre sombre en dessus, uniforme ou variée de vert pâle ; les flancs ordinairement vert pâle ou tachés de vert pâle, ou avec une série de taches claires sur le dernier rang d'écailles ; olive ou blanc verdâtre en dessous, uniforme ou taché de noir ; quelques spécimens uniformément verts.

Longueur totale : 98 cm. ; queue, 15 cm.

Venin. — D'après les renseignements recueillis par STOLICZKA chez les Indigènes des Iles Andaman et Nicobar, la morsure de cette vipère n'est pas considérée comme mortelle:

Lachesis gramineus

Syn.: *Vipera viridis* Daudin, *Trimeresurus viridis* Lacépède ; *Bothrops viridis*, D. B.

Museau faiblement proéminent avec un canthus distinctement préhensile.

Coloration. — Ordinairement vert feuillage brillant en dessus, plus rarement olive ou jaunâtre avec ou sans barre transversale noire ; ordinairement le dernier rang d'écailles formant une ligne claire blanche ou jaune ; extrémité de la queue jaune ou rouge ; face inférieure verte, jaune ou blanchâtre.

Venin. — (Voir chapitre Path. et Physiol.).

Lachesis macrolepis

Plaques céphaliques très grandes imbriquées et lisses. Queue préhensile.

Coloration. — Vert brillant uniforme ou olive en dessus ; le rang externe d'écailles en ligne blanchâtre ; vert pâle en dessous.

Longueur totale : 61 cm. ; queue, 12 cm.

Venin. — JERDON rapporte plusieurs cas de morsures par cette espèce, et dont aucune n'a eu de suites fatales. Le Rev. P. CATETS fit mordre un chacal, qui n'éprouva aucun symptôme d'envenimation.

Lachesis cantoris

Coloration. — Deux variétés : l'une vert clair ou verdâtre sombre avec des taches noires alternant en cinq séries longitudinales ; l'autre claire ou brun sombre tachée de vert pâle, ordinairement une ligne blanche le long des flancs, et une ligne claire latérale sur la tête. Ventre blanchâtre ou verdâtre, uniforme ou bigarré.

Longueur totale : 1 m. 02 ; queue, 14 cm.

Venin. — D'après STOLICZKA les glandes venimeuses sont très petites. La morsure est peu redoutée des indigènes des Iles Andaman et Nicobar ; on ne cite pas de cas mortel.

Le venin des espèces : *L. flavoviridis, L. jerdonii, L. okinavensis, L. flavomaculatus, L. formosus, L. puniceus, L. bornecusis, L. mucrosquamatus, L. luteus,* n'a pas été étudié, et aucune observation précise n'est rapportée sur les effets de la morsure.

Lachesis anamallensis

Ecailles céphaliques petites, lisses, imbriquées et obtusément carénées. Queue préhensile.

Coloration. — Verte olive, jaunâtre ou rouge brun en dessus, avec taches noires ou rouge brun ; souvent une série de taches jaunes de chaque côté du ventre, et une bande temporale noire. Parties inférieures vert pâle, olives, jaunes ou brunes avec des taches jaunes. Queue noire et jaune.

Longueur totale : 73 cm. ; queue, 11 cm.

Venin. — JERDON a réuni les observations de plusieurs cas de morsure dont aucune ne s'est montrée mortelle pour l'homme.

Lachesis trigonocephalus

Syn. : *Bothrops, Lachesis.*

Museau très court ; queue préhensile.

Coloration. — Verte en dessus, uniforme ou avec des marques noires pouvant former des bandes dorsales en forme de vagues ; ventre jaunâtre, uniforme ou vert à la base ; extrémité caudale noire.

Longueur totale : 79 cm. ; queue, 13 cm.

Particulière à Ceylan où elle est commune dans diverses parties des montagnes. Connue des Indigènes sous le nom de *Tic polonga vert.*

Venin. — D'après une observation du Dr DRUMMOND HAY, cité par F. WALL, un indigène blessé à la main par un sujet de forte taille, n'eut qu'une action locale passagère, qui disparut en quelques jours.

SERPENTS VENIMEUX DE L'AUSTRALIE ET DE LA TASMANIE

FAMILLES ET GENRES	ESPÈCES	HABITAT
Colubridés Opisthoglyphes		
Hipsirhina, Wagl.	H. *macleavi.*	Queensland.
Cerberus, Cuv.	C. *australis.*	N. de l'Australie.
Myron, Gray	M. *ridhardsoni, Gra.*	N. de l'Australie.
Fordonia, Gray	F. *leucobalia.*	N. de l'Australie.
Dipsadomorphus, D.B	D. *fuscus.*	N. et E. Australie.
Colubridés Protéroglyphes		
Hydrus, Schn.......	H. *platurus.*	Côte Nord et E. de l'Australie.
Hydrelaps, Blgr.	H. *darwiniensis.*	C. N. Australie.
Hydrophis, Daud.....	H. *kingii, elegans.*	C. N. Australie.
Distira, Lacép.	D. *stokesii, major, ornata, grandis, mjœbergi.*	C. N. Australie.
Aipysurus, Lacép. ...	A. *australis, tennis.*	N. de l'Australie.
Glyphodon, Günth. ..	G. *tristis.*	N. de l'Australie.
Pseudelaps, D. B.....	P. *squamulosus, krefftii, fordii, harrietæ, diadema, waro, sutherlandi, albiceps.*	Nouvelle Galle du S. Queensland, etc.
Diemenia, Gray	D. *psammophis, torquata, olivacea, ornaticeps, modesta,* D. *textilis, nuchalis, maculiceps, nigrossi.*	Australie.
Pseudechis, Wagaw ..	P. *porphyriacus, cupreus, australis, darwiniensis, scutellatus, microlepidotus, ferox, collecti, desidenioides.*	Australie.
Denisonia, Krefft ...	D. *superba, coronata, coronoïdes muelleri, frenata, ramsayi, signata, dæmellii, suta, frontalis, flagellum, maculata, punctata, gouldii, nigrescens, nigrostriata, carpentariæ, pallidiceps, fasciata, wagrans, forresti.*	Australie, Tasmanie.

FAMILLES ET GENRES	ESPÈCES	HABITAT
Hoplocephalus, Cuv.	H. *bungaroïdes, bitor-quatus, stephensii, stirlingi.*	Australie, exclusiv.
Tropidechis, Günth. ..	T. *carinatus.*	Australie, exclusiv.
Notechis, Blgr.	N. *scutatus.*	Australie, Tasmanie.
Rhinhoplocephalus, F. Muller	R. *bicolor.*	Australie, exclusiv.
Brachyaspis, Blgr. ..	B. *curta.*	Australie, exclusiv.
Acanthophis, Daud. ..	A. *antarcticus.*	Australie.
Elapognathus, Blgr. ..	F. *minor.*	S. O. Australie.
Rhynchelaps, Ian. ...	R. *bertholdi, australis, semifasciatus, hor-nea.*	Australie.
Furina, D. B.	F. *bimaculata, calono-ta, occipitalis.*	Australie exclusiv.

Pas de Vipéridés, C. Protéroglyphes élapinés florissants; peu de C. Opisthoglyphes. Les Protéroglyphes hydrophiinés sont les mêmes que ceux de la faune Indo-Malaise.

Colubridés Opisthoglyphes

Genre Myron

10 dents maxillaires très petites, suivies d'une paire de grands crochets sillonnés ; les dents mandibulaires antérieures les plus longues. Tête petite, non distincte du cou ; œil petit avec pupille verticalement elliptique ; grandes plaques céphaliques ; narine dans une nasale demi divisée en bas ; une seule internasale ; loréale présente. Corps cylindrique ; écailles striées et carénées, sans fossettes apicales, en 21 rangées. Ventrales arrondies. Queue courte et faiblement comprimée ; sous-caudales sur 2 rangs.

Myron richardsoni

Ecailles faiblement carénées.

Coloration. — Grise ou olive en dessus avec des barres transversales noires ; tête noirâtre ; ventrales jaunâtres ou brun pâle bordées de noirâtre en avant et avec un trait obscur médian.

Longueur totale : 41 cm. 5 ; queue, 6 cm.

Venin. — Rien de connu sur le venin et la gravité des morsures.

Colubridés Protéroplyphes

GENRE HYDRELAPS

Maxillaire ne s'étendant pas en avant aussi loin que le palatin ; crochets venimeux modérés, suivis après un intervalle de 6 dents pleines. Museau court, narine supérieure dans une nasale entière en contact avec sa symétrique. Grandes plaques céphaliques ; ni loréale, ni préoculaire, la préfrontale bordant l'œil qui est très petit. Corps modérément allongé, faiblement comprimé ; écailles imbriquées ; ventrales petites, mais bien développées.

Une seule espèce :

Hydrelaps darwiniensis

Coloration : Annelée noirâtre et blanc jaunâtre, les anneaux noirs

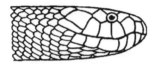

Fɪɢ. 157. — Plaques céphaliques d'*Hydrelaps darwiniensis*. Orig.

les plus larges en dessus, plus étroits en dessous ; tête olive sombre, tachée de noir (fig. 157).

Longueur totale : 43 cm. 5 ; queue, 4 cm. 3.

Venin. — Rien de connu.

GENRE DIEMENIA

ou *Pseudonaja.*

Maxillaire atteignant en avant la longueur du palatin ; 2 gros crochets sillonnés suivis après un intervalle de 7 à 15 petites dents sillonnées ; les dents mandibulaires antérieures développées en crochets pleins. Tête légèrement distincte du cou avec canthus rostralis ; œil modéré ou grand, avec pupille ronde ; nasale entière ou divisée ; frontale allongée ; pas de loréale. Corps cylindrique ; écailles lisses en 15 à 19 rangs (davantage sur le cou). Ventre arrondi. Queue modérée ou longue ; la plupart des sous-caudales sur 2 rangs.

Parmi les 7 espèces du genre, on n'a de données certaines que sur l'une d'entre elles au point de vue de la fonction venimeuse.

Diemenia textilis, D. B.

Syn. : *Furina textilis,* D. B. ; *Pseudonaja textilis* Kreft.

Nom local : *Serpent brun d'Australie.* Corps allongé.

Coloration. — Brun pâle uniforme ou brun olive sombre en dessus ; blanchâtre ou olive en dessous ; les jeunes avec une tache sur le sommet

de la tête séparée par une bande transversale orange d'une autre tache de
la nuque ; ventre marqué de brun ou de noir.

Longueur totale : 1 m. 70 ; queue, 29 cm.

Venin. — C'est l'une des espèces que E. R. Waite, zoologiste du
Muséum de Sydney, range parmi celles dont la morsure est mortelle pour
l'homme.

Genre Pseudechis

Maxillaire s'étendant en avant aussi loin que le palatin ; une paire de
gros crochets sillonnés suivis de 2 à 5 petites dents pleines ; les dents mandibulaires antérieures les plus longues. Tête distincte du cou, avec un canthus
distinct ; œil modéré ou petit avec pupille ronde ; narine entre deux nasales.
Pas de loréale. Corps cylindrique; écailles lisses sans fossettes, en 17 à 23 rangs
(davantage sur le cou). Ventre arrondi ; queue modérée ; sous-caudales en
2 rangs, ou partiellement entières.

7 espèces, dont 6 exclusivement australiennes ; pour une seule l'action
du venin est connue.

Pseudechis porphyriacus

Syn. : *Trimeresurus porphyreus*, D. B.

Nom local : *Black snake* = *Serpent noir d'Australie*. C'est l'espèce
venimeuse la plus répandue en Australie.

Coloration. — Noire en dessus, rang externe rouge à la base ; ventrales rouges bordées de noir.

Longueur totale : 1 m. 58 ; queue, 21 cm.

Mœurs aquatiques aussi bien que terrestres ; fréquente les endroits
marécageux, aime l'eau, plonge et nage bien.

Elle se nourrit de grenouilles, de lézards et de petits mammifères.
principalement de rats d'eau.

Quand on l'irrite, le Pseudechis prend l'attitude d'un Cobra, et fond
sur l'ennemi.

Pendant l'hiver se retire dans des trous du sol.

Venin. — La morsure est hautement venimeuse ; elle tue en l'espace
d'une heure le chien et la chèvre (C. J. Martin).

Genre Denisonia

Maxillaire s'étendant en avant aussi loin que le palatin, avec une paire
de gros crochets sillonnés, suivis de 3 à 5 petites dents pleines. Les dents
mandibulaires antérieures les plus longues. Tête plus ou moins distincte du
cou ; œil modéré ou petit, avec pupille ronde ou verticalement elliptique ;
nasale entière ou divisée ; pas de loréale. Corps cylindrique ; écailles lisses,
sans fossettes, en 15 à 19 rangs ; ventre arrondi. Queue modérée ou courte.
Sous-caudales entières (dans l'une des espèces sur deux rangs).

21 espèces ; la plus redoutée pour son venin est

Denisonia superba

Syn. : *Alecto curta*, part D. B. ; *Hoplocephalus superbus*, Kreft.
Nom local : *Superb snake.*

Coloration. — Du brunâtre à l'olive sombre en dessus, les écailles souvent bordées de noir ; écailles latérales souvent jaunes ou roses saumon ; ventrales jaunâtres ou olive grisâtre ; noirâtres à la base. Les jeunes avec une tache ou un collier noir, pouvant être bordés de jaune en arrière ; lèvres jaunes, largement tachées de noir.

Longueur totale : 1 m. ; queue, 16 cm.

Mœurs. — Volontiers aquatique ; connu en Tasmanie sous le nom de « Diamond Snake », se nourrit de batraciens, lézards, rats d'eau, espèce vivipare et très prolifique ; les jeunes naissent vers la fin de décembre.

Venin. — L'activité de son poison n'a pas été déterminée avec certitude, car l'espèce est souvent confondue avec d'autres, notamment avec *Hoplocephalus curtus (Notechis scutatus).*

Genre Hoplocephalus

Maxillaire s'étendant en avant aussi loin que le palatin, avec une paire de gros crochets sillonnés suivis de deux ou trois petites dents pleines , les dents mandibulaires antérieures les plus longues. Tête distincte du cou ; œil assez petit avec pupille ronde ; nasale entière ou divisée ; pas de loréale. Corps cylindrique ; écailles lisses sans dépressions, en 21 rangs ; ventrales anguleuses et échancrées latéralement. Queue modérée. Sous-caudales entières.

3 espèces : *H. bungaroïdes, bitorquatus, stephensii.*

Hoplocephalus bungaroïdes

Syn. : *Hoplocephalus variegatus* Günther, Kreft ; *Alecto variegata*, D. B.

Coloration. — Noire en dessus avec des taches jaunes formant des bandes transversales plus ou moins régulières ; labiales supérieures jaunes bordées de noir ; ventrales noirâtres, jaunes sur les côtés.

Longueur totale : 1 m. 62 ; queue, 21 cm.

Mœurs. — Ont des habitudes nocturnes et hibernantes, ce qui fait qu'on les connaît peu. Mais on peut se les procurer aisément en les recherchant sous les pierres plates dans les endroits ensoleillés.

Venin. — La morsure n'est mortelle ni pour l'homme, ni pour les gros animaux : chèvres, chiens, échidné. Chez l'homme, la succion immédiate suffit à traiter la morsure, qui produit un violent mal de tête, une certaine raideur de la colonne vertébrale, du gonflement local, symptômes qui disparaissent en l'espace d'une heure (Krefft).

Genre Tropidechis

Diffère du genre précédent par ses écailles carénées, en 23 rangs, ses ventrales arrondies.

Ce genre n'est connu que par trois spécimens morts d'une seule espèce : *Tropidechis carinatus* Kreft, habitant la Nouvelle-Galles du Sud et la Terre de la Reine (fig. 158, 159).

Longueur totale : 73 cm. ; queue, 12 cm.

Venin. — Rien de connu.

Genre Notechis

Maxillaire s'étendant en avant aussi loin que le palatin, avec une paire de gros crochets sillonnés suivis de 4 ou 5 petites dents faiblement sillonnées ; les dents mandibulaires antérieures plus longues et faiblement sillonnées :

Fias. 158, 159. — Plaques céphaliques de *Tropidechis carinatus*. Orig.

Tête distincte du cou, avec un canthus saillant ; œil assez petit avec pupille ronde ; nasale entière, pas de loréale. Corps cylindrique ; écailles lisses sans dépresssions, obliques en 15 à 19 rangs, les latérales plus courtes que les dorsales ; ventre arrondi. Queue modérée ; sous-caudales entières.

Notechis scutatus

Syn. : *Alecto curta*, part. D. B. ; *Hoplocephalus curtus* Günther, Krefft.

Nom local : *Tiger-snake.*

Coloration. — Du brun olive au noirâtre en dessus- la peau noire entre les écailles ; les jeunes avec des barres transversales noires qui peuvent disparaître chez l'adulte. Ventre jaune ou olive, les écailles souvent bordées de noir.

Longueur totale : 1 m. 28 ; queue 17 cm.

Mœurs. — L'espèce est vivipare ; trente jeunes ou plus naissent à chaque portée, variant en couleur autant que les adultes. Ils hibernent et ne réapparaissent qu'en août et septembre, suivant la température. Lorsqu'ils sont surpris, ils élèvent la partie antérieure de leur corps étalant le cou à la façon des cobras.

Venin. — Par son habitat étendu et son venin, c'est le plus dangereux des serpents d'Australie ; sa morsure tue une chèvre en une heure ; mais n'a pas d'effets mortels sur l'animal lui-même, non plus que sur ceux d'espèces voisines (KREFFT).

GENRE RHINHOPLOCEPHALUS

Même dentition que celle d'Hoplocephalus. Tête peu distincte du cou ; œil petit avec pupille ronde. Corps cylindrique, rigide ; écailles lisses en 15 rangs ; ventrales arrondies. Queue courte ; sous-caudales entières.

Une seule espèce :

Rhinhoplocephalus bicolor

Museau large, tronqué. 159 ventrales, anale entière ; 54 sous-caudales.
Coloration. — Gris olive en dessus, les écailles latérales bordées de noir ; blanc jaunâtre en dessous ; langue blanche.
Longueur totale : 39 cm. 5 ; queue 5,5.
Venin. — Rien de connu.

GENRE ACANTHOPHIS

Maxillaire s'étendant en avant aussi loin que le palatin, avec une paire de gros crochets sillonnés, suivis de deux ou trois petites dents ; les dents mandibulaires antérieures développées en gros crochets pleins. Tête distincte du cou ; narine sur le bord supérieur d'une nasale simple ; pas de loréale ; œil petit avec une pupille verticalement elliptique.

Corps trapu, cylindrique ; écailles plus ou moins carénées, sans fossettes, en 21 ou 23 rangs ; ventre arrondi. Queue courte, comprimée à l'extrémité et se terminant par une écaille épineuse dirigée vers le haut ; sous-caudales antérieures entières, les postérieures sur deux rangs.

Une seule espèce :

Acanthophis antarcticus

Syn. : *Acanthophis cerastinus* (Daudin), D. B.
Nom local : *Death Adder.*
Les côtés de la tête sont élevés avec une région loréale oblique ; la sus-oculaire angulaire est souvent relevée en un appendice en forme de corne.

Par ses crochets acérés et canaliculés, et son maxillaire mobile ressemble aux Vipéridés.

Coloration. — Jaunâtre, rougeâtre ou brun grisâtre en dessus, avec des bandes noires transversales plus ou moins distinctes ou de petites taches noires ; lèvres tachées ou barrées de noir ; les côtés également. Ventre blanc jaunâtre, uniforme ou taché de brun ou de noir. Extrémité de la queue jaune ou noire.

Longueur totale : 85 cm. ; queue, 15 cm.

Mœurs. — Fréquente les endroits sablonneux, se nourrit de grenouilles, de lézards, de petits mammifères ; s'enfouit d'avril ou mai à septembre.

Lorsqu'on l'inquiète, son corps s'aplatit, la tête un peu relevée, puis frappe à droite, à gauche, avec une grande rapidité, mais ne s'élance pas.

Elle pond de 10 à 15 jeunes par an qui, aussitôt éclos et à peine asséchés, sont aussi agressifs que les adultes.

Venin. — Ne serait pas aussi actif qu'on l'a cru ; la morsure ne tue le lézard et la grenouille qu'en une douzaine d'heures (Krefft).

Genre Elapognathus

Maxillaire s'étendant en avant aussi loin que le palatin, avec une paire de crochets sillonnés, sans autres dents maxillaires. Dents mandibulaires subégales. Tête petite, peu ou pas distincte du cou ; œil moyen. avec pupille ronde ; nasale entière ; pas de loréale. Corps cylindrique ; écailles lisses, sans dépressions, en 15 rangs ; ventrales arrondies. Queue modérée ; sous-caudales entières.

Une seule espèce :

Elapognathus minor

Syn. : *Hoplocephalus minor* (Günther, Krefft).
Ecailles finement striées.

Coloration. — Olive sombre en dessus ; quelques-unes des sutures entre les labiales supérieures, noires ; jaunâtre ou olive grisâtre en-dessous ; les ventrales noires à la base.

Longueur totale : 46 cm. ; queue, 9,5.

Venin. — Rien de connu.

Genre Rhynchelaps

Maxillaire s'étendant en avant aussi loin que le palatin ; une paire de crochets sillonnés moyens et deux petites dents près de l'extrémité postérieure du maxillaire ; les dents mandibulaires antérieures les plus longues. Tête petite, non distincte du cou, avec un museau plus ou moins proéminent ; œil petit, avec pupille verticalement elliptique ; narine dans une nasale entière ; pas de loréale. Corps court, cylindrique ; écailles lisses, sans dépressions, en 15 ou 17 rangs ; ventrales arrondies. Queue très courte ; sous-caudales sur deux rangs.

Rien n'est connu au point de vue du venin sur les 4 espèces :
R. bertholdi, australis, semifasciatus et *fasciolatus*, qui représentent ce
genre exclusivement australien.

Genre Furina

Maxillaire n'atteignant pas en avant le palatin ; une paire de crochets
sillonnés de grosseur moyenne et une ou deux petites dents pleines près de
l'extrémité postérieure du maxillaire ; dents mandibulaires sub-égales. Tête
petite, non distincte du cou ; œil très petit, avec pupille ronde ; narine dans
une nasale entière ; pas de loréale. Corps cylindrique. Ecailles lisses, sans
dépressions, en 15 rangs ; ventrales arrondies. Queue très courte, obtuse ,
sous-caudales sur deux rangs.

La tête osseuse, comme celle des genres Elaps et Homorelaps ; diffère de
celle des autres Elapinés par l'absence de postfrontal ; les préfrontaux, qui
sont largement séparés l'un de l'autre, se prolongent en arrière et ferment
le bord supérieur de l'orbite.

On ne sait rien sur le venin des trois espèces *bimaculata*, *colonota* et
occipitalis qui composent ce genre exclusivement australien.

SERPENTS VENIMEUX D'AMÉRIQUE

FAMILLES ET GENRES	ESPÈCES	HABITAT
Boīdés		
Ungalia, Gray	U. *maculata*.	Amérique trop.
Ilysiidés		
Ilysia, Hemprich	I. *scytale*.	Guyane et Hte-Amazone.
Amblycéphalidés		
Leptognathus, D. B. ..	L. *brevifacies, viguieri, pavonina, elegans.*	Amérique trop.
Colubridés Aglyphes		
Polyodontophis, Blgr.		Amérique cent.
Tropidonotus, Kuhl ..	T. *melanogaster*.	Amérique du N. et du centre.
Helicops, Wagl.		Mexico et Amérique S.
Zamenis, Wagl.		Amérique du N. et du centre.
Lytorhynchus, Peters.		Arizona, Basse Californie.
Drymobius, Cope	D. *bifossatus, margaritiferus.*	Texas, Pérou, Brésil.
Herpetodryas, Boīe ..	H. *carinatus*.	Amérique du S. et du centre.

FAMILLES ET GENRES	ESPÈCES	HABITAT
Leptophis, Bell......	L. *occidentalis, liocercus, nigromarginatus.*	Amérique du S. et du centre.
Dromicus, Bibr......	D. *temminckii.*	Indes occ. Chili, Pérou.
Liophis, Boïe	L. *albiventris, andræ.*	
Xenodon, Boïe	X. *severus, merremii.*	Amérique trop.
Lystrophis, Cope....	L. *d'orbigny.*	Am. S. à E. des Andes.
Heterodon, Latr......	H. *nasicus.*	Amérique du N.
Coronella, Laur.......	C. *leonis, zonata.*	N. de l'Equat.
Contia, Baird et Girard.	C. *vernalis.*	Amérique du N.
Atractus, Wagl.	A. *latifrontalis, badius.*	Amérique du S. et du centre.
Colubridés Opisthoglyphes		
Trimorphodon, Cope.	T. *biscutatus, upsilon, lyrophanes.*	Exclusiv. améric. A cent. Arizona.
Lycognatus, D. B.....	L. *cervinus, rhombeatus.*	Am. S. tropic.
Trypanurgos, Fitz....	T. *compressus.*	Am. S. tropic.
Rhinobotryum, Wagl.	R. *lentiginosum.*	Am. S. tropic.
Himantodes, D. B.....	H. *cenchroa, elegans, lentiferus, gemmistratus, gracillimus, inortatus.*	Amér. Cent. S. tropicale.
Leptodira, Günth. ...	L. *punctata, nigrofasciata, frenata, septentrionalis, personata, ocellata, albofusca, annulata, Lin.*	Mex., Am. S. et trop.
Oxyrhopus, Wagl. ...	O. *petolarius, rhombifer, trigeminus, bitorquatus, melanogenys, oliatus, formosus, labialis, clathratus, fitzingeri, proximus, occipitoluteus, intermedius, undulatus, robinsoni, bicolor, haajzi, submarginatus, semicinctus, rusticus, coronatus, neuwidii, guerini.*	Mex., Am. Cent. S. trop.
Rhinostoma, Fitz	R. *guyanense, vittatum.*	Am. du Sud.
Thamnodynastes, Wagl.	T. *natterei, punctatissimus.*	Am. S. et Andes
Tachymenis, Wiegm..	T. *peruviana, affinis, elongata.*	Am. du Sud.
Manolepis, Cope	M. *putmani.*	Mexique.
Tomodon, D. B.	T. *dorsatus, ocellatus.*	Am. du Sud.
Pseudotomodon, Koslowsky.	P. *mendozinus.*	Am. du Sud.

FAMILLES ET GENRES	ESPÈCES	HABITAT
Pseudoxyrhopus, Günth.	*P. reticulatus.*	Paraguay.
Paroxyrhopus, Schenkel	*P. reticulatus.*	Paraguay.
Mimometopon	*M. sapperi.*	Guatemala.
Rhachidelus Blgr.	*R. brazili.*	Brésil.
Conophis, Peters	*C. lineatus, vittatus, tænia-tus.*	Am. Cent. S. tropicale.
Pseudablabes, Blgr. ..	*P. agassizi.*	Uruguay.
Philodryas, Wagl. ...	*P. aestivus, vindissimus, olfersii, schotti, bolivianus, psammophidens, vitellinus, natterei, barelli, campicola, laticeps, simonsii, sernetzi, subcarinatus, erlandi, boulengeri, lineatus, serra, burmesteri, baroni, inornatus.*	Am. Sud.
Ialtris, Cope	*H. dorsalis.*	St-Domingue.
Oxybelis, Wagl.	*O. brevirostris, argenteus, fulgidus, acuminatus.*	Am. Cent. et tropicale.
Erythrolamprus, Wagl.	*E. esculapii, decipiens, grammophrys, lateritius, dromiciformis, imperialis, fissidens, bipunctatus, piceivittis, longicaudus, mentalis, labialis, venustissimus.*	Am. N., centr. et tropicale.
Hydrocalamus, Cope..	*H. quinquevittatus.*	Guatemala.
Scolecophis, Cope ...	*S. atrocinctus, michoacanensis, aemulus, scytalinus.*	Guatemala et Mexique.
Homalocranium D. B.	*H. pallidum, annulatum, trilineatum, longifrontale, coronatum, rubrem, semicinctum, fuscum, boulengeri, schistosum, canula, miniatum, virgatum, ruficeps, bocourti, marcapatæ, wilcoxi, alticola, hoffmani, moestum, vermiforme, breve, atriceps, planiceps, calamarium, gracile.*	Am. Centr., Andes et Am. du S. tropicale, Mexique, Texas
Ogmius, Cope	*O. acutus.*	Tehuantepec.
Stenorhina, D. B.	*S. degenhardti.*	Mexique à E-quateur.
Xenopholis, Peters. ..	*X. scalaris.*	Brésil, Bol. E-quateur.

FAMILLES ET GENRES	ESPÈCES	HABITAT
Apostolepis, Cope ...	*A. coronata, assimilis, flavitorquata, nigrolineata, quinquelineata, nigriceps pymi, borellii, nigroterminata, dorbignyi, erythronota, ambinigra.*	Am. du Sud.
Elapomoius, Jan.....	*E. dimidiatus.* ,	Brésil.
Elapomorphus, D. B..	*E. blumi, wuchereri, lepidus, tricolor, lemniscatus, trilineatus, bilineatus.*	Am. S. (Brésil, Argentine).
Colubridés Protéroglyphes		
Hydrus, Schn.	*H. platurus.*	Côtes de l'Oc. Pacifique.
Elaps, Schneid.	*E. euryxanthus, fulvius, elegans, corallinus, miparlitus, surinamensis, heterochilus, langsdorfii gravenhoistii, buckleyi, anomalus, keterozonus, armellatus, dumerili, hemprickii, tschudi, dissoleucus, psyches, spixii, frontalis marcgravii, lemniscatus, filiformis, mipartitus, fraseri, mentalis, ancoralis, narduccii, michoacanensis, hertwigii, balzani, rosenbergi, steindachneri, calamus, simonsii, regularis, alienus, aequicinctus, princeps, microps, collaris.*	Excluiv. américain : Am. du N., Am. Centrale et Ant.

Am. du Sud. |
| **Vipéridés Crotalinés** | | |
| *Ancistrodon*, P. de Beauvois .... | A.*piscivorus, contortrix.*

A. *bilineatus.* | Am. du Nord. Amér. cent. et Mexique. |
| *Lachesis*, Daud. ..... | L. *mutus, lanceolatus, atrox, pulcher, microphthalmus, pictus, alternatus, peruvianus, itapetiningae, monticelli, pleuroxanthus, chloromelas, burmesteri, newiedii, ammodytoïdes, castelnaudi, xanthogrammus, nummifer, godmani, lansbergii, brachystoma, bilineatus, undulatus, lateralis, bicolor, schlegelii, nigroviridis, aurifer.* | Am. Centrale et tropicale. Am. Centrale et du Sud. |

FAMILLES ET GENRES	ESPÈCES	HABITAT
Sistrurus, Garman ..	*S. catenatus, miliarius, ravus.*	Am. N. à l'Est des Monts Roch., Mexique. Exclus·
Crotalus, Lin.	*C. terrificus, pulvis, scutulatus, helleri, confluentus, aurisus, horridus, tigris, mitchelli, triseriatus, polystichus, lepidus, cerastes, willardi, oregonus.*	Du S. du Canada et de la Colombie britannique au S. du Brésil et au N. de l'Argent. (exclusiv. américain).

Boidés

GENRE UNGALIA

Dents antérieures maxillaires et mandibulaires les plus longues, décroissant graduellement. Tête distincte du cou, recouverte de plaques, avec une paire d'internasales, une ou deux paires de préfrontales, une paire de sus-oculaires, une frontale et une paire de pariétales. Narine entre deux nasales ; pas de loréale. Œil de grosseur modérée, avec pupille verticale. Corps cylindrique ou comprimé ; écailles de grosseur modérée, lisses ou carénées. Queue courte, pointue, préhensile ; sous-caudales simples.

Genre de l'Amérique tropicale.

Ungalia maculata

Coloration. — Jaunâtre, rougeâtre ou gris brun en dessus, avec six ou huit séries de taches longitudinales sombres alternantes, les deux séries du milieu les plus grandes. Un trait sombre de chaque côté de la tête. Ventre jaunâtre ou brunâtre avec deux séries longitudinales de grandes taches noirâtres qui alternent souvent.

Longueur totale : 53 centimètres ; queue : 6 cm 5.

Ilysiidés

GENRE ILYSIA

Dents modérées sub-égales 9 ou 10 à chaque maxillaire ; petites dents sur le prémaxillaire. Tête très petite, non distincte du cou ; œil extrêmement petit, avec pupille ronde, dans une écaille oculaire. Grandes plaques symétriques sur la tête ; narine dans une nasale simple, qui s'unit par suture à sa symétrique. Derrière la rostrale, ni loréale, ni préoculaire, ni postoculaire ; pas de sillon mentonnier. Corps cylindrique ; écailles lisses en 19 ou 21 rangs. Ventrales faiblement élargies. Queue extrêmement courte et obtuse.

Ilysia scytale

Coloration. — Rouge avec anneaux noirs plus ou moins complets.
Les écailles dorsales quelquefois bordées de brun.
Longueur totale : 83 centimètres.

Amblycéphalidés

Genre Leptognathus

Maxillaire avec le bord dentaire plus ou moins infléchi en dedans ; 11 à 18
dents égales ou les moyennes les plus longues ; dents mandibulaires antérieures les plus longues, décroissant graduellement en arrière. Tête distincte
du cou ; œil moyen ou grand, avec pupille verticale ; nasale entière ou divisée.
Corps plus ou moins comprimé ; écailles lisses, sans dépressions apicales, plus
ou moins obliques, en 13 ou 15 rangs ; le rang vertébral plus gros ou non ;
ventrales arrondies. Queue modérée ou longue ; sous-caudales en deux rangs.

Ce genre, qui appartient à l'Amérique tropicale, comprend 19 espèces ; parmi celles que nous avons pu examiner, les unes : *L. brevifascies,
L. viguieri, L. pavonina, L. elegans,* possèdent une grande parotide normale et sont probablement venimeuses, tandis que *L. castesbyi* en est
dépourvue et se montre par contre munie d'une très grosse glande
lacrymale.

Colubridés Aglyphes

Genre Xenodon

Maxillaire court avec 6 à 15 dents, suivies après un intervalle d'une
paire de très gros crochets pleins ; dents mandibulaires sub-égales ; tête
distincte du cou ; œil grand, pupille ronde. Corps cylindrique ou déprimé ;
écailles lisses disposées obliquement en 19 ou 21 rangs. Ventrales arrondies
ou obtusément anguleuse. Queue courte ou modérée ; sous-caudales en deux
rangs (voir fig. 104).

Xenodon severus

Tête courte déprimée, ainsi que le corps. Grandes plaques céphaliques.

Coloration. — Brun pâle ou grisâtre en dessus et jaunâtre en dessous. Quelquefois, de larges bandes noires transversales sur le corps, ou
les écailles plus ou moins bordées de noir, ou face dorsale toute noire
avec de petites taches jaunes.
Longueur totale : 1 m. 50 ; queue : 19 centimètres.
Venin. — La morsure est venimeuse pour l'homme (QUELCH).

Colubridés Opisthoglyphes

Genre Trimorphodon

10 ou 11 dents maxillaires, les antérieures beaucoup plus longues que les
postérieures qui décroissent graduellement, suivies après un intervalle d'une

paire de gros crochets sillonnés, situés au-dessous du bord postérieur de l'œil ; les dents mandibulaires antérieures développées en gros crochets pleins. Tête distincte du cou ; œil modéré avec pupille verticalement elliptique ; loréale ordinairement divisée, une sous-oculaire au-dessous de la préoculaire. Corps comprimé : écailles lisses, légèrement obliques, avec dépressions apicales, en 21 à 27 rangs ; ventrales obtusément anguleuses latéralement. Queue modérée; sous caudales en deux rangs.

Trimorphodon biscutatus

Syn : *Dipsas biscutata*, D. B.
Longueur totale : 1 m. 20 ; queue : 23 centimètres.
De Mexico à Panama.
Venin. — Dugès, en 1882, à Mexico, a observé les effets mortels de la morsure de ce serpent sur un lézard.
On ne sait rien sur la morsure des trois autres espèces du même genre.

Genre Leptodira

Les caractères génériques ont été donnés à propos de la faune africaine (p. 267).

Leptodira annulata

Syn. : *Coluber annulatus* L.; *Dipsas annulata*, var. A. (D. B.).
Coloration. — Jaunâtre ou brune en dessus avec une série de taches noires ou brun sombre confluant parfois en une bande en zigzag ; un trait noir derrière l'œil ; parties inférieures blanches.
Longueur totale : 73 centimètres ; queue : 17 cm 5.
Venin. — En 1892, Mémann a observé la différenciation avancée de la glande qu'il considère comme ayant dépassé le stade « où elle est simplement salivaire » pour devenir nettement venimeuse.

Genre Erythrolamprus

10 à 15 dents maxillaires sub-égales, suivies après intervalle d'une paire de moyens crochets sillonnés, dents mandibulaires sub-égales. Tête plus ou moins distincte du cou; œil modéré, pupille ronde. Corps cylindrique; écailles lisses, sans dépressions, en 15 à 25 rangs. Ventrales arrondies ou obtusément angulaires latéralement. Queue modérée ou longue ; sous-caudales en deux rangs.
Genre exclusivement américain, avec neuf espèces.

Erythrolamprus esculapii

Museau très court, convexe, arrondi.
Coloration. — Très variable ; souvent des anneaux noirs sur le corps.
Longueur totale : 78 centimètres ; queue : 10 cm 5.
Amérique tropicale.

Venin. — La morsure de l'Erythrolamprus est suivie de symptômes d'envenimation (QUELCH, 1893).

Colubridés Protéroglyphes

GENRE ELAPS

Maxillaire très court dépassant le palatin en avant ; avec une paire de gros crochets sillonnés; les dents ptrygoïdiennes peu nombreuses ou absentes. Dents mandibulaires sub-égales. Pas de post-frontal ; les préfrontaux se rencontrent sur la ligne médiane ou ne sont qu'étroitement séparés. Tête petite, non distincte du cou : œil petit avec pupille elliptique, narine entre deux nasales ; pas de loréale. Corps cylindrique ; écailles lisses, sans dépressions, en 15 rangs ; ventrales arrondies. Queue courte ; sous-caudales sur 2 rangs ou partiellement entières, les autres divisées.

Vingt-huit espèces, qui sont réunies sous le nom populaire de *Serpents corail* ou *Serpents arlequin*, en raison des coloris brillants et annelés de leur robe, et parfois confondues avec quelques espèces inoffensives de mêmes colorations et de même habitat.

Elaps fulvius

Coloration. — Anneaux noirs et rouges ou noirs, jaunes et rouges sur le corps ; anneaux noirs et jaunes sur la queue ; museau noir ; pariétales d'ordinaire toutes noires ou en plus grande partie jaunes, le premier anneau noir atteignant ou empiétant légèrement sur les pariétales. (Pl. VII.)

Longueur totale : 99 centimètres ; queue : 8 cm 5.

Mœurs. — Très douces ; n'attaque jamais spontanément et ne mord pas, à moins d'être surpris ou malmené, et on le considère volontiers comme inoffensif parce que beaucoup de personnes ont pu le manipuler impunément.

Venin. — Cependant il peut infliger des morsures qui deviennent rapidement mortelles, car il mord en serrant et instillant son venin et non en frappant, puis se retirant. Son venin est très actif.

L'Elaps fulvius peut être confondu avec plusieurs espèces de C. Aglyphes des genres *Lampropeltis, Rhinochilus, Œmophora* et *Osceola* ; mais une différence fondamentale dans l'arrangement des anneaux permet de distinguer extérieurement l'Elaps : les anneaux noirs, assez larges, sont bordés de part et d'autre d'un anneau jaune, tandis que chez les espèces inoffensives il y a interversion, les anneaux jaunes sont bordés de part et d'autre d'un anneau noir. En outre, chez le premier, l'œil est très petit, tandis qu'il est grand chez les autres.

Elaps euryxanthus

Coloration. — Onze ou plus d'anneaux bordés de jaune et séparés par de grands intervalles rouges. Tête noire jusqu'au bord postérieur des pariétales. Queue annelée de noir et de blanc, sans rouge.

Longueur totale : 40 centimètres ; queue : 3 cm 3.
On ne sait rien de ses mœurs, ni de son venin.

Elaps elegans

Corps avec des anneaux noirs, égaux, groupés par trois et séparés dans chaque groupe par deux séries d'écailles alternativement noires et jaunes. Les 12 à 17 groupes étroitement séparés par des intervalles rouges bruns pouvant être divisés par une barre transversale noire. Tête noire, tache jaune en arrière de l'œil s'élargissant sur la lèvre.

Longueur totale : 73 centimètres ; queue : 7 centimètres.

Elaps corallinus

Coloration. — Sur le corps, anneaux noirs bordés de jaune, séparés par des intervalles rouges qui peuvent être plus ou moins tachés de noir ; tête noire en dessus.

Longueur totale : 79 centimètres ; queue : 7 centimètres.
Amérique du sud tropicale, petites Antilles (Saint-Thomas, Saint-Vincent, la Martinique).
Son venin assez actif (Brazil).

Mœurs. — Très douce. Le prince Max de Wied, qui ne pouvait confondre les espèces, dit n'avoir jamais été mordu par cette espèce, non plus que par *E. marcgravii*, qu'il portait parfois sur lui.

Elaps frontalis

Coloration. — Anneaux noirs par groupes de trois, les intervalles rouges et jaunes garnis de noir ; tête noire en dessus jusqu'aux pariétales, les plaques bordées ou tachées de noir ou de rouge ; pariétales souvent rouges en avant.

Longueur totale : 1 m. 35 ; queue : 7 centimètres.
Sud du Brésil, Uruguay, Paraguay, Argentine.

Venin. — Très actif.
Les serpents du genre Elaps ne causent pas beaucoup d'accidents en raison de leur caractère tranquille ; néanmoins, comme leur venin a une grande activité, il est nécessaire de ne les manier qu'avec précautions. (Voir chapitre « Pathologie » pour les symptômes dûs à leur venin.)

Vipéridés

GENRE ANCISTRODON

Les caractères de ce genre ont été donnés à propos de la faune européenne (p. 263). Les espèces américaines sont localement désignées sous le nom de *Mocassin*.

Ancistrodon piscivorus

Syn. : *Crotalus piscivorus*, Lacép. ; *Trigonocephalus, piscivorus,* D et B.

Nom populaire : *Water-Mocassin* (pl. XII).

Coloration. — Du brun rougeâtre pâle au brun noir en dessus, avec des bandes transversales brun sombre ou noires, plus ou moins distinctes, ou avec des marques noires en forme de C entourant une tache. Une bande noire bordée de clair de l'œil à la commissure. Dessous jaunâtre taché de noir, ou noir avec ou sans variations claires. Pas de loréale ; labiales supérieures entourant l'œil.

Longueur totale : 1 m. 17 : queue : 20 cm.

Mœurs. — C'est un serpent d'eau ou de marais, ne s'éloignant guère des rives où on le trouve parfois sur les branches les plus basses surplombant l'eau dans laquelle il plonge à la moindre alerte. Il est la terreur des nègres qui travaillent dans les rizières, car il est très agressif, même vis-à-vis de sa propre espèce. R. EFFELDT, qui en a apprivoisé plusieurs au Jardin zoologique de Berlin, a observé leurs querelles, soit à propos d'une place préférée, soit pendant la saison de reproduction. Il a obtenu cette reproduction en captivité (1871) et a vu que les serpents semblent avoir des soins pour leurs jeunes.

Venin. — Est moins virulent que celui du Crotale, mais a une action locale fortement nécrosante.

Ancistrodon contortrix

Syn. : *Trigonocephalus contortrix*, D. B.

Nom local : *Copperhead.*

Coloration. — Jaunâtre, rosée ou brun rouge pâle en dessus, avec des barres transversales brunes, rouge brun ou rouge brique étranglées vers le milieu. Quelquefois, une trait sombre sur la région temporale ; jaunâtre ou rougeâtre en dessous, plus ou moins ponctué de gris ou de brun, et avec une série latérale de grandes taches noirâtres.

Longueur totale : 99 centimètres ; queue : 11 centimètres.

Mœurs. — A la réputation d'être plus dangereux que le Crotale, parce qu'il est plus agressif, qu'il ne prévient pas avant de mordre (bien qu'il puisse produire un certain bruit, comme les autres Crotalinés, en faisant vibrer sa queue contre un corps solide), et enfin parce que ses allures ne sont pas très vives. Pond de 7 à 9 jeunes. Il est redouté de la plupart des serpents inoffensifs, bien que quelques-uns, comme le Zamenis constrictor, ne craignent pas de s'en repaître.

Venin. — WEIR MITCHELL a montré que le venin de ce serpent est moins actif que celui du Crotale ; mais il est néanmoins capable d'entraîner la mort chez des enfants, comme H.-C. YARROW (1884) en rapporte une observation.

Ancistrodon bilineatus

Syn. : *Trigonocephalus bilineatus*. Bocourt.

Coloration. — Jaunâtre ou rougeâtre au brun sombre en dessus, avec des bandes transversales plus sombres et plus ou moins distinctes ; une ligne verticale jaune bordée de noir sur la rostrale et une fine ligne jaune autour du museau sur le canthus ; un trait jaune bordé de noir sur la lèvre supérieure de la nasale à la commissure ; brunâtre ou noirâtre en dessous avec marques blanches bordées de noir.

Longueur totale : 1 m. 10 : queue : 20 centimètres.

Venin. — Rien de connu.

GENRE LACHESIS

Les caractères en ont été donnés p. 308.

Lachesis mutus

Syn. : *Crotalus mutus*, L. ; *Bothrops surucucu*, Wagler.

Coloration. — Jaunâtre ou rosée en dessus, avec une série de grandes taches rhomboïdales d'un brun sombre, ou noires encerclant des taches claires ; un trait noir de l'œil à la commissure.

Longueur totale : 1 m. 995 ; queue : 17 centimètres.

Ces longueurs moyennes peuvent être dépassées ; un spécimen ayant vécu au serpentarium de Butantan (Brésil) mesurait 2 m. 40 de longueur et pesait 2 kil. 600 ; il servait à des récoltes de venin et en fournissait en une seule extraction 1 cc, qui, desséché, pesait 333 milligrammes. Un autre spécimen, d'après SPIX, mesurait 3 mètres de longueur et avait un diamètre dépassant 10 centimètres.

Répartition. — Amérique centrale et Amérique du sud tropicale.

Mœurs. — Habite les forêts vierges et les brousses, surtout celles qui sont situées au bord des grandes rivières ; se nourrit de rongeurs et de petits mammifères.

Venin. — Il est, après celui du Crotale, un des plus actifs ; la morsure est mortelle à bref délai pour l'homme et les animaux, car la dose inoculée est toujours assez grande.

Lachesis lanceolatus

Syn. : *Trigonocephalus lanceolatus*, Oppel ; *Bothrops lanceolatus*,

D. et B. ; *Bothrops jararacussu*, Lacerda ; *Bothrops glaucus*, Vaillant ; *Lachesis lanceolatus*, Blgr.

Queue non préhensile. Écailles du sommet de la tête plus ou moins fortement carénées et imbriquées ; celles du corps fortement carénées, la carène se prolongeant jusque vers l'apex.

Coloration. — Très variable : grise, brune, jaune, olive ou rougeâtre en dessus ; uniforme ou avec des taches ou des bandes transversales sombres ou avec des triangles sombres sur les côtés enserrant des rhombes pâles ; un trait noir de l'œil à l'arrière de la commissure. Parties inférieures jaunâtres, uniformes, poudrées ou tachées de brun, ou brunes avec des taches claires.

Longueur totale : 1 m. 60 : queue : 19 centimètres (peut atteindre 2 mètres et au delà).

Cette espèce peut être réunie à l'espèce L. atrox, car il n'y a pas de différences essentielles entre elles, ni de limites précises ; elles ont même habitat et sont très répandues ; il en est de même du L. jararacuçu, qui n'est probablement aussi qu'une variété de L. lanceolatus.

Venin. — Les Lachesis sont très redoutés ; la morsure en est presque toujours mortelle pour l'homme.

D'après V. Brazil, il existerait quelques différences dans les symtômes produits par le venin des trois variétés de cette même espèce . celui de L. Atrox, par exemple, aurait une action locale beaucoup plus intense que celui de L. lanceolatus.

Lachesis alternatus

Syn. : *Bothrops alternatus*, D. B. : *Trigonocephalus alternatus*, Ian ; *Lachesis alternatus*, Blgr.

Noms locaux : *Urutu, Serpent la croix.*

Tête étroite, allongée.

Coloration. — Brune en dessus, très élégamment marquée avec des dessins pairs ou alternes en forme de grands C, brun sombre bordés de noir et de jaune, et presque tangents latéralement ; une série de taches plus petites de chaque côté. Tête brun sombre en dessus avec une barre transversale entre les yeux, derrière laquelle est un Y de même ton clair ; une ligne claire va du canthus rostralis à la commissure. La rostrale et les labiales antérieures blanches, la première marquée d'une barre verticale noire. Menton et gorge avec des traits longitudinaux noirs. Ventre blanchâtre, taché de brun ou de noir. Queue avec deux lignes noires en dessous.

C'est un des serpents que l'on pourrait déterminer à distance, rien que par la coloration et les dessins de la robe.

Longueur totale : 1 m. 19 ; queue : 11 cm. Elle peut atteindre 1 m. 40.

Mœurs. — Fréquentent les prairies humides ou arrosées par les

cours d'eau. Caractère très irritable et que la captivité n'améliore pas
Une femelle de forte taille et ses jeunes, que nous avons gardée en observation pendant plus d'un an, se précipitait contre les parois de la cage
en exécutant un mouvement vibratoire de la queue chaque fois que
nous passions au voisinage.

C'est une des espèces qui acceptent le mieux la nourriture et que
l'on peut garder le plus longtemps captive. D'après nos mensurations,
les adultes grandissent de 5 centimètres par an.

Venin. — Les indigènes redoutent fort la morsure de cette belle
vipère, morsure qui est très souvent mortelle en raison de la quantité
de venin que le serpent peut inoculer et qui cause des préjudices dans
les élevages de troupeaux.

Lachesis neuwidii

Syn. : *Bothrops neuwidii*, Wagler ; *Trigonocephalus neuwidii*, Ian ;
Bothrops urutu, Lacerda ; *Lachesis neuwidii*, Blgr.

Museau obtusément allongé avec un fort canthus légèrement surélevé

Coloration. — Remarquable par le velouté de la face dorsale. Jaunâtre ou brun pâle en dessus avec des taches brun sombre bordées de
noir ; les taches du dos forment une série simple ou deux séries alternes ;
une série latérale de taches plus petites. Une tache noire sur le museau ;
une paire de bandes sombres du vertex à la nuque, et une autre de l'œil
à la commissure. Tous ces dessins peuvent être définitivement bordés
d'un jaune orange sombre. Jaunâtre en dessous, taché ou poudré de
brun et plus largement taché sur les côtés.

Longueur totale : 77 centimètres ; queue : 12 centimètres. Les plus
grands exemplaires ne dépassent pas 90 centimètres.

Brésil, Paraguay, Argentine.

Venin. — Son action est assez vive, surtout au point d'inoculation ;
l'action générale est comparable à celle du venin des autres espèces du
même genre.

L'animal n'est pas très agressif et on ne rapporte pas d'accidents de
morsure.

On ne connaît rien de l'action du venin des autres espèces américaines : *T. ammodytoïdes*...

Genre Sistrurus

Tête très distincte du cou, *recouverte de 9 larges plaques symétriques,*
œil modéré ou petit, avec pupille verticale. Corps cylindrique ; écailles carénées avec une paire de fossettes apicales ; ventrales arrondies : queue courte,
se terminant en un crepitaculum. La plupart des sous-caudales entières.

Le genre ne comprend qu'un petit nombre d'espèces.

Sistrurus miliarius

Nom local · *Ground rattle-snake.*

Museau avec un canthus aigu.

Coloration. — Grisâtre, jaunâtre ou brune en dessus, la ligne verté
brale souvent orange ; une ou deux séries de taches dorsales sombres
bordées de noir ou une série d'étroites bandes transversales et une ou
deux séries latérales de taches plus petites. Deux lignes ondulantes du
milieu des yeux à l'occiput, avec intervalle orange ; un trait sombre
bordé en bas de blanc entre l'œil et la commissure. Parties inférieures
blanchâtres ponctuées ou tachées de noir ou de brun sombre.

Longueur totale : 52 centimètres ; queue : 7 centimètres.

Mœurs. — A une préférence marquée pour les sols secs, les hautes
herbes, où on le rencontre chassant les petits rongeurs dont il se
nourrit.

Venin. — La morsure capable de tuer les petits oiseaux, les petits
rongeurs des champs ; le chat résisterait, comme d'ailleurs à d'autres
venins. La morsure n'est pas insignifiante pour l'homme, bien qu'aucun
accident mortel n'ait encore été signalé.

Sistrurus catenatus

Syn. : *Crotalinus catenatus*, Rafin ; *Crotalus tergeminus*, Say ; *Crotalus massassaugus*, Kirtland ; *Crotalophorus tergeminus*, Holbrook.

Nom populaire local : *Massassauga* (pl. XI).

Se distingue du précédent par sa préoculaire supérieure en contact
avec la nasale postérieure au-dessus de la loréale, qui est très petite.

Coloration. — Une tache sombre sur les pariétales entre les deux
bandes claires occipito-nuchales ; un trait clair de la fossette loréale à la
commissure ; taches dorsales généralement plus grandes que chez
S. miliarius, transversalement elliptiques ou réniformes.

Longueur totale : 68 centimètres ; queue : 8 centimètres.

Mœurs. — C'est une espèce des prairies, des champs et des marais,
où elle chasse principalement les petits rongeurs et se montre par là
utile.

Venin. — Comme c'est une espèce relativement petite, sa morsure
est moins sévère que celle des gros Crotalinés ; toutefois, les avis sont
partagés : tandis que, d'après KIRTLAND, la morsure n'est guère plus
dangereuse que la piqûre du frelon, les fermiers la redoutent beaucoup,
et le Docteur HAY pense qu'un seul Massassauga équivaut, comme virulence, à tout un nid de frelons.

GENRE CROTALUS

Tête subtriangulaire très distincte du cou, *recouverte d'écailles et ordinairement de petites plaques symétriques*, œil moyen ou petit avec pupille
verticale. Corps cylindrique ; écailles carénées avec fossettes apicales ; ventrales
arrondies. Queue courte se terminant par un crepiculum ; la plupart des
sous-caudales entières.

Exlusivement américain · du sud du Canada et de la Colombie britannique au sud du Brésil et au nord de l'Argentine. Comprend onze espèces.

Crotalus terrificus

Syn. : *Crotalus horridus*, Latr., D. B. ; *Crotalus cascavella*, Wagler ; *Crotallus molossus*, Baird, Stejneger.

Nom populaire local : *Dog-faced rattle-snake* (pl. X).

Museau très court avec un canthus obtus.

Coloration. — Brune en dessus, avec une série de dessins rhombiques confluents ; occiput et cou avec deux ou plusieurs raies sombres parallèles ; un trait sombre de l'œil à la commissure et un autre de la fossette loréale au-dessous de l'œil ou au delà. Les marques sont parfois indistinctes ; jaunâtres en dessous, uniforme ou taché de brun. Queue brune ou noirâtre.

Longueur totale : 1 m. 32 ; queue : 13 centimètres.

Mœurs. — On ne sait rien de ses mœurs, sinon qu'on le rencontre surtout dans les endroits rocheux, dans les brousses touffues, où il cause de sérieux préjudices aux éleveurs.

Venin. — C'est un des plus actifs parmi les venins des Vipéridés ; son action locale est plus faible que celle du venin de Lachesis, mais son action sur le système nerveux est dominante et plus intense.

Crotalus scutulatus

Syn. : *Crotalus atrox*, Baird et Girard, Stejneger ; *Crotalus adamanteus*, var. *atrox*, Ian.

Canthus distinct. Face supérieure de la tête recouverte de petites écailles.

Coloration. — Jaunâtre ou brun grisâtre en dessus, avec une série de grandes taches rhombiques brunes bordées de clair. Une ligne jaunâtre du canthus rostralis, passant sur le bord supra-ciliaire, aboutit à la tempe. Une bande noire oblique au-dessous de l'œil. Blanc jaunâtre uniforme en dessous.

Longueur totale : 76 centimètres ; queue : 6 cm 5.

Venin. — Les morsures en sont très redoutées.

Crotalus confluentus

Nom local : *Prairie rattle-snake.*

Museau avec canthus très obtus. Ecailles céphaliques petites et striées ; les sus-oculaires striées transversalement.

Coloration. — Jaunâtre, grisâtre ou brun pâle en dessus, avec une série de grandes taches elliptiques brunes ou rouges, bordées plus clair

ou plus sombre ; une ligne claire sur la sus-oculaire, une autre de l'œil
à la commissure. Ventre jaunâtre uniforme ou taché de brun.

Longueur totale : 1 m. 52 ; queue : 14 centimètres.

Mœurs. — On le rencontre fréquemment au voisinage des terriers de
ces rongeurs appelés « Chiens des prairies », terriers dans lesquels il se
réfugie et où parfois il hiverne.

Venin. — Les morsures ne sont pas très redoutées, et il n'est pas
agressif.

Crotalus *durissus*

Syn. : *Crotalus adamanteus*, Palisot de Beauvois, Stejneger.
Nom local : *Diamond rattle-snake*.
Canthus rostralis obtus ; museau recouvert d'écailles ou de petites
plaques.

Coloration. — Gris pâle ou brunâtre en dessus, avec grands dessins
rhombiques bordés de jaune ; museau noirâtre, ligne jaunâtre entre
les yeux ; une bande noire bordée de jaune des deux côtés s'étend de
la sus-oculaire aux quatre ou cinq dernières labiales. Extrémité de la
queue noire ; face inférieure jaunâtre, plus ou moins marquée de brun
ou de noir.

Longueur totale : La plus grande espèce du genre *Crotaliné*, avec L.
mutus ; peut atteindre 2 m. 63 avec une circonférence de 45 centim.
(CHAPMAN).

Mœurs. — Fréquente le voisinage des eaux, bien qu'il n'y recherche
pas sa proie ; bon nageur. Les observateurs ne sont pas d'accord sur son
caractère et ses allures ; certains le représentent comme lent et rude,
d'autres comme actif et fier, refusant la nourriture ou l'acceptant volontiers.

Venin. — La grande taille de l'animal, son abondance en beaucoup
d'endroits et la grande quantité de venin qu'il peut inoculer en une
seule morsure rendent celle-ci très redoutable ; cependant on cite peu
d'accidents qui lui soient imputables.

Crotalus *horridus*

Syn. : *Crotalus boïquira.* part. Lacép. ; *Crotalus durissus*, Latr.,
Daud., D. et B.
Nom local : *Banded rattle-snake*.
Museau avec canthus obtus ; milieu du museau recouvert d'écailles
ou de petites plaques ; une grande plaque entre l'internasale et la sus-
oculaire.

Coloration. — Brun grisâtre en dessus, avec des lignes transversales
brisées à angles aigus caractéristiques ; tête uniforme en dessus avec

une bande noire de l'œil à la commissure. Souvent une paire de taches sombres arrondies ou triangulaires sur la nuque ; taches allongées ou raies interrompues ; jaunâtre en dessous, uniforme, ponctuée ou tachée de noir. Extrémité de la queue noire.

Longueur totale : 1 m. 34 ; queue : 13 cm 5.

Mœurs. — En raison de sa préférence pour les endroits boisés et les futaies, il est souvent désigné sous le nom de « *Timber rattler* » ; mais on le rencontre aussi dans les régions montagneuses plus ou moins dénudées, où il se réfugie dans les anfractuosités du sol. Se nourrit de lapins, d'écureuils, de rats, de souris, exceptionnellement d'oiseaux, car il n'est pas arboricole bien qu'il puisse s'élever sur les branches d'arbres quand elles sont voisines du sol.

Il est moins agressif que le *C. durissus* et se retire parfois sans accepter le combat ; on peut le manier sans danger quand il est captif pourvu qu'on ne l'effraie pas par des gestes brusques, et on a rencontré des enfants jouant avec lui ; mais c'est là un jeu qu'on ne saurait recommander. Toutefois l'épithète d'horrible, qui signifie plutôt terrible, lui convient moins qu'à d'autres espèces.

Venin. — (Voir chapitre « Pathologie ».) On ne connaît rien de précis sur le venin des autres espèces : *C. tigris, C. mitchelli, C. triseriatus, C. polysticus, C. lepidus, C. cerastes.*

APPAREIL VENIMEUX DES SERPENTS

Constitution graduelle de l'Appareil Venimeux

Le premier terme de l'utilisation à la défense de l'espèce d'une fonction qui, chez tous les Serpents, est essentiellement une fonction de nutrition, est évidemment marqué par l'exagération de la toxicité de la salive sus-maxillaire. Ce stade est réalisé chez beaucoup de Colubridés Aglyphes : (Genres *Tropidonotus, Zamenis, Coronella...*).

Le groupe glandulaire maxillaire supérieur se montre, chez tous ces Serpents, formé par l'accolement intime de deux glandes histologiquement distinctes, alors même que l'examen à un faible grossissement ne suffirait pas à les distinguer extérieurement : la portion supérieure et postérieure est la *glande venimeuse* proprement dite ; elle repose, comme sur un coussin plus ou moins continu, sur la portion inférieure, qui longe le bord interne de la lèvre, et que nous appellerons, pour éviter toute confusion, *glande labiale supérieure* (fig. 160). La glande venimeuse a un canal excréteur très court et distinct qui s'ouvre directement à la surface de la muqueuse buccale, vers l'extrémité postérieure du maxillaire ; tandis que la glande labiale, dans son ensemble, doit être consi-

dérée comme un chapelet de petites glandes confluant latéralement, et
dont chacune s'ouvre séparément, par un pore distinct, sur le bord
interne de la muqueuse labiale.

Les rapports de ces deux glandes ont été étudiés par LEYDIG, chez
le *Tropidonotus natrix* ; plus récemment par WEST, chez les *C. Opistho-*

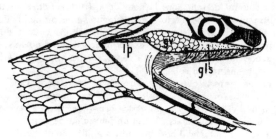

FIG. 160. — Rapports de la glande venimeuse, gv, et des dents chez le *Tropidonotus
natrix*. gls, glande labiale supérieure; lp, ligament postérieur de la gl. venimeuse.
Orig. A.

glyphes et les *Protéroglyphes ;* et leurs variations de détails ne peuvent
être développées qu'en un chapitre spécial. Nous nous bornerons donc à
signaler leurs modifications d'ensemble, corrélatives du perfectionnement
de l'appareil inoculateur.

Le second degré de la différenciation est marqué par l'existence

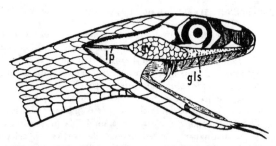

FIG. 161. — Rapports de la glande venimeuse et des dents chez le *Coelopeltis monspessulana*. Orig. A.

simultanée de la glande venimeuse, et de dents *sillonnées* ou *canaliculées*
propres à inoculer le venin.

La glande conserve tout d'abord les caractères qu'elle présente chez
les Colubridés Aglyphes ; quant aux sillons dentaires qui ménagent la

pénétration plus parfaite du venin dans les tissus pendant la morsure, ils apparaissent sur les dernières dents maxillaires, celles qui, chez un certain nombre d'Aglyphes, ont pris le développement de crochets pleins

Le maxillaire porte ainsi dans sa région postérieure de 1 à 5 crochets sillonnés. Cette disposition est caractéristique, et a valu leur nom aux *Colubridés Opisthoglyphes* : (genres *Cœlopeltis, Dipsas, Dryophis, Homalopsis*, etc.) (figs. 164, 168).

Cependant, comme pour mieux marquer leur origine ou leur parenté, il est des espèces, comme l'*Erythrolampus esculapii* qui ne sont pour

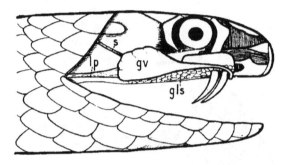

Fig. 162. — Rapports de la glande venimeuse et des crochets inoculateurs chez le *Naja bungarus*. Orig. A.

ainsi dire, que facultativement opisthoglyphes : Günther a effectivement signalé une variété aglyphe de cette couleuvre qui, par la forme et la couleur, est identique à la forme type, mais dont les caractères buccaux la rapprochent des Liophis, d'après Boulenger.

Les dents cannelées ont des formes variables, qu'on aperçoit bien sur leur section transversale : tantôt celle-ci est à peu près circulaire (*Hydrophis, Naja, Vipère*, tantôt elle est comprimée latéralement, jusqu'à présenter sur un côté une arête saillante, *Leptodira rufescens, Thamnodynastes natterei*.

Le sillon s'étend le plus souvent depuis la base jusqu'à une petite distance de l'apex ; mais il peut aussi s'arrêter plus haut : aux deux tiers de la longueur du crochet, chez le *Dipsas irregularis* par exemple. Il occupe en général une position antéro-externe ; mais parfois il se trouve tout à fait latéral, comme chez le *Dryophis prasinus*.

L'ouverture de la gouttière qu'il forme présente tous les degrés, depuis celui de simple rainure, hémicylindrique (*Psammophis moniliger, Homalopsis*), jusqu'à celui de canal à bords rapprochés, comme chez le *Cœlopeltis lacertina*. En général, on peut dire que, au fur et à mesure

que le crochet venimeux se perfectionne, les bords du sillon se rapprochent de plus en plus pour aboutir à transformer ce sillon en canal
complètement fermé. Cette évolution se produit, tant chez les Opisthoglyphes, où quelques types présentent un sillon presque fermé, que chez
les Protéroglyphes, où quelques représentants, comme l'*Hydrophis*, montrent encore un sillon ouvert, au moins vers la base, alors que dans la
majorité de ces Serpents (*Naja...*), les deux bords de la gouttière dentaire

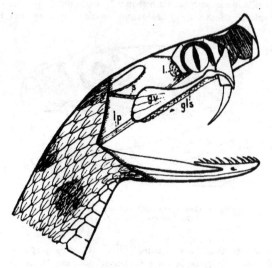

Fig. 163. — Rapports de la glande venimeuse et des crochets inoculateurs chez la
Vipera aspis. Orig. A.

sont réunis sur la plus grande partie de leur longueur, et réalisent un
canal complet, dont la ligne de fermeture reste néanmoins apparente à
la surface externe du crochet.

  Chez les Serpents venimeux, les crochets sillonnés n'existent généralement qu'au maxillaire supérieur, seul en rapport avec la glande à
venin ; mais ce maxillaire peut présenter en arrière de ses crochets de
petites dents ayant facultativement un sillon (genres *Pseudechis*, *Desido-
nia*, *Hoplocephalus* (nous en avons trouvé trois très faiblement sillonnées
sur un spécimen de Naja bungarus), ou le présentant d'une façon constante : dans le genre *Enhydris*, les deux gros crochets venimeux sont suivis
de 2 à 5 petites dents faiblement sillonnées, de 7 à 15 dans les genres *Pseudelaps* et *Diemenia*, de 6 à 7 dans les genres *Ogmodon* et *Glyphodon*. La
présence de petites dents sillonnées a été signalée pour la première fois

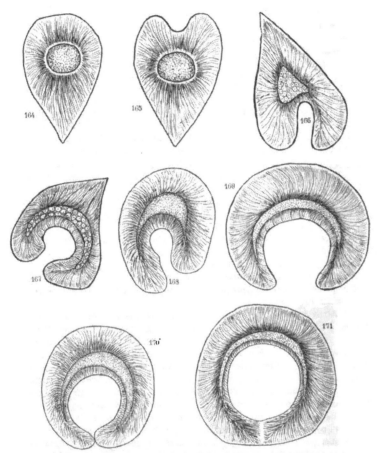

Fics. 164 à 171. — Section transversale des dents des Serpents chez: *Erythrolamprus esculapii*, var. aglyphe (164); le même type normal (165); *Thamnodynastes natterei* (167); *Leptodira rufescens* (166); *Psammophis moniliger* (168); *Hydrophis* (169); *Naja* (170); *Vipera* (171).

par Th. Smith, et plus tard par J. G. Fischer (Verh. naturw. Hamb. III, p. 23), puis par G. A. Boulenger chez le *Distira cyanocincta*.

Bien mieux, dans les genres *Distira, Aĩpysurus, Ogmodon* et *Glyphodon*, non seulement les dents maxillaires, au moins les antérieures, sont sillonnées en arrière des crochets venimeux, mais encore les dents mandibulaires.

Shunkara a vu d'autre part, que chez les *Naja bungarus* et *tripudians*, ainsi que chez le *Bungarus cœruleus*, non seulement les dents maxillaires et mandibulaires portent des sillons, mais qu'on retrouve ceux-ci sur les dents palatines, et ptérygoïdiennes. Les sillons sont peu marqués ; comme nous avons pu nous en assurer, ils ne sont bien distincts qu'à l'aide d'une loupe, et n'ont fonctionnellement pas grande importance quand les dents qui les portent ne sont pas développées en crochets.

La présence de crochets sillonnés aux deux mâchoires, qui est une exception chez les Serpents, se rencontre exceptionnellement aussi chez les Lézards, où elle n'est bien connue, jusqu'à présent, que dans la famille des *Helodermatidés*. Ces animaux, dont la glande labiale inférieure sécrète un venin très actif, possèdent en effet une dizaine de dents bien développées à chaque mâchoire, dents qui ressemblent beaucoup à celles des Opisthoglyphes, avec un deuxième sillon en plus, et qui sont toutes capables d'inoculer le venin.

D'ailleurs, comme l'expérience le montre, le crochet sillonné, quelle qu'en soit la position, suffit à inoculer le venin produit par l'une quelconque des glandes salivaires, venin dilué, il est vrai, mais qui n'est pas nécessairement atténué par son mélange avec les autres constituants de la salive mixte.

Le crochet venimeux sillonné n'occupe que deux positions sur le maxillaire ; soit l'arrière : les serpents qui présentent ce caractère forment le groupe des *Colubridés Opisthoglyphes* ; soit l'avant : on a le groupe des *Colubridés Protéroglyphes*.

A partir des Opisthoglyphes, les crochets venimeux sont toujours entourés d'une gaine, formée aux dépens de la muqueuse gingivale. Dans cette gaine, l'extrémité du canal excréteur de la glande vient s'ouvrir, et déverse à la base de celle-ci le venin, qui pourra ainsi passer sans mélange dans la blessure. Au troisième degré de la différenciation, la glande venimeuse s'affranchit de ses rapports intimes avec la glande labiale, pour ne plus conserver que des rapports de voisinage ou de contact ; son canal excréteur s'allonge pour atteindre les crochets, dorénavant situés en avant de la bouche ; en même temps, le sillon du crochet se ferme de plus en plus, réalisant déjà chez la plupart des Protéroglyphes un canal complet.

Enfin, au dernier stade, le canal excréteur de la glande venimeuse s'allonge et s'amincit davantage dans sa portion moyenne et possède un petit renflement précédant immédiatement son ouverture dans la gaine dentaire ; c'est le cas des *Vipéridés*. Du côté du crochet venimeux, la soudure des deux bords du sillon est si précoce qu'il n'en reste plus trace apparente à la surface du crochet quand celui-ci est bien développé : pour l'apercevoir, il devient nécessaire d'examiner la dent très jeune, à l'état de germe, ou encore la coupe transversale de la dent complètement développée. Le crochet adulte semble être primitivement *canaliculé*, d'où le nom de *Solénoglyphes* qu'on donne encore aux Vipéridés (fig. 172).

Le canal de la dent est toujours situé sur la face antérieure convexe :

son extrémité basilaire est encore plus ou moins élargie en gouttière,
tandis que l'extrémité terminale s'ouvre en biseau à une petite distance
de l'apex. La dent canaliculée des Solénoglyphes est incomparablement
plus allongée que la dent sillonnée des Protéroglyphes ; elle dépasse en
longueur 2 centimètres chez le *Lachesis mutus*, la longueur du crâne
chez le *Bitis gabonica*, et devient capable, chez ces grandes espèces, de
traverser les cuirs les plus épais, ce qui crée un grand danger pour les
troupeaux dont elles fréquentent les pâturages.

Ainsi, dans les modifications graduelles que subit l'arme empoisonnée des Serpents, nous passons successivement du crochet plein de

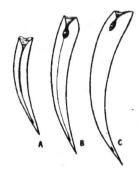

Fig. 172. — Crochets venimeux d'*Hydrophis* (A), *de Naja* (B),
de Lachesis (C.). D'après FAYRER.

certains Colubridés Aglyphes, au crochet à sillon largement ouvert des
Colubridés Opisthoglyphes. Le sillon achève de se fermer, mais assez tardivement chez les plus différenciés des Colubridés Protéroglyphes, tout en
laissant une trace extérieure de sa fermeture. Enfin la soudure des deux
bords du sillon est si précoce chez les Solénoglyphes qu'on n'en voit plus
vestige extérieur, et qu'il faut examiner les coupes transversales des crochets, ou les germes dentaires, pour apercevoir nettement l'origine du
canal venimeux.

On voit par ce qui précède que les phases de la constitution graduelle
du crochet venimeux canaliculé sont exactement celles par lesquelles ont
passé les Physiologistes dans l'invention et le perfectionnement de l'appareil à injections hypodermiques, depuis l'aiguille primitive en simple
gouttière jusqu'au fin cylindre creux, taillé en biseau et piquant à son extrémité. Ce ne sont donc ni les Physiologistes, ni les Médecins, mais bien
véritablement les Serpents qui ont inventé l'aiguille de Pravaz.

Constitution et modifications de la tête osseuse et de la bouche

A côté de ces modifications dans les portions essentielles de l'appareil venimeux : glande et crochets inoculateurs, s'en produisent simultanément d'autres qui retentissent sur le mécanisme de l'inoculation du venin ou de la morsure. Ces modifications portent sur la tête osseuse tout entière et les dents pleines de l'armature buccale. Pour les bien saisir, il est indispensable de se reporter à la constitution typique de cette tête chez les Boïdés, car nous verrons que, s'il existe tous les chaînons intermédiaires entre les Colubridés Aglyphes, Opisthoglyphes, Protéroglyphes d'une part, et les moins différenciés des Vipéridés d'autre part, on observe encore, dans les premiers groupes, des retours isolés à la disposition générale réalisée par les Boïdés.

Tête osseuse des Boïdés

Nous prendrons comme type le *Python regius*, qui, mieux que le Boa, réunit les caractéristiques de la famille.

La tête de ce serpent est allongée : elle comprend une portion fixe, supérieure, le *crâne*, reliée à une portion mobile inférieure, la *mandibule* ou mâchoire inférieure, par l'intermédiaire de deux os appelés *quadratums*.

La face, très limitée, se réduit à une faible surface correspondant à l'extrémité antérieure des os qui affleurent au bord libre du museau (intermaxillaires, maxillaires, mandibules) ; mais les autres faces sont plus importantes et leur description nous montrera sucessivement toutes les particularités de la tête osseuse.

Face dorsale du crâne (fig. 173). — D'avant en arrière, nous trouvons l'*intermaxillaire* ou *incisif*, os impair ayant la forme générale d'un *T* dont la barre, légèrement convexe, forme le bord libre de l'extrémité antérieure du museau. En arrière le bord inférieur envoie presque horizontalement une lame triangulaire, dont le sommet bifide s'insinue entre les deux vomers. Du milieu de cette lame, s'élève perpendiculairement une cloison qui se dirige en haut et en arrière où elle rejoint celle des nasaux.

L'intermaxillaire porte de 4 à 6 dents sur son bord inférieur libre, caractère que présentent également d'autres serpents, les Xénopeltïdés, et les Lézards venimeux de la famille des Helodermatidés. De part et d'autre de la cloison médiane antérieure de l'intermaxillaire et des nasaux, se trouvent deux os, sortes de cornets à concavité inférieure qui forment le plancher et les parois antérieures des fosses nasales ; chacun de ces os s'appelle *turbinal*.

Dominant ou surplombant les turbinaux, on trouve les os *nasaux*. Ils ont une forme générale triangulaire, leur bord postérieur remplit l'espace compris entre les bords antérieurs des préfrontaux ; ils s'enroulent vers le bas par leur bord externe libre, tandis qu'en avant, leur moitié antérieure s'amincit brusquement, ne formant plus qu'un mince liséré de part et d'autre de la cloison médiane.

Les *préfrontaux* sont très développés, ils forment la portion antérieure de l'orbite ; et, par un prolongement latéral, chacun d'eux vient prendre point d'appui sur le bord supérieur du maxillaire correspondant.

La portion culminante de l'orbite est constituée par un petit os, le *supra-orbital*, qui s'engrène avec le préfrontal en avant, le frontal moyen en dedans, et le postfrontal en arrière.

Chez la plupart des Serpents, le supra-orbital perd son individualité, et déjà dans le groupe des Boïdés même, chez le *Boa*, on n'en distingue plus les sutures. Ce sont dès lors les *frontaux moyens* qui, par leur bord externe, limitent la partie la plus élevée de l'orbite.

En arrière et latéralement le frontal moyen s'articule, sur une très petite étendue, avec le *frontal postérieur* ou *postorbital*. Ce petit os écailleux forme la région postérieure de l'orbite, et son extrémité inférieure prend point d'appui par une surface articulaire sur l'ectoptérygoïde.

La base des frontaux, légèrement sinueuse, s'engrène avec un os impair, occupant à lui seul la moitié de la longueur du crâne, c'est le *pariétal.* Cet os constitue une sorte de cylindre aplati sur sa face dorsale, et sur la face ventrale, où les bords ne se rejoignent pas tout à fait. La fente qu'ils laissent est fermée par un os de la base du crâne. Les faces latérales du pariétal présentent deux bosses qui impriment une allure particulière à cette portion de la boîte crânienne où se trouve logée la presque totalité de l'encéphale, En arrière du pariétal et en dépression par rapport à la face supérieure de celui-ci, se trouve un plan osseux qui s'incline vers le trou occipital dont il forme le bord supérieur. Ce plan est formé par un os, le *supra-occipital*, s'engrenant latéralement avec les *occipitaux-latéraux* ; sur la moitié postérieure et externe du pariétal, s'applique de chaque côté un os allongé, aplati en lame écailleuse, et qu'on appelle *squamosal, supra-temporal* ou *mastoïdien.*

Celui-ci est relié par son extrémité antérieure à la surface d'un autre os latéral du crâne, le prootique, par un appareil ligamenteux qui lui permet d'exécuter un léger mouvement latéral. Par son extrémité postérieure, il s'articule avec un os important le *quadratum* ou *tympanique*, dont la tête le recouvre partiellement.

Cet os suspend, par son extrémité inférieure, la mandibule au crâne. Sa forme et son allongement, si caractéristiques chez les Serpents, n'ont plus rien des caractères qu'ils présentent chez les Lézards et chez les Oiseaux, où, de plus, il est à peu près fixe, tandis que chez les Serpents ses deux extrémités sont mobiles. Il est aisé de voir que, par son extrémité inférieure qui peut décrire un arc, il permet un recul considérable de la mandibule, en même temps que la longueur même de l'os abaisse celle-ci : il est donc l'un des facteurs les plus importants de la dilatabilité de la bouche.

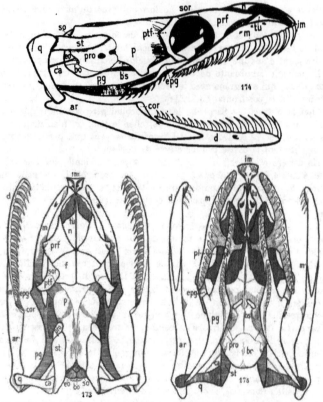

Figs. 173 à 175. — Tête osseuse de *Python regius*. Les mêmes lettres représentent les mêmes os pour toutes les figures suivantes. Orig. A.

Légende explicative pour les figures représentant la tête osseuse des serpents.

im, os intermaxillaire ou incisif.	*m,* maxillaire.
tu, turbinal.	*m,* mandibules.
n, nasal.	*ar,* sa portion articulaire.
prf, préfrontal.	*an,* — angulaire.
f, frontal.	*d,* — dentaire.
sor, supra-orbital.	*cor,* coronoïde.
ptf, postfrontal.	*v,* vomer.
p, pariétal.	*bs,* basi-sphénoïde.
pro, prootique.	*bo,* basi-occipital.
st, squamosal ou mastoïdien.	*ca,* columella auris.
q, quadratum ou tympanique.	*pl,* palatin.
so, supra-occipital.	*pg,* ptérygoïdien.
eo, occipital latéral.	*epg,* ectoptérygoïdien ou transverse

Face latérale du crâne (fig. 174). — Elle montre la plupart des os qui sont visibles sur les faces dorsale et ventrale et en outre d'autres qui se présentent par leur plus grande surface. D'avant en arrière, nous trouvons le *maxillaire*, de forme massive en avant, et qui va s'amincissant en arrière. Sur son bord supérieur viennent prendre point d'appui en avant et en haut le turbinal et le préfrontal. En avant il est relié à l'intermaxillaire par du tissu fibreux. La surface latérale, convexe, est percée de plusieurs orifices pour le passage des nerfs et des vaisseaux maxillaires.

Son bord inférieur porte des dents pleines, largement insérées, et qui diminuent de grandeur d'avant en arrière ; leur extrémité, acérée, est dirigée en bas et en arrière, comme celles des dents de cardes.

L'*ectoptérygoïdien* prend insertion sur la face externe du *ptérygoïdien*, vers la portion moyenne et latérale de la mase du crâne; il s'écarte en même temps qu'il se porte en avant et vient prendre part à la constitution du profil du crâne. Il appuie son extrémité antérieure sur l'extrémité postérieure du maxillaire et transmet à celui-ci tous les mouvements du ptérygoïdien.

En arrière de sa portion bombée, le pariétal s'engrène avec le *prootique*, dont la partie supérieure est partiellement recouverte par le squamosal; en arrière et en haut, ce prootique s'engrène avec l'*occipital latéral*, tandis que son bord inférieur s'articule de même avec les os de la base du crâne.

La portion latérale antérieure du prootique présente une sorte de pont surélevé, au-dessous duquel passent les nerfs cérébraux à leur sortie du crâne.

En arrière du prootique, l'exoccipital présente une ouverture arrondie fermée par un disque osseux au centre duquel s'insère perpendiculairement une fine tige osseuse, la *columella auris*. Celle-ci se dirige obliquement en bas, en arrière et en dehors, vers la portion moyenne et interne du quadratum à laquelle elle est réunie par du tissu fibreux. Ce petit os est le seul vestige des osselets de l'oreille moyenne chez les Serpents; mais sa signification morphologique est établie non seulement parce qu'il ferme, comme l'étrier, une sorte de fenêtre ovale, mais encore par les rapports que son autre extrémité vient affecter, chez les Lézards, avec la membrane du tympan : il se prolonge effectivement en arrière, aborde la membrane par la région moyenne de son bord postérieur, en suit la face interne comme un support jusque vers son milieu, où il se termine librement.

La face latérale du crâne montre, en résumé, une capacité crânienne peu développée, une constitution massive, avec un développement marqué de la région maxillaire, et une cavité orbitaire bien limitée et bien protégée intérieurement par les os qui lui forment de plus une limite circulaire complète.

Face inférieure du crâne (fig. 175). — Sur la région médiane, nous trouvons d'avant en arrière le *prémaxillaire* avec les petites dents qu'il porte sur son bord inférieur ; puis les *vomers* qui masquent partiellement les *turbinaux*. En arrière des vomers, la fente osseuse, que laissent entre eux les bords parallèles du pariétal, est fermée par un os impair, de forme assez compliquée, le *basi-sphénoïde*. Celui-ci s'avance en éperon jusque vers l'extrémité postérieure des vomers. En arrière il s'engrène latéralement avec le pariétal et les prootiques ; tandis que sur la région médiane, c'est avec l'os, également impair, qui termine la base du crâne, le *basi-occipital*.

Vers sa région médiane moyenne, le basi-sphénoïde envoie deux apophyses robustes, sortes de colonnettes terminées chacune par une surface arrondie et ovalaire, vers lesquelles s'avancent, sans les atteindre toutefois, les arcs symétriques de chaque ptérygoïdien.

La plupart des os qui forment la paroi dorsale du crâne sont visibles sur la face ventrale, formant avec ceux de la région médiane, qui ferment la boîte crânienne, un ensemble compact sur lequel se détachent les *maxillaires* et les *ptérygo-palatins*.

Ces derniers os jouent un rôle très important, comme nous le verrons. Ils sont en réalité formés par la réunion de trois branches articulées entre elles : la branche antérieure est représentée par l'*os palatin*, sur la face externe duquel le maxillaire envoie un contrefort qui limite le rapprochement des deux os. De sa face interne le palatin envoie vers l'intérieur une apophyse dont le bord terminal tronqué suit parallèlement celui de l'extrémité triangulaire du basi-sphénoïde ; ce prolongement pourrait ainsi limiter le rapprochement des extrémités antérieures des palatins, et éviter leur contact, si leurs extrémités postérieures subissaient un trop grand écart.

Le palatin porte des dents sur son bord inférieur, dents aiguës et dont l'apex est recourbé en arrière. Les extrémités antérieures des palatins ne se trouvent réunies que par un pont fibreux, de telle sorte que leur écart est un peu variable ; l'extrémité postérieure de chacun d'entre eux recouvre, en s'engrenant avec elle, l'extrémité antérieure du *ptérygoïdien*, seconde branche de l'arc. Celui-ci continue d'abord la direction du palatin, dont il garde sur une certaine longueur le diamètre ; puis il s'élargit en une lame courbe qui se porte en arrière et en dehors, vers l'articulation quadrato-mandibulaire, à laquelle elle se relie par du tissu fibreux.

Le bord inférieur du ptérygoïdien est représenté par une crête osseuse qui porte des dents ayant la même forme et la même orientation que celles du palatin, mais un peu plus petites.

On voit donc par là que l'armature palatine forme une sorte de herse, dont le rang externe est constitué par les maxillaires et l'intermaxillaire, avec les dents qu'ils portent, et dont le rang interne, parallèle au premier, est formé par la portion antérieure des deux arcs ptérygo-palatins.

Vers son tiers antérieur, chaque ptérygoïdien s'articule en biseau, par un prolongement externe, avec la troisième branche, l'*os transverse* ou *ectoptérygoïde*. Celui-ci se porte en dehors et en avant ; son extrémité antérieure vient s'arc-bouter sur l'extrémité postérieure du maxillaire, de sorte que tout mouvement en avant du ptérygoïdien a pour effet d'appuyer fortement le transverse sur la face postérieure du maxillaire et de tendre à porter celui-ci en avant. Le transverse est dépourvu de dents chez tous les Serpents. Si les contreforts internes et externes de l'arc ptérygo-palatin ne lui permettent que de très faibles déplacements dans le sens transversal, on voit que l'absence d'articulation fixe des ptérygoïdiens en arrière, des palatins en avant, fait que l'arc tout entier peut subir un mouvement longitudinal de protraction. Ce mouvement est limité, chez le Python, par la résistance que le transverse éprouve de la part du maxillaire qui est fixe ; mais nous verrons qu'il n'en est plus de même, et que le glissement du palais en avant est possible quand le maxillaire se raccourcit, et qu'il peut en outre basculer sur l'articulation ectoptérygoïdienne, comme chez les Vipéridés.

Mâchoire inférieure ou mandibule. — Le plancher buccal, en partie membraneux, n'est soutenu que sur ses bords par deux arcs mandibulaires symétriques, réunis en avant par du tissu fibreux, et articulés en arrière avec le quadratum.

Chaque arc comprend plusieurs régions, et se trouve constitué par plusieurs pièces fortement engrenées : la moitié postérieure est formée en grande partie par l'os *articulaire*, qui présente au voisinage de son extrémité terminale une cavité glénoïde sur laquelle s'adapte la poulie inférieure du quadratum ; puis la branche s'étale en une surface triangulaire, à peu près plane extérieurement, mais présentant sur sa face interne une crête d'insertion pour les muscles élévateurs de la mandibule Le bord antéro-supérieur de cette portion de l'arc porte un petit *os coronoïde* qui manque chez la plupart des Serpents. L'extrémité antérieure se termine extérieurement en une pointe qui s'insinue entre les deux branches que forme à ce niveau la partie antérieure de l'arc, ou *os dentaire*.

Enfin, une mince lame écailleuse, ayant la forme générale d'un fuseau, s'engrène à la fois avec l'articulaire et le dentaire sur le bord inférieur et interne de l'arc ; c'est l'*angulaire*.

Le dentaire est robuste ; il porte sur son bord supérieur une vingtaine de dents pleines qui présentent la même disposition, la même orientation et les mêmes caractères de grandeur que les dents maxillaires correspondantes ; elles ne peuvent, comme elles, être utilisées qu'au maintien de la proie.

Le mode de suspension de chaque arc mandibulaire et le défaut de soudure sur la région médiane avec son symétrique, donnent aux deux arcs de la mâchoire inférieure une grande indépendance, qui leur permet de s'abaisser séparément. On peut d'ailleurs observer directement le fait sur la plupart des serpents que la captivité ou le dressage ont rendus familiers : c'est ainsi qu'il suffit de frôler du bout du doigt la commissure labiale des Couleuvres tropidonotes et même des plus farouches Zamenis, pour voir la mandibule correspondante s'abaisser complaisamment, tandis que l'autre moitié de la bouche reste plus ou moins close.

Chez la Couleuvre à collier (*Tropidonotus natrix*), l'expérience réussit même au premier essai sur la plupart des sujets nouvellement capturés, pourvu qu'on les saisisse sans brusquerie.

La bouche. — Il est facile de comprendre, après cette description, pourquoi la bouche des Serpents est si dilatable. L'écartement possible

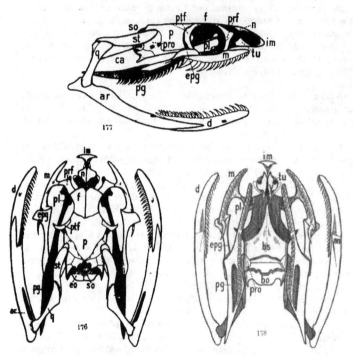

FIGS. 176 à 178. — Tête osseuse de *Zamenis hippocrepis*. Orig. A.

des extrémités antérieures mandibulaires permet l'élargissement du plancher buccal qui est formé uniquement de tissus extensibles. Le diamètre vertical est augmenté par la présence du quadratum qui, en tournant sur son extrémité supérieure comme centre, abaisse simultanément l'arc mandibulaire. Quant à la profondeur, ou au diamètre antéro-postérieur, qui favorise l'engagement de la proie, la grande longueur du crâne y pourvoit chez le Python, mais c'est celle des trois dimensions qui importe le moins; et de fait elle se réduit peu à peu, comme nous le verrons, sur le crâne des Colubridés et des Vipéridés.

En raison de la grande extensibilité de leur bouche, les Serpents peuvent déglutir des proies d'un diamètre bien supérieur à celui de leur gosier ; la disposition de leur herse buccale fait de plus que tout mouvement de la proie ne sert qu'à la faire progresser vers l'œsophage ; et, grâce à l'avancement de leur trachée qui se prolonge jusque vers la moitié antérieure du plancher buccal, ils ne risquent pas l'asphyxie par occlusion des voies respiratoires, pendant le temps, toujours assez long, qui correspond à la dilatation du gosier et à la déglutition.

Tête osseuse des Colubridés Aglyphes

Si à la tête osseuse du Python regius, nous comparons celle de la *Couleuvre à collier* ou du *Zamenis hippocrepis* (fig. 176-178), nous observons déjà un raccourcissement notable des os nasaux, des préfrontaux,

Fig. 179. — Tête osseuse de *Coronella austriaca*. Orig. A.

des maxillaires du pariétal. Au lieu de s'étaler en ailettes, les préfrontaux, diminués en longueur et en largeur, ne viennent s'appuyer sur le bord supérieur de chaque maxillaire que par une surface assez réduite ; de plus, ils perdent contact avec les os nasaux, eux-mêmes très raccourcis. Le supra-orbitaire ne se distingue par aucune suture du frontal moyen, qui forme ainsi la limite supérieure de l'orbite. Le postfrontal est réduit à une petite écaille triangulaire, insuffisante pour atteindre le bord supérieur du transverse, et ne peut fermer l'orbite vers son bord postéro-inférieur. Le maxillaire est aminci en tige grêle et réduit déjà en longueur; il ne s'arc-boute plus sur l'intermaxillaire, et s'élargit au niveau de son articulation en selle avec le transverse.

Ces modifications allègent la moitié antérieure de la tête et agrandissent, en la laissant ouverte en bas, la cavité orbitaire. Par contre, l'augmentation du diamètre transverse du pariétal et des occipitaux, en même temps que l'aplatissement et l'écartement du quadratum en élargissent la moitié postérieure.

Des changements se remarquent aussi dans la forme de la mandibule :

elle s'allège également par réduction de sa portion articulaire, qui s'amincit en une tige courbe et presque cylindrique, par disparition du coronoïde et amincissement du dentaire. Les dents que porte celui-ci ont
toutes à peu près le même développement.

Quant aux dents maxillaires, elles sont égales et équidistantes chez
beaucoup de Couleuvres ; mais généralement elles augmentent progressi-

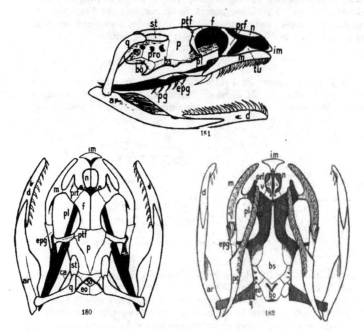

Figs. 180 à 182. — Tête osseuse de *Cœlopeltis mouspessulana*. Orig. A.

vement de dimension d'avant en arrière comme chez la *Coronella austriaca* (fig. 179) et chez le *Coluber esculapii*, tandis que chez les *Tropidonotus* et les *Zamenis*, le développement hypertrophique des deux dernières
dents est seul plus marqué, ce qui leur donne les caractères de crochets,
d'autant que, dans certains genres (*Xenodon*, par exemple), il existe un
intervalle sur le bord maxillaire, une barre, entre les grosses dents postérieures et les dents antérieures plus petites.

Les dernières dents maxillaires, si développées, peuvent présenter un
sillon longitudinal qui sert d'introduction à la sécrétion salivaire pendant
la morsure ; la pénétration faite ainsi équivaut à l'inoculation de venin

dilué, car le mucus buccal qui s'y trouve mélangé paraît à lui seul inactif ;
mais la pénétration du venin à l'état pur est assurée quand il se forme,
autour de la dent sillonnée, une gaine pour recevoir le venin et éviter
son mélange avec le reste de la sécrétion buccale, ainsi qu'on l'observe
chez les Opisthoglyphes.

Tête osseuse des Colubridés Opisthoglyphes

En comparant la tête du *Cœlopeltis monspessulana*, belle Couleuvre
du midi de la France dont le venin est, comme l'a montré C. Phi-

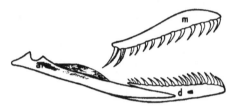

Fig. 183. — Maxillaire et mandibule de *Dipsadomorphus cynodon*. Orig. A.

salix, très voisin de celui du Cobra, et qui représente parmi nos Serpents
indigènes le groupe des Opisthoglyphes, à la tête d'une Couleuvre Zamenis ou Tropidonotus, on voit que l'allure générale en est à peu près la
même (figs. 180-182), et qu'elle ne présente que de légers détails qui

Fig. 184. — Maxillaire et mandibule de *Langaha nasuta*. Orig. A.

peuvent se résumer dans la largeur réduite de l'articulation transverso-
maxillaire, la diminution du squamosal, l'allongement du quadratum et
l'étalement discoïde de la mandibule dans sa portion articulaire. En outre,
le rétrécissement transversal du frontal moyen agrandit l'échancrure de
l'orbite. Mais le maxillaire, qui porte en avant des dents à peu près toutes
égales, porte en arrière un ou généralement deux gros crochets (rare-

ment trois : *Dipsadomorphus, Chrysopelea*), qui sont non seulement sillonnés, mais en outre, entourés d'une gaine, dans laquelle le venin de la glande labiale postérieure est déversé.

Cette position du crochet venimeux sur l'extrémité postérieure du maxillaire constitue le caractère qui a valu leur nom d'Opisthoglyphes aux Serpents qui le présentent. Chez eux se produit en outre un allongement du quadratum, plus marqué encore que chez les Aglyphes. Les variations dans la disposition des dents mandibulaires sont peu importantes, car ces dents n'ont d'autre fonction que de retenir la proie. Elles sont le plus souvent égales entre elles (*Cœlopeltis, Dipsadomorphus, Langaha*), ou bien diminuent de volume d'avant en arrière (*Tomodon, Miodon*) ; parfois encore, il s'établit des vides sur le bord de l'os dentaire,

Fig. 185. — Maxillaire et mandibule de *Psammophis sibilans*. Orig. A.

des barres séparant les dents antérieures, très développées et en forme de volumineux crochets, des dents postérieures plus réduites (*Psammophis* et *Dryophis*).

Les mêmes modifications peuvent se présenter sur le maxillaire, dont les dents diminuent progressivement d'avant en arrière, un intervalle les séparant des crochets postérieurs, comme chez le *Dipsadomorphus cynodon* (fig. 183) et le *Langaha nasuta* (fig. 184). Chez d'autres, il se produit des irrégularités dans la grosseur et la répartition : quelques dents pleines étant aussi volumineuses que les crochets, des espaces vides séparant des groupes de dents pleines, ou séparant nettement ces dents des crochets venimeux, comme on le voit chez le *Psammophis sibilans* (fig. 185), le *Dryophis prasinus* et le *Dryophis nasutus* (fig. 186, 188). Le crâne de ce dernier animal rappelle un peu celui du Python regius par l'épaisseur massive du maxillaire et le grand développement des os nasaux qui, en arrière, s'engrènent avec les préfrontaux, et arrivent jusqu'au contact des frontaux moyens. Mais, par tous les autres caractères, il est conforme à celui des Serpents du même groupe.

Chez tous ceux que nous venons de citer, le maxillaire, bien qu'ayant perdu ses connexions avec l'intermaxillaire, conserve encore une certaine longueur ; mais il y a déjà tendance au raccourcissement chez le *Tomo-*

don vittatus (fig. 189), où les cinq dents antérieures sont égales et équidistantes. La réduction est maxima chez le *Miodon acanthias* (fig. 190), où il n'existe plus, outre les crochets sillonnés, que deux dents pleines

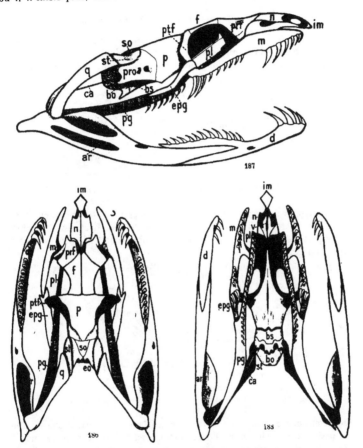

FIGS. 186 à 188. — Tête osseuse de *Dryophis nasutus*. Orig. A.

placées à l'avant du maxillaire. Cette disposition est très voisine de celle qui est réalisée chez certains Colubridés Protéroglyphes.

Enfin, il est des Opisthoglyphes avérés chez lesquels, comme nous l'avons vu, le sillon des dents maxillaires postérieures est très faiblement indiqué ou même complètement absent, bien que la glande venimeuse soit parfaitement développée, comme chez le spécimen d'*Erythrolamprus œsculapii*, présenté par GÜNTHER.

TÊTE OSSEUSE DES COLUBRIDÉS PROTÉROGLYPHES

De même que chez les Opisthoglyphes nous trouvons quelques types plus différenciés que la moyenne (*Tomodon, Miodon*), quant à la réduction du maxillaire et à l'allongement du quadratum, il existe chez les

FIG. 189. — Maxillaire et mandibule de *Tomodon villatus*. Orig. A.

Protéroglyphes des types retardataires dont le crâne et les dents (crochets venimeux à part) se rapprochent de ceux du Python. Il en est ainsi chez la plupart des Hydrophiinés, et en particulier chez l'*Hydrus platurus* (fig. 191-193).

Les régions frontale et nasale sont allongées, le maxillaire est peu

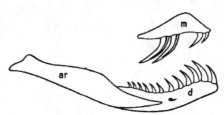

FIG. 190. — Maxillaire et mandibule de *Miodon acanthias*. Orig. A.

réduit et pourvu encore, en arrière des crochets venimeux, d'une dizaine de petites dents pleines et égales. Cette grande longueur de la moitié antérieure de la tête réalise à elle seule une ouverture suffisante de la bouche, et, en fait, le quadratum garde ici la longueur modérée qu'il montre chez le Python.

Le maxillaire et la mandibule sont moins massifs, la boîte crânienne plus évidée et plus aplatie, et l'orbite n'est pas fermé vers le bas ; mais la constitution générale reste la même, et entraîne des conditions très voisines au point de vue du mécanisme de la morsure.

Il en est encore de même chez un Elapiné, le *Diemenia psammophis*
(fig. 194), où le maxillaire, en étant encore long, ne garde sa massivité
que dans la région qui correspond à l'insertion des gros crochets venimeux. Les 7 à 15 petites dents qui suivent sont sillonnées. En outre, la
mandibule présente une région antérieure différenciée, et porte trois

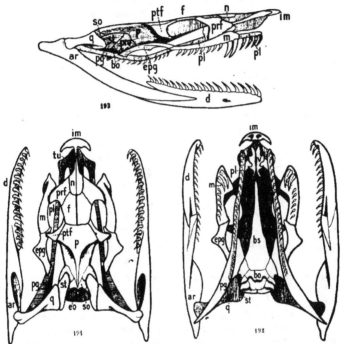

Figs. 191 à 193. — Tête osseuse d'*Hydrus platurus*. Orig. A.

grosses dents ayant la forme de crochets, comme chez le *Psammophis
sibilans*, crochets qui sont séparés par une barre des autres dents mandibulaires, à peu près égales et équidistantes.

Les genres *Hydrus et Platurus* constituent des exceptions, ils marquent, comme nous venons de le montrer, des stades retardataires dans
le perfectionnement graduel de l'appareil inoculateur. Le cas le plus
général, présenté par la plupart des Protéroglyphes Elapinés est celui
où le maxillaire, manifestement plus raccourci, ne conserve plus en
arrière de la portion antérieure qui porte les crochets, qu'un petit nombre de dents pleines, séparées des précédentes par une barre, et, comme

modification corrélative ou correctrice de la réduction du maxillaire, l'allongement du squamosal et du quadratum.

Le crâne du *Naja bungarus* ou Ophiophage (fig. 195-197) est à cet égard très instructif : un maxillaire court, que dépassent en avant l'incisif, les nasaux, les vomers, et même les palatins, porte deux gros crochets venimeux situés l'un à côté de l'autre sur le bord antérieur et inférieur, puis trois petites dents très réduites, facultativement sillonnées, sur l'extrémité postérieure. (Il en est de même dans les genres *Acanthophis et Enhydris.*)

La boîte crânienne est une merveille de solidité, étant donné la réduction de son volume ; elle présente des saillies violentes et des crêtes d'insertion très surélevées, qui témoignent de la vigueur des muscles crânio-mandibulaires et cervicaux.

La base du crâne montre notamment cette énorme apophyse en crochet incurvé d'avant en arrière, formée par le basi-occipital et le basi

Fig. 194. — Maxillaire et mandibule de *Diemenia psammophis*. Orig. A.

sphénoïde, et qui sert d'insertion aux muscles fléchisseurs de la tête. Quant au squamosal et au quadratum, ils sont notablement plus allongés que dans les genres Hydrus et Platurus.

Les dents mandibulaires sont disposées régulièrement et sans interruption sur le dentaire et diminuent de taille d'avant en arrière.

Chez le *Platurus colubrinus* (fig. 199), le maxillaire est encore plus raccourci et ne porte plus que deux petites dents pleines sur son extrémité postérieure ; le museau est déjà tronqué par le raccourcissement des nasaux, l'orbite est énorme et occupe la plus grande partie de la moitié antérieure de la tête.

Les dents maxillaires ont complètement et définitivement disparu en arrière des crochets venimeux chez l'*Elaps corallinus* (fig. 200-202), dont le crâne allongé et mince présente néanmoins une mandibule épaisse portant de fortes dents. L'orbite est de plus largement ouvert, en raison de l'absence du postfrontal ; le quadratum est moyennement développé ; mais l'apophyse basi-sphénoïde est très saillante.

Chez tous ces Protéroglyphes, dont il suffit de comparer les têtes pour en apercevoir les analogies, on voit que le maxillaire supérieur ne peut subir que des déplacements longitudinaux modérés, comme chez les Boïdés, les Aglyphes et les Opisthoglyphes. La longueur des crochets sillonnés est limitée par la fixité même du maxillaire, car ces crochets plus ou moins inclinés en arrière doivent cependant permettre la fermeture de la bouche. Le quadratum, quoique plus allongé en général que

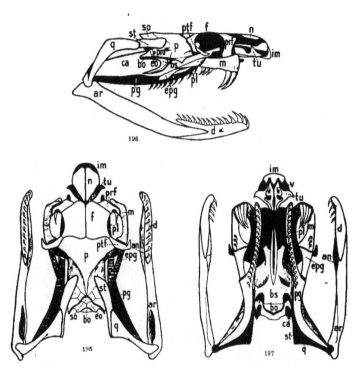

Figs. 195 à 197. — Tête osseuse de *Naja bungarus*. Orig. A.

chez les précédents groupes, n'atteint pas, à beaucoup près, sa longueur maxima, toutes conditions qui limitent dans une certaine mesure la dilatabilité de la bouche. Toutefois, le passage aux Vipéridés ou Solénoglyphes est indiqué manifestement dans le genre *Dendraspis* (fig. 203), où le maxillaire, quoique assez allongé, peut basculer sous la moindre pression de l'ectoptérygoïde, et projeter ainsi ses crochets venimeux en avant pendant la morsure, ce qui est le cas général chez les Vipéridés. On voit de plus que la mandibule, surélevée à son extrémité antérieure, porte de chaque côté une dent en forme de crochet, séparée des autres petites dents mandibulaires par une barre.

Le postfrontal est trop réduit pour fermer l'orbite, et le quadratum est moyennement développé.

C'est on le voit, par les genres *Platurus* et *Dendraspis* qu'en ce

Fig. 198. — Maxillaire et mandibule de *Glyphodon tristis*. Orig. A.

qui concerne les modifications du crâne, les Protéroglyphes pourraient être reliés aux Solénoglyphes.

La protraction du crochet venimeux, qui se rencontre exception-

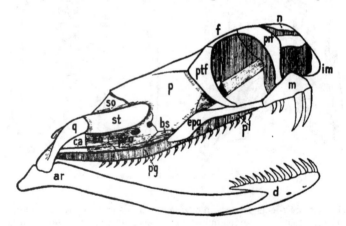

Fig. 199. — Tête osseuse de *Platurus colubrinus*. Orig. A.

nellement chez les C. Protéroglyphes du genre *Dendraspis*, et qui est considérée comme l'une des caractéristiques des Vipéridés, se rencontre également parmi les C. Aglyphes du genre *Xenodon*.

Le fait a été observé sur un spécimen vivant de *Xenodon merremii*, au

Jardin zoologique de Londres, par M. E.-G. Boulenger. En saisissant le serpent par la nuque, l'auteur fut surpris de le voir ouvrir la bouche et protracter ses crochets pleins à la façon des vipères.

Des observations ultérieures lui montrèrent que la mobilité du maxil-

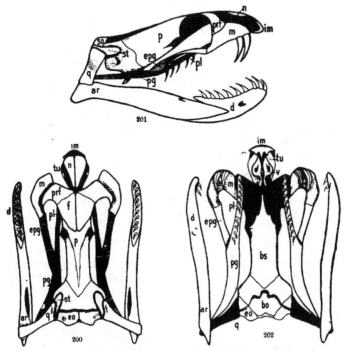

Figs. 200 à 202. — Tête osseuse d'*Elaps corallinus*. Orig. A.

laire est si étendue que le mouvement de protraction peut être aussi latéral et réaliser un mécanisme plus parfait que chez la plupart des Vipéridés de même taille.

La figure 204 montre comment cette protraction peut se produire et comment aussi le maxillaire, dans sa position relevée, est comparable à celui d'une vipère, si l'on en excepte l'existence des petites dents de dimensions normales qu'il porte dans sa région antérieure.

5° Tête osseuse des Vipéridés

Les serpents de ce groupe ont une allure caractéristique; et s'ils ne tiennent pas le record pour la toxicité de leur venin, ils possèdent du moins pour l'inoculer l'appareil le plus hautement perfectionné de l'ordre tout entier. L'écrasement et le renforcement des nasaux, la mobilité d'un maxillaire court, dont les crochets sont presque à fleur de museau et le dépassent pendant la morsure, l'élargissement du crâne, la grande

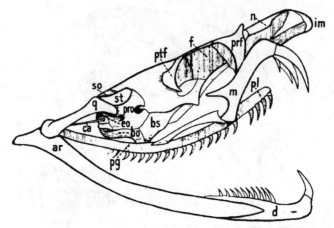

Fig. 203. — Tête osseuse de *Dendraspis angusticeps*. Orig. A.

longueur de chaque quadratum dont les extrémités postérieures reportées latéralement, font saillie par rapport à la région cervicale en retrait, l'aplatissement de la tête dans son diamètre vertical, caractères joints

Fig. 204. — Maxillaire protractile de *Xenodon merremi*. D'après E.-G. Boulenger.

aux proportions massives du corps, donnent aux Vipéridés une physionomie qui les fait distinguer, même à distance, des Colubridés.

La tête, aplatie et élargie, forme, vue d'en haut, une surface trapézoïde dont la ligne qui joint les articulations quadrato-mandibulaires forme la base inférieure, et dont la limite supérieure est formée par le bord libre de l'intermaxillaire.

Contrairement aux Colubridés, la tête des Vipéridés se distingue donc nettement du cou par le retrait brusque de celui-ci et par les arêtes vives des profils, qui contrastent fortement avec les lignes modelées et adoucies des Colubridés.

Les détails de la tête osseuse, sur les différents types que nous avons choisis et qui sont empruntés, comme les précédents, tant aux matériaux d'étude du Muséum de Paris qu'à nos documents personnels, montreront mieux encore le perfectionnement graduel de l'appareil inoculateur.

Chez tous le maxillaire est caractérisé par son raccourcissement, qui le rendrait méconnaissable s'il ne portait les crochets venimeux. Sa forme

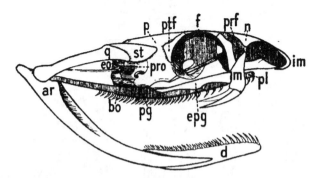

Fig. 205. — Tête osseuse de *Causus rhombeatus*. Orig. A.

générale est celle d'une pyramide quadrangulaire dont la base, irrégulièrement concave, porte le ou les crochets en exercice, et en arrière de celui-ci, dans la gaine, toute la série des crochets de rechange à leurs divers degrés de développement. Le bord antérieur, plan ou légèrement convexe du maxillaire se prolonge vers la direction des nasaux en une apophyse qui est reliée au préfrontal par un ligament fibreux.

Le bord postérieur, d'abord incliné de haut en bas et d'avant en arrière, s'appuie par une petite portion de sa surface sur une surface correspondante du préfrontal et aussitôt après elle prend une direction à peu près verticale. Sur cette portion de la face postérieure s'applique transversalement l'extrémité antérieure élargie de l'ectoptérygoïde.

Le maxillaire peut donc se redresser sous la poussée que produira tout mouvement en avant de l'arc entier palato-ptérygoïdo-transverse, et basculer autour de son articulation préfrontale, ce qui aura pour effet de projeter en avant le crochet venimeux soudé sur sa face inférieure. L'ensemble constitue un levier coudé sur lequel les muscles moteurs s'insèrent à une assez grande distance du point d'appui ; il en résulte que le bras de levier de la force est assez grand, ce qui exige un effort moins considérable pour la mise en jeu du mécanisme.

Dans le mouvement inverse de l'ectoptérygoïde, le maxillaire bascule aussi en sens inverse, de façon à amener le crochet contre la voûte

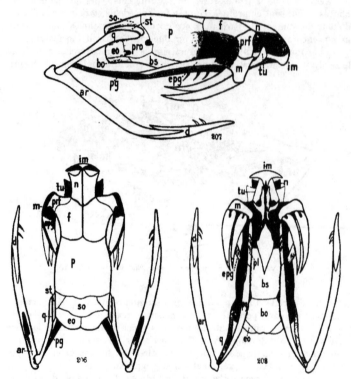

FIGS. 206 à 208. — Tête osseuse d'*Atractaspis aterrima*. Orig. A.

palatine, le ligament préfrontal modérant d'ailleurs la flexion et évitant la perforation du palais par l'extrémité acérée du crochet.

Le raccourcissement de la face existe à divers degrés chez les Vipéridés ; il est relativement modéré chez le *Causus rhombeatus* ou Vipère du Cap (fig. 205), ainsi que chez une autre espèce africaine, l'*Atractaspis aterrima* (fig. 206-208) et chez notre *Vipera aspis* (fig. 209 à 211), par la raison que les os nasaux sont moins raccourcis que dans la plupart des autres genres (y compris même un Protéroglyphe, le *Platurus colubrinus*).

Chez l'Atractaspis, l'œil est si petit qu'il peut se passer d'une cavité orbitaire profonde : celle-ci est simplement représentée, en arrière du préfrontal et du maxillaire, par une fossette qui s'avance en pente douce depuis le préfrontal et le frontal jusque sur la paroi latérale du pariétal, le post frontal n'existant pas.

Le maxillaire et les énormes crochets acérés qu'il porte ont ensemble

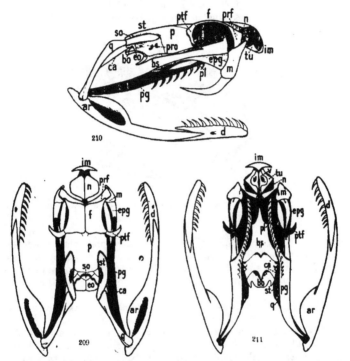

Figs. 209 à 211. — Tête osseuse de *Vipera aspis*. Orig. A.

une longueur voisine de celle du crâne. Les mandibules n'ont chacune que deux dents, les ptérygoïdiens n'en ont pas, et on en rencontre trois seulement sur chaque palatin, ce qui porte à dix petites dents en tout l'armature buccale de ce reptile, exception faite de ses très longs crochets venimeux, qui assurent une fixation suffisante de la proie. Cette vipère réalise au plus haut degré la réduction des dents pleines qu'on trouve partout ailleurs normalement développées. Le crâne ne présente pas de crête basi-occipitale, ce qui, joint à l'absence de postfrontal, imprime un grand cachet de simplicité à la boîte crânienne.

Le maxillaire présente dans d'autres types encore le caractère que nous venons de signaler dans les genres Causus et Atractaspis : massivité de la forme, convexité et continuité de ses différentes faces (sauf la face inférieure). Tous les Solénoglyphes de ce groupe : (genres *Azemiops, Vipera, Bitis, Cerastes, Pseudocerastes, Echis, Atheris...*) forment la sous-famille des *Vipérinés.* Chez les autres, qui forment la sous-famille des *Crotalinés,* nommée ainsi de son représentant le plus réputé, le *Cro-*

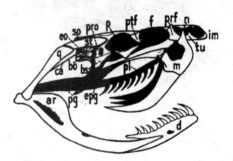

FIG. 212. — Tête osseuse de *Lachesis mutus.* Orig. A.

tale, le maxillaire présente, entre ses articulations préfrontale et ectoptérygoïdienne, une fossette profonde qui évide le corps de l'os et en allège le poids, sans en amoindrir la solidité. Les principaux représentants de ce groupe appartiennent aux genres *Crotalus, Sistrurus, Ancistrodon* et *Lachesis.*

Ils sont prédominants en Amérique, tandis que les Vipérinés se rencontrent plus particulièrement dans l'Ancien Continent.

Les Crotalinés sont encore désignés par les auteurs anglais et américains sous le nom de *Pit Vipers,* parce que, outre leur fossette maxillaire, qui n'est pas visible extérieurement sur l'animal intact, ces serpents présentent une fossette cutanée assez marquée de chaque côté du museau, entre l'œil et la narine, fossette dont la peau est très riche en terminaisons nerveuses spéciales. Cette fossette est analogue à celles que les Boïdés présentent sur les bords labiaux ; mais on ne sait rien de bien précis sur leur fonction.

La figure 212, qui représente le *Lachesis mutus,* un des Crotalinés les plus redoutables par le volume et la longueur de ses crochets, montre, avec la fossette maxillaire, une forte crête basi-sphénoïde et un évidement de la boîte crânienne dans sa région temporale ou sous-pariétale, comme si la faculté de mordre le mieux était corrélative de la réduction maxima de la capacité du crâne.

La mandibule prend aussi une forme assez particulière, que nous retrouvons chez beaucoup de Vipéridés ; sa portion dentaire coiffe l'extrémité antérieure de l'os articulaire, et les dents qu'elle porte diminuent de volume d'avant en arrière ; la portion articulaire s'élargit en outre, dans sa région préarticulaire, en une tablette semilunaire, qui présente

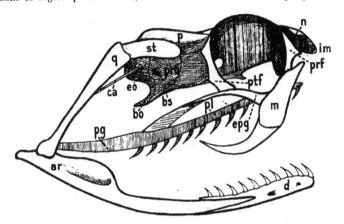

Fig. 213. — Tête osseuse de *Cerastes ægyptiacus*. Orig. A.

une dépression de même forme sur sa face externe, puis elle s'amincit en une tige presque cylindrique, sur son tiers moyen, avant de se terminer en la pointe que coiffe le dentaire.

A ce crâne réduit et presque aplati en tablette, un long quadratum suspend la mandibule et permet, comme on le voit, une énorme ouverture buccale.

Si les types précédents présentent encore un certain allongement du museau, il n'en est plus ainsi dans les genres *Cerastes* (fig. 213) et *Bitis* (fig. 214-215) : le raccourcissement du museau est arrivé à son maximum ; les os nasaux sont réduits à deux petites écailles très courtes, n'occupant en retrait des préfrontaux, qu'une menue portion de l'espace triangulaire que limitent les bords internes de ces derniers. Il en résulte que dans la position de repos même des maxillaires, leur face antérieure arrive au niveau du prémaxillaire, dont elle est d'ailleurs très éloignée latéralement. Le maxillaire a atteint parmi tous les genres son maximum de mobilité ; il forme avec les crochets qu'il porte la masse dominante du profil du crâne, qui prend un aspect impressionnant, et semble porté en avant par l'extrémité d'un bras aussi long que lui.

Chez le *Cerastes œgyptiacus*, le plafond orbitaire, formé par les frontaux moyens, est relevé et soulevé vers son bord externe, ce qui agrandit
l'orbite d'une façon si étendue qu'il occupe la presque totalité de la

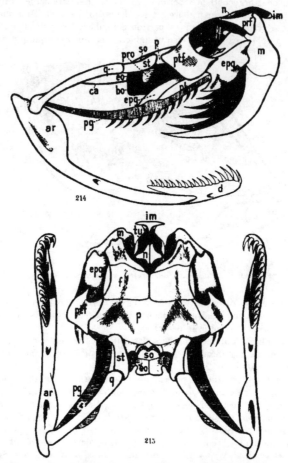

Figs. 214, 215. — *Bitis gabonica* montrant l'énorme développement des crochets et
l'allongement maximum du quadratum. Orig. A.

moitié antérieure de la tête et rapproche considérablement le globe oculaire de la face dorsale. Le postfrontal est assez développé pour prendre
point d'appui sur l'ectoptérygoïde et compléter le cercle orbitaire.

Les parois crâniennes sont évidées dans leur région latérale postérieure, comme nous l'avons vu chez le Lachesis et comme nous le voyons
chez le *Bitis gabonica*. L'étalement en surface des frontaux et du pariétal,
si caractéristique des genres Lachesis et Cerastes, est encore augmenté
dans le genre *Bitis* par le développement du postfrontal et de l'ectoptérygoïde, qui forment de larges ailerons latéraux à surface ondulée, et
qui donnent une grande surface d'appui au volumineux système maxillo
dentaire.

Une raquette à deux manches, armée sur sa face antérieure de deux
ou quatre poignards empoisonneurs, voilà ce que ces redoutables reptiles
projettent sur leur victime, avec la subtile rapidité d'un signal électrique.

Le raccourcissement des maxillaires, chez quelques Opisthoglyphes
et chez la majorité des Protéroglyphes, n'aboutit pas à donner à ces os
la mobilité et la grande indépendance qu'ils acquièrent chez les Vipéridés. Ils n'exécutent que des mouvements d'ensemble avec tout le palais
mobile, qui glisse légèrement en avant pendant la morsure ; tandis que
chez les Vipéridés, ce palais mobile et son armature sont, pour ainsi dire,
brisés transversalement en avant par la ligne d'articulation des maxillaires sur les préfrontaux, articulation qui permet aux maxillaires de basculer et de porter en avant les crochets venimeux. Le mécanisme de la
morsure est donc, comme nous le verrons, plus compliqué chez les Vipéridés que chez les Colubridés.

Il est aisé de constater sur le vivant le mouvement de bascule des
maxillaires et leur complète indépendance : chez les grosses vipères,
Lachesis alternatus, *Vipera russelli*, *Bitis gabonica*, qui s'alimentent
très bien en captivité, nous avons maintes fois constaté que l'attaque
de la proie est souvent précédée d'une phase où l'animal semble vérifier
successivement le bon fonctionnement de ses crochets : il fait des exercices d'assouplissement de ses muscles protracteurs. De même, pendant
la déglutition, on le voit, à intervalles lents et réguliers, planter alternativement chaque crochet dans la victime pour en éviter le recul. Enfin,
lorsque la proie est complètement déglutie, on observe à nouveau des
mouvements alternatifs de remise en place des crochets. Une famille
de neuf jeunes *Lachesis alternatus*, avec leur mère, que nous avons
gardée longtemps en captivité, se livrait ainsi régulièrement, avant et
après chaque repas, à la même gymnastique des maxillaires et des crochets.

En résumé, le sens dans lequel s'observent les modifications de la
tête osseuse et des dents corrélatives de la fonction venimeuse, modifications qui nous ont permis de suivre, depuis les Boïdés jusqu'aux plus
différenciés des Vipéridés, la constitution graduelle de l'appareil inoculateur, nous apparaîtra mieux encore si, jetant un coup d'œil d'ensemble
sur toutes les familles précédentes qui réalisent le mieux la caractéristique
des groupes respectifs auxquels elles appartiennent, nous comparons les

têtes du *Python regius*, du *Cœlopeltis monspessulana*, du *Naja bungarus* et du *Bitis gabonica*.

Les figures 174, 181, 196 et 215 sont, à cet effet, très instructives ; elles nous montrent :

1° *Le raccourcissement marqué du crâne*, d'abord dans sa région pariétale, puis dans sa région préoculaire, par écrasement des os nasaux et préfrontaux ; son *élargissement progressif*, qui fait de la face dorsale une sorte de raquette, à forme générale triangulaire ou trapézoïde; enfin, son *aplatissement* par évidement de la région temporale ou sous-pariétale, toutes modifications qui rendent le crâne plus mobile sur ses articulations postérieures ;

2° *L'allongement du quadratum*, qui, non seulement compense le raccourcissement du crâne, mais encore permet un plus grand abaisse-ment de la mandibule ; circonstance qui, avec l'indépendance des deux mandibules et des deux maxillaires, entraîne la dilatabilité maxima de la bouche. Cet allongement est même marqué dans les types de chaque groupe où les os nasaux et préfrontaux sont le moins raccourcis ; mais il est maximum dans les types où la face est le plus écrasée, comme chez les vipères des genres *Bitis, Lachesis* et *Cerastes*. Il semble alors que deux piques (figurées par les os carrés) portent en avant l'appareil venimeux.

3° Le *raccourcissement du maxillaire*, entraîne : 1° l'*indépendance de ses deux arcs*, comme celle des autres arcs symétriques du palais, et fait que le serpent acquiert peu à peu la faculté de se servir alterna-tivement de ses crochets, et de ne pas lâcher la proie quand elle est engagée; 2° son *mouvement possible de protraction* avec le reste du palais mobile;

4° Le *mouvement de bascule des maxillaires* des Vipéridés sur leur axe transversal d'articulation avec chaque préfrontal ; mouvement qui, projetant en avant les crochets venimeux, s'ajoute au mouvement de pro-traction du palais et facilite l'atteinte de la proie ou de la victime.

En même temps que s'opèrent ces modifications de forme et de mobi-lité du maxillaire, on voit régresser, puis disparaître, les dents pleines, qui deviennent inutiles, car l'armature venimeuse s'est de plus en plus perfectionnée ; un sillon a apparu sur les dents qui s'étaient développées en crochets chez les Aglyphes ; ce sillon, par un rapprochement de ses bords et la soudure de ceux-ci, s'est transformé, comme nous le verrons, en un canal allongé et bien fermé, qui portera, sans évacuation possible, le venin dans la profondeur des tissus.

Ce crochet inoculateur garde encore des dimensions moyennes chez la plupart des Colubridés, mais il s'allonge chez les Vipéridés en une aiguille acérée, ce qui, joint à la protraction de tout le palais, glissant en avant sur la face inférieure du crâne, porte au plus haut degré de perfec-tionnement l'arme offensive et défensive des serpents venimeux.

Développement de l'appareil venimeux des Serpents

Dans l'exposé général que nous avons fait de la forme et de la structure définitive des dents, envisagées dans leurs rapports avec les modifications de la tête osseuse chez les Serpents, nous avons réservé à dessein le développement des crochets pour le rattacher à celui de la glande venimeuse, ainsi que leur mode de remplacement et de succession, qui relèvent en partie du mécanisme de l'inoculation.

Sur la seconde partie, WEIR MITCHELL n'a donné, à propos du Cro- ·le, que l'opinion du Docteur JOHNSTON, avec une interprétation que CH. TOMES, dans son importante étude de la structure et du développement des dents et des crochets chez tous les Ophidiens, a démontré être inexacte. Le travail de ce dernier auteur est le plus complet de ceux qui ont paru jusqu'ici sur le même sujet, car l'étude plus récente de SLUITER, qui porte sur les Reptiles en général, et celle de RÖSE, qui a trait à la Vipera berus seulement, en n'établissant aucun rapport entre les crochets et la glande venimeuse, ne modifient pas les conclusions de TOMES relativement aux Serpents venimeux. Un troisième point fort important, concernant les rapports qui existent entre les glandes labiales supérieures et la glande venimeuse des Colubridés Aglyphes et Opisthoglyphes, n'a pas été étudié chez l'embryon, de telle façon qu'on ne saurait dire si la parotide ou glande venimeuse de ces Colubridés provient d'une différenciation primitive de l'extrémité postérieure des glandes labiales, ou naît d'une manière indépendante, ne se fusionnant que plus tard avec la première par accroissement des deux glandules et engrènement de leurs lobes voisins.

Mais une étude fort intéressante de H. MARTIN, fondée sur la reconstruction des organes, vient éclairer et coordonner, en les complétant et les rectifiant, les travaux de TOMES et de RÖSE. Cette étude porte sur la *Vipera aspis* et nous montre : 1° que l'appareil venimeux tout entier se développe, indépendamment des glandes labiales, par un bourgeon épithélial unique. Ce bourgeon primaire donne un bourgeon secondaire situé en dehors, qui se transforme en appareil glandulaire, tandis que le premier évolue vers la formation d'une coque dentaire avec crochets

Cette notion positive doit nous faire admettre l'indépendance absolue chez la Vipère de la glande venimeuse et des glandes labiales supérieures, indépendance confirmée d'ailleurs par la physiologie.

2° Qu'indépendamment de ces formations, il existe un stade transitoire avec prolongement très accentué de la crête dentaire, contenant douze paire de bourgeons dentaires très réduits qui n'aboutissent pas à un complet développement, les organes entrant rapidement en régression ;

3° Les bulbes dentaires des crochets définitifs sont entourés d'une couche de cellules venimeuses épithéliales, issues du bourgeon venimeux. Ces cellules formeront le canal venimeux de la dent et, d'autre part, mettront celle-ci en communication avec le canal venimeux de la glande par l'intermédiaire de la gaine gingivale.

Développement de l'appareil venimeux chez la Vipera aspis

D'après H. Martin, le premier vestige de l'appareil venimeux se rencontre chez l'embryon avant 39 millimètres de longueur totale. On voit à ce stade, dans la région oculaire, qu'elle dépasse même un peu en avant, une bande ectodermique longitudinale qui prolifère dans le méso-

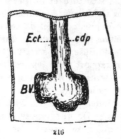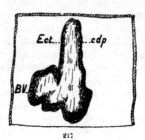

Figs. 216, 217. — Développement de l'appareil venimeux de *Vipera aspis* chez le jeune embryon : Ect, ectoderme; cdp, crête dentaire primitive; BV, bourgeon venimeux. D'après H. Martin.

derme de la mâchoire supérieure. Les cellules épithéliales qui le constituent sont très serrées et le bourgeon est encore caractérisé par une dépression de l'ectoderme buccal qui semble le soulever. Au stade suivant, correspondant à une largeur de tête de 4 millimètres dans la région oculaire (le premier correspondant à 3 millim. 5), la formation épithéliale s'est modifiée dans son tiers postérieur : l'extrémité de la bande ectodermique longitudinale s'infléchit en dedans en une saillie libre et incurvée, tandis qu'en dehors se trouve accolée une nouvelle formation paraissant provenir de la première, mais ne se prolongeant pas aussi loin en arrière (fig. 216 et 217).

La bande antérieure régulière peut être appelée *crête dentaire primitive*, la seconde *bourgeon venimeux*. Sur la coupe intéressant la crête dentaire primitive et le bourgeon venimeux, on voit deux mamelons intimement unis : l'externe, le venimeux, un peu plus large ; l'interne, le dentaire, renflé en massue, couché sur l'épithélium. Sur toute l'étendue de cette crête, ne se trouve encore aucune trace de papille dentaire et dans la région maxillaire supérieure aucune formation osseuse (fig. 218 et 219).

A un stade qui correspond à une longueur de 6 centimètres de l'embryon et de 4 millim. 5 de largeur de la tête, on voit dans la région sous-oculo-maxillaire les mêmes organes que précédemment : la crête dentaire primitive s'est développée et forme un bourrelet plus saillant qui dépasse un peu en arrière le bourgeon venimeux ; celui-ci s'est également accru et occupe toujours les mêmes rapports.

Sur les coupes, on voit la couche ectodermique profonde suivre les deux saillies correspondant à la section du bourgeon venimeux et de la crête dentaire primitive ; les cellules épithéliales sont très allongées et très serrées et, par leur plateau transparent, touchent le mésoderme Dans les mamelons, le pied de ces cellules est séparé de la couche ectodermique externe par une masse d'éléments épithéliaux jeunes, plus petits et moins serrés que les précédents (fig. 220).

Avec le stade suivant, correspondant à une longueur totale de

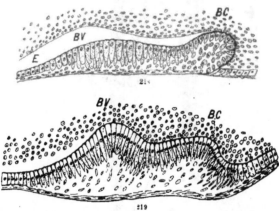

Fig. 218, 219. — Coupe frontale de la région venimeuse dans le bourgeon maxillaire supérieur gauche. E, ectoderme buccal ; BV, bourgeon venimeux ; BC, crête dentaire primitive. D'après M. Martin.

6 cm. 5 et une largeur de tête de 5 millimètres, apparaît une modification considérable dans l'appareil. La crête dentaire primitive s'est développée très en avant en même temps qu'elle s'élevait. Sur cette crête, se montrent douze paires antéro-postérieures de bourgeons dentaires, constitués par une invagination de la partie supérieure et libre de la crête.

Au niveau des six paires antérieures existent à la face profonde de l'ectoderme, en dehors de la crête et parallèlement à elle, des petits mamelons épithéliaux, dont chacun correspond à peu près à une des six premières paires de bourgeons dentaires. H. Martin les désigne sous le nom de *bourgeons venimeux accessoires*.

Quant au *bourgeon venimeux vrai*, c'est à ce stade qu'il commence à se différencier nettement et que sa valeur morphologique peut être définitivement établie. Il a poussé obliquement en haut et en dehors, se dirigeant par son extrémité libre un peu en arrière : le *pied* de ce bourgeon est en rapport avec la crête dentaire primitive ; sa *tige*, à peu près cylindrique, prolonge le pied ; sa *tête*, légèrement renflée, est à croissance rétrograde. La structure de ces différentes parties est entièrement

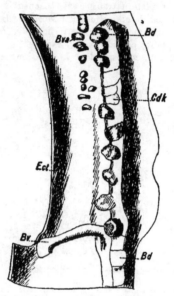

Fig. 220. — Reconstruction de l'appareil venimeux d'un embryon de *V. aspis* long. de 6 cm. 5. BV, bourgeon venimeux vrai; Bva, bourgeon venimeux accessoire. D'après H. Martin.

épithéliale. Les bourgeons dentaires présentent chacun, au sommet de la crête, une paire d'invaginations comblées par du mésoderme.

À ce stade, on voit déjà un travail d'ossification intéressant le maxillaire supérieure et l'os transverse.

Le stade suivant (embryon long de 7 cm. 6 et 6 m.. 5 de largeur de tête) (fig. 221) est moins compliqué, car on ne retrouve plus la portion antérieure de la crête dentaire primitive ; elle a complètement disparu, ainsi que ses bourgeons dentaires et les petites saillies épithéliales. H. Martin pense que cette résorption est un fait phylogénique qui marque, chez la Vipère, une série ancestrale de crochets venimeux, occupant une assez grande étendue sur le maxillaire supérieur.

Ce stade se trouve constitué par une petite crête dentaire, sorte de
mur, légèrement incliné en dedans, sans trace de bourgeon dentaire en
avant. En arrière, cette crête dentaire primitive, raccourcie, se modifie
en un organe : *la coque dentaire*, entourée de mésoderme, attachée par
son pied à la face profonde de l'ectoderme et soudée avec le pied du
bourgeon venimeux qui est en dehors d'elle (figs. 222, 223). Cette
coque, de forme sensiblement elliptique, contient les germes de deux
crochets disposés transversalement, l'un à droite, l'autre à gauche. Ces
crochets sont essentiellement constitués par une invagination épithéliale;

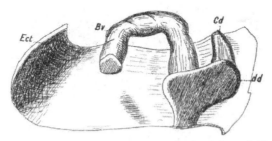

Fig. 221. — Reconstruction de l'appareil venimeux d'un embryon de *Vipera
Aspis* long de 7 cm. 6. Bv, bourgeon venimeux; Cd, crête dentaire; dd,
coque dentaire. D'après H. Martin.

la cavité qui en résulte est comblée par du mésoderme ; nous reviendrons d'ailleurs sur leur structure. Le crochet interne est un peu plus
développé que l'externe.

Quant au bourgeon venimeux, il s'est beaucoup développé ; le pied
s'est élargi; libre en avant de la coque dentaire, il est très étroitement
soudé avec elle en arrière, tout près de la coque des crochets.

Ce pied deviendra la gaine gingivale, où le crochet définitif plongera
plus tard ; la tige, à ce stade, prend les apparences du futur canal venimeux, mais est encore un cylindre plein. A son extrémité libre, la tête,
plus renflée, dépasse en arrière la coque dentaire ; elle fournira, à un
stade plus avancé, le corps de la glande venimeuse.

Au stade où la longueur totale est 9 cm. 8 et la largeur de tête
7 mm. 5, l'appareil venimeux est tout entier développé. Le bourgeon venimeux en arrière est soudé par son pied à la partie externe de la partie correspondante de la coque dentaire, et donne à la coupe la forme d'un Y
(fig. 224). Le pied de l'Y est soudé en arrière à l'épithélium, et plus en
avant va constituer la gaine gingivale; plus en avant la branche inférieure de l'Y ne touche plus l'épithélium.

En suivant dans son trajet l'organe venimeux, on le voit se recourber
comme précédemment, en dehors, puis en arrière, et aboutir à une por-

tion de plus en plus renflée, constituant le canal venimeux et la glande
venimeuse située déjà derrière l'œil.

La coque dentaire donne l'aspect d'une portion de calotte sphérique
à concavité antéro-externe, qui contient les germes de 8 crochets.

Les deux crochets les plus développés sont dans le plan inférieur, en

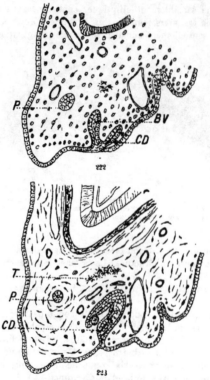

Figs. 222, 223. — Coupe d'un embryon de 7 cm. 6 prise un peu en ar-
rière de la précédente : CD, crête dentaire; BV, bourgeon venimeux;
P, canal glandulaire détaché du bourgeon venimeux; T, os transversé.
D'après H. Martin.

rapport avec les deux branches du bourgeon venimeux. Cette coque dentaire se confond par son pied avec le bourgeon venimeux situé en dehors
pour aboutir à l'épithélium. Ce point de contact correspond au lieu
d'origine de tout l'appareil (figs. 225, 226).

En avant, la coque dentaire se continue par la crête dentaire plus saillante et plus longue qu'au stade O, mais ne portant pas trace de crochets. Le maxillaire est en voie d'ossification ; il est situé suivant son axe, horizontalement dans la position de repos, en avant de la coque dentaire, prêt à donner attache aux crochets en formation. L'os transverse, applati sur ses faces supérieure et inférieure, recouvre tous les organes, sauf le canal glandulaire qui est situé en dehors.

La suite de ce développement explique les rapports de l'appareil

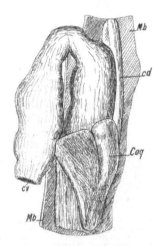

Fig. 224. — Coupe d'un embryon de 9 cm. 8 complètement développé
Mb, muqueuse buccale; cv, canal venimeux, coq, coque dentaire.
D'après H. MARTIN.

venimeux avec les organes voisins chez la Vipère adulte, rapports représentés sur la figure 226 par la coupe verticale de la tête dans la région de l'œil.

DÉVELOPPEMENT DES CROCHETS ET FORMATION DU CANAL VENIMEUX

Le développement des crochets et leur mode de fixation au maxillaire est le même que celui des dents ordinaires chez tous les Serpents, que les crochets soient pleins, simplement sillonnés, ou canaliculés.

Le germe dentaire consiste dans tous les cas en une papille dermique, un organe de l'émail, et une capsule de tissu conjonctif faiblement développée.

La papille dentaire a une constitution et une origine semblables à celles qu'on rencontre chez les autres Reptiles ou chez les Mammifères ; sa hauteur, plus exagérée que chez ces derniers, seule varie. La portion périphérique de cette papille s'organisera en dentine, la portion centrale en pulpe.

L'organe de l'émail, ou organe adamantin, formé par une invagination épidermique, coiffe la papille dans toute sa hauteur et se compose : 1° de cellules allongées ou *cellules de l'émail*, constituant l'épithélium interne de l'organe ; 2° d'un lit externe ou réfléchi, qui n'est bien distinct que sur les jeunes germes dentaires. On ne trouve pas entre ces deux couches de pulpe de l'émail comme chez les Mammifères (fig. 227-232).

Les cellules de l'émail diminuent de hauteur après la formation

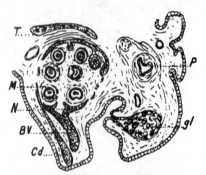

Fig. 225. — Coupe frontale d'un embryon de *Vipera aspis* long de 13 cm. 2. BV, bourgeon venimeux ; N, cellules venimeuses se détachant du bourgeon, et formant autour des germes dentaires la couche M des cellules venimeuses ; P, canal glandulaire ; gl, glande labiale supérieure. D'après H. MARTIN.

de la couche de l'émail pour ne former par la suite qu'un revêtement mince et fragile.

Il est intéressant de signaler le fait que malgré l'apparition précoce de la couche de l'émail qui précède le soulèvement de la papille, la plupart des auteurs, comme OWEN, ont admis qu'il n'existe pas du tout d'émail sur les dents des Serpents. Quant à la capsule dentaire, qui formera le périoste alvéolo-dentaire, elle est simplement formée de tissu conjonctif condensé.

Le développement des dents pleines ne diffère pas de celui qu'on observe chez les autres Vertébrés, et aboutit à une même structure générale. Celui des dents sillonnées ou canaliculées suit le même développement initial, que TOMES a figuré chez la *Vipera berus* ; puis par un second travail épithélial la dent acquiert un canal : au moment où le germe dentaire a encore une section circulaire continue, il est formé de l'intérieur à l'extérieur par la pulpe dentaire, sa dentine et l'émail. Un peu plus tard à un stade où la longueur du corps est de 7 cm., le bourgeon venimeux, dont le pied forme par sa partie supérieure une double crête, donnant à la coupe la forme d'un Y, correspond par ses deux branches aux crochets situés à droite et à gauche dans la coque dentaire. Les branches de cet Y envoient à chacun des bulbes dentaires une couche de cellules épithéliales venimeuses qui, sur l'étendue de la face infé· rieure de la dent en formation, creusera une gouttière par invagination dans l'émail. Parallèlement, la pulpe dentaire entourée de sa dentine

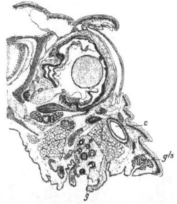

Fig. 226. — Coupe transversale de la moitié droite de la tête d'une *Vipère* adulte au niveau de l'œil. C, germes dentaires; C', canal excré-teur de la glande venimeuse; gls, glandes labiales supérieures. D'après C. Phisalix.

se déprime en formant un double arc. Le sillon se creuse progressive-ment, de telle façon qu'à un âge plus avancé, les deux extrémités de l'arc se rapprochent, de manière à amener au contact par leur bord externe les cellules de l'émail, et à fermer ainsi l'espace canaliculaire contenant les cellules épithéliales venimeuses.

A partir de ce moment, les cellules de l'émail qui tapissent l'inté-rieur du canal prolifèrent et perdent leurs caractères ; avec celles de l'intérieur, elles finissent par remplir la concavité des cellules rameuses ou réticulées telles que celles qui forment la pulpe de l'émail des Mam-mifères. Puis ce tissu subit une résorption, laissant libre le canal, ce qui marque un pas vers la disparition des cellules de l'émail.

Une mince couche d'émail est formée à l'extérieur du crochet mais on voit par la suite du développement que cette couche doit man-quer à l'intérieur du sillon ou du canal. Il résulte également des faits précédents que les phases successives du développement du crochet cana· ticulé des Vipéridés reproduisent les formes définitives du crochet venimeux à sillon ouvert des C. Opisthoglyphes et plus ou moins formé des C. Protéroglyphes.

Les cellules venimeuses enveloppantes du bulbe dentaire forment une couche continue qui reste en rapport, par la base du crochet au niveau de l'orifice supérieur du canal dentaire venimeux, avec une des

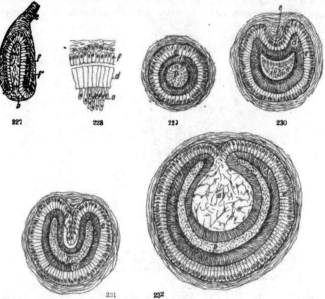

Figs. 227 à 232. — Développement des dents chez le *Tropidonotus natrix* et la *Vipera berus*. D'après S. Thomas. 227. Jeune germe dentaire; e, cordon épithélial; b, papille dentaire; f, épithélium interne; f', épithélium externe. 228, portion de l'organe de l'émail en coupe transversale; o couche de la pulpe; d, mince couche de dentine (Trop. natrix). 229, section transversale d'un très jeune germe dentaire (V. berus), 230, le même germe, un peu plus âgé. 231, germe à un stade plus avancé. 232, germe au dernier stade.

branches de l'Y. Plus tard, le crochet en se développant descend dans la branche respective latérale de l'Y, puis dans la branche inférieure médiane, situation qui correspond à sa place dans la gaine gingivale.

Les coupes en séries permettent de reconnaître que la branche inférieure de l'Y aboutit au canal venimeux glandulaire. C'est dans ce sens seulement que s'effectue la communication du canal venimeux de la glande, qui s'ouvre dans la gaine par la base de son bord antérieur, avec le canal venimeux de chacune des dents successives qui viendront s'implanter sur le maxillaire. Il n'existe pas, comme le pensait Niemann, de canal membraneux capillaire réunissant les deux orifices.

MODE DE FIXATION DES CROCHETS

Quant on regarde de face le maxillaire, on voit une sorte de rebord osseux qui s'élève au devant des crochets et apparaît comme un ciment consolidateur. La fixation de chaque crochet au maxillaire est facilitée par la forme convolutée de la base de la dent, et assurée par le tissu osseux de néo-formation qui se développe tant sur le maxillaire que sur la dentine de la dent de remplacement.

Le tissu osseux qui se développe sur la surface du maxillaire correspondant à l'insertion du nouveau crochet est plus spongieux que celui de l'os sous-jacent ; il présente de larges travées, et une structure poreuse assez grossière, qu'on distingue nettement à l'œil nu.

Simultanément à ce développement actif de l'os de fixation, la base de la pulpe dentaire, pourvue d'une couche d'odontoblastes, se calcifie formant une sorte de dentine irrégulière dont les tubes se mêlent à l'os nouvellement formé.

Celui-ci est caduc comme le crochet qu'il a fixé ; il tombe en même temps que lui, tandis qu'une nouvelle production s'échaffaude pour celui qui le remplacera.

MODE DE SUCCESSION DES CROCHETS

Ce n'est ni par leur structure, ni par leur développement, mais par leur nombre et leurs relations réciproques que les germes dentaires se distinguent chez les Ophidiens. Y compris la dent qui est en place, on ne trouve le plus souvent pas moins de huit dents, quelquefois dix, à différents stades sur une même section perpendiculaire à la longueur du maxillaire, ce qui nécessite un certain arrangement des germes dentaires, en raison du faible diamètre du maxillaire et de la grande dilatabilité de la bouche. Les germes dentaires ne pouvant, pour ces raisons, former de séries transversales, se placent presque verticalement l'un au-dessous de l'autre, parallèlement à l'os maxillaire et à la dent en place.

1° *Chez les Colubridés.* — Chez la plupart des Serpents, et en particulier chez tous les Colubridés, le lieu de formation des germes dentaires se trouve sur le côté interne de la dent en place. Le bourrelet épithélial qu'on y remarque forme une bande circonscrite qui s'enfonce dans le mésoderme, et atteint la région où se soulèveront les papilles dentaires. A l'extrémité la plus profonde ou la plus jeune de l'aire germinative l'invagination épithéliale est en continuité directe avec l'organe de l'émail du germe le plus jeune, tandis que son extrémité terminale, pyriforme, marque la place du plus jeune germe futur. C'est ce que montrent les figures 233, 234, représentant des coupes de la région chez les Colubridés (*Couleuvre, Cobra*). Il existe chez tous ceux-ci pour un même crochet, une seule série de dents de remplacement comme pour les

dents mandibulaires ou ptérygoïdiennes ; mais la section comprenant
la dent en exercice chez le Cobra ne montre pas beaucoup des dents qui
lui succèderont, car celles-ci sont situées plus en arrière, et couchées,
tandis que le crochet est érigé et le maxillaire fixé dans la position horizontale.

Tous les germes, sauf le successeur immédiat de la dent en place
sont inclus dans une capsule de tissu conjonctif, ou coque dentaire,

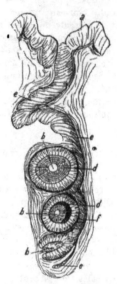

Fig. 233. — Section transversale de la mandibule chez le *Tropidonotus
natrix* passant par 4 germes dentaires b, montrant leurs relations
avec l'épiderme oral, et leur inclusion dans une capsule commune.
D'après Tomes.

qui forme une masse oblongue, pyriforme, à extrémité amincie et tournée vers le bas. Ce revêtement est particulier aux Ophidiens, de même
que le nombre élevé des dents de remplacement, qui ne dépassent pas
trois chez les autres Vertébrés.

Lorsque la dent de remplacement a atteint une assez grande dimension, elle s'échappe de l'extrémité de ce revêtement et passe vers la dent
en exercice, dont l'os de fixation est rapidement miné par le travail de
résorption, ce qui en entraîne la chute. La dent nouvelle prend position
dans la cavité anfractueuse, devenue libre, apportant avec elle sa capsule et tout son contenu. Il survient alors, comme nous l'avons indiqué,

une rapide néo-formation osseuse sur le maxillaire, accompagnée de formation secondaire de dentine sur la base elle-même du crochet.

De ses observations sur le Cobra, Tomes déduit un peu hâtivement que le serpent reste désarmé pendant le temps qui est nécessaire à la soudure osseuse du crochet de remplacement, et que cette circonstance expliquerait la préférence que les charmeurs hindous accordent au Cobra pour leurs exhibitions. Mais d'une part ces charmeurs, dans leurs

Fig. 234. — Section transversale du maxillaire de *Naja tripudians* en arrière du crochet venimeux. Les crochets disposés en série linéaire viennent successivement occuper la même encoche du maxillaire. D'après Tomes.

exercices, emploient aussi des Vipéridés comme la *Vipera russelli* S'il existe une dépression maxillaire chez la plupart des Protéroglyphes, il n'est pas rare d'en rencontrer deux pourvues chacune d'un crochet chez les *Naja* et les *Elaps*, alors qu'on n'en rencontre parfois qu'une seule chez quelques Vipéridés comme l'*Atractaspis*. D'autre part, les crochets des deux maxillaires ne se détachent pas forcément d'une manière simultanée ; et de fait, quand on examine un serpent venimeux, il est exceptionnel de le trouver totalement désarmé.

2° *Chez les Vipéridés* il existe, et c'est là une différence de fréquence avec les Colubridés, deux séries de 8 germes dentaires en arrière du crochet en exercice. Ces 8 germes sont disposés par paires, d'âge à peu près égal. D'une manière plus précise, ils alternent de maturité dans chaque série, ce qui est surtout distinct pour les antérieures, de telle façon que la dent dont le développement est le plus avancé se trouve être la plus voisine du crochet en exercice ; c'est donc alternativement une dent de l'une puis de l'autre série qui remplace le crochet.

Cette disposition se rencontre aussi, exceptionnellement chez les Pro
téroglyphes comme le *Bungarus ceylonicus*.

Sur la face inférieure du maxillaire se trouvent deux dépressions
dentaires, deux alvéoles, qui seront ainsi occupées tour à tour, et quelquefois simultanément quand le crochet de remplacement se soude avant
la chute du crochet en exercice. Entre les deux crochets, s'insinue une

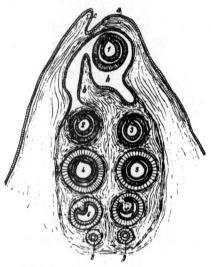

Fig. 235. — Section transversale du crochet venimeux et de ses successeurs chez le *Crotale adulte*. Le crochet en fonction est encore seul
dans la cavité de la gaine ; les numéros indiquent leur ordre de succession. D'après Tomes.

lame de tissu conjonctif qui est le prolongement de celle qui sépare les
deux séries de germes. Cette lame évite les virages vicieux dans le che-
minement des dents de remplacement (fig. 235, 236).

On aperçoit très bien l'ensemble de ces germes dentaires, en fendant
sur le bord antérieur du crochet en exercice la gaine du crochet et en
l'étalant de part et d'autre de celui-ci ; les crochets semblent noyés dans
une masse gélatineuse, les plus jeunes formant de petits cônes raînés
sur un bord, les plus âgés, déjà pourvus d'un canal venimeux, mais à
pulpe largement ouverte.

Dans sa situation normale, cet écrin d'aiguilles venimeuses a pour
paroi latérale, la gaine des crochets, pour toit l'os transverse qui
s'élargit au niveau de son articulation maxillaire, et pour plancher le
bord concave du crochet en exercice.

Les crochets de rechange sont couchés derrière le crochet eu exercice et parallèlement à lui, de telle sorte que cette disposition, jointe au reploiement du maxillaire contre le palais pendant le temps de repos, fait que les sections transversales passant vers le milieu du crochet fixé intéressent la plupart des germes dentaires, tandis que les sections très-rapprochées de la base ou de l'apex du crochet n'en montrent qu'un nombre réduit. Les figures 235 et 236 qui représentent respectivement la série des dents de rechange chez la Péliale ou Vipera berus et chez le

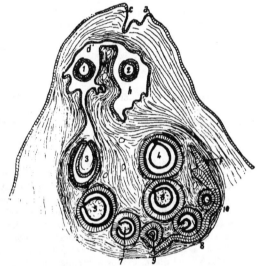

Fig. 236. — Section transversale du crochet venimeux et de ses successeurs chez la *Vipera berus*. Les crochets sont disposés en 2 séries, qui fournissent alternativement le crochet en exercice. D'après Tomes.

Crotale, montrent que les dents sont disposées sur deux arcs chez la première, sur deux lignes droites parallèles chez le second.

La figure 226, représentant la coupe transversale de la tête faite au niveau du globe oculaire chez la Vipera aspis adulte résume en outre comme nous l'avons déjà signalé, les rapports de tous les organes de la région avec l'appareil venimeux.

Glandes venimeuses

On connaît la glande venimeuse des C. Protéroglyphes et des Vipéridés qui, depuis les expériences de Redi sur la Vipère, a été définitivement admise comme telle.

On connaît aussi la glande parotide des Couleuvres, que LEYDIG a homologuée en raison de sa structure à la glande venimeuse de la Vipère ; cette glande a été considérée par les auteurs comme spéciale aux Colubridés Opisthoglyphes et à quelques Aglyphes, sans que sa fréquence ait été déterminée.

Il existe en outre une troisième glande venimeuse qui n'est signalée par aucun auteur et qui, par sa structure, se rapproche de la parotide et par ses rapports de la glande des Protéroglyphes et des Colubridés ; nous la désignons sous le nom de glande *temporale antérieure ;* elle existe seule chez quelques Boïdés et Uropeltidés ; elle coexiste avec la parotide normale chez les Ilysiidés (*Ilysia, Cylindrophis*).

GLANDE PAROTIDE

Si l'on en excepte les C. Protéroglyphes et les Vipéridés, chez lesquels la glande venimeuse prend un grand développement et où la lumière centrale, très développée, sert de réservoir à la sécrétion, chez tous les autres Serpents la glande venimeuse est pleine, massive, et sa sécrétion est conduite dans la bouche par un court canal excréteur.

C'est chez les C. Opisthoglyphes que cette glande a été pour la première fois signalée. REINWARDT ayant eu l'occasion à Java d'examiner les Serpents redoutés des indigènes, constata la présence de sillons sur les dernières dents maxillaires développées en crochets. Cette découverte fut communiquée en 1826 par le Professeur BOIE de Leyde, avec les commentaires de REINWARDT, qui pensait avec raison que le sillon des crochets devait conduire quelque poison dans les tissus pendant la morsure. Cette supposition, jointe à la mauvaise réputation des Serpents, en général, suscita divers travaux sur les glandes, dont le premier en date est celui de SCHLEGEL (1828).

Pour cet auteur, l'existence d'une glande dans la région parotidienne est liées à la présence des crochets maxillaires sillonnés, découverts par REINWARDT. « Les espèces qui ont des crochets présentent toujours, dit-il, une glande assez développée dans cette région, et qui est parfois plus ou moins séparée de la glande maxillaire ».

L'observation est exacte, car la glande parotide existe chez tous les C. Opisthoglyphes jusqu'ici connus ; mais elle est incomplète, puisqu'elle ne se rapporte qu'à un groupe de Colubridés. Nous reviendrons plus loin sur cette hypothèse.

En 1832, DUVERNOY reprend la question ; il figure la glande ou en fait mention chez les espèces suivantes :

Parmi les Opisthoglyphes chez :

Coluber petolarius L (= *Oxyrhopus petolarius* L) ;
Coluber nasutus Russ (= *Dryophis mycterisans* L).

Parmi les Aglyphes chez :

Coluber natrix L (= *Tropidonotus natrix* L) ;
Coluber quiconciatus Reinw. (= *Tropidonotus piscator* Schneid.) ;
Coluber austriacus L (= *Coronella austriaca*, Laur) ;
Coluber angulatris L (= *Helicops sp.*) ;
Coluber ahœtulla part. Gm. (= *Dendrophis pictus* Gm.) ;
Heterodon maculatus, Beauvois ;
Coluber blumenbachi Merr. (= *Zamenis mucosus* L.) ;
Xenodon severus L.

Parmi les Tortricidés (Ilysiidés), chez *Tortrix scytale* (= *Ilysia scytale* L.).

En tout, onze espèces ; encore l'auteur ne distingue-t-il pas la parotide du cordon glandulaire qui lui fait suite, et conserve-t-il à l'ensemble le nom de *glande salivaire sus-maxillaire.* ·

C'est dire qu'il ne soupçonne guère la fonction venimeuse de la portion parotidienne de ce groupe, ce qui explique les conclusions suivantes quant à la distinction à établir entre les Serpents venimeux et les non venimeux :

« 1° Beaucoup d'espèces de Serpents n'ayant pas de glande venimeuse peuvent avoir, dit-il, la dernière dent maxillaire d'en haut plus grande que les autres, dirigée en arrière, séparée des autres et même enveloppée dans une espèce de gaîne. C'est encore cette grande dent qui a fait donner au genre Heterodon le nom qu'il porte ;

« 2° Ces deux caractères, l'absence d'un sillon et principalement toutes les apparences de structure des salivaires et non des glandes à venin, doivent suffire pour décider la nature non venimeuse des Serpents où l'on trouve cette organisation ».

Ainsi Schlegel n'a en vue que les Opisthoglyphes, et Duvernoy considère la parotide des Aglyphes, et implicitement celle des Opisthoglyphes, comme une glande salivaire, sans la distinguer nettement des glandes labiales.

L'ensemble forme effectivement un tout continu dépourvu de membrane propre et logé sous la lèvre supérieure, depuis la commissure jusque vers l'extrémité antérieure du museau ; et lorsque le tissu conjonctif qui englobe cette masse et qui la fixe contre la paroi interne de la lèvre est opaque ou chargé de pigment, la distinction est peu nette ; il en est de même après une décharge glandulaire, qui unifie la couleur et l'aspect de tout l'ensemble. Mais on parvient néanmoins à distinguer à l'œil nu les deux parties qui la composent par l'examen de plusieurs spécimens, par la coloration élective de ces parties traitées par les teintures histologiques, et enfin, sur les pièces fraîches, par la compression des deux parties de la glande : on voit la sécrétion crémeuse parotidienne sourdre par l'orifice externe du canal excréteur dans la portion du repli gingival située au niveau de l'extrémité postérieure du maxillaire, alors que la sécrétion du cordon labial, limpide et muqueuse, s'échappe par un chapelet de petits orifices situés sur le bord inférieur et interne de la lèvre supérieure.

C'est Leydig qui le premier (1872-73), se fondant sur l'histologie comparée des glandes, distingue nettement la structure des deux portions

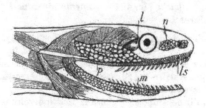

Fig. 237. — Glandes buccales du *Tropidonotus natrix*. p, gl. parotide; ls, gl. labiale supérieure; l, gl. lacrymale; m, gl. mandibulaire. Dans les figures suivantes, les mêmes lettres désignent les mêmes glandes. Orig. A.

du groupe parotidien chez le *Tropidonotus natrix*, et qui établit la distinction entre la glande labiale proprement dite, qui forme un cordon demi-translucide assez régulier sur le bord inférieur interne de la lèvre, en correspondance avec le maxillaire, et la glande plus développée, d'un

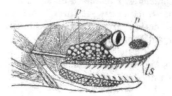

Fig. 238. — Glande parotide du *Leptognathus elegans*. Amblycéphalidé. Orig. A.

blanc opaque qui occupe la région temporale (fig. 237). Il homologue cette dernière à la glande venimeuse des C. Protéroglyphes et des Vipéridés.

Cette assertion, fondée sur la structure histologique seule, devait être plus tard confirmée expérimentalement par MM. Phisalix et Bertrand pour les *Tropidonotus natrix et viperinus*, par Alcook et Rogers pour le *Tropidonotus piscator* et le *Zamenis mucosus*, et par nous-même pour un certain nombre d'autres C. Aglyphes : *Coronella, Zamenis, Dendrophis, Lycodon*, etc.

Leydig réserve à cette glande le nom de parotide en raison de la région où elle est située; cette désignation lui est restée depuis, bien qu'elle soit impropre, en ce qu'elle établit une analogie hypothétique avec la parotide exclusivement salivaire des Vertébrés supérieurs.

Répartition de la parotide. — Dans le but de déterminer l'apparition et le degré d'extension de la venimosité glandulaire chez les Serpents,

FIG. 239. .. *Leptognathus catesbyi.* Amblycéphalide dépourvu de parotide. Orig. A.

nous avons exploré systématiquement toutes les familles reliées ou non aux Boïdés.

S'il était admis que les Opisthoglyphes possèdent tous une glande parotide, on n'était guère fixé en ce qui concerne les Aglyphes dont huit espèces seulement étaient comprises dans la liste de Duvernoy. Or, sur 95 espèces examinées par nous, 72 en sont pourvues, les autres ne possédant que des glandes labiales. La présence de cette parotide, pour être

FIG. 240. — *Ilysia scytale.* Ilysiidé pourvu de volumineuses glandes périlabiales; p. parotide. Orig. A.

fréquente, n'est donc pas générale ; fait particulier, sa présence ne constitue par un caractère générique absolu ; ainsi dans le genre Coluber, les espèces C. *radiatus* Schl., C. *porphyriacus* Cantor, ont une parotide, alors que d'autres espèces telles que C. *helena* Daud, C. *esculapii* Lacép., C. *scalaris* Schinz..., en sont dépourvues.

Parmi les autres familles de Serpents, les Amblycéphalidés présentent la même particularité que les C. Aglyphes : c'est ainsi que le *Leptognathas brevifascies* Cope, L. *viguieri* Bocourt, L. *pavonina* Schlegel, L. *elegans* Günth, ont une parotide développée, alors que L. *catesbyi* Sentz n'en présente pas trace, mais est par contre pourvu d'une volumineuse glande lacrymale qui s'étend jusqu'au niveau de la commissure labiale (figs. 238 et 239).

La parotide existe aussi dans la famille des Ilysiidés (*Ilysia scytale* L., *Cylindrophis rufus* Laur...) (fig. 240), avec les caractères qu'elle affecte chez les espèces des autres familles.

Les Xénopeltidés, les Boïdés et les Uropeltidés jusqu'ici examinés ne possèdent pas de parotide.

Rapports de la parotide avec les glandes labiales supérieures. — Chez tous les serpents où elle existe, la parotide fait partie intégrante d'un groupe dit, suivant les auteurs, *parotidien, labial supérieur* ou *maxillaire*.

En réalité ce massif n'est formé chez bon nombre d'Aglyphes. chez les Xenopeltidés, les Boïdés..., que par une seule glande, la labiale supé-

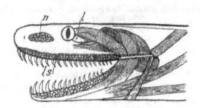

Fig. 241. — *Boodon fuliginosus*, Colubridé Aglyphe dépourvu de parotide. Orig. A.

rieure, dont les rapports avec la parotide sont si intimes que nous devons d'abord en indiquer les caractères et la disposition.

Dans le cas le plus simple, les glandes labiales forment un cordon continu, enchassé dans le bord inférieur infléchi de la lèvre supérieure, depuis la commissure labiale en arrière jusqu'à l'extrémité du museau, où les deux parties symétriques se réunissent en une masse qui forme coussin entre les écailles et les os sous-jacents (*Enhydris, Distira, Tropidonotus, Xenodon*...). Le cordon est légèrement aplati dans le sens transversal ; il est demi-translucide, grisâtre et finement lobulé. Ses différents lobules s'ouvrent directement par autant d'orifices situés au fond d'un repli muqueux qui confine au bord réfléchi et cutinisé des écailles labiales.

La présence ou l'absence de ces petits orifices, souvent visibles à l'œil nu, suffit à indiquer celle du cordon labial et son étendue. Ce cordon est d'autant plus développé qu'il n'existe pas de parotide (*Boodon. Python, Xenopeltis*) (fig. 241). La sécrétion déversée par les orifices de ce cordon glandulaire est incolore, limpide et muqueuse.

. Lorsqu'il existe une parotide, celle-ci se montre enchassée dans la moitié postérieure du cordon labial, la surface de fusion étant assez irrégulière, mais toutefois rendue nettement distincte par l'opacité habituelle et la grosseur de ses lobules. La ligne de fusion en avant est marquée par un trait oblique situé au niveau du globe de l'œil, en bas et en arrière par une ligne sinueuse, (*Tropidonotus natrix, Cœlopeltis, Dryophis*). Si la parotide prend un grand développement. la portion labiale sous-jacente peut être interrompue ou même disparaître, de telle sorte que ce cordon ne dépasse plus le globe de l'œil en arrière, et semble être la continuation directe de la parotide. Il est alors exactement superposé au maxillaire sous-jacent, d'où le nom de *glande maxillaire*, sous lequel certains auteurs le désignent (*Dendrophis, Xenodon*) (fig. 242). Nous lui garderons toutefois celui de *glande labiale supérieure* en raison de ses rapports encore plus intimes avec la lèvre supérieure et de la situation

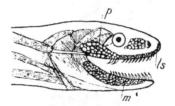

Fig. 242. — Crochets maxillaires et glande parotide de *Xenodon severus*.
C. Aglyphe. Orig.

des orifices excréteurs situés sur le bord même de cette lèvre, et non dans les gencives et à la base des dents, comme le prétendait SCHLEGEL.

La parotide n'a de rapports directs avec aucune autre glande ; le muscle temporal antérieur la sépare de la glande lacrymale, ou glande de Harder.

Elle occupe le plus souvent la région qui correspond aux dernières écailles labiales dont elle suit les dimensions sans généralement les atteindre. De fins tractus conjonctifs la fixent, comme la labiale, à la face interne de la lèvre, et une trame conjonctive souvent pigmentée en recouvre la face interne en laissant apparaître sa lobulation oblique de haut en bas et d'arrière en avant. Trois ou quatre lobes concrescents forment ainsi la glande.

Le canal excréteur dans sa portion intra-glandulaire suit la direction générale des lobes ; il sort de la glande par son bord antérieur et interne, et après un court trajet sous muqueux, vient s'ouvrir sur le bord inférieur du repli gingival externe au voisinage des dernières dents maxillaires ou dans la gaîne que forme ce repli, lorsque les dents sont développées en crochets.

Rapports avec la gaîne des crochets. — La formation d'une gaîne autour des dernières dents maxillaires est effectivement en rapport avec le développement de ces dents, qu'elles soient sillonnées ou pleines. Le maxillaire chez tous les Serpents est revêtu sur ses faces latérales et son bord inférieur d'une membrane gingivale percée d'orifices laissant passer les dents. Les deux feuillets de cette membrane se perdent insensiblement en avant et en arrière dans la muqueuse buccale. Dans l'intervalle, le feuillet interne, moins développé que l'externe, est masqué par la muqueuse buccale elle-même qui se trouve entre le maxillaire et le palatin et qui présente des plicatures transversales, des festons sur ses bords latéraux (fig. 243).

Lorsque les dents maxillaires postérieures se développent en crochets comme chez les Opisthoglyphes et beaucoup d'Aglyphes, ces crochets

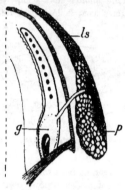

Fig. 243. — Coupe transversale demi-schématique de la région maxillaire gauche du *Xenodon severus*; g. gaîne du crochet; c, canal excréteur de la parotide. Orig. A.

ont d'ordinaire une inclinaison plus marquée que les dents précédentes; leur bord antérieur légèrement convexe devient inférieur, et leur extrémité pointue, tournée vers l'arrière, dépasse l'extrémité du maxillaire, donc les feuillets gingivaux; mais ceux-ci, l'externe en particulier, se développent davantage en hauteur; ils forment autour de la base et en avant des crochets une voûte continue qui ne contracte aucune adhérence avec eux, ni avec le maxillaire et qui ne s'ouvre que par son bord inféro-postérieur.

Dans la région antérieure du feuillet externe s'engage le court canal excréteur de la glande, qui s'ouvre ainsi dans la gaîne et déverse autour des crochets la sécrétion parotidienne.

Rapports avec le tendon articulo-maxillaire. — Le tendon qui relie l'extrémité postérieure du maxillaire avec l'apophyse articulaire de la mandibule forme un cordon nacré ou une lanière aplatie, qui passe en sautoir sur la masse des muscles temporaux, sans contracter d'adhérence avec eux. Mais par sa face externe il s'applique sur la face interne de la parotide, et contracte avec elle des adhérences conjonctives.

Chez certaines espèces, ce cordon forme une véritable nappe tendineuse qui isole les temporaux de la face interne de la lèvre supérieure (*Ilysia scytale*) (fig. 244).

La glande parotide n'a donc que des rapports de voisinage avec les muscles temporaux.

Rapports avec les dents maxillaires. — L'existence d'une glande dans la région parotidienne est-elle toujours liée à la présence de crochets maxillaires sillonnés comme le pensait REINWARDT ? DUVERNOY avait déjà. par quelques exemples de Colubridés Aglyphes, tels que la *Coronella austriaca*, montré que chez ces derniers, ce n'est au moins pas un fait général. En examinant la dentition des Aglyphes pourvus d'une parotide, nous avons constaté qu'il en est beaucoup parmi eux qui sont dans le cas de la Coronelle et ont des dents maxillaires petites et égales (*Contia, Dendrelaphis, Drymobius, Grayia, Herpetodryas...*). Le plus grand nombre, il est vrai, ont des dents inégales, les antérieures ou les postérieures étant les plus grandes et en série continue, ou bien en série discontinue, les postérieures étant séparées des autres par une barre· Dans ce dernier cas, ces dents sont plus grosses que les précédentes, aussi et même quelquefois plus développées que les crochets sillonnés des Opisthoglyphes ; elles forment des crochets pleins capables de faire des entailles profondes par lesquelles la sécrétion parotidienne pourra pénétrer, non mélangée aux autres salives, puisque de tels crochets sont entourés d'une gaîne. Une telle disposition est l'équivalent de l'appareil venimeux des Opisthoglyphes puisque, d'autre part, la sécrétion parotidienne s'est montrée toxique dans toutes les espèces où nous l'avons essayée. Bien mieux, on sait d'après WEST que certains Opisthoglyphes avérés, tels que *Erythrolamprus esculapii*, présentent une variété aglyphe tout en conservant la parotide, ce qui montre que Aglyphes et Opisthoglyphes forment deux séries parallèles, plutôt que dérivées l'une de l'autre, et dont quelques types s'équivalent au point de vue de la fonction venimeuse. Parmi les Aglyphes pourvus ainsi de gros crochets pleins, il faut citer les genres *Dinodon, Dromicus, Lioheterodon, Heterodon, Liophis, Lystrophis, Macropisthodon, Pseudoxenodon, Xenodon, Lycodon, Hormonotus, Simocephalus...* (fig. 6).

Mais la coexistence de la glande et de crochets pleins pour être fréquente n'est pas constante: chez le *Prosymna melœagris* Reinw, *Pseudaspis cana* L. et *Rhadinea fusca* Blgr., il existe des crochets pleins, mais pas de glande parotide.

L'absence et la présence de la glande parotide se montrent donc primitivement indépendantes de la dentition ; ce n'est que secondairement qu'on observe un parallélisme entre le développement des deux facteurs de la fonction : glande venimeuse et gros crochets inoculateurs.

Ainsi les deux caractères qu'indiquait DUVERNOY pour établir la distinction entre les Serpents venimeux et les non venimeux ne s'appliquent plus qu'aux Protéroglyphes et aux Vipéridés, les plus anciennement reconnus comme venimeux, puisque pour cet auteur la parotide est une glande salivaire. Cette opinion cesse d'être justifiée par les découvertes récentes, car pour nous *sont venimeux tous les serpents possédant une glande à sécrétion, qui se montre toxique, non-seulement pour l'homme et des animaux particuliers, mais aussi pour leur proie, et quelle que soit la dentition du serpent.*

En ce qui concerne plus particulièrement les rapports du serpent avec sa proie, la distinction entre les serpents pourvus de crochets et ceux qui en sont dépourvus est au point de vue physiologique très minime. car la pénétration du venin est toujours assurée par les plaies multiples que font les dents fonctionnant comme harpons au cours de l'engagement de la proie, qui prépare la déglutition.

Nous donnons dans les listes suivantes les résultats de nos explorations chez les Colubridés Aglyphes que nous avons pu examiner. Elles ne comprennent pas tous les Aglyphes, dont il existe environ 1070 espèces jusqu'ici décrites, réparties en 125 genres ; mais elles suffisent à nous donner une idée approximative de l'extension de la fonction venimeuse dans ce groupe de Colubridés et à nous montrer les rapports qui existent entre la présence de la parotide et celle des crochets pleins.

Colubridés Aglyphes dépourvus de parotide

1° *Dents maxillaires égales.*

GENRES	ESPÈCES EXAMINÉES
Ablabes, part. D. B. ..	A. *major*, Günth.; A. *badiolurus*, Boïe.
Achrochordus, Hornstedt	A. *javanicus*, Hornstedt.
Calamaria, Boïe.	C. *septentrionalis*, Blgr.
Coluber, part. L.	C. *deppei*, D. B.; *esculapii*, Lacép.; C. *scalaris*, Schinz.; C. *phyllophis*, Blgr; C. *tæniurus*, Cope; C. *conspicillatus*, Boïe; C. *melanurus*, Schleg.; C. *helena*, Daud.
Dasypeltis, Wagl.	D. *scabra*, L.
Scaphiophis, Peters..	S. *albo-punctatus*, Peters.
Streptophorus, D. B..	S. *atratus*, Hallow.

2° *Dents maxillaires inégales.*

A. Les antérieures les plus grandes.

Lycophidium, D. B. ..	L. *capense*, Smith.
Spilotes, Wagl.	S. *anomalis*, Bœttger.
Boodon, D. B.	B. *fuliginosus*, Boïe; B. *bilineatus*, D. B.; B. *quadrilineatus*, D. et B.

B. Les postérieures les plus grandes.

Prosymna, Gray	P. *meleagris*, Reinh.
Pseudaspis, Cope	P. *cana*, L.
Rhadinea, Cope.	R. *fusca*, Blgr.

Colubridés Aglyphes pourvus de parotide

1° *Dents maxillaires égales.*

GENRES	ESPÈCES EXAMINÉES
Coluber, part. L......	C. porphyriacus, Cantor (=Ablabes porphyriacus, Blgr.); C. radiatus), Schlegel.
Contia, Baird.........	C. nasus, Günth.
Coronella, part. Laur..	C. austriaca, Laur.; C. girondica, Daud.; C. punctata, L. (=Ablabes punctatus, D. B.).
Dendrelaphis, Blgr. ...	D. caudolineatus, Gray.
Dromicodryas, Blgr. ..	D. bernieri, D. B.
Drymobius, Cope	D. bifossatus, raddi: D. margaritiferus, Schleg.
Grayia, Günth.	G. smithii, Leach.
Herpetodryas, Boïe ...	H. carinatus, L.
Polyodontophis, Blgr..	P. subpunctatus, D. B.; P. collaris, Gray.
Simocephalus, Günth..	S. capensis, Smith.
Trachischium, Günth...	T. fuscum, Günth.
Xylophis, Bedd.	X. perroteti, Blgr.

2° *Dents maxillaires inégales.*

A. En série continue, les antérieures les plus grandes.

Atractus, Wagl.	A. latifrontalis, Garm.; A badius, Boïe (=Rabdosoma badium, D. B.).

B. En série continue, les postérieures les plus grandes.

Chlorophis, Hallow ..	C. emini, Günth.; C. heterodermus, Hallow.
Dendrophis, Boïe	D. pictus, D. B.
Dryocalamus, Günth. ..	D. nympha, Daud.
Gastropyxis, Cope.....	G. smaragdina, Schleg.
Hapsidophrys, part. Fischer	H. lineata, Fisch.
Helicops, part. Wagl.	H. schistosus, Daud.
Herpetodryas, Boïe ..	H. carinatus, L.
Lamprophis, part. Smith.	L. rogeri, Mocquard.
Leptophis, part. Bell...	L. occidental.., Günth.; L. liocercus, Günth.; L. nigromarginatus, Günth.
Liopholidophis, Mocq...	L. dolichocercus, Peracca.
Lytorhynchus, Peters .	L. diadema, D. B.
Oligodon, Boïe	O. subgriseus, D. B.
Philothamnus, part. Smith.	P. semivariegatus, Smith.; P. dorsalis, Boccage.
Pseudoxenodon, Blgr...	P. sinensis, Blgr.; P. macrops, Blyth.
Rhadinea, Cope	R. merremii, Wied; R. cobella, L.; R. vittata, Peters.

Simotes, part. D. B.	S. *tæniatus*, Günth.; S. *violaceus*, Cantor; S. *arnensis*, Shaw.
Tropidonotus, Kuhl. ..	T. *natrix*, L.; T. *viperinus*, Latr.; T. *melanogaster*, Peters; T. *vittatus*, Laur.; T. *lateralis*, part. D. B.; T. *stolatus*, L.; T. *piscator*, Schneid.; T. *parallelus*, Blgr.; T. *fuliginosus*, Günth.; T. *subminiatus*, Schleg.
Zamenis, part. Wagl. ..	Z. *hippocrepis*, L.; Z. *gemonensis*, Laur.; Z. *diadema*, Schleg.; Z. *korros*, Schleg.; Z. *mucosus*, Linné.

C. En série discontinue, les 2 ou 3 dernières plus grosses et plus longues, développées en crochets pleins et séparées des dents précédentes par une barre.

Dinodon, D. B.	D. *rufozonatus*, Cantor.
Dromicus, part. D. B...	D. *temminckii*, Schleg.
Lioheterodon, Latr ...	L. *madagascariensis*, D. B.; L. *modestus*, Günth.
Liophis, part. Walg. ..	L. *albiventris*, Ian; L. *andeæ*, Reinh.
Lystrophis, Cope	L. *dorbignyi*, D. B.
Macropisthodon, Blgr..	M. *subminiatus*, Schleg. (=*Amphiesma subminiatum*, D. B.).
Xenodon, part. Boïe ..	P. *severus*, L.
Heterodon, Latr.	H. *nasicus*, Baird et Girard.

D. Présence de crochets postérieurs et en outre d'autres antérieurs ou moyens.

Hormonotus, Hallow..	H. *modestus*, D. B.
Lycodon, part. Boïe ..	L. *aulicus*, L.
Simocephalus, Günth...	S. *capensis*, Smith.

GLANDE TEMPORALE ANTÉRIEURE

Chez les Ilysiidés, les Boïdés et les Uropeltidés, il existe une glande plus profondément située que la parotide, et que nos expériences ont reconnue être venimeuse. Elle n'a été encore signalé par aucun auteur.

En ce qui concerne en particulier les Boïdés, SCHLEGEL ne leur reconnaît aucune glande sus-maxillaire ; ils sont cependant pourvus d'un cordon labial très apparent (*Boa, Python, Ungalia*), sans trace de parotide normale ; mais par contre, les espèces *Ungalia maculata*, B. ; *Eryx conicus*, Schn.; *E. jaculus*, L.; *E. johni*, Russ., et *E. muelleri*, Blgr., ont une glande venimeuse dont les rapports sont les suivants : sa masse pyriforme à grosse extrémité postérieure est logée dans une dépression du muscle temporal antérieur, sous l'aponénose de ce muscle ; l'extrémité antérieure amincie s'avance obliquement en dehors jusque vers l'extrémité postérieure du maxillaire. En haut elle atteint, ou elle recouvre, l'ex-

trémité inférieure de la glande lacrymale, avec laquelle elle ne saurait
d'ailleurs être confondue (fig. 244).

Cette situation et ces rapports sont les mêmes que ceux de la glande
venimeuse des C. Protéroglyphes et des Vipéridés, mais la glande petite,
pleine comme la parotide, ne contracte pas d'adhérence avec le muscle

FIG. 244. — Glande temporale antérieure d'*Ilysia scytale*. Orig. A.

temporal antérieur, simplement déprimé par son acinus. Nous proposons
pour en rappeler la situation et la distinguer de la parotide, le nom de
glande temporale antérieure.

Cette situation fait que la glande n'a aucun contact avec le cordon
des glandes labiales ; l'aponévrose temporale et le tendon articulo-maxillaire qui passe au devant l'en séparent.

Chez les Uropeltidés, nous avons constaté la présence de cette glande

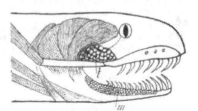

FIG. 245. — Glande temporale antérieure d'*Eryx johni*. Orig. A.

chez les espèces *Rhinophis trevelyanus* Kelaart, *Silybura nigra* **Bedd**,
S. melanogaster Gray, *S. pulneyensis* Bedd, *Plectrurus perroteti* D. B.,
Platyplectrurus madurensis Bedd, *P. sanguineus* Bedd, et *P. trilineatus*
Bedd (fig. 246).

Elle affecte identiquement les mêmes rapports que chez les Boïdés.
Sa sécrétion est, comme nous le verrons, très venimeuse chez les Eryx, les
Silybura et les Platyplectrurus.

Quant aux Ilysiidés ils présentent à la fois une parotide normale et
une glande temporale antérieure. La fig. 240 nous montre chez l'*Ilysia
scytale*, la parotide formée de trois lobes convergents, qui se continue par

un cordon labial dont on aperçoit les pores excréteurs sur le bord inféro-interne de la lèvre. La fig. 244 représente la glande temporale antérieure, logée dans l'encoche du temporal. La surface en est lobulée contrairement à celle de la glande lacrymale voisine.

Au point de vue fonctionnel, la glande temporale est une glande venimeuse comme nous avons pu expérimentalement le vérifier pour plusieurs espèces. Il existerait ainsi chez les Ilysiidés, deux glandes céphaliques qui, chez d'autres espèces, sont venimeuses ; ce qui n'est pas

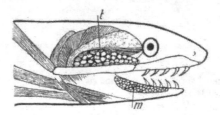

Fig. 246. — Glande temporale antérieure de *Platyplectrurus madurensis*. Orig. A.

invraisemblable, si l'on considère que les Batraciens en possèdent de deux sortes dans leur peau ; mais nous n'avons pas encore pu vérifier le fait chez les espèces de cette famille.

Chez les Typhlopidés (*Typhlops punctatus*, fig. 247), il existe un stade intermédiaire entre la disposition qu'affecte la glande temporale antérieure et la parotide. Le petit orifice buccal est entouré sur tout son

Fig. 247. — Glandes péribuccales du *Typhlops punctatus*. Orig. A.

pourtour d'épais cordons glandulaires. En avant, entre le bord antérieur de l'œil et l'orifice nasal, se trouve une lame glandulaire épaisse qui occupe la dépression préfrontale jusqu'à la lèvre supérieure, et représente la glande labiale supérieure.

L'œil est excentriquement enchassé dans une grosse glande lacrymale à surface lisse, de couleur blanc opaque. Au-dessous de l'œil et jusqu'au voisinage de la glande labiale en avant, en superposition directe avec les muscles temporaux, se trouve une autre glande volumineuse, massive, **blanc opaque à gros** lobules, qui atteint la commissure et la contourne en se **réfléchissant sur le** bord externe de la mandibule jusqu'à la région antérieure de celle-ci.

Cette glande est bridée dans sa région moyenne par le tendon qui relie l'articulation mandibulaire au préfrontal ; ce tendon s'élargit en nappe dans sa région antérieure et recouvre la glande labiale d'un voile

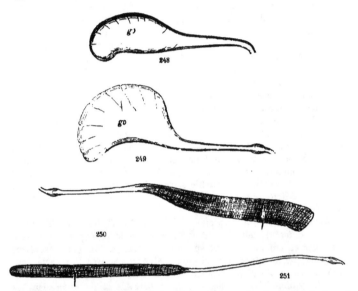

F14. 248 à 251. — Forme extérieure de la glande venimeuse chez les Protéroglyphes et les Vipéridés : 248, *Naja*; 249, *Bitis*; 250, *Causus*; 251, *Doliophis*. Orig. A.

épais. En outre, toute la région latérale de la tête est recouverte à partir de la région postérieure de l'œil par les tendons en nappe des muscles peauciers, fort épais.

La glande temporo-mandibulaire des Typhlopidés diffère de la temporale antérieure et de la parotide par sa situation sus-aponévrotique et son prolongement mandibulaire ; elle s'en rapproche par sa structure.

On ne sait rien encore des propriétés de sa sécrétion.

GLANDE A RÉSERVOIR DES C. PROTÉROGLYPHES ET DES VIPÉRIDÉS

Tandis que la parotide et la glande temporale antérieure montrent extérieurement une structure lobulée, cette structure est masquée chez les grands venimeux par une membrane propre assez épaisse qui voile les détails sous-jacents. L'acinus apparaît comme une ampoule à surface lisse distendue par le venin dont la teinte jaune transparaît à travers l'enveloppe.

Ce qui distingue en outre cette glande des précédentes, c'est la grande lumière centrale de ses lobes, qui forment ainsi un réservoir à la sécrétion ; son canal excréteur allongé, qui suit la face externe du maxillaire avant de s'ouvrir dans la gaine des crochets, en avant et à la base de ceux-ci. Ce canal, chez les Protéroglyphes a d'abord une forme conique qui devient ensuite cylindrique (fig. 248), tandis qu'il se rétrécit plus brusquement au voisinage de l'acinus chez les Vipéridés, et qu'il présente en outre un renflement ampullaire en arrière de la gaine (figs. 249 et 250). Ce renflement existe exceptionnellement chez un Protéroglyphe: le *Doliophis* (fig. 251).

L'acinus présente avec le muscle temporal antérieur des rapports qui sont à l'état d'ébauche pour la glande temporale des Boïdés ; nous avons vu qu'il est situé dans une encoche du bord antérieur de ce muscle ; mais son grand développement a rendu les rapports plus intimes chez les grands venimeux, de telle sorte qu'un ou plusieurs faisceaux du muscle s'insèrent sur sa membrane et lui forment un revêtement contractile, un muscle compresseur propre plus ou moins développé (*Vipera*, *Naja*). Ce muscle est un véritable sac continu dans les cas où l'acinus prend un développement exceptionnel en arrière (*Causus*, *Doliophis* (figs. 250, 251).

Ainsi qu'on le voit, la glande venimeuse des Vipéridés et des Protéroglyphes diffère de celle des autres Serpents par le développement de son acinus qui en fait un réservoir au venin élaboré, par son canal excréteur allongé et par les rapports étroits qu'elle contracte avec le muscle temporal antérieur. De plus, sa situation profonde, son indépendance complète du cordon labial l'éloignent de la parotide et la rapprochent au contraire de la glande temporale antérieure. L'étude de la structure de cette glande nous permettra d'en préciser les rapports avec le muscle temporal.

STRUCTURE DES GLANDES VENIMEUSES

Lorsque la glande venimeuse et la glande labiale supérieure sont peu distinctes extérieurement, par suite d'une décharge de la sécrétion de la première, qui lui enlève son opacité, on peut néanmoins par une coloration élective en masse, arriver à délimiter et à caractériser les deux glandes. Sur des coupes, la différenciation apparaît mieux encore et permet de suivre macroscopiquement la zone de suture des deux parties constituantes (fig. 252).

La trame conjonctive, sans former d'enveloppe épaisse, entoure les deux glandes ; elle a partout la même structure ; elle s'applique intimement sur les lobules dont elle épouse les saillies et les dépressions et qu'elle laisse transparaître ; elle envoie des travées interlobulaires sur lesquelles se greffent des cloisons intralobulaires.

Dans cette charpente conjonctive rampent les capillaires issus des subdivisions de l'artère de la glande, ainsi que les rameaux nerveux. On y voit également les noyaux des cellules conjonctives, des fibres élastiques, et dans les plus grosses travées, des cellules pigmentaires.

L'artère qui dessert la glande venimeuse est, comme nous le verrons, un rameau de la carotide faciale, et son nerf, un rameau détaché du nerf

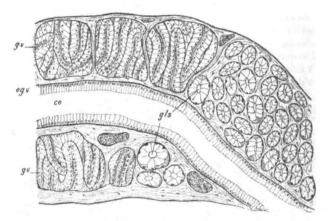

Fig. 252. — Coupe de la glande maxillaire supérieure du *Tropidonotus natrix* au niveau de la soudure de sa portion labiale gls et de sa portion venimeuse gv ; egv, canal excréteur de la glande venimeuse. Orig. A.

maxillaire supérieur. Bisogni a vu et figuré les terminaisons de ce dernier jusqu'aux noyaux des cellules glandulaires.

Ces portions extrinsèques de la glande venimeuse ne diffèrent chez les Aglyphes et les Opisthoglyphes que par l'épaisseur de la couche périphérique, qui ne devient une membrane propre continue que lorsque la glande venimeuse est indépendante des glandes labiales comme chez les Protéroglyphes et les Vipéridés, et aussi par l'importance plus ou moins grande de sa charpente conjonctive. Nous n'aurons donc pas à y revenir ; et nous porterons plus spécialement notre attention sur l'épithélium sécréteur.

Bien que l'objet de ce paragraphe ait surtout rapport à la glande venimeuse, nous croyons nécessaire d'indiquer une fois pour toutes la structure générale et constante des glandes labiales supérieures, dans tous les groupes de Serpents venimeux, non seulement parce que chez les Aglyphes et les Opisthoglyphes elles font partie d'un même massif glandulaire, tout en ayant une autre structure que les glandes venimeuses, mais encore en raison des fonctions antagonistes de ces glandes par rapport aux précédentes, fonctions qui ont un très grand intérêt au point de vue des phénomènes de l'immunité naturelle.

Structure des glandes labiales supérieures

Chez la Couleuvre à collier, ou *Tropidonotus natrix*, que nous prendrons pour type, la glande labiale supérieure est formée de petits éléments acineux, plus ou moins confluents latéralement, ayant chacun un canal

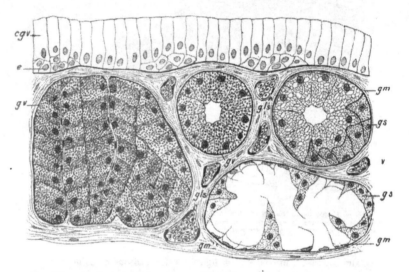

Fig. 253. — Coupe de la gl. maxillaire supérieure du *Tropidonotus*, à la limite de la séparation de ses deux parties. gs, cellules séreuses des lobules labiaux; gm, leurs cellules muqueuses; cgv, épithélium du canal excréteur de la glande venimeuse; e, cellules sous-épithéliales. Orig. A.

excréteur qui vient s'ouvrir, entre deux écailles consécutives, sur le bord interne, légèrement enroulé de la lèvre supérieure. Dans la région postérieure, soudée à la glande venimeuse, les glandules sont groupés d'une manière plus serrée, comme le montre la figure 252, choisie sur une coupe faite dans cette région.

L'épithélium sécréteur de chaque lobule muqueux comprend plusieurs assises de cellules qui sont de deux sortes, et la lumière centrale des acini est très réduite, ce qui rend la glande assez compacte (fig. 253).

Les cellules internes qui bordent la lumière glandulaire sont des cellules muqueuses disposées en une ou plusieurs assises. Elles tapissent directement la paroi interne de la membrane conjonctive du lobule dans la plus grande partie de sa surface. Mais au fond de l'acinus, elles s'appuient sur une seconde catégorie de cellules qui leur servent de berceau et qui sont des cellules séreuses.

Le contenu de ces cellules marginales est plus sombre que celui des cellules centrales et finement granuleux ; leur noyau est nucléolé ; elles

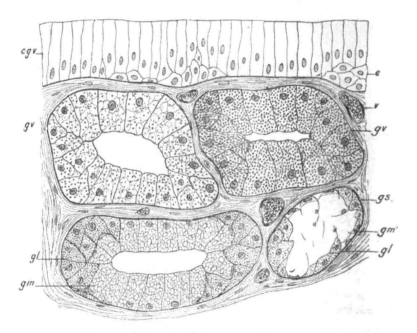

Fig. 254. — Coupe de la gl. maxillaire supérieure du *Cœlopeltis*, à la limite de séparation de ses deux parties. Orig. A.

conservent le même aspect pendant les différentes phases de l'activité de la glande. Elles sont tout à fait comparables aux croissants de Gianuzzi de la glande sous-maxillaire d'un Mammifère.

C'est un élément à la fois séreux et muqueux qui, au point de vue de la sécrétion, fait de la glande labiale une glande mixte. Quant aux cellules muqueuses, après une décharge de leur sécrétion, et pendant la phase où elles ne l'élaborent pas encore, elles présentent des contours assez nets ; leur noyau arrondi situé vers le tiers inférieur de la cellule, est bien distinct ; le protoplasme en est condensé, et les colorants électifs du mucus n'y révèlent pas encore la présence de celui-ci.

Mais lorsque la cellule reprend son travail d'élaboration, elle se gonfle et s'allonge suivant le sens radial ; son protoplasme devient plus clair, le noyau perd sa forme sphérique en même temps qu'il se trouve refoulé vers la membrane contre laquelle il s'aplatit en un petit arc. A ce moment, la masse cellulaire contient du mucus élaboré. La lumière glandulaire est très rétrécie, mais encore nette.

Puis survient la période où le mucus est expulsé des cellules ; on ne distingue plus alors de parois cellulaires internes ou latérales ; seules

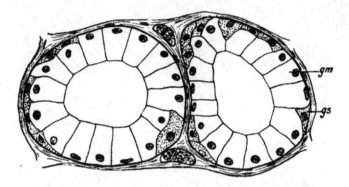

Fig. 255. — Coupe transversale des lobules des glandes labiales supérieures de *Vipera aspis*. gm, cellule muqueuse; gs, cellule séreuse. Orig. A.

les cellules marginales et la membrane lobulaire sont encore distinctes, tout le centre étant occupé par une masse nuageuse qui fixant fortement les colorants, masque tous les détails.

Cette structure des glandes labiales supérieures est la même que lorsque ces glandes existent seules comme chez les Boïdés ; elle est constante dans son ensemble, non seulement pour tous les types d'Aglyphes et d'Opisthoglyphes étudiés jusqu'ici, mais encore pour les Protéroglyphes et les Vipéridés.

Partout les cellules sécrétrices ont le même caractère, partout le canal excréteur de chaque glandule est formé, jusque dans sa région terminale, par des cellules muqueuses, allongées radialement, mais semblables à celles des alvéoles.

Les seules modifications secondaires que l'on observe sont relatives aux dimensions des alvéoles, à la grandeur de leur lumière centrale et à la simplification de leur épithélium ; ainsi chez le *Cœlopeltis monspessu lana* (fig. 254) la lumière alvéolaire est simplement plus grande que chez

le Tropidonotus natrix. Chez les C. Protéroglyphes et les Vipéridés, l'épithélium muqueux est simple ; ses cellules reposent soit directement sur
la paroi alvéolaire, soit sur des cellules séreuses moins hautes et moins
nombreuses que dans le premier groupe. Ces légères différences ne semblent pas, d'après nos expériences, retentir sur la fonction antivenimeuse
de ces glandes.

Structure de la glande parotide

La figure 253 nous représente une portion plus grossie de la figure
252, prise au voisinage de l'extrémité terminale du canal excréteur de la
glande de Tropidonotus natrix, dans la région où les deux catégories de
lobules muqueux et séreux sont contigus ; elle nous montre la section de
deux lobules de la glande venimeuse au moment où les cellules contiennent du venin élaboré. Ces cellules forment sur les parois un revêtement
régulier, continu et simple assez développé en hauteur pour obturer presque les lumières glandulaires, qui apparaissent comme des cercles ou
comme de simples fentes suivant la direction de la coupe des lobules.
Les nombreuses granulations de venin dont elles sont bourrées effacent
tous les détails du cytoplasme. Mais on aperçoit très aisément le noyau
vers le tiers inférieur de la cellule à quelque distance de la membrane.
Dans le caryoplasme clair, on distingue toujours un nucléole volumineux
central ou excentrique.

Lorsque le contenu cellulaire est déversé dans la lumière de l'acinus,
la portion apicale de la membrane est abrasée, de sorte que l'acinus ne
se montre plus qu'irrégulièrement tapissé par des cellules en voie d'expulsion de leur produit.

Lorsque la période d'expulsion cellulaire est terminée, les cellules
reprennent la netteté de leurs contours et leur disposition régulière ; elles
sont moins élevées, leur noyau est plus riche en chromatine et en granulations chromatiques qu'après l'élaboration du venin. Dans le cytoplasme,
apparaissent peu à peu des inclusions diverses et des granulations dont
les unes, appliquées contre la face externe de la membrane nucléaire,
proviendraient directement du travail secrétoire du noyau. Ces productions sont désignées par L. LAUNOY sous le nom de grains de vénogène.
Elles seraient destinées à se résoudre dans le caryoplasma et constitue-
raient la contribution propre du noyau à la sécrétion, aussi bien chez la
Vipère que chez la Couleuvre. A un stade plus avancé apparaissent des
granulations plus nombreuses de volume variable qui fixent fortement les
colorants plasmatiques, ce sont elles qui constituent le venin élaboré.
Elles bourrent à certains moments les cellules, et se liquéfient vraisemblablement pendant l'excrétion du produit, car le venin examiné, soit
dans la lumière glandulaire, soit après son expulsion, ne les montre pas
nettement.

Les acini déversent leur contenu dans un canal excréteur unique situé vers le milieu de la glande, et qui au sortir de celle-ci, ne présente plus qu'un trajet sous muqueux très court vers le bas et l'intérieur, pour déboucher au niveau des crochets ou des dernières dents maxillaires. Ce canal est tapissé, dans sa portion intra glandulaire, par de hautes et étroites cellules cylindriques, réfringentes, qui reposent par places sur des groupes de cellules polygonales entre lesquelles elles engrènent leur base.

Ces cellules bordantes du canal excréteur sont des cellules muqueuses ; elles ne contiennent aucune enclave, et leur sécrétion abondante se mélange à celle des acini séreux pour constituer le venin. *La glande venimeuse est donc aussi une glande mixte, séreuse par sa portion principale, muqueuse par sa portion centrale excrétrice.*

Chez le *Cœlopeltis*, la constitution de la glande venimeuse est très peu différente de celle que l'on observe chez le *Tropidonotus* ; c'est ce que montre la figure 254, représentant une portion glandulaire au même grossissement que la figure 253. Nous voyons seulement que les lobules glandulaires montrent en certains points une prolifération plus grande des cellules séreuses, dont quelques-unes sont exclusivement marginales ; mais elles ont identiquement la même structure que les cellules qui bordent la lumière glandulaire, et la même aussi que chez le Tropidonotus.

WEST qui les figure chez le *Dipsas ceylonensis*, les compare aux cellules marginales des acini labiaux, comparaison qui n'a guère sa raison d'être, puisqu'elles ne sont pas différentes des cellules voisines.

Structure de la glande venimeuse des Protéroglyphes.

En même temps que s'allonge le canal excréteur de la glande venimeuse, les acini tubuleux trouvés chez les Aglyphes et les Opisthoglyphes s'allongent aussi et deviennent des tubes plus ou moins cylindriques, qui convergent de proche en proche et aboutissent au canal excréteur commun. Ces tubes ont vers la périphérie de la glande un diamètre plus petit que vers le centre et présentent toujours une grande lumière centrale, par abaissement de leur épithélium sécréteur.

La disposition générale de la glande des Protéroglyphes a été primitivement décrite par CARL EMERY chez le *Naja-haje*, puis par C.-J. MARTIN chez le *Pseudechis porphyriacus*, ou Serpent noir d'Australie.

Chez le Naja-haje, une coupe longitudinale de la glande, passant par le canal excréteur, montre que la trame conjonctive interalvéolaire est plus développée vers la région de convergence des acini tubuleux qu'à la périphérie. L'épithélium des acini est régulier et cylindrique ; il est formé de cellules petites, à protoplasme homogène et transparent, pourvues d'un noyau sphérique nucléolé. La sécrétion est déversée dans la lumière des acini qui sert ainsi de réservoir.

Le canal excréteur présente des replis longitudinaux dans la plus grande partie de sa longueur, et l'épithélium de la partie centrale s'applatit peu à peu en un épithélium pavimenteux. Il est entouré dans l'épaisseur de ses parois par de petites glandes acineuses dont les conduits excréteurs très courts s'ouvrent par autant d'orifices dans la lumière canaliculaire (fig. 256). EMERY les considère avec raison comme des glandes muqueuses, ainsi que nous avons pu nous en assurer pour la glande de *Naja bungarus*. C.-M. MARTIN les figure également chez le *Pseudechys porphyriacus* ; mais chez ce dernier, elles entourent assez régulièrement le canal excréteur, tandis que chez le Naja, la paroi

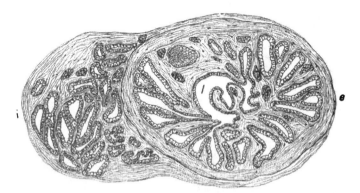

Fig. 256. — Coupe transversale du canal excréteur de la glande venimeuse de *Naja haje*. i, son bord interne ; e, son bord externe ; l, lumière du canal. Orig. A.

interne du canal renferme deux rangées superposées de ces glandes, d'où la position externe et excentrique de la lumière canaliculaire principale.

WEST a confirmé l'existence de ces glandules pour d'autres types, chez le *Bungarus ceylonensis*, l'*Elaps corallinus*, le *Petrodymon cucull1-tum* et le *Brachysoma diadema*. De plus, il a vu le passage graduel de l'épithélium séreux à l'épithélium muqueux chez les Hydrophiinés : ainsi, tandis que chez le *Platurus fasciatus*, ces glandes du canal sont réduites à de simples alvéoles, pourvues d'un revêtement épithélial semblable à celui des glandes elles-mêmes, chez le *Distira cyanocincta* et l'*Hydrus platurus*, ces alvéoles ont une cavité plus profonde, et dans la dernière moitié du canal sécrètent du mucus. Chez ces Protéroglyphes, le conduit excréteur est en outre caractérisé par l'enroulement de sa portion terminale. Ainsi, la sécrétion des acini séreux se trouve encore ici mélangée à une sécrétion muqueuse, celle des glandes annexes du canal excréteur, de sorte que l'on conçoit aisément que le venin ait une composition complexe.

Structure de la glande venimeuse des Vipéridés

Chez les Vipéridés, la glande venimeuse est généralement formée d'un petit nombre de lobes principaux accolés, subdivisés eux-mêmes en lobules, qui ne sont séparés les uns des autres que par de minces cloisons conjonctives. Ces lobes convergent obliquement du fond de l'acinus, où ils ont leur plus grand diamètre, vers la région antérieure où leurs cloisons s'abaissent peu à peu, et ne disparaissent que graduellement en donnant un canal excréteur cylindrique et non cloisonné. Le nombre des tubes glandulaires principaux est assez res-

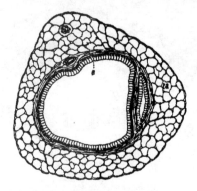

Fig. 257. — Coupe transversale de l'acinus de la glande venimeuse du *Doliophis intestinalis*. Fa, muscle temporal antérieur entourant complètement la glande; e, épithélium sécréteur. Orig. A.

treint; il n'en existe qu'un chez le *Doliophis intestinalis* (fig. 257); il y en a cinq ou six chez la *Vipera aspis* (fig. 258), et quatre chez le *Causus rhombeatus* (fig. 25o). La figure 249, qui représente une glande de Vipéridé montre la disposition d'ensemble et les proportions relatives des diverses parties : de l'acinus du canal excréteur, presque aussitôt cylindrique, pourvu vers son extrémité antérieure d'un renflement ovoïde, décrit par les auteurs anciens et interprété par eux comme *réservoir à venin*.

Une coupe transversale de l'acinus de la glande chez la *Vipera aspis* montre cet acinus divisé par quatre ou cinq épaisses travées conjonctives en cavités principales, elles-mêmes subdivisées.

Lindemann, en confirmant ce qu'avaient déjà vu Leydig et Reichel, admet que la glande de la Vipère ne peut être considérée comme une glande acineuse, mais plutôt comme une glande tubuleuse, à tubes irréguliers ; modifiée secondairement, opinion que semble confirmer la disposition observée dans les genres *Causus* et *Doliophis*.

Quoi qu'il en soit, la lumière des acini tubuleux est plus large encore que chez les Protéroglyphes, et sert aussi de réservoir au venin.

L'épithélium est bas et régulier ; il se continue, en conservant ses caractères généraux, sur la plus grande longueur du canal excréteur

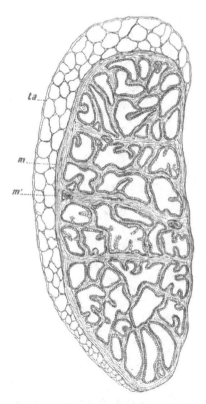

Fig. 258. — Coupe verticale et transversale de l'acinus de la glande venimeuse de *Vipera aspis*, m, membrane; m', cloisons interlobulaires; ta, faisceau compresseur courbe du muscle temporal antérieur. Orig. A.

Nous verrons comment il se modifie au niveau du renflement terminal Cet épithélium des acini varie un peu en hauteur avec l'état fonctionnel de la glande, de 38 à 46 μ, d'après Niemann. Lorsqu'on examine la glande après une décharge de venin, on trouve les cellules épithéliales presque cubiques et réduites à leur minimum de hauteur. Le noyau

arrondi est placé à une petite distance de la membrane ; le nucléole est
bien limité et se présente comme une petite sphère fixant fortement les
colorants, et qu'entoure le caryoplasme clair. Le cytoplasme est pauvre
en inclusions, uniformément teinté par les réactifs, et n'offre rien de

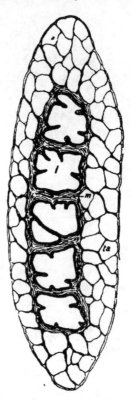

Fig. 259. — Coupe verticale et transversale de la glande venimeuse du
Causus rhombeatus montrant les 5 lob s, et le faisceau ta du muscle
temporal antérieur entourant complètement la glande. Orig. A.

particulier (fig. 260). Quand, au contraire, on examine l'épithélium
avant qu'il n'ait excrété son venin, on le voit surélevé au maximum :
le noyau est large de 5 à 6 μ, occupe presque toute la largeur de la
cellule et plus distant encore de la membrane ; sa membrane a un
contour très net. Le nucléole unique est sphérique ou ovoïde et mesure
de 1 à 1 μ, 5 de diamètre ; il est constamment visible et entouré d'un

halo clair. Le cytoplasme est granuleux, à grains très fins, homogène et
acidophile. Vers l'extrémité apicale de la cellule sont accumulées de
nombreuses granulations de venin. Toute la cellule est turgescente, et
son bord libre s'avance en dôme vers la lumière glandulaire qui, à cette
phase, est ordinairement vide de venin. C'est entre ces deux stades
extrêmes que s'est effectué le travail d'élaboration du venin, ainsi que
nous l'avons indiqué à propos de la glande venimeuse des Couleuvres.

Quant au renflement placé vers l'extrémité terminale du canal
excréteur, il mesure chez *Vipera aspis* environ trois dixièmes de milli

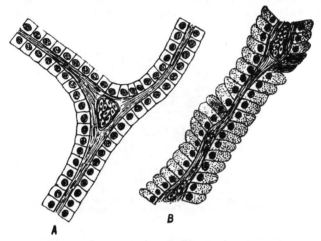

Fig. 260. — Epithélium de la glande à venin de la *Vipera aspis*. A après décharge de
venin; B en travail sécrétoire. Orig. A.

mètres de long sur deux de large. Ainsi que le fait remarquer Soubeiran, dans une note postérieure à son livre, paru en 1855, on ne peut
conserver au renflement le nom de réservoir à venin, car la lumière du
canal à ce niveau, loin d'augmenter de diamètre, semble au contraire
rétrécie. Weir Mitchell, qui signale chez le Crotale des fibres musculaires parmi les fibres conjonctives de la paroi du renflement, pense que
ce dernier peut agir à la façon d'un sphincter; mais nous n'en avons trouvé
aucune chez la *Vipera aspis*, non plus que chez de gros spécimens de vipères des genres *Bitis* et *Lachesis*, supérieurs en dimensions aux Crotales
(fig. 261-264) et où le renflement atteignait cependant le volume d'un
grain de chènevis, et présentait une grande consistance.

De plus, le rôle de sphincter serait bien superflu, car dans la position de repos du crochet, où le maxillaire est reployé contre le palais,
l'orifice du canal excréteur dans la gaine se trouve mécaniquement obli-

téré par l'affaissement du canal sur le maxillaire, tandis que le cloisonnement intérieur des tubes glandulaires empêche le venin de s'échapper au dehors. Le véritable rôle de ce renflement, ou tout au moins celui qui est le plus important, est, comme le présumait SOUBEIRAN, un rôle sécréteur : « Ce renflement, dit-il, qui a été nommé par les auteurs *réservoir à venin*, examiné au microscope, a offert dans ses parties un système glanduleux non encore décrit : Ce système consiste en une série de follicules simples, allongés et situés dans la paroi même du réservoir et venant y déverser le produit de leur sécrétion. Ces organes sont longs de cinq à six centièmes, et larges de un à deux centièmes de millimètre. Chacun d'eux paraît s'ouvrir directement dans le réservoir,

Fɪɢ. 261. — Portion de la paroi du renflement du canal excréteur de la glande venimeuse du *Lachesis lanceolatus*. Orig. A.

et on ne voit pas de conduit commun à plusieurs follicules. Quelle est l'utilité de ce système secrétoire nouveau? Sert-il à sécréter le principe qui donne un produit de la grande toxique? Est-il une sorte de prostate chargé de rendre le produit de la glande plus fluide? Je ne puis répondre à cette question, et je crois très difficile, pour ne pas dire impossible, de donner une solution ».

L'examen que nous avons fait de ce renflement a montré toute la justesse des observations et des prévisions de SOUBEIRAN : non-seulement la lumière du renflement n'est pas une dilatation, mais apparaît au contraire comme une sorte de rétrécissement du canal, dont les parois sont à ce niveau épaissies par l'existence de tubes glandulaires disposés obliquement par rapport à l'axe du canal. En outre on constate que ces cryptes sont tapissées par un épithélium purement muqueux. On ne trouve en aucun point de ces cellules séreuses périphériques que nous avons signalées dans les glandes labiales supérieures. Ces éléments sont en tous points homologues à ceux des cryptes folliculaires du canal excréteur des glandes des Protéroglyphes, et apportent à la sécrétion des

acini séreux une contribution importante, car leur mucus possède des
propriétés toxiques très marquées que nous avons pu mettre en évidence
expérimentalement chez la *Vipera aspis*. Les dimensions et l'aspect de

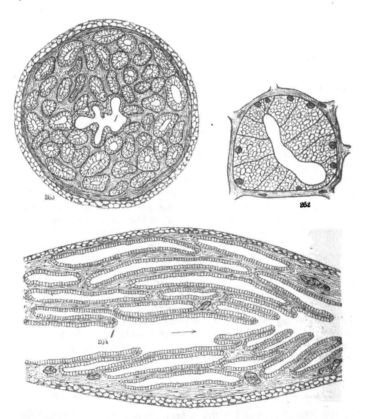

Figs. 262 à 264. — Renflement glandulaire du canal excréteur de la glande venimeuse
de *Vipera aspis*. 262, coupe transversale d'un lobule avec ses cellules muqueuses ;
263 coupe transversale de la portion moyenne du renflement. 264, coupe longitudinale
du renflement montrant l'ouverture des tubes muqueux orientés vers l'orifice de
sortie. A la périphérie enveloppe exclusivement conjonctive. Orig. A.

l'épithélium sont très voisins de ceux des glandes labiales supérieures.
     Ainsi la glande venimeuse des Vipéridés se trouve être, comme
celle des Colubridés Protéroglyphes, une glande mixte, séreuse par son
acinus, muqueuse par le renflement glandulaire de son canal excréteur.

Tous les Vipéridés jusqu'à présent examinés présentent le renflement
sécréteur ; il est fort rare de le rencontrer chez les Colubridés venimeux;
nous ne l'avons jusqu'ici observé dans ce groupe que chez le *Doliophis
intestinalis*, car il est absent chez les *Dendraspis*, où la glande toute entière est celle d'un Protéroglyphe, alors que le maxillaire et les crochets
sont déjà ceux d'un Vipéridé.

Vaisseaux céphaliques et glandulaires des Serpents

Laissant de côté la circulation générale, décrite d'abord chez le
Python par Hopkinson et Pancoat, un peu plus tard par Jacquart, puis
par Gadow chez le Pelophilus madagascariensis, pour les Couleuvres
tropidonotes par Schlem et Beddart, nous devons remarquer que les
descriptions, en ce qui concerne les vaisseaux céphaliques, sont peu
nombreuses et s'appliquent à des types divers.

Rathke est, parmi les auteurs, celui qui, avant 1856, a fourni la
meilleure description générale des vaisseaux des Serpents, en y joignant
celle des artères de la tête et du cou des adultes, tandis que plus tard
Grosser et Brezina donnaient le développement des veines de la même
région, Bruner la disposition des veines et des sinus veineux chez
l'adulte, De Vriese, Hoffmann la circulation intra-crânienne dans la série
des Vertébrés, et Dendy, cette circulation chez les Reptiles.

Le sujet a été repris plus récemment par O'Donoghue pour le *Tropidonotus natrix*, et par nous-même pour cette même Couleuvre et pour
la *Vipera aspis*, en employant la technique usuelle des injections à la gélatine colorée.

Renvoyant pour la disposition des vaisseaux intra-céphaliques aux
auteurs précédemment cités, nous nous bornerons à établir l'irrigation
des glandes, ses rapports avec la circulation générale et le cœur, en
choisissant, parmi les Serpents à glandes venimeuses les deux types
extrêmes qui synthétisent les autres pour le sujet restreint qui nous
occupe : le *Tropidonotus natrix*, parmi les Colubridés Aglyphes, et la
Vipera aspis, parmi les Vipéridés.

Cœur et vaisseaux immédiatement en rapport avec lui

Le cœur à trois cavités des serpents émet par son ventricule deux
arcs aortiques et généralement une artère pulmonaire ; il reçoit par
ses oreillettes les veines caves et pulmonaire (fig. 265).

Chez les Boïdés qui seuls parmi les serpents, possèdent encore deux
poumons, le ventricule émet 2 *artères pulmonaires* correspondantes,
l'une droite, l'autre gauche. Le sang artérialisé revient à l'oreillette
gauche par deux veines pulmonaires; mais chez tous les autres serpents
où le poumon gauche a disparu, il ne subsiste qu'une *artère pulmonaire*,
et qu'une *veine pulmonaire*, correspondant toutes deux au poumon
unique, le droit. L'artère pulmonaire gauche n'est plus représentée que

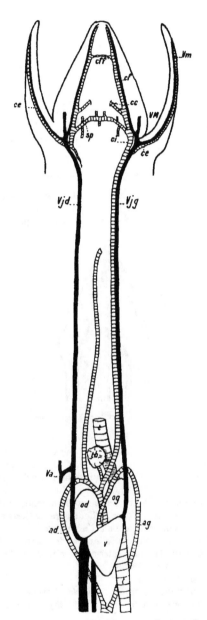

Fig. 285. — Rapports des vaisseaux céphaliques avec le cœur chez la *Vipera aspis.*
Orig. A.

VAISSEAUX EN RAPPORT IMMÉDIAT AVEC LE CŒUR

t, trachée	vjg, veine jugulaire supérieure
v, ventricule	gauche
od, oreillette droite	va, veine azygos
og, oreillette gauche	vei, veine cave inférieure
ag, arc aortique gauche	ap, art. pulmonaire
ad, arc aortique droit	vp, veine pulmonaire
cp, art. carotide primitive	th, art. thyroïdienne
vid, veine jugulaire supérieure	
droite	

par un petit cône artériel creux et fermé, de quatre ou cinq millimètres de long, qu'on trouve situé à la base de l'artère droite. L'artère pulmonaire droite, et le petit cône ne sont bien visibles que sur la face pos-

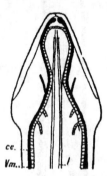

FIG. 266. — Vaisseaux du plancher buccal de la *Vipera aspis*. Orig. A.

térieure du cœur. Le ventricule émet en outre chez tous les Serpents **2 arcs aortiques**, l'un qui tourne à droite, l'autre à gauche, et qui, se dirigeant en arrière et en haut, se réunissent pour donner l'*aorte pos térieure*.

L'*arc aortique gauche*, avant de se réunir à celui de droite, n'émet aucun vaisseau chez la Vipère ; chez la Couleuvre, O'DONOGHUE a vu deux très petites branches qui se rendent à l'œsophage.

L'*arc aortique droit*, ou crosse droite de l'aorte, qu'on aperçoit croisant le gauche dans le sillon inter-auriculaire de la face ventrale du cœur, donne les branches suivantes :

Les *artères coronaires* ;

La *carotide primitive* (*carotis primaria*, Rathke), très courte, de laquelle se détache vers l'intérieur l'*artère thyroïdienne* qui, d'après quelques auteurs, serait le vestige de la carotide droite. Owen signale effectivement chez le Tropidonotus natrix, deux carotides primitives dont la droite fournit un rameau à la glande thyroïde, avant de se continuer en un filament grêle. Le même fait a été observé par d'autres auteurs, notamment par O'Donoghue sur quelques spécimens du même serpent.

Après avoir émis ce fin rameau, la carotide primitive prend le nom de *carotide commune* (*arteria carotis communis*, Rathke ; *arteria cephalica*, Schlem). Cette artère se dirige vers la gauche, entre l'œsophage

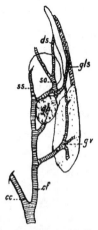

Fig. 207. — Vaisseaux des glandes céphaliques du *Tropidotus natrix.* Orig. A.

et la trachée, à laquelle elle envoie trois ou quatre rameaux avant d'atteindre la région postérieure de la tête, où nous la retrouverons : C'est la *carotide commune gauche*, qui seule distribue le sang artériel à toute la tête.

L'*artère vertébrale* (*arteria vertebralis*, Rahke ; *arteria collaris*, Schlem) naît sur la portion supérieure de la boucle de l'arc aortique, se dirige en avant, un peu à droite de la colonne vertébrale, et disparaît dans la musculature de la ligne dorsale, à peu près à la moitié de la distance séparant le cœur du cou, après avoir fourni plusieurs rameaux aux muscles des parois du corps.

Le sang de toute la tête et de la portion antérieure précordiale du corps est ramené au cœur par les deux veines jugulaires, de telle façon que les vaisseaux veineux de ces portions sont symétriques (sauf en ce qui concerne le poumon).

La veine jugulaire commune gauche (V. jugularis sinister, Schlem) conserve son nom, jusqu'au voisinage du cœur puisqu'il n'existe pas de veine sous-clavière ; elle s'accole au bord externe de la carotide commune jusqu'à une petite distance du cœur ; continuant sa route en ligne droite, tandis que la carotide oblique vers la ligne médiane, elle passe sur le bord ventral de l'arc aortique gauche, longe le bord dorso-latéral de l'oreillette gauche, suit le sillon auriculo-ventriculaire correspondant, et de là oblique brusquement vers la droite pour aboutir au sinus veineux qui précède l'oreillette droite.

Dans sa portion antérieure, elle reçoit quelques veines de l'œsophage ; dans le sillon auriculo-ventriculaire, elle reçoit les veines coronaires.

La veine jugulaire commune droite (V. jugularis dextra, Schlem) affecte la même disposition que la gauche ; mais elle chemine seule, et au niveau de l'oreillette droite, elle reçoit un important tributaire, la *veine azygos*. Après quoi, elle s'unit à la veine cave postérieure pour former la portion la plus grande du sinus veineux.

Vaisseaux céphaliques

Artères	Veines
ccg, art. carotide de commune gauche	vjd, v. jugulaire commune droite
ce, carotide externe	vjg. v. jugulaire commune gauche
pt, art. ptérygoïdienne	vm, v. mentonnière
ci, art. carotide interne	VM, v. maxillaire supérieure
cc, art. carotide interne cérébrale	vlc, v. latérale cérébrale
sp, première artère spinale	vdc, v. dorsale cérébrale
am, art. maxillaire inférieure ou dentaire inférieure	vpc, v. postérieure cérébrale
gv, art. de la glande venimeuse	vm, v. dentaire inférieure
gls, art. des glandes labiales supérieures	vgv, v. de la glande venimeuse
gh, art. de la glande de Harder	vls, v. des glandes labiales supérieures
ss. art. sus-orbitaire	vgh, v. de la glande de Harder
pp, art. ptérygo-palatine	ss' sinus veineux sus-orbitaire
so, art. sous-orbitaire	VM, v. maxillaire supérieure
ds, art. dentaire supérieure	vmc, v. médiane cérébrale
cff, anastomose entre les 2 carotides faciales	

Artères. — *L'artère carotide commune gauche* assure toute l'irrigation de la tête, puisque sa symétrique a disparu dans la portion cervicale au cours du développement. Mais la communication entre les vaisseaux artériels symétriques de la tête est assurée par trois anastomoses :

La première est située au-dessous du bulbe, et réunit les deux

carotides internes ; la deuxième se trouve en avant du cerveau, au niveau
du chiasma des nerfs optiques, et réunit les deux branches antérieures
des carotides cérébrale et faciale ; la troisième se trouve sur le plancher
buccal, derrière la symphise mandibulaire et réunit les extrémités des
carotides externes.

Au niveau de l'articulation quadrato-mandibulaire gauche, la carotide commune se bifurque et donne deux branches principales : les
carotides externe et interne.

L'artère carotide externe gauche (*carotis externa*, Rathke ; *arteria
infra maxillaris*, Schlem) se dirige aussitôt en bas, en avant et en
dedans, entre le plancher pharyngien et le muscle mylo-hyoïdien, vers

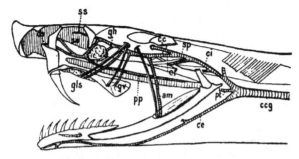

Fᵢɢ. 266. — Artères céphaliques de *Vipera aspis*. Orig. A.

la gaine de la langue ; puis elle se réfléchit vers l'extérieur pour suivre
le bord interne et antérieur de la mandibule, accompagnée par la veine
correspondante, et le nerf glosso-pharyngien et les branches cutanées
de l'hypoglosse. A une petite distance de la symphyse, une anastomose
bien distincte la réunit à sa symétrique.

L'artère carotide externe droite est semblable à la gauche, sauf que
la carotide commune dont elle émane chez l'embryon a disparu, et se
trouve représentée seulement par un court vaisseau, qui occupe en
arrière de l'articulation droite la position normale, mais qui se termine
bientôt en un filament très ténu et aveugle.

Cette carotide reçoit le sang artériel non seulement de l'anastomose
antérieure, mais encore de l'anastomose entre les deux carotides internes.

La distribution de l'artère carotide interne dans les portions dorsale
et latérale de la tête est la même des deux côtés ; la description d'un
côté s'appliquera donc à l'autre.

L'artère carotide interne (*carotis interna*, Rathke ; *art. cephalica* et
art. carotis communis, Schlem), à partir de la bifurcation de la carotide
commune se dirige en avant et vers le haut, formant avec les nerfs vagues

et hypoglosse, ainsi que les veines correspondantes un collier vasculo-nerveux qui contourne le bord postérieur et inférieur du digastrique jusqu'au niveau de la columella auris. Elle passe alors sous le quadratum et la columelle, et à une petite distance du trou postérieur du prootique, se bifurque en une branche interne, *la carotide cérébrale* et une branche externe, la *carotide faciale*.

Avant cette bifurcation, la carotide interne émet des artères pour les muscles de la région postérieure de la tête et du cou :

1° Une artère à l'œsophage ;

2° Une artère au muscle cervico-angulaire et à la peau ;

3° Une artère au muscle ptérygoïdien externe ;

4° Une artère au muscle digastrique ;

5° Une artère au muscle temporal postérieur ;

6° Une artère au sphéno-ptérygoïdien ;

7° La première artère spinale. Celle-ci s'engage dans la membrane occipito-atloïdienne et, passant sous le bulbe, s'anastomose, comme l'a montré SCHLEM, avec sa symétrique, ce qui fait ainsi passer le sang artériel de la carotide interne gauche dans la droite.

A partir de la bifurcation qui se trouve un peu en arrière du prootique, la branche interne qui constitue la *carotide cérébrale* se dirige en avant et en dedans vers un orifice de l'exoccipital situé immédiatement au-dessous du squamosal, et pénètre dans le crâne pour donner à l'intérieur de celui-ci les artères *carotides cérébrales postérieures, médianes et antérieures*. La branche externe, ou *carotide faciale*, dirigée en avant, appliquée contre la fosse temporale et au-dessous des racines d'émergence du *nerf trijumeau*, formant jusqu'au post-frontal un arc, duquel émergent les vaisseaux qui irriguent les muscles et les glandes de la région.

Le premier de ces vaisseaux est l'*artère maxillaire inférieure* ou *mandibulaire* (syn. : *art. dentalis inferior*, Rathke ; *art. alveolaris inferior*, Schlem). Elle se dirige en dehors et en bas, doublant le nerf dentaire inférieur de la racine maxillaire inférieure du trijumeau, pénètre avec lui dans le canal mandibulaire et en sort en avant par le trou dentaire, sous le nom d'*artère mentale* (art. mentalis, Rathke). Cette portion irrigue les tissus des lèvres et, chez les couleuvres, la région antérieure des glandes labiales, tandis qu'un rameau sortant d'un orifice situé en arrière du dentaire en irrigue la région postérieure. Chez la Couleuvre à collier, O'DONOGHUE figure cette artère maxillaire comme une branche de la carotide interne, qui serait émise entre sa bifurcation et le lieu d'origine de la première artère spinale ; ce qui montrerait que ce lieu d'émergence n'est pas absolument fixe. Toutefois, chez la Vipère aspic, nous l'avons toujours vue dériver de la carotide faciale. Cette carotide fournit ensuite les artères de tous les muscles élévateurs antérieurs de la mandibule, des muscles crânio-palatins et des glandes. Pour ne pas surcharger la figure, nous n'avons représenté entre l'orbite et l'artère mandibulaire que les artères glandulaires.

La première qui se présente dessert à la fois la région postérieure du maxillaire supérieur et celle de la parotide chez les Colubridés Aglyphes et Opistoglyphes : nous pouvons l'appeler aussitôt *artère de la glande venimeuse* (syn. : *ramus glandulæ maxillæ superioris posterior*, Schlem). Elle descend effectivement vers la glande venimeuse chez la Vipère, en suivant le bord postérieur de son nerf, puis se divise en plusieurs rameaux avant d'aborder la capsule de la glande par la région moyenne de la face interne.

Cette branche affecte exactement la même disposition chez les Protéroglyphes que chez les Vipéridés. Chez les Aglyphes, et notamment le Tropidonotus natrix, l'artère, qui aborde aussi la glande venimeuse par sa région postérieure, s'y distribue et, en avant, émet un petit rameau qui s'anastomose avec un rameau correspondant de l'artère desservant les glandes labiales (fig. 267). Chez les Boïdés et les autres Serpents, elle ne dessert que le maxillaire et mérite le nom d'*artère maxillaire supérieure et postérieure.* L'artère des glandes labiales supérieures (syn. : *ramus glandulæ maxillaris superioris anterior*, Schlem) est tout à fait indépendante de la précédente chez les serpents venimeux Protéroglyphes et Solénoglyphes. Elle suit, en dehors de l'orbite, le rameau labial supérieur du trijumeau, le long du bord externe de la lèvre supérieure. Chez les Colubridés Aglyphes, elle irriguerait en outre, par un rameau anastomotique, la portion antérieure de la glande venimeuse ainsi que les dents postérieures, comme l'a signalé O'Donoghue. Elle fournit en outre des rameaux aux os palatins et à la glande nasale.

En avant de l'artère des glandes labiales, la carotide faciale émet l'*artère de la glande de Harder*, qui aborde celle-ci par son bord postérieur et inférieur ; puis le vaisseau passant sur le bord supérieur de cette glande se bifurque en deux branches terminales immédiatement en arrière du postfrontal : la *branche externe terminale de la carotide faciale* descend entre le postfrontal et la glande vers la région inférieure et postérieure de l'orbite. A ce niveau, qui correspond à l'arc ptérygo-palatin, cette branche donne une *artère palato-ptérygoïdienne*, qui suit le bord externe de l'arc osseux ptérygo-palatin. Puis, en avant, sur le plancher de l'orbite, se produit une bifurcation de la branche terminale externe en un *rameau sous-orbitaire*, qui se dirige en dedans et en avant, accompagnant le nerf de même nom vers l'orifice antéro-interne de l'orbite, et un rameau externe ou *dentaire supérieur*, qui va aborder par sa face postérieure la branche montante du maxillaire chez la Vipère, la région antérieure de ce maxillaire chez la Couleuvre.

La *branche interne terminale de la carotide faciale*, ou sus-orbitaire (syn. : *art. carotis cerebralis*, Schlem), passe sous le post-orbital et se dirige, en suivant un arc irrégulier, vers la paroi supérieure et interne de l'orbite, puis vers le trou optique, où elle s'anastomose avec l'artère ophthalmique. Cette anastomose permet au sang de la carotide faciale gauche de passer dans la faciale droite, et ferme le cercle artériel de Willis.

Dans son court trajet intra-orbitaire, cette artère donne des rameaux à la portion antérieure de la glande de *Harder*, aux muscles du globe de l'œil et à ce globe lui-même.

Nous avons résumé dans le tableau suivant les subdivisions de la carotide commune, dont on pourra suivre le trajet sur les figures 265 et 269.

Subdivisions de la carotide commune.

1° Carotide externe
: art. mylo-hyoïdiennes.
: art. linguale.
: art. trachéenne antérieure.

2° Carotide interne
: art. cervico-angulaire.
: art. ptérygoïdienne.
: art. du digastrique.
: art. du sphéno-ptérygoïdien.
: art. du temporal postérieur.

cérébrale
: arts. cérébrales postérieures, moyennes, anté-rieures.

faciale
: art. mandibulaire.
: art. mentale.
: art. de la glande venimeuse.
: art. des glandes labiales supérieures.
: art. dentaire supérieure.
: art. de la glande de Harder.
: art. des muscles temporaux.
: art. palato-ptérygoïdienne.
: art. sous orbitaire.
: art. sus-orbitaire.

Veines. — Elles ont été récemment décrites en grand détail par BRUNER chez le Tropidonotus natrix. Nous les avons suivies également dans leurs rameaux les plus importants chez la même couleuvre et chez la Vipera aspis. Elles suivent d'ailleurs le trajet des artères et des nerfs, formant un cordon compris dans la même gaine ou séparées par l'épaisseur des arcs osseux qu'elles irriguent.

Elles sont, comme nous l'avons vu, parfaitement symétriques depuis l'extrémité rostrale jusqu'au niveau de l'articulation quadrato-mandibulaire (fig. 269). La *veine mentonnière* (syn. : *mandibularis*, BRUNER : *V. inframaxillaire*, SCHLEM) naît d'un petit sinus de l'extrémité antérieure de la mandibule. Elle se dirige en arrière, à côté et en dehors de la carotide externe. Pendant son trajet sur le plancher buccal, elle reçoit les veines venant de la trachée, de la gaine de la langue, des muscles intermandibulaires et mylo-hyoïdiens. Elle se jette dans la veine maxillaire au niveau de l'articulation quadrato-mandibulaire, un peu au-dessous du confluent de cette veine avec le système veineux céphalique latéral. Les bases des veines mandibulaires, maxillaires, céphaliques latérales, ainsi que l'extrémité antérieure de la jugulaire commune, sont, d'après BRUNER, entourées de muscles constricteurs dont il a donné la morphologie et la fonction.

La *veine maxillaire* (*V. maxillaris*, BRUNER ; *V. palatina*, SCHLEM) commence également dans un petit sinus situé derrière le prémaxillaire sinus ayant une double anastomose avec son symétrique. Elle se dirige de là vers la cavité nasale, puis sous le plancher de l'orbite, le palais,

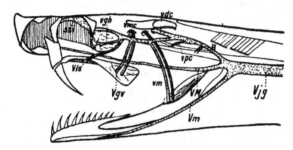

FIG. 269. — Veines céphaliques de la *Vipera aspis*. Orig. A.

pour rejoindre en arrière la veine mandibulaire. Elle a comme principal affluent la *veine palato-ptérygoïdienne* (syn. : *sinus-palato-pterygoïdeus*, BRUNER), qui longe le côté interne de l'arc palato-ptérygoïdien et que l'on aperçoit par transparence à travers la muqueuse palatine. La veine maxillaire est superficielle dans sa région postérieure et s'aperçoit au moment où elle quitte l'arc sur le milieu saillant du muscle ptérygoïdien externe.

Le système veineux latéral céphalique (syn. : *V. capitis lateralis*, GROSSER et BREZINA) reçoit le sang du territoire irrigué par la carotide interne ; il naît du bord postérieur du sinus orbital ; la veine qui en émerge se dirige vers le côté externe de la carotide interne faciale dont il est séparé par les racines du trijumeau. Elle passe, en accompagnant étroitement l'artère, sur la face temporale d'avant en arrière, jusqu'au dessous du quadratum, puis s'incurve vers l'articulation mandibulaire, où elle rejoint les veines précédentes (mandibulaire et maxillaire) pour former la veine jugulaire commune. Dans son parcours, elle reçoit :

1° *Une veine de la glande de Harder ;*

2° *La veine médiane cérébrale*, qui sort du cerveau avec la racine antérieure du trijumeau ;

3° *Une grosse veine venant des muscles temporaux* antérieurs et de la glande venimeuse. Cette veine suit étroitement l'artère maxillaire et rejoint la veine du système latéral au niveau où l'artère mandibulaire abandonne la carotide interne.

4° *Une veine dorsale céphalique*, qui sort de la cavité crânienne par le même orifice que la carotide interne céphalique ;

5° *La veine cérébrale postérieure*, avec son petit rameau spinal ; elle suit le trajet de la première artère spinale ;

6° *Les veines des muscles postérieurs de la tête* (temporal postérieur digastrique) ;

7° *Une veine cervicale* venant du collier musculaire dépresseur de la mandibule.

La figure 269 représente cet ensemble chez la Vipère ; nous l'avons trouvé conforme chez le Tropidonotus natrix.

Nerfs de l'appareil venimeux

La tête des serpents est innervée d'avant en arrière par les nerfs *olfactif, optique, facial*, et par les nerfs du groupe du *trijumeau*. Leur disposition générale a été figurée schématiquement par Owen pour le Python, et reproduite par la plupart des auteurs qui l'ont appliquée à tous les autres serpents.

Parmi ces nerfs, le *moteur oculaire commun*, le *pathétique*, le *moteur oculaire externe*, sont visibles dans la cavité orbitaire ; le *trijumeau* lui-même peut être suivi dans tout son trajet à partir des orifices par lesquels il sort du crâne ; il en est de même du *facial*, qui forme un collier entourant le digastrique et l'articulation quadrato-mandibulaire avant de se fondre dans le plexus parotidien.

De tous ces nerfs, c'est le *trijumeau* qui nous intéresse plus spécialement au point de vue l'innervation glandulaire et de celle des muscles qui concourent au mécanisme de la morsure. Il sort du crâne par les deux orifices du prootique (fig. 270), donnant une racine postérieure mixte et une racine antérieure sensitive.

a) *Racine postérieure*. — Elle sort du crâne par le trou postérieur du prootique en un faisceau de nerfs qui composent la branche maxillaire inférieure du trijumeau et desservent les muscles pariéto-mandibulaires, ceux de la base du crâne et la mandibule.

Les rameaux les plus superficiels, que nous désignerons par les organes qu'ils desservent, sont, d'arrière en avant : le *n. du digastrique*, qui naît isolément et forme un arc passant sous le quadratum avant de pénétrer par la face postéro-interne dans le muscle digastrique ; le *n. du temporal postérieur* : il pénètre entre les deux faisceaux internes du muscle avant de se ramifier pour en desservir les trois plans; le *n. dentaire inférieur* : c'est la branche la plus volumineuse du faisceau. Elle descend directement de son orifice d'origine vers le foramen de l'articulaire, s'engage dans le canal dentaire et ressort par des orifices situés sur la face externe de la mandibule; le *n. temporal du moyen*; le *n. du pariéto-mandibulaire profond*; le *n. du temporal antérieur* (pour la portion droite du muscle) ; le *n. du compresseur courbe*, pour la portion du temporal

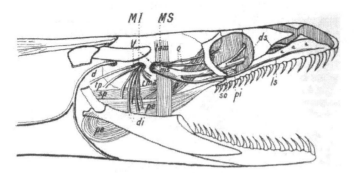

Fɪɢ. 270. — Nerf trijumeau et ses branches glandulaires chez le *Python regius*. Orig. A.

antérieur recourbée sur la glande venimeuse chez les Protéroglyphes et les Vipéridés.

Les branches profondes desservent les muscles de la base du crâne ; ce sont, d'arrière en avant, les suivantes :

Le *n. du sous-occipito angulaire*; le *n. du sphéno-ptérygoïdien*; le *n. des ptérygoïdiens*, qui descendent en trois ou quatre rameaux sur le m. ptérygoïdien externe ; l'une des branches innerve le m. ptérygoïdien interne.

b) *Racine antérieure*. — C'est la plus volumineuse des deux. Elle est formée chez le Python regius par un ruban représentant la branche maxillaire supérieure et aussi large que le petit muscle pariéto-mandibulaire profond, qu'elle croise en le recouvrant, et de deux petits cordons antérieurs qui innervent l'un le muscle pariéto-mandibulaire, l'autre le muscle post-orbito-ptérygoïdien. Ces deux petits nerfs représentent pour quelques auteurs la branche ophthalmique du trijumeau.

La grosse branche maxillaire supérieure se divise en arrière du post-orbital en deux rameaux, l'un inférieur et externe, qui longe sur toute son étendue la face externe du maxillaire et dessert le cordon glandulaire de la région, ainsi que le tissu labial : c'est le *nerf labial supérieur* ; l'autre branche est interne et devient sous-orbitaire. Elle fournit d'abord,

sur son bord inférieur, le *nerf sphéno-palatin*, puis se bifurque vers la
région moyenne du plancher de l'orbite. La branche la plus importante
continue la direction primitive, passe sous le bord inférieur externe du
préfrontal et, en avant de l'orbite, pénètre dans le maxillaire par un orifice situé son son bord supérieur et postérieur, donnant ainsi le *nerf dentaire supérieur*, tandis que la petite branche interne se dirige vers l'angle
interne et antérieur de l'orbite pour passer dans la région médiane nasale
où elle se termine.

Chez les Colubridés Aglyphes et Opisthoglyphes (fig. 271), la grosse
branche postérieure de la racine antérieure émet en outre, en arrière le
l'émergence du nerf labial supérieur, un nerf volumineux destiné à la
glande maxillaire supérieure et postérieure (*glande parotide* de LEYDIG

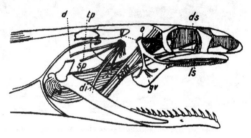

Fig. 271. — Nerf trijumeau et ses rameaux gladulaires chez le *Zamenis gemonensis*.
Orig. A.

ou *glande venimeuse* des physiologistes). Ce deuxième nerf glandulaire
descend verticalement vers la face interne de la glande et se subdivise
en trois ou quatre rameaux avant de pénétrer dans les cloisons interlobulaires.

Cette modification est reproduite intégralement chez les Colubridés
Protéroglyphes (*Naja, Hydrophis, Atractaspis*) : le même nerf, qui dessert
la glande maxillaire postérieure des Colubridés, considérés longtemps
comme non venimeux, innerve la glande venimeuse indépendante des
Protéroglyphes, établissant ainsi, d'après l'interprétation de quelques
auteurs, une homologie entre les deux glandes, homologie que complé-
terait encore la disposition des vaisseaux glandulaires.

Ce nerf est émis, comme chez la Couleuvre, par la branche maxillaire supérieure après sa sortie du crâne. L'individualisation de ce
nerf semble plus complète encore chez les Vipéridés (fig. 272), car il est
déjà séparé de son faisceau d'origine à la sortie du crâne. Toutefois, les
auteurs ont trop insisté sur « l'existence d'un nerf spécial » pour desservir
la glande venimeuse. Le nerf est distinct, il est vrai ; mais l'exemple des
Colubridés nous en montre l'origine commune avec celle du nerf labial
supérieur sur le tronc principal de la branche maxillaire supérieure du

trijumeau. Ce caractère ne saurait pas plus différencier à lui seul les glandes venimeuses des glandes labiales que les trois ou quatre rameaux,
qui descendent de la racine postérieure du trijumeau sur le muscle
ptérygoïdien externe, ne dissocient ce faisceau en plusieurs muscles.

La structure histologique des glandes, l'action physiologique de leur
sécrétion fourniraient de meilleurs caractères, soit pour homologuer les
glandes maxillaires postérieures des Aglyphes et des Opisthoglyphes avec
la glande venimeuse des Protéroglyphes et des Solénoglyphes, soit pour
distinguer chez un même sujet les deux sortes de glandes sus-maxillaires,

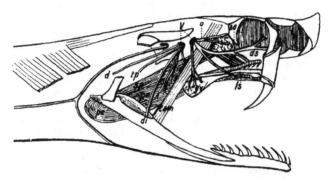

Fig. 172. — Nerf de la glande venimeuse chez la *Vipera aspis*. Orig. A.

bien que ces caractères eux-mêmes n'aient qu'une portée limitée en raison du peu de variations des types glandulaires, et des ressemblances qui
existent souvent entre les sécrétions de glandes morphologiquement
distinctes.

Le tableau suivant résume la distribution du trijumeau dans les muscles et l'appareil venimeux de la Vipère.

Distribution du trijumeau

Racine postérieure
(mixte et surtout
motrice)
(=branche maxillaire
inférieure).

      branches
    superficielles

      branches
    profondes

n. du digastrique.
n. du temporal postérieur.
n. dentaire inférieur.
n. du temporal moyen.
n. du pariéto-mandibulaire profond.
n. du temporal antérieur (pour la portion
    droite du muscle).
n. du compresseur courbe.

n. du sous-occipito-angulaire.
n. du sphéno-ptérygoïdien.
n. des ptérygoïdiens.

Racine antérieure | n. de la glande venimeuse.
(sensitive | n. des glandes labiales et de la région la-
et glandulaire) | biale supérieure.
(branche maxillaire | { externe ou dentaire.
supérieure | n. sous-orbitaire { supérieure.
+branche ophtalm.). | { interne.
n. de la glande de Harder.
n. du muscle pariéto-ptérygoïdien.
n. du pariéto-palatin.

Musculature de la tête des Serpents

L'étude de la musculature de la tête chez les diverses familles de Serpents nous montre que la constitution de toutes ces parties présente une grande homogénéité et peut être considérée comme typique et complète dans la famille des Boïdés.

Les Typhlopidés, malgré leur situation à part dans l'ordre des Ophidiens, ne présentent au point de vue de la musculature, que des différences très secondaires avec les Boïdés; il en est encore ainsi, comme nous avons pu le vérifier, pour les Ilysiidés, les Xenopeltidés et les Amblycéphalidés.

Les modifications qui se produisent dans l'arrangement des parties molles sont corrélatives de celles de son ossature et des glandes venimeuses.

Chez tous les Aglyphes et les Opisthoglyphes, la musculature est identique à celle des Boïdés ; mais des modifications se produisent chez les Protéroglyphes où des types de passage, soit aux Opisthoglyphes, soit aux Vipéridés, rendent ce groupe particulièrement intéressant.

Ce qu'il importe de bien remarquer, c'est que les Serpents venimeux ne sont pas essentiellement différents des autres Serpents : les types les plus extrêmes, depuis les Pythons et les Couleuvres, prématurément qualifiées d'innocentes par DUVERNOY, jusqu'aux Vipères les plus redoutées, sont reliés entre eux par une chaîne ininterrompue de formes, dont les chaînons les plus significatifs sont constitués par les Protéroglyphes.

Ce n'est donc que pour la commodité de l'exposition que nous subdiviserons notre étude en en prenant comme base les Boïdés, et en suivant les modifications chez les Colubridés Aglyphes et les Opisthoglyphes, chez les Protéroglyphes, et enfin chez les Vipéridés.

Le mécanisme de l'inoculation du venin qui semble, *a priori*, si compliqué chez les Vipéridés nous apparaîtra plus simple lorsque nous l'aurons dégagé de celui de la morsure, identique chez tous les Serpents.

MUSCLES DE LA TÊTE DU PYTHON REGIUS

Après avoir incisé la peau de la tête sur la ligne médiane et l'avoir rejetée latéralement, on aperçoit les portions nasale et frontale du crâne mises à nu, et, dans la moitié postérieure, la masse des muscles superficiels, dont les uns sont moteurs de la mandibule et dont les autres réunissent la face dorsale du crâne au cou.

Ceux d'entre ces muscles qui appartiennent exclusivement à la tête forment deux groupes de muscles antagonistes : les antérieurs ou temporaux (*Parietali-quadrato-mandibularis* de d'Alton et Hoffmann), qui prenant insertion sur le pariétal et le quadratum d'une part, et d'autre part sur la mandibule, comblent toute la fosse temporale, sont *élévateurs de la mandibule* ; les muscles postérieurs qui, prenant point d'appui en haut sur le crâne et sur le cou, en bas sur l'extrémité supérieure de l'apophyse articulaire et sur le bord inférieur de la mandibule, en sont les *dépresseurs.*

Les muscles profonds, que recouvrent les précédents relient au crâne le palais mobile, à celui-ci les mandibules, et enfin les maxillaires aux mandibules. Au point de vue du mécanisme adjuvant de la morsure, ils forment deux groupements principaux ; les uns fonctionnant comme élévateurs et protracteurs, les autres comme dépresseurs et rétracteurs du palais et du maxillaire tout entier.

Enfin la préhension de la proie vivante nécessitant le plus souvent chez les Serpents la projection du corps en avant, nous aurons à ajouter aux muscles intrinsèques de la tête ceux qui la relient au cou pour en permettre spécialement la détente. Nous suivrons donc dans notre description l'ordre suivant :

Muscles : élévateurs de la mandibule,
        dépresseurs de la mandibule,
        protracteurs du palais et du maxillaire,
        rétracteurs du palais et du maxillaire,
        projecteurs de la tête.

Muscles élévateurs de la mandibule

Ces muscles, bien visibles sur les figures qui représentent les faces dorsale et latérale de la tête, forment trois faisceaux principaux, et un autre beaucoup plus réduite, et pour ainsi dire accessoire (fig. 273).

D'avant en arrière, le *muscle temporal antérieur*, désigné ainsi par DUVERNOY (syn. : *masseter*, de OWEN), qui limite en avant la commissure labiale. Son insertion supérieure fixe occupe la moitié antérieure de la crête externe du pariétal. Ses fibres se dirigent de là en arrière et en bas en un plan qui passe, comme les autres muscles temporaux, sous un fort ligament, *articulo-maxillaire*, qui réunit l'apophyse articulaire antérieure de la mandibule à l'extrémité postérieure du maxillaire, et qui envoie d'autre part un faisceau important à la peau de la commissure labiale. La portion sus-commissurale du temporal antérieur est seule charnue : au-dessous, le muscle se prolonge en un mince voile aponévrotique, qui laisse transparaître les muscles sous-jacents et s'étale en éventail, en s'in-

sérant sur la plus grande partie du bord inférieur externe de la mandibule
située en arrière du dentaire.

Le *muscle temporal moyen* (syn. : *temporal* de Owen, *temporal antérieur* des auteurs qui appellent masséter le précédent), a son insertion
fixe principalement sur la crête pariétale externe, à la suite du précédent,
se rapprochant par conséquent beaucoup de la ligne médiane et sur une
petite surface du prootique.

Ses fibres, ainsi étalées, convergent vers la région moyenne du prootique et recouvrent la face latérale du pariétal dans sa région postérieure ;
puis forment un faisceau rétréci qui va prendre son insertion mobile sur

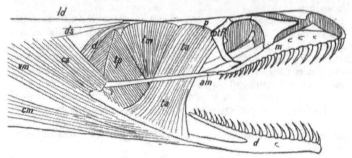

Fig. 273. — Muscles superficiels de la tête du *Python regius*, face latérale. Orig. A.

la moitié antérieure du bord supérieur de l'articulaire et sur le coronoïde.
Ce muscle, très vigoureux chez le Python et le Dryophis, est le principal
élévateur de la mandibule. Il occupe presque toujours une situation un
peu plus profonde que le précédent et le suivant ; il est même parfois
masqué dans sa plus grande surface par le muscle temporal antérieur, ne
laissant dans le plan superficiel qu'un mince triangle à base supérieure
convexe correspondant à son insertion fixe, et qui plonge sous les temporaux extrêmes, d'où le nom de *temporal profond* qui lui est quelquefois
donné.

Il est parfois si réduit qu'il semble n'être qu'un faisceau accessoire et
interne du temporal antérieur, comme chez le *Dendraspis angusticeps*.
Aussi ne faut-il pas s'étonner que certains auteurs ne le mentionnent pas
isolément. On le distinguera néanmoins des deux temporaux extrêmes par
sa position moyenne intermédiaire ou superposée aux deux orifices du
prootique, par lesquels émergent les faisceaux nerveux maxillaires, qui
l'isolent en profondeur des temporaux extrêmes, et par son insertion constante sur le bord supérieur, de l'articulaire.

Le *muscle temporal postérieur*, de Duvernoy (même désignation dans
Owen), est, chez le *Python*, le plus massif des muscles temporaux. Il
prend son insertion supérieure fixe sur le bord externe et toute la face

antérieure du quadratum. Ses fibres se dirigent de là en avant et en bas, comblant tout le triangle compris entre les deux os et le bord postérieur des autres muscles temporaux. Son insertion inférieure sur la moitié postérieure de l'articulaire est divisée en trois plans : plan superficiel, dont les fibres très obliques d'arrière en avant s'insèrent sur le bord inférieur et externe de l'articulaire, marquant en avant le bord postérieur de l'insertion du temporal moyen, et partiellement recouvert à son tour par l'expansion aponévrotique rayonnante du temporal antérieur ; 2° un plan moyen, qui prend insertion dans la gouttière supérieure de l'articulaire et se trouve séparé du précédent par un fascia ; 3° un plan interne, qui s'insère sur le bord supérieur interne de la même région.

Ces deux derniers plans sont séparés par le rameau dentaire de la branche maxillaire inférieure du trijumeau et par le nerf destiné au muscle lui-même, et qui s'insinue et se ramifie entre les deux plans.

L'ensemble de ces deux plans est désigné par W. J. Mc Kay sous le nom de *ptérygoïdien externe* ; mais c'est là une désignation qui prête à l'ambiguïté quant à l'une des insertions, car les portions moyenne et profonde du temporal postérieur sont, comme la portion superficielle, strictement quadrato-mandibulaires, et n'ont que des rapports de contact avec les muscles ptérygoïdiens proprement dits.

Au-dessous de la couche superficielle des muscles temporaux, on trouve une lanière musculaire beaucoup plus réduite, et qui est désignée par les auteurs sous le nom de *muscle pariéto-mandibulaire profond* (voir fig. 270).

Cette mince lanière descend de la région moyenne du pariétal, prend insertion au pied de la crête pariétale immédiatement au-dessous de l'insertion du temporal moyen, passe sous le faisceau d'émergence de la branche maxillaire supérieure du trijumeau, et s'insère inférieurement sur le bord supérieur moyen de l'articulaire, doublant partiellement l'insertion du temporal moyen,

Chez les Sauriens, il se trouve en rapport avec la portion supérieure de la columella cranii.

Cette bandelette que d'Alton et Hoffmann rattachent au temporal antérieur, que ses insertions rattachent d'une manière rationnelle au temporal moyen, en semble isolée vers le milieu par le faisceau nerveux maxillaire supérieur, c'est-à-dire par la racine antérieure tout entière du trijumeau, mais ce rapport, quoique général, n'est pas absolument constant : chez le *Crotalus terrificus*, nous avons trouvé le petit faisceau placé au-dessus du tronc nerveux, inséré en haut sur la crête pariétale même, à la suite du temporal moyen, dont il semblait représenter ainsi extérieurement le bord postérieur. L'insertion inférieure se trouvait sur le bord supérieur de l'extrémité de l'angulaire, immédiatement en arrière du dentaire.

Quand on suit les variations de la position du muscle dans les différents groupes, on voit que ses insertions se déplacent en haut, suivant toute une ligne parallèle et inférieure à la crête pariétale, c'est-à-dire suivant les insertions des temporaux antérieur et moyen ; en bas sur tout le bord mandibulaire correspondant à l'insertion de ces deux muscles, de telle façon qu'il descend de la région temporale, soit normalement (*Python*), soit obliquement d'avant en arrière (*Cœlopeltis, Vipera, Xenopeltis, Noja...*), ce qui est le cas le plus général, soit encore mais exceptionnellement d'arrière en avant.

Il manque parfois d'une manière absolue, chez l'*Amblycephalus mœllendorfii* et le *Typhlops punctatus* ; mais quand il existe, sa position profonde et la constance de son insertion sur le bord supérieur de l'articulaire le rattachent plus au temporal moyen qu'au temporal antérieur.

Muscles dépresseurs de la mandibule

Sur toute la face postérieure du quadratum se trouve appliqué un muscle, appelé *digastrique* par Duvernoy et qu'on a assimilé au ventre postérieur du muscle de même nom des Vertébrés supérieurs (Syn. : *post-tympano-articulaire*, de Dugès, *tympano-mandibulaire*, de Owen, *occipito-quadrato-mandibulaire*, de Hoffmann (figs. 273, 274 et 275).

Cette dernière désignation lui conviendrait particulièrement chez le *Python*, où il est formé de deux faisceaux inégaux ; l'un antérieur, le principal et le seul constant, dont les fibres s'insèrent d'une part obliquement de bas en haut et d'arrière en avant, sur toute la face postérieure du tympanique ou quadratum, et d'autre part sur la petite surface qui termine en haut l'apophyse articulaire postérieure de la mandibule. Ce faisceau existe seul chez l'*Amblycephalus mœllendorfii*, le *Tropidonotus natrix*, et justifie à ce point de vue l'appellation de Dugès. Mais le plus généralement, il est comme chez le *Python*, chez le *Morelia*, doublé postérieurement par un faisceau de fibres parallèles au grand axe du quadratum, faisceau relié au premier par une aponévrose, et qui, tout en ayant même insertion inférieure, dépasse et recouvre partiellement en haut l'articulation quadrato-squamosale, avant de prendre son insertion fixe sur les os occipitaux latéraux, dans le sillon qui se trouve entre le sus-occipital et l'exoccipital et sur le tiers postérieur du squamosal.

On voit par là qu'en se contractant, le digastrique fait pivoter la mandibule autour de son articulation, et qu'en en élevant l'extrémité terminale postérieure, il en abaisse toute la portion située au-devant de l'articulation; mais pour que les muscles élévateurs, aussi bien que les dépresseurs, puissent produire cet effet utile, il faut que l'extrémité inférieure du quadratum soit immobilisée ; c'est à cet usage que répond le muscle *cervico-angulaire* de Duvernoy (syn.: *cervico-mandibulaire* de Cuvier ; *cervico-tympanique* de Dugès ; *retractor de quadrati*, de d'Alton). Prenant son insertion fixe sur l'aponévrose du muscle spinal au niveau des premières vertèbres cervicales, de la deuxième à la cinquième, il forme une bande musculaire qui se dirige en avant, en bas et en dehors

vers le tissu fibreux de l'articulation, recouvre l'extrémité inférieure du
digastrique, et envoie même en avant des insertions tendineuses à la peau
de la joue et de la commissure. Ces expansions s'étendent d'arrière en
avant sur la glande nue des Aglyphes et des Opisthoglyphes, ou sur la
capsule de celle des Protéroglyphes et des Vipéridés.

Le muscle *cervico-angulaire* est essentiellement un tenseur de la com-

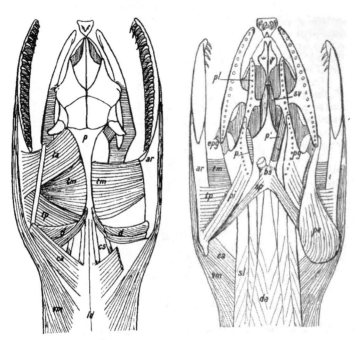

Fɪɢ. 274. — Muscles de la superficiels   Fɪɢ. 275. — Muscles de la tête et du cou
tête du *Python regius*, face dorsale.   du *Python regius*, face palatine.
Orig. A.   Orig. A.

missure labiale et de l'articulation quadrato-mandibulaire. Son bord postérieur est en rapport avec le bord antérieur du dépresseur principal de
la mandibule, désigné sous le nom de *vertébro-mandibulaire* (*neuro-mandibulaire* de Duvernoy, *cervico-maxillaire* de Dugès). L'insertion fixe de
ce muscle continue celle du précédent sur l'aponévrose spinale de la cinquième à la treizième vertèbre, formant ainsi un voile ininterrompu dont
les deux parties constitutives laissent entre elles un petit intervalle au
niveau de l'articulation quadrato-mandibulaire. Sa forme générale est

celle d'un triangle à base supérieure vertébrale et à sommet mandibulaire.
De son insertion spinale, il se dirige, comme le précédent, en bas en avant
et en dehors sur les muscles du cou, contourne l'extrémité postérieure
de la mandibule en masquant les muscles de l'extrémité articulaire. A ce
niveau, il est rejoint par le costo-mandibulaire.

Le muscle *costo-mandibulaire* de Duvernoy (*costo maxillaire* de
Dugès), est constitué par de petites lames musculaires qui naissent des
cartilages costaux des premières côtes et qui se fusionnent en une lame

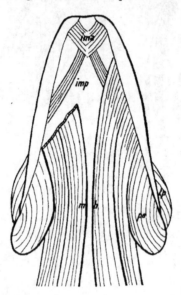

Fig. 276. — Muscles superficiels du menton du *Python regius*. Orig. A.

unique, en arrière de l'articulation mandibulaire, où elle rejoint le muscle
précédent. Les deux muscles accolés se dirigent ensuite vers la ligne médiane ventrale, prenant insertion sur l'os hyoïde, la gaine linguale, s'en
éloignent ensuite en divergeant pour s'insérer par une aponévrose sur le
bord inférieur moyen de la mandibule. A partir de l'articulation mandibulaire, la réunion des deux muscles forme la partie charnue du plancher
buccal, et l'ensemble prend le nom de muscle *mylo-hyoïdien*.

D'Alton et Hoffmann font avec raison du cervico-mandibulaire une
portion du dépresseur principal, mais qui, par ses rapports avec l'os
hyoïde et la gaine linguale, agit en outre comme rétracteur de celle-ci
(fig. 276).

La réunion des deux mandibules est assurée vers leur extrémité antérieure par du tissu fibreux ; mais en outre par deux paires de petits faisceaux musculaires symétriques : les antérieurs prennent insertion sur le bord interne des dentaires, se dirigent vers la région médiane où leurs fibres tendineuses forment un raphé médian. Ces muscles *intermandibulaires antérieurs* peuvent être considérés comme une portion terminale détachée du mylo-hyoïdien. Un faisceau de son bord postérieur s'insère à la peau.

Il existe en arrière d'eux un autre faisceau arqué qui sert d'appui aux précédents et qui, après un trajet commun vers la région médiane, se réfléchit vers l'extérieur pour s'insérer sur la portion moyenne du bord inférieur de la mandibule au-dessus de celles du mylo-hyoïdien : ces faisceaux symétriques comme les précédents, sont les muscles *intermandibulaires postérieurs*. Ils sont en grande partie recouverts par le mylohyoïdien quand on regarde la région mandibulaire par sa face ventrale ; leur situation est donc sous-muqueuse.

Dans la région médiane se trouvent les petits muscles entourant la gaine de la langue, les *hyo-vaginiens* et à l'extrémité antérieure de la trachée, les muscles *génio-trachéens*.

Tout cet ensemble forme avec la peau et la muqueuse un plancher buccal très extensible, mais contractile aussi par les sangles musculaires qui le parcourent obliquement.

Notons enfin l'existence d'un petit faisceau musculaire qui relie la peau latérale du cou au squamosal : c'est le muscle *cervico-squamosal* (ou *cervico-mastoïdien*).

Il naît par un très fin tendon de l'extrémité postérieure de l'os squamosal au-dessous du m. digastrique, s'écarte de ce dernier et se porte en arrière et en dehors, en passant sous le collier formé par les muscles cervico et vertébro-mandibulaires, avant de s'épanouir et de s'insérer sur la face interne du rideau musculaire précédent (*Python, Cylindrophis, Xenopeltis, Amblycephalus*). Le plus souvent, ce faisceau passe entre les deux muscles cervicaux supérieurs, au-dessous du cervico-angulaire et au-dessus du vertébro-mandibulaire (*Vipera, Naja, Zamenis*) ; parfois même, il passe au-dessus (*Dryophis*) ; mais il ne semble pas très constant, car il n'en existe aucun vestige chez le *Dendraspis angusticeps* et le *Crotalus terrificus*.

Bien qu'il n'ait d'autre fonction que d'assujettir au crâne la peau du cou, nous le signalons pour n'avoir pas à le décrire isolément.

Muscles tenseurs et protracteurs du palais (figs. 270, 275, 277)

Ils sont dirigés obliquement d'avant en arrière, prenant leur insertion fixe sur le crâne en haut, et leur insertion mobile sur le bord supérieur de l'os ptérygoïde. Il y en a deux chez le Python : l'antérieur ou *post-orbito-ptérygoïdien*, de Ducès (syn.: *post-orbito-palatin*, de DUVER-

NOY ; *pterygo-parilalis*, de HOFFMANN), s'insère dans la dépression du pariétal située immédiatement au-dessous et en arrière du post-frontal, d'une
part, et, d'autre part, sur le bord supérieur moyen du ptérygoïde. Il
recouvre partiellement l'insertion fixe du muscle postérieur, le *sphéno-
ptérygoïdien* de DUGÈS (syn.: *pterygo-sphenoidalis posterior*, de HOFF-
MANN). Ce muscle prend son insertion supérieure fixe sur le basi-sphénoïde immédiatement au-dessous de ses colonnettes saillantes, et oblique-
men par rapport à la ligne médiane ; son insertion mobile occupe tout
le tiers postérieur du bord supérieur du ptérygoïde. On voit aisément,
ce que montre d'ailleurs l'excitation directe des deux muscles, que lors-

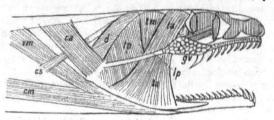

FIG. 277. — Muscles de la tête et du cou du *Cælopeltis monspessulana*. Orig. A.

qu'ils se contractent, soit ensemble, soit séparément, l'arc ecto-ptérygo-
palatin tout entier est porté en avant, tandis que sa partie transverse,
s'arc-boutant sur le maxillaire, protracte également celui-ci.

Chez le Python, le sphéno-ptérygoïdien est, par son volume et l'obliquité de ses fibres, le plus important des muscles protracteurs du palais ;
mais le mouvement de protraction est limité par la longueur des maxillaires et leur réunion en avant pas l'os incisif, pièces qui constituent par
leur ensemble, un fer à cheval osseux.

Nous verrons qu'il n'en est plus de même chez les serpents où les
maxillaires deviennent indépendants par le fait de leur raccourcissement.

Muscles rétracteurs du palais (figs. 270, 275, 277)

Ils agissent les uns sur l'arc palatin, les autres sur le ptérygoïde et le
maxillaire. L'un d'entre eux croise directement la direction des protracteurs : c'est le *muscle sphéno-palatin* de DUGÈS (syn.: *pariéto-palatin*, *présphéno-palatin*, de OWEN ; *ptérygo-sphenoïdalis anterior*, de HOFFMANN).
Il s'insère sur la colonnette du basi-sphénoïde, d'où ses fibres se dirigent
obliquement en avant, en bas et en dehors vers la région postérieure du
palatin, au niveau de son prolongement interne d'articulation avec le ptérygoïde. Chez d'autres Serpents (*Acanthophis, Vipera...*), l'insertion fixe
de ce muscle est reportée plus haut sur la face latérale du pariétal, ce qui
justifie l'appellation de pariéto-palatin.

A l'extrémité opposée de l'arc ptérygo-palatin, le muscle *ptérygoïdien interne*, de Duvernoy (*articulo-ptérygoïdien*, de Dugès; *ptérygo-mandi-bulaire*, de Hager), s'applique obliquement de bas en haut et d'arrière en avant sur la portion externe de la lame du ptérygoïde jusqu'à son articu-lation avec le transverse. En arrière, il prend insertion sur la face interne de l'apophyse articulaire postérieure de la mandibule. Sur la face externe et inférieure de cette même apophyse prend insertion le muscle *ptérygoïdien externe*, de Duvernoy (*maxillo-ptérygoïdien*, de Dugès ; *transverso-maxil-lo-ptérygo-mandibulaire*, de Hoffmann). Il forme au-dessous de l'articu-lation une masse globuleuse, bien distincte aussi sur la face palatine de la tête, et masquée latéralement par les muscles vertébro et cervico-mandi-bulaires. Après avoir contourné le bord inférieur de l'articulation man-dibulaire, ce muscle passe en dedans, où il vient s'appliquer sur la face externe de l'os ptérygoïdien, contre le muscle ptérygoïdien interne, en dedans et les temporaux postérieur et moyen en dehors. Il masque com-plètement la face externe de l'os ptérygoïde, du muscle ptérygoïdien interne et partiellement les insertions des muscles pariéto et sphéno- pala-tins. En avant, il se termine en un éventail tendineux qui s'insère sur le bord externe de l'ecto-ptérygoïde, jusqu'au voisinage de l'articulation de celui-ci avec le maxillaire.

On voit par là que si l'articulation quadrato-mandibulaire se trouve immobilisée par la contraction du muscle cervico-angulaire, l'apophyse articulaire, sur laquelle s'insèrent les deux ptérygoïdiens, devient l'inser-tion fixe de ces muscles, et que leur contraction isolée ou simultanée, aura pour effet de tirer en arrière et en dehors, l'arc entier ecto-ptérygo-palatin, ainsi que le maxillaire. Si, au contraire, l'articulation est rendue mobile par le relâchement du muscle cervico-angulaire, et si d'autre part l'arc palato-ptérygoïdien est immobilisé par l'implantation de ses dents dans la proie, par exemple, cet arc et sa branche transverse deviennent les insertions fixes des ptérygoïdiens, dont la contraction aura pour effet d'attirer en avant, à la rencontre de cette proie, l'articulation mandibu-laire et d'en favoriser l'engagement.

Signalons encore parmi les muscles qui sont bien visibles sur la face palatine de la tête un petit fuseau musculaire qui s'étend en avant de-puis la moitié antérieure du basi-sphénoïde, où il prend son insertion fixe, jusqu'à l'extrémité terminale amincie du vomer, vers laquelle il soulève son tendon d'insertion. Ce muscle *sphéno-vomérien*, de Dugès (fig. 275), auquel Duméril attribuait à tort comme au ptérygoïdien externe, une action sur la rétraction du crochet de la Vipère, est plus simplement avec son symétrique un tenseur et un abaisseur du museau, mais cette dernière action est peu étendue. Ce muscle est assez constant ; on le trouve développé chez tous les Serpents où la région antérieure de la tête conserve la longueur des formes types; mais chez ceux où cette portion se raccourcit, le corps musculaire se réduit jusqu'à n'être plus représenté que par un mince faisceau conservant ses insertions normales, mais qui devient plus tendineux que musculaire.

Muscles protracteurs de la tête

La tête se trouve en outre reliée directement au cou par des muscles puissants qui s'insèrent à l'arrière des os postérieurs du crâne, d'une part, aux vertèbres, à leurs apophyses et aux côtes d'autre part. Sur la face dorsale, et dans la région médiane, se trouve une masse musculaire disposée en triangle allongé et qui remplit en avant l'espace triangulaire que laissent entre eux les digastriques. Elle est formée de part et d'autre de la ligne médiane par deux muscles séparés l'un de l'autre par un forte aponévrose ; leur corps musculaire est lui-même masqué par une aponévrose qui donne en avant les deux tendons d'insertion des muscles. L'insertion de ces tendons se fait sur la crête commune au sus-occipital et à l'exoccipital (fig. 278).

Le faisceau musculaire interne prend le nom de *long dorsal*, ses fibres obliques d'avant en arrière et de bas en haut, prennent naissance à la

Fig. 278. — Muscles protracteurs de la tête du *Python regius.* Orig. A.

base des ap ophyses épineuses des vertèbres cervicales ; les fibres d'origine s'unissent entre elles de manière à former une lame aponévrotique continue qui le sépare du groupe spinal, et en même temps donne leurs insertions d'origine aux fibres du *demi-spinal* situé en dehors.

Le long dorsal émet encore à partir de la région postérieure du cou un lit externe de tendons qui donne insertion au *muscle sacro-lombaire.*

Ce muscle forme de part et d'autre du cou une masse allongée qui se termine antérieurement en un fin tendon, qui s'insère sur le tubercule postérieur commun à l'exoccipital et au basi-occipital.

Sur sa face antérieure, le crâne est réuni au cou par le *muscle droit antérieur (rectus capitis anticus major,* de HOFFMANN).

Il a pour origine une expansion antérieure du muscle dépresseur des côtes et correspond comme longueur aux onze premières vertèbres ; il est plus court que les précédents. Au voisinage de la tête, le muscle se divise en deux lits. Le lit inférieur principal est formé de fibres qui se dirigent vers l'intérieur en avant pour former une colonne qui s'insère à la saillie médiane du basi-occipital. Le lit supérieur continue d'avoir ses faisceaux insérés aux côtes jusqu'à la quatrième vertèbre, où ils se fusionnent en une colonnette tendineuse qui se dirige en avant, en haut et en dehors pour s'insérer au tubercule inférieur et postérieur de l'exoccipital, immédiatement au-dessous du squamosal.

Ces muscles conservent les mêmes caractères dans tous les groupes de Serpents.

MUSCLES DE LA TÊTE CHEZ LES SERPENTS VENIMEUX

Colubridés Aglyphes et Opisthoglyphes. — La présence d'une glande venimeuse, prolongeant dans la région temporale le cordon des glandes labiales, ne retentit guère sur la musculature de la tête. Cette glande, d'ordinaire peu épaisse, dépourvue de membrane propre, est fixée par sa face interne sur le ligament mandibulo-maxillaire et ne contracte que des rapports très lâches avec le muscle temporal antérieur situé en dedans. Parfois le muscle recouvre partiellement le bord postérieur de la glande ; mais il ne peut nullement lui servir de compresseur et con serve strictement sa fonction primitive d'élévateur de la mandibule Aussi retrouvons-nous chez ces serpents : *Zamenis, Tropidonotus, Coronella, Cœlopeltis, Dryophis, Langaha,* les mêmes muscles, affectant les mêmes rapports que chez le Python. Toutefois, un premier degré d'indépendance est assuré aux maxillaires (fig. 277 et 279) par leur amincissement qui les rend plus mobiles sur leur articulation prémaxillaire Les os de la tête se sont d'ailleurs, dans la plupart des genres, considérablement allégés, ce qui leur permet une mobilité relative, que l'on ne trouve ni chez les Boïdés, ni chez aucune des familles précédentes.

L'allongement manifeste du quadratum augmente encore cette mobilité et entraîne l'agrandissement de la bouche suivant ses trois dimensions. Mais l'écartement latéral de son extrémité inférieure et de l'extrémité postérieure du ptérygoïdien, dont l'exagération entraînerait la dislocation de l'articulation quadrato-squamosale, se trouve modérée, comme on le sait, non-seulement par le retractor oris, mais en outre par un muscle nouveau décrit par ANT. DUGÈS chez le Tropidonotus natrix, sous le nom de *sous-occipito-angulaire* (syn. : *sous-occipito articulaire*). Ce muscle réunit en effet les deux articulations quadrato-mandibulaires en passant en sautoir sur la base du crâne, recouvrant partiellement les·insertions du grand droit et du sacro-lombaire. En réalité, ce muscle, qui semble unique, prend, chez la couleuvre même, insertion vers son milieu sur la région médiane commune au basi-occipital et au basi-sphénoïde. Dans la plupart des genres, les insertions médianes sont écartées l'une de l'autre comme celles des sphéno-ptérygoïdiens, ce qui, de l'ensemble, fait deux muscles symétriques prenant leur point fixe sur le crâne, tandis que l'insertion mobile se trouve sur la face interne de l'apophyse articulaire postérieure de la mandibule.

Sa présence semble corrélative de l'allongement du quadratum, dont il concourt avec le cervico-angulaire à immobiliser l'extrémité inférieure, car on ne le rencontre pas chez les Colubridés dont le quadratum a conservé la brièveté qu'il affecte chez les Boïdés.

Colubridés Protéroglyphes. — Si la glande venimeuse nue et mince
des Aglyphes et des Opisthoglyphes n'a aucune influence sur la musculature de la tête de ces serpents, il n'en est plus de même chez les Protéroglyphes, et spécialement chez le *Naja bungarus* (fig. 280). Cette glande,
bien plus volumineuse, pourvue d'une membrane propre et d'un canal
excréteur allongé s'étendant jusqu'à l'extrémité antérieure du maxillaire,
glande complètement indépendante des glandes labiales, et dont l'acinus

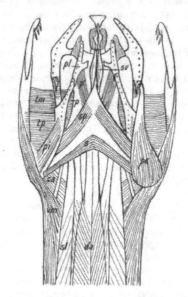

Fig. 279. — Muscles de la tête et du cou du *Cœlopeltis* (face palatine). Orig. A.

sert en même temps de réservoir au venin, refoule, en s'en coiffant
partiellement, la masse du temporal antérieur, de telle sorte que la
portion bombée de la face externe de la glande est seule visible.

Le temporal antérieur, ainsi refoulé, masque presque complètement
le temporal moyen, qui devient plus profond et ne conserve de superficiel que ses attaches supérieures sur la crête pariétale. De plus, le temporal antérieur contracte des rapports plus étroits avec la glande : celle-ci.
dont la membrane fibreuse épaisse est comme un épanouissement local
du ligament mandibulo-maxillaire, se trouve en outre fortement réunie
en haut à la masse musculaire temporale par une aponévrose rayonnante
qui, partant de la face latérale supérieure de la membrane de l'acinus,
s'étale sur la face externe du muscle. En avant et au-dessous, une lame

aponévrotique robuste, venant du ptérygoïdien externe, qui sert de lit
à la glande, s'élève sur le bord externe de son col et va s'insérer à l'extrémité inférieure du postfrontal.

L'appareil de contention de la glande est souvent complété latéralement, comme chez le *Platurus fasciatus*, par des fibres aponévrotiques,
qui prolongent le retractor oris et forment une sorte de voile temporal
superficiel, se reliant d'une part à la membrane glandulaire, d'autre part
à la peau de la lèvre supérieure. Simultanément, l'intérieur du muscle
temporal antérieur se subdivise en faisceaux dont les points d'attache
varient, ainsi que la direction des fibres.

Chez le *Platurus fasciatus*, chez le *Naja bungarus*, et presque tous

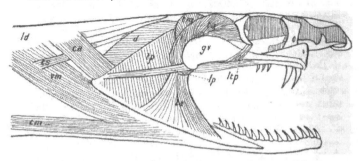

Fig. 280. — Muscles superficiels de la tête du *Naja bungarus*. Orig. A.

les Protéroglyphes, Hydrophiinés et Elapinés, le muscle temporal antérieur est formé de trois faisceaux distincts :

Un *faisceau antérieur* ou *post-fronto-glandulaire*, dont les fibres,
dirigées d'avant en arrière, prennent leur insertion fixe sur le post orbital
et leur insertion mobile sur la surface interne de la capsule glandulaire,
vers le milieu de celle-ci. La contraction isolée de ce faisceau aurait uniquement pour effet d'attirer le sac glandulaire en avant; mais la contraction de tout l'ensemble du temporal, il agit en outre comme compresseur
de ce sac.

Un *faisceau supérieur* ou *pariéto-glandulaire*, très volumineux, qui
recouvre non seulement le temporal moyen, mais encore le bord antérieur du temporal postérieur. Il forme une masse arrondie, dont les
fibres descendent des deux tiers antérieurs de la crête pariétale en convergeant tant sur la face supérieure de la glande que vers l'extrémité
postérieure inférieure et interne de celle-ci, extrémité qu'elles entourent ;
il se termine sur la membrane fibreuse de l'acinus par un tendon qui
passe sous le tendon postérieur de la glande. Latéralement, c'est la portion du temporal reliée à la membrane propre de la glande par un éventail aponévrotique. Ce faisceau, en se contractant, presse de bas en haut

et d'arrière en avant sur le fond même de l'acinus, et sert de compresseur à la glande, jouant ainsi, avec le faisceau antérieur, un rôle prépondérant dans l'expulsion du venin pendant la morsure.

Un faisceau inférieur, ou glandulo-mandibulaire, prend son insertion fixe supérieure, par une portion tendineuse, sur le bord postérieur et interne de la capsule de la glande ; au-dessous de la commissure seulement, sa moitié antérieure devient charnue, tandis que sa moitié postérieure reste aponévrotique. L'ensemble de ces deux portions s'insère en éventail sur le bord externe et inférieur de l'angulaire, recouvrant les deux tiers antérieurs de celui-ci et la plus grande partie de l'insertion du temporal postérieur.

La fonction exclusive d'élévateur de la mandibule remplie par ce dernier faisceau n'est complète que si la glande est maintenue en position fixe par la contraction du faisceau supérieur. Cette glande agit donc mécaniquement, comme une sorte de relai placé sur la route formée par le temporal antérieur simple des Aglyphes et des Opisthoglyphes.

Outre ces modifications du temporal antérieur, qui acquiert ainsi un rôle indiscutable dans l'expulsion du venin pendant la morsure et qui entraîne une réduction de volume du temporal moyen, on note encore, à partir des Protéroglyphes, quelques modifications moins importantes qui se retrouveront à un degré de perfection plus grande chez les Vipéridés, et qui se rapportent tant au raccourcissement du maxillaire qu'à son indépendance plus marquée vis-à-vis des autres os du crâne. ·

Ces modifications portent sur le muscle ptérygoïdien externe, dont le corps s'épaissit et s'allonge progressivement au fur et à mesure que le maxillaire se raccourcit, et sur le muscle pariéto-palatin, qui envoie, de l'avant au dehors, un prolongement tendineux, ou musculaire dans les grosses espèces, à la face interne de l'extrémité postérieure du maxillaire, servant ainsi pendant sa contraction de rétracteur à cet os et aux crochets qu'il porte. L'insertion, exclusivement maxillaire chez le Naja, le Dendraspis et d'autres, se fait par l'intermédiaire de la gaine des crochets, chez les espèces où le maxillaire est notablement plus raccourci.

Cette disposition n'est pas, comme le pense Mc Kay, caractéristique des Elapinés; nous l'avons retrouvée plus marquée encore chez les Vipéridés. Le faisceau de prolongation du pariéto-palatin est simplement fibreux dans les petites espèces, comme la Vipera aspis ; il est nettement musculaire dans les grosses, comme la Bitis gabonica. Mais en raison du raccourcissement extrême du maxillaire, c'est la gaine des crochets qui lui donne toujours insertion et qui sert à transmettre la traction sur le maxillaire dans le sens antéro-postérieur (figs. 281.282).

Il est, parmi les Protéroglyphes Elapinés, un type africain, représenté par le genre Dendraspis, qui est fort instructif au point de vue de son appareil inoculateur, presque aussi parfait que celui des Vipéridés (figs 283-284). Le maxillaire, bien qu'il ait à peu près la longueur qu'il présente chez les autres Elapinés et qu'il ne porte que les crochets venimeux, peut exécuter un mouvement de bascule autour de son articulation préfrontale comme axe, mouvement qui a pour effet de projeter en avant le crochet inoculateur, comme il est de règle chez tous les Vipéridés. Ce mouvement est déterminé, comme chez tous les Serpents, par la protraction de l'ectoptérygoïde qui, abaissant l'extrémité postérieure du maxillaire, en élève l'extrémité antérieure. La rétraction du maxillaire vers le pariéto-palatin et le ptérygoïdien est en outre aidée par le pinceau antérieur du temporal antérieur. Comme chez les Vipéridés, cette rétraction du maxillaire est limitée par le ligament préfronto-maxillaire. Les crochets, d'ordinaire assez courts, obtus et sillonnés des

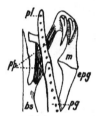
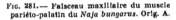

Fig. 281.— Faisceau maxillaire du muscle pariéto-palatin du *Naja bungarus*. Orig. A.

Fig. 282. — Faisceau maxillaire du muscle pariéto-palatin du *Bitis gabonica*. Orig. A.

Protéroglyphes, se montrent chez le Dendraspis aussi allongés et acérés que chez les Vipéridés. Ils sont également canaliculés, car on n'aperçoit plus de trace de la suture des bords du sillon qu'après avoir partiellement décalcifié la dent. De plus, le muscle ptérygoïdien externe, tout en conservant son insertion principale antérieure sur l'ectoptérygoïde, envoie un faisceau tendineux sur le bord externe du maxillaire et des fibres sur la gaine du crochet, disposition considérée jusqu'à présent comme spéciale aux Vipéridés.

L'enveloppement de la glande venimeuse par le muscle temporal antérieur est encore plus accusé que chez les autres Protéroglyphes : le faisceau antérieur de ce muscle conserve ses rapports avec la glande ; mais, en avant, il perd son insertion sur le post-orbital, très raccourci, pour la reporter, en contournant le bord externe du plancher orbitaire, sur l'apophyse postérieure et supérieure du maxillaire.

On voit que dans la contraction de ce faisceau du temporal, l'effet est double : d'une part, le sac glandulaire est attiré en avant ; d'autre part, le maxillaire est rétracté avec les crochets qu'il porte. Ce n'est là, toutefois, qu'un rôle accessoire, assuré principalement par les muscles rétracteurs proprement dits.

Le *faisceau pariéto-glandulaire* se divise en deux portions : l'une, superficielle, descend directement de la crête pariétale et du post-orbital sur le faisceau précédent, dont il masque l'insertion glandulaire, et sur la face supérieure de la glande, avec l'aponévrose rayonnante qui converge sur la face externe de cette dernière ; mais la portion profonde et postérieure naît plus bas que le faisceau superficiel, sur la face latérale du pariétal. Les fibres se dirigent de là en dehors, arrière et en bas, contournant et enveloppant le fond de l'acinus glandulaire, comme chez le *Naja* et le *Platurus*, pour s'insérer pareillement sur la membrane de la glande, au niveau du léger étranglement de son extrémité postérieure.

Enfin, le faisceau *mandibulo-glandulaire* conserve les mêmes rapports que nous avons trouvés chez le *Naja*. Le temporal moyen est aussi

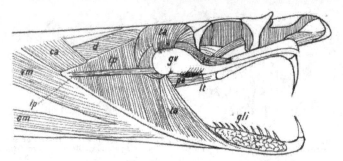

Fig. 283. — Muscles superficiels de la tête de *Dendraspis angusticeps*. Orig. A.

très réduit, représenté seulement par une mince lanière qui descend de l'extrémité postérieure de la crête pariétale, passe sur le squamosal, puis entre les deux racines du trijumeau, et va s'insérer sur le bord supérieur moyen de l'articulaire. Il conserve nettement dans tous les groupes ses insertions caractéristiques ; mais sa réduction, tant chez le *Dendraspis* que chez la plupart des Vipéridés, est telle que des auteurs l'ont considéré comme absent, ou tout au moins comme fusionné avec le temporal antérieur. Chez le *Dendraspis*, le muscle post-orbito-ptérygoïdien et le sphéno-ptérygoïdien s'insèrent à la suite l'un de l'autre sur le basi-sphénoïde, formant ainsi entre le crâne et l'arc ptérygoïdien un rideau musculaire continu, élévateur et protracteur du palais.

Le genre *Dendraspis* est, parmi les Protéroglyphes, un des plus perfectionnés au point de vue de l'appareil inoculateur ; nous verrons plus loin que l'enveloppement de la glande peut être, dans un autre genre de Protéroglyphes, aussi parfait que chez les plus différenciés des Vipéridés.

Vipéridés. — Les différences que nous constaterons entre la majorité d'entre eux et les Dendraspis, au point de vue de l'appareil inoculateur,

peuvent être aisément saisies en prenant comme type la *Vipère aspic*
(fig. 285-286). Elles ne portent que sur des détails et ont trait au raccourcissement plus prononcé du maxillaire, à sa verticalité, à sa mobilité plus
grande sur son articulation préfrontale d'une part ; à l'acuité, à la lon-

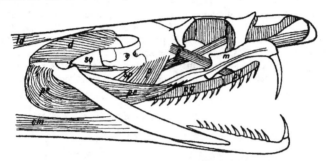

Fig. 284. — Muscles profonds de la tête de *Dendraspis angusticeps*. Orig. A.

gueur du crochet, à la fermeture précoce et complète de son canal venimeux; à l'écrasement des os nasaux et préfrontaux, qui corrige le raccourcissement maxillaire et permet ainsi la projection hors de la bouche de
l'arme empoisonnée; à l'allongement maximum du quadratum, et corré-

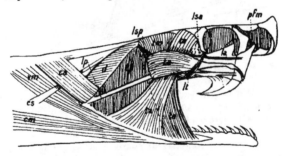

Fig. 285. — Muscles superficiels de la tête de la *Vipera aspis*. Orig. A.

lativement de celui du digastrique et des autres muscles tenseurs de l'articulation mandibulaire; enfin aux dimensions de la glande.

Celle-ci, logée le plus souvent tout entière dans la fosse **temporale**,
est, plus complètement encore que chez des Protéroglyphes, enserrée **par**
le m. temporal antérieur, qui perd une partie de ses insertions crâniennes,
lesquelles sont reportées sur la glande elle-même. Le faisceau **antérieur**
de ce muscle, à fibres horizontales, le faisceau postérieur contournant **le**
fond de l'acinus et la moitié antérieure du faisceau mandibulaire, **ne**

forment plus qu'un arc unique coiffant le fond, le bord supérieur et les faces internes et externes de la glande. On voit par là que la contraction de cette portion du muscle a pour effet de presser le sac glandulaire, comme la main presserait une poire de caoutchouc, et d'en exprimer le venin. Aussi nous donnons le nom de *compresseur courbe* à cette portion du temporal, qui est caractéristique de la plupart des Vipéridés. La moitié antérieure du muscle a persisté avec les caractères qu'elle affecte chez les Boïdés, les Colubridés Aglyphes et Opisthoglyphes et la plupart des Serpents ; elle forme une lame plane qui s'insère en haut sur le tiers antérieur de la crête pariétale et descend en une lanière

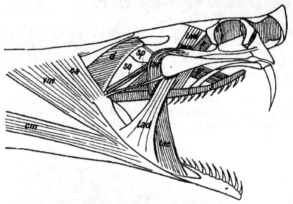

Fig. 286. — Muscles profonds de la tête de la *Vipera aspis*. Orig. A.

charnue derrière la glande. Contrairement à l'affirmation de Duvernoy, cette lame ne s'insère pas sur la face postérieure de la glande, comme il arrive chez les Protéroglyphes, mais continue vers le bas, et, au niveau de la commissure, devient aponévrotique, passe dans l'anse formée par la portion réfléchie du compresseur courbe pour aller s'insérer par une expansion rayonnante nacrée et translucide sur tout le bord externe infé-rieur moyen de la mandibule, en recouvrant partiellement les insertions des temporaux voisins.

Cette portion du temporal antérieur, tout en conservant sa fonction principale d'élever la mandibule, joue néanmoins un certain rôle dans l'évacuation du venin, car elle forme en se contractant un plan rigide et turgescent contre lequel s'appuie la glande pendant la contraction du compresseur courbe. Aussi peut-on la désigner sous le nom de *com-presseur droit* de la glande venimeuse, si on n'a en vue que le méca-nisme même de la sortie du venin. Mais en se plaçant au point de vue strictement anatomique, nous conserverons la désignation fournie par les insertions et appellerons cette lame *portion pariéto-mandibulaire*, en réservant le nom de *portion glandulo-mandibulaire* au faisceau recourbé du temporal antérieur.

Lorsque la glande dépasse la région temporale et s'allonge démesurément en arrière, comme chez le *Causus rhombeatus* et le *Doliophis intestinalis*, une portion du temporal antérieur suit cet allongement et sert encore de compresseur.

Chez le *Causus rhombeatus*, où Vipère du Cap (fig. 287), la glande venimeuse, longue de 7 à 10 centimètres, large dans sa portion acineuse de 5 à 7 millimètres, s'étend sur la portion latérale supérieure du cou, sans contracter d'autres adhérences que celles dues à des tractus conjonctifs capables de se laisser distendre.

Le muscle temporal antérieur est formé de deux portions : 1° un faisceau rectiligne *pariéto-mandibulaire*, prenant son insertion supé-

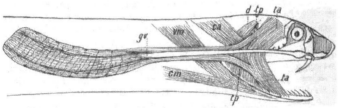

Fig. 287. — Muscles de la tête et du cou du *Causus rhombeatus*. Orig. A.

rieure fixe sur le bord postérieur du postfrontal et sur la crête pariétale latérale. Ce faisceau recouvre partiellement la glande de HARDER, passe sous le canal excréteur de la glande venimeuse, et s'insère sur la face externe et inférieure du tiers moyen de la mandibule, comme chez la plupart des serpents.

2° Un faisceau postérieur en rapport étroit avec le sac glandulaire, qui est aplati et appliqué sur les muscles du cou, immédiatement au-dessous de la peau. Ce faisceau prend son insertion fixe en haut, sur la crête pariétale, à la suite du faisceau antérieur, le longe jusqu'au niveau de la commissure, puis s'en écarte pour recouvrir presque toute la glande, n'en laissant de visible que la portion antéro-externe. Il se réfléchit sur le fond et ses fibres, se dirigeant d'arrière en avant, recouvrent le bord inférieur et toute la face interne, rejoignant le bord postérieur du faisceau pariéto-mandibulaire en avant et au-dessous de la commissure pour s'insérer avec lui sur la mandibule. L'ensemble de ce faisceau forme donc un sac musculaire que la glande semble avoir entraîné avec elle dans son développement, car ce sac est aminci vers le fond même de l'acinus. L'insertion fixe de ce faisceau glandulaire est donc reportée directement sur le crâne au lieu de se trouver sur l'acinus, comme chez les autres Vipéridés. On voit par là que la contraction du temporal antérieur a pour effet d'attirer en avant le fond du sac glandulaire et d'en expulser le venin.

Cette disposition est encore plus exagérée chez un Elapiné de Java, le *Doliophis intestinalis*. La glande venimeuse, plus ou moins allongée suivant l'âge du sujet, peut, d'après B. Meyer, atteindre le quart de la longueur du corps, soit 25 centimètres pour un individu de 99 centimètres de long. Sur un spécimen des collections du Muséum, qui mesurait 39 centimètres, la glande seule avait 13 centimètres de longueur totale ; l'acinus cylindrique avait 6 centimètres de long et 0 cm. 5 de diamètre. Cet acinus s'amincit et se prolonge en avant par un fin canal cylindrique, qui, en arrière de la gaine des crochets, présente un renflement ovoïde comme chez les Vipéridés (voir fig. 251).

Les rapports du m. temporal antérieur avec la glande venimeuse sont à peu de chose près les mêmes que chez le Causus, ainsi que nous avons pu l'observer. Le muscle présente un faisceau antérieur, pariéto-mandibulaire, complètement charnu, donnant insertion, au-dessus et au-dessous du canal excréteur de la glande, aux deux extrémités aponévrotiques du faisceau postérieur. Celui-ci coiffe totalement la glande de ses fibres longitudinales, l'enfermant dans un sac contractile, épais sur l'acinus, s'amincissant graduellement pour se réduire vers l'extrémité du canal excréteur à deux bandelettes aponévrotiques s'accolant au bord postérieur du faisceau pariéto-mandibulaire. Cette disposition entraîne les mêmes conséquences mécaniques que pour la glande du Causus rhombeatus : si les fibres musculaires longitudinales se contractent, l'acinus se raccourcit, le fond est tiré vers l'avant ainsi que son contenu liquide. Mais la glande venimeuse du Doliophis ne se distingue pas rien que par sa longueur plus grande de celle du Causus rhombeatus ; elle a sa portion sécrétrice tout entière, et la plus grande partie de son canal excréteur logées dans la cavité générale, particularité qui n'a été signalée jusqu'à présent que dans ce genre. Le canal excréteur de la glande passe d'abord d'avant en arrière sur les muscles temporaux, sans contracter d'adhérence avec eux, puis disparaît au niveau de l'articulation mandibulaire sous les muscles dépresseurs de la mandibule, et pénètre dans la cavité générale par l'espace conjonctif parotidien.

Les deux glandes symétriques se dirigent de là obliquement vers la région médiane ventrale, où elles s'accolent presque aussitôt sur toute la longueur et se prolongent jusqu'au niveau du cœur.

L'acinus lui-même est un sac uniloculaire et cylindrique dont l'épithélium sécréteur se soulève en petites cloisons perpendiculaires, délimitant des sortes de logettes en forme d'hexagones aplatis : il existe trois séries longitudinales de ces dépressions s'engrenant par leurs bords angulaires, mais la plus grande partie de la lumière glandulaire reste parfaitement libre, contrairement à ce qu'en pense B. Meyer, et, par là, se distingue de la glande à plusieurs loges longitudinales du Causus rhombeatus.

On voit, par tout ce qui précède, que les principales variations de la musculature de la tête se rapportent à celles du muscle temporal antérieur : le faisceau rectiligne de ce muscle conserve les mêmes insertions chez tous les Vipéridés et même chez quelques rares Colubridés Protéroglyphes. Nous ne l'avons, pour cette raison, représenté que chez la *Vipera aspis*, mais il existe dans le genres *Lachesis, Crotalus, Bitis, Causus,* et même dans le genre *Cerastes,* où DUVERNOY en conteste jusqu'à l'existence. La cause en est sans doute à son extrême minceur et à la transparence qu'il affecte dans beaucoup de types. Il est à remarquer qu'il présente cependant une disposition identique quant à ses insertions et au rapport entre ses portions charnues et aponévrotiques avec le temporal antérieur tout entier du Python et de beaucoup de Colubridés Aglyphes et Opisthoglyphes (*Cœlopeltis, Zamenis*).

L'hypertrophie de son bord antérieur, qui demeure ou devient charnu, soit entièrement, comme chez les *Causus,* soit au moins dans sa portion sous-commissurale, comme chez les *Tropidonotus,* les *Platurus* et les *Naja,* montre par la diversité de ces types que la modification n'est pas liée à l'existence d'une glande venimeuse, mais aux conditions mécaniques de la morsure banale. Il prend cependant un point fixe de relai sur la face postérieure de la glande chez le *Naja.*

Il n'y a de spécialement relié à l'accroissement progressif de cette glande, et plus encore à son indépendance des glandes labiales supérieures que les dispositions présentées par le faisceau postérieur, unique ou subdivisé, du temporal antérieur. Ces dispositions aboutissent, à partir des Protéroglyphes, à assurer la compression de l'acinus glandulaire par une enveloppe contractile plus ou moins complète agissant sur la moitié profonde de l'acinus dans la plupart des types, et exceptionnellement sur toute la glande, comme chez le Causus et le Doliophis. La différenciation de ce faisceau postérieur du temporal antérieur en un muscle compresseur courbe de la glande s'explique aisément quand on en suit, comme nous venons de le faire, les diverses modifications à partir des Boïdés.

L'indépendance plus ou moins complète du muscle compresseur courbe de la glande est le principal caractère myologique qui distingue les Protéroglyphes des Vipéridés ; mais ce n'est qu'un caractère de fréquence, puisque chez le Doliophis et le Causus, représentants respectifs des familles précédentes, le faisceau postérieur compresseur courbe conserve les mêmes rapports généraux avec le faisceau rectiligne antérieur.

Au point de vue de la contention de la glande dans la fosse temporale, le m. temporal antérieur l'assure moins bien chez les Vipéridés que chez les Protéroglyphes, car chez les premiers le faisceau antérieur ne contracte avec la face interne de la glande aucune adhérence ; mais la contention est néanmoins assurée vers le haut par le *ligament supérieur,* très robuste, qui part du bord interne et supérieur de la capsule de la glande et qui va prendre son insertion fixe en arrière et en haut, sur le tissu fibreux de l'articulation quadrato-squamosale.

En bas et en arrière, le *ligament* postérieur rattache l'extrémité du sac glandulaire à l'articulation quadrato-mandibulaire, comme chez les Protéroglyphes. Comme chez ces derniers aussi, le muscle ptérygoïdien externe, sur lequel repose la glande, envoie une bandelette aponévrotique qui enserre le col de la glande obliquement d'arrière en avant et se fixe en haut à l'extrémité amincie du postfrontal, tandis que, en avant, la capsule glandulaire émet un autre ligament.

Le *ligament antérieur*, ou de Soubeiran, qui suit le bord supérieur du canal excréteur, se relève pour prendre un point d'appui sur l'extrémité du postfrontal avant de continuer son trajet rectiligne jusque sur la face antéro-externe du maxillaire, où il s'insère. Enfin, la glande n'est maintenue que par des tractus conjonctifs et son enveloppe musculaire quand elle s'allonge démesurément, comme chez le *Causus rhombeatus* et le *Doliophis intestinalis*.

Notons encore que le muscle ptérygoïdien externe présente chez les Vipéridés un maximum d'allongement corrélatif du raccourcissement extrême du maxillaire et de son orientation verticale ; de plus, ce qui était l'exception chez les Protéroglyphes, devient ici la règle : l'extrémité de son tendon terminal se divise en deux portions : la principale prolonge en avant son insertion ecto-ptérygoïdienne pour aller se fixer sur la face latérale externe et inférieure du maxillaire, tandis que le faisceau secondaire s'étale sur la portion externe et inférieure de la gaine du crochet venimeux, comme chez les Dendraspis. Il en résulte que la gaine des crochets, dont le développement leur est proportionnel, se trouve être tendue sur ses deux faces pendant la protraction du crochet, extérieurement, comme nous venons de le voir, par les fibres du tendon ptérygoïdien, et intérieurement par le faisceau tendineux et souvent musculaire du pariéto-palatin.

Liste des muscles de la tête des serpents

ELÉVATEURS DE LA MANDIBULE :

M. *parietali-quadrato-mandibularis*, de HOFFMANN;

M. *temporal antérieur*, de DUVERNOY (syn. : *Masséter*, de OWEN, TEUTLEBEN) ;

M. *temporal moyen*, de DUVERNOY (syn. : *temporalis*, de OWEN, TEUTLEBEN) ;

M. *temporal postérieur*, de DUVERNOY, OWEN, TEUTLEBEN ;

M. *pariéto-mandibulaire profond*, de D'ALTON et HOFFMANN.

DÉPRESSEURS DE LA MANDIBULE :

M. *digastrique*, de DUVERNOY (syn.: *post-tympano-articulaire*, de DUGÈS;

tympano-mandibulaire, de Owen ;   *occipito-quadrato-mandibulaire*, de Hoffmann) ;

M. *neuro-mandibulaire* ou *vertébro-mandibulaire*, de Duvernoy, Owen (syn. : *cervico-maxillaire*, de Dugès) ;

M. *costo-mandibulaire*, de Duvernoy (syn. : *costo-maxillaire*, de Dugès) ;

M. *mylo-hyoïdien*, de d'Alton et Hoffmann (provenant de la réunion des deux précédentes) ;

M. *intermandibulaires*, de Owen (syn. : *adducteurs des mandibules*, de Dugès, Duvernoy ; *intermaxillaires*, de Hoffmann) ;

M. *cervico-squamosal* (syn. : *cervico-mastoïdien*), inconstant ; tenseur de la peau latérale du cou ;

M. *cervico-angulaire*, de Duvernoy (syn. : *cervico-tympanique*, de Dugès; *cervico-mandibulaire*, de Cuvier ; *retractor ossis quadrati*, de d'Alton et Hoffmann) ;

M. *sous-occipito-articulaire*, de Dugès, Duvernoy (syn. : *sous-occipito angulaire* ; *sous-occipito-quadrato-mandibulaire*, de Hager. Ces deux derniers muscles agissant comme tenseurs de l'articulation quadrato-mandibulaire.

Protracteurs du palais (et du crochet chez les Vipéridés) :

M. *post-orbito-ptérygoïdien*, de Dugès (syn. : *post-orbito-palatin*, de Duvernoy ; *ptérygo-parietalis*, de Hoffmann, Mc Kay, Hager) ;

M. *sphéno-ptérygoïdien*, de Dugès, Duvernoy (syn. : *pterygo-sphenoidalis-posterior*, de Hoffmann, Mc Kay, Hager).

Rétracteurs du palais (et du crochet venimeux chez les Vipéridés) ;

M. *sphéno-palatin*, de Dugès, Duvernoy (syn. : *Parieto-palatin*, *présphéno-palatin* de Owen ; *ptérygo-sphenoidalis anterior*, de Hoffmann, Mc Kay, Hager) ;

M. *ptérygoïdien externe*, de Duvernoy, Owen, Teutleben (syn. : *maxillo-ptérygoïdien*, de Dugès ; *transverso-ptérygo-mandibularis*, de Hoffmann) ;

M. *ptérygoïdien interne*, de Duvernoy, Owen (syn. : *articulo ptérygoïdien*, de Dugès ; *pterygo-mandibularis*, de Hager) ;

M. *sphéno-vomérien*, de Dugès (surtout tenseur du museau).

Protracteurs de la tête :

M. *long dorsal*, de d'Alton et Hoffmann ;

M. *demi-spinal*, de d'Alton et Hoffmann ;

M. *sacro-lombaire*, de d'Alton et Hoffmann;

M. *droit antérieur* (syn. : *rectus capitis anticus major*, de Hoffmann).

Mécanisme de la morsure et de l'inoculation du venin

Chez tous les Serpents, l'inoculation de la salive, venimeuse ou non. se fait au cours de l'engagement de la proie ; le mode même suivant lequel se fait cet engagement vers l'isthme du gosier relève du mécanisme particulier qui suit la morsure, et se comprendra d'autant mieux que nous la dégageons de celui de la morsure elle-même.

La description que nous avons faite des pièces osseuses de la tête et de ses muscles nous permettra de passer assez rapidement sur un mécanisme qui, en soi, est très simple, et ne se complique que des mouvements nécessaires à l'engagement de la proie, qui assurent en même temps la pénétration de la salive mixte par les multiples criblures faites à la peau, ou son instillation profonde, dans le cas où les dents sont développées en crochets.

Nous avons vu que la dépression de la mandibule correspondant au premier temps de la morsure, c'est-à-dire l'ouverture de la bouche, est due à la contraction simultanée des muscles *digastriques, vertébro et cervico-mandibulaires*. Celle des *cervico-angulaires*, aidée, dans la plupart des espèces, de celle des *sous-occipito angulaires*, en immobilisant simultanément l'extrémité inférieure des quadratum, permet aux mandibules d'exécuter un mouvement de rotation autour des condyles inférieurs du quadratum comme axe fixe, de s'éloigner ou de se rapprocher du crâne sous l'action des muscles qui l'y relient.

L'élévation de la mandibule est due à la contraction des muscles *temporaux*, antérieurs, moyens, postérieurs et profonds.

Dans ces mouvements d'abaissement et d'élévation de la mandibule, celle-ci se comporte comme un levier où la puissance, représentée par les muscles temporaux, est appliquée vers la région moyenne de l'axe ; où la résistance, représentée par les muscles du plancher buccal, est appliquée à l'extrémité antérieure, et où le point fixe correspond à l'extrémité articulaire.

La proie est, la plupart du temps, saisie au hasard de la position qu'elle occupe, sans orientation voulue de la part du serpent; elle est simplement happée et retenue par toute l'armature de la double herse maxillo-palatine et mandibulaire, et maintenue ainsi jusqu'à ce que diminuent ses mouvements de défense.

Lorsqu'elle est de trop gros calibre, le serpent après l'avoir mordue, enroule aussitôt, d'un geste brusque, son cou autour d'elle, formant une sorte de lien musculaire puissant, qui se resserre progressivement et fait céder sous sa constriction les parties résistantes du squelette, en même temps que la proie est immobilisée et étouffée ; elle se trouve peu à peu réduite en une masse molle, en une sorte de sac déformable, il est vrai, mais encore trop volumineux et trop inerte pour être introduit dans la bouche. Il faut que celle-ci se dilate et qu'elle s'avance, pour ainsi dire, à la rencontre de cette proie.

Engagement de la proie et inoculation du venin. — Cette phase, qui succède à l'attaque, soit directement, soit après une pause, s'effectue par des mécanismes distincts qui se superposent en partie et où interviennent d'une part les mouvements du palais, et d'autre part, la dilatation de la bouche. Ils s'effectuent de la même manière générale chez tous les serpents ; nous n'aurons donc qu'à signaler les particularités qu'ils présentent corrélativement au perfectionnement de l'appareil inoculateur.

Mouvements alternatifs de protraction et de rétraction de chaque moitié de la bouche. — Après un temps de pause, dont la durée dépend de la façon dont la proie a été saisie, de son volume et des mouvements de défense qu'elle exécute, on voit le serpent saisir à nouveau cette proie, s'il l'avait lâchée ; puis une moitié de la bouche se dégage des tissus par un mouvement en avant et en haut, et harponne une région plus éloignée de celle-ci. Ce mouvement est rendu possible par l'indépendance des deux moitiés osseuses de la bouche ; il est dû à la contraction simultanée des muscles protracteurs du palais : *pariéto et sphéno-ptérygoïdiens* et du *ptérygoïdien interne* qui attire l'arc mandibulaire dans le même mouvement en avant que les arcs osseux ptérygo-palato-maxillaires. Toute une moitié de la bouche s'avance donc d'un mouvement d'ensemble sur la proie, puis elle la harponne : par le jeu des muscles rétracteurs palatins et mandibulaires, *pariéto-palatin, ptérygoïdien externe* (figs. 284 à 286) les dents s'enfoncent dans la proie.

La seconde moitié de la bouche exécute alors les mêmes mouvements par les mêmes mécanismes, et vient s'implanter à son tour dans la proie, déjà fortement retenue.

Après une ou plusieurs séries de ces mouvements alternatifs de protraction suivie de rétraction de chaque moitié de la bouche, on observe une pause d'une durée d'autant plus longue que la proie est plus volumineuse : le serpent, tenant celle-ci à pleine gueule, l'appuie sur le sol en s'arc-boutant sur elle et contracte au maximum les rétracteurs du palais et de la mandibule, action qui a pour résultat d'attirer la proie vers le pharynx, et de ménager la dilatation de celui-ci, qui ne doit pas être trop brusque.

Dilatation de la bouche et du pharynx. — Mais pour que la progression de la proie puisse se faire, il faut que la bouche et le pharynx se dilatent. La dilatation a pour facteur passif le quadratum, et pour facteurs actifs les muscles dépresseurs de la mandibule, ainsi que les autres tissus extensibles du mince plancher bucco-pharyngien.

La contraction des dépresseurs de la mandibule, quand les muscles tenseurs de son articulation avec le quadratum sont en simple état de tonus, a pour effet de reporter vers le haut, sur l'articulation quadrato-squamosale, le centre de rotation de l'arc mandibulaire, qui s'allonge ainsi de la hauteur du quadratum, ce qui transforme le levier droit en un levier coudé et augmente le diamètre vertical de la bouche ; en même temps, cet allongement de l'arc rend possible un mouvement plus prononcé de protraction de la mandibule.

Les arcs mandibulaires forment donc, au moment de la contraction des dépresseurs, les bords rigides d'une nasse dont les parois sont constituées par le mince plancher bucco-pharyngé. Comme les extrémités antérieures des arcs mandibulaires ne sont réunies que par un pont fibreux, extensible, lorsque la nasse est distendue, elle déborde notablement de part et d'autre les contours fixes des maxillaires.

Cette nasse est descendue plus ou moins bas suivant la longueur du quadratum ; quand elle s'élève, elle fixe la proie contre le palais par le jeu des muscles temporaux.

Pendant la contraction de ces muscles, si le diamètre vertical de la bouche diminue, son diamètre transversal augmente, comme on peut s'en rendre compte par l'observation directe ; on voit effectivement l'angle mandibulaire se reporter en dehors en même temps qu'il s'avance. Il est aisé de voir aussi que toute progression de la proie vers le pharynx est définitivement assurée, grâce à l'indépendance des deux moitiés de la bouche dont l'une maintient cette proie, tandis que l'autre progresse sur elle ; celle-ci ne cesse donc de distendre le pharynx, qu'elle parvient à franchir et pénètre dans l'œsophage.

Pendant ce passage, qui dure toujours un temps assez long, le serpent risquerait d'asphyxier si l'orifice antérieur de la trachée occupait le fond du pharynx ; mais cette trachée se prolonge jusque vers le tiers antérieur du plancher buccal, où elle s'ouvre par un orifice taillé en biseau, qui ne peut être oblitéré. Dans la région pharyngienne, la dilatabilité des parties molles et les anneaux cartilagineux complets de la trachée s'opposent au complet affaissement des voies respiratoires.

La période d'engagement de la proie s'accompagne d'une excitation glandulaire qui active l'excrétion de toutes les glandes salivaires buccales. La salive mixte enrobe ainsi la proie d'un enduit muqueux et glissant qui en favorise la progression ; mais en outre elle est inoculée dans les téguments, tissus comme on le sait, les plus indigestes de l'animal, par toutes les petites plaies qui sont faites en grand nombre par les dents dans leurs implantations répétées. Lorsque les dents sont très nombreuses, il en résulte une lacération du sac cutané, qui favorisera en outre la pénétration ultérieure des autres sucs digestifs.

Mécanisme de l'inoculation du venin

Chez les *Colubridés Aglyphes et Opisthoglyphes*. — Le mécanisme précédent s'applique à tous les Serpents et en particulier aux Colubridés Aglyphes et Opisthoglyphes.

Chez la plupart de ces Colubridés, l'allègement marqué des os du crâne est compensé par un développement plus marqué des parties molles, d'où résulte un déplacement plus grand des os les uns par rapport aux autres, pendant la contraction des muscles, et une indépen

dance fonctionnelle plus grande des deux moitiés de la bouche. Ajoutons
à cela que l'allongement déjà sensible du quadratum, en augmentant le
diamètre vertical de la bouche pendant la contraction des muscles dépresseurs de la mandibule et son diamètre transverse pendant celle des tempo
raux, favorise de son côté l'engagement de la proie. Le venin pénètre
par les nombreuses petites plaies que font les dents au cours de l'engagement de la proie.

Chez les *Colubridés Protéroglyphes*. — Chez les Serpents réputés de
tous temps comme venimeux, C. Protéroglyphes et Vipéridés, le premier
acte du drame qui se passe entre l'agresseur et sa victime est précédé de
mouvements qui donnent aux grands venimeux des attitudes particulièrement énergiques et qu'on ne retrouve pas, en général, dans les mêmes circonstances, chez les autres serpents. Les attitudes qui précèdent l'attaque
de la proie ou la morsure correspondent toujours, chez les Cobras, par
exemple, à un soulèvement de la région antérieure du corps, à un affer-
missement de la tête sur le cou par apposition de l'exoccipital sur l'atlas,
dueà la contraction des muscles dorsaux, qu'accompagné une sorte de
mouvement oscillatoire, la flexion de la tête sur le cou et l'écartement de
la peau de celui-ci, par soulèvement des côtes cervicales. Cette attitude
a valu à certains Najas l'épithète de Cobras di capello.

La détente sur la victime est produite par la contraction soudaine
des muscles du groupe du *grand droit antérieur* et des *sacro-lombaires* :
mais, contrairement à ce qu'en pense Mc Kay, l'ouverture de la bouche
et la protraction du maxillaire ne marquent pas le début, mais la fin
seulement du mouvement de détente : le serpent ne se précipite pas
bouche ouverte sur sa victime.

Le mécanisme de la morsure est identique à celui que nous avons
précédemment décrit ; la dépression de la mandibule se produit en
même temps que la protraction du palais et des maxillaires ; mais il
se superpose au deuxième temps de la morsure simple, l'inoculation
du venin dans la plaie étant faite par les crochets par un mécanisme un
peu plus compliqué, mais non essentiellement différent de celui qu'on
observe chez les Colubridés Aglyphes et Opisthoglyphes. Chez ces derniers, le venin pénètre simplement, sans projection, dans les tissus, par
la surface du crochet enduit de salive venimeuse, ou à la fois par la
surface et par une rainure superficielle qui le laisse *écouler* dans la
plaie. Chez les Protéroglyphes et les Vipéridés, il est *projeté* sous pression, pendant la fermeture de la bouche, par la contraction du m. temporal antérieur, dont une partie sert de compresseur à la glande. La compression, chez la majorité des Protéroglyphes s'exerce sur le fond, la face
interne, la face supérieure et antérieure du sac glandulaire et se trouve
rendue plus effective par la contraction du muscle ptérygoïdien externe.
sur lequel repose la glande et au-dessous de laquelle il forme un plan
rigide et turgescent. Le venin est exprimé de l'acinus dans le canal
excréteur, puis dans la gaine des crochets, par un orifice dont les bords

forment une saillie en papille à la face interne de cette gaine, au voisinage de la base d'insertion des crochets.

Le passage du venin dans le sillon ou le canal du crochet est assuré par la tension des bords de la gaine qui, tout en fermant l'ouverture inférieure par l'affrontement de ses bords latéraux, applique l'orifice papillaire du canal sur la base du crochet, où se trouve précisément l'ouverture supérieure du canal.

Il n'est pas nécessaire, comme le pensent quelques auteurs, qu'il y ait abouchement des deux orifices : la tension des bords de la gaine, son application intime sur les tissus que pénètre le crochet, suffisent à réaliser une cavité close dans laquelle le venin, arrivant sous pression, passe par la seule voie qui soit libre, celle du canal venimeux, qui le conduit dans la profondeur des tissus. C'est, comme on le voit, le mécanisme même de l'injection hypodermique ou intramusculaire.

Ce qui caractérise encore cette morsure, c'est que, le plus souvent, le serpent l'inflige par brusque détente et se retire momentanément, semblant attendre que les gestes convulsifs de la proie deviennent moins violents. Mais, toutefois, s'il est très affamé et que la proie ne soit pas très grosse, il retient sa victime et ne commence les exercices d'engagement que lorsqu'elle a cessé de s'agiter. On voit alors le serpent exécuter des contractions successives des m. temporaux, ayant pour effet d'injecter dans la profondeur de la plaie des doses répétées de venin.

Quand les mouvements convulsifs de la proie sont presque éteints, le serpent commence à l'engager par les mêmes mouvements alternatifs de l'une et l'autre moitié de la bouche, mouvements qui sont d'ailleurs facilités par l'indépendance réciproque des maxillaires, dont le raccourcissement leur a fait perdre tout contact antérieur avec le prémaxillaire. Mais le maxillaire demeure néanmoins horizontal et ne peut se déplacer que dans la direction antéro-postérieure, avec une obliquité très réduite, en raison de ses rapports avec les os transverse et préfrontal. Chaque maxillaire entraîne dans son mouvement de protraction ou de rétraction l'arc ptérygo-palatin correspondant, auquel il est relié, outre son articulation avec le transverse, par le faisceau musculo-fibreux du muscle pariéto-palatin, qui sert de tenseur à la gaine des crochets.

Chez les Vipéridés. — Déjà chez les Protéroglyphes du genre *Dendraspis*, nous observons, ainsi qu'il a été dit dans un précédent chapitre, une ébauche de ce qui, au point de vue du mécanisme seul, distingue les Vipéridés de tous les autres serpents venimeux; *le mouvement de bascule possible des maxillaires autour de leur articulation préfrontale*, mouvement qui, sous la poussée de l'ecto-ptérygoïde pendant la contraction des muscles protracteurs du palais, porte en avant et en haut l'extrémité antérieure du maxillaire avec le long et *unique crochet canaliculé* qu'il porte. En outre la gaine des crochets se trouve déjà tendue sur ses deux faces latérales, en dedans, par le prolongement fibreux du muscle sphéno-palatin, en dehors par ceux du ligament du muscle ptérygoïdien externe ce qui rapproche avec plus de précision que chez les autres Protéroglyphes la papille terminale du canal excréteur de l'orifice basal du canal venimeux de la dent.

Par le genre Dendraspis, l'appareil venimeux des Protéroglyphes ne diffère plus de celui des Vipéridés que par des caractères de détail, tels que l'allongement encore notable du maxillaire et son orientation horizontale, quand il est au repos, et quelques autres d'aussi faible importance et que nous aurons bientôt l'occasion de signaler.

Chez les Vipéridés, l'attitude qui précède l'attaque de la proie est différente de celle qu'on observe chez le Naja. La Vipère plus ou moins lovée, soulève aussi la partie antérieure du corps ; le cou est plusieurs fois reployé latéralement en un zigzag plan sur lequel la tête est légèrement rétrofléchie. La détente a la même brusquerie ; elle est réalisée par le même mécanisme que chez les Protéroglyphes, et il en est encore de même pour le mécanisme essentiel de la morsure. Mais celle-ci est accompagnée d'une protraction plus étendue du palais avec renversement des maxillaires et de leurs crochets autour des articulations préfontales comme axe.

La protraction du crochet est maxima, ce qui est dû à la brièveté et à la verticalité du maxillaire, car le mécanisme de la protraction reste le même, déterminé par la contraction du sphéno-ptérygoïdien, non pas tout seul comme le pense WEIR-MITCHELL, mais aidée de celle du pariéto-ptérygoïdien.

La protraction est limitée par le ligament postérieur préfronto-maxillaire, ainsi que par l'apposition de l'apophyse montante du maxillaire sur le préfrontal.

Le mouvement inverse de rétraction, qui applique le maxillaire armé de son crochet contre le palais, à la manière d'une lame de couteau se reployant sur son manche, quand cette rétraction se fait à vide, après la morsure, est limité par le ligament antérieur préfronto-maxillaire ; la blessure possible du palais par l'extrémité acérée des crochets est ainsi évitée. Ce reploiement contre la paroi palatine de l'arme empoisonnée, conséquence de la brièveté extrême du maxillaire, est caractéristique des Vipéridés, car chez les Protéroglyphes, comme nous l'avons vu, le maxillaire rétracté reste horizontal, et les crochets qui y sont fixés gardent une orientation presque verticale.

Le mécanisme même de la rétraction du palais et des crochets, qui harponnent la proie et en favorisent l'engagement est exactement le même que chez les Protéroglyphes ; il est mis en jeu par la contraction du pariéto-palatin et des ptérygoïdiens ; mais la longueur du crochet, qui atteint, comme nous l'avons vu, presque celle du crâne dans certains genres, comme le genre Bitis, entraîne une pénétration beaucoup plus profonde du venin dans les tissus, de telle sorte que la morsure chez les grosses espèces équivaut à une inoculation intramusculaire. De plus, la fermeture complète du canal venimeux, et l'élasticité des tissus qui se referment derrière le crochet effilé quand celui-ci se retire, assurent l'inclusion parfaite de la plaie, en fait pour ainsi dire une plaie interne et fermée, par opposition à celle que détermine le crochet relativement court et conique des Protéroglyphes et des autres Colubridés. La longueur et la finesse proportionnelle du crochet des Vipéridés portent donc à sa perfection la plus grande l'introduction du venin dans les tissus.

Quant au passage du venin de la gaine dans l'orifice supérieur du canal du crochet, il s'effectue comme chez les Protéroglyphes, mais est facilité par une tension plus parfaite de la gaine reliée sur ses deux faces au système rétracteur, par le prolongement du muscle pariéto-palatin en dedans et les fibres du ptérygoïdien externe en dehors.

Le venin est projeté dans le canal excréteur de la glande par la contraction du faisceau compresseur du muscle temporal antérieur pendant l'élévation de la mandibule et la protraction du palais. Il franchit le renflement glandulaire du canal, qui correspond comme nous l'avons vu à un rétrécissement du calibre interne, et pénètre dans la gaine de la dent de la même façon que chez les Protéroglyphes.

Quand le maxillaire, portant son crochet, est reployé contre le palais, la bouche étant fermée ou même ouverte, l'aplatissement du canal résultant de sa légère tension sur le bord maxillaire, ainsi que le rétrécissement du calibre et la viscosité du mucus sécrété par les cellules glandulaires du renflement, suffisent à contrebalancer la tonicité du muscle compresseur ; il n'est pas besoin, que le renflement ait le rôle actif de sphincter que lui suppose Weir-Mitchell, qui admet la nature musculaire de ses parois.

En résumé, le mécanisme de la morsure et de l'inoculation du venin chez les Protéroglyphes et les Vipéridés peut se résumer dans les phases suivantes qui se déroulent avec une grande rapidité :

1° détente brusque du serpent sur sa victime : vers la fin de ce mouvement ;

2° abaissement de la mandibule, protraction simultanée des crochets qui pénètrent dans les tissus de la proie ;

3° élévation de la mandibule : simultanément rétraction des crochets et pénétration du venin sous pression dans la plaie.

Les autres actes : engagement de la proie, dilatation de la bouche, déglutition, se produisent exactement comme chez les autres Serpents.

Ajoutons toutefois, que l'engagement est dû au jeu alternatif des crochets qui pénètrent à tour de rôle dans la proie, la harponnent au fur et à mesure que la nasse mandibulaire s'avance, ce que l'on distingue très bien sur les grosses espèces, telles que la Vipère du Gabon par exemple.

La plupart des autres dents armant soit les palato-ptérygoïdiens, soit les mandibules, sont en voie de disparition chez certaines espèces, et nous avons vu qu'il n'en reste plus qu'une dizaine en tout chez l'*Atractaspis atterrima*, où les deux énormes crochets venimeux suffisent à eux seuls à faire progresser la proie vers le défilé pharyngien.

La dilatabilité de la bouche est portée à son maximum chez les Vipéridés, en raison de l'allongement considérable du quadratum.

Le mécanisme de l'engagement de la proie peut être comparé (sauf le sens opposé du mouvement) à celui de l'accouchement ; car il s'accomplit par une dilatation graduelle du passage pharyngien, grâce à la souplesse des téguments et à l'élasticité des muscles. Les mouvements propres de la victime excitent les muscles protracteurs du palais, puis les muscles du cou à se contracter sur elle, et en assurent la progression de la même manière que ceux du fœtus en facilitent l'expulsion. Mais ces mouvements ne sont pas obligatoires ; ils ne sont qu'adjuvants, car les corps inertes qui distendent une enveloppe élastique en excitent aussi. quoique à un degré moindre, la contraction ; et on sait que, faute de mieux, les serpents sont parfaitement capables de déglutir des proies mortes.

Remarque. — Les différents mouvements que nous avons décomposés s'effectuent d'une façon si rapide qu'il est assez difficile de les distinguer par l'observation directe ; mais certaines conditions permettent d'analyser et de fixer quelques détails sur lesquels les auteurs sont en divergences d'opinions, et dont nous n'avons pas voulu alourdir notre exposé.

Dans un lot de Vipères récemment capturées, et qu'on examine à travers les vitres de leur cage, il s'en trouve toujours quelques-unes plus agressives ou plus émotives, qui répondent à la moindre excitation par une projection de la tête et de la région antérieure du corps vers l'épouvantail. Or, suivant la distance à laquelle se trouve l'animal, son museau frappe la vitre de sa cage avant qu'il ait ouvert la bouche, ou bien après l'avoir ouverte ; dans ce dernier cas, il frappe avec son crochet, et dépose une gouttelette de venin sur le verre. Souvent même le crochet s'épointe contre l'obstacle.

La protraction de la dent venimeuse a donc lieu dans la dernière période du mouvement d'attaque ou de défense, et non au moment où le serpent commence à ouvrir la bouche; elle paraît soumise à l'influence directe de la volonté de l'animal, car nous avons vu très fréquemment nos serpents frapper du museau leur proie, sans la piquer, comme pour l'avertir simplement de se tenir à l'écart, ce qui confirme les observations antérieures de Weir-Mitchell et de Mc Kay.

Cuvier, Antoine Dugès, Duméril, Bibron et Duvernoy, admettaient aussi que le mouvement des crochets a lieu sous l'influence de la volonté et par l'action des muscles protracteurs du palais. Cependant Alf. Dugès a repris et développé une thorie déjà émise par Van Lier, reproduite par Huxley, d'après laquelle l'abaissement outré de la mandibule, soit exécuté volontairement, soit effectué artificiellement suffit pour faire avancer le levier qui redresse le crochet, le quadratum dans cet abaissement venant buter contre l'extrémité postérieure de l'os ptérygoïdien.

En abaissant fortement la mandibule chez des Vipères récemment mortes, ces auteurs ont vu les crochets se redresser, et ils en ont conclu à la dépendance absolue des deux phénomènes.

Cette théorie du redressement automatique des crochets ne peut résister à l'analyse détaillée des faits ; car il suffit dans les conditions où se sont placés les auteurs précédents de modifier très légèrement le mouvement d'abaissement, d'éviter la traction en avant, pour ne plus constater de protraction du crochet. En effet l'os ptérygoïdien étant relié par un ligament et par le muscle ptérygoïdien interne à l'articulation de la mandibule, est forcément porté en avant si on déplace l'articulation dans le même sens. C'est ce qui a dû arriver à Ducès. Mais on ne saurait rigoureusement en conclure comme lui que les choses se passent de même sur le vivant.

Nous avons eu très souvent l'occasion de voir les Vipères ouvrir la bouche sans redresser leurs crochets, ou mouvoir ceux-ci presque sans ouvrir la bouche. Certaines espèces laissent leurs crochets au repos quand elles engagent la proie n'utilisant que leurs dents ptérygo-palatines pour la faire progresser ; d'autres, comme la Vipère du Gabon emploient surtout leurs crochets, que l'on voit alternativement se protracter et s'implanter dans la proie.

Dès que la proie est engagée dans le pharynx, les crochets se reploient dans la position de repos, alors que la mandibule est encore fortement abaissée.

Enfin, si au moyen d'une pince on saisit une Vipère de manière à immobiliser sa mandibule, l'animal cherche à mordre l'instrument avec ses crochets, qu'il agite d'une manière menaçante. L'action volontaire et indépendante du mouvement des crochets observée déjà par WEIR-MITCHELL sur le Crotale, peut être encore vérifiée sur les sujets qui gardent leur appétit en captivité, comme les Lachesis, et qui font des exercices d'assouplissement de leur appareil inoculateur avant et après leur repas

Déjà SOUBEYRAN (p. 59) avait fait des critiques à la théorie de Ducès : « Lorsque l'animal veut avaler une proie, dit-il, il ouvre la bouche d'une façon très outrée, et cependant les crochets ne se relèvent pas. » Aussi pour expliquer le « redressement » quand l'animal veut piquer, et le « non redressement » quand il déglutit, fait-il intervenir le masséter (compresseur courbe), par l'intermédiaire du tendon qu'il a découvert. En se contractant, ce muscle tirerait en arrière le maxillaire qui, pivotant sur le transverse relèverait ses crochets.

Il est facile de constater sur les pièces anatomiques fraîches que ce mouvement de bascule, autour du transverse est mécaniquement impossible ; l'apophyse supérieure du maxillaire pivote en avant sur le préfrontal en entraînant le transverse, mais elle ne peut pivoter sur celui-ci, parce qu'elle est retenue dans une position fixe par des ligaments latéraux. C'est à peine si, en tirant sur le tendon de SOUBEYRAN, on imprime à l'apophyse articulaire un léger mouvement latéral, qui fait incliner en dedans la pointe du crochet.

D'autre part, si cette théorie était exacte, à chaque redressement du crochet, il y aurait projection du venin, ce qu'on n'observe pas ; les deux phénomènes ne sont donc pas liés l'un à l'autre ; c'est également l'opinion de Weir-Mitchell et de Mc Kay.

  • De ces diverses observations, on arrive forcément à conclure à l'indépendance fonctionnelle du levier ptérygo-palatin qui fait basculer le maxillaire, fait que démontre d'ailleurs l'excitation électrique des muscles qui s'insèrent sur ce levier : celle des pariéto et sphéno-ptérygoïdiens détermine la protraction des crochets, celle du pariéto-palatin et des ptérygoïdiens en détermine le retrait, sans qu'il se soit produit de mouvements simultanés de la mandibule.

De plus, comme nous l'a montré l'anatomie des organes du mouvement et la disposition des parties osseuses de la tête, chaque moitié de la bouche, haut et bas, peut fonctionner indépendamment de l'autre, ce qui facilite au plus haut degré la dilatabilité de la bouche et l'engagement de la proie.

Liste des figures

Caractères extérieurs, écailles et plaques des téguments

                                                     Pages

Fig. 77. *Typhlops*, écailles ventrales 226

Fig. 78. *Echis carinata*, écailles à crête barbelée. 226

Fig. 79 *Vipera aspis*, fragment annulaire de peau dans la région dorsale 227

Figs. 80-82. *Tropidonotus natrix*, écailles et plaques céphaliques. 228

Figs. 83-84. *Vipera berus*, id. 229

Figs. 85-86. *Vipera aspis*, id. 230

Fig. 87. *Crotalus durissus*, id. 230

Figs. 88-89. *Vipera latastei*, id. 231

Figs. 90-91. *Vipera ammodytes*, id. 232

Figs. 92-93. *Langaha nasuta*, id. 232
           Langaha cristagalli, id.

Fig. 94. *Bitis nasicornis*, id. 233

Fig. 95. *Cerastes cornutus*, id. 234

Figs. 96-101. Ecailles de la queue des Serpents. 235

Figs 102-103. Crepitaculum de *Crotalus basiliscus*. 236

Faunes venimeuses

Europe

Figs. 104-105. *Tropidonotus tessellatus*. 247

Figs. 106-107. *Tropidonotus viperinus*. 248

Figs. 108-109. *Zamenis gemonensis*.. 250

Figs. 110-111. *Zamenis hippocrepis*. 251

112-113. *Coronella austriaca.* 252
114-116. *Cœlopeltis monspessulana.* 254
117-118. *Macroprotodon cucullatus* 255
119-120. *Tarbophis fallax.* 256
121-122. *Vipera ursinii.* 257
123-124. *Vipera renardi.* 258
125-126. *Vipera lebetina.* 262
127-128. *Ancistrodon halys.* 263

Afrique

129-130. *Psammophis sibilans.* 264
131.   *Naja haje.* 271
132-133. *Bitis gabonica.* 276
134.   *Atractaspis bibroni.* 277

Asie, Océanie, Australie

135.   *Hipsirhina indica.* 295
136-137. *Homalopsis buccata.* 296
138.   *Cerberus microlepis.* 297
139-140. *Hydrophis gracilis.* 299
141-142. *Distira grandis.* 300
143-144. *Glyphodon tristis.* 301
145-146. *Naja bungarus.* 303
147-148. *Callophis macclelandi.* 304
149-150. *Azemiops fee.* 305
151-152. *Vipera russelli.* 306
153-154. *Ancistrodon himalayanus.* 308
155-156. *Lachesis monticola.* 309
157.   *Hydrelaps darwiniensis.* 315
158-159. *Tropidechis carinatus.* 317

Amérique

(Voir Planches)

Appareil venimeux, tête osseuse et dents

160.   *Tropidonotus natrix,* rapports de la glande venimeuse
         et des dents 337
161.   *Cœlopeltis monspessulana,* id. 337
162.   *Naja bungarus,* id. 338
163.   *Vipera aspis,* id. 339
164-171 Section transversale des dents de divers serpents (*Ery-
         throlamprus, esculapii, Thamnodynastes natterei,
         Psammophis moniliger, Hydrophis, Naja, Vipera, Hé-
         loderma, Leptodira rufescens* 340
172.   Dents de C. Protéroglyphes et de Vipéridés (*Hydrophis,
         Naja, Lachesis*) 342

Figs. 173-175. *Python regius*, tête osseuse. ....

Figs. 176-178. *Zamenis hippocrepis*, id. ....

Fig. 179. *Coronella austriaca*, maxillaire et mandibule. ....

Figs. 180-182. *Cœlopeltis monspessulana*, tête osseuse. ....

Fig. 183. *Dipsadomorphus cynodon*, maxillaire et mandibule. .....

Fig. 184. *Langaha nasuta*, id..............................

Fig. 185. *Psammophis sibilans*, id. ....

Figs. 186-188. *Dryophis nasulus*, tête osseuse. ....

Fig. 189. *Tomodon vittatus*, maxillaire et mandibule. ....

Fig. 190. *Miodon acanthias*, id.................................

Figs. 191-193. *Hydrus platurus*, tête osseuse. ....

Fig. 194. *Diemenia psammophis*, maxillaire et mandibule. ....

Figs. 195-197. *Naja bungarus*, tête osseuse. ....

Fig. 198. *Glyphodon tristis*, maxillaire et mandibule. ....

Fig. 199. *Platurus colubrinus*, tête osseuse......................

Figs. 200-202. *Elaps corallinus*, id..............................

Fig. 203. *Dendraspis angusticeps*, id. ....

Fig. 204. *Xenodon merremi*, maxillaire en repos, et érigé. ....

Fig. 205. *Causus rhombeatus*, tête osseuse. ....

Figs. 206-208. *Atractaspis aterrima*, id...............................

Figs. 209-211. *Vipera aspis*, id..............................

Fig. 212. *Lachesis mutus*, id.................................

Fig. 213. *Cerastes ægyptiacus*, id. ....

Figs. 214-215. *Bitis gabonica*, id. ....

Figs. 216-226. *Vipera aspis*, développement de l'appareil venimeux. 37

Figs. 227-232. Développement des crochets venimeux et formation du canal venimeux ....

Figs. 233-236. Mode de fixation et de succession des crochets. 38

FORME EXTÉRIEURE DE LA GLANDE VENIMEUSE

Fig. 237. *Tropidonotus natrix*.................................

Fig. 238. *Leptognathus elegans*. ....

Fig. 239. *Leptognathus catesby*. ....

Fig. 240. *Ilysia scytale*, glande parotide.........................

Fig. 241. *Boodon fuliginosus*.................................

Fig. 242. *Xenodon severus*. ....

Fig. 243. *Xenodon severus*, rapport du canal excréteur de la glande venimeuse et de la gaine du crochet ......

Fig. 244. *Ilysia scytale*, glande temporale antérieure. ....

Fig. 245. *Eryx johni*, id. ....

Fig. 246. *Platyplectrurus madurensis*, id. ....

Fig. 247. *Typhlops punctatus*, glandes périmaxillaires. ....

Figs. 248-251. Forme extérieure de la glande venimeuse chez les C. Protéroglyphes et les Vipéridés ....

Pages

Structure de la glande venimeuse

Fig. 252.   *Tropidonotus natrix*, coupe de la glande sus-maxillaire..   400

Fig. 253.   *Tropidonotus natrix*, glande parotide et glande labiale
     supérieure   401

Fig. 254.   *Cœlopeltis monspessulana*, id.   402

Fig. 255.   *Vipera aspis*, glande labiale supérieure.................   403

Fig. 256.   *Naja haje*, canal excréteur de la glande venimeuse.......   406

Fig. 257.   *Doliophis intestinalis*, coupe transversale de l'acinus de
     la glande venimeuse   407

Fig. 258.   *Vipera aspis*, id....................................   408

Fig. 259.   *Causus rhombeatus*, id.   409

Fig. 260.   *Vipera aspis*, épithélium secréteur de la glande venimeuse   410

Fig. 261.   *Lachesis lanceolatus*, paroi du renflement du canal excré-
     teur de la glande venimeuse   411

Figs. 262-264   *Vipera aspis*, coupe longitudinale et transversale du ren-
     flement du canal excréteur   412

Vaisseaux et nerfs glandulaires

Fig. 265.   *Vipera aspis*, rapport des vaisseaux céphaliques avec le
     cœur   414

Fig. 266.   *Vipera aspis*, vaisseaux du plancher buccal.   415

Fig. 267.   *Tropidonotus natrix*, artères glandulaires................   416

Fig. 268.   *Vipera aspis*, artères.   418

Fig. 269.   *Vipera aspis*, veines   422

Fig. 270.   *Python regius*, id   424

Fig. 271.   *Zamenis gemonensis*, nerfs glandulaires.................   426

Fig. 272.   *Vipera aspis*, nerfs glandulaires.......................   426

Muscles

Figs. 273-276-278. *Python regius*...   429-433-437

Figs. 277-279. *Cœlopeltis monspessulana*.....................   435-439

Figs. 280-281. *Naja bungarus*.................................   440-442

Fig. 282.   *Bitis gabonica*.   442

Figs. 283-284. *Dendraspis angusticeps*.   443-444

Figs. 285-286. *Vipera aspis*.   444-445

Fig. 287   *Causus rhombeatus*.   446

Planches

V.   *Tropidonotus natrix*.

VI.   *Hydrus platurus*.

VII.   *Elaps fulvius*.

VIII. *Naja haje*.

IX.   *Vipera aspis*.

X.   *Crotalus adamanteus*.

XI.   *Sistrurus catenatus*.

XII.   *Ancistrodon piscivorus*.

Bibliographie

APPAREIL VENIMEUX DES SERPENTS

Tête osseuse et dents

BALLOWITZ (E.). — Entwickelungsgeschichte der Kreuzotter, 1903, XL, 295 p., 10 pl. *Iéna.*

BERNECASTLE (J.). — On the distinction between the harmless and venomous snakes of Australia, *Austral M. Gaz*, 1870, II, p. 21.

BOIE (H.). — Isis, 1826.

BOULENGER (G.-A.). — Exhibition and remarks upon the skull of a large sea-snake (Distira cyanocincta), and three skulls of the green Turtle, *P. Z. S. of London*, 1890, p. 617.

BOULENGER (G.-A.). — Catalogue of snakes in the British museum, 1893-1896.

BOULENGER (G.-A.). — Remarks on the dentition of Snakes and on the évolution of Poison-fangs, *P. Z. S. of London*, 1896, p. 616.

BOULENGER (E.-G.). — On a Colubrid snake (Xenodon), with a vertically movable maxillary bone, *Proc. Zool. Soc. of London*, 1915, p. 83-85.

COPE (E.-D.). — Catalogue of the venomous snakes in the museum of Philadelphia, *Trans. am. Phil. Soc.* XVIII, 1895.

DUGÈS (Ant.). — Remarques sur la Couleuvre de Montpellier, avec quelques observations sur le développement des dents venimeuses, sur les variations de couleur individuelles ou dues à l'âge. etc. *Ann. des Sc. Nat.*, 2ᵉ s., 1827, III, 137-50.

DUMÉRIL ET BIBRON. — Erpétologie générale 6, 7, 1844-1854.

DUVERNOY (G.-L.). — Caractères anatomiques pour distinguer les Serpents venimeux, *Ann. des Sc. Nat.*, XXVI, 1832; ibid., XXX, 1833.

EWART (J.). — The poisonous snakes of India, 1878.

FAYRER (J.). — The Thanatophidia of India, *London*, 1874.

GARCIA (E.). — Los Ofidios venenosos del Cauca. Cali, 1896, 100 p.

GRAY (Ed.). — Sur les moyens de distinguer les Serpents venimeux, *Philos. Trans.*, 1789, LXXIX, p. 21.

JAN ET SORDELLI. — Iconographie générale des Ophidiens, 1860-1882.

KAY (Mc). — The ostéology and myology of the Death Adder. Acanthophis antarcticus, *Proc. Linn. Soc.*, n. s. IV, 1889, p. 896-986, pls XXV-XXVII.

KELLY (H.-A.). — The recognition of the Poisonous Serpents of North-America, *Bull. Johns Hopsk. Hospital*, X, 217.

KNOX. — On The mode of growth, reproduction and structure of the Poison fangs in Serpents, 1899, *Trans. of the Werner Soc.* V., 1826, p. 411, fig. 1

KREFFT (G.). — The Snakes of Australia. Sydney 1869.

MARTIN (H.). — Recherches sur le développement de l'appareil venimeux de la Vipera aspis, *C. R. Cong. Ass. des Anatomistes*, 1ʳᵉ Sess., Paris 1899, p. 56-66.

MITCHELL (W.). — Researches upon the venom of the Rattlesnake, *Smith. Inst.*, 1860-61, XII, p. 18-19.

MOREAU DE JONNÈS. — Monographie du Trigonocéphale des Antilles, *Journ. de Méd. Chir. Paris.* 1816. XXXVI. p. 326-365.

Phisalix (Marie). — Modifications que la fonction venimeuse imprime à la tête osseuse et aux dents chez les Serpents, *Ann. des Sc. Nat., Zool*, 9° s., 1912, XVI, p. 161-205, 1 pl., 58 fig.

Phisalix (Marie). — Anatomie comparée de la tête et de l'appareil venimeux chez les Serpents, *Ann. des Sc. Nat. Zool.*, 9° s., 1914, XIX, 114 p., 73 fig., 5 pl. en couleur.

Parker. — On the development and structure of the skull in the Common Snake, *Philos. Trans. of Royal Soc.*, CLXIX.

Parker and Bettany. — The morphology of the skull, 1877.

Ranby (J.). — The anatomy of the poisonous apparatus of the Rattle-snake, *Philos. Trans.*, 1727, XXXI, p. 377.

Röse (C.). — Ueber die Zahnentwickelung der Kreuzotter (Vipera berus L.). *Anat. Anz.* 1894, IX, p. 439-451, 10 fig.

Smith (Th.). — On the structure of the poisonous fangs of serpents. *Philos. Trans.*, 1818, CVIII, p. 472, pl. 22.

Shunkara-Narayana Pillay (R.). — Notes on the structure of the teeth of some Poisonous Snakes found in Travancore, *The Annales and Mag. of Nat. Hist.*, 7° s., 1904, XIII, p. 238.

Soubeiran. — De la vipère, de son venin, de sa morsure, Paris, 1855, 156 p. (avec bibliographie complète).

Stejneger (L.). — The Poisonous Snakes of North America. Smith Instit. U. S. Nat. Museum, 1893, p. 337-487, 19 pl., 70 fig.

Tomes (Ch.-S.). — On the structure and development of the Teeth of Ophidia, *Philos. Trans.*, 1875, CLXV, p. 297.

Wall (F.). — The distinguishing characteristics between poisonous and non poisonous snakes, *Journ. of Bombay Soc.*, 1902, XIV, p. 93-102, pl. A.-D.

Wall (F.). — The poisonous terrestrial Snakes of our British Indian dominions, etc., 3° éd. publiée par The Bombay Nat. Hist. Soc., 1917.

Werner (F.). — The Poisonous Snakes of the Anglo-Egyptian Sudan. Third rep. of the Welcome Research. lab. at the Gordon mem. Col. Khartoum, 1908, p. 173-186.

West (G.-S.). — On the poison apparatus of certain snakes. *Rep. 65 th. Meet. Brit. Ass. Adv. of Sc.*, 1895, p. 737.

Musculature de la tête

Alton (E. d'). — Beischreibung des muskelsystems von Python bivittatus. *Arch. Anat. physiol.*, 1834.

Baechtlod (J.-J.). — Untersuchungen die giftwerkzeuge der Schlangen. *Inaug. Diss., Tubingen*, 1843.

Dugès (Ant.). — Recherches anatomiques et physiologiques sur la déglutition dans les Reptiles, *Ann. des Sc. Nat.*, 1827, XII, p. 337-395, pl. 46.

Dugès (Ant.). — *Ann. Sc. Nat.*, 2° s., 1827, III, p. 137-150 (loco cit.).

Duvernoy (G.-L.). — *Id.*, 1832, XXVI, et 1833, XXX.

Hager (P.-K.). — Die Kiefermuskeln der Schlangen und ihre Beziehungen zu den Speicheldrüsen, *Zool. Iahrb anat.*, 1906, XXII, p. 173-224, Pls X-XIV.

HOFFMANN (C.-K.). — Reptilien, *In Bronn, Klass Ord. Thier.*, 1890, VI.

KATHARINER (L.). — Die Mekanik des Bisses der Solenoglyphen giftschangen, *Biol Centralb.*, 1900, XX, p. 45.

KATHARINER (L.). — Uber Bildung und Ersatz der Giftzähne bei giftschlangen, *Zool. Iahrb.*, 1897, X.

KAY (Mc). -- *Proc. Lin. Soc. n. s.* 1889, IV, p. 896-986 (loc. cit.).

OPPEL (A.). — Mundhöhle, *Oppel Lehrb. der Vergleichenden*, 1900, III.

REINHARDT (J.-Th.). — Beskrivelse of nogle nye Slangearten, Kjöbenhavn, *Referal in Isis*, 1843.

RÖSEN (N.). — Ueber die Kaumskeln der schlangen und ihre Bedeutung bei der Entleerung der Giftdrüse, *Zool. Anz.*, 1904, XXVIII, p. 1-7.

SOUBEIRAN. — *Loc. cit.* Paris, 1855.

TEUTLEBEN (E.). — Uber Kaumuskeln und Kanmechanismus bei der Wirbelthieren, *Arch. Naturg., Ig.* 40, 1874, I.

THILO (O.). — Ergänzungen zu meiner Abhandlung « Sperrvorrichtungen im Thierreich », *Biol. Centralb*, 1900, XX, p. 452.

Glandes venimeuses

ALESSANDRINI (Ant.). — Ricerche sulle glandole salivari dei serpenti a denti solcati o veleniferi confrontate con quelle proprie delle specia non velenate di Schlegel, *Journ. polygrafo di Verone*, 1832, XII, fas. 28, p. 47.

BOBEAU (G.). — Faits histologiques indiquant une fonction endocrine dans la glande à venin des Ophidiens, *C. R. Soc. Biol.*, 1912, LXXII, p. 880.

DYCHE (L.-L.). -- The poison-gland of a rattlesnake during the period of hibernation, *Topeka Trans. Kans. Acad. Sc.*, 1909, XXII, p. 312-313.

EMERY (C.). —.Uber den feineren Bau der Giftdrüse der Naja haje, *Arch. f. mikr. Anat.*, 1875, IX, p. 561-568, pl. XXIII.

EMERY (C.). — Glandole velenose dei Serpente, *Ann. del Mus. Civ. di Hist. Nat.*, 1880, XV, p. 557.

EMERY (C.). — Intorno alle glandole del Capo di alcuni Serpenti Proteroglifi, *Ann. Mus. Genova*, 1880, XV.

IHERING (H.-V.). — Ueber den Giftapparat der Korallenschlangen, *Zool. Anz.*, 1881, n° 82, p. 409-412.

LAUNOY (L.). -- Elaboration du vénogène et du venin dans la glande parotide de la Vipera aspis, *C. R. Ac. des Sc.*, 1902, CXXXV, p. 539.

LAUNOY (L.). — Des phénomènes nucléaires dans la sécrétion, *C. R. Soc. Biol.*, 1902, LIV, p. 225.

LAUNOY (L.). — Sur la présence de formations ergatoplasmiques dans les glandes salivaires des Ophidiens, *C. R. Soc. Biol.*, 1901, LIII, p. 742.

LEYDIG (F.). — Uber die Kopfdrüsen einheimischer Ophidier, *Arch. f. mikr. anat.*, 1872-73, IX, p. 598-652.

LINDEMANN (W.). -- Uber der Secretionserscheinungen der Giftdrüse der Kreuzoter, *Arch. f. mik. Anat.*, 1898, LIII, p. 313.

MARTIN (H.). — Recherches sur le développement de l'appareil venimeux de la Vipera aspis, *Cong. Ass. des Anat.* 1re Sess., Paris, 1899, p. 56-66.

MARTIN (C.-J.). -- Snakes, snake poisons and snakes bites, *Journ. of the Sydney Univ. Méd. soc.*, 4 déc. 1895.

MEYER (A.-B.). — Uber den Giftapparat der Schlangen insbesondere über den der Gattung Callophis gray, *Monatsb. der Akad der Wiss*, Berlin, 1869, p. 27.

MEYER (A.-B.). — Die Giftdrüsen bei der Gattung Adeniophis Pet. *Sitzungsber der Berlin*, *Akad. der Wiss.*, 1886, p. 611-614.

MULLER (J.). — De glandularum secernentium structura penitiori, etc..., *Leipzig*, 1830, 131 p., pl. VI, fig. 1-3.

NICOLAS (A.). — Embryologie des Reptiles, *Arch. de Biol.*, 1904, XX, n° 4.

NIEMANN (F.). — Beiträge zur Morphologie und Physiologie der oberlippen-drüsen einiger Ophidier, *Arch. f. mikros. Anat.*, 1892, LVIII.

PHISALIX (Marie). — Signification morphologique et physiologique du renfle-ment du canal excréteur des Vipéridés. *Bull. du Mus. d'Hist. Nat.*, 23 déc. 1914, p. 408.

REICHEL (P.). — Beiträge zur morphologie der Mundhöhlendrüsen der Wir-belthiere. *Morph Iahrb*, 1883, VIII, p. 1-72.

RUDOLPHI. — Dissertatio sistens spicilegium adenologiæ. *Berlin* in-4°.

RUFZ DE LAVISON (E.). — Enquête sur le Serpent de la Martinique, *France Méd. et pharmac.*, 1860, Paris, CII, p. 81.

SCHLEGEL (H.). — Untersuchung der speichel drusen bei den Schlangen, *Nova act. dei Cur. Nat.* 1828, XIV, p. 143, pl. 7, et *Bull. des Sc. Nat.* XVIII, n° 310, p. 462.

SCHLEGEL (H.). — Essai sur la physionomie des Serpents, 2 vol. in-8° avec Atlas, 21 pls et 3 cartes, *La Haye*, 1837. (C'est l'ouvrage le plus complet jusqu'à celui de Duméril et Bibron).

SOUBEIRAN (J.-L.). — De la structure de la glande à venin dans le genre Vipera et le genre Cerastes, *Ann. Soc. Lin. de Maine-et-Loire*, 1828, IV, pl. I.

TIEDEMANN (F.). — Uber speicheldrüsen der Schlangen, *Mém. de l'Ac. de Munich*, 1813, p. 25, pl. 2.

Vaisseaux céphaliques et glandulaires

BRANDT. — Sur une carotide particulière de Pelias berus, *Bull. akad. St-Pé-tersbourg*, 1866, IX.

BRUNER (H.-L.). — 'On the cephalic veins and sinuses of Reptiles with a description of a mechanism for raising the venous blood pressure in the head, *Am. Journ. of Anat.*, 1907.

DENDY (A.). — The intracranial vascular system of Splenodon. *Philos. Trans.*, 1909

O'DONOGHUE (Ch.-H.). — The circulatory system of the Commun Grass-snake, *Proc. Zool. Soc. of London*, 1912, Part III, p. 612-647, pls LXX-LXXII, et texte fig. 86-91.

HOFFMANN (C.-K.). — Beiträge zur vergleichenden Anatomie der Wirbelthiere, *Niederl. Arch. fur Zool.*, 1879, V, p. 19-115.

HOFFMANN (C.-K.). — Schlangen und Entwicklungsgeschichte der Schlangen. *Bronn's Thier-Reich.*, 1890.

HOPKINSON (J.-P.), and PANCOAT (J.). — On the visceral anatomy of the Python described by Daudin as Boa reticulata, *Trans. Ann. Phil. Soc. N. S.*, 1837, V.

JACQUART (H.). — Mémoire sur les organes de la circulation chez le serpent Python, *Ann. des Sc. Nat.*, 1855, IV, p. 321.

RATHKE. — Uber die carotiden der Schlangen. *Denkschriften der Wiener Akab.*, 1856, XI.

SCHLEM. — Anatomischer Beischreibung der Blutgefäss-system der Schlangen. *Treviranus' Zeitsch. f. Physiol.*, 1827, III.

WEST (G.-S.). — On two little known Opisthoglyph Snakes. *Journ. Linn. Soc., march.* 1896, p. 419-422, 1 pl.

WEST (G.-S.). — On the histology of the salivary, buccal and Harderian glands of the Colubridæ, with notes ou their tooth. Succession and the relationship of the poison duct. *Journ. of Linn. Soc.*, 1896-1898, XXVI. p. 517-526.

Nerfs céphaliques et glandulaires

BISOGNI (Ch.). — Intorno alle terminazioni nervi nelle cellule glandulari salivari degli Ofidii, *Journ. Int. d'anat. et de physiol.*, 1895, XIII, p. 181-187.

BROWN (C.-H.). — *Die Klassen und Ordnungen des Thier-Reichs*, 63 *Orphidiens* (Texte et Atlas).

DUVERNOY (G.-L.). — Fragments d'anatomie sur l'organisation des serpents, *Ann. des Sc. Nat.*, 1833, XXX.

GAUPP. — Morph. Iahrb., 1888, XIV, p. 438 et 467.

OWEN. — The anatomy of Vertebrates 1866, I, *Fishes and Reptiles*. p. 291, fig. 188.

Mécanisme de la morsure et de l'inoculation du venin

CUVIER (G.). — *Anatomie comparée*, III, p. 89.

DUGÈS (Ant.). — Recherches anatomiques et physiologiques sur la déglutition dans les Reptiles, *Ann. des Sc. Nat.*, 1827, XII, p. 337-395, pl. 46.

DUGÈS (Alf.). — Note sur le redressement des crochets dans les Thanatophides, *Ann. des Sc. Nat. Zool.*, 1852, XVII, p. 55.

DUMÉRIL ET BIBRON. — *Erpétologie générale*, VI, p. 133, 1844.

DUVERNOY (G.-L.). — Sur les caract. tirés de l'Anat. (loco citato), 1830.

FONTANA (F.). — Traité sur le venin de la Vipère, sur les poisons américains. etc., 2 vol. in-4°, 1781.

JOURDAIN (P.). — Quelques observations à propos du venin des Serpents, *C. R Ac. des Sc.*, 1894, CXVIII, p. 207.

KATHARINER (L.). — Die mekanik der Bisses der Solenoglyphen giftschlangen, *Biol. Centralb*, 1900, XX, p. 45.

LIER (Van). — Traité des Serpents et des Vipères qu'on trouve dans le pays de Drenthe, auquel on a ajouté quelques remarques et quelques particularités relatives à ces espèces de serpents et à d'autres, *Amsterdam*, 1781, in-4°, p. 84.

MITCHELL (W.). — Researches, etc. (loco cit), *Smith. Inst.*, 1860-61, p. 8-10.

RANBY (J.). — On the teeth of the Rattlesnake and experiments on the action of the venom upon animals, *Engl. Phil. Trans.*, 1727, VII, p. 416.

Redi (F.). — Observationes de viperis scriptæ literis ad gener dominum Laurentium magalotti, in-18, *Amsterdam;* in *Misc. Med ac Nat. Cur.*, I, 1672, p. 3o5.

Rösen (N.). -- Uber die Kaumuskeln der Schlangen und ibre Bedeutung bei der Entleerung der giftdrüse, *Zool. Anz.*, XXVIII, p. 1-76.

— Smith (Th.). — Structure of the Fang, *Eng. Phil. Trans. at large*, 1818, CVIII, p. 471, pl. XXII.

Soubeiran (J.-L.). — De la Vipère, de son venin et de sa morsure. *Thèse Paris, Masson*, 1836, p. 56-6o.

Teutleben (E.-V.). — Uber Kaumuskeln und Kaumechanismus bei den Wirbelthieren, *Arch. Naturg.*, 1874, tg 4o, Vol. I.

Tyson. — Anatomy of the Crotalus, etc., *Eng. Phil. Trans.*, 1683, abrd II, p. 797.

LE VENIN DES SERPENTS

Quantités moyennes de venin fournies par divers serpents

Nous avons vu à propos du mécanisme de la morsure que c'est au moment où les crochets venimeux sont implantés dans la proie, et pendant les mouvements d'engagement de celle-ci, que le venin est instillé sous pression dans les tissus ; chez les grosses espèces, comme la Vipère du Gabon, on voit le muscle compresseur courbe de la glande se contracter, et faire une forte saillie sous la peau chaque fois que le crochet s'implante à nouveau dans la proie, et même pendant que celle-ci est fortement maintenue.

Ce mécanisme de l'inoculation est général chez les venimeux ; mais quelques-uns d'entre eux, tels par exemple que beaucoup d'espèces africaines 'de Najas, peuvent expulser leur venin en dehors de la période de morsure et de fermeture de la bouche, particulièrement quand ils sont inquiétés, d'où le nom de *Serpents cracheurs* que leur donnent les indigènes

Le faisceau du temporal antérieur qui comprime l'acinus et en expulse le venin est devenu assez indépendant du faisceau principal. élévateur de la mandibule, pour que la synergie d'action des deux sortes de faisceaux ne soit plus nécessaire ; en fait, si le venin est le plus souvent instillé au moment où la bouche est fermée, il peut être émis bouche ouverte, sans morsure.

Le cloisonnement de l'acinus en lobes, eux-mêmes subdivisés en lobules, fait que le Serpent n'émet jamais tout son venin par une seule morsure, et qu'il est difficile aussi de vider artificiellement la glande par une seule compression s'exerçant du fond de l'acinus vers le canal excréteur. Il faut recommencer plusieurs fois la manœuvre pour en retirer la plus grande partie du venin.

Cette extraction peut être faite sur le sujet vivant en prenant la précaution de l'anesthésier, car lorsqu'il est en résolution, même incomplète, la quantité de venin obtenue est plus grande que celle qu'on obtient avec le sujet à l'état de veille, ainsi que l'avait déjà vu Weir-Mitchell à propos du Crotale, et dans tous les cas toujours inférieure à celle que le sujet est capable d'émettre volontairement.

Cette quantité varie avec la grosseur des glandes venimeuses et la capacité intérieure des lumières lobulaires qui servent de réservoir au venin. Pour une même espèce, elle varie aussi avec les périodes de plus ou moins grande activité organique et les conditions de la vie libre ou captive, de sorte qu'on ne peut arriver qu'à une approximation dans la détermination de la quantité que peut fournir une espèce à un moment donné.

Comme d'autre part, les venins n'ont pas tous la même concentration, et que leurs substances actives se trouvent dans le résidu sec, c'est

le poids de ce dernier qui importe et qui peut être utilisé avec le plus
d'exactitude dans l'évaluation de la toxicité. Cette évaluation n'est elle-
même que très approximative, en raison des substances inertes que contient le venin brut. La liste suivante donnera une idée de la quantité
de venin fournie par différentes espèces.

*Poids exprimé en milligrammes de la quantité de venin fournie
par les deux glandes d'un serpent*

	Poids du venin frais en milligr.	Poids du venin sec en milligr.	
Vipera aspis....	30 à 40	10 à 25	(*C. et M. Phisalix*), d'après les prélè- vements su‑ des centaines de sujets, capturés soit au printemps, s it en automne. Le poids du venin sec est de 20 a 3‑1 0/0 de celui du venin frais.
Cerastes cornu- tus.	85 à 125	19 à 27	(*Calmette*). Prélève- ment sur deux gros spécimens.
Trimeresurus lanceolatus (V. Fer de Lance).	320	127	(*Calmette*). Prélève- ment sur un seul sujet.
Crotalus con- fluentus	370	105	(*Calmette*). Prélève- ment sur un seul sujet.
Crotalus adaman- teus		179 et 309	(*Flexner et Noguchi*). Prélèvement sur les 2 glandes d'un seul sujet.
Ancistrodon pis- civorus		125 à 180	Id. Moyenne de pré- lèvem. d'une seule extraction sur plu- sieurs sujets.
Ancistrodon contortrix ...		30 à 60	Id. id.
Vipera russelli .		150 à 250	(*Lamb.*).
Enhydrina vala- kadien		2.3 à 9.4	(*Rogers*). Prélève- ment sur les deux glandes d'un sujet adulte.
Naja tripudians.		249	Id. par expression des 2 glandes d'un sujet.
		231	(*Lamb*). Par expres- sion des 2 glandes.

	Poids du venin frais en milligr.	Poids du venin sec en milligr.	
		254	(*Cunningham*). D'une seule morsure.
Naja haje	115	33.1	(*Calmette*). D'après prélèvements sur 2 sujets, 5 sur l'un, 6 sur l'autre.
Pseudechis por-phyriacus	100 à 160	24 à 46	(*Smith*), en une seule morsure.
Notechis scuta-tus (Hoploce-phalus curtus).	65 à 150	17 à 55	Id. Le poids du ve-nin sec est de 9 à 38 0/0 de celui du venin frais.

TOXICITÉ GLOBALE DU VENIN

Le poids de venin sec qui suffit à déterminer la mort d'une espèce qui le reçoit mesure la toxicité du venin vis-à-vis de cette espèce.

Il existe de grands écarts entre les poids des différents venins capa-bles de déterminer la mort chez une même espèce animale, et ce sont généralement les venins des Colubridés qui sont les plus redoutables, et qui entraînent le plus rapidement la mort. Cependant quelques Vipéridés, comme la Vipera russelli, l'Echis carinata, et quelques espèces africai-nes, ont un venin aussi toxique que celui des Colubridés.

La toxicité d'un venin varie non-seulement avec l'espèce qui le produit, mais avec celle qui le reçoit, comme nous le montreront l'étude de l'action du venin et celle de l'immunité naturelle : on sait effective-ment que le hérisson ne peut succomber aux morsures d'une vipère dont une seule est capable cependant de tuer un cheval, un âne ou un bœuf.

Dans la majorité des cas, la dose minima mortelle varie aussi avec la voie d'introduction dans l'organisme, probablement d'après la sensibilité propre des tissus et la rapidité de la pénétration ; ceux des venins qui sont surtout des poisons du sang agissent plus vite par la voie intra-vasculaire que par les autres ; ceux qui sont des poisons du système nerveux, ont leur maximum d'effet et de rapidité quand on les porte directement sur les centres nerveux, et la dose minima mortelle peut alors s'abaisser dans les proportions de 100 à 1 (C. PHISALIX).

C'est la voie gastro-intestinale qui, pour les venins des Serpents est la moins dangereuse, à condition que la muqueuse en soit indemne ; c'est celle que Mithridate avait d'instinct choisie pour s'accoutumer aux poisons.

La voie intra-dermique ou sous-cutanée est celle qui après la voie digestive est la moins sévère ; elle permet l'observation détaillée des symptômes par l'allure modérée qu'elle leur imprime.

La voie péritonéale est plus dangereuse ; c'est avec la voie intra-vasculaire, qui porte directement le venin aux organes, celle qu'on emploie le plus souvent dans les recherches physiologiques et dans celles qui ont trait à la vaccination.

Nous fixerons à propos de la physiologie des venins les doses qui sont mortelles pour les différents animaux d'expériences ; vis-à-vis de l'homme, elles ne peuvent guère être déduites que de la dose moyenne fournie par les espèces, et des circonstances qui accompagnent la morsure, ou plusieurs morsures successives du même serpent ; c'est donc par estimation que nous pouvons dire que la dose de venin de Vipère aspic mortelle pour l'homme est voisine ou un peu inférieure à 15 milligrammes. Relativement au venin de Cobra, CALMETTE évalue de 10 à 14 milligrammes la dose mortelle, tandis que LAMB l'estime de 15 à 17, et que FRASER la croit voisine de 31. D'après ROGERS, le venin d'Enhydrina valakadien serait mortel pour l'homme à la dose de 3 milligr. 5 ; il a donc une très grande toxicité.

La toxicité globale du venin est certainement l'un des facteurs du danger des morsures des serpents; mais non le principal, car il faut tenir compte de la taille, de l'agressivité de l'espèce et de la fréquence avec laquelle elle se trouve en rapport avec l'homme.

En Europe la petite taille des Vipères et leur caractère tranquille les rendent peu dangereuses comparativement aux espèces africaines (Bitis), ou asiatiques (Daboïa, Echis) ; les Crotales, en Amérique, par leur grande taille, leur abondance et par leurs habitudes d'agressivité sont redoutables, bien que le venin des Vipéridés soit généralement moins toxique que celui des Colubridés.

Parmi ceux-ci, ce sont les Elapinés qui causent les accidents les plus rapidement mortels, car les espèces sont grandes, agiles, et fréquentent volontiers les environs des habitations, envahissant même parfois celles-ci à la poursuite de leur proie. Ils sont l'un des fléaux de la péninsule Indo-Malaise.

Les Hydrophiinés, malgré l'activité de leur venin, ne sont en rapport qu'avec les marins et les pêcheurs des côtes de l'Océan Indien et de l'Océan Pacifique, c'est-à-dire avec une population relativement restreinte et mobile, aussi ont-ils moins d'importance nuisible que les précédents.

MORTALITÉ CAUSÉE PAR LES SERPENTS

En Europe, la mortalité causée par les Vipères est relativement faible : des statistiques ont été dressées en France par VIAUD-GRAND-MARAIS pour la Loire-Inférieure et la Vendée, où les Vipères foisonnent ; sur 370 morsures, l'auteur a relevé 50 cas mortels, soit 14 % environ des sujets atteints ; et les bestiaux paient un assez large tribut en raison de leur très grande sensibilité au venin.

Depuis FONTANA, qui cite deux cas mortels sur 62, une centaine de morts et plus ont été observées après la morsure de Vipera aspis. Il s'agit presque toujours de personnes âgées ou de jeunes enfants ; mais quelquefois aussi d'adultes vigoureux.

La Vipera berus des régions du Nord de l'Europe ne cause également qu'une faible mortalité ; sur 216 morsures relevées en Allemagne pendant les années 1883 à 1892, il y eut seulement 14 cas de mort.

Mais il n'en est pas de même aux Indes où les statistiques du Gouvernement anglais accusent un nombre très élevé d'accidents mortels : de 1880 à 1887, 19.880 vies humaines et 21.412 têtes de bétail ont annuellement payé leur tribut aux Serpents ; en 1888, il y eut 22.480 morts, et on détruisit 578.435 Serpents ; en 1889 on nota 21.412 cas de morts et on tua 510.659 serpents. Ces chiffres donnent une idée suffisante du danger que les serpents venimeux présentent pour l'homme et les Vertébrés supérieurs.

Au Brésil, en établissant une moyenne d'après ce qui se passe dans le seul Etat de Saint-Paul, V. BRAZIL évalue le nombre annuel de morts à 4.800 et celui des accidents très graves à 19.200. Dans cette région agricole, le plus grand nombre des victimes est représenté par des individus jeunes et vigoureux, et l'élevage des bestiaux dans les prairies subit du fait des serpents des pertes considérables.

Propriétés du venin

PROPRIÉTÉS GÉNÉRALES DE LA SÉCRÉTION VENIMEUSE PAROTIDIENNE
DES COLUBRIDÉS AGLYPHES ET OPISTHOGLYPHES

Telle qu'on la voit sourdre de l'orifice du canal excréteur au niveau des dernières dents maxillaires, la sécrétion parotidienne est un liquide crémeux ayant l'aspect et la consistance du venin dorsal de la Salamandre terrestre.

Il n'a ni odeur, ni saveur, et ne coagule pas sous l'action de la chaleur. Evaporé, il abandonne un résidu blanc, amorphe insoluble dans l'alcool absolu, soluble dans l'alcool étendu d'eau, et plus soluble à chaud qu'à froid.

Il s'émulsionne puis se dissout dans les liquides salivaires, de sorte que la salive mixte est limpide. Il est également soluble dans l'eau distillée ou salée.

Les macérations de la pulpe glandulaire dans l'eau distillée donnent dans tous les cas après filtration sur papier un liquide limpide, filant, neutre ou légèrement alcalin, qui possède la même action physiologique que le venin pur : c'est cet extrait aqueux que nous avons utilisé dans nos essais ; il s'est montré toxique chez toutes les espèces où nous l'avons étudié.

Les essais chimiques suivants ont été réalisés avec l'extrait de la glande de *Zamenis mucosus.*

Ce venin forme un précipité avec *l'alcool absolu, l'acide picrique, l'acide trichloracétique, le chlorure mercurique, l'iodure potasso-mercurique, le ferricyanure de potassium* en présence du *chlorure ferrique.*

Il donne la réaction xantho-protéique, celles de Millon et du biuret.

Il ne précipite pas par l'acide nitrique à froid, l'acide nitrique saturé de sel marin, le chlorure de sodium en solution saturée, les sulfates d'ammonium, de magnésium, la solution à 5 % de sulfate de cuivre, l'acide acétique et le sel marin, l'acide acétique et le ferrocyanure de potassium, la solution iodo-iodurée ; il ne donne pas la réaction colorée d'Adamkiwicz.

Dessiccation. — La dessiccation de la glande ou du venin pur n'atténue pas la toxicité de celui-ci. Nous avons pu fixer pour quelques espèces (*Helicops schistosus, Tropidonotus piscator, stolatus et platyceps, Coronella austriaca, Zamenis mucosus*), les poids de glande desséchée qui correspondent à la dose minima mortelle pour les petits oiseaux, celle-ci dans certains cas n'est égale qu'à une fraction de milligramme.

Résistance à la chaleur. — Le venin parotidien présente des variations de résistance à la chaleur comparables à celles qu'on observe avec les venins des Vipéridés et des Colubridés Protéroglyphes.

Le venin de *Cœlopeltis insignitus* dont l'action physiologique se rapproche de celle du venin de Cobra, s'en rapproche encore par sa grande résistance à la chaleur ; il garde toute sa toxicité après avoir été chauffé pendant 15 minutes en pipette close à la température de 100°, et même à l'ébullition à l'air libre prolongée pendant 20 minutes (C. Phisalix). De même le venin de *Coronella austrica* se comporte comme le venin de Cobra et ne commence à s'atténuer que vers 85°; porté à la température de 100° pendant 20 m., il permet la survie tout en déterminant encore quelques légers symptômes (Marie Phisalix).

D'après nos plus récentes recherches, le venin de *Zamenis mucosus* conserve toute sa toxicité à 72°, et même après une ébullition de 3 minutes, il conserve son action dyspnéique, qui met plusieurs heures à disparaître.

Par contre les venins dont l'action se rapproche de celle du venin de Vipère (*Tropidonotus natrix et viperinus*) sont comme ce dernier moins résistants à la chaleur et perdent leur pouvoir toxique plus facilement, entre 75 et 80° (C. Phisalix).

Substances actives toxiques de la sécrétion parotidienne. — La sécrétion parotidienne est aussi complexe que le venin des Vipéridés et des C. Protéroglyphes. Elle exerce localement une action phlogogène ; elle peut être hémorrhagipare, agit sur le système nerveux, sur le sang, et se montre capable de créer l'immunité chez les animaux auxquels on l'inocule.

Les quelques essais chimiques que nous avons pratiqués nous font penser que sa substance à toxicité générale est de nature protéïque ; mais la détermination précise en reste encore à l'étude.

Dans l'exposé de son action venimeuse nous n'établirons aucune distinction entre les Colubridés Aglyphes et les Opisthoglyphes, et nous tiendrons à peu près dans l'ordre chronologique des faits acquis, sauf en ce qui concerne les espèces d'un même genre dont la réunion présente un certain intérêt comparatif.

PROPRIÉTÉS PHYSIQUES DU VENIN DES C. PROTÉROGLYPHES ET DES VIPÉRIDÉS

Quand on comprime d'arrière en avant les glandes venimeuses des Serpents, on voit sourdre à l'extrémité des crochets des grands venimeux une perle limpide, jaune ambré de venin. Celui des serpents à glande pleine est au contraire blanc et crémeux comme le venin dorsal de Salamandre terrestre. Le venin a une consistance visqueuse et ne s'étale pas complètement dans les récipients qui le reçoivent, mais forme des gouttelettes surélevées qui se dessèchent assez rapidement vers la température de 15°. Chaque goutte de venin laisse après dessiccation un enduit jaune ressemblant à de l'albumine desséchée, ou à du sérum sec ; elle se brise aisément en une multitude de petites paillettes anguleuses, que les anciens auteurs avaient pris à tort pour des cristaux ; à cet état il est hygrométrique.

La couleur à l'état frais varie un peu avec les espèces : blanc et opaque chez les C. Aglyphes et Opisthoglyphes, de même que chez le Lachesis lanceolatus, il est d'ordinaire jaune plus ou moins foncé ; il est jaune d'or chez la Vipère et le Cobra, jaune verdâtre chez le Lachesis mutus, et peut même présenter une teinte émeraude ; mais la plupart des venins de Protéroglyphes et de Vipéridés sont jaunes, et par la dessiccation chacun devient plus foncé en restant dans la même gamme de tons.

Le venin normal des Protéroglyphes et des Vipéridés est toujours limpide ; lorsqu'il s'écoule ou qu'il est émis trouble, c'est qu'il existe une inflammation de la glande venimeuse, et dans ce cas, le venin n'a plus sa teinte ordinaire ; il n'est pas rare qu'il contienne alors des débris épithéliaux, des leucocytes, et même des microbes. C'est la présence accidentelle de ces derniers qui avait conduit DE LACERDA à attribuer les symptômes de l'envenimation au développement de germes venimeux, et à admettre la possibilité de la transmissibilité de l'envenimation.

Cette théorie, déjà émise par BUFFON et par HALFORD, a été combattue par A. J. WALL, E. FRÉDET et KAUFFMANN. J. DE LACERDA l'abandonna bientôt lui-même, et attribua l'envenimation à un suc digestif analogue au

suc pancréatique. La preuve la plus convaincante que l'action n'est pas
due à un virus capable de se multiplier dans le sang a été donnée par
P. ALBERTONI pour le venin de Vipère, et par PANCERI et GASCO pour celui
du Céraste cornu. Ces auteurs ont inoculé dans les veines et sous la peau
d'animaux sains le sang de sujets morts d'envenimation, sans obtenir
d'effets nuisibles.

On ne retrouve même pas dans le venin les éléments figurés de sa
constitution, les fines granulations qui étaient cependant distinctes dans
les cellules de l'épithélium glandulaire ; examiné au microspe et coloré,
le venin apparaît amorphe aussi bien dans les lumières lobulaires que
lorsqu'il est émis au dehors ; il faut un traumatisme, une lésion inflammatoire ou une compression brusque ou intense de l'acinus pour que des
éléments cellulaires se détachent et se rencontrent dans le venin.

L'activité du venin est due en partie à des ferments, en partie à des
substances chimiques sur la nature protéique desquelles l'action de
différents réactifs nous apportera quelques lumières.

Le venin de Vipère aspic n'a pas de saveur ; c'est un fait qui avait
déjà été vu par FONTANA, qui a été confirmé par VIAUD-GRAND-MARAIS, et
que nous avons maintes fois observé sur le venin frais ou sec. WEIR-MIT-
CHELL a fait la même constatation avec le venin de Crotale. Cependant
MEAD attribue au venin une saveur âcre et caustique, et CALMETTE reconn-
naît une certaine amertume au venin de Cobra.

Le venin n'a également aucune odeur, bien que les serpents eux-
mêmes puissent en avoir une, ce qui a pu dans certains cas prêter à la
confusion.

Le venin est partiellement soluble dans l'eau distillée, même quand
il a été préalablement desséché ; mais la solution est louche et dépose à
la longue une légère couche blanche, de composition encore mal connue.

Lorsque la solution est faite dans l'eau, même légèrement salée, à
7,5 o/oo par exemple, elle s'effectue avec la même rapidité, mais intégralement, car le liquide reste parfaitement limpide.

Les solutions de venin, quelle qu'en soit la concentration, s'altèrent
rapidement au contact de l'air et se peuplent de microbes comme elles
peuvent le faire dans la glande malade. Nous indiquerons plus loin les
précautions et les moyens propres à leur conservation.

Chez les Vipéridés, la réaction du venin au tournesol est nettement
acide ; elle l'est un peu moins chez les Colubridés, mais elle peut aussi
être neutre. Elle ne devient alcaline que par suite de son altération.
R. BLANCHARD attribue la cause de l'acidité du venin à un acide libre,
VIAUD-GRAND-MARAIS au phosphate acide de chaux ; mais on ne sait encore
rien de précis sur le sujet.

Le poids spécifique du venin des serpents varie de 1030 à 1077.
D'après WEIR-MITCHELL, il est de 1032 chez l'Ancistrodon piscivorus et de
1077 chez le Crotalus atrox ; celui du venin de Cobra est de 1038 d'après
A. J. WALL.

Agents modificateurs des Venins

ACTION DES AGENTS PHYSIQUES

Action de la dessiccation. — La dessiccation à la température ordinaire n'enlève au venin aucune de ses propriétés générales ; seule l'action locale est parfois un peu réduite. Le venin ainsi desséché se conserve très bien dans l'air sec ou dans le vide, même à la température ordinaire de tous les climats : WEIR-MITCHELL a vérifié le fait pour du venin de Crotale prélevé depuis 23 ans, CHRISTISON pour du venin de Cobra conservé depuis 15 ans, et WOLMER pour ce même venin conservé depuis 16 ans. Nous possédons du venin de Vipère aspic depuis 1894, qui a gardé ses propriétés et sa toxicité initiales.

Mais quand le venin est mal desséché ou conservé à l'air humide, sa toxicité s'abaisse assez sensiblement.

Action de la dissolution. — Les solutions de venin dans l'eau distilée ou saline s'altèrent, avons-nous vu, assez facilement ; mais on peut leur conserver leur toxicité initiale en les additionnant de leur volume de glycérine.

Les anesthésiques, le chloroforme et l'éther en particulier, sont précieux lorsque la conservation ne doit être que de faible durée ; ils présentent sur la glycérine l'avantage de pouvoir être éliminés ensuite facilement à basse température.

Action de la chaleur. — D'après NOGUCHI, la chaleur a peu d'action sur le venin sec ; celui-ci conserverait encore sa toxicité après avoir été soumis assez longtemps dans une étuve, à la température de 130°. Mais il n'en est plus de même de la chaleur humide ou du chauffage des solutions de venin.

A partir de 65° la chaleur atténue la toxicité des venins, bien qu'à des degrés divers ; ce sont les venins de Vipéridés qui ont le moins de résistance ; celui de Lachesis par exemple serait déjà atténué à la température de 65°, d'après CALMETTE. Mais dans le degré d'atténuation intervient aussi la durée d'exposition. D'après MM. PHISALIX et BERTRAND, le venin de Vipère aspic chauffé pendant 15 minutes à la température de 75° ou pendant 5 minutes à la température de 80°, ne produit plus, aux doses normalement mortelles, de symptômes toxiques appréciables sur le cobaye ; mais il n'a pas perdu toute action, bien que celle-ci soit très atténuée ; et on peut le démontrer en employant de fortes doses. C'est un fait qui avait été observé déjà par WEIR-MITCHELL et REICHERT à propos des venins de Crotalus adamanteus et d'Ancistrodon piscivorus, qui peuvent garder encore de l'activité après une brève ébullition.

Les protéines du venin, ainsi coagulées par la chaleur, n'ont plus d'action mortelle, ni le plus souvent toxique ; et la chaleur devient un moyen de séparation des diverses substances actives par la coagulation de ces substances à des températures différentes. MM. Phisalix et Bertrand ont pu séparer par ce moyen les substances toxiques du venin de Vipère des substances antitoxiques et vaccinantes.

Le venin des Colubridés résiste mieux à l'action de la chaleur que celui des Vipéridés ; c'est ainsi que le venin de Cobra ne commence à s'atténuer que vers la température de 90° ; une heure d'ébullition à 100° le rend inoffensif, d'après Kanthack ; il en serait de même après un chauffage de 30 minutes à 102° (Fayrer et Brunton) ou à 106° (A. J. Wall).

La toxicité disparaît même beaucoup plus tôt si la température de 97 à 98° est maintenue pendant 15 minutes, d'après Calmette.

Le pouvoir toxique de n'importe quel venin est totalement détruit à la température de 120°.

Mais de cette inégale résistance des venins à la chaleur, il résulte que la plus grande partie de la toxicité du venin des Vipéridés réside dans leurs protéines ou autres substances facilement coagulables, tandis que chez les Colubridés elle réside dans des produits moins coagulables.

Action du froid. — A. Lumière et J. Nicolas ont essayé l'action du froid produit par l'évaporation de l'air liquide sur une solution au 1/1000 de venin de Cobra ; une partie est restée exposée pendant 24 heures, l'autre pendant 9 jours à cette température de — 191°, sans que la toxicité ait été en rien atténuée.

Action de la lumière. — Comme le froid, la lumière n'a aucune action sur le venin sec ; mais il n'en est plus de même sur les solutions de venin ; l'action modificatrice est plus marquée sur le venin de Cobra que sur celui de Crotale, et plus rapide à la température de 37° qu'à la température ordinaire.

Noguchi a en outre démontré que l'éosine et l'érythrosine, mélangées à divers venins, en diminuent la toxicité, quand on soumet le mélange aux radiations solaires : c'est l'hémorrhagine du venin de Crotale qui est le plus atténuée, tandis que la neurotoxine et l'hémotoxine du venin de Cobra résistent mieux.

M. Massol a étudié récemment l'influence des *radiations ultra-violettes* sur le venin de Cobra et son sérum antivenimeux. Le venin, habituellement beaucoup plus stable que le sérum, est très rapidement détruit par les radiations ultra-violettes de la lampe de quartz à vapeurs de mercure, contrairement à ce qui se produit vis-à-vis de la chaleur ou de l'alcool ; le sérum est beaucoup moins influencé. Le mélange du venin et du sérum est dissocié par les radiations : la moitié seulement du venin est réduite ; le sérum antivenimeux a donc conféré au venin une certaine stabilité.

Action de la filtration. — Elle est sans influence bien marquée sur la toxicité du venin des Colubridés : le venin de Cobra filtré sur porcelaine poreuse conserve à peu près intacte sa toxicité. Cependant, C.-J. Martin, en employant un filtre spécial à pression de 50 atmosphères, a séparé du venin de *Pseudechis porphyriacus*, Colubridé Elapiné d'Australie, deux substances : une albuminoïde non diffusible, coagulable à 82°, hémorrhagipare, et une albumose diffusible, non coagulable, qui attaque les centres respiratoires.

Le venin des Vipéridés est, au contraire, modifié par la filtration : C. Phisalix a montré qu'une solution à 1/5000 de venin de *Vipère aspic* perd toute toxicité par filtration sur porcelaine ; mais elle conserve néanmoins une certaine action physiologique, qui se traduit chez le cobaye par une légère hyperthermie et par une action immunisante sur laquelle nous reviendrons.

Action de la dialyse. — Weir Mitchell et Reichert ont observé qu'à travers le filtre de parchemin animal ou végétal, le venin de Crotale perd toute sa toxicité ; il en est de même, d'après C. Phisalix, pour le venin de la Vipère aspic, qui conserve néanmoins dans ces conditions ses propriétés vaccinantes. Mais les venins de Colubridés passent à peu près intacts à la dialyse : celle-ci est assez rapide avec le filtre de parchemin végétal, un peu moindre avec celui de parchemin animal.

Récemment, L. Michel (1914), en employant comme filtres des membranes de collodion diversement perméables à l'eau, a constaté qu'une solution à 0,5 pour 1.000 de venin de Crotale perd son pouvoir agglutinant, même en traversant les membranes dont la texture est la moins serrée ; mais garde presque intactes ses propriétés toxiques (scarifiantes) et hémolytiques.

Action de l'électricité. — C. Phisalix a montré que le courant électrique, traversant une solution de venin, en détruit la toxicité, parce que l'électrolyse met en liberté des produits fortement oxydants (ozone, composés chlorés, etc...), qui ont une action directe sur les substances toxiques. En employant les courants alternatifs de haute fréquence, il est arrivé à atténuer le venin de Vipère et à le rendre vaccinant. Marmier a objecté que c'est par l'action thermique du courant qu'a lieu la destruction de l'action toxique ; mais cette objection n'a pas une valeur très grande, car le venin ne devient sensible à la chaleur que vers 65°, température qu'est loin d'atteindre la solution parcourue par le courant.

Action de l'émanation du radium. — C. Phisalix a montré aussi que l'émanation du radium atténue les venins des serpents dont les principes actifs sont de nature albuminoïde, tandis qu'elle est sans action sur les venins qui sont de nature alcaloïdique ou résinoïde, comme ceux de la Salamandre et du Crapaud. Les venins de Salamandre et de Crapaud peuvent être exposés pendant 72 heures à l'émanation sans subir la moindre variation dans leur toxicité, tandis qu'une solution aqueuse à 1/1000 de venin de Vipère perd totalement ses propriétés toxiques et vaccinantes après 60 heures d'exposition.

Cette influence de l'émanation s'exerce avec une vitesse qui dépend de la nature du dissolvant ; tandis que le venin de Vipère dissous dans l'eau distillée est en grande partie détruit au bout de 6 heures, il ne subit pendant ce temps qu'une atténuation légère s'il est dissout dans l'eau glycérinée à 5o %.

ACTION DES AGENTS CHIMIQUES

L'action chimique des diverses catégories de corps présente un haut intérêt, car on a fait de nombreux essais pour savoir quelles sont les substances qui ont une action sur la toxicité des venins, et qui pourraient ainsi être utilisées à le détruire sur place.

Les premières recherches scientifiques remontent à WEIR MITCHELL et REICHERT sur le venin du Crotale et du Cobra ; elles ont été complétées par celles de divers auteurs sur ces mêmes venins et sur ceux de la Vipère aspic ou d'autres Vipéridés.

L'alcool. — L'alcool absolu n'a pas d'action sur le venin sec, même quand le contact est prolongé pendant trois mois. Mais l'action est manifeste quand l'un ou l'autre contiennent de l'eau ; il se produit alors entre l'alcool à 95° par exemple et la solution de venin de Crotale, un abondant précipité blanc. Ce précipité lavé à plusieurs reprises à l'alcool, puis redissout dans l'eau distillée est toxique pour le pigeon, mais n'a plus qu'une faible action locale, et le liquide filtré est dépourvu de tout. toxicité.

Mais si le contact est plus prolongé (3 jours dans les expériences de WEIR MITCHELL et REICHERT), le précipité formé devient moins soluble, et le liquide surnageant très toxique ; la portion insoluble peut être redissoute dans l'eau acidulée d'acide acétique : elle se montre très toxique pour le pigeon, mais a *perdu son action locale* et son *action hémorrhagipare*. Ces deux propriétés reparaissent si on redissout la portion insoluble par addition de quelques cristaux de sel marin au contact du filtratum ; le pigeon qui reçoit ce mélange meurt avec tous les symptômes dûs au venin non traité.

Dans une autre série d'expériences, WEIR MITCHELL et REICHERT ont constaté que si l'on emploie de l'alcool trop étendu d'eau, le filtratum retient une certaine quantité des substances actives du venin de Cobra, et que son injection peut entraîner la mort. Ils ont vu également que le filtratum se trouble à l'ébullition et qu'il précipite par l'acide azotique.

KANTHACK a utilisé l'action de l'alcool pour séparer l'albumose du venin de Cobra et C. PHISALIX pour isoler la substance diastasique à action locale du venin de Vipère.

L'éther, le chloroforme donnent, comme l'alcool, avec le venin de Vipère un précipité qui est aussi toxique que le venin lui-même. L'éther n'a pas d'action sur le venin de Lachesis riukiuanus ; mais le ch'loroforme donne une émulsion qui, centrifugée, conserve dans la solution limpide l'action neurolytique et hémolytique, mais n'est plus hémorrhagipare (Ishizaka).

L'acétone. — Ishizaka en a essayé l'action sur le venin de *Lachesis riukiuanus.* Tous les corps actifs de la solution sont précipités. Le précipité est peu soluble dans l'eau, mais plus aisément dans'les alcalis, lorsque le contact n'a pas été trop prolongé. Le filtratum n'est pas toxique.

Le *toluol.* — Il n'a pas d'action sur le venin de *Lachesis riukiuanus.*

L'*éther de pétrole* donne avec ce venin une émulsion qui, centrifugée, présente dans sa partie liquide toute la toxicité du venin.

L'*oxygène* et l'*eau oxygénée.* — D'après Weir Mitchell et Reichert ces substances sont sans action sur les venins de *Crotale* et de *Cobra.*

L'eau chlorée. — o cc. 5 d'eau fraîchement chlorée ne détruisent pas la toxicité du venin de *Crotalus adamanteus* (W. M. et R.). Pour détruire celle du venin de *Cobra,* il faut, d'après les recherches de Kanthack, un contact prolongé pendant 4 jours.

L'eau bromée. — Cette eau employée à saturation est très efficace et détruit le venin dans les tissus. A la dilution de 1 pour 3, elle n'a pas d'effet nécrosant sur les tissus ; mais l'application en est douloureuse. (Calmette).

L'*iode* et l'*eau iodée* n'altèrent pas la toxicité du venin.

L'*iodure de potassium* n'a pas d'action sur le venin de *Crotalus adamanteus;* mais, mélangé à une solution d'iode (iodure de potassium ioduré, liqueur de Gram), il retarde considérablement l'action de ce venin (Weir Mitchell). Il donne un précipité soluble dans un excès de réactif.

Le *trichlorure d'iode* à 10 %. — 2 cc. de cette solution, ajoutés à 5 gouttes d'une solution étendue de venin de *Cobra,* en détruisent l'action toxique en 24 heures (Kanthack). Il donne aussi un précipité soluble dans un excès de réactif.

Les *alcalis caustiques.* — D'après Weir Mitchell et Reichert, l'hydrate de potasse neutralise l'action toxique d'un même poids de venin de *Crotale* (C. adamanteus et C. horridus); mais il faut une solution plus concentrée pour neutraliser le venin de *Cobra.* L'alcalinisation empêche la coagulation ultérieure des protéines du venin par la chaleur, mais n'en prévient pas l'inactivation. Si on neutralise le venin alcalinisé, il récupère la plus grande partie de sa toxicité.

L'hydrate de soude agit comme l'hydrate de potasse.

A. Gautier a constaté que la potasse, même étendue (de 1 à 1,5 %), mise en contact, ne fût-ce qu'un instant avec du venin de *Cobra,* le rend complètement inoffensif, même quand on neutralise aussitôt l'alcali ajouté.

A. J. WALL a également constaté cet effet de la potasse caustique sur le venin de Cobra, mais après avoir neutralisé par l'acide acétique, il a vu réapparaître le pouvoir toxique. Cependant celui-ci était définitivement détruit quand la potasse avait agi seule pendant 20 heures.

KANTHACK a observé les mêmes faits avec la potasse et la soude.

L'ammoniaque. — Il en faut une grande quantité pour produire quelque modification de toxicité dans le venin de Crotalus adamanteus (WEIR MITCHELL et REICHERT) ; elle n'a aucune action atténuante sur le venin de Vipère aspic (FONTANA). 1 gramme d'ammoniaque est sans action sur 1 milligramme de venin de Cobra (CALMETTE).

L'eau de chaux, le *chlorure de calcium* n'ont aucune action atténuante sur le venin de Vipère (PHISALIX et BERTRAND).

Les *acides*. — Leur action est un peu variable, suivant leur nature :

L'acide chlorhydrique. — Concentré, ne détruit pas l'action générale du venin de Crotalus adamanteus, mais seulement son action locale et ces résultats ne sont pas modifiés par la neutralisation de l'acide (WEIR MITCHELL et REICHERT). Il détruit la toxicité du venin de Lachesis riukiuanus à la température ordinaire, en 10 à 15 minutes (ISHIZAKA).

L'acide bromhydrique. — Il doit être concentré pour détruire le venin de Crotale ; mais il n'a pas d'action marquée sur celui de Cobra.

L'acide sulfhydrique. — Son passage à travers une solution de venin de Lachesis riukiuanus produit un abondant précipité qui est beaucoup moins toxique que le venin. Mais le liquide centrifugé est toxique et perd une partie de son activité par la dessiccation (ISHIZAKA).

L'acide azotique. — Il donne un précipité blanc avec le venin de Crotalus adamanteus ; filtratum et précipité sont inactifs ; le venin est donc détruit.

L'acide phosphorique. — Il n'a aucune action sur la toxicité.

L'acide sulfurique n'agit que très peu sur le venin de Crotale ou de Cobra ; il ne donne aucun précipité avec les solutions de venin de Vipère, mais détermine après quelques minutes une belle coloration verte qui vire ensuite au violet.

L'acide acétique. — A faible dose, il ne détruit pas le venin de Crotale (WEIR MITCHELL et REICHERT). D'après ISHIZAKA, à la dilution de 1 % et agissant pendant 24 heures, à la température de 37°, il fait perdre au venin de Trimeresurus riukinanus son action hémorragique.

L'acide tannique. — Il exerce peu d'action sur le venin de Crotale. et n'en a aucune sur le venin de *Cobra* (W. MITCHELL et REICHERT).

L'acide phénique à 5 % ne détruit pas l'action de venin de Cobra, même quand il est mélangé avec lui avant d'être inoculé (CALMETTE).

L'acide chromique. — En solution à 1 %, il détruit la toxicité du venin de Vipère aspic, comme l'a montré KAUFMANN ; mais il a une action nécrosante sur les tissus qui doit en faire restreindre l'emploi.

L'*acide picrique*. — Il forme avec le venin un précipité soluble à chaud, comme les protéides.

Le *carbonate de potassium* est sans effet sur le venin de Crotale (WEIR MITCHELL et REICHERT).

Les *carbonates de sodium et d'ammonium* à 1/10, ne déterminent aucune atténuation du venin de Cobra dans les proportions de 100 parties de ces sels à 1 de venin. (CALMETTE).

Le *persulfate d'ammonium* ne donne pas de précipité avec le venin de Cobra ; dans la proportion de 20 de sel à 1 de venin, il en empêche l'absorption.

Les *phosphate et sulfate d'ammonium* donnent avec le venin de Cobra un précipité blanchâtre qui est toxique. (CALMETTE).

Le *sulfate de fer* ne détruit pas la toxicité du venin de Crotale (WEIR MITCHELL et REICHERT).

Le *permanganate de potasse*. — 5 milligrammes de ce sel suffisent à détruire complètement 15 milligrammes de venin desséché de Crotalus adamanteus ; ceux de Cr. horridus et de Cobra sont également détruits *in vitro*, mais non *in vivo*. DE LACERDA a montré l'action de ce corps sur le venin des Serpents, notamment celui de Bothrops (Lachesis), quand on le mélange au venin avant l'injection. Cependant COUTY, en opérant avec le même venin fait des réserves sur les propriétés thérapeutiques du permanganate qui ne neutralise pas le venin *in vivo*. VULPIAN considère que l'action locale du permanganate est très limitée en raison de sa faible diffusibilité et de sa décomposition rapide en hydrate de bioxyde de manganèse. KAUFMANN le considère néanmoins comme un topique excellent du venin de Vipère. KANTHACK a constaté qu'avec le venin de Cobra, le permanganate donne un précipité non toxique après un contact de 24 à 48 heures. D'autre part, CALMETTE a montré que si on inocule le permanganate à l'endroit même où a été inoculé le venin et immédiatement après, l'animal ne succombe presque jamais, tandis que l'inoculation tardive est inefficace.

L'*azotate d'argent*. — Il n'a pas d'action marquée sur la toxicité du venin de Crotalus adamanteus quand les deux substances sont employées à poids égaux ; mais à plus forte dose, le nitrate détruit le venin. D'après CALMETTE, la solution de nitrate à 1 % ne détruit pas le venin de Cobra.

Le *bichlorure de mercure*. — Mélangé avec un poids égal de venin de Crotale ou de Mocassin (Ancistrodon), il forme un précipité qui, lavé à l'eau et injecté au pigeon, n'accuse aucune toxicité (WEIR MITCHELL et REICHERT). La solution de bichlorure à 1 pour 1.000 donne avec le venin de Cobra un précipité soluble dans un excès de réactif, mais qui est aussi toxique que le venin lui-même (CALMETTE).

Le *chlorure de fer* précipite les protéines toxiques du venin de Crotale et en détruit la toxicité. Mais ce produit n'a pas d'action marquée sur le venin de Cobra, bien qu'il ait pu dans certains cas retarder la mort ; WEIR MITCHELL et REICHERT en concluent que le principe actif de ce venin, analogue à la peptone, n'est pas modifié par le chlorure.

Ils ont essayé aussi le *fer dialysé*, qui se montre inactif sur le venin de Mocassin.

Le *chlorure d'or*. — LAUDER-BRUNTON et FAYRER ont vu qu'il détruit les venins avec lesquels on le met en contact ; en solution à 1 %, il détruit *in vitro* le venin de Cobra, en le précipitant.

Le *chlorure de platine* a une action destructive, mais très lente (CAL- METTE).

Le *tétrachlorure de platine*. — La solution aqueuse et diluée à 5 % détruit la toxicité du venin de Cobra *in vitro*, dans les proportions de 3o centigrammes de tétrachlorure pour 18 de venin ; mais ne peut servir d'antidote. (PEDLER).

Les *hypochlorites*. — Le chlorure de chaux en solution à 1 pour 12, qu'on dilue avant l'usage dans 5 à 6 volumes d'eau distillée détruit les propriétés toxiques du venin de Cobra et le précipite (CALMETTE).

D'après MM. PHISALIX et BERTRAND, cette action est due en propre à l'hypochlorite de calcium, les autres produits de la réaction de l'eau sur le chlorure de chaux (hydrate de chaux et chlorure de calcium), n'ayant aucune propriété atténuante.

Les *essences*. — D'après CALMETTE, les essences, telles que celles de romarin, de girofle et de citron, déterminent dans les venins un précipité, mais n'en modifient pas la toxicité.

Les *sucs digestifs et les ferments*. — Le mécanisme par lequel les toxi- nes microbiennes et les venins traversant le tube digestif sans produire d'accidents a fait l'objet de nombreux travaux. Depuis que le Professeur A. GAUTHIER a montré (1881) que le suc gastrique ne joue aucun rôle dans la neutralisation des venins, c'est du côté de l'intestin que l'on a cherché la cause de cette inoccuité.

D'après KANTHACK (1892), la digestion pancréatique artificielle détruit en grande partie la toxicité du venin de Cobra, tandis que la digestion pepsique ne fait que retarder légèrement l'action du venin. D'après C. PHISALIX, le venin de Vipère perd dans l'intestin son action immunisante. D'autre part, la bile a été considérée partout et de tous temps comme ayant des propriétés antivenimeuses manifestes, et on la retrouve dans la plupart des remèdes populaires, soit seule, soit associée au venin et à d'autres substances.

On sait par ailleurs que les serpents, qui avalent d'une manière

constante et par conséquent à forte dose, leur salive venimeuse, n'en sont
pas empoisonnés, bien qu'il soit possible de les tuer par l'inoculation de
leur propre venin. Celui-ci est donc vraisemblablement détruit chez l'animal même qui le produit, et c'est en plus grande partie par la bile que
s'effectue cette destruction. Les expériences de FRASER, de PHISALIX, de
WEHRMANN (1897), sont à ce point de vue très démonstratives.

FRASER montra que des doses très minimes de bile de serpents ou de
mammifères sont capables de neutraliser l'action d'une dose mortelle de
venin de Cobra d'Egypte (*Naja haje*), ou de Cobra de l'Inde (*Naja tripudians*) et que la bile de serpents venimeux est environ 7 fois plus active
que celle de bœuf dans cette neutralisation. Il employa avec succès dans
ses expériences la bile de Naja, de Bitis, de Crotale, de Tropidonotus
natrix, de Bœuf, de Lapin et de Cobaye ; et il pense que la bile de tous
les animaux est antivenimeuse à des degrés divers. Le précipité alcoolique
de bile est très toxique par rapport aux substances dissoutes, qui le sont
très peu ; mais la bile tout entière est plus neutralisante que le liquide et
le précipité mélangé provenant de l'action de l'alcool ; celui-ci a donc
insolubilisé définitivement l'une des substances actives de la bile. Une
seule expérience, faite avec le précipité alcoolique de la bile de Bitis, a
montré à FRASER que l'injection sous-cutanée de o milligr. o12 de ce précipité faite à un rat blanc qui a reçu 3o minutes auparavant une dose de
3 milligrammes par kilog de venin de Naja tripudians, prévient la mort
du sujet, et n'est suivie que d'inappétence et d'un peu d'incoordination.

En raison de la nécessité d'intervenir assez tôt après l'injection de
venin, FRASER pense que la bile ne présente qu'une faible valeur thérapeutique, à moins qu'en application externe et locale, et il en redoute par
trop la toxicité.

Partant d'un autre point de vue, et dans le but de rechercher l'origine
des substances antivenimeuses que l'on rencontre dans le sang et qui y
sont déversées par le mécanisme de la sécrétion interne, C. PHISALIX a
recherché si les substances antivenimeuses provenant des glandes digestives ne seraient pas éliminées par la sécrétion externe, et ne contribueraient pas à neutraliser le venin dans l'intestin.

Il avait vu qu'il suffit de 2o à 3o milligrammes de précipité alcoolique de suc de pancréas de chien pour immuniser un cobaye contre une
dose mortelle de venin de Vipère. Il rechercha si la bile aurait aussi cette
action antivenimeuse sur le même venin. Il constata qu'un mélange de
bile de Vipère et de venin, inoculé 10 à 15 minutes après sa préparation,
reste complètement inoffensif. Pour neutraliser une dose de venin mortelle pour le cobaye. il faut 1/4 à 1/2 cc. de bile fraîche, soit 5 à 2o milligr
de bile sèche. Si au lieu de les mélanger, on inocule en même temps, mais
en des points différents du corps, la bile et le venin, l'animal succombe :
la bile n'agit donc pas *in vivo* comme antitoxique. Elle neutralise chimiquement le venin, et cette action est due aux sels biliaires, glycocholate et

taurocholate de soude. Cette propriété neutralisante est perdue par un chauffage à 120° pendant 20 minutes, soit de la bile, soit des sels.

PHISALIX a, en outre, établi le pouvoir vaccinant de la bile et de quelques-uns de ses composés, que nous exposerons au sujet de la vaccination.

WEHRMANN confirme la propriété antivenimeuse de la bile avec celle de bœuf, d'anguille et de vipère. Il constate que le venin de Cobra perd sa toxicité quand il est soumis pendant 24 heures à l'action de la *ptyaline*. de la *papaïne* ou de la *pancréatine*. La *présure*, la *pepsine* et l'*amylase* réduisent légèrement la toxicité du venin, tandis que l'émulsine, la sucrase, l'oxydase des leucocytes et celle des champignons sont inactives.

FLEXNER et NOGUCHI (1903) étudient les effets de la pepsine et de la papaïne sur la toxicité des venins de Cobra, d'Ancistrodon contortrix et piscivorus et de Crotalus adamanteus, afin de différencier les constituants actifs de ces venins par leur résistance aux ferments. Ces auteurs ont vu que, en présence de 0,8 pour 100 d'acide chlorhydrique, la pepsine détruit en 48 heures les principes hémorrhagipares et hémolytiques de tous les venins essayés, et que l'acide seul suffit à détruire les hémorrhagines. mais non les hémolysines.

En ce qui concerne le venin de Crotale, la toxicité en est presque complètement détruite par l'eau acidulée à 0,8 pour 100 de HCl, sans pepsine, tandis que le venin de Cobra ne subit qu'une légère atténuation par la digestion peptique, et que les venins d'Ancistrodon deviennent peu actifs après le traitement acide, et moins actifs encore après la digestion pepsique.

La papaïne, en solution à 0,2 pour 100 de HCl, ne modifie en rien l'action neurotoxique et diminue seulement et très peu le pouvoir hémolytique.

L'eau acidulée à 0,2 pour 100 de HCl détruit les hémorrhagines de tous les venins, et atténue donc la toxicité du venin de Crotale, mais laisse intacte celle du venin de Cobra et des autres venins plus neurotoxiques qu'hémorrhagipares. MORGENROTH a confirmé l'action destructive de l'acide chlorhydrique dilué sur le venin de Crotale.

FLEXNER et NOGUCHI constatèrent en outre que la digestion tryptique a une action plus intense que les précédentes, et détruit la toxicité de tous les venins.

Plus récemment, TERUUCHI (1907), étudie les effets du suc pancréatique et du suc intestinal sur l'hémolysine du venin de Cobra et de ses composés avec l'antitoxine et la lécithine. Il voit que la digestion pancréatique réduit à près de 1/5 le pouvoir hémolytique du venin de Cobra relativement aux globules de chèvre, quand on ajoute au venin 1 pour 100 de lécithine ; mais lorsque le mélange de venin de Cobra et de lécithine a été fait un certain temps d'avance, il résiste à l'action des ferments pancréatiques. Le cobra-lécithide pur n'est pas influencé par la digestion.

TERRUUCHI a montré également que l'hémolysine du venin de Cobra peut être dégagée de sa combinaison avec son antivenin par la digestion

pancréatique ; mais elle est obtenue en plus grande quantité que celle qui
reste à l'état combiné dans un même tube témoin. Il trouva aussi que
l'addition de lécithine au venin en augmente la résistance. Il n'est pas
impossible que la digestion de l'antivenin libère assez de lécithine pour
protéger l'hémolysine récupérée contre la digestion pancréatique. Il est
intéressant de remarquer que la séparation du venin d'avec son antivenin
est empêchée par une addition préalable de lécithine à ce dernier.

Nous reviendrons d'ailleurs sur ces faits au chapitre de l'hémolyse.

Composition des venins

L'ensemble des réactions produites sur les venins par les divers
agents physiques ou chimiques montre qu'ils sont en majeure partie
formés de matières albuminoïdes, mais ne nous renseignent pas plus que
l'analyse élémentaire sur la nature exacte des principes toxiques.

Eliminons toutefois, parmi les substances auxquelles a été attribuée
la toxicité du venin, le sulfocyanure de potassium, que quelques auteurs
ont incriminé, en raison de ce qu'on en rencontre des traces dans la
salive humaine.

Claude Bernard en a effectivement vérifié la présence dans certaines
conditions particulières chez les fumeurs ; mais Weir-Mitchell ne l'a
pas trouvé dans le venin de Crotale, ni Viaud-Grand-Marais dans celui de
Vipère aspic.

Les premières recherches sur la constitution chimique des venins des
serpents sont dues au prince Lucien Bonaparte qui, en 1843, isole du
venin de *Vipera berus* une substance qui possède toutes les propriétés de ce
venin et qu'il nomme *Vipérine*. Pour l'obtenir, il ajoute au venin un excès
d'alcool qui détermine un précipité ; celui-ci est filtré, puis repris par
l'eau distillée. Cette solution aqueuse laisse un résidu que Lucien Bonaparte débarrasse de la matière grasse et du pigment qu'il contient encore
par un lavage à l'éther, et des sels par l'eau fortement aiguisée d'acide et
d'alcool.

Le précipité ainsi purifié se prend en petites écailles par la dessiccation ; sa solution neutre, sans saveur, présente les réactions des albuminoïdes, et l'auteur, qui pense qu'elle est le seul principe actif du venin
(alors que les recherches ultérieures ont montré qu'elle est un mélange),
la compare à la ptyaline de la salive normale.

Les autres constituants du venin, albumine, mucus, pigments, corps
gras, phosphates et chlorures, sont analogues à ceux de la salive normale.

En 1860, Weir-Mitchell obtient à peu près les mêmes résultats par
un autre procédé, pour le venin de *Crotale*. Il traite d'abord ce venin par
l'eau bouillante, et obtient un coagulum non venimeux, composé d'albumine et de mucus ; il filtre et ajoute de l'alcool au filtratum ; nouveau
précipité blanc très venimeux qui est lavé plusieurs fois à l'alcool, puis

à l'éther, pour le débarrasser des corps gras, du pigment et des sels. Ce précipité contient de l'azote, et l'auteur en montre les analogies avec la Vipérine ; il lui donne le nom de *Crotaline*. Ces deux substances sont tellement rapprochées par leur action toxique et par leurs propriétés physiques que VIAUD-GRAND-MARAIS a proposé de les réunir, ainsi que la *Najine* ou *Elaphine* du venin de Cobra sous le nom générique d'*Echidnines* ou *Echidnases*.

Ces composés sont insolubles dans l'eau, incolores, amorphes, neutres et en partie incoagulables, propriétés qui les distinguent des bases alcaloïdiques. Elles présentent la réaction du biuret, ne précipitent pas par l'acétate de plomb, mais précipitent par l'alcool comme la ptyaline ; elles en diffèrent toutefois parce qu'elles ne saccharifient pas l'amidon, qu'elles ne précipitent pas par le sesquioxyde de fer, et que leur sécrétion n'est pas continue. Physiologiquement, elles se rapprochent plutôt de la pepsine, car DE LACERDA constate qu'elles peptonisent le blanc d'œuf cuit et d'autres albuminoïdes.

En 1883, WEIR-MITCHELL, en collaboration avec REICHERT, reprend ses études sur les venins des Crotalinés d'Amérique : *Crotalus adamanteus*, *Ancistrodon piscivorus*, *A. contortrix*. Il avait acquis la conviction que les symptômes divers de l'envenimation devaient être attribués à des corps différents, et que la Crotaline, primitivement considérée comme une substance simple, était en réalité de nature complexe. L'expérience ne tarda pas à justifier cette hypothèse : le venin de Crotalus adamanteus dissous dans l'eau et soumis à la dialyse, laisse passer à travers la membrane une substance incoagulable par une brève ébullition, non précipitable par les acides, le chlorure de fer, le sulfate de cuivre, précipitée, mais non coagulée par l'alcool absolu : c'est la *peptone-venom*. En même temps que cette peptone, des sels dialysent aussi, et il se forme dans le dialyseur, un précipité albuminoïde qui contient trois espèces de globulines, dont l'une, plus importante que les autres, la *globulin-venom*, possède les propriétés du venin entier ; elle paralyse les centres respiratoires et rend le sang incoagulable, tandis que la première, la peptone-venom, est aussi un peu toxique, mais beaucoup moins que la globulin-venom.

En faisant bouillir pendant quelques instants une solution aqueuse de venin, il se produit un coagulum albumineux non toxique, tandis que le liquide clair qui le contient est venimeux, mais dépourvu d'action locale. Les auteurs se demandent si cette substance coagulée et rendue inerte par l'ébullition ne pourrait pas être séparée par un procédé qui permettrait d'essayer ses propriétés.

Nous montrerons plus loin que cette substance dont l'action est ainsi détruite par la chaleur est un corps isolable en effet, et caractéristique du venin des Vipéridés.

D'après ces recherches, le venin de Crotale contient au moins deux classes distinctes de protéines, des globulines et une peptone, et en outre une albumine.

Les proportions relatives de globulines et de peptone dans le venin sec varient suivant l'espèce : chez l'*Ancistrodon piscivorus*, il y a environ 24 % de globuline et 75 % de peptone ; chez l'*Ancistrodon contortrix*, environ 8 % de globuline et 92 % de peptone.

En 1878, Pedler, étudiant le venin de Cobra, signalait la nature protéique de sa substance active, que devaient confirmer bientôt, en 1883, les recherches de A. J. Wall pour les venins des espèces indiennes suivantes : *Daboïa russelli*, *Bungarus fasciatus*, *Bungarus cœruleus* et *Naja tripudians*.

En 1886, Norris Wolfenden publie quelques études intéressantes sur la constitution du venin de *Naja tripudians* et de *Daboïa russelli*. Il nie d'abord l'existence de l'*acide cobrique*, signalé par Blyth, et pense qu'il n'est autre chose que des cristaux de sulfate de calcium. Il écarte ainsi la théorie des bactéries et celle des substances alcaloïdiques de A. Gautier, déjà éliminée par Gautier lui-même et par les expériences de Weir-Mitchell, et localise la toxicité du venin de Cobra dans les matières protéiques seules, cette toxicité variant dans le même sens que ces dernières, augmentant ou disparaissant avec elles.

En employant la précipitation par le sulfate de magnésie (de Hawkin), il sépare du venin de Cobra trois protéines distinctes : une *globuline*, une *syntonine* et une *sérine* ; le liquide ayant abandonné ces produits et soumis à la dialyse (méthode de Hofmeister), laisse passer les traces de *peptone*.

La sérine, de même que la syntonine, a une action paralysante ; la globuline a une action asphyxiante semblable à celle de la syntonine, quoique un peu moins prononcée.

Le venin de Daboïa contient ces mêmes protéines, mais pas de peptone. Wolfenden pense que les substances désignées par Weir-Mitchell et Reichert comme peptone-venom et globuline-venom, appartiennent probablement aux *albumoses*.

Il se fonde pour la peptone-venin sur les raisons suivantes : elle ne précipite pas par l'acide acétique dilué ; le précipité obtenu par le chlorure de sodium est soluble par addition d'acide acétique glacial ; enfin, le précipité formé par la potasse se dissout dans l'acide azotique, donnant un liquide jaune, qui se décolore si on ajoute un excès d'acide.

Si la critique de Wolfenden est juste en ce qui concerne la peptone-venin, il n'en est pas de même pour celle qui s'adresse à la globuline-venin. L'auteur contribue lui-même à la démontrer dans son analyse du venin de Daboïa. Il trouve, en effet, une substance qui précipite par les sulfates de magnésie, d'ammoniaque, par le chlorure de sodium et par un courant d'acide carbonique. Cette substance coagule à 75° ; elle est séparée de ses solutions par dialyse.

Inoculée au rat, la globuline détermine des accidents locaux graves, la mortification des tissus, des extravasations sanguines, et la mort est consécutive à des troubles respiratoires. Ces symptômes ne sont toutefois pas dûs, comme le pensait WOLFENDEN, à la globuline seule ; celle-ci entraîne en précipitant une substance diastasique qui détermine les lésions locales.

KANTHACK reprend, en 1892, l'étude du venin de Cobra en utilisant la méthode nouvellement décrite par C.-J. MARTIN pour la séparation des albumoses des venins des serpents : Le venin légèrement dilué est traité par l'alcool en excès et abandonné pendant une semaine à lui-même. Le liquide est décanté, et le précipité lavé à l'alcool absolu ; il est redissous dans l'eau distillée et reprécipité par l'alcool, dans lequel il est encore abandonné, pendant une semaine, puis on le lave à l'alcool et on le redissout dans l'eau, à laquelle on ajoute un cristal de thymol pour en éviter la putréfaction. La solution ne contient pas d'autres protéines que l'albumose.

D'après les réactions que présente la protéine obtenue par ce traitement, KANTHACK déduit qu'elle est une *albumose* primaire, et rien que cela ; il n'y a pas d'alcaloïde.

D'après KANTHACK, le venin de Cobra ne contient qu'une quantité insignifiante de globuline ; la globuline-venin de WEIR-MITCHELL et REICHERT ne serait qu'un dérivé de la proto-albumose du même venin.

Lorsque la solution d'albumose toxique est portée à haute température, elle abandonne un précipité, insoluble dans l'eau distillée, mais soluble dans l'eau salée à 7,5 pour 1.000, ou par addition de quelques cristaux de Nacl : ce précipité serait une hétéro-albumose. La solution de venin dialysée précipite quelquefois et le précipité serait aussi une hétéro-albumose. Parfois ce précipité obtenu, soit par la chaleur, soit par la dialyse, est insoluble dans l'eau salée, et d'après KANTHACK on a alors une dysalbumose.

L'action prolongée de la chaleur, l'ébullition, transforme l'albumose toxique en hétéro-albumose et dysalbumose non toxiques.

C.-J. MARTIN et MAC GARVIE SMITH, en 1892 aussi, séparent des albumoses du venin du Serpent noir d'Australie : *Pseudechis porphyriacus.* La solution de venin est chauffée, et ses protéines coagulables sont séparées par filtration. Le filtrat est agité pendant 2 heures avec une solution saturée de sulfate de magnésie : le précipité est retenu par filtration et lavé encore avec le sulfate. Quant au filtrat, il est dialysé dans l'eau courante distillée pendant 24 heures, puis dans l'alcool absolu. Le liquide ainsi condensé contient en solution un mélange de proto-albumoses d'hétéro-albumoses et quelquefois de peptones.

La séparation des proto-albumoses et des hétéro-albumoses est faite par la méthode de NEUMESTER : les protéines sont précipitées par quelques gouttes d'une solution de Cu SO⁴, le précipité repris et lavé à l'eau saturée de Mg SO⁴, dissous dans l'eau distillée et dialysé pendant 3 jours ; les protéines précipitent abondamment et on les sépare par centrifugation. Le liquide clair est dialysé dans l'alcool absolu et le résidu desséché à 40°.

Cette masse, traitée par l'eau distillée, abandonne sa proto-albumose, tandis que l'hétéro-albumose est constituée par le résidu insoluble.

Enfin, plus récemment (1896), grâce à l'emploi d'un filtre spécial, soumis à une pression de 50 atmosphères, C.-J. MARTIN a isolé du même venin de Pseudechis un *protéide* indiffusible, coagulable à 82°, à action hémorrhagipare, et une *albumine* diffusible, incoagulable, qui a une action toxique sur les centres respiratoires.

La fréquence des albumoses toxiques chez les plantes (lupin jaune, ricin, jéquirity...) et chez les produits bactériens (toxine diphtérique, tuberculine, etc...), rapproche la toxicité des plantes de celle des animaux.

Dès 1902, KYES reprend, d'après les idées d'EHRLICH, l'étude du venin de Cobra. Quelques observations biologiques de FLEXNER et NOGUCHI avaient montré que le venin devient hémolytique au contact du sérum des espèces sensibles, et les auteurs pensaient que les compléments ordinaires du sérum sanguin étaient ceux qui activaient le venin. D'autre part, CALMETTE montrait que ce n'est pas l'alexine qui est nécessaire à l'activation du venin, mais une sensibilisatrice qui résiste à la chaleur : tout sérum chauffé, primitivement activant ou non, contient plus de substances activantes que le sérum normal.

Ces observations amenèrent KYES à chercher le principe activant le venin dans le sérum chauffé : et ce principe est la *lécithine*. Il découvrit bientôt un composé défini du venin et de la lécithine, qui est hémolytique par lui-même et qu'il appela *Cobra-lecithid*, ou lécithide du venin de Cobra.

Pour le préparer, il mélange 40 cc. d'une solution salée de venin de Cobra, avec 20 cc. d'une solution chloroformée de lécithine, et soumet le mélange pendant 2 jours à l'agitation. Puis le mélange est centrifugé ; entre l'eau salée et le chloroforme apparaît une mince couche blanchâtre. Le chloroforme retiré avec une pipette (à un vol. de 19 cc.) est mélangé avec 5 fois son volume d'éther, qui précipite le lécithide et retient en suspension la lécithine en excès. On purifie le lécithide par des lavages successifs à l'éther. De 1 gramme de venin de Cobra sec, on forme par ce procédé 5 grammes de lécithide sec.

L'eau salée de centrifugation n'est que très faiblement hémolytique, mais elle retient inaltéré le principe *neurotoxique* du venin.

Le cobra-lécithide est hémolytique mais non mortel ; à la dose de 10 cc. d'une solution à 1 %, il détermine chez le lapin, une infiltration étendue dans la région inoculée. KYES étudie toutes les propriétés de ce produit, et nous aurons l'occasion d'y revenir à propos des recherches actuelles sur l'hémolyse.

Les venins des serpents ne sont pas les seules espèces de corps qui produisent l'hémolyse au contact de la lécithine ; il faut citer encore l'acide silicique colloïdal, l'hydrate de fer colloïdal. (LANDSTEINER et JAGIC).

En 1907, E. FAUST retire du venin de *Naja tripudians* une substance neurotoxique non azotée, qu'il appelle *Ophiotoxine*, et qu'il prépare par divers procédés. Dans l'un d'entre eux, il utilise l'incoagulabilité par la chaleur des principes actifs du venin de Cobra : 10 grammes de venin sec sont dissous dans 100 cc. d'eau faiblement acidulée à $C^2H^4O^2$, et chauffé pendant 15 minutes au bain-marie à la température de 90-95°, en ajoutant du NaCl à saturation. La plus grande partie des protéines du venin coagulent en un bloc qu'on sépare par filtration.

Le coagulum n'est pas toxique ; mais le liquide qui passe au filtre est aussi actif que la solution originale de venin de Cobra.

Faust en étudie les propriétés, la composition, qu'il rapporte à la formule empirique $C^{17}H^{26}O^{10}$. Par une série de considérations théoriques, il la compare à la bufotaline, et relie ainsi, bien artificiellement, le venin des Batraciens à celui des Serpents.

Analyse physiologique du venin de Vipère aspic

Les divergences qui viennent d'être signalées à propos des substances actives du venin prouvent que les méthodes de séparation des principes actifs sont encore imparfaites. On peut penser avec Duclaux, que les précipitations successives des albuminoïdes par la chaleur et les sels neutres sont susceptible de modifier les espèces chimiques. D'autre part, il est certain que les substances albuminoïdes, précipitées par addition de sels, entraînent mécaniquement d'autres corps, comme les diastases auxquelles elles doivent une partie de leurs propriétés.

Ces recherches nous apprennent simplement que les substances actives des venins sont généralement de nature protéique, mais qu'elles pourraient aussi être d'une autre nature, comme l'ophiotoxine que Faust prépare à l'aide du venin de Cobra.

Principes actifs du venin de Vipère aspic. — A défaut d'un moyen d'analyse chimique assez délicat et assez précis pour qu'il sauvegarde tous les composés actifs du venin C. Phisalix (1894-1905), a eu recours à l'analyse physiologique pour caractériser ces principes d'après les symptômes qu'ils déterminent chez les animaux.

Si une substance extraite du venin détermine dans l'organisme une partie seulement des symptômes ordinaires de l'envenimation et si d'autre part le venin entier, soumis à des influences modificatrices perd le pouvoir d'engendrer les mêmes symptômes, on pourra en conclure qu'il existe dans le venin un principe actif dont les propriétés bien définies doivent être corrélatives de propriétés chimiques fixes et constantes, encore que mal déterminées.

En attendant que la nature chimique exacte puisse en être déterminée, Phisalix les désigne par un nom qui évoque leur action physiologique, et il distingue ainsi dans le venin de Vipère aspic trois substances principale : l'*Echidnase*, l'*Echidno-toxine* et l'*Echidno-vaccin*.

1° *Echidnase.* — En 1883, WEIR-MITCHELL avait observé que le venin
de Crotale mélangé au tannin ou à l'iode, ou même porté à l'ébullition
pendant quelques instants, perd son action locale. KAUFMANN, en 1889,
avait constaté d'autre part que l'addition d'acide chromique produit le
même effet sur le venin de Vipère aspic, tandis que dans le cas du venin
de Crotale, comme dans celui de la Vipère, l'action toxique générale est
conservée. En 1893, MM. PHISALIX et BERTRAND sont arrivés au même
résultat en soumettant pendant quelques secondes le venin de Vipère
(en solution aqueuse à 1/5000) à la température de l'ébullition, ou en le
chauffant pendant plus longtemps à des températures plus basses. On
peut conclure de ces faits à l'existence, dans le venin, d'un principe qui
exerce une action locale.

Pour l'isoler, le venin frais est précipité par l'alcool absolu, puis
filtré ; le précipité est d'abord desséché puis dissous dans un peu d'eau.
On ajoute à la solution 5 à 6 fois son volume d'alcool absolu ; le deuxième
précipité, traité comme le premier, produit encore les accidents locaux
et généraux du venin entier. A cette deuxième solution, on ajoute 5 fois
son volume d'alcool à 95° ; le troisième précipité ainsi obtenu a perdu
ses propriétés toxiques, mais a conservé toute son action locale phlogogène : il détermine à la région où on l'inocule un œdème hémorrhagique,
suivi d'une nécrose de la peau et des tissus. Pendant ces précipitations
successives, les deux autres substances actives sont peu à peu détruites, et
il ne reste plus que la diastase, dont l'action sur les tissus est caractéristique du venin des Vipéridés.

D'ailleurs, cette échidnase n'est pas un produit créé artificiellement
par les réactions simples précédentes ; car en essayant les effets du venin
de Vipères de diverses régions et en diverses saisons, C. PHISALIX a vu
que le venin des Vipères d'Arbois (Jura) recueilli en avril et mai, tue les
animaux sans déterminer d'action locale. Cependant l'échidnase existe,
mais elle est encore fixée dans les cellules qui l'élaborent, car en broyant
la glande venimeuse, après l'avoir débarrassée de son contenu, et faisant
macérer le parenchyme dans l'eau distillée, on obtient une solution riche
en échidnase, et qui ne produit pas d'autres symptômes qu'une action
locale très accentuée.

2° *Echidno-toxine.* — Comme son nom l'indique, c'est la substance
qui, dans le venin, détermine les accidents généraux graves, le plus souvent mortels. Pour l'isoler complètement, il suffit de porter le venin à
la température d'ébullition pendant quelques secondes ; cette action
détruit les deux autres substances et laisse intacte l'échidno-toxine ;
celle-ci est encore appelée *neurotoxine.*

3° *Echidno-vaccin.* — La température de 80° agissant pendant cinq
minutes ou celle de 75° agissant pendant quinze minutes, détruit complètement l'échidnase et l'échidno-toxine du venin, mettant en évidence les
propriétés vaccinantes du venin. Le sérum de Vipère, chauffé à 58° pendant 15 minutes, est de même transformé en vaccin.

Il y a deux manières d'interpréter ces faits : ou bien la chaleur détruit les substances toxiques en respectant les substances vaccinantes, qui préexisteraient ainsi dans le venin, ou bien elle transforme ces substances toxiques en substances vaccinantes.

La possibilité de séparer l'échidnase donne déjà quelque vraisemblance à la première hypothèse : en outre une preuve biologique de l'indépendance de l'échidno-toxine et de l'échidno-vaccin a été fournie par les Vipères capturées au printemps en Auvergne, aux environs de Clermont-Ferrand : leur venin détermine tous les symptômes ordinaires d'empoisonnement vipérique ; il s'atténue par la chaleur dans les conditions normales, mais ainsi modifié il n'engendre pas la réaction vaccinale à laquelle on pouvait s'attendre. Il n'existe donc pas encore d'échidno-vaccin libre dans le venin ; la fonction sécrétoire pour l'échidno-vaccin n'arrive à son complet développement qu'à une saison plus avancée ; C. Phisalix a constaté effectivement que le venin des Vipères du Puy, région peu éloignée de Clermont, recueilli en octobre, est apte à se transformer en vaccin.

Mais il a montré directement l'indépendance des principes vaccinants en employant encore d'autres moyens physiques tels que la filtration et la dialyse.

La filtration sur bougie de porcelaine, qui ne modifie guère la toxicité du venin de Cobra, altère au contraire celle du venin de Vipère : une solution à 1/5000 de ce venin dans l'eau distillée perd toute toxicité. mais conserve néanmoins une action physiologique qui se traduit chez le cobaye par une légère hyperthermie. Comme l'échidno-vaccin produit le même effet, il était rationnel de présumer que le venin filtré contiendrait aussi ce vaccin, et c'est ce que l'expérience a vérifié.

Nous avons vu que, d'une manière analogue, C.-J. Martin a séparé du venin de Pseudechis porphyriacus, deux de ses substances actives.

Les effets de la dialyse sont également différents sur les venins des Vipéridés et sur ceux des Colubridés : tandis que les substances actives de ceux-ci passent à peu près intactes au dialyseur, le venin de Vipère perd ses propriétés toxiques et garde ses propriétés vaccinantes.

Les courants alternatifs de haute fréquence isolent aussi l'échidno-vaccin du venin de Vipère (C. Phisalix, 1896).

De l'ensemble de ces recherches, on peut résumer comme il suit la composition du venin brut de Vipère aspic :

1° Eau, 70 à 80 % ;
2° Matières extractives, 30 à 20 %.

Ces dernières se décomposent ainsi :

Sels : chlorures et phosphates.
Pigment jaune, peu soluble dans l'alcool ;
Substance acide indéterminée ;

Substances albuminoïdes diverses : albumines, globulines, albumose, peptone, ferments.

Par les moyens physiques, les substances protéiques du venin de Vipère peuvent, comme l'a montré PHISALIX, être dissociées et le tableau suivant en résume les caractères différentiels.

Principes actifs	Filtration et dialyse	Solubilité dans l'alcool	Action de la chaleur	Action physiologique
Echidno - to-xine.	lentes	Précipitée ; s'altère par précipitations successives.	Résiste à une très courte ébullition ; s'atténue par chauffage à partir de 65°	Hypothermie caractéristique. Abaissement de la pression sanguine. Paralysie.
Echidno-vaccin.	plus rapide	partielle	Résiste à 80° pendant 5 m.	Hyperthermie, action vaccinante.
Echidnase.	presque nulle	précipitée et isolable par précipitations successives.	détruite par ébullition.	Œdème local hémorrhagique hémolyse Cytolyse.

En résumé, les venins sont des sécrétions de constitution complexe contenant de multiples substances actives, les unes venimeuses, les autres antivenimeuses, et la plupart de nature protéique.

Parmi les premières nous citerons les *neurotoxines*, les *cytotoxines*. les *hémorrhagines*, les *hémolysines*, les *précipitines*, des *ferments* (fibrin-ferment...), dont l'étude sera faite séparément à la suite de cet exposé historique.

C'est l'action des premières qui est la plus distincte dans les symptômes d'envenimation consécutifs à la morsure ou à l'inoculation du venin. Lorsque nous aurons indiqué ces symptômes, nous résumerons l'étude spéciale de chacune de ces substances, telle qu'elle résulte des faits récemment acquis et actuellement connus.

Bibliographie

Propriétés générales et composition des venins

—Acton (H.-W.) et Knowles (R.). — The dose of venom given in nature by a Cobra of a single bite. *Ind. Journ. of. Med. Research*, jan. 1914, I, 3, p. 388-413.

Acton (H.-W.) et Knowles (R.). — The dose of venom given in nature by Echis carinata of a single bite. *id.* p. 414-424.

Blyth (A.-W.). — On cobric acid, *Analyst. London*, 1876, I.

Blyth (A.-W.). — Poison of Cobra capello, *Analyst, London*, 1877, I, p. 204.

Bonaparte (Prince Lucien). — Analyse du venin de Vipère et découverte de la Vipérine, *Gaz. tosc. delle Sc. Medico fisiche*, 1843, p. 169.

Faust (E.-S.). — Die tierischengifte, *Braunschweig*, 1906, XIV, 248 p.

Faust (E.-S.). — Ueber das Ophiotoxin aus dem gifte der ostindischen Brillenschlange Cobra di capello, *Arch. f. exp. Path. und Pharm.*, *Leipzig*, 1907, LVI, p. 236-239.

Faust (E.-S.). — Ueber das Crotalotoxin aus dem gifte der Crotalus adamanteus, *Ibid.*, 1910, LXIV, p. 245-273.

Fayrer (J.). — The Thanatophidia of India, *London*, 1874, 2ᵉ édit.

Flexner (S.) and Noguchi (H.). — The constitution of snake venom and snake sera, *Journ. of Path. and Bact.*, 1903, VIII, 379-410.

Fontana. — Ricerche fllosofiche sopra il veleno della Vipera, *Lucca*, 1767.

—Gautier (A.). — Sur le venin de Naja tripudians de l'Inde, *Bull. Ac. de Méd.*, *Paris*, 1881, 2ᵉ sér., X, p. 947-958.

Gautier (A.). — Les toxines microbiennes et animales, *Paris*, 1896.

Ishizaka (T.). — Studien über das Habuschlangengift, *Zeits. f. exp. Path. und Thérapie*, 1907, IV, p. 88-117.

Jourdain (S.). — Quelques observations à propos du venin des Serpents, *C. R. Ac. des Sc.*, 1894, CXVIII, p. 207.

Kanthack (A.). — On the nature of Cobra poison, *Jour. of Physiol.*, 1892, XIII, p. 272.

Kaufmann (M.). — Sur le venin de Vipère, *C. R. Soc. Biol.*, 1894, 10ᵉ s., I, p. 113.

Kobert et Silmark. — Albumoses toxiques du jequiridy et du ricin, *Arbeiten des Pharmak. Inst., zu Dorpat*, III.

Lacerda (J.-B. de). — Venin des Serpents, *C. R. Ac. des Sc.*, 1878, LXXXVII, p. 1093.

Lacerda (J.-B. de). — Leçons sur le venin des Serpents du Brésil, *C. R. Soc. Biol.*, 1881.

Ledebt (Suzanne). — Contribution à l'étude des propriétés biologiques des venins. Action des venins des Serpents et des poisons qu'ils engendrent sur quelques Vertébrés aquatiques, *Thèse de Doct.*, *Paris*, 1914, 149 p.

Lindemann (W.). — Uber die secretionsersheinungen der giftdrüse der Kreuzoter, *Arch. f. mikr. Anat.*, 1898, LIII, p. 313.

Lotze. — Nature et action des venins des Serpents, *Münch. Med. Wosch.*, 1906, 2 janv.

Martin (C.-J.) and Smith (G.). — The venom of Australian Black snake, *Proc. Roy. Soc. of. N. S. Wales*, 1892, XXVI, p. 240.

MARTIN (C.-J.). — Note on a method of separating colloids from crystalloids by filtration, *Id.*, 1896, XXX, 5 août.

MILLS (T.-W.). — Snake venoms from chemico-physiological point of view, *Jour. of Com. Med. and Surgery*, 1887, VIII, p. 38-43.

MITCHELL (S.-W.). — The venom of Serpents, *Med. Times and Gaz.*, London, 1869, I, 137.

MITCHELL (S.-W.). — Remarks upon some recent investigations of the venom of Serpents, *Lancet.*, 1883, II, p. 94.

MITCHELL (S.-W.) AND REICHERT (E.-T.). — Researches upon the venom of poisonous Serpents, *Smith. Cont. to knowledge*, 1886, XXVI. (Contient la bibliographie complète avant 1885.)

NOGUCHI (H.). — The photodynamic action of eosin and erythrosin upon snake venom, *Jour. of exp. Med.*, 1906, VIII, p. 252-267.

OTT (I.). — Rattlesnake virus ; its relation to alcohol, ammonia and digitalis, *Arch. Med. N. Y.*, 1882, VII, p. 134-141.

PEDLER (A.). — On Cobra poison, *Proc. of the R. Soc. of London*, 1878, XXVII, p. 17.

PHISALIX (C.). — Démonstration directe de l'existence, dans le venin de Vipère, de principes vaccinants indépendants des substances toxiques, *Bull. du Mus.*, 1896, II, p. 197.

PHISALIX (C.). — Action du filtre de porcelaine sur le venin de Vipère ; séparation des substances toxiques et des substances vaccinantes, *C. R. Ac. des Sc.*, 1896, CXXII, p. 1439.

PHISALIX (C.) — Nouveaux procédés de séparation de l'échidnase et de l'échidno-vaccin du venin de Vipère, *Cong. int. de Méd. de Moscou*, août 1897.

PHISALIX (C.). — Etude comparée des toxines microbiennes et des venins, *Ann. biologique*, 1897.

PHISALIX (C.). — Nouvelles observations sur l'échidnase, *C. R. Soc. Biol.*, 1899, LI, p. 658.

RUDEX (E.). — Uber und gegen das gift der Schlange und thège, Berlin, 1887, 21 p., 120.

WALL (A.-J.). — Indian snake poisons, their nature and their effects, 1 vol. in-8°, 171 p., London.

WOLFENDEN (N.). — On « Cobric acid » a so called constituent of Cobra venom, *Jour. of Physiol.*, 1876, XII.

WOLFENDEN (N.). — On the nature and action of the venom of Poisonous snakes, *Jour. of Physiol.*, 1886, VII, p. 327-364.

PATHOLOGIE DES MORSURES VENIMEUSES ET PHYSIOLOGIE
DE L'ENVENIMATION

Les Serpents chez lesquels la sécrétion venimeuse d'une glande massive a été constatée jusqu'ici se limitent à une quarantaine d'espèces, réparties en 24 genres. La liste n'en est certainement pas close, et nous les groupons dans le tableau suivant :

Serpents à glande parotide venimeuse

Colubridés Aglyphes :

GENRES	ESPÈCES
Xenodon, Boïe.	*X. severus*, Lin.
Tropidonotus, Kuhl.	*T. natrix*, Lin.; *T. viperinus*, Latr.; *T. piscator*, Schn.; *T. stolatus*, Russel; *T. himalayanus*, Günth.; *T. platyceps*, Blyth; *T. subminiatus*, Schleg.
Zamenis, Wagl.	*Z. mucosus*, Lin.; *Z. gemonensis*, Laur.; *Z. hippocrepis*, Lin.
Coronella, Laur.	*C. austriaca*, Laur.
Helicops, Wagl.	*H. schistosus*, Daud.
Lycodon Boïe.	*L. aulicus*, Lin.
Dendrophis, Boïe.	*D. pictus*, Boïe.
Oligodon, Boïe.	*O. subgriseus*, D. B.
Polyodontophis, Blgr.	*P. collaris*, Gray.
Simotes, D. B.	*S. arnensis*, Shaw.

Colubridés Opisthoglyphes :

Trimorphodon, Cope	*T. biscutatus*,, D. B.
Cœlopeltis, Wagl.	*C. monspessulana*, Herm.
Tarbophis, Fleisch.	*T. fallax* Fleich.
Dryophis, Dalman.	*D. prasinus*, Boïe; *D. mycterisans*, Lin.; *D. dispar*, Günth.
Erythrolamprus, Wagl.	*E. esculapii*, Lin.; (= *E. venustissimus* Wied).
Cerberus, Cuv.	*C. rhynchops*, Schn.
Dipsas, Boïe.	*D. forsteni*, D. B.; *D. ceylonensis* Günth.
Chrysopelea, Boïe.	*C. ornata* Shaw
Dispholidus, Duvernoy.	*D. typus* Smith
Trimerorhinus, Smith.	*T. rhombeatus*, Lin.
Leptodira, Günth.	*L. hotambeia*, Laur.

Serpents à glande temporale venimeuse

Boïdés :	
Eryx, Daud.	E. *johni*, D. B.
Uropeltidés :	
Silybura, Gray.	S. *brevis*, Günth.; S. *pulneyensis*, Bedd.; S. *nigra*, Bedd.; S. *broughami*, Bedd.
Platyplectrurus, Günth.	P. *madurensis*; Bedd.; P. *trilineatus* Bedd.; P. *sanguineus*, Bedd.

Les cas de morsures dûs aux Serpents à glande venimeuse massive sont relativement rares et généralement bénins pour l'homme et les gros animaux, qui peuvent cependant en mourir ; on n'en connaît pas d'avérés en ce qui concerne les Boïdés, les Ilysiidés et les Uropeltidés. L'innocuité tient en partie à la faible quantité de liquide inoculé en une simple morsure, la sécrétion ne s'accumulant pas dans la faible lumière centrale de la glande, et n'étant jamais vivement expulsée par le jeu d'un muscle compresseur.

Mais l'expérience directe et quelques faits d'observation montrent que les petits animaux peuvent être tués par la morsure aussi bien que par l'inoculation de l'extrait des glandes temporale antérieure et parotide, qu'on doit donc considérer comme venimeuses, au même titre que celles à réservoir acineux de la Vipère et du Cobra.

L'extrait glandulaire est parfois d'une toxicité très élevée, ainsi que nous le verrons.

Action de la sécrétion de la glande venimeuse parotide des Colubridés Aglyphes et Opisthoglyphes

On n'a pas encore de résultats d'ensemble sur la venimosité de la sécrétion parotidienne des C. Opisthoglyphes ; ceux de Madagascar en particulier auraient la réputation d'être complètement inoffensifs ; les auteurs rapportent aussi des cas de morsure qui n'ont été suivis d'aucun symptôme venimeux ; mais des résultats négatifs ont pu s'observer après des morsures d'animaux reconnus universellement venimeux, et peuvent s'expliquer par le fait que les appareils inoculateurs étaient en mauvais état ou les glandes épuisées ; ils n'infirment pas en tous cas les observations et les expériences où la sécrétion parotidienne s'est montrée nettement venimeuse. Partout ou elle a été essayée, aussi bien chez les C. Aglyphes que chez les C. Opisthoglyphes, elle a produit des effets toxiques

plus ou moins marqués, très souvent mortels pour les petits animaux, et
qui dans les cas de morsure sont, comme on le conçoit, fonction de la
longueur et de l'inclinaison des crochets maxillaires, ainsi que de l'état de
repos ou d'activité sécrétrice de la glande.

Lycodon aulicus

Effets des morsures chez l'homme. — Un cas intéressant de morsure
par ce petit C. Aglyphe, de la taille de notre Vipère aspic, a été observé
aux Indes en 1874, par FAYRER. L'auteur attribue curieusement les symptômes observés à l'émotion que dut ressentir le sujet mordu, car à cette
époque les Couleuvres Aglyphes étaient encore fermement considérées
comme inoffensives. Nous rapportons ces symptômes tels qu'ils ont été
observés, en les dégageant des considérations qui les accompagnent.

Un Coolie est mordu à l'épaule vers les 8 h. 3o m. du soir par un
serpent qui s'était introduit dans son lit. Il put captiver vivant l'animal,
que l'on crut d'abord être un Krait (Bungarus), puis qu'on identifia.
Examiné le matin suivant, le Coolie montrait à l'épaule mordue une petite
poncture recouverte d'une gouttelette de sang coagulé. « Il est positif,
dit FAYRER, que les tissus environnants, sur une surface grande comme
une pièce de deux hannà étaient bouffis et gonflés ». Le pouls était irrégulier et le patient apeuré et agité ; la surface du corps était froide, l'aspect anxieux. Les pupilles étaient normales : ni vertiges, ni troubles de
la vision ; le sujet était parfaitement conscient.

Environ quatre minutes après la morsure, la région atteinte avait été
scarifiée et une ventouse en avait extrait la plus grande partie du venin,
en même temps qu'on administrait des stimulants (ammoniaque, rhum).
Le sujet guérit.

Le Dr WILLEY rapporte à Ceylan, la mort d'une femme, consécutive à
là morsure d'un Lycodon aulicus, appelé *Serpent loup* dans la région. Le
Dr EWART observa des symptômes graves à la suite de la morsure du
même serpent.

Le MAJOR F. WALL cite aussi un cas dans le Bombay Natural History
Journal, (V. XX., p. 521) : Une femme Coolie de Chauda, âgée de 22 ans,
fut mordue par un serpent, qu'on reconnut plus tard être un Lycodon, en
deux places du médius droit. 25 minutes après l'accident, on la
transportait à un dispensaire, où les soins lui furent donnés comme si
elle avait été mordue par un Bungarus : ligature, incision, friction au
permanganate de potasse, et 2 injections de chacune 3o cc. de sérum antivenimeux. Elle se plaignait de la soif, d'une douleur brûlante dans la
main et le bras, qui devint plus tard engourdi ; elle vomit deux fois. Une
demi-heure plus tard elle était dans le coma avec une respiration de 3o
par minutes, un pouls à 120 très faible et qui devint imperceptible ; il lui
était impossible de rien avaler. Pendant cinq heures un quart, elle resta
sans connaissance, sauf quelques brefs retours à elle-même, puis elle

s'éveilla, demanda à boire, et après avoir avalé de l'eau s'endormit profondément jusqu'au lendemain matin. Au réveil, il ne subsistait plus qu'une douleur locale brûlante et de l'engourdissement du bras.

Le Major Wall attribue ces effets à une syncope due à la peur.

Pour nous, il n'existe aucun doute sur le caractère venimeux des symptômes observés chez ces différents sujets ; nous avons pu d'ailleurs en collaboration avec le R. P. F. Caius, vérifier directement la toxicité de l'extrait parotidien de Lycodon sur les petits oiseaux.

Action sur les petits Oiseaux (Munia malacca P = 14 gr.). — La dose qui correspond à 2 milligr., poids des deux glandes, tue en 5 h. 30 minutes un *Munia malacca* ; on observe de la narcose, de la dyspnée, de l'affaiblissement musculaire, qui vont en s'accentuant jusqu'à la paralysie et à l'arrêt définitif de la respiration ; le cœur continue à battre pendant quelques minutes. Il existe une hémorrhagie dans le pectoral inoculé ; les poumons sont très congestionnés.

Un autre passereau, *Upupa indica* (P. = 48 gr. 6) meurt en 2 heures après avoir reçu la dose d'extrait de 5 milligr. de glande, le cœur arrêté en diastole ; avec la dose de 4 milligr., un *Merula simillima* (P. = 57 gr. 5), meurt en 46 heures avec les mêmes symptômes que le Munia.

Ainsi dans cette envenimation, l'action dominante sur la respiration rappelle le venin de Cobra, tandis que l'action hémorrhagique locale rappelle plutôt les effets du venin de Vipère.

Trimorphodon biscutatus

Chez cet Opisthoglyphe du Mexique, Alfred Dugès (1882), après avoir décrit l'appareil venimeux, a montré la venimosité de la morsure pour le Lézard (*Cnemidophorus sexlineatus*). L'animal saisi à la patte antérieure gauche fut mordu plusieurs fois. Au bout de quelques minutes, il mourut sans convulsions, sans agitation, comme s'il se fût endormi, un peu de sang sortant de la blessure.

Cœlopeltis monspessulana

Effets de la morsure chez l'homme. — Le professeur G. A. Boulenger, dans son livre récent sur les Serpents d'Europe, rapporte un cas de morsure arrivé à Alger à un zoologiste français, E. Taton-Baulmont : la morsure faite à l'index fut suivie d'un gonflement qui, dans les trente heures suivantes gagna l'épaule et fut accompagné de fièvre et de troubles nerveux.

Action physiologique. — En ce qui concerne l'action du venin chez les animaux, les premières observations précises ont été faites à Turin en 1883, par MM. Peracca et Deregibus, qui, opérant sur deux Cœlopeltis de taille différente, firent mordre à la cuisse des grenouilles, des crapauds et des lézards.

Chez ces animaux, ils observèrent l'arrêt de la respiration, soit subit en quelques minutes, soit après un affaiblissement graduel, interrompu par une profonde pause respiratoire, l'abolition presque immédiate des réflexes dans la patte mordue, puis la paralysie, mais rarement accompagnée de convulsions.

La mort survient généralement en une demi-heure, ou même moins. Le cœur de la grenouille continue à battre pendant plusieurs heures.

Les auteurs attirent l'attention sur l'analogie des effets de la morsure du Cœlopeltis et celle du Naja tripudians ; « il semble, disent-ils, que la morsure est seulement venimeuse pour les reptiles, les oiseaux, la souris ; de jeunes chiens ont assez bien résisté au poison ».

En 1894, M. Jourdain, faisant mordre de petits Mammifères et des Oiseaux, les a vus périr rapidement, et l'auteur en conclut que par son activité, le venin de Cœlopeltis est comparable à celui de la Vipère.

En 1899, C. Phisalix compléta ces premières données par des inoculations au cobaye de l'extrait de la parotide dans l'eau glycérinée. Il constate que les symptômes généraux se manifestent par des troubles nerveux graves à début paralytique ; la marche devient bientôt difficile, les mouvements incoordonnés, puis bientôt impossibles. On note en même temps de l'hypersécrétion salivaire, une gêne respiratoire qui s'accentue, avec des irrégularités, un ralentissement, puis un arrêt brusque. avec petites secousses cloniques des membres. La température ne se modifie pas au cours de l'envenimation ; mais s'abaisse de 1° environ au moment de la mort.

A l'autopsie, on note une infiltration gélatineuse incolore au lieu d'inoculation ; les ventricules sont arrêtés distendus, tandis que les oreillettes battent encore. Les viscères sont congestionnés.

L'ensemble de ces symptômes rappelle effectivement ceux qui sont dûs au venin de Cobra.

Il suffit du 1/15 de l'extrait des deux glandes d'un sujet pour tuer un cobaye de 5 à 600 gr., et, quelle que soit la dose employée, la mort survient en 18 à 30 minutes, exceptionnellement la survie a été de 24 heures.

Tarbophis fallax

En 1885, Otto Edmund Eiffe fit mordre un lézard (*Lacerta vivipara*) par un Tarbophis.

Le lézard, saisi par les pattes postérieures, se défendit d'abord en mordant le serpent ; mais il était bientôt sans mouvement et sans force, les yeux clos. En moins d'une minute il mourut et fut avalé.

Dryophis prasinus

A la ménagerie du Muséum d'Histoire naturelle de Paris, le Pr L. Vaillant (en 1888), essaya sur un *Lézard vert* les effets de la morsure d'un Dryophis. Le lézard saisi au cou se débattit d'abord, enserrant de sa queue la tête du serpent ; mais au bout de 3 minutes il pendait inerte, la queue agitée de tremblements ; puis survinrent des convulsions de tout le corps qui tournait autour de la tête et retombait inerte, sauf quelques ondulations de la queue. En 2 minutes l'animal était mort ; il ne s'était écoulé que 8 minutes depuis le moment où il avait été saisi par le serpent.

Il est intéressant de rappeler que l'appareil venimeux du Dryophis ne fut décrit qu'en 1892 par NIEMANN, en même temps que celui de deux autres Opisthoglyphes, le *Leptodira annulata* et le *Psammodynastes pulverulentus*.

En 1895, WEST observa également les effets mortels des morsures de *D. prasinus* et de quelques autres Opisthoglyphes sur les petits animaux.

Dryophis mycterisans

En 1902, ALCOCK et ROGERS inoculèrent sous la peau du dos d'une *souris blanche* l'extrait d'une parotide dans l'eau salée physiologique.

Après une période d'agitation de 5 minutes, ils notent de la somnolence, la tête oscillant, quelques secousses du corps, l'animal pouvant toutefois encore marcher quand on l'excite. Au bout d'une demi-heure, l'injection de l'extrait de l'autre glande détermine les mêmes symptômes. La respiration diminue de fréquence, l'animal tombe sur le flanc, des convulsions surviennent et la respiration s'arrête, une minute avant le cœur. Il existe une hémorrhagie considérable sous la peau de la tête et du dos.

En collaboration avec le R. P. F. CAIUS, nous avons complété ces premiers essais sur divers petits oiseaux : un *Ploceus baya* (P. = 20 gr.). qui reçoit l'extrait du 1/5 des deux glandes, soit de 14 milligr. éprouve aussitôt de la narcose, de la dyspnée et de la parésie des pattes. Puis il tombe sur le flanc, secoué par de violentes convulsions ; il raidit les pattes, et meurt 7 minutes après l'inoculation.

L'autopsie montre le cœur arrêté en diastole, les poumons congestionnés. Ces résultats confirment ceux des auteurs précédents sur la souris.

Dryophis dispar

L'extrait aqueux de deux glandes pesant ensemble 12 milligr. a été (1917) inoculé dans le muscle pectoral d'un pigeon.

Dans les premières minutes, l'animal présente du nystagmus et une gêne respiratoire qui va ensuite en croissant. Au bout d'une demi-heure les pattes sont parésiées, la pupille est dilatée, la respiration fréquente et courte, puis vers la fin de l'envenimation, se ralentit soudain. A la période agonique, l'oiseau rejette par le bec un liquide sanguinolent, et meurt sans convulsions, 2 h. 27 m. après l'inoculation.

A l'autopsie, le muscle inoculé est le siège d'une abondante infiltration hémorrhagique, qui s'étend sous la peau de la région. La bouche est remplie d'un liquide sanguinolent qui humecte la trachée et les bronches. Les poumons sont fortement congestionnés et présentent des ecchymoses superficielles ; le cœur est arrêté en diastole. (MARIE PHISALIX et F. CAIUS.)

Erythrolamprus venustissimus

En 1893, M. J. J. QUELCH de Georgetown (Guinée britannique) fut mordu à l'index par un gros Erythrolamprus, qui, à trois reprises, enfonça ses crochets dans le même doigt. Une demi-heure après, le doigt était douloureux et gonflé, et la douleur ne s'atténua que quatre heures après, la sensibilité persista plus longtemps.

Xenodon severus

QUELCH rapporte également que la même année (1893), un employé du Muséum de Georgetown fut mordu au doigt par un jeune spécimen de Xenodon severus. La morsure détermina le même gonflement douloureux que celle d'Erythrolamprus, bien que le serpent ne soit qu'un Aglyphe ; mais il possède une parotide développée et des crochets maxillaires qu'il peut protracter à la façon des Vipères, ainsi que l'a vu E. G. BOULENGER sur l'espèce voisine, X. merremii.

Ce cas et celui du Lycodon aulicus sont jusqu'à présent les seuls où la morsure d'un C. Aglyphe ait occasionné chez l'homme quelques symptômes d'envenimation. Chez tous les autres Aglyphes, le caractère venimeux de la sécrétion parotidienne a été expérimentalement établi par inoculation aux animaux.

Tropidonotus natrix et viperinus

En 1894, MM. C. PHISALIX et G. BERTRAND avaient constaté que le sang des Couleuvres tropidonotes est aussi toxique pour le cobaye que celui de la Vipère aspic. Rattachant cette toxicité à la sécrétion interne de la glande venimeuse, ils avaient systématiquement recherché dans quels organes elle pouvait résider ; seule la sécrétion parotidienne se montra venimeuse.

Action sur le Cobaye. — La parotide de Tr. natrix est assez volumineuse ; le poids moyen de chaque glande varie, suivant la taille des sujets, de 15 à 20 milligrammes. L'extrait correspondant aux deux glandes suffit pour tuer en moins de 18 heures un cobaye qui le reçoit dans le péritoine.

Aussitôt après l'injection, il se produit quelques mouvements nauséeux, puis on observe un ralentissement respiratoire et un affaiblissement cardiaque ; le sujet reste immobile, parésié, et ses mouvements deviennent de plus en plus difficiles. Dans les quatre premières heures la température centrale s'abaisse de 4° environ, comme s'il eût reçu du venin de Vipère.

A l'autopsie, on trouve la peau mortifiée et dénudée au lieu d'inoculation. Le tissu conjonctif sous-cutané est infiltré d'une sérosité sanguinolente qui remonte jusqu'au cou. L'intestin est très congestionné, des taches hémorrhagiques se rencontrent à l'origine du côlon ascendant et dans les ganglions mésentériques ; les autres viscères sont aussi très congestionnés ; le cœur, mou et flasque, est distendu par du sang noir.

L'action du venin de Tropidonotus viperinus est identiquement la même, et se rapproche beaucoup dans l'ensemble de celle du venin de Vipère aspic.

Tropidonotus piscator

Effets de la morsure chez l'homme. — Le Major F. WALL, rapporte un cas de morsure chez l'homme par le Tropidonotus piscator ; le sujet fut amené à Rangoon et resta pendant 17 heures sans connaissance, malgré l'administration des plus vigoureux stimulants. L'auteur attribue à la frayeur l'état inquiétant du blessé, car il considère le serpent comme tout à fait inoffensif.

Or, les expériences faites avec sa glande parotide montrent que la sécrétion en est manifestement venimeuse.

Action physiologique. — Chez cette espèce, la toxicité parotidienne a été pour la première fois établie en 1902 par ALCOCK et ROGERS. En collaboration avec F. CAIUS, nous en avons repris l'étude.

Chez les plus gros sujets le poids de la parotide atteint 41 milligr. à l'état sec. La dessiccation n'atténue pas la toxicité du venin. Les petits oiseaux s'y montrent sensibles ; l'extrait correspondant à 19 milligr. de glande fraîche tue en 22 m. le *Ploceus baya* (20 gr.), par arrêt de la respiration. L'extrait de 48 milligr. de glande tue la corneille (*Corvus splendens*, 291 gr.), en l'espace de 7 minutes.

Dans les deux cas, les symptômes évoluent de la même façon : stupeur, affaiblissement musculaire et respiratoire, qui vont croissant ; mort par arrêt de la respiration, sans convulsions, le cœur continuant à battre pendant 1 à 2 minutes. A l'autopsie, on ne remarque que de la congestion pulmonaire.

Pour le moineau (*Passer domesticus*, p. = 20 gr.), la dose minima mortelle en 4 heures est de 0 milligr. 25 de glande sèche.

Chez les petits rongeurs (*Sciurus palmarum*) et les lézards (*Calotes versicolor*), la durée de l'envenimation est plus longue et la résistance aux mêmes doses plus élevée.

Tropidonotus stolatus

Le poids de la glande parotide varie de 4 à 16 milligr., suivant la taille des sujets ; en collaboration avec F. CAIUS, nous en avons essayé la toxicité sur les Oiseaux et les Lézards (1917).

L'extrait de deux glandes pesant ensemble 32 milligrammes tue en 4 h. 16 m. un *Merula simillima* (P. = 74 gr. 5), qui le reçoit dans le muscle pectoral ; celui de 15 milligr. tue en 2 heures un lézard (*Calotes grandisquamis*, P. = 8 gr. 5) qui le reçoit sous la peau. La dose minima mortelle correspond à 0 milligr. 25 de glande sèche pour le *Ploceus baya* (P. = 20 gr.), qu'elle tue en 31 heures.

Au bout d'une heure seulement se développent les symptômes qu'on observe avec le venin de Tropidonotus piscator. A l'autopsie on remarque une infiltration hémorrhagique du péritoine et l'arrêt du cœur en diastole.

Le rat (*Mus rattus* P. = 71 gr.) n'éprouve qu'un peu de stupeur accompagnée d'une légère accélération respiratoire après avoir reçu l'extrait correspondant à 35 milligr., poids de deux glandes. Il présente donc une résistance plus grande que le merle de même poids, car il survit à une dose plus forte sans avoir été très éprouvé.

Tropidonotus platyceps

Chez cette espèce, le poids des deux parotides, déterminé chez trois sujets, s'est montré égal à 7, 8 et 19 milligrammes. La sécrétion en est très toxique, et de plus convulsivante au moins pour les petits oiseaux.

Action sur les petits Oiseaux. — L'inoculation dans le muscle pectoral de l'extrait des deux glandes à un *Uroloncha malabarica* du poids de 13 gr. détermine aussitôt une excitation violente : l'oiseau crie, pique furieusement ; puis il est pris de convulsions et tombe sur le flanc. Il se relève pour s'affaisser bientôt, bec en terre, queue relevée, yeux clos, et meurt en l'espace de 11 minutes dans de violentes convulsions. Un deuxième sujet est mort en 7 minutes après avoir reçu l'extrait de 8 millig. des deux glandes.

La dose minima mortelle en 6 heures pour le *Ploceus baya* (P. = 20 gr.) correspond à la faible dose de 0 milligr. 008, soit environ 0 milligr. 38 par kilog. d'animal.

Localement, dans le muscle pectoral et sous la peau on observe un épanchement hémorrhagique ; les poumons sont congestionnés et le cœur est arrêté ventricules en diastole.

Les Insectivores, comme la musaraigne (*Crocidura cœrulea* P. = 36 grammes) sont sensibles au venin de T. platyceps ; la dose correspondant à 9 milligr. de glande sèche tue le sujet en l'espace de 1 h. 15 m. Il en est de même des petits rongeurs (*Scirus palmarum*, P. = 107), qui meurt en moins d'une heure après avoir reçu également sous la peau l'extrait de 19 milligr. de glande fraîche.

Dans les deux cas, aucun effet morbide ne s'est produit dans le premier quart d'heure ; mais l'animal manifeste ensuite de la gêne respiratoire, de l'affolement, de la paralysie, de la perte de l'excitabilité réflexe. La mort est survenue par arrêt de la respiration.

Les mêmes lésions hémorrhagiques s'observent au lieu de l'inoculation, un épanchement sanguin existe dans le péritoine ; les poumons présentent quelques lobules d'hépatisation rouge ; le cœur est arrêté ventricules en diastole. (MARIE PHISALIX et F. CAIUS.)

Tropidonotus himalayanus

La parotide est assez volumineuse ; son poids chez deux sujets de nos expériences s'est montré respectivement égal à 44 et 50 milligrammes.

L'inoculation dans le muscle pectoral de petits oiseaux (*Uroloncha malabarica* et *Munia malacca*) de fortes doses, détermine immédiatement des accidents asphyxiques et asthéniques ; l'oiseau a du nystagmus, il tombe sur le sol, bec ouvert, en narcose et inexcitable ; puis la respiration s'arrête définitivement, en même temps que se produisent quelques mouvements agoniques ; le cœur s'arrête ensuite en systole.

La congestion des poumons est la seule lésion que l'on constate dans ces cas de mort foudroyante.

Tropidonotus subminiatus

Le poids des parotides est assez élevé et peut atteindre 66 milligrammes. L'extrait d'une seule d'entre elle correspond donc à une dose forte, et tue en 6 à 13 minutes les petits oiseaux (*Munia malacca*) ; l'oiseau s'affaisse, les yeux en nystagmus, la respiration saccadée et anhélente ; puis il ferme les yeux, demeure en narcose, inexcitable, et meurt dans un hoquet. Comme avec le venin de Tr. *himalayamus*, le cœur s'arrête en systole, et les poumons sont très congestionnés (MARIE PHISALIX et F. CAIUS.)

Zamenis mucosus

En 1902, ALCOOK et ROGERS ont signalé l'action convulsivante intense du venin de ce Zamenis sur les petits rongeurs. L'extrait aqueux correspondant à la moitié d'une glande tue la *souris blanche* en 21 minutes, par inoculation sous-cutanée ; le *rat blanc* résiste à cette dose.

Avec une dose moindre chez la souris, il se produit d'abord de l'anxiété, de la dépression, une accélération puis un ralentissement respiratoire, de la parésie des pattes postérieures. Au bout de 20 minutes, se manifeste une vive agitation, suivie de convulsions violentes ; la souris roule sur le côté, et la respiration s'arrête, tandis que le cœur continue à battre, quoique faiblement pendant une minute. A l'autopsie on note un épanchement hémorrhagique sous-cutané. Le venin de Zamenis aurait donc un effet direct sur le système nerveux ; les convulsions qu'il détermine sont distinctes d'après les auteurs des convulsions asphyxiques qu'ils signalent avec le venin des Opisthoglyphes, simultanément étudié par eux.

Nos essais, en collaboration avec F. CAIUS, sur le *rat blanc*, les *oiseaux* et les *batraciens* confirment ceux d'ALCOOK et ROGERS sur la souris.

Par inoculation intraveineuse la dose foudroyante pour un *pigeon* (du poids de 200 gr.), correspond à 14 milligr. de glande fraîche ; le sujet meurt en quelques minutes dans des convulsions généralisées.

La même dose inoculée sous la peau entraîne encore la mort du pigeon en 21 minutes, avec les symptômes suivants : dyspnée, narcose, affaiblissement musculaire, puis hypersécrétion lacrymale, convulsions des pattes qui se généralisent à tout le corps. La mort survient dans de violentes convulsions, le cœur s'arrêtant 2 à 3 m. après la respiration, en diastole.

Cette symptomatologie est identique chez le *Ploceus baya* (P. = 20 gr.), pour lequel la dose minima mortelle est de 0 milligr. 25 de glande sèche ; elle tue l'oiseau en l'espace de 12 heures.

Chez la *Rana tigrina* (P. = 58 gr.) l'extrait correspondant à 22 milligr. de glande fraîche détermine les mêmes symptômes de début ; mais les convulsions n'éclatent que quelques heures après ; l'arrêt respiratoire définitif survient au bout de 3 h., le cœur continuant à battre à peu près un temps égal avant de s'arrêter à son tour.

Ces convulsions chez tous les animaux d'essai sont aussi violentes que celles déterminées par les venins de Dryophis mycterisans, de Vipera russelli, de Salamandra maculosa, et par certains alcaloïdes tels que la brucine et la strychnine.

Zamenis gemonensis, Z. hippocrepis

Chez ces couleuvres, la parotide est relativement petite et son poids à l'état frais ne dépasse pas 10 à 11 milligrammes.

D'après nos expériences, l'extrait de deux glandes suffit à tuer un cobaye de 300 à 500 gr. en une heure par injection intrapéritonéale.

Les symptômes déterminés : dyspnée, affaiblissement musculaire progressif à début postérieur, hypersécrétion glandulaire, paralysie et arrêt de la respiration sont communs aux trois espèces jusqu'ici examinées ; mais le symptôme convulsion n'appartient qu'au venin de Zamenis mucosus.

Cerberus rhynchops

Les recherches d'ALCOCK et ROGERS ont porté non-seulement sur les C. Aglyphes (*Zamenis mucosus* et *Tropidonotus piscator*), mais sur quelques C. Opisthoglyphes (*Dryophis mycterisans, Cerberus rhynchops* et *Dipsas forstenii*.

Ces auteurs ont vu que l'extrait des deux parotides de Cerberus rhynchops tue la *souris* en 36 m. par inoculation sous-cutanée. L'animal reste immobile sur place, somnolent ; et au bout de 30 m. seulement surviennent des convulsions. La respiration d'abord accélérée se ralentit, et bientôt s'arrête une ou deux minutes avant le cœur.

A l'autopsie on trouve une hémorrhagie sous-cutanée correspondant à toute la surface du dos.

Dipsas forstenii

Nous avons constaté que l'extrait aqueux d'une parotide tue la souris en 23 minutes par inoculation sous-cutanée.

Au bout de 12 minutes se produisent des secousses spasmodiques, l'affaiblissement et la diminution des mouvements respiratoires, qui deviennent de plus en plus difficiles et convulsifs. Leur arrêt définitif précède de 2 m. celui du cœur.

Dipsas ceylonensis

L'extrait d'une parotide pesant 10 milligr. tue en 7 m. le *Ploceus baya* (P. = 22 gr.), par inoculation dans le muscle pectoral. Le sujet devient aussitôt anhélent ; il a de l'hypersécrétion lacrymale, des soubresauts subits ; puis surviennent des convulsions généralisées au court desquelles il meurt. Avec la même dose un *Munia malacca* (P. = 14 gr.) meurt en 2 minutes.

Dans les deux cas on trouve à l'autopsie le cœur arrêté en diastole et les poumons congestionnés ; l'action locale est marquée par de l'infiltration hémorrhagique.

Ces résultats que nous avons obtenus chez les petits passereaux sont comparables à ceux que fournit le venin de Dipsas forstenii sur la souris.

Dispholidus typus

Effets sur l'homme de la morsure. — M. FITZSIMONS, directeur du Muséum de Port-Elisabeth, a observé en 1907, un cas grave de morsure chez un de ses aides, M. WILLIAM. Celui-ci fut atteint à l'avant-bras, immédiatement au-dessous du coude par un gros sujet, qui maintint fermement la morsure jusqu'à ce qu'une intervention lui fit lâcher prise.

Le serpent n'ayant pas auparavant déterminé d'accidents chez l'homme, on ne fit aucun traitement immédiat, et l'aide continua sa besogne, bien que la morsure fut un peu cuisante.

En moins d'une heure survint un violent mal de tête, accompagné de suintement hémorrhagique de la muqueuse buccale et de vomissements.

La plaie suintait lentement, et dans la nuit suivante l'état devint si alarmant que le blessé, en état de collapsus fut transporté à l'hôpital. Le sang suintait par toutes les muqueuses du nez, de la bouche, de l'estomac, de la vessie, des intestins, s'épanchant en outre en de larges plages sous la peau ; un œil et son voisinage, le front, la joue, les deux tiers des deux avant-bras, la hanche, la cuisse, une partie de l'abdomen étaient le siège d'hémorrhagie ; d'autres régions du visage et du dos étaient simplement marbrées.

Le malade resta entre la vie et la mort jusqu'au sixième jour, puis son état s'améliora peu à peu ; il put quitter l'hôpital au bout de trois semaines, mais dans un état de débilité extrême, la muqueuse buccale encore saignante.

Trois mois après on voyait le voisinage de l'œil le plus atteint par l'hémorrhagie encore partiellement teinté ; mais l'état général était redevenu normal.

Un cas de mort serait survenu en quelques jours chez un homme de la région qui, mordu de même par un Dispholidus, présenta des symptômes hémorrhagiques aussi étendus que le précédent.

Action sur les animaux. — Le Dispholidus typus, appelé *Boomslang*, dans la région Sud-Africaine y est très répandu. Fitzsimons fit quelques essais pour savoir si la morsure est fatale aux animaux ; il vit que les *poules* et les *canards* meurent en un temps qui varie de quelques minutes à quelques heures. La macération des glandes, inoculée dans les veines d'un *chacal du Cap* fait mourir celui-ci pendant l'opération même. La mort dans tous les cas survient aussi rapidement qu'avec le venin de Cobra, et plus vite qu'avec celui de Vipère heurtante (*Bitis arietans*).

Les *chiens*, les *bestiaux*, les *singes*, succombent en moins d'une heure à la morsure du Boomlang, de même que des morsures sans gravité peuvent être faites par le même serpent si la victime n'est que peu atteinte.

D'après Fitzsimmons, le venin de Dispholidus diminue la coagulabilité du sang, mais n'a pas d'effet in vivo sur les globules eux-mêmes.

Trimerorhinus rhombeatus

Cet Opisthoglyphe est répandu dans tout le Sud de l'Afrique ; il n'est pas très agressif, bien qu'il ait la réputation de mordre les moutons. La morsure n'est pas dangereuse pour l'homme, mais elle n'est pas toutefois dépourvue de toxicité pour les animaux, comme l'a vu Fitzsimons : des *poules* qu'il faisait mordre à la cuisse mouraient en 10 à 70 minutes, sans hémorrhagies, par action paralysante sur le système nerveux.

L'auteur a vu que le venin recueilli dans la gaine du crochet se montre aussi actif que celui du Dispholidus ou du Cobra.

Leptodira hotambeia

Cet Opisthoglyphe de la région du Cap, a été aussi l'objet d'observations intéressantes par le Dr Fitzsimons. La morsure est rarement mortelle, ce qui tient plus à la brièveté des crochets qu'à la toxicité du venin ; mais dans tous les cas de morsures faites sur des *chiens*, des *lapins*, des *singes*, ou dans ceux d'inoculation de l'extrait de la glande, Fitzsimons a observé des symptômes d'envenimation, la mort même en une douzaine d'heures chez le *poulet*.

Coronella austriaca

Chez cet Aglyphe la glande venimeuse est très petite, son poids chez les plus gros spécimens ne dépasse pas 1 milligramme à l'état sec. Nous en avons essayé la toxicité sur divers animaux ; celle-ci est très élevée.

Action sur le lapin par injection intraveineuse. — La dose d'extrait aqueux correspondant aux deux glandes, inoculée à un lapin (P. = 1500 grammes), plonge aussitôt celui-ci dans une stupeur qui dure une dizaine de·minutes ; le sujet immobile, tête pendante, est insensible à toute excitation. Puis il semble s'éveiller, se redresse et commence à circuler, mais seulement par petits sauts des pattes postérieures ; la région antérieure du corps et la tête sont propulsées comme inertes, sans mouvements propres.

Après quelques sauts, le lapin devient anhélent, il pousse un petit cri bref, tombe sur le flanc, pupilles dilatées et la respiration s'arrête brusquement et définitivement, tandis que le cœur continue à battre pendant 1 à 2 minutes. La mort survient ainsi en 15 à 20 m. par arrêt respiratoire.

A l'autopsie immédiate, les oreillettes exécutent encore quelques battements, le sang est fluide dans le cœur et les gros vaisseaux ; on note seulement quelques infarctus pulmonaires.

Action sur le Cobaye par injection sous-cutanée. — Il faut l'extrait de 6 glandes pour déterminer en l'espace de 5 à 6 h. la mort d'un cobaye adulte (P. = 300 à 500 gr.).

L'action du venin se traduit presque aussitôt par de la gêne, de l'irrégularité, puis du ralentissement des mouvements respiratoires, symptômes qui vont en croissant.

Il y a de l'hypersécrétion lacrymale, nasale et trachéale ainsi que du rhoncus. L'animal reste flasque et somnolent ; sa température centrale reste stationnaire ou s'élève de quelques dixièmes de degré ; ce n'est qu'au moment de l'agonie qu'on observe un refroidissement marqué.

La mort arrive par paralysie de la respiration. A l'autopsie, l'action locale se réduit à une légère infiltration gélatineuse et incolore. Seuls les poumons sont congestionnés par taches ou par lobes ; des mucosités encombrent la trachée.

Action sur le Moineau par injection intramusculaire. — Il suffit de la dose correspondant à 1/5 de glande pour tuer en moins de 2 heures un moineau adulte.

Aussitôt après l'inoculation dans le muscle pectoral, le sujet devient tremblant et haletant ; il ouvre le bec pour respirer, et des sécrétions muqueuses encombrent la trachée. Au bout de quelques minutes il ne peut plus voler, mais les réflexes sont conservés ; les mouvements respiratoires ralentis dès le début s'arrêtent brusquement.

A l'autopsie on voit le cœur continuer à battre pendant 1 m. encore, les ventricules à 60 par minute, les oreillettes deux fois plus vite ; les poumons sont congestionnés. Le muscle inoculé est pâle et légèrement infiltré.

Action sur les Reptiles et les Batraciens par injection intrapéritonéale. — Le *Lézard vert* n'éprouve qu'une·narcose passagère après l'inoculation de l'extrait correspondant à deux glandes.

La *Grenouille verte* est plus sensible ; l'extrait d'une seule glande la fait périr en 3 à 4 heures.

... aussitôt celui-ci dans une stupeur qui dure une di...
... e sujet immobile, tête pendante, est insensible à t...
... il semble s'éveiller, se redresse et commence à circ...
... par petits sauts des pattes postérieures ; la région ...
... corps et la tête sont propulsées comme inertes, sans mo... ...
propres

... rès quelques sauts, le lapin devient anhélant, il pousse un pet... ...
... tombe sur le flanc, pupilles dilatées et la respiration s'arrête br...
... ent et définitivement, tandis que le cœur continue à battre pend...
... points. La mort survient ainsi en 15 à 20 m. par arrêt respiratoir...

A l'autopsie immédiate, les oreillettes exécutent encore quelq...
...tements, le sang est fluide dans le cœur et les gros vaisseaux ...
...ote seulement quelques infarctus pulmonaires

Action sur le Cobaye par injection sous-cutanée. — Il faut l'extrai...
6 glandes pour déterminer en l'espace de 5 à 6 h. la mort d'un cob...
adulte P. 300 à 500 gr...

L'action du venin se traduit pre...que aussitôt par de la gêne, de l'ir...
gularité, puis du ralentissement d...mouvements respiratoires, symp...
mes qui vont en croissant.

Il y a de l'hypersécrétion ...male, nasale et trachéale ainsi que d...
rhon us. L'animal reste flas...t somnolent ; sa température centra...
reste stationnaire ou s'élève ...uelques dixièmes de degré ; ce n'est qu'au...
ment de l'agonie qu'on ...erve un refroidissement marqué.

La mort arrive par ...asie de la respiration. A l'autopsie, l'acti...
loc le s...t à une ...infiltration gélatineuse et incolore. Seuls le...
...par taches ou par lobes ; des muqueuses c...
...

... par injection intramusculaire. — Il suffit d...
...5 de glande pour tuer en moins de 2 heures u...

...culation dans le muscle pectoral, le sujet devi...
... ; il ouvre le bec pour respirer, et des sécrétio...
...ent la trachée. Au bout de quelques minutes il n...
...s les réflexes sont conservés ; les mouvements respi...
... le début s'arrêtent brusquement.

...n voit le cœur continuer à battre pendant 1 m. encore
...os par minute, les oreillettes deux fois plus vite ; les p...
...stion... Le muscle inoculé est pâle et légèrement...

... les Reptiles et les Batraciens par injection intrapérito...
...L'ord vert n'éprouve qu'une narcose passagère après l'ino...
...xtrait correspondant à deux glandes.
...a...rte est plus sensible ; l'extrait d'une seule glande...
... ...tés

M. Vesque 1921

TROPIDONOTUS NATRIX

Aussitôt après l'inoculation, la respiration devient moins ample, irrégulière, et bientôt inappréciable ; après une série de mouvements réguliers, elle s'entre-coupe de hoquets et d'expirations explosives. Il y a également de la narcose, le sujet est immobile, paupières fermées. Si on l'excite il fait quelques sauts puis reste sur place, essoufflé, criant, les pattes antérieures en extension faisant le gros dos. L'action paralysante s'étend aux chromatophores de la peau, qui devient jaunâtre. Puis la respiration s'arrête.

En résumé, quelle que soit sa voie d'introduction, le venin foudroie le lapin, tue le cobaye, le moineau et la grenouille, en déterminant chez ces derniers les mêmes symptômes généraux : *narcose, hypersécrétion, trachéo-bronchique, paralysie respiratoire dominante* qui entraîne la mort, *congestion des poumons*, pouvant aller jusqu'à l'hépatisation rouge. L'action locale se réduit à un *œdème incolore*.

Ces effets et l'absence d'hypothermie chez les Vertébrés supérieurs distinguent son action de celle des venins de la Vipère aspic et des Couleuvres tropidonotes, et la rapprochent fortement au contraire de celle des venins de Cœlopeltis et de Cobra. Comme ces derniers venins, celui de Coronella ne perd sa toxicité qu'après avoir été maintenu pendant 20 minutes en pipette close à la température d'ébullition.

Helicops schistosus

La parotide est assez développée ; son poids à l'état frais varie suivant la taille des sujets de 1 à 13 miligrammes ; la sécrétion en est très toxique ainsi que le montrent les expériences suivantes faites en collaboration avec F. Caius.

Action sur les Oiseaux (Ploceus baya, P. = 20 gr.). — L'oiseau adulte est tué en 16 minutes par l'inoculation intramusculaire de l'extrait de 6 milligr. de glande fraîche, et en 2 h. 15 m. avec l'extrait de 1 milligr.

Il existe au début une période d'excitation très vive due à la douleur, puis le sujet tombe bientôt sur le flanc, se relève, retombe, les pattes faiblissant de plus en plus. Il a de la dyspnée, des mouvements de trémulation des ailes ; la paralysie devient complète, puis la respiration s'arrête d'une manière définitive dans un soubresaut.

A l'ouverture du thorax on voit le cœur battre à vide, les oreillettes plus rapidement que les ventricules ; les poumons présentent de petits infarctus superficiels. Au lieu d'inoculation existe de l'infiltration hémorrhagique.

Avec la dose de 4 milligr. de glande sèche, le Ploceus meurt en 17 minutes. La dose minima mortelle pour le moineau correspond à 0 milligr. 5 de glande sèche ; elle tue le sujet en l'espace de 3 heures.

Action sur les petits Rongeurs par inoculation sous-cutanée (Sciurus palmarum, P. = 106 gr.). — Il faut l'extrait de 20 milligr. de glande pour tuer en 24 heures un sujet adulte ; la dose correspondant à 7 milligr. ne produit aucun effet immédiat ou éloigné.

Pendant une heure et demie environ l'animal ne manifeste que de la narcose, puis, momentanément on voit apparaître de la dyspnée et de la parésie à début postérieur. Le sujet revient apparemment à l'état normal, sauf un état de torpeur qui persiste jusqu'au lendemain. Les symptômes de la veille reparaissent alors en s'accentuant ; les réflexes s'affaiblissent, toute la région postérieure devient paralysée, il y a du hoquet, et l'écureuil des palmiers meurt par arrêt de la respiration avec du clonisme des pattes antérieures.

Action sur les Lézards et les Batraciens par injection intra-péritonéale. — Chez un petit *Hemidactylus gleadovii* du poids de 2 gr. 5, il suffit de 0 cc. 25 d'eau de deuxième lavage de 15 milligr. de glande pour entraîner la mort par arrêt respiratoire en 3 h. 45 m. Chez ce Geckonidé on assiste à travers la peau transparente à la congestion précoce et graduelle du poumon et au développement de l'hémorrhagie viscérale.

La *Rana tigrina* (P. = 20 gr.) est tuée en 28 m. par l'extrait de 20 milligr. de glande. Il ne se produit aucun trouble immédiat, mais le sujet se boursoufle graduellement, et meurt par arrêt de la respiration, le cœur continuant à battre normalement pendant quelques secondes.

A l'autopsie, les poumons sont fortement congestionnés ; il existe des hémorrhagies viscérales, et le tympanisme péritonéal est si marqué que l'estomac est refoulé et invaginé dans l'œsophage, refoulant à son tour la langue au dehors.

Dendrophis pictus

Chez cette grande couleuvre de la faune Indo-Malaise, la glande parotide est de dimensions moyennes, et ne pèse que 1 milligr. 5 chez un sujet de petite taille.

Action sur les petits oiseaux par inoculation intra-musculaire : Ploceus baya, P. = 20 gr. — Aussitôt après l'inoculation, le passereau est agité de mouvements convulsifs du cou et à des claquements du bec. Puis survient une courte phase de calme relatif pendant lequel on observe un peu de dyspnée. Le sujet s'affaisse bientôt sur les tarses, incapable de tout mouvement ; sa dyspnée augmente. En moins d'une demi-heure, toute excitabilité est abolie ; l'oiseau a des soubresauts, puis tombe sur le flanc et meurt, les pattes et la queue étant agitées de frémissements.

L'autopsie immédiate montre que le cœur est arrêté en diastole, les poumons fortement congestionnés, les muscles déjà en rigidité cadavérique. Il existe de l'œdème hémorrhagique au lieu de l'inoculation. (Marie Phisalix et F. Caius.)

Oligodon subgriseus

Les parotides sont très petites ; elles ne pesaient ensemble que 1 et 3 milligrammes chez les deux sujets qui ont servi à nos essais.

Ces faibles quantités sont insuffisantes à tuer les petits oiseaux, néanmoins l'extrait de 1 milligr. 5 de glande détermine chez l'*Uroloncha malabarica* (P. = 12 gr.) quelques symptômes qui montrent la toxicité de la sécrétion ; on note effectivement de l'agitation, de l'accélération respiratoire, du nystagmus, et du frémissement continu des ailes et de la queue, alternant avec des périodes de narcose. Les pattes fléchissent, et une abondante évacuation intestinale termine d'envenimation.

Polyodontophis collaris

Les deux parotides ne pèsent ensemble que 1 milligramme ; l'inoculation de leur extrait détermine des symptômes d'envenimation chez les petits passereaux, mais n'en entraîne pas la mort.

Le *Munia malacca* (P. = 15 gr. 5), qui reçoit dans le muscle pectoral l'extrait de deux glandes pousse aussitôt de petits cris ; est pris de dyspnée et de rhoncus ; puis il survient de la narcose et de l'affaiblissement musculaire. L'évacuation intestinale est abondante. Les symptômes de parésie et de gêne respiratoire persistent pendant une dizaine d'heures, et le sujet guérit.

Simotes arnensis

Chez deux sujets qui ont servi à nos essais, le poids des deux parotides était respectivement de 4 et 6 milligrammes à l'état frais.

La dose correspondant à 3 milligr. de glande foudroie en une minute les petits passereaux (*Munia malacca*, 15 gr.) par inoculation dans le muscle pectoral.

Avec la dose de 2 milligr. la mort survient en 25 minutes.

Aussitôt après l'injection, l'oiseau tombe sur le dos inerte, les yeux clos ; il se relève toutefois quand on l'excite, mais ses pattes faiblissent, la respiration est irrégulière accompagnée de hoquet ; il secoue violemment la tête, agite les pattes et tombe mort sur le flanc.

A l'autopsie, on trouve le muscle pectoral infiltré par un œdème hémorrhagique ; les poumons sont congestionnés et le cœur arrêté en diastole.

Action de la sécrétion de la glande temporale antérieure des Boïdes et Uropeltidés

La glande temporale antérieure que nous avons découverte chez les Ilysiidés, les Boïdés et les Uropeltidés, se caractérise par son petit volume et sa grande toxicité.

L'action de sa sécrétion n'a encore été essayée que chez un petit nombre d'espèces. Il serait très intéressant de la connaître comparativement à celle de la parotide chez les Ilysiidés qui possèdent à la fois les deux glandes ; nous n'avons pu jusqu'ici que procéder à des essais toxicologiques chez les Eryx, les Silybura et les Platyplectrurus.

Eryx johni

Chez ce Boïdé, le poids moyen de la glande temporale est à l'état frais de 6 à 8 milligr. chez les sujets adultes ; l'extrait aqueux de la glande a été essayé sur de petits oiseaux par inoculation dans le muscle pectoral : celui qui correspond à deux glandes, soit 15 milligr. constitue la dose foudroyante pour le *Ploceus baya* (P. = 20 gr.) ; avec la dose moitié moindre, on ne détermine que des symptômes passagers : dyspnée, rhoncus, narcose, affaiblissement musculaire et hypersécrétion lacrymale et nasale. Pendant toute la durée de l'envenimation le sujet conserve sa pleine connaissance.

Silybura pulneyensis

La glande temporale ne pèse que 0 milligr. 50 ; elle est fortement toxique ; l'extrait de 1 milligr. tue en 20 h. le *Trochalopteron fairbanki* P. = 37 gr. 5. L'oiseau présente aussitôt, et pendant quelques minutes seulement, de la stupeur, de la dyspnée et de la parésie des pattes. Mais au bout de quelques heures, il manifeste d'une manière alternative et irrégulière des périodes de veille, où il semble à peu près normal, et des périodes de narcose accompagnées d'excitabilité réflexe et de secousses spasmodiques du corps. Vers la fin de l'envenimation, il se produit des convulsions cloniques des ailes et de la queue, avec conservation de la sensibilité, puis des convulsions agoniques.

Localement il existe un volumineux œdème hémorrhagique ; le cœur est arrêté en diastole et les poumons sont fortement congestionnés.

Silybura nigra

La glande temporale pèse de 0,5 à 0 milligr. 8 ; sa toxicité est aussi très élevée : 1 milligr. foudroie le *Munia malacca* (P. = 16 gr.), en moins d'une minute avec une abondante hémorrhagie locale, et le cœur arrêté en systole.

Lorsque le sujet survit, il présente des symptômes très voisins de ceux qu'on observe avec le venin de Silybura pulneyensis : dyspnée, narcose alternant avec des périodes de veille, puis violentes convulsions généralisées ; le sujet tombe sur le flanc, dyspnéique, les yeux fermés ; cependant il se remet peu à peu, mais asthénique, reposant sur les tarses et ayant toute sa connaissance.

Deux *Thamnobia fulicata* du poids de 15 à 20 grammes sont morts l'un pendant l'injection même d'extrait de 4 milligr. de glande, l'autre en moins de 24 heures, après avoir manifesté les mêmes symptômes que le Munia.

Chez ces deux oiseaux, le cœur s'est arrêté en *systole*. La dose minima mortelle pour les petits passereaux oscille suivant les espèces entre 1 et 1 millig. 5 de glande fraîche.

Silybura broughami

Chez le seul sujet que nous ayons pu nous procurer, le poids des deux glandes venimeuses à l'état frais, était de 0 milligr. 6. L'extrait aqueux, soit 0 cmc 5, inoculé dans le muscle pectoral d'un *Munia malacca* du poids de 14 gr. n'a déterminé qu'un peu de dyspnée passagère.

Silybura brevis

La dose correspondant à 1 milligr. inoculée au *Munia malacca* détermine des symptômes immédiats : l'oiseau tombe aussitôt inerte, les yeux clos et avec de la gêne respiratoire qui devient de plus en plus intense. Si on l'excite, il se relève, mais ses pattes fléchissent. On note une abondante évacuation intestinale. Au bout de 3 heures, le sujet est revenu à l'état normal.

Chez un second sujet, la dose correspondant à 0 millig. 7 de glande a déterminé la mort en moins de 24 heures. Aux symptômes observés chez le précédent, s'est ajouté une narcose plus marquée ; les troubles dyspnéiques ont été aussi plus intenses ; la paralysie des pattes s'est accentuée, et l'oiseau est tombé affaissé sur le flanc.

Platyplectrurus madurensis

La glande temporale à l'état frais ne dépasse pas en poids 0 millig. 5.

La dose de 1 cc., correspondant à 3 millig., inoculée dans le muscle pectoral d'un merle, ne détermine aucun effet apparent immédiat. Mais après quelques heures, l'oiseau est pris de narcose ; il émet par la bouche un liquide hémorrhagique. Puis survient de l'hyperexcitabilité réflexe ; au moindre contact, se produisent de violentes convulsions du cou et des membres ; l'oiseau se raidit et meurt dans l'une de ces convulsions.

La rigidité cadavérique se produit aussitôt. Il existe localement de l'œdème hémorrhagique ; les poumons sont fortement congestionnés ; les ventricules du cœur sont contractés.

La dose de 1 millig. tue ordinairement en 24 heures les oiseaux plus petits (*Uroloncha punctulata*, P = 12 gr.), ou bien après avoir présenté les symptômes d'envenimation, les sujets guérissent.

Les lézards et les grenouilles sont moins sensibles au venin que les oiseaux, et ne présentent que des symptômes passagers.

Platyplectrurus trilineatus

La glande venimeuse a un poids moitié moindre que chez l'espèce précédente ; la dose qui correspond à 1 millig., soit celle de 4 glandes, foudroie les petits passereaux (*Culicicapa ceylonensis*, P = 7 gr. 5). pendant l'injection même. La rigidité s'établit aussitôt ; le cœur est arrêté en systole.

Les sujets de poids plus élevé (*Microperdix erythrorhynchus*, P. = 5o grammes), ne présentent que de la gêne respiratoire et de la somnolence temporaire après l'inoculation intra-pectorale de la même dose.

Platyplectrurus sanguineus

La glande temporale n'atteint pas en poids o millig. 5, la dose de 3 milligr. ne détermine que des symptômes passagers chez le *Ploceus baya* (P= 20 g.) ; mais chez l'*Uroloncha malabarica* (P= 12 g.), la mort survient en 2 minutes dans de violentes convulsions généralisées.

La dose de 2 millig. détermine les mêmes symptômes que le venin de P. madurensis ; mais l'oiseau guérit.

Ainsi chez les trois espèces qui constituent le genre Platyplectrurus, la glande temporale très petite, a une haute action convulsivante. Ces petits serpents terricoles, qui, d'après les observations du colonel BEDDOME, se nourrissent surtout de vers de terre, enveniment vraisemblablement leur proie.

Remarque. — Si l'on s'en tient à l'allure générale de l'envenimation, certains des venins dont nous venons d'indiquer l'action se rapprochent du venin de Cobra par leur effet dominant sur la respiration, l'hypersécrétion lacrymale et trachéo-bronchique qu'ils déterminent, et la faible action locale, qui se limite à un œdème incolore ; tels sont les venins de *Coronelle*, de *Cœlopeltis*, d'*Eryx*

D'autres venins rappellent plutôt celui des Vipéridés par les paralysies musculaires précoces, l'affaiblissement cardiaque marqué, qui entraîne une chute profonde de la pression artérielle, et par suite, ces hémorrhagies multiples et étendues, locales et à distance ; la tendance syncopale ; l'hypothermie presque immédiate et progressive : telle est l'action générale des venins des Couleuvres Tropidonotes : *Tr. natrix, Tr. viperinus, Helicops schistosus...*

Quelques-uns même tiennent des deux types extrêmes, comme celui de *Lycodon aulicus*, qui est à la fois hémorrhagipare et paralysant de la respiration. Nous verrons qu'il en est de même pour les venins des C. Protéroglyphes d'Australie (*Pseudechis, Notechis*).

La comparaison ne saurait être actuellement prolongée plus loin, car on ne connaît encore que les propriétés générales des sécrétions parotidienne et temporale, et rien de précis sur la nature de leurs substances toxiques ; mais l'exploration des diverses familles de Serpents, et des groupes Opisthoglyphes et Aglyphes des Colubridés, nous a montré que, sans être générale, la fonction venimeuse glandulaire est beaucoup plus étendue chez les Ophidiens qu'on ne l'avait soupçonné jusqu'ici.

Action du venin des Colubridés Protéroglyphes

Les C. Protéroglyphes chez lesquels les effets pathologiques et physiologiques du venin ont été constatés ou étudiés, comprennent les espèces du tableau suivant :

C. Protéroglyphes Hydrophiinés :

GENRES	ESPÈCES
Hydrophis, Daud.	H. *schistosus*, Daud.; H. *nigrocinctus*, Daud.
Distira, Lacép.	D. *cyanocincta*, Daud.; D. *ornata*, Gray.
Hydrus, Schneid.	H. *platurus*, Lin.
Enhydrina, Gray.	E. *valakadien*, Boïe.

C. Protéroglyphes Elapinés :

Naja, Laur.	N. *tripudians* Merr.; N. *bungarus*, Schleg.; N. *haje*, Lin.
Bungarus, Daud.	B. *cœruleus*, Schneid.; B. *fasciatus* Schneid.
Sepedon.	S. *hæmachates*, Lacép.
Elaps, Schneid.	E. *fulvius*, Lin.
Pseudechis, Wagl.	P. *porphyriacus*, Shaw.
Notechis, Blgr.	N. *scutatus*, Peters.

HYDROPHIINÉS

Les Serpents de mer sont si abondamment répandus sur les côtes asiatiques de l'Océan Indien, des îles de l'archipel asiatique et de celles de l'Ouest du Pacifique, qu'ils appartiennent pour la plupart à la faune marine Indo-malaise. Mais quelques espèces se rencontrent jusqu'aux limites extrêmes de ces Océans ; telle est l'*Hydrus platurus*, que l'on trouve sur les côtes S.-E. de l'Afrique, et sur celles de Madagascar, à l'Ouest dans tout l'Océan Indien, le Pacifique et jusque sur les côtes Ouest de l'Amérique du Nord et de l'Amérique centrale ; des sujets en ont été capturés à Panama ; un a été rapporté au Muséum de Paris par M. Diguet, qui l'avait pêché dans le golfe de Californie. On les rencontre par troupes considérables, ce qui est même l'avertissement pour les marins que l'on approche des côtes.

Leurs caractères morphologiques essentiels ont été donnés dans le tableau de la classification générale.

Ils sont tellement adaptés à la vie aquatique qu'ils ne tardent pas à mourir s'ils se trouvent mis à sec à marée basse, par exemple, ou même

si on les maintient en aquarium dans l'eau de mer, comme l'ont·fait
Russel et Cantor. Une seule espèce de *Platurus* a été plusieurs fois ren-
contrée à quelque distance des eaux. Ils sont tous marins, sauf l'espèce
Distira semperi, confinée dans quelques lacs d'eau douce de l'île de
Luçon et qui passe pour être inoffensive.

Les Serpents de mer, ou Platycerques, ainsi qu'on les désigne quelquefois par opposition aux Elapinés ou Conocerques, sont très redoutés
des marins et des habitants des côtes pour leur naturel féroce, et la gravité de leurs morsures.

Les premières observations qui s'y rapportent datent de 1837 ; elles
sont dues à Cantor, médecin de la Compagnie des Indes : « Les expériences de Russel et les miennes, dit Cantor, tendent à démontrer
que les effets du venin des Platycerques ne sont pas moins terribles pour
les animaux que pour l'homme ». Ces expériences portent sur différentes
espèces d'Hydrophiinés. Vers 1872, Fayrer, aux Indes, fit également
quelques essais de l'action du venin sur les animaux.

Hydrophis schistosus

Action de la morsure sur le Moineau. — D'après Cantor, un Moineau
mordu à la cuisse tombe immédiatement et fait de vains efforts pour se
relever. Au bout de quatre minutes, il survient une selle liquide et de
légers spasmes de tout le corps. Les yeux sont à demi fermés ; la pupille
est dilatée et insensible à la lumière ; la salivation est abondante ; l'animal meurt en 8 minutes dans de violentes convulsions.

Un deuxième moineau, mordu aussitôt par le même serpent, meurt
en l'espace de 10 minutes, après avoir présenté les mêmes symptômes.

L'autopsie ne révèle qu'un peu d'extravasation sanguine au niveau
de la blessure et d'œdème sous-cutané.

Action sur la Tortue (Tryonyx gangeticus). — Un premier sujet meurt
en 28 minutes, un second en 46 minutes, après la morsure. Celle-ci est
douloureuse, et détermine aussitôt de la mydriase et de la paralysie
musculaire.

Action sur les Poissons (Tetrodon potoca, Hamilton). — Un sujet
d'assez grande taille mordu à la lèvre par un Hydrophis de 1 m. 25 cm
de long, meurt en 10 minutes.

Hydrophis nigrocinctus

Les travaux médicaux asiatiques citent la fin malheureuse d'un
marin atteint à bord d'un navire de l'Etat, qui succomba 4 heures après
avoir été mordu par un Hydrophis à anneaux noirs long de 6 pieds.

Action sur les Oiseaux (Moineau, Poulet). — La mort survint en 7 m.
chez un moineau qui avait été mordu par un sujet long de 60 centimètres
(Cantor).

Fayrer a constaté que la morsure tue le poulet en 15 minutes, tandis que celle d'*Hydrophis chloris* a un effet moins rapide en raison de la petitesse des crochets.

Sur le chien, la morsure est moins souvent effective en raison de l'épaisseur de la peau et de la petitesse des crochets venimeux (surtout chez *H. chloris* et *H. gracilis*).

Distira cyanocincta

Effets de la morsure. — La morsure de *Distira cyanocincta* peut être foudroyante pour le *poulet*, mais le plus généralement la mort arrive en 10 à 20 minutes, précédée de symptômes paralytiques. La réaction locale est négligeable en raison de la petitesse des crochets dont on ne peut déceler les traces que s'il sort une gouttelette de sang. Les Distira mordent facilement les animaux qu'on leur présente et sont assez agressifs.

Les symptômes décrits par Fayrer sont les suivants : 40 min. après la morsure, un chien de rue se montrait rétif, inquiet, salivant abondamment, et se frottant le museau dans la salle. Au bout de 45 minutes, il était assis, le corps et la tête inclinés en avant, partiellement convulsé ; il salivait abondamment ; puis succédèrent des spasmes, de la défécation involontaire, du ralentissement de la respiration ; la langue était pendante hors de la bouche, la salivation profuse, et il mourait au bout d'une heure.

D'après Cantor, une Couleuvre caténulaire (*Dipsadomorphus trigonatus*, Lacép.), longue de 90 centimètres, et mordue à la région précordiale par un Hydrophis strié (*Distira cyanocincta*), de même taille, manifeste aussitôt de la douleur en se roulant sur elle-même, puis survient de la paralysie qui débute par l'extrémité postérieure. Au bout de 16 minutes, la couleuvre ouvre la bouche ; elle est prise de convulsions, et meurt au bout d'une demi-heure, après le moment de la morsure.

Fayrer a aussi observé les effets paralysants mortels de la morsure de *Distira ornata* sur le *poulet*.

Hydrus platurus

Effets de la morsure chez l'homme. — Ce beau Serpent noir et blanc qui joue souvent dans les criques rocheuses des rivages, donne lieu parfois à des méprises fâcheuses, car il est confondu avec les anguilles ou plutôt avec les murènes, et ses morsures sont très redoutables. Un officier de marine fut récemment mordu dans la région du Cap, en essayant de capturer un Hydrus platurus, et il mourut en quatre heures. Un autre marin, pareillement mordu, mourut en deux heures et demie (Fitzsimmons).

Les effets de la morsure sont sensiblement les mêmes que ceux du venin de Cobra, avec cette différence que le venin d'Hydrus et des autres Hydrophiinés détermine une action locale plus légère.

La morsure est mortelle pour le *poulet* en 6 heures (aucun autre animal n'a été essayé), l'animal présente des phénomènes paralytiques ; le sang reste fluide après la mort.

Enhydrina valakadien

On ne cite pas d'observations de morsures graves chez l'homme ; mais le *chien* et le *poulet* y succombent, bien que tardivement. Les crochets venimeux sont courts et le serpent peu agressif ; mais son venin est le plus virulent de tous ceux des serpents de l'Inde.

Action physiologique : 1° *Paralysie du centre des mouvements respiratoires.* Les connaissances que nous avons sur l'action physiologique du venin de cette espèce sont dues aux recherches récentes (1904) de LÉONARD ROGERS.

Chez les *chats* et les *lapins* chloroformés, on observe dans les cas d'empoisonnement mortel suraigu (par injection intraveineuse de 1 à 4 millig. par kilog.), une paralysie primitive du centre respiratoire.

Dans tous les autres cas, la chute primaire de la respiration est accompagnée d'une élévation marquée de la pression sanguine, due à l'accroissement de la vénénosité du sang. Si on ne pratique pas la respiration artificielle, la pression sanguine s'abaisse brusquement, quelques minutes après l'arrêt de la respiration ; dans le cas contraire, l'abaissement est graduel, et il survient de violentes convulsions qui se répètent. Ces convulsions sont interprétées par ROGERS comme une preuve que le centre respiratoire qui, sans la respiration artificielle, serait paralysé, est par cette respiration fonctionnellement réactivé, d'où les convulsions.

2° *Paralysie des terminaisons motrices des nerfs phréniques.* Mais la paralysie du centre respiratoire n'est pas la seule cause de l'asphyxie ; celle-ci peut être due partiellement aussi à la paralysie des plaques terminales des nerfs phréniques, qui soustrairait les muscles du diaphragme à l'action du centre respiratoire, malgré l'excitation de celui-ci par un sang toxique. Pour vérifier s'il en est ainsi, des *chats* et des *lapins* reçoivent dans les veines des doses plusieurs fois mortelles de venin ; le n. phrénique gauche mis à nu dans la région du cou est excité à intervalles de 1 minute par un courant induit interrompu ; de faibles inspirations, produites par les mouvements du thorax seulement, se prolongent pendant 24 minutes, puis cessent. Après l'arrêt complet des mouvements respiratoires, le nerf phrénique excité ne produisait plus de contractions du diaphragme, tandis que celui-ci restait sensible à l'excitation directe. Cependant, ROGERS constata que la fréquence et l'amplitude respiratoires étaient fortement réduites plusieurs minutes avant l'affaiblissement de l'excitabilité du phrénique.

Il remarqua également que les terminaisons motrices du nerf sciatique restent plus longtemps excitables que celles du phrénique, car elles réagissent encore après l'arrêt complet de la respiration.

Il rechercha la sensibilité comparée des troncs et des terminaisons motrices au venin. A cet effet, il employa des *grenouilles* dont les nerfs sciatiques étaient soumis à des solutions de venins de concentration diverse, de $1 : 10^6$ à 10^3, pendant une durée de 1 à 5 minutes, dans les dilutions fortes et de une heure dans les dilutions faibles. Dans ces conditions, les troncs nerveux conservèrent leur excitabilité ; mais celle des terminaisons était complètement abolie. Le venin d'Enhydrina produit donc une paralysie des terminaisons nerveuses motrices, comme le venin de Cobra et le curare, fait qui a été pour la première fois mis en évidence par BRUNTON et FAYRER à propos du venin de Cobra.

En ce qui concerne l'action du venin d'Enhydrina sur les fonctions réflexes de la moelle, ROGERS montre qu'elle est légère et tout à fait secondaire comparativement à son influence sur la respiration et les plaques terminales motrices. Il constate en outre que la solution à 1 pour 100 de venin, mise directement au contact du muscle cardiaque, n'a pas d'effet dépresseur marqué, alors que quelques gouttes d'une solution à 1 pour 1000 sont rapidement mortelles quand elles sont introduites dans les veines.

L'élévation de la pression sanguine est donc secondaire à la chute de la respiration, et ne dépend pas du cœur.

L'action primitive et principale du venin est la paralysie respiratoire par action directe sur le centre respiratoire, action bientôt suivie d'une paralysie des terminaisons motrices des nerfs phréniques.

Dans leurs recherches faites sur les venins d'*Enhydrina valakadien* et d'*Enhydris curtus* (1904), FRASER et ELLIOT signalent aussi la paralysie des terminaisons motrices des nerfs par le venin d'Enhydrina. Ils firent également une application directe du venin dans la région du centre respiratoire et en constatèrent l'effet rapide et fatal, sans que les fonctions circulatoires fussent en même temps affectées. L'application directe du venin sur le cœur de Mammifères mis à nu n'a pas d'effet sur le centre vago-cardio-inhibiteur. Le centre vaso-moteur n'est pas non plus affecté par le venin.

ELAPINÉS

Naja tripudians

Effets de la morsure chez l'homme. — Les cas de morts survenant chez l'homme après la morsure du Cobra sont assez fréquents, bien que dans la plupart des cas, les sujets mordus guérissent, soit qu'ils n'aient pas reçu la dose suffisante, soit qu'ils réagissent à l'envenimation.

Les recueils médicaux des Indes contiennent de nombreuses observations d'envenimation par morsure de Cobra ; nous n'en rapporterons qu'une, due au Docteur HILSON (*Indian Medical Gazette*, oct. 1873), qui suffira pour donner une idée exacte de la symptomatologie dans les cas rapidement mortels.

Observation. Une nuit de juin, vers minuit et demie, Dabee, coolie hindou punkah, fut mordu à l'épaule pendant son sommeil par un **Cobra.** A l'examen, on trouvait sur le deltoïde deux grosses gouttes de sérosité rougeâtre qui sourdaient probablement des orifices pratiqués par les crochets. Une douleur brûlante au lieu de la blessure s'étendait sur une portion environnante de la surface d'une soucoupe ordinaire, ayant les caractères de celle qui est consécutive à la piqûre des Scorpions. Un quart d'heure après la morsure, la douleur s'étendit vers la gorge et la poitrine, et le patient déclara qu'il commençait à se sentir empoisonné. Rien dans son aspect ne permettait d'en juger ; il était au contraire tout à fait calme, répondait intelligemment à toutes les questions, en même temps qu'il avait parfaitement conscience du danger de la situation. La pupille n'était pas dilatée et se contractait normalement à la lumière ; le pouls et la respiration restaient normaux. Mais 5 minutes plus tard, il com- mençait à fléchir sur les jambes. A 1 heure, la paralysie des jambes s'était accrue, la mâchoire inférieure était tombante, et la salive visqueuse et mousseuse s'écoulait de la bouche. Il parlait indistinctement comme un homme ivre. A 1 h. 10, il commença à se plaindre, tournant fréquem- ment la tête d'un côté à l'autre. A ce moment, le pouls était légèrement accéléré, mais battait régulièrement, la respiration était aussi un peu accélérée. Le patient ne pouvait répondre, mais avait toute sa connais- sance. Les bras ne semblaient pas être paralysés. A 1 h. 15, 25 gouttes d'ammoniaque furent rapidement injectées sous la peau de l'avant-bras ; mais comme elles ne produisaient aucun effet, on fit une injection de 25 autres gouttes dans la veine basilique ; cette injection ne produisit pas plus d'effet que la première. La situation devenait critique : le blessé continuait à gémir, tournant la tête de côté et d'autre, essayant d'expec- torer le liquide visqueux qui lui obstruait la gorge. La respiration était pénible, mais non stertoreuse. 25 gouttes d'ammoniaque furent à ce moment injectées dans la veine jugulaire externe, sans plus de résultat. La respiration se ralentit graduellement et cessa définitivement à 1 h. 44. tandis que le cœur continua à battre pendant une minute encore. Il ne se produisit pas de convulsions au moment de la mort, qui survint 1 heure et 5 minutes après le moment de la morsure.

L'autopsie fut pratiquée 5 heures après la mort : on constata une rigidité cadavérique bien marquée ; un aspect placide ; seule apparaissait extérieurement une légère tuméfaction de l'épaule mordue. Les traces des crochets étaient invisibles à l'œil nu ; mais en distendant la peau et la faisant glisser, on observait une ecchymose étendue dans le tissu sous- cutané autour de la région mordue. Le sang était partout fluide, et d'un rouge particulier. Les grosses veines thoraciques et abdominales étaient remplies de sang, et les cavités du cœur distendues contenaient également du sang liquide.

Les poumons étaient tous deux congestionnés et saignaient abondam- ment à la coupe.

Le foie, la rate, les reins, d'une couleur un peu plus sombre que normalement, paraissaient inaltérés.

Les méninges cérébrales étaient congestionnées ; mais il n'y avait qu'une petite quantité de liquide soit autour du cerveau, soit dans les ventricules. La substance cérébrale n'était nulle part ramollie ou malade ; mais à la section montrait un abondant piqueté hémorragique.

Résumé des symptômes consécutifs à la morsure. — A.-J. WALL, C.-J. MARTIN, FAYRER, F. WALL ont décrit les symptômes qui surviennent chez l'homme après la morsure du Cobra.

Au point de vue de la virulence, le venin de Cobra vient en troisième ligne après les venins d'Enhydrina et de Bungarus cœruleus.

Symptômes locaux. La morsure est aussitôt suivie d'une vive douleur dont la caractéristique est d'être brûlante et de persister pendant plusieurs heures. Simultanément, l'endroit blessé devient le siège d'un œdème incolore ou rosé, mais en tous cas modéré, qui peut s'étendre à tout le membre atteint. Des orifices laissés béants par les crochets, il s'échappe une sérosité sanguine, qui imprègne la région blessée. Si le sujet guérit, il se fait une escarre qui s'élimine.

Symptômes généraux. Ils se développent environ une demi-heure après la morsure : le blessé devient somnolent, ses jambes faiblissent et ne lui permettent pas toujours de se rendre à l'hôpital par ses propres moyens ; il ne peut rester debout et se couche instinctivement ; il est tout à fait conscient et anxieux ; sa face, d'abord normale, devient livide. Le cœur n'est pas d'abord affecté et bat normalement ; la température reste normale ou plutôt élevée ; la peau est chaude. Les nausées et les vomissements sont fréquents. La respiration est surtout atteinte ; elle devient de plus en plus lente et plus courte jusqu'à son arrêt définitif, qui se produit avant celui du cœur.

Les phénomènes paralytiques qui avaient débuté par les jambes s'accusent et gagnent le tronc et la tête ; celle-ci fléchit, les paupières tombent, de même que la mâchoire inférieure. Le gonflement de la langue, du larynx empêche la parole et la déglutition, de sorte que la salive s'écoule au dehors.

Depuis le début jusqu'au moment où la respiration s'arrête, la pupille reste contractée et réagit à la lumière. Le cœur s'arrête à son tour. Les syncopes qu'on observe parfois sont attribuées par F. WALL à la frayeur ; elles peuvent, d'ailleurs, entraîner la mort.

La mort survient d'ordinaire dans les 1 h. 1/2 à 6 heures ; dans quelques cas, elle a été beaucoup plus précoce et s'est produite au bout d'une demi-heure ; NICHOLSON prétend qu'elle peut même arriver en 12 à 24 heures.

Si les symptômes paralytiques s'amendent, le patient guérit rapidement. Occasionnellement, on observe des hémorragies par les muqueuses, mais on ne rencontre jamais d'albumine dans l'urine.

La rigidité cadavérique se produit normalement. A l'autopsie, on trouve la région mordue infiltrée d'un liquide rosé, et les vaisseaux du voisinage congestionnés. Le sang est le plus souvent fluide, et ses globules sont normaux. Les veines de la pie-mère sont gonflées de sang et dans les ventricules se trouve le plus souvent un liquide trouble. Les poumons sont fortement congestionnés ainsi que la muqueuse bronchique; les reins sont le siège d'une congestion intense.

Les effets produits par la morsure des différentes espèces de Naja sont essentiellement les mêmes, soit chez l'homme, soit chez les animaux et le pronostic dépend surtout de la dose de venin instillée.

Chez les animaux mordus, les symptômes locaux sont toujours peu marqués; les symptômes généraux se traduisent par de la dépression, de la défaillance, de l'accélération de la respiration et de l'épuisement, de la narcose, des nausées, des vomissements. Chez le chien, le cobaye, le lapin, il se produit des mouvements particuliers correspondant à des nausées, aboutissant parfois au vomissement chez les deux premiers. Le chien salive abondamment. Puis, les phénomènes paralytiques apparaissent, soit à début postérieur, soit généralisés, avec incoordination motrice. Les sphincters eux-mêmes sont relâchés, et des évacuations involontaires se produisent, souvent muco-sanguinolentes, accoompagnées de mouvements convulsifs qui précèdent la mort. Les hémorrhagies sont peu étendues. Chez les poulets, le symptôme le plus apparent est une somnolence telle que la tête tombe en avant, le bec appuyé sur le sol, le sujet s'affaisse sur les tarses, puis bientôt tombe sur le flanc. Il a parfois des réveils, des projections du corps en avant, suivis aussitôt d'un nouvel affaissement.

Action physiologique. — Dès 1868, J. FAYRER s'est occupé du venin des Serpents des Indes, soit seul, soit par la suite en collaboration avec BRUNTON. Depuis, un certain nombre de physiologistes ont repris la question et ont apporté d'importantes contributions à ces premières recherches, contemporaines de celles que WEIR-MITCHELL entreprenait sur les Vipéridés d'Amérique, et notamment sur le Crotale.

Comme nous l'avons déjà indiqué à propos de la pathologie des accidents consécutifs aux morsures de Cobra, les symptômes dominants de l'envenimation et portant sur le système nerveux, se traduisent par de la dépression, de la défaillance, de la somnolence et parfois de la léthargie. Il y a perte de la coordination motrice et paralysie affectant, ou bien tous les muscles du corps en même temps, ou débutant par la région postérieure et intéressant d'une manière précoce les mouvements respiratoires. La mort survient par arrêt de la respiration, et s'accompagne ou non de convulsions.

Action sur le système nerveux. — D'après BRUNTON et FAYRER, les symptômes précédents doivent être attribués soit à la paralysie des centres nerveux, soit à celle des nerfs périphériques.

Comme la paralysie survient avant l'arrêt de la respiration, il semble que l'on pourrait exclure la seconde hypothèse ; mais l'expérience montre que les nerfs moteurs, quoique assez affectés pour ne plus transmettre aux muscles respiratoires les ordres de la volonté, peuvent cependant transmettre les excitations plus fortes qui résultent de l'accroissement de la vénénosité du sang : il en résulte ces convulsions qui affectent aussi bien les muscles de tout le corps que ceux de la respiration.

De ce qu'un nerf sciatique de grenouille, isolé par la ligature des vaisseaux, de l'action du venin inoculé, est capable de faire contracter les muscles qu'il dessert, les auteurs déduisent que ce sont les terminaisons des nerfs moteurs, leurs plaques terminales, qui sont paralysées, et que, par rapport à elles le venin de Cobra se comporte comme le curare (dont Cl. Bernard avait précédemment établi l'action). C'est cette action exclusive qu'admet Cushny (1916), le système nerveux central ne serait nullement affecté par le venin, mais cette opinion est excessive, car l'action propre sur les centres a été mise en évidence en 1875 par Laborde. Ayant sectionné les deux nerfs vagues d'un chien, il inocule sous la peau une dose mortelle de venin de Cobra ; il constate que les troubles respiratoires se produisent, mais avec une intensité moindre, et avec un survie plus prolongée. D'où la pratique de la respiration artificielle préconisée par les auteurs anglais pour combattre l'envenimation cobrique.

Toutefois, Laborde fait remarquer que cette pratique est à elle seule insuffisante pour sauver les sujets, car elle n'agit pas sur la cause, la vénénosité du sang.

Relativement à l'action sur la moelle épinière, Brunton et Fayrer, de même que Lamb et Hunter, font remarquer que les cordons blancs sont peu affectés, si toutefois même ils le sont, car, d'une part, la conductibilité motrice s'effectue normalement jusqu'à l'arrêt respiratoire qui entraîne la mort, d'autre part les mouvements volontaires restent encore possibles quand les réflexes médullaires sont abolis. Mais la *substance grise est paralysée*, car elle ne transmet plus les excitations douloureuses exercées à la périphérie ; le sujet envenimé est insensible.

Les nerfs moteurs conservent longtemps leur excitabilité, mais leurs plaques terminales se paralysent peu à peu, à commencer par celles des nerfs phréniques.

Les nerfs sensitifs sont peu ou pas atteints ; leur excitabilité subsiste longtemps.

En recherchant la cause de l'affaiblissement respiratoire si manifeste que produit le venin de Cobra, Brunton et Fayrer font observer que les plaques terminales des nerfs moteurs respiratoires deviennent insensibles aux plus fortes excitations, alors que les sciatiques et les vagues conservent encore une grande excitabilité : l'arrêt définitif de la respiration serait ainsi probablement dû, en partie à la paralysie des centres, en partie à celle des plaques terminales des nerfs moteurs.

Ces mêmes auteurs ont mentionné aussi l'action du venin de Cobra sur les nerfs sécréteurs. On sait que ce venin produit effectivement de l'hypersécrétion salivaire. Le mécanisme peut dépendre soit d'une exci tation directe, soit d'une action réflexe ; c'est à cette dernière interprétation que s'arrêtent les auteurs, en raison des nausées et des vomissements qu'on observe aussi. LABORDE a signalé chez le chien de l'hypersécrétion urinaire et biliaire.

A.-J. WALL, de son côté, après une série de travaux publiés de 1878 à 1883, sur les venins des Serpents des Indes, arrive aux conclusions suivantes : le venin de Cobra, introduit dans la circulation, produit une paralysie générale graduelle, à début postérieur, des centres nerveux qui constituent le système cérébro-spinal, agissant spécialement sur le centre respiratoire et sur les autres ganglions qui lui sont reliés dans la moelle, ganglions en connexion avec le vague, le spinal accessoire et l'hypoglosse ; et c'est directement à cette action destructive que l'on doit, dans la plupart des cas, attribuer la mort.

Quand le venin est introduit avec une vitesse moyenne, les symptômes se développent avec une grande rapidité, la paralysie étant précédée d'une excitation qui cause de légères contractions musculaires.

Quand l'injection de venin est massive, l'excitation est si violente qu'elle détermine des convulsions généralisées, où les muscles respiratoires ont la plus grande part, et qui sont immédiatement suivies de la paralysie et de la mort.

En 1890, RAGOTZI reprend sur des grenouilles l'étude du venin de Cobra et confirme les résultats de BRUNTON et FAYRER, en ce qui concerne l'action du venin de Cobra sur les terminaisons nerveuses motrices. Il constate que si l'envenimation se manifeste avec une vitesse moyenne, le venin paralyse les plaques terminales des nerfs moteurs, et que cette paralysie est plus rapide que celle des muscles eux-mêmes. Le maximum d'effet est obtenu par injection d'une quantité très faible : o milligr. o333 (solution au 1/3o de milligr. dans le sac lymphatique d'une grenouille (o milligr. o5 étant la dose minima mortelle). Une dose plus forte de venin tue l'animal directement par paralysie généralisée sans curariser les plaques terminales.

Il confirme que les nerfs phréniques sont plus rapidement affectés que les autres nerfs moteurs ; que la moelle n'est pas directement affectée par le venin de Cobra, et que si elle l'est néanmoins un peu, c'est d'une façon secondaire et par une irrigation rendue défectueuse par la présence du venin dans le sang. Il rappelle la possibilité d'une hémorrhagie mortelle ou d'une thrombose quand on emploie le venin frais.

Pour CUNNINGHAM, contrairement aux auteurs précédents, le venin de Cobra agit primitivement comme un poison du sang et son action sur le système nerveux est tout à fait secondaire ; nous verrons plus loin dans quelle mesure cette opinion est exacte.

D'après CUSHNY (1916), chez les Mammifères, c'est la paralysie des plaques terminales motrices et l'apnée qui en résulte, qui est surtout en jeu dans la mort par le venin de Cobra ; la faiblesse du cœur et l'accumulation de liquides dans les voies respiratoires joueraient un rôle secondaire ; l'asphyxie se produit avant que la paralysie soit complète. Chez la grenouille, suivant que la dose est faible ou forte, c'est la paralysie motrice ou l'arrêt du cœur qui détermine la mort. D'après le même auteur, les antidotes du curare (physostigmine, guanidine), sont inefficaces contre l'action du venin, et ne peuvent en sa présence manifester leur action propre. Il ne paraît pas, qu'en dehors du traitement local et du sérum spécifique, on ne puisse employer contre le venin de meilleur remède que le repos absolu. Le venin est sans effet sur les ganglions périphériques du sympathique.

Action sur le mécanisme respiratoire. — D'après les expériences de A.-J. WALL sur des pigeons, l'action du venin de Cobra se traduit généralement par une légère accélération du rythme, bientôt suivie par une diminution de l'amplitude et un ralentissement, puis par l'arrêt dû à la paralysie du centre respiratoire. C'est le mécanisme qui détermine la mort chez l'homme dans la plupart des cas.

Cette accélération ne se produit pas quand on sectionne le vague avant d'inoculer le venin.

Mais le venin de Cobra peut encore détruire la fonction respiratoire de deux autres manières : 1° par une paralysie instantanée du centre respiratoire sous la stimulation primaire violente et transitoire ; et cette forme d'arrêt subit et primitif doit être très rare chez l'homme, car on ne cite aucun cas où la mort soit survenue moins d'un quart d'heure après la morsure ; 2° par un mécanisme moins rapide, quand le venin a été absorbé lentement : pendant quelque temps, on n'observe aucun changement ; puis on note quelques irrégularités dans les mouvements respiratoires, qui diminuent peu à peu ; les convulsions asphyxiques peuvent alors terminer la vie ; c'est le mode par lequel meurent ordinairement les chiens quand ils ont été mordus par un vigoureux Cobra.

WALL fait aussi remarquer que si la respiration artificielle peut arrêter momentanément les convulsions, elles réapparaissent dès qu'elle cesse, le processus de la respiration naturelle ne peut pas être ramené par ce moyen après que l'arrêt a eu lieu, quoique le cœur puisse continuer à battre pendant un certain temps.

Action sur les muscles. — En 1916, S. YAGI a constaté qu'en plongeant dans une solution de Ringer, additionnée de venin, des muscles striés de lapin, de chat, de grenouille, ou en l'y faisant circuler, le venin à faible dose détermine dans une première phase des contractions et des trémulations musculaires, par l'augmentation du tonus des organes et un accroissement des contractions du cœur, des vaisseaux, de l'estomac, de l'intestin, de la vessie, de l'utérus. Plus tard, il y a dépression et relâchement des muscles, ce qui se produit aussitôt quand on a fait usage de fortes concentrations de venin. Ces phénomènes paraissent résulter d'une action directe du venin sur le muscle et être indépendants de l'innervation. En plus de son action sur le tissu musculaire, le venin de Cobra exerce sur les terminaisons nerveuses motrices un effet déprimant très puissant comparable à l'effet du curare, mais s'en distinguant par la lenteur de ses progrès et la difficulté de la rétrocession.

Action sur le cœur et mécanisme circulatoire. — En ce qui concerne l'innervation du système circulatoire, Brunton et Fayrer considèrent que le venin de Cobra a sur lui une action directe. On sait que la mort dans l'envenimation cobrique, se produit en général par arrêt de la respiration, le cœur continuant encore à battre vigoureusement. Mais si une solution concentrée de venin est introduite dans la circulation, le cœur de la grenouille s'arrête aussitôt, et en systole. Il en est de même lorsque le cœur excisé est plongé dans la solution concentrée : l'arrêt de l'activité cardiaque est alors de nature tétanique. Il ne peut d'ailleurs être dû à l'excitation de son centre inhibiteur, car l'atropine, qui paralyse le ganglion inhibiteur, ne fait pas reparaître les battements ; il ne peut être dû non plus à la paralysie du ganglion moteur, puisque le cœur s'arrête en systole et non en diastole. Brunton et Fayrer en déduisent que la cause la plus probable de l'arrêt cardiaque est l'action stimulante et même tétanisante du venin sur le muscle cardiaque lui-même. La circulation dans les capillaires est accrue après l'inoculation du venin. D'après la haute pression sanguine qu'on observe quand le cœur s'arrête, les artérioles et les capillaires doivent être contractés.

Mais à dose modérée le venin de Cobra ne fait qu'accélérer légèrement l'action cardiaque, et diminuer momentanément la pression sanguine ; F. Wall considère l'action du venin sur la circulation comme très secondaire est due à la frayeur.

Ragotzi constate, comme Brunton et Fayrer, que l'injection intraveineuse de venin de Cobra chez la grenouille arrête d'abord le cœur en systole, ce qu'il admet comme dû à une action directe sur le muscle cardiaque ; mais il signale que, après l'injection sous-cutanée, le cœur s'arrête au contraire en diastole, ce qui serait dû à la paralysie du ganglion moteur.

Les terminaisons inhibitrices du vague dans le cœur ne sont pas affectées ; cependant Brunton et Fayrer signalent qu'elles sont quelquefois paralysées.

Chez quelques animaux, suivant le même auteur, le venin produirait un affaiblissement rapide et momentané du cœur qui, néanmoins, récupère bientôt son activité première.

Naja bungarus

Effets de la morsure. — Il n'existe pas d'observations bien détaillées en ce qui concerne la morsure chez l'homme, car la mort survient en général très rapidement en raison de la quantité de venin que peut inoculer cette grande espèce.

F. WALL cite quelques cas que nous rapportons d'après lui :

THÉOBALD (*Cat. Rept. Brit. Burma*, 1868, p. 61) vit un charmeur de serpents de Birmanie mourir en quelques minutes après la morsure. EVANS (*Bombay, Nat. hist. Journ.*, Vol. XIV, p. 413) mentionne un cas d'un Birman téméraire qui, se croyant insensible au venin, taquinant un sujet appartenant à un charmeur Shan, fut mordu à la main et mourut bientôt après. Le même observateur cite un cas semblable d'un Birman qui fut mordu à la base de l'index droit et mourut rapidement. Le même auteur rapporte un cas relatif à un bœuf dont la voiture passa sur un Hamadryas qui le mordit ; la mort fut rapide.

RABY NOBLE (*Bombay, Nat. hist. Journ.*, Vol XV, p. 358), mentionne qu'une femme de l'Assam fut attaquée sans qu'elle le provocât par un Hamadryas de plus de 3 mètres de long, qui la saisit à la jambe et maintint sa morsure pendant 8 minutes ; il fut alors tué. La femme fut traitée (sans qu'on sache comment, par un docteur Babu) et mourut en 20 minutes, après avoir présenté les symptômes suivants : douleur et gonflement local, vomissements, respiration pénible et prostration.

THÉOBALD (*Cat. Rept. Brit. Burma*, 1868, p. 61) cite le cas rapporté par un Birman de la mort d'un éléphant qui en broutant fut mordu au tronc par un Hamadryas : la mort survint en trois heures.

D'autre part, le Docteur NICHOLSON rapporte le cas d'un chasseur de serpents Birman qui, mordu par un Hamadryas d'environ 3 mètres de long, mâcha une pulpe végétale qu'il appliqua sur la blessure, et n'éprouva aucun symptôme d'envenimation.

Le venin d'Hamadryas agit presque exactement comme le venin de Cobra, entraînant la mort par paralysie du centre moteur bulbaire, action qui est augmentée par la paralysie des terminaisons des nerfs phréniques (qui sont moteurs du diaphragme). Les effets sur le sang sont légers. Un sujet mordu par un Hamadryas présente à peu près les mêmes symptômes que détermine le venin de Cobra ; mais les hémorrhagies se rencontrent plus rarement. Les symptômes locaux sont les mêmes que ceux dûs à la morsure du Cobra.

D'après les expériences de LAMB sur les lapins, le venin d'Hamadryas est aussi virulent que celui du Cobra ; vis-à-vis des pigeons, la virulence serait plutôt moindre d'après ROGERS. Ce dernier auteur estime qu'en une seule morsure l'Hamadryas peut inoculer une quantité de venin égale à 10 fois la dose qui est mortelle pour l'homme.

Naja haje

Effets de la morsure et des inoculations. — La morsure du Cobra d'Egypte est très redoutée par les accidents mortels qu'elle entraîne.

PANCERI et GASCO, qui ont essayé l'action du venin sur différentes espèces animales ont vu que cette action est la même sur les Mammifères que sur les Oiseaux.

Une goutte de venin frais, introduite sous la peau tue le *hérisson*
adulte en 33 minutes ; le *chien* de rue meurt en 15 minutes avec la dose
de 7 à 8 gouttes, quantité maxima que peut fournir un gros Cobra ; avec
une dose moindre, soit 1 goutte, il éprouve du malaise et vomit ; avec
2 et 3 gouttes, il est prostré, a de la gêne respiratoire, de l'accélération
du pouls ; mais peut encore guérir.

3 gouttes de venin frais introduites par incision sous la peau du
ventre de la *gazelle dorcas* produisent au bout d'un quart d'heure une
grande prostration, puis la mort du sujet au bout de 41 minutes.

BARTLETT (1904), rapporte un cas de conjonctivite déterminée par un
jet de venin reçu dans l'œil. Comme d'autres Najas, celui d'Egypte
pourrait projeter son venin à distance.

Quatre gouttes suffisent à tuer le *dromadaire* et le *cheval*. Environ
30 minutes après l'inoculation, ce dernier manifeste de l'inquiétude ;
1 heure après, il tombe sur le train postérieur ; les pattes antérieures
fléchissant à leur tour, il tombe sur le flanc. Les battements du cœur
sont accélérés : de 30 ou 40, chiffre normal, ils passent à 118 à la minute,
puis se ralentissent. La respiration est difficile, et s'arrête la première une
heure et demie après l'introduction du venin.

Les essais sur les *pigeons* jeunes et adultes, sur les *vautours* montrent une action plus rapide que chez les Mammifères ; la mort survient
en quelques minutes.

Des Reptiles, *Testudo græca, Platydactylus savignyi, Agama agilis,
Gongylus ocellatus* succombent en moins d'une heure à l'inoculation du
venin ; le *Psammophis moniliger* meurt en 5 à 6 heures, le *Cerastes cornutus* en 1 à 3 jours.

Une goutte de venin introduite dans les muscles d'un *axolotl* le paralyse en un quart d'heure, et le tue en 30 minutes.

Immunité naturelle. — Parmi les Mammifères, l'ichneumon (*Herpestes ichneumon*), ou rat de Pharaon, sorte de grande mangouste
d'Egypte n'éprouve aucune action générale de l'inoculation de la forte
dose de 6 à 7 gouttes de venin ; mais l'animal peut mourir des suites
infectieuses de l'action locale.

Parmi les Oiseaux, le *Strigus flammea* ne meurt que tardivement
aux suites de la piqûre d'une aiguille trempée dans le venin.

Quelques Reptiles, l'*Uromastix spinipes*, le *Periops parallelus*, le *Zamenis florulentus* et l'*Eryx turcica* résistent à de hautes doses inoculées
sous la peau.

Bungarus cœruleus

Effets de la morsure. — Des cas de mort chez l'homme ont été rapportés aux Indes par FAYREU, dès 1874, et depuis par d'autres observateurs.
Le major F. WALL cite un cas qui lui a été indiqué par le colonel F.-W.

DAWSON, où il s'agit d'un homme mordu à l'index droit par un sujet de petite taille. Il se développa au bout de peu de temps une douleur brûlante au niveau de la blessure, sans autre action locale d'ailleurs ; puis survint un état de rigidité de tous les muscles du corps, y compris ceux de la nuque, état précédant la paralysie. Le sujet ne pouvait proférer aucun son. La respiration, troublée en même temps, devint bientôt stertoreuse, et le coma s'établit. Une spume sortait par les narines et la bouche. La respiration s'arrêta enfin, un peu avant le cœur.

Dans un autre cas l'arrêt de la respiration fut accompagné de convulsions.

Ce sont, comme on le voit, les symptômes qu'on observe après la morsure du Cobra ; mais les blessés accusent fréquemment en outre une violente douleur abdominale, qu'on ne rencontre pas dans l'envenimation cobrique.

Action physiologique. — Les expériences de A.-J. WALL (1883), de ROGERS (1903-1904), de ELLIOT, SILLAR et CARMICHAEL (1904), de LAMB (1906), ont fixé l'action physiologique du venin de Bungarus cœruleus et confirmé son analogie avec celle du venin de Cobra. Cette action consisterait donc essentiellement dans la paralysie du centre respiratoire, dans la curarisation des plaques terminales des nerfs moteurs et plus particulièrement des phréniques, et dans la dilatation des vaisseaux splanchniques ; à un moindre degré qu'avec le venin de Cobra, on observe la contraction des artérioles et des capillaires.

La mort survient par asphyxie.

Le venin détruit les globules ; il n'a pas d'action marquée sur la coagulation du sang.

Mais il semble posséder une action hémorrhagipare ; les vaisseaux splanchniques sont très dilatés, et ELLIOT a même observé chez des singes des taches hémorrhagiques sous-muqueuses au niveau de l'estomac et de l'intestin. Cette action expliquerait les douleurs abdominales signalées chez l'homme au cours de l'envenimation.

A.-J. WALL, non plus que les autres physiologistes sus-mentionnés, n'ont observé l'étrange forme chronique qui se produit parfois, comme nous le verrons, primitivement ou secondairement à la forme aiguë avec le venin de *B. fasciatus ;* mais les sujets employés par WALL dans ses expériences sur les chiens et les pigeons étaient vigoureux et de forte taille, capables par conséquent d'inoculer les doses de venin suffisantes à entraîner la forme aiguë.

Les différents auteurs sont d'accord pour fixer la toxicité du venin à un taux au moins aussi, sinon plus élevé que celui du venin de Cobra. A.-J. WALL signale que le chien meurt en 20 minutes, après la morsure du Bungarus cœruleus ; vis-à-vis des lapins, sa toxicité est 4 à 5 fois plus grande que celle du venin de Cobra, d'après LAMB ; elle est 2 fois plus grande vis-à-vis du pigeon, d'après ROGERS.

Bungarus fasciatus

Les cas de mort chez l'homme, après morsure, ne sont pas très fréquents, car l'espèce est si peu agressive que les Birmans ne la redoutent pas ; mais on cite néanmoins quelques observations, où la mort est survenue dans l'espace de quelques heures à deux jours, précédée des symptômes un peu atténués produits par le venin de Cobra : faible action locale, mort par paralysie des mouvements respiratoires, avec ou sans convulsions.

Action physiologique. — Les premières expériences de A.-J. Wall (1878-1883), celles de L. Rogers (1903-1904), de Lamb et Hunter (1906), de F. Wall (1907) ont fixé l'action physiologique du venin du Banded Krait. L'envenimation présente deux principales formes : aiguë et chronique.

Forme aiguë. — La mort est due spécialement, sinon totalement, à l'action du venin sur le système nerveux. Les *chiens*, les *chats*, les *poulets* que A.-J. Wall faisait mordre par le serpent mouraient en 24 à 72 heures.

Le premier symptôme observé est la perte d'équilibre affectant les quatre membres, qui sont atteints de légères convulsions cloniques bientôt suivies de paralysie. La respiration commence en même temps à faiblir. La pupille reste normale ; mais la paralysie des lèvres, du larynx et du pharynx est aussi marquée qu'avec le venin de Cobra. Il se produit souvent aussi une salivation profuse et des vomissements. La langue est pendante. La mort survient par paralysie respiratoire.

Dans cette forme aiguë, il y a parallélisme complet entre l'action du venin de Bungarus fasciatus et celle du venin de Cobra.

Forme chronique. Mais les suites de l'envenimation distinguent toutefois les deux venins : en effet, tandis que l'animal qui survit 49 heures au venin de Cobra peut être considéré comme hors de danger, celui qui a passé la phase aiguë de l'envenimation par le venin de Bungarus peut présenter des symptômes chroniques tout à fait différents des premiers ; bien plus, sans que ces premiers aient jamais apparu.

Ces symptômes débutent, du deuxième au douzième jour, par une *perte de poids*, que Lamb a signalée chez les rats, les lapins et les singes. Elle est consécutive à une diminution de l'appétit, accompagnée de vomissements. Il en résulte une grande faiblesse, une émaciation rapide, avec réduction de la quantité d'urine émise, laquelle est albumineuse et très colorée. Il survient des décharges purulentes par les muqueuses des yeux, du nez, du rectum, mais pas d'hémorragies, ni de paralysie spéciale de la langue et du larynx. D'après A.-J. Wall, qui a le premier signalé cette particularité, les sujets envenimés meurent d'épuisement : ils succombent à la paralysie du centre vaso-moteur, d'après L. Rogers ; mais Lamb et Hunter s'élèvent contre cette opinion.

Dans cette forme chronique, la coagulabilité du sang est diminuée, mais non abolie, tandis que dans les cas suraigus (injection intraveineuse chez le lapin), LAMB a montré que la coagulation peut être complète ; dans ce cas, la mort serait due à une thrombose généralisée.

A l'autopsie des animaux qui ont succombé à cette forme chronique, LAMB et HUNTER ont constaté une dégénérescence très étendue des cellules nerveuses du cerveau et de la moelle, ce qui n'a pas encore été observé dans les autres formes d'envenimation ophidique.

Pour expliquer ces différences d'action dans la forme aiguë et la forme chronique, le Major F. WALL suggère l'idée que le venin de Bungarus fasciatus contient, outre la *neurotoxine*, une autre substance : l'*amyotrophine*, dont l'action lente sur la nutrition dominerait l'action rapide de la neurotoxine et lui succéderait plus ou moins rapidement.

Dans le venin de Bungarus cœruleus, cette amyotrophine existerait également, mais en proportion moindre que la neurotoxine, et en tous cas insuffisante pour produire la forme chronique.

Action sur le système nerveux. — Dans la forme aiguë de l'envenimation, l'action sur le système nerveux est manifeste et montre clairement que cette action est sinon la seule, du moins la principale cause de la mort. Cette action est la même que celle du venin de Cobra.

Dans la forme chronique, il est plus difficile de juger la part directe du système nerveux : on observe bien parfois des vomissements, mais qui ne peuvent pas être attribués au venin ; les sujets sont excessivement faibles, mais non paralysés ; ils meurent épuisés.

ROGERS attribue la mort dans cette forme à la paralysie du centre vaso-moteur, qui réduit la pression sanguine et affaiblit le cœur, opinion que réfutent LAMB et HUNTER (*The Lancet*, sept. 23, 1903).

Le venin produit principalement de la chromatolyse dans le système cérébro-spinal tout entier, ce qui expliquerait son action amyotrophique, la faiblesse musculaire particulière à cette envenimation.

Action sur le mécanisme respiratoire. — Généralement cette action est graduelle et lente : au début, on observe, d'après A.-J. WALL, une légère accélération avec augmentation de l'amplitude ; mais l'effet contraire ne tarde pas à se manifester et la respiration s'arrête avant même que les convulsions surviennent, par paralysie du centre respiratoire. C'est, comme on le voit, un effet identique à celui du venin de Cobra, sauf que la stimulation primaire n'est pas aussi grande. La principale différence réside, non dans le mode d'action, mais dans la rapidité de cette action, qui est ordinairement plus grande avec le venin de Cobra.

L. ROGERS signale que les troubles respiratoires sont augmentés par la paralysie des terminaisons des nerfs phréniques (ainsi qu'il arrive avec le venin de Cobra et celui de Bungarus cœruleus).

Action sur le cœur et la circulation. — Contrairement au venin de Cobra et à celui de Bungarus cœruleus, le venin de B. fasciatus possède une action déprimante et paralysante sur le cœur.

En paralysant le centre vaso-moteur (ROGERS), il diminue la pression sanguine et aussi affaiblit le cœur. Lorsque la respiration s'arrête, si on la rétablit artificiellement, la vie peut être un peu prolongée, et la mort survenir alors par faiblesse cardiaque.

Action sur le sang et la coagulation. — L'action coagulante ne se produit qu'avec de fortes doses de venin introduites rapidement dans l'organisme (inoculation intraveineuse). La dose injectée par morsure serait insuffisante à provoquer la thrombose chez l'homme.

Le venin ne contient qu'une quantité relativement faible d'hémolysine.

Sepedon haemachates

Cette espèce, qui est commune, dans le sud de l'Afrique, sous les noms populaires de *Ringhal*, de *Spitting-snake*, ou *Serpent cracheur*, a effectivement coutume, lorsqu'il est inquiété, de projeter son venin par une contraction brusque du m. temporal, en même temps qu'il fait entendre un sifflement particulier. La morsure est mortelle pour l'homme et les animaux, et si le jet de venin est reçu dans l'œil, il y détermine une très vive action locale capable d'entraîner la cécité. FITZIMMONS en rapporte plusieurs observations dont il a été témoin, et se rapportant soit à des hommes, soit à des animaux.

Les symptômes généraux consécutifs aux morsures ne sont pas bien connus, ou du moins on ne les trouve décrits nulle part ; mais l'action physiologique du venin a été étudiée en 1909 par MM. TH. FRASER et J.-A. GUNN : ce venin affecte surtout le centre respiratoire, dont la paralysie amène la mort chez les Vertébrés supérieurs. On observe, au cours de l'envenimation, de la *somnolence*, de l'*affaiblissement des réflexes* et de l'*hypothermie*.

Chez la grenouille, les mouvements respiratoires cessent rapidement, mais la vie se prolonge plusieurs jours, la circulation ne diminuant que progressivement.

L'action du poison sur le système nerveux des Vertébrés est presque exclusivement localisée sur les centres et, chez la grenouille, elle s'effectue d'une manière plus intense et, suivant la dose, sur les centres ou en même temps sur les plaques terminales des nerfs moteurs.

L'action sur les muscles eux-mêmes est très faible.

Les solutions fortes de venin déterminent chez la grenouille de la vaso-constriction.

Chez le lapin, les injections intraveineuses amènent, après une courte phase d'hypotension une hypertension qui persiste jusqu'à la mort.

Le venin n'a aucune action sur le sang.

Elaps fulvius

Bien que ce serpent d'Amérique ne soit pas très agressif, il détermine cependant des accidents qui peuvent entraîner la mort. Dans un cas rapporté par F.-W. True (dans *American Naturalist*, de 1883), un homme fut mordu à l'index gauche par un sujet de taille moyenne au moment où, prenant le serpent par le cou, il se disposait à le lâcher. La morsure fut ferme et prolongée ; l'un des crochets resta dans la plaie pendant les manœuvres du patient pour se dégager. La douleur était violente. Dans l'heure suivante, les premiers symptômes de somnolence et d'inconscience apparurent et se prolongèrent jusqu'au matin du troisième jour. Puis, cette période léthargique passée, le malade guérit. L'auteur rapporte que les symptômes avaient tendance à reparaître périodiquement.

Dans une autre observation, rapportée par Cœ (*Scientific American*, LXIV, 401, 1891), le patient se plaignit d'une douleur dans le membre mordu environ une demi-heure après l'accident, puis il tomba dans l'inconscience et le collapsus jusqu'à sa mort, qui survint en 18 heures. D'autres fois, la mort survient en 24 heures. Elle est donc toujours assez précoce ; on n'en cite pas de cas après ce délai.

L'action locale est fort réduite : un peu de rougeur seulement et de douleur ; il n'y a pas de tuméfaction ni d'hémorrhagies.

Pseudechis porphyriacus

Effets de la morsure. — C.-J. Martin, qui, à Sydney, a fait une si remarquable étude du venin de Pseudechis porphyriacus (*Serpent noir d'Australie*), rapporte aussi des observations de morsures chez l'homme. Comme pour l'envenimation expérimentale, les symptômes observés dépendent en grande partie de la rapidité avec laquelle le venin atteint la circulation, et les différents cas de morsure observés ont leurs correspondants dans l'expérimentation.

C.-J. Martin a vu des cas où la mort est survenue en moins d'une demi-heure et, dans l'un d'eux, il a été trouvé à l'autopsie, dans le cœur, un caillot blanc (de formation ante mortem). La mort était ainsi vraisemblablement due à la coagulation intra-vasculaire consécutive à l'inoculation directe dans un gros vaisseau. Après la mort, le sang qui reste dans les vaisseaux est incoagulable ou l'est beaucoup moins, fait sur lequel nous reviendrons plus loin avec les détails que le sujet comporte.

Généralement, la morsure équivalant à une inoculation sous-cutanée ou intra-musculaire, les effets en sont moins rapides, même s'ils sont sévères. La douleur et l'action locale sont peu marquées. Les symptômes généraux apparaissent de 15 minutes à 2 heures après la morsure, suivant la quantité de venin reçue, et suivant le sujet lui-même.

Le premier symptôme qui apparaît est une sorte de défaillance et un besoin irrésistible de dormir. Le pouls devient faible et rapide, les extrémités se refroidissent et le sujet est extrêmement pâle. La respiration, d'abord un peu accélérée, devient ensuite progressivement plus faible. La sensibilité est émoussée, et les réflexes des organes des sens complètement abolis. La pupille dilatée ne réagit plus à la lumière. Le patient entre dans le coma et meurt par arrêt de la respiration.

De plus, dans les cas sévères, des hémorrhagies des reins et des muqueuses se produisent parfois ; les globules sanguins eux-mêmes peuvent être dissous, car C.-J. Martin a constaté de l'hémoglobinurie ; l'albuminurie a été observée, persistant plusieurs jours après la morsure, lorsque la terminaison n'est pas fatale.

A l'autopsie, on a trouvé le sang incoagulable bien qu'il puisse contenir quelques caillots mous ; et malgré qu'on ne rencontre pas dans la symptomatologie de complications pulmonaires, les poumons sont le siège d'hémorrhagies. Au niveau des régions hémorrhagiques ante mortem, les vaisseaux se montrent encore à l'autopsie fortement congestionnés.

Action physiologique. — *Action sur le système nerveux.* Lorsque le venin est injecté à doses telles qu'il ne détermine pas la thrombose, la chute respiratoire et l'arrêt caractéristique du venin des Protéroglyphes se produisent. Cet arrêt survient alors même que l'excitabilité des plaques terminales des nerfs moteurs est intacte, et se montre indépendant aussi des effets sur la circulation.

Dans ce cas, la paralysie primitive du centre respiratoire est concluante.

La somnolence, la perte de la sensibilité traduisent l'action sur l'encéphale et la moelle, et ne diffèrent pas des symptômes similaires observés avec le venin de Cobra. Les espèces animales ne sont pas toutes également sensibles aux divers effets du venin : le chien, par exemple, est plus sensible aux effets mécaniques vasculaires qu'aux effets respiratoires, tandis que c'est exactement le contraire chez les lapins ; mais néanmoins, chez tous les animaux, l'effet paralysant cardiaque est observé : chez les lapins eux-mêmes, la vie ne peut être prolongée que de 15 à 20 minutes par la respiration artificielle.

Le pouvoir réflexe de la moelle est directement aboli par le venin de Pseudechis, ce qui n'est pas dû à l'insuffisance de la circulation : chez les lapins qui n'ont reçu qu'une faible dose de venin, la chute initiale de la pression est très passagère et se relève bientôt à la normale ; cependant le sujet est sans force et sans réaction : il ne peut même se tenir sur ses pattes ; ses réflexes tendineux sont très faibles ou même abolis, ainsi que les réflexes cutanés et cornéens. Chez les grenouilles, après l'inoculation dans le sac lymphatique dorsal de 10 milligrammes de venin, l'animal donne bientôt des signes de paralysie complète ; au bout de 10 à 15 minutes, les mouvements respiratoires se ralentissent et la respiration parfois s'arrête. Au bout de 20 minutes, l'animal est complètement paralysé et l'excitation du bout central du nerf sciatique sectionné ne détermine aucune contraction réflexe. A ce stade, le cœur peut encore battre faiblement, mais dans la plupart des cas il existe une thrombose généralisée. Toutefois, comme l'arrêt de la circulation peut produire les mêmes effets, on ne peut conclure sans autres preuves à l'action directe du venin sur le système nerveux, et C.-J.- Martin institue une série d'expériences pour fixer l'effet paralysant du venin sur ce système : il emploie le venin chauffé, qui ne produit pas de thrombose, et obtient les mêmes résultats d'extinction graduelle des fonctions nerveuses ; lorsque l'animal est complètement paralysé, le cœur bat encore assez fortement.

Pour essayer l'effet du venin sur l'activité réflexe de la moelle, il emploie la méthode de Turc. A cet effet, il détruit le cerveau chez sept grenouilles et les suspend à la file par la mâchoire inférieure. Toutes les cinq minutes environ, les pattes de chaque grenouille sont plongées dans une solution à 4 % d'acide sulfurique et on note le temps qui s'écoule entre le moment de l'immersion et le commencement de la contraction de la patte (période latente de réponse). La patte de la grenouille est ensuite lavée à grande eau. La même opération est répétée dans son ensemble successivement sur chaque grenouille.

Quand l'activité réflexe de la moelle diminue, la période latente s'accroît.

Lorsque les sept grenouilles ont été ainsi éprouvées trois fois, une solution de 10 milligrammes de venin (chauffé à 80° pour en détruire le fibrin-ferment coagulant) dans o cc. 5 d'eau salée est injectée dans le sac lymphatique dorsal de trois sujets ; chez deux autres sujets, le cœur est réséqué ; les deux sujets restant servent de témoins.

Or, tandis que chez les témoins, il n'y avait pas de changement marqué dans la période latente jusqu'au lendemain, les grenouilles privées de circulation ne répondaient plus au bout de 25 à 20 minutes après la suspension de la circulation, et les grenouilles envenimées, dont le cœur battait encore modérément après l'arrêt de toute activité réflexe, cessaient de répondre à l'excitation après 15 et 20 minutes, c'est-à-dire plus tôt que les précédentes : ainsi l'*action du système nerveux* est indépendante du mécanisme circulatoire ; elle est *directe*.

En essayant l'excitabilité des terminaisons des nerfs phréniques et des nerfs moteurs du plexus brachial chez des lapins envenimés, C.-J. Martin n'observa, non plus que chez des grenouilles, aucun changement dans leur pouvoir de transmettre l'excitation aux muscles, c'est-à-dire nul effet curarisant.

Action sur le mécanisme respiratoire. — Après l'injection de venin, les mouvements respiratoires se ralentissent en même temps qu'ils deviennent moins amples, et bientôt ils cessent.

Comme cette action du venin sur le système nerveux peut se produire indépendamment de l'action sur la circulation et comme le venin n'a aucun effet sur les nerfs moteurs et leurs plaques terminales dans les muscles, il doit donc agir directement sur le centre respiratoire du bulbe ; sous ce rapport, son action est plus apparente quand il est inoculé sous la peau des lapins. La paralysie, dans ces conditions, est souvent précédée d'une période pendant laquelle l'amplitude et le rythme respiratoire sont accrus.

C.-J. Martin n'ayant pas, comme Brunton et Fayrer, Weir-Mitchell et Reichert, observé que la section du vague ait influencé l'accélération primaire de la respiration, accélération qui survient fréquemment avec le venin de Pseudechis, en conclut que le phénomène est uniquement dû à l'effet primaire stimulant du poison sur le centre respiratoire.

Quelquefois, ces deux phases d'activité accrue ou diminuée alternent; mais c'est toujours cette dernière qui arrive à prédominer, et alors les mouvements deviennent imperceptibles, et l'animal meurt d'asphyxie.

Quand les mouvements respiratoires ont cessé, l'animal présente ordinairement quelques inspirations convulsives profondes, montrant que le centre respiratoire répond encore à l'excitation d'une vénénosité quand celle-ci devient excessive.

Plus l'arrêt respiratoire est précoce, plus violentes sont les convulsions qui précèdent la mort ; dans les cas d'empoisonnement lent, elles ne se produisent pas.

Action sur le mécanisme circulatoire sur le cœur. Les expériences de C.-J. Martin sur le cœur de la grenouille et celui de la tortue, séparés de l'organisme et parcourus pour les témoins par une solution saline de sang défibriné de Mammifère, les autres par cette solution additionnée de o,1 à 1 % de venin, lui ont donné les résultats suivants : La solution envenimée stimule d'abord le cœur, qui bientôt se ralentit ; ses battements deviennent irréguliers et faibles ; s'arrête parfois en diastole au bout d'environ 3o minutes. Les solutions les plus concentrées de venin produisent un ralentissement et un affaiblissement immédiat des contractions jusqu'à ce qu'en quelques minutes le cœur ait cessé de battre. Lorsque ces solutions ont seulement circulé pendant 3o secondes, l'irrigation avec le liquide inoffensif ne réveille plus aucune contraction.

Sur la pression artérielle. Comme les venins de Crotale, d'Ancistrodon, de Vipera russelli, de V. aspis ou V. berus, le venin de Pseudechis introduit dans la circulation, agit sur la pression sanguine. Dès que le venin atteint le cœur, il se produit une chute soudaine et considérable de la pression artérielle. Cette chute est accompagnée d'une diminution de l'amplitude des battements ; elle est d'autant plus marquée que la vitesse d'inoculation est plus grande et que la veine choisie pour l'inoculation est plus rapprochée du cœur. L'étendue de la chute dépend du degré de concentration avec lequel le venin atteint le cœur.

Dans la plupart des cas, la chute initiale de la pression est seulement temporaire et dans l'espace de quelques minutes à une heure, la pression peut presque revenir à la normale ; mais si la dose injectée est mortelle, et, suivant cette dose, la pression redescend plus ou moins vite jusqu'à quelques millimètres de mercure ; dès lors l'animal meurt.

Un peu avant la mort, quand la circulation est presque arrêtée, l'excitation du vague produit le ralentissement ordinaire ou l'arrêt du cœur.

L'injection intraveineuse du venin, cependant, neutralise l'action retardatrice normale du vague, si marquée chez le chien ; chez cet animal, les contractions cardiaques, amples et lentes, sont presque immédiatement remplacées par des contractions plus rapides et plus faibles après l'injection du venin : la section des vagues dans ces conditions n'a plus aucun effet.

Lorsque l'injection est faite sous la peau, la chute de la pression est plus graduelle ; et la chute primaire, caractéristique de l'injection intraveineuse ne se produit pas. Le temps qui s'écoule avant le début de la chute dépend à la fois de la dose injectée et de la rapidité de l'absorption : avec les petites doses (5 millig. par kilog), il peut être de trois heures, tandis que la chute se produirait très marquée dans les 15 premières minutes si l'inoculation était intrapéritonéale. De très fortes doses cependant peuvent faire tomber la pression à la moitié de sa valeur initiale trois ou quatre minutes après l'inoculation du venin.

D'après les résultats de ses expériences, C.-J. Martin conclut que, aussi bien la chute primaire que la chute secondaire de la pression est due à l'action directe du venin sur le muscle cardiaque.

Action sur la coagulation du sang. — Le venin de Pseudechis comme celui des Vipéridés (Daboïa...), est capable de déterminer des thromboses vasculaires étendues quand il est injecté à doses fortes à de petits animaux. Il se produit dans ce cas une chute subite de la pression avec des convulsions intenses et de vigoureux battements cardiaques. La mort peut donc survenir rapidement par ce mécanisme, qui n'est toutefois qu'exceptionnel. A doses modérées, c'est l'incoagulabilité qu'on observe.

C.-J. Martin a vu aussi que le chauffage à 80° fait perdre au venin son pouvoir coagulant, fait qu'avait déjà observé A.-J. Wall à propos du venin de Daboïa.

En résumé ,chez les animaux, les effets du venin, d'après les expériences de C.-J. Martin, portent sur la coagulation du sang, le cœur et le centre respiratoire du bulbe. La mort survient par l'un ou l'autre des mécanismes correspondant à cette triple action, suivant la concentration que possède le venin quand il atteint l'appareil circulatoire : 1° quand cette concentration est assez élevée, la mort peut être presque instantanée par coagulation intravasculaire, ce qui arrive quand de petits animaux sont mordus, ou quand le poison est directement injecté dans les veines. Quand la concentration du venin est insuffisante à produire la thrombose, le sang devient incoagulable, quelque dose de venin qu'on puisse injecter par la suite.

L'action du poison sur le cœur et sur le centre respiratoire est d'ordinaire simultanée. Avec de fortes concentrations, le cœur est le plus rapidement atteint, avec de plus faibles c'est le centre respiratoire, de telle sorte que suivant la rapidité avec laquelle le venin entre dans la circulation, c'est par thrombose, faiblesse cardiaque ou paralysie respiratoire que la mort se produit. Si l'animal échappe à l'un de ces mécanismes, il peut encore succomber aux effets des changements pathologiques dans les poumons et les reins, ce qui arrive surtout chez les chiens. Mais si l'animal survit à la dépression nerveuse et circulatoire, il guérit d'ordinaire avec une merveilleuse rapidité.

On observe toujours de violentes convulsions dans les cas où la mort survient par thrombose intravasculaire, ce sont des convulsions asphyxiques. Quand la mort est due à l'action paralysante du venin sur les centres nerveux, on observe d'abord du malaise, de la somnolence, et souvent des vomissements. La parésie succède à la narcose, et affecte d'abord la région postérieure ; le chien reste sur place ; si on l'excite, il se déplace un peu avec de l'incoordination ; plus tard, il est tout à fait incapable de se tenir sur les pattes, sa pupille se dilate et devient insensible à la lumière ; la respiration est lente et superficielle. Les réflexes disparaissent et la respiration devient paresseuse et convulsive, puis s'arrête. Ordinairement, mais pas toujours, quelques faibles mouvements convulsifs suivent la mort.

Le venin de cet Elapiné, tout en ayant les principales propriétés de celui des Protéroglyphes, en présente d'autres qui le rapprochent de celui des Vipéridés (action paralysante sur le cœur, action mydriatique, hémorrhagipare, non curarisante).

Action du venin des Vipéridés

Les Vipéridés dont les effets du venin ont été observés ou expérimentalement déterminés sont compris dans le tableau suivant :

Vipérinés : GENRES	ESPÈCES
Vipera, Laur.	V. aspis Laur.; V. russelli Shaw, V. berus.
Echis, Merr.	E. carinatus, Schn.
Cerastes, Wagl.	C. cornutus, Lin.
Bitis, Gray.	B. arietans, Merr.
Causus, Wagl.	C. rhombeatus, Licht.
Atractaspis, Smith.	A. aterrima.
Crotalinés : Ancistrodon, P. de Beauvois.	A. himalayanus, Günth.
Lachesis, Daud.	L. mutus, Lin.; L. lanceolatus, Lacép.; L. anamallensis, Günth.; L. gramineus, Shaw.; L. monticola, Günth.; L. flavoviridis, Hallow.
Crotalus, Lin.	C. adamanteus, P. de Beauvois.

Vipérinés

Vipera aspis

Les Vipères d'Europe ont un venin qui a sensiblement la même action physiologique, laquelle se rapproche beaucoup de celle du venin de Crotale.

Les observations et les expériences sur le venin de nos Vipères d'Europe sont très nombreuses ; les premières qui aient une réelle valeur sont celles de Charas (1669) et de Rédi (1864), dont la controverse est demeurée célèbre ; de Platt (1672); de Richard Mead (1750); de Fontana surtout (1781), auquel on se reporte encore volontiers aujourd'hui, et de Mangili (1809-1817); les autres appartiennent à la période scientifique actuelle et sont dues à Viaud-Grand-Marais (1867-1881), à Frédet (1873-1876), à Albertoni (1879), à Kaufmann (1893), à C. Phisalix et G. Bertrand (1894-97), à C. Phisalix (1894-1905). Nous aurons l'occasion de rappeler ce que l'on doit à chacun de ces divers physiologistes.

Effets de la morsure de la vipère aspic. — 1° *Symptômes locaux* — *Douleur*. Au moment de la morsure le sujet atteint ressent instantanément une douleur à la région piquée. Cette douleur est d'ordinaire modérée, comparable à une piqûre d'aiguille ou d'épine, et souvent le sujet mordu n'y prête d'abord aucune attention. Mais quelquefois elle est vive, aiguë, persistante, laissant une sensation de brûlure dans tout le membre, et déterminant une sorte d'engourdissement. Les chiens de chasse mordus poussent des cris plaintifs, et soulèvent le membre atteint.

L'inoculation sous-cutanée de venin chez les animaux d'expériences est également douloureuse, et les sujets la manifestent par des plaintes, des cris, le soulèvement craintif de la région inoculée.

La douleur est donc un symptôme constant de l'envenimation ; l'intensité et la durée seules en varient.

Tuméfaction. La trace des crochets au niveau de la morsure n'est pas aisément décelable ; leur finesse, la rétraction de la peau sont les causes du phénomène ; mais le venin porté dans la profondeur ne tarde pas à agir, et à l'endroit piqué, les deux blessures faites par les crochets. et qui sont distants d'environ 7 millim., s'entourent d'une auréole violacée, en même temps qu'il se produit de l'enflure. Celle-ci, d'abord localisée, gagne de proche en proche le membre tout entier, l'articulation, le tronc même du côté mordu, et surtout les parties déclives.

Les parties tuméfiées sont dures, plus ou moins douloureuses, en raison de la compression exercée sur les terminaisons nerveuses. Cette douleur secondaire varie suivant la région blessée et l'intensité de la tuméfaction ; elle est donc ou légère ou aiguë, s'exagérant par les mouvements. La tuméfaction ne tarde pas à se ramollir, elle est remplie de sérosité rougeâtre ; la peau se nécrose au-dessus d'elle et laisse échapper la sérosité au bout de un ou deux jours.

Cette tuméfaction peut acquérir une importance très grande quand
elle se produit sur des organes tels que la langue, les fosses nasales, le
larynx : comme le venin inoculé par la morsure est transporté soit
directement, soit indirectement par le sang, ainsi que l'avait établi
FONTANA, l'action phlogogène peut se traduire à distance, et très rapidement parfois, si la morsure atteint une veine importante : VIAUD-GRAND-
MARAIS rapporte à ce sujet le cas intéressant d'un enfant qui, mordu au
pied, présenta un œdème énorme de la face, avant que toute lésion locale
ait apparu. Il peut résulter dans ces cas des troubles asphyxiques, par
œdème de la glotte ; et les chiens de chasse, souvent mordus au museau,
sont parfois victimes de cet accident.

Taches livides. Les endroits pénétrés par le venin prennent une
couleur livide due aux hémorrhagies produites : on observe une auréole
violette autour des traces des crochets, puis des taches hémorragiques
sous-cutanées dans toute la région tuméfiée, principalement sur le trajet
des vaisseaux veineux.

Ces taches passent par toutes les couleurs qu'on observe dans les
contusions accompagnées d'hémorrhagies : du rouge violacé plus ou
moins sombre au verdâtre, puis au jaune avant de disparaître.

Lymphangites et adénites. Il arrive très fréquemment que les
lymphatiques de la région blessée forment sous la peau des cordons
rouges jusqu'aux ganglions axillaires ou inguinaux, qui deviennent eux-
mêmes le siège d'une inflammation et d'une tuméfaction. Les deux
inflammations peuvent toutefois apparaître isolément, l'une ou l'autre
manquant.

Hémorrhagies. Les plaies faites par les crochets saignent parfois
abondamment, et d'une façon prolongée par le fait de l'incoagulabilité
du sang. Ce fait est toutefois assez rare avec les petites espèces ou avec
celles dont les crochets sont ténus ; mais quand il s'agit de grosses
espèces (Bitis, Lachesis, Daboia), les hémorrhagies sont plus importantes,
et à elles seules peuvent entraîner la mort d'un sujet qui ne serait pas
secouru à temps.

Abcès. On les observe parfois chez l'homme au niveau ou au voisinage
de la région mordue ; chez les animaux inoculés, ils peuvent également
se produire ; il suffit de les vider pour en assurer la guérison.

Gangrène. Lorsque le venin introduit est très phlogogène, les tissus
de la morsure sont tellement altérés que la gangrène ne tarde pas à s'installer et à favoriser les infections secondaires, capables à elles seules de
déterminer la mort. C'est surtout et presque exclusivement avec le venin
des Vipéridés que l'homme et les animaux sont sujets à cette complication.

Escarres. Au niveau de la région mordue ou inoculée, il se forme
quelquefois chez l'homme, souvent chez le cobaye et le lapin, une escarre, d'abord humide, puis qui se dessèche peu à peu et finit par s'éli-

miner, laissant une plaie simple, qui suppure encore quelque temps avant de se cicatriser.

2° *Symptômes généraux.* — A la suite de la morsure de la Vipère, on peut observer chez l'homme les symptômes suivants : exceptionnellement de la syncope ; le plus souvent, une *défaillance* au moment même de l'accident ou peu de temps après ; cette défaillance peut être augmentée par la peur, mais celle-ci n'en est pas la cause originelle ; une angoisse très vive, des éblouissements : une prostration profonde, accompagnée de douleurs stomacales et intestinales, et suivie de vomissements, de diarrhée, de céphalée ; une sensation de constriction à la gorge ; une dyspnée légère ; de la parésie qui s'accroît ; des sueurs froides et visqueuses, une soif vive, une teinte ictérique de la peau, du refroidissement général du corps. Quelquefois se produisent des crampes, des mouvements convulsifs, du trismus, du subdélire. Le pouls devient très faible, presque imperceptible et le plus souvent accéléré ; la respiration se ralentit et s'affaiblit jusqu'à son arrêt définitif. Dans les cas mortels, qui se produisent surtout chez les enfants, les vieillards et même chez les adultes débiles, le pouls devient filant les extrémités se glacent, et la mort arrive dans le coma.

La survie n'est parfois que de quelques heures ; d'après les observations de Viaud-Grand-Marais, de Frédet, la mort se produit généralement dans les 24 heures.

Toutes les personnes mordues, même parmi celles qui meurent, ne présentent pas une symptomatologie aussi compliquée.

Dans les cas de mort rapide par exemple, de même que dans les cas bénins, la symptomatologie est plus réduite. Chez les blessés qui n'ont eu qu'une morsure légère, l'action locale, la plus constante, n'est parfois accompagnée que d'un état nauséeux passager.

Chez les animaux, la symptomatologie peut également un peu varier : d'après Kaufmann, elle serait à peu près la même chez le chien que chez l'homme ; mais le chien ne présente jamais de convulsions ; « les chiens mordus tombent quelquefois sans pouvoir remuer pendant quelque temps, et avec une respiration à peine sensible. D'autres ont une paralysie immédiate des divers sphincters, une décharge par l'intestin et les reins, et restent plus ou moins longtemps dans une léthargie complète ; presque tous urinent du sang ».

Les moutons, les chèvres et les Bovins deviennent rapidement très tristes et tombent dans une grande prostration ; ils ont de l'hématurie, et les femelles donnent souvent un lait sanguinolent.

On connaît, d'ailleurs, la sensibilité des Bovidés et des Equidés au venin de Vipère : le bœuf, le cheval, l'âne sont parfois tués par une seule morsure équivalant au plus à la dose de 25 milligr. de venin sec.

Autopsie. Les sujets morts en 5 à 6 heures présentent un œdème hémorrhagique à la région mordue, des hémorrhagies à distance dans les divers tissus, dans les glandes, notamment dans les reins ; parfois tout un groupe de muscles est infiltré ; le sang est liquide dans le cœur et dans les gros vaisseaux:

Accidents éloignés. Généralement le malade guérit complètement après les accidents aigus de l'envenimation ; mais quelquefois, il survient plus tard des accidents qui peuvent même affecter une certaine périodicité.

Viaud-Grand-Marais a observé des cas où la convalescence s'est prolongée d'une façon anormale et s'est compliquée d'*anémie* et de *cachexie chronique* : « Le blessé, au lieu de revenir franchement à la santé, après la disparition des symptômes locaux et généraux, reste valétudinaire et continue à décliner. D'autres fois, il y a rémission ; il s'est cru guéri et a repris ses habitudes, quand, sans cause apparente, il voit toutes ses facultés s'affaiblir ; il dépérit, il est engourdi et endormi, sans énergie et sans force ; la température s'abaisse, les digestions sont paresseuses, la peau est subictérique. Les personnes adultes vieillissent prématurément, et les enfants sont arrêtés dans leur développement ». Ces accidents de la nutrition observés d'abord et connus depuis longtemps, avec le venin des Vipéridés, ont été observés plus récemment (en 1883), par A.-J. Wall, avec le venin de Bungarus fasciatus.

« D'autres, après une guérison apparente de dix-huit mois à deux ans, meurent subitement frappés d'accidents cérébraux. »

On a observé aussi à la suite de morsures de Vipère, des affections du poumon, qui ont enlevé le malade au moment où on le croyait absolument guéri. Plusieurs ont eu un affaiblissement persistant de l'ouïe et de la vue.

Viaud-Grand-Marais et d'autres observateurs citent encore des cas où des phénomènes d'envenimation se sont montrés d'une façon périodique pendant un grand nombre d'années : des souffrances plus ou moins vives au niveau de la blessure à l'époque de l'année où elle a eu lieu, par exemple. On n'a pas encore d'explication rationnelle de ce phénomène, qui a été observé après la morsure de diverses espèces de serpents.

Mais on est mieux fixé sur les séquelles de l'envenimation, pouvant se traduire par des troubles trophiques, des éruptions, du subictère, de la cachexie, indiquant que les centres nerveux ont été fortement atteints.

Action physiologique. — *Action sur la Grenouille.* Inoculé à forte dose dans le péritoine (3 milligr.), le venin de Vipère détermine très vite un ralentissement notable des mouvements respiratoires, qui deviennent en même temps moins amples, moins réguliers et finissent par s'arrêter au bout de 15 à 20 minutes.

En même temps que la respiration commence à se ralentir, le sujet tombe dans la stupeur, il reste immobile sur place, et quand on l'excite, avance avec peine de quelques pas, sans pouvoir sauter. Les mouvements deviennent de plus en plus difficiles ; la tête s'affaisse ; la grenouille mise sur le dos est impuissante à se retourner ; au bout d'une heure, elle est absolument flasque, et on ne provoque aucun réflexe, quelle que soit l'intensité des excitations : c'est la mort apparente. Cependant, le cœur bat encore ; à l'ouverture du thorax, on constate que ses mouvements sont très réguliers ; ils persistent pendant plus de deux heures ; puis ils se ralentissent, ceux du ventricule d'abord, puis ceux de l'oreillette. A ce moment, l'excitabilité des nerfs et des muscles, bien qu'affaiblie, est encore très marquée et le tracé de la contraction n'est pas modifié ; seule l'excitabilité réflexe a disparu. Au bout de 5 heures, ainsi que l'a observé VALENTIN, les plus forts courants électriques appliqués aux nerfs et aux muscles ne déterminent plus trace de contraction.

Avec des doses moindres, la mort arrive moins vite (en 15 à 20 heures, avec 1 millig. de venin inoculé sous la peau), mais la symptomatologie est à peu près la même : ralentissement, irrégularité et enfin arrêt de la respiration, affaiblissement des facultés motrices, disparition des réflexes, mort dans la flaccité.

A l'autopsie, on trouve au niveau de la région inoculée une congestion vive avec des hémorrhagies punctiformes et un épanchement rougeâtre coloré par du sang extravasé. La muqueuse gastro-intestinale est rouge et souvent recouverte de mucosités sanguinolentes. La nature de l'épanchement montre que les globules rouges qu'il contient sont intacts, et qu'ils sont par conséquent plus résistants au venin de la Vipère que l'endothélium des vaisseaux.

Action sur le Cobaye. Le venin de Vipère inoculé sous la peau à la dose de 0 mgr. 5 à 1 milligramme, suivant la virulence, détermine la mort du cobaye en moins de 10 heures, avec des symptômes généraux et locaux bien caractérisés :

Localement on observe d'abord une douleur assez forte qui se manifeste par des cris, par de petites secousses brèves de la tête, qui ressemblent à des mouvements nauséeux. L'animal est inquiet, agité ; il porte le museau au niveau de la région inoculée, qu'il mordille. Mais au bout de quelques minutes, la douleur se calme, et les symptômes généraux apparaissent. La peau au bout de quelques heures devient livide, suintante, et il s'y développe une escarre si l'animal survit à l'inoculation.

De même que chez la grenouille, le système nerveux est fortement atteint. Avec des doses très élevées, la stupeur suit immédiatement l'inoculation ; avec les doses moyennes ou avec la dose minima mortelle, ou constate une diminution progressive de l'activité musculaire ; le cobaye, habituellement si vif, reste immobile, le poil hérissé et se laisse plus facilement saisir. Le nombre des mouvements respiratoires s'accroît tout d'abord et revient ensuite à la normale.

Les battements du cœur deviennent plus rapides et plus faibles ; la parésie augmente, plus marquée à la région postérieure qu'en avant, puis la tête s'affaisse et le menton repose sur le sol ; l'animal tombe dans le collapsus et ne fait plus aucun mouvement volontaire. Pendant l'envenimation, et dès le début de celle-ci, la température centrale s'abaisse progressivement, et sa chute plus ou moins rapide permet de suivre les. progrès, et même d'établir le pronostic de l'envenimation (C. Phisalix).

Action sur le Chien. — L'inoculation intraveineuse fait évoluer les symptômes de l'envenimation avec plus de rapidité que l'injection sous-cutanée, et suivant la dose introduite, les différents phénomènes se produisent à peu près simultanément (doses massives), ou se succèdent d'une manière plus lente, qui en facilite l'analyse (doses moyennes ou faibles). On peut donc dissocier, dans une certaine mesure, les désordres que le venin produit dans le jeu des différents systèmes et appareils.

Action sur le système nerveux. — Quand on introduit rapidement dans les veines une forte dose de venin (o millig. 3 à o millig. 4 par kilog de chien), l'animal éprouve une douleur vive qui le fait crier ; il est aussitôt pris de vomissements, salive, larmoie, et quelquefois est pris de syncope. Celle-ci est ordinairement passagère et le sujet revient à lui, mais il a de l'incoordination motrice et perd l'équilibre ; les mouvements s'affaiblissent de plus en plus, la somnolence arrive. Bientôt l'animal s'affaisse et tombe dans un coma profond, la langue cyanosée, les yeux convulsivés, les membres et la mâchoire inférieure contracturés. Les réflexes disparaissent peu à peu, la respiration, déjà ralentie et râlante, s'arrête, entraînant la mort apparente de l'animal, dont le cœur s'arrête à son tour, après la respiration. Tous ces phénomènes se succèdent en une heure à une heure et demie.

Si la dose introduite est plus forte encore, les symptômes se superposent ; dès le début, l'animal est frappé de stupeur, de paralysie et de somnolence.

Si au contraire, on inocule la dose mortelle par petites fractions successives, à intervalles plus ou moins éloignés, les troubles nerveux sont nettement dissociés : c'est l'empoisonnement bulbaire qui se manifeste le premier par des nausées, des vomissements, de la salivation, du larmoiement, des troubles respiratoires ; la sensibilité est accrue. Puis la moelle est atteinte, les mouvements deviennent difficiles, la marche incoordonnée et titubante, l'arrière-train s'affaisse et les réflexes diminuent. Le cerveau est enfin pris à son tour ; c'est d'abord une somnolence légère qui fait place à la torpeur ; l'animal conserve cependant toute sa conscience, car si on l'excite fortement et qu'on le réveille, il répond par des mouvements de la queue à la voix qui l'appelle. Enfin, dans la dernière période, ces divers phénomènes s'accentuent, la paralysie est plus complète, le corps est inerte et froid, la respiration ralentie, le rhoncus survient et le sujet expire.

Le venin attaque donc d'abord les centres bulbo-médullaires, puis le cerveau, laissant encore intacts pendant un certain temps les nerfs. Si on excite le phrénique aussitôt après la mort, le diaphragme se contracte aussi fortement que s'il avait été directement excité.

FEOKTISTOW, expérimentant avec les venins de *Crotale* et de *Vipera berus*, trouve que, même au moment où la paralysie des extrémités est survenue, la faradisation des terminaisons nerveuses produit la contraction normale des muscles. Les venins de ces Vipéridés ne possèdent pas l'action curarisante du venin de Cobra. Ils produisent une parésie qui débute par les extrémités postérieures, et qui bientôt passe à une paralysie complète. L'auteur ne put réveiller l'activité réflexe de la moelle par injection de strychnine, ni produire aucun mouvement dans la patte opposée par excitation du bout central du sciatique, même lorsque la paralysie des pattes postérieures n'était pas encore complète.

Action sur le cœur et la circulation. — Les troubles cardio-vasculaires sont très accusés. Ils se traduisent par un *abaissement de la pression sanguine*, une *accélération du pouls* et une *vaso-dilatation*. qui porte surtout sur les viscères abdominaux.

La chute de la pression artérielle est si rapide et si accentuée après l'injection de venin qu'elle peut être constatée par la simple palpation du cœur et du pouls. ALBERTONI en a directement déterminé la valeur et les caractères au moyen du manomètre à mercure, en appliquant celui-ci dans la fémorale de chiens envenimés par morsure ou par inoculation. Il constata les faits suivants :

1° La pression sanguine diminue toujours sous l'influence du venin de Vipère. La diminution peut être énorme et très rapide : ainsi 10 minutes après la morsure faite à la lèvre, la pression s'est abaissée de 170 à 45 millimètres. Après l'injection intraveineuse, la chute est instantanée, et la circulation peut s'arrêter en l'espace de quelques minutes. La chute de la pression peut au contraire être graduelle.

2° Il y a un rapport étroit entre la gravité de l'envenimation, l'arrivée plus ou moins rapide de la mort et les modifications de la pression sanguine.

3° Quand la pression sanguine est descendue à 5o mm. environ, la mort survient en quelques minutes.

KAUFMANN a enregistré cette chute de la pression sanguine caractéristique de l'action du venin des Vipéridés ; analysant les troubles circulatoires de l'envenimation il a cherché à en expliquer le mécanisme. Deux causes, d'après lui, concourent à produire la chute de la pression artérielle : 1° la dilatation énorme des capillaires de certains organes, notamment de ceux du tube digestif ; 2° l'affaiblissement de la contraction cardiaque. La première est la plus accentuée, et ses effets se produisent immédiatement : l'injection n'est pas encore terminée que déjà la courbe de la pression a brusquement descendu de plusieurs centimètres.

La rapidité du phénomène fait d'autant plus naître l'idée d'un acte réflexe que la pression se relève dès que l'injection cesse ; elle revient même jusqu'à son niveau normal si la dose de venin a été modérée.

Quand on constate à l'autopsie la vaso-dilatation intense des vaisseaux des viscères abdominaux, vaisseaux qui sont gorgés de sang, les taches hémorragiques diffuses sur le grand épiploon, le mésentère, l'intestin, et, d'autre part, les ecchymoses de l'endocarde, on est porté à établir une relation entre ces deux ordres de faits et à en induire que les vaisseaux de l'abdomen se dilatent parce que les nerfs sensibles du cœur excités, déterminent le réflexe dépresseur dont le mécanisme est bien connu.

KAUFMANN qui s'était d'abord arrêté à cette hypothèse a dû l'abandonner, car après la section des deux cordons vago-sympathiques au niveau du cou, section qui supprime les filets des nerfs dépresseurs, le venin produit encore les mêmes effets. Il explique alors les congestions et les hémorragies observées par *une action directe du venin sur les vaisseaux.* Les centres vaso-moteurs ne sont donc pas impressionnés par voie réflexe, les expériences de KAUFMANN le démontrent ; mais peuvent-ils l'être directement comme l'admettent WEIR-MITCHELL et REICHERT, puis FEOKTISTOW? Pour ces auteurs, la chute initiale et subite de la pression est principalement due à la paralysie des centres vaso-moteurs dans le bulbe et un peu à une action légère sur le cœur ; la chute finale est seule d'origine cardiaque. Or, cette conclusion ne se trouve pas d'accord avec les faits mis plus récemment en lumière par C.-J. MARTIN à propos du venin de Pseudechis porphyriacus. Cet auteur démontre que *dans tous les cas, la chute de la pression est surtout attribuable à l'affaiblissement de la contraction cardiaque.* D'abord, si on injecte le venin par la carotide ou l'artère vertébrale, l'effet sur la pression est moindre, et cependant, dans ce cas, c'est dans sa plus grande concentration que le venin atteint le système nerveux, ce qui est contraire à l'hypothèse de la paralysie des centres vaso-moteurs ; autre preuve : si on sectionne la moelle au niveau de la 3e vertèbre cervicale, et qu'on injecte ensuite le venin, on obtient les mêmes effets sur la pression sanguine, déjà réduite par la section médullaire, à ce point que multipliant par 2 les chiffres obtenus, on obtient les mêmes résultats que sur les animaux à moelle intacte. Enfin, en prenant le volume de la rate et du rein en même temps que la pression artérielle, on constate que le premier diminue en même temps que la seconde, et que les variations simultanées de ces deux phénomènes sont de même ordre.

La paralysie des vaso-moteurs prend évidemment part à la chute finale de la pression ; mais elle n'est jamais complète. Toutes les fois qu'on interrompt la respiration artificielle chez un animal envenimé ou curarisé, la pression s'élève comme chez les animaux qu'on asphyxie et, d'autre part, l'excitation du bout périphérique des nerfs splanchniques produit la même élévation de pression que dans les conditions normales.

Caractères du pouls. — En même temps que la pression s'abaisse le nombre des battements augmente dans des proportions deux et même trois fois plus grandes ; mais leur amplitude et leur forme se modifient.

Le dicrotisme normal disparaît ; les pulsations s'inscrivent en un tracé régulier dont les éléments sont constitués par des lignes droites qui se coupent à angle aigu, et dont la hauteur diminue graduellement.

Cette accélération est-elle due à la paralysie du système modérateur ou à l'excitation du système accélérateur ? ALBERTONI, galvanisant le nerf vague gauche, 5 minutes après l'injection de venin, vit cesser les battements, tandis que peu de temps avant la mort, il les vit au contraire s'accélérer sous la même influence. D'après KAUFMANN, on parvient à ralentir le cœur en excitant le pneumogastrique, mais il est impossible de l'arrêter complètement. Il est donc probable que les fibres d'arrêt de ce nerf sont peu à peu atteintes, et finissent par être complètement paralysées par l'action du venin comme elles le sont par d'autres poisons, l'atropine, par exemple. Peut-être aussi, comme le pense KAUFMANN, les nerfs accélérateurs sont-ils excités directement.

Action sur le sang. — L'inoculation d'une forte dose de venin au lapin est susceptible de déterminer une thrombose étendue dans les vaisseaux et dans le cœur ; la mort surviendrait rapidement dans ce cas par asphyxie avec convulsions généralisées. Ce n'est pas là toutefois la phase qu'on observe après morsure ou inoculation de doses moyennes ou faibles ; il se produit au contraire de l'incoagulabilité chez la plupart des animaux d'essai à ce que montrent les autopsies.

Sur les globules eux-mêmes, l'action du venin est variable ; ceux de grenouille et des autres Batraciens restent inaltérés, alors que ceux des Mammifères et des Oiseaux sont dissous ; l'hémolyse est tardive chez le lapin ; elle est hâtive chez le chien.

Action sur la respiration. — Aussitôt après l'injection d'une dose modérée de venin, le nombre et l'amplitude des mouvements respiratoires augmente, mais cet effet ne dure pas plus d'une à deux minutes. Un ralentissement très marqué se produit en même temps que diminue l'amplitude. La régularité des oscillations respiratoires est fréquemment troublée par les cris et les mouvements de l'animal ; la courbe de l'expiration est irrégulière et saccadée. Aussi quand la somnolence survient, la respiration se ralentit et se régularise ; elle donne un tracé qui contraste avec celui du pouls, dont les oscillations sont rapides, faibles et presque imperceptibles.

Cependant, c'est la respiration qui s'arrête la première, et cet arrêt, qui se termine par la mort, est souvent précédé d'une courte période pendant laquelle les mouvements s'accélèrent et augmentent d'amplitude. Le cœur bat encore assez longtemps après que la respiration a cessé : dans un cas, 5 minutes après l'ouverture du thorax, C. PHISALIX a compté 14 pulsations par minute ; elles ont continué pendant 15 minutes en diminuant progressivement de nombre.

. Quand la dose injectée est rapidement mortelle, il se produit des altérations beaucoup plus accentuées du rythme respiratoire : à l'accélération du début succède bientôt un arrêt en expiration qui peut durer plusieurs minutes ; puis les mouvements respiratoires reprennent, mais d'une manière intermittente ; ils sont interrompus par des pauses dont la durée totale est plus grande que celle des périodes d'activité. Quelques minutes avant la mort, la respiration devient plus régulière et plus profonde.

FEOKTISTOW constate une accélération prodigieuse des mouvements respiratoires après l'injection intraveineuse de venin de Crotale ou de celui de Vipera berus ; mais ses conclusions relativement au mécanisme ne sont pas acceptables, car il s'agissait, vraisemblablement, de cas de thrombose, et il ne paraît pas qu'il ait fait quelques observations sur la respiration après les injections sous-cutanées de venin.

Variations de la température du corps chez les animaux envenimés — La température des animaux envenimés a peu attiré l'attention des Physiologistes, et ceux qui ont signalé quelque modification initiale n'ont pas suivi ce que devient la température au cours de l'envenimation.

A.-J. WALL constate cependant que le venin de Cobra a peu d'action sur la température, laquelle ne s'abaisse qu'après la mort ; WEIR-MITCHELL et REICHERT ont constaté d'autre part une chute de température qui se produit aussitôt après la morsure du Crotale chez le pigeon et chez le chien ; BOTTARD a vu de même une hypothermie considérable se produire chez le cobaye à la suite d'une injection de venin de Vive, ayant tué l'animal en 1 heure et 10 minutes.

Suivant d'une manière systématique à intervalles rapprochés, et dès le début, la température rectale des animaux envenimés, C. PHISALIX a montré que l'un des symptômes caractéristiques de l'envenimation par le venin de Vipère est l'*hypothermie intense et rapide* qui suit immédiatement l'introduction du venin, qui continue graduellement jusqu'à la mort. Chez le cobaye, la température s'abaisse d'environ 1° par heure et tombe de 39° à 26° et même 22°, limite extrême de la vie possible. Chez le chien la chute thermométrique est moins rapide et moins grande ; elle ne dépasse pas 4 à 5 degrés, et la mort survient quand la température rectale est descendue à 35° ou 34°. A quoi tient ce refroidissement progressif ? Faut-il l'attribuer à une plus grande intensité du rayonnement ou à une diminution de la chaleur produite ? La vaso-dilatation périphérique en augmentant la stase sanguine peut, en effet, dans une certaine mesure, contribuer à l'abaissement de la température, mais elle ne suffit pas à elle seule à expliquer l'étendue de la chute. C'est plutôt dans le *ralentissement des combustions* qu'il faut en chercher la cause. KAUFMANN a observé que pendant l'envenimation la proportion d'acide carbonique diminue notablement dans le sang veineux ; l'oxygène ne manque cependant pas. le sang artériel en contient autant qu'à l'état normal; l'hématose pulmonaire n'est pas gênée, mais l'oxygène n'est pas employé à l'oxydation du carbone ; sur 10 volumes d'oxygène absorbé, il y en aurait 7 qui disparaitraient dans les tissus sans servir aux combustions. Le combustible ferait-il défaut ? Il serait intéressant dans cet ordre d'idées de savoir si le glycogène hépatique est moins abondant et si le glucose du sang diminue. De nouvelles recherches seraient nécessaires pour dissiper certaines obscurités, d'autant plus que C.-J. Martin, avec le venin de Pseudechis, a vu l'acide carbonique augmenter et l'oxygène diminuer aussi bien dans le sang veineux que dans le sang artériel ; aussi ne constate-t-on pas d'hypothermie centrale progressive.

J. Noé pense qu'une des causes du ralentissement des échanges pourrait être l'hématolyse et les modifications de l'hémoglobine extravasée ou intraglobulaire ; Carreau a considéré en effet l'envenimation comme une méthémoglobinémie aiguë, ce qui est fort exagéré ; et, d'autre part, à l'appui de cette opinion, Meyer et Wertheimer ont montré que la capacité respiratoire du sang diminue dans les empoisonnements par les antithermiques méthémoglobinisants.

Quoiqu'il en soit d'un mécanisme sur lequel l'accord n'est pas encore fait, l'hypothermie a été observée par C. Phisalix avec d'autres venins encore, comme celui de *Tropidonotus natrix* et *Tr. viperinus*, de *Daboïa* (*Vipera russelli*), de *Frelon* et quelques autres Hyménoptères, avec le *sérum d'Anguille*, ce qui établit une analogie fonctionnelle entre ce sérum et le venin de Vipère ; nous l'avons également notée pendant l'envenimation produite par la *sécrétion cutanée muqueuse des Batraciens*, et par le venin d'*Heloderma suspectum*.

Dans tous les cas où elle se produit, l'hypothermie peut être un moyen de suivre les progrès de l'envenimation et d'établir un pronostic de l'issue.

Mais tous les venins n'ont pas primitivement une action hypothermisante : nous avons vu que celui de Cobra, n'a que peu d'action sur la température ; C. Phisalix a montré qu'il en est de même pour celui du *Cœlopeltis monspessulana*, et même pour l'échidno-vaccin de Vipère, qui provoque une légère élévation de température de 1 à 1°5. Il a vu, comme l'avait constaté Sewall à propos du venin de Crotale, que les animaux vaccinés ne présentent plus d'abaissement de température lors de nouvelles inoculations de venin.

Mais ce n'est pas là un fait qui s'applique à tous les venins ; car nous avons vu que les cobayes vaccinés contre le venin de l'Héloderme présentent toujours de l'hypothermie marquée au début ; ce n'est qu'après quelques heures que la température remonte peu à peu vers la normale. Nous avons constaté également que si les Couleuvres Aglyphes du genre Tropidonotus ont un venin hypothermisant, celui d'autres Couleuvres du même groupe, tel par exemple que la Couleuvre lisse (Coronella austriaca) se comporte comme le venin de Cobra, de Pseudechis ou de Cœlopeltis.

Vipera russelli

La Vipère de Russell, plus fréquemment désignée aux Indes sous les noms de *Daboïa* ou encore de *Polonga*, est, avec le Cobra, un des Serpents les plus redoutés, car sa morsure est assez fréquemment suivie de mort chez l'homme.

J. Fayrer (1870-74), A.-J. Wall (1883), Lamb et Hanna (1902-1903), ont observé les phénomènes consécutifs aux morsures, soit chez l'homme, soit chez les animaux ; F. Wall (1910), rapporte deux observations d'accidents mortels chez l'homme survenus en 23 et 27 heures après la morsure de la Daboia ; nous rapportons l'une d'entre elles qui montre l'allure générale de l'envenimation dans les cas simplement aigus.

Effets de la morsure chez l'homme. — 1° *Forme aiguë.* Le Docteur Spaar (dans *Spolia zeylanica*, 1910), a été témoin des symptômes survenus chez un homme, directeur de la poste à Trincomalee, mordu vers minuit à la jambe par une Daboia. Arrivant 30 à 40 minutes après l'accident, il trouva le sujet assis sous sa véranda. Il baignait dans une sueur froide et visqueuse, vomissait continuellement et se plaignait d'une grande faiblesse. Précédemment, quelques minutes après l'accident, un gardien lui avait fait prendre un remède local, probablement un vomitif.

Sa femme avait en outre appliqué trois ligatures avec des ficelles de chanvre sur le membre envenimé ; une au-dessus de la cheville, une autre autour du genou, et la troisième à la partie inférieure de la cuisse. La plaie avait abondamment saigné ; examinée par le médecin, elle ne montrait qu'un simple point noir sur le côté interne du talon droit ; elle ne saignait plus, mais était sensible à la pression. Les tissus environnants étaient bleuâtres, la jambe était enflée jusqu'au genou. Les ligatures n'étaient pas serrées. Le malade était très faible, avait de violentes nausées et ne pouvait dormir.

La blessure fut largement incisée, et une solution saturée de permanganate de potasse y fut injectée ; une série d'injections du même produit furent pratiquées tout autour, et des cristaux de permanganate appliqués et maintenus sur la blessure par le pansement ; des compresses imbibées avec la solution de permanganate furent ensuite appliquées et renouvelées souvent.

Une heure plus tard, le patient reçut une boisson au whisky, et une injection hypodermique de strychnine. Plus tard, une potion stimulante avec un mélange de carbonate d'ammoniaque, de citrate de caféine, de strychnine et de digitale, et une injection d'adrénaline et de strychnine. Ce traitement est celui qui avait donné de bons résultats au Docteur Watson Stephens, qui l'appliquait au Siam.

Les vomissements cessèrent après la première dose de whisky ; le malade était plus calme, mais se plaignait de la soif et de la faim. La peau était chaude, la langue sèche, l'expression anxieuse, les paupières tombantes. Les pupilles étaient égales et fixes ; le pouls rapide à 115 par minute et modérément plein. Les ligatures furent retirées.

Vers le milieu de la journée, les vomissements reprirent, mais sans persistance. Le voisinage de la blessure était légèrement tuméfié et enflammé ; la plaie recommençait à saigner, elle laissait échapper un sang noir, épais, ne coagulant pas; puis les sueurs froides et visqueuses revinrent. L'abdomen, malgré les évacuations précoces, était tympanisé ; des éructations ne soulageaient pas le patient. La respiration était difficile, oppressée, et le pouls devenait de plus en plus faible et rapide (125 pulsations par minute). La vue était affaiblie, mais le malade reconnaissait néanmoins son entourage. Des sinapismes furent appliqués à la région précordiale ; des solutions alcalines injectées dans le rectum, sans résultat durable.

Vers les 10 heures du soir, le pouls devint filant (142 par minute) et la lividité apparut sur la face ; les médecins indigènes préparèrent les médicaments de la 24ᵉ heure, qui passe pour être la plus critique (insufflation de bile sèche de poulet dans les narines...), mais le malade, conscient et pouvant parler et se sentant défaillir, appela sa femme, prit congé d'elle, et retomba inerte sur son oreiller. La mort était due à l'asphyxie et à la défaillance cardiaque.

Ce tableau symptomatique impressionnant est celui qu'on retrouve dans la plupart des observations de morsure de Daboia : le cerveau n'est que secondairement affecté, le bulbe est primitivement intoxiqué, comme en témoignent les nausées et les vomissements, les hypersécrétions glandulaires ; son centre respiratoire est paralysé, la pupille est dilatée ; la paralysie musculaire et cardiaque se développe accompagnée d'hypothermie modérée, et le sujet meurt par un double mécanisme : arrêt de la respiration et faiblesse du cœur.

A l'examen post-mortem, le sujet observé par le Docteur SPAAR, huit heures après la mort, avait la face presque noire, la région inférieure du visage était gonflée ; des taches livides existaient sur le cou, la poitrine et les extrémités inférieures. La face palmaire des doigts était noire et les ongles d'une couleur pourpre sombre. Un liquide teinté de sang s'échappait de la bouche et des narines. Les globes oculaires étaient congestionnés et les pupilles dilatées. Il n'y avait pas ou plus de rigidité cadavérique, et on observait déjà des signes de décomposition.

Action locale. Elle est particulièrement sévère avec le venin très phlogogène et la dose qu'inoculent d'ordinaire les gros Vipéridés. L'observation précédente en donne une idée approximative, qui doit être complétée par les effets observés sur les animaux.

La douleur est constante et immédiate ; elle s'atténue ensuite ; mais l'action phlogogène qui ne tarde pas à s'établir la réveille par compression des terminaisons nerveuses.

L'hémorragie par la blessure se continue longtemps par suite de l'incoagulabilité du sang ; elle a duré 24 heures dans un cas cité par LAMB.

L'œdème hémorragique est un signe non moins certain de la morsure des Vipères. Les tissus sont infiltrés et laissent à la section sourdre un liquide rouge. L'aspect extérieur est pourpre, puis s'assombrit rapidement, car on peut l'observer déjà moins d'une minute après la morsure, et même il s'étend jusqu'à une certaine distance de la blessure.

L'étendue en profondeur est assez grande, et les tissus qui ont subi le contact du venin sont voués à la nécrose rapide. La plaie forme donc si elle n'est protégée et immédiatement pansée, un terrain très favorable aux infections microbiennes, car le sang a perdu son pouvoir bactéricide.

Les lésions internes sont celles qu'on observe avec le venin de Vipère aspic.

2° *Forme chronique.* Lorsque la dose de venin introduite par la morsure n'est pas mortelle, et que le malade a franchi cette 24° heure, qui est aussi l'heure critique pour les suites de la morsure de nos Vipères d'Europe, les symptômes graves régressent, et en dehors de l'action locale qui suit son cours et se termine par l'élimination d'une escarre, le malade peut guérir définitivement. Mais le cas est rare ; d'ordinaire, au bout de quelques jours, c'est une forme chronique qui s'installe, différente de la première, et comparable à celle qui se produit avec le venin de Bungarus fasciatus et de Vipera aspis. Les troubles chroniques portent principalement sur la nutrition, et sur les complications septiques, que la lésion locale favorise.

A la dépression générale, plus ou moins prononcée suivant l'étendue et l'importance des hémorrhagies, s'ajoute l'émaciation et une anémie plus ou moins profonde. On peut alors observer des infections secondaires de toutes formes, y compris le tétanos. La diarrhée, hémorragique ou non, peut s'installer, l'albumine apparaître dans l'urine, en même temps que les œdèmes s'installent, et le sujet meurt d'épuisement consécutif aux hémorrhagies, ou d'empoisonnement par les toxines des infections secondaires. Néanmoins, il peut encore guérir.

Dans cette forme prolongée de l'envenimation, on n'observe ni convulsions, ni paralysies. Si la mort survient en 24 à 48 heures, il n'y a pas de rigidité cadavérique. La diminution de la coagulabilité du sang est un phénomène constant auquel LAMB attribue tous les symptômes précédents, et l'examen répété de cette coagulabilité permet de pronostiquer l'issue fatale ou au contraire favorable. La mort, quand elle survient, est due à la faiblesse cardiaque consécutive à l'état cachectique ou à l'action des toxines des infections surajoutées.

3° *Forme suraiguë.* La plupart des auteurs (A.-J. WALL, LAMB...) ont vu que l'injection d'une forte dose de venin de Daboia est susceptible de déterminer chez le chien et les autres animaux de violentes convulsions suivies de la mort en quelques minutes, ou même en quelques secondes.

A.-J. WALL attribue ces convulsions à l'asphyxie par excitation directe des centres, hormis le centre respiratoire. LAMB fut le premier à leur donner leur interprétation rationnelle en montrant que le venin de Daboia, comme celui de Pseudechis porphyriacus, contient un ferment coagulant, qui détermine la thrombose vasculaire et cardiaque, d'où les convulsions et la mort par asphyxie. Mais la teneur du venin en fibrin-ferment est si faible qu'il faut la pénétration rapide dans l'organisme de hautes doses de venin pour que la coagulation étendue se produise. La quantité de venin qu'une Daboia est susceptible d'inoculer à un moment déterminé est trop faible pour tuer un homme ou un gros animal par le mécanisme de la thrombose ; elle suffit parfois à déterminer des convulsions passagères d'ailleurs, car la phase d'incoagulabilité du sang peut succéder rapidement à la première.

Action du venin sur le système nerveux. — Les auteurs sont d'accord pour constater l'action du venin de Daboia sur le système nerveux ; mais l'interprétation en a évolué depuis les premières expériences physiologiques.

D'après A.-J. WALL, l'action sur le système nerveux se traduit au début par des *convulsions*. Celles-ci, il est vrai, peuvent manquer : on ne les constate pas chez les Batraciens, où le venin produit simplement une paralysie progressive ; elles peuvent se limiter à un groupe de muscles : nous avons observé nous-même que chez les cobayes elles sont localisées et réduites à des contractions spasmodiques des muscles peauciers, quelquefois même à un simple frémissement perceptible à la main. Mais généralement, elles sont très violentes et généralisées, le plus souvent cloniques, rarement toniques. Ces convulsions primaires ne sont pas nécessairement suivies de paralysie et de mort. WALL ne les attribue pas à la dose massive de venin, car la même dose forte ne les amène ni forcément, ni constamment chez une même espèce (*Calotes versicolor*) ; non plus qu'à l'arrêt du mécanisme respiratoire, car, d'une part, celui-ci reste intact, jusqu'au moment où elles éclatent, et d'autre part, la respiration artificielle est impuissante à les prévenir. WALL pense donc qu'elles sont dues à l'excitation directe des centres, sauf le centre respiratoire, puisqu'elles peuvent disparaître sans que l'animal envenimé éprouve aucun autre symptôme. Il observe en outre ce fait intéressant que le pouvoir convulsivant du venin de Daboia est aboli par le chauffage à 100°.

L'opinion de WALL est acceptée par CUNNINGHAM, qui ne considère aussi que les symptômes objectifs de l'envenimation (agitation, perte d'équilibre, convulsions...) ; mais elle est combattue d'abord par C. J. MARTIN qui les attribue à la thrombose observée par lui avec le venin de Pseudechis porphyriacus, et les considère comme asphyxiques, puis par LAMB et HANNA, qui montrent que le venin, porté directement au contact des centres nerveux, chez les singes à travers la membrane occipito-atloïdienne, ne produit que des symptômes insignifiants, dont le sujet guérit.

Ces derniers auteurs attribuent l'innocuité dans ce cas, à ce que le venin de Daboia ne contiendrait pas d'albumose comme celle qui, dans le venin de Cobra, a une action, élective sur les centres nerveux. Ils mettent donc également en cause la thrombose, qui peut se produire au début de l'envenimation, par l'arrivée dans la circulation de doses massives de venin, action que nous aurons à examiner spécialement.

En ce qui concerne la paralysie du mouvement causée par le venin de Daboia, WALL fait remarquer qu'elle est plus précoce que celle qui suit l'envenimation cobrique, et qu'elle n'éteint pas aussitôt, comme cette dernière, la fonction respiratoire. Chez les chiens, on observe quelquefois de la paraplégie, surtout si les pattes postérieures ont participé aux convulsions primaires. Nous avons, d'autre part, remarqué que chez le cobaye, les quatre membres et les muscles de la nuque sont immédiatement parésiés ; le sujet étalé sur le ventre, pattes écartées, menton reposant sur le sol, ne peut se mouvoir, quand on l'excite fortement, que par des mouvements de reptation sur la face ventrale. Dans l'envenimation par le venin de Daboia, la faiblesse musculaire est beaucoup plus marquée et plus précoce que dans l'empoisonnement cobrique.

On ne constate pas non plus, comme il s'en produit avec le venin de Cobra, de paralysie de la langue et des muscles des lèvres et du larynx ; le chien peut se plaindre et aboyer, et les personnes mordues n'assistent pas muettes à leur propre agonie.

Action sur la respiration. — A. J. WALL, qui a suivi par la méthode graphique les modifications du mécanisme respiratoire chez les animaux envenimés, a vu que, au moment où les convulsions vont se produire, la respiration du chien se ralentit un peu, en même temps qu'elle devient un peu plus ample ; puis sans autre modification, les convulsions éclatent, entraînant parfois la mort en quelques minutes.

Si l'animal survit, la respiration reprend, d'abord très lentement, puis s'accélère, diminue à nouveau vers la fin, et s'arrête définitivement.

Lorsqu'il ne se produit pas de convulsions, la fréquence des mouvements respiratoires devient extrême ; l'amplitude en est accrue lorsqu'on emploie le venin chauffé à 100° (lequel ne détermine jamais de convulsions, à quelque dose qu'on l'introduise). Avec les faibles doses de venin entier, après une période d'accélération régulière, il survient souvent un ralentissement avec augmentation de l'amplitude, le rythme étant coupé, à intervalles plus ou moins éloignés, par une inspiration profonde, suivie d'une contracture musculaire généralisée, pendant laquelle le chien, glotte close, ramène ses pattes contre la paroi abdominale ; puis soudainement le relâchement se produit, et le rythme respiratoire redevient régulier.

Quand la paralysie s'accentue, il se produit une inspiration profonde qui a son tour disparaît, la respiration devenant plus lente, et l'amplitude restant remarquablement constante jusqu'à l'arrêt.

Il est très exceptionnel que des convulsions tardives se produisent avec le venin de Daboia s'il n'y a pas eu de convulsions primaires.

Action sur la circulation. — Elle ne diffère pas de celle des venins précédemment étudiés ; on note une chute de la pression sanguine. La circulation peut être maintenue longtemps après que la paralysie est devenue complète et que la respiration s'est arrêtée, si on pratique la respiration artificielle.

Mais la faiblesse musculaire si intense atteint aussi le cœur, et la mort peut en résulter.

Par son hémorragine, le venin de Daboia, comme celui de Vipère aspic, altère l'épithélium des vaisseaux, qui laissent d'autant mieux exsuder le sang que celui-ci est rendu incoagulable.

Action sur le sang. — Le venin de Daboia contient deux ferments à action opposée ; un fibrin-ferment, qui n'existe qu'en petite quantité et entraîne la coagulation lorsque de fortes doses sont employées, et un antifibrin-ferment, dont on constate surtout l'action dans l'envenimation moyenne.

Ce venin dissout en outre les deux sortes de globules.

L'injection répétée de petites doses de venin de Daboia amène, suivant Lamb et Hanna, un état d'intoxication chronique, caractérisé par des hématuries, du melæna, des œdèmes, de l'hypothermie, de la somnolence, de l'amaigrissement et de l'asthénie cardiaque. Il faut noter en outre que dans ces intoxications chroniques, le sang a perdu sa coagulabilité, ou ne coagule que difficilement. Il existe même un certain parallélisme entre ce retard de la coagulation et la gravité de l'intoxication.

Chez les animaux qui succombent dans cet état, on trouve des lésions assez variables mais dépourvues de toute spécificité.

L'empoisonnement par le venin de Daboia est donc caractérisé par l'accélération et l'amplitude primaires de la respiration, suivie d'un ralentissement et d'irrégularités ; par une grande faiblesse musculaire qui est suivie de paralysie complète des mouvements (sauf ceux de la voix et de la parole) ; par l'arrêt tardif de la respiration, qui peut se produire après celui du cœur.

L'action sur le sang est capitale, et prend parfois une place prépondérante, de telle sorte qu'un sujet mordu est susceptible, suivant la dose et les conditions d'absorption du venin, de mourir, soit en quelques secondes par thrombose généralisée, soit en une vingtaine d'heures par arrêt du cœur ou de la respiration, soit enfin plus tardivement par cachexie ou complications secondaires.

Echis carinatus

Effets de la morsure chez l'homme. — Le venin de l'Echis est très actif ; mais le serpent étant de petite taille n'inflige de blessures mortelles que dans 20 % des cas environ (F. Wall). Les symptômes observés sont très analogues à ceux que détermine le venin de Daboia. L'action locale, l'enflure et les hémorrhagies sont très étendues. C. J. Martin et Lamb ont signalé un cas récent de morsure d'Echis chez un homme qui avait été atteint à la tempe par un sujet du Muséum de la Société d'Histoire Naturelle de Bombay.

Le blessé fut examiné un quart d'heure environ après avoir été mordu ; il était très anxieux ; l'état de la tempe permettait de voir deux ponctures ; la région était gonflée et ecchymosée ; le gonflement de la face intéressait les paupières de l'œil correspondant. La douleur était extrême ; et les incisions qui avaient été pratiquées pour débrider la plaie laissaient échapper du sang incoagulable.

Bientôt il se produisit des vomissements incoercibles ; le pouls radial était petit, faible, irrégulier, traduisant l'extrême faiblesse cardiaque, le patient était agité et ne pouvait dormir ; les extrémités étaient froides et visqueuses, et la conscience demeura intacte jusqu'à l'agonie, qui se termina dans le délire, puis la mort, 25 heures après la morsure. Il n'y eut pas d'hémorrhagies par les orifices naturels.

Le Major F. WALL rapporte deux cas de mort survenus chez l'homme après la morsure d'Echis carinatus : dans l'un la mort est survenue en 27 heures, dans l'autre en 7 jours.

Le premier de ces cas a été publié par le capitaine C. H. REINHOLD (Indian med. Gaz. nov. 1910) ; il concerne un homme de 40 ans mordu à la face externe de l'avant bras par un Echis de taille moyenne. Débridement de la plaie, ligature, application de permanganate de potasse furent aussitôt pratiqués ; mais la plaie suinta tout le jour, et la souffrance demeura très vive ; l'état semblant meilleur, les ligatures furent retirées du bras et de l'avant bras qui était très gonflé. Le patient eut de brûlantes douleurs abdominales, de la diarrhée, pas de vomissements ; mais ne pouvait dormir. Le lendemain, le pouls était imperceptible, le malade blême, avec du refroidissement des extrémités, mais pas de paralysie. Il garda toute sa connaissance jusqu'au moment du coma, qui survint une heure avant la mort.

Le sujet fut vu par WALL une heure après sa mort ; la rigidité cadavérique n'était pas survenue ; le bras blessé était toujours gonflé et les traces des ligatures étaient visibles.

L'autopsie fut pratiquée 8 heures après, la rigidité s'était établie ; le bras gauche était encore œdématié ; il y avait des phlyctènes au niveau des régions où les ligatures avaient été appliquées.

La blessure était aréolée et intéressait seulement le derme et le tissu conjonctif sous-cutané.

Les poumons étaient emphysémateux et pâles ; la ventricule gauche fortement contracté et vide, le ventricule droit rempli de sang. Il n'y avait aucune coagulation intra-vasculaire et le sang était rouge. L'épiploon était vide de sang, les anses intestinales dilatées par des gaz, mais pas de lésions ; le foie pâle ainsi que les reins, la rate normale.

Une énorme hémorrhagie rétro-péritonéale occupait la moitié gauche de la cavité abdominale depuis le diaphragme jusqu'au bord de la région pelvienne, mais n'atteignait pas la ligne médiane. Le sang était épanché en un caillot noir peu dissociable, dont la forme ne permettait pas de déterminer de quel vaisseau il était sorti. Le système artériel était normal

... un quart d'heure environ après avoir
... état de la temps permettait de voir ...
... et ecchymosée, le gonflement de la ...
... de ... correspondant. La douleur était extrême
... furent ... pratiquées pour débrider le plus laissa ...
... assez ... établie.

... avait des vomissements incoercibles ; le pouls ...
était ... irrégulier, ... l'extrême faiblesse cardiaque, ...
... ne pres ... dormir ; les extrémités étaient froid ...
... la conscience ... demeura intacte jusqu'à l'agonie, qui se ...
... lit, pre ... ment, 55 heures après la morsure. Il n'y ...
... hémorragies par les orifices naturels.

... E. WAR ... porte deux cas de mort survenus chez l'homme
... morsure d' ... ecrines ..., dans l'un la mort est survenue en ...
... dans l'autre en ... jours ...

... Le premier ... cas ... publié par le capitaine C. H. RELNON ...
... mod G ... il concerne un homme de 40 ans mordu ...
... l'avant-bras par un Echis de taille moyenne. Débri ...
... de ... ligature ... application de permanganate de potasse fut ...
aussitôt ... res ; mais la plé ... tait tout le jour, et la souffrance ...
deme ... vive ; la ... endileur, les ligatures furent reti ...
du ble ... l'avant-bras qui ... très gonflé. Le patient eut de brûlant ...
... sommeils, de la ... pas de vomissements ; mais ne pou ...
... Le lendemain ... pouls était imperceptible, le malade blê ...
... dissement ... extrémités, mais pas de paralysie. Il g...
... naissance ... au moment du coma, qui survint une heure ...

... WAR ... une heure après sa mort, la rigidité c...
... le bras blessé était toujours gonflé et les ...
... ment visibles.

... dissipée 8 heures après la rigidité s'était établie ; ...
... œdematié ; il y avait des phlyctènes au niveau ...
... ligatures avaient été appliquées.

... était ... et intéressait seulement le derme et le ...
... cutan

... ons étaient emphysémateux et pâles ; la ventricule ...
... rassé et vide, le ventricule droit rempli de sang. Il n'y av...
... tation intravasculaire et le sang était rouge. L'épiploon et ...
... les anses intestinales dilatées par des gaz, mais pas ...
... ainsi que les reins, la rate normale.
... hémorragie rétro-péritonéale occupait la moitié g...
... abdomen depuis le diaphragme jusqu'au bord de la rég...
... n'atteignait pas la ligne médiane. Le sang était épanch...
... noir peu dissociable, dont la forme ne permettait pas de ...
... vaisseau il était sorti. Le système artériel était normal.

HYDRUS PLATURUS
(Orig.)

Chez les animaux, *chiens, poulets, pigeons*, et autres petites espèces, FAYRER, a observé à la suite de la morsure, des symptômes très analogues ; du gonflement hémorragique au niveau de la morsure ; comme symptômes généraux, de la défaillance, du vertige, de la parésie des jambes, des convulsions agoniques. Il a noté de l'incoagulabilité du sang après la mort.

Ces résultats ont été obtenus aussi plus récemment (1911) par FRASER et GUNN sur la grenouille, le lapin, le cobaye, le rat, le chat, et le pigeon, chez lesquels le venin entraîne rapidement la mort.

Ils résument comme il suit par ordre d'apparition et d'importance les symptômes consécutifs à l'inoculation de venin d'Echis carinatus :

Hémorrhagie locale et à distance, faiblesse du cœur, hypotension, anémie, arrêt de la respiration, perte de l'activité réflexe, arrêt tardif du cœur en diastole. Ce qui semble effectivement caractériser le venin d'Echis c'est son action très hémorrhagipare et très hémolytique, son action paralysante directe sur le cœur, et indirecte par la paralysie du centre vaso-moteur, et la sévérité des symptômes locaux. Ce venin ne se montre pas paralysant du mouvement ni de la respiration.

Cerastes cornutus

Effets de la morsure. — C. GUYON a rapporté (dans Gaz. Méd. de Paris, 1862) des cas de morsure de Céraste survenus soit chez l'homme, soit chez les animaux.

L'étude plus détaillée des symptômes dûs à la morsure a été reprise au Caire, puis à Naples (en 1873-75), par MM. PANCERI et GASCO.

La morsure de Céraste est foudroyante pour les petits Mammifères ; elle tue en quelques secondes un petit rongeur, (le *Meriones pyramidum*) ; le *cheval* et le *chameau* y sont également sensibles, et meurent à quelques minutes d'intervalle (d'ap. GUYON).

PANCERI et GASCO, qui ont fait mordre à la lèvre supérieure une *gazelle dorcas* par un Céraste, ont observé les symptômes suivants :

Le sujet est pris de tremblement généralisé et ne peut rester d'aplomb sur ses jambes ; il urine, se couche, continuant à trembler pendant plusieurs heures ; il est dans la stupeur ; l'œil fixe, ne songeant ni à ruminer, ni à manger, ni à se déplacer.

La lèvre supérieure à l'endroit mordu est gonflée et douloureuse ; au 3e jour on y constate une tumeur phlegmoneuse, qui décroît de volume les jours suivants et donne un ulcère à fond grisâtre, sans tendance à la cicatrisation.

Mais l'animal survécut ; au bout d'un mois, il s'était formé localement un noyau gangrené et momifié entouré d'une membrane fibreuse..

La morsure du Céraste cause presque instantanément la mort du *milan d'Egypte*, un peu plus tardivement chez le *vautour*, en un jour environ, de même chez le *pigeon*, alors que la *caille* ne développe qu'un ulcère gangréneux.

L'action locale est toujours intense quand la survie dure quelques heures ; c'est un gonflement livide, du membre mordu ; les muscles et le tissu conjonctif sont enflammés, et sous la peau existe un œdème hémorragique de tout le côté mordu. Le sang est coagulé dans les gros vaisseaux.

Parmi les Reptiles, les uns résistent, les autres succombent à la morsure : un *Scincus officinalis*, mordu à la langue tomba 10 minutes après sur le flanc comme s'il était à l'agonie, puis peu après tourna sur lui-même de droite à gauche, mais fut bientôt paralysé. Il resta deux jours dans cet état, guérit des symptômes généraux, mais mourut ensuite de phlegmon gangréneux à la langue.

Bitis arietans

Cette Vipère d'Afrique cause beaucoup d'accidents mortels parmi les indigènes ; les enfants européens paient aussi un large tribut, dû à leur turbulence qui surprend le reptile et l'excite à mordre.

La morsure est le plus souvent suivie de mort immédiate par coagulation intra-vasculaire ; FITZSIMONS en rapporte plusieurs cas, soit chez des chiens, soit chez l'homme.

Quelques recherches physiologiques ont été faites récemment par R. BEAUJEAN (1913), relativement aux propriétés neurotoxiques, hémorragiques, coagulantes et protéolytiques du venin de cette espèce.

Causus rhombeatus

Effets de la morsure. — La « Vipère du Cap » est très redoutée dans l'Afrique du Sud, car elle fréquente volontiers les habitations à la recherche ou à la poursuite de sa proie. Cependant, d'après les observations de FITZSIMONS, le serpent n'est pas agressif, et sa morsure très rarement mortelle ; après deux ou trois jours de malaise, les sujets guérissent. Les accidents locaux : gonflement, hémorragies, sont constants.

On rapporte des cas de mort chez l'homme consécutifs à sa morsure ; l'un des plus récents, cité par FITZSIMONS, est arrivé dans l'Eastern Province Herald (Colonie du Cap), en février 1911, chez un des plus importants fermiers du district, M. R. C. PARKIN.

Mordu au pouce vers 11 h. du matin par un Causus, il suça aussitôt la plaie ; mais dans l'après-midi, la tête et le visage commencèrent à gonfler et l'état devint très alarmant ; le blessé mourut à 7 heures du soir, soit 8 heures après avoir été mordu. L'enquête faite par FITZSIMONS lui apprit qu'il y avait de l'œdème de la tête, et que les muscles de la gorge, de la bouche, des paupières et de la face étaient paralysés. La gorge continuant à s'œdémacier, le sujet était probablement mort asphyxié. Il suppose que la muqueuse buccale du fermier devait être en mauvais état, et que le venin avait pénétré dans les tissus au moment de la succion de la blessure.

Dans les cas où le blessé résiste aux symptômes généraux, les lésions locales persistent longtemps et sont de guérison difficile.

Après la morsure d'un Causus, le poulet meurt en 12 à 24 heures.

Action physiologique. — Des expériences récentes (1909-1910) ont été entreprises par ARBUCKLE dans l'Ouest Africain, en Sierra-Leone, où il existe beaucoup de Vipéridés du genre Causus.

Il emploie avec les mêmes résultats, le venin frais ou sec, ou encore le précipité alcoolique dilué dans l'eau salée stérilisée.

Sur le Poulet. L'action du venin se traduit chez le poulet par une ecchymose locale, de la somnolence et de la faiblesse musculaire. Dans la moitié des cas, il existe du ralentissement de la respiration avec une grande difficulté à l'inspiration. L'autopsie montre des hémorrhagies superficielles dans les viscères, particulièrement dans le cœur et les poumons ; ceux-ci, dans deux cas étaient remplis de liquide et avaient une teinte fortement hémorragique.

Avec le contenu des deux glandes d'un même sujet inoculé dans le muscle pectoral d'un poussin, celui-ci, est mort en 5 heures ; un autre qui n'avait reçu que le contenu d'une glande est mort en 1 heure 45 minutes avec des convulsions et une mousse teintée de sang à la bouche. Comme le cœur droit contenait des caillots, il est probable que l'inoculation avait atteint un vaisseau, et avait déterminé la coagulation intravasculaire du sang.

Le poulet adulte résiste à la dose de venin fournie par une glande, que le venin ait été employé frais, ou préalablement desséché au soleil ; à la dose de 120 milligr. (160 milligr. étant ce qui correspond aux 2 glandes), le sujet meurt en 4 heures avec des convulsions.

Avec le précipité alcoolique (obtenu en traitant le venin pendant deux jours par de l'alcool à 90 %), la mort est retardée, mais non pas évitée, et les symptômes se succèdent comme avec le venin lui-même.

Si on compare la toxicité moyenne du venin de Causus à celle du venin de la Vipère aspic, on constate qu'elle est beaucoup moindre, car d'après C. PHISALIX, le poids de venin sec de Vipère qui tue le cobaye par inoculation sous-cutanée ne détermine qu'une action locale chez le même animal lorsqu'il s'agit de venin de Causus.

Atractaspis aterrima

En août 1914, M. E. G. BOULENGER, conservateur des Reptiles du Jardin Zoologique de Londres, fut mordu à un doigt par un Atractaspis en le retirant de la caisse dans laquelle il arrivait. Le sujet était bien portant, mais pas particulièrement agressif. La morsure ne fut infligée que par un seul crochet non protracté à la façon d'un coup de lance, car la lon gueur des crochets est telle que le serpent ne peut ouvrir suffisamment la bouche pour qu'ils puissent se redresser.

Les soins immédiats : scarification et dépôt de cristaux de permanganate sur la plaie, ligature élastique, unicité et rapidité de la poncture firent que la morsure n'eut pas de conséquences graves ; mais néanmoins celle-ci fut suivie d'une action locale qui apparut quatre heures après, se traduisant par la douleur et un gonflement hémorrhagique volumineux de la main et du bras qui allèrent en croissant jusque vers la 6ᵉ heure. Comme symptômes généraux, seulement une hyperthermie marquée ; la température du blessé, qui était de 39°6 au moment du maximum de la douleur, et se maintint élevée pendant quelques heures ; puis au bout de 48 heures, ces symptômes s'amendèrent. Il est intéressant de noter cette hyperthermie, qui est exceptionnelle quand il s'agit du venin des Vipéridés, d'ordinaire hypothermisant.

Ancistrodon himalayanus

Plusieurs cas de morsures chez l'homme ont été rapportés par F. WALL ; aucun ne s'est terminé par la mort.

L'un se rapporte au colonel E.-W. Wall, frère du précédent, qui fut mordu à la jambe dans la brousse par un *Ancistrodon himalayanus* presque immédiatement le blessé ressentit une douleur brûlante et lancinante au point mordu ; en retirant sa chaussure, il constata une sorte d'ampoule hémorragique. Le pied, la jambe et la cuisse, jusqu'à l'aine enflèrent rapidement, la douleur persistant ; mais il n'y avait plus aucun suintement de sang ou de sérosité de la blessure au bout de quelques minutes, et pas d'hémorragie des muqueuses ni de la blessure par la suite.

Le gonflement local persista pendant quelques jours avec le changement de couleur ordinairement observé dans ces cas. L'envenimation guérit sans traitement. Les morsures dues à ce serpent guérissent d'ordinaire en quelques jours, et on n'en rapporte aucun cas mortel.

Le venin des espèces américaines *Ancistrodon piscivorus* et *A. contortrix* a la même action que celui de Crotalus ou de Lachesis.

D'après WEIR-MITCHELL et REICHERT, le venin du Mocassin d'eau (*Ancistron piscivorus*, Lacép.) contient plus de neurotoxine que celui du Crotale et, par conséquent, si l'action locale est comparativement moindre, les effets paralytiques sur les nerfs moteurs et les centres respiratoires sont plus accusés. OTT (1882), FLEXNER et NOGUCHI ont confirmé ces données.

Nulles recherches physiologiques n'ont été faites systématiquement sur le venin d'Ancistrodon.

Lachesis mutus

C'est le plus grand des Lachesis connus ; un spécimen envoyé de Bahia à l'Institut de Butantan (État de Sao-Paulo, Brésil), mesurait

2 m. 40 de long et pesait 5 kil. 600 grammes. En raison de ses grandes
dimensions, la quantité de venin qu'il est capable d'inoculer par la
morsure suffit pour rendre celle-ci toujours mortelle. On ne connaît
d'observation se rapportant à ce Crotaliné que celle qui est donnée par
Brehm et qui se rapporte à un Indien. Les symptômes décrits sont sensiblement les mêmes que ceux que détermine le venin des *Lachesis*.

Lachesis lanceolatus

Syn. : *Trigonocephalus lanceolatus*, Oppel ; *Tr. jararaca*, Schleg. ;
Bothrops lanceolatus, D. B. ; *B. jararacussu*, Lacerda, etc.

Cette espèce est une de celles qui produisent le plus d'accidents
dans l'Amérique•Centrale et du Sud, ainsi qu'au Mexique et aux Antilles. Elle fréquente les rizières et les plantations à la recherche de sa
proie, qui consiste principalement en petits rongeurs.

Effets de la morsure. — L'action du venin est immédiate ; elle se
manifeste par de la douleur locale avec sensation de chaleur, puis engourdissement et gonflement de la région mordue et des régions avoisinantes
L'œdème progresse et s'étend parfois fort loin de la plaie, qui saigne.
Les nausées et les vomissements sont fréquents ; l'affaiblissement musculaire est précoce et s'accompagne de somnolence, la conscience étan,
toutefois intacte. Il y a des sueurs froides, de l'hypothermie ; le pouls
est faible et rapide. On note souvent des hémorrhagies à distance par la
bouche, les oreilles et quelquefois la peau. La mort survient dans l'algi-
dité, quelquefois en moins d'une heure, comme dans l'observation rapportée par le naturaliste Schomburg.

« Il faut avoir vu, dit Schomburg, ces membres tuméfiés et couverts
de placards violets pour s'en faire une idée ; on dirait qu'il se fait
une énorme infiltration sanguine, semblable à celle qui résulterait d'une
contusion violente. La suppuration s'établit en moins de deux ou trois
jours, la peau se décolle et, si elle n'est convenablement incisée, tombe
en gangrène. Alors des portions de tissu cellulaire se détachent avec
une sanie roussâtre, les tendons, les os sont mis à nu, les articulations
sont ouvertes, le sphacèle s'empare des parties, principalement des doigts;
tout le membre, ainsi que je l'ai vu plusieurs fois, est disséqué vivant
La colliquation succède, et si le malade ne succombe pas aux accidents
de la résorption purulente ou de la gangrène, il faut amputer le mem
bre. » (J.-Ch. Blot, 1823.)

Rufz, qui cite Blot, ajoute :

« Quand la mort résulte des désordres produits par le phlegmon,
elle a lieu de quinze jours à un mois après la piqûre. Chez les malades
qui guérissent, il n'est pas rare qu'il reste des trajets fistuleux, des
nécroses, des ulcères dont la guérison est interminable, ou des cicatrices
et des déformations hideuses, ou des gonflements œdémateux éléphantia-

siques. Il est peu d'hôpitaux et d'habitations (à la Martinique) qui n'offrent un ou deux de ces invalides de la piqûre du serpent. »

Lachesis anamallensis

Effets de la morsure. — Les effets de la morsure n'ont pas été notés d'une façon bien détaillée. JERDON (*Journ. asiatic Soc. of Bengal*, vol. XXII, p. 525) rapporte plusieurs cas suivis de guérison. F. WALL en cite un autre où la morsure n'a déterminé chez le blessé qu'une action locale modérée ayant cédé à la succion et à la cautérisation. FERGUSSON (*Journ. Bombay Nat. Hist. Soc.*, vol. X, p. 9) relate celui du baron de Rosemberg, qui, après avoir été mordu, put parcourir 10 milles avant de ressentir aucun effet général ; mais il fut obligé de couper sa chaussure en raison du gonflement qui était survenu au pied blessé ; ce gonflement persista pendant plusieurs jours ; il reparut un an après, avec les mêmes phénomènes de décharge sanieuse.

Action physiologique. — D'après ROGERS, l'action du venin est identique à celui du venin de Daboia. Le fibrin-ferment en est moins actif, mais l'hémorrhagine et l'antifibrin-ferment le sont davantage, car les hémorrhagies sont plus profuses.

Le venin paralyse le centre respiratoire et les cellules nerveuses en général.

Lachesis gramineus

Le venin de cette espèce n'a pas été expérimentalement étudié. F. WALL rapporte seulement une observation qui lui a été communiquée par le R. J. H. LORD.

Il s'agit d'un coolie du Konkan qui fut mordu en deux endroits du côté gauche de la tête, tandis qu'il coupait du bois. Il tua le serpent et le rapporta.

Environ une demi-heure après l'accident, le côté gauche de la tête était si gonflé que l'œil était presque fermé. Les deux blessures furent incisées et saupoudrées de permanganate de potasse. A l'intérieur, on administra de l'ammoniaque, de l'éther et du brandy. Le jour suivant, le gonflement avait envahi toute la tête et les deux yeux étaient fermés. Puis l'action phlogogène régressa peu à peu, et le malade guérit sans autres manifestations.

Lachesis monticola

F. WALL rapporte (dans *Indian Med. Gazette* de novembre 1917), un cas de morsure chez un chasseur de serpents, survenu en Assam, dans les montagnes de Khasi. Le sujet avait été mordu au doigt en essayant de capturer le serpent. Dans cet accident, ce fut l'action locale et l'hémorragie à répétition provenant de l'incoagulabilité du sang qui prédominèrent. On n'observa pas de phénomènes nerveux.

Cette espèce n'est pas considérée comme très venimeuse, et aucune recherche n'a été entreprise sur l'action physiologique de son venin.

Lachesis flavoviridis

Syn. : *Trimeresurus riukiuanus*, Hilgendorf ; *Lachesis flavoviridis*, Blgr.

D'après KITASHIMA, les cas de morsure sont assez fréquents aux îles Riu-Kiu (Loo-Choo) et Amani, où il en a relevé 225 cas en un an. L'espèce y est aussi prospère que redoutée.

Action physiologique. — Le venin de cette espèce a été expérimentalement étudié par ISHIZAKA (1907), puis par KITASHIMA (1908) ; quelques particularités de son action ont été signalées en 1911 par MM. NICOLLE et A. BERTHELOT.

Action sur la Grenouille. L'injection sous-cutanée correspondant à la dose de 10 milligrammes entraîne, en 10 à 24 heures, la mort de la grenouille par paralysie progressive. Les réflexes et l'excitabilité des nerfs moteurs persistent pendant un certain temps après la mort.

Il n'y a pas de paralysie des plaques terminales des nerfs moteurs.

La fréquence des battements cardiaques diminue graduellement et n'est pas modifiée par l'atropine ; le cœur s'arrête en demi-systole. L'application directe d'une solution à 1 o/o de venin sur le cœur isolé de la grenouille détermine quelques troubles passagers : le diastolisme devient si turgide que le sang ne peut plus pénétrer dans le ventricule relâché, tandis que les vaisseaux périphériques sont fortement congestionnés. Dans cet état, la fréquence des battements reste fréquemment invariable pendant un certain temps. Lorsque le cœur est perfusé avec la solution de RINGER-LOCKE, si on ajoute 1 % de venin à la solution qui le traverse, il devient paralysé en 6 à 12 minutes.

Ces observations montrent donc l'action paralysante du venin sur le muscle cardiaque, aussi bien que sur les autres muscles.

Action sur la Souris. Il suffit de 3 à 5 milligrammes de venin par kilogramme de souris, soit de 0 milligr. 05 par sujet, pour entraîner la mort : l'affaiblissement musculaire et les troubles de la respiration sont presque simultanés ; la respiration devient graduellement plus lente, irrégulière, superficielle et finalement s'arrête sans convulsions, alors que le cœur continue encore à battre pendant quelque temps.

L'action locale apparaît déjà 10 à 15 minutes après l'injection et la peau gonflée présente la teinte caractéristique d'un œdème hémorrhagique. Si le sujet ne meurt pas, il se forme localement une escarre qui s'élimine.

Action sur le Lapin. On observe les mêmes symptômes locaux que chez la souris. On observe bientôt l'action paralysante sur la respiration, qui s'arrête d'une façon précoce, généralement précédée de légères convulsions, tandis que les phréniques et les autres nerfs moteurs conservent leur excitabilité normale. Le cœur continue à battre quelque temps après l'arrêt de la respiration. La dose mortelle est de 1 à 6 milligrammes par kilogramme de lapin (KITASHIMA).

Lorsque le venin est porté directement dans la substance du cerveau, la respiration devient difficile et s'accélère, en même temps qu'il y a augmentation des actions réflexes ; on observe alors des convulsions cloniques et toniques. La dose correspondant à 1 milligramme de venin sec suffit à entraîner la mort dans l'espace de 1 à 4 heures, par arrêt de la respiration.

Après l'inoculation intraveineuse au lapin ou au chien, la pression sanguine s'abaisse rapidement sans que les caractères du pouls se modifient. ISHIZAKA n'attribue pas cette chute à la paralysie du centre vasomoteur parce que la pression s'élève encore dans la dernière phase de l'envenimation quand on interrompt la respiration artificielle. L'excitabilité du nerf splanchnique est diminuée, mais jamais complètement abolie. D'autre part, la persistance des caractères normaux du pouls semble exclure la possibilité d'un état parétique des vaisseaux périphériques. La chute de la pression sanguine s'explique dès lors plutôt par l'affaiblissement direct de l'activité cardiaque.

Les nerfs sciatiques et phréniques restent encore excitables après la mort.

L'injection de 1 milligramme de venin dans la gaine du nerf sciatique du lapin entraîne la mort avec les symptômes typiques de l'envenimation ; elle est suivie d'une hémorragie qui descend jusqu'au genou et qui atteint, en haut, le tiers postérieur de la moelle : moelle et sciatique apparaissent alors comme un cordon rouge sombre. De petits foyers hémorrhagiques se rencontrent à l'intérieur du tissu nerveux.

Les hémorragies locales et à distance sont d'ailleurs un symptôme prédominant chez les animaux à sang chaud ; elles affectent aussi le péricarde, l'endorcarde et la muqueuse gastrique chez le lapin ; chez le chien, on les rencontre surtout dans les poumons, le mésentère et l'intestin.

Mais par la voie rectale, la dose de 3 gr. 25 par kilogramme pouvait être donnée sans tuer le lapin, à la condition qu'elle soit fractionnée, car en une seule fois il suffit de 340 milligrammes. Dans ce cas, il n'y a pas d'hémorragie dans la muqueuse, mais le rein est frappé de néphrite parenchymateuse.

Quelles que soient les voies par lesquelles le venin ait été introduit, ISHIZAKA ne put constater d'hémorragies dans le cerveau, les méninges et la moelle osseuse.

Crotalus adamanteus

Effets de la morsure chez l'homme. — WEIR-MITCHELL a recueilli 16 observations de morsures chez l'homme, dont 5 furent suivies de mort dans l'intervalle de 5 heures et demie, 9 et 18 heures ; le cinquième cas, après 17 jours, doit être attribué à une autre cause. Les hommes seraient plus souvent mordus que les femmes en raison de ce que, par leurs occupations, ils sont plus souvent exposés, et aussi parce qu'ils sont moins vêtus, les morsures siègeant le plus fréquemment aux extrémités des membres.

Symptômes locaux. Le premier symptôme est la douleur due à la morsure, douleur modérée d'ailleurs et inconstante, qui n'est pas toujours localisée par le blessé. La plaie peut saigner si un gros vaisseau a été lésé ou si les crochets, ayant pénétré profondément, laissent de grands orifices de sortie ; d'autres fois, il faut rechercher l'endroit mordu ; mais bientôt les phénomènes locaux s'accentuent : la région mordue et les voisines sont le siège d'un gonflement d'abord incolore, s'accompagnant d'une douleur momentanée et excrussiante due à l'action destructive directe du venin sur les tissus et à son action indirecte sur la circulation locale. L'extrémité mordue est gonflée et pâle jusqu'à ce qu'elle prenne les teintes d'une ancienne contusion. Des phlyctènes peuvent se produire à la surface, la douleur diminue, la température locale, déjà abaissée au début, s'abaisse encore et le tissu nécrosé s'élimine en une escarre.

Si le poison est retiré aussitôt après la morsure, ou qu'il n'ait pénétré qu'à très faible dose, l'action locale est plus réduite et guérit très rapidement.

Symptômes généraux. Le symptôme le plus marquant est la prostration qui se produit après 20 à 30 minutes, parfois quand le blessé est en train d'essayer de tuer le serpent qui l'a mordu, ou de continuer à circuler : il chancelle, tombe parfois, inondé de sueur froide ; il est pris de nausées, de vomissements ; le pouls devient faible et rapide, l'expression anxieuse, et s'accompagnant parfois d'un peu de subdélire. Ces cas suraigus peuvent se terminer par la mort en 5 heures et demie à 18 heures. Ils ne sont pas les plus fréquents. Ordinairement, l'envenimation n'est pas mortelle. Les symptômes locaux s'étendent du membre blessé au tronc, de telle façon par exemple qu'à la suite d'une morsure à la main, le bras et la moitié du tronc sont le siège d'un œdème plus ou moins hémorragique ; d'autres régions, comme la face, deviennent bouffies dans l'espace de quelques heures. La faiblesse générale reste marquée et se traduit par des syncopes à répétition, les battements du cœur sont faibles et rapides, la respiration difficile. Généralement, l'état mental est redevenu parfaitement conscient et calme, quoi qu'il arrive. Parfois, au contraire, il survient de l'inquiétude, du délire tranquille et de l'insomnie. Les vomissements sont un des symptômes les plus fréquents ; dans quelques cas, on a observé une diarrhée bilieuse. Nulle remarque n'a été faite sur l'urine.

Dans le cas où la mort est survenue en 9 heures, la coagulabilité du sang était restée normale : mais elle était complètement perdue quand la mort n'était survenue qu'au bout de 18 heures.

Dans les cas de guérison, celle-ci peut survenir en quelques jours, mais aussi en quelques mois, l'état de défaillance se prolongeant, comme il arrive après d'autres envenimations.

Les quatre autopsies qui ont pu être faites ont révélé dans deux cas de la congestion de la pie-mère avec épanchement sanguin, une sécrétion muqueuse avec spume rosée dans la trachée et les poumons, quelquefois un épanchement péritonéal teinté de sang, et des hémorragies ponctiformes sur la muqueuse intestinale. Les deux autres autopsies n'ont pas montré les lésions précédentes.

Action physiologique. - *Chez le Lapin.* Le lapin peut mourir en une minute de la morsure du Crotale ; on n'observe alors pas de lésions ; le sang coagule fermement et des thromboses se rencontrent dans les grosses veines et dans l'artère pulmonaire.

Dans un autre cas, un lapin mordu par un Crotale épuisé ne mourut qu'au bout de trois jours : WEIR-MITCHELL constata de l'albuminurie et des selles hémorragiques, des ecchymoses étendues dans les muqueuses, dans le système nerveux, un épanchement de sérum teinté de sang dans le péricarde et les ventricules cérébraux. Les reins étaient gros et imbibés de sang noir. Dans les cas où la mort survenait entre 15 minutes et plusieurs heures, il se produisait de la prostration immédiate, la suppression de tous les mouvements volontaires ou réflexes, la respiration saccadée ; il y avait des contractions généralisées, de la faiblesse du cœur et du pouls, la mort étant souvent précédée de violentes convulsions, tandis que les muscles mordus devenaient le siège d'un gonflement et d'une infiltration hémorragique. On peut noter une absence de coagulabilité du sang. Des ecchymoses nombreuses siègent aux viscères et aux muqueuses.

Chez les petits rongeurs : *rat, cobaye,* chez le *chat,* on observe les mêmes symptômes que chez le lapin. Le *cheval* est excessivement sensible au venin de Crotale, comme l'a démontré Mc FARLAND dans ses essais d'immunisation contre ce venin. La *chèvre* est plus résistante.

D'après CAMUS, CÉSARI et JOUAN, les doses minima mortelles par injections intraveineuses sous-cutanées et intra-rachidiennes sont respectivement de o milligr. 25, o milligr. 5 et o milligr. o5 pour un lapin pesant 2.000 grammes, de o milligr. 25, plus de 2 milligrammes, pour un cobaye du poids de 500 grammes.

Chez le Chien. W. MITCHELL fit mordre des chiens par des Crotales : beaucoup d'entre eux, après avoir présenté des symptômes plus ou moins graves, guérissent. Dans quelques cas, la mort est survenue en quelques heures. Les symptômes ordinaires se produisent, pendant lesquels le sujet très altéré boit souvent. L'autopsie montre une infiltration hémorragique locale, mais il y a rarement des ecchymoses dans les organes internes. Les cavités séreuses contiennent en quantité variable un liquide laqué.

La coagulabilité du sang a presque complètement disparu, le sang restant définitivement ou temporairement fluide. Les reins sont souvent augmentés de volume et hémorragiques. La vessie contient quelquefois de l'urine teintée de sang et légèrement albumineuse. Après 13 et 28 minutes, le sciatique était encore excitable. Le cerveau était le plus souvent congestionné.

Chez le Pigeon. 1° Envenimation aiguë : D'après WEIR-MITCHELL. les oiseaux sont très sensibles au venin de Crotale, dont l'action est parfois si rapide qu'aucun symptôme n'est observable. Chez les pigeons mordus par un Crotale, on observe aussitôt de la faiblesse, de la dyspnée, des convulsions et des bâillements. On voit parfois des contractions musculaires au voisinage de la région mordue. La pupille n'est pas ou très légèrement contractée. La coagulabilité du sang paraît normale. Le sciatique est encore excitable 9 minutes après la mort. L'arrêt du cœur survient plusieurs minutes ou plus après celui de la respiration. L'excitabilité musculaire persiste 10 minutes après la mort. La trace des crochets est entourée d'une zone circulaire hémorragique. Dans une expérience, le pigeon mourut en l'espace de 30 secondes, complètement paralysé.

2° Envenimation chronique : Avec les doses minima mortelles reçues par morsure, les pigeons peuvent survivre quelques jours, pendant lesquels il apparaît de la nécrose au lieu d'inoculation. La mort peut se produire en 12 à 24 heures ou en quelques jours. L'envenimation, dans ces cas chroniques, est accompagnée d'hémorragies dans les viscères, dans les muqueuses, dans les muscles voisins de la blessure et d'incoagulabilité du sang.

Dans d'autres séries d'expériences, WEIR-MITCHELL et REICHERT inoculèrent le venin frais dans le muscle pectoral des pigeons : la mort arrivait avec la dose de une goutte en 15 à 25 minutes ; le muscle, au point inoculé, se ramollit et se gonfle en même temps que l'épanchement sanguin se produit. La coagulabilité du sang était toujours plus ou moins réduite, parfois complètement abolie. Lorsque la mort était foudroyante, le sang était fortement coagulé. Les hémorragies sous-muqueuses, sous-pleurales, péritonéales, sous-péricardiques, sont les plus nombreuses et les plus accentuées.

Lorsque les sujets ne meurent pas, il se forme localement une escarre sèche qui s'élimine.

Action sur le système nerveux. — Le venin pur ou dilué n'exerce aucune action sur les troncs nerveux ; en laissant tomber 1 goutte de venin pur sur le sciatique d'une grenouille, WEIR-MITCHELL et REICHERT constatent que l'excitabilité est encore intacte au bout de 32 minutes.

Il en est de même si l'on immerge une portion du nerf dans une solution venimeuse, et qu'on l'incise suivant sa longueur pour faciliter la pénétration du venin.

Cette insensibilité des troncs nerveux, au contact direct du venin, avait déjà été constatée par les anciens observateurs.

Quelles sont les parties du système nerveux primitivement atteintes? Les expériences suivantes l'indiquent : chez la grenouille et le lapin, la morsure de Crotale est rapidement suivie de la suppression de tous les mouvements volontaires ou réflexes : ainsi, chez la grenouille, aucun mouvement réflexe ne répond à l'excitation du sciatique, bien qu'il s'en produise par la galvanisation de la patte. D'autre part, si, après avoir ligaturé l'artère fémorale gauche d'une grenouille, on la fait mordre par un Crotale et que, lorsque tout mouvement a cessé, on galvanise le sciatique droit, on n'obtient pas de réflexe ; mais l'excitation électrique directe des sciatiques détermine des mouvements aussi bien dans la patte isolée de son vaisseau par la ligature que dans la patte envenimée : les nerfs moteurs sont donc intacts.

La perte du mouvement peut en conséquence être due, soit à la perte de la conductibilité des nerfs sensitifs, soit à la paralysie des centres nerveux eux-mêmes. Pour fixer ce point, WEIR-MITCHELL envenime une grenouille jusqu'à paralysie complète, sauf celle du cœur ; la moelle est alors sectionnée et détruite au stylet : aucun mouvement ne se produit. L'excitabilité des nerfs moteurs, recherchée dans le tronc sciatique, est intacte. La perte de la fonction nerveuse commence donc aux centres, et les nerfs sensitifs n'ont aucun moyen de manifester leur sensibilité si elle existe encore.

La même expérience est répétée sur les animaux à sang chaud, notamment chez le lapin, en pratiquant la respiration artificielle pour entretenir la circulation et l'activité cardiaque. Semblablement, la section et la destruction de la moelle ne déterminent aucun mouvement, l'excitabilité des troncs sciatiques et du tronc phrénique reste intacte ; d'où il résulte que c'est bien la moelle qui est paralysée.

La fonction des nerfs moteurs est cependant atteinte, mais à la longue, car la durée de leur excitabilité est moindre après l'envenimation qu'après la décapitation.

Action sur la respiration. — En déterminant par des injections intraveineuses de dilution appropriée une envenimation aiguë ou subaiguë chez le lapin (avec des venins de *Crotalus adamanteus*, d'*Ancistrodon piscivorus* ou de *Naja tripudians*), WEIR-MITCHELL et REICHERT ont constamment observé une accélération et une augmentation de l'amplitude de la respiration qui, cependant, était bientôt suivie d'un ralentissement et d'une diminution d'amplitude très inférieurs à la normale. Le réflexe cornéen était aboli avant l'arrêt de la respiration, qui survenait avant celui du cœur. Les muscles respiratoires répondaient encore à l'excitation

~électrique. La moelle étant mise à nu, on observait que l'excitation des cordons sensitifs ne déterminait aucune réponse alors que les cordons moteurs étaient encore excitables. Les nerfs moteurs étaient les derniers à perdre leur excitabilité, laquelle survivait à celle des cordons moteurs.

Weir-Mitchell et Reichert observèrent également que la section des vagues au niveau du cou prévient l'accélération du rythme respiratoire, fait qu'avaient déjà observé Brunton et Fayrer ; ces derniers, d'après cela, attribuaient l'accroissement du rythme respiratoire à l'action du venin sur les terminaisons périphériques du vague dans les poumons, opinion qu'accepte Weir-Mitchell. Le ralentissement secondaire a sa cause dans le centre lui-même, et serait dû à la paralysie de ce centre ; le venin exercerait donc une double action : excitante sur les terminaisons périphériques du vague, et paralysante sur le centre respiratoire.

Nous avons vu que C.-J. Martin s'élève contre cette interprétation en ce qui concerne l'action primaire d'accélération ; il la considère aussi comme due à une action directe du venin sur le centre, action qui ainsi serait double : l'action primaire excitante, déterminant l'accélération suivie de l'action inverse paralysante.

La respiration s'arrête avant le cœur.

Action sur la circulation. — Dans la plupart des cas d'envenimation aiguë chez la grenouille, le rythme et l'intensité des battements cardiaques sont affectés avant que la respiration soit suspendue ; les battements continuent encore un certain temps après que les mouvements volontaires et réflexes ont cessé ; l'arrêt a lieu avant que les nerfs moteurs aient perdu leur excitabilité. Le cœur de la grenouille envenimée s'affaiblit, il est vrai, mais il survit à l'arrêt des principales fonctions nerveuses, et ce n'est pas son arrêt qui détermine la mort. Toutefois, l'indépendance qu'il possède vis-à-vis des autres mécanismes conduit à rechercher si, chez les Vertébrés à sang chaud, où la circulation et la respiration sont beaucoup plus solidaires, on observe toujours une survivance du cœur à la respiration. Pour observer ce qui se passe au cours de l'envenimation, le cœur du lapin est mis à nu, et on en soutient momentanément l'action par la respiration artificielle ; on constate alors que le cœur s'affaiblit très rapidement ; ses systoles sont incomplètes et deviennent rares, alors que les oreillettes continuent à battre plus rapidement : mais il bat encore lorsque déjà la respiration est arrêtée. Après son arrêt, il reste sensible aux excitations galvaniques et la fibre cardiaque un peu plus longtemps. Celle-ci n'était donc pas primitivement paralysée.

Chez l'homme, une morsure grave est toujours suivie de prostration et d'une faiblesse générale dues l'une et l'autre à une action sur le cœur ; mais il n'y a pas de raison de supposer que le muscle cardiaque soit assez paralysé pour mourir le premier.

Quant à l'action sur la pression sanguine, Weir-Mitchell et Rei-

CHERT observèrent que tous les venins sur lesquels ils avaient expérimenté (*Crotale, Ancistrodon, Daboia, Cobra,* etc.) sont de puissants modificateurs de la pression sanguine. Celle-ci s'abaisse immédiatement après, et quelquefois pendant l'injection, et d'une manière si marquée que le venin semble agir sur tout l'appareil circulatoire. Si la dose injectée n'est pas immédiatement mortelle, la pression s'élève d'abord graduellement, puis finalement subit un abaissement, qui se produit plus ou moins rapidement jusqu'au moment de la mort. D'autres fois, la pression s'abaissait d'une façon continue jusqu'à ce que la mort s'ensuive.

Après l'injection intraveineuse, la chute soudaine primaire ne se produit pas le plus souvent.

Effet de l'inoculation intracérébrale chez les animaux. — FLEXNER et NOGUCHI ont déterminé l'action de la neurotoxine du venin de Crotale introduite directement dans le tissu cérébral du cobaye. Ils privent d'abord le venin de ses sensibilisatrices par contact à la température de o pendant 3o minutes avec des globules lavés de cobaye, puis ils chauffent le produit à 75° pour en détruire l'hémorragine.

Les symptômes nerveux apparaissent aussitôt après l'inoculation, chez le cobaye du poids de 3oo grammes : ce sont les effets irritatifs que l'on observe d'abord, d'allure convulsive, puis les effets paralytiques La mort semble due à l'arrêt de la respiration, car au moment de cet arrêt le cœur bat encore.

Cette mort survient en l'espace de 3 h. 2o avec une dose de venin correspondant à o milligr. 1 ; par la voie sous-cutanée, il faut 1 milligramme de venin pour déterminer la mort dans le même temps, et les symptômes n'apparaissent pas immédiatement.

Lorsque le venin est seulement privé de son hémorragine par le chauffage à 75°, qui réduit un peu l'action des hémotoxines, l'injection intracérébrale peut ne pas entraîner la mort, ce qui montre, comme les auteurs l'ont maintes fois fait ressortir, que, dans le venin de Crotale, c'est l'hémorragine qui domine, alors que dans le venin de Cobra c'est la neurotoxine.

Les venins d'Ancistrodon (*A. contortrix* et *piscivorus*) sont à cet égard intermédiaires entre les précédents ; ils contiennent des quantités considérables de neurotoxines et d'hémorrhagines.

Action sur la coagulation du sang. — Les fortes doses de venin introduites à un moment donné dans la circulation, soit par morsure, soit par inoculation, peuvent déterminer une thrombose étendue et entraîner la mort de certains animaux par ce mécanisme. Le venin contient donc du fibrin-ferment : mais, dans la plupart des cas, c'est l'anti-fibrin-ferment qui domine, et l'incoagulabilité que l'on observe.

Action sur les globules du sang. — Le venin de Crotale a une action directe et dissolvante sur les globules : elle sera étudiée en détail au chapitre de l'hémolyse.

En résumé, en ce qui concerne l'action du venin de Crotale sur le système nerveux et les fonctions circulatoire et respiratoire connexes (Voir MITCHELL et REICHERT), les auteurs les plus récents arrivent aux conclusions suivantes :

1° Le cœur de tous les Vertébrés s'affaiblit rapidement après l'introduction du venin, et cet effet est dû à l'action directe du venin sur cet organe ; mais il bat encore au moment où la respiration s'arrête ;

2° Chez les Vertébrés à sang chaud, la respiration artificielle prolonge un peu la fonction du cœur, mais elle est impuissante à en prévenir l'arrêt ;

3° Chez la grenouille, le cœur survit à la respiration et quelquefois à la vie des nerfs sensitifs et des centres nerveux, les nerfs moteurs seuls restant excitables ;

4° Chez les Vertébrés à sang chaud, la paralysie des centres nerveux est la cause de l'arrêt respiratoire ;

5° Les nerfs sensitifs et les centres de la moelle et du bulbe perdent leur vitalité avant que les nerfs moteurs soient atteints ;

6° Les muscles des animaux à sang froid envenimés restent excitables longtemps après la mort ;

7° Dans le venin de Crotale, c'est l'hémorrhagine qui domine, et son action, jointe à l'incoagulabilité habituelle et à la chute de la pression artérielle, produit ces extravasations sanguines étendues, qui constituent le principal danger de l'envenimation crotalique, comme il arrive pour celle de beaucoup de Vipéridés.

RELATIONS D'ACTION PHYSIOLOGIQUE ENTRE LES VENINS DES SERPENTS

L'étude physiologique des venins des Serpents nous a montré qu'ils ne sont pas identiques, et qu'entre les types caractéristiques, tels que ceux de la Vipère et du Cobra, il existe des intermédiaires comme le venin des Protéroglyphes d'Australie, dont C. J. MARTIN a, dès 1893, caractérisé l'action. Cet auteur a effectivement montré que le venin du Serpent noir, *Pseudechis porphyriacus*, est curarisant comme celui du Cobra, mais en même temps dépresseur et hémorragipare comme celui de la Vipère. Nous avons vu également à propos des C. Aglyphes, que des Serpents faisant partie d'un même groupe, diffèrent par le mode d'action de leur venin : les Couleuvres Tropidonotes ont un venin qui agit comme celui de la Vipère aspic ; le venin des Coronelles se rapproche au contraire de celui du Cobra.

En 1911, ARTHUS a cherché à établir une classification physiologique des venins, en considérant les caractères les plus apparents de l'envenimation ; pouvoirs curarisant, coagulant et dépresseur.

Les venins de *Naja tripudians*, de *Crotalus adamanteus* et de *Vipera*

russelli (Daboia), sont pris respectivement comme types de venins curarisants, dépresseurs et coagulants. Cependant ces types ne sont pas
purs ; le venin de Cobra curarisant est aussi dépresseur, et diminue la
coagulabilité du sang in vitro ; le venin de Crotale agit à ce point de vue
comme le venin de Cobra ; quant au venin de Daboia, si l'on en pratique
des injections fractionnées, de manière à éviter la coagulation intravasculaire, il se montre dépresseur et accélère la respiration. Mais ces deux
derniers venins (Crotale et Daboia), ne sont pas curarisants.

La propriété curarisante du venin de Cobra appartient aux venins des
autres C. Protéroglyphes des espèces ou des genres voisins : *Naja bungarus, Bungarus cœruleus* : elle se retrouve, quoique à un degré plus faible,
dans d'autres venins.

Entre tous les venins comparés à ces trois types, il existe des propriétés communes qui établissent des intermédiaires et des rapports entre
eux. Ainsi les venins du Serpent tigre d'Australie (*Hoplocephalus curtus*)
et du Serpent noir (*Pseudechis porphyriacus*) sont curarisants, et coagulants in vivo. Le venin de *Naja bungarus* est aussi curarisant, et peut tuer
par ce mécanisme ; mais à dose plus faible, il peut tuer par son pouvoir
dépresseur, comme le venin de Crotale, sans avoir totalement supprimé la
motricité.

Enfin le venin du *Lachesis lanceolatus* tue à dose élevée par coagulation intravasculaire, un peu moins marquée toutefois qu'avec le venin de
Daboia. A faible dose, il est anticoagulant et dépresseur comme le venin
de Crotale.

Arthus constate ainsi, que les venins des Serpents forment une
série continue d'agents toxiques, depuis ceux qui n'ont qu'une action
simplement protéotoxique jusqu'à ceux qui joignent à cette action le
pouvoir coagulant, ou à la fois ce pouvoir et la curarisation.

Les études d'Arthus sur l'intoxication déterminée par les injections
de liqueurs protéiques chez des lapins préparés par des injections préa-
lables de liquides albumineux, l'ont amené à comparer l'envenimation
à l'intoxication protéique.

La réaction anaphylactique du lapin (phénomène d'Arthus), due à
l'intoxication protéique, se caractérise par trois catégories d'effets :

1° *Accidents locaux* : infiltrations, dégénérescence caséeuse, gangrène ;

2° *Accidents généraux précoces* : chute de la pression artérielle, accélération respiratoire, diminution de la coagulabilité du sang :

3° *Accidents tardifs* : cachexie.

Or, dans l'envenimation par les divers venins, on peut retrouver la
plupart des accidents de l'intoxication protéique ; ainsi l'injection sous-
cutanée de venin de *Crotalus adamanteus* détermine les accidents locaux
du premier groupe, alors que l'injection intraveineuse du même venin

donne exactement les accidents généraux du second groupe. Toutes les envenimations ne présentent pas au complet le phénomène d'ARTHUS ; mais on en observe au moins les caractères essentiels, et on trouve tous les intermédiaires entre les envenimations les plus différentes en apparence. Il n'est donc pas sans intérêt de mettre en parallèle avec l'intoxication protéique, l'envenimation par le venin de Cobra.

Envenimation cobrique chez le lapin par inoculation intraveineuse

1° *Accidents primaires* : chute de la pression artérielle, légère accélération respiratoire, diminution de la coagulabilité du sang ;

2° *Accidents secondaires* : curarisation ;

3° *Accidents tertiaires* : chute progressive de la pression artérielle, capable d'entraîner la mort.

La conception d'ARTHUS permet de prévoir la généralisation de faits observés pour les deux sortes d'intoxications, protéique et venimeuse : ainsi le lapin qui est anaphylactisé par des liquides albumineux, l'est également vis-à-vis des venins ; si, dans les veines d'un tel lapin, on injecte du venin de Cobra, au lieu d'une chute légère de la pression, et d'une accélération respiratoire modérée, on a une chute profonde et une dyspnée intense, tout comme dans la cobraïsation directe ; inversement, des injections répétées de venin sensibilisent le lapin à l'injection intraveineuse de sérum de cheval.

L'état d'anaphylaxie dû au venin de Cobra ou de Daboia se manifeste par des lésions locales et une cachexie semblables à celle de l'anaphylaxie sérique. Il s'obtient d'ailleurs dans des conditions comparables par l'injection d'une dose totale de venin, qui aurait une activité négligeable si elle était donnée en une seule fois.

Par le fait qu'elle appartient au venin seul, et non au sérum correspondant, la propriété curarisante est nettement différente de celles qui sont dues aux protéines toxiques : elle se comporte encore de manière différente lors de l'anaphylactisation ; tandis que les animaux arrivent à montrer une sensibilité exagérée vis-à-vis des effets protéotoxiques du venin, ils ont au contraire acquis une certaine immunité vis-à-vis des effets curarisants. Dans ces conditions, et pour une dose convenable, la symptomatologie de l'envenimation cobrique arrive à être très différente de celle qu'on observe chez les lapins neufs, et rappelle exactement celle que détermine le venin de Crotale ; l'état anaphylactique modifie donc la symptomatologie de la cobraïsation.

Il semble que dans certaines envenimations, celle par le venin de Cobra en particulier, il y ait lieu de distinguer deux ordres de symptômes distincts, et que le venin soit un poison double, albumineux et curarisant.

En tant que poison albumineux, il a les propriétés générales de tous les venins des Serpents, dont plusieurs sont exclusivement des poisons

albumineux : Daboia, Crotale, Vipère, et celles des substances protéiques
toxiques ; en tant que poison curarisant, il représente un groupe un peu
spécial, auquel se rattachent les venins de *Naja bungarus, Bungarus cœruleus, Hoplocephalus curtus* et *Pseudechis porphyriacus.*

La salive humaine n'est pas toxique pour le lapin neuf ; mais chez
le lapin anaphylactisé, soit par injections de salive, soit par injections de
sérum, elle produit des accidents légers d'intoxication protéique ; elle ne
diffère donc pas essentiellement des salives venimeuses des Serpents.
Arthus la compare aux venins albumineux purs ; mais elle est quantitativement moins active qu'eux vis-à-vis du lapin.

L'intoxication protéique est polymorphe ; elle varie avec la voie d'introduction, de l'albumine toxique, et avec l'espèce animale inoculée, selon
que le sujet est neuf ou anaphylactisé ; il en est de même, d'après
Arthus, des envenimations.

La nature et la gravité des accidents consécutifs à l'envenimation
varient avec l'espèce et la quantité de venin inoculé, avec l'espèce animale, avec la voie et la vitesse de pénétration du venin, comme nous
l'avons précédemment indiqué.

Comparaison entre l'action du venin chez les animaux à température constante et chez ceux à température variable

Au cours de l'étude pathologique et physiologique de l'envenimation,
nous avons eu l'occasion d'examiner l'action du venin sur la plupart des
Vertébrés supérieurs et un certain nombre, assez restreint de Vertébrés
à température variable, principalement des Batraciens et des Reptiles.

Quelques remarques particulières s'imposent vis-à-vis de la manière
dont les uns et les autres réagissent au même venin.

D'après Rogers, le venin des Hydrophiinés, ou Serpents de mer,
comparativement à celui des espèces terrestres, est plus toxique pour les
animaux marins que pour les Vertébrés à sang chaud, bien que ceux-ci
soient plus sensibles au venin des Serpents marins qu'à celui des Serpents
terrestres.

Une étude systématique de l'action du venin sur les animaux à température variable a été plus récemment entreprise par Noguchi sur les
Reptiles, les Batraciens, les Poissons, les Insectes, les Crustacés, les Vers,
les Mollusques et les Ehinodermes, en employant comparativement les
venins de *Cobra*, de *Crotale* et de *Mocassin.*

Les venins desséchés étaient au moment de l'emploi redissous dans
la solution physiologique ou l'eau de mer, suivant qu'ils devaient être
essayés sur des espèces aquatiques ou marines.

Les résultats des nombreuses expériences de Noguchi sont consignées
dans des tableaux très instructifs, et montrent que la résistance des animaux à sang froid est très variable.

L'analyse des effets produits montre aussi que le venin de Cobra, qui est un des plus toxiques, ne produit qu'une faible action locale ; c'est le contraire pour le venin de Crotale, qui a une toxicité générale moindre et une plus grande action locale.

Le venin de Mocassin occupe une position intermédiaire entre les deux précédents.

Le principal effet local produit par les venins de Crotale et de Mocassin est l'hémorragie ; rarement on observe de la nécrose des tissus.

Les hémorragies se produisent aussi parfois à distance ; chez les Poissons, par exemple, le sang peut s'échapper des branchies en assez grande quantité pour colorer l'eau ; des hémorragies cutanées et même intracrâniennes ont été observées. Une espèce cependant, le *Spheroïdes maculatus*, s'est montrée insensible à l'action phlogogène locale ; mais a succombé à l'action toxique générale.

Bien que l'action locale soit prédominante avec les venins de Crotale et de Mocassin, l'action générale peut aussi entraîner la mort, compliquant ainsi le mécanisme de celle-ci.

Dans le cas du venin de Cobra, les effets locaux sont presque nuls, et c'est l'action sur la respiration et la motricité qui prédomine ; les animaux ont de la dyspnée et de la paralysie, les poissons perdent l'équilibre et exécutent une sorte de natation rotatoire jusqu'à paralysie complète. Avec les venins de Crotale et de Mocassin, l'action irritative locale stimule l'animal qui se précipite furieusement sans perdre l'équilibre.

Les animaux à sang froid sont beaucoup plus sensibles à la neuro-toxine qu'à l'hémorragine.

Les serpents et les grenouilles succombent facilement à l'action du venin de Cobra ; mais ont beaucoup moins de sensibilité à l'action des venins de Crotale et de Mocassin.

Les *tortues* sont plus susceptibles à tous les venins que les Batraciens et les Serpents, et les Poissons, plus encore que ces derniers. Le *cricquet* ne succombe qu'à de fortes doses de venin ; la *limule* a une immunité presque absolue et d'autres espèces de crabes sont modérément résistantes. Il en est de même du *homard*.

Les *vers*, sauf le ver de terre, se montrent peu sensibles ; ils ont des nécroses partielles qui finissent par guérir ; sur les Echinodermes, le venin a peu d'action ; toutefois l'*oursin* est tué par tous les venins, tandis qu l'*astérie* et l'*holothurie* sont presque insensibles.

Bibliographie

Pathologie des morsures venimeuses

AGUIRRE (L. FERNANDEZ). — Ofidismo, *Tesis Med.*, *Buenos-Aires*, 1912.

ALLEN (W.). — Cas de morsures de Serpents dans le district des lacs (Lancashire), *Brit. Med. Journ.*, 1902, 8 nov.

ALT (K.). — Uber die auscheidung des Schlangengiftes durch den Magen, *Münch. Med. Woch.*, 1892, XXXIX, p. 724-728.

AMSTRONG. — *Snake Commission Report, Calcutta,* 1874.

ARGAUD et BILLARD. — Sur l'apparition de globules rouges nucléés au cours de l'envenimation, *C. R. Soc. Biol.,* 1910, LXVIII, p. 810.

BARSTOW. — Account of the singular effects from the bite of a Rattlesnake, *Philad. Med. Museum,* III, p. 61.

BECKER. — Beitrag zur naturgeschichte der Geimeinen Klapper Schange (Crotalus horridus), *Isis,* 1828, XXI, p. 1132.

BERNCASTLE (J.). — Australian snake bites ; their treatment and cure, 1868, 31 p.

BINZ (C.). — Ueber indisches Schlangengift, *Sitz. d. Nied. rheinges, f. Nat. u. Heilk. zu Bonn,* 1882, IV, p. 169-171.

BLAINVILLE (DE). — Sur le venin des Serpents à sonnettes, *Bull. de la Soc. Philom.,* 1826, p. 141.

BLAND (W.). — Bites of the venomous snakes of Australia, *Austr. Med. Journ.,* 1861, VI, p. 1-6.

BLOT (J.-CH.). — Sur la morsure de la Vipère fer de lance, *Thèse Paris,* 1823

BOAG (W.). — On the poison of Serpents, *Asiatik Researches,* 1801, VI, p. 103.

BOYD (J.-E.-M.). — Case of snake bite from Himalayan Viper, *Bombay Jour. Nat. Hist. Soc.,* 1911, p. 864.

BRAZIL (V.). — L'intoxication d'origine ophidienne, *Paris,* 1905.

BRETON (P.). — Case of the fatal effects of the bite of a venomous snake, *Trans. Med. and Phys. Soc., Calcutta,* 1825, I, p. 55-58.

BRIMLEY. — A case of snake bite (Ancistrodon piscivorus), 1904, *T. c. Mitchell Soc.,* XX, p. 137-138.

CAIRO (NILO). — Contrebuaçao para a pathegonia da L. lancaolatus, *Rev. homœpatica Breziliferia,* 1908-1909.

CANTOR (TH.). — On pelagic serpents, *Trans. of the Zool. Soc.,* 1841, II, p. 303.

CARMINATI (B.). — Saggio di osservazioni sul veleno della Vipera, *Opuscoli Scelti,* 1778, I, p. 38.

CARDOZE. — Des effets d'une piqûre faite par la dent d'une Vipère morte, *Ann. de la Soc. de Méd. prat. de Montpellier,* sér. 2, L, p. 179.

CHAHAS (M.). — Nouvelles expériences sur la Vipère, *Paris,* in-8°, 1669, p. 278.

CŒ. — *Scientific American,* 1891, LXIV, p. 401.

CRUGER (D.). — De morsu Viperarum, *Misc. Nat. cur.,* déc. 2, 1685, an. IV, obs. 65, p. 143.

DECERF (J.-P.-E.). — Essai sur la morsure des Serpents venimeux de la France, *Thèse de Paris,* 1807.

DESMOULINS (ANT.). — Sur la mort de Dracke mordu par un Crotale, 1823.

DIETRICH (B.). — La Vipère en Franche-Comté, *Besançon,* 1896.

DUDEBAT. — Mort spontanée produite par la morsure d'une seule Vipère, *Bull. de thérap.,* 1836, X, p. 198.

DUGÈS (ALF.). — *La Naturaleza Mexico,* 1884, VI, p. 145-148.

DUMÉRIL (C.) ET BIBRON. — *Erpétologie gén.,* 1852, VII, p. 1399.

EIFFE (O.-E.). — *Zool. Garten,* 1885, p. 45.

FANEAU-DELACOUR (E.). — Mémoire sur la morsure des Ophidiens, *Ann. de la Méd. Phys. Paris,* 1833, XXIII, 273-399.

. FAYRER (J.). — Deaths from snake bites ; a trial condensed from the session's report, *Ind. Med. Gaz.*, 1869, IV, p. 156.

- FAYRER (J.). — Notes on deaths from snake bite in the Burdwan division, *Ind. Ann. Med. Sc., Calcutta*, 1892, XIV, p. 163-175.

FAYRER (J.). — The venomous snakes of India and the mortality caused by them, *Brit. Med. Jour.*, 1892, p. 620.

FEUILLÉE (L.). — Sur la morsure des Serpents à sonnettes, *Jour. d'observations*, 1714, I, p. 417, Paris.

FITZGERALD (F.-G.). — Notes on an unusual case of snake bite, *Journ. Roy. Arm. Med. Corps*, 1904, III, p. 422.

FITZSIMONS (F.-W.). — On the toxic action of the bite of the Boomslang or South African tree snake (Dispholidus typus), *An. of Nat. Hist.*, 1909, 8e s., III, p. 271-278.

FRANCIS (C.-R.). — On snake poison, *Indian Med. Gaz.*, 1868, III, p. 125.

FRÉDET (G.-E.). — Considérations sur la morsure de la Vipère en Auvergne, *Ass. franç. p. l'avanc. des Sc., Congrès de Clermont-Ferrand*, 1876.

FRÉDET (G.-E.). — Quelques notes sur les accidents produits par la morsure de la Vipère, *Clermont-Ferrand*, 1873.

GILMAN (B.-J.). — On the venom of Serpents, *Saint-Louis Med. and Surg. Journ.*, 1854, p. 25.

GRANDI (G.-R.). — Report of a case of rattlesnake bite, *Virginia Med. Semi-Month.*, 1902-1903, VIII, p. 515-517.

GUÉRIN. — Les morsures de Vipères chez les animaux. *Revue de Méd. Vétér. d'Alfort.*, 15 juillet 1897.

GUYON (C.). — Des accidents produits chez l'homme et dans les trois premières classes des animaux par la Vipère Fer de lance, *Thèse de Montpellier*, 1834.

GUYON (C.). — La morsure du Céraste ou Vipère cornue, *Gaz. Méd. de Paris*, 1862, 3e sér., XVII, p. 71-73.

HALLOWELL (E.). — Remarks on the bites of venomous serpents with cases, *Trans. Coll. Phys. Phila*, 1869-1870, II, p. 229.

HEUSINGER. — Uber die Wirkungen des Klapperschlangenbisses, *Mag. f. d. ges. Heilk.*, Berlin, 1822, XII, p. 443-448.

IMLACH (C.-J.-F.). — Mortality from snake bites ni the province of Sind; from official records with a special report on the snake season of 1854, *Trans. Med. and Phys. Soc. Bombay*, 1854-1856, n. sér., III, p. 80-130.

INGALLS (W.). — Bite of a Mocassin snake, *Boston Med. and S. Jour.*, 1842-1843, XXVII, p. 170.

· JACKSON (M.-H.). — Rattlesnake bite, *South. Pract. Nashville*, 1879, I, p. 259.

JETER (A.-F.). — Poisoned wounds, etc., *A Report of a Committee to the Med. Assoc. of Missouri*, p. 10.

- JOHN (J.-H.). — On the poison of the rattlesnake, *London Med. Reposit.*, 1827, XXVIII, p. 445.

KARLINSKI. — Zur pathologie des Schlangenbisses, *Fortsch. der Medicin.*, 1890, VIII, p. 617.

KLEINSCHMIDT (C.-H.-A.). — Case of bite by a Copperhead snake, *Trans. Med. Soc. Dist. Columbia*, 1875, II, p. 54-56.

KLINE (L.-B.). — Case of septic poisoning caused by the bite of a Copperhead, *Med. and S. Reporter*, Phila, 1868, XIX, p. 326-327.

KUNKLER (G.-A.). — On the bite of a Copper head snake, *Med. Counselor Columbus*, 1855, I, p. 481-483.

Langmann (G.). — Poisonous snakes and snake poison, *The Med. Record*, 1900, LVIII, p. 401-409.

Lugeol. — La morsure d'une seule Vipère peut entrainer la mort, *Bull. de thérap.*, 1835, VIII, p. 86.

Manon. — Etude sur les piqûres de reptiles venimeux à propos d'un cas de piqûre de Vipère observé au 138ᵉ d'infanterie, *Intern. Med. bombycult.*, Paris, 1902, II, p. 76-78, 102-105, 145-147, 171-174, 235,238, 259-263, 15 figures ; suppl. 301-307.

Martin (C.-J.). — Snakes, snakes poisons and snakes bites, *Journ. of the Sydney Univ. Med. Soc.*, 1895.

Martin (C.-J.) and Lamb. — Snake poison and snake bite, *Allbutt (T.-C.) and Rolleston (H.-D.) : system of Medicine*, 1907, II, p. 783.

Martin Colomb (V.). — Veneno de la Serpientes, *Tesis Med. Buenos-Aires*, 1910.

Mazza (S.) et Salavicz (J.-A.). — *Picaduras de Serpientes y arachnoidismo*, Revista del Jardin zoologico, 1907, III, p. 321.

Mead (R.). — Observationes de veneno viperæ, *Lugduni Batavorum*, in-8°, 1750.

Mitchell (S. Weir). — Experimental contribution to the toxicology of rattlesnake venom, *New-Y. Med. Journ.*, 1867-1868, VI, p. 289-322.

Mitchell (S. Weir). — The bite of the Diamond Rattlesnake (Crotalus adamanteus), *Boston Med. and Surg. Journ.*, 1873, LXXXIX, p. 331-333.

Mitchell (S. Weir) and Reichert (E.-T.). — Preliminary reports on the venom of Serpents, *Med. News, Philad.*, 1883, XLII, p. 469-472.

Montes (O.). — Estudio experimental clinico y terapeutico de las morderudas de serpientes, *Tesis Med., Buenos-Aires*, 1916.

Neidhard (C.). — Crotalus horridus ; its analogy to yellow fever, malignant, bilious, and remittant fever, 2ᵉ éd. *W. Radde N.-York*, 1868, p. 9-87.

Neumann (T.). — Giftsschlangen und schlangengift, *Ber. Senckenberg. Ges.*, 1904, p. 72-76.

Nicholson (E.). — Statistics of deaths from snake bite, *Brit. Med. Jour.*, 1883, II, p. 448.

Noë (J.). — Les venins, étude pathologique, *Arch. gén. de Méd.*, 1899, II, n° 5.

Ogle (W.). — Loss of speech from the bite of venomous snakes, *Saint-George's Hosp. Rep.*, London, 1868, III, p. 167-176.

Paulet. — Observations sur la Vipère de Fontainebleau, *Fontainebleau*, an XIII (1805), in-8°, 60 p.

Paul (J.-L.) and Shortt (J.). — Cases of snake bite, *Med. Times and Gaz.*, London, 1873, II, p. 214-216.

Passano (P.-A.). — Etudes historiques, théoriques et pratiques sur quelques points relatifs aux morsures des Serpents venimeux. *Thèse de Montpellier*, 1880, 110 p.

Piffard (H.-G.). — Periodical vesicular eruption following the bite of a Rattlesnake, *Med. Rec. N.-Y.*, 1875, X, p. 62-63.

Poletta (G.-B.). — Sul morso della vipera, *Mem. dell' imp. regio instituto di Lombardia*, 1821, II, part. 2, p. 1.

Police (G.). — Due casi di morsicatura di Vipera. *Napoli Boll. Soc. Nat.*, 24 (1910), 5-8, 1911.

Puzin (J.-B.). — Observations raisonnées sur quelques faits de médecine pratique, *Thèse de Paris*, 1809, p. 54.

Reinhold (C.-H.). — A fatal case of snake-bite by Echis carinata, *Ind. Med. Gaz. Calcutta*, 1910, 45, p. 456-458.

REINHOLD (C.-H.). — Another fatal instance of Viperine poisoning, *Bombay Jour. nat. hist. soc.*. 1910, 20, p. 524.

REPORT. — Of the special Committee on the subject of snake poisoning, *Aust. Med. Jour.*, 1877, XXI, p. 104, 151, 184.

RETURN. — Showing the number of deaths from snake bites, in the year, 1869, in the Province of Bengal, *Ind. Med. Gaz.*, 1870, V (suppl.) 1-4.

RICHARDS (V.). — Report on the snake-bite cases which occured in Bengal, Behar, Orissa, Assam, Cachar, etc., during the year 1873-1874, *Ind. Med. Gaz.*, 1876, XI, p. 96-100.

RUFZ. — Enquête sur le Serpent de la Martinique, *Paris*, 1860.

SAMMARTINO (S.). — Serpientes venenosas de la Republica Argentina, *Tesis Veter., Buenos-Aires.* 1917.

SHORT (R.-T.). — Case of a lad aged 17, who had been bitten by an average-sized prairie rattlesnake, *Med. Arch. Saint-Louis*, 1869, III, p. 564.

SHORT (J.). — Review of cases of snake-bite, *Madras Month. Jour. Med. Sc.*, 1871, III, p. 81-91.

SPRENGEL (C.-J.). — Some observations upon the Viper, *Philos. Trans.*, 1722, XXXII, p. 296.

STOCKBRIDGE (W.). — Snakes and snakes bites at the Southwest, *Boston Med. and Sc. Jour.*, 1843, XXIX, p. 40-43.

TRUE (F.-W.). — *Am. Natur.*, 1883, XVIII, p. 26 (morsure d'*Elaps fulvius*).

VIAUD-GRAND-MARAIS (A.). — Etudes médicales sur les Serpents de la Vendée et de la Loire-Inférieure, 2ᵉ *Ed. Paris*, 1867-1869, *Baillère.*

VIAUD-GRAND-MARAIS (A.). — De la léthalité de la morsure des Vipères, *Gaz. des Hôp., Paris*, 1868, 41, p. 245-258.

VIAUD-GRAND-MARAIS (A.). — Description de la maladie produite par l'inoculation du venin de la Vipère,*Gaz. des Hôp., Paris*, 1869, 42, p. 190-210.

VIAUD-GRAND-MARAIS (A.). — De la léthalité de la morsure des Vipères indigènes, *Assoc. franç. pour l'av. des Sc., Congrès Nantes*, 1875.

WALL (F.). — *Bombay Nat. hist. Jour.*, XIX, p. 266 (cas mortel de morsure par *Echis Carinata*).

WOLF. — Folgen von Schlangenbissen, *Arch. f. Med. Erfahr., Berlin*, 1821, II, p. 42-44.

WOODS (F.-H.). — Five cases of snake bite, *N. S. W. Med. Gaz., Sydney*, 1873-1874, IV, 129-132.

Physiologie de l'envenimation

ALBERTONI. — Sull' azione del veleno della Vipera, *Lo Sperimentale*, août 1879, p. 142.

ALBERTONI. — Uber die Wirkung des Viperngiftes, *Moleschott's untersuchungen zur nat. des Mensch. und der Thiere*, 1881, XII, p. 281.

ALCOCK (A.) AND ROGERS (L.). — Toxicité de la salive de Colubridés Opisthoglyphes et Aglyphes. *Proc. of the R. Soc.*, 1902, LXX, p. 446.

ARBUCKLE (H.-E.). — Some experiments with the venom of Causus rhombeatus, *Proc. of the R. Soc.*. 1910, LXXXII, p. 144-147.

ARTHUS (M.). — Venin de cobra et curare, *C. R. Ac. des Sc.*, 1910, CLI, p. 91.

ARTHUS (M.). — Sur les intoxications par les venins des Serpents, *C. R. Ac. des Sc.*, 1911, CLIII, p. 482.

ARTHUS (M.). — Etudes sur les venins des Serpents. Intoxication venimeuse et intoxication protéique, *Arch. int. de Phys.*, 1912, XII, p. 162-177 (1ᵉʳ mém.): *Arch. int. de Physiol.*, 1912, XII, p. 271-288 (2ᵉ mém.).

ARTHUS (M.). — Etudes sur les venins des Serpents. Venins coagulants et anaphylaxie. Propriétés des venins des Serpents. Dose anaphylactisante. *Arch. int. de Physiol.*, 1912, XII, p. 369-394.

ARTHUS (M.). — Recherches expérimentales sur les phénomènes vaso-moteurs produits par quelques venins (2ᵉ mém.). Recherches expérimentales sur les phénomènes cardio-modérateurs produits par quelques venins, *Arch. int. de Physiol.*, 1913, XIII, p. 395-414 ; 464-478.

BARILET (C.-R.). — Curious habit of the African Cobra (Naja haje). Conjonctivitis from shake poison, *Jour. Roy. Arm. Med. Corps*, 1904, III, p. 360.

BEAUJEAN (R.). — Note sur le venin de Bitis Arietans, *Bull. Soc. Path. exot.*, 1911, IV, p. 50.

BERNARD (CL.). — Action physiologique des venins, *Mém. de la Soc. de Biol.*, 1849, p. 90.

BERNARD (CL.). — Leçons sur les substances toxiques et médicamenteuses, *Paris*, 1857, p. 396.

BRETON ET MASSOL. — Sur l'absorption du venin de Cobra et de son antitoxine par la muqueuse du gros intestin, *C. R. Soc. Biol.*, 1908, LXIV, p. 48.

BRUNTON AND FAYRER. — On the nature and physiological action of the poison of Naja tripudians and other Indian venomous snakes, *P. R. S. of London*, part. I : 1872-1873, XXI, p. 358-374 ; 1873-1874, XXII, p. 68-133 ; *Rep. on san. imp. in India*, in 1873-1874, London 1874, 332-362.

CALMETTE (A.). — Etude expérimentale du venin de Naja tripudians ou Cobra Capel, et exposé de la méthode de neutralisation de ce venin dans l'organisme, *Ann. Inst. Past.*, 1892, p. 160-183.

CAMUS (J.), CÉSARI (E.) ET JOUAN (C.). — Recherches sur le venin de Crotalus adamanteus (1ʳᵉ partie), *Ann. Inst. Past.*, 1916, XXX, p. 180-186.

CHARAS (MOYSE). — Nouvelles expériences sur le venin de la Vipère, *Paris*, in-8°, 1669.

COFFIN (F.-W.). — A case of Viper poisoning. *The Indian Med. Gaz.*, June 1919, LIV, 6.

COUTY. — Notes sur les caractères communs au venin de Serpent et au venin de Crapaud, et de la nécessité d'admettre une nouvelle classe de substances, *C. R. Soc. Biol.*, 1878-1881.

COUTY ET LACERDA (DE). — Sur l'action du venin de Bothrops jararacussu, *C. R. Ac. des Sc.*, 1879, LXXXIX, p. 372.

COUTY. — Sur l'action des venins, *C. R. Soc. Biol.*, 1881, III, 7ᵉ sér., et *Gaz. des Hôp.*, juin, 1881, p. 597.

CRISTINA (G. DI). — Contributo allo studio della genesi del veleno della Vipera, *Ann. Ig. Sper.*, 1904, n. s., XIV, fasc. 11, p. 295-309.

CUNNINGHAM (D.-D.). — The physiological action of snake venom, *Sc. Mem. Med. Offic. of the Army of India*, 1895, IX ; et 1898, XI.

CUSHNY (A.-R.) AND YAGI (S.). — On the action of the Cobra venom, *Philos. Trans.*, 1916, CCVIII, p. 1-36.

ELLIOT (R.-H.). — On account of some researches into the nature and action of snake venom, *Brit. Med. Jour.*, 1900, I, p. 309, 1146 ; II, p. 217.

ELLIOT (R.-H.). — An account of some researches into the nature and action of snake venom, *Brit. Med. Jour.*, 1900, II.

ELLIOT (R.-H.). — A contribution to the study of the action of Indian Cobra poison, *P. R. S. of London*, 1904, LXXIII, p. 183-190.

ELLIOT (R.-H.). — Abstract of a contribution of the study of the action of Indian Cobra poison, *Lancet*, 1904, I, p. 715-716.

ELLIOT (R.-H.), SILLAR (W.-C.) AND CARMICHAEL (G.-S.). — On the action of the venom of Bungarus cœruleus, *Lancet*, 1904, II, p. 142; et *P. R. S. London*, 1904, LXXIV, p. 108-109.

EWART (J.). — The poisonous snakes of India, 1878.

FAYRER (J.). — Experiments on the influence of snake poison, *Ind. Med. Gaz*, 1868, III ; 1869, IV ; 1870, V ; 1871, VI.

FAYRER (J.). — On the action of the Cobra poison, *Edimb. Med. Journ.*, 1868-1869, XIV ; 1869-1870, XV ; 1870-1871, XVI.

FAYRER (J.). — On the influence of the poison of Bungarus cœruleus or Krait, *Ind. Med. Gaz.*, 1870, V, p. 181.

FAYRER (J.). — Experiments on the poison of the Rattle-snake, *Med. Times and Gaz.*, London, 1873, I, p. 371.

FAYRER (J.). — Thanatophidia of India, London, 1re éd., 1872 ; 2e éd., 1874.

FAYRER (J.). — Snake poisoning in India, *Med. Times and Gaz. London*, 1873, II, p. 249-251, 492-493.

FLETCHER (R.). — A study of some recent experiments in Serpent venom, *Ann. Jour. Med. Sc.*, 1883, n. s., LXXXVI, p. 131-146.

FONTANA. — Traité sur le venin de la Vipère ; sur les poisons américains, *Florence*, 1781.

FRASER (T.-R.) AND ELLIOT (R.-H.). — Contributions to the study of the sea-snake venom. Part I : Venoms of Enhydrina Valakadien and Enhydris curtus, *Philos. Trans. Roy. Soc.*, 1905, XCVII, p. 249-279.

FRASER (T.-R.) AND GUNN (J.-A.). — The action of the venom of sepedon Hæmachetes of South Africa, *P. R. S. of London*, 1909, LXXXI, p. 80-81.

FRASER (T.-R.) AND GUNN (J.-A.). — The action of the venom of Echis carinatus, *Philos. trans. Roy. Soc.*, 1911, CCII, p. 1-27.

GILMAN (B.-J.). — 1854 (*cité par W. Michell pour l'action du venin sur les plantes*).

GŒBEL (O.). — Action du venin de Cobra sur les Trypanosomes, *Ann. Soc. Med. de Gand*, 1905, LXXXV, 3e fasc., p. 148-150.

HAYNES (J.-R.). — Experiments in animal poisons, Crotalus horridus, *Cincinnati M. Advence*, 1879, VI, 481-487.

ISHIZAKA (T.). — Studien über das Habuschlangengift, *Zeit f. exp. Path. u Ther.*, 1907, IV, p. 88-117.

JOURDAIN (S.). — Quelques observations à propos du venin des Serpents, *C. R. Ac. des Sc.*, 1894, CXVIII, p. 207.

JOUSSET (P.) ET LEFAS. — Action des venins par la voie stomacale, *C. R. Soc. Biol.*, 1904, LVII, p. 472.

KAUFMANN (M.). — Venin de la Vipère, *Jour. des Conn. méd.*, 1891 ; et *Rec de Méd. Vét.*, 15 janv. 1891.

KAUFMANN (M.). — Les Vipères de France (morsures, traitement), *Paris*, in-8°, 180 p., 1893.

KAUFMANN (M.). — Action du venin et du sang de la Vipère aspic sur la pression artérielle, *C. R. Soc. Biol.*, 1896, XLVIII, p. 860.

LABORDE. — Des effets physiologiques du venin de Cobra capello, *C. R. Soc. Biol.*, 1875, p. 335.

Lamb (G.) et Hanna. — Some observations on the poison of Russell's viper, 1903, *Calcutta*, in-4°, 39 p.

Lamb (G.). — Some observations on the poison of the Bandet Krait (Bungarus fasciatus), *Sc. Mem. by Offic. of the Med. and Sanit. Depart. of the Gov. of India*, 1904, n. s., n° 7.

Ledebt (Suzanne). — *Thèse Doct. ès Sc.*, Paris 1914, 149 p. (Loco cit.), 32 p.

Mangili (G.). — Expériences sur le venin de la Vipère, *Bull. de la Soc. philom.*, 1817, p. 43.

Mangili (G.). — Sul veleno della Vipera, *Paris*, 1809.

Martin (C.-J.) et Smith (J. Mc G.). — The venom of the Australian Black snake, *Jour. and Proc. of Roy. Soc. of N. S. Wales*, 1892, XXVI, 240-264.

Martin (C.-J.). — On the physiological action of the venom of the Australian Black snake (Pseudechis porphyriacus), *Roy. Soc. N. S. Wales j. and Proc.*, 1895, XXIX, p. 146-277.

Masoin (P.). — De la rapidité d'absorption des poisons par l'organisme, *Arch. int. de Pharmacod. et de Thérapie*, 1903, XI, p. 465.

Maurel (E.). — Influence de la voie de pénétration sur les doses minima mortelles de venin de Cobra, *C. R. Soc. Biol.*, 1909, LXVII, p. 417.

Mead (R.). — Observationes de veneno Viperæ, 1750, in-8°, *Lugduni Batavorum*.

Mitchell (S. Weir). — Researches upon the venom of Rattlesnake with an investigation on the anatomy and physiology of the organs concerned, *Smith. misc. Collections*, 1861, XII, Washington.

Mitchell (S. Weir). — Physiology and toxicology of the venom of the rattlesnake, *Smith. cont. to Knowl.*, 1861, Washington.

Mitchell (S. Weir). — Observations on poisoning with Rattlesnake venom, *Am. Jour. Med. Sc.*, Philad., 1870, n. s., LIX, 317-323.

Mitchell (S. Weir) and Reichert (E.-T.). — Researches upon the venom of poisonous serpents, *Smith. cont. to Knowl.*, 1886, XXVI, n° 647, 186 p., pl. F., avec bibliographie étendue. p. 159-179.

Miura (M.) et Sumikawa (T.). — Recherches sur le venin des Serpents, *Centr. f. allgem. Path. und Pathol. Anat.*, Iena, 1902, XIII, n° 23.

Moreau de Jonnès (A.). — Monographie du Trigonocéphale des Antilles ou grande Vipère fer-de-lance de la Martinique, *Journ. de Méd.-Chir.*, Paris, 1816, XXXVI, p. 326-365.

Mongiardini. — Sul veleno delle Vipere, sulla maniera con cui agisce nell' economia animale, *Mem. dell' Acad. di Genova*, II, p. 46-57 ; *Bibl. Med.*, XVI, p. 275.

Nicolle (M.) et Berthelot (A.). — Expériences sur le venin de Trimeresurus riukiuanus, *Ann. Inst. Past.*, 1911, XXV, 551-554.

Niemann (F.). — Beitrage zur morphologie und physiologie der oberlippendrüsen einiger ophidier, *Arch. f. mik. anat.*, 1892, LVIII.

Noc (F.). — Sur quelques propriétés physiologiques des différents venins de Serpents, *Ann. Inst. Past.*, 1904, XVIII, p. 387.

Noé (J.). — Les venins (étude physiologique), *Arch. gén. de Méd.*, 1899, I, n° 1 ; II, n° 3.

Noguchi (H.). — The action of snake venom upon cold-blooded animals, *Carnegie Inst. of Washington*, 1904, n° 12.

Noguchi (H.). — Snake venoms. An investigation of venomous snakes with special reference to the phenomena of their venoms, *Washington*, 1909, *Carnegie Inst.*, 315 p. Bib. : 297-315.

Ott (I.). — The physiological action of the venom of the Copper-head snake (Ancistrodon contortrix), *Virginia M. Month.*, *Richmond*, 1882-1883, IX, 629-634.

Panceri et Gasco — Esperienze intorno agli effetti del veleno della Naia agiziana e della Ceraste, *Atti della R. Acc. delle Sc. Fis. e mat. di Napoli*, 1875, VI, 25 p.

Peracca (M.-G.) et Deregibus (C.). — Esperienze fatte sul veleno del Cœlopeltis insignitus, *Giorn. de r. Accad. di Med. di Torino*, 1880, XXXI, 379-383.

Phisalix (C.) et Charrin (A.). — Action du venin de Vipère sur le névraxe. Paraplégie spasmodique, *C. R. Soc. Biol.*, 1898, L, p. 96.

Phisalix (C.). — Propriétés physiologiques du venin de Cœlopeltis insignitus. Corollaire relatif à la classification des Opisthoglyphes, *Volume jubilaire de la Soc. de Biol.*, 1899.

Phisalix (Marie). — Signification morphologique et physiologique du renflement du canal excréteur de la glande venimeuse des Vipéridés, *Bull. du Mus. d'Hist. natur.*, 1914, p. 408.

Phisalix (Marie). — Propriétés venimeuses de la salive parotidienne d'une couleuvre Aglyphe, Coronella Austriaca Laur., *C. R. Acad. des Sc.*, 1914, CLIV, p. 1430.

Phisalix (Marie) et Caius (F.). — Propriétés venimeuses de la salive parotidienne chez les Colubridés Aglyphes des genres Tropidonotus, Zamenis et Helicops, *Bull. du Mus. d'Hist. natur.*, 25 mai 1916, p. 213.

Phisalix (Marie) et Caius (F.). — Propriétés venimeuses de la salive parotidienne chez les Colubridés Aglyphes des genres Tropidonotus, Zamenis, Helicops, Dendrophis et Lycodon (2ᵉ note), *Bull. du Mus. d'Hist. natur.*, mai 1917, p. 343.

Platt (Th.). — Letter from Florence concerning some experiments there made upon Vipers, *Philos. trans.*, 1672, VII, n° 87, p. 5060.

Quatrefages (de). — Du venin des Serpents, *Mém. Acad. de Toulouse*, 1843, VI, p. 20.

Quelch (J.-J.). — Venom in harmless snakes. *The Jour. of the Lin. Soc.*, 1893, XVII, p. 30.

Ragotzi. — Uber die Wirkung des giftes der Naja tripudians, *Wirchow's Arch.*, 1890, CXXII, 201.

Redi (F.). — Osservationi intorno alle Viperæ, *Firenze*, 1664, 91 p., in-4°.

Redi (F.). — Lettera sopra alcune oppositione fatte alle sue osservationi intorno alle Vipere, *Firenze*, 1685, 31 p., in-4°.

Richards (V.). — Experiments on snake poison, *Ind. Ann. Med. Sc.*, 1870-1871, XIV, 177-202.

Richards (V.). — *Ind. Med. Gaz.*, 1873, p. 19.

Richards (V.). — Notes on Dr Wall's monograph ou Cobra and Daboïa poisons. *Ind. Med. Gaz.*, 1882, XVII, 239-259.

Rogers (L.). — On the physiological action of the poison of Hydrophidæ, *P. R. S. of London*, 1902-1903, LXXI, 481-496 ; LXXII, 305.

Rogers (L.). — On the physiological action and Antidotes of Colubrine and Viperine snake venoms, *P. R. S. of London*, 1903, LXXII, 419-423 ; *Lancet*, 1904, I, 349-355 ; in-4°, 68 p., London 1904.

Romiti. — Sur la non-transmissibilité de l'envenimation, *Arch. Ital. de Biol.*, 1884, V.

Rousseau (E.). — Expérience sur le venin d'un Serpent à sonnettes, *Jour. hebd. de Méd.*, *Paris*, 15 nov. 1828, I, 291-296.

Salisbury (J.-H.). — Influence of the poison of the nothern rattlesnake (Crotalus durissus) on plants, *Proc. Am. Ass. adv. Sc.*, 1851, Washington, 1852, VI, 336-337 ; *Id., N.-Y. Jour. of Med.*, 1854, n. s., XIII, 337.

Short (J.). — Experiments with snake poison, *Madras Month. J. M. Sc.*, 1870, I, 214, 275.

Tidswell (Fr.). — Researches on Australian venoms, *Sydney*, 1906.

Valentin (G.). — Einige beobachtungen über die wirkungen den Viperngiftes, *Zeitsch. f. Biol.*, 1877.

Viaud-Grand-Marais (A.). — Note sur l'envenimation ophidienne étudiée dans les différents groupes de Serpents, *Journ. de Méd. de l'Ouest, Nantes*, 1880, XIV, 34-55.

Wall (A.-J.). — Report on the physiological effects of the poisons of the Naja tripudians and the Daboia russelli, *Rep. on San. meas. in India*, 1876-1877, London, 1878, p. 229-249.

Wall (A.-J.). — On the differences in the physiological effects produced by the poison of certain species of Indian venomous snakes, *P. R. S. of London*, 1881, XXXII, 333-362.

Wall (A.-J.). — Indian snake poisons ; their nature and effects, *P. R. S. of London*, 1883, XXXII.

Werner (F.). — Observations sur les propriétés venimeuses des Opisthoglyphes, *Zool. gard.*, 1898, XXXIX, 85-90.

Wolfenden (R.-N.). — On the nature and action of the venoms of poisonous snakes, *Jour. of Physiol.*, 1886, VII, 327-364.

Wolmer (E.). — Uber die Wirkung des Brillenschlangengiftes, *Arch. f. exp. Path. und Pharm.*, 1892-1893, XXXI, 1-14.

NEUROTOXINES DES VENINS

Les recherches de tous les auteurs qui se sont occupés du venin des Serpents ont établi que parmi les diverses substances actives dont ces venins sont composés, il en est une qui agit spécialement sur le système nerveux, déterminant les symptômes que nous avons précédemment exposés, et qui peuvent à eux seuls entraîner la mort.

Le venin des Colubridés, et particulièrement celui des Hydrophiinés, se montre le plus riche en neurotoxine, tandis que celui des Vipéridés et de quelques Elapinés en contient moins, mais par contre est très riche en ferment coagulant et en hémorrhagine.

BRUNTON et FAYRER pensent que la cause directe de la mort par le venin des Serpents, qu'elle qu'en soit l'espèce, résulte de son action sur le tissu nerveux, et que les neurotoxines se rencontrent en assez grande quantité dans les venins de Daboia, de Crotale, de Pseudechis et de Notechis. WEIR-MITCHELL, qui établit la nature complexe du venin de Crotale, pense que ce venin contient au moins deux substances toxiques, l'une résistant à la chaleur et agissant principalement sur le système nerveux, l'autre qui se détruit par le chauffage à 8o°, et qui détermine les lésions locales. A. J. WALL attribue les cas de mort rapide par le venin de Daboia à un principe neurotoxique agissant électivement sur les centres et déterminant ainsi les convulsions qu'on observe en pareil cas ; mais LAMB a précisément montré que ces cas relèvent d'une autre mécanisme, la thrombose, et C. J. MARTIN a fait des constatations analogues avec le venin de Pseudechis porphyriacus ; toutefois l'auteur montre que ce venin contient en même temps une proportion assez forte de neurotoxine.

C. PHISALIX a établi que le venin de Vipère aspic contient au moins trois substances actives, indépendantes les unes des autres, et séparables par des moyens purent physiques : *l'échidnase* à laquelle est 'due l'action locale, *l'échidno-toxine* ou neurotoxine qui agit spécialement sur le système nerveux, et *l'échidno-vaccin*, substance non toxique, mais douée de propriétés vaccinantes. L'échidno-toxine est détruite par un chauffage à 75° prolongé pendant 15 minutes, ou à 8o° pendant 5 minutes.

CALMETTE trouve que le venin de Naja tripudians entraîne la mort en attaquant d'abord les novaux des nerfs accessoires hypoglosses, et alors les origines du pneumogastrique dans le bulbe ; les symptômes observés sont ceux d'une paralysie bulbaire. Il détruit par la chaleur la substance à action locale et sépare les protéides coagulables du venin. La neurotoxine reste presque inaltérée dans le liquide clair, tandis que les principes phlogogènes, devenus inertes, sont séparés des protéides coagulés.

Propriétés générales des neurotoxines

KANTHACK, A. J. WALL, FRASER, WOLFENDEN, C. J. MARTIN, C. PHISALIX, LAMB, FLEXNER, NOGUCHI et NOC, et tous ceux qui se sont occupés des venins, ont confirmé la résistance plus ou moins marquée de la neurotoxine aux agents d'atténuation, et principalement à la chaleur, et à l'action de l'alcool.

D'après WEIR-MITCHELL et REICHERT, KANTHACK. C. J. MARTIN, les neurotoxines des venins sont de nature protéique et appartiennent à la classe des albumoses et des peptones. Elles ne précipitent ni par la dialyse, ni par une ébullition rapide ; elles passent au filtre de porcelaine gélatiné sous la pression de 5o atmosphères, d'après C. J. MARTIN. L'action neurotoxique est détruite par une ébullition prolongée ; mais la réaction protéique persiste, ce qui indique clairement que les albumoses des venins ne sont pas identiques à celles qui proviennent de la digestion des protéines ; elles en diffèrent par l'existence de certains radicaux capables d'attaquer les tissus nerveux, et par leur moindre résistance aux températures élevées. La toxicité de l'albumose des venins peut déjà être perdue à la température de 75°, maintenue pendant un quart d'heure (venin de Vipère aspic, d'après C. PHISALIX), ou résister à la température d'ébullition pendant un temps très court ; le venin des Colubridés a généralement sous ce rapport une résistance plus grande que celui des Vipéridés ; toutefois, d'après BEAUJEAN, le venin de *Bitis arietans* résisterait à la température de 100°, maintenue pendant 3o minutes. Les solutions concentrées résistent mieux que les solutions très diluées. Le venin sec résiste aux températures extrêmes de + 135° et de — 191°. Les rayons solaires, qui atténuent les solutions de neurotoxine, ne modifient pas le venin sec.

En présence des substances fluorescentes, les solutions de neurotoxine perdent graduellement leur activité quand elles sont exposées à la lumière solaire. Les courants de haute fréquence, l'émanation du radium et la filtration sur porcelaine, réduisent l'activité des neurotoxines du venin de la Vipère aspic (C. PHISALIX).

Rappelons brièvement que les substances qui agissent sur la toxicité des venins, le *chlore*, le *brome*, l'*iode* (à l'état de trichlorure), le *permanganate de potasse*, les *hypochlorites alcalins*, le *chlorure d'or*, détruisent la neurotoxine ; le *nitrate d'argent*, le *bichlorure de mercure*, le *chlorure de fer*, le *sulfate de cuivre*, les *acides tannique* et *picrique*, précipitent les principes neurotoxiques comme ils précipitent les protéines, mais ne peuvent empêcher l'action d'une dose mortelle de venin.

Dans les réactions dues aux agents modificateurs des venins, il est assez difficile de séparer les hémolysines des neurotoxines, de sorte qu'il en est résulté parfois quelque indécision dans l'appréciation de leur importance relative en ce qui concerne le mécanisme de la mort. Toutefois les analyses biologiques délicates ont permis de déduire que rarement les hémolysines à elles seules pourraient entraîner la mort. NOGUCHI fait remarquer avec raison, que certains animaux tels que le bœuf, la chèvre, le mouton, qui sont complètement résistants à l'action hémolytique, sont très sensibles aux effets neurotoxiques. Même dans les cas où les animaux sont sensibles aux hémolysines, la mort peut survenir avec une quantité de venin à peine suffisante pour dissoudre une quantité insignifiante de sang. De plus, quand le venin est porté directement sur les centres nerveux et qu'il y produit les symptômes connus, l'hémolyse est exclue en tant que gravité des symptômes, car elle est presque nulle. D'après L. Rogers, les Hydrophiinés (*Enhydrina* et *Distira*), ont un venin qui contient une neurotoxine plus active que celle même du venin de Cobra, et cependant l'hémolysine contenue dans la dose minima mortelle suffirait à peine à détruire la 1/200 partie de la masse totale du sang de l'animal qui l'a reçue.

En ce qui concerne le venin de Crotale, Flexner et Noguchi ont pu en isoler la neurotoxine en faisant d'abord séjourner le venin à la température de zéro pendant 30 minutes sur des globules lavés de cobaye, qui en retiennent les sensibilisatrices, puis chauffant ensuite à 75° pendant 30 minutes le liquide séparé par centrifugation, pour en détruire l'hémorrhagine.

Recherches physico-chimiques ayant pour but de séparer les Hémolysines, les Neurotoxines et les Hémorragines des venins

Flexner et Noguchi ont montré que les hémolysines résistent moins bien à la digestion peptique que les neurotoxines. Mais les premières recherches d'une certaine étendue furent faites par P. Kyes : En agitant une solution aqueuse de venin avec une solution de lécithine dans le chloroforme, il obtint un corps nouveau, le venin-lécithide, exclusivement hémolytique, mais pas du tout toxique. Après centrifugation du mélange, le précipité de venin-lécithide étant séparé du liquide surnageant, Kyes constata que ce liquide possédait toute la toxicité de la solution venimeuse. Il avait ainsi réussi à séparer les deux substances, jusque-là inséparables.

Von Dungern et Coca préparèrent le lécithide par le même procédé, et confirmèrent les résultats de Kyes ; toutefois, dans l'une de leurs expériences, la solution venimeuse contenait encore une certaine quantité d'hémolysine, tandis que dans d'autres, l'hémolysine était complètement précipitée.

Morgenroth, modifiant un peu la méthode de Kyes, substitue l'alcool méthylique au chloroforme dans la dissolution de la lécithine.

Le venin-lécithide ainsi obtenu n'était pas seulement hémolytique, mais aussi un peu neurotoxique. Cette différence apparente est due, d'après Kyes, à l'adhérence des principes neurotoxiques au précipité obtenu de cette manière, les alcools faibles contenant assez d'eau pour tenir en solution un peu de neurotoxine, et au moment de la précipitation du lécithide par l'éther, la neurotoxine étant entraînée mécaniquement.

Ed. Faust, enfin, en traitant le venin de Cobra par des moyens purement chimiques, en isole une substance active qu'il appelle *ophiotoxine*. Il obtient cette substance de la portion non coagulable et non dialysable

du venin de Cobra, qu'il traite avec 10 pour 100 d'acide métaphospho
rique, lequel précipite toutes les substances donnant la réaction du biuret.
Le filtrat contient seulement les substances protéiques libres et actives
du venin, que l'on précipite par l'alcool.

C'est une poudre jaunâtre, amorphe, soluble dans l'eau et qui mousse
par agitation. Cette ophiotoxine est légèrement acide, non dialysable, et
Faust lui attribue la composition brute $C^{17}H^{26}O^{10}$, en la rattachant au
même groupe que les sapotoxines ou toxines du venin de crapaud. Son
activité est 5 fois plus grande que celle du venin naturel ; mais les solutions s'atténuent facilement ; elles deviennent tout à fait inactives quand
on leur ajoute de l'hydrate de soude. Bien qu'on en maintienne l'acidité
par addition d'acide métaphosphorique, la solution devient plus ou moins
complètement inactive par l'évaporation. L'ophiotoxine est beaucoup
moins résistante à la chaleur que le venin de cobra, car elle s'atténue
déjà vers la température de 40°, La dose de o milligr. o,85 à 1 milligr. par
kilog de lapin ne détermine d'abord aucun symptôme dans les 15 à 20
premières minutes, puis on voit la respiration diminuer et l'animal s'affaiblir ; la paralysie apparaît d'abord dans la région postérieure du corps,
et s'étend graduellement à l'avant. Il survient de la dyspnée, la paralysie
devient plus complète et la respiration s'arrête au bout de 45 à 60 minutes ; le cœur continue quelquefois à battre. Les symptômes sont les
mêmes après injection intraveineuse : chez le chien, toutefois, la paralysie
est plus prononcée, et la mort survient en moins d'une heure aux doses
de o milligr. 1 à o milligr. 15 par kilog d'animal inoculé. Chez la grenouille, la dose de o milligr. o5 introduite dans la veine abdominale, paralyse le sujet en 10 minutes ; mais la mort n'arrive qu'en 12 à 16 heures.
Il se produit, outre la paralysie centrale, une paralysie périphérique. L'excitabilité électrique des muscles est néanmoins conservée.

Par la voie sous-cutanée, l'ophiotoxine est 30 à 40 fois moins toxique
que par la voie intraveineuse. *Per os*, elle ne détermine que des symptômes bénins : salivation, nausées, vomissements et diarrhée chez le
chien ; diarrhée légère seulement chez le lapin.

L'ophiotoxine n'est que modérément hémolytique, et il est à remarquer qu'elle attaque directement les hématies, alors que le venin en
nature a besoin de sérum ou de lécithine pour hémolyser les globules de
bœuf, de chèvre ou de mouton.

Faust pense que l'ophiotoxine existe à l'état d'éther composé d'albumose ou de peptone, dans le venin, et que sous cette forme, elle est plus
stable et plus facilement absorbée par les tissus. L'auteur n'a pas essayé
sur elle l'action du sérum antivenimeux.

Opérant sur le venin de *Lachesis flavoviridis*, Ishizaka tenta par une
autre méthode de séparer de l'hémorrhagine la neurotoxine et l'hémolysine. A cet effet, il agite la solution de venin avec du chloroforme pendant une dizaine de minutes et sépare le précipité par centrifugation. Le
liquide surnageant est de nouveau traité par le chloroforme et séparé du

ELAPS FULVIUS
D'après Bocourt

... tion, qu'il traite avec 10 pour 100 d'acide métaphosph...
... précipite toutes les substances donnant la réaction du biuret...
... sont seulement les substances protéiques libres et ... tives
..., que l'on précipite par l'alcool.

C'est une poudre jaunâtre, amorphe, soluble dans l'eau et qui mousse
... agitation. Cette ophiotoxine est légèrement acide, non dialysable et
... lui attribue la composition brute $C^?H^?O^?$, en la rattach... à
même groupe que les ... ou toxines du venin de crapaud. Son
activité est 5 fois plus grand... que celle du venin naturel ; mais les so...
tions ... facile... elles deviennent tout à fait inactives qu...
... leur ajoute de l'hydrate de soude. Bien qu'on en maintienne la ...
par addition d'acide ... phosph...que, la solution devient plus ou ...
... ...ment inactive par ... ...ration. L'ophiotoxine est beaucoup
moins résistante à la chaleur ... que le venin de cobra, car elle s'atté...
déjà vers la température de ... La dose de o milligr. o 8 à 1 milligr. p...
kilog. de lapin ne détermin... d'abord aucun symptôme dans les 15 ...
pr... ...tes minutes, puis ... ...it la respiration diminue et l'animal s'aff...
blit ; la paralysie apparaît d'abord dans la région postérieure du corps
et s'étend graduellement ... à l'avant. Il survient de la dyspnée, la paraly...
devient plus compl... et la respiration s'arrête au bout de 45 à 60 mi...
nutes ; le cœur c...tinue quelquefois à battre. Les symptômes sont les
... ...ves par inj... ...n intraveineuse ; chez le chien, toutefois, la paralysie
est plus prof... et la mort survient en moins d'une heure aux do...
... milligr. ... ...milligr. ... par kilog d'animal inoculé. Chez la gre...
... ...lle, le ... o milligr. ... introduite dans la veine abdominale ; pro...
... les sy... ...ominaux ; mais la mort n'arrive qu'en 15 à 16 heu...
... pro... ...t une paralysie centrale, une paralysie périphérique. L'e...
... ...que des muscles est néanmoins conservée.

Par ... ... sous-cutanée, l'ophiotoxine est 30 à 40 fois moins toxi...
... par ... ...e intraveineuse. Per os, elle ne détermine que des sym...
... ..., salivation, nausées, vomissements et diarrhée. El...
... ...arrhée léger... seulement chez le lapin.

L'ophiotoxine n'est que modérément hémolytique, et il est à rema...
q... ...qu'elle attaque directement les hématies, alors que le venin ...
... ...agit sans ... ...mme sur le lécithine pour hémolyser les globul... ...
... ... de chèvre ... de mouton.

Est... ... que l'ophiotoxine existe à l'état d'éther composé d... ...le...
... ... dans le venin et que sous cette forme, elle est p...
... ...iblement absorbée par les tissus. L'auteur n'a pu... ...
... ...on du sérum antivenimeux.

... ...ant sur le venin de Lachesis flavoviridis, ISAIZAKA tenta par...
... ...thode de séparer de l'hémorrhagine la neurotoxine et l'h...
... ... A cet effet, il agite la solution de venin avec du chloroforme...
... ...ine dizaine de minutes et sépare le précipité par centrifugatio... ...
... ...nageant est de nouveau traité par le chloroforme et sépar...

ELAPS FULVIUS
(D'après BOCOURT.)

coagulum. L'opération répétée plusieurs fois donne une solution limpide aussi fortement hémolytique que la solution originelle, mais dont la toxicité est réduite au dixième ; elle ne contient plus d'hémorragine. Ishizaka pense que celle-ci a été éliminée, et que la toxicité restante est due à la neurotoxine. La trypsine détruit toutes les substances actives du venin.

Noc détermina la toxicité d'un certain nombre de venins avant et après les avoir portés à la température de 80° ; le coagulum était séparé par centrifugation, et le liquide clair surnageant utilisé et inoculé à la souris ; il constata que tandis que la toxicité des venins des Colubridés (*Naja tripudians*, *Naja noir*, *Bungarus*) résiste à cette température, celle des Vipéridés, *Daboia*, *Ancistrodon*, *Lachesis*, diminue beaucoup, fait que C. Phisalix avait d'ailleurs mis en évidence pour le venin de *Vipère aspic*.

Les neurotoxines n'ont donc pas toutes la même résistance à la chaleur, mais cette résistance est d'ordinaire plus grande que celle des autres substances toxiques d'un venin déterminé.

Briot et Massol ont constaté que la neurotoxine du venin de Cobra est plus facilement absorbée par la muqueuse rectale que par le tissu conjonctif sous-cutané.

La découverte de Morgenroth, à savoir que la neurotoxine peut être séparée du mélange neutre *venin + sérum antivenimeux* par addition d'une solution faible d'acide chlorhydrique, ou de quelque autre acide minéral ou organique, a été confirmée par Calmette et Massol. Ces auteurs trouvèrent de plus que l'alcool à 80° peut produire cette séparation.

Les neurotoxines des venins possèdent une affinité spécifique pour le tissu nerveux ce qui leur a valu leur nom ; c'est un fait qui a été mis en lumière par Flexner et Noguchi pour le venin d'Ancistrodon. La toxicité de ce venin disparaît plus ou moins complètement quand on le mélange avec de la matière cérébrale des animaux sensibles : le liquide séparé par centrifugation du mélange a perdu la plus grande partie de sa toxicité. Les autres tissus n'ont pas la même électivité. Myers, dans des expériences analogues, n'obtint pas des résultats aussi positifs ; mais Calmette observa la fixation de la neurotoxine du venin de Cobra par l'émulsion de substance cérébrale.

Après les divers travaux qui ont mis en évidence les propriétés antihémolytiques de la cholestérine (Kyes), sa propriété antivenimeuse contre le venin de Vipère (C. Phisalix), la découverte de sa propriété antisaponique, par conséquent antiophiotoxique par Ranson, la fixation de la neurotoxine par le tissu nerveux, comme l'ont observée Flexner et Noguchi, peut être considérée sous un jour nouveau. Si l'ophiotoxine de Faust était neutralisée par la cholestérine, le phénomène de fixation pourrait être dû simplement à la cholestérine de l'émulsion cérébrale ; la fixation de la toxine tétanique par cette émulsion, telle que l'ont découverte Wassermann et Takaki, est précisément attribuée aujourd'hui à la cholestérine, à la cérébrine, au protagon, etc. Dans cet ordre d'idées, Noguchi a montré que la tétanolysine est neutralisée par la cholestérine, et Landsteiner que la toxine tétanique est inactivée par le protagon. Les expériences un peu plus anciennes de Fraser ont montré les propriétés antivenimeuses de la bile contre le venin de Cobra, celles de C. Phisalix de la bile contre le venin de Vipère, en attribuant ces propriétés à la cholestérine et aux sels biliaires.

Les neurotoxines sont-elles toutes identiques ? C'est là une question intéressante, non seulement au point de vue théorique, mais encore au point de vue pratique des antivenins.

Les premières observations tendaient à faire croire à cette identité. Calmette considérait que le sérum anticobra agit contre toute espèce de venin ; mais on ne tarda pas à constater qu'il n'est efficace que contre les venins qui ont servi à sa préparation, et notamment contre le venin de cobra. C.J. Martin montra que le sérum anticobra est inefficace contre le venin des Protéroglyphes d'Australie, et C. Phisalix contre celui de la Vipère aspic. C'est que dans ces venins, ce n'est pas la neurotoxine qui domine, mais les substances hémotoxiques ; les expériences de Lamb montrent que les neurotoxines des venins de *Pseudechis*, de *Notechis*, de *Bungarus*, de *Naja* ne sont pas identiques vis-à-vis de leurs affinités pour les sérums antivenimeux correspondants : le sérum préparé avec un venin n'a de propriété neutralisante que contre ce venin, et le fait a été vérifié plus récemment encore par Arthus, B. Houssay, etc... Des expériences répétées avec les antivenins, la résistance variable à la chaleur des neurotoxines des divers venins doivent faire admettre que les neurotoxines des venins des serpents ne sont pas identiques.

Des recherches plus récentes de Bang et Overton (1911) sur le venin de Cobra, où les auteurs emploient comme test pour la neurotoxine les jeunes têtards de *Rana fusca*, les auteurs déduisent que la neurotoxine paraît diffuser rapidement à travers l'épithélium cutané, puis dans l'endothélium des capillaires, d'où elle est amenée au système nerveux central sur lequel elle se fixe. Sa vitesse de diffusion est comparable à celle du chloral, inférieure à celle du chloroforme, supérieure à celle de la glycérine et de l'urée : dans une solution à 1 : 500000, le têtard absorbe, en 5 à 6 heures, 50 fois plus de venin que n'en contient son volume de la solution. Il semble difficile, pensent les auteurs, qu'une substance aussi diffusible soit de nature protéique ou renferme beaucoup d'OH. L'action de la neurotoxine a plusieurs analogies avec celle des narcotiques ; mais l'écart entre la dose paralysante et la dose mortelle pour le têtard est plus grand pour la neurotoxine que pour l'éther ; le venin touche moins le centre respiratoire et le système nerveux du cœur. L'intoxication est réversible très lentement, comme pour les narcotiques : des animaux qui sont revenus à l'état normal dans l'eau pure sont ensuite paralysés par la même dose de venin que la première fois.

Bang et Overton montrent que la neurotoxine se fixe sur les globules rouges, et nous reviendrons sur cette action qui entraîne les auteurs à penser qu'il s'agirait d'une même substance à la fois hémolytique et neurotoxique.

L'addition de CaCl² à o.5 %, réduit la toxicité du venin à 1/100 de sa valeur primitive. La chaux est encore plus active ; les sels de magnésium et de sodium le sont beaucoup moins ; ils ne réduisent la toxicité que de 5o à 6o %.

Les sérums de bœuf et de cheval chauffés à 56-58 pour en détruire la toxicité, diminuent la toxicité du venin dans la proportion des sels de sodium et de calcium qu'ils renferment. Leur activité est exaltée par l'addition de CaCl², comme si la neurotoxine formait avec les sels de chaux une combinaison incapable de traverser l'épiderme. Cette propriété des sels de chaux pourrait être utilisée à combattre le venin sur place par des injections faites au niveau de la plaie, mais contre le venin déjà circulant, le sérum antivenimeux est plus efficace. Les têtards peuvent aussi être utilisés pour étudier la neutralisation du venin de Cobra par le sérum antivenimeux.

Lésions du tissu nerveux déterminées par les neurotoxines des venins

1° *Lésions déterminées in vivo.* — Chez le lapin ayant reçu du venin de *Vipera aspis*, qui avait déterminé des troubles nerveux divers, notamment une paraplégie spasmodique, puis la mort tardive en l'espace de deux mois, MM. PHISALIX, CLAUDE et CHARRIN observèrent (en 1898) des lésions manifestes et étendues du système nerveux : les nerfs des membres antérieurs présentent des lésions très accusées de névrite parenchymateuse : segmentation de la myéline, petites boules disséminées autour du cylindre-axe, ou grosses boules groupées sur certains points de la fibre ; cylindre-axe irrégulier, tuméfié par places, parfois complètement dépourvu de myéline sur une assez longue étendue ; noyaux volumineux augmentés en nombre. Tous les nerfs sont très malades avec peu ou pas de fibres saines.

Dans les nerfs scapulaires, les lésions sont moins prononcées ; mais quelques petits filets musculaires sont complètement dégénérés. Les gros troncs (sciatique et crural) sont à peu près indemnes, mais les branches de division et les petits filets musculaires sont déjà atteints, à un degré moindre, toutefois, que les nerfs des membres antérieurs.

L'examen de la moelle par la méthode de NISSL et par l'hématoxyline de DELAFIELD, montre que dans la région cervicale supérieure les lésions sont moins nombreuses qu'au niveau du renflement cervical. Dans ce dernier, un certain nombre de cellules des groupes antérieurs sont saines, à côté d'autres atteintes à des degrés divers ; granulations volumineuses, groupées seulement autour du noyau qui est gros, bien détaché ; prolongements protoplasmiques invisibles ; cellules uniformément colorées sans granulations appréciables, noyau indistinct, prolongements filiformes, tordus ; cellules déformées, atrophiées, à contours vagues et à contenu finement granuleux, rappelant la nécrose de coagulation. Lésions plus marquées au niveau des régions moyennes et postérieures de la substance grise que dans les régions antérieures. Dans les mêmes parties, la prolifération des éléments embryonnaires interstitiels est plus accusée.

Dans la région dorsale, les lésions sont également assez marquées ; la congestion très prononcée ; pas de prolifération embryonnaire.

Le maximum des lésions se trouve dans les régions lombaire et sacrée. Dans la région lombaire, les altérations prédominent au niveau du groupe antéro-interne vers la partie moyenne de la substance grise et la partie postérieure. Dans les autres cellules antérieures, peu de modifications. Quelques éléments présentent un état pycnomorphique notable, périnucléaire ou périphérique. Infiltration de cellules embryonnaires considérable, sous laquelle disparaissent beaucoup d'éléments nobles.

Dans la région sacrée et terminale de la moelle, les lésions se montrent au maximum ; cellules toutes également atteintes, disparition à peu près complète des granulations chromatophiles, protoplasma uniformément teinté, fissuré, vacuolisé ; noyau indistinct, prolongements disparus ou bien filiformes, tordus. Pullulation intense de cellules rondes, étouffant les cellules nerveuses. Congestion intense.

Dans le bulbe et la protubérance, mêmes altérations des capillaires et des cellules des noyaux gris que dans la moelle.

Ainsi, dans le cas où les lésions nerveuses ont été développées lentement, et consécutivement à une dose assez grande, mais rendue non coagulante par l'injection préalable d'extrait de sangsue, les lésions nerveuses se rencontrent dans les quatre membres avec prédominance dans les antérieurs et en outre dans la moelle, où elles sont maximum dans les régions lombaire et sacrée. Ces dernières altérations portent surtout sur les cellules nerveuses et ne se présentent pas sous les caractères attribués aux lésions secondaires.

Cette association de polynévrite et de poliomyélite est assez intéressante puisqu'elle reproduit un des types rencontrés en clinique humaine sans qu'on puisse attribuer la priorité des lésions aux nerfs ou à la moelle; le neurone est atteint simultanément, mais avec plus ou moins d'intensité, dans son centre comme à la périphérie, et il est fortement atteint.

Généralement, dans les cas de mort plus rapide, les lésions sont moins étendues.

Ewing a étudié les lésions survenues dans les cellules ganglionnaires du lapin après l'action du venin de Mocassin d'eau (*Ancistrodon piscivorus*). La méthode de Nissl montre une désintégration générale de la substance chromatique. Les contours des corps de Nissl sont complètement obscurcis ; le colorant s'est déposé en fines granulations sur toute l'étendue des corps cellulaires et même dans les espaces lymphatiques environnants. Dans la plupart des grands stichochromes on ne peut distinguer ni réticulum, ni corps limités. Les lésions ne se bornent pas à la substance chromatique : le réticulum cytoplasmique qui était granuleux, désagrégé est par places complètement dissous. Le noyau est très opaque, le nucléole souvent gonflé et subdivisé. Les dendrites souvent très irréguliers, ratatinés ou détachés. Ces changements constituent une dégénérescence aiguë de la cellule nerveuse, contrastant avec les simples troubles de la substance chromatique qui peuvent être entièrement d'ordre physiologique.

D'après BAILEY, la plupart des cellules des cornes antérieures de la moelle demeurent normales après l'envenimation, mais un petit nombre présentent dans leurs éléments chromatiques les premiers stades de la dégénérescence aiguë, une augmentation de l'état granuleux des corps chromophiles et des éraillures des bords avec quelques pertes manifestes de la substance chromatique. Le réticulum cytoplasmique reste normal. Le noyau peut être normal, ou bien sa membrane peut être épaissie, ainsi que les mailles du réticulum nucléaire.

Dans quelques cellules, la perte de chromatine est plus grande, les corps cellulaires apparaissent exprêmement pâles, et sans corps chromophiles.

Les lésions nerveuses consécutives à l'action du venin de *Notechis scutatus*, le Serpent tigre d'Australie, ont été étudiées par KELVINGTON chez le lapin. Les sujets mouraient en 20 minutes à 36 heures, suivant la dose, par paralysie de la respiration, sans aucun signe d'inflammation, sauf dans les cas de mort rapide. Les cellules des centres nerveux montrent des signes de dégénérescence d'autant plus marqués que la survie était plus longue et la dose inoculée plus faible. Les granules de NISSL sont réduits en un dépôt poudreux répandu sur toute la cellule, ou montrant encore quelques petites masses non encore subdivisées.

La désintégration de la substance chromatique est plus ou moins complète dans la cellule ; un dépôt poudreux se rencontre parfois sur le trajet des dendrites. Quelques cellules, dans lesquelles les changements sont les plus marqués, se présentent comme des ombres contenant quelques particules fortement colorées. Le gonflement de la cellule est peu marqué, et, bien que le noyau perde ses limites distinctes, il demeure généralement au centre de la cellule ; le nucléole est presque toujours présent.

Les lésions présentent leur maximum d'intensité dans les cellules entourant le canal médullaire, à savoir celles du côté interne des bases des cornes, et spécialement les petites cellules de la commissure grise.

KELVINGTON résume ainsi ses conclusions relativement aux lésions nerveuses déterminées chez le lapin par le venin de Notechis :

1° Chromatolyse, les granules de NISSL se réduisant en poussière. Toute substance colorable finit par disparaître.

2° La coloration ne devient jamais diffuse ;

3° Il ne survient pas de gonflement de la cellule ;

4° Les limites du noyau sont indistinctes, mais il garde généralement sa position centrale ; le nucléole est ordinairement distinct ; mais il est parfois perdu dans la cellule ;

5° La dégénérescence est très inégale dans les différentes cellules ;

6° Les cellules entourant le canal central de la moelle montrent la dégénérescence la plus précoce et la plus avancée ;

7° Avec les doses rapidement mortelles, il ne survient pas de changements microscopiques ; les lésions dépendent de la durée de la survie ;

8° On n'observe pas de lésions inflammatoires ou vasculaires.

Lamb et Hunter ont donné, de 1904 à 1907, une étude histologique des lésions nerveuses déterminées par les venins de diverses espèces des Indes. Ils expérimentèrent sur des singes avec les venins de *Naja tripudians*, de *Bungarus fasciatus* et *cœruleus*, d'*Enhydrina valakadien* et de *Daboia russelli*, venins qu'ils inoculaient sous la peau, de façon à obtenir la survie la plus longue. Ils obtinrent des résultats positifs avec les venins des quatre premières espèces, qui sont des Colubridés, mais non avec celui de la Vipère de Russel.

L'intensité et l'étendue des lésions observées sont d'autant plus grandes que la survie a été plus longue ; mais il intervient aussi la question d'espèce : le venin d'Enhydrina peut déjà produire au bout d'une heure et demie une dégénérescence chromatolytique aussi avancée que lorsque la mort ne se produit qu'au bout de plusieurs heures ; ce venin, non-seulement agit rapidement, mais montre une électivité plus grande pour les tissus nerveux que pour les ganglions centraux.

Dans le cas du venin de Naja tripudians, les lésions ne sont appréciables que si l'animal survit 2 ou 3 heures à l'inoculation.

Les effets du venin de Bungarus fasciatus sont un peu différents, d'autant qu'une période d'incubation de quelques heures précède l'apparition des symptômes nerveux. Lorsque les symptômes apparaissent au bout de quelques heures l'animal meurt ordinairement en 1 à 3 jours, et Lamb considère cette forme comme aiguë ; mais lorsque les symptômes n'apparaissent que du 2° au 6° jour, le sujet meurt en une semaine ou plus avec des symptômes nerveux et de l'atrophie musculaire ; c'est la forme chronique ; l'envenimation cobrique correspond seulement à la première forme.

De l'ensemble de toutes leurs recherches, Lamb et Hunter donnent un résumé qui permet de suivre le processus de chromatolyse par lequel passent les cellules ganglionnaires sous l'influence des neurotoxines des venins. On observe d'abord une coloration forte et diffuse de ces cellules, et dans le protoplasma les granules de Nissl, apparaissent comme des corps plus fortement colorés, encore nettement consistants, avec des limites un peu vagues. Les corpuscules de Nissl paraissent ensuite se dissoudre dans le plasma cellulaire et ressemblent à des pièces de métal en voie d'érosion dans un milieu acide. Cet état conduit au stade suivant où les cellules sont encore colorées d'une manière diffuse, mais où les granules sont plus petits. Puis les granules et la coloration diffuse commencent à disparaître et laissent un squelette cellulaire limité, le noyau et le réticulum étant un peu plus colorés, mais très peu différenciés. La coloration s'éteint de plus en plus jusqu'à ce que la cellule se réduise à l'ombre d'elle-même, à une *cellule fantôme*, suivant l'expression des auteurs. Des vacuoles apparaissent dans cette cellule, ses bords se découpent, des portions de cellule se détachent, et il ne reste guère que le noyau retenant encore quelques fragments du réticulum cellulaire. Pendant tout ce processus, le noyau, dans la plupart des cellules, semble peu altéré, en dehors de ce qui a trait à l'intensité de sa coloration. Il demeure dans sa position centrale ; on ne le rencontre qu'exceptionnellement à la périphérie ; si parfois il est moins distinct aux premiers stades de la coloration diffuse, il est beaucoup plus visible dans les derniers stades. La vacuolisation si apparente dans la cellule fantôme peut quelquefois être observée au début. Les éléments du tissu conjonctif de la substance grise ne semblent jouer qu'un rôle secondaire dans le processus de dégénérescence ; ils peuvent légèrement proliférer autour de la cellule ganglionnaire pendant ses premiers stades de chromatolyse, et ce n'est que quand la vacuolisation survient et que la cellule commence à se désagréger qu'ils viennent combler le vide laissé par la disparition de cette cellule ; on les voit alors refouler la membrane et pénétrer parfois dans la cellule.

La chromatolyse présente son maximum de développement dans les plus petites cellules corticales et dans celles du groupe le plus central des cornes de la moelle. Les plus grandes cellules corticales et certaines cellules des groupes latéraux des cornes antérieures semblent être considérablement plus résistantes à la neurotoxine, si l'on en juge par la lenteur et le degré moindre de leur dégénérescence. Les cellules ganglionnaires des 3e et 5e noyaux moteurs du pont de varole et du bulbe sont aussi affectés que ceux du cortex et de la moelle ; mais les 7e, 10e et 12e noyaux sont moins dégénérés qu'aucune des cellules motrices du système nerveux central.

LAMB et HUNTER trouvèrent en outre que le venin d'Enhydrina, quand il agit pendant plusieurs heures, produit une dégénérescence granuleuse de la myéline et une segmentation du cylindre axe, ce qui montre ainsi son action étendue, non seulement sur les cellules ganglionnaires, mais sur les fibres nerveuses elles-mêmes, comme l'avaient déjà vu MM. PHISALIX, CLAUDE et CHARRIN.

2° *Lésions déterminées in vitro.* — FLEXNER et NOGUCHI (en 1903) recherchèrent si la neurotoxine qui détermine des lésions si marquées *in vivo* se comporte de même quand on la fait agir *in vitro*. Ils emploient à cet effet, des ganglions et des fibres nerveuses de divers mollusques marins : *Sycotypus canaliculatus* ou bigorneau, *Modiola modiolus*, une petite moule, et *Mactra solidissima*, le peigne de mer géant, sur lesquels ils font agir des solutions venimeuses à diverses concentrations dans l'eau de mer. Tandis que les cellules nerveuses de Sycotypus résistent plus de 24 heures à l'action simple de l'eau de mer, la solution à 1 % de venin de *Naja tripudians* en provoque la dissolution presque complète dans ce même temps. Le venin d'*Ancistrodon piscivorus* à la même concentration produit à peu près le même effet, quoique avec plus de lenteur, et le venin de *Crotalus* est encore moins actif.

Bibliographie

Bang (I.) et Overton (E.). — Etudien über die virkungen des Kobragiftes, *Biol. Zeitsch.*, 1911, XXXI, p. 243-293.

Brunton (T.-L.) et Fayrer (J.). — On the nature and physiological action of the poison of Naja tripudians and other Indian venomous snakes, *Part I*, *Proc. R. Soc. London*, 1872-1873, XXI, p. 358-374 ; 1873-1874, XXII, p. 68-133 ; 1874-1875. XXIII, p. 465-474.

Calmette (A.) et Massol. — Relations entre le venin de Cobra et son antivenin, *An. Inst. Past.*, 1907, XXI, p. 929-945.

Dungern (E. von) et Coca (A.-F.). — Ueber Hæmolyse durch Schlangengift, *Bioch. Zeits.* 1908, XII, p. 407.

Ewing et Bailey. — Dans l'article de Gustav Langmann : « Poisonous snakes and snake poisons, *The Med. Record*, 1900, LVIII, 15 sept., p. 401.

Faust (Ed.-S.). — Ueber das Ophiotoxin aus dem gift der Ostindischen Brillenschlange Cobra di Capello, *Arch. f. Path. u. Pharm.*, Leipzig, 1907, LVI, p. 236-259.

Flexner (S.) et Noguchi (H.). — On the plurality of Cytolysins in snake venom, *Jour. of Path. and Bact.*, 1905, X, p. 111.

Hunter (W.-K.). — The histological appearance of the nervous system in Krait and Cobra poisoning, *Glascow Med. Journ.*, 1903, LIX, p. 81-98.

Ishizaka (T.). — Studien über das Habuschlangengift, *Zeits. f. exp. Path. u. Ther.*, 1907, IV, p. 88-117.

Jacoby (M.). — Ueber die Wirkung des Kobragiftes auf das nervensystem, *Beit. z. wiss. Med. u. Chem. Fests. Ern. Salkowski*, Berlin, 1904, p. 199-204.

Kanthack (A.-A.). — On the nature of Cobra poison, *Jour. of Physiol.*, 1892, XIII, p. 272.

Kelvington. — A preliminary communication on the changes in nerve cells after poisoning with the venom of the Australian Tiger snake (Hoplocephalus curtus), *Jour. of Physiol.*, 1902, XXVIII, p. 426.

Kyes (P.). — Uber die isolierung von Schlangengift-Lecithiden, *Berl. Klin Woch.*, 1903, XL, 956-959 ; XLI, p. 273-277.

Lamb et Hunter (W.-K.). — Action of venoms of different species of poisonous snakes on the nervous system, *Lancet*, 1904, I, p. 20-22 ; I, p. 518-521, 1146-1149 ; 1905, II, p. 883-855 ; 1906, I, p. 1231-1233 ; 1907, II, 1017-1019.

Martin (C.-J.). — *R. Soc. N. S. Wales J. and Proc.*, 1895, XXIX, p. 146-277 (*loco cit.*).

Mitchell (S. Weir). — Experimental contribution to the toxicity of rattlesnake venom, *N.-Y. Med. Jour.*, 1867-1868, VI, p. 289-322.

MITCHELL (S. WEIR) ET REICHERT (E.-J.). — Smith. Cont. to Knowl., 1886, XXVI, n° 547, IX, 186 p. (loco cit.).

MORGENROTH (J.). — Ueber die Wiedergewinnung von toxin aus seiner anti-toxinverbindung, Berl. Klin. Woch., 1905, XLII, 1550-1554.

Noc (F.). — Sur quelques propriétés physiologiques des différents venins de Serpents, An. Inst. Past., 1904, XVIII, p. 387-406. IV, Neurotoxines.

PHISALIX (C.) ET BERTRAND (G.). — Atténuation du venin de Vipère par la chaleur et vaccination du cobaye contre ce venin, C. R. Ac. des Sc., 1894, CXVIII, p. 356.

PHISALIX (C.). — Action du filtre de porcelaine sur le venin de Vipère. Séparation des substances toxiques et des substances vaccinantes, C. R. Ac. des Sc., 1896, CXXII, p. 1439.

PHISALIX (C.). — Atténuation du venin de Vipère par les courants à haute fréquence, C. R. Soc. Biol., 1896, XLVIII, p. 233.

PHISALIX (C.). — Influence des radiations du radium sur la toxicité du venin de Vipère, C. R. Ac. des Sc., 1904, CXXXVIII, p. 526.

PHISALIX (C.) ET CHARRIN (A.). — Action du venin de Vipère sur le névraxe. Paraplégie spasmodique, C. R. Soc. Biol., 1898, L, p. 96.

PHISALIX (C.), CLAUDE (H.) ET CHARRIN (A.). — Lésions du système nerveux dans un cas d'intoxication expérimentale par le venin de Vipère, Id., p. 397.

ROGERS (L.). — On the physiological action of the poison of the Hydrophidæ, Proc. Roy. Soc. London, 1902-1903, LXXI, p. 481-496 ; LXII, p. 305.

WALL (A.-J.). — Indian snake poisons ; their nature and effects, 1 vol., London, 1883.

CYTOLYSINES DES VENINS

La plupart des auteurs qui se sont occupés de la physiologie et de la pathologie des venins, FONTANA, WEIR-MITCHELL et REICHERT, HINDALE, KARLINSKI C.-J. MARTIN, EWING et BAILEY, KELVINGTON, LAMB et HUNTER, VAILLANT-HOVIUS, ZELIONY, JOUSSET, FLEXNER et NOGUCHI, ont noté les lésions des tissus consécutives à l'envenimation ; quelques-uns même en ont fait une étude spéciale.

Nous avons signalé précédemment les modifications dues aux neurotoxines, aux hémorrhagines et aux hémolysines ; il ne nous reste à considérer que celles produites sur les tissus autres que le système nerveux, le sang et les vaisseaux.

Les premières recherches d'ensemble sont dues à NOWAK (1898) ; elles portent sur les venins d'un certain nombre de Serpents exotiques et des Scorpions. L'auteur mélangeait les venins et en détruisait l'action phlogogène par le chauffage à 80°. Le venin, ainsi préparé, était inoculé à des souris, à des cobayes, à des lapins et à des chiens. On comprend qu'une telle méthode, tout en indiquant les lésions possiblement dues à plusieurs venins, ne permet pas de déceler une spécificité d'action, si toutefois elle existe ; mais il se trouve que les résultats concordent avec ceux obtenus depuis par divers auteurs en employant séparément les venins non chauffés, ou en étudiant les lésions consécutives à la morsure des Serpents.

Nous aurons à considérer : 1° l'action produite *in vivo* sur les viscères (foie, reins, poumons, rate, cœur), sur les muscles, sur les membranes muqueuses ou séreuses, sur la conjonctive ;

2° L'action déterminée *in vitro* sur les tissus et les cellules isolés des organismes animaux ou végétaux.

Lésions déterminées in vivo par les venins sur les organes et les tissus

Action sur le foie. — Cette glande est des plus sensibles à l'action du venin. Lorsque la mort survient rapidement, le protoplasme des cellules hépatiques se montre trouble et granuleux, et les granules de la périphérie prennent mieux les colorants que ceux du centre. Dans les cas d'envenimation lente, le protoplasme se condense dans certaines parties de la cellule, devient granuleux, et il se forme des vacuoles à contours non définis. Une partie du protoplasme est nécrosée et détruite. Quant au noyau, les bords en sont bien marqués, mais la chromatine intérieure est fragmentée en granules, et le noyau ne prend que faiblement les colorants basiques, ce qui est dû à la diffusion de la chromatine dissoute dans le liquide nucléaire. A un état plus avancé, la chromatine du noyau diminue de plus en plus ; elle perd la propriété de fixer les couleurs basiques, et dans la membrane, presque toujours conservée de la cellule, il ne reste bientôt plus du noyau primitif que quelques granulations disséminées

dans le protoplasme. En certains cas, on trouve des foyers de dégénérescence graisseuse aboutissant à la destruction totale du parenchyme
hépatique ; on ne distingue plus alors aucune structure (chien) ; des
groupes plus ou moins compacts de cellules se rencontrent dans le liquide
extravasé des vaisseaux. Dans les cas d'envenimation prolongée, les cellules épithéliales des canaux biliaires eux-mêmes peuvent être lésées et
présenter la dégénérescence graisseuse.

Chez les petits mammifères et le chien, on trouve une infiltration
de petits mononucléaires entre l'épithélium et les canalicules biliaires
Ainsi, *dégénérescence graisseuse, nécrose, infiltration lymphocytaire dans
les canaux biliaires*, telles sont les lésions hépatiques qui relèvent de l'envenimation (Nowak).

Après inoculation d'une dose mortelle de venin de *Vipera berus*
(1 milligramme) au cobaye, L. Vaillant-Hovius a constaté une congestion assez marquée de la région centro-lobulaire. La disposition des cellules hépatiques est conservée et leur structure peu altérée. Un certain
nombre d'entre elles sont légèrement augmentées de volume, et un peu
arrondies. Leur protoplasme contient des granulations grosses et irrégulières ou disposées en travées, ce qui donne au protoplasme une apparence
un peu vacuolaire. Les noyaux sont presque toujours normaux et bien
colorables, quelquefois, ils sont plus petits que la normale. Dans la région
centro-lobulaire, il y a des éléments altérés. La graisse est très peu abondante ; quelques cellules contiennent des granulations graisseuses en plus
grand nombre et plus volumineuses qu'à l'état normal.

Les capillaires sanguins intertrabéculaires contiennent des leucocytes
en excès ; leur endothélium est sain. Les espaces portes sont normaux.

Action sur le rein. — Cet organe est aussi sensible que le foie aux
toxines du venin. Les vaisseaux de la capsule sont parfois rompus, et une
hémorrhagie sous-capsulaire se produit ; la cavité capsulaire est remplie
d'un exsudat granuleux. Le glomérule est atteint dans toutes ses parties :
les cellules épithéliales de la capsule de Bowmann, sont gonflées et leur
noyau se teint très mal. Dans les tubuli contorti, qui sont les portions les
plus atteintes, les lésions sont très analogues à celles du foie : vacuolisation du protoplasme, diminution et diffusion de la chromatine, amenant
la disparition du noyau et son émiettement en quelques granulations
éparses ; la lumière est oblitérée par des déchets de nécrose ; et il en est
de même dans les tubes de Henle.

L'épithéilum des tubes droits et des tubes collecteurs est quelquefois
détaché en bloc mais rarement nécrosé ; beaucoup de ces canaux sont
obstrués par des cylindres granuleux ou par le gonflement des cellules
épithéliales. Les vaisseaux du parenchyme rénal sont toujours distendus,
quelques-uns même déchirés, ce qui donne lieu à de petits foyers hémorrhagiques interstitiels, qui peuvent aussi détruire le parenchyme (Nowak).

Dans l'empoisonnement par le venin de *Pseudechis*, C.-J. Martin

signale des hémorragies radiales dans l'écorce et une nécrose **aiguë**
de l'épithélium des tubuli contorti. L'hémoglobine des globules dissous a
une tendance anormale à cristalliser, même dans les tubes rénaux, où
elle peut ainsi en oblitérer un certain nombre.

Dans l'envenimation du cobaye par le poison de *Vipera berus*, L..
VAILLANT-HOVIUS a observé les lésions suivantes :

Les capillaires des glomérules sont dilatés. Dans quelques capsules
de Bowmann, on rencontre de rares hématies et un léger exsu'dat granuleux ; mais pas d'hypertrophie des cellules du revêtement de la capsule.

Dans les tubes contournés, les lésions plus ou moins intenses, consistent d'ordinaire en tuméfaction trouble dans quelques cellules et dans
l'état réticulé, vacuolaire et granuleux du protoplasme de quelques autres.
Les noyaux sont quelquefois réduits de volume et peu colorables ; le plus
souvent, ils sont normaux. Un léger exsudat, quelquefois granuleux, se
trouve dans la lumière des tubes.

Les branches montantes de Henle montrent les mêmes lésions superficielles ; les branches grêles et les tubes collecteurs sont normaux ; le
tissu conjonctif intertubulaire est normal, sauf quelques menus foyers
hémorragiques. Les vaisseaux sont dilatés, mais leurs parois sont normales.

Lorsque l'envenimation a duré plus longtemps et que les sujets ont
été sacrifiés au bout de 24 heures, les lésions des tubes contournés sont
plus intenses : dans un grand nombre de cellules, la portion centrale est
désagrégée et tombée dans la lumière du tube : il ne reste de la cellule
qu'un petit bloc irrégulier contenant ou non un petit noyau peu colorable. Les contours des cellules sont indistincts. Souvent toutes les cellules
d'un tube ont subi cette désintégration ; la lumière agrandie est remplie
d'un détritus granuleux, et entourée d'un anneau protoplasmique sans
limites cellulaires et contenant quelques noyaux dégénérés, ou seulement
quelques granulations nucléaires ; les mêmes lésions se rencontrent dans
les branches montantes de Henle.

D'après PEARCE (1909), l'injection intraveineuse de venin de Crotale
peut occasionner dans les glomérules du rein des lésions soit hémorrhagiques, soit exsudatives. Ces deux formes coïncident parfois sans que l'on
en ait trouvé le déterminisme. Toutefois, l'injection simultanée de chromate de potasse, qui par lui-même ne produit qu'une nécrose de l'épithélium tubulaire, favorise l'hémorrhagie.

La lésion hémorragique peut être limitée au peloton du glomérule
ou s'étendre par sa rupture dans l'intérieur de la capsule. La lésion exsu-
dative occupe souvent tout l'intérieur de la capsule, mais peut être aussi
limitée au glomérule. Le venin détermine une néphrite vasculaire expérimentale très différente dans son aspect de celle qui est due aux poisons
vasculaires comme la cantharidine ou l'arsenic ; il semble agir par
destruction graduelle de l'épithélium vasculaire, comme le pensent FLEX-
NER et NOGUCHI.

Action sur le cœur. — On observe parfois de petites hémorragies superficielles ; mais rarement dans le muscle cardiaque. Les fibres présentent une légère dégénérescence graisseuse lorsque le foie et les reins sont eux-mêmes très atteints, c'est-à-dire dans les formes lentes de l'envenimation (Nowak).

Avec le venin de *Vipera berus*, L. Vaillant-Hovius a observé, chez le cobaye tué en 4 à 5 heures, une congestion très prononcée des vaisseaux. Entre les fibres musculaires, on trouve des fibres entassées les unes derrière les autres. Pas de dégénérescence graisseuse ; pas d'hémorrhagies sous le péricarde. Sur l'endocarde, des faisceaux de fibrilles sont parfois dissociés par des masses jaunâtres et amorphes, où l'on distingue quelques noyaux allongés.

Lorsque l'envenimation a duré plus de 24 heures, les fibres musculaires présentent quelques altérations : à côté de fibres saines, on en trouve d'autres à contours mal définis, légèrement ondulées, non striées ; le noyau, quand il existe, est peu colorable ; mais on ne trouve pas trace d'infiltration graisseuse.

Le tissu conjonctif présente quelques petits foyers d'infiltration leucocytaire.

Action sur le poumon. — Le venin produit dans le poumon de nombreux petits foyers un peu surélevés, au niveau desquels les capillaires sont très dilatés, et les vésicules pulmonaires, très réduites, ne contiennent presque plus d'air. Les poumons ne crépitent plus à la pression et ne flottent plus sur l'eau. Les alvéoles contiennent un exsudat dans lequel on rencontre mélangés des hématies, des leucocytes et des cellules épithéliales (Nowak).

Après l'action du venin de Vipera berus, les poumons du cobaye présentent, à côté de parties restées saines, ou légèrement congestionnées, d'autres régions où les parois alvéolaires sont épaissies, infiltrées. Aucun exsudat dans la cavité, quelquefois des hématies et un dépôt jaunâtre, amorphe sur une des faces. Quand l'envenimation a duré plus de 24 heures, on peut trouver une congestion œdémateuse du poumon, et un exsudat séreux dans les alvéoles (Vaillant-Hovius).

Action sur les muscles. — L'action nécrosante du venin sur les muscles est déjà sensible une demi-heure après l'inoculation. Les faisceaux envenimés sont entourés d'une masse albumineuse riche en fibrine et en sang extravasé. Au bout de quelques heures, on observe un afflux de nombreux leucocytes polymorphes entre les fascia musculaires dégénérés, et le maximum d'afflux a lieu au bout de deux jours. Les noyaux des fibres musculaires deviennent allongés et anguleux, présentant l'aspect de myoblastes-sarcoblastes. On rencontre souvent dans le protoplasme des myoblastes, des particules du muscle détruit et des globules de graisse.

Les muscles striés sont partiellement dissous (Nowak).

Action sur la rate. — D'après Nowak, le venin détermine seulement une légère dégénérescence graisseuse ; ce fait a été observé dans deux cas où il y avait des lésions étendues du foie et des reins.

D'après les recherches de L. Vaillant-Hovius, les lésions déterminées par le venin des Vipéridés (V. berus, Crotale) sur le cobaye, sont assez constantes, soit que le venin ait été introduit par morsure, soit qu'il ait été inoculé.

Ces venins altèrent surtout le foie et les reins.

Action sur la muqueuse digestive. — Weir-Mitchell a montré que le pigeon, cependant très sensible au venin de Crotale, peut avaler impunément de fortes doses de ce venin. Le venin introduit est détruit, dans son passage à travers le tube digestif, car on ne le retrouve pas dans les excréta. C. Phisalix pense qu'il est modifié par la bile.

Weir-Mitchell et Reichert portèrent directement le venin sur la muqueuse gastrique, après laparotomie, et au bout de quelques heures de contact, n'observèrent aucun changement visible ; ils en concluent que la muqueuse saine n'absorbe pas le venin ; mais les expériences plus récentes ayant montré l'action inactivante de HCl, même en dilution faible, comme il peut l'être dans le suc gastrique, la conclusion des auteurs ne peut entraîner la certitude. Les expériences de Ishizaka sur la vaccination par la voie digestive contre le venin de Lachesis, et les résultats positifs qu'il a obtenus font penser qu'au moins les portions immunisantes du venin peuvent être absorbées.

De Lacerda, pour ce même venin de Lachesis, C.-J. Martin pour celui de Pseudechis, ont constaté que l'administration de fortes doses par la bouche peut entraîner une inflammation intense et des hémorragies dans le tractus alimentaire ; avec de très fortes doses, la mort survient avec la symptomatologie habituelle.

Le venin de Cobra donne parfois des résultats différents de ceux qu'on obtient avec le venin des Vipéridés : Brunton et Fayrer ont pu déterminer la mort en administrant le venin par la voie digestive, dans les aliments ; mais Fraser montre que, vis-à-vis des rats et des chats, qui sont assez résistants, il faut employer des doses 1.000 fois plus grandes que la dose qui est mortelle par la voie sous-cutanée ; et le sérum des animaux ainsi traités contient une certaine quantité d'antitoxine.

Kanthack confirme les résultats de Fraser, tandis que Calmette a toujours constaté que le venin, donné à fortes doses par la bouche, entraîne la mort des sujets, comme l'ont vu Brunton et Fayrer.

Briot et Massol ont observé que le venin est plus rapidement absorbé par la muqueuse rectale que par le tissu aréolaire de la peau et qu'il produit dans ce cas les mêmes symptômes que par les autres voies d'introduction ; les modifications que le venin peut subir dans le tube digestif se produisent donc dans les autres parties plus élevées. L'acidité du suc gastrique atténue déjà son action hémorragipare.

La digestion gastrique n'a qu'une faible action sur la neurotoxine, contrairement à la digestion tryptique.

Action sur la conjonctive et la cornée. — BRUNTON et FAYRER ont vu que le venin de Cobra produit une légère congestion de la membrane conjonctive, et peut même être absorbé en quantité suffisante pour tuer les animaux.

Avec le venin de Crotale, WEIR-MITCHELL et REICHERT ont observé de l'œdème assez marqué pour fermer les paupières. Dans un cas, la mort survint en 5 heures chez un lapin, après dépôt de venin sur la conjonctive. Chez le chat, les phénomènes sont identiques, mais la cornée reste limpide.

NOGUCHI rapporte un accident qui lui est arrivé en extrayant du venin d'un Crotale : une particule de venin entra dans l'œil gauche : une douleur intense se produisit au bout de 20 secondes, l'obligeant à fermer l'œil ; il lava celui-ci à l'eau courante d'un robinet pendant 10 minutes. sans que la douleur s'atténue ; ce n'est qu'au bout de 2 heures qu'elle s'apaisa pour ne cesser que vers la 4ᵉ heure ; mais les paupières étaient si gonflées qu'elles fermaient complètement l'œil. Il eut des nausées et une violente céphalée. Le lendemain matin, le gonflement et les autres symptômes avaient disparu, laissant des ecchymoses sur la conjonctive.

CALMETTE a vu que le venin de Cobra produit une inflammation purulente sur la conjonctive du lapin, comparable à celle que cause l'abrine. Cette action ne se produit pas avec le venin chauffé à 80°.

Action sur les membranes séreuses. — WEIR-MITCHELL et REICHERT ont étudié l'action du venin de Crotale sur les séreuses, et ont signalé la rupture rapide des capillaires produisant des hémorragies et simultanément l'absorption du venin. Les injections péritonéales sont suivies d'absorption du venin, mais moins rapidement que par les vaisseaux, par la plèvre, ou par la muqueuse rectale. C'est par la voie sous-cutanée que l'absorption est la plus lente.

Mécanisme de l'action cytolytique

D'après NOGUCHI, les lésions histologiques déterminées par l'inoculation du venin sont de deux sortes : 1° la dégénérescence graisseuse du protoplasme des diverses espèces de cellules ; 2° la nécrose. NOGUCHI considère que ces deux sortes d'altérations sont dues à des agents spécifiques, et il s'appuie, pour conclure ainsi, sur les données fournies par les recherches biochimiques. Les propriétés lipolytiques du venin de Serpents, particulièrement la libération des acides gras, des graisses phosphorées et non phosphorées par certains principes analogues aux ferments, rend très probable l'opinion que la dégénérescence graisseuse est le résultat de la cytolyse due à ces principes.

Elle est partiellement due au phénomène d'EHRLICH-KYES (formation

de lécithides, et mise en liberté des acides gras), et au phénomène **de**
Neuberg-Rosenberg (dédoublement des corps gras neutres), pouvant **se**
produire tous deux dans un milieu aussi riche en lécithine et en **corps**
gras que le protoplasme des cellules. Considérant la puissance que **pos-**
sède une dose minime de venin circulant dans l'organisme, on **peut**
penser que dans la dégénérescence graisseuse, le dédoublement de la lécithine joue le rôle principal. D'après Noguchi, les processus de **nécrose**
sont dûs à l'action des cytolysines, et il considère qu'il existe entre **les**
cellules et les principes qui agissent sur elles une *affinité spéciale*, sinon
spécifique.

La relation entre les altérations de dégénérescence graisseuse et **de**
nécrose ne sont pas très claires. Il est vrai que les processus nécrotiques
sont dûs, au moins partiellement, à la dégénérescence graisseuse primaire ; mais celle-ci peut manquer dans l'évolution du phénomène **de**
nécrose. D'autre part, la dégénérescence graisseuse peut se produire secondairement par la suppression du phénomène normal d'oxydation, consécutivement à l'action des toxines spécifiques du venin. Ces vues **sont**
appuyées sur les expériences de l'auteur relatives aux effets *in vitro*
produits par le venin sur les cellules ; mais dans ce cas, le **processus**
vital n'a aucune part.

Action in vitro des venins sur les tissus et les cellules organiques

Flexner et Noguchi ont essayé l'action cytolytique de divers venins
sur les cellules des tissus appartenant à toute la série animale.

Ils préparaient les cellules en faisant des émulsions à 5 % **des**
tissus, soit dans l'eau salée physiologique à 8,5 pour 1000 pour les Vertébrés à sang chaud, soit dans l'eau de mer naturelle pour les animaux
marins.

Le venin était lui-même dissous dans l'eau de mer ou dans la solution physiologique, et agissait à la température ordinaire ou à 37°, suivant
l'origine des cellules.

Les expériences, réalisées par les auteurs sur les tissus du chien, du
cobaye, du rat et du mouton, montrent que les venins contiennent **des**
cytolysines pour les parenchymes de ces animaux, et qu'ils ne sont **pas**
tous également actifs : les venins de Cobra, de Mocassin, de **Lachesis**
flavoviridis ont à peu près le même pouvoir cytolytique ; celui de **Daboïa**
est le plus actif, celui de Crotale, le moins. Les autres se rangent **entre**
ces extrèmes, dans l'ordre suivant : Mocassin, Cobra, Lachesis.

Pour les effets du venin sur les cellules des animaux à sang **froid,**
Flexner et Noguchi ont employé des cellules nerveuses de divers Mollusques marins (*Sycotypus canaliculatus*, *Modiola modiolus* et *Mactra solidissima*), des spermatozoïdes de Reptiles, d'Arthropodes, de Vers, **de**
Poissons et d'Echinodermes. Les émulsions de ces diverses cellules étaient
soumises à l'action d'une solution à 1 % de venin. Les résultats suivis **à**

l'œil nu dans un tube à essai ou au microscope montrent que le venin de Cobra produit une rapide spermatolyse chez certaines espèces, tandis qu'elle est moins marquée avec les venins de Mocassin et de Crotale. Ce dernier venin ne produit guère que l'agglutination, sans dissoudre manifestement les cellules.

Chez quelques espèces (*Phascolosoma*, parmi les Vers, *Pentacta fron-dosa* (parmi les Echinodermes), les spermatozoïdes sont complètement réfractaires au venin de Cobra.

Les œufs non fécondés de différentes espèces de Vers, de Poissons, d'Arthropodes et d'Echinodermes sont peu ou pas sensibles à l'action d'une solution à 1 % du venin de Cobra (*Limulus*, *Nereis*) ; ceux d'entre eux qui sont pigmentés perdent parfois leur pigment, qui colore l'eau environnante (*Phascolosoma*, *Cirratulus*).

Il se produit une agglutination plus ou moins marquée, mais pas de dissolution ; il en est de même avec les solutions de venin de Mocassin ou de Crotale à 2 pour 1000.

Sur les œufs fécondés, FLEXNER et NOGUCHI opèrent de 2 manières 1° la fécondation est essayée en solution venimeuse ; 2° la solution de venin est ajoutée aux œufs fécondés aux différents stades de leur segmentation ; les auteurs donnent les résultats suivants pour les *œufs d'Arbacia* et *d'Asteria* :

1° Les solutions fortes à 5 % de venin de Cobra, empêchent la fécondation ; les solutions faibles la permettent ;

2° Les solutions fortes retardent la segmentation ; les solutions faibles la rendent imparfaite et irrégulière ;

3° L'exposition rapide dans une solution faible accélère la formation de la blastula, tandis que le pluteus est tué par les solutions fortes.

Relativement aux œufs de Fundulus :

1° Les solutions fortes dissolvent l'œuf fécondé ; les solutions faibles ne font que retarder la segmentation :

2° Après un commencement de segmentation, les solutions faibles n'empêchent pas la segmentation ultérieure ;

3° L'exposition rapide aux solutions faibles de l'œuf ayant dépassé le stade morula ne fait que retarder le développement ;

4° L'exposition rapide de l'embryon à la période de formation du cerveau et des vésicules optiques (36 h.), dans les solutions faibles détermine des malformations et retarde l'éclosion :

5° L'embryon plus avancé est plus résistant, mais finit par succomber à l'action du venin.

Les cytolysines du venin sont assez résistantes à la chaleur ; à la chaleur humide elles résistent à 85° pendant 30 minutes, et à 100° pendant

15 minutes ; la chaleur sèche à 140° pendant 2 h., diminue, mais n'abolit pas l'action lytique du venin de Daboia.

FLEXNER et NOGUCHI étudient aussi le mécanisme de la cytolyse ; ils établissent que le chauffage à 55° des cellules somatiques et des cellules nerveuses rend les cellules presque insensibles au venin, bien qu'elles puissent être agglutinées et devenir granuleuses. En ajoutant du sérum frais ou une nouvelle émulsion, on peut déterminer une certaine désintégration, mais jamais aussi marquée qu'avec les cellules non chauffées. Des lavages répétés, soit dans l'eau salée, soit dans l'eau de mer, sont insuffisants à empêcher ou à retarder d'une manière sensible la cytolyse.

Celle-ci ne peut être attribuée à l'action protéolytique d'un ferment du venin, car ce dernier attaque directement la gélatine, et la chaleur à 80° le détruit complètement.

Les auteurs montrent aussi que le venin contient un certain nombre de cytolysines ayant chacune une élection pour un groupe déterminé de cellules.

Depuis ces recherches, la découverte de KYES sur l'action qui se produit entre le venin et la lécithine, peut faire penser que la cytolyse des œufs, par exemple, pourrait avoir quelque analogie avec l'hémolyse par le venin-lécithide. Comme l'ont montré LŒB et d'autres observateurs, la membrane de l'œuf semble être de nature lipoïdique, et le deutoplasme contient une certaine quantité de lécithine. Il peut donc y avoir, au moins en partie, dans ce cas, une certaine relation entre la propriété lécithinophile et le processus hémolytique. LŒB et d'autres ont montré que la parthénogénèse expérimentale peut être produite par les effets combinés d'un solvant gras ou des acides gras et les modifications dans la toxicité du milieu, où l'œuf est placé en présence d'oxygène. Les essais dans cette voie tentés par les auteurs n'ont donné aucun résultat.

Dans cet ordre d'idées, les expériences de FÉRÉ relatives à l'action du venin de Vipère sur l'évolution de l'embryon de poule (à la dose de o milligr. o5 par œuf, inoculé dans l'albumine) montrent que 83 % des œufs envenimés présentent des anomalies de développement quand on les examine 72 heures après l'inoculation.

Action des venins sur les tissus végétaux

Sur les Microrganismes. — On sait depuis longtemps que les solutions de venin peuvent se peupler de microrganismes, et que des inflammations microbiennes peuvent affecter les glandes venimeuses.

Mais les premiers essais sur l'action in vitro des venins sur des microbes déterminés n'ont été réalisés qu'en 1902 par FLEXNER et NOGUCHI ; ces auteurs ont vu que le *Bacillus anthracis*, le *B. Coli*, le *B. d'Eberth*, présentent une rapide involution, de la dégénérescence et de la plasmolyse. Le venin de Cobra est le plus actif, celui de Crotale le plus faible ; ceux de Daboia et d'Ancistrodon ont une action intermédiaire.

Un peu plus tard, en 1905, CALMETTE et NOC reprennent la question ; ils montrent que la solution à 1 % de venin de Cobra dissout rapidement le *vibrion cholérique*, les formes jeunes et asporogènes de *b. anthracis*, le *staphylococcus aureus*, le *b. diphteriœ* et les cultures jeunes de *b. subtilis*. Le *b. de la peste*, le *coli*, le *typhique* sont plus résistants ; les *b. pyocyaneus* et *prodigiosus* sont presque insensibles ; le *b. de Koch* l'est totalement.

L'élimination du principe bactériolytique du venin pour l'une de ces espèces de microbes l'est aussi pour les autres, ce qui montre la non-spécificité de ce principe.

Le sérum anticobra arrête la bactériolyse due au venin de Cobra. La propriété bactériolytique ne disparaît par le chauffage qu'au-dessus de 85° pendant 30 m. ; elle n'est donc pas due à l'action protéolytique du venin qui est, comme on l'a vu, détruite à 80°.

La réapparition du pouvoir bactériolytique ne se produit pas dans le mélange venin-antivenin quand on chauffe ce mélange à 85°.

La solution à 1 % de venin de Cobra dissout en 30 minutes les trypanosomes (GŒBEL).

Action sur les végétaux pluricellulaires. — Un certain nombre d'expériences ont été faites sur les plantes élevées en organisation, ainsi que sur la germination des graines.

En 1854, B. J. GILMAN, inocula quelques végétaux en introduisant le venin dans leur parenchyme sur la pointe d'une lancette ; le jour suivant les végétaux étaient flétris et ils moururent. L'auteur n'indique pas l'espèce de venin employé, et il ne fit pas de témoins.

Simultanément, SALIBURY expérimenta avec le venin de *Crotalus adamanteus* sur de *jeunes rameaux de lilas*, de *marronnier d'Inde*, de *maïs de grand soleil* et de *concombre sauvage*. Sans vérifier sur des animaux la toxicité du venin, il introduit celui-ci sur la face profonde de l'écorce au moyen d'une pointe de canif ; la quantité introduite était celle qui adhérait à la pointe de l'instrument. Six heures après, les feuilles situées au-dessus de la blessure commencèrent toutes à se flétrir. L'écorce au voisinage de l'incision ne montrait pas de changement appréciable ; 96 heures après l'opération, les limbes des feuilles situées au-dessus de la lésion semblaient mortes chez toutes les plantes ; puis les pétioles et l'écorce voisine commencèrent à sécher à leur tour. Au 10ᵉ jour, les rameaux commencèrent à guérir ; au 15ᵉ, quelques chétives feuilles apparurent sur les lilas, et les autres plantes se ranimèrent ; aucune ne périt complètement. Il ne se produisit aucune action au-dessous du lieu d'inoculation, et les lésions débutèrent par le voisinage immédiat de l'endroit incisé.

WEIR-MITCHELL fit des constatations analogues en 1859 ; il expérimenta avec du venin de Crotale sur de jeunes rameaux de *Tradescantia* fendus jusque vers le milieu, où il introduisait un tiers de grain de venin sec et pulvérisé. La plaie était ensuite refermée, la plante arrosée, et une goutte d'eau déposée sur l'incision ; 4 plantes étaient traitées à titre de témoins, sauf le dépôt de venin. Au bout d'une semaine, 2 témoins et une des plantes envenimées devinrent malades et perdirent graduellement leurs feuilles dans la quinzaine suivante.

Dans une seconde série d'expériences, Weil-Mitchell employa un rameau de *fève commune*, une *fleur de colchique d'automne*, trois vigoureuses *branches de géranium*, une *petite plante grasse*, un *jeune dahlia*. Le venin, fraîchement recueilli, avait été vérifié quant à sa toxicité. Le mode d'introduction du venin variait suivant la plante, et la quantité de venin correspondait à une ou deux gouttes.

La période d'observation dura trois semaines, sans que les plantes (dont malheureusement quelques-unes sans témoins), manifestent aucune souffrance. Weir-Mitchell, tout en réservant son opinion en ce qui concerne des plantes plus élevées encore, pense donc que les résultats obtenus par Salibury sont surtout dûs au traumatisme.

Les effets du venin se montrèrent plus nets sur la germination de certaines graines. Weir-Mitchell plaça des *graines d'alpiste* et de *réséda* d'une part dans une solution de venin (à 1 ou 0,5 goutte de venin frais pour 8 gouttes d'eau), d'autre part dans l'eau ordinaire. Aucune des graines ne germa dans la solution venimeuse, contrairement à ce qui se produisit dans l'eau pure.

C. Darwin, dont Bruntun et Fayrer citent les expériences, observa que 15 milligr. de venin de Cobra dissous dans 8 cc. d'eau, agissent fortement sur le *drosera*. Trois feuilles furent immergées dans 90 gouttes de la solution ; bientôt les poils glandulaires se flétrirent et les glandes devinrent tout à fait blanches, comme si leur sécrétion eut été coagulée par la chaleur. Après une immersion de 8 heures, elles furent replacées dans l'eau ordinaire, et les poils s'épanouirent à nouveau ; le venin ne les avait donc pas tués.

Bibliographie

Auché (B.). — La moelle osseuse dans l'envenimation, *Journ. de Méd. de Bordeaux*, 1902, n° 14, p. 213.

Auché (B.). — Note sur un cas de foyers nécrotiques du foie dans l'envenimation, *Id.*, 1903, XXXIII, p. 69-71.

Bang (I.) et Overton (E.). — *Bioch. Zeitsch.*, 1911, XXXI, p. 243-293 (loco cit.).

Calmette (A.). — Les venins, *Paris*, 1907.

Chatenay. — *Thèse de Paris*, 1894.

Ewing et Bailey. — Dans l'article de Gustave Langmann : « Poisonous snakes and snake poisons », *The Med. Record*, 1900, 15 sept., LVIII, p. 401.

Féné. — Evolution de l'embryon de poule. Influence de l'introduction de venin dans l'albumen de l'œuf de poule, *C. R. Soc. Biol.*, 1896, XLVIII, p. 8.

FLEXNER (S.) ET NOGUCHI (H.). — On the plurality of cytolysins in snake venom, *Pensyl. Med. Bull.*, 1903-1904, XVI, p. 163-171.

HINDALE. — The lesions of snake venom, *Med. News, Philad.*, 1884, XLIV, p. 454.

JACOBY (M.). — *Beit. z. wiss. Med. u. Chem. Festsch. Ernst Salkowski, Berl.*, 1904, p. 199-204 (loc. cit.).

JOUSSET (P.). — Lésions produites par les venins des Serpents, *Bull. Acad. de Méd.*, Paris 1899, LXXXVII, p. 358.

NOC. — Sur quelques propriétés physiologiques de différents venins de Serpents. *Ann. Inst. Past.*, 1904, XVIII, p. 387 (Bactériolyse) *id.* 1905, XIX, p. 209.

NOWAK (J.). — Etude expérimentale des altérations pathologiques produites dans l'organisme par le venin des Serpents et des Scorpions. *Ann. Inst. Past.*, 1898, XII, p. 369-384.

PEARCE (R.). — An experimental glomerular lesion caused by venom (Crotalus adamanteus). *Jour. of Exp. Med.*, 1909, XI, p. 532-540, 1 pl.

PEYROT. — Kérato-conjonctivite produite par projection de venin (Sepedon hæmachates). *Ann. d'Hyg. et de Méd. colon.*, 1904, t. VII, p. 107-110.

URUETA. — Thèse de Paris, 1884.

VAILLANT-HOVIUS (L.). — Etude expérimentale de quelques lésions viscérales causées par le venin des Serpents. *Thèse de Méd. de Bordeaux*, 1902.

ZELIONY. — Pathol.-histolog. Veränderungen der querstreiften muskeln an der Infecktionstelle des Schlangengiftes. *Wirchow's Arch. f. Path. anat. u. Physiol.*, 1905, CLXXIX, p. 36.

HÉMORRAGINES DES VENINS

Un des symptômes les plus impressionnants et les plus alarmants qu'on observe avec le venin des Vipéridés surtout, et avec celui même de quelques Colubridés Aglyphes ou Opisthoglyphes, est constitué par les hémorragies locales ou à distance qui se produisent.

Chez les Vertébrés supérieurs, ce fait avait déjà frappé les premiers observateurs comme Fontana. L'hémorragie débute autour du point de pénétration du venin déjà dans la première demi-heure, et continue en s'étendant autour du point lésé ou dans des organes distants, pendant 24 heures, et même au-delà, facilitée par l'incoagulabilité du sang et la chute de la pression artérielle qui accompagnent l'envenimation. Des plages entières de la surface du corps deviennent pourpres, puis noires ; c'est aussi, une véritable apoplexie intestinale qui remplit de sang la cavité abdominale, en même temps qu'il se produit un gonflement manifeste des régions atteintes. Les animaux à sang froid sont beaucoup moins sensibles aux hémorragines que les Vertébrés supérieurs.

Le venin de *Vipère aspic*, de *Crotale*, d'*Ancistrodon* et des autres Vipéridés attaque presque aussitôt, de la manière que nous verrons, les endothéliums des vaisseaux mésentériques. qui livrent passage au sang ; ce phénomène peut être observé sous le microscope sur le mésentère de la grenouille. Après l'injection d'une certaine quantité de venin de Crotale dans le péritoine, la tension abdominale commence en quelques minutes à s'élever, et en une demi-heure devient assez marquée pour que la paroi ne se laisse pas déprimer sous la pression du doigt. Outre les hémorragies des viscères et des séreuses, on observe chez certains animaux marins des hémorragies intra-crâniennes ou localisées sur les branchies. Le venin des *Lachesis* produit même des hémorragies dans les parois du tractus alimentaire quand il est introduit par l'une ou l'autre extrémité du tube digestif. Chez le pigeon, les muscles qui reçoivent le venin, tel le pectoral, sont le siège d'une abondante infiltration sanguine.

Quelle est la nature des *substances* auxquelles les hémorragies sont dues?

Weir-Mitchell et Reichert les attribuent à des substances protéiques ressemblant par leurs réactions physiques et chimiques au groupe des globulines, et ils ont préparé au moins deux variétés de ces substances par la précipitation du venin, soit au moyen de la dialyse, soit au moyen du sulfate de cuivre.

Weir-Mitchell avait depuis longtemps mis en évidence quelques propriétés de ces principes hémorragipares du venin de Crotale ; il avait montré qu'ils ne passent pas à la dialyse, qu'ils sont détruits par la chaleur au voisinage de 75° à 80°, que l'alcool les précipite sans les détruire, qu'ils sont facilement détruits par les acides faibles, mais non par les alcalis, et qu'ils sont enfin détruits dans le tube digestif par l'action des ferments gastrique ou pancréatique.

La glycérine n'a pas d'action atténuante, non plus que la dessiccation. Il est à remarquer que l'activité hémorragipare des venins marche parallèlement avec la quantité de substances analogues aux globulines que contiennent ces venins.

Généralement l'hémorragie est accompagnée d'un gonflement œdémateux ; mais toutefois la réciproque n'est pas vraie, et les deux phénomènes sont indépendants l'un de l'autre ; ainsi le venin de Cobra détermine un œdème marqué sans hémorragie. WEIR-MITCHELL et REICHERT attribuent l'action hémorragique aux globulines du venin, et les effets œdémateux aux protéines dialysables, analogues aux peptones, que l'on rencontre précisément en assez grande quantité dans le venin de Cobra.

Les principales recherches sur les hémorragines des venins sont dues à FLEXNER et NOGUCHI. D'après ces auteurs, le venin de *Crotalus adamanteus* est, en principes hémorragipares, le plus riche de ceux qu'ils ont essayés ; le chauffage à 75° pendant 3o minutes lui fait perdre 9o % de son activité, et la mort qui survient à la suite de l'introduction du venin chauffé est principalement due à la neurotoxine, plus résistante à la chaleur.

La séparation de la neurotoxine par fixation au moyen de l'émulsion de cerveau n'altère pas l'hémorragine, et en même temps, on n'observe pas de réduction sensible de la toxicité générale du venin de Crotale.

Le sérum antivenimeux, qui peut neutraliser une grande quantité de neurotoxine, d'hémolysine et d'hémagglutinine, mais non d'hémorragine, est seulement efficace contre les effets mortels de certains venins neurotoxiques comme ceux de Cobra et d'Ancistrodon, mais ne protège en aucune manière contre le venin de Crotale. Inversement un sérum qui est fortement antihémorragique, mais non antineurotoxique, ·n'a aucune efficacité contre les venins neurotoxiques, tandis qu'il protège les animaux contre un venin hémorragipare.

Par divers moyens, les auteurs établirent les distinctions assez mal délimitées jusque-là entre l'action hémolytique et l'action hémorragipare. Ainsi, ils trouvèrent en une occasion que le sérum des animaux immunisés avec du sérum de Crotale est nettement antihémolytique contre le venin de cette espèce, mais que n'ayant pas de propriété anti-hémorragipare, il ne peut combattre l'effet du venin *in vivo*. Une autre fois, ils trouvèrent que la toxicité des solutions de venin de Crotale reste presque intacte après avoir été conservées pendant deux mois à la température de 7o°, tandis que celle du venin de Cobra avait perdu plus des neuf-dixième de son activité primitive. Les hémolysines des deux venins ont subi une diminution considérable pendant cette période ; mais l'activité hémorragipare du venin de Crotale n'a pas varié ; les hémorragines du venin de Crotale sont donc remarquablement stables sous ce rapport, bien quelles soient très sensibles aux températures élevées, aux acides et aux autres agents chimiques tels que l'oxydation.

La persistance des hémorragines et de la toxicité générale contrai-

rement à la disparition des autres principes toxiques, notamment l'hémolysine, est ainsi nettement mise en évidence.

En montrant les effets qui résultent des divers modes d'introduction
du venin de Crotale, FLEXNER et NOGUCHI ont démontré que les hémorragines en représentent les principaux constituants toxiques.

Avec les venins surtout neurotoxiques, le lieu d'inoculation importe
peu en ce qui concerne l'issue finale ; ordinairement la mort suit rapidement l'instant où le venin atteint le système nerveux central, et la dose
minima mortelle reste sensiblement la même. D'autre part, si le venin
est injecté directement dans la substance cérébrale ou dans la cavité crânienne, la mort arrive avec une dose de venin qui n'est qu'une menue
fraction de celle qui est mortelle par la voie sous-cutanée ; ainsi 1 milligr.
de venin de Crotale, injecté sous la peau tue en l'espace de 3 heures un cobaye pesant 400 gr., tandis qu'une dose plus petite ne détermine que du
gonflement de l'hémorragie, du suintement, mais pas la mort ; avec le
même échantillon de venin, o milligr. o5 suffisent à tuer l'animal dans
le même temps, si l'inoculation est faite dans le cerveau ; l'inoculation
intracérébrale de venin est donc environ 20 fois plus sévère que l'inoculation sous-cutanée. Ces faits mettent en évidence les modes différents
par lesquels le venin de Cobra, d'une part, celui de Crotale de l'autre,
entraînent la mort.

FLEXNER et NOGUCHI expliquent cette différence par le fait que la
neurotoxine, principale substance toxique du venin de Cobra, a une électivité particulière pour le tissu nerveux (les cellules ganglionnaires de
certaines parties des centres), et n'est pas autant absorbée ou fixée par
les autres tissus ; d'où l'effet final est sensiblement le même, indépendant
du mode d'injection, sinon du temps au bout duquel agit le venin. D'autre part, l'hémorragine, principale substance toxique du venin de Crotale, a une électivité spécifique pour les endothéliums des vaisseaux
sanguins et lymphatiques, et quand elle est introduite dans une région
éloignée d'un organe important, comme le cerveau, elle doit parvenir
jusqu'à ce dernier pour produire son effet ; mais le système entier du
corps vivant étant entouré et pénétré par un riche réseau sanguin et
lymphatique, l'hémorragine atteint rarement le système nerveux central en quantité importante. D'après les symptômes observés, on comprend que l'hémorragine soit le plus énergiquement absorbée aux régions
les plus voisines du lieu d'inoculation. C'est seulement quand le venin
est introduit dans la circulation que le danger de mort est le plus apparent : autrement, l'hémorragie se propage graduellement et s'étend, mais
en diminuant progressivement d'intensité vers les parties éloignées du
corps. Pour qu'une quantité mortelle arrive au cerveau, il faut employer
de fortes doses.

Il est très probable que l'hémorragine a des fonctions multiples :
elle peut attaquer certains éléments constituants du système nerveux,
mais si elle a une action, celle-ci doit être tout à fait différente de celle

des neurotoxines en général, car les symptômes sont très différents. De plus, les effets hémorragiques et neurotoxiques en tant qu'ils correspondent à des substances existantes, sont produits par la même fraction du venin et disparaissent en même temps ; ils sont inséparables par les méthodes actuelles.

L'analogie des venins avec la ricine est manifeste ; cette phytotoxine est, comme on le sait, hémoagglutinante, hémorragipare et neurotoxique. Par la digestion pepsique, on peut en détruire la propriété agglutinante, mais les effets hémorragiques et neurotoxiques persistent, et ne peuvent être dissociés.

FLEXNER et NOGUCHI déterminèrent la quantité d'hémorragine contenue dans des venins variés. A cet effet, ils employèrent les injections intrapéritonéales de venin chez le cobaye.

Ne tenant pas compte de la dose mortelle, et les animaux survivants ayant été éthérisés 3o minutes après l'inoculation, l'existence et le degré de l'hémorragie étaient seuls notés. Si on prend comme unité de mesure 1 milligr. de venin de Cobra, qui représentera 10 doses hémorragiques minima, les mêmes quantités de venin d'Ancistrodon piscivorus et contortrix contiennent 100 doses, 'de Crotale 1000 doses hémorragiques minima ; et si on injecte à un cobaye du poids de 3oo gr. la dose de venin nécessaire à entraîner la mort en 4 heures, il faudra respectivement o milligr. 1 de venin de Cobra, égalant 1 dose hémorragique minima ; o milligr. 2 de venin de Mocassin d'eau, égalant 20 doses ; o milligr. 6 de venin d'Ancistrodon contortrix, égalant 6o doses, et 1 milligr. de venin de Crotale égalant 1000 doses hémorragiques minima. Ces évaluations confirment pleinement les vues de FLEXNER et NOGUCHI, à savoir que le constituant toxique principal du venin de Crotale réside dans son hémorragine.

MORGENROTH a constaté que l'hémorragine du venin de Crotale est extrêmement sensible à l'action des acides ; l'acide chlorhydrique en dilution très faible, inactive presque instantanément l'hémorragine du venin. Même si l'acide est injecté après le venin et aussitôt après ce dernier, il ne se produit pas d'hémorragie dans le péritoine du cobaye, donc pas de mort, même si la dose de venin était forte. Les observations antérieures de FLEXNER et NOGUCHI s'accordent pleinement avec ces résultats : ces auteurs utilisent cette modification de l'hémorragine dans l'immunisation pour éliminer l'action locale gênante, sans empêcher la production d'antihémorragine chez les animaux immunisés ; ils considèrent ce phénomène comme un exemple de formation toxoïde de l'hémorragine au sens propre d'EHRLICH. Une solution faible de trichlorure d'iode produit le même effet et peut aussi être utilisée pour faciliter l'immunisation. Si les sérums antivenimeux préparés par le venin ainsi modifié ne possèdent pas une aussi grande valeur immunisante, ce qui n'a pas été recherché par ces auteurs, il est du moins toujours possible de compléter l'immunisation avec le venin naturel.

Le venin de *Lachesis flavoviridis* (S. = *Trimeresurus riukiuanus*),

contient principalement de l'hémorragine, et de petites quantités seulement d'hémolysine, d'agglutinine et de neurotoxine. D'après Ishizaka.
l'hémorragine de ce venin est inactivée par agitation au contact du chloroforme et atténuée par l'hydrogène sulfuré, le chlorure de fer, les acides
acétique et chlorhydrique. L'élimination de l'hémorragine par le chauffage à 73° réduit de 1/17 son activité primitive. D'autre part, les effets
hémolytique et neurotoxique ne sont pas modifiés par ce traitement.

Comme Flexner et Noguchi, Ishizaka constata que la digestion tryp-
sique du venin en détruit complètement la toxicité, et que l'hémorragine de ce venin modifiée (par le chloroforme ou H_2S) était capable de
provoquer la formation d'anti-hémorragine par injections répétées aux
animaux. Le même auteur essaya vainement de fixer l'hémorragine par
contact avec des cellules endothéliales de l'aorte ou d'organes richement
vascularisés.

Lésions endothéliales déterminées par les hémorragines

Flexner et Noguchi les ont étudiées sur le mésentère de cobayes et de
lapins, avec le venin de *Crotalus adamanteus*, injecté en solution dans le
péritoine, ou déposé sec à la surface du mésentère. L'aire hémorragique
est tendue sur l'ouverture d'un flacon au moyen d'une ligature, fixée au
Zenker et colorée à l'hématéine-éosine. Les préparations transparentes se
prêtent à un examen minutieux des lésions. L'extravasation sanguine se
produit, non par diapédèse, mais par rupture des parois ; la solution de
continuité ne se trouve que sur l'une des faces et en quelques cas est
accompagnée d'un déplacement des cellules endothéliales adjacentes qui
sont repoussées hors du vaisceau par la pression du sang qui s'échappe.
Un autre phénomène intéressant se produit occasionnellement : c'est la
stase dans les vaisseaux, due ordinairement à l'hémorragie et non à
l'agglutination, car les contours des globules restent très nets.

On rencontre aussi des cellules géantes provenant de la fusion de
leucocytes ; leurs dimensions sont suffisantes pour oblitérer les plus petites
veines dans lesquelles elles se forment.

Les globules blancs peuvent, comme les rouges, s'échapper à travers
les orifices de rupture des parois vasculaires, et tandis que dans quelques
endroits les polynucléaires prédominent, en d'autres on rencontre surtout
des mononucléaires.

La dissolution des parois vasculaires est limitée aux petites veines et
aux capillaires ; ces vaisceaux montrent sous l'action du venin des gonflements irréguliers des parois, souvent en rapport avec le développement
de l'extravasation. Il est probable que les plages d'action du venin sur
les parois sont nombreuses et que les vaisceaux ne cèdent que sur un
certain nombre d'entre elles.

D'après ces faits, FLEXNER et NOGUCHI considèrent l'hémorragine
« comme une cytolysine vis-à-vis des endothéliums des vaisseaux », endothéliums dont la destruction est la cause la plus immédiate de l'extravasation.

Bibliographie

FLEXNER (S.) et NOGUCHI (H.). — Snake venom in relation to hæmolysis, bactériolysis and toxicity. *Jour. of. exp. Med.* 1902, VI, p. 277-301

ISHIZAKA (T.). — Studien über das habuschlangengift, *Zeitsch, f.
exp. Path. u. Therapie*, 1907, IV, p. 88-117.

MITCHELL (S. WEIR) et REICHERT (E. T.). — Researches upon the
venoms of poisonous serpents. *Smith. cont. to Knowledge*, 1886, XXVI,
Bibliographie : p. 159-179.

MORGENROTH (J). — Ueber die Wiedergewinnung von toxin aus seiner
antitoxinverbindung. *Berl. Klin. Woch.* 1905, XLII, p. 1550-1554.

HÉMATOLYSINES ET AGGLUTININES DES VENINS

Historique. — Les recherches de FONTANA (1781) l'amenèrent à constater que les globules rouges ne subissent aucune action *in vitro* de la part du venin de la *Vipère aspic*. Près d'un siècle plus tard, en 1854, DE LACERDA mentionne, à propos du venin d'un *Lachesis*, la déformation et la fragmentation que présentent les hématies sous le contact direct de ce venin ; elles adhèrent d'abord entre elles de telle façon que leur forme devient indistincte, et se dissolvent complètement en quelques minutes.

Les premières expériences de WEIR-MITCHELL, faites vers 1860-1861, avec le venin de *Crotale*, ne mentionnent pas de changements *in vitro* sur les hématies, au moins au bout d'une demi-heure ; l'auteur constate le fait important que la destruction peut survenir après un contact prolongé avec le venin dans certaines limites de concentration de celui-ci. Cette constatation a été faite depuis avec d'autres venins, notamment avec celui du Cobra. Dans son étude magistrale, faite avec REICHERT sur le venin de Crotale (1883), WEIR-MITCHELL observe ce qu'avait vu LACERDA, à savoir que les hématies deviennent sphériques, qu'elles se fusionnent en amas plus ou moins volumineux et perdent passagèrement leurs limites précises, puis reprennent leur indépendance et leur forme sphérique. Le phénomène a été désigné plus tard sous le nom d'*agglutination*. Il a constaté également que les mouvements amiboïdes des leucocytes sont rapidement suspendus dans les solutions de venin.

D'autre part, FAYRER et BRUNTON (1872-1874), au cours de leurs recherches sur les venins des Thanatophides de l'Inde, n'avaient pu constater dans le sang des animaux envenimés que l'aptitude des hématies à s'empiler et à se créneler plus ou moins sur les bords.

Avec les venins de *Crotale* et de *Vipera berus*, FEOKTISTOW (1888) constate qu'une solution à 2 % de ces venins dissout les globules rouges en dix-huit à vingt-quatre heures. En 1890, RAGOTZI montre que les globules des Mammifères envenimés par le venin de *Cobra* et que leurs globules mélangés directement au venin deviennent convexes et qu'ils sont dissous en quelques heures. S'il s'agit des globules nucléés de la grenouille, l'hémoglobine diffuse d'abord, puis le stroma et le noyau sont finalement mis en liberté. Le plasma ainsi *laqué* conserve sa couleur rouge vif, et présente les caractères spectroscopiques de l'oxyhémoglobine.

Dans son important travail sur le venin de *Pseudechis porphyriacus* (1893), ainsi que dans ses recherches ultérieures (1896), C.-J. MARTIN trouve que si on mélange à volumes égaux du sang de grenouille et une solution à 7 p. 1000 de sel marin contenant 1 p. 1000 de venin, on assiste, par l'observation au microscope, à la désintégration des globules qui s'effectue en l'espace de 15 minutes. Les leucocytes résistent plus longtemps, car après 15 minutes leurs mouvements seuls sont arrêtés ; mais bientôt les noyaux deviennent plus clairs, granuleux, gonflés et finalement disparaissent, alors que les témoins sont encore très actifs. Les globules de pigeon sont un peu plus résistants. Les globules des mammifères ont une résistance très inégale au venin de Pseudechis : ceux du chien sont les plus sensibles : o milligr. o1 de venin suffit à détruire 100 cc. de sang *in vivo* ou *in vitro ;* ceux du lapin, du chat, du cobaye, du rat blanc, et surtout ceux de l'homme, sont beaucoup moins sensibles. Chez le chien, l'hémoglobine diffusée cristallise dans le plasma aussi bien *in vivo* qu'*in vitro* ; on trouve même de ses cristaux dans l'urine et dans les reins, quand il y a eu rétention pendant quelques jours avant la mort. L'hémoglobinurie est fréquente chez les animaux autres que le chien avec les doses mortelles. L'hémoglobine se rencontre aussi dans la

—

bile, ainsi que RAGOTZI l'avait observé chez les animaux morts d'envenimation cobrique. Chez les sujets qui viennent de mourir du venin de Pseudechis, sauf chez ceux qui sont morts rapidement en quelques heures, C.-J. MARTIN a constaté un accroissement du nombre des leucocytes et parfois une agglutination. Chez les chiens inoculés avec le même venin, le nombre des hématies diminue très rapidement jusqu'à réduction de moitié ; les leucocytes semblent disparaître complètement de la circulation, mais cette leucocytopénie s'arrête assez rapidement, car au bout de 30 minutes à 5 heures, on constate que le sang contient presque autant de leucocytes qu'auparavant.

Dès 1894, l'attention est engagée vers la sérothérapie antivenimeuse, inaugurée par les recherches de PHISALIX et BERTRAND, pour le venin de Vipère aspic, et par celles de CALMETTE pour le venin de Cobra capel ; les sérums antivenimeux fournissent l'occasion naturelle d'étudier de plus près l'hémolyse par les venins et l'antihémolyse par ces sérums, réaction qui peut être utilisée à mesurer leur action antitoxique générale.

En 1895, CUNNINGHAM constate que le sang des mammifères ayant reçu une forte dose de venin de Cobra donne, après leur mort, un plasma rouge vif contenant l'hémoglobine, et que les globules rouges des Oiseaux (poules) sont pour la plupart réduits à leur noyau, devenu libre par dissolution du stroma.

En 1897, WEIR-MITCHELL reprend en collaboration avec STEWART l'hémolyse par le venin de *Crotale* des globules du lapin, des serpents, du singe et de l'homme. Les auteurs constatent à nouveau que l'hémolyse se produit avec les solutions venimeuses de concentration moyenne, mais non dans celles où le venin frais est mélangé à un volume égal de sang.

En 1898 paraît un important travail de STEPHENS et MYERS sur le venin de *Cobra*. Ces auteurs emploient tour à tour l'examen direct au microscope des globules soumis à l'action des solutions venimeuses, ou la méthode colorimétrique de l'hémolyse dans des tubes à essai contenant des mélanges en volumes connus de sang et de solutions venimeuses ; ils prennent la précaution de réaliser des solutions isotoniques ou hypertoniques. Ils constatent que le venin de Cobra a une action marquée sur le sang de l'homme et de diverses espèces animales et que cette action est empêchée par l'addition de sérum antivenimeux. Ce sérum, à lui seul, peut prévenir l'hémolyse *in vitro* à l'exclusion de tout autre sérum. Pour savoir s'il existe quelque relation entre la neutralisation *in vitro* et l'action protectrice *in vivo*, les auteurs cherchent la dose de sérum capable d'empêcher l'action hémolytique de la dose minima mortelle de venin. Celle-ci est de 0 milligr. 1 pour un cobaye pesant 300 grammes, qu'elle tue en 5 à 8 heures ; la quantité de sérum antivenimeux isotonique qui la neutralise est de 0 cc. 1 ; dans ces conditions, les sujets peuvent résister ou mourir. Si, employant de plus fortes doses de venin, on en neutralise complètement l'action hémolytique, la plupart des animaux meurent, d'où il résulte que, au delà de la dose minima mortelle, il n'existe pas de relation étroite entre la neutralisation et les actions hémolytique et toxique.

En résumé, les auteurs arrivent aux conclusions suivantes :

1° *Le venin de Cobra est fortement hémolytique* in vitro ;

2° *Cette action est neutralisée spécifiquement par le sérum antivenimeux;*

3° *Pour certaines doses seulement (voisines de la dose minima mortelle pour le cobaye), la mesure de la neutralisation* in vitro *est aussi la mesure* in vivo *vis-à-vis du cobaye ;*

4° *Cette neutralisation est exclusivement chimique.*

Dans un autre travail sur le même sujet, les auteurs établissent que les solutions contenant 2 à 7 milligr. 5 de venin pour 1 cc. d'eau n'ont pas d'action hémolytique ou que, si elle existe, cette action est moindre que celle des solutions plus faibles. C'est ainsi que des solutions très diluées, soit par exemple un volume de o cc. 5 ne contenant pas plus de o milligr. 009 de venin hémolysent en moins d'une heure le sang de Chien et en quelques heures le sang d'homme ou de cobaye.

Poursuivant, en 1899-1900, les recherches commencées avec MYERS, STEPHENS apporte quelques faits nouveaux intéressants, sans que les connaissances du moment lui permettent d'en fournir l'explication : il montre que le sang peut être hémolysé par une solution forte de venin de Cobra, si on lui ajoute une forte dose de sérum de cheval.

Essayant ensuite le sérum anticobra contre les effets hémolytiques des divers venins, il constate que cette action marquée, vis-à-vis du venin de Cobra lui-même, dont elle neutralise o milligr. 45, soit environ quatre fois la dose mortelle, est très faible vis-à-vis des venins de *Pseudechis porphyriacus*, de *Crotalus terrificus* et de *Vipera russelli* : la dose de o milligr. o3 du venin de cette dernière espèce est en effet bien inférieure à la dose mortelle.

Le sérum normal ou le sérum antivenimeux de cheval possède, d'après STEPHENS, une action assez inconstante : il produit quelquefois une hémolyse progressive et rapide lorsqu'il est, par exemple, employé à dose incomplètement neutralisante ; mais il produit quelquefois aussi l'effet opposé, ce qui laisse dans l'incertitude quant à l'unicité ou à la pluralité de nature des hémolysines d'un même venin.

Pour essayer de dissocier les substances hémolytique et toxique, STEPHENS emploie la filtration sous pression sur une bougie gélatinisée ayant préalablement servi à filtrer du sérum de bœuf : une solution à 0,25 pour 1.000 de venin de Cobra est ainsi filtrée à plusieurs reprises jusqu'à ce qu'elle ne donne plus la réaction de l'albumine ; le filtrat, chaque fois essayé quant à son action hémolytique et toxique, se montre encore actif après le troisième passage, mais non plus après le quatrième, où il donne faiblement la réaction du biuret.

En 1900, MYERS apporte une contribution importante à la connaissance des principes constituants du venin de Cobra. D'après les résultats de précédentes recherches et la considération de plusieurs ordres de faits, il conclut que dans le venin de Cobra il existe au moins deux substances toxiques, l'une hémolytique, qu'il appelle *Cobralysine*, l'autre qui entraîne la mort, probablement par action sur le bulbe et arrêt respiratoire, et qu'il appelle *Cobranervine*. WEIR-MITCHELL et REICHERT avaient déjà montré, à propos du venin de Crotale, qu'une dissociation des deux substances pouvait être faite par l'action de la chaleur, qui précipite d'abord la substance hémolytique avant de détruire la substance neurotoxique. Une deuxième raison est déduite du fait, démontré par STEPHENS et MYERS, que les principes à action toxique mortelle sont mis en liberté en quantité très grande quand des doses multiples de Cobralysine sont neutralisées par l'antivenin : c'est seulement, avons-nous vu, pour les doses voisines de la dose mortelle que la neutralisation des deux effets suit une marche parallèle. Enfin, un troisième argument est tiré de ce fait que la sensibilité *in vitro* des hématies d'animaux variés n'a aucune relation avec la sensibilité des mêmes animaux aux injections sous-cutanées de venin.

Dans cette série de recherches, MYERS emploie la méthode de saturation fractionnée d'EHRLICH sur la toxine diphtérique et son antitoxine, à l'analyse de la propriété de la Cobralysine de se combiner avec l'anticobralysine. Le choix du sang devant être soumis à l'hémolyse est assez délicat, car chez certains animaux (cobaye, chiens), les globules sont souvent hémolysés par le sérum normal de cheval ; l'auteur s'arrête aux globules de l'homme, qui, mis en suspension dans 1 cc. d'eau salée isotonique à 8 pour 1.000, sont hémolysés par o milligr. oo3 à o milligr. oo5 de venin, en l'espace de deux heures, à la température de 15°. Dans ces conditions, l'action hémolytique de 1 milligramme de venin sec est neutralisée par 1 cc. 3 d'antivenin. Théoriquement, l'addition de un treizième de cette dose d'antivenin devrait neutraliser un treizième de milligramme de venin, et la seconde fraction encore la même quantité et ainsi de suite ; mais l'expérience prouve qu'il n'en est pas ainsi. La première fraction ne neutralise que 0 milligr. 8, laissant encore libre 0 milligr. 2. En ce qui concerne les unités hémolytiques, 1 milligramme de venin en contient 2.000 ; mais après l'addition de 1 cc. 3 : 13=0 cc. 1 seulement, il y avait 400 unités neutralisées par cette fraction, qui, théoriquement, ne devrait neutraliser que 2.000 : 13, soit 154 unités. L'addition de 0 cc. 2 d'antivenin laissait 200 unités, celle de 0 cc. 4 125 unités, celle de 0 cc. 6 58,8 unités de 0 cc. 8, 20 unités, etc., et enfin celle de 1 cc. 3 moins d'une unité.

Ces résultats paradoxaux, observés pour la première fois par EHRLICH, puis par MADSEN avec d'autres toxines, ont conduit MYERS à considérer la Cobralysine elle-même comme un mélange de substances dont l'effet toxique ne peut être observé, mais qui ont une affinité variable pour l'antitoxine. Par cette hypothèse, MYERS expliquait les résultats qu'il obtenait et pensait que le venin de Cobra contient, outre l'hémolysine réelle et intacte un certain nombre de toxoïdes capables de se combiner à l'antitoxine, bien que, dans la conception d'EHRLICH, leurs chaînes latérales hémotoxophores soient inertes. Parfois, la première fraction de sérum neutralisait un peu moins que la seconde ; dans ces cas, la présence de prototoxoïdes était manifeste. En fait, dans cette hypothèse, la neutralisation d'une quantité déterminée de Cobralysine représente la neutralisation de toxine et de toxoïdes (prototoxoïde et deutotoxoïde, mais non le dernier épitoxoïde réactif), et la quantité de chaque fraction d'antivenin à combiner à la toxine seule est toujours la même (différant seulement dans l'expression toxique), qui est due à la toxine seule, et non aux toxoïdes inertes, mais capables de se combiner à l'antivenin. Enfin, MYERS essaie de trouver pourquoi dans un venin il peut exister des toxines et des toxoïdes. Il trouve que si une solution de venin de Cobra est abandonnée à la température ordinaire, ou mieux encore à l'étuve à 37°, son pouvoir hémolytique diminue rapidement, tandis qu'on n'observe pas une diminution parallèle de sa faculté de se combiner à l'antivenin. En d'autres termes, il se forme des toxoïdes dans de telles solutions.

En 1903, les recherches de LAMB, aux Indes, confirment les observations de CUNNINGHAM sur l'hémolyse in vivo par le venin de Cobra. Il observe aussi un exsudat sanguin chez l'Homme autour de la région mordue; il constate chez l'âne une décharge muco-sanguinolente par le rectum. Avec le venin de *Vipera russelli* en injections intraveineuses ou sous-cutanées, il observe de l'hémolyse chez le lapin, le pigeon, le cheval et l'âne : le sérum est laqué avant et après la mort. L'œdème qui existe parfois au lieu d'inoculation est teinté par l'hémoglobine et non par les hématies intactes. L'urine est brun sombre.

Ère actuelle des recherches sur l'hématolyse

Ces premières constatations établissent suffisamment l'action hématolysante des venins ; elles montrent que, sous l'influence de ceux-ci, les globules blancs aussi bien que les globules rouges, peuvent être dissous ; qu'il y aurait ainsi lieu de distinguer l'*érythrolyse* et la *leucolyse*. La plupart des travaux ultérieurs n'ont en vue que la dissolution in vitro des globules rouges des diverses espèces animales. Nous résumerons, sans tenir compte de leur ordre chronologique strict, les faits précis, qui ont été établis depuis 1902, par les travaux des auteurs suivants : FLEXNER et NOGUCHI, NOGUCHI, CALMETTE, PHISALIX, KYES, KYES et SACHS, MORGENROTH, MORGENROTH et KAYA, GŒBEL, DUNGERN et COCA, BANG, BANG et OVERTON, DELEZENNE et LEDEBT, DELEZENNE et FOURNEAU, et qui conduisent à l'interprétation des mécanismes de l'hématolyse par les venins.

Erythrolyse

En 1902, FLEXNER et NOGUCHI font une découverte qui marque le point de départ d'une ère nouvelle dans l'étude de l'hématolyse par les venins ; ils constatent que *certains venins ne dissolvent pas les hématies lorsque celles-ci ont été complètement débarrassées de leur sérum par plusieurs lavages successifs dans une solution isotonique de sel marin ; mais qu'il suffit d'ajouter une trace du sérum correspondant à chacun d'eux pour que l'hématolyse se produise.*

Ainsi les hématies lavées dans la solution isotonique de sel marin ne peuvent être dissoutes par l'action du venin seul ; il faut, comme dans le processus le plus courant de l'hématolyse par les sérums, l'action complémentaire fournie par ceux-ci ; le sérum agirait par son complément ou alexine.

COMPLÉMENTS HÉMOLYTIQUES DES VENINS

Compléments contenus dans le sérum des Serpents

FLEXNER et NOGUCHI se fondant sur les résultats obtenus par EHRLICH et MORGENROTH, à savoir que les composants sensibilisateurs du venin se trouvent en quantité dix fois plus grande vis-à-vis des sérums correspondants que vis-à-vis des sérums étrangers, étudièrent l'action complémentaire du sérum des serpents eux-mêmes (*Crotalus adamanteus, Ancistrodon piscivorus,* et *Pituophis catenifer,* cette dernière espèce étant considérée comme non venimeuse), sur l'hémolyse par les venins de Crotale, d'Ancistrodon et de Cobra.

Le sérum était débarrassé de ses constituants sensibilisateurs par contact à froid avec les globules lavés de l'espèce sur laquelle on devait essayer l'hémolyse, puis séparé par centrifugation ; il contenait ainsi le complément pur.

Sérum de Crotale. — *a) Avec le venin de Crotale :* 1 cc. de solution de 5 milligr. de venin dans l'eau salée physiologique + o cc. 5 de sérum + 5 % de globules lavés de cobaye donnent une hémolyse qui est complète en 3o minutes ; avec les globules de chien il faut 5o minutes.

En substituant le sang défibriné aux globules lavés, l'hémolyse est très accélérée ; elle est immédiate avec le sang de chien, et se produit en 8 minutes avec celui de cobaye.

b) Avec le venin d'Ancistrodon contortrix. — Le mélange 1 cc. (= 2 milligr. de venin) + o cc. 5 de sérum dissout en 4o minutes 5 % de globules lavés de chien.

... par les travaux des auteurs suivants : FLEXNER et
... ... FLEXNER, KIL... KYES et SACHS, M...
KYES, G..., POSPELON et C..., BANG, F...
... FLEXNER, DE... ... et LOESTRA..., et qui...
... ... de l'hémolyse par les venin...

Erythrolyse

... ... il est fort aisé de concevoir qui intervi...
... ... dans l'étude de l'hématolyse par...
... ... les venins ne dissolvent pas les héma...
... ... totalement débarrassés de *leur sérum*;
... ... dans une solution isotonique de *sel m...*
... ... la trace du sérum correspondant à chaq...
... ... se produc...
... ... dans la solution isotonique de sel ma...
... ... par l'action du venin seul, il faut, comme d...
... ... tient de l'hémolyse par les sérums, l'g...
... ... nie par ceux-ci; le sérum agirait par son co...
... ...

COMPLÉMENTS HÉMOLYTIQUES DES VENINS

Compléments contenus dans le sérum des Serpents

... ... et NOC... ... se fondant sur les résultats obtenus par FLEX...
... ... à savoir : ... les composants sensibilisateurs du ver...
... ... de dix fois plus grande vis-à-vis des sérums corres...
... ... indiquent l'action complé...
... ... *Crotalus adamanteus Ancistr...*
et ... ... cette dernière espèce était consid...
... ... l'hémolyse par les venins de Crotale, d'Ar...
... ...

... ... l'agent ... de ses constituants sensibilisateurs ...
... A... ... ... avec le sérum des Lapins de l'espèce sur laquelle on do...
ver ... ... puis ... par centrifugation; il contenait ainsi...
... ... par.

... On trouve... ... ... le sérum de Crotale ... 1 cc. de soude...
... ... sérum dans ... au sérum physiologique + 0 cc. 5 de sé...
... ... les ... ... causant une hémolyse qui est ...
... ... les globules de chien il faut 50 minutes
... ... sang d'abord aux globules fix's, l'hémolyse s...
... ... est beaucoup plus avec le sang de chien, et se pr...d.
... ... sang global de chien.

... ... d'une centaine de fois ... Le mélange 1 cc...
... ... 0 cc. 5 de sérum, dissout en 45 minutes 5...
... ... de chien.

—

L'hémolyse est immédiate avec le sang défibriné. Celui-ci est même hémolysé en 5 minutes par la solution venimeuse employée seule.

c) *Avec le venin d'Ancistrodon piscivorus.* — L'hémolyse des globules lavés est complète en 35 minutes ; celle du sang défibriné s'effectue en trois minutes en présence du venin seul ; elle est immédiate si on ajoute du sérum.

Sérum de Pituophis. — a) *Avec le venin d'Ancistrodon piscivorus ou contortrix.* — L'hémolyse des globules lavés est complète en 4 heures.

b) *Avec le venin de Crotale.* — Avec o cc. o25 de venin frais, les globules lavés de chien sont partiellement dissous en 6 heures.

c) *Avec le venin de Cobra.* — 1 milligr. de venin détermine une hémolyse complète qui commence déjà au bout de 10 minutes. Si le venin agit seul, l'hémolyse ne commence qu'au bout de 3o minutes et reste incomplète.

Le sérum de Crotale est très hémolytique pour les globules de l'homme, du lapin, du cobaye, du mouton, du rat, du pigeon, du cheval.

Le sérum de Pituophis est actif sur les mêmes globules, mais à un moindre degré. Aucun des autres sérums n'agit sur ces globules.

Le chauffage à 58° pendant 3o minutes détruit l'action hémolytique qui peut être récupérée par l'addition de sérum complémentaire pur.

Le sérum de chien contient une quantité appréciable d'antihémolysine vis-à-vis du sérum de Crotale.

Compléments contenus dans les autres sérums

A. CALMETTE, qui confirme l'opinion des auteurs japonais, y ajoute une découverte importante : il montre que la ou les substances du sérum qui agissent comme complément se distinguent des alexines ordinaires du sérum en ce qu'elles conservent leur propriété activante quand on les chauffe à 62°. A cette température, leur pouvoir activant peut être un peu diminué ; mais si on les chauffe à 100° le pouvoir activant de tous les sérums devient beaucoup plus élevé que celui des sérums non chauffés. Bien mieux, l'addition d'un excès de sérum frais ralentirait et pourrait même empêcher l'hématolyse. L'auteur en conclut que *les sérums contiennent une antihémolysine naturelle,* laquelle serait détruite par le chauffage comme le complément ordinaire des sérums, et en outre un complément résistant à la chaleur, et qui active les venins.

1° *Lécithine et ses composés ; venin-lécithide.* — Les recherches de PRESTON KYES, entreprises à la même époque (1902) dans le laboratoire d'EHRLICH, ont eu pour but de préciser quelle est la principale substance du sérum résistante à la chaleur qui sert de complément au venin ; l'essai de tous les composants du sérum l'amène à penser que c'est la *lécithine* libre ; en se combinant au venin, elle donnerait un corps hémolytique que Kyes considère comme un composé chimique défini, et auquel il donne le nom de *venin-lecithide* (lecithid-venom).

Il a préparé des venins-lécithides avec les divers venins dont il a pu disposer, et le premier des complexes qu'il ait obtenus est le Cobra-lécithide.

La lécithine serait donc d'après Kyes, la substance du sérum qui active le venin, jouant le rôle de complément dans la théorie d'Ehrlich et Morgenroth, qu'adopte Kyes, ou bien d'alexine dans la théorie de Bordet ; mais une alexine plus résistante à la chaleur que celle qui agit dans l'hématolyse par les sérums.

Le venin correspond à l'ambocepteur (théorie d'Ehrlich) ou à la sensibilisatrice (théorie de Bordet).

Venin et lécithine forment ainsi, suivant Kyes, un couple hémolytique, et leur combinaison représente l'hématolysine du venin.

L'hématolyse produite par le venin-lécithide présente les mêmes caractères généraux, soit que l'on emploie l'une ou l'autre substance pour produire l'hémolysine ; mais, caractère distinctif, quand la lécithine a été employée comme activant, l'hémolyse est plus rapide et se produit même à la température de zéro ; en outre, elle n'est pas influencée par le sérum antivenimeux.

Préparation du Cobra-lécithide. Kyes l'obtient en mélangeant une solution aqueuse de venin de Cobra avec une solution chloroformique de lécithine. Il se dépose des cristaux microscopiques, qui donnent rapidement une poudre amorphe et blanchâtre, qui est le Cobra-lécithide ou Cobralysine.

Propriétés du Cobra-lécithide. Ce composé est presque atoxique ; son action hémolytique est très rapide, presque instantanée, et s'exerce sur les globules lavés de toutes les espèces animales, à toutes les températures, même à zéro.

Le Cobra-lécithide résiste pendant 3o minutes à la température de 100° (Morgenroth) ; ce qui explique d'après Calmette, que le sérum des animaux qui ont été vaccinés par le venin de Cobra, préalablement porté à 72°, est néanmoins antihémolytique.

Il est soluble dans l'eau, l'alcool, le chloroforme, le toluène. Ses solutions aqueuses précipitent à la longue, mais sans perdre leur pouvoir hémolytique.

Il est insoluble dans l'éther et l'acétone.

L'acide chlorhydrique en solution aqueuse à 3 % augmente la résistance du Cobra-lécithide à l'ébullition (Kyes et Sachs). Si l'action est prolongée pendant 24 heures, l'hémolysine subit une altération légère (Flexner et Noguchi).

Son action n'est pas neutralisée par le sérum antivenimeux correspondant.

Action empêchante de la cholestérine sur le Cobra-lécithide. Kyes a montré que la cholestérine est un puissant antagoniste du Cobra-lécithide ; elle en empêche et en arrête l'action hémolytique. Dans le complexe venin-lécithide, elle détermine un précipité, et le liquide surnageant a perdu tout pouvoir hémolytique, mais il reste neurotoxique, fait qui établit l'indépendance de l'hémolysine et de la neurotoxine du venin.

En 1905, ABDERHALDEN et LE COUNT font des recherches étendues sur le mécanisme de la propriété inhibitrice de la cholestérine dans l'hémolyse par le venin-lécithide.

Ils emploient d'une part les cholestérines de diverses provenances (calculs biliaires, jaune d'œuf, huile de radis), de ses dérivés : (chlorure, acétate, benzoate de cholestérine, cholestène, cholesteron, etc...), et d'autre part des composés divers de protéines, essayant de localiser le radical dont dépend la propriété antihémolytique de la cholestérine.

Ces substances sont d'abord essayées au point de vue de leur action antihémolytique propre. Elles ont toutes une réaction acide dans une solution qui contient la quantité d'alcool méthylique suffisante pour les maintenir dissoutes. L'acidité est alors neutralisée par une partie de NaOH normale pour 9 de solution ; et la quantité de soude ainsi employée est insuffisante à elle seule pour produire l'hémolyse. Les auteurs constatent que la cholestérine du jaune d'œuf, après neutralisation, devient un peu hémolytique.

Les auteurs opèrent de la manière suivante : ils emploient 0 cc. 1 d'une solution de venin de Cobra à 0,005 pour 100 ; 0 cc. 1 d'une solution de lécithine à 0,05 pour 100 ; 1 cc. d'une suspension à 5 pour 100 de globules (de cheval et de chèvre) en solution saline isotonique à 8 pour 100 d'alcool méthylique. Ils diminuent les quantités des solutions de cholestérine et ajoutent des dérivés variés. La concentration des solutions de cholestérine et de ses dérivés était de 0,02 pour 100, et les auteurs en ajoutaient 1 cc. ou moins aux divers mélanges.

Les résultats obtenus montrent que les cholestérines des calculs biliaires et des jaunes d'œuf ont un pouvoir antihémolytique marqué et presque égal, car elles peuvent empêcher l'hémolyse déjà à la dose de 0 cc. 15 ; à la dose de 1 cc., elles exercent une légère inhibition.

La substance cholestérinique retirée de l'huile de radis n'a pas cette propriété, non plus que le cholesteron ni les chlorure, acétate et benzoate de cholestérine ; le cholesteron-oxim est fortement inhibiteur. Quant à l'effet de la neutralisation des cholestérines par NaOH, il est à peu près nul, sauf sur l'hémolyse qui se produit avec de plus fortes doses de cholestérines neutralisées, et qui est probablement due dans ces conditions à la dissociation des alcalis.

Toutes les autres substances chimiques essayées sont restées sans effet relativement à l'hémolyse par le venin-lécithide.

D'après ces résultats, ABDERHALDEN et LE COUNT, considèrent que le groupe *hydroxyle* libre est indispensable à l'action antihémolytique de ces corps et que les doubles chaînes peuvent n'être pas complètement indifférentes.

En 1905, FLEXNER et NOGUCHI reprennent d'une manière détaillée
l'étude des actions empêchantes de l'hémolyse par les venins. En ce qui
concerne en particulier la cholestérine, ils montrent que son action
empêchante s'exerce contre la lécithine et non contre le venin, comme le
pensait KYES. Ils constatent aussi que l'alcool méthylique en excès inhibe
l'action empêchante de la cholestérine dans l'hémolyse par le venin-
lécithide.

En 1907, ISHIZAKA montre l'action inhibitrice de la cholestérine sur
l'hémolyse par le venin de *Lachesis flavoviridis*, mais pour cet auteur
comme pour FLEXNER et NOGUCHI, cette action serait le résultat d'une
combinaison directe avec la lécithine et non avec le venin.

Enfin, M. DELEZENNE et Mlle LEDEBT, dans l'étude qu'ils font en 1912
des propriétés de la substance hémolytique extraite du sérum et du
vitellus, sous l'action catalytique des venins, substance qu'ils appellent
lysocithine, constatent que la cholestérine se combine molécule à molécule avec ce produit pour donner un corps nouveau, qui ne possède aucun
pouvoir hémolytique.

La cholestérine n'exerce donc son action empêchante que dans les
cas où l'hémolysine est un dérivé de la lécithine : venin-lécithide (KYES,
FLEXNER et NOGUCHI), ou lysocithine (DELEZENNE et LEDEBT) ; elle ne possède aucune action sur l'hémolysine produite par les couples venin-sérum
ou venin-lipoïdes (FLEXNER et NOGUCHI).

NOGUCHI est d'accord avec KYES pour reconnaître la lécithine comme
principal complément du sérum ; beaucoup de sérums qui ne sont pas
activants à l'état frais le deviennent quand on les chauffe au voisinage de
leur point de coagulation : « dans ces conditions, dit NOGUCHI, il n'y a pas
de doute que la lécithine soit libérée et n'active librement le venin ». Mais
ce fait n'explique pas la propriété activante des sérums frais ; il suggère
seulement l'idée que la lécithine peut dans certains sérums se trouver
à un état où elle est inattaquable par le venin, tandis que dans les autres
sérums elle serait libre, ou tout au moins libérée par le chauffage. Toutefois, cette interprétation est encore insuffisante à justifier la propriété
activante d'un sérum, qui devient inactif quand on le chauffe à 56°, car
la chaleur ne supprime pas l'activité de la lécithine ; celle-ci active très
rapidement, quelle que soit la façon dont elle est introduite dans un
sérum. D'autre part, les sérums contiennent des quantités de lécithine
peu différentes les unes des autres, quelle que soit leur propriété activante.

Pour expliquer la raison pour laquelle la lécithine du sérum de
chien est activante, alors que celle du sérum de bœuf ne l'est pas, NOGU-
CHI montre que cette lécithine est entièrement inactivante quand elle est
combinée à l'albumine et aux globulines du sérum ; de telles combinaisons existent dans tous les sérums, mais *dans les sérums activants, il se
trouve en outre un certain composé protéique de lécithine capable
d'activer le venin*. Ce composé reste en solution quand les globulines

sont précipitées par la dialyse, et il peut être précipité en saturant à moitié par le sulfate d'ammonium. Il est soluble dans l'eau, et n'est pas coagulable à l'ébullition en milieu neutre des sels alcalins ; Ca Cl² n'exerce sur lui aucune action inhibitrice ; l'alcool chaud, mais non l'éther, lui enlève beaucoup de lécithine.

Non seulement la lécithine en nature et celle du sérum se montre comme un puissant activateur des venins, mais elle manifeste encore cette propriété dans certaines substances dont elle fait partie, et qui ne sont pas hémolytiques par elles-mêmes, comme le lait, la bile, les globules rouges de certaines espèces.

2° *Lipoïdes non phosphorés.* — Outre la lécithine et ses composés, quelques sérums (de *cobaye, cheval, chat, porc, lapin, pigeon, oie, poule, homme*), contiennent des activateurs dont l'action disparaît par le chauffage à 56°, prolongé pendant 30 minutes ; ils se distinguent de la lécithine par la lenteur de leur activation, et par l'action empêchante du chlorure de calcium sur cette activation.

L'éther ne peut séparer la lécithine de son mélange avec le sérum ; d'où un sérum qui contient des quantités appréciables de lécithine reste actif après séparation des principes extractifs solubles dans l'éther.

D'autre part, les activateurs des sérums, sensibles à la chaleur sont solubles dans l'éther, et après leur extraction les sérums ne sont plus activants.

D'après Noguchi, ces activateurs solubles dans l'éther consistent surtout en *graisses non phosphorées* (*trioléine*), en *acides gras* (*ac. oléique*) et en *sels solubles d'acides gras*. Ils ne sont nettement hémolytiques qu'au contact du venin ; leur pouvoir activant disparaît à 56°, aussi bien que par leur mélange avec CaCl² ; ils diffèrent donc notablement de la lécithine par leur mode d'activation.

Parmi celles qu'il a essayées, la *trioléine* et *l'acide oléique* sont les seules qui puissent soutenir la comparaison avec la lécithine.

La vitesse d'action de l'acide oléique et de la trioléine n'est pas sensiblement modifiée par le mélange avec le venin.

Contrairement à ce qui a lieu pour la lécithine, l'acide oléique et la trioléine rendent activants les sérums qui ne le sont pas par eux-mêmes.

L'oléate de soude dissout en moins d'une heure la même quantité de globules que la lécithine.

Les oléates exaltent le pouvoir hémolysant du Cobra-lécithide (Dungern et Coca). Le chlorure de calcium, qui n'influe pas sur l'hémolyse par le Cobra-lécithide, empêche celle par les lipoïdes (Noguchi) ; au contraire, le citrate de soude, empêche l'hémolyse par le Cobra-lécithide, n'influe pas sur celle que produisent les lipoïdes ; mais l'action empêchante du citrate est inhibée par le chlorure de calcium.

Kyes avait d'ailleurs distingué dans le sérum un activateur autre que la lécithine, et dont la cholestérine n'empêche pas le pouvoir activant.

Compléments contenus dans les globules rouges

En 1902, C. Phisalix, a montré que vis-à-vis du venin de *Vipère aspic* les globules rouges des différentes espèces animales n'ont pas la même résistance ; ceux du lapin sont plus résistants que ceux du chien.

Kyes de son côté a observé (1902) que vis-à-vis du venin de Cobra on peut distinguer deux sortes d'hématies : 1° *celles qui, après lavage dans NaCl, sont directement hémolysables par le venin, sans addition de sérum :* (homme, cheval, chien, lapin, cobaye) ; 2° *celles qui ne peuvent être hémolysées par aucune concentration de venin en l'absence de complément, sérum ou lécithine ;* ce sont les globules de *bœuf,* de *mouton :* Lamb y a ajouté ceux de *chèvre.*

Les globules les plus sensibles sont ceux du chien et du cobaye qui sont attaqués et dissous par une solution à 1/10.000 de venin ; ceux du cheval se dissolvent dans la solution au 1/1000.

Kyes admet pour expliquer la sensibilité des globules du premier groupe l'existence d'un *endocomplément,* dont il n'indique pas d'abord la nature. Mais en collaboration avec Sachs, il reprend ensuite la question, et montre que le stroma seul de l'hématie est hémolysant, et non le produit soluble et laqué qui s'en échappe par hydrolyse. L'alcool précipite cet activateur à l'état de substance protéique libre. Sa propriété activante correspond à celle de la lécithine, car elle reste active à la température de 62°, elle agit encore à zéro, et se montre inhibée par la cholestérine.

Bien que tous les globules contiennent des quantités à peu près équivalentes de lécithine, les globules sensibles en contiendraient le plus, et suffisamment pour donner lieu, au contact du venin, à la formation de Cobra-lécithide.

Flexner et Noguchi, qui se sont occupés aussi du même sujet, admettent l'existence de la lécithine comme activateur globulaire, et ils établissent en outre l'existence d'un second activateur qui appartiendrait au groupe des lipoïdes non phosphorés, comme dans les sérums. Les globules de chien les contiennent tous les deux ; la plupart des globules ne contiennent surtout que le second.

Ces activateurs se comportent chacun à chacun comme leurs homologues du sérum. En particulier ceux du second groupe sont solubles dans l'éther : CaCl^2 leur enlève leur propriété activante.

Les auteurs séparent ce deuxième activateur globulaire et en établissent l'existence en faisant séjourner pendant 24 heures sur des globules de chien du sérum chauffé du même animal ; le sérum séparé ensuite par centrifugation se montre hémolysant pour les globules de cobaye, alors que le sérum chauffé n'ayant subi aucun contact, est inactif.

D'après les mêmes auteurs, l'alcool chaud peut dissoudre une certaine quantité de lécithine des sérums non activants et des globules non sensibles.

Ambocepteurs hémolytiques contenus dans les venins

Les expériences de Flexner et Noguchi les amènent à penser qu'il existe dans les venins deux sortes de corps intermédiaires qu'ils appellent *isocomplémentophiles* et *hétérocomplémentophiles*, suivant qu'ils montrent des affinités pour le complément du sérum de serpent ou d'autres espèces de sérum.

En admettant l'existence de ces groupes distincts, il est possible d'apprécier leurs quantités relatives dans un même venin ; dans le cas du venin de Crotale et des globules de cobaye, il y a 7 fois plus des premiers compléments que des seconds. Vis-à-vis des globules de chien, il y a 12 fois plus des seconds compléments que des premiers.

Dungern et Coca reprennent en 1907 l'étude des constituants hémolytiques du venin de Cobra.

Pour mettre en évidence ces constituants, ils laissent au contact à 37° pendant 2 heures du venin de Cobra avec des globules lavés de bœuf, puis soumettent les globules centrifugés et le liquide surnageant à des actions hémolytiques, d'une part en se servant de lécithine, d'autre part en employant du sérum frais de cobaye ; or, les globules sont détruits, grâce au complément du sérum, mais non par la lécithine. Quant au liquide venimeux surnageant, il garde, par addition de lécithine, ses constituants hémolytiques, et dissout, après comme avant, les globules lavés de bœuf ; mais il perd ses compléments activateurs. Ainsi, le venin de Cobra contient deux constituants hémolytiques différents : l'un qui, au contact de la lécithine, provoque l'hémolyse par formation de Cobralécithide, sans pouvoir par lui seul se fixer sur les hématies de bœuf ; l'autre qui se fixe sur les hématies à la façon d'un ambocepteur typique, et qui, réactivé par l'alexine, détruit les globules.

Causes qui influent sur l'hémolyse par les venins

Influence de l'espèce de globules

Nous avons vu précédemment que l'espèce de globules a une influence marquée sur la faculté d'être dissous par les venins, et que Kyes a distingué sous ce rapport deux sortes d'hématies : celles qui, après lavages répétés dans la solution physiologique, sont directement hémolysables par le venin, sans addition de sérum, et celles dont l'hémolyse ne peut se produire sans l'intervention d'un complément ou activateur.

D'autres causes influent sur l'hémolyse : l'espèce et la dose de venin, les sels, les sucres et enfin les ferments contenus dans le venin ; nous avons à considérer chacun de ces facteurs, qui ont été successivement invoqués dans la conception du mécanisme de l'hémolyse.

Influence de l'espèce de venin ; pouvoir hémolytique comparé des venins

Vis-à-vis d'une même espèce de globules, les venins n'ont pas tous la même activité hémolytique : Flexner et Noguchi ont pris comme unité hémolytique (M. H. D.) vis-à-vis des différentes hématies la dose minima de venin nécessaire pour produire une trace d'hémolyse en 24 heures sur 1 cc. de sang défibriné et dilué à 5 % dans l'eau salée physiologique.

Cette méthode, conforme au principe de la théorie chimique de l'hémolyse par les sérums (théorie d'EHRLICH et MORGENROTH), prête cependant à des erreurs ; effectivement la dose minima est d'appréciation délicate ; et, d'autre part, la durée trop longue de l'expérience permet des réactions secondaires dues aux autres propriétés des venins, notamment à leurs propriétés cytolytiques.

Noc en (1904) pense que l'activité des venins sur une même espèce de globules, suit la filiation de la classification naturelle ; mais outre que cette filiation n'est pas encore parfaitement établie, l'auteur ne considère ni les Colubridés Opisthoglyphes, ni les Protéroglyphes Hydrophiinés, dont les venins sont très toxiques, et cependant peu hémolytiques. Pour préciser les diverses modalités de l'action hémolytique avec les diverses espèces de venin, Noc emploie la technique suivante : il détermine le temps nécessaire pour que 1 milligr. de chaque venin hémolyse complètement 1 cc. d'une dilution à 5 % de globules de cheval, minutieusement lavés, en présence de o cc. 2 de sérum normal de cheval (ce sérum est chauffé préalablement à 58° pour réaliser des conditions aussi identiques que possible : absence d'alexine).

Le sérum était ajouté pour faciliter l'hémolyse, car à la dilution où Noc emploie les globules, ceux-ci ne se dissolvent pas sous la seule influence du venin ; l'addition de sérum joue un rôle capital, car en augmentant la dose de ce sérum, on active le pouvoir des venins faibles.

Les résultats obtenus par Noc sont résumés dans le tableau suivant :

VENINS EMPLOYÉS	TEMPS NÉCESSAIRE à l'hémolyse complète des hématies de cheval
Naja tripudians	5 minutes
Bungarus cœruleus	10 —
Naja nigricollis	20 —
Hoplocephalus bungaroïdes	40 —
Vipera russelli	30 —
Trimeresurus flavoviridis	35 —
Ancistrodon piscivorus	40 —
Ancistrodon contortrix	60 —
Vipera berus	60 —
Lachesis lanceolatus (var. Jararacucu).	2 heures
Lachesis lanceolatus (var Jararaca)	2 heures et demie
Lachesis lanceolatus (type)	3 heures
Lachesis neuwidii	3 heures

En 1905, Lamb examine aussi l'action de divers venins sur une même espèce de globules lavés, ceux du chien. Il distingue ces venins en deux groupes, suivant qu'ils nécessitent ou non la présence d'un activateur, sérum ou lécithine, pour produire l'hémolyse ; nous résumons les résultats obtenus par l'auteur dans le tableau suivant :

1ᵉʳ GROUPE	VENINS HÉMOLYSANT DIRECTEMENT LES GLOBULES LAVÉS DE CHIEN
	Naja tripudians \ à très faible dose suffisent à produire l'hé- Vipera russelli (molyse complète. Bungarus cœruleus) l'action est aussi complète, mais il faut de Echis carinata (hautes doses de venin. Notechis scutatus légère action à hautes doses.
2ᵐᵉ GROUPE	VENINS NÉCESSITANT UN ACTIVATEUR
	Enhydrina valakadyen Naja bungarus Bungarus fasciatus Lachesis gramineus Crotalus adamanteus

Au contact du sérum de chien ou d'une quantité équivalente de lécithine, tous les venins du deuxième groupe, sauf celui d'Enhydrina, sont à peu près également hémolytiques ; la dose de o milligr. o1 dissout complètement, en 1 heure à la température de 37°, 1 cc. d'une dilution à 5 % de globules de chien, lavés dans la solution isotonique de NaCl. Avec le venin d'Enhydrina, 5 milligr. ne suffisent pas à produire une hémolyse complète dans les mêmes conditions.

Ces faits expliquent les divergences des résultats obtenus par les divers auteurs : Kyes et Sachs constataient une hémolyse complète avec un venin du premier groupe, celui de Naja tripudians, contrairement à Flexner et Noguchi qui opéraient avec des venins du second groupe.

En opérant comme ci-dessus, mais avec o cc. 2 d'une solution saline à 0,1 % de lécithine, Lamb démontre que les venins d'*Echis carinata*, de *Bungarus fasciatus* et de *Bungarus cœruleus* sont également activés par la lécithine et par le sérum de chien, mais que la lécithine n'a qu'une faible action activante sur les venins de *Naja bungarus*, d'*Enhydrina valakadien* et de *Crotalus adamanteus*.

On sait par ailleurs, que ces derniers venins (sauf celui d'Enhydrina) sont aussi, et même plus hémolytiques quand ils sont activés par le sérum de chien que par la lécithine ; les divers venins n'ont donc pas tous la même affinité pour la lécithine.

D'après LAMB, les globules lavés de bœuf et de chèvre sont complètement résistants à tous les venins essayés ; mais ils deviennent hémolysables quand on ajoute de la lécithine aux venins du premier groupe.

Influence de la dose et de l'état du venin ; action empêchante des doses fortes

WEIR-MITCHELL, en 1861, observe le premier, la résistance des globules aux solutions concentrées de venin de Crotale. En collaboration avec STEWART (1897), il fixe ensuite les détails du phénomène. Les auteurs constatent que dans un mélange à parties égales de sang et de venin frais, non seulement les globules ne se dissolvent pas, mais qu'ils résistent plus longtemps que les témoins à la dissolution. L'hémolyse ne survient que s'il y a moins de 10 % de venin dans le mélange.

Le venin desséché, puis redissous, est moins protecteur que le venin frais. De tous les globules essayés, ce sont ceux du Crotale lui-même qui sont le mieux protégés contre l'hémolyse par son propre venin.

La même constatation a été faite par STEPHENS et MYERS (1898) pour le venin de Cobra ; en solution forte de 2 à 7 milligr. 5 pour 1 cc. de liquide, il ne produit pas l'hémolyse, alors que 0 cc. 5 d'une solution qui ne contient que 0 milligr. 009 dissout en plusieurs heures le sang du cobaye et de l'homme, et en moins d'une heure celui du chien. MYERS a vu toutefois que dans les solutions fortes de venin, le sang peut être hémolysé si on ajoute une forte dose de sérum de cheval.

KYES et SACHS ont constaté d'autre part que le venin de Cobra, à forte dose, n'hémolyse pas les globules lavés de cheval, même en présence de lécithine ou de sérum chauffé. Il semblerait donc que, d'après la théorie d'EHRLICH, adoptée par les auteurs, sous l'influence de l'ambocepteur en excès du venin, il se produit une déviation du complément ; ce dernier, au lieu de se fixer sur les globules s'unirait à la fraction d'ambocepteur en excès, demeurée libre dans le liquide.

Dans le même ordre de faits, LAMB a aussi constaté (1905), que l'hémolyse diminue quand on emploie des doses massives de venin.

NOGUCHI en 1907, a repris l'étude de l'hémolyse par les venins ; il a confirmé l'action protectrice des hautes doses de venin, établi les propriétés des globules fortement envenimés, et recherché le mécanisme de l'action protectrice.

Action protectrice. — Avec les concentrations de venin de Cobra supérieures à 4 %, il ne se produit aucun changement pendant plusieurs semaines dans les suspensions à 5 % de globules de cheval, lavés dans l'eau salée physiologique, tandis que dans un mélange à parties égales de sang défibriné et d'une solution à 2,5 % de venin, l'hémolyse se produit en 1 à 2 heures.

Noguchi a vu de plus que si l'on soumet les mêmes globules lavés de cheval à des concentrations variées de différents venins, depuis la dose non hémolytique jusqu'à la dose hémolytique optima (cette dernière étant seulement hémolytique au contact d'une quantité convenable d'activateur), quand la concentration du venin est supérieure à 5 %, l'hémolyse est retardée de 12 heures environ à la température de 20°, et ne se produit pas pendant les six premières heures ; si la concentration devient moindre, 0,1 %, l'hémolyse se produit, et plus rapidement que dans les tubes témoins qui ne sont pas absolument stériles.

Propriétés des globules fortement envenimés. Les globules qui ont séjourné seulement pendant 20 minutes dans une solution concentrée de venin ne sont plus hémolysables par l'eau pure, les solutions salines, la saponine, et la tétanolysine. En même temps leur résistance à la chaleur a diminué.

En effet, alors que dans les tubes témoins les globules seuls sont complètement hémolysés en moins de 3 heures, à la température de 53° et au contact d'une solution de venin ne dépassant pas 1 % en concentration, l'hémolyse est complète en 5 à 15 minutes ; avec une concentration plus faible (0,01 %), il faut 30 minutes.

Les concentrations de venin inférieures à 2 % rendent au contraire les globules plus sensibles à l'action des solutions salines.

Mécanisme de l'action protectrice. Pour élucider ce mécanisme, Noguchi emploie différents procédés ; il recherche d'abord si la protection a quelque relation avec les ambocepteurs hémolytiques du venin.

A cet effet, les globules lavés de cheval sont mélangés avec des solutions à 10 et à 2 % de venin de Cobra, et on laisse l'action se prolonger pendant 2 jours. Puis on introduit dans les mélanges un excès de sérum ou de lécithine ; on constate dès lors qu'il ne se produit aucune hémolyse dans la solution à 10 %, tandis que la dissolution est complète dans la solution à 2 %. Il ne peut être question ici de déviation du complément.

Une autre méthode pour démontrer que les hémolysines ne participent pas à l'action protectrice du venin, consiste à chauffer le venin à 95 et à 100° pendant un temps très court. Le venin qui a été porté à 95° perd son agglutinine à la température de 75° ; il donne un liquide opalin contenant un fin précipité, et conserve ses propriétés protectrice et hémolytique. En séparant par filtration le précipité du liquide, la substance protectrice reste sur le filtre, tandis que l'hémolysine passe complètement dans le filtrat. Après chauffage à 100° pendant 5 minutes, le venin perd son action protectrice, mais la solution contient la plus grande partie de son principe hémolytique. La température de 135° détruit les deux propriétés. Le filtratum hémolytique du venin chauffé attaque les globules lavés de cheval, même dans des solutions de 10 à 20 % de venin, car la résistance de ces globules à l'action toxique a diminué par l'action de la

chaleur ; Noguchi pense que l'action attaquante du liquide filtré est due
à l'hémolysine.

D'autres faits intéressants sur la protection des globules par le venin
et les circonstances dans lesquelles disparaît cette protection ont été mis
en lumière par Noguchi : il a vu que le sérum de Crotale, fortement
agglutinant et hémolytique pour les globules de cheval, ne les protège à
aucun degré contre l'attaque par les agents physiques ; ces globules,
après un contact de 12 heures avec le sérum inactivé de Crotale en excès,
sont dissous par une solution saline à o,45 %.

L'action protectrice disparaît quand les globules sont lavés plusieurs
fois dans une solution saline et ainsi débarrassés du venin. De tels globules sont alors moins résistants vis-à-vis des solutions de venin ou de
saponine que s'ils avaient d'abord séjourné dans une solution plus faible
de venin. Il est à remarquer toutefois que l'action protectrice est étroitement liée à la présence du venin.

Pénétrant plus avant dans l'explication de l'action protectrice du
venin, Noguchi constate que la solution aqueuse de globules de cheval
forme un très fin précipité avec les solutions concentrées de venin ; le
stroma séparé de la solution laquée des globules ne donne pas de précipité appréciable.

Usant alors d'une solution pure d'hémoglobine, il découvre que le
venin donne un précipité avec cette solution. Mais dans une solution
saline à o,9 %, le précipité devient plus grossier et plus pauvre ; dans les
solutions faibles d'acides et d'alcalis, il se dissout promptement ; bref il
se comporte comme celui qui est obtenu avec la solution aqueuse des
globules, ce qui peut expliquer pourquoi les acides et les alcalis hémolysent les globules envenimés, tandis que l'eau est sur eux sans action.
La globine retirée de l'hémoglobine de cheval est rapidement précipitée
par le venin de ses solutions aqueuses, mais non de ses solutions salines.

Un fait intéressant, découvert plus tard, montre que l'hémoglobine
seule des globules qui peuvent être protégés par le venin (cheval, rat,
lapin), donne un précipité avec le venin ; il ne s'en produit pas avec
l'hémoglobine brute ou pure de chien et de cobaye (dont les globules
ne sont jamais protégés par les solutions fortes de venin : *la protection
exercée par le venin se ramènerait donc à la formation dans les globules
d'un composé insoluble dans l'eau.*

Noguchi ajoute que si la globuline du sérum de cheval (obtenue par
dialyse) est mise en suspension dans l'eau ou dans une solution saline
faible, le venin détermine la précipitation rapide des particules en suspension qui mettraient beaucoup de temps à se déposer. Parmi ces globulines,
la pseudoglobuline donne avec le venin le précipité le plus abondant.

Ainsi il semble bien établi qu'il existe une limite de la dose de
venin hémolysante au-dessus de laquelle l'hémolyse décroît au fur et à
mesure que la dose de venin croît. Dans les phénomènes d'hémolyse biologique naturelle, il n'y a que les venins qui présentent cette particularité.

Mais NEISSER et WECHSBERG, en étudiant la bactériolyse avec certains sérums immunisants de grande puissance, ont observé un effet inhibiteur quand un excès d'ambocepteur, par rapport au complément se trouvait dans l'émulsion bactérienne.

Un phénomène analogue a été observé par DETRE et SELLEI dans leur étude sur l'hémolyse causée par le bichlorure de mercure. MADSEN et WAL-BUM, d'autre part, ont montré que les acides en excès protègent les globules, tandis qu'à concentration plus faible, ils les dissolvent.

Influence des sels

Action empêchante des sels à acide fort. — Ce sont les travaux de FLEXNER et NOGUCHI (1902) qui ont pour la première fois attiré l'attention sur l'influence des sels dans les phénomènes d'hémolyse et d'agglutination. L'action empêchante du *chlorure de sodium* découverte par les auteurs a été, comme nous l'avons déjà fait remarquer, le point de départ d'une ère nouvelle dans l'étude de l'hémolyse par les venins.

GŒBEL a confirmé en 1905 l'action empêchante du sel marin, et montré que les globules de mouton lavés, puis mis en suspension dans la solution de ce sel n'agglutinent ni ne se dissolvent jamais dans le venin de Cobra employé seul. Le sel se comporte comme un antiagglutinant et un antihémolytique, capable d'entraver l'action du venin.

NOGUCHI (1907), a constaté que l'action du *chlorure de calcium* sur l'hémolyse est différente et opposée, suivant que la dissolution globulaire est due au venin-lécithide ou au venin lipoïde ; ce sel exerce une action empêchante dans le second cas et non dans le premier.

GENGOU (1907), a fait une semblable observation vis-à-vis du *citrate de soude* : en solution à 2 à 3 %, le citrate empêche l'hémolyse par le venin-lécithide et n'a aucune influence sur l'hémolyse par les venins-lipoïdes ; l'action empêchante du citrate est inhibée par $CaCl^2$.

DUNGERN et COCA (1907) ont constaté que les *chlorures* de baryum de magnésium et de calcium, surtout le dernier, ont la propriété d'empêcher l'hémolyse par le venin-lécithide et par le venin-sérum. Les auteurs attribuent les propriétés antihémolytiques de ces sels à la suppression de la propriété activante des complémeents du sérum, sans que les globules aient perdu la faculté de fixer les ambocepteurs.

BANG reprend en 1909 l'étude de l'influence des sels sur l'hémolyse. Aux chlorures, il ajoute les *sulfates*, les *nitrates*, et même les *acétates*, comme sels empêchants. Ces sels d'acides forts agissent par leur action ; l'aluminium est 6 fois plus actif que le calcium ; celui-ci 60 fois plus actif que le sodium. Ces métaux ont une véritable affinité pour le venin.

Toutefois, comme l'avaient observé DUNGERN et COCA, les *sels n'agissent pas directement, mais ils empêchent le venin de se fixer sur les globules.*

En effet, les globules en suspension dans une solution isotonique de

saccharose fixent à froid le venin sans s'hémolyser (voir plus loin). Si **on**
les lave dans la solution de NaCl à o,8 % et qu'on les replace dans **la**
solution sucrée à la température de 37°, ils ne sont pas hémolysés, **même**
en ajoutant de la lécithine ; et la solution de NaCl renferme le venin, **car**
elle est capable d'hémolyser les globules neufs en présence de lécithine.

Les résultats sont les mêmes si on fait agir à froid le venin sur les
globules en suspension dans une solution de sucre ou de NaCl ; les globules ne le fixent pas : ils sont inactivés.

Ce qui crée dans ce cas la résistance des globules à l'hémolyse, c'est
la présence de Co[3] ou d'un acide qui l'aurait remplacé. L'influence **de**
l'acide peut être montrée directement en lavant les globules envenimés à
froid dans une solution très diluée de HCl ; ils ne sont plus hémolysables,
même en présence de lécithine. L'acide déplace donc le venin d'une combinaison avec un élément basique des globules ; c'est-à-dire que le venin
est lui-même un corps acide, pour lequel les métaux, Al, Ca, Na... ont
une affinité manifeste.

Action favorisante des sels à acide faible. — KYES et SACHS avaient
montré l'action favorisante des oléates sur l'hémolyse par le venin de
Cobra. En 1908, DUNGERN et COCA reprennent cette étude et recherchent
le mécanisme de l'hémolyse par l'acide oléique ou les oléates et le venin
de Cobra ; et si, d'autre part, l'hémolyse par ces substances doit être
attribuée au Cobra-lécithide ou au composé du venin jouant le rôle
d'ambocepteur.

Ils montrent d'abord que l'hémolyse produite par l'addition des
oléates réussit aussi bien avec les hématies de cobaye qu'avec celles de
bœuf, beaucoup moins sensibles au venin. En outre, les essais de fixation
établissent qu'après traitement des globules par les oléates, la partie
hémolysante du venin n'est jamais absorbée par le sang de bœuf en l'absence de substances adjuvantes. Ainsi, pour le démontrer, ils traitent les
globules lavés de bœuf par une solution de venin de Cobra pendant une
heure (20 cc. d'une émulsion à 5 % de globules, et 2 cc. d'une solution à
1 % de venin). Après séparation des globules et trois lavages successifs,
ils essaient l'action hémolytique de l'acide oléique et de l'oléate de soude ;
le résultat est le même que si les globules n'avaient pas été envenimés.
Ainsi il n'existe pas d'analogie entre le sérum-complément hémolytique
et les composés oléiques.

Ces faits suggèrent trois hypothèses : 1° ou bien le venin agit sur les
oléates en les rendant hémolytiques ; 2° ou bien les oléates exaltent le
pouvoir hémolysant du venin ; 3° ou encore, ils rendent les hématies plus
attaquables par le venin.

Pour choisir entre elles, les auteurs préparent des mélanges de venin
et d'oléates ; ils ajoutent au bout d'une heure des globules de bœuf :
comparativement, les trois substances sont mélangées en même temps :
l'essai montre que l'exaltation du pouvoir hémolytique n'est pas due à

une modification des oléates, mais que la combinaison venin-oléates a une action hémolysante plus faible si l'on n'ajoute pas de globules ou de lécithine ; on en peut conclure qu'il s'agit d'une modification du Cobra-lécithide, et les auteurs obtiennent des résultats très différents suivant la durée du contact de l'oléate, de la lécithine et du venin. L'hémolyse est plus rapide quand les oléates sont ajoutés dès le début aux autres éléments du mélange. Les auteurs pensent enfin que l'oléate de soude altère la solubilité des composés du venin de Cobra, permettant ainsi à ce dernier d'attaquer plus facilement la lécithine du sérum ou des globules.

BANG a constaté en 1909, l'action favorisante des sels à acides faibles sur l'hémolyse (*carbonates, chromates, phosphates basiques*). En enlevant l'acide aux globules comme le saccharose, ils les sensibilisent ou les réactivent ; les globules lavés d'abord dans une solution de ces sels ou de saccharose ne sont plus inactivés par NaCl.

On peut ainsi alternativement rendre les globules résistants ou sensibles, suivant qu'on leur fournit de l'acide ou qu'on leur en enlève. En général, les sangs sont plus ou moins sensibles suivant leur richesse en acide carbonique. On sensibilise les globules réfractaires en les lavant au chromate de potasse ; on les rend au contraire plus résistants, même en présence de lécithine, en les chargeant de Co^2.

La base du sel semble intervenir dans la fixation du venin sur les globules ; BANG a essayé si en chargeant les globules de sels appropriés on peut leur permettre de fixer assez de venin pour s'hémolyser dans la solution physiologique de NaCl. A côté d'insuccès, il a réussi avec des sels de calcium et avec du carbonate de soude à obtenir l'hémolyse avec de faibles quantités de venin.

Influence des sucres sur l'hémolyse et l'agglutination

KYES avait observé en 1902 que les globules rouges de mouton et de bœuf, lavés et émulsionnés dans la solution physiologique et isotonique de sel marin, n'agglutinent ni ne se dissolvent jamais au contact du venin de Cobra.

En 1905, O. GŒBEL en substituant dans le lavage des globules la solution isotonique de saccharose (7,79 pour 100) à celle d'eau salée à 0,85 pour 100, et émulsionnant les globules dans la même solution sucrée arrive aux constatations suivantes :

Des lavages répétés dans une solution isotonique de saccharose modifient les globules au point qu'ils agglutinent spontanément, et que, sous l'action du venin de Cobra, ils sont hémolysés. La dissolution est d'autant plus rapide que la solution de venin est plus faible. Les globules conservés à la glacière se désagglutinent lentement.

Il semble, d'après GŒBEL, que l'action des substances sucrées soit due surtout à leurs propriétés physiques, notamment à leur incapacité de traverser la membrane semi-perméable des globules. L'auteur formule, sous forme d'hypothèse, la conception suivante : On pourrait admettre que, soit par des lavages répétés à l'aide de la solution sucrée, soit par l'addition de fortes doses de sucre, on supprime l'influence de substances antihémolytiques intra et extraglobulaires dont l'activité est liée à la présence de sel marin.

En 1908 DUNGERN et COCA confirment la découverte de GŒBEL : la formation de cobra-lécithide semble beaucoup plus facile dans les solutions sucrées que dans les solutions salines.

Ces recherches les amènent à penser que dans l'hémolyse par les venins, le mécanisme est complètement différent de celui qu'on observe avec les sérums par l'action réciproque du fixateur et du complément.

BANG reprend, en 1909, les relations des hématies avec les sels, comme nous l'avons vu précédemment, et avec le saccharose en ce qui concerne l'agglutination et l'hémolyse par le venin de Cobra.

En se plaçant dans les mêmes conditions que GŒBEL, BANG a constaté que les globules de veau n'agglutinent pas comme ceux du bœuf, à moins qu'ils n'aient été préalablement traités par une solution de sel marin ou d'un sel d'acide fort.

BANG explique ces phénomènes par le rôle de l'acide carbonique dont la teneur variable dans le sang causerait des effets différents : le sang de bœuf puisé dans l'artère sous-clavière est plus riche en CO_2 que celui du veau puisé dans l'artère carotide. Mais si on traite le sang de veau par NaCl ou un sel d'acide fort, il se fait un échange entre CO_2 et l'anion du sel; ce dernier se fixe à l'état d'acide sur les globules. Lorsque ceux-ci ont été complètement privés de CO_2 par lavage dans la solution sucrée, la substitution ne s'opère pas, et l'agglutination n'a pas lieu (sang de veau). D'autre part, si comme l'a vu GŒBEL, les globules de bœuf se désagglutinent, c'est que leur CO_2 diffuse peu à peu au dehors.

Ce qui montre l'influence de la fixation d'acide sur les globules c'est qu'on peut dans tous les cas provoquer l'agglutination avec l'acide chlorhydrique très dilué : elle serait ainsi due à la fixation d'acide (HCl ou CO_2, ce dernier en proportion plus grande) sur les globules. C'est une hypothèse qu'il est difficile d'établir d'une manière plus certaine, et que l'auteur applique également à l'hémolyse.

Les globules conservés pendant quelques heures dans une solution de sucre additionnée de NaCl résistent moins aux solutions hypotoniques que ceux qui ont été conservés dans le sucre seul : il s'est produit comme dans le cas de l'agglutination, un échange entre leur CO_2 et NaCl avec fixation de HCl. Au contraire, les alcalis et les carbonates alcalins augmentent la résistance aux solutions hypotoniques parce qu'ils favorisent la diffusion au dehors de CO_2 ou de tout autre acide : des globules rendus résistants par le carbonate de soude peuvent être ramenés à l'état normal par HCl dilué, et réciproquement.

Ces substances n'altèrent donc pas les globules. Il résulte de là une conséquence importante, c'est que le sang dilué avec NaCl 'enferme toujours de l'acide en quantité correspondante à CO^2 ; pour avoir des globules normaux, il faudrait les laver en solution sucrée avant de les soumettre à l'action de NaCl.

Influence des ferments : déséolécithine, lysocithine

Comme Lamb, Ludecke (1905), conteste l'origine venimeuse du Cobra-lécithide ; il le considère comme uniquement dérivé de la lécithine, et ne renfermant aucun élément du venin. Il émet le premier l'idée que l'hémolyse pourrait être due à une simple action diastasique.

Neuberg et Rosenberg (1907) admettent que le venin, provoquerait le dédoublement de la lécithine.

Arrhenius (1898), Bang (1908), contestent aussi l'existence du Cobra-lécithide, ce dernier auteur en s'appuyant sur diverses expériences dont deux sont à retenir : 1° dans la dialyse d'une solution à 1 % de lécithine, la fraction qui passe au dialyseur est activante, alors que les lécithines pures ne sont pas dialysables ; 2° en appliquant à la lécithine commerciale « Agfa » la technique qu'emploie Kyes pour préparer le Cobra-lécithide, on obtient, sans addition de venin, un produit qui a les caractères de solubilité du lécithide ; le Cobra-lécithide ne serait, d'après Bang, qu'un mélange de venin de Cobra et d'un activateur encore inconnu.

Pour déterminer celui-ci, Bang cherche à fractionner la lécithine commerciale en ses constituants ; par l'emploi approprié de l'éther, de l'acétone et de l'alcool méthylique, il sépare du produit brut : 1° la *lécithine pure*, insoluble dans l'acétone, soluble dans l'alcool et l'éther ; 2° la *céphaline* soluble dans l'éther et insoluble dans les deux autres réactifs, et qui serait seule activante ; mais la céphaline n'est pas elle-même un produit pur, car si on précipite par l'acétone le premier extrait éthéré de lécithine brute, le précipité entraîne un produit nouveau qui est différent des deux précédents, et qui est inséparable de la céphaline, de sorte qu'on ne peut savoir lequel des deux est actif. D'ailleurs le *protagon*, de Kossel, qui se compose surtout de céphaline, est inactif. La question reste donc indéterminée, et Bang, nous l'avons vu, recherche dans une autre voie le mécanisme intime de l'hémolyse.

L'existence du Cobra-lécithide est encore mise en doute au même moment par Dungern et Coca en 1908. Les auteurs font deux hypothèses : ou bien l'hémolysine du venin de Cobra (Cobralysine) consiste en une combinaison de venin avec la lécithine, comme l'admet Kyes, ou bien en un dérivé de la lécithine seule, produit par une action fermentative, et n'ayant aucun rapport avec le venin, comme le prétend Ludecke.

Pour élucider la question, les auteurs reprennent des essais d'immunisation avec le Cobra-lécithide, soit en partant d'une ovo-lécithine, qu'ils préparent d'après la méthode de Kyes, soit en utilisant la lécithine commerciale de Merck. Ils constatent que l'antivenin spécifique n'a pas d'action élective contre l'hémolyse par le Cobra-lécithide, non plus que les sérums préparés avec le Cobra-lécithide contre l'hémolyse par le sérum-venin ; ils en déduisent que le Cobra-lécithide ne doit pas être considéré comme une combinaison de venin et de lécithine.

Le venin de Cobra, d'après ces auteurs, *contiendrait une lipase* qui sépare de la lécithine l'acide oléique, et laisserait une « *déséolécithine* », l'une et l'autre substance ayant un pouvoir hémolytique, mais inégal ; la déséolécithine serait l'hémolysine principale.

La déséolécithine est insoluble dans l'éther, et par saponification ne fournit pas trace d'acide oléique.

Les auteurs répondent à Bang, pour lequel les produits hémolytiques insolubles dans l'éther sont des impuretés des lécithines commerciales, qu'après le traitement par le venin, la lécithine renferme une plus grande proportion de substance insoluble dans l'éther. Ils ne peuvent admettre que la lécithine elle-même ne participe pas à la formation de l'hémolysine.

Les auteurs indiquent aussi que de diverses préparations d'ovo-lécithine, ils ont isolé des substances très hémolytiques ayant tous les caractères physiques et biologiques du cobra-lécithide, sauf qu'il n'est pas évident qu'il y adhère encore du venin naturel, car l'addition de lécithine n'accroît pas leur pouvoir lytique, et l'inoculation aux animaux ne détermine pas la formation d'antihémolysine. Le pouvoir hémolytique de ces substances est environ deux fois moindre que celui du Cobra-lécithide.

Le venin de Cobra sépare aussi de la lécithine des acides volatils en petite quantité, qui gênent l'action de la lipase et obligent à alcaliniser légèrement pour préparer la déséolécithine. Ce produit contient la plus grande partie du ferment apporté par le venin, ce qui explique qu'il soit lui-même activé par une nouvelle quantité de lécithine. L'action de ce ferment du venin est empêchée par le sérum anticobra.

Manwaring (1910), soutient aussi la simple action diastasique.

Recherchant quelles relations existent entre l'activation du venin et celle des hémolysines ordinaires par le sérum, Morgenroth et Kaya (1910) ont vu que le venin détruit le complément du sérum par contact prolongé avec lui ; cette action va en augmentant, et atteint un maximum au bout de 3 heures à la température de 37°, puis diminue ; tandis que si l'on abandonne au repos le mélange de venin et de lécithine, l'activité augmente et ne se perd pas. La réaction dans le premier cas se comporte comme si elle était due à un ferment.

Substances hémolytiques libérées par le venin de Cobra aux dépens du sérum et du vitellus de l'œuf de poule. — En 1911, C. Delezenne et S. Ledebt reprennent l'idée de l'action diastasique du venin dans le mécanisme de l'hémolyse par le sérum et par la lécithine employée sous forme de vitellus.

Dans une première série d'expériences, ils s'attachent à élucider la formation d'hémolysine dans les mélanges venin-sérum.

Leurs expériences portent sur les globules lavés de bœuf, de mouton et de cheval, sur lesquels ils font agir à la température de 16-18° une dose fixe de sérum de cheval, au contact de quantités variables de venin.

Si les expériences sont faites suivant le type habituel, c'est-à-dire si les mélanges sérum-venin sont mis aussitôt en contact avec les globules, on observe que l'hémolyse, très rapide pour des doses élevées de venin, se ralentit graduellement pour devenir complètement nulle à partir d'une dose qui représente la dose limite capable de produire l'effet minimum.

Mais si les expériences sont faites suivant un type particulier, et tel que les mélanges sérum-venin soient abandonnés à la température ordinaire ou à l'étuve à 40-50° avant d'être mis en contact avec les globules, on observe que leur activité hémolytique passe par un maximum très élevé, et d'intensité sensiblement la même, quelle que soit la quantité de venin employée, pour disparaître ensuite graduellement. L'accroissement de cette dose ne fait qu'accroître la vitesse avec laquelle le maximum est atteint au voisinage de la température optima.

De plus, ces résultats s'observent, non-seulement avec les doses minima actives du type habituel, mais pour des quantités jusqu'à 500 fois inférieures à ces dernières. Il ressort de là : 1° *que le venin agit comme un catalyseur, en l'espèce une diastase, capable de libérer aux dépens de certains matériaux du sérum une substance douée de propriétés hémolytiques propres* ; 2° *que cette action catalytique du venin est considérablement limitée par la présence des globules.*

Aucun des constituants du venin ne participe à la formation de l'hémolysine ; quelle que soit la dose de venin employée, celle-ci peut être intégralement récupérée et agir à nouveau sur une nouvelle quantité de sérum.

La phase de disparition de l'activité hémolytique des mélanges sérum-venin est plus longue que la première ; elle est d'autant moins longue que la période d'activité maximale a été plus rapidement atteinte.

Elle est aussi le résultat d'une action diastasique exercée par le venin : effectivement, si on neutralise ce dernier par le sérum antivenimeux spécifique, on arrête la désagrégation de l'hémolysine formée, et le mélange venin-sérum conserve sa propriété lytique.

La disparition de l'hémolysine s'accompagne de mise en liberté de savon calcaire, sous forme de globoïdes biréfringents, et du venin primitif. Si la quantité de venin mise en œuvre la première fois est assez forte, le même phénomène peut être reproduit un grand nombre de fois par additions successives de sérum, montrant que le venin n'intervient dans les processus qu'à la façon d'un catalyseur ou d'un ferment.

De plus, les mélanges de sérum-venin devenus totalement inactifs sont antihémolytiques pour les espèces globulaires directement sensibles au venin ; ils neutralisent aussi l'action hémolytique si intense du couple venin-lécithine, et, dans certaines conditions, s'opposent à l'hémolyse immédiate par de nouveaux mélanges venin-sérum mis aussitôt au contact des globules.

Cette action empêchante, souvent égale à celle du sérum antivenimeux spécifique, disparaît par le chauffage à 75-80°.

Même à la période de leur activité hémolytique maximale, les mélanges venin-sérum ne sont pas toxiques, au moins par inoculation intraveineuse au lapin, de doses déjà élevées de 10 à 20 cc. par kilogramme.

Les faits relatifs aux propriétés activantes de la lécithine dans l'hémolyse par les veines ont conduit DELEZENNE et LEDEBT à répéter leurs expériences en substituant au sérum de cheval le vitellus de l'œuf de poule, émulsionné dans l'eau salée physiologique.

Comme dans le cas du sérum, la température et la quantité de venin n'influent nullement sur la puissance hémolytique maxima de l'émulsion, mais seulement sur la vitesse avec laquelle elle s'opère ; comme avec le sérum aussi, elle est gênée par la présence des globules.

L'hémolysine formée dans les deux cas (sérum ou vitellus) a les mêmes caractères physiques et la même origine : c'est un dérivé des phosphatides du sérum ou de l'œuf, et en particulier de la lécithine, qui disparaît peu à peu au cours de sa formation. Elle n'est pas toxique ; c'est donc une substance distincte de la neurotoxine ; elle est soluble dans l'eau, dans l'alcool, insoluble dans l'éther ; le sérum antivenimeux ne la neutralise pas. Il existe toutefois une différence fondamentale entre l'hémolysine produite avec le sérum et celle qui est libérée du vitellus : celle-ci ne se détruit pas avec le temps au contact du venin comme l'hémolysine du sérum ; les *mélanges venin-vitellus restent indéfiniment hémolytiques* ; il n'existe donc pas dans le vitellus de co-ferment pour détruire la première action, comme il s'en rencontre dans le sérum de cheval.

Outre l'hémolysine, le venin de Cobra donne naissance dans la même émulsion de vitellus (et non dans le sérum) à une substance extraordinairement toxique, car la mort des animaux qui la reçoivent peut survenir avec un mélange qui ne contient que 1/10.000 de la dose mortelle de venin. Lorsqu'on injecte aux animaux des doses un peu inférieures à la dose mortelle, qui est de 1 cc. 5 à 2 cc. pour le lapin, on observe des accidents graves rappelant de très près chez le lapin, le cobaye ou le chien, le syndrome anaphylactique propre à chaque espèce. La mort rapide ne s'accompagne que d'une forte congestion des viscères et des poumons.

Cette substance toxique n'est influencée ni par le sérum antivenimeux, ni par l'ébullition.

Hémolysine et substance toxique se développent parallèlement, et la façon dont elles apparaissent montre qu'elles sont des produits d'action diastasique du venin : très rapide au début, la vitesse s'atténue au fur et à mesure que les produits formés s'accumulent, pour arriver ensuite lentement à zéro.

Les auteurs signalent encore les deux faits suivants :

1° Dans les mélanges qui ont subi l'action du venin, la vitelline a perdu complètement la faculté d'être coagulée par la chaleur ;

2° Une injection intraveineuse de peptone, faite quelques heures auparavant, protège le lapin contre les effets d'une ou plusieurs doses d'émulsion toxique.

Les faits précédents s'observent aussi, à l'intensité près avec tous les venins de Serpents jusque-là étudiés par les auteurs ; quant au venin de Daboia, qui est surtout coagulant, il donne avec le vitellus de l'œuf, des substances hémolytiques et des substances toxiques ; mais, fait particulier, il fournit, à des doses bien inférieures à la dose mortelle des mélanges, une substance produisant comme le venin lui-même la mort par coagulation intravasculaire. Contrairement aux deux autres cas, l'action coagulante peut être neutralisée par l'antisérum spécifique, de telle façon que le sérum peut sauver les animaux au début, mais non plus tard, quand la substance toxique s'est développée à son tour. La substance toxique résiste à la température de 100°, qui détruit la substance coagulante.

En 1912, M. DELEZENNE et S. LEDEBT, apportent une nouvelle contribution à l'étude des propriétés des substances hémolytiques dérivées du sérum et du vitellus de l'œuf soumis à l'action des venins. La substance hémolytique formée dans l'une ou l'autre condition est dérivée des phosphatides de ces matières, en particulier de la lécithine ; mais contrairement à celle-ci, elle ne contient pas d'acide gras libres (ac. oléique...), qui apparaissent dans le milieu pendant sa formation, et ne se trouvent pas dans les produits de dédoublement de la substance pure par l'acide chlorhydrique. L'hémolysine est soluble dans l'alcool, comme la lécithine ; mais insoluble dans l'éther, ce qui permet de la séparer de la substance précédente ; elle donne dans l'eau des substances mousseuses très actives.

La destruction ultérieure de l'hémolysine qui se produit dans le sérum et s'accompagne de la production de savons calciques en globoïdes donnant la croix de polarisation, ne se produit pas avec le vitellus de l'œuf ; elle nécessite la présence de substances dialysables ; dans le sérum dialysé (en milieu salé isotonique), elle ne se produit que si l'on ajoute à nouveau les produits de dialyse ou de filtration sur collodion du sérum, ou du liquide céphalo-rachidien, liquide fort analogue au précédent, et comme lui non susceptible d'être modifié par le venin. Au contact de l'un de ces liquides, l'hémolysine extraite du vitellus de l'œuf subit aussi la destruction par le venin.

L'hémolysine ne se détruit pas comme elle le fait avec le sérum antivenimeux dans le mélange venin-sérum, au contact d'une dose convenable d'oxalate ou de citrate de soude.

Nature chimique de la lysocithine. — MM. DELEZENNE et FOURNEAU (1914), ont fait l'étude chimique du composé hémolytique dont les au-

teurs précédents ont mis en évidence le mode de formation et les principales propriétés. Ce produit est l'*anhydride de l'éther monopalmitophos-
phoglycérique de la choline*, et contient un peu de l'éther stéarique correspondant. Il dérive de la lécithine du jaune d'œuf qui contient, outre
l'acide gras saturé, des acides à liaison éthylénique, que le venin en sépare. Le nom de *lysocithine* que lui donnent les auteurs, rappelle son
origine et ses propriétés lytiques. La réaction provoquée par le venin est
donc une saponification ; mais contrairement à l'opinion de Dungern et
Coca, le venin ne peut être considéré comme une lipase, car son action
ne s'exerce que sur les phosphatides.

Préparation de la lysocithine. Elle est obtenue par l'action de
1 milligr. de venin de Cobra sur deux jaunes d'œuf émulsionnés dans
100 cc. d'eau salée physiologique. La réaction dure 12 heures à la température de 50°.

La poudre obtenue par dessication dans le vide est épuisée à froid par
l'acétone, séchée et reprise par l'alcool absolu ; la solution concentrée est
précipitée par l'éther anhydre ; le précipité centrifugé, lavé à l'éther et
séché. Recristallisé plusieurs fois dans l'alcool absolu, ce précipité est
dissous dans le chloroforme chaud, et se prend par refroidissement. On
le dissout encore dans l'alcool chaud, et on le précipite à l'état cristallin
par l'éther de pétrole. Ce produit, ainsi purifié, est très peu soluble dans
le chloroforme, insoluble dans le benzène, contrairement au produit
impur.

C'est la lysocithine, et non le venin, comme le pensaient Kyes et
Sachs, qui fixe la cholestérine, molécule à molécule, mais en milieu
aqueux seulement. Le mélange forme dans l'eau une émulsion très stable,
qui retient l'eau énergiquement, et qui n'est nullement hémolytique.

La cholestérine se laisse séparer par l'éther de l'émulsion aqueuse
additionnée d'alcool.

Les sels, en particulier ceux de calcium, des lécithines impures du
commerce ou du jaune d'œuf, favorisent l'action du venin sur la lécithine ; ils sont même probablement indispensables à la réaction ; d'où les
irrégularités inexpliquées dans l'obtention du Cobra-lécithide de Kyes
qu'il considérait comme une combinaison définie.

Les sels sont en tous cas indispensables à l'action destructive exercée
secondairement par le venin sur la lysocithine, action qui se produit dans
le sérum, mais non dans l'émulsion de vitellus.

Dans l'eau pure et sous l'action du venin, la lysocithine devient
insoluble dans l'eau, soluble dans le chloroforme ; elle n'abandonne
aucun acide gras, et conserve son pouvoir hémolytique.

Au contact des sels de calcium et sous l'action du venin, l'acide
palmitique se sépare de la lysocithine sous forme de savon calcaire (pal-
mitate de calcium), et le pouvoir hémolytique disparaît. Les milieux
naturels rendent cette réaction plus rapide. Dans le sérum de cheval, la

savon calcaire qui se forme pendant la disparition de la lysocithine est du stéarate de calcium.

Rien ne permet de supposer que la neurotoxine qui, dans les venins, est le facteur principal de l'envenimation, soit identique à l'hémolysine comme le pensaient BANG et OVERTON. Quelques expériences montrent même que ces substances sont différentes. Il est seulement vraisemblable pour les auteurs que la partie neurotoxique du venin est, elle aussi, un catalyseur déterminant la formation d'une substance toxique.

HÉMOLYSINE ET ANTIVENIN

Le sérum antivenimeux est sans action sur l'hémolyse produite par les couples venin-lécithine, venin-lipoïdes et par la lysocithine ; mais il neutralise l'action de l'hémolysine du couple venin-sérum.

Ce dernier fait a été mis en évidence par A. CALMETTE (1895), par STE-PHENS et MYERS (1898) ; ces derniers auteurs ont vu que la mesure de la neutralisation est la même *in vivo* que *in vitro*, mais pour la dose minima mortelle seulement, et que la neutralisation est spécifique. STEPHENS (1900), poursuivant cette étude a montré de plus, que l'action n'est pas très constante ; à doses incomplètement neutralisantes, le sérum antivenimeux peut, soit empêcher, soit activer l'hémolyse, d'où il résulte de l'incertitude sur l'unicité de l'hémolysine d'un même venin.

Toutefois, en se tenant dans les limites de la dose minima mortelle de venin, le phénomène neutralisation acquiert assez de constance, et l'étude des mélanges neutres *hémolysine* et *antivenin*, comparable aux mélanges *toxine* et *antitoxine*, a montré à CALMETTE et à Noc (1904), que *l'activité antitoxique in vivo d'un sérum antivenimeux peut être mesurée par son pouvoir antihémolytique in vitro.* L'importance pratique de ce fait n'a besoin d'aucune démonstration.

Le mélange neutre hémolysine et antivenin ne présente pas une grande stabilité, c'est ce qu'avait déjà observé CALMETTE en 1895.

KYES et SACHS ont confirmé le fait : en 1903, ils ont montré que la résistance de la cobralysine à l'ébullition est augmentée par l'addition d'une solution aqueuse faible d'acide chlorhydrique (2 à 3 % au maximum). Dans ces conditions, si on porte à la température de 100° le mélange cobralysine et antivenin, l'antivenin est détruit, et la cobralysine totalement récupérée.

Toutefois, si le mélange est abandonné pendant 24 heures en milieu acide, à la température ordinaire, l'hémolysine subit elle-même une altération légère (FLEXNER et NOGUCHI).

En 1905, MORGENROTH, dans un intéressant mémoire sur la reconstitution d'un mélange toxine et antitoxine, a montré qu'en ce qui concerne le mélange homologue cobralysine et antivenin, il se comporte comme le premier et peut être dissocié par la solution faible d'HCl ; les deux substances ne se combinent même pas dans ce milieu acide.

Si l'action de l'acide n'a pas été trop prolongée, sa saturation par NaOH ou Az H⁴OH restitue à l'hémolysine la faculté de se recombiner à nouveau avec l'antivenin.

La quantité de Cobralysine ainsi restituée correspond intégralement à celle primitivement ajoutée à l'antitoxine, et celle-ci libérée ne se trouve pas altérée par HCl.

Ainsi il est possible par la seule action d'HCl en solution faible sur le mélange neutre *cobralysine et sérum anticobra*, de mettre en liberté la première sous forme de cobralysine ou lécithide, de soustraire ce lécithide à l'action du sérum spécifique, et de démontrer sa présence en constatant son pouvoir hémolytique.

Poursuivant cette étude Morgenroth et Pane (1906) constatent que le venin de Cobra chauffé longtemps en milieu acide (contenant environ N/20 HCl) perd une partie de sa propriété hémolytique ; mais si on neutralise la solution, et qu'on l'abandonne pendant quelques jours à la température ordinaire, elle récupère le pouvoir hémolytique qui devient aussi élevé que dans la solution originelle. Il n'en est plus ainsi lorsque les opérations précédentes n'ont pas été faites en milieu acide.

Teruuchi (1907) trouve que l'hémolysine du venin de Cobra et l'antivenin correspondant sont détruits par le suc pancréatique du chien, activé par le suc intestinal (ce dernier employé seul n'a pas d'action). Le cobra-lécithide n'est pas influencé par ce traitement. D'autre part, pendant la digestion pancréatique du mélange neutre, une partie de la cobralysine peut être mise en liberté ; mais l'addition préalable de lécithine au mélange empêche cette libération.

EFFETS DU VENIN SUR LES GLOBULES DES ANIMAUX
A TEMPÉRATURE VARIABLE

Cette étude a été entreprise par Noguchi (1903), qui arrive sur les nombreuses espèces soumises à l'expérimentation aux résultats suivants :

Sur les globules lavés, l'hémolyse se produit avec le venin de Cobra, mais non avec celui de Crotale ou de Mocassin ; c'est donc un résultat identique à celui qu'on observe avec les animaux à sang chaud.

En ce qui concerne l'agglutination des hématies, le maximum se produit entre 68 et 72°, quand on prolonge l'exposition à cette température pendant 30 minutes.

A la température de 100°, maintenue pendant ce temps, le pouvoir hémolytique est détruit ; l'activité hémolytique du venin de Crotale est déjà beaucoup réduite à la température de 90°.

Le résumé du tableau développé par Noguchi montre que :

1° Les principes lytiques du venin vis-à-vis des globules du sang agissent sur un plus grand nombre d'espèces que les principes agglutinants.

2° Plus les groupes zoologiques sont éloignés des Vertébrés à sang chaud, moins leurs globules sont sensibles aux lysines et agglutinines des venins.

3° Chez un seul animal, *Sphenoïdes maculatus*, les globules étaient absolument réfractaires, bien que l'animal soit sensible à l'action toxique du venin.

4° Le venin de Cobra contient le plus grand nombre d'unités hémolytiques et le venin de Crotale en contient le moins, tandis que le venin de Mocassin contient le plus grand nombre d'unités agglutinantes.

5° Le mécanisme de l'hémolyse chez ces animaux est identique à celui qu'on observe chez les animaux supérieurs.

6° La plus grande activité des agglutinines et des hémolysines vis-à-vis des animaux à sang froid suit étroitement celle qui existe vis-à-vis des animaux à sang chaud.

Mécanisme de l'Hématolyse

Les faits qui viennent d'être exposés nous permettent de résumer succinctement les conditions actuellement connues de l'hématolyse par les venins des serpents.

Leur interprétation a donné lieu à plusieurs théories que nous indiquerons dans leur ordre chronologique.

Théorie chimique

C'est celle d'Ehrlich et Morgenroth, adoptée et adaptée par eux et leurs élèves, Kyes en particulier, aux venins.

D'après cette théorie, deux substances sont nécessaires pour déterminer l'hémolyse ; elles forment un couple hémolytique :

1° L'*ambocepteur*, qui se fixe sur l'hématie et la sensibilise à l'action de la seconde substance. En l'espèce, cet ambocepteur est fourni par le venin.

2° Le *complément*, qui se combine à l'ambocepteur fixé sur l'hématie pour former un corps nouveau qui dissout l'hématie ; ce corps est l'hémolysine. Le complément est fourni par des substances diverses : sérums, lécithine, lipoïdes, globules eux-mêmes.

L'hémolysine formée est un *venin-lécithide* dont le pouvoir hémolytique est variable, mais dont l'action est directe sur les globules.

Les principaux couples hémolytiques que nous avons eu à considérer pour un même venin sont les suivants :

> *Venin-sérum,*
> *Venin-lécithine,*
> *Venin-lipoïdes,*

qui pourraient se réduire aux deux derniers si l'on ne considérait que la nature chimique (groupe lécithine, groupe lipoïde) des substances qui sont complémentaires ou activantes pour les ambocepteurs du venin.

La réaction chimique qui se produit, et qui donne lieu à la formation d'hémolysine, est influencée par diverses actions, les unes favorisantes, les autres empêchantes, et qui serviront à caractériser les hémolysines des couples hémolytiques différents d'un même venin.

Actions favorisantes : Celles qui rendent les globules plus sensibles au venin telles que les solutions isotoñiques de saccharose, les sels d'acide faibles (carbonates, chromates, phosphates basiques), les doses moyennes de venin ;

Celles qui rendent plus active l'hémolysine ou l'un des facteurs du couple hémolytique, telles que l'espèce de venin (le venin de Cobra est l'un des plus actifs, le venin de Lachesis, l'un des moins) ; l'addition de sérum, de lipoïdes.

Actions empêchantes ou antihémolytiques : 1° Celles qui rendent les globules plus résistants à l'action du venin : doses fortes de venin, sels d'acides forts (chlorures, sulfates, nitrates, même acétates...).

Celles qui rendent moins active l'hémolysine ou s'opposent à son action : excès de sérum frais, par son antihémolysine (CALMETTE, C. PHI-SALIX), cholestérine (contre la lécithine du venin-lécithide) ; ou de déséolécithine ou de la lysocithine.

Celles qui dissocient l'hémolysine ou qui la neutralisent : action prolongée des acides, action du sérum antivenimeux spécifique (dans l'hémolyse par le couple venin-sérum).

Cette théorie chimique de l'hémolyse a été battue en brèche par BORDET, et d'autres auteurs qui lui substituent des conceptions d'ordre physique (osmose) ou physico-chimique (diastases).

Théorie osmotique

En 1908, BANG a mis en doute l'existence du cobra-lécithide en tant que composé défini ; pour l'auteur, l'hémolysine du venin de Cobra est un mélange de ce venin et d'un activateur encore inconnu, qu'il a cherché en vain parmi les impuretés des lécithines du commerce. Il a orienté ensuite ses recherches vers les substances dialysables.

Dans un mémoire paru en 1910, il se propose de trouver le mécanisme de l'activation du venin. Il fait remarquer d'abord que la sensibilité des divers globules suit les mêmes variations à l'égard du venin seul que vis-à-vis du couple venin-lécithine : le mécanisme de l'hémolyse doit donc être le même dans les deux cas.

Or, d'après BANG, c'est sur l'alcali de la membrane lipoïdique des globules que le venin, de réaction acide, se fixerait ; et pour que l'hémolyse se produise, il serait nécessaire que le venin soit cédé à un second .

récepteur. Le rôle de la lécithine serait de favoriser ces opérations : Bang montre par plusieurs expériences qu'une portion se fixe sur la membrane du globule et augmente sa perméabilité aux sels du milieu environnant en fixant de l'alcali des sels et laissant diffuser l'acide à l'intérieur du globule ; la pression osmotique interne en est augmentée, et le globule éclate. Une autre portion de la lécithine se combinerait avec la solution.

Mais pour les globules lavés et mis en suspension dans une solution de saccharose, l'hypothèse n'a pu être vérifiée ; de plus, la résistance aux solutions hypotoniques des globules sensibilisés par le couple venin-lécithine n'est pas diminuée : l'accumulation des sels à leur intérieur n'est donc pas évidente.

Toutefois, même lorsque l'hémolyse n'a pas lieu, le venin au contact de la lécithine peut être fixé sur les globules, comme le montre l'expérience suivante :

On mélange les globules, le venin et la lécithine dans une solution hypertonique de NaCl ; après une heure de contact, on centrifuge et on porte les globules dans une solution isotonique de saccharose ; l'hémolyse se produit aussitôt : les globules cèdent à la pression des sels qui diffusent rapidement à l'intérieur. Mais l'influence propre du venin sur la perméabilité de la membrane ne paraît pas aussi explicable que dans le cas de la lécithine, car la combinaison du venin avec la membrane est réversible et peut être détruite par un alcali. C'est pourquoi Bang suppose que la condition de l'hémolyse est que le venin passe sur un second récepteur avec lequel la combinaison est stable : la lécithine favoriserait ce passage. Dans ces réactions, le venin est physiologiquement absorbé par la lécithine, ou du moins forme avec elle une combinaison dissociable et non définie. La condition de l'hémolyse se ramène donc pour Bang à la perméabilité de la membrane des globules aux sels, et, dans le cas des globules en suspension dans le saccharose, probablement au saccharose. L'action combinée de la lécithine et du venin permettrait cette perméabilité.

Théorie diastasique

Nous avons vu que Lüdecke (1905) considère le cobra-lécithide comme uniquement dérivé de la lécithine ; pour cet auteur, l'hémolyse pourrait être due à une action fermentative ; mais il ne s'en explique pas davantage.

Neuberg et Rosenberg (1907) admettent que le rôle du venin se bornerait à dédoubler la lécithine avec formation d'un dérivé plus hémolytique que la lécithine.

Dungern et Coca (1908) précisent cette action ; pour ces auteurs, l'hémolysine du venin de Cobra ne serait pas un venin-lécithide, mais uniquement un dérivé de la lécithine produit par l'action fermentative ; le venin de Cobra contiendrait une lipase qui, sous les influences favorisantes, agirait sur la lécithine en mettant en liberté deux produits inégalement hémolytiques : l'*acide oléique* et la *déséolécithine* ; cette dernière serait l'hémolysine principale.

De diverses préparation d'ovolécithine, les auteurs isolent des lécithides hémolytiques qui ne contiennent pas trace de venin. Celui-ci n'agirait que par ses ferments pour faciliter les réactions chimiques qui aboutissent à la formation de la substance hémolytique.

Cette théorie est appuyée par les belles recherches de DELEZENNE et S. LEDEBT : ces auteurs montrent que le venin de Cobra libère du sérum de cheval et du vitellus de l'œuf de poule, une hémolysine qu'ils appellent *lysocithine* ; les caractères de sa formation montrent qu'il s'agit d'une action catalytique due au venin ; le ferment qui la provoque n'est pas une lipase, car son action ne s'exerce que sur les phosphatides et en particulier sur la lécithine du sérum et du vitellus de l'œuf. Les auteurs en fixent les propriétés, DELEZENNE et FOURNEAU la composition et la nature chimique.

La lysocithine ne renferme donc aucune trace de venin ; c'est l'*anhydride de l'éther monopalmitophosphoglycérique.de la choline* ; elle contient un peu de l'éther stéarique correspondant.

Cette théorie diastasique de l'hématolyse par les venins est celle qui est le plus généralement acceptée ; elle a été surtout émise à propos du venin de Cobra sur lequel ont porté la plupart des recherches relatives à l'hématolyse *in vitro*.

Quant à l'hématolyse *in vivo*, elle n'a pas encore été l'objet de recherches systématiques.

Leucolyse

Dès 1883, WEIR-MITCHELL et REICHERT, dans leur étude magistrale sur le venin de *Crotale*, constatent que les leucocytes perdent rapidement leurs propriétés amiboïdes dans les solutions de ce venin.

C.-J. MARTIN a confirmé, en 1893, avec le venin de *Pseudechis*, ces premières observations ; après 15 minutes de contact, les mouvements seuls des leucocytes sont arrêtés ; mais bientôt les noyaux deviennent plus clairs, granuleux, gonflés et disparaissent, alors que les témoins sont encore très actifs.

In vivo, chez le chien, le venin de Pseudechis provoque pendant quelque temps la disparition des globules blancs en même temps qu'une forte réduction des globules rouges ; mais au bout de 30 minutes à quelques heures, l'équilibre se rétablit pour les leucocytes.

Avec le venin de *Vipère aspic*, C. PHISALIX, en 1902, a vu que les leucocytes de chien résistent plus longtemps à l'action lytique du venin que les globules rouges ; au bout. de 15 à 20 heures, alors que les globules rouges ont tous disparu, on trouve encore quelques amas granuleux de globules blancs.

Chez le lapin, ce sont au contraire les globules blancs qui sont les premiers atteints par le venin. Après deux heures de contact, les globules rouges sont inaltérés, alors que les globules blancs ont presque tous disparu.

En 1902, FLEXNER et NOGUCHI ont étudié parallèlement l'action du *venin de Cobra* sur les globules rouges, ainsi que nous l'avons vu, et sur les leucocytes *in vitro*, en chambre humide, à la température de 37°. Ils obtenaient les leucocytes par injection de substances à chimiotaxie positive (cultures tuées de *bacillus megatherium*) dans la plèvre ou le péritoine du lapin : l'exsudat était retiré 18 à 24 heures après au moyen d'un tube capillaire, sans sacrifier l'animal. Les solutions de venin, faites en liquide salin isotonique, étaient employées à une concentration de 0,002 à 10 pour 100.

Avec le venin de Cobra, on n'observe aucun effet avec la solution à 0,002 pour 100, tandis que cette concentration suffit à produire des modifications définitives avec le venin de Crotale, et celle de 0,005 pour 100 avec celui d'Ancistrodon. Seuls les leucocytes à granulations sont mobiles. Les solutions faiblement actives n'ont pas d'effet immédiat sur le mouvement ; ce n'est qu'au bout d'une heure que l'action inhibitrice devient sensible, les leucocytes témoins étant encore mobiles au bout de deux heures et plus. Après que leurs mouvements ont cessé, les leucocytes en général, sauf les lymphocytes, montrent un protoplasme plus fortement granuleux en même temps que les noyaux deviennent moins distincts. Au bout de 6 heures, la plupart des gros leucocytes granuleux sont déjà dissous et leurs noyaux libérés. Au bout de 24 heures, les leucocytes granuleux moyens sont dissous, alors que les lymphocytes ne montrent que des changements insignifiants. Des solutions plus fortes, de 0,2 à 10 pour 100, arrêtent les mouvements et déterminent aussitôt l'agglutination, quelle que soit la variété de leucocytes. Dans les 5 à 30 minutes, la leucolyse commence, affectant d'abord les plus gros, puis les moyens leucocytes, et enfin les petits lymphocytes.

Il existe des variations dans l'activité des différents venins et dans le degré de la dissolution des cellules : le venin de Crotale est beaucoup moins actif que celui de Cobra : ainsi la solution à 2 pour 100 de venin de Cobra dissout complètement les leucocytes en 30 minutes, tandis que celle de Crotale ne produit le même effet qu'au bout de 2 heures.

Les effets sur les leucocytes lavés diffèrent des précédents, en ce que les solutions de venin entraînent l'agglutination, mais avec une très faible leucolyse.

Pour savoir si les érythrolysines sont identiques aux leucolysines, FLEXNER et NOGUCHI ont essayé l'action d'un même venin, celui d'*Ancistrodon contortrix*, sur les deux sortes de globules : le venin privé de son érythrolysine par contact avec des hématies lavées de lapin, n'agglutine pas les leucocytes du même animal, mais les dissout complètement dans l'espace de 30 minutes ; lorsque la solution de venin est d'abord mise en

contact avec les leucocytes, elle reste encore active pour le sang défibriné.
De ces observations, les auteurs tirent les conclusions suivantes :

1° Le venin de Cobra contient des principes qui agglutinent et dissolvent les globules du sang, (agglutinines et hémolysines).

2° Les agglutinines peuvent être identiques pour les deux espèces de globules.

3° Les érythrolysines sont différentes des leucolysines.

4° Pour que les globules envenimés soient dissous, il faut leur ajouter un liquide qui contienne le complément.

5° Les différentes variétés de leucocytes du sang du lapin ont une sensibilité différente à l'action du venin.

Bibliographie

ABDERHALDEN (E.) et LE COUNT (E.-R.). — Die Beziehungen zwischen cholesterin, lecithin und Cobragift, Tetanus-toxin, Saponin, und Solanin, Zeit. f. exp. Path. u. Therapie, 1905, II, p. 199.

ARRHENIUS (S.). — Hæmolytische Versuche. Biol. Zeitschrift, 1908, XI, p. 161.

AUCHÉ et VAILLANT. — Altérations du sang produites par les morsures des serpents venimeux, C. R. Soc. Biol., 1901, LIII, p. 755.

BANG (I.) et FORSSMANN (J.). — Recherches sur la formation de l'hémolysine, Beitr. z. Chem. Physiol., 1906, VIII, p. 238-275.

BANG (I.). — Kobragift und Hœmolyse, Biol. Zeits. 1908, XI, p. 521-537.

BANG (I.). — I Physico-chemische verhältnisse der Blutkörperchen. Biol Zeitsch., 1909, XVI, p. 255-276.

BANG (I.). — II. Kobragift und hœmolyse ibid. XVIII, p. 441-498.

BANG (I.). — Kobragift und Hœmolyse, Biol-Zeits., 1910, XXIII, p. 463-498.

BANG (I.) et OVERTON (E.). — Studien über die Wirkungen des Kobragiftes, Biol. Zeitsch., 1911, XXXI, p. 243-293.

BANG (I.) et OVERTON (E.). — Studien über die Wirkungen des Crotalusgiftes, id. XXXIV, p. 428-462.

BARRET (J.-W.). — The action of snake venom on the blood, Lancet, 1894. II, p. 347.

BERTARELLI (E.). — Sulla presenza di anticorpi rivelabili colla deviazione dei complements nei sieri contro il veleno dei Serpenti, Rivista di Igiene c di Sanita pub. 1913, XXIV, 7 p.

BEZZOLA (C.). — Uber die Bezeichnungen zwischen lecithin und serumcomplement bei der Hämolyse durch Kobragift. Central. f. Bakt. I. Orig 1908, XLVI. p. 433-438.

BEZZOLA (C.). — Intorno ai rapporti tra lecitina e complemento nella emolisi da veleno di Cobra, Clin. med. ital., Milano, 1908, XLI, p. 482-488.

BROWNING et MACKIE. — Uber die beziehungen der Komplementwirkung des frischen serums bei der aktivierung der Immunkörper und des Kobra.

giftes. Ein Beitrag zur Konstitution des Komplements, *Biol. Zeits.*, 1912, XLIII, p. 229-233.

CALMETTE (A.). — Sur l'action hémolytique du venin de Cobra, *C. R. Ac. des Sc.*, 1902, CXXXIV, p. 1446.

CALMETTE (A.). — L'Hémolysine des venins de Serpents, *B. I. P.*, 1907, p 193-200.

CALMETTE (A.), MASSOL et GUÉRIN. — Sur les propriétés activantes des sérums d'animaux sains et d'animaux tuberculeux à l'égard du venin de Cobra, *C. R. Ac. des Sc.*, 1908, CXLVI, p. 1076.

CALMETTE (A.) et MASSOL. — *An. Inst. Past.*, février 1909.

CHRISTOPHERS (S. R.) ET IYENGAR (K. R. K.). — The effect of hæmolytic drugs, toxins and antisera upon the hæmolytic point (so-called Isotonic point), and the association between this point and Hemoglobinuria. *Ind. Jour. of med. Research*, oct. 1915, III, 2, p. 232-250.

CUNNINGHAM (D.-D). — *Sc. Mem. Med. off. of army of India*, 1895, p. IX. (loco cit.).

DELEZENNE (C.) et LEDEBT (S.). — Action du venin de Cobra sur le sérum de cheval. Ses rapports avec l'hémolyse. *C. R. Ac. des Sc.*, 1911, CLII, p. 790.

DELEZENNE (C.) et LEDEBT (S.). — Formation de substances hémolytiques et de substances toxiques aux dépens du vitellus de l'œuf soumis à l'action du venin de Cobra, *C. R. Ac. des Sc.*, 1911, CLIII, p. 81.

DELEZENNE (C.) et LEDEBT (S.). — Nouvelle contribution à l'étude des substances hémolytiques dérivées du sérum et du vitellus de l'œuf soumis à l'action des venins, *C. R. Ac. des Sc.*, 1912, CLV, p. 1101.

DELEZENNE (C.) et FOURNEAU (E.). — Constitution du phosphatide hémolysant (lysocithine) provenant de l'action du venin de Cobra sur le vitellus de l'œuf de poule, *Bull. de la Soc. Chim. de France*, 1914, 4° s., XV, p. 421-434.

DUBOT (E.). — La réaction d'activation du venin de Cobra au cours des affections rénales, *C. R. Soc. Biol.*, 1914, LXXVII, p. 358.

DUNGERN (E. von) et COCA (A.-F.). — Ueber Hämolyse durch Schlangengift, *Münch. Med. Woch.*, 1907, LIV, p. 2317-21.

DUNGERN (E. von) et COCA (A.-F.). — Ueber Hämolyse durch Kombinationen von œlsäure oder ölsaures natrium und kobragift, *id.* 1908, LV, p. 105.

DUNGERN (E. von) et COCA (A.-F.). — Uber Hämolyse durch schlangengift, *Bioch. Zeitz.* 1908, XII, p. 407.

EHLICH (P.) et MORGENROTH. — Ueber Hämolysine. *Sond. aus der Berl. Klin-Woch.*, 1900, n° 21.

EHLICH (P.) et MORGENROTH. — Zur theorie der Lysinwirkung, *id.* 1899 n° 1, *id.* 1899, p. 481, *id.* 1900, p. 453, *id.* 1901, p. 250, *id.* 1901, p. 599.

EHRLICH (P.) et SACHS (H.). — Ueber die Vielheit der complemente des serums, *id.* 1902, p. 297

FAYRER AND BRUNTON. — *P. R. S. of London*, 1874, Vol. XXII.

FAUST (Ed.). — Ueber das Ophiotoxin aus dem gift der ostindinchen Brillenschlange, *Leipzig*, 1907, 19 p.

FLEXNER AND NOGUCHI. — Snake venom in relations to hemolysin and toxicity, *Journ. of exp. med.*, 1902, VI, p. 277-301.

FLEXNER AND NOGUCHI. — The influence of colloids upon the diffusion of Hæmolysins, *id.* 1906, VIII, p. 547-563.

Froin (G.). — Les hémorragies sous-arachnoïdiennes et le mécanisme de l'hématolyse en général. *Thèse Paris*, 1904.

Gengou. — Etude de l'action empêchante du citrate de soude sur l'hémolyse par le venin de Cobra, *C. R. Soc. Biol.*, 1907, LXII, p. 409.

Gœbel (O.). — Contribution à l'étude de l'hémolyse par le venin de Cobra. *C. R. Soc. Biol.*, 1905, LVIII, p. 422.

Gœbel (O.). — Contribution à l'étude de l'agglutination par le venin de Cobra, *id.* p. 420.

Halford (G.-B.). — Thoughts, observations and experiments on the action of snake venom on the blood. *Brit. Med. jour.*, 1894, II, p. 1252.

Kolmer (J.-A.). — Venom hemolysis after... etc. *Jour. of exp. med.*, 1917, XXV, p. 79.

Kyes (P.). — Ueber die Wirkungsweise des Cobragiftes, *Berl. Klin. Woch.*, 1902, XXXIX, p. 886-918.

Kyes (P.). — Ueber die Isolierung von schlangengift-Lecithiden, *Berl. klin. Woch.*, 1903, XL, 956-59, 982-84.

Kyes (P.) et Sachs (H.). — Zur kenntniss der Cobragift activirenden substanzen, *Berl. klin. Woch.*, 1903, XL, n° 2, 21-23; n° 3, 57-60; n° 4, 82-85.

Kyes (P.). — Lecithin und schlangengifte, *Zeits. f. physiol. Chem.*, 1904, XLI, p. 273-277.

Kyes (P.). — Uber die lecithide des schlangengiftes, *Biol. Zeitsch.*, 1907, IV, p. 99-123.

Kyes (P.). — Bemerkungen über die lecithidbildung, *Biol. Zeitsch.*, 1908, VIII, p. 42.

Kyes (P.). — Hémolyse par le venin, *Jour. of inf. disease*, 1910, VII, p. 181, Chicago.

Lamb (G.) and Hanna (W.). — On some observations on the poisons of Russel Viper. *Jour. of. Path. and Bact.*, 1902, VIII, n° 1, p. 1.

Lamb (G.). — On the action of the venoms of Cobra and of the Daboia on the red corpuscles and on the blood plasma. *Calcutta* 1903; *Sc. Mem. offic. med. sanit. dép Gov. India*, 1903, n. s. 45 p. 40.

Lamb (G.). — Snake venom in relation to hæmolysis, *Calcutta* 1905, in-8° 15 p.

Ludecke. — Zur Kenntnis der glycerinphosphorsaure und des Lecithins. *Inaug. Dissert Munich*, 1905.

Manwaring (W.-H.). — Ueber die Lecithinase des Cobragiftes, *Zeitsch. f. Immanitätsloschung*, 1910, I, p. 513-561.

Martin (C.-J.). — On some effects upon the blood produced by the injection of the venom of the Australian Black snake, *Journ. of Physiol.*, 1893, XV, p. 380.

Martin (C.-J.). — *Journ. of Physiol.* 1896, XX, p. 364.

Martin (C.-J.). — An explanation of the marked difference in the effects produced by subcutaneous and intravenous injection of the venom of Australian snakes, *P. R. S.; N. S. W.* 1896.

Michel (L.). — Séparation par ultra fixation de la toxine, de l'hémolysine et de l'agglutinine du venin de « Crotalus adamanteus », *C. R. Soc. Biol.*, 1914, LXXVII, p. 150.

Minz (A.). — Ueber toxolecithide, *Biol. Zeitsch.* 1908, IX, p. 357.

Mioni (G.). — Contribution à l'étude des hémolysines naturelles. *An. Inst. Past.* 1905, XIX, p. 84.

MITCHELL (S. WEIR) AND STEWART. — A contribution to the study of the venom of the Crotalus adamanteus upon the blood, *Trans. coll. of Physicians, Philad.*, 1897, 3e s., XIX, p. 105.

MORGENROTH (J.) et CARPI (V.). — Ueber ein toxolecithid des bienengiftes. *Berl. Klin. Woch.*, 1906, XLIII, p. 1424.

MORGENROTH (J.) et KAYA. — Ueber toxolecithid, *Bioch. Zeits.* 1910, XXV, p. 88-119.

MYERS (W.). — The neutralisation of the hæmolyytic poison of cobra venom by antivenomous serum, *Brit. Med. Jour.*, 1900, I., p. 318.

NEUBERG et ROSENBERG. — Lipolyse, agglutination, hæmolyse, *Berl. Klin. Woch.* 1907, XLIV, p. 54.

NOC (F.). — Sur quelques propriétés physiologiques des différents venins des Serpents. I. Pouvoir hémolytique comparé des venins, *Ann. Inst. Past.*, EPQG, XVIII, p. 307-406.

NOGUCHI (H.). — The effects of venom upon the blood corpuscles of cold-blooded animals, *Univ. of Pensyl. med. Bull.*, 1903, XVI, p. 182.

NOGUCHI (H.). — A study of the protective action of snake venom upon blood corpuscles, *Jour. of. exp. med.*, 1905, VII, p. 191-222.

NOGUCHI (H.). — On certain thermostabile venom activators, *Journ. of. exp. med.*, 1906, VIII, p. 87-102.

NOGUCHI (H.). — On the thermostabile anticomplementary constituents of the blood, *Jour. of. exp. med.*, 1906, VIII, p. 726.

NOGUCHI (H.). — On extracellular and intracellular venom activators of the blood, with special reference to lecithin and fatty acids and their compounds, *Journ. of. exp. med.*, 1907, IX, p. 436-454.

NOGUCHI (H.). — Snake venoms. *Washington*, 1909, 315 p., *Carnegie Institution*.

NOLF (P.). — Mécanisme de la globulolyse. *An. Inst. Past.*, 1900, t. XIV, p. 656.

NOLF (P.). — Hémolyse. *Dict. de Physiol. Ch. Richet*, 1908, t. VIII, fasc. II, p. 397.

NOLF (P.) — De l'origine du complément hémolytique et de la nature de l'hémolyse par le sérum. *Bull. Ac. roy. de Belgique*, 1908, p. 748.

NOLF (P.). — Pouvoir autolytique de la rate après administration de venin de Cobra *C. R. Soc. Biol.*, 1911, LXX.

NOLF (P.). — Pouvoir autohémolytique de la rate. *C. R. Soc. Biol.*, 1912, LXXII. t. LXXII.

OMOROKOW (L.). — Uber die Wirkung des Cobragiftes auf die Komplemente, *Zeitsch. f. Imm.*, 1911, I. orig. X, p. 285-306.

OMOROKOW (L.) et SACHS. — *Ibid.* XI, p. 710-724.

PASCUCCI. — Die Zusammensetrung des Blutscheibenstromas und die Hämolyse. II. Mittheil, die Wirkung von Blutgiften auf membranen aus Lecithin und Cholesterin, *Hofm. Beitr. zur. Chem. Physiol. und Path*, 1905, VI, p. 552.

PESTANA (B.-R.). — Sobre o poder hemolytico das peçonhas de algunas species brasileiras, *Mem. apresent. a v VI. Cong. brasileiro de Med. e Cirurgia*, 1907, Sao-Paulo.

PESTANA (B.-R.). — Notas sobre a acção hemolytica dos venenos de diversa especies de cobras brasileiras, *Rev. med. de St-Paulo*, 1908, XI, p. 436.

PHISALIX (C.). — Action du venin de Vipère sur le sang de chien et de lapin, *C. R. Soc. Biol.*, 1902, LIV, p. 1007.

Ragotzi. — *Wirchow's Arch.*, 1890, CXXII, p. 201 (*loc. cit.*).

Ralph (I.-S.). — Observations on the action of snake poison on the blood, *Aust. Med. Journ.*, 1867, XII, p. 351-353.

Ritz. — Uber die Wirkung des Cobragiftes auf die Komplemente, *Zeits. f Imm.*, 1911, XIII, p. 62-83.

Roy (G.-G.). — Remarks on the action of snake poison on the blood, *Ind. Med. Gaz.*, 1877, XII, p. 315-317.

Rogers (L.). — *P. R. S. of London*, 1903, LXXI, p. 481. (*Loc. cit.*).

Sachs (H.). — Tierische toxine als hâmolytiche Gifte, *Bioch. Centralb.*, 1906, IV.

Sachs (H.). — Die Hâmolysin und die cytotoxischen sera. Ein Rückblick auf neuere Ergebnisse der Immunitâts forschung Lubenchostertag. *Ergebnisse d. Allg. Path. und Path. anant. Wiesbaden*, 1917, t. XI, p. 515-644.

Stephens and Myers (W.). — The action of Cobra poison on the blood; a contribution to the study of passive immunity, *Jour. of Path. and Bact.*, 1898, V, p. 279.

Stephens and Myers (W.). — Test-tube reactions betwen cobra-poison and its antitoxin, *Brit. Med. Jour.*, 1898, I, p. 620.

Stephens (T.-W.-W.). — On the hæmolytic action of snake toxins and toxic sera, *Journ. of Path. and Bact.*, 1899-1900, VI, p. 273.

Teruuchi. — Die Wirkung des Pankreassaftes auf Hæmolysin des Cobragiftes und seine Verbindungen mit dem antitoxin und lecithin, *Hope Seiler's Zeitsch. f. Phys. Chem.*, 1907, LI, p. 478.

Troisier (J.) et Richet (fils Ch.). — La fragilité globulaire au cours de l'intoxication par le venin de Cobra, *C. R. Soc. Biol.*, 1911, LXX, p. 318.

Tsurusaki (H.). — Zur Kenntniss der komplexen Hémolysin, *Biol. Zeitsch.*, 1908, X, p. 345.

Zunc (Ed.) et György (P.). — Recherches sur l'action des acides aminés, des peptides et des protéoses sur l'hémolyse par le venin de Cobra, *C. R Soc. Biol.*, 1914, LXXVII, p. 310.

VENINS ET COAGULATION DU SANG

Le sang est-il coagulé ou reste-t-il fluide chez les animaux qui succombent au venin ? Il semble qu'il suffit d'ouvrir le cœur et les gros vaisseaux pour répondre à cette question. Cependant, c'est un des points qui ont été le plus controversés dans la physiologie de l'envenimation. Les opinions contraires ont été exprimées, chaque observateur s'appuyant sur des faits exacts, mais qu'il généralisait d'une façon prématurée, ou déduisant de l'action *in vitro* des conclusions sur ce qui se passe *in vivo*.

Dans cet exposé, où la question théorique est encore en voie de renouvellement, nous rapporterons les faits à peu près dans leur ordre chronologique et résumerons ensuite l'état actuel résultant des connaissances acquises sur l'action des venins dans le phénomène de coagulation soit *in vivo*, soit *in vitro*.

Historique. — Les premières observations relatives à la coagulation par les venins ont été faites à propos du venin des Vipéridés et particulièrement de ceux de la *Vipère aspic* et du *Crotale*.

Déjà, en 1737, GEOFFROY et HUNAULD avaient constaté que, chez le pigeon, l'oie, le coq d'Inde, le chat et le chien morts de la morsure de la Vipère aspic, il n'y a point de coagulation dans le sang, mais au contraire tous les signes de fluidité. MEAD, quelques années après (1750), fit le premier des expériences sur le sujet : en réunissant une demi-once de sang des animaux précédents à 5 à 6 gouttes de venin de Vipère, il ne put observer de changement ni dans la couleur, ni dans la consistance du sang, et en conclut que le venin de Vipère n'a aucune action sur le sang de l'animal mordu. FONTANA (1781) répète l'expérience de MEAD, et au moment où le sang se mélange au venin, il l'examine au microscope; il n'observe « aucun mouvement d'aucune espèce ; il ne voit se faire aucune dissolution du sang, aucun coagulum ; les globules restaient figurés comme ils le sont ordinairement, le sang se maintint également coloré ». Mais il se garda bien d'adopter la conclusion de MEAD : « Nous ne savons que peu ou rien, dit-il, du moins avec certitude et sans risquer de nous tromper, au delà de ce que l'expérience seule démontre. » Aussi pour résoudre la question opéra-t-il d'une autre manière : au moyen d'une petite seringue en verre, à extrémité capillaire et recourbée, il introduisait une forte dose de venin, mélangé d'eau, dans le tronc de la jugulaire de forts lapins en y pénétrant par une branche latérale : les lapins mouraient d'une manière foudroyante en moins de deux minutes avec des convulsions. Chez tous les lapins ainsi traités, il trouva le sang coagulé et noir dans le cœur et dans les gros vaisseaux; les coronaires étaient gonflées et livides, et des taches hémorrhagiques existaient sur le cœur. L'exactitude de ces résultats demeure absolue ; mais oubliant le principe qu'il avait formulé, FONTANA admet que le venin agit de la même manière, et coagule le sang de tous les animaux.

Cette opinion de FONTANA fut longtemps adoptée sans controverse ; mais moins d'un siècle plus tard, des expériences furent reprises, à intervalles plus ou moins éloignés, avec divers venins et en différentes contrées.

En 1854, BRAINARD, en Amérique, montre que chez les animaux qui meurent rapidement de la morsure du Crotale, on trouve à l'autopsie le sang coagulé, mais si la survie se maintient quelque temps, le sang au contraire reste liquide dans les vaisseaux, constatation fort importante, car elle implique dès ce moment l'un des facteurs du phénomène, à savoir la dose de venin qui parvient à un moment donné dans la circulation.

Quelques années après, en 1860, WEIR-MITCHELL confirme les observations de BRAINARD à propos du venin de *Crotale*, tandis que HALFORD, à Melbourne, vers 1867, signale l'incoagulabilité qui suit l'inoculation du venin de quelques Colubridés d'Australie (*Pseudechis*, *Notechis*...).

En 1886, WEIR-MITCHELL et REICHERT, dans leur important travail sur le venin de *Crotalus adamanteus* montrent les propriétés anticoagulantes *in vitro* de ce venin ainsi que du venin d'un autre Crotalidé d'Amérique, l'*Ancistrodon piscivorus* ; d'autre part, ils signalent aussi l'accroissement de coagulabilité *in vivo* consécutif à l'inoculation d'une forte dose de venin.

Dans son important ouvrage sur les Thanatophides de l'Inde, paru en 1874, FAYRER rapporte des cas cliniques et des faits d'expérience. Il observe que généralement les venins des Vipéridés (*Daboia*, *Echis carinatus*, *Lachesis monticola*) déterminent l'incoagulabilité du sang chez l'homme et les mammifères, tandis que les venins des Colubridés Protéoglyphes (*Naja tripudians*, *Naja bungarus*, *Bungarus cœruleus*, quelques *Hydrophiinés*), n'influent pas sur la coagulation. Dans aucun cas, BRUNTON et FAYRER (1875) n'observent de coagulation intravasculaire chez le poulet inoculé avec le venin de Daboia. Ils constatent ensuite la fluidité du sang chez les hommes morts de la morsure du Cobra, comme chez ceux qui succombent tardivement à celle des Vipéridés.

Simultanément, en Europe, PANCERI et GASCO (1875), qui comparent les venins de *Cerastes cornutus* et de *Naja haje*, n'observent aucune différence dans la coagulabilité du sang des animaux inoculés.

A quelques années de là, en 1883, A.-J. WALL, examinant le sang de l'homme et des animaux morts de la morsure du Cobra, trouve le sang fluide chez le premier, coagulé chez les seconds, et constate, d'autre part, « que le sang des animaux succombant au venin de *Daboia russelli* ne coagule jamais, hormis les cas dans lesquels la mort survient instantanément avec des convulsions, ou encore quand elle se produit après un long épuisement » WALL confirme ainsi les résultats contraires obtenus par FAYRER avec le venin des Vipéridés et celui des Colubridés des Indes.

En Europe, FEOKTISTOW (1888) confirme pour les venins de *Vipera Ammodytes* et *V. berus* l'action coagulante établie par FONTANA pour V. aspis, tandis que ALBERTONI (1888) soutient que ce venin, injecté dans les veines, rend le sang incoagulable. A. Mosso arrive au même résultat : dans ses expériences faites sur le chien, il constate que le sang des animaux tués par le venin de Vipère, a perdu la faculté de coaguler. Pas plus que celle de FONTANA, cette conclusion ne peut être étendue à tous les Mammifères : sous l'influence du venin directement introduit dans les veines, le sang du lapin subit une coagulation intra-vasculaire, alors que dans les mêmes conditions le sang du chien devient incoagulable. Il y a là des différences qui, toutes conditions étant égales, tiennent, suivant les expériences et l'interprétation de C. PHISALIX, à des variations physiologiques de l'espèce.

Dans ses expériences sur le venin des espèces de l'Amérique du Sud, DE LACERDA (18-8-1885) mentionne que chez les animaux morts par le venin de *Bothrops jararaca* (*Lachesis lanceolatus*) on trouve le sang fluide. Chez ceux qui meurent par le venin de *Crotalus terrificus*, ou bien le sang perd sa coagulabilité (chien), ou bien la conserve (oiseaux, petits mammifères). LACERDA attribue l'incoagulabilité du sang à l'altération des globules par une action fermentative des venins.

En 1884, ROMITI, à propos de l'autopsie d'un homme ayant succombé à la morsure de *Vipera aspis*, nota l'incoagulation du sang. HEIDENSCHILD, en 1886, observe que l'injection de venins coagulants dans les veines produit une augmentation fugace de la coagulabilité (phase positive), puis bientôt et peu à peu de l'incoagulabilité (phase négative). Il admet que les leucocytes ont perdu la faculté de laisser exsuder leur fibrin-ferment, bien que le plasma ne soit pas modifié et puisse recevoir le fibrin-ferment de leucocytes normaux mis en contact avec lui.

En 1893, C.-J. MARTIN, à Sydney, reprend l'étude des venins des Colubridés d'Australie, commencée par HALFORD, et apporte des données importantes au sujet de la coagulation du sang.

Il constate que les fortes doses de venin de *Pseudechis porphyriacus* et de *Notechis scutatus*, injectées dans les veines de chiens, de chats et de lapins (0 milligr. 15 ou plus par kilogramme) augmentent la coagulabilité du sang jusqu'à produire une thrombose vasculaire, plus ou moins étendue suivant la dose. A dose faible, la coagulabilité est aussi accrue, mais pendant un temps très court (2 minutes), temps après lequel on n'observe plus que l'incoagulabilité. Le phénomène présente donc, ainsi que l'a déjà signalé HEIDENSCHILD pour les venins des Vipéridés, deux phases : l'une, positive de coagulation ; l'autre, *négative d'incoagulabilité*. Cette dernière correspond, d'après l'auteur, à la période de destruction des globules.

Le venin des C. Protéroglyphes d'Australie se comporte ainsi vis-à-vis de la coagulation, comme le venin des Vipéridés.

C.-J. MARTIN a vu aussi ce fait intéressant, à savoir qu'une dose de venin qui, injectée la première serait coagulante, devient inefficace si on l'inocule après une dose faible qui a déjà produit l'incoagulabilité.

En ce qui concerne les modifications produites *in vivo*, C.-J. MARTIN suppose que la phase positive est due à la production de nucléo-protéides aux dépens des éléments figurés de l'endothélium vasculaire. Mais il abandonnera plus tard cette opinion à la suite d'une étude plus détaillée sur la coagulation par divers venins.

En 1895-1898, CUNNINGHAM confirme que l'injection de petites doses de venin de Daboia, de même que la morsure chez l'homme, rendent le sang incoagulable, fait confirmé plus tard par ROGERS (1903-1904), par ARTHUS, RACHAT (1912) ; il observe aussi le pouvoir anticoagulant *in vitro* du venin de Cobra : le sang, qu'on reçoit dans une solution concentrée de venin, reste fluide d'une façon permanente ou se prend en une masse molle et gélatineuse de laquelle il ne sourd aucun sérum. KANTHACK, vers le même moment (1896), confirme ces observations de CUNNINGHAM. En outre, il étend l'examen de la coagulation du sang aux sujets vaccinés ; il ne trouve pas d'action inhibitrice du venin de Cobra sur la coagulation à la dose qui suffit exactement à rendre incoagulable le sang normal. Il voit également que l'addition suffisante de sérum antivenimeux neutralise les effets hémolytiques et anticoagulants du venin de Cobra sur le sang *in vitro*.

En 1898, STEPHENS et MYERS, à l'instigation de KANTHACK, continuent ces recherches et confirment l'action anticoagulante *in vitro* du venin de Cobra. Les auteurs opèrent comme il suit : le sang est conduit directement des artères dans la solution venimeuse d'essai, et les résultats sont observés à certains intervalles. Les auteurs constatent que si, dans 1 cc. de la solution venimeuse, mélangée à 1 cc. de sang de cobaye, il y a plus de 10 milligrammes de venin de Cobra, le sang devient noir et ne coagule pas. Les doses variant de 1 à 5 milligrammes retardent seulement la coagulation, qui se produit anormalement, en donnant un caillot mou et noir, duquel il ne s'échappe aucun sérum. Avec les doses inférieures à un demi-milligramme, la coagulation se produit et le caillot laisse exsuder un sérum coloré ; enfin, la dose de 0 milligr. 002 est complètement inactive.

Avec les doses de 0 milligr. 1 et 0 milligr. 2 de venin pour 1 cc. de sang, les auteurs observèrent le pouvoir anti-inhibiteur du sérum anticobra et arrivent aux conclusions suivantes :

1° Le venin de Cobra retarde ou empêche la coagulation du sang *in vitro* ;

2° Cette action inhibitrice est neutralisée *in vitro* par le sérum anti-venimeux spécifique ;

3° Le sérum antivenimeux mélangé au sang normal en retarde la coagulation ;

4° Pour une certaine dose (o milligr. 1), la mesure de la neutralisation *in vitro*, utilisant la coagulation comme réaction d'essai, représente aussi la mesure de la neutralisation *in vivo* chez le cobaye ;

5° La neutralisation du venin par l'antivenin *in vitro* n'est ni d'ordre vital, ni d'ordre cellulaire, mais d'ordre chimique.

En 1899, C. Phisalix étudie comparativement l'action du venin de Vipère aspic sur le chien et le lapin ; chez un chien pesant 4 à 5 kilogrammes, la dose de 1 milligr. 5 de venin de Vipère introduite dans la veine jugulaire détermine l'incoagulabilité déjà 5 à 6 minutes après l'injection. La dose moitié moindre inoculée dans la veine de l'oreille d'un lapin de 1.500 à 2.000 grammes, foudroie l'animal en une minute par coagulation intravasculaire à peu près généralisée (veine cave, veine porte, cavités cardiaques, aorte, artère pulmonaire). Dans quelques cas, on ne trouve pas de caillot dans la veine sus-hépatique. Il arrive aussi que le sang qui s'écoule du ventricule droit reste incoagulable pendant une demi-heure à une heure ; il semble, d'après cela, que la réaction anticoagulante se produit dès le début, mais insuffisamment pour empêcher la coagulation. Aussi chez les animaux qui, par suite de vaccination incomplète, survivent de deux à vingt heures, le sang recueilli dans le cœur reste pendant quelque temps incoagulable. Il est à remarquer que dans ces derniers cas les globules rouges ont été fortement détruits, comme en témoignent l'hémoglobinurie et les selles sanguinolentes qui accompagnent l'envenimation.

Ce dernier fait est contraire à la théorie de C. Delezenne, qui explique la différence observée chez le chien et le lapin par une sensibilité plus grande des globules rouges du lapin à l'action destructive du venin.

Cet auteur émet en effet (1899) une théorie de l'action coagulante sur le sang par diverses substances qu'il applique aussi à l'action des venins : d'après Delezenne, la destruction des globules blancs et des globules rouges, sous l'influence de certaines substances (peptone, venins), mettrait en liberté des substances coagulantes et anticoagulantes dont l'influence sur la coagulation serait réglée par le foie (qui retiendrait la substance coagulante), et varierait suivant que les globules sont plus ou moins attaqués et détruits. A l'appui de cette théorie, C. Delezenne apporte des faits intéressants, mais qui ne semblent pas pouvoir être généralisés.

C. Phisalix, qui compare aussi le venin de Vipère aux autres substances incoagulantes (peptone, extraits de sangsue), arrive à cette conclusion qu'aucune de ces substances injectées préventivement dans les veines ne peut empêcher les effets des autres sur la coagulation ; il faut en conclure, dit l'auteur, que ces substances agissent sur le sang par un mécanisme différent, ou bien que, si le processus physiologique est le même, les effets en sont complètement modifiés par l'intervention de phénomènes antagonistes.

En 1902, il reprend la question du venin de Vipère sur la coagulation du sang de chien et de lapin, et recherche ce qui se passe *in vitro* quand on aspire directement des veines au moyen d'une seringue contenant de l'eau salée à 1 pour 1.000 un égal volume du sang de ces deux animaux : à l'inverse du sang de lapin, le sang de chien devient noir, ne rougit plus par agitation et reste complètement fluide et homogène. Le sang de lapin reste rouge et se sépare en deux couches : une inférieure, de teinte foncée, où se réunissent les globules et *quelques flocons de coagulum*, et une supérieure légèrement teintée en jaune. Pendant plus de deux heures, les globules rouges restent capables de fixer l'oxygène quand on les agite au contact de l'air, puis ils deviennent plus sombres, comme ceux du chien. A ces différences macroscopiques correspondent des différences microscopiques : les globules rouges du chien disparaissent par l'action du venin et leur hémoglobine se transforme au moins partiellement en méthémoglobine ; les globules blancs résistent longtemps. Avec le sang de lapin, au contraire, on observe que les globules blancs disparaissent les premiers, les globules rouges résistant encore, alors que les leucocytes ont déjà disparu ; puis ils se dissolvent à leur tour, et leur hémoglobine s'est transformée en méthémoglobine.

Le venin de Vipère exerce donc une action directe sur la coagulation du sang, et le sens de cette action paraît bien être en rapport avec la résistance relative des deux espèces de globules. Les choses se passent, en effet, comme si la destruction des hématies, avec transformation de l'hémoglobine en méthémoglobine, mettait en liberté des substances anticoagulantes. Si ce phénomène est tardif et consécutif à l'action de la leucolyse, comme il arrive chez le lapin, l'action de la thrombine peut s'exercer jusqu'au moment où les substances antagonistes viennent en entraver les effets.

C'est à l'échidnase du venin de Vipère que PHISALIX attribue la transformation de l'hémoglobine en méthémoglobine et la mise en liberté des substances anticoagulantes.

En 1901, LAMB fait une importante découverte : il montre que le plasma liquide, auquel on ajoute 1 à 2 pour 100 de citrate de soude, peut être coagulé *in vitro* par une petite quantité de venin de *Daboia*. On sait qu'un plasma ainsi décalcifié peut être aussi coagulé par l'addition d'une certaine quantité de chlorure de calcium ($CaCl^2$). Le venin de Daboia produit donc le même effet que ce dernier sel. Dans ce cas, ni le fibrinogène, ni la paraglobuline ne manquent, mais il n'y a pas de fibrin-ferment actif en raison de l'absence de sel activant dans le mélange. Ainsi la fonction remplie par le venin introduit est celle d'un fibrin-ferment préformé.

La faible quantité de venin qui suffit à coaguler le plasma citraté montre d'ailleurs que ce fibrin-ferment ne supplée pas les proferments (prothrombine ou thrombogène) vis-à-vis du chlorure de calcium.

En 1902-1903, LAMB et HANNA, à Bombay, font, au sujet de l'action *in vivo* du venin de Daboia, les mêmes constatations que A.-J. WALL pour ce même venin et que C.-J. MARTIN pour le venin de Pseudechis.

La mort, quand elle survient rapidement, est toujours due à une thrombose intravasculaire étendue, et les doses qui produisent la coagulation sont respectivement de o milligr. 1 par kilogramme pour le lapin, par injection intraveineuse, et de o milligr. 4 pour le pigeon par injection sous-cutanée.

Lorsque la dose de venin n'est pas excessive, la thrombose peut être limitée à la veine porte, au cœur droit et aux artères pulmonaires ; dans ce cas, le reste du sang dans l'appareil circulatoire est fluide ou ne coagule que tardivement, en donnant un caillot mou et gélatineux.

Si la dose est insuffisante à produire la thrombose, c'est la phase d'incoagulabilité que l'on observe, parfois tout à fait complète, et cette fluidité est probablement l'un des facteurs importants des symptômes qui se produisent. Les auteurs ont constaté aussi qu'une dose forte coagulante, injectée après qu'une dose faible incoagulante a produit son effet, n'amène pas la coagulation. Le venin de Daboia se comporte donc, à cet égard, exactement comme celui de Pseudechis.

Quant au venin de Cobra, que les auteurs étudient comparativement avec le précédent, l'injection dans les veines du lapin ne produit jamais de thrombose, mais au contraire une diminution de coagulabilité d'autant plus marquée que la dose employée est plus forte.

En 1903-1904, LAMB donne des détails plus circonstanciés sur l'action du venin de *Daboia* et celui d'autres Vipéridés et de Colubridés Protéroglyphes, sur la coagulation du sang *in vivo* et *in vitro*.

Il montre que les venins de *Lachesis gramineus*, de *Crotalus adamanteus*, de *Pseudechis porphyriacus*, de *Diemenia textilis* et d'*Acanthophis antarcticus* sont très coagulants *in vivo*, même à faible dose, celui de *Bungarus fasciatus* l'étant à haute dose ; et qu'avec tous la mort des animaux inoculés survient par thrombose avec convulsions. Quand la dose injectée n'est pas mortelle, c'est l'incoagulabilité qu'on observe.

In vitro, le venin de Daboia coagule les plasmas décalcifiés, et l'auteur montre qu'un excès de citrate amoindrit la coagulation ; il voit également que l'action coagulante du venin est plus rapide et plus prononcée avec le plasma citraté qu'avec le plasma oxalaté. Le venin d'*Echis carinatus* se comporte comme celui de Daboia. LAMB pense que la cause ultime de l'action coagulante du venin de Daboia est sans rapport avec la destruction globulaire et réside plutôt dans quelque réaction encore obscure entre le venin d'une part et les nucléo-protéides ou le fibrin-ferment d'autre part.

Comparativement à l'action du venin de Daboia sur la coagulation du sang *in vitro*, LAMB (en 1903) a étudié celle du venin de Cobra en employant la même technique : l'action sur le sang ou le plasma décalcifié par le citrate de soude.

Aux sangs citratés incoagulables, LAMB ajoute des quantités variables de venin de Cobra : il constate que les doses fortes de 20 et même 30 milligrammes de venin, employé seul, ne produisent pas la coagulation de 1 cc. de sang citraté ; de plus, les doses de 0 milligr. 4 et même de 0 milligr. 1 de venin l'empêchent, quand on ajoute la quantité de chlorure de calcium qui la produit à elle seule.

Ce pouvoir empêchant s'exerce aussi vis-à-vis du liquide d'hydrocèle : celui-ci coagule normalement au contact du plasma citraté ; mais le contact pendant 10 minutes du venin avec ce plasma prévient toute coagulation.

Avec les plasmas citratés, les résultats sont pratiquement les mêmes qu'avec le sang : 1 milligramme de venin empêche la coagulation de 2 cc. de plasma. LAMB constate également que le chauffage à 75° pendant une demi-heure diminue sans le détruire le pouvoir anticoagulant du venin de Cobra.

En ce qui concerne le venin de Daboia comme agent anticoagulant, LAMB ne put observer aucun effet inhibiteur de la coagulation sur le sang ou le plasma *in vitro*. Le venin de Daboia à doses modérées ou faibles est cependant, comme ceux de Pseudechis, de Notechis et d'Echis, un anticoagulant énergique *in vivo*. Toutes les doses essayées, même les très petites, comme 0 milligr. 000.009, n'ont donné aucune diminution de la coagulabilité, de sorte que *la phase négative d'incoagulabilité in vivo produite par le venin de Daboia relève d'un processus tout à fait différent de celui que l'on observe avec une dose forte de venin de Cobra, soit in vivo, soit in vitro*.

LAMB a, de plus, constaté ce fait intéressant, à savoir que la présence d'une grande quantité de venin de Cobra dans le plasma citraté n'empêche à aucun degré l'action coagulante du venin de Daboia ; l'action antagoniste apparente de ces venins sur la coagulation ne se neutralise pas par leur mélange *in vitro*.

LAMB montre aussi que la neutralisation du pouvoir anticoagulant par les antivenins est spécifique comme celle du pouvoir toxique : c'est ainsi que le sérum anticobra n'empêche pas la coagulation par le venin de Daboia, qui est prévenue par le sérum spécifique ; de même, pour le venin d'*Hoplocephalus curtus* (*Notechis scutatus*), faits qui ont été confirmés par ARTHUS et ses élèves (RACHATI, STAWSKA).

Dans son important travail sur les venins des Colubridés et des Vipéridés

et leurs antidotes, paru en 1903, L. ROGERS constate que les venins de *Naja
tripudians* et d'*Enhydrina bengalensis*, et surtout le premier, empêchent la
coagulation *in vitro*. Il observe aussi que les venins coagulants *in vivo* (*Vipera
russelli, Bitis arietans, Trimeresurus anamattensis, Bungarus fasciatus*) peuvent empêcher la coagulation lorsqu'ils sont injectés à faibles doses. Leur
pouvoir coagulant est d'ailleurs variable, et suit l'ordre décroissant indiqué
ci-dessus.

En 1904, Noc, sous l'inspiration de CALMETTE, fait des observations analogues à celles de LAMB en opérant sur le venin de diverses Vipères du genre
Lachesis. Il emploie les plasmas de lapin ou de cheval, rendus préalablement
incoagulables par addition de sels variés ou d'extrait de sangsue. Les solutions
employées étaient le citrate de soude à 1 pour 100, l'oxalate de potasse à 0,2
pour 100, le chlorure de sodium à 4 pour 100 et le fluorure de sodium à
0,3 pour 100. Le plasma contenant l'une des solutions précédentes coagulait
en 15 à 20 minutes quand la dose de 1 cc. était mélangée à 0 cc. 4 à 0 cc. 6
d'une solution de chlorure de calcium à 0,5 pour 100. Noc trouva que la
coagulation survient rapidement quand, à la place de la solution de chlorure
de calcium, on ajoute une petite quantité de venin de *Lachesis lanceolatus*.
D'après l'auteur, les venins de presque tous les Vipéridés par lui essayés sont
plus ou moins coagulants et, à ce point de vue, se rangent dans l'ordre
décroissant suivant : *L. lanceolatus, L. neuwidi, L. jararaca, L. jararacuçu,
L. riukiuanus* (syn. : *L. flavoviridis*), *Daboia russelli*.

Les venins de deux espèces d'Ancistrodon (*A. contortrix* et *A. piscivorus*)
sont tout à fait inactifs.

Les venins des C. Protéroglyphes ordinaires, *Naja tripudians, N. nigricollis, Bungarus cœruleus*) ne coagulent jamais le sang *in vitro*, non plus que
ce sang mélangé d'extrait de sangsue ou les plasmas décalcifiés.

Noc constate aussi l'influence de la dose de venin sur la coagulation :
ce sont les doses de 1 à 2 milligrammes qui coagulent le plus rapidement
1 cc. de plasma citraté ; la coagulation est même plus rapide qu'avec le
chlorure de calcium.

Au delà de cette dose, soit par exemple 4 milligrammes pour le venin
de Lachesis ou 7 milligrammes de venin de Daboia, le coagulum formé
d'abord se ramollit et finalement se dissout comme on l'observe expérimentalement sur un cube d'albumine soumis à la digestion tryptique. Cette
action inhibitrice des fortes doses de venin est due, d'après Noc et CALMETTE,
à l'action protéolytique du venin.

Quant au mécanisme de l'action coagulante, comme le venin produit
sur les plasmas une coagulation plus rapide que le chlorure de calcium, Noc
pense qu'il agit en *activant la mise en liberté de la thrombine*. Il n'exclut
cependant pas la possibilité que le venin contienne de la thrombine.

La rapidité avec laquelle se fait la coagulation, comparée à la lenteur
de l'hémolyse par le venin de Lachesis (plusieurs heures), rend peu probable,
d'après Noc, l'influence de la destruction globulaire dans la coagulation.

Relativement au mécanisme de l'action anticoagulante du venin de Cobra
et de celui des Colubridés en général, Noc et CALMETTE pensent qu'elle est due
à la destruction de la thrombine par le venin, tandis que le venin des Vipéridés attaquerait plutôt la fibrine elle-même.

La chaleur affaiblit, puis détruit le pouvoir coagulant du venin de
Lachesis ; à la température de 58°, l'atténuation est déjà manifeste ; à 80°,
la disparition du pouvoir coagulant est complète.

Les expériences de Noc confirment la plupart des résultats obtenus avec
d'autres venins par les auteurs qui l'ont précédé ; toutefois, en ce qui concerne les effets opposés des venins sur la coagulation in vitro, l'auteur observe
que ces effets peuvent s'annuler : c'est ainsi que 1 milligramme de venin

de *Cobra* ou d'*Ancistrodon piscivorus* empêche l'action coagulante sur les plasmas décalcifiés de 1 milligramme de venin de *Lachesis*.

Vers la même époque, Morawitz reprend l'étude de l'action des venins sur la coagulation, en tenant compte des données plus récentes acquises sur les détails du phénomène. D'après ces données, on admet que le processus de coagulation, dont on n'avait jusque là considéré que l'action ultime, s'effectue en deux temps, dont le premier seul nécessite la présence du calcium. Dans un premier temps, la thrombine, ou fibrin-ferment, se forme par l'action de deux substances, la *sérozime*, ou thrombogène, et la *citozime*, ou thrombokinase. Dans la seconde phase, la thrombine coagule le fibrinogène, qui donne de la fibrine.

Morawitz constate que le venin de Cobra n'empêche pas *in vitro* l'action coagulante de la thrombine déjà formée, mais qu'il agit comme une *antikinase* empêchant la citozime d'agir sur la sérozime en présence du calcium pour former de la thrombine.

L'auteur pense démontrer qu'avec un excès de citozime ou kinase il se forme de la thrombine, et non avec un excès de sérozime ; mais il n'en donne pas de preuve certaine, et établit seulement que, en réalité, le venin de Cobra empêche la première phase de la coagulation, c'est-à-dire la formation de la thrombine.

Ces résultats ont été confirmés et complétés par Mellamby, Hirschfeld et Klinger, Houssay et Sordelli.

Morawitz observe de plus que par l'addition du mélange *venin + sérum antivenimeux* à la thrombokinase, celle-ci ne conserve pas son action activante initiale. Le sérum antitoxique, qui n'agit pas sur la thrombine, paraît donc gêner l'action activante de la citozime sur le sérozime.

L'auteur étudie aussi l'action anticoagulante du venin de Cobra *in vivo* sur le chien et le lapin, aux doses élevées de 7 milligr. 5 pour le premier et de 10 milligrammes pour le second. Il observe que le sang des animaux ainsi inoculés ne coagule qu'en dehors de l'organisme, soit par addition d'extraits d'organes (kinases), soit par dilution dans l'eau, soit par neutralisation par l'acide acétique dilué, ou quand il s'écoule dans le péritoine, mais ne coagule pas par addition de chlorure de calcium et ne contient pas d'antithrombine.

De ces faits, et du fait que l'action *in vivo* nécessite pour se produire la même quantité de venin que l'action *in vitro*, Morawitz déduit que dans les deux cas l'effet incoagulant dépend de la même action antikiniasique. Il n'observe pas de phase positive initiale.

En 1905, C.-J. Martin étend aux Vipéridés, *Echis carinatus* et *Vipera russelli*, ses études sur les venins, en même temps qu'il complète avec la technique de Lamb ses premières observations sur les venins des Colubridés d'Australie. *Pseudechis porphyriacus* et *Notechis scutatus*. Dans ce travail clair et précis, il établit que la coagulation est due à une thrombine. Le venin de ces quatre espèces est inégalement coagulant : celui de Notechis est de beaucoup le plus actif ; celui de Vipera russelli le moins. Le venin de Pseudechis a un pouvoir égal à la moitié, celui d'Echis aux deux tiers de celui de Notechis. Quant à ce dernier, on en aura idée en considérant que 2 cc. de plasma oxalaté de chien sont coagulés en 1 minute à la température de 40° par 1 goutte (0 cc. 017) d'une solution de venin à 1 pour 1.000, et en une dizaine d'heures avec une solution venimeuse 1.000 fois plus faible.

C.-J. Martin fait remarquer que le mécanisme de la coagulation du plasma décalcifié est indépendante des ions calcium, car les venins précédents coagulent aussi rapidement 10 que 0,2 pour 100 de plasma oxalaté, et l'action est la même sur les plasmas oxalatés, citratés, fluorés, magnésiés que sur le liquide d'hydrocèle et les solutions de fibrinogène de cheval préparées suivant la méthode de Hammarsten.

Le ferment coagulant n'est pas détruit pendant le processus ; en effet, après qu'une certaine portion de plasma (5 cc.) est coagulée par une goutte de solution de venin à 1 pour 1.000, celui-ci peut être libéré et coaguler une autre portion de plasma. Cette opération peut être répétée trois ou quatre fois, mais on ne peut la pousser jusqu'à la limite de la dose minima calculée, car chaque coagulum de fibrine entraîne mécaniquement une certaine quantité de ferment.

La chaleur détruit le ferment coagulant en 10-15 minutes à la température de 75° et plus lentement à la température ordinaire ; l'action est d'autant plus rapide que le venin est plus dilué.

Ce ferment dialyse légèrement et une solution de venin à 1 pour 1.000, qu'on fait passer sur une couche de gélatine à 8 pour 100, ne possède plus, après filtration, que le 1/200 de son pouvoir initial.

C.-J. MARTIN reconnaît aussi que les thrombines des venins sont spécifiques des diverses espèces, comme leurs antivenins : ainsi o cc. 1 de sérum anti-Notechis peut neutraliser 10.000 doses de venin, qui seraient coagulantes pour 1 cc. de plasma ; ce même sérum agit aussi, quoique d'une façon moindre, sur le pouvoir coagulant du venin de Pseudechis, mais il est inactif sur le venin d'Echis. L'auteur étudie aussi les rapports entre la vitesse de coagulation et la dose de venin employée, et confirme la faible influence que possèdent les variations de concentration du fibrinogène.

En 1909, MELLANBY reprend l'étude de la coagulation du sang et soulève la question de savoir si les venins coagulants contiennent de la thrombine ou de la thrombokinase (citozime), ou quelque substance spéciale qui possède les propriétés de ces deux substances. Des premières expériences de C.-J. MARTIN sur la coagulation in vivo par le venin de Pseudechis, il résulte que ce venin possède des propriétés analogues à celles qu'on attribue à la kinase dans la théorie récente de la coagulation. D'autre part, d'après celles qui ont trait à la coagulation in vitro des plasmas oxalatés, il apparaît comme évident que le venin contient de la thrombine. Pour résoudre la question, l'auteur fait des expériences variées sur le plasma d'oiseau, le fibrinogène et la prothrombine (sérozime) avec les venins de Notechis scutatus et d'Echis carinatus.

Dans ces expériences, le fibrinogène est extrait du plasma d'oiseau par dilution dans un grand volume d'eau distillée légèrement acidulée. La kinase est obtenue en faisant un extrait aqueux de testicule. Comme thrombine, l'auteur emploie le liquide obtenu après coagulation du fibrinogène par la kinase et le chlorure de calcium, mélange duquel la fibrine se sépare. Une solution de prothrombine reste après la coagulation du fibrinogène par la thrombine. Deux points sont à signaler : 1° c'est d'abord le pouvoir coagulant très élevé des venins sur le plasma d'oiseau ; celui de Notechis surtout, qui, à la dose de o milligr. 003, coagule en 4 minutes 2 cc. de plasma dilué ; 2° c'est que l'emploi d'une dose 20 fois plus grande de venin ajouté réduit seulement à 1 minute le temps de coagulation. Une augmentation correspondante de la quantité de thrombine réduirait de quelques minutes à quelques secondes ce même temps par action directe des éléments en contact ; le changement observé, qui présume une action intermédiaire, est comparable à celui qu'on obtient en ajoutant des quantités variables de kinase au plasma. Ce résultat indique que le venin de Notechis contient une kinase plutôt qu'une thrombine. L'action du venin d'Echis est la même, mais environ 20 fois moindre.

La coagulation du plasma par le venin ne fournit que des indications générales sans résoudre la question posée par MELLANBY sur la nature de la substance coagulante, car les plasmas sont des substances complexes. Aussi, l'auteur essaie-t-il l'action sur le fibrinogène pour les venins de Notechis et d'Echis : ceux-ci coagulent tous deux, bien qu'à un degré différent, le fibrinogène, ce qui semble prouver qu'ils contiennent une thrombine, qui est le principe actif de la coagulation. Mais, dit MELLANBY, un fait démontre que le venin agit aussi comme une kinase, c'est l'accroissement que présente le pouvoir coagulant dans les minutes qui suivent la préparation du mélange. Les venins se comportent ainsi physiologiquement comme s'ils étaient un mélange de kinase et de calcium.

Mais, d'après la dose minime de venin qui suffit parfois (*Notechis*) à produire la coagulation, on peut se demander quelle est l'origine du calcium, dont la présence semble nécessaire au processus, et quels rapports exacts il présente avec la kinase. L'auteur cherche à fixer ces points : il constate que l'addition de chlorure de calcium aux venins accroît beaucoup leur action coagulante sur le fibrinogène : elle double celle du venin de Notechis et fait plus que tripler celle du venin d'Echis. L'addition de ce même sel à la solution de venin et de prothrombine accroît aussi le pouvoir coagulant du venin.

Ainsi, bien que les venins soient capables à eux seuls de provoquer la transformation de la prothrombine en thrombine, leur action est très amplifiée par l'action des sels de calcium. Ces faits sont susceptibles de deux interprétations : ou bien une portion seulement de la kinase du venin est combinée avec le calcium, l'autre nécessitant l'apport extérieur de calcium, ou bien le calcium combiné à la molécule de la kinase est en quantité trop faible pour agir sur les solutions de prothrombine quand le venin n'est employé qu'à faible dose. Cette dernière hypothèse paraît être pour l'auteur la plus vraisemblable.

Si l'agent coagulant des venins est bien une kinase unie étroitement au calcium, l'activité d'un tel corps doit être influencée par l'oxalate de potassium. En essayant cet agent, on obtient des résultats différents avec le plasma et le fibrinogène : l'oxalate diminue l'action coagulante du venin sur le plasma et, contre toute attente, favorise au contraire la coagulation du fibrinogène par le venin.

Sur quel principe, fibrinogène, prothrombine ou venin, s'exerce cette action paradoxale de l'oxalate de potassium ? L'addition d'oxalate au mélange de prothrombine et de venin accélère la transformation de la prothrombine en thrombine et, par là, favorise la coagulation avec le venin de Notechis et, au contraire, la retarde légèrement avec celui d'Echis. D'après ces résultats, il est peu probable que l'oxalate agisse sur le fibrinogène. Pour savoir s'il agit sur le venin ou sur la prothrombine ou sur les deux ensemble, l'oxalate est d'abord ajouté au venin seul ; puis, après quelque temps de contact, le mélange est ajouté aux solutions de fibrinogène et de prothrombine : dans les deux cas, il faut moins d'oxalate pour que la coagulation se produise : *l'action adjuvante de l'oxalate s'exerce donc sur le venin*.

MELLANBY essaye également l'influence d'autres sels : *chlorure de potassium, sulfate de potassium, chlorure de calcium*, en maintenant leur mélange avec le venin à 3o° pendant un certain temps avant que leur activité soit essayée. On observe alors avec le chlorure de calcium le même effet paradoxal qu'avec l'oxalate : il augmente le pouvoir coagulant du venin de Notechis et diminue celui du venin d'Echis. Le chlorure de potassium nuit au pouvoir coagulant des deux venins, et celui du sulfate est sans action.

L'activité des solutions salines de venin s'accroît avec le temps quand on les maintient pendant trois heures à la température de 3o°.

D'après ces résultats, MELLANBY considère que l'addition de venin à une solution de fibrinogène et de prothrombine donnant lieu à la production de thrombine, *les venins agissent ainsi comme un mélange de kinase et de calcium*. Pour expliquer l'influence activante paradoxale de l'oxalate, MELLANBY suppose que les sels de calcium nécessaires pour l'action kinasique des venins font partie intégrante des protéines du fibrinogène ou sont fixés par elles.

Il applique les conclusions précédentes à l'explication de l'action *in vivo* : l'accélération initiale de la coagulation du sang dans les vaisseaux est due à ce que la kinase des venins provoque la formation de thrombine, de laquelle résulte la précipitation du fibrinogène en fibrine. Quand l'injection de venin est lente, c'est l'incoagulabilité qu'on observe (phase négative), la fibrine serait fixée par les tissus au fur et à mesure de sa formation, de telle sorte qu'il n'y a pas coagulation dans la lumière des vaisseaux. Le fibrinogène disparaît, et ainsi le sang ne coagule pas.

MELLANBY a, de plus, confirmé les vues de MORAWITZ sur le venin de *Cobra*, que ce dernier auteur considère comme une antikinase. Il a observé qu'après un certain temps de contact du fibrinogène avec le venin, la coagulation de ce dernier par la thrombine se produit avec une accélération marquée ; mais un excès de venin agissant sur le fibrinogène en retarde la coagulation. L'addition de venin de *Cobra* au venin de *Notechis* ne modifie pas le pouvoir coagulant de ce dernier.

Les conclusions de MELLANBY, en ce qui concerne la nature kinasique de la substance active des venins coagulants, ont été, à quelques années de là (1913), discutées et réfutées par BARRAT. Cet auteur a donc recherché si le ferment coagulant d'*Echis carinatus* doit être assimilé à une thrombine, comme l'indique C.-J. MARTIN, ou à une thrombokinase, comme l'admet MELLANBY : l'injection intraveineuse de thrombine chez le lapin amène la formation d'une importante coagulation intravasculaire, d'où résulte l'incoagulabilité ultérieure du sang. (La solution de thrombine était obtenue en exprimant le liquide d'un caillot de fibrinogène du lapin, coagulé par une suspension laquée de globules rouges, additionnée de chlorure de calcium.) L'injection de thrombokinase (suspension laquée de globules rouges) en quantité équivalente à l'injection précédente, pour la coagulation *in vitro*, n'amène que rarement et en petite quantité des coagulations intravasculaires, et le sang, bien qu'il coagule un peu tardivement, fournit d'ordinaire une quantité normale de fibrine. L'injection au lapin d'une solution de peptone de Vitte, que l'auteur considère comme une solution de thrombokinase, produit des effets analogues. (Le retard de la coagulation qui se produit dans ce cas n'est pas pris en considération.)

In vitro, la thrombine et la thrombokinase diffèrent encore par leur résistance différente à la chaleur ; la première est détruite par le chauffage pendant 5 minutes à 60°, alors que la seconde résiste.

Comparée à l'une ou à l'autre de ces substances, le venin d'Echis se rapproche plutôt de la thrombine que de la thrombokinase. Mais les objections de BARRAT ne paraissent pas décisives aux auteurs qui se sont occupés plus tard de la même question.

En 1909 aussi, V. BRAZIL et B. RANGEL PESTANA, à l'Institut antiophidique de Butantan (Brésil), ont étudié l'action sur la coagulation des venins des espèces locales de Crotales et de Lachesis.

Au cours des autopsies nombreuses des animaux inoculés ou mordus, ils constatent presque toujours l'incoagulabilité avec les venins de *Lachesis atrox, L. neuwiedi, L. lanceolatus, L. jararacuçu, L. alternatus, Crotalus terrificus, Lachesis mutus* (sauf un cas avec ce dernier venin, où ils ont observé la coagulation, et dans un autre avec le venin des *C. terrificus*, où le sang était coagulé dans le cœur). Ils montrent qu'il n'existe pas de relation entre l'action protéolytique et l'action anticoagulante *in vivo* : ainsi les venins incoagulants de *C. terrificus* et de *Lachesis itapetiningæ* ne sont pas protéolytiques ; il n'existe pas non plus de parallélisme entre les pouvoirs coagulant et toxique, et ces venins n'entraînent généralement pas la mort par thrombose. Les

auteurs étudient comparativement l'action *in vitro* des mêmes venins sur le
sang de lapin, de cheval et de pigeon additionné de citrate de soude à 1 %
et de chlorure de sodium à 4 %. Ils notent le temps que 1 milligramme des
divers venins met à coaguler 1 cc. de sang. Le résultat obtenu avec le sang de
lapin a été le suivant : *L. atrox*, 5 secondes ; *L. jararacuçu*, 15 secondes ;
L. alternatus, 50 secondes ; *L. neuwiedi* et *C. terrificus*, 60 secondes ,
L. lanceolatus et *L. itapetiningœ*, 120 secondes.

J.-F. GOMEZ a vérifié plus tard que ces résultats ne sont pas constants et
que le venin de *C. terrificus* coagule moins fortement le sang que celui des
Lachesis.

D'après BRAZIL et PESTANA, les venins de *L. mutus* et d'*Elaps frontalis* se
comportent comme celui de Cobra et rendent le sang incoagulable. (Le venin
de *L. mutus* est rangé parmi les venins coagulants par CALMETTE.)

Le venin de *C. terrificus* ne coagule pas le sang de pigeon ; HOUSSAY,
en 1919, a obtenu cette coagulation avec de fortes doses de venin. Les venins
perdent leur action coagulante quand on les chauffe à 110° ; ceux de *L. jararacuçu* et de *C. terrificus* ne perdent pas leur action par le chauffage à 100° ;
celui de *L. alternatus*, qui perd sa toxicité à 65°, conserve à cette température son pouvoir coagulant. Le sérum antivenimeux, à la dose de 1 cc., n'empêche pas l'action coagulante de 1 milligramme de venin sur 1 cc. de plasma
si le mélange est immédiat ; mais si le mélange avec le venin seul dure seulement 10 minutes, le pouvoir coagulant est aboli. Cette action est spécifique :
ainsi le sérum antilachesis n'empêche pas la coagulation par le venin de
C. terrificus. Le sang citraté des animaux immunisés ne coagule pas par
addition de venin.

Un élève de BRAZIL, N. MARTINS, a montré en 1916 que les venins des
C. Opisthoglyphes, *Phylodrias schotti* et *Erythrolamprus esculapii*, ne coagulent pas les plasmas citratés.

L'étude de l'action des venins sur la coagulation du sang a été reprise
par ARTHUS depuis 1910, soit seul, soit en collaboration avec ses élèves, SILBER-
MINZ, B. STAWSKA, NADINE, à propos de l'action comparée des venins. Quelques
venins déterminent une thrombose vasculaire s'ils sont rapidement injectés
à doses convenables dans les veines du lapin : 0 milligr. 01 (*Notechis scutatus*),
0 milligr. 10 (*Pseudechis*), 0 milligr. 25 (*Daboia*), 0 milligr. 50 (*Crotalus terrificus*), 1 milligramme (*Lachesis lanceolatus* et *Vipera aspis*). A doses moindres,
il se produit une brève phase positive d'augmentation de la coagulabilité,
suivie d'une phase négative d'incoagulabilité. Les venins de *Naja tripudians*,
de *Naja bungarus*, de *Bungarus fasciatus* et de *Crotalus adamanteus*, et surtout
les trois premiers, produisent une diminution moins marquée de la coagulabilité.

Par les injections sous-cutanées répétées de petites doses de venins coagulants (*C. terrificus*, *Notechis scutatus*, *V. russelli*), des lapins peuvent se
trouver immunisés contre l'action coagulante. Le procédé a été employé par
ARTHUS pour étudier les autres accidents de l'envenimation : c'est ainsi
qu'ayant évité la thrombose, l'auteur a pu montrer l'action curarisante du
venin de Notechis, le plus coagulant de tous. Cette immunisation n'est pas
spécifique.

In vitro, les venins de *L. lanceolatus*, *C. terrificus* et *C. adamanteus*
coagulent les plasmas non spontanément coagulables et agissent comme s'ils
contenaient de la thrombine ; mais l'action du venin de *C. adamanteus* est
moins énergique que celle des deux autres. En ce qui concerne le venin de
Vipera russelli, l'action semble plus complexe : contrairement à ce qu'ont
vu LAMB, NOC, HOUSSAY, il ne coagulerait pas à lui seul les liquides fibrino-
gènes, tels que le sang de peptone, les plasmas décalcifiés, et nécessiterait
l'action adjuvante du chlorure de calcium : il ne contiendrait donc pas de

thrombine. Ce venin, d'après Arthus, ne contient pas non plus de prothrombine transformable en thrombine par l'action des sels de calcium, car il ne coagule pas les solutions de fibrinogène, *mais il accélère la transformation de la prothrombine en thrombine dans les plasmas décalcifiés, traités par le chlorure de calcium.* Cette propriété du venin n'explique d'ailleurs pas, comme le reconnaît Arthus, son action coagulante *in vivo*, car le sang circulant ne contient pas de prothrombine ; elle n'explique que partiellement l'action coagulante *in vitro*, car le venin peut sans doute exercer sur le sang, au moment de la prise, une action équivalente à celle qu'il exerce *in vivo*. *Le venin de Daboia se comporte comme les extraits d'organes* (poumon, foie, rein), qui, ne contenant ni thrombine, ni prothrombine, coagulent néanmoins les plasmas décalcifiés quand on ajoute à ceux-ci du chlorure de calcium.

Relativement à la coagulation de ces plasmas en présence de calcium, Arthus confirme l'action opposée des venins de Daboia et de Cobra, signalée d'abord par Lamb ; le premier de ces venins accélère la coagulation, le deuxième la retarde.

De même que, suivant Arthus, le venin de Daboia ne contient pas de thrombine, celui de Cobra ne contient pas d'antithrombine, car ajouté aux liqueurs fibrinogénées non spontanément coagulables, il n'en modifie pas le temps de coagulation, quand on détermine celle-ci par addition de thrombine ou de venin coagulant (*L. lanceolatus, C. terrificus*). Par contre, le venin de Cobra, inoculé dans les veines du lapin, y détermine l'apparition d'antithrombine, comme tout venin ou toute substance protéotoxique injecté dans les veines. Si, en effet, on reçoit dans une solution de citrate de soude le sang d'un tel lapin et qu'on ajoute à ce liquide de la thrombine, la coagulation en est retardée. Le venin de Cobra est donc doublement anticoagulant : 1° par l'antikinase qu'il renferme normalement, et qui retarde la transformation par la thrombokinase de la prothrombine en thrombine ; 2° par la formation d'antithrombine, que fait apparaître dans le sang l'injection du venin.

Les venins de *Naja haje, Naja bungarus* et de *Bungarus cœruleus* sont, sous ce rapport, équivalents à celui de *Cobra*. Arthus confirme les résultats de Lamb sur la spécificité des sérums antivenimeux ; ces sérums neutralisent le pouvoir coagulant ou anticoagulant des venins comme les autres effets de ceux-ci, et la neutralisation est instantanée : les venins de *L. lanceolatus* et de *C. terrificus* perdent ainsi leur pouvoir coagulant sur le sang et les plasmas, si on leur ajoute les sérums correspondants. La neutralisation est fonctionnelle, et le pouvoir coagulant simplement masqué ; on peut le faire réapparaître en ajoutant de l'eau au mélange. L'acide chlorhydrique ne dissocie pas le mélange.

Le sérum anticobra ne neutralise pas l'action des venins coagulants.

Arthus signale quelques exceptions à sa conception de la spécificité absolue : les sérums antibothropique et anticrotalique neutralisent légèrement l'action coagulante *in vitro* du venin de *C. adamanteus ;* le sérum anticrotalique neutralise l'action coagulante *in vivo* du venin de Pseudechis, mais non les autres propriétés de ce venin.

In vivo, les sérums neutralisent spécifiquement l'action anticoagulante : le sérum anticobra neutralise seulement le venin de Cobra et non celui de C. adamanteus. Les sérums neutralisent aussi spécifiquement l'action coagulante : le sérum anticrotalique neutralise l'action du venin de *C. terrificus,* mais non celle des venins de *L. lanceolatus, Notechis scutatus* et de *Vipera russelli ;* le sérum antibothropique neutralise l'action du venin de *L. lanceolatus,* non celle de *C. terrificus.* Le sérum anticobra, non plus que le sérum normal, n'empêchent l'action coagulante *in-vivo* du venin de *L. lanceolatus.*

L'étude de l'action du venin de *Bitis-arietans* (*Puff Adder*) a été de nouveau étudiée en 1913 par BEAUJEAN à Lille, dans le laboratoire de A. CALMETTE.

L'auteur a observé que, suivant le procédé employé pour rendre le sang non spontanément coagulable, les résultats sont différents :

Vis-à-vis du sang de cobaye, citraté à 1 %, oxalaté à 0,2 %, fluoré à 0,3 %, magnésié à 10 % ($SO^4 Mg^2$) et chloruré à 5 %, il est nettement coagulant, mais seulement aux doses faibles de 0,1 à 1 milligramme par centimètre cube de sang. Au-dessus d'une dose déterminée qui varie, suivant le sang employé, il perd cette propriété et, de plus, empêche la coagulation des plasmas oxalatés et citratés par le chlorure de calcium, des plasmas magnésiés et chlorurés par l'eau distillée. C'est, d'après l'auteur, l'action protéolytique du venin, qui, à ces fortes doses, attaque le fibrinogène du plasma et rend impossible la coagulation. Chauffé à 80°, le venin perd son pouvoir coagulant sur le sang citraté. Vis-à-vis du sang rendu incoagulable par l'*extrait de têtes de sangsues*, le venin de *Bitis* ne manifeste aucune action coagulante aux doses qui coagulaient les sangs décalcifiés. Mis au contact du *plasma normal* recueilli en tubes paraffinés, alors que ce plasma transporté ensuite dans des tubes ordinaires coagule presque instantanément, celui qui est en contact avec le venin reste liquide avec la dose de 0 milligr. 5 de venin pour 1 cc. de plasma. Au-dessous de la dose de 0 milligr. 5, le plasma coagule et d'autant plus vite que la dose de venin est plus faible.

Cette action anticoagulante *in vitro* est comparable à celle que l'auteur a obtenue *in vivo* par inoculation de venin, (doses non indiquées).

Ainsi, d'après BEAUJEAN, le venin de Bitis coagule à faibles doses les sangs décalcifiés et, aux mêmes doses, ne coagule pas le sang à l'extrait de têtes de sangsues, et empêche la coagulation du plasma normal.

D.-T. MITCHELL, qui, en Afrique du Sud, a étudié en 1916 les effets du venin de *Bitis arietans* et de *Causus rhombeatus* sur les animaux domestiques, a constaté une diminution marquée de la coagulabilité chez les animaux mordus par les Bitis et aucune chez ceux mordus par les Causus.

En 1914, MASSOL reprend la question de la coagulation du sérum de cheval par les venins des deux types jusqu'ici étudiés : Vipéridés et Colubridés (*Crotale, Cobra*), en faisant intervenir le chauffage préalable du venin. L'auteur arrive aux conclusions suivantes : le venin de Cobra présente, suivant les quantités mises en œuvre, deux actions opposées : à doses faibles et croissantes, il retarde la coagulation ; puis cette coagulation s'affaiblit pour des doses plus élevées (plus de 1 milligramme par cc.), et, au delà, peut être remplacée par une *action coagulante*. Il semble, d'après ce résultat inverse de celui que la plupart des auteurs signalent, soit *in vivo*, soit *in vitro* avec le venin de Cobra non chauffé que ce venin contient deux diastases à action contraire, l'une anticoagulante, agissant à faible dose, surtout à la température de 65°, l'autre coagulante à forte dose avec son maximum d'effet à une température plus basse (45°). L'action coagulante persiste seule à 65° quand le milieu devient nettement alcalin. Nous devons rappeler, à propos de cette action coagulante du venin chauffé, que FAYRER et A.-J. WALL l'avaient observée avec le venin non chauffé chez les animaux morts de la morsure ou de l'inoculation du venin de Cobra.

Le venin de Crotale dans les mêmes conditions d'expérience s'est toujours montré anticoagulant.

HIRSCHFELD et KLINGER, en 1915, reprennent l'étude de l'action du venin de Cobra sur la citozine ou thrombokinase, action inaugurée par MORAWITZ et confirmée par MELLANBY. L'activité coagulante de la plupart des cytozymes (extrait alcoolique de cœur, de foie, extrait aqueux de plaquettes, lécithine afga, oléate de soude), est affaiblie ou détruite par l'addition de doses infimes de venin de Cobra. Comme ces substances sont des lipoïdes ou des corps

VIPERA ASPIS
(Orig.)

IMP. DIÉVAL, PARIS

gras, et que le venin les dédouble, on doit admettre que ce dédoublement est dû au pouvoir lipasique du venin. L'oléate de soude n'est pas détruit dans le temps nécessaire pour former de la thrombine, de sorte que, à la prise du plasma, on peut observer cet intéressant phénomène, déjà vu par MELLANBY, que l'action de la thrombine sur le plasma est accélérée : ainsi le *venin de Cobra renforce l'action de la thrombine sur le plasma.* Le pouvoir destructeur du venin de Cobra sur la thrombokinase peut être dépassé si on emploie des doses très fortes de cette substance ; d'autre part le venin attaque de manière inégale les divers lipoïdes (extraits alcooliques de différents organes). L'action hémolytique du venin et celle de détruire la thrombokinase résistent au chauffage à 100° pendant 5 minutes, en milieu neutre ou légèrement acide, tandis que se perd le pouvoir de détruire le complément. L'acide chlorhydrique dilué et à froid produit le même résultat ; les alcalis à chaud détruisent toutes ces propriétés.

B. HOUSSAY, à Buenos-Aires, a fait depuis 1917, en collaboration avec SORDELLI et NEGRETE une étude détaillée de l'action des venins sur la coagulation par les venins *in vivo* et *in vitro*, dans le sens inauguré par les travaux de MORAWITZ, FULD, SPIRO, BORDET et DELANGE, et d'autres auteurs, qui ont contribué tous à établir la conception actuelle de la coagulation du sang, telle que nous l'avons indiquée à propos des travaux de MORAWITZ.

Les auteurs emploient la technique suivante, qui est celle de BORDET et DELANGE, légèrement modifiée :

1° le plasma est celui du mouton, obtenu en recevant le sang de la jugulaire dans 1/10 de son volume d'une solution d'oxalate de soude à 10 p. 1000 et de chlorure de sodium à 4 p. 1000, de telle façon que la concentration finale de l'oxalate dans le sang, soit de 1 pour 1.000 ; ,

2° la sérozime est obtenue en recalcifiant le plasma oxalaté, séparant la fibrine qui se forme, et détruisant le peu de thrombine qui peut rester dans le liquide par chauffage pendant 1 heure à 37° ;

3° la citozime, en faisant un extrait alcoolique de cœur de bœuf et le diluant à 1 p. 10, ou un extrait salé de thymus de génisse, rapidement desséché dans le vide ;

4° le fibrinogène employé est constitué par 1 partie de plasma oxalaté, 1 partie de solution d'oxalate de soude à 1 % et 3 parties d'eau salée physiologique.

Dans toutes leurs expériences, les auteurs ont tiré parti de l'action neutralisante des divers sérums antiophidiques. Ceux-ci ont toujours manifesté un pouvoir très spécifique vis-à-vis du venin qui a servi à leur préparation, et se sont montrés capables de neutraliser de toutes manières ces venins. Il suffisait donc pour ne faire agir le venin que sur une seule substance, le fibrinogène par exemple, de neutraliser ce venin avec du sérum antivenimeux qui a été en contact avec cette substance.

Dans un premier mémoire (nov. 1918), HOUSSAY et SORDELLI étudient séparément l'action *in vitro* des venins anticoagulants et des coagulants sur les éléments qui entrent en jeu à chacune des deux phases du phénomène.

Les auteurs ont, par cette technique, vérifié les faits avancés par MORAWITZ à propos du venin de Cobra, à savoir : 1° la destruction par tous les venins de la citozine ou thrombokinase (*Naja tripudians, Elaps maregravi, Crotalus adamanteus, Ancistrodon contortrix et piscivorus, Lachesis*, etc.) ; 2° l'action moindre sur la sérozime ou thrombogène. (Les venins de *Lachesis jararacussu et L. flavoviridis* ayant une action manifeste, les autres venins essayés ont une action nulle ou très faible) ; 3° l'action protéolytique destructive à haute dose sur le fibrinogène, qui en prévient la coagulation. (*Cr. adamanteus, Ancistrodon contortrix et piscivorus*, la plupart des *Lachesis*) .

4° le pouvoir conservateur sur la thrombine (*Naja*, *Elaps*...) ; 5° l'**exaltation** par quelques venins du pouvoir coagulant de la thrombine sur le **fibrinogène**, actions sur lesquelles nous reviendrons à propos du mécanisme de l'action anticoagulante.

Dans un second mémoire, fait en collaboration avec SORDELLI et NEGRETE (nov. 1918), HOUSSAY étudie les détails de la coagulation *in vitro* du **sang**, de la lymphe, du plasma et des liquides capables ou non de coaguler spontanément, les propriétés et la nature de la substance coagulante, l'action neutralisante du plasma ou du sérum des animaux immunisés et les rapports qui existent entre les venins coagulants et les anticoagulants. Les auteurs arrivent aux conclusions suivantes :

1° D'après le pouvoir coagulant de leur venin, les espèces venimeuses peuvent se classer dans l'ordre décroissant suivant : *Lachesis atrox*, *L. neuwiedi*, *L. alternatus*, *L. lanceolatus*, *L. ammodytoïdes*, *Notechis scutatus*, *Pseudechis porphyriacus*. *L. jararacussu*, *Ancistrodon blomhoffi*, *Crotalus terrificus*, *Vipera russelli*. En dilution très grande, le pouvoir coagulant des venins des Protéroglyphes d'Australie passe au premier rang ;

2° Les temps de coagulation ne varient pas parallèlement aux **quantités** de venins employées. Les doses excessives empêchent la coagulation en **altérant** le fibrinogène ;

3° Les sels rendent généralement la coagulation difficile. Les venins coagulent le sang et les plasmas citratés, oxalatés, fluorés, magnésiés, **salés**, ainsi que le sang rendu incoagulable par injection de l'extrait de tête de sangsue ou de peptone. Les plasmas des Mammifères sont plus coagulables que ceux des Oiseaux, des Batraciens et des Serpents ;

4° Les substances coagulantes des venins filtrent difficilement, elles ne dialysent pas, sont absorbables ; elles précipitent par le sulfate d'ammoniaque, sont détruites par le permanganate de potassium, mais non par l'alcool.

5° Le chauffage détermine d'abord une forte atténuation du pouvoir coagulant, suivie d'une récupération, puis d'une nouvelle décroissance ;

6° Les sérums antivenimeux neutralisent l'action coagulante des venins d'une manière active, mais qui n'est pas rigoureusement spécifique ;

7° Les venins agissent comme des thrombines spéciales ; ils ne disparaissent pas au cours de la coagulation. Le sérum qui se sépare possède un pouvoir coagulant supérieur à celui d'une dilution de venin au même titre. Quelquefois même ce pouvoir est très élevé.

8° Il n'existe pas d'antagonisme réel entre les venins anticoagulants (anti-citozimes) et les venins coagulants (thrombines), car les premiers (*Cobra*...) n'empêchent pas l'action des venins coagulants quand on les mélange à ces derniers, sauf les cas où ces venins étant en même temps protéolytiques (*C. adamanteus*, *L. flavoviridis*), altèrent le fibrinogène.

Dans un troisième mémoire (juin 1919), HOUSSAY et SORDELLI donnent les résultats de leur étude sur la coagulation *in vivo*, sous l'action des venins.

Ils étudient spécialement la phase positive et la phase négative de la coagulation, et les différences entre le mode d'action des venins coagulants et des venins anticoagulants.

Les venins coagulants produisent la précipitation du fibrinogène. Injectés à forte dose ils produisent une thrombose généralisée. Si la dose est moindre, la précipitation du fibrinogène se produit graduellement, et celui-ci se dépose sur les hématies et les endothéliums vasculaires, principalement au niveau du foie et de l'intestin, de sorte que le sang se défibrinisant complètement ne peut plus coaguler.

Dans la première période (phase positive), si on retire du **sang des** artères on observe que sa coagulation est accélérée ; à mesure que le sang se défibrinise sa coagulabilité diminue, puis disparaît (phase négative).

Le sang de la phase négative ne contient pas de thrombine, et le plus souvent pas d'antithrombine; mais du venin en liberté.

Les venins anticoagulants agissent en détruisant le citozime (thrombogène). Ils diminuent la quantité de fibrinogène et généralement ne donnent pas lieu dans l'organisme à la formation d'antithrombine.

L'exposé historique qui précède et où nous avons groupé, autant qu'il est possible, les principaux faits acquis pour les venins les mieux étudiés, nous permet de résumer assez brièvement l'action propre de ces divers venins sur la coagulation du sang et le mécanisme des effets, parfois opposés, que l'on obtient, suivant les conditions de l'observation et de l'expérience, soit *in vivo*, soit *in vitro*.

Nous aurons donc à distinguer :

1° L'action coagulante et son mécanisme,

2° L'action anticoagulante et son mécanisme.

Action coagulante

VENIN DES VIPÉRIDÉS

L'action coagulante appartient exclusivement parmi toutes les espèces jusqu'ici essayées, aux venins des Vipéridés et des Colubridés Protéroglyphes d'Australie ; elle est l'exception chez les autres Colubridés Protéroglyphes.

Vipera aspis. — L'action coagulante *in vivo* du venin est connue depuis 1781, époque à laquelle Fontana constata la thrombose chez le lapin en ayant reçu dans les veines. Le lapin meurt rapidement dans les convulsions. Ce fait a été confirmé par C. Phisalix. Le venin de Vipera aspis est également coagulant *in vitro*.

Vipera ammodytes, Vipera berus. — Feoktistow, en 1888, a observé l'action coagulante *in vivo* du venin de ces espèces.

Vipera russelli (Daboia). — A.-J. Wall (1883), Lamb et Hanna (1902), C.-J. Martin (1905), ont montré le pouvoir coagulant élevé des fortes doses *in vivo*, capables de produire une thrombose généralisée, fait confirmé par tous les auteurs. L'action coagulante *in vitro* a été d'abord signalée par Lamb (1901), puis par C.-J. Martin (1905), plus récemment par Houssay et Sordelli (1917-1919) ; le venin de Daboia coagule les plasmas citratés et oxalatés.

Cette action coagulante, d'après Lamb, n'aurait aucun rapport avec la destruction globulaire. L'action coagulante *in vitro* est toutefois beaucoup moins élevée que celle *in vivo*. Arthus (1919), la conteste et consi-

dère le venin de Daboia comme dépourvu de thrombine préformée ; il
n'agirait nettement sur les plasmas décalcifiés qu'en présence du chloruro
de calcium, pour accélérer la transformation de la prothrombine en
thrombine.

Echis carinatus. — Les expériences de C.-J. Martin (1905) ont montré
l'action coagulante du venin d'Echis inoculé au lapin ; celles de Houssay
et Sordelli (1917-1919), son pouvoir coagulant sur les plasmas décalcifiés.

Bitis arietans. — L'action coagulante *in vitro* sur les plasmas décalcifiés a été observée par Beaujean (1913) avec les faibles doses ; les doses
fortes (plus de 1 gr. par cc.), redissolvent le coagulum par leur action
protéolytique. L. Rogers, en 1903, a montré l'action coagulante *in vivo*

Causus rhombeatus. — D'après D. T. Mitchell (1916), on ne remarque aucune diminution de la coagulabilité du sang chez les animaux
mordus par cette Vipère du Cap.

Lachesis. — Les venins de la plupart des espèces sont coagulants
aussi bien *in vitro* que *in vivo*. Parmi les espèces américaines, il faut citer
*L. atrox, L. neuwiedi, L. ammodytoïdes, L. alternatus, L. lanceolatus,
L. jararaca, L. jararacussu, L. itapetiningœ, L. mutus ;* parmi les espèces
indo-malaises, *L. anamallensis, L. gramineus.*

L'action du venin de Lachesis lanceolatus est même plus rapide *in
vitro* sur les plasmas décalcifiés que celle du chlorure de calcium.

Mais si la dose employée est très forte, elle devient anticoagulante par
dissolution de la fibrine (Noc, Houssay, Sordelli et Negrete).

Une remarque s'impose à propos de l'espèce *L. riukiuanus* que Noc
range avec les autres Lachesis, et que Houssay et Sordelli cataloguent
sous la synonymie de *Lachesis flavoviridis*, parmi les venins anticoagulants *in vivo* et *in vitro*.

Venin de Crotalus terrificus. — Brainard (1854), Weir-Mitchell.
(1860) et Heidenschild (1881) ont constaté la coagulation intravasculaire
chez les animaux mordus ou inoculés avec une forte dose de ce venin.
Ce venin est aussi coagulant *in vitro* (Arthus).

Venin de Crotalus adamanteus. — W. Mitchell et Reichert ont signalé l'augmentation de coagulabilité du sang consécutive à 'linjection
de hautes doses. Arthus a fixé celle-ci au minimum de 5 milligrammes
pour le lapin par inoculation intraveineuse. Houssay et Sordelli l'ont
obtenue à la forte dose de 30 milligrammes. *In vitro*, il ne coagule à
aucune dose les plasmas citratés (Houssay et Sordelli), non plus que le
sang (W. Mitchell).

Ancistrodon blomhoffi. - Le venin de cette espèce est coagulant *in
vivo* et *in vitro*, d'après Houssay et Sordelli ; celui des espèces *A. piscivorus* et *A. contortrix* n'aurait au contraire aucune action sur la coagulation (Weir-Mitchell et Reichert, Noc, Houssay et Sordelli

Venin des Colubridés Protéroglyphes d'Australie

(Pseudechis, Notechis...)

C.-J. Martin, en 1893, a vu que le venin de ces Protéroglyphes se comporte comme celui des Vipéridés sur la coagulation du sang. Inoculé dans les veines du chat, du chien, du lapin, à des doses atteignant jusqu'à o millig. 5 par kilog d'animal, il détermine des thromboses d'autant plus étendues qu'il est introduit plus rapidement.

Si l'injection est faite lentement, ou que le venin soit plus dilué, on n'observe qu'une courte phase de coagulation, suivie bientôt d'incoagulabilité ; celle-ci, d'après l'auteur, serait en rapport avec l'hémolyse que produisent aussi ces veines.

Il a en outre établi le premier qu'une dose primitivement coagulante ne produit plus la coagulation si elle est injectée une heure après qu'une dose faible incoagulante a produit son effet.

C.-J. Martin a mis ainsi en évidence pour les venins des deux Serpents australiens qu'il étudie le caractère diphasique du phénomène in vivo, établi en 1886 par Heidenschild pour les venins coagulants des Vipéridés : 1° Une phase positive de coagulation, qui est plus ou moins étendue et durable, suivant la dose de venin qui parvient à un moment donné dans la circulation ; 2° une phase négative d'incoagulabilité, qui succède à la première quand la mort n'est pas immédiate.

L'auteur a vu aussi que les venins étudiés, ainsi que ceux de Daboia et d'Echis, coagulent in vitro les plasmas décalcifiés, celui de Notechis étant le plus fort, celui de Daboia le plus faible, ceux de Pseudechis et d'Echis étant intermédiaires.

Le mécanisme de la coagulation serait, pour les raisons que nous avons rapportées dans l'historique, indépendant des ions calcium, opinion qui n'est pas admise actuellement.

Il ne semble pas, d'après C.-J. Martin, que le ferment coagulant des venins par lui essayés soit détruit pendant le processus de coagulation, car on peut déterminer trois ou quatre fois de suite la coagulation de nouvelles quantités de plasma introduites dans le mélange. L'action ne s'épuiserait que peu à peu par entraînement mécanique du ferment par chaque coagulum de fibrine.

En 1903, Lamb confirme les résultats de C.-J. Martin pour le venin de Pseudechis et y ajoute deux autres C. Protéroglyphes de la faune indomalaise : Diemenia textilis et Acanthophis antarcticus, dont les venins sont très coagulants in vivo, même à faible dose, et Bungarus fasciatus, dont le venin ne posséderait la même propriété qu'à dose très élevée, 20 milligr. pour le lapin : in vitro, il faut 40 milligr. de ce venin pour coaguler 1 cc. de plasma citraté de cheval (Houssay et Sordelli).

En 1909, Mellanby attribue à une kinase le pouvoir coagulant des venins de Notechis et d'Echis.

ARTHÜS (1912), HOUSSAY, SORDELLI et NEGRETE (1918), confirment les propriétés coagulantes des venins de *Pseudechis* et de *Notechis*.

MÉCANISME DE L'ACTION COAGULANTE DES VENINS

Pour fixer plus aisément le rôle propre des venins, nous devons rappeler la conception actuelle du phénomène de coagulation en général, telle qu'elle résulte des travaux de MORAWITZ, MELLANBY, ARTHUS, FULD, SPIRO, NOLF, DOYON, BORDET et DELANGE, HIRSCHFELD et KLINGER, théorie dont quelques détails restent encore inexpliqués.

D'après cette théorie, on admet que le processus comprend deux phases, dont la première correspond à la formation de *fibrin-ferment* (syn.: *thrombine thrombase, plasmase*), par l'action de deux substances, la *sérozyme* (syn. : *profibrin-ferment, prothrombine, thrombogène, plasmozine*) et la *cytozyme* (syn.: *thrombokinase, thromboplastine, thrombozime, substances zymoplastiques*), en présence des ions calcium.

La seconde phase correspond à la coagulation du fibrinogène par la thrombine, formée dans la première.

Le fibrinogène est d'origine hépatique (NOLF, DOYON) ; il peut aussi avoir une autre origine (ARTHUS). Après la coagulation, le sang n'en renferme plus.

La fibrine ne préexiste pas dans le plasma, car aucune des substances protéiques qu'on en peut extraire ne possède ses propriétés ; elle se forme aux dépens du fibrinogène. La thrombine n'existe pas non plus dans le sang circulant : elle se forme au sortir des vaisseaux par la réaction, en *présence du calcium* (ou de ses sels) de deux substances, le *sérozyme* et le *cytozyme*.

On peut obtenir un sérum très riche en sérozyme en faisant coaguler par addition de chlorure de calcium du plasma oxalaté débarrassé par une centrifugation énergique de la plupart de ses plaquettes, c'est-à-dire d'une grande partie de son cytozyme. Il suffit d'une trace de phosphate tricalcique pour absorber le sérozyme existant, soit dans le sérum, soit dans le plasma oxalaté originel ; celui-ci perd ainsi son pouvoir de coaguler par addition de chlorure de calcium et de cytozyme. Mais on peut lui rendre ce pouvoir en libérant le sérozyme absorbé au moyen d'un courant de CO^2, qui, redissout le phosphate tricalcique. On réalise ainsi l'analyse et la synthèse du processus de coagulation (BORDET et DELANGE).

L'ablation du foie fait diminuer la teneur du sang en sérozyme.

Le chauffage à 55° prolongé pendant 30 minutes lui fait perdre son activité, ce qui le rapproche des ferments.

Dans le plasma, le sérozyme ne se trouve pas au même état que dans le sérum, car il n'est pas prêt à agir aussitôt sur le cytozyme. BORDET traduit le fait en disant qu'il se trouve dans le plasma à l'état de prosérozyme. (BORDET et DELANGE).

L'origine du sérozyme n'est pas encore bien fixée ; mais BORDET a montré qu'il peut se former en l'absence de fibrinogène.

Le cytozyme existe dans les cellules des tissus, dans les leucocytes et particulièrement dans les plaquettes sanguines, toutes cellules dont on peut l'extraire par l'alcool. Il résiste à l'action de la chaleur à 100°. Ses caractères chimiques sont ceux d'un lipoïde très voisin de la lécithine (BORDET).

L'action si importante du contact du sang avec un corps étranger dans le déclanchement de la coagulation n'est pas encore parfaitement élucidée : d'après GRATIA, le contact altérerait les plaquettes du plasma et en libérerait le cytozyme ; mais cette explication est insuffisante, car elle ne rend pas compte de l'influence que conserve le contact quand les plaquettes ont été détruites par un moyen approprié.

En s'unissant pour donner de la thrombine, le sérozyme et le cytozyme épuisent leur affinité mutuelle, et chacun devient moins capable au contact de l'autre de donner encore de la thrombine. Le vieillissement rapide de la thrombine formée et sa disparition permettent de s'en assurer.

Rôle des venins dans la coagulation. — Nous avons vu que de très faibles doses de venin peuvent suffire à coaguler de grandes quantités de plasma, que ce pouvoir persiste après la coagulation, de telle sorte que le sérum exsudé peut coaguler une nouvelle quantité de plasma, et ainsi trois et quatre fois de suite, le phénomène n'étant limité que par l'entraînement mécanique du principe coagulant par les coagulums successifs. Nous avons vu aussi que cette action coagulante présente un optimum de température variant suivant les conditions entre 35 et 50° ; que le pouvoir coagulant des venins est sensible aux mêmes agents modificateurs que les ferments, auxquels on les a depuis longtemps comparés.

La plupart des auteurs admettent donc que leur action coagulante *in vivo* et *in vitro* est due à une thrombine, qui existerait préformée dans les venins coagulants *in vitro* (*Vipera aspis, Lachesis alternatus, Notechis scutatus...*) et serait au contraire absente dans les venins anticoagulants (*Naja tripudians, Elaps frontalis...*).

D'autres faits bien observés par MELLANBY avec le venin de *Notechis*, montrent que ce venin agit comme une kinase, car son pouvoir coagulant sur le sérozyme (thrombogène), s'accroît dans les minutes qui suivent le contact ; d'autre part en produisant la coagulation d'un plasma par le venin, on observe que le pouvoir coagulant du sérum transsudé augmente aussi avec le temps, fait que MELLANBY attribue à la formation de thrombine.

HOUSSAY et SORDELLI ont récemment confirmé la plupart de ces résultats ; ils reconnaissent le caractère spécial des thrombines des venins, qui résistent à des températures supérieures à 37° et sont neutralisées par les sérums antivenimeux correspondants. Elles ne sont pas consommées pendant la coagulation ; et le sérum obtenu par la séparation du coagulum possède un pouvoir coagulant supérieur à celui d'une dilution de venin au même titre, pouvoir qui est même susceptible de s'élever davantage.

Dans ce phénomène de coagulation par les venins, quelques cas particuliers se présentent : le venin de *Crotalus adamanteus* est coagulant à haute dose *in vivo* ; mais *in vitro*, il est incoagulant par son action protéolytique élevée, qui altère la fibrine.

Les venins de *Vipera russelli* et de *Bungarus fasciatus* sont bien plus coagulants *in vivo* que *in vitro* ; ils ne contiennent cependant pas de thrombine ; mais leur injection à haute dose aux animaux accélère la formation de ce ferment.

Quant à l'action *in vitro*, le venin de Daboia qui, d'après Lamb, coagule faiblement et à lui seul les plasmas décalcifiés, il faudrait, d'après Arthus, l'action adjuvante du calcium, et dans ces conditions, il *accélère la transformation du sérozyme ou prothrombine en thrombine* dans les plasmas décalcifiés, quand ceux-ci sont additionnés de chlorure de calcium. Ce fait, constaté aussi par Houssay et Sordelli, n'explique d'ailleurs pas, comme le fait remarquer Arthus, l'action coagulante *in vivo*, car le sang circulant ne contient pas de prothrombine, et n'explique même que partiellement l'action *in vitro*, car le venin peut sans doute exercer sur le sang, au moment de la prise, une action équivalente à celle qu'il exerce *in vivo*.

Le venin d'*Ancistrodon piscivorus* accélère fortement la coagulation du fibrinogène par la thrombine, et peut ainsi provoquer la coagulation *in vivo*; mais *in vitro*, il est anticoagulant.

Action anticoagulante

Venin des Colubridés Protéroglyphes ordinaires (*Naja, Bungarus*, etc.).

Naja tripudians. — A.-J. Wall a vu que le sang reste fluide chez les personnes qui meurent de la morsure du Cobra. Lamb et Hanna ont observé le même fait chez les lapins qui reçoivent dans les veines des doses quelconques de venin : *le venin de Cobra se montre donc toujours anticoagulant in vivo*.

Il est aussi anticoagulant in vitro : Cunningham, Kanthack, Stephens et Myers ont observé que le mélange de sang et de venin de Cobra reste incoagulable, quelle que soit la quantité de venin employée. Lamb constate que le venin de Cobra empêche même la coagulation par le chlorure de calcium des plasmas décalcifiés, mais non par de fortes doses de venin de Daboia. Les mécanismes de l'action anticoagulante des venins de Cobra et de Daboia seraient donc différents. Noc a confirmé ce pouvoir anticoagulant du venin de Cobra sur les plasmas décalcifiés, et sur ceux mélangés d'extrait de tête de sangsue, et tous les auteurs sont d'accord pour reconnaître cette propriété du venin de Cobra.

Naja nigricollis. — L'action anticoagulante *in vivo* et *in vitro* a été mise en évidence en 1904 par Noc.

Naja haje, Naja bungarus. — L'action anticoagulante *in vivo* et *in vitro* montrée par Fayrer (1874), puis par Arthus (1912), a été confirmée par Houssay et Sordelli (1918)..

Bungarus cœruleus. — Le venin de cette espèce est incoagulant *in vivo* et *in vitro*, d'après Noc, fait déjà signalé par Fayrer pour l'action *in vivo*.

Enhydrina bengalensis. — L. ROGERS (1903), signale le pouvoir anti-coagulant *in vitro* du venin de cette espèce.

Elaps frontalis. — D'après V. BRAZIL et PESTANA (1909), le venin de cette espèce se comporte comme le venin de Cobra et détermine l'incoagulabilité *in vivo*.

Elaps marcgravi. — D'après HOUSSAY et SORDELLI (1918) le venin de cette espèce est anticoagulant *in vitro*, quoique à un moindre degré que celui de Cobra.

Philodryas schotti et Erythrolampus esculapii. — L'action du venin de ces Colubridés Opisthoglyphes a été étudiée par un élève de V. BRAZIL : N. MARTIN. Ces venins se montrent indifférents sur la coagulation *in vitro* des plasmas citratés.

VENIN DES VIPÉRIDÉS ET DES COLUBRIDÉS PROTÉROGLYPHES D'AUSTRALIE

Nous avons vu que c'est principalement à haute dose *in vivo* et dans certaines limites de concentration *in vitro*, que les susdits venins manifestent leur pouvoir coagulant. A dose moyenne ou faible *in vivo*, à dose forte *in vitro*, c'est l'effet contraire d'incoagulation qu'on observe après une courte phase positive d'incoagulation.

L'effet d'incoagulabilité serait même le principal, quelle que soit la dose avec certains venins, suivant les espèces sur le sang desquelles a lieu l'action.

Vipera aspis. — Le venin de cette espèce, qui, en inoculation intra-veineuse, coagule rapidement le sang du lapin, rend dans les mêmes circonstances le sang du chien incoagulable (GEOFFROY et HUNAULD, MEAD, FONTANA, A. MOSSO, C. PHISALIX).

Vipera russelli. — J. FAYRER, A.-J. WALL, C.-J. MARTIN, LAMB et HANNA, et tous les auteurs qui ont étudié ce venin s'accordent à reconnaître l'action anticoagulante *in vivo* des doses moyennes ou faibles, qui dans les cas de mort lente favorise les hémorrhagies.

Mais pour l'action *in vitro*, les avis sont partagés ; G. LAMB (1901), C.-J. MARTIN (1905), ont toujours vu le venin de Daboia coaguler à lui seul, bien que faiblement, les plasmas décalcifiés, tandis que, d'après ARTHUS, HOUSSAY et SORDELLI, l'action adjuvante du calcium est indispensable. Il est juste d'ajouter que dans de telles circonstances, le venin de Cobra est toujours anticoagulant.

Crotalus terrificus. — BRAINARD, en 1854, a signalé l'incoagulabilité du sang chez les animaux qui meurent lentement de la morsure. WEIR-MITCHELL a confirmé le fait.

Crotalus adamanteus. — W. MITCHELL et REICHERT, LAMB, ont montré que, inoculé à forte dose, le venin de ce Crotale peut accroître la coagu-

labilité du sang. D'après Arthus (1912), la dose minima coagulante pour
le lapin serait de 5 milligrammes, tandis que 1 milligramme de venin
de Daboia suffit à produire cet effet sur le même animal

In vitro, W. Mitchell et Reichert ont montré les propriétés anticoagulantes des doses faibles ; ces propriétés persistent après chauffage à
65° (Massol, 1914). Houssay et Sordelli, en l'employant à doses variées,
n'ont jamais obtenu la coagulation des plasmas citratés, et pensent que sa
faible propriété de thrombine est masquée par sa rapide action protéolytique sur le fibrinogène.

Lachesis riukiuanus. - - Les venins coagulants *in vivo* et *in vitro* de
tous les Lachesis essayés peuvent manifester quand on les emploie à
doses moyennes ou faibles *in vivo*, leur pouvoir anticoagulant. Cependant,
Noc (1904), place déjà en fin de liste cette espèce asiatique. Houssay et
Sordelli rangent résolument son venin dans les anticoagulants.

Lachesis mutus. --- Le venin de cette grande espèce américaine est
considéré par les uns comme coagulant : V Brazil et Pestana (1909), ont
en effet constaté la coagulation dans un cas chez les animaux mordus ; et
l'incoagulabilité dans la plupart des autres. En fait, l'action de ce venin
ne semble pas avoir été systématiquement étudiée.

Ancistrodon piscivorus, A. contortrix. — Depuis W. Mitchell et
Reichert, on connaît l'indifférence d'action du venin d'A. piscivorus
sur la coagulation *in vitro*. Noc (1904) a confirmé le fait et l'a étendu à
A. contortrix.

Notechis scutatus. --- Le venin est anticoagulant à faible dose *in vivo*
(Halford, C.-J. Martin, Arthus, Houssay, Sordelli et Negrete).

Pseudechis phorphyriacus. --- L'action anticoagulante *in vivo* a été
signalée par les mêmes auteurs que celle du venin de *Notechis*. Après
une phase de coagulabilité qui ne dépasse guère 2 minutes, se produit
l'incoagulabilité.

Ainsi l'action anticoagulante du venin des Vipéridés et des Colubridés
Protéroglyphes d'Australie ne s'observe, en général, que *in vivo*. *In vitro*,
la plupart de ces venins sont coagulants à doses moyennes ou faibles ;
ceux qui sont très protéolytiques sont anticoagulants à doses fortes (*Lachesis, Crotalus...*) : enfin d'autres sont indifférents (*Ancistrodon piscivorus et contortrix...*).

Il est à remarquer également que la phase négative d'incoagulabilité
que déterminent ces venins est généralement beaucoup plus marquée que
l'incoagulabilité produite par les venins toujours incoagulants.

MÉCANISME DE L'ACTION ANTICOAGULANTE

L'historique de la question et les faits que nous avons rappelés à
propos de la coagulation et de l'incoagulabilité nous amènent à distinguer

plusieurs mécanismes, parmi tous ceux que l'on peut théoriquement prévoir, suivant qu'il s'agit des venins coagulants ou des venins anticoagulants *in vitro*.

Venins coagulants ; phase négative d'incoagulabilité

In vivo. — Nous avons vu que l'inoculation d'une dose modérée, ou
tout au moins non rapidement mortelle d'un venin coagulant détermine
une courte phase positive de coagulation, suivie d'une phase négative plus
longue d'incoagulabilité. Qu'est devenue dans cette dernière phase le
coagulum d'abord formé ? Plusieurs hypothèses ont été émises pour
l'expliquer.

Redissolution de la fibrine. — C'est la première idée qui s'est présentée à l'esprit avant que l'on n'eût détaillé le mécanisme de l'action
coagulante. Cette redissolution serait en rapport avec l'action protéolytique des venins. (Weir-Mitchell, Noc.).

*Précipitation de la fibrine formée sur les hématies et les endothé-
liums.* — Mais on ne constate pas toujours de coagulation dans la lumière
des vaisseaux pendant la phase positive. Houssay et Sordelli considèrent
néanmoins que la précipitation a lieu ; mais elle est progressive, et la
fibrine formée se précipite sur les hématies et les endothéliums vasculaires. Les auteurs s'appuient sur la disparition constatée du fibrogène,
l'accroissement de la résistance des globules rouges. La précipitation de la
fibrine sur les endothéliums, notamment ceux de la veine porte et des
intestins, résulte de ce fait que chez les chiens éviscérés, il faut réduire
beaucoup la dose de venin inoculée pour éviter une coagulation massive,
et que la phase négative est retardée. De plus, quand il y a coagulation,
c'est par les vaisseaux hépatiques et intestinaux que débute le phénomène.

A la phase d'incoagulabilité, le plasma ne contient plus ni fibrine,
ni thrombine, et le plus souvent pas d'antithrombine, mais du venin en
nature.

In vitro. — Les venins protéolytiques sont susceptibles d'agir par
destruction de la prothrombine et par *altération du fibrinogène* ; c'est ce
que l'on observe quand ces venins (*Lachesis, Ancistrodon blomhoffi,
Crotalus terrificus...*) sont employés à haute dose.

Venins anticoagulants

In vivo. — Ces venins agissent aussi bien aux doses élevées qu'aux
doses faibles pour produire l'incoagulabilité ; ils se distinguent en cela
des venins coagulants ; en outre, le phénomène ne présente pas de phase
positive initiale. Ils empêchent la coagulation parce qu'ils contiennent
une antikinase qui *détruit la thrombokinase*, et l'empêche ainsi d'agir
sur la prothrombine pour former de la thrombine. Cette action a été

mise en évidence par Moravitz (1904), pour le venin de Cobra, et confirmée par Arthus (1912), Houssay, Sordelli et Negrete (1918-1919).

D'après ces derniers auteurs, tous les venins détruisent plus ou moins
rapidement la thrombokinase, et sont ainsi capables d'empêcher la formation de la thrombine.

Formation d'antithrombine. — L'injection de certains venins est
capable comme celle de toute substance protéolytique (la peptone, par
exemple), de déterminer l'apparition dans le sang d'une antithrombine ;
le venin de Cobra est dans ce cas, et se montre ainsi doublement coagulant, puisqu'il contient en outre, une antithrombokinase.

Les travaux de Ch. Contejean, de E. Gley, de Gley et Pachon, de
Doyon, d'Athanasiu et Carvallo, de Delezenne..., s'accordent à localiser
dans le foie la formation d'antithrombine ; ceux d'Arthus étendraient à
d'autres lieux encore indéterminés cette formation, car ce dernier auteur
a vu que, en supprimant l'intervention du foie par ligature ou pincement
de la veine porte et de la veine sus-hépathique chez le chien, l'injection
intraveineuse de venin de Crotale produit néanmoins l'incoagulabilité du
sang.

D'autres auteurs ont établi une relation entre la destruction des globules et la formation d'antithrombine (C.-J. Martin, Delezenne, C. Phisalix).

In vitro. — La présence d'antithrombokinase dans les venins suffit à
expliquer leur action anticoagulante *in vitro*.

Il est à remarquer que l'absence de thrombine dans certains venins
(*Daboia, Bungarus fasciatus...*) n'a pas une grande importance dans le
pouvoir anticoagulant de ces venins *in vivo* ; tout au plus peut-il expliquer, dans une certaine mesure, leur faible pouvoir coagulant *in vitro*.

Ainsi le mécanisme de l'action anticoagulante seule des venins est
plus complexe que celui de leur action coagulante, et diffère suivant
qu'il s'agit d'un venin anticoagulant ou de la phase d'incoagulabilité d'un
venin coagulant.

Dans le cas d'un venin anticoagulant, l'action *in vivo* peut être due à
la production d'antithrombine ou à la présence dans le venin d'antithrombokinase, quelquefois aux deux actions combinées (*Naja...*), et l'action *in
vitro* à l'antithrombokinase. Dans celui d'un venin coagulant, l'action
incoagulante *in vivo* peut résulter soit de la redissolution de la fibrine,
soit de la précipitation de celle-ci sur les hématies et les endothéliums
vasculaires, tandis que l'action *in vitro* relève surtout de la destruction de
la prothrombine et de l'altération du fibrinogène.

Les venins n'altèrent que lentement la prothrombine. Quant à la
thrombine toute formée, loin de la détruire ou d'en gêner l'action, plusieurs d'entre eux l'exaltent (*Cobra*) et exercent d'après Houssay, un
pouvoir conservateur sur ce ferment.

Conditions qui influent sur la coagulation

L'historique nous a montré que diverses causes influent sur le phéno
mène de coagulation par les venins ; nous les résumerons brièvement.

Influence de l'espèce envenimée

Mammifères. — Les premières expériences de FONTANA, celles plus
récentes de A. Mosso, puis de C. PHISALIX ont montré l'action contraire du
venin de Vipère aspic qui, aux mêmes doses, et suivant le même mode
d'inoculation, coagule le sang du lapin et laisse incoagulé celui du chien.

HOUSSAY signale des différences individuelles dans la même espèce.
Quant à l'action coagulante in vitro, les expériences qu'il a faites avec le
sérum humain, celui de chien, de lapin, de bœuf, de cheval, de mouton,
montrent que l'action coagulante sur 1 cc. de sang citraté, mesurée par
le temps de coagulation, peut varier du simple au double ; avec le seul
venin de *L. jararacussu* à la dose de 25 milligr. dissous dans l'eau salée,
les temps de coagulation sont respectivement 75, 45, 80, 40, 45, 40
secondes.

La cause essentielle de ces différences paraît résider dans la quantité
et la qualité du fibrinogène que contiennent les divers plasmas.

Oiseaux. — Le plasma pur de pigeon et de poule coagule par addition
de venin de serpents, mais plus difficilement que celui des mammifères,
car il faut augmenter la dose minima qui est coagulante pour ces derniers.
Le plasma oxalaté ou citraté de poule, coagule moins facilement encore
que le plasma pur (HOUSSAY). D'après V. BRAZIL, le plasma citraté de
pigeon ne coagule pas par le venin de *Crotalus terrificus* ; mais HOUSSAY
a obtenu cette coagulation en employant une dose de venin un peu plus
grande que celle indiquée par BRAZIL.

La difficulté à la coagulation paraît liée à la rareté des plaquettes dans
le sang des Oiseaux, éléments qui sécrètent comme on le sait la thrombokinase.

Serpents et Batraciens. — HOUSSAY, SORDELLI et NÉGRETE, ont étudié
l'action des venins de *L. neuwiedi, L. alternatus, L. ammodytoïdes, C.
terrificus, Ancistrodon blomhoffi* sur les plasmas purs de *L. alternatus,
L. neuwiedi, Cyclagras gigas* et *Bujo marinus*. Comme ceux des oiseaux,
ces plasmas coagulent moins facilement que ceux des mammifères ; mais
le fait le plus important à signaler est que le plasma des serpents venimeux est moins coagulable que celui des espèces non venimeuses (Cyclagras).

Avec les plasmas citratés les résultats sont identiques. Les sérums des
serpents semblent donc neutraliser dans une certaine mesure l'effet coagulant de leurs venins, et d'autant mieux que l'espèce qui fournit le
sérum est venimeuse. Cette action n'est pas strictement spécifique.

Les auteurs ont vu aussi que les venins de *L. neuwiedi et L. alterna-tus,* coagulent les plasmas citratés de la grenouille commune du Brésil, *Leptodactylus ocellatus,* et 'des serpents suivants : *Crotalus terrificus,. Xenodon merremii, Lystrophis dorbigny* et *Philodryas schotti.*

Les venins coagulent non seulement le sang, le plasma pur ou décalcifié, ou rendu non spontanément coagulable par injection à l'animal qui le fournit de peptone ou d'extrait de têtes sangsue, mais pareillement la lymphe, les exsudats, les transudats et les liqueurs fibrinogénées.

Influence de l'espèce venimeuse

Dans des conditions par ailleurs comparables, les venins de diverses espèces peuvent avoir une action opposée : c'est ainsi que le venin de *Notechis* fait coaguler le sang aussi bien *in vivo* que *in vitro,* alors que celui de *Cobra* le laisse dans les deux cas toujours incoagulé. On a été conduit ainsi à distinguer les venins coagulants et les anticoagulants.

Ces effets opposés ne sauraient toujours s'annuler ; sous ce rapport les opinions divergent : LAMB a vu que de fortes doses de venin de Cobra n'annulent pas l'action coagulante du venin de Daboia dans les plasmas citratés, tandis que d'après Noc, les effets des venins de Lachesis et de Cobra sur ces plasmas s'annulent par le mélange à parties égales des deux venins.

La liste que nous donnons des venins coagulants et de ceux qui sont anticoagulants ne doit pas faire considérer les propriétés des uns et des autres comme absolument antagonistes, puisque les venins les plus coagulants peuvent devenir plus anticoagulants que ceux qui ne manifestent que ces dernières propriétés.

VENINS COAGULANTS	VENINS ANTICOAGULANTS
VIPÉRIDÉS	
A dose rapidement mortelle in vivo, à dose faible ou moyenne in vitro :	A dose non rapidement mortelle in vivo à dose forte in vitro.
Vipera aspis. *V. berus..* *V. ammodytes.*	
V. russelli, très coagulant in vivo	faible pouvoir coagulant in vitro (Arthus).
Echis carinatus. *Causus rhombeatus* (l'action essayée in vivo seulement). *Bitis arietans.* *Crotalus terrificus.*	

VENINS COAGULANTS	VENINS ANTICOAGULANTS
VIPÉRIDÆS	
C. *adamanteus* (coagulant in vivo à haute dose) W. Mitchell et Reichert, Lamb, Arthus.	incoagulant in vitro W. Mitchell, Houssay et Sordelli).
Lachesis atrox.	
L. neuwidi.	
L. ammodytoïdes.	
L. alternatus.	
L. lanceolatus, iararaca et iararacussu.	
L. itapetiningæ.	
L. anamallensis.	
L. gramineus.	
L. mutus.	incoagulant in vivo (Brazil et Pestana).
L. riukiuanus (syn : L. flavoviridis) Noc.	incoagulant (Houssay et Sordelli)
Ancistrodon blomhoffi.	*Ancistrodon contortrix.*
A. piscivorus (peut être coagulant in vivo.	*A. piscivorus.*
COLUBRIDÉS PROTÉROGLYPHES	
Le venin des *Colubridés d'Australie*, se comportant comme le venin des Vipéridés :	*C. Protéroglyphes ordinaires* Le venin incoagulant à toute dose in vivo et in vitro.
Notechis scutatus.	*Naja tripudians.*
Pseudechis porphyriacus.	*N. haje.*.
Diemenia texitilis.	*N. nigricollis.*
Acanthophis antarcticus.	*N. bungarus.*
	Elaps frontalis.
	Elaps marcgravi.
	Enhydrina bengalensis.
	Bungarus cœrulens.
Bungarus. fasciatus (Lamb. Rogers). Très coagulant in vivo.	faible pouvoir coagulant in vitro
COLUBRIDÉS OPISTHOGLYPHES	
	Philodryas schotti.
	Erythrolamprus esculapii.

Influence de la dose de venin

La dose de venin qui produit la coagulation est aussi importante *in vivo* que *in vitro*.

In vivo, ce sont les hautes doses qui sont seules capables d'entraîner la mort rapidement par thrombose veineuse avec convulsions. Ces doses varient naturellement avec les venins considérés, et chacun des auteurs qui ont étudié la question ont donné, comme nous l'avons vu, les résultats de la comparaison, et les doses sûrement coagulantes suivant l'espèce inoculée. Pour ne rappeler que les principales, tous les auteurs s'accordent à mettre en tête de liste les venins des Colubridés d'Australie et celui de Daboia. Arthus a fixé les doses minima coagulantes par injection dans les veines du lapin à o milligr. oi pour le venin de *Notechis* ; à o milligr. 10 pour celui de *Pseudechis* ; à o milligr. 25 pour celui de *Daboia* ; à o milligr. 5o pour celui de *C. terrificus* et à 1 milligr. pour ceux de *Vipera aspis* et *L. lanceolatus*.

Il est à remarquer qu'un venin peut être très coagulant *in vivo* sans contenir de thrombine ; c'est le cas pour le venin de Daboia, qui agit en en provoquant la formation.

Les doses fortes de venin de *C. terrificus* déterminent aussi l'incoagulabilité des plasmas ; mais celle-ci n'est pas définitive ; on peut provoquer la coagulation instantanée de la fibrine dans le mélange plasma et venin par addition de sérum normal, et à un moindre degré par dilution dans l'eau salée.

Cette manière différente des venins de *L. alternatus* et de *C. terrificus* d'influencer le plasma tient au grand pouvoir protéolytique du premier venin, qui altère profondément le fibrinogène, alors que le second venin, tout en modifiant aussi le fibrinogène, ne l'altère qu'à la longue et légèrement.

Houssay, Sordelli et Negrete, qui ont étudié comparativement une vingtaine de venins différents donnent l'ordre suivant décroissant pour le pouvoir coagulant *in vitro*, des venins : *Lachesis atrox, L. neuwidi, L. alternatus, L. lanceolatus, L. ammodytoïdes, Notechis scutatus, Pseudechis porphyriacus, L. jararacuçu, Ancistrodon blomhoffi, C. terrificus, Vipera russelli* (*Daboia*). En dilution très grande, les venins de Pseudechis et de Notechis passent au premier rang. Nous n'avons pu tenir compte de ce pouvoir dans notre tableau des venins coagulants, car les résultats de chacun des auteurs, pour un venin déterminé, ne se rapportent pas tous aux mêmes espèces d'essai. Ce fait explique le faible pouvoir coagulant *in vitro* du même venin.

C.-J. Martin (1893), puis Lamb et Hunter ont mis en évidence ce fait intéressant : c'est qu'une dose coagulante d'un venin ne produit plus son effet *in vivo* lorsqu'elle est inoculée après une dose faible qui a produit l'incoagulabilité. On peut donc vacciner les animaux contre l'action coagulante, et c'est ce fait qu'a utilisé Arthus pour étudier les autres propriétés des venins les plus coagulants (*Notechis, Pseudechis*).

In vitro, ce sont les doses faibles et modérées qui déterminent le mieux la coagulation, et celle-ci est produite par des quantités parfois très minimes de venin. Ainsi o milligr. oooooı de venin de *Lachesis alternatus* en solution dans o cc. 2 d'eau salée suffit, d'après Houssay, à coaguler en 5 heures, 1 cc. de sang citraté de cheval ; et 1 milligr. produit la coagulation en 34 secondes ; mais o milligr. 10 produit cette coagulation à peu près dans le même temps (36 secondes).

En fait, à partir de la dose coagulante minima, une augmentation faible de la quantité de venin occasionne une accélération considérable dans le temps de coagulation ; mais avec les doses fortes c'est le contraire qui se produit : une dose 2 ou 3 fois plus grande accélère à peine le temps de coagulation ; puis à partir d'une certaine dose limite, le venin empêche définitivement la coagulation spontanée du plasma naturel pur ou celle des plasmas préparés quand on leur ajoute de la thrombine ou du chlorure de calcium.

Influence de la chaleur

Lorsqu'on traite une même dose d'un plasma oxalaté par une quantité fixe de venin, en faisant varier seulement la température du mélange, on observe que pour les venins les plus coagulants comme ceux de Lachesis, la vitesse de coagulation est très faible à zéro, puis elle va croissant, s'accélérant entre 35° et 50°. Au delà, le pouvoir coagulant s'affaiblit progressivement, et pour quelques venins, celui de *Lachesis alternatus*, par exemple, le pouvoir, déjà diminué à 58°, disparaît complètement à 80° (Noc), beaucoup plus tôt, même entre 60 et 65°, d'après Houssay.

C.-J. Martin a, d'autre part, constaté que les venins de *Pseudechis* et de *Daboia* perdent en 10-15 minutes leur pouvoir coagulant à la température de 75°.

Le venin de *Crotalus terrificus* résiste plus longtemps, et celui de *Lachesis jararacuçu* serait encore coagulant après avoir été chauffé à 100°, alors que celui de *C. adamanteus* aurait perdu à 65° son pouvoir coagulant (Massol).

Houssay, Sordelli et Negrete (1919), signalent un fait intéressant à propos des venins de *L. alternatus, L. neuwidi, L. ammodytoïdes, L. lanceolatus* et *L. atrox* ; des quantités égales de ces divers venins en même dilution chauffées pendant un même temps à une température qui varie suivant les espèces entre 60° et 75° perdent subitement leur pouvoir coagulant, toxique et lipolytique ; en chauffant au delà (80° à 90°) on voit réapparaître les propriétés du venin, bien que quelques-unes soient atténuées. A la température de 100° l'atténuation continue progressivement. Ces faits d'observation ne sont pas encore complètement expliqués.

Le pouvoir anticoagulant peut, comme le pouvoir coagulant, disparaître plus ou moins complètement par le chauffage. LAMB signale dès 1903, que le pouvoir anticoagulant du venin de Cobra est très atténué par le chauffage à 75° pendant 30 minutes.

Plus récemment, MASSOL (1914) a vu que de fortes doses de ce venin chauffées vers 65° ont non-seulement perdu l'action anticoagulante, mais deviennent même coagulantes.

Influence de la filtration

Le filtre de gélatine retient la plus grande partie des substances coagulantes des venins de *Pseudechis*, d'*Echis*, de *Notechis*, de *Daboia* (C.-J. MARTIN).

Le filtre de porcelaine et le filtre Berkfeld retiennent aussi la plus grande partie des principes coagulants, car le temps de coagulation par le filtrat du venin de Lachesis alternatus devient 17 fois plus grand que le temps normal (HOUSSAY).

Influence de la dialyse

Le ferment coagulant des venins ne traverse que très difficilement la membrane de parchemin des dialyseurs. C'est un fait observé déjà en 1905 par C.-J. MARTIN sur les divers venins par lui étudiés. HOUSSAY, SORDELLI et NEGRETE ont confirmé ces résultats pour les venins de *L. alternatus* et de *L. neuwidii*, qui perdent par la dialyse toute action sur les plasmas citratés de lapin.

Influence de la dilution

Le fait que la vitesse de coagulation n'est pas en rapport direct avec la dose de venin employée, fait déjà prévoir que la dilution du *plasma* ne favorise pas la coagulation. HOUSSAY (1919), a observé que lorsque le plasma pur de cheval coagule en 55 secondes, celui qui est dilué au huitième ne coagule plus qu'en 1320 secondes sous l'influence de la même dose de venin de *Lachesis alternatus*. Quant à la dilution du venin, C.-J. MARTIN (1905), avait déjà montré que les venins de *Pseudechis*, de *Notechis*, d'*Echis* et de *Daboia* perdent d'autant plus rapidement leur pouvoir coagulant à la température ordinaire qu'ils sont plus dilués.

Influence de l'absorption

HOUSSAY, SORDELLI et NEGRETE, ont signalé le pouvoir absorbant du noir animal, du kaolin et d'autres substances pour les substances coagulantes et toxiques des venins de *L. alternatus*, *neuwiedi*, *jararacuçu* et de *C. terrificus*.

Influence des sels

Tous les sels à concentration élevée gênent la coagulation des plasmas purs, oxalatés ou citratés et du sang de peptone. Dans certains cas, elle est même empêchée ; c'est ainsi que le sang qui contient 1 % d'oxalate de

sodium ou de fluorure d'ammonium, 10 % de sulfate d'ammonium ou de
chlorure de sodium, ne coagule pas si on ajoute une solution de venin de
Lachesis alternatus ; à ces concentrations élevées, les substances coagulantes sont précipitées.

Avec une concentration moindre, l'addition de venin coagulant produit un précipité blanc, qui bientôt devient grumeleux, avec formation de
flocons de fibrine, ou coagulation en masse. Le phénomène paraît être
dû à la précipitation des sels calciques insolubles, servant comme agents
thromboplastiques, comme l'a indiqué NOLF pour l'oxalate de soude.

L'action d'un sel déterminé peut ainsi être double ; le chlorure de
calcium à 1 % retarde la coagulation, alors qu'il l'accélère en solution
plus étendue à 1 pour 1.000 ou pour 10.000. Le citrate serait le moins
empêchant des sels usuellement employés, car à la concentration de 1 %
c'est celui qui permet par addition de venin la coagulation la plus
rapide.

Influence des alcalis et des acides

Les alcalis concentrés agissent sur le plasma de manière à gêner la
précipitation de la fibrine non seulement par le venin, mais par la thrombine. En dilution faible leur action est plutôt favorisante. Ils agissent
également sur le venin pour en détruire le pouvoir coagulant.

Les acides possèdent cette même propriété, mais contrairement aux
alcalis n'ont pas d'action sur le plasma (HOUSSAY).

Influence de l'alcool

Mis au contact du venin sec pendant 24 heures, l'alcool absolu n'altère pas le pouvoir coagulant du venin de Lachesis (NOC, HOUSSAY) ; l'alcool dilué n'altère que très peu les substances coagulantes ; ajouté aux
solutions venimeuses, il donne fréquemment des solutions colloïdales, que
la centrifugation ne parvient pas à clarifier.

Influence des substances destructives du venin

Les *hypochlorites* alcalins et alcalino-terreux, le *permanganate de
potasse* qui ont sur le venin une action oxydante, atténuant puis détruisant la neurotoxine, détruisent aussi l'action coagulante.

Ces actions ne s'exercent pas sur le plasma (HOUSSAY).

Influence du sérum normal

D'après HOUSSAY, SORDELLI et NEGRETE, l'addition de sérum normal
au plasma paraît en général gêner la production de fibrine sous l'action
du venin. Mais le contact préalable du venin avec le sérum augmente le
pouvoir coagulant. L'addition de sérum au fibrinogène, peu altéré par une
forte dose de venin, peut produire une précipitation presque immédiate
de la fibrine.

Action neutralisante des sérums antivenimeux

En 1896, KANTHACK a montré que l'addition au venin d'une quantité suffisante de sérum antivenimeux neutralise non seulement les effets hémolytique et toxique, mais encore l'effet anticoagulant du venin de Cobra sur le sang *in vitro*. STEPHENS et MYERS en 1898, ont confirmé ce fait.

D'après ARTHUS (1911), l'action des sérums antivenimeux sur les venins serait, à de rares exceptions près, zoologiquement spécifique ; ils neutralisent le pouvoir coagulant ou anticoagulant comme les autres effets de ceux-ci. La neutralisation est instantanée et spécifique.

HOUSSAY, NEGRETE et SORDELLI, en 1919, étendent ces résultats à un effets de ceux-ci. La neutralisation est instantanée.

Ces auteurs confirment l'action neutralisante, mais font une réserve pour la spécificité absolue : c'est ainsi que les sérums monovalents *anti-Lachesis alternatus* et *anti-Crotalus terrificus* neutralisent fortement l'action coagulante du venin de L. alternatus ; à un degré moindre, mais encore élevé les venins des autres espèces américaines de Lachesis et celui de C. terrificus ; à un degré très faible les venins de Vipera russelli et d'Ancistrodon blomhoffi, et pas du tout ceux des venins de Pseudechis et de Notechis.

Le sérum anticobra n'a pas plus d'action sur les venins de Lachesis et de Crotale que le sérum normal ; il en est de même du sérum Welcome (anti-Cobra et anti-Daboia), qui est hautement spécifique et n'a pas d'action sur les venins de Lachesis, de Crotale, de Pseudechis et de Notechis.

Les autres sérums thérapeutiques (antityphique, antidiphtérique, antichlolérique, antipesteux, antitétanique, antistreptococcique, n'ont aucun pouvoir neutralisant sur les venins, et ne peuvent qu'occasionnellement retarder la coagulation.

Les sérums antiophidiques n'ont aucune action sur la thrombine ; ils peuvent seulement parfois contrarier son action comme le sérum normal. Ils ne neutralisent pas d'une façon parallèle les pouvoirs coagulant et toxique.

Dans le mélange neutre venin et sérum antivenimeux, on peut faire réapparaître la propriété coagulante soit par le chauffage à 80°, qui détruit l'antitoxine (HOUSSAY), soit par simple dilution dans l'eau distillée, qui ne détruirait pas le venin.

HOUSSAY n'admet pas cette interprétation, « car, dit-il, si l'action coagulante du venin est bien neutralisante, celle d'altérer le fibrinogène ne l'est pas, et celui-ci se transforme au bout d'un certain temps (10 à 60 minutes), en une sorte de fibrine liquide coagulable par dilution ».

Sur le prétendu antagonisme entre les venins coagulants
et les anticoagulants

En 1904, NOC, CALMETTE (1907) admettent que les effets opposés des venins peuvent s'annuler par leur mélange *in vitro* : 1 milligr. de venin de Cobra empêcherait l'action coagulante de 1 milligr. de venin de Lachesis.

LAMB, dès 1904, s'élève contre cette assertion, et constate que la présence du venin de Cobra (5 milligr.) dans 2 cc. de plasma citraté de cheval n'empêche à aucun degré l'action coagulante du venin de Daboia introduit une demi-heure après dans le mélange.

MELLANBY (1909), observe les mêmes résultats en mélangeant le venin de Cobra à celui de Notechis.

HOUSSAY, SORDELLI et NEGRETE (nov. 1918), confirment les résultats de LAMB et de MELLANBY : avec le mélange de venins de Cobra et de L. alternatus sur le plasma, la coagulation de ce dernier se produit dans le même temps qu'avec le venin de Lachesis employé seul.

Les auteurs font remarquer que c'est une nouvelle preuve que le venin de Cobra n'altère pas le fibrinogène.

Il y a cependant une exception ; si le venin anticoagulant est en même temps protéolytique (C. adamanteus, L. flavoviridis), et si la dose de venin coagulant est telle qu'elle produit son effet au bout de quelques minutes, alors elle peut dans cet intervalle modifier le fibrinogène, et déterminer un certain retard dans la coagulation. Ainsi le venin de L. flavoviridis, qui altère rapidement le plasma, le rend incoagulable même par addition de venin de L. alternatus ; si les deux venins sont préalablement mélangés, l'action coagulante se produit, mais avec un léger retard.

Ainsi les résultats bruts qui peuvent faire penser à une action antagoniste sont dûs à l'action du venin anticoagulant sur le fibrinogène ; s'il l'altère, (C. adamanteus, L. flavoviridis), il y a retard de la coagulation ; s'il ne l'altère pas (Cobra), le venin n'empêche pas la coagulation.

Il n'y a donc pas d'antagonisme réel entre les venins coagulants et les anticoagulants. Ces derniers agissent sur la première phase de la coagulation et particulièrement sur la thrombokinase ; tandis que les venins coagulants agissent sur la seconde phase à la manière d'une thrombine.

Bibliographie

ALBERTONI et STEFANI. — *Manuele di Fisologia*, 1888.

ARTHUS et PAGÈS. — Nouvelle théorie chimique de la coagulation du sang. *Arch. de Physiol.*, 1890, p. 739.

ARTHUS (M.). — *Les travaux récents sur la coagulation du sang. In Collection Sciencia*, Paris, 1899.

ARTHUS (M.). — De la spécificité des sérums antivenimeux. Sérum anticobraïque et venins d'Hamadryas et de Krait (*Bungarus cœruleus*). *Arch. Int. de Physiologie*, 1912, XI, fasc. III, p. 265-284.

ARTHUS (M.). — Physiologie comparée des intoxications par les venins des Serpents. *Id.* p. 285-316.

Arthus (M.). — De la spécifité des sérums antivenimeux. Sérums anticobraïque, antibothropique, anticrobalique; venins de Lachesis lanceolatus, de Crotalus terrificus et de Crotalus adamanteus, id. 317-338.

Arthus (M.) et Stawska (Mlle B.). — De la vitesse de réaction des antivenins sur les venins. Id. p. 339-356.

Arthus (M.). — Etudes sur les venins des Serpents. III. Venins coagulants et anaphylaxie. Propriétés des venins des Serpents. Dose anaphylactisante. Arch. Int. de Physiol., 1912, XII, fasc. III, p. 369-394.

Arthus (M.). — Venin, antivenin. C. R. Soc. Biol., 1914, LXXVI, p. 268.

Arthus (M.). — L'antithrombine engendrée dans les intoxications protéiques est-elle exclusivement d'origine hépatique ? C. R. Loc. Biol., LXXXII, 1919, p. 416.

Arthus (M.). — Venin de Daboia et extraits d'organes, id. p. 1156.

Arthus (M.). — Actions antagonistes du venin de Daboia et du venin de Cobra sur la coagulation des plasmas oxalatés ou citratés. Id. p. 1158.

Barrat (J.-O.-W.). — The nature of the coagulant of the venom of « Echis carinatus », a small Indian Viper. P. Z. S. of London, 1913, LXXXVII, p. 177-190.

Barrat (J.-O.-W.). — Thrombin and calcium chloride in relation to coagulation. Bioch. Journ., 1915, IX, p. 511-545.

Beaujean (R.). — Note sur le venin de Bitis Arietans. Bull. Soc. Path. exot. 1915, VI, p. 50.

Bordet (J.) et Delange. — Analyse et synthèse du processus de coagulation du sang. Bull. Soc. Roy. de Med. et d'Hist. nat. de Bruxelles, 1914, LXXII, p. 87-91.

Bordet (J.). — Recherches sur la coagulation du sang (sérozyme et prosérozyme. C. R. Soc. Biol. 1919, LXXXII, p. 896.

Bordet (J.). — Mode d'union du sérozyme et du cytozyme, id. p. 921.

Bordet (J.). — Formation du sérozyme en l'absence de fibrinogène, id. p. 1139

Brainard. — On the nature and cure of the bite of Serpents and the wound of poisoned arrow. Smithsonian report. 1854.

Brazil (V.) et Rangel Pestana (B.). — Nova contribuçao ao estudo do envenamente Ophidico. VI. Accâo coagulante. Revista med de Sao-Paulo. 1809, XII, n° 22, p. 451.

Brazil (V.). — La défense contre l'Ophidisme. Sao-Paulo, 1914.

Brunton (I.) et Fayrer (J.). — On the nature and physiological action of the poison of naja tripudians and other Indian venomous snakes. P. R. S. of London, 1873, XXI, p 371, et 1874, XXII.

Calmette (A.). — Les venins, 1907, p. 205.

Camus (J.), Cesari et Jouan (C.). — Recherches sur le venin de Crotalus adamanteus. An. Inst. Past., 1916, n° 4, p. 180.

Contejean (Ch.). — Nouvelles recherches sur l'influence des injections intravasculaires de peptone sur la coagulabilité du sang chez le chien. Arch. de Physiol. 1896, 5e sér., VII, p. 245-251.

Cunningham (D.-D.). — Scient. Mem. by the Med. offic. of the Army of India, 1895, Part IX; 1898, Part XI.

Delezenne (C.). — Formation d'une substance anticoagulante par le foie en présence de la peptone. Arch. de Physiol., 1896, 5e sér., VIII, p. 655.

Delezenne (C.). — Rôle respectif du foie et des leucocytes dans l'action des agents anticoagulants du groupe de la peptone. Id., 1898, X, p. 568.

DELEZENNE (C.). — Erythrocytes et actions anticoagulantes, *C. R. Soc. Biol.*, 1899, LI, p. 851.

DELEZENNE (C.). — Propriétés protéolytiques et coagulantes des venins. *Lect. Acad. Med.*, 6 déc. 1910.

DOYON (M.). — Rapports du foie avec la coagulation du sang. *Journ. de Physiol. et de Path. gén.*, 1912, XIV, p. 229.

DOYON (M.). — Antithrombine des organes. Action de la peptone. *C. R. Soc. Biol.*, 1919, LXXXII, p. 570.

ELLIOT (R.-H.), SILLAR (W.-C.), CARMICHAEL (G.-S.). — On the action of the venom of Bungarus cœruleus, the Common Krait, *Proc. of the R. Soc.* 1904, LXXIV, p. 108.

FAYRER (J.). — Experiments on the influence of snake poison on the blood of animals. *Ind. Med. Gaz.*, 1869, IV, p. 249.

FAYRER (J.). — The Thanatophidia of India, *London*, 1872, et *P. R. S. of London*, XXI, XXII, 1873-74, p. 64, 100, 131, 165.

FESKTISTOW (A.-E.). — Eine Vorlanfige mittelung über die Wirkung des Schlangengiftes auf den Thierischen organismus. *Mem. de l'Ac. imp. des Sc. nat. de St-Pétersb.*, 1888, XXXVI, n° 4.

FONTANA (F.). — *Traité sur le venin de la Vipère*, 2 vol. in-4°, 1781, p. 309.

GEOFFROY et HUNAULT. — *Mém. de l'Ac. des Sc. de Paris*, 1737.

GRATIA (A.). — L'action du contact sur la coagulation du sang. *Journ. de Physiol. et de Path. gén.*, 1918, XVIII, n° 5, p. 772-787.

GRATIA (A.). — A propos de la coagulation du plasma oxalaté par le staphylocoque (transformation du prosérozyme en sérozyme). *C. R. Soc. Biol.*, 1919, LXXXII, p. 1247.

HALFORD (G.-B.). — On the condition of the blood after death from snake bite, as probably due to the further study of zymotic deseases and of cholera especially. *Melbourne*, 24 p. in-8°, 1867. *Un résumé en français dans C. R. Ac. des Sc.*, 1868, XLVI, p. 1145.

HALFORD (G.-B.). — Further observations on the condition of the blood after from snake bite. *Brit. Med. Jour.*, 1867, II, p. 563.

HEIDENSCHILD. — Untersuchungen über die wirkung des giftes der Brillen und der Klappen chlange. *Inaug. Diss., Dorpat*, 1886.

HIRSFELD et KLINGER. — Zur frage der Cobra inactiverung des serums. *Biolh. Zeitsch.*, 1915, 70, p. 399.

HOUSSAY (B.-A.) et SORDELLI (A.). — Action del veleno de Cobra sobre el proceso de la coagulation sanguinea (*in vitro*). *An. de la Soc. quimica Argent*, 1917, V, p. 141-155.

HOUSSAY (B.-A.) et SORDELLI (A.). — Action *in vitro* des venins sur la coagulation du sang. *C. R. Soc. Biol.*, 1918, LXXXI, p. 12.

HOUSSAY (B.-A.) et SORDELLI (A.). — Estudios sobre los venenos de Serpientes. V. Influencia de los venenos de Serpientes sobre la coagulation de la sangre, *Revista del Inst. Bact. del Dep. Nal de Higiene, Buenos-Aires*, 1918, 1, p. 485.

HOUSSAY (B.-A.), SORDELLI (A.) et NEGRETE (J.). — Estudios sobre los venenos de Serpientes. V. Influencia de los venenos de Serpientes sobre la coagulation de la sangre. II. Accion de los venenos coagulantes. *Id.*, p. 565-616.

HOUSSAY (B.-A.) et SORDELLI (A.). — Action des venins des Serpents sur la coagulation du sang *in vivo*. *C. R. Soc. Biol.* 1919, LXXXII, p. 1029.

Houssay (B.-A.) et Sordelli (A.). — Influencia de los venenos de Serpientes sobre coagulation de la sangre. III, Action *in vivo*, *Rev. del Inst. Bact. etc.*, Buenos-Aires, 1919, II, 38 p.

Houssay (B.-A.), Sordelli (A.) et Negrete (J.). — Action de los venenos coagulantes, *Id.*, 52 p.

Houssay (B.-A.) et Sordelli (A.). — Action des venins sur la coagulation sanguine. *Journ. de Physiol. et de Path. gén.*, 1919, XVIII, p. 781-811. C'est un résumé des travaux antérieurs.

Kanthack. — *System of Medicine, edited by T. Clifford Allbuss*, London, 1896, I, p. 570.

Lacerda (J.-B. de). — Investigacões experimentaes sobre a accão do veneno da Bothrops jararaca. *Archivos do museo nacional de Rio de Janeiro.* 1878.

Lacerda (J.-B. de). — Investigacões experimentaes sobre o veneno do Crotalus horridus, *id.* p. 31.

Lacerda (J.-B. de). — Sobre a accão de veneno do Crotalus. *Annaes brasilieuses de Medicina*, 1883, XXXV, p. 5.

Lamb (G.) et Hanna. — Some observations on the poison of Russel Viper. *Jour. of Path. and Bact.*, 1902, VIII, p. 1, *et Scient. mem. by Offic. of the Med. Sanit. Dep. of Gov. of India*, 1903, n° 3.

Lamb (G.). — *Indian med. Gaz.*, 1901, XXXVI, p. 443.

Lamb (G.). — On the action of the venoms of the Cobra and of Daboia on the red corpuscles and the blood plasma. *Scient. mem. by Offices of the Med. and sanit. Dép. of Gov. of India*, 1903, n°4.

Lamb (G.). — Specificity of antivenomous sera. *Id.* 1903, n° 5.

Lamb (G.). — Some observations on the poison of the Banded Krait (*Bungarus fasciatus*). *Id.* 1904, n° 10, 32 p. in-8°.

Lamb (G.). — Specificity of antivenomous sera with special reference to a serum prepared with the venom of Daboia russelli. *Id.* 1905, n° 16.

Martin (C.-J.). — On some effects upon the blood produced by the injection of the venom of the Australian Black snake. (*Pseudechis porphyriacus*). *Journ. of Physiol.* 1893, XV, p. 380.

Martin (C.-J.). — On the physiological action of the venom of the Australian Black snake. *Roy. Soc. N. S. W. Proceed.*, 1895.

Martin (C.-J.). — An explanation of the marked difference in the effects produced by subcutaneous and intravenous injection of venom of Australian snakes. *Id.*, 1896, in Lancet 1907. II, p. 1292.

Martin (C.-J.). — Observations upon fibrin-ferment in the venom of snakes and the time-relations of their action. *Journ. of Physiol.* 1905, XXXII, p. 207-215.

Martin (N.). — Das opistoglyphas brasileiras e o seu veneno. *Tesis de Rio de Janeiro*, 1916.

Massol (L.). — Effets des venins sur la coagulation du sérum de cheval par le chauffage. Différenciation des venins des Vipéridés et des Colubridés. *C. R. Ac. des Sc.*, 1914, CLVIII, p. 1030.

Mead. — Observationes de veneno viperæ, 1750.

Mellamby (J.). — The coagulation of blood. Part. II. The action of snake venoms, petone and Leech extract. *Journ. of Physiol.* 1909, XXXVIII, p. 441.

Mitchell (W. Weir). —- Researches upon the venom of Rattlesnake. *Smith. Contr. to knowledge*, 1861, XII, Washington.

MITCHELL (W. Weir) et REICHERT. — Researches upon the venoms of poisonous serpents. *Id.* 1886, n° 647.

MITCHELL (W. Weir) et STEWART. — A contribution to the study of the action of the venom of the Crotalus adamanteus upon the blood. *Trans. College of Physicians-Philad.*, 3 d. XIX, 1897, p. 105.

MITCHELL (D.-T.). — The effects of snake venoms on domestic animals, and the preparation of antivenomous serum. *South Afric. Journ. of Science*, April, 1916.

MORAWITZ (P.). — Ueber die gerinnungshemmende Wirkung der Kobragiftes. *Deutsch Arch. f. Klin. Med.* 1904, LXXX, p. 340.

MORAWITZ (P.). — Die chemie der Blutgerinnung. *Ergelnisse der Physiologie*, 1905.

MOSSO (A.). — Un venin dans le sang des Murénides. *Arch. Ital. de Biol.* 1888, X, p. 141.

NOC (F.). — Sur quelques propriétés physiologiques des différents venins des Serpents. II. Pouvoir coagulant. *Ann. Inst. Past.*, 1904, XVIII, p. 387-406.

NOLF (P.). — La solution de fibrinogène réactif de la coagulation du sang. *C. R. Soc. Biol.*, 1919, CXXXII, p. 915.

PANCERI et GASCO. — *Atti della R. Acc. delle Scienze Fis. et math. di Napoli*, 1875.

PICKERING. — *Journ. of Physioology*, XVII, n°ˢ 1 et 2.

PHISALIX (C.). — Venins et coagulabilité du sang, *C. R. Soc. Biol.*, 1899, LI, p. 834.

PHISALIX (C.). — Relations entre le venin de Vipère, la peptone et l'extrait de sangsue au point de vue de leur influence sur la coagulabilité du sang, *id.*, p. 865.

PHISALIX (C.). — Sur la coagulation du sang chez la Vipère, *id.* p. 881.

PHISALIX (C.). — Action du venin de Vipère sur le sang de chien et de lapin, *Bull. du Mus.*, 1902, n° 8, p. 536, *C. R. Soc. Biol.*, 1902, LIV, p. 1067.

RACHAT (N.). — Le venin de la Vipère de Russel de l'Inde. *Thèse de Lausanne*, 1912.

RAGOTZI (V.). — Ueber die Wirkung des giftes der Naja tripudians, *Wirchows Arch.*, 1895, CXXII, p. 261.

RICHARDS (V.). — Snake poisoning antidotes. The nature of snake poisoning ands its action on the blood. *Indian An. med. Sciences*, 1872-73, XV, p. 163-176.

ROGERS (L.). — On the physiological action and antidotes of Colubrine and Viperine snake venoms. *Proc. Roy Soc. London*, 1903, CXCVII, p. 123.

ROMITI (G.). — Recherches anatomiques sur un cas de mort par morsure de Vipère. *Arch. Ital. de Biol.*, 1884, V, p. 57.

SAMMARTINO (S.). — Serpientes venenosas de la Republica Argentina... *Tesis Veterin.* B. A. 1917.

SILBERMINZ. — Le sang des animaux intoxiqués par le venin de Cobra. *Thèse méd. Lausanne*, 1910.

STAWSKA (Mlle B.). — Etudes sur le venin de Cobra. *Thèse méd. Lausanne*, 1910.

STEPHENS et MYERS. — The action of Cobra poison on the blood. A contribution to the study of passive immunity. *Journ. of. Path. and Bact.*, 1898, V. p. 279 ; *id.* 1899 ; et 1900, VI, p. 275, 415.

WALL (A.-J.). — Indian snake poisons, their nature and effects, *London*, 1883, p. 15, 42, 76.

WOLMER. — *Arch. f. Exp. Path. und Pharm.*, XXXI, p. 1.

FERMENTS DES VENINS

Historique. — La fonction salivaire présumée des glandes venimeuses des serpents a entraîné de bonne heure la comparaison entre le
venin et les ferments des sucs digestifs ; c'est ainsi que, en 1843, Lucien
Bonaparte considère la substance active du venin de *Vipera berus* comme
une ptyaline, et qu'il la désigne sous le nom de *Vipérine ;* que Weir-Mitchell, en 1860, assimile pareillement la substance active du venin de Crotale, la *Crotaline*, à la ptyaline et à la pepsine.

C'est aussi l'opinion de Viaud-Grand-Marais (1867-1869), qui considère la substance active du venin de Cobra, la *Najine* ou *Elaphine* comme
équivalente aux deux précédentes, et propose de les réunir sous le nom
commun d'*Echidnine* ou *Echidnase*. Mais aucune expérience précise ne
déterminait la nature du pouvoir digestif du venin.

Les premiers essais dans cette voie sont dûs à de Lacerda qui, en
1884, opérant avec le venin d'un *Bothrops* (probablement Lachesis lanceolatus), constate que ce venin émulsionne les graisses, coagule le
lait, dissout la fibrine et le blanc d'œuf coagulé, mais ne saccharifie pas
l'amidon.

L'hypothèse de l'action diastasique des venins a été reprise en 1889
par Roussy, puis étayée et développée par un certain nombre d'auteurs,
qui ont employé à cette étude les procédés de la technique moderne. Ces
auteurs ont distingué dans les venins divers ferments dont l'action explique un certain nombre de phénomènes observés soit *in vivo*, soit *in vitro*

Action coagulante sur le sang

Nous avons vu que certains venins, la plupart de ceux des Vipéridés
et des Colubridés Protéroglyphes d'Australie, contiennent une proportion
élevée de fibrin-ferment auquel est due la coagulation du sang, soit *in
vivo*, soit *in vitro*.

D'après Massol, l'action anticoagulante du venin de Cobra serait due
aussi à un ferment, antagoniste du premier.

Contrairement aux autres venins étudiés, les fortes doses de venin
de Cobra favorisent la coagulation thermique du sérum normal de cheval;
ils la gênent à dose moyenne (2 milligr. par exemple pour 2 cc. de
sérum). Il paraît aussi seul précipiter les solutions en eau distillée de
sérum de cheval ou d'hématies hémolysées.

L'étude spéciale que nous avons donnée de la coagulation du sang
par les venins nous dispense d'un plus long développement.

Action coagulante sur le lait

De Lacerda a observé le premier l'action coagulante du venin de
Bothrops (Lachesis) sur le lait. Houssay et Negrette ont confirmé le fait
et l'ont étendu aux venins de Crotale, d'Elaps et d'Ancistrodon. L'action

est analogue à celle de la présure ; elle est plus facile avec le lait cru qu'avec le lait bouilli.

Cette action est favorisée par les acides faibles, par les sels alcalino-terreux (y compris ceux de magnésium et de manganèse), et aussi, bien qu'à un moindre degré, par les chlorures. Les décalcifiants (oxalates, citrates, fluorures) l'empêchent ; les sulfates et les phosphates la diminuent. La filtration, l'agitation avec le noir animal, le chauffage à 70° détruisent le pouvoir coagulant ; le sérum de cheval le réduit un peu ; les sérums antivenimeux le neutralisent en général spécifiquement ; cependant le sérum Welcome (anticobra et antidaboia) n'a aucune action sur le faible pouvoir coagulant de l'un ou l'autre venin.

Action diastasique

Les expériences de Lacerda, faites tout au début de l'ère bactériologique, ne présentent pas au point de vue de leur technique les garanties suffisantes à éliminer les actions microbiennes ; aussi les conclusions qui s'en dégagent demandent-elles vérification.

En 1893, MM. Phisalix et Bertrand mettent en évidence, dans le venin de *Vipère aspic*, la présence d'une substance diastasique, et la désignent sous le nom d'*échidnase*. Cette substance digère les tissus au contact desquels le venin est inoculé, et détermine une action phlogogène plus ou moins étendue. Son existence confirme l'hypothèse émise par Roussy en 1889 sur la nature diastasique de quelques principes actifs des venins.

Wehrmann en 1894, et un peu plus tard Launoy (1902), reprennent l'étude ébauchée par de Lacerda ; ils constatent tous deux que le venin n'hydrolyse ni l'amidon, ni l'inuline. Le saccharose est légèrement interverti par les venins de *Cobra* et de *Vipère*. Les glucosides : amygdaline, conifèrine, salycine, arbutine, la digitale, ne sont pas modifiés ; les venins employés ne contiennent donc pas d'émulsine.

Ces résultats ont été confirmés et étendus par Houssay et Negrette aux venins de diverses espèces de Lachesis, de Crotales, d'Ancistrodon, d'Elaps, au Pseudechis, au Notechis pour l'amidon et la phloridzine ; mais ces venins n'intervertissent pas le saccharose.

Les mêmes auteurs ont reconnu que les extraits d'organes des Serpents possèdent les propriétés diastasiques des venins, mais à un faible degré par rapport à ceux-ci ; il ont en plus le pouvoir amylolytique. La plupart agissent sur la lécithine, surtout ceux de pancréas, de foie, de glande à venin, de muscles, de rein, de cœur. Ils n'ont pu mettre en évidence aucune action protéolytique en milieu neutre ou alcalin. L'estomac seul contient de la pepsine et de la présure. Les extraits d'organes contrarient l'action présurante du venin.

D'après Launoy, le venin de Cobra n'a aucune action catalytique sur les ferments solubles, émulsine, amylase et pancréatine ; il inhibe légèrement celle de la pepsine.

D'autre part, DELEZENNE, en 1902, montre que le venin contient une kinase capable, comme l'entérokinase, d'activer le suc pancréatique ; il permet à ce suc d'hydrolyser énergiquement l'albumine ; c'est ainsi que la quantité de 0,5 à 1 milligr. de venin de *Lachesis*, ajouté à 1 cc. de suc pancréatique, digère complètement 0 gr. 5 d'albumine en 10-12 heures ; les faibles doses de 0 milligr. 2 à 0 milligr. 0125 suffisent à digérer la même quantité d'albumine en 24-72 heures. Le venin de Cobra est un peu moins actif ; la dose nécessaire n'est jamais inférieure à 0 milligr. 5 ; elle est cinq fois plus forte pour le venin de *Vipera berus*.

Le chauffage à 100° pendant 15 m. détruit le pouvoir kinasique du venin.

Action protéolytique

En 1902-1903, L. LAUNOY emploie à l'étude de cette action la méthode de Beckmann, dans laquelle on insolubilise les albuminoïdes non digérés, en portant à sec le liquide qui les contient, après addition d'aldéhyde formique. On effectue ainsi la séparation des produits de digestion. Le dosage est fait d'après la méthode de Kjeldahl.

En faisant agir une macération glycérinée de glandes à venin de *Vipère aspic* sur une solution de caséine dans l'eau de chaux, ou sur des dilutions de sérum de bœuf, il a constaté qu'une légère fraction des albuminoïdes est rendue soluble, mais n'est que rarement peptonisée ; il se forme des albumoses à réaction biurétique, précipitables par l'acide nitrique, le chlorure de sodium et le sulfate d'ammoniaque.

Les protéines et les fibrines coagulées ne sont pas attaquées par les solutions filtrées de venin de Cobra. Il n'existe pas de tyrosinase dans les deux venins essayés.

Les expériences de DELEZENNE ont d'autre part montré que le venin de Lachesis digère complètement la gélatine, qui ne peut plus être solidifiée.

FLEXNER et NOGUCHI, dans le but d'expliquer le ramollissement rapide des muscles envenimés, mis en évidence par les tracés de WEIR-MITCHELL et REICHERT, entreprirent (1902), une série d'expériences pour rechercher la présence d'un ferment protéolytique. La modification du tissu musculaire apparaît dans les 30 minutes à quelques heures ; elle est donc indépendante des actions microbiennes, et apparaît surtout comme d'ordre chimique.

Les auteurs essayèrent l'action des venins de *Crotale* et de *Cobra* sur plusieurs substances protéiques en solutions salines stériles, préparées en filtrant au filtre Chamberland, le venin dissous. Dans quelques expériences, la solution était conservée sous une couche de toluol.

La solution à 10 % de gélatine, mélangée avec des solutions contenant 10 milligr. de venin (sec) de Crotale ou de Cobra, est liquéfiée en 16 heures avec le premier venin, en 2 jours avec le second. La fibrine, portée à la température de coagulation (60° à 62°), n'est pas attaquée,

non plus que l'albumine de l'œuf coagulée. D'autre part, la fibrine
fraîche retirée du chien, du lapin et du cobaye, est facilement et plus
rapidement désagrégée par le venin que dans les tubes témoins. Les venins
chauffés à 75° pendant 3o minutes perdent leur pouvoir liquéfiant, et
l'addition de sérum antivenimeux ne change pas les résultats.

Des tranches minces de muscle de pigeon et de cobaye sont soumises en tubes à essai à l'action de solutions à 2 % de venins de *Cobra*,
de *Crotale* et de *Mocassin* (les solutions de venin stérilisées par filtration
au filtre Chamberland) ; dans une 2ᵉ série de tubes, le muscle est plongé
dans le sérum stérile du même animal; dans une 3ᵉ série, le muscle se
trouve seul, à la même température de 36°. Dans les tubes témoins, aucun
changement n'était survenu au bout de 6 heures ; dans les tubes à venin
le muscle au bout de 2 heures était déjà gonflé, de couleur grisâtre ; les
fibres étaient séparées. Au bout de 3 heures, une simple agitation du tube
achevait la dissociation, qui était complète au bout de 6 heures. Le sérum
de Crotale n'a pas d'action liquéfiante sur la gélatine. FLEXNER et NOGU-
CHI concluent de ces faits que ce venin contient une substance capable de
modifier la protéine, et qui produit *in vivo* les modifications qu'on observe
sur les muscles des animaux envenimés.

NOC (1904), sous la direction de A. CALMETTE, a fait de très intéressantes expériences sur l'action protéolytique de différents venins sur la
fibrine et la gélatine.

Après avoir établi l'action du processus protéolytique dans la digestion du plasma coagulé par le venin et l'incoagulabilité du sang qui en
est la conséquence, il étudie l'action sur la fibrine isolée du sang de
cheval et de lapin ; il opère à la température de 37° et en milieu toluolé.
Ses résultats sont résumés dans le tableau suivant :

1 cc. d'une solution à 1 % de venin de :

Ancistrodon piscivorus	digère 3	centigr.	de	fibrine en	2 heures
Ancistrodon contortrix	—	—	—		2 heures
Lachesis lanceolatus	—	—	—		2 heures
Lachesis flavoviridis	—	—	—		3 heures
Vipera russelli	—	—.	—		24 heures
Naja tripudians	⎫	n'attaquent que très légèrement la fibrine			
Naja nigricollis	⎬	en 24 heures.			
Bungarus cœrulens	⎭				

Les résultats sont presque identiques avec la gélatine: si à une solution de gélatine à 20 % et thymolée à o,2 %, on mélange 1 milligr. de
chaque venin, et qu'on expose à l'étuve à 37°, on observe, en suivant
d'heure en heure les effets par le refroidissement des tubes à 15°, que dans
tous les tubes contenant le venin, la gélatine reste liquide.

NOC étudie comparativement le pouvoir anticoagulant de ces venins
sur le sang *in vitro* ; et trouve un parallélisme parfait entre les propriétés
protéolytiques et anticoagulantes, d'où il conclut que les phénomènes

d'incoagulabilité sont liés à l'action protéolytique du venin sur la fibrine ; le chauffage à 80° pendant 3o minutes en tube scellé détruit en même temps les deux propriétés. Il est difficile d'isoler la substance protéolytique ou anticoagulante des venins de la substance hémolysante ; l'alcool et les sels précipitent presque toutes les substances albuminoïdes en solution aqueuse ; on retrouve toutes les propriétés du venin dans le précipité redissous dans l'eau salée à 7 pour 1.ooo. Le sérum antivenimeux, préparé par CALMETTE, n'empêche pas l'action anticoagulante des venins *in vitro*, car il est préparé avec du venin chauffé ayant perdu tout pouvoir coagulant, mais il est fortement antihémolytique.

Lorsque le sérum est obtenu avec des venins non chauffés de Vipéridés, filtrés simplement à la bougie Chamberland, il peut neutraliser l'action protéolytique du venin sur la fibrine et la gélatine.

D'après BEAUJEAN (1913), le venin de *Bitis arietans* est très protéolytique vis-à-vis de la fibrine et de la gélatine.

HOUSSAY et NEGRETE (1918), ont repris l'étude des actions fermentatives des venins. En ce qui concerne l'action protéolytique, ils ont constaté qu'elle n'est ni aussi générale, ni aussi forte que celle de la trypsine, elle est cependant manifeste avec les venins de *Lachesis*, d'*Ancistrodon* et de *Crotalus adamanteus;* moindre avec ceux de *L. jararacusu* et de *Cr. terrificus* ; excessivement faible avec ceux de *Cobra* et d'*Elaps*.

Les venins ne dissolvent pas les protéines solides, sauf la fibrine au contact de l'eau salée. Quelques venins qui, à dose convenable, coagulent le fibrinogène, le rendent incoagulable à dose plus élevée, et peuvent ensuite l'altérer profondément.

Les venins protéolytiques changent l'état des protéines du sérum sanguin puis les digèrent. Ils retardent généralement et peuvent empêcher la coagulation thermique.

Ces venins forment aux dépens des protéines dissoutes des substances biurétiques dialysables et une très petite quantité d'acides aminés. Ils transforment la caséine dissoute, de telle sorte qu'elle ne précipite plus par l'acide acétique. Après avoir subi l'action des venins, la gélatine n'est plus apte à solidifier, ce qui confirme les observations des précédents auteurs.

La spécificité non rigoureuse des antisérums a été observée vis-à-vis de ces actions dans les mêmes conditions que pour les autres actions des venins.

M. J. OTERO confirme (1919), les résultats de HOUSSAY et NEGRETE avec les mêmes espèces de serpents, les effets protéolytiques sont mis en évidence par les variations de la conductibilité électrique. La protéolyse quand elle existe, ne paraît produire que très peu d'acides aminés.

Action lipolytique

DE LACERDA, a signalé l'action émulsionnante du venin de *Bothrops* sur les corps gras.

NEUBERG et ROSENBERG (1907), essayant cette action sur la lécithine, l'huile d'olive et l'huile de ricin, ont montré qu'elle est faible, et qu'elle peut être accélérée par addition de sulfate de manganèse. La preuve de l'existence d'un ferment lipolytique dans le venin exige un dosage quantitatif très strict, car les matériaux mis en usage pour cet essai, principalement les substances lipoïdes, ont une acidité propre. La réaction est si faible (comme celle d'ailleurs du venin sur les corps gras neutres), que le degré d'acidité après lipolyse ne dépasse pas de 1/10 sa valeur primitive ; elle peut atteindre 1/3 de cette valeur quand on emploie le sulfate de manganèse (Mn So⁴) comme activateur. Le *dédoublement de la lécithine* par le venin est beaucoup plus sensible ; l'acidité peut devenir 5 fois plus grande 'dans le cas du venin de *Cobra*, et double dans celui du venin de *Mocassin*. L'action lipolytique du venin de *Crotale* sur la lécithine n'a pas été essayée.

D'après les auteurs, la ricine et la crotine (à un degré toutefois beaucoup moindre), possèdent la même propriété de dédoubler les corps gras, plus marquée que celle du venin de Crotale. Le venin d'Abeille aurait aussi une certaine action lipolytique.

Les recherches toutes récentes de HOUSSAY et NEGRETE (1918) donnent des résultats conformes aux précédents, et s'étendent à un plus grand nombre de venins. En ce qui concerne l'action sur les graisses neutres (huile d'olive et de ricin), les auteurs observent que le venin de *Cobra* a une très légère action, et celui d'*Elaps* une action plus marquée, tous les autres essayés s'étant montrés inactifs.

Les venins d'espèces appartenant aux genres *Lachesis, Crotalus, Elaps, Ancistrodon, Pseudechis, Notechis, Naja...*, dédoublent la lécithine avec apparition d'un fort pouvoir hémolytique. L'action saponifiante est favorisée par la présence de sels de calcium et de sérum normal ; elle est neutralisée par le sérum antivenimeux correspondant. Le chauffage à 50°, à 100° détruit le plus souvent le pouvoir lécithinasique (*Lachesis, Ancistrodon*) ; parfois ce pouvoir résiste (*Elaps, Crotale...*) : avec les venins de *Pseudechis, Notechis, Naja* et *Daboia*, le pouvoir faiblit fortement à un moment donné puis augmente de nouveau pour s'atténuer enfin progressivement.

DELEZENNE et LEDEBT ont, en 1911, confirmé et la faible action sur les corps gras neutres, et l'action lécithinasique du ferment du venin de Cobra, qui est capable de dédoubler les phosphatides 'du sérum de cheval et du vitellus de poule pour former aux dépens de la lécithine une hémolysine très active, la *lysocithine*, chimiquement définie comme éther palmitophosphoglycérique de la choline, et avec le vitellus seul une toxine d'activité plus grande et différente de la neurotoxine du venin. Poursuivant sur les venins d'autres serpents ces premières recherches, DELEZENNE ajoute qu'ils se présentent dans l'ordre suivant au point de vue de leur activité lécithinasique décroissante : venins secs de *Naja tripudians*,

N. haje, Sepedon (Colub. Protéroglyphes), *Cerastes cornutus. Vipera aspis, Bitis arietans* (Vipéridés).

Il met en évidence le rôle du zinc dans l'activité du ferment. Le zinc, que JAVILLIER, en 1908, a montré être un des éléments constants des organismes végétaux, se trouve aussi, d'après DELEZENNE, dans l'organisme des animaux, et serait plus particulièrement abondant dans le venin des serpents, où l'ordre indiqué plus haut marquerait sa teneur décroissante. C'est ainsi que dans le venin des C. Protéroglyphes, il forme de 5,6 à 3,1 pour 1.000 du poids sec, et dans celui des Vipéridés 2,3 à 1,1, suivant les espèces, alors que la teneur de l'hémoglobine en fer n'est que de 3,3 pour 1.000.

Des éthers phosphorés autres que la lécithine subissent de la part des venins une telle hydrolyse : ce sont les acides nucléiques formés de quatre molécules d'acide phosphorique unies entre elles en chaîne, et unies chacune d'autre part par l'intermédiaire d'une molécule sucrée à une base purique ou pyrimidique. Contrairement aux nucléases des tissus, les ferments des venins, en séparant l'acide phosphorique, laissent couplés le sucre et la base qui lui est attachée. Tous les venins essayés ont la même action sur les acides nucléiques, mais l'intensité en est d'autant plus marquée que la toxicité générale et la teneur en zinc est plus grande ; une faible variation de teneur en zinc entre deux échantillons d'un même venin entraîne une variation d'activité de même sens (DELEZENNE et MOREL).

De plus, les essais pratiqués par DELEZENNE pour augmenter l'activité fermentaire des venins, par addition de zinc colloïdal, d'oxyde ou de sel n'ont eu aucun succès. Le zinc actif doit être combiné vraisemblablement aux protéoses, et son rôle paraît analogue à celui qui a été attribué au manganèse dans les oxydases.

De toutes les actions physico-chimiques dues aux venins, celles qui sont produites par les ferments sont particulièrement intéressantes.

Les proportions relatives de ces divers ferments et leur quantité absolue varient avec l'espèce venimeuse, et dans un venin déterminé avec des circonstances encore peu connues.

La mesure dans laquelle ils participent à la toxicité générale, mesurée *in vivo*, n'est pas encore bien déterminée pour la plupart ; ils se manifestent surtout par l'action locale, plus ou moins phlogogène, l'hémolyse, la lipolyse et la coagulation.

D'après les recherches récentes (1919) de DELEZENNE et MOREL, les venins de serpents qui dédoublent la lécithine, hydrolysent les acides nucléiques avec mise en liberté de phosphate monosodique. L'augmentation de l'acidité à la phtaléine, par laquelle on peut caractériser la vitesse de la transformation, est d'abord très rapide ,puis de plus en plus lente De faibles doses de venin permettent d'obtenir la même acidité finale que de fortes doses, mais demandent un temps d'action plus prolongé. Son action, nulle à 0°, maxima à 50° environ, décroît à température plus élevée, et se perd par le chauffage préalable à 100° ; elle peut être inhibée par addition de sérum antivenimeux spécifique. A concentration égale de matière à transformer, la quantité de celle qui est transformée en un temps donné est sensiblement proportionnelle à la racine carrée des quantités de venin (loi de Schutz-Borissov). Tous les venins de Colubridés Protéroglyphes et de Vipéridés ont la même action sur les acides nucléiques, mais l'intensité de cette action est d'autant plus marquée que la toxicité générale est plus grande : les venins des Protéroglyphes sont à ce titre plus hydrolysants que ceux des Vipéridés.

Bibliographie

ARTHUS (M.). — L'antithrombine engendrée dans les intoxications protéiques est-elle exclusivement d'origine hépatique ? C. R. Soc. Biol., LXXXII, 1919, p. 416.

BEAUJEAN (R.). — Bull. Soc. path. exot. 1913, IV, p. 50 (loc. cit.).

BONAPARTE (L.). — Gaz. tosc. delle Sc. medico-fisice (Loc. cit.).

DELEZENNE (C.). — Sur l'action kinasique des venins, C. R. Ac. des Sc. 1912, CXXXV, p. 329.

DELEZENNE (C.). — Diastases protéolytiques et coagulantes des venins, Bull. Ac. Méd., 6 déc. 1910.

DELEZENNE (C.). — Le zinc, constituant cellulaire de l'organisme animal. Sa présence et son rôle dans le venin des Serpents. Thèse Doct. ès-sc., 1919. In. Ann. Inst. Past., XXXIII, févr. 1919, p. 68-136.

DELEZENNE (C.) et MOREL (H.). — Action catalytique des venins des Serpents sur les acides nucléiques, C. R. Ac. des Sc., CLXVIII, 1919, p. 244.

FLEXNER (S.) et NOGUCHI (H.). — The constitution of snake venom and snake sera. Univ. of Pens. Med. Bull., 1902-03, XV, p. 345-362.

HOUSSAY (B.-A.) et NEGRETE (J.). — Accion de los venenos de Serpientes sobre los hidrocarbonados, las grasas y la leche, Rev. del. Inst. bact. (Buenos-Aires), 1918, I, p. 173-194.

HOUSSAY (B.-A.). et NEGRETE (J.). — Experimentos sobre las propriedates diastasicas de los extractos de organos de Lachesis alternatus, id. I, août 1918, p. 451-460.

HOUSSAY (B.-A.) et NEGRETE (J.). — Estudios sobre venenos de Serpientes. III. Accion de los venenos de Serpientes sobre la substancias proteinas. IV. Datos complementarios sobre algunas acciones de los venenos de Serpientes. Id. I, avril et août 1918, p. 341-373 et 461-470.

LACERDA (J.-B. de). — Leçons sur le venin des Serpents du Brésil. C. R Soc. Biol., 25 juin 1881.

LAUNOY (L.). — Action de quelques venins sur les glucosides. Action du venin de Cobra sur l'émulsine. C. R. Soc. Biol. 1902, LIV, p. 669.

LAUNOY. — De l'action amylolytique des glandes salivaires chez les Ophidiens, Bull. du Mus., 1902, p. 38.

LAUNOY (L.). — Sur l'action protéolytique des venins. C. R. Ac. des Sc., 1902, CXXXV, p. 401, Thèse Doct. ès sc., Paris 1903, n° 1138.

MITCHELL (S. WEIR). — Researches upon the venom of the Rattle snake. *Smith Cont. to knowl.* Philad., 1860, *et Am. Med. Chir. Rev.*, 1861, V, p. 209-311.

NEUBERG et ROSENBERG. — Lipolyse, Agglutination, Hæmolyse. *Berl. Klin Woch.*, 1907, XLIV, p. 54.

NOC (F.). — Sur quelques propriétés physiologiques de différents venins de Serpents. *An. Inst. Past.* 1904, XVIII, p. 387-406; § III Protéolyse.

OTERO (Maria Julia). — Sobre là accion proteolitica de los venenos de Serpientes. *Rev. del Inst. Bact. Buenos-Aires*, Juin 1919, 6 p.

PHISALIX (C.). — Nouveaux procédés de séparation de l'échidnase et de l'échidno-vaccin du venin de Vipère. *Cong. int. de Méd. de Moscou*, août 1897.

PHISALIX (C.). — Nouvelles observations sur l'échidnase. *C. R. Soc. Biol.*, 1899, LI, p. 658 ; *C. R. Ac. des Sc.*, 1899, CXXIX, p. 115.

SCOTT (J.). — The influence of the Cobra venom on the proteid metabolism. *Proc. Roy. Soc. Lond.*, 1905, LXXVI, p. 166-178.

VIAUD GRAND MARAIS (A.). — Etudes médicales sur les Serpents de la Vendée et de la Loire-Inférieure, 2e édit. *Paris, Baillère*, 1867-69

WEHRMANN. — Sur l'action diastasique des venins. *An. Inst. Post.*, 1898, XII, p. 510.

PRÉCIPITINES DES VENINS DES SERPENTS

BORDET a montré en 1899 que, par des injections répétées de sérum d'une autre espèce dans le péritoine d'un lapin, le sérum de cet animal acquiert la propriété de former un coagulum ou un précipité, quand il est mélangé avec le sérum d'un animal de la même espèce. Le même résultat est obtenu avec une substance protéique.

La réaction de précipitation est hautement spécifique, mais ne l'est pas absolument. Outre les précipitines spécifiques pour de nombreux sérums de différentes espèces, y compris le sérum humain, des précipitines ont été trouvées pour d'autres substances protéiques telles que la caséine du lait, les albumines pathologiques de l'urine, l'albumine cristallisée de l'œuf, pour la globuline pure du sérum du mouton et du bœuf, de la peptone de Vitte, des protéines des muscles.

En 1900, MYERS montre qu'une précipitine préparée par des injections d'albumine d'œuf n'a pas d'action sur les autres protéides, la séroglobuline du mouton et du lapin et la peptone de Vitte. Il trouve cependant que la précipitine obtenue avec la séro-globuline du mouton forme un faible coagulum avec la séro-globuline de bœuf et réciproquement. LINOSSIER et LEMOINE (1902) montrent que les précipitines sont relativement spécifiques, et deux faits indiquent qu'il en est bien ainsi :

1.° La quantité minima de précipitine nécessaire pour donner un précipité est moindre dans le cas du sérum correspondant que dans le cas des autres sérums ; 2° le précipité obtenu est beaucoup plus volumineux avec le sérum correspondant qu'avec les autres sérums.

NUTTAL observa que la réaction est plus intense quand l'animal récepteur et celui qui fournit le sérum inoculé sont très éloignés dans l'échelle zoologique. UHLENHUTH, WASSERMANN et SCHÜTZE ont appliqué la spécificité de la précipitine au sang humain en médecine légale pour identifier la source d'une sang inconnu. Tout récemment la réaction de précipitation a été préconisée par WASSERMANN pour déceler l'adultération de saucisses et de certains mets prohibés pour l'alimentation de l'homme. D'après NOGUCHI, on peut produire des précipitines même chez certains Invertébrés, tels que les Crustacés.

Mais c'est LAMB qui, le premier, en 1902, étudia la formation de précipitines avec le venin des serpents, et qui appliqua cette réaction à distinguer les différentes protéines de ces venins.

Il immunise des lapins par des injections, répétées pendant 4 ou 5 mois, de venin de *Cobra*, et obtient un sérum très précipitant quand on le mélange au venin de Cobra.

Pour essayer le pouvoir précipitant du sérum du lapin préparé, il mélange 2 ou 3 parties de sérum avec 1 partie d'une solution venimeuse, dont la concentration varie de 0,1 à 0,0001 pour 100, et note la quantité de précipité formé après 18 à 24 heures. (La solution à 1 % de venin ne peut être employée pour l'essai, car à cette concentration elle donne un précipité plus ou moins abondant avec le sérum normal de lapin, dans les proportions de 4 parties de sérum pour 1 de venin).

Lamb attire l'attention sur deux faits importants : 1° le sérum est actif pour les protéides du venin de Cobra qui sont incoagulables par la chaleur; effectivement: une solution de venin étant divisée en 2 parties, si on chauffe l'une à 75° pendant une demi-heure, qu'on la filtre pour séparer les protéines coagulées, et qu'on traite ensuite les deux solutions par le sérum, on n'observe pas de différence entre les précipités obtenus.

2° Le chauffage du sérum à 55° ne modifie pas l'action de la pré cipitine. En effet, vis-à-vis d'une solution de venin de Cobra à 0,1 p. 100 le sérum chauffé et le sérum non chauffé donnent le même précipité.

Lamb a obtenu exactement les mêmes résultats avec le venin de *Daboia*, cependant si différent de celui de Cobra, tandis qu'il ne se produit aucun précipité avec les venins de *Bungarus fasciatus*, de *Notechis scutatus* et d'*Echis carinatus*.

Les expériences de Lamb montrent donc que les protéides de deux serpents zoologiquement éloignés peuvent être identiques, d'où il résulte 1° que ces protéides précipitables n'ont aucun rapport avec les composés toxiques du venin; 2° que tous les Vipéridés, non plus que tous les Colubridés ne se ressemblent pas relativement à l'existence de ces protéides.

Myers avait trouvé que les précipitines s'épuisent au cours de leur action, ce qu'il considérait comme une forte présomption en faveur de l'action chimique de ces corps. Lamb a confirmé ce fait, et a vu que la précipitine du venin de Cobra est complètement usée au cours de son action, et qu'en mesurant avec quelle proportion de sérum et de venin d'une teneur connue, cette usure arrive, ou peut donner une expression numérique de la teneur du sérum en précipitine. Avec le sérum du lapin préparé par lui, la neutralisation complète arrive quand 6 parties de sérum sont mélangées avec 1 partie d'une solution de venin de Cobra à 0,05 p. 100; donc 1 cc. de ce sérum est neutralisé par 0 millig. 083 de venin en ce qui concerne la précipitine.

L'auteur espère avoir trouvé ainsi un moyen d'étalonnage plus pratique que celui de l'inoculation aux animaux, car il se présente sous forme d'une réaction chimique visible à l'œil nu. Dans un second travail sur le même sujet fait en 1904, Lamb étend l'essai de la précipitine à des venins provenant des deux principaux groupes de serpents venimeux, C. Protéroglyphes et Vipéridés.

Le sérum antivenimeux était préparé par des injections répétées de venin de Cobra pur dans le péritoine d'un lapin. Avec ce sérum anticobra, il obtient les résultats résumés dans le tableau suivant :

1° PROTÉROGLYPHES :

Elapinés.	*Hydrophiinés.*
Naja tripudians, réaction forte.	Enhydrina valakadien, réaction faible.
Naja bungarus, réaction nulle.	
Bungarus cœruleus, réaction nulle.	
Bungarus fasciatus, réaction nulle.	
Notechis scutatus, réaction nulle.	

2° VIPÉRIDÉS :

Viperinés.	*Crotalinés.*
Vipera russelli, réaction forte.	Lachesis gramineus, réaction faible
Echis carinatus, réaction nulle	Crotalus adamanteus, réaction nulle

Il est donc évident que la réaction de précipitation n'a aucun rapport avec la philogénie, non plus qu'avec la constitution toxicologique ou physiologique du venin, et qu'elle est très variable. LAMB montra aussi qu'elle est *complètement indépendante de la valeur antitoxique du sérum ;* c'est ainsi que trois antivenins de haute valeur antitoxique n'accusèrent aucun pouvoir précipitant. Il pense que la raison de l'absence de préciptation tient à ce que les ânes et les chevaux qu'on emploie pour la préparation des antivenins ne se prêtent pas à la production de précipitines.

FLEXNER et NOGUCHI étaient en même temps engagés dans la même question. Ils emploient les venins atténués par l'acide chlorhydrique faible, par l'acide chlorhydrique et la pepsine, ou par une faible solution de trichlorure d'iode. L'épreuve était réalisée dans des tubes à essai contenant o cc. 5 de sérum antivenimeux et o cc. 5 d'une solution de venin à 5 p. 1000.

Les auteurs font les constatations suivantes :

1° Les précipitines se forment soit avec, soit indépendamment des principes immunisants du venin ; 2° il n'y a aucune relation entre le pouvoir protecteur ou antitoxique du sérum et la quantité de précipitine qu'il contient ; 3° les précipitines peuvent se produire chez les animaux préparés, même lorsque les venins modifiés ne déterminent pas la formation de substances immunisantes ; 4° les précipitines produites avec les divers venins de *Cobra,* de *Crotale,* de *Daboia* sont fortement, mais non absolument spécifiques.

Ce sont là des résultats qui concordent avec ceux de LAMB, et qui ont été récemment confirmés par HOUSSAY et NEGRETE.

En 1904 également, NUTTAL résume dans une monographie très complète les connaissances du moment sur la question des précipitines ; cette étude, dédiée à EHRLICH et à METCHNIKOFF, renferme dans son introduction des considérations générales sur la théorie d'EHRLICH, ainsi que des notions sur les divers antigènes et leurs anticorps : antitoxines, hémolysines, agglutinines, etc. NUTTAL traite spécialement des précipitines et de leur préparation. Après avoir considéré la nature de la substance précipitogène et du corps précipitant, NUTTAL admet la spécificité des précipitines. Les faits mis en lumière lui ont permis d'établir des rapports entre un très grand nombre de sérums: de l'homme, de singes, d'oiseaux, de poissons, etc... Un des derniers chapitres est consacré à la médecine légale et à l'hygiène ; l'auteur y expose sa méthode, qui permet d'apprécier quantitativement le pouvoir précipitant des sérums spécifiques. Il donne la bibliographie complète de la question, et c'est principalement à ce titre que nous le mentionnons.

En 1907, ISHIZAKA montre que le sérum antivenimeux monovalent de *Lachesis flavoviridis* donne un abondant précipité avec le venin correspondant, alors qu'avec le venin de Vipère il n'en donne qu'un très léger ou même aucun.

CALMETTE et MASSOL, en 1909, reprennent l'étude des précipitines du sérum anticobra vis-à-vis du venin de Cobra. Contrairement à l'opinion exprimée par LAMB. le sérum antivenimeux précipite le venin de Cobra : mais, pour cela, il doit être employé dans les proportions exactement nécessaires pour le neutraliser, c'est-à-dire telles que le mélange *sérum + venin* devienne atoxique.

L'excès de chacun des réactifs empêche la précipitation, qui demande environ une heure à la température ordinaire pour se produire.

La réaction peut donc être utilisée *in vitro* pour un titrage préliminaire et approximatif du sérum.

Le venin, débarrassé des albumines coagulables par chauffage pendant 3 minutes à 76-78°, suivi de filtration, est précipité comme le venin non chauffé.

Le précipité *venin + sérum* séparé par centrifugation, lavé et desséché, se redissout dans l'eau acidulée d'acide chlorhydrique ou dans un léger excès de venin. Il est insoluble dans l'eau salée physiologique ou dans un excès de sérum.

Sa solution en milieu chlorhydrique est atoxique pour la souris : mais chauffé pendant 1 heure à 72°, elle récupère presque complètement le venin qu'elle contenait (83 à 94 %) par destruction de l'antitoxine.

Le poids du précipité sec est plus de 40 fois le poids du venin primitif.

La digestion tryptique libère un peu de venin du mélange *venin + sérum* : la digestion par la papaïne en libère une quantité encore moindre : mais les liquides de digestion traités ensuite à 72° par l'acide chlorhydrique libèrent au total, toujours par destruction de l'antitoxine, autant de venin que le précipité primitif.

Le venin ainsi régénéré est à nouveau neutralisable par le sérum spécifique.

Ainsi, entre le sérum antivenimeux et le venin correspondant, la combinaison chimique formée est instable, et ses composants peuvent encore être dissociés par destruction de l'antitoxine plus de deux mois après la formation du mélange neutre.

Houssay et Negrete (1917) ont trouvé dans chaque sérum antivenimeux un élément précipitant spécifique pour le venin du serpent qui a servi à la préparation. Bien que le pouvoir antitoxique et le pouvoir précipitant soient loin d'aller toujours de pair, il est fréquent que les sérums très actifs à l'un des points de vue le soient à l'autre ; contrairement à Calmette et Massol, ils ne considèrent pas que le pouvoir précipitant puisse servir en général à titrer les sérums antitoxiques. Ils constatent aussi que la spécificité, au point de vue de l'action précipitante, n'est pas rigoureusement absolue, car elle s'exerce, quoique moins intense, avec les venins d'espèces voisines et du même continent (Amérique du Sud) ; elle est très faible, ou même n'apparaît pas dans d'autres conditions.

Le venin de *Lachesis alternatus*, avec lequel les essais ont surtout été réalisés, perd à 72° son pouvoir toxique en même temps que le pouvoir précipitant, ce qui ne permet pas de dissocier à cette température le complexe venin-sérum avec récupération du venin, comme on le fait avec le venin de Cobra, en opérant en présence de l'acide chlorhydrique. Le pouvoir précipitant des sérums est déjà perdu par le chauffage à 65°.

Les auteurs ont vu, en outre, que les sérums antivenimeux, qui précipitent le venin d'une espèce donnée, ne précipitent pas le sérum de la même espèce et n'en neutralisent pas la toxicité. Au contraire, les sérums préparés pour précipiter le sérum sanguin d'une espèce donnée en précipitent aussi le venin, comme l'avait vu Lamb pour le venin de Cobra.

Bibliographie

Calmette et Massol. — Les précipitines du sérum antivenimeux vis-à-vis du venin de Cobra, *Ann. Inst. Past.*, 1909, XXIII, p. 155-165.

Houssay (B.-A.) et Negrette (J.). — Proprieades precipitantes especificas de los sueros antiofidios. *Rev. del Inst. Bact. (Buenos-Aires)*, I, 1910, p. 3-19.

Hunter (A.). — Notes on precipitins for snake venoms and snake sera, *Proc. Physiol. Soc. Lond.*, 1905, LXI, 20 p.

Ishizaka. — Studien über Habuschlangen gift, *Zeits. f. exp. Path. und Therap.*, 1907, IV, p. 88.

LAMB (G.). — On the precipitin of Cobra venom: a mean of distinguishing between the proteids of different snake poisons, *Lancet* 1902, CLXIII, p. 431-435.

MYERS (W.). — The standardization of antivenomous serum, *Lancet*, 1900, I, p. 1433-1434.

NUTTAL (G.-H.-F.). — Blood immunity and blood relationship the precipitin in test for blood, *Univ. Press. Cambridge*, 1904, p. 329, 444 p.

WELSCH AND CHAPMAN. — On the main source of « Precipitable » substance and on the role of the homologous Proteid in precipitin reactions, *P. R. S. of London*, 1909, S. B., LXXVIII, p. 297-313.

PROPRIÉTÉS ANTIBACTÉRICIDES DES VENINS

La facilité avec laquelle les blessures venimeuses s'infectent a été remarquée par la plupart des observateurs ; elle est surtout manifeste avec le venin des Vipéridés, et constitue l'un des principaux dangers de l'envenimation.

La cause de cette diminution de la résistance des tissus envenimés aux infections n'a été élucidée qu'en 1893, époque à laquelle WILLIAM-H. WELCH et C.-B. EWING montrèrent que le venin annihile le pouvoir bactériolytique du sang : des cultures de bacilles de l'*anthrax* et du *choléra*, introduites respectivement dans du sérum normal et dans du sérum de lapin envenimé mortellement, sont partiellement stérilisées par le premier, et pas du tout par le second.

C'est à la perte de la propriété bactéricide normale de leur sérum que les animaux envenimés devraient de servir aisément de milieu de culture aux bacilles des infections.

Une étude complète du même phénomène fut réalisée par FLEXNER et NOGUCHI sur le chien, le lapin et un Batracien Urodèle, le Necturus, avec les venins de *Cobra*, d'*Ancistrodon* et de *Crotale*. Ils employaient le bacille typhique, le coli et l'anthracis, et procédaient de la manière suivante :

1° Ils retiraient le sang de l'artère fémorale des animaux envenimés et le recueillaient dans des ampoules stériles de Nuttal.

2° Ils retiraient de même le sang d'animaux normaux dans des ampoules de Nuttal contenant une solution de venin.

3° Ils mélangeaient le venin en solution stérile (chauffé 4 jours de suite à 56°-60° pendant 30 minutes chaque fois) avec le sérum séparé.

Les effets bactéricides des sérums normaux furent d'abord établis : le sérum de lapin est très bactéricide pour les bacilles typhique, anthracis et coli ; le sérum de chien très destructeur pour le b. typhique , celui de Necturus très destructeur pour les b. typhique et coli, mais sans action marquée vis-à-vis de l'anthracis. Les résultats obtenus par les auteurs sont les suivants :

1° *Sur le sérum envenimé in vivo.* — C'est le venin de Cobra qui est le plus actif. Le sang de lapins ayant reçu 10 milligrammes de venin et prélevé 57 minutes après, au moment de l'agonie, a subi une grande réduction de son pouvoir bactéricide : les trois espèces de bacilles s'y multiplient facilement, alors qu'ils étaient complètement détruits (sauf dans quelques expériences où le coli qui, après une diminution considérable dans les six premières heures, recommençait à proliférer). Les mêmes résultats ont été obtenus avec le venin de Crotale.

2° *Sang mélangé au venin in vitro.* — Le sang de lapin passait directement de la fémorale dans l'ampoule de Nuttal contenant la solution de venin. Dans chaque expérience, 6 milligrammes de venin sont mélangés à 20-30 cc. de sang. La coagulation n'étant pas assez rapide, ou ne se produisant pas, le sérum était obtenu par centrifugation ; il contenait toujours de l'hémoglobine. Les résultats sont concordants et montrent que le sang envenimé a perdu son pouvoir bactéricide. On peut objecter que l'accroissement de la valeur nutritive du sérum, due à l'hémoglobine, peut être la cause des effets obtenus ; mais si, à titre de contrôle, on ajoute au sérum 6 milligrammes de peptone pour 20 cc. de sérum, on constate que l'accroissement de la valeur nutritive réduit l'effet bactéricide, beaucoup moins toutefois qu'on ne le constate dans l'effet parallèle du venin.

Les changements nutritifs sont sans importance sur le phénomène. d'après ce que l'on constate in vivo et d'après les expériences suivantes, où le venin est directement ajouté au sérum séparé.

3° *Sérum mélangé au venin in vitro.* — Les auteurs emploient les sérums de lapin et de chien :

1 cc. de sérum de lapin est mélangé avec 1 milligramme de venin de Crotale et 1 cc. de sérum de chien avec 6 milligrammes de venin d'Ancistrodon ; le pouvoir bactéricide de ces sérums est complètement aboli. Celui du sérum de chien contre le b. typhique, à partir de la dose de 0 millig. 05 pour 1 cc. de sérum (la dose de 0 millig. 02 de venin est inefficace dans les mêmes conditions).

FLEXNER et NOGUCHI ont constaté que 0 millig. 1 à 0 millig. 6 de venin d'Ancistrodon contortrix ajoutés à 1 cc. de sérum de Necturus, n'enlèvent qu'une partie de son pouvoir bactéricide contre les bacilles coli et typhique ; mais son inaction était très remarquable comparativement aux autres sérums employés.

Les auteurs ont étudié l'action de la chaleur sur le venin au point de vue de ses propriétés bactéricides. A cet effet, du venin de Cobra et d'Ancistrodon étaient chauffés à des températures variant de 75 à 90°, respectivement pendant 30 et 15 minutes, puis mélangés avec le sang ou avec le sérum ; le venin chauffé agit exactement comme le venin non chauffé, sauf dans le cas du venin de Crotale dont l'action est un peu diminuée à 90°.

FLEXNER et NOGUCHI attribuent les propriétés antibactéricides des venins divers à la fixation ou l'inactivation de compléments bactériolytiques, et non à quelques altérations perceptibles sur la partie des corps intermédiaires (ambocepteurs) de ces sérums.

Noc. en 1905, fit des observations intéressantes sur les propriétés antibactériolytiques et anticytasiques du venin de Cobra. Il constata que les actions bactériolytiques des sérums frais de lapin, de cheval, de cobaye, de rat et d'homme sont complètement annihilées par ce venin, et que ce phénomène est dû à la fixation du complément par le venin. Il emploie la réaction hémolytique pour établir l'absence de complément dans le sérum envenimé. Le sérum normal de rat est hémolytique pour les globules rouges de cheval, et cette réaction est utilisée comme test. Il prépare 6 mélanges différents :

1° *Sérum normal de rat* 0 c.c. 5.
2° *Sérum normal de rat* 0 c.c. 5 + 0 milligr. 5 *venin cobra* ; 15 m. après 1 c.c. *antivenin.*
3° *Sérum normal de rat* 0 c.c. 5 + 1 millig. *venin cobra;* 15 m. après 2 c.c. *antivenin.*
4° *Venin de cobra* 1 millig.
5° *Antivenin* 1 c.c.
6° *Sérum normal de rat* 0 c.c. 5 + 1 c.c. *antivenin.*

Deux gouttes de sang défibriné de cheval sont introduites dans chaque tube, et la température maintenue à 37 dans l'étuve : L'hémolyse est complète en quelques minutes dans les tubes 1 et 6 ; elle est complète en 1 heure dans le tube 4 ; aucune hémolyse dans les tubes 2 et 3, ce qui montre que les doses de o millig. 5 et 1 milligramme de venin de Cobra détruisent l'alexine en 15 minutes ; le venin lui-même est neutralisé par l'antivenin après avoir déjà produit son effet destructeur sur l'alexine.

Noc et CALMETTE considèrent ce fait comme dû à la fixation du complément par l'ambocepteur du venin.

MORGENROTH et KAYA, en 1908, constatent que le complément du sérum de cobaye est détruit en quelques heures au contact du venin de Cobra, soit à 37°, soit à la température ordinaire, mais pas aussi bien à o°.

Un tel sérum est impuissant à activer le venin de Cobra pour hémolyser les hématies de chèvre, bien que la réunion de sérums, de venin de Cobra et de globules réalisent les conditions de l'hémolyse. Simultanément, la fonction complémentaire du sérum pour l'ambocepteur hémolytique anti-chèvre (du lapin immunisé) a considérablement diminué.

Les auteurs considèrent que, dans ce cas, la destruction du complément est due à l'action de certains corps diastasiques dans le venin. La fonction anticomplémentaire du venin de Cobra est détruite à l'ébullition.

NOGUCHI pense qu'il est possible que la disparition du complément soit due à l'action du ferment protéolytique déjà décrit par FLEXNER et NOGUCHI, ainsi que par Noc ; mais il n'y a encore rien de démontré quant à ce mécanisme.

Bibliographie

FLEXNER AND NOGUCHI. — Snake venom in relation to hœmolysis, bactériolysis and toxicity, *Jour. of Exp. Med.*, 1902, VI, p. 277.
MORGENROTH et KAYA. — Ueber eine komplementzerstörende Wirkung des Kobragiftes, 1908.
Noc (G.). — Propriétés bactériolytiques et anticytasiques du venin de Cobra, *Ann. Inst. Past.*, 1905, XIX, p. 209-224.
WELCH (W.) and EWING (C.-B.). — The action of the rattle snake venom upon the bactericidal propertes of the blood, *Trans. of the first Pan-Am. Med. Cong. Washington*, 1893, I, p. 354-355.

TOXICITÉ DES HUMEURS ET DES TISSUS DES SERPENTS

(Sang, Œufs)

Historique. — Les premières constatations relatives à la toxicité des humeurs et des tissus des Serpents venimeux ont été faites en
1893-1894 par C. Phisalix et G. Bertrand à propos du sang de la *Vipère
aspic* et de deux couleuvres indigènes, la *Couleuvre vipérine* et la *Couleuvre à collier*. Ces auteurs ont vu que le cobaye qui a reçu o cc. 5 à 2 cc.
de sang ou de sérum dans le péritoine, ou 2 à 3 cc. sous la peau, meurt
après avoir présenté les mêmes symptômes que s'il eût été inoculé avec
du venin de Vipère.

Les auteurs pensèrent que l'action toxique du sang était due à la
présence du venin qui y aurait pénétré par le mécanisme de la sécrétion
interne. Cette hypothèse, qui était vraisemblable pour la Vipère, le semblait beaucoup moins pour les Couleuvres, dont on soupçonnait à peine
la toxicité salivaire ; mais la mise en évidence expérimentale de la nature
venimeuse de la glande parotidienne, à l'exclusion de celle de toutes les
autres glandes du corps, confirma l'opinion des auteurs. Ce résultat,
quoique établissant un rapport manifeste entre la toxicité du sang et
celle des glandes venimeuses ne suffisait pas à décider le sens dans lequel
s'effectuait la pénétration du venin, s'il était emprunté par le sang aux
glandes ou par ces dernières au sang.

Aussi les auteurs cherchèrent-ils par d'autres moyens à vérifier leur
hypothèse : si le venin du sang provient de celui des glandes, en enlevant ces dernières, la toxicité du sang doit diminuer ; c'est ce qui arriva
en effet : pendant les dix premiers jours, il ne se produit aucun changement notable ; ce n'est qu'une cinquantaine de jours après qu'on observe
une diminution de la toxicité sanguine se manifestant par l'absence des
symptômes nerveux, et la survie des cobayes inoculés.

De même, C. Phisalix ayant eu l'occasion d'essayer la toxicité du
sang de deux Cobras d'Egypte (Naja haje), privés de leurs crochets
venimeux et dont les glandes étaient vides, constata que cette toxicité
était réduite d'environ un tiers, fait qui concorde avec le résultat des
expériences précédentes.

A. Calmette confirme bientôt (13 janvier 1894), à propos du sang
de Cobra, la toxicité du sang des Serpents :

« Il suffit de 2 cc. de sang frais en injection intrapéritonéale pour
tuer un lapin du poids de 1.500 grammes en l'espace de six heures.
La même dose, en injection intraveineuse de sang défibriné le tue en
trois minutes. L'injection sous-cutanée est également mortelle, et les
symptômes d'envenimation sont les mêmes que ceux du venin pur. »

L'auteur recherche aussi l'origine de cette toxicité, et, dans un mémoire paru en 1895 sur le sujet, il doit avoir constaté que *le sang d'Ophidien a sensiblement la même toxicité, quelle que soit l'espèce du serpent qui l'a fourni,* alors que les venins diffèrent entre eux par leur toxicité : c'est ainsi que le sang de *Naja tripudians,* de *Naja haje,* de *Cerastes,* de *Crotale,* tue le cobaye à la même dose (o cc. 5 par injection intrapéritonéale) que celui de la Vipère de France.

Calmette objecte aussi l'action de la chaleur, plus rapidement atténuante sur le sérum que sur le venin : tandis que la toxicité du venin (*Naja tripudians, Naja haje, Crotale, Céraste*) résiste au chauffage à 68° continué pendant 10 minutes, le sérum de ces espèces et celui de l'*Anguille* semblablement chauffé ne manifeste plus aucune toxicité vis-à-vis du cobaye.

« *Le pouvoir toxique du sérum des Ophidiens n'est donc pas dû,* dit Calmette, *à la présence du venin en nature dans ce liquide, mais à d'autres principes diastasiques cellulaires indéterminés.* Peut-être ces principes sont-ils eux-mêmes des éléments constituants du venin, car en l'absence de tout chauffage on constate que le sang de Serpent et celui d'Anguille, mélangés par parties égales avec du sérum antivenimeux, ne tue pas. »

La similitude des symptômes d'envenimation paraît à l'auteur moins complète qu'il ne l'avait vu tout d'abord avec le sang de Cobra sur le lapin :

« Le sang ne tue jamais, dit-il, dans un délai très court ; même les souris, avec de fortes doses de sang, succombent rarement en moins de deux ou trois heures et les cobayes en moins de six heures. »

De plus, l'inoculation dans le péritoine entraîne une inflammation énorme des intestins et de la paroi au niveau du point inoculé. L'injection sous-cutanée produit des effets moins intenses, mais s'accompagne d'un œdème considérable. Ainsi, venin et sérum présentent quelque différence dans la durée de l'envenimation et leur action phlogogène locale.

Calmette répète ensuite en sens inverse l'expérience de C. Phisalix et Bertrand sur les rapports de la toxicité du sang et du venin. A cet effet, il neutralise la toxicité du sang du Cobra en lui inoculant du sérum anticobra et constate que, dans ces conditions, le venin conserve la même toxicité ; l'auteur en conclut que le principe toxique du venin s'élabore dans les cellules des glandes.

Calmette recherche ensuite dans l'immunité créée par le venin et le sérum de nouveaux caractères distinctifs entre leurs substances actives, et constate que « si les animaux qui ont reçu du sang peuvent ensuite supporter une dose assez grande de venin, ceux qui ont reçu d'abord le venin ne supportent pas avec la même facilité l'inoculation du sang. Il paraît donc probable que dans le sang des Ophidiens comme dans celui des anguilles, nous avons affaire à un principe diastasique parti-

culier différant du venin par ses effets physiologiques et par sa manière
de se comporter vis-à-vis de la chaleur, mais dont les éléments entrent
sans doute en jeu pour constituer cette sécrétion spéciale ».

Pour répondre aux objections précédentes, PHISALIX et BERTRAND
reprennent, en 1896, sur le sang de Cobra, les expériences qu'ils avaient
faites avec celui de la Vipère et des Couleuvres. Ils avaient déjà fait
remarquer dans leur mémoire sur le sujet que dans le sérum et le venin
il y a des différences entre les caractères physiques et chimiques des principes actifs : la résistance à la chaleur, plus faible pour le sérum que
pour le venin, l'action précipitante de l'alcool donnant dans le cas du
venin un produit toxique, alors que le précipité formé avec le sérum ne
l'est pas. « Il est donc certain, disent les auteurs, que les principes actifs
du sang, quoique possédant une action physiologique très voisine de celle
du venin, n'y sont pas combinés sous la même forme chimique. Cela n'a
rien d'étonnant si l'on réfléchit que le venin est acide et le sang alcalin.
On sait combien la constitution des albuminoïdes est influencée par la
nature du dissolvant. Il est possible que les substances sécrétées dans la
cellule glandulaire et qui rentrent dans le sang soient soumises à des
remaniements et modifiées en cours de route dans leur constitution. »

En ce qui concerne la toxicité comparée du sang de Vipère et de
Cobra, les auteurs ont vu que le sérum de Cobra chauffé pendant 15 minutes à 58° perd son action phlogogène, capable à elle seule d'entraîner
la mort, lorsque l'injection est faite dans le péritoine, mais contrairement
au sérum de Vipère, il conserve son action toxique générale. D'autre part,
dans l'envenimation, le sérum de Vipère détermine une chute de la
température et des troubles médullaires, une hypotension artérielle
(KAUFMANN), comme le venin de Vipère, tandis que le sérum de Cobra
produit de l'hyperthermie et des troubles bulbaires (hoquets, vomissements, hypersécrétion), comme le venin correspondant. Il en est de même
du sérum de Cœlopeltis monspessulana, dont le venin a un mode d'action
semblable à celui du venin de Cobra.

Le fait de la toxicité du sang se rencontre aussi chez des animaux
où l'on n'a pas jusqu'alors recherché la toxicité des autres tissus : c'est
ainsi que le Hérisson, qui résiste à l'inoculation de fortes doses de venin
de Vipère, possède un sang presque aussi toxique que cette dernière.
Son immunité naturelle est comparable à celle de l'Anguille. Aussi,
PHISALIX voit-il d'abord, dans la présence du venin dans le sang des animaux, la cause principale de l'immunité naturelle, qui serait ainsi une
accoutumance.

Mais par le chauffage à 58° pendant 15 minutes, le sang du Hérisson
et celui de l'Anguille se comportent comme celui de la Vipère et de la
Couleuvre ; ils perdent leur action toxique : tous les quatre manifestent
alors une propriété non moins importante que la première, un pouvoir
antivenimeux, qui fournit une nouvelle interprétation de l'immunité
naturelle et permet de les utiliser comme substance antivenimeuse.

La précipitation par l'alcool fait aussi apparaître ces propriétés ; les substances antivenimeuses sont entraînées dans le précipité alcoolique, d'où il est possible de les séparer. Ce fait, qui montre l'indépendance des substances venimeuses et des antivenimeuses dans le sang des animaux sus-mentionnés, est confirmé par cet autre, à savoir : l'existence de substances antivenimeuses, à l'exclusion des premières, dans le sang de certains Mammifères, tels que le cheval et le cobaye, sensibles au venin.

Chez les Oiseaux, un seul essai pratique avec le sang de poule a montré l'absence de substance antivenimeuse (C. Phisalix).

Le sang des serpents venimeux est donc toxique ; les lésions qu'il détermine montre qu'il est hémorragipare ; il est de plus antivenimeux.

Une autre propriété du sang des serpents a été mise en évidence par W. Stephens, en 1900 : c'est l'action hémolytique, action que possède également celui d'autres Reptiles, de Batraciens et de Poissons.

L'auteur a fait des observations intéressantes sur les effets toxiques et hémolytiques des sérums de *Couleuvre à collier*, de *Python d'Australie*, de *Grenouille* et d'*Anguille* : ces effets sont empêchés par le sérum antivenimeux.

Les constituants toxiques et hémolytiques des divers sérums ne sont pas identiques, comme le montrent les résultats négatifs des essais d'immunité croisée. Les constituants hémolytiques ne semblent pas non plus être les mêmes que ceux du venin en ce qui concerne le Cobra et la Daboia, car l'hémolyse par le sérum est inhibée par le sérum normal de cheval, alors que ce sérum active, au contraire, l'hémolyse par le venin des deux espèces.

En 1902-1903, Flexner et Noguchi, dans leur importante étude sur la constitution du venin et du sérum des serpents, considèrent la toxicité des tissus des serpents et les effets hémolytiques et hémorragiques des venins.

Ils déterminent en particulier la toxicité des tissus de *Crotalus adamanteus* et trouvent qu'elle est la même que celle du sérum et qu'elle dépend surtout de la quantité de sang retenue par eux. L'essai était pratiqué avec les tissus frais de serpents saignés à blanc, et la pulpe, préparée aseptiquement, était injectée dans le péritoine de jeunes cobayes du poids de 300 grammes.

L'action de la pulpe de la plupart des organes est un peu moins toxique que celle du sérum, mais de même nature, c'est-à-dire *surtout hémorragipare*. Avec les œufs, les symptômes observés sont plutôt ceux de la *neurotoxine*.

Les auteurs constatent l'effet hémorragipare des sérums de *Crotale* et de *Pituophis*.

Quant à l'action hémolytique, ils ont vu que le sérum de Crotale dissout à lui seul, en l'espace de 2 minutes, les hématies de la *mangouste* dans les proportions de 0 cc. 5 de sérum pour 5 pour 100 de sang défibriné, en même temps que se produit une forte agglutination, alors que le même sang défibriné résiste à l'action lytique de o,o5 à 20 pour 100 de venin.

Les auteurs ont aussi essayé l'action des sérums de quelques serpents (*Crotalus adamanteus, Ancistrodon piscivorus, Pituophis catenifer*, qui est un Colubridé Aglyphe) sur les composants hémolytiques des venins de *Crotalus adamanteus*, d'*Ancistron piscivorus* et *contortrix* et de *Naja tripudians*. Les résultats de ces essais ont déjà été donnés à propos de l'hémolyse ; nous les rappellerons dans les pages suivantes.

En 1912, ARTHUS reprend la question de la toxicité comparée du sang et du venin des serpents et conclut à leur indépendance complète.

Les symptômes déterminés par certains venins (*Vipère, Crotale*) et ceux déterminés par les sérums sont les mêmes et relèvent de l'intoxication protéique banale ; mais l'auteur fait remarquer que les sérums de serpents ne sont jamais coagulants, bien que quelques-uns correspondent à des venins coagulants *in vivo* (*Daboia, Pseudechis, Hoplocephalus*), ni curarisants, alors que les venins de C. Protéroglyphes (*Naja, Bungarus, Pseudechis*) possèdent cette propriété.

L'auteur en conclut que « les sérums toxiques de serpents ne doivent pas leur activité à du venin résorbé en nature, mais à leurs propres protéines, et que les glandes élaborent leurs venins aux dépens de substances dépourvues de toxicité. »

MAZZETI (1914), considérant que la plupart des recherches actuelles portent sur l'hémolyse par le sérum des animaux à sang chaud, revient au sérum des Vertébrés à sang froid et recherche s'il contient, comme le sérum d'anguille, des hémolysines directes en ce qui concerne particulièrement leur spécificité et leur action sur les globules nucléés.

Les essais de l'auteur ont porté sur les sérums de *Testudo græca, Lacerta muralis, Rana esculenta, Triton cristatus, Bufo vulgaris, Coluber œsculapii*. Elles ont montré que ces sérums renferment de véritables sensibilisatrices normales susceptibles d'être activées par des alexines de nature déterminée. La teneur en sensibilisatrice varie beaucoup d'une espèce à l'autre ; leur action n'est pas spécifique et s'exerce indistinctement sur un grand nombre d'espèces d'hématies. Le sérum de serpents, en agissant sur les globules rouges nucléés, ne fait pas seulement diffuser l'hémoglobine, mais encore provoque une destruction complète du globule, stroma et noyau.

Nous avons nous-même, soit seule, soit en collaboration avec le R. P. CAIUS, étudié comparativement la toxicité du sang et du sérum d'un certain nombre d'espèces appartenant aux familles des Boïdés, des Uropeltidés et des Colubridés Aglyphes et Opisthoglyphes. Les résultats en sont consignés dans les tableaux et les pages qui suivent.

Le sang et les œufs sont les seules parties de l'organisme où, en dehors des glandes, on observe une action toxique propre ; la chair mus-

... le temps que se produit une forte agglutination.
... dé fibriné résiste à l'action lytique de 0,05 à 20 p... ...

...eurs ont au... si essayé l'action des sérums de quelques ser... ...
...adamanteus, *Ancistrodon piscivorus*, *Pitaophis catenifer* ...
...olubridé Aglyphes sur les composants hémolytiques des ...
...talus adamanteus, d'*Ancistron piscivorus* et *contortrix* et de ... ...
...rians. Les résultats de ces essais ont déjà été donnés à prop... ...
...nalyse : nous les rappellerons dans les pages suivantes.

En 1912, ADAMS reprend la question de la toxicité compar...
...ng et du venin des serpents et conclut à leur indépendance complèt...

Les symptômes déterminés par certains venins (Vipère, Crota... ...
...ceux déterminés par les sérums sont les mêmes et relèvent de l'int... ...
...cation protéique banale ; mais l'auteur fait remarquer que les s... ...
de serpents ne sont jamais coagulants, bien que quelques uns corres... ...
...dent à des venins coagulants *in vivo* (Daboïa, *Pseudechis*, *Hopl...
...los... ni curarisants, alors que les venins de C. Protéroglyphes (*Naja* ...
...garus, *Pseudechis*) possèdent cette propriété.

L'auteur en conclut que... les sérums toxiques de serpents ne doive... ...
...pas leur activité à du venin réservé en nature, mais à leurs propr... ...
proteines, et que les glandes élaborent leurs venins aux dépens de... ...
...tances dépourvues de toxicité. »

MAZZETI oppose... considérant que la plupart des recherches act... ...
...portent sur l'hémo... par le sérum des animaux à sang chaud, re... ...
...aux... des V...és à sang froid et recherche s'il contient, comm... ...
...les hémolysines directes en ce qui concerne parti... ...
...et leur... ...cité et leur action sur les globules nucléés.

Les ess... l'auteur ont porté sur les sérums de *Testudo gr...* ...
......, *Rana esc...na*, *Triton cristatus*, *Bufo vulgaris*, *Colu...* ...
......es ont m... que ces sérums renferment de vérit... ...
...lysines normal... susceptibles d'être activées par des alexines de ...
...atures... ...nimée. Leur en sensibilisatrice varie beaucoup d'... ...
...espèce à autre... action n'est pas spécifique et s'exerce indist... ...
...sur un gr... ...ombre d'espèces d'hématies. Le sérum de serp... ...
......sur... ...lobules rouges nucléés, ne fait pas seulement... ...
......plus encore provoque une destruction complète... ...
... ...hémogl...

......neusement, soit seulement en collaboration avec... ...
......tudié comparativement la toxicité du sang et du sér... ...
......nombre d'espèces appartenant aux familles des Boïdés, d... ...
......et des Colubridés Aglyphes et Opisthoglyphes. Les résul... ...
......nés dans les tableaux et les pages qui suivent.

......rums sont les seules parties de l'organisme ...
... ...és, on observe une action toxique propre, la chair n... ...

CROTALUS ADAMANTEUS
(D'après Bocourt.)

culaire des serpents est parfaitement comestible, d'autant que la toxicité du peu de sang qui l'imprègne est détruite par l'action de la
chaleur.

Sang des Serpents

Les recherches dont nous venons de suivre le développement histo
rique mettent en évidence la présence dans le sang des serpents de subs·
tances actives presque aussi nombreuses que celles qui existent dans
les venins.

Elles peuvent être divisées en deux groupes :

1° LES SUBSTANCES VENIMEUSES OU TOXIQUES ;

2° LES SUBSTANCES ANTIVENIMEUSES.

Le premier groupe peut être subdivisé, suivant que l'action veni·
meuse s'exerce d'une façon générale sur l'ensemble des fonctions, ou
localement sur les tissus, ou enfin sur le sang, en :

Neurotoxines
Cytotoxines
Hémorragines
Hémolysines

Substances venimeuses

TOXICITÉ GLOBALE DU SANG DES SERPENTS

Cette toxicité n'est pas la même pour toutes les espèces de Serpents
que nous avons examinées à ce point de vue, et les différences apparaissent nettement quand on emploie, ainsi que nous avons pu le faire, une
même dose de sérum inoculée par la même voie à des espèces animales
sensibles, telles que les petits passereaux. Ceux que nous avons d'ordinaire utilisés à nos essais, le Moineau (*Passer domesticus*), le *Ploceus
baya*, le *Munia malacca*, l'*Uroloncha malabarica*, n'ont pas un poids supérieur à 25 grammes ; et ce poids descend parfois à 11 grammes.

Nous avons choisi à dessein, parmi les Boïdés, les Uropeltidés et les
Colubridés Aglyphes, des espèces reconnues par nous venimeuses, et,
en outre, quelques autres espèces où la glande parotide est absente,
mais chez lesquelles n'ayant pas non plus examiné les autres glandes,
nous ne pouvons affirmer qu'il n'en existe pas de venimeuses.

Toxicité globale comparée du sang des Serpents vis-à-vis des petits Passereaux

ESPÈCE DE SERPENT	Dose de sérum ou de sang inoculé, en centim. cubes	Lieu de l'inoculation	Espèce inoculée, son poids, en grammes		Durée de la survie
FAMILLE DES BOÏDÉS					
Eryx conicus, Schn.	0.50	m. pect.	Ploceus	20	65 m.
Eryx conicus, Schn.	id.	id.	Munia	16	0 seconde
Eryx johnii, Russel..	id.	id.	Uroloncha	11	2 à 48 m.
FAMILLE DES UROPELTIDÉS					
Platyplectrurus sanguineus, Bedd.	id.	id.	Munia	14	69 m.
Silybura nigra, Bedd.	id.	id.	id.	id.	2 h. 30 m.
Silybura. pulneyensis, Bedd	id.	id.	Ploceus	21	5 à 6 h.
FAMILLE DES COLUBRIDÉS					
C. Aglyphes					
Simotes arnensis, Shaw	id.	id.	Munia	15	1 m.
Helicops schistosus, Daud.	1.	id.	Ploceus	21	1 m.
Tropidonotus platyceps, Blyth.	0.50	id.	Munia	14.5	5 m.
Trop. subminiatus, Schleg.	id.	id.	id.	id.	19 m.
Lycodon aulicus, L...	id.	id.	id.	12.5	22 m.
Polyodontophis collaris, Gray	id.	id.	id.	15.5	22 m.
Tropidonotus piscator, Schn.	id.	id.	id.	12	2 h. 4 m.
Simotes albocinctus, Cantor.	id.	id.	id.	11	6 à 9 h. 748 h.
Coluber helena, Daud.	0.25 à 0.50	id.	Uroloncha	12	
Oligodon subgriseus, D. B.	0.50	id.	Munia	12	totale.
C. Opisthoglyphes.					
Dryophis mycterisans, Russel	id.	id.	Ploceus	21	79 m.
Dipsas ceylonensis, Günth.	id.	id.	id.	id.	3 h. 10

Ce tableau nous montre que la toxicité du sang des Serpents peut varier dans des limites assez étendues pour une dose employée relati-. vement faible, puisque dans certains cas cette dose de o cc. 5 est foudroyante (*Eryx conicus*, *Simotes arnensis*, *Helicops schistosus*), alors que, avec d'autres espèces, la mort des petits oiseaux ne survient qu'après 48 heures (*Coluber helena*) ou même ne se produit pas du tout (*Oligodon subgriseus*).

Il est à remarquer que la *Coluber helena* ne possède pas de parotides et que chez l'*Oligodon subgriseus*, ces glandes, à l'état frais, ne pèsent pas plus de 1 milligramme, et ne manifestent qu'une toxicité minime.

Pour les autres espèces, le pouvoir toxique global du sang suit d'assez près celui du venin des glandes.

Vis-à-vis des petits Rongeurs, et principalement du cobaye, nous avons réuni dans le tableau suivant le résultat de nos observations et de celles de divers auteurs ; ils ne donnent qu'une idée approximative de la toxicité du sang de ces espèces, puisque cette toxicité varie pour chaque espèce ; mais si incomplets qu'ils soient, ils pourront servir de points de repère pour des recherches plus spéciales.

Toxicité globale comparée du sang des Serpents vis-à-vis du Cobaye

ESPÈCE DE SERPENT	Dose de sérum inoculé, en cent. cubes	Lieu de l'inoculation et poids du cobaye, en grammes.		Durée de la survie
Coronella austriaca, Laur..	0.50	péritoine P.	400	1 h. 30 m.
Zamenis gemonensis, Laur..	id.	id.	250	id.
Vipera aspis, Lin.	1	veines	480	0 seconde
id.	2	péritoine	500	2 h.
id.	2	sous la peau id.		3-6 h.
Cerastes vipera, Lin.......	0.50	péritoine	500	4-6 h.
Crotalus adamanteus, Kenn.	0.10 à 0.50	id.	300	6 h.
id.	2 à 3	s. la peau	500	id.
Naja haje, Lin............	0.50	id.	500	3-6 h.
id.	2.25	péritoine	id.	2 h. 15 m.
Tropidonot. viperinus, Latr.	0.75	id.	435	5 h.
id.	1.50	id.	420	3 h. 10 m.
Zamenis hippocrepis, Lin..	1.50	id.	540	2 h. 15 m.
Tropidonotus natrix, Lin..	1	id.	445	3 h. 40 m.
id.	2	id.	385	1 h. 25 m.
Coluber scalaris, Schinz....	1.50	id.	395	4 h.
Coluber longissimus, Laur.	2	id.	500	80 m.
Naja tripudians, Merr.	2.25	id.	500	2 h. 15 m.
Cœlopeltis monspessulana, Herm.	3	id.	id.	10 m.

Si l'on compare la toxicité du sang des Serpents à celle des **autres** Vertébrés à sang froid, on constate que, vis-à-vis des petits Passereaux, les espèces suivantes s'équivalent dans les limites où varie également la toxicité de leur sang.

ESPÈCE FOURNISSANT LE SÉRUM	Dose de sérum inoculé, en cent. cubes	Lieu de l'inoculation	Espèce inoculée	Durée de la survie
Zamenis mucosus..	0.50	m. pector.	Ploceus baya	72 m.
Dryophis mycterisans	id.	id.	id.	79 m.
Coluber reticularis.	id.	id.	Moineau	80 m.
Salamandra maculosa	1	id.	id.	1 h.30 à 2 h.

Vis-à-vis du cobaye adulte, qui reçoit l'inoculation dans le péritoine, on peut de même rapprocher des Murénides pour la toxicité de leur **sang,** les espèces suivantes de serpents.

ESPÈCE FOURNISSANT LE SÉRUM	Dose de sérum inoculé, en ent. cubes	Lieu de l'inoculation	Espèce inoculée, son poids, en grammes		Durée de la survie
Coronella austriaca.	0.50	péritoine	Cobaye	400	1 h. 30 m.
Vipera aspis	2	id.	id.	480	2 h.
Anguilla vulgaris ..	1	id.	id.	500	2-3 h.
Murena helena	1.50	id.	id.	500	2 h.
Zamenis hippocrepis	1.50	id.	id.	540	2 h. 15

Il n'est guère, parmi les Mammifères jusqu'ici étudiés à ce **point de** vue, que le sang du *Hérisson* qui se rapproche par sa toxicité de celui des Serpents, sans toutefois l'égaler : la dose de 2 à 3 cc. fait périr le cobaye en 15 à 20 heures par inoculation intrapéritonéale ; **dans les** mêmes conditions, 2 cc. 25 de sérum de Cobra tue le cobaye **adulte** en 2 h. 15 minutes.

D'après PHISALIX et BERTRAND, le sérum de poule ne serait ni venimeux, ni antivenimeux.

Ainsi qu'on le voit par les divers tableaux précédents, la **toxicité** du sang des divers Serpents n'est pas toujours la même vis-à-vis d'une même espèce animale ; le fait est particulièrement évident en ce qui concerne les petits Passereaux, très sensibles aux venins et aux autres

substance toxiques ; ces oiseaux peuvent être foudroyés par une dose de
sérum qui, provenant d'autres espèces, ne détermine qu'un malaise
passager.

Neurotoxines ; leur action physiologique générale

1° *Sur les petits Passereaux par injection dans le muscle pectoral.*

Nos essais ont porté sur une vingtaine d'espèces de serpents appartenant pour la plupart à la faune des Indes ou à celle d'Europe.

Les résultats obtenus sur les passereaux d'un poids variant entre
11 et 25 grammes nous ont montré que la dose de o cc. 5 de certains
sérums (*Eryx, Simotes, Helicops*) peut être foudroyante, où déterminer
la mort en moins de une heure. Lorsque la mort est immédiate, l'oiseau
tombe affaissé et expire simplement, ou après avoir présenté des convulsions. La toxicité du sang d'une même espèce subit des variations, comme
on l'observe aussi avec celui des Murénides (*Anguille*).

Lorsque la survie est plus longue, les premiers symptômes apparaissent plus ou moins tardivement ; nous ne rapporterons que les résultats
qui ont pu être fournis par plusieurs expériences concordantes, et qui
se distinguent les unes des autres par quelque particularité.

Sérum d'Helicops schistosus. — L'inoculation au *Ploceus baya* de
sang ou de sérum peut entraîner la mort de l'oiseau en 1 à 54 minutes :
avec 1 cc. 5 de sang, la mort est survenue dans un cas en 45 minutes,
alors que 1 cc. avait déterminé chez un autre sujet une mort foudroyante.

Dans tous les cas où se produit une survie, l'effet de l'inoculation
est immédiat : la respiration s'accélère et devient dyspnéique et saccadée ;
l'oiseau tend le cou, relève la tête et ouvre le bec pour respirer. En même
temps, il se produit de l'affaiblissement musculaire ; l'oiseau perd l'équilibre, s'affaisse sur le ventre et les tarses, pattes écartées, la queue pendante
; il tombe quelquefois ou se retient au perchoir par une seule patte. Ces
troubles moteurs et respiratoires sont entrecoupés de narcose, puis reparaissent en s'accentuant, vers la fin de l'envenimation ; la respiration
après une accélération passagère se ralentit, puis s'arrête ; il se produit
du frémissement des ailes, des convulsions agoniques des pattes, et le
cœur s'arrête à son tour.

A l'autopsie, on trouve les poumons congestionnés, le cœur arrêté en
diastole.

Les mêmes symptômes sont observés après l'inoculation de o cc. 5
de sérum des espèces suivantes : *Dipsas ceylonensis, Dryophis mycterisans, Eryx conicus, Polyodontophis collaris, Tropidonotus piscator, platyceps et stolatus.*

Le sérum de *Coronella austriaca* inoculé au moineau à la dose de
1 cc., celui d'*Oligodon subgriseus*, inoculé à la dose de o cc. 5 au Ploceus
déterminent les mêmes symptômes généraux d'envenimation que les précédents sérums ; mais il ne se produit pas de convulsions terminales

accompagnant la mort avec le sérum de Coronelle, et les animaux qui ont reçu le sérum d'Oligodon guérissent en 5 à 6 heures.

Sérum de Lycodon aulicus. — Le *Munia* du poids de 12 à 13 grammes qui reçoit o cc. 5 de sang ou de sérum de Lycodon, meurt en 22 minutes dans le premier cas, et en 20 heures dans le second.

Immédiatement après l'injection, la respiration s'accélère, devient anhélente et suivie de rhoncus. Le corps s'affaisse sur le ventre et les tarses, puis le cou est secoué de convulsions. Il y a du nystagmus, puis des périodes de narcose. Vers la fin de l'envenimation, la paralysie musculaire progresse, la respiration devient saccadée, puis s'arrête, et le sujet meurt dans de violentes convulsions.

A l'autopsie, le muscle injecté présente un volumineux œdème ; le cœur est arrêté en diastole et les poumons sont fortement congestionnés.

Sérum de Coluber helena. — Inoculé à la dose de o cc. 25 à un *Uroloncha* du poids de 11 grammes, il détermine les mêmes symptômes, qui toutefois débutent plus tardivement et donnent une survie plus longue ; mais l'état spasmodique et les convulsions sont plus précoces et plus marqués qu'avec le sérum de Lycodon.

Ainsi, chez les petits Passereaux, l'inoculation d'une dose de sérum comprise entre o cc. 25 et 1 cc. détermine une envenimation d'allure assez uniforme, qui se traduit par des symptômes la plupart constants, et les autres plus rares :

1° *Troubles respiratoires : accélération, irrégularités, paralysie terminale*, entraînant la mort un peu avant l'arrêt du cœur, avec ou sans convulsions terminales ;

2° *Affaiblissement musculaire*, puis paralysie ;

3° *Narcose*, qui alterne avec des périodes de veille.

Ces symptômes sont constants ; il faut y ajouter les suivants :

4° *Hyperexcitabilité réflexe, convulsions*, se déclarant dès le début ou au cours de l'envenimation (Lycodon, Coluber helena...).

5° Arrêt du cœur, le plus souvent en diastole, par paralysie lente et progressive du ganglion moteur ; mais quelquefois en systole (*Coluber reticularis, Dipsas ceylonensis*, etc...). Il y a lieu de remarquer que pour un même sérum inoculé à une même espèce, on peut avoir une action opposée sur le muscle cardiaque, qui ne semble pas ainsi être électivement influencé par le sérum.

Le sang contenu dans le cœur et les gros vaisseaux est fluide, les poumons sont toujours fortement congestionnés, et, au lieu de l'inoculation le muscle pectoral est œdémacié.

Les symptômes que nous venons de résumer correspondent à ceux que nous avons précédemment obtenus avec les extraits des glandes venimeuses des espèces sus-mentionnées ; la toxicité du sang est plus marquée aussi chez les espèces où la toxicité glandulaire est la plus élevée (*Eryx*, *Simotes*...) et inversement moindre chez les espèces où les parotides sont peu toxiques (*Oligodon*) et où elles n'existent pas du tout, comme chez la *Coluber helena*. Mais ce n'est là qu'un caractère de fréquence, car le sérum de Cobra est comparativement moins toxique que le venin.

2° Sur le Cobaye

Sang ou sérum de Vipère. — L'inoculation dans la veine jugulaire d'un cobaye adulte de 1 cc. de sang frais de Vipère a une action foudroyante :

« Une minute après l'injection, on observe des convulsions de la patte postérieure droite, puis la peau des pattes, du museau et des oreilles se refroidit. Bientôt l'animal devient flasque, immobile ; les oreilles et les lèvres sont violacées ; il a encore quelques mouvements respiratoires avec convulsions des membres antérieurs, les battements du cœur ne sont plus perceptibles ; il meurt.

A l'autopsie, faite immédiatement, on trouve le cœur distendu par du sang noir et fluide, qui en s'écoulant rougit lentement et coagule difficilement. »

La dose de 2 cc. de sérum de Vipère tue le cobaye, inoculé dans le péritoine, en moins de 2 heures (1 h. 53 m.) avec le symptômes suivants : affaiblissement musculaire précoce, stupeur, immobilité sur place ; nausées, respiration saccadée, ralentie à chaque inspiration, bruit de râle, cornage.

Le cobaye ne peut bientôt plus se tenir sur ses pattes; il tremble, puis tombe flasque sur le flanc, et ne réussit pas à se relever. Dès le début de l'envenimation, la température s'abaisse progressivement, depuis 40 qu'elle était au début, jusqu'à 26°5 au moment de la mort, qui survient par arrêt de la respiration avec quelques secousses convulsives de la tête et de la bouche.

A l'autopsie, le cœur, immobile, flasque, est encore faiblement excitable ; ses parois sont fortement injectées de sang fluide. L'estomac et l'intestin sont très congestionnés et leur muqueuse est rouge. Le gros intestin présente de nombreuses taches hémorragiques. Les poumons, le foie et les reins sont très congestionnés. Le péritoine est rouge avec un épanchement séro-sanguinolent.

L'inoculation sous-cutanée de la même dose de sérum de Vipère donne des résultats identiques, avec cette différence que la mort n'arrive que beaucoup plus lentement.

Chez le chien, KAUFMANN a constaté que la dose de 2 cc. de sang de Vipère détermine comme le venin du même animal un abaissement énorme et immédiat de la pression artérielle.

Sang de Couleuvre (Tropidonotus viperinus, Tr. natrix) inoculé dans le péritoine. — Les effets déterminés par le sérum de ces Couleuvres sont conformes à ceux que nous avons signalés pour le sérum de Vipère : on note effectivement de la parésie progressive aboutissant au collapsus, avec conservation de la sensibilité ; des nausées avec efforts de vomissement et hoquets convulsifs, de la stupeur, du ralentissement respiratoire et de la paralysie de la respiration entraînant la mort avec quelques mouvements convulsifs, avant l'arrêt du cœur, celui-ci survenant en diastole ; l'abaissement de la température ; la vaso-dilatation générale avec congestion des viscères et suffusions sanguines.

Le sérum des deux espèces se montre également toxique, et sa toxicité atteint celle du sérum de Vipère ; avec o cc. 75 de sérum de Tr. viperinus, la mort survient en moins de 6 heures par inoculation intrapéritonéale à peu près dans le même temps que si le cobaye avait reçu o milligr. 4 de venin de Vipère ; avec 1 cc. de sérum de Tropidonote, le cobaye succombe en 3 heures 40 minutes ; en 1 h. 25 minutes, avec 2 centimètres cubes.

Le sang de Vipère chauffé pendant 15 minutes à la température de 58° perd sa toxicité générale, ainsi que son action phlogogène locale, et il en est de même du sang des Couleuvres (*Tropidonotus natrix* et *viperinus*). Le venin de ces animaux ne s'atténue dans les mêmes conditions qu'à la température de 75°.

L'alcool forme un précipité avec le sang comme avec le venin ; le précipité du sang n'est pas toxique, non plus que le résidu du filtrat évaporé. Il faut donc admettre ou que l'alcool altère les substances toxiques du sang ou que celles-ci sont fortement fixées par les matières albuminoïdes du précipité qui les englobent.

Semblablement traité par l'alcool, le venin de Vipère ne cède à l'alcool aucune substance toxique, mais le précipité lui-même se montre toxique.

Sang de Crotale inoculé dans le péritoine. — La dose de o cc. 1, introduite dans le péritoine d'un jeune cobaye pesant 300 grammes, entraîne la mort en l'espace de 6 heures. Les symptômes sont les mêmes que ceux de l'empoisonnement par le venin. A l'autopsie, la cavité péritonéale contient un épanchement laqué ; les vaisseaux sont injectés et les séreuses présentent des hémorragies ponctiformes.

Lorsque le sérum a été chauffé à 58° pendant 30 minutes, l'inoculation de fortes doses ne produit plus que de la dépression dont l'animal se remet ; il ne se produit ni ecchymoses, ni congestion des vaisseaux.

Flexner et Noguchi considèrent que le constituant le plus important du sérum de Crotale est l'hémorragine ; la neurotoxine ne s'y rencontre qu'en faible quantité.

Sang de Naja (Naja tripudians, Naja haje) par injection dans le péritoine. — Le sang ou le sérum de ces deux espèces perd seulement son action phlogogène lorsqu'on le chauffe à 58° pendant 15 minutes. D'après C. Phisalix, cette action phlogogène est à elle seule capable d'entraîner la mort en 2 h. 15 minutes par injection intrapéritonéale chez le cobaye, à la dose de 2 cc. 25 de sérum de Naja haje. L'animal présente des troubles croissants du mouvement et de la respiration, le train postérieur tombe, la tête s'abaisse ; il se refroidit modérément de 4 degrés, mais ne présente ni hoquet, ni hypersécrétion glandulaire. A l'autopsie il existe une vive inflammation du péritoine et des intestins.

Lorsqu'on emploie le sérum chauffé, la dose minima mortelle s'élève à 6 cc. 5 (Naja haje) et la durée de la survie devient plus longue : 23 heures.

Par la voie sous-cutanée, 4 cc. 5 de sérum chauffé de Naja tripudians ont entraîné la mort du cobaye adulte en l'espace de 3 heures, ce qui laisse supposer des variations marquées de la toxicité.

Mais dans les deux cas, les symptômes sont les mêmes : paralysie graduelle du mouvement volontaire, de la respiration, hypersécrétion lacrymale, salivaire et trachéo-bronchique, hoquets. La température, au cours de l'envenimation, reste stationnaire ou s'élève vers la fin de quelques dixièmes de degrés.

A l'autopsie on trouve la muqueuse trachéale congestionnée et des mucosités spumeuses encombrent le larynx. Aucune inflammation dans le péritoine.

Ainsi, d'après C. Phisalix, le sérum de Cobra renferme une substance phlogogène, qui paraît analogue à celle du sang et du venin de Vipère (l'échidnase) et qui est détruite comme elle par le chauffage à 58° ; mais à cette température, le principe à action toxique générale résiste, et détermine les symptômes analogues à ceux que produit le venin.

3° Sur le Lapin

Sang de Cobra (Naja tripudians). — D'après Calmette, l'inoculation intraveineuse de 2 cc. de sang défibriné tue un lapin du poids de 1.500 grammes en l'espace de 3 minutes ; en 6 heures, par injection dans le péritoine, et en un temps plus long par injection sous-cutanée. Les symptômes sont les mêmes que ceux produits par l'inoculation du venin pur : « *dyspnée, paralysie du train postérieur, vomissements, hypothermie, affolement du cœur et mort par asphyxie.*

Toutefois, dans un travail plus étendu sur le sujet, l'auteur trouve moins complète la similitude des symptômes dûs au sérum et au venin : le sérum ne tue jamais dans un délai très court par la voie sous-cutanée ; même les souris, avec de fortes doses de sang, meurent rarement en moins de 2 ou 3 heures, et les cobayes en moins de 6 heures. Le sérum inoculé dans le péritoine détermine toujours une inflammation énorme des intestins et de la paroi au niveau du point inoculé.

L'injection sous-cutanée, bien que produisant des effets moins intenses, s'accompagne d'un œdème considérable, donc des phénomènes locaux plus marqués qu'avec le venin.

Arthus fait remarquer que le sérum de Cobra n'a qu'une faible action toxique et aucune action curarisante, bien que le venin correspondant soit très toxique et curarisant.

De plus, en ce qui concerne les C. Protéroglyphes d'Australie (*Pseudechis porphyriacus* et *Hoplocephalus curtus...*), dont les venins sont à la fois curarisants et coagulants *in vivo*, leur sérum n'est ni curarisant, ni coagulant ; il ne déterminerait qu'une intoxication protéique banale, caractérisée au début par l'*accélération respiratoire, la chute de la pres sion artérielle* et l'*incoagulabilité du sang.*

Faisant abstraction de tous les autres symptômes qu'on peut observer relativement à la motricité (paralysie ou hyperexcitabilité), à la narcose, aux variations de température, l'auteur pense que le sérum des Serpents a une action exclusivement protéotoxique, comme le venin des Vipéridés, qu'il doit à ses protéines propres, indépendantes de celles du venin.

Cytotoxines. — Action phlogogène locale

Nous avons eu l'occasion de signaler cette action à propos de l'action physiologique particulière à chaque sérum. Il nous suffira donc de la rappeler brièvement. Comme les venins, les sérums toxiques ont une action irritative locale sur les tissus au contact desquels ils sont déposés.

Dans le tissu cellulaire sous-cutané, le sérum détermine un œdème plus ou moins considérable, qu'on observe aussi dans le muscle pectoral des petits oiseaux, lorsque le sérum y a été introduit. Cet œdème est assez marqué et intermédiaire entre ceux qui sont dûs aux venins des Vipéridés et des Colubridés.

Le péritoine réagit plus vivement encore que le tissu sous-cutané ; il est rouge et souvent baigné par un liquide séro-sanguinolent ; la surface des viscères est le siège de taches hémorragiques, et montre une congestion intense.

La substance à action phlogogène, analogue à l'échidnase du venin de Vipère est détruite par le chauffage à 58° pendant 15 minutes, aussi bien pour le sérum de Cobra que pour celui de la Vipère (C. Phisalix).

Hémorragines

A propos des lésions déterminées par le sérum de Vipère aspic et des Couleuvres tropidonotes, nous avons signalé la forte congestion viscérale, les taches hémorragiques sur les séreuses et l'épanchement séro-sanguinolent que l'on trouve dans le péritoine.

Flexner et Noguchi ont noté les mêmes lésions après inoculation de venin de Crotale au cobaye. Ils considèrent même que l'hémorragine est la principale substance active du sérum comme du venin de ce serpent. Le sérum ne contiendrait qu'une faible quantité de neurotoxine.

L'étude histologique du mésentère de cobayes envenimés par le venin de Crotale leur a montré, comme on le savait pour d'autres venins hémorragipares, que les hémorragines agissent directement comme des cytolysines sur les cellules endothéliales des vaisseaux, et permettent ainsi au sang de se répandre dans les tissus environnants. Cette extravasation est d'autre part favorisée par la stase due à l'hypotension artérielle.

HÉMOLYSINES

L'étude de l'hémolyse déterminée par les sérums de serpents n'est pas encore très avancée, et n'a été recherchée que pour un petit nombre d'espèces : *Crotale, Ancistrodon, Couleuvre d'Esculape, Cobra, Python, Pituophis...*

FLEXNER et NOGUCHI ont montré que le sérum de Crotale a une action dissolvante directe sur les hématies de la Mangouste. Le fait est d'autant plus intéressant que cet animal présente une résistance remarquable à l'action du venin des serpents.

Mais si au sérum de Crotale on ajoute du venin d'Ancistrodon, l'hémolyse n'a plus lieu, même si on emploie les hématies du cobaye, qui est plus sensible au venin.

Les auteurs voient dans ces faits la preuve que les ambocepteurs du sérum toxique se fixent, d'après la théorie d'ERHLICH sur les récepteurs des hématies sensibles, et ne laissent plus de récepteurs libres pour la fixation du venin.

Ils constatent aussi que le sérum de Crotale dissout rapidement les hématies d'*homme*, de *chien*, de *cobaye*, de *lapin*, de *rat*, de *mouton*, de *cheval*, de *pigeon* quand il est ajouté à l'un quelconque des venins de *Crotalus adamanteus*, d'*Ancistrodon piscivorus* et *contortrix*, et de *Pituophis catenifer*.

La rapidité de l'hémolyse croît avec la dose de venin et avec l'emploi du sérum homologue au venin. Le sérum de *Pituophis*, Serpent que les auteurs considèrent comme une couleuvre non venimeuse, est actif sur l'hémolyse par les mêmes venins, mais à un degré beaucoup moindre que les autres sérums, car il ne donne jamais une hémolyse complète.

Le chauffage à 56° pendant 3o minutes supprime le pouvoir activant de ces divers sérums et ,d'après KOPACZEWSKI, du sérum de Murène ; mais on peut le faire réapparaître en ajoutant une petite quantité de sérum frais de serpent ou même de cobaye. Toutefois, le sérum de Pituophis, comme celui de Crotale, est peu réactivé.

Il résulte de ces faits que le sérum des Serpents contient des alexines possédant une certaine spécificité, mais qui est loin d'être absolue.

Nous avons donné en détail les résultats de ces recherches à propos de l'hémolyse.

Les recherches de MAZZETI sur les sérums d'animaux à sang froid, Reptiles et Batraciens, et en particulier sur le *Coluber esculapii*, ont montré que ces sérums renferment de véritables sensibilisatrices normales, susceptibles d'être activées par des alexines de nature déterminée. La teneur en sensibilisatrice varie beaucoup d'une espèce à l'autre. Leur action n'est pas spécifique, et s'exerce indistinctement sur un grand nombre d'espèces d'hématies.

Comme le sérum des Batraciens, le sérum de Serpents, en agissant sur les hématies nucléées, ne fait pas seulement diffuser l'hémoglobine, mais provoque la destruction complète du globule, stroma et noyau.

C'est là un caractère qui est aussi commun au venin muqueux des Batraciens, ainsi que nous l'avons nous-même observé.

Les sérums des Serpents, comme les venins, contiennent donc soit des hémolysines directes, soit des composants hémolytiques, alexines et sensibilisatrices.

Les effets de ces constituants hémolytiques sont empêchés par le sérum antivenimeux.

STEPHENS, qui a comparé au point de vue de l'hémolyse, les sérums de Couleuvre à collier et de Python d'Australie à celle des sérums d'Anguille et de Grenouille, confirme cette dernière donnée, et constate par les résultats négatifs de l'immunisation croisée que les constituants toxiques et hémolytiques des divers sérums ne sont pas identiques.

Les constituants hémolytiques ne semblent pas non plus à l'auteur être les mêmes que ceux du venin, en ce qui concerne le Cobra et la Daboia, car l'hémolyse par le sérum est inhibée par le sérum normal de cheval, alors que ce sérum active au contraire l'hémolyse par le venin de ces deux espèces.

Substances antivenimeuses

La constatation faite par C. PHISALIX et CH. CONTEJEAN, de la présence de substances antitoxiques vis-à-vis du curare dans le sang de la Salamandre terrestre, qui est insensible à ce poison, et celle de la présence de substances antivenimeuses vis-à-vis du venin de Vipère dans le sang des animaux vaccinés contre ce venin ont conduit PHISALIX et BERTRAND à rechercher si le fait est général chez les animaux doués de l'immunité naturelle vis-à-vis des venins, comme les Serpents eux-mêmes, l'Anguille et le Hérisson.

Or, le sang de ces animaux étant toxique, il fallait d'abord, pour mettre en évidence les substances antivenimeuses, détruire les substances venimeuses par un moyen approprié.

Le chauffage à 58° pendant 15 à 30 minutes suffit à faire disparaître le pouvoir toxique du sérum de *Vipère*, de *Couleuvre*, d'*Anguille*, de *Hérisson*, de *Crotale*, de *Pituophis*; il faut porter à 60° la température pour détruire la toxicité du sérum de *Coronelle*; à 68° pendant 10 minutes pour détruire celle du sérum de *Naja* (Naja tripudians ou Naja haje). d'après A. CALMETTE. La température de 58° maintenue pendant 15 minutes ne lui enlève que son pouvoir phlogogène (PHISALIX).

Ainsi, les substances toxiques des sérums, comme celles des venins, sont inégalement résistantes à la chaleur ; elles sont plus sensibles que les venins à l'action de cet agent ; mais leurs variations de sensibilité sont toujours de même sens.

Avec ces sérums chauffés, PHISALIX et BERTRAND ont vu que o cc. 25 de sérum de Vipère et une dose un peu plus élevée de sérum de Couleuvre, 1 cc. 5 de sérum d'Anguille, protègent le cobaye contre l'inoculation intrapéritonéale de la dose mortelle de venin de Vipère pratiquée 15 à 24 heures plus tard.

De même 8 cc. de sérum de Hérisson, inoculés dans le péritoine, protègent le cobaye contre l'inoculation sous-cutanée de deux fois la dose mortelle de venin de Vipère. L'effort protecteur est plus manifeste lorsque l'inoculation d'épreuve n'est faite que 24 heures après celle du sérum.

Ces substances antivenimeuses des sérums toxiques existent-elles préformées dans les sérums ou proviennent-elles de la transformation sous l'influence de la chaleur des substances toxiques ?

Pour élucider la question, PHISALIX et BERTRAND ont recours à divers moyens :

Ils essaient d'abord l'action de l'alcool, qui altère moins que la chaleur les substances actives du sérum : ils constatent que le précipité qui se forme contient outre les substances albuminoïdes, les substances antitoxiques et immunisantes. En maintenant au contact pendant plusieurs semaines le précipité et l'alcool surnageant, les substances albuminoïdes deviennent de moins en moins solubles dans l'eau. Le précipité séché, puis repris par l'eau, lui cède les substances qui ont à un haut degré des propriétés antivenimeuses, car il suffit en effet de mélanger la quantité de la solution correspondant à 2 ou 3 cc. de sérum de Vipère à une dose mortelle de venin pour rendre cette dernière inoffensive ; bien plus, on peut attendre 20 ou 25 minutes après l'inoculation du venin pour injecter cette antitoxine naturelle, qui agit aussi efficacement que le sérum antivenimeux.

Ce résultat est en faveur de la préexistence de l'antitoxine dans le sérum.

Ils recherchent ensuite si de telles substances antivenimeuses se rencontrent dans d'autres sérums, à l'exclusion des substances toxiques ; ils voient que 10 à 20 cc. de sérum de cobaye inoculés dans le péritoine d'un sujet de la même espèce, en même temps que la solution de 1 milligramme de venin de Vipère (dose plus de deux fois mortelle), retarde d'une trentaine d'heures la mort du sujet. De même, l'inoculation intrapéritonéale de 20 cc. de sérum de cheval faite 48 heures avant celle de o millig. 71 de venin (dose deux fois mortelle), prévient la mort du cobaye. Et les résultats sont les mêmes lorsque le sérum a été chauffé pendant 15 minutes à 68°.

Ainsi, le sang de quelques animaux sensibles au venin de Vipère contient aussi à l'état normal, et quoique en moindres proportions, des substances antivenimeuses, qui ne sauraient provenir de substances toxiques.

Il est donc démontré que les substances antivenimeuses du sérum, comme celles du venin, préexistent dans ces liquides, aussi bien chez les animaux venimeux que chez les animaux sensibles, et ne proviennent pas d'une modication des substances toxiques.

Vaccination par les sérums naturels

Les sérums des Serpents, comme leurs venins, sont capables de conférer aux animaux qui les reçoivent, une immunité, soit contre leur propre action, soit contre celle des venins.

A. Calmette a vu que l'immunité conférée n'est pas tout à fait la même, au point de vue de l'intensité obtenue au moyen de l'un ou l'autre produit venimeux : « Si les animaux, dit-il, qui ont reçu du sang peuvent ensuite supporter une dose assez grande de venin, ceux qui ont d'abord reçu le venin ne supportent pas avec la même facilité l'inoculation du sang. »

L'immunisation obtenue est, en effet, toujours plus grande vis-à-vis du sérum employé que vis-à-vis d'autres substances.

Le sérum anticrotale, préparé par Flexner et Noguchi, neutralise à la dose de 2 cc. l'action hémotoxique de 1 cc. de sérum de Crotale et de c cc. 5 de sérum de Pituophis.

Cet immune sérum est antihémolytique vis-à-vis du venin, et partiellement vis-à-vis du sérum de Pituophis ; il ne réduit que très peu la toxicité du venin et n'a aucune action sur le pouvoir hémorragipare.

Il n'est pas antineurotoxique pour d'autres venins, comme le montre son mélange avec le venin très toxique de Cobra, dont il détruit simplement l'action hémolytique.

L'immunité créée par les sérums naturels est moins durable que celle qui est produite par l'inoculation des venins eux-mêmes ; elle ressemble sous ce rapport à celle que produisent les sérums antivenimeux obtenus artificiellement, et disparaît au bout d'un petit nombre de jours.

L'existence de substances venimeuses dans le sang des animaux réfractaires au venin de Vipère avait d'abord suggéré à Phisalix l'hypothèse que leur immunité naturelle était le résultat de l'accoutumance à ce venin. Mais la découverte de l'existence simultanée de substances antivenimeuses l'a conduit à une autre interprétation, et à comparer l'immunité naturelle à l'immunité acquise : celle-ci se manifeste, comme on le sait, par l'apparition dans le sang des animaux sensibles de substances antivenimeuses, développées sous l'influence déterminante des substances venimeuses introduites dans leur organisme.

« Le mode de formation de ces substances antivenimeuses, dit Phisalix, semble être le même dans les deux cas, avec cette seule différence que la mise en jeu du mécanisme de leur production est plus rapide chez les animaux réfractaires que chez les animaux sensibles. Dans le sang de la Vipère, par exemple, il existe bien des substances antivenimeuses, mais en quantité insuffisante pour expliquer sa haute immunité ; elle résiste en effet à des doses de venin capables de tuer au moins 20 à 30 cobayes, et cependant tout le sang qu'elle possède suffit à peine à protéger le cobaye contre la dose deux fois mortelle. Il faut donc que, par un mécanisme spécial, la quantité des substances antitoxiques soit rapidement augmentée. Les glandes labiales supérieures chez les Serpents, glandes qui sécrètent des substances vaccinantes, peuvent jouer un rôle dans cette fonction antitoxique, et peut-être d'autres glandes chez les animaux sensibles. » L'excitant de la mise en jeu de ce mécanisme serait dans tous les cas la substance toxique introduite ; le mécanisme de l'immunité naturelle ne résiderait plus directement dans l'accoutumance au venin présent dans le sang, mais dans la présence des substances antivenimeuses, dont il excite et entretient la production.

Comparaison entre les propriétés des sérums et celles des venins de serpents

Les venins et les sérums des Serpents ont un certain nombre de propriétés communes et présentent aussi quelques différences.

Multiplicité des substances actives

Il y a lieu comme dans les venins de distinguer deux catégories principales de substances actives dans les sérums ; des substances venimeuses (neurotoxines, cytotoxines, hémorragines, hémolysines), et des substances antivenimeuses.

Les proportions en semblent un peu différentes que dans les venins ; Flexner et Noguchi font remarquer que le sérum de Crotale est surtout hémorrhagique et très peu neurotoxique ; le sérum de Cobra serait plus cytotoxique que neurotoxique, bien que la neurotoxine domine dans le venin.

Séparation des substances venimeuses et des substances antivenimeuses

Chaleur. — Dans les sérums, comme dans les venins, les substances toxiques résistent moins à l'action de la chaleur que les substances antitoxiques.

A la température de 58°, maintenue pendant 15 à 30 minutes, la plupart des sérums perdent leur action phlogogène, hémorragipare et toxique (Vipère aspic, Couleuvres tropidonotes, Crotale...) ; dans ces conditions le sérum de Couleuvre lisse et de Cobra ne perdent que leur pouvoir phlogogène.

La température un peu variable où les sérums perdent leur action toxique est toujours inférieure à celle qui est nécessaire aux venins correspondants pour perdre aussi cette toxicité ; mais les variations observées suivent celles des venins.

Les substances antitoxiques restent seules dans le sérum comme dans le venin chauffés, et ne sont détruites qu'à une température plus élevée que les substances toxiques.

Alcool. — Il n'enlève aucune substance toxique, soit au sérum, soit au venin ; mais dans le cas du venin, le précipité obtenu est toxique, tandis que celui du sérum est atoxique, et il est possible d'en séparer les substances antitoxiques.

TOXICITÉ GLOBALE

La toxicité globale des sérums présente des différences aussi bien que celle des venins.

Elle suit généralement celle des venins correspondants : très marquée avec les sérums d'*Eryx conicus* et *johni*, d'*Helicops schistosus* et de *Simotes arnensis*, elle est beaucoup moindre avec le sérum d'*Oligodon subgriseus*, dont les glandes sont petites et peu toxiques, et avec celui de *Coluber helena*, où il n'existe pas de parotides.

Cependant, ce n'est là qu'un caractère de fréquence, car le sang du Cobra est peu toxique relativement à son venin.

SYMPTÔMES GÉNÉRAUX D'ENVENIMATION

Pour la plupart des Serpents, les symptômes de l'envenimation sérique se confondent avec ceux que détermine le venin correspondant ; mais quelques particularités se présentent que nous signalerons au fur et à mesure que nous résumerons l'action générale des sérums.

Cette envenimation est caractérisée par les mêmes symptômes que nous avons signalés à propos du venin de Vipère et de celui d'un grand nombre de Colubridés Aglyphes :

1° *Accélération, arythmie,* puis *ralentissement* et *arrêt de la respiration* avant celui du cœur, par paralysie du centre respiratoire bulbaire.

ARTHUS n'a pas observé d'action curarisante surajoutée avec les sérums dont les venins correspondants sont curarisants (*Col. Protéroglyphes*).

2° *Abaissement brusque de la pression artérielle.* Ce phénomène a été observé par KAUFMANN en 1899, à propos du sérum de la Vipère aspic, inoculé dans les veines du chien ; puis, plus tard, par ARTHUS avec le sérum de Crotale inoculé dans les veines du lapin. Cet abaissement est dû à la paralysie du ganglion moteur cardiaque ; aussi les battements du cœur deviennent-ils faibles en même temps que précipités avant de s'arrêter définitivement, laissant le cœur relâché ventricules en diastole.

Dans nos essais sur les petits passereaux, c'est l'arrêt en diastole que nous avons le plus souvent observé, aux seules exceptions près présentées par les espèces suivantes : *Dipsas ceylonensis, Coluber reticularis, Zamenis mucosus, Silybura pulneyensis.*

3° *Diminution de la coagulabilité du sang.* — La mort foudroyante consécutive à l'inoculation intraveineuse, ou la mort plus lente, qui se produit après l'inoculation intrapéritonéale ou sous-cutanée de sérum de Vipère, est toujours suivie d'incoagulabilité du sang, telle qu'on l'observe avec les doses modérées de venin de Vipère ou des doses quel-conques de venin de Cobra.

Avec le sérum même des C Protéroglyphes d'Australie, *Pseudechis, Hoplocephalus*, dont les venins sont très coagulants *in vivo*, l'inoculation intraveineuse au lapin n'a pas, comme l'a vu Arthus, déterminé de thrombose. Le fibrin-ferment des venins coagulants ne se rencontrerait pas plus dans les sérums que la substance curarisante du venin des Protéroglyphes.

4° *Affaiblissement musculaire ; paralysie.* — Cet effet se produit comme les symptômes précédents, au début de l'envenimation, de telle sorte que le sujet s'affaisse parfois aussitôt. La paralysie débute par la région postérieure du corps.

Exceptionnellement, nous avons observé une stimulation de la moelle avec hyperexcitabilité réflexe et convulsions, soit au début, soit à la période d'état de l'envenimation, avec le sérum de *Silybura nigra* et *pulneyensis*, de *Lycodon aulicus*, de *Coluber helena*.

5° *Variations de la température du corps.* — L'hypothermie se produit dès le début dans l'envenimation du cobaye, due aux sérums de Vipère et de quelques couleuvres ; cet abaissement de température est continu jusqu'à la mort. Avec les sérums de Cobra, de Cœlopeltis et de Coronelle, c'est l'hyperthermie qui se produit. Dans les deux cas, les variations de la température du corps suivent celles qui sont déterminées par les venins correspondants (C. Phisalix).

6° *Narcose.* — Elle se rencontre très fréquemment dans l'envenimation sérique, comme dans celle due aux venins. Nous l'avons observée en particulier avec le sérum des espèces suivantes : *Vipera aspis, Coluber helena, Tropidonotus natrix, viperinus, piscator, Helicops schistosus, Silybura nigra et pulneyensis.*

5° *Symptômes locaux.* — L'action phlogogène est manifeste avec les sérums aussi bien qu'avec les venins, et ne varie que par son intensité.

Le sérum inoculé sous la peau produit une infiltration énorme, puis de la dégénérescence caséeuse et de la gangrène, quelquefois des abcès par nécrose.

Dans le péritoine, c'est une inflammation considérable. Ces phénomènes, dans leur intensité, sont plus marqués qu'avec le venin des C. Protéroglyphes ordinaires .(Naja, Bungarus), et sont comparables à ceux que déterminent les venins des Vipéridés et des Colubridés d'Australie.

6° *Action hémorragipare.* — Les sérums sont aussi riches en hémorragines que les venins des Vipéridés et, chez quelques-uns, comme celui du Crotale, c'est l'action hémorragipare qui domine ; l'action neurotoxique est très réduite.

7° *Action hémolytique.* — L'étude des composés hémolytiques des sérums des Serpents est encore trop restreinte pour que nous puissions la comparer utilement à celle des venins correspondants.

8° *Rôle des sérums dans l'immunité naturelle.* — C'est aux substances antitoxiques de leur sérum que les animaux doivent l'immunité naturelle qu'ils possèdent vis-à-vis de leur propre venin ou de celui d'autres espèces animales (immunité de la *Vipère*, des *Couleuvres*, de l'*Anguille*, du *Hérisson*, vis-à-vis du venin de Vipère).

9° *Rôle des sérums dans l'immunité acquise.* — C'est également grâce à leurs substances actives que les sérums naturels peuvent empêcher, soit par leur action antitoxique, soit par leur action immunisante, les effets mortels des venins.

L'action immunisante aboutit à l'apparition dans le sang des espèces sensibles de substances antitoxiques, de sorte que le mécanisme de l'immunité est le même dans le cas où elle est naturelle que dans celui où elle est acquise.

L'immunité due aux sérums est un peu moins durable que celle qui est due aux venins ; mais elle a une certaine spécificité ; les animaux vaccinés avec le sérum de couleuvre n'ont pas l'immunité contre le sérum de Python (STEPHENS) ; le sérum de Cobra vaccine mieux contre le venin que le venin contre le sérum (CALMETTE).

HYPOTHÈSES DIVERSES SUR L'ORIGINE DES SUBSTANCES ACTIVES DES SÉRUMS DES OPHIDIENS. — RAPPORTS AVEC CELLES DES VENINS

Les diverses notions successivement acquises depuis la découverte de la toxicité du sang des Serpents venimeux permettent d'établir les rapports qui peuvent exister entre les sérums et les venins.

Les premières constatations de C. PHISALIX et G. BERTRAND font ressortir les analogies qui existent entre ces deux catégories de substances toxiques : la multiplicité et l'indépendance de leurs substances actives, les unes venimeuses, les autres antivenimeuses, pouvant être séparées des premières par l'action de la chaleur, la similitude des symptômes objectifs déterminés par les uns et les autres, le fait pour les sérums d'être neutralisés comme les venins par les sérums antivenimeux, etc.

A ce moment (1893-1894), où l'on ne connaissait comme sang venimeux que celui des Murénides, animaux réputés eux-mêmes venimeux, l'interprétation la plus rationnelle des faits observés, et qui ont tous été confirmés dans leur exactitude, était que les substances actives du sang proviennent de celles des glandes par le mécanisme de la sécrétion interne, cette opinion s'appliquant aussi bien aux substances toxiques sécrétées par les glandes venimeuses qu'aux substances antitoxiques sécrétées par d'autres glandes, en particulier les glandes labiales supérieures et antérieures.

Quelques distinctions furent bientôt faites par CALMETTE à propos du sérum de Cobra, relativement à l'action locale, plus marquée qu'avec celle du venin, plus lente dans ses effets, à propos de la résistance à la chaleur moins grande pour le sérum que pour le venin, de la résistance inégale créée par l'inoculation aux animaux de l'une ou l'autre substance ; alors que les animaux vaccinés avec le sérum de Cobra résistent assez bien à l'épreuve par le venin, les sujets vaccinés avec ce dernier supportent moins bien l'épreuve par le sérum. Ces constatations ont suggéré à CALMETTE une autre interprétation : « *Le pouvoir toxique du sérum des Ophidiens*, dit CALMETTE, *n'est donc pas dû à la présence de venin en nature dans ce liquide, mais à d'autres principes diastasiques indéterminés. Peut-être ces principes sont-ils eux-mêmes des éléments constituants du venin, car en l'absence de tout chauffage, on constate que le sang de Serpent et celui d'Anguille, mélangés par parties égales avec du sérum antivenimeux, ne tue pas.* »

D'autre part, l'absence de fibrin-ferment dans les sérums dont les venins correspondants sont coagulants *in vivo* (*Daboia, Pseudechis*), celle de substance curarisante dans le sérum des C. Protéroglyphes, dont le venin est curarisant, la comparaison et l'assimilation de l'intoxication sérique et vipérique à une intoxication protéique banale, ont conduit ARTHUS à une troisième interprétation des faits : « *Les sérums toxiques des Serpents ne doivent pas leur activité à du venin résorbé, mais bien à leurs propres protéines... Les venins sont des poisons élaborés par les glandes venimeuses aux dépens de substances dépourvues de toxicité.* »

Cette interprétation semble être confirmée par les observations de STEPHENS, qui établissent une certaine spécificité des substances toxiques et hémolytiques des sérums, pour lesquelles il n'y a pas d'immunité croisée absolue, non plus qu'avec celles des venins, par le fait aussi que des animaux réputés non venimeux (*Hérisson, Coluber longissimus, C. helena, C. radiatus*) ont un sérum ayant des propriétés comparables à celui des espèces venimeuses ; mais nous avons vu que ce sérum est, en général, moins toxique que celui des espèces à venimosité glandulaire.

D'autre part, bon nombre d'animaux réputés autrefois inoffensifs ont été reconnus comme venimeux, soit qu'ils sécrètent simplement des venins, soit qu'ils puissent en même temps les inoculer, ce qui diminue beaucoup la valeur de l'argument.

L'hypothèse de l'indépendance absolue des protéines du venin et de celles du sérum ne nous renseigne pas sur le lieu de formation de celles

du sérum ; elle laisse simplement supposer, comme d'ailleurs l'immunité naturelle que possèdent les Vertébrés inférieurs contre leurs propres
tissus, sécrétions ou humeurs, que ces divers produits ne sont particulièrement et généralement venimeux que vis-à-vis des Vertébrés supérieurs.

Toxicité des œufs de Serpents

C. Phisalix a montré en 1905 que les œufs de Vipère contiennent
une substance toxique qui, ayant la même action que le venin et le
sérum du même animal, a été considérée par lui comme provenant de
la fixation par l'ovaire du venin circulant dans le sang.

Le cobaye, qui reçoit dans le péritoine l'émulsion de 2 cc. de vitellus
de Vipère, meurt dans le même temps que si on lui eût inoculé 2 à 3 cc.
de sang ou o milligr. 4 de venin de Vipère. Les principes toxiques ne
dialysent pas à travers la membrane de l'œuf quand on plonge celui-ci
intact dans l'eau chloroformée, et ils s'atténuent vers 70° comme les
solutions du venin lui-même.

Ainsi que nous pouvons le déduire des faits similaires rapportés
à propos de chacun des groupes du règne animal, la présence de substances toxiques dans l'œuf se présente assez fréquemment, bien qu'elle
ait été encore peu recherchée : chez les Echinodermes, elle a été signalée
par Loisel pour l'*Oursin*, chez les Batraciens (*Crapaud*, *Salamandre*,
Alyte), chez la *Vipère aspic*, par C. Phisalix ; chez les *Araignées* par
Kobert. On sait depuis longtemps que les accidents gastro-intestinaux et
nerveux de Ciguatera peuvent relever de l'intoxication par les œufs de
certains *poissons*. Les œufs de *poule*, si frais soient-ils, peuvent eux-
mêmes se montrer toxiques pour certaines personnes particulièrement
sensibles ; les œufs de *canard*, ceux de *tortue*, de *chienne*, de *grenouille*
sont également toxiques d'après Loisel.

Et les produits génitaux mâles se montrent également toxiques, bien
qu'à un degré moindre que les ovaires.

L'origine de ces substances toxiques n'est pas encore bien élucidée
pour tous les cas. En ce qui concerne les animaux venimeux, la toxicité
des œufs semble corrélative de celle des glandes ; sa disparition au cours
du développement montre que les substances toxiques interviennent bien
plus dans les phénomènes de nutrition que dans la transmission hérédi-
taire des caractères ou que dans la défense de l'espèce.

Les cellules génitales peuvent, en tous cas, fixer électivement *in vivo*
des substances inoculées, telles que la toxine tétanique (Vaillard), c'est-
à-dire des éléments circulant dans le sang, comme le vitellus de poule
peut fixer *in vitro* le venin de Cobra pour en libérer une substance très
toxique (Delezenne et Ledebt). Cette toxicité peut apparaître sous l'influence d'un régime alimentaire approprié. C'est ainsi que F. Houssay
l'a obtenue en nourrissant des poules exclusivement avec de la viande
crue.

Ces faits permettent d'entrevoir une cause possible nouvelle de la susceptiblité particulière des personnes que les œufs de poule intoxiquent constamment ou occasionnellement, susceptibilité qu'on a pu considérer vis-à-vis de l'albumine elle-même, mais qui peut apparaître aussi comme le résultat de la réaction des sucs digestifs sur le vitellus.

Bibliographie

TOXICITÉ DU SANG DES SERPENTS

ARTHUS (M.). — Toxicité des humeurs et des tissus des Serpents venimeux, *Arch. Int. de Physiol.*, 1912, XII, p. 271-288.

CALMETTE (A.). — Sur la toxicité du sang de Cobra capel, *C. R. Soc. Biol.*, 1894, XLVI, p. 11.

CALMETTE (A.). — Sur les sérums antitoxiques, *Ann. Inst. Past.*, oct. 1894.

CALMETTE (A.). — Contribution à l'étude des venins, toxines et sérums antitoxiques, *Ann. Inst. Past.*, 1895, IX, p. 225-251.

CHATENAY. — Les réactions leucocytaires vis-à-vis des toxines végétales et animales, *Thèse Paris*, 1894.

FLEXNER (S.) et NOGUCHI (H.). — The constitution of snake venom and snake sera. *Jour. of. Path. and Bact.*, 1903, VIII, p. 379-410, et *Univ. of Pens. Méd. Bull.*, 1902-1903, XV, 345-362.

KAUFMANN. — Action du venin et du sang de la Vipère aspic sur la pression artérielle, *C. R. Soc. Biol.*, 1896, XLVII, p. 860.

LIEFMANN (H.). — Uber die hämolysine der Kaltbluterserum, *Berl. Klin. Woch.*, 1911, p. 1682.

MAZZETTI (L.). — Uber die hämolytische wirkung des serums der Kaltblüter. *Zeits. f. Im.*, 1914, I, orig. XVIII, p. 132-145.

NOGUCHI (H.). — The interaction of the blood of cold blooded animals with reference to hemolysis, agglutination and precipitation, *Pens. Un. Med. Bull.*, 1902-03, XV, p. 295-301.

NOGUCHI (H.). — A study of immunisation Hœmolysins, agglutinines, precipitins and coagulins in cold blooded animals, *id.*, p. 301-307.

NOGUCHI (H.). — The antihemolytic action of the blood sera milk and cholesterin upon agaricin, saponin and tetanolysin, together with observations upon the agglutination of hardened red corpuscles, *id.* p. 327-330.

NOGUCHI (H.). — Ueber die chemische inaktivierung und Regeneration der Komplement, *Biol. Zeitsch*, 1907, VI, p. 327.

PHISALIX (C.) et BERTRAND (G.). — Sur la toxicité du sang de la Vipère, *C. R. Ac. des Sc.*, 1893, CXVII, p. 1099.

PHISALIX (C.) et BERTRAND (G.). — Toxicité comparée du sang et du venin de la Vipère, *Arch. de Physiol* (5), 1894, p. 147-157.

PHISALIX (C.) et BERTRAND (G.). — Sur la présence de glandes venimeuses chez les Couleuvres et la toxicité du sang de ces animaux, *C. R. Ac. des Sc.*, 1894, CXVIII, p. 76.

PHISALIX (C.) et BERTRAND (G.). — Recherches sur les causes de l'immunité naturelle des Couleuvres contre le venin de Vipère. Toxicité du sang et des glandes venimeuses, *Arch. de Physiol.*, 1894 (5), VI, p. 423-432.

PHISALIX (C.) et BERTRAND (G.). — Sur les effets de l'ablation des glandes à venin chez la Vipère, *C. R Soc. Biol.*, 1894, XLVI, p. 747 et *Arch. de Physiol.*, 1895 (5), VII, p. 100-106.

PHISALIX (C.) et BERTRAND (G.). — Sur l'emploi du sang de Vipère et de Couleuvre comme substance antivenimeuse, *C. R. Ac. des Sc.*, 1895, CXXXI, p. 745.

PHISALIX (C.) et BERTRAND (G.). — Sur quelques particularités relatives aux venins de Vipère et de Cobra. *Bull. Mus. Hist. Nat.*, 1895, n° 3, p. 129.

PHISALIX (C.) et BERTRAND (G.). — Recherches sur l'immunité du Hérisson contre le venin de Vipère, *C. R. Soc. Biol.*, 1895, XLIII, p. 639.

PHISALIX (C.) et BERTRAND (G.). — Remarques sur la toxicité du sang de Cobra capello. *C. R. Soc. Biol.*, 1896, XLVII, p. 858.

PHISALIX (C.) et BERTRAND (G.). — Sur l'existence à l'état normal de substances antivenimeuses dans le sang de quelques Mammifères sensibles au venin de Vipère, *C. R. Soc. Biol.*, 1896, XLVIII, p. 396.

PHISALIX (C.). — Sur les propriétés antitoxiques du sérum de Vipère comparées à celles du sérum antivenimeux obtenu artificiellement. *C. R. Cong. Int. Méd. Moscou*, Août, 1897.

PHISALIX (C.). — Sur la présence du venin en nature dans le sang de Cobra, *Bull. du Mus.*, 1902, p. 204.

PHISALIX (C.). — Propriétés physiologiques du venin de Cœlopeltis insignitus. *Vol. jubil. de la Soc. de Biol.*, 1899, p. 240-245.

PHISALIX (Marie). — Toxicité du sang de Coronella austriaca et son atténuation par la chaleur, *Bull. du Mus.*, 1914, n° 6, p. 361.

PHISALIX (Marie et R. P. CAIUS). — L'extension de la fonction venimeuse dans l'ordre entier des Ophidiens, etc. *Jour. de Phys. et de Path. gén.*, XVII (1917-1918), p. 923-964.

PHISALIX (Marie). — Toxicité comparée du sang des Serpents. *Bull. du Muséum d'H. Nat. de Paris*, 1919, p. 225-228, 311-317 ; et *Bull. Soc. de Path. exot.* 1919, XII, p. 159-166.

SACHS (H.). — Die Hämolysin und die cytotoxischen sera. Ein Ruckblick auf neuere Ergebnisse der Immunitätsforschung Lubarchosterbag, *Erg. d. Allg. path. und path. anat.*, Wiesbaden, 1917, XI, 515-544.

STEPHENS (W.). — On the hæmolytic action of snake toxins and toxic sera. *Journ. of. Path. and Bact.*, 1899-1900, VI, p. 273.

WEHRMANN. — Sur les propriétés toxiques et antitoxiques du sang et de la bile des Anguilles et des Vipères, *Ann. I. Past.*, 1897, XI, p. 810.

TOXICITÉ DES ŒUFS DES SERPENTS

DELEZENNE et LEDEBT. — Formation de substances hémolytiques et de substances toxiques aux dépens du vitellus de l'œuf soumis à l'action du venin de Cobra, *C. R. Ac. Sc.*, CLIII, 1911, p. 81. *C. R. Soc. Biol.*, LXXI, 1911, p. 121.

HOUSSAY (F.). — Sur la ponte, la fécondité et la sexualité chez des poules carnivores. *C. R. Ac. des Sc.*, CXXXVII, 1903, p. 934.

HOUSSAY (B.). — Contribution à l'étude de l'hémolysine des Araignées. *C. R. Soc. Biol.*, LXXIX, 1915, p. 658.

KOBERT (R.). — Ueber die giftigen Spinnen Russlands, *Centr. f. die Med. Wiss.*, 1888, p. 544.

Lévy (R.). — Contribution à l'étude des toxines chez les Araignées. *Thèse de Doct. ès-sc.*, juin 1916, et *Ann. des Sc. Nat. Zool.*, 10ᵉ s., I., 1916, p. 1-238

Linossier. — Sur la toxicité des œufs. *Bull. Ac. de Méd.*, 19 mars 1918.

Linossier. — Remarques sur la toxicité des œufs, *C. R. Soc. Biol.*, LVI, 1905, p. 547.

Loisel (G.). — Les poisons des glandes génitales. I. — Recherches et expérimentation chez l'Oursin. *C. R. Soc. Biol.*, LV, 1903, p. 1329.
II. — Recherches sur les ovaires de la Grenouille verte.
III. — Recherches comparatives sur les toxalbumines contenues dans divers tissus de grenouille. *C. R. Soc. Biol.*, LVI, 1904, u. 504 et 883.
IV. — Recherches sur les Mammifères et conclusions générales. *C. R. Soc. Biol.*, LVII, 1904, p. 77.

Loisel (G.). — Conservation des poisons génitaux, *id.* p. 80.

Loisel (G.). — Substances toxiques extraites des œufs de Tortue et de Poule, *id.* p. 133. *C. R. Ac. des Sc.*, CXXXIX, p. 325.

Loisel (G.). — Recherches sur les poisons génitaux de différents animaux. *C. R. Ac. des Sc.*, CXXXIX, p. 227.

Loisel (G.). — Stérilité et alopécie chez des cobayes soumis antérieurement à l'influence d'extraits ovariens de grenouille. *C. R. Ac. des Sc.*, 1905, CXL, p. 738.

Loisel (G.). — Expériences sur la toxicité des œufs, *C. R. Ac. des Sc.*, CXLI, 1905, p. 730.

Loisel (G.). — Expériences sur la toxicité des œufs de Canard. *C. R. Soc. Biol.*, LIX, 1905, p. 400.

Loisel (G.). — Toxicité des œufs de Poule et de Tortue, *C. R. Soc. Biol.*, LIX, 1905, p. 403.

Loisel (G.). — Croissance de cobayes normaux ou soumis à l'action du sel marin ou du sperme de cobaye. *C. R. Soc. Biol.*, LIX, 1905, p. 506.

Loisel (G.). — Toxicité du liquide séminal et considérations générales sur la toxicité des produits génitaux, *id.* 1905, p. 509 et 511. *C. R. Ac. des Sc.*, CXLI, 1905, p. 910.

Phisalix (C.). — Corrélations fonctionnelles entre les glandes à venin et l'ovaire chez le crapaud commun. *C. R. Ac. des Sc.*, CXXXVII, 103, p. 1082. *C. R. Soc. Biol.*, t. LV, 1903, p. 1645.

Phisalix (C.). — Sur la présence du venin en nature dans les œufs de Vipère. *C. R. Ac. des Sc.*, CXL, p. 1709.

Phisalix (C.). — Sur la présence du venin dans les œufs d'Abeilles, *id.* CLXI, p. 275.

Roussy (B.). — Remarques faites à propos de la communication de Delezenne et Ledebt sur « les poisons libérés par les venins aux dépens du vitellus », *C. R. Soc. Biol.*, LXXI, 1911, p. 177.

Schiller. — Induction somatique des glandes génitales, *Arch. f. Entwick. mechan.*, XXXVIII, 1914, p. 136.

Vignes (H.). — Influence de la lécithine et de la cholestérine sur la toxicité des œufs et des ovaires, *Ann. Inst. Past.*, XXVIII, 1914, p. 437-440.

IMMUNITÉ CONTRE LE VENIN

Pour ceux qui connaissent les terribles effets du venin des Serpents sur la plupart des animaux à sang chaud, l'idée d'une immunité contre ce venin fait tout d'abord naître dans l'esprit le doute prudent, cher à Montaigne. Et c'est ce doute qui a suscité parmi les physiologistes les controverses les plus vives. Depuis FONTANA jusqu'à nos jours, les expérimentateurs ont discuté sur cet aphorisme énoncé par le savant italien : « que le venin de la Vipère n'est point un poison pour son espèce », les uns l'admettant sans réserve, les autres le rejetant avec force. Et de chaque côté, on étayait son opinion sur des faits précis. Mais la méthode employée pour provoquer ces faits en diminuait considérablement la valeur ; de plus, les idées préconçues remplaçaient dans leur interprétation la juste critique des conditions expérimentales. Ce qui a contribué plus encore que le défaut de méthode à obscurcir cette question, c'est l'idée fausse, trop fréquemment admise, de l'immunité comme propriété absolue : on pensait qu'un animal, doué d'immunité, devait être réfractaire au poison, quelles qu'en soient la dose et la porte d'entrée. Malgré son invraisemblance, cette opinion était encore assez répandue en 1898, pour que LEWIN ait cru devoir la combattre. Cependant, depuis longtemps on savait que l'immunité a des limites, et que ces limites, bien que souvent très étendues, peuvent néanmoins être franchies. La question de dose joue un rôle important et la résistance d'un animal à un poison doit être évaluée relativement à la dose nécessaire et suffisante à le faire succomber, quand elle est introduite par une voie déterminée. Cette dose minima mortelle sert à mesurer la résistance propre d'un animal, et à établir le degré de résistance relative des différentes espèces.

IMMUNITÉ NATURELLE

IMMUNITÉ DES SERPENTS

En 1781, FONTANA, le premier, à la suite d'expériences nombreuses et variées, a soutenu que le venin de la Vipère n'est pas un poison pour sa propre espèce, non plus que pour la Couleuvre. Presque un siècle plus tard, en 1854, AUGUSTE DUMÉRIL a également constaté que les Serpents venimeux ne succombent presque jamais aux morsures qu'ils se font entre eux, à moins que les crochets n'aient traversé un organe essentiel à la vie ; il a vu en effet l'innocuité des blessures que s'étaient faites entre eux des Trigonocéphales et d'autre part, des Echidnées heurtantes de la ménagerie du Muséum de Paris.

GUYON, en 1861, a inoculé leur propre poison à plusieurs espèces de Serpents venimeux ; il a de plus fait mordre un de ces Reptiles par un Serpent d'une autre espèce, sans déterminer dans l'un comme dans l'autre cas, aucun symptôme d'envenimation. VIAUD-GRAND-MARAIS, en 1867-69, a fait des expériences analogues sur la Vipère aspic avec le même résultat.

D'après les observations qui précèdent, il semblerait que le venin est complètement inoffensif pour les animaux qui le sécrètent ; mais d'autres faits, d'ordre positif, ont été constatés par Mangili (1809), Claude Bernard (1857), Weir-Mitchell (1861), Fayrer (1874), pour ne citer que les plus anciens. *Les Serpents peuvent être empoisonnés par leur propre venin;* seulement, d'après Cl. Bernard, la mort n'arrive qu'en 36 heures à 3 jours. Quant à la plaie, elle présente exactement les mêmes caractères que chez les autres animaux.

Weir-Mitchell, inoculant du venin de Crotale à l'animal même sur lequel il l'avait prélevé, ou en obligeant le serpent à se mordre sur une portion dénudée de la peau, eut dans ce dernier cas 3 résultats positifs sur 7 expériences ; dans deux, la mort survint en 10 jours, dans le troisième, en 14 jours. Par injection, tous les Crotales succombèrent à leur venin : le premier, qui avait reçu 10 gouttes de venin frais, mourut en 36 heures, le second, ayant reçu 8 gouttes, mourut en 67 heures, et le troisième, qui avait reçu 7 gouttes, mourut en 7 jours.

Les autopsies montraient une action phlogogène locale au niveau des morsures ou des piqûres, mais pas de lésions macroscopiques des organes internes. Il a, de plus, remarqué ce fait intéressant qu'un Crotale qui a subi à diverses reprises la compression de la glande venimeuse peut succomber à un empoisonnement du sang si le tissu de la glande a été déchiré. Il rapporte les expériences de Burnett, de morsures de Crotales faites sur eux-mêmes et dans lesquelles la mort survenait en quelques minutes. Russel, Fayrer, Waddell obtiennent des résultats moins concordants pour les Serpents venimeux des Indes. Fayrer examina sous ce point de vue le *Cobra*, le *Bungare*, l'*Echis* et la *Daboia*. Dans la majorité des cas, les serpents mordus ou inoculés n'en souffraient pas, ou ne mouraient que tardivement ; parfois, cependant, des serpents mordus par un individu d'une autre espèce, mouraient en quelques jours. Waddell, comme Russel, obtient des résultats négatifs et critique les expériences de Weir-Mitchell : il attribue la mort tardive des Crotales à une septicémie ou à d'autres causes acidentelles. Dans 21 expériences faites avec le Cobra, il a toujours observé les mêmes résultats: le *Cobra* inoculé avec son propre venin n'éprouve aucun symptôme d'empoisonnement ; dans un cas, un sujet reçut 14 gouttes de son propre venin, dont une seule goutte tuait un poulet en 1 heure 25 minutes. Cependant, ce venin ne paraît pas inoffensif pour d'autres espèces : l'auteur a observé que la morsure du Cobra est fatale à l'*Echis carinatus* et à un *Trimeresurus*. Elle agit aussi sur différentes espèces de serpents : *Dryophis mycterizans, Dendrophis pictus, Tropidonotus quincunciatus* ; le *Ptyas mucosus* semble plus résistant, car il survit parfois plus de 24 heures.

On peut appliquer à toutes ces observations la même remarque: elles ne nous renseignent pas sur la dose exacte de venin inoculé, soit par morsure, soit par inoculation, car, même dans ce dernier cas, la mesure employée, la goutte de venin frais, n'a pas une valeur constante et déter-

minée. Dans les expériences récentes, on a substitué au venin frais alté-
rable, et ne pouvant être employé que d'une manière extemporanée, le
venin desséché, qu'on redissout dans l'eau au moment de l'emploi.
Comme c'est par les substances qui constituent son résidu sec, et non par
son eau que le venin agit, on a ainsi un dosage plus exact. Le venin,
d'autre part, se conserve mieux à l'état sec qu'à l'état frais, et se prête
ainsi à des expériences dont les résultats sont plus comparables entre
eux.

Dans nos expériences, nous avons donc toujours employé le venin
desséché, que nous avons redissous soit dans l'eau distillée, soit dans la
solution salée physiologique, à une dilution de 1 à 0,10 %, suivant la sensibilité des espèces essayées.

Immunité naturelle de la Vipère aspic pour son venin. — Un sujet
qui reçoit dans le péritoine une solution à 10 % de son propre venin
n'éprouve pas de troubles manifestes jusqu'à la dose de 40 milligrammes;
on constate seulement, dans quelques cas, des effets de ténesme, de défécation, avec prolapsus de la muqueuse rectale, en même temps qu'une
contraction spasmodique de l'extrémité caudale. A partir de la dose de
45 milligrammes, des troubles se produisent : ils consistent en une sorte
de torpeur qui rend le sujet moins sensible aux excitations et plus paresseux à se mouvoir. Il reste immobile, le corps étendu et comme affaissé ;
souvent la tête elle-même repose sur le sol. Quand on le soulève par la
tête, le corps pend, inerte et vertical, incapable de réagir par les contractions habituelles : la parésie est manifeste. Les mouvements respiratoires
sont intermittents et rares ; plusieurs minutes peuvent s'écouler avant
qu'on observe une période de deux ou trois inspirations profondes auxquelles succèdent, après une pause inspiratoire, une expiration lente et
prolongée. Cet état de torpeur peut durer plusieurs jours avec quelques
intervalles de réveil relatif. Indépendamment de cette influence dépres-
sive sur le système nerveux, le venin exerce une action spéciale sur le
tube digestif et les reins, action qui se traduit par des spasmes du rectum
et d'abondantes émissions d'urine. Puis, peu à peu, ces accidents s'atténuent, le sujet revient progressivement, en quatre ou cinq jours, à son
état normal. Pour entraîner sûrement la mort, il faut arriver aux doses
massives de 100 à 120 milligrammes, c'est-à-dire cinq à six fois la dose
maxima que peut fournir à un moment donné une Vipère de forte taille.
Les symptômes évoluent plus vite et sont plus accusés : une heure après
l'inoculation, il y a diminution de la sensibilité et affaiblissement musculaire ; la respiration est très ralentie : à peine deux mouvements par
minute ; puis l'état s'aggrave, la sensibilité commence à disparaître par
l'extrémité caudale : on peut, sur une longueur de 6 à 8 centimètres,
porter les excitations les plus fortes sans entraîner aucun réflexe. La
respiration s'espace de plus en plus, et le sujet meurt en 20 à 30 heures.
A l'autopsie, on trouve une sérosité sanguine extravasée autour du foie.

le long de l'aorte et des carotides ; ce liquide, abandonné dans un tube, laisse déposer des globules intacts dans un plasma incolore. La proportion de globules blancs y est un peu diminuée.

Le cœur est complètement vide ; d'abord immobile, il se remet à battre au contact de l'air, et ses contractions rythmiques et régulières, mais lentes (15 par minute au lieu de 60 à 70), persistent pendant plusieurs heures. On trouve dans la partie supérieure de l'estomac des mucosités sanguinolentes ; le reste du tube digestif est normal. L'ensemble des symptômes et des lésions permet de dire que la Vipère qui succombe à son venin présente surtout, comme les animaux sensibles, des troubles du système nerveux et de la respiration (C. Phisalix).

Immunité des Couleuvres tropidonotes contre le venin de Vipère. — Les premières expériences de Fontana, qui faisait mordre des Couleuvres par des Vipères, établirent une certaine résistance des premières au venin des secondes : une Couleuvre qui avait reçu en tout 10 morsures de quatre Vipères différentes, avait résisté, après avoir présenté quelques légers symptômes de stupeur et de parésie. MM. C. Phisalix et Bertrand ont montré, en 1894, que la Couleuvre à collier (*Tropidonotus natrix*) supporte, sans manifester aucun symptôme, une injection intrapéritonéale correspondant à 5 milligrammes de venin sec, dose capable de tuer 15 à 20 cobayes d'un poids moyen de 500 grammes.

A en juger par les doses énormes de venin nécessaires à produire les phénomènes d'intoxication chez les Couleuvres, et surtout chez les Vipères, on pourrait penser que le système nerveux de ces animaux possède une très grande résistance ; il n'en est rien ; car si, au lieu d'inoculer le venin sous la peau ou dans le péritoine, on l'introduit sous les méninges ou dans le tissu nerveux par ponction à travers la membrane occipito-atloïdienne, la dose minima mortelle s'abaisse considérablement : C. Phisalix a vu que, dans ces conditions, 2 à 4 milligrammes de venin déterminent aussitôt des accidents caractéristiques : c'est d'abord un tremblement généralisé immédiat et perceptible à la main ; puis les muscles s'affaiblissent et leurs mouvements sont incoordonnés : le sujet, posé à terre, ne peut fuir ; aussitôt qu'il essaie de soulever la tête, celle-ci est agitée de petits tremblements et retombe affaissée sur le sol. Quelquefois, il y a de l'emprosthotonos. La respiration, très ample au début, ne tarde pas à s'affaiblir ; elle devient rare et intermittente. La parésie augmente rapidement et le sujet, flasque, sans réaction, peut vivre encore plusieurs jours, mais le plus souvent meurt à bref délai.

Ces faits sont à rapprocher de ceux que MM. Roux et Borrel ont observés avec la toxine tétanique et de ceux que nous avons obtenus, en 1900, avec la Salamandrine déposée directement sur les lobes optiques de la Salamandre même, ou introduite sur les centres nerveux de la Couleuvre, par ponction à travers la membrane occipito-altoïdienne.

Il résulte des expériences précédentes que, chez la Vipère et la Couleuvre, les symptômes déterminés par le venin de la première sont sensiblement les mêmes, que le venin soit introduit dans le péritoine ou dans la cavité crânienne; mais, dans le premier cas, la dose nécessaire à entraîner la mort est environ 25 fois plus forte. Il est donc certain que la plus grande partie du venin est éliminée ou détruite avant de parvenir aux centres nerveux.

L'immunité de la Vipère pour son propre venin est donc très élevée, mais n'est pas absolue : une Vipère pourrait être tuée dans un combat avec une de ses semblables si les crochets de l'adversaire pénétraient dans le crâne ; mais en raison des mœurs tranquilles des sujets et de la dureté des os du crâne, sur lesquels les fins crochets inoculateurs peuvent se briser ou s'émousser, cette éventualité doit être, sinon impossible, du moins extrêmement rare. Dans le cas le plus usuel, où une Vipère est mordue en différents points du corps, il faudrait que 5 ou 6 de ses congénères s'acharnent sur elle pour la mettre hors de combat, car la quantité de venin fourni par les deux glandes d'un sujet adulte et bien portant ne dépasse guère 20 milligrammes (pesé sec), et se montre toujours inférieure à celle qui donnerait la mort par les voies sous-cutanée ou péritonéale.

On peut donc admettre l'aphorisme de FONTANA en le précisant de la manière suivante : « *Le venin de la Vipère n'est pas un poison pour sa propre espèce,* DANS LES CONDITIONS NATURELLES DE L'INOCULATION. »

S'il en était autrement, l'arme qui sert à l'attaque et à la capture de la proie de l'individu deviendrait un instrument de destruction de l'espèce ; il n'en est pas ainsi, et les résultats physiologiques se trouvent ici d'accord avec les lois générales de la Biologie.

Immunité de l'Helicops schistosus. — Comme nous l'avons constaté, ce Colubridé Aglyphe et venimeux possède une immunité remarquable vis-à-vis des venins de *Zamenis mucosus*, de *Tropidonotus piscator* et de *Dryophis mycterisans*. C'est ainsi qu'un sujet du poids de 73 grammes n'éprouve aucun symptôme immédiat ou éloigné après avoir reçu sous la peau l'extrait correspondant à 59 milligrammes de glande de Dryophis, dose capable de tuer en 7 minutes 80 grammes un Ploceus baya. Il en est de même vis-à-vis de l'entrait de 18 milligrammes, poids d'une parotide de Zamenis, dose foudroyante pour un pigeon pesant 230 grammes ; de même encore il faut la dose énorme correspondant à 100 milligrammes, poids de 4 parotides de Tropidonotus piscator, pour tuer en 1 h. 9 min. un petit Helicops du poids de 27 grammes.

D'autres C. Aglyphes peuvent aussi se montrer résistants aux venins : on cite notamment la *Coronella getula* et le *Rachidelus braziliensis* de l'Amérique du Sud, comme ayant l'immunité vis-à-vis du venin de Crotale, et le *Spilotes variabilis* comme résistant au venin du Serpent fer de Lance (*Lachesis lanceolatus*).

Parmi les autres Reptiles, FONTANA avait signalé comme réfractaires au venin de la Vipère, la *Tortue* et l'*Orvet*. Il n'a pas réussi à les faire mourir, quel que soit le nombre de morsures qu'il leur fit appliquer par différentes Vipères très vigoureuses.

On parvient cependant à envenimer mortellement l'Orvet ; mais il faut des doses assez fortes comparativement au poids du sujet ; d'après nos expériences, un Orvet pesant 5o gr. meurt de l'inoculation de o milligr. 8 de venin de Vipère.

Le *Crocodile* est un peu plus sensible, relativement à son poids ; nous avons observé la mort d'un jeune Crocodile pesant 5oo gr., auquel nous avions inoculé 4 milligr. 4 de venin de Vipère sous la peau de la cuisse.

Les petits *Lézards* sont tués par le venin de la Vipère aspic, et même les gros, tels que l'Heloderma suspectum, ainsi que nous l'avons observé en une circonstance qui mit aux prises une Vipère aspic et un Héloderme ; tous deux moururent de leur morsure réciproque en 22 et 24 heures ; l'immunité croisée n'existe pas entre eux, bien que leurs venins détermi nent des symptômes analogues.

La qualité d'animal à température variable ne semble donc avoir aucun rapport essentiel avec l'immunité.

Immunité de certains Poissons

Si elle existe, elle est du moins assez faible, d'après les premières expériences de Fontana ; il remarque toutefois que l'Anguille ne meurt qu'en 18 à 20 heures après l'inoculation de venin de Vipère ; nous avons vu qu'il faut 10 milligr. de ce venin pour tuer un sujet du poids de 350 gr.

Des expériences récentes de Noguchi (1908) avec les venins de Cobra. de Crotale et de Mocassin, sur un certain nombre de Poissons (*Acanthus, Anguille, Hareng, Fundulus, Microgadus, Perche blanche, Mustelus, Mugil, Raja, Carcharius*, etc.), confirment les premières constatations de Fontana, en ce qui concerne l'*Anguille*, qui reçoit du venin de Crotale : un sujet pesant 370 gr. ne présente qu'une action irritative locale après inoculation de 2 milligr. de venin. Il en est de même pour un *Acanthus* pesant 290 gr. et qui a résisté à l'inoculation de 5 milligr. du même venin.

Toutefois l'Anguille et l'Acanthus sont sensibles à peu près comme les autres espèces aux venins de Cobra et de Mocassin.

Brunton et Fayrer avaient auparavant constaté (1874), l'action mortelle du venin de Cobra sur une *Carpe* et sur l'*Ophicephalus marulinis*.

Immunité des Batraciens

En 1860-61, Weir-Mitchell fit une étude complète de l'action du venin de Crotale sur la *grenouille;* et constata sa résistance relativement grande au venin. Cette constatation a été faite depuis par la plupart des physiologistes : pour tuer une grenouille du poids de 15 à 20 gr., il faut

1 milligr. de venin de Vipère, soit plus du double de la dose mortelle pour un cobaye pesant 5oo grammes.

Le venin de Cobra est plus toxique vis-à-vis d'elle, et il en est de même du venin de la plupart des Colubridés.

La *Salamandre terrestre* est un peu moins résistante que la Grenouille ; o milligr. 35 de venin de Vipère suffisent à tuer un sujet pesant 24 gr.

La *Rana catesbiana* d'un poids de 80 à 95 gr., résiste à 20 milligr. de venin de Crotale, à 10 de venin de Mocassin, et seulement à 1 milligr. de de venin de Cobra, mais meurt avec 5 milligr. de ce dernier (NOGUCHI).

L'*Amphiuma means* d'un poids de 5 à 6 kil., survit 24 heures à l'inoculation de 5 milligr. de venin de Cobra, et 48 h. à celle de 10 et de 20 milligr. de venin de Mocassin et de Crotale (NOGUCHI).

IMMUNITÉ DE QUELQUES INVERTÉBRÉS

Parmi les Vers, FONTANA avait déjà observé la grande immunité que possède la *Sangsue* contre le venin de Vipère ; elle est si considérable que l'auteur concluait que vis-à-vis de cet animal le « venin de Vipère est une humeur douce et innocente ».

NOGUCHI a récemment confirmé la résistance des *Lombrics*, des *Nereis* et du *Phascoloma gouldii* aux venins de Cobra, de Mocassin et de Crotale.

Parmi les Mollusques, FONTANA avait signalé la *Limace* et l'*Escargot* comme particulièrement résistants au venin de Vipère ; les Mollusques céphalopodes seraient assez résistants également ; pour tuer un *Loligo pealii* pesant de 15o à 170 gr., il faut d'après NOGUCHI 10 milligr. de venin de Cobra, de Crotale ou de Mocassin.

Les Echinodermes essayés par NOGUCHI seraient également très résistants: l'*Asterias vulgaris* d'un poids de 25 à 3o gr. survit à l'inoculation de 10 milligr. des trois venins employés, et le *Penctata frondosa* à 20 milligr., sans manifester aucun symptôme morbide; un oursin, *Arbacia punctulata*, de 29 à 31 gr. résiste à 5 milligr. de ces venins.

Les Insectes sont assez résistants relativement à leur faible poids : un Criquet, *Acridium americanus*, pesant 4 gr. est tué en 3o m. par 1 milligr de venin de Cobra, mais résiste 16 et 24 heures à la même dose de venin de Mocassin et de Crotale.

Parmi les Crustacés, la *Limule* manifeste une grande résistance : un sujet de 7 à 9oo gr. résiste à 10 milligr. de venin de Cobra, à 5 milligr. de venin de Mocassin, et ne meurt qu'en 16 h. avec 10 milligr. de venin de Crotale.

IMMUNITÉ DE CERTAINS OISEAUX

FONTANA a pu injecter impunément au *Corbeau* de fortes doses de venin de Vipère. Certains oiseaux de Colombie, désignés localement sous

---

les noms de *Culubrero* et *Guacabo* sont utilisés dans l'Amérique du Sud, en raison de la résistance qu'on leur attribue aux morsures venimeuses, pour faire la chasse aux jeunes serpents ; mais aucune expérience précise n'a été faite pour fixer leur immunité.

Dans nos régions, le *Circaëte Jean le Blanc* (*Circaëtus gallicus*), qui est ophiophage par goût, passe pour avoir l'immunité vis-à-vis du venin de la Vipère, mais le fait n'a pas été encore vérifié par l'expérience.

D'après MM. BILLARD et MAUBLANT (1910), le *Canard domestique* se manifeste qu'un peu d'action locale après avoir été mordu à la patte par une Vipère ; il en serait de même pour la *Chouette chevêche* qui est volontiers ophiophage; la *Buse* et l'*Oie* d'après les mêmes auteurs seraient également réfractaires à la morsure ; mais les doses minima mortelles dans tous ces cas n'ont pas été expérimentalement établies, et le mécanisme de l'immunité est encore inconnu.

IMMUNITÉ DE QUELQUES MAMMIFÈRES

Un petit nombre de Mammifères seulement possèdent l'immunité naturelle contre le venin des Serpents; et les expériences précises n'ont encore porté que sur quelques-uns (*Hérisson, Mangouste, Chat, Lérot*).

LENZ, cité par BREHM. a vu un combat entre un *Blaireau* et une Vipère se terminer à l'avantage du premier. Il a aussi fait mordre un jeune Blaireau pesant 8 livres par une grosse Vipère aspic, sans que l'animal ait été manifestement incommodé.

Le *Porc* aurait aussi l'immunité contre le venin de la Vipère; mais dans le cas des animaux à pannicule graisseux développé, la pénétration des crochets va difficilement au delà de l'épiderme, moins absorbant que le derme, de sorte que les expériences qui peuvent laisser soupçonner une immunité véritable ne sont pas encore assez nombreuses pour entraîner la certitude et la mesure.

Immunité du Chat. — M. G. BILLARD a montré que la morsure des Vipères ne détermine chez le Chat que des symptômes phlogogènes locaux. Après inoculation intrapéritonéale de 1 milligr. 5 de venin de Vipère aspic, un chat de trois mois est pris de vomissements; il urine et il se couche ; au bout d'une demi-heure, il a quelques convulsions passagères, puis se remet suffisamment pour accepter la nourriture ; mais il la vomit et reste couché pendant plusieurs heures. 24 heures après, l'animal est complètement revenu à son état normal.

Un fait à signaler, c'est que chez le chat, comme chez le hérisson, l'action hémorrhagipare du venin est très peu marquée.

Immunité du Hérisson (*Erinaceus europœus*, L.). — Le Hérisson, dit DUVERNOY, possède deux facultés fort curieuses : celle de pouvoir manger impunément de grandes quantités de cantharides et celle de ne pas se ressentir de la morsure des Vipères.

En 1831, LENZ a vu une Vipère mordre énergiquement et à répétition un hérisson au museau, sans que celui-ci parût s'en émouvoir et sans qu'il en résultât le moindre symptôme morbide. Une observation analogue a été faite à la galerie des Reptiles du Muséum de Paris, par MM. A. MILNE-EDWARDS et L. VAILLANT.

En Vendée, M. l'Abbé CHABIRAND, a constaté également le même fait ; ayant placé dans une caisse un jeune hérisson avec trois vipères adultes, il a vu le petit animal être mordu au museau et près de l'œil d'une façon assez sérieuse pour que la plaie saignât, sans qu'il en parut éprouver aucun malaise ; les plaies se sont même rapidement cicatrisées. Nous-mêmes avons maintes fois observé de près ce qu'il advient lorsqu'on place en tête-à-tête un hérisson et une vipère; le premier est d'ordinaire le plus agressif des deux, et plus d'une fois son capuchon épineux, qu'il est habile à ériger, évite la morsure du serpent; mais souvent aussi, il est mordu au museau, ce qui ne l'empêche pas de continuer la lutte et d'en sortir vainqueur.

L'expérience ainsi faite manque évidemment de rigueur démonstrative, puisque dans le combat tous les coups ne portent pas à l'endroit sensible, et que d'autre part, le serpent peut n'avoir en réserve qu'une quantité de venin, insuffisante à tuer l'adversaire.

C'est pourquoi, MM. PHISALIX et BERTRAND ont cherché à élucider la question en employant la méthode directe d'inoculation. Ils ont constaté que la résistance du hérisson vis-à-vis du venin de vipère est, à poids égal, 35 à 40 fois plus grande que celle du cobaye; c'est ainsi que pour tuer en 12 heures un sujet pesant 445 gr., il faut lui inoculer sous la peau une dose correspondant à 20 milligr. de venin sec. C'est une quantité que les plus grosses Vipères n'inoculent jamais en une seule ou plusieurs morsures, car elles ne vident pas complètement leurs glandes à chaque morsure, ni même à plusieurs reprises. Il résulte de là, que le hérisson peut sans danger attaquer les vipères qu'il rencontre dans la nature; et des observateurs dignes de foi indiquent même qu'il manifeste un certain goût pour la chasse aux serpents. VIAUD-GRAND-MARAIS rapporte l'observation de deux botanistes qui, dans le bois de Verrières ont vu un hérisson se précipiter sur une vipère et la couper en deux.

D'après ED. FAUST, le jeune hérisson serait moins résistant que l'adulte au venin de la vipère.

Immunité de la Mangouste (Herpestes ichneumon, K.). — Ces animaux partagent avec le hérisson la réputation de résister aux morsures des serpents venimeux. Ils sont remarquables par leur ardeur à combattre tous les serpents. A la seule vue d'une inoffensive Couleuvre, la Mangouste s'exaspère, son poil se hérisse, son expression devient féroce et menaçante, puis elle s'élance d'un bond souple et rapide, visant la tête du serpent, qu'elle atteint le plus souvent, et qu'elle fracasse en quelques secondes. De sorte que si le serpent est venimeux, il est le plus souvent tué avant d'avoir pu lui-même infliger aucune morsure.

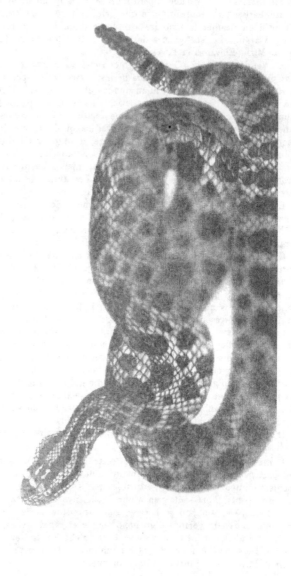

SISTRURUS CATENATUS
(D'après BOCOURT.)

FAYRER fit avec la Mangouste une expérience, montrant qu'elle possède une grande résistance au venin de Cobra, mais que cette résistance est cependant limitée ; il enferma dans la même cage un Cobra et une Mangouste, les excita, les vit réciproquement se mordre furieusement à plusieurs reprises, mais néanmoins résister tous deux ; le second jour, il remplaça le Cobra par deux nouveaux sujets vigoureux, et le combat recommença, aussi bien entre les Cobras qu'entre eux et la Mangouste ; celle-ci fut blessée à la tête, puis à la cuisse par l'un des deux serpents : elle succomba bientôt après.

A. CALMETTE a essayé la résistance du même animal en lui inoculant du venin de Cobra; il a vu que la mangouste est 8 fois plus résistante à ce venin que le lapin.

Immunité du Lérot (Eliomys nitela, Schreil). — En 1909, M. G. BILLARD a fait combattre un lérot contre une vipère aspic ; le lérot fut mordu en plusieurs endroits, et eut en particulier un œil crevé ; mais il ne manifesta aucun des symptômes généraux de l'envenimation. C'est un fait que nous avons nous-même aussi constaté ; dans la lutte, blessures et action locale hémorragique mises à part, les combattants demeurent respectivement sur leurs positions.

La dose de 4 milligr. de venin de Vipère aspic dissoute dans 1 cc d'eau salée à 5 %, n'a déterminé d'après BILLARD aucun signe d'envenimation. En augmentant la dose, nous avons fait mourir un lérot pesant 50 gr. en lui inoculant 10 milligr. de venin ; ce lérot avait déjà subi plusieurs jours auparavant les morsures d'une vigoureuse vipère, et avait été notamment mordu à un œil, où il s'était produit une hémorragie.

Ce petit rongeur conserve son immunité après hibernation (BILLARD).

Dans la résistance des animaux des divers groupes zoologiques au venin, ce sont en général les Vertébrés à sang froid et les Invertébrés qui tiennent le premier rang ; les Mammifères viennent ensuite, et quelques-uns d'entre eux se montrent sous ce rapport comparables aux premiers; mais leur masse n'a aucun effet protecteur, comme on aurait pu le croire, car on cite assez fréquemment des accidents mortels survenus chez des Ovidés, des Bovidés, des Equidés, et même chez l'Eléphant à la suite des morsures de Serpents.

Les petites espèces sont même plus résistantes que les grosses, en ce sens que, relativement à un même poids, il faut une plus forte dose de venin pour les tuer; elles résistent par exemple, comme le lérot, à une morsure capable de tuer un cheval ou un bœuf.

L'immunité naturelle peut être considérée comme le rapport entre la dose mortelle minima de venin employé et le poids de l'animal, pour une voie d'entrée déterminée du venin; elle augmente ou diminue comme la valeur de ce rapport. Si on calcule ce rapport pour différentes espèces, en prenant la même unité de poids, le kilogramme par exemple, on obtiendra des chiffres qui exprimeront la valeur relative de l'immunité et qui permettront d'établir une échelle de résistance.

Le tableau suivant résulte de nos expériences personnelles sur le venin de Vipère aspic.

IMMUNITÉ NATURELLE VIS-A-VIS DU VENIN DE VIPÈRE ASPIC

ESPÈCES	Poids en grammes	Dose minima mortelle par inoculation sous cutanée ou péritonéale, en milligrammes	Dose minima mortelle par kilogr. en milligrammes.
Vipère aspic.........	90	100	1111
Couleuvre à collier..	90	100	1111
Lérot	50	10	192
Grenouille	15	1	66.6
Hérisson	645	20	31
Anguille	350	10	28.5
Orvet	50	0.8	16
Salamandre terrestre.	24	0.35	15
Souris blanche	12	0.14	11.6
Crapaud	43	0.5	11.5
Crocodile	500	4.4	8.8
Chien { adulte	750	2	2.6
nouveau-né...	260	0.57	2.1
de 8 jours....	8.000	7	0.87
Lapin	2.000	4.5	2.25
Cobaye	450	0.85	1.8
Rat blanc	110	0.21	1.8
Buse	915	1.5	1.6
Pigeon	400	0.5	1.25
Poulet	840	1.5	1.30

MÉCANISME DE L'IMMUNITÉ NATURELLE

L'immunité naturelle des animaux venimeux pour leur propre venin a longtemps été expliquée par l'accoutumance. Or, pour que l'animal s'habitue au poison, il faut que celui-ci soit absorbé et imprègne l'organisme ; et cependant depuis que Cl. BERNARD avait admis que le venin des Serpents, pas plus que le virus rabique, n'existe dans le sang, personne n'avait cherché à vérifier cette hypothèse. L'accoutumance a donc continué à prévaloir; elle est reprise en 1889 par L. A. WADDELL, qui l'explique en admettant que les Serpents avalant leur salive, ils peuvent en absorber suffisamment par les érosions de la muqueuse digestive pour créer une tolérance qui aboutirait à l'immunité; mais tous les Serpents ne présentent pas de semblables portes d'entrée permanentes ; on sait en outre, que la muqueuse saine des premières voies digestives n'est pas absorbante, et que le venin est détruit, au delà par la bile; il faut des quantités massives de venin pour impressionner les animaux par la voie digestive. Si le venin imprègne l'organisme qui le sécrète, c'est par un autre mécanisme.

Immunité de la Vipère. — G. PHISALIX et G. BERTRAND, ont recherché ce mécanisme d'abord pour la Vipère ; ils ont constaté que le sang contient des principes toxiques d'action analogue à celle du venin ; 2 cmc. de sang ou de sérum de Vipère, inoculés sous la peau d'un cobaye, détermi nent la mort avec des symptômes identiques à ceux du venin ; hypother- mie précoce et continue, troubles paralytiques et respiratoires ; o cmc. 25 de sang suffit à produire ces effets par injection intrapéritonéale. KAUF- MANN (1893) a montré que par la voie intraveineuse et à la dose de 2 cmc.. le sérum de Vipère détermine un abaissement énorme de la pression artérielle, comme si on avait injecté une dose équivalente de venin. Cette ressemblance dans les caractères toxiques entre le sérum et le venin se poursuit dans les caractères physico-chimiques ; l'alcool précipite la substance toxique dans les deux cas, et celle-ci reste si fortement adhé- rente aux albuminoïdes qu'il est difficile de l'en séparer. Il existe cepen- dant une différence vis-à-vis de l'action de la chaleur; le sérum de Vipère perd sa toxicité par le chauffage à 56° pendant 15 minutes, tandis qu'il faut porter le venin à 75° pendant le même temps pour produire le même résultat. Les auteurs pensent que les principes toxiques du venin et du sérum ne s'y rencontrent pas exactement dans l'un et l'autre sous la même forme chimique, ou qu'ils restent tellement adhérents au coagulum qu'ils n'en diffusent plus.

La découverte de la toxicité du sang de la Vipère, attribuée par MM. PHISALIX et BERTRAND, à la sécrétion interne des glandes venimeuses, don- nait un appui à la théorie de l'accoutumance, mais n'en éclairait pas le mécanisme. On pouvait se demander si l'excitation produite sur l'orga- nisme par ce poison du sang ne provoquait pas une réaction de défense, comme il arrive dans les phénomènes d'accoutumance aux toxines micro- biennes, et si, à côté du principe toxique, il n'existerait pas dans le sang même des principes antitoxiques masqués par les premiers. C'est effecti- vement ce qui a lieu: il suffit de détruire par un chauffage approprié la substance toxique du sérum pour mettre en évidence ses propriétés anti- toxiques ; inoculé en même temps, avant ou après le venin, il en empêche les effets. Il en est de même avec le précipité obtenu en traitant le sérum par 5 à 6 fois son volume d'alcool à 95° ; et même dans ce cas, on peut attendre 20 à 25 minutes après l'inoculation du venin pour inoculer cette antitoxine naturelle ; elle agit aussi efficacement que l'antitoxine artifi- cielle spécifique, ou sérum antivenimeux. La présence de cette antitoxine naturelle explique-t-elle l'immunité considérable de la Vipère pour son propre venin? La vipère résiste effectivement à une dose de venin capable de tuer 1000 cobayes, et cependant tout le sang qu'elle possède suffit à peine à protéger un seul cobaye contre une dose deux fois mortelle. Il faut donc admettre ou bien que la quantité des substances antitoxiques augmente rapidement après l'inoculation pour suffire à la neutralisation du venin introduit, ou qu'à ce mécanisme de neutralisation, s'exerçant d'une manière limitée, il s'ajoute une résistance particulière des tissus de la Vipère, une accoutumance acquise par leur imprégnation constante dans un milieu toxique, et fixée héréditairement.

La disproportion entre le degré d'immunité de l'animal et le pouvoir antitoxique de son sang existe d'ailleurs aussi dans l'immunité artificielle, et si l'on admet un rapport de cause à effet entre l'immunisation artificielle et les propriétés antitoxiques du sérum, il faut aussi l'admettre pour l'immunité naturelle. Seulement, dans l'immunisation artificielle, c'est l'expérimentateur qui introduit le poison d'une manière brusque dans le sang, tandis que dans l'immunité naturelle, il y arrive progressivement et d'une manière continue.

Immunité de la Couleuvre. — En opérant avec le sang des Couleuvres tropidonotes comme avec celui de la Vipère, MM. Phisalix et Bertrand ont reconnu qu'il se comporte identiquement comme celui de la Vipère ; il est tout aussi toxique ; il détermine les mêmes accidents par inoculation au cobaye, et perd sa toxicité par le chauffage à 58°; il devient semblablement antitoxique.

Comment expliquer cette similitude physiologique ? MM. Phisalix et Bertrand recherchent quels sont les organes capables de sécréter une substance toxique, qui, reprise par le sang, le rende toxique ; on savait que les Couleuvres tropidonotes possèdent une glande parotide homologuée par Leydig avec la glande venimeuse de la Vipère; on savait aussi que ces Couleuvres enveniment leur proie pendant qu'elles l'avalent, que leur salive, inoculée à de petits oiseaux, détermine des symptômes d'empoisonnement pouvant être suivis de mort. MM. Phisalix et Bertrand essayèrent donc les effets de la macération ou du broyage de cette glande et comparativement ceux de toutes les autres glandes et tissus du serpent; ils constatèrent que seules les glandes parotides ont une sécrétion toxique, dont l'action est la même sur les animaux que celle du sang. Ils en concluent que la toxicité du sang dans le cas des Couleuvres, comme dans celui de la Vipère, est due à la même cause, c'est-à-dire à la sécrétion interne des glandes venimeuses ; et que la présence du venin détermine dans le sang l'apparition de substances antitoxiques. L'immunité naturelle de la Couleuvre serait donc aussi en relation étroite avec la présence de ces substances antitoxiques, qui pourraient d'ailleurs être fournies par les glandes labiales supérieures.

Immunité du Hérisson. — Encore plus que pour la Couleuvre, il peut paraître illogique de considérer l'immunité de cet insectivore comme une accoutumance à un milieu intérieur toxique, et superflu de rechercher dans ce milieu l'existence de produits toxiques. Cependant ils existent, comme l'ont vu MM. PHISALIX et BERTRAND ; et les substances présentent les mêmes caractères que dans le sang de Vipère et de Couleuvre ; elles sont également détruites par le chauffage à 58°. De même, le sérum chauffé possède des propriétés antitoxiques et immunisantes contre le venin de Vipère. Il est donc probable que l'organisme du Hérisson est vacciné par le même mécanisme que celui de la Vipère et de la Couleuvre.

Immunité de l'Anguille. — Dans ses recherches sur la toxicité du sérum d'Anguille, A. Mosso a montré les analogies entre les symptômes de l'empoisonnement par ce sérum et par le venin de Vipère. Cette analogie se poursuit en ce qui concerne non-seulement la substance toxique, l'Ichthyotoxique de Mosso, mais encore la substance antitoxique et immunisante, que le chauffage met en évidence. Comme pour le hérisson, on ne connaît pas le lieu de formation de la substance toxique du sang ; mais il y a lieu de croire qu'elle se comporte comme celle du sang des animaux précédemment cités, et qu'elle détermine l'accoutumance aussi bien vis-à-vis d'elle-même que vis-à-vis du venin de Vipère. Là encore, on constate un rapport entre l'immunité et la présence de substances toxiques et de substances antitoxiques dans le sang.

Immunité du Lérot. — G. BILLARD a constaté la présence de substances antitoxiques contre le venin de Vipère dans le sang du lérot. En inoculant 1 cmc. de sang à un cobaye pesant 520 gr. et faisant mordre celui-ci 10 minutes après par deux Vipères, il a vu le cobaye survivre, alors que les témoins mordus par une seule Vipère ont succombé. Il s'agit ici d'une propriété antitoxique et non d'une propriété vaccinante, comme le pense l'auteur, car la réaction qui aboutit à l'immunité met plus de 10 minutes à se produire ; mais le fait de l'existence de substances antitoxiques dans le sang d'un petit rongeur, volontiers frugivore, n'en reste pas moins très intéressant.

Immunité de la Grenouille. — Dans l'échelle de résistance au venin, la Grenouille est située très près de la Vipère et de la Couleuvre. On pouvait donc penser que son sang présenterait les mêmes particularités que celui des Serpents. Le sérum de grenouille est effectivement toxique pour le cobaye à la dose de 5 à 6 cmc. par la voie intrapéritonéale; à dose moindre encore si on l'inocule sous la peau. Or si, à ces faibles doses, le sérum de grenouille possède des propriétés préventives, il n'est pas antitoxique; le chauffage, qui lui fait perdre son pouvoir toxique, diminue aussi son pouvoir immunisant. Le précipité alcoolique du sérum est plus actif ; repris par l'eau, il cède à celle-ci une proportion plus grande de substances antitoxiques. En opérant de la sorte, C. PHISALIX a pu dans plusieurs expériences, réalisées aussi sur le crapaud, constater le pouvoir antitoxique du sérum ; mais il ne paraît pas assez élevé pour justifier à lui seul la grande résistance de ces Batraciens à l'envenimation. Les éléments cellulaires de ces animaux, si l'on en juge par les globules du sang, doivent offrir peu de prise à l'action destructrice du venin, et il est probable que l'immunité est due au moins en partie, à la constitution des cellules des tissus. Cette « immunité cellulaire » s'ajoute parfois d'ailleurs à l'immunité humorale chez un même animal, comme nous l'avons vu pour la Vipère et la Couleuvre.

Immunité de la Mangouste au venin de Cobra. — Cette immunité n'est pas très élevée d'après les expériences de FAYRER, où il fit mordre une mangouste successivement par un, puis par deux cobras; mais l'auteur ne détermine pas la dose minima mortelle. CALMETTE observa que, un sujet qui reçoit 4 fois la dose mortelle pour le lapin ne manifeste aucun symptôme; avec 6 fois la dose mortelle, le sujet est malade pendant deux jours; avec 8 fois cette dose, il meurt en 12 heures. L'auteur a vu aussi que le sérum de mangouste n'est pas très antitoxique contre le venin de Cobra, et ne pense pas que l'immunité modérée de l'animal tienne aux propriétés de ses humeurs.

CALMETTE a constaté d'autre part, que le sang de *Cobra*, de *Najahaje*, de *Crotale* et de *Céraste*, est très toxique pour le cobaye; mais il considère que les principes toxiques du sang et du sérum sont différents, se fondant sur la résistance inégale de la toxicité de l'un et l'autre à la chaleur, déjà signalée par PHISALIX et BERTRAND. Il argue en outre que des inoculations répétées de petites doses de sérum immunisent à la fois contre le même sérum et contre le venin homologue, d'où il conclut que la toxicité du sang est due à la présence d'une sorte de provenin, de substance vénogène, que les glandes venimeuses en extraieraient pour donner le venin élaboré.

Cette conception tient à l'idée qu'on se fait du rôle des glandes, que l'on considère avec raison comme essentiellement épurateur ; mais si les glandes extraient du sang divers principes, elles lui en apportent également, sans quoi il tarirait, et c'est précisément par la sécrétion interne que le sang récupère une partie des substances qu'il cède aux divers organes. Pourquoi les glandes venimeuses échapperaient-elles à cette loi générale !

En 1903, FLEXNER et NOGUCHI ont montré que les sérums de *Crotale* et d'*Ancistrodon* sont très toxiques pour le cobaye, tandis que celui d'un serpent non venimeux, le *Pituophis catenifer* l'est beaucoup moins. Ils prennent comme mesure de l'immunité l'hémolyse, et constatent que les antisérums contre les sérums de Crotale et de Pituophis ont des propriétés neutralisantes aussi bien contre les hémolysines contenues dans ces sérums que dans celles des venins de Cobra, d'Ancistrodon et de Crotale ; toutefois, avec une action plus marquée et hautement spécifique vis-à-vis des sérums avec lesquelles ils ont été préparés. Sans se préoccuper si le venin est la cause de la toxicité du sang, où s'il en est le résultat, FLEXNER et NOGUCHI pensent que les lysines du venin peuvent être activées aussi bien par des isocompléments que par des hétérocompléments, tandis que les ambocepteurs des sérums de serpents sont seulement actifs en présence de leurs propres compléments. Ce qui explique pourquoi le sérum perd sa toxicité à 56° et au delà ; ici l'inactivation est due à la disparition des activateurs adéquats, les isocompléments.

A la considérer théoriquement, l'immunité naturelle doit son existence à un certain nombre de facteurs différents : antitoxines naturelles du sérum, résistance particulière des tissus, antagonisme physiologique, absence d'activateurs convenables d'après FLEXNER et NOGUCHI, dans les conceptions d'EHRLICH.

L'étude des causes de l'immunité naturelle n'est pas épuisée en ce qui concerne les venins ; elle nous amènera sans doute à une plus grande précision, ou à des conceptions plus générales, sur lesquelles nous reviendrons après avoir étudié les processus de l'immunité acquise.

IMMUNITÉ ACQUISE

Les animaux sensibles au venin peuvent acquérir l'immunité soit d'une manière active par l'accoutumance ou la vaccination, soit d'une manière passive par introduction dans leur organisme de sérums antivenimeux.

Accoutumance

En 1886-87, H. SEWALL, Professeur à l'Université de Michigan, tenta de conférer l'immunité à des pigeons en leur inoculant à intervalles variés des doses non mortelles de venin d'un Crotaliné : le *Sistrurus catenatus*. Les pigeons sont naturellement très sensibles à ce venin ; par les inoculations répétées, et prolongées parfois pendant plusieurs mois, ils acquièrent une résistance suffisante pour subir avec succès l'épreuve de 10 fois la dose mortelle de venin. SEWALL vit aussi que l'immunité ainsi acquise peut durer environ 5 mois, mais qu'elle décline assez rapidement si on cesse les injections de venin.

KAUFMANN (1893), constate également que des chiens peuvent acquérir une certaine résistance par des inoculations successives de petites doses de venin de *Vipère aspic ;* il considère toutefois qu'elles sont insuffisantes à créer une véritable immunité contre l'envenimation.

Vaccination

En 1893, C. PHISALIX et G. BERTRAND, appliquant au venin la méthode indiquée par Pasteur pour l'atténuation des toxines microbiennes, entreprennent l'étude systématique de l'action de la chaleur sur le venin de Vipère aspic. Ils arrivent à cette conclusion que le venin de Vipère en solution aqueuse à 1/5000, chauffé en pipette close à 75° pendant 15 minutes, ou à 80° pendant 5 minutes, perd ses propriétés toxiques, mais manifeste vis-à-vis du cobaye des propriétés immunisantes; un cobaye qui a reçu sous la peau la dose de venin chauffé, qui serait mortelle sans le chauffage, soit o milligr. 4, peut 8 à 10 jours après supporter avec succès cette dose de venin entier : il est vacciné. Si on augmente jusqu'à la doubler la dose de venin immunisante, la dose employée à l'inoculation d'épreuve peut devenir plus forte et même être doublée (C. R. Ac. des Sc., 5 fév. 1894, et Soc. de Biologie, 10 février 1894, p. 111).

Par l'étude systématique de l'action de la chaleur sur le venin de Vipère, les auteurs arrivent à distinguer dans ce venin trois substances actives : l'*Echidnase* à action phlogogène locale ; l'*Echidno-toxine* qui produit les symptômes généraux de l'envenimation, et l'*Echidno-vaccin* qui immunise les animaux auxquels on l'inocule. Cette dernière substance résiste mieux à la chaleur que les deux précédentes ; elle ne commence à être détruite que vers 90°, et se trouve donc dans la solution de venin chauffé à 75° pendant un quart d'heure. C. Phisalix a démontré ultérieurement, par différents moyens l'indépendance de ces trois substances.

Simultanément à ces recherches faites au Muséum d'Histoire Naturelle de Paris, Calmette s'occupait à l'Institut Pasteur de la vaccination contre le venin de Cobra, venin qui est plus résistant à la chaleur que celui de la Vipère. Il arrivait, par des inoculations répétées d'un mélange de venin et d'une solution à 1% d'hypochlorite de chaux, à conférer à des lapins l'immunité contre le venin de Cobra. (C. R. Soc. de Biol., 10 fév. 1894, p. 120).

Il avait tenté antérieurement, en 1892, d'immuniser des animaux au moyen d'inoculations de venin chauffé ; mais était arrivé à cette conclusion que ces inoculations sont insuffisantes à préserver les sujets contre l'épreuve par la dose minima mortelle de venin. Kanthack était arrivé simultanément aux mêmes résultats négatifs, en employant du venin de Cobra non chauffé.

Mécanisme de la vaccination : Propriétés antivenimeuses du sérum des animaux vaccinés

A partir de 1894, les recherches de C. Phisalix et Bertrand d'une part, celles de A. Calmette d'autre part, font dès ce moment franchir le stade d'immunité active à celui plus important d'immunité passive, et marquent le début de l'ère sérothérapique des venins.

Ces auteurs établissent le mécanisme même de la vaccination.

La première question qui se pose en effet est de savoir si l'état vaccinal résulte de la circulation dans le sang de la matière vaccinante elle-même, ou bien au contraire si cet état est la conséquence d'une réaction de l'organisme sous l'influence de cette matière vaccinante. Dans le premier cas, que cette matière agisse comme antidote ou comme antagoniste, l'immunisation serait immédiate ; dans le second, au contraire, elle pourrait être tardive. MM. Phisalix et Bertrand résolvent la question de la manière suivante : ils inoculent 3 cobayes avec la dose vaccinante de venin chauffé, et les éprouvent respectivement avec une dose mortelle de venin après 24, 36 et 48 heures; or, tandis que le premier cobaye meurt aussi rapidement que les témoins, le deuxième résiste pendant 2 jours, et le troisième survit. *L'immunisation n'est donc pas produite directement ; elle résulte d'une réaction de l'organisme.*

Cette conclusion est identique à celle que Ch. BOUCHARD avait émise en 1888, à la suite de ses recherches sur la maladie pyocyanique : « *La matière vaccinante agit en modifiant la nutrition ; et cette activité vitale nouvelle devient durable, et créé un état constitutionnel comparable à l'immunité naturelle* ».

Ces changements dans la nutrition, prévus comme une conséquence logique de l'expérience, BEHRING et KITASATO (1890 et 1891) en ont démontré la réalité. Ils ont vu que le sang ou le sérum des animaux vaccinés contre le tétanos et la diphtérie possède la propriété d'empêcher les effets toxiques du poison tétanique ou diphtérique. C. PHISALIX et G. BERTRAND ont fait la constatation analogue ; ils ont vu que le sérum des vaccinés contre le venin de Vipère renferme des substances capables de neutraliser le venin ; à la dose de 3 à 15 cc., suivant le degré d'immunisation, il annihile les effets d'une dose mortelle de venin. Le pouvoir antitoxique du sérum s'accroît avec le degré d'immunisation, de telle sorte qu'il se montre non seulement préventif et antitoxique, mais encore curateur.

Ces faits ont été constatés aussi dès 1894 par A. CALMETTE pour le sérum des animaux immunisés contre le venin de Cobra, et en 1895 par FRASER, d'Edimbourg.

ARTHUS, a vu plus tard (1912), que l'injection intraveineuse de sérum anticobra produit chez le lapin une immunité de courte durée qui augmente avec la dose injectée et plus lentement qu'elle. L'immunité est un peu plus forte et un peu plus courte si le sérum est injecté dans les veines ou dans le péritoine que dans les muscles ou sous la peau.

Ces faits, au moment où ils ont été pour la première fois constatés, ont amené MM. PHISALIX et BERTRAND à essayer l'action des sérums des animaux doués d'immunité naturelle, tels que la Vipère et la Couleuvre. Ces sérums, nous l'avons vu, sont toxiques, propriété qu'on leur fait perdre par le chauffage à 58°, qui laisse intactes les substances antitoxiques. Celles-ci se comporteraient-elles comme l'échidno-vaccin ? C'est ce que montrent les résultats obtenus par les auteurs : la dose de 0 cc. 25 de sérum chauffé de Vipère suffit à protéger le cobaye contre l'épreuve par la dose mortelle de venin.

Cette méthode a été ensuite vérifiée par FRASER (1896) avec le sérum de *Naja bungarus*, qui, mélangé avec le venin de Cobra, ou inoculé 30 m après à des lapins, prévient la mort quand on l'emploie à la dose de 0 cc. 25 par kgr. de lapin.

En 1895, FRASER cherche à réaliser la vaccination en introduisant le venin par la voie buccale. Il expérimente d'abord sur le chat auquel il

administre des doses graduellement croissantes de venin de Cobra, jusqu'à
ce qu'il puisse tolérer en une fois la dose énorme de 1 gramme de venin.
(Cette dose correspond à 80 fois la dose minima mortelle par injection
sous-cutanée). 8 jours après, le sujet résistait à l'inoculation de une fois
et demie la dose mortelle. La chatte était gravide ; elle mit bas au 54ᵉ
jour de l'expérience, et les jeunes continuèrent à têter la mère ; l'un d'entre eux, âgé de 57 jours, fut éprouvé avec 2 fois la dose mortelle de venin,
et ne manifesta que quelques symptômes ; un autre âgé de 69 jours reçut
trois fois la dose minima mortelle, mais en mourut.

Des expériences analogues furent répétées sur des rats blancs : à une
série de rats, FRASER administra, par la bouche, 10, 20, 40, 200, 300, 600
et jusqu'à 1000 fois la dose minima mortelle (par la voie sous-cutanée) ;
tous résistèrent, en ne manifestant qu'un peu de dépression. Celui qui
avait reçu 1000 fois la dose mortelle fut éprouvé 8 jours après par inoculation sous-cutanée de deux fois la dose mortelle ; il présenta les symptômes d'envenimation, mais guérit.

En procédant par la voie hypodermique, FRASER obtint des résultats
plus satisfaisants. En 1895, il présenta à la Société médico-chirurgicale
d'Edimbourg, un lapin vacciné contre 50 fois la dose mortelle de venin
de Cobra.

Il reconnaît les propriétés neutralisantes du sérum des animaux
immunisés contre le venin, quand on mélange ces substances *in vitro*.

KANTACK confirme bientôt après FRASER, la possibilité d'immuniser
des animaux par la voie digestive. Mais, comme le reconnaissent ces deux
auteurs, l'immunisation par cette voie est longue et difficile ; elle nécessite en outre l'emploi de doses élevées d'un produit généralement peu
abondant et de procuration malaisée.

MÉTHODES DE VACCINATION

Pour immuniser un animal contre un venin, celui de Vipère par
exemple, on peut employer deux procédés : dans le premier on inocule,
à intervalles convenablement espacés, des doses d'abord très faibles de
venin entier, qu'on augmente ensuite progressivement C'est la méthode
de l'*accoutumance*, dont un cas particulier a été illustré par MITHRIDATE.

Dans le second, on rend le venin inoffensif en détruisant ses principes toxiques, soit par la chaleur, soit par l'addition de substances
chimiques, comme les hypochlorites alcalino-terreux. On peut encore
séparer les principes vaccinants par des moyens physiques comme la
filtration et la dialyse (C. PHISALIX). Dans ces conditions, il ne reste
plus dans le liquide traité que la portion vaccinante du venin, en l'espèce
l'*échidno-vaccin*.

Ce moyen reproduit pour les venins ce que JENNER et PASTEUR ont
fait pour les virus; il se ramène à insensibiliser l'organisme contre le
venin par l'inoculation préventive de ce même venin atténué : c'est la
vaccination.

On a longtemps considéré l'accoutumance et la vaccination comme résultant de processus distincts; mais depuis la découverte de Behring, on sait qu'il faut les rattacher au même mécanisme, puisque dans les deux cas, la réaction de l'organisme aboutit au même résultat, à la formation dans le sang de substances antitoxiques. Seulement dans la vaccination, la réaction défensive de l'organisme s'exerce seule; elle n'est pas entravée par les poisons qui la paralysent comme dans l'accoutumance. Ici, en effet, le phénomène est plus complexe: on inocule d'abord une dose de venin insuffisante pour amener des troubles graves, et les substances vaccinantes, dont l'action est lente, peuvent exercer leur influence sur l'organisme. Il en résulte la formation d'une certaine quantité d'antitoxine, capable de neutraliser une quantité correspondante de venin. Après cette période de réaction, l'animal est partiellement immunisé ; on peut dès lors l'éprouver avec une dose de venin égale à la première sans provoquer de symptômes apparents : il y a accoutumance pour la première dose. Si l'on vient à augmenter légèrement la quantité de venin inoculé, l'animal éprouve de nouveau quelques troubles, qui ne se traduisent en l'espèce que par un léger abaissement de la température. A chaque accroissement de la dose inoculée correspond une nouvelle formation de substances antitoxiques ; et c'est ainsi que les humeurs acquièrent un pouvoir antitoxique considérable.

La méthode d'immunisation par accoutumance est dangereuse et longue. Les substances toxiques du venin, même à faibles doses, troublent profondément la nutrition et déterminent un amaigrissement qui peut aboutir à une cachexie mortelle. Il faut donc, si on emploie cette méthode, suivre attentivement l'état général, les variations de poids de l'animal, et différer toute nouvelle inoculation jusqu'à ce que l'état soit redevenu normal.

Cette précaution est d'ailleurs à prendre également dans la vaccination des espèces particulièrement sensibles au venin employé.

On peut enfin employer une méthode mixte, et alterner les inoculations de venin atténué et de venin entier, en commençant par le premier. Le venin sera de moins en moins atténué ; les premières inoculations seront faites sous la peau, les suivantes dans les veines. Seulement, par la voie intraveineuse le venin est d'autant mieux toléré qu'il est plus dilué et plus lentement injecté. On arrive ainsi, en moins d'un mois, à faire tolérer à un chien une dose de venin entier mortelle en 5 à 6 heures pour les témoins, et en quelques mois une dose 5 à 6 fois mortelle. A ce moment, l'immunité contre l'action locale est loin d'être aussi accentuée que contre l'action générale, car l'inoculation sous-cutanée détermine encore de l'œdème assez marqué.

DIVERSITÉ DES SUBSTANCES VACCINANTES

Vaccination par les sérums. — Nous avons vu que le sérum des animaux hyperimmunisés contre un venin déterminé peut conférer l'immunité active aux animaux sensibles auxquels on l'injecte, et qu'il en est de même pour celui des espèces douées de l'immunité naturelle (*Vipère, Couleuvre, Hérisson, Anguille...*). Il suffit dans ce cas de chauffer préalablement le sérum à 58° pendant 15 minutes pour en détruire l'action toxique phlogogène.

Cette propriété antivenimeuse, marquée dans les deux cas précédents, ne semble même être que l'exagération d'une propriété générale du sérum des espèces sensibles. Car C. PHISALIX a montré que le sérum non toxique de cobaye et de cheval peut être utilisé directement à produire une vaccination; mais celle-ci est toujours moins forte et moins durable que lorsqu'on emploie le sérum des animaux hyperimmunisés.

Vaccination par la sécrétion cutanée muqueuse de Batraciens et de Poissons. — En 1897 C. PHISALIX a montré que la sécrétion cutanée muqueuse de la grande Salamandre du Japon peut servir à vacciner les animaux contre sa propre action toxique, et aussi contre celle du venin de Vipère.

Cette sécrétion dans les espèces où elle est toxique, présente des analogies d'action avec le venin de Vipère ; l'étude que nous en avons faite chez la plupart de nos espèces indigènes et un certain nombre d'espèces exotiques, ainsi que chez quelques Poissons, nous a conduite à distinguer deux groupes de sécrétions cutanées muqueuses :

1° *Sécrétions muqueuses venimeuses et vaccinantes:* celles de *Megalobatrachus maximus, Salamandra maculosa, Siredon axolotl, Rana esculenta, Discoglossus pictus, Alytes obstetricans.*

2° *Sécrétions muqueuses non venimeuses et vaccinantes :* celles de *Siren lacertina, Pelobates cultripes,* auxquelles viennent s'ajouter pour les Poissons, celles de l'*Anguilla vulgaris* et du *Protopterus annectens.*

Ce second groupe est fort instructif au point de vue de l'indépendance, dans une même sécrétion, des substances toxiques et des substances vaccinantes, que l'on voit apparaître, spontanément et isolément, chez des espèces quelquefois très voisines d'un même genre, telles que la Rana esculenta et la Rana temporaria.

Vaccination par le venin des Vespidés. — Le venin des Vespidés qui a une certaine analogie d'action avec le venin de Vipère possède aussi une action vaccinante contre ce venin. En employant, soit le venin frais retiré des vésicules à venin des Frelons et des Guêpes communes, soit la macération des animaux dans l'eau glycérinée. C. PHISALIX a pu conférer l'immunité à des cobayes : un sujet qui a reçu de 1 à 3 cc. d'extrait glycériné de venin de Frelon peut, au bout de quelques jours subir avec succès l'épreuve de la dose mortelle de venin. La substance immunisante résiste au chauffage à 120° ; elle est retenue en partie par le filtre de porcelaine ; elle est soluble dans l'alcool. Le venin de Frelon possède aussi une légère action antitoxique contre le venin de Vipère.

Vaccination par la bile, les sels biliaires, la cholestérine. — La destruction du venin dans le tube digestif a conduit tout naturellement les recherches vers l'action des sucs digestifs sur le venin. En 1897 et 1898, les expériences de FRASER, à Edimbourg, celles de C. PHISALIX, à Paris ont fixé les détails de l'action protectrice de la bile et de ses composants.

Indépendamment de ses propriétés antidotiques, préconisées dans l'Amérique du Sud par EVARICO GARCIA, la bile possède un pouvoir vaccinant manifeste contre le venin des Serpents. Un cobaye auquel on inocule de la bile sous la peau peut, 48 heures après, recevoir une dose mortelle de venin sans en être incommodé ; et cependant la bile n'est pas antitoxique vis-à-vis du venin. Ce sont les sels biliaires et la cholestérine qui jouent le rôle principal dans cette action: o gr. o2 de *glycocholate de soude*, o gr. o2 à o5 centigr. de *cholestérine* suffisent à conférer l'immunité au cobaye. Dernièrement BILLARD a immunisé le cobaye avec le suc d'autolyse de foie de porc.

Vaccination par la tyrosine et le suc de tubercules de dahlia. — 2 à 3 cc. d'une émulsion aqueuse à 1 % de tyrosine immunise également le cobaye contre le venin de Vipère. Cette quantité correspond à o gr. oo5 de tyrosine. C. PHISALIX, auquel on doit cette constatation, a vu qu'en renouvelant plusieurs fois les injections, on peut créer une immunité assez intense et assez durable. C'est à la tyrosine que le suc des tubercules de dahlia doit ses propriétés vaccinantes: 1 à 2 cc. de ce suc frais suffit à vacciner le cobaye contre la dose mortelle de venin. Le dahlia est le premier exemple connu d'un végétal dont le suc cellulaire est doué de propriétés vaccinantes contre le venin.

La tyrosine n'est pas sensiblement antitoxique; elle ne neutralise pas non plus le venin par mélange avec lui.

Vaccination par les sucs de champignons. — L'activité et la rapidité des transformations nutritives qui se passent dans les champignons est un des faits les plus remarquables de la Biologie. Aussi n'est-il pas étonnant d'y rencontrer tant de substances diverses : ferments, hydrates de carbone, albuminoïdes, et un certain nombre d'autres corps provenant de leur transformation.

Parmi ces substances, plusieurs possèdent, comme l'a montré C. PHISALIX, des propriétés vaccinantes contre le venin ; il était logique de penser que le suc qui les renferme toutes jouirait de cette propriété. C. PHISALIX a essayé à cet effet le suc de *champignon de couche*, de différentes amanites : *Amanita muscaria, Amanita mappa,* de *Lactarius torminosus,* de *truffe.* Le suc de ces divers champignons a été obtenu par macération des champignons dans un égal volume d'eau. Avec celui de champignon de couche, la dose vaccinante est comprise entre 2 et 5 cc. ; avec celui d'amanita muscaria, elle est de 2 cc. par la voie hypodermique ;

elle est de 4 cc. 5 par la voie digestive. C'est avec le suc de Truffe que la vaccination est la plus manifeste.

En raison des différences qui séparent les espèces étudiées, il est probable que la vaccination est produite par des substances différentes plutôt que par une même substance commune à toutes les espèces; car il est à remarquer qu'il a été possible d'immuniser par ingestion, au moyen de l'Amanita muscaria, tandis que cette voie ne donne rien, pour la limite des doses employées, dans la vaccination classique par le venin

Des corps aussi différents du venin de Vipère que les sels biliaires, la cholestérine, la tyrosine, le suc de dahlia et de champignons peuvent-ils produire les mêmes résultats au point de vue de l'immunité ? C'est ce que PHISALIX a recherché par un certain nombre d'expériences avec la tyrosine. Il a vu que l'immunité, comme pour le venin, met de 36 à 48 heures à s'établir ; il y a donc réaction de l'organisme. Mais le sang des cobayes vaccinés est-il préventif et antitoxique ? PHISALIX a observé que ces propriétés ne sont pas sensiblement plus accusées chez les vaccinés que chez les témoins, où la propriété préventive existe normalement à la dose de 5 à 6 cc., et où la propriété antitoxique se manifeste occasionnellement. Elles ne s'accroissent pas non plus quand on augmente le nombre des inoculations. Il faut en conclure que la tyrosine n'agit pas sur le sang de la même manière que le venin, et que le mécanisme de la protection exercée par cette substance n'est pas le même que celui de l'immunité obtenue par le venin ou par l'échidno-vaccin.

Pour interpréter ces phénomènes, PHISALIX envisage diverses hypothèses qui trouvent chacune un appui dans des faits déjà connus : ou bien les vaccins chimiques se combinent avec le venin ou se fixent sur lui, de telle sorte que le mélange devient inoffensif pour les tissus les plus sensibles; ou bien elles se fixent sur les cellules de ces tissus, qu'elles rendent impénétrables au venin ; ou bien encore elles fournissent aux cellules les matériaux indispensables qui leur sont enlevés par le venin.

La première hypothèse trouve un appui dans les expériences de RANSOM et de HÉDON : ces auteurs ont constaté que la cholestérine est un antidote de la saponine et des glucosides hémolytiques, parce qu'en se fixant sur ces poisons elle les rend inoffensifs pour les hématies. La seconde hypothèse repose sur une expérience de HÉDON : cet auteur a vu que les hématies ont la propriété de fixer énergiquement les acides et qu'alors ils deviennent inattaquables par la solanine. Enfin la troisième hypothèse a été mise en honneur par les recherches de HEYMANS et MASOIN sur l'action antitoxique de l'hyposulfite de soude sur les dinitriles normaux.

Mais, comme le signale PHISALIX, ce ne sont là que des hypothèses entre lesquelles il est actuellement difficile de choisir. Quoi qu'il en soit, ces recherches offrent l'intérêt appréciable d'élargir les conceptions que l'on peut avoir de l'immunité et des processus par lesquels on la fait apparaître.

Sérothéraple

La première observation sur la propriété antitoxique acquise par le sérum des animaux vaccinés a été faite par C. Phisalix et G. Bertrand ; ces auteurs constatèrent que le sérum des cobayes, prélevé 48 heures après l'inoculation immunisante d'échidno-vaccin, défibriné, puis mélangé avec le venin et injecté dans le péritoine d'autres cobayes, les rend capables de résister à l'action mortelle du venin. Ils ont vu aussi que le sérum chauffé des animaux doués de l'immunité naturelle possède la même propriété ; il est comme celui des animaux vaccinés, antivenimeux. A. Calmette fait bientôt la même constatation pour le sérum des animaux vaccinés par le venin de Cobra. Il envisage alors la possibilité d'obtenir des sérums très antitoxiques et utilisables pratiquement dans la thérapeutique des blessures venimeuses. En 1895-96, il entreprit de vacciner un certain nombre de grands animaux, ânes, chevaux, en leur inoculant sous la peau, à intervalles de 4 ou 5 jours, des mélanges de solutions de venins à doses d'abord petites puis progressives, et de solutions à 1/60 d'hypochlorite de chaux.

En général, après 2 mois, les chevaux pouvaient supporter l'inoculation d'une dose de venin pur, capable de tuer 50 lapins de 2 kg; au bout de 16 mois les sujets pouvaient résister à la dose de 2 gr. de venin (pesé sec), soit environ 80 fois la dose mortelle, qui est de 0 gr. 025 mgr., et qui tue les chevaux neufs en 12 à 24 heures.

Lorsqu'un cheval est ainsi vacciné, on peut le saigner à trois reprises consécutives en dix jours ; 12 jours après la dernière injection de venin, on lui fait une première saignée de 8 litres ; 5 jours après une de 6 litres ; 5 jours après une de 6 litres également, soit en tout 20 litres ; puis on laisse reposer l'animal pendant 3 mois en le soumettant à un régime reconstituant.

Durant cet intervalle, on lui fait au bout d'un mois une inoculation de 2 gr. de venin ; une deuxième un mois et demi après pour entretenir le pouvoir antitoxique, qui dans ces conditions reste constant.

Chaque saignée doit être éprouvée par la mesure du pouvoir antitoxique *in vitro*, et par celle du pouvoir préventif. A. Calmette emploie comme animal d'essai le lapin; le sérum est utilisable lorsqu'un mélange de 1 cc. de sérum avec 1 mgr. de venin inoculé sous la peau ne produit aucun symptôme d'envenimation, et lorsque 2 cc. de sérum injectés préventivement à un lapin de 2 kgr. lui permettent de résister deux heures après à l'inoculation de 1 mgr. de venin, qui tue les témoins en 2 ou 3 heures par la même voie, et en 30 minutes par la voie intraveineuse.

La rapidité des résultats, quand on opère par la voie veineuse permet de réaliser en moins d'une heure l'épreuve du pouvoir préventif, et de se prêter à une démonstration publique ; il suffit d'inoculer 2 cc. de sérum dans la veine marginale de l'oreille d'un lapin, et 5 minutes après une

solution de 1 mgr. de venin dans la veine de l'autre oreille. Le lapin
témoin qui n'a reçu que le venin meurt en 3o minutes environ ; le vacciné résiste.

Le sérum antivenimeux dont on a mesuré le pouvoir préventif est
décanté et réparti dans des flacons de 10 cc. stérilisés, en prenant pour
toutes les manipulations du sérum, les précautions usuelles d'asepsie. Les
flacons sont ensuite hermétiquement fermés, puis portés 3 jours de suite
au bain-marie à 58° pour tuer les germes qui auraient pu éclore de leurs
spores.

Ce sérum conserve pendant deux ans environ sa valeur antitoxique
sous tous les climats ; puis cette valeur décroît peu à peu. Il est de plus,
sous cette forme, assez facilement contaminable, comme d'ailleurs tous
les liquides organiques. On remédie à ces inconvénients de la même
façon que pour le venin, en desséchant le sérum rapidement dans le vide
aidé ou non d'une chaleur douce. Le sérum desséché se conserve, sinon
indéfiniment, du moins très longtemps dans des ampoules de verre scel-
lées à la lampe et qui pourront servir directement de récipient pour la
redissolution du sérum au moment de l'emploi.

Chaque ampoule contient 1 gr. de sérum, qu'il suffira de dissoudre
dans 10 cc. d'eau bouillie et refroidie; on a en quelques minutes une
solution prête à être injectée.

A. CALMETTE avait pensé d'abord que le sérum préparé avec le venin
de Cobra pouvait être effectif contre toutes les envenimations; mais les
expériences de PHISALIX et BERTRAND montrèrent bientôt la spécificité des
sérums, comme celle des venins. Bien que tous ces derniers contiennent
une substance neurotoxique à action générale, il est certain que les
neurotoxines ne sont pas identiques, et les venins sont loin de contenir
en même proportion les substances à action locale ; ces substances phlogogènes et hémorragipares existent en plus grande quantité dans le
venin des Vipéridés et des Colubridés Opisthoglyphes que dans celui des
Colubridés Protéroglyphes ; le sérum anticobra, d'autre part, n'a pas
d'action marquée sur l'envenimation par le venin de Vipère aspic.

A. CALMETTE a d'ailleurs reconnu la spécificité des sérums en préparant à l'Institut Pasteur des sérums polyvalents avec un mélange de divers venins: *Lachesis, Crotale, Naja haje, Pseudechis, Notechis, Vipères
d'Europe*, etc... Mais l'établissement dans diverses contrées d'Instituts de
sérothérapie antivenimeuse a retiré la plus grande partie du seul intérêt
que pouvaient présenter les sérums polyvalents, qui ne doivent être utilisés que dans les cas où l'on ne sait à quelle espèce de serpent est due
la morsure.

En 1895, FRASER, après avoir déterminé la dose minima mortelle de
venin de Cobra pour différents animaux et celle de différents venins pour
le lapin, reconnut les propriétés neutralisantes *in vitro* du sérum des
animaux immunisés.

La plupart des immunisations furent produites par l'inoculation de doses graduellement croissantes de venin, bien qu'il ait réussi avec des chats par la voie gastrique.

Lorsque le sérum antivenimeux et le venin sont inoculés en des régions différentes du corps et aussitôt l'un après l'autre, il faut 2 cc. 5 à 3 cc. de sérum pour sauver l'animal ; il faut 4 cc. de sérum par kilog de poids, inoculés 30 minutes avant le venin, pour protéger le sujet contre une dose un peu supérieure à la dose mortelle ; il suffit de 1 cc. 5, et même de 0 cc. 8 d'antivenin injectés 30 minutes après le venin pour protéger contre cette même dose mortelle, et de 5 cc. pour protéger contre deux fois cette dose.

FRASER pensa aussi que le sérum anticobra pouvait être efficace contre différents venins ; mais seulement pour les animaux assez résistants comme les carnivores : le chat, en particulier.

Il attribue la résistance des Carnivores, plus grande que celle des Herbivores, à leur régime carné, et essaya de vérifier cette hypothèse en nourrissant pendant plusieurs semaines des rats blancs exclusivement avec de la viande. Il constata chez eux un accroissement de résistance.

Il fixe d'abord à 20 cc. la dose de sérum nécessaire pour protéger l'homme, mais après avoir renoncé à produire l'immunité par la voie gastrique, il doute de l'action pratique du sérum dans la thérapeutique humaine, à moins que l'on emploie les doses élevées de 300 à 350 cc. pour protéger contre la dose minima mortelle.

Il considère que la neutralisation du venin par l'antivenin est d'ordre chimique, car elle met un certain temps, une vingtaine de minutes, à se produire ; il écarte la probabilité que les leucocytes stimulés par l'antivenin, puissent protéger l'organisme envenimé, et confirme l'opinion de PHISALIX que l'immunité est surtout due à la présence dans le sang d'une substance antitoxique, originaire au moins en partie, d'un constituant du venin lui-même.

A. CALMETTE a vu aussi que la quantité d'antivenin nécessaire à protéger un animal contre la dose mortelle de venin est d'autant plus grande que l'espèce est plus sensible ; il employait comme terme de comparaison le lapin.

La durée de l'immunité acquise contre le venin est d'autant plus grande que la dernière dose de venin inoculée a été plus forte; un lapin habitué à la dose mortelle de venin de Cobra est encore résistant au bout de deux mois. Cette durée est portée à 8 mois lorsque le sujet a été immunisé contre 120 fois la dose mortelle.

L'immunité passive a une durée beaucoup moindre : elle ne dépasse pas quelques jours : la dose de 20 cc. de sérum anticobra inoculée dans les veines protège un lapin normal pendant une période de 7 jours contre la dose qui tue les témoins en 15 à 20 minutes. L'injection quotidienne pendant deux semaines confère une immunité qui peut durer de 20 à 25 jours.

L'immunité se transmettrait de la mère au rejeton comme l'avait vu FRASER, mais non par la voie paternelle (A. CALMETTE).

Depuis ces recherches de PHISALIX et BERTRAND sur le venin de Vipère, de CALMETTE sur le venin de Cobra et divers autres venin, la sérothérapie antivenimeuse a pris de l'extension, et la plupart des régions infestées de serpents venimeux sont maintenant pourvues d'instituts antiophidiques préparant les antivenins pour les espèces locales. Nous ne ferons donc que résumer chronologiquement les travaux des différents chercheurs qui, dans cette voie, ont aussi abouti à un résultat pratique.

MC FARLAND, 1900-1902, prépara un sérum polyvalent en immunisant des chevaux avec un mélange de venins d'espèces de l'Amérique du Nord : Crotale, Ancistrodon, etc. Le sérum obtenu a un pouvoir assez marqué sur ces divers venins et quelques autres.

En 1902, TIDSWELL, à Sydney, obtient un sérum monovalent très actif contre le venin de Notechis scutatus, mais inefficace contre celui des autres espèces australiennes, notamment contre celui de Pseudechis porphyriacus.

En 1903, FLEXNER et NOGUCHI préparèrent plusieurs sérums contre le venin de Crotale, en atténuant le venin, soit par une solution faible d'acide chlorhydrique, soit par addition de trichlorure d'iode. Ces sérums étaient tous neutralisants vis-à-vis du venin de Crotale, mais non vis-à-vis d'autres venins.

En 1904, NOGUCHI immunisa des chèvres contre le venin de Crotalus adamanteus, d'une part, et d'autre part, contre celui d'Ancistrodon piscivorus ; les sérums obtenus ont un pouvoir antitoxique très manifestement spécifique.

En 1904, LAMB, aux Indes, prépara un sérum monovalent très actif en immunisant des chevaux avec du venin de Cobra ; ce sérum était aussi spécifique. Il réussit à en produire un autre jouissant des mêmes propriétés avec et vis-à-vis le venin de Vipera russelli.

Depuis 1905, VITAL BRAZIL prépare des sérums monovalents spécifiquement très actifs vis-à-vis des venins de Crotalus terrificus et de Lachesis lanceolatus.

Il y joignit bientôt un troisième sérum monovalent et spécifique vis-à-vis du venin d'Elaps corallinus, puis un sérum polyvalent anti-ophidique, vis-à-vis des venins des espèces précédentes.

L'Institut sérothérapique de Butantan (Etat de Sao-Paulo, Brésil), dont VITAL BRAZIL est le directeur, est au centre d'un vaste terrain, où les serpents producteurs de venin sont conservés en attendant leur utilisation.

En 1907, ISHIZAKA immunisa des lapins contre le venin de Lachesis flavoviridis, en employant le venin de cette espèce, atténué soit par agitation avec du chloroforme, soit par l'acide acétique glacial, soit par le chauffage à 60-68°.

L'administration du venin par la voie rectale est suivie d'une certaine

—

absorption, car il apparaît une certaine quantité d'antitoxine dans le sang, tandis qu'il n'en est pas ainsi lorsque le venin est administré par la bouche.

Les antivenins obtenus sont dans tous les cas hautement spécifiques.

La même année (1907), KITASHIMA, à Tokio, prépare un sérum contre le venin de Lachesis flavoviridis en employant de plus gros animaux (chèvre, bœuf, cheval). Cette Vipère cause une moyenne de 225 morts par an aux Iles Riukiu et Amami.

RELATIONS ENTRE LES PROPRIÉTÉS PRÉVENTIVES ET LES PROPRIÉTÉS ANTITOXIQUES DU SÉRUM ANTIVENIMEUX

Le sérum des animaux immunisés contre le venin de Vipère est à la fois préventif et antitoxique ; mais le pouvoir préventif est toujours plus accusé que l'autre. Si l'immunisation a été faible, le sérum est peu antitoxique, alors que le pouvoir préventif est déjà très marqué. En augmentant le nombre des inoculations vaccinales, le sérum devient de plus en plus antitoxique ; le pouvoir préventif se développe parallèlement et reste toujours plus intense, de sorte qu'avec de faibles doses de sérum antivenimeux, on peut, par inoculation préventive, conférer à un animal une forte immunité contre le venin, alors qu'avec la même dose l'action antitoxique est presque nulle. Ces faits montrent que, dans l'organisme, les processus physiologiques qui aboutissent à la formation de sérums uniquement préventifs d'une part, de sérum à la fois préventif et antitoxique d'autre part, se développent d'une manière inégale et successive. Ces deux étapes, *in vivo*, se retrouvent dans la destruction lente, sous l'influence du vieillissement, de ce même sérum conservé *in vitro*.

En effet, le sérum antivenimeux conservé à l'obscurité et au frais, dans les meilleures conditions, perd peu à peu son pouvoir antitoxique, tout en conservant la plus grande partie de son pouvoir préventif. En admettant que les deux propriétés soient dues à des substances distinctes, la substance préventive est donc plus abondante et plus stable que la substance antitoxique. L'apparition de la première précédant toujours celle de la seconde et lui survivant, on pourrait penser que la substance préventive joue le rôle d'une véritable proantitoxine, et qu'elle est la source de la substance antitoxique. Cette théorie de C. PHISALIX, inspirée par les proferments, trouve un appui dans le fait que la substance préventive se trouve à l'état normal dans le sang et certains organes : c'est ainsi qu'on peut vacciner un cobaye contre le venin de Vipère soit en lui inoculant 5 à 6 cent. cubes de sérum d'un autre cobaye, soit des macérations de pancréas, de capsules surrénales, de corps thyroïde et de thymus. Cependant, d'autres faits plaident en faveur de deux substances distinctes, dont l'une serait complémentaire de l'autre, comme il arrive pour les sérums bactéricides et cytotoxiques : c'est ainsi que dans une

même espèce sensible au venin, le chien par exemple, on rencontre
quelques individus dont le sang est à la fois préventif et antitoxique ;
dans de nombreuses expériences faites, soit avec le sérum de chien, frais
ou chauffé à 58°, soit avec le précipité alcoolique du sérum repris par
l'eau, C. Phisalix a rencontré des cas où le sérum était antitoxique ; le
plus souvent, il n'était que préventif.

Dans le sérum normal de cobaye ou de cheval, animaux également
sensibles au venin de Vipère, C. Phisalix et G. Bertrand ont trouvé
aussi des susbtances antitoxiques, quoique en très faibles proportions.
A. Calmette a fait des observations analogues. On peut déduire de ces faits
que les substances antitoxiques préexistent dans l'organisme, mais que,
dans les conditions ordinaires, elles ne sont pas libres dans le sang, ou
qu'elles ne s'y trouvent que dans des proportions inappréciables. Sous
l'influence de l'échidno-vaccin, elles y seraient déversées plus abondamment, soit par le mécanisme de la sécrétion interne, soit par les leucocytes. S'il en est réellement ainsi, l'immunité acquise consisterait dans
l'exagération d'un moyen de défense naturelle de l'organisme : immunité
naturelle et acquise s'acquiéreraient par des processus soumis aux mêmes
lois biologiques.

Spécificité des antivenins

L'action empêchante des sérums antivenimeux peut être considérée à
divers points de vue :

1° Contre l'ensemble des substances toxiques du venin ;

2° Contre les différentes substances toxiques qui caractérisent chaque
espèce ;

3° Contre une catégorie spéciale de ces substances existant dans les
divers venins.

Spécificité générale

C. Phisalix et G. Bertrand ont considéré le sérum obtenu dans l'immunisation des cobayes, avec et contre le venin de Vipère, comme seul
capable par son pouvoir antitoxique, de neutraliser l'action du venin de
Vipère.

C. Phisalix a montré en particulier (1904) que les cobayes immunisés contre le venin de Vipère sont sensibles au venin de Cobra, et inversement. La Vipère, qui présente à l'égard de son propre venin une
grande immunité, résiste au venin de Cobra mieux que le cobaye, mais
pas mieux que la grenouille.

D'autre part, si on inocule au cobaye un mélange chauffé à 60°
pendant 15 minutes, de sérum de Vipère, et de venin de Cobra, l'animal
a bien une survie de quelques heures, mais due au retard dans l'absorption du venin.

A. CALMETTE, au contraire de l'opinion des auteurs précédents, a. pendant un certain temps, considéré que la propriété neutralisante d'un sérum antivenimeux (en l'espèce le sérum anticobra) n'est pas tout à fait spécifique, et que d'autres sérums préparés avec des antigènes tels que les toxalbumines végétales ou les toxines microbiennes pourraient se comporter comme sérums antivenimeux. Il pensait aussi que le sérum anticobra pouvait neutraliser d'autres venins que celui du Cobra ; mais les vérifications expérimentales ne tardèrent pas à montrer que cette conception est trop générale : le sérum anticobra ne neutralise pas l'action du venin de Vipère aspic (PHISALIX et BERTRAND). STEPHENS et MYERS (1898), ont montré d'autre part, en étudiant les relations entre les pouvoirs antihémolytique et antitoxique du sérum anticobra que la neutralisation ne suit une marche parallèle pour les deux principes que lorsqu'il s'agit d'une dose voisine de la dose minima mortelle ; au-delà de cette dose, un mélange hémolytiquement neutre peut se montrer très toxique et entraîner la mort. Ils ont vu que l'hémolyse peut être complètement prévenue en employant une quantité assez grande de sérum antivenimeux, quelle que soit la dose de venin employée.

Dans un autre travail, les mêmes auteurs ont vu que le pouvoir anticoagulant du venin de Cobra peut être neutralisé par le sérum anticobra et que la neutralisation est spécifique ; la neutralisation contre le pouvoir anticoagulant et celle contre l'action toxique ne suivent de même une marche parallèle que pour les doses voisines de la dose minima mortelle. mais non pour les doses multiples, en ce qui concerne leur effet mortel *in vivo*.

Spécificité due aux différentes substances toxiques d'une même espèce de venin

Les divers venins peuvent entraîner la mort par l'action prédominante de l'une ou l'autre de leurs substances toxiques.

C'est ainsi qu'avec ceux des Colubridés Protéroglyphes, aussi bien les Hydrophiinés que les Elapinés, la mort est due plus spécialement à la neurotoxine résistante à la chaleur, qui prédomine sur les substances phlogogènes, plus sensibles à cet agent. Ce sont donc les effets neurotoxiques qui sont à redouter dans les morsures de Cobra, de *Bungares*, d'*Elaps*, d'*Hydrophis*. Au contraire, chez les Vipéridés, c'est la seconde catégorie de substances qui crée le danger le plus immédiat de l'envenimation, soit directement par leur action coagulante *in vivo*, déterminant parfois la mort subite (*Daboia*, *Echis*), soit par leur action hémorrhagipare intense, capable de saigner à blanc les sujets mordus, soit encore par leur action nécrosante sur les tissus et les propriétés antibactéricides des humeurs, qui ouvrent la voie aux infections secondaires.

Ces distinctions ne suivent pas d'une manière absolue la philogénie actuellement admise : on trouve des Colubridés Opithoglyphes et des Protéroglyphes, tels que le Pseudechis dont le venin est aussi riche en composés hémorragipares que celui des Vipéridés les mieux pourvus ; et, réciproquement, des Vipéridés dont le venin est aussi riche en neurotoxines qu'en autres principes hémorragipares ou phlogogènes ; il en est même où les deux catégories de principes, neurotoxines et ferments, se trouvent en quantité assez grande pour pouvoir, suivant la susceptibilité particulière des divers animaux, entraîner la mort par les différents mécanismes énumérés : il en est ainsi par exemple pour le venin de Daboia et de quelques Protéroglyphes d'Australie.

La connaissance de ces faits était nécessaire pour comprendre que la spécificité la plus importante vis-à-vis d'un venin est relative à celui des composants capable d'entraîner le plus rapidement la mort de l'espèce envenimée.

En 1897, C.-J. MARTIN essaya l'action du sérum anticobra préparé par A. CALMETTE contre celle du venin de Pseudechis, et la trouva très faible. Afin de déterminer la cause du phénomène, il scinda la question et considéra l'action séparée du sérum vis-à-vis des deux principales substances actives qu'il avait retirées du venin, soit en chauffant la solution de venin à 80°, soit en la filtrant à travers une bougie de porcelaine gélatinisée sous une pression de 50 atmosphères. La substance non coagulable du venin qui passe au filtre, a une action neurotoxique, tandis que la portion que retient le filtre a une action hémotoxique et agit aussi sur le cœur. Cette dernière substance qu'il appela d'abord *hémotoxine* doit être considérée comme le fibrin-ferment.

L'action du sérum anticobra protège l'animal contre l'action de la neurotoxine, mais pas du tout contre l'action de l'hémotoxine, ce qui explique que le venin entier de Pseudechis, qui contient les deux principes en grande quantité, ne soit pas neutralisé par le sérum anticobra.

De son côté, KANTHACK fait simultanément des observations analogues à propos du venin de Daboia : le sérum anticobra n'a pas d'action protectrice sur les animaux envenimés par ce venin ; il conclut aussi à la spécificité du sérum antivenimeux.

Cette spécificité serait plus stricte encore, et s'appliquerait à une même catégorie de substances actives du venin : C'est ainsi que STEPHENS (1899-1900) montre que, tandis que l'hémolysine du venin de Cobra est complètement neutralisée par le sérum anticobra, celle du venin de Daboia ne l'est que très peu.

De l'ensemble de ses recherches, il conclut :

1° Que le sérum antitoxique peut agir dans une certaine mesure sur des venins autres que celui qui a servi à le préparer pourvu que les venins soient analogues ;

2° Que les constituants hémolytiques des venins, par conséquent, les classes de toxines, ne sont pas identiques ;

3° Que contre la dose minima mortelle de venin de Daboia, celle de 0 cc. 5 de sérum anticobra de CALMETTE n'a qu'une très faible action ;

4° Que les propriétés antihémolytiques du sérum antivenimeux de vraient être accrues pour que ce sérum soit effectif contre les venins de Pseudechis et de Daboia.

Simultanément (1899-1900), MYERS considère que le venin de Cobra contient 2 substances toxiques : la *cobranervine* et la *cobralysine*, la première résistante à la chaleur, la deuxième qui lui est sensible ; la seconde seule serait neutralisée par le sérum anticobra, la première restant libre.

Ce n'est que pour la dose minima mortelle que la neutralisation de l'une marcherait de pair avec celle de l'autre. Avec des doses plusieurs fois mortelles, un mélange hémolytiquement neutralisé peut se montrer très toxique et tuer les animaux auxquels on l'inocule.

Il a vu aussi que la sensibilité des hématies *in vitro* n'a aucun rapport avec celle de l'animal qui reçoit le venin sous la peau ; que dans les propriétés fatales du venin, la cobralysine n'a qu'une part insignifiante ; de plus que des toxoïdes se forment rapidement dans les solutions diluées de venin, et que ces toxoïdes semblent spécifiques.

En 1904, FLEXNER et NOGUCHI ont préparé un sérum anticrotale en injectant du venin atténué par l'acide chlorhydrique ou par le trichlorure d'iode ; ils trouvèrent que le sérum ainsi obtenu avait une action neutralisante sur les hémorragines ; et que le sérum anticobra de CALMETTE n'avait qu'un faible pouvoir protecteur contre le venin de Crotale, car il n'a pas d'effet antihémorragique.

Simultanément aux auteurs précédents, JACOBY, en 1904, fit une série d'expériences intéressantes avec l'hémolysine isolée du venin de Cobra, par la méthode employée par KYES pour obtenir le venin-lécithide. Il trouva que la solution venimeuse débarrassée de son hémolysine était aussi toxique que le venin brut, en particulier pour le système nerveux ; d'où on pouvait penser que cette solution contenait surtout la neurotoxine; mais cependant, tandis que le sérum anticobra neutralise la toxicité du venin brut, il n'a aucune action contre cette neurotoxine isolée, ce que l'auteur attribue à une modification de la molécule au cours de la séparation avec l'hémolysine ; il fait un rapprochement avec ce qu'avait observé KYES avec le cobra-lécithide.

D'autre part, JACOBY réussit à produire l'immunité chez des lapins contre la neurotoxine isolée, et trouva que le sérum possédait un pouvoir neutralisant aussi bien contre la neurotoxine que contre le venin entier, fait que KYES avait également observé avec le cobra-lécithide.

Spécificité due aux différences individuelles de mêmes types de toxines des différents venins

La question de l'unicité ou de la pluralité de chacun des différents types de toxines que renferment les venins (neurotoxines, hémolysines, fibrin-ferments, hémorragines, etc...) est de la plus grande importance aussi bien au point de vue pratique qu'au point de vue théorique. Aussi a-t-elle suscité d'importantes recherches.

En 1899, STEPHENS constata que le sérum de CALMETTE, qui neutralise
le principe hémolytique du venin de Cobra, n'a aucune action sur les hémolysines des venins de Crotale et de Daboia ; d'où il conclut que les
hémolysines de ces venins sont différentes ; mais comme il n'opérait pas
avec un sérum monovalent, il ne put poursuivre la question.

Spécificité des sérums antivenimeux vis-à-vis des symptômes généraux de l'envenimation

En 1911, ARTHUS reprend cette question de spécificité avec divers
sérums antivenimeux, notamment avec le sérum anticobra de CALMETTE et
avec les sérums anticrotale et antilachesis de V. BRAZIL.

Il considère l'action antivenimeuse du sérum vis-à-vis des différents
symptômes qu'il distingue dans l'envenimation : ainsi dans l'action du
venin de Cobra sur le lapin qui le reçoit dans les veines, ARTHUS considère 3 séries d'accidents essentiels :

1° *Accidents primaires*, qui suivent aussitôt l'inoculation et que AR-
THUS assimile à l'intoxication protéique.

Ce sont comme nous l'avons vu : *la chute de la pression artérielle ;*
une *légère accélération respiratoire*, la *diminution de la coagulabilité du
sang.*

2° *Accidents secondaires* de *curarisation* ; celle-ci est d'autant plus
précoce que la dose injectée est plus grande ;

3° *Accidents tertiaires*, qui ne se produisent que si la vie est prolongée par la respiration artificielle ; ils se traduisent par une *chute progressive de la pression artérielle*, qui entraîne la mort.

Ainsi, le venin de Cobra, ainsi que la plupart des auteurs l'ont établi,
détermine une paralysie de nature périphérique, comme le curare, et
tue par asphyxie consécutive à cette paralysie. A ce symptôme s'ajoute
une chute temporaire de la pression artérielle et une diminution de la
coagulabilité du sang.

Les venins des Serpents philogéniquement voisins du Cobra, *Naja
bungarus (Hamadryas)*, *Bungarus cœruleus (Krait)*, lui sont physiologiquement équivalents ; or, le sérum anticobra, dont ARTHUS précise les
doses actives, n'a sur les venins de ces deux espèces qu'une légère action :
1 cc. de sérum anticobra neutralise 0 mgr 7 de venin de Cobra et seule
ment 0 mgr 05 de venin d'Hamadryas ; il en résulte, au point de vue
pratique, que, pour neutraliser l'effet d'une morsure d'Hamadryas, laquelle est capable d'inoculer 100 mgr de venin, il faudrait injecter plus
de deux litres de sérum anticobra.

Ce sérum est, comme on le sait, *anticurarisant, antidépresseur, antidyspnéique* et *anticoagulant* vis-à-vis du venin de Cobra, et des venins des
autres espèces de serpents qui ont les mêmes propriétés protéotoxiques :
cependant, mélangé au venin de Crotale, ou aux venins des Vipères d'Eu-

rope ou d'Amérique, il n'est nullement antidépresseur, antidyspnéique ou anticoagulant vis-à-vis des accidents causés par ces venins. Si dans certains cas, le sérum anticobra semble atténuer légèrement les symptômes d'une envenimation, on constate que le sérum normal de cheval en fait autant, de sorte que l'atténuation partielle du venin a pour cause unique l'action qu'exercent sur lui les protéines banales du sérum de cheval.

D'autre part, ARTHUS démontre encore la spécificité des sérums antivenimeux en utilisant les sérums anti-Crotale et anti-Lachesis *in vivo* et *in vitro* : ainsi les venins de *Crotalus terrificus* et de *Lachesis lancolatus*, ajoutés à une liqueur fibrinogénée non coagulable spontanément (liquide d'ascite), en provoquent la coagulation fibrineuse immédiate : or, celle-ci peut être empêchée par le sérum antivenimeux correspondant, mais non par l'autre.

Un sérum anticoagulant ne neutralise pas nécessairement les effets de tous les venins coagulants ; et il en est ainsi pour les autres propriétés.

Cette action spécifique n'est, toutefois, pas exclusive : ainsi le sérum anticobra exerce une action incontestable, quoique minime, sur les venins de Krait et d'Hamadryas ; les sérums anti-Lachesis et anti-Crotale neutralisent tous deux l'effet dépresseur du venin de *Crotalus adamanteus*.

Ce sont là des exceptions et l'action des sérums antivenimeux ne s'exerce complètement que sur les venins qui ont servi à les préparer.

PRINCIPAUX SÉRUMS ANTIVENIMEUX

En résumé jusqu'ici un certain nombre de sérums monovalents ont été préparés sans que tous aient passé dans la pratique courante ; ce sont, dans leur ordre d'apparition, les sérums

Anti Vipera aspis (C. PHISALIX et BERTRAND, 1894),
Anti Cobra (CALMETTE, 1894),
Anti Notechis scutatus (TIDSWELL, 1902),
Anti Daboia russelli (LAMB, 1904),
Anti Crotalus adamanteus (FLEXNER et NOGUCHI, 1904),
Anti Cobra (LAMB, 1905),
Anti Crotalus terrificus (BRAZIL, 1905),
Anti Lachesis lanceolatus (BRAZIL, 1905),
Anti Ancitrodon piscivorus (NOGUCHI, 1906),
Anti Lachesis flavoviridis (KITASHIMA, ISHIZAKA, 1907).

Quant aux sérums polyvalents, ils sont moins nombreux ; ce sont, également dans leur ordre de découverte, les suivants :

Anti Cobra-Bothrops (CALMETTE, 1894),
Anti Crotale-Ancistrodon-Cerastes (MC FARLAND, 1900-1902, Philadelphie),
Anti Elaps corallinus-E. frontalis (V. BRAZIL, 1905),
Anti Crotale-Lachesis-Elaps (V. BRAZIL, 1911).

Sérum anti Vipère aspic (PHISALIX et BERTRAND, 1894)

En 1894, MM. C. PHISALIX et BERTRAND ont immunisé des Cobayes en leur inoculant du venin de Vipère aspic atténué par un chauffage à 75° pendant 15 minutes, ou par précipitation par l'alcool à 95°. Le sérum antivenimeux obtenu neutralise physiologiquement les effets du venin de Vipère ; il est l'antidote physiologique de ce dernier. La quantité de sérum capable de neutraliser l'action de 0 mgr. 5 de venin est voisine de 12 cc. ; mais cette quantité peut être notablement abaissée quand, au lieu de limiter la vaccination à la dose minima mortelle, on dépasse celle-ci et on prolonge les inoculations vaccinales.

Sérum anti Naja tripudians on anti Cobra (CALMETTE, 1894, LAMB, 1905)

En 1894, A. CALMETTE montra qu'on pouvait obtenir une vaccination solide contre le venin de Cobra en inoculant aux lapins du venin de Cobra atténué par les hypochlorites ou par le chlorure d'or.

Le sérum des lapins immunisés acquiert des propriétés antitoxiques vis-à-vis du venin de Cobra.

L'immunisation des chevaux par la même méthode fournit aussi un sérum antitoxique in vivo, non seulement vis-à-vis du venin de Cobra, mais, d'après CALMETTE, contre les effets neurotoxiques des venins des Colubridés et des Vipéridés et contre le venin de Scorpion ; il est sans action in vitro sur les effets phlogogènes ou hémorragique locaux.

Cette affirmation a été reconnue trop générale ; et CALMETTE a été amené à préparer, comme nous l'avons vu, des sérums polyvalents.

Le sérum monovalent de LAMB (1905), très antihémolytique et anti neurotoxique vis-à-vis du venin de Naja tripudians qui a servi à le préparer : à la dose de 1 cc. 2 il neutralise 10 fois la dose mortelle de venin. Il n'exerce en outre, in vivo, une action protectrice efficace que vis-à-vis du venin d'Enhydrina valakadien, et encore doit-il être employé à haute dose ; il retarde seulement la mort par les venins de Naja bungarus et de Lachesis gramineus ; il n'a aucune action sur les venins de Bungarus cœruleus et d'Echis carinata ; bien mieux, il accélère la mort par les venins de Bungarus fasciatus et de Daboia russelli.

In vitro, il n'a d'action antihémolytique que vis-à-vis du venin de Bungarus cœruleus.

Sérum anti Notechis scutatus (TIDSWELL, 1902)

Ce sérum préparé par TIDSWELL neutralise in vivo le venin de Notechis (Serpent tigre d'Australie), dans les proportions de 0 cc. 4 de sérum pour 0 mgr 59 de venin. Il est peu antihémolytique in vitro, mais fortement anticoagulant. Il n'a aucune action protectrice in vivo contre les venins de Naja tripudians, d'Enhydrina valakadien, d'Echis carinata et de Naja bungarus, bien que, in vitro, son pouvoir antihémolytique soit assez de *Bungarus cœruleus* et *B. fasciatus*, de *Daboia russelli*, de *Lachesis gramineus*, de *Crotalus adamanteus*, de *Pseudechis porphyriacus* et d'*Acanthrophis antarcticus*.

Sérum anti Daboia

LAMB a constaté (1904), que le sérum qu'il avait préparé protège les animaux contre l'action du venin entier de Daboia, et qu'il se montre hautement antihémolytique et anticoagulant. A la dose de 1 cc. 75, il neutralise 50 doses minima mortelles de venin. Essayé vis-à-vis de divers venins, il n'empêche la mort que par le venin de *Crotalus adamanteus* ; il se montre antihémolytique vis-à-vis des venins de ce dernier serpent et de l'*Echis carinatus* ; il est sans action aucune sur les effets des venins de *Cobra*, *Naja bungarus*, *Bungarus cœruleus*, *Bungarus fasciatus* et *Lachesis gramineus*.

Sérum anti Crotalus adamanteus

FLEXNER et NOGUCHI (1904), parvinrent à immuniser des lapins et des chiens au moyen de venin atténué par différentes substances. L'antivenin obtenu neutralisait, à la dose de 1 cc., 11 fois la dose minima mortelle de venin entier. Ils en essayèrent l'action contre les venins de *Naja tripudians Vipera russelli* et *Ancistrodon piscivorus* ; 1 cc. de sérum neutralise 2 doses minima mortelles du dernier, mais n'a aucune action sur une seule dose mortelle des deux premiers.

In vitro, le sérum neutralise un peu l'hémorragine du venin d'Ancistrodon, et se montre très effectif vis-à-vis de celle du venin de Crotale ; d'où les auteurs concluent à la pluralité des hémorragines des différentes espèces de venins.

En employant à l'immunisation le venin entier, NOGUCHI obtient un antivenin qui, à la dose de 2 cc. 5, neutralise l'action *in vivo* de 12 fois la dose minima mortelle du venin employé, et 1 fois la dose minima mortelle de venin d'*Ancistrodon piscivorus*. *In vitro*, 1 cc. de sérum se montre antihémolytique vis-à-vis de 10 fois la dose minima mortelle de venin de Crotale, et beaucoup moins vis-à-vis des venins d'*Ancistrodon*, de *Naja tripudians*, de *Vipera russelli* et de *Lachesis flavoviridis*, dont il ne neutralise que des doses respectivement exprimées, relativement à la dose mortelle, par les chiffres 1,33, 0,75, 1,5 et 2,25.

Sérum anti Crotalus terrificus

VITAL BRAZIL, en 1905, à Butantan (Brésil), immunise des mules et des chevaux, avec le venin entier de Crotalus terrificus ; il obtient un antivenin qui neutralise le venin employé aussi bien que celui de *Lachesis jararacuçu*, mais non ceux de *L. alternatus*, *L. lanceolatus* et *L. neuwidii*.

Sérum anti Ancistrodon piscivorus (Noguchi, 1906)

Noguchi, en 1906, immunisa des chèvres en leur inoculant du venin atténué, puis du venin entier ; le sérum obtenu avec une vaccination, que l'auteur ne put pousser très loin, faute de matériaux, neutralisait cependant, à la dose de 2 cc., 5, 5 fois et demi la dose minima mortelle du venin employé ; et *in vitro*, il suffisait de 1 cc. pour empêcher l'hémolyse de 40 doses mortelles. La même quantité neutralisait *in vivo* 3 doses de venin de *Crotalus adamanteus*, mais n'avait pas d'action sur le venin de *Naja tripudians*. *In vitro*, 1 cc. empêchait l'action hémolytique des venins de *Crotalus adamanteus*, de *Naja tripudians*, de *Vipera russelli* et de *La chesis flavoviridis*, pour les doses minima mortelles respectivement représentées par 4,25 ; 4,4 et 5.

Sérum anti-bothropique ou anti Lachesis lanceolatus (Brazil., 1905)

Ce sérum, obtenu par V. Brazil (1905), protège non seulement contre le venin qui a servi à le préparer, mais aussi contre ceux de *Lachesis alternatus* et de *L. neuwidii*, mais non contre celui du venin de Crotale.

Sérum anti Lachesis flavoviridis

Ce sérum a d'abord été préparé (en 1907), avec de gros animaux par Kitashima, à l'Institut des maladies infectieuses de Tokio ; mais un travail plus développé de Ishizaka (1907) a fixé les détails de l'immunisation. Ce dernier immunisa des lapins avec du venin atténué, soit par le chloroforme, soit par l'acide acétique glacial, soit par l'hydrogène sulfuré, à des températures comprises entre 60 et 68°. L'atténuation avait pour but de séparer l'hémorragine et en même temps d'éviter de détruire les propriétés immunisantes particulières de ce produit, comme Flexner et Noguchi l'avaient fait pour le venin des Crotalinés. Il obtint dans ces conditions un sérum antihémorragique contre le venin entier. Ishizaka confirme et étend les vues de Flexner et Noguchi sur la production de toxoïdes hémorragiques.

L'hémorragine du venin de L. flavoviridis est neutralisée par le sérum qui n'a que peu ou pas d'action sur celle du sérum de Vipère : la pluralité des hémorragines est donc démontrée. Ce sérum n'agit que très peu sur l'action *in vivo* du venin de Vipère.

Sérum polyvalent de Lille et de Paris

Lorsque la spécificité des sérums antivenimeux a été établie, A. Calmette a donné un procédé pour immuniser les animaux contre plusieurs venins : il est, d'après l'auteur, très facile d'entraîner les animaux vaccinés contre le venin de Cobra, à supporter de fortes doses de venin de Lachesis, de Daboia, de Crotalus, d'Hoplocephalus ou de Pseudechis. En quelques mois de traitement complémentaire, on arrive à obtenir des sérums très actifs contre ces divers venins. A. CALMETTE a obtenu par cette méthode des sérums polyvalents capables d'empêcher l'action locale des venins de Vipéridés et de supprimer *in vitro* leurs effets coagulants et protéolytiques sur le sang.

Depuis 1915, l'Institut Pasteur de Paris prépare sous la direction de M. DELEZENNE des sérums antiophidiques appropriés aux diverses régions à serpents venimeux.

Sérum polyvalent (Mc FARLAND, 1900-1902)

Mc FARLAND (1900-1902), à Philadelphie, immunisa des chevaux avec un mélange de venin entier de Crotale et de différents autres venins. Il obtint un sérum également actif *in vivo* contre les venins de *Crotalus adamanteus*, d'*Ancistrodon contortrix*, de *Naja tripudians* et de *Cerastes*. Ce sérum n'était empêchant que vis-à-vis des neurotoxines ; contre les effets locaux, il ne produisait aucun effet.

Sérum polyvalent de l'Institut Pasteur d'Algérie

L'Institut Pasteur d'Algérie, sous la direction de M. ED. SERGENT. prépare un sérum contre les espèces venimeuses de l'Afrique du Nord, du groupe des Vipéridés : *Cerastes vipera* et *cornutus. Vipera lebetina.*

Sérum anti-ophidique (BRAZIL, 1905)

V. BRAZIL prépare à Butantan un sérum polyvalent avec un mélange des venins des diverses espèces de l'Amérique du Sud : Elaps, Lachesis, Crotale... Les divers venins entrent dans le mélange avec des doses proportionnées à la fréquence avec laquelle on rencontre les espèces qui les ont fournis. Son activité *in vivo* a été vérifiée expérimentalement vis-à-vis des espèces suivantes :

Crotalus terrificus, assez actif.
Lachesis mutus, peu actif.
Lachesis itapetiningæ, peu actif.
Lachesis alternatus, très actif.
Lachesis lanceolatus (jararaca), très actif.
Lachesis jararacuçu, assez actif.
Lachesis atrox, très actif.
Lachesis neuwidii, assez actif.

Ce sérum polyvalent n'est pas aussi actif que chacun des sérums spécifiques ; il est réservé aux cas fréquents où les sujets envenimés ignorent l'espèce du serpent qui les a mordus.

Depuis l'établissement de l'Institut de Sérothérapie antivenimeuse, fondé par A. CALMETTE à *Lille,* dès 1896-97, d'autres ont été fondés dans les principales régions infestées par les serpents : à Sydney (Australie).

par TIDSWELL, aux Indes anglaises, à Kasauli, par SEMPLE ; en Amérique, à Philadelphie, par MC FARLAND ; au Brésil, à Butantan par V. BRAZIL ; à Buenos-Aires, à Tokio, par KITASHIMA, etc. Il est superflu d'insister sur la grande utilité de ces Instituts dans les régions où les animaux venimeux constituent un fléau aussi redoutable et aussi meurtrier, en moyenne, que les grandes épidémies de peste ou de choléra, car le tribut qui lui est payé en vies humaines ou animales est permanent, et se chiffre annuellement par des milliers d'existences.

Immunité et anaphylaxie

Parmi les symptômes que déterminent les venins, il en est qui diminuent à chaque nouvelle inoculation et contre lesquels le sujet se trouve ainsi vacciné ou immunisé, et d'autres vis-à-vis desquels il se trouve au contraire sensibilisé ou anaphylactisé.

Les symptômes locaux sont parmi ces derniers.

Nous avons connu personnellement un chasseur de vipères qui mordu à diverses reprises, par les sujets capturés vivants, éprouvait toujours l'œdème hémorragique local si caractéristique du venin des Vipéridés. Ces effets locaux intenses sont signalés chez les chevaux qui servent à la préparation du sérum antivenimeux.

NOLF les a constatés chez des chiens au cours de l'immunisation contre le venin de Cobra.

Pendant la préparation, l'immunisation peut se produire vis-à-vis d'un symptôme et l'anaphylaxie vis-à-vis d'autres : c'est ainsi que, avec les venins curarisants, l'immunité ne s'établit que contre l'action curarisante et pas contre l'action protéotoxique ; les sujets manifestent en effet une chute de pression artérielle et une accélération des mouvements respiratoires très exagérés par rapport à ce qu'on observe chez les animaux neufs à la suite de la première inoculation.

Cet état d'immunité-anaphylaxie doit être distingué, d'après ARTHUS, de l'immunité par anaphylaxie que l'on observe chez le lapin anaphylactisé, auquel on injecte dans les veines une dose de venin de Lachesis ou de Crotalus terrificus capable de le tuer par thrombose étendue : du fait de l'anaphylaxie, cette injection détermine la production rapide d'antithrombine qui neutralise l'effet coagulant et permet la survie.

L'immunité-anaphylaxie ne constituerait pas non plus deux manifestations opposées d'un même état organique, comme NOLF l'admet ; mais deux états indépendants l'un de l'autre, d'après ARTHUS, qui en donne les raisons suivantes : 1° jamais on n'observe d'anaphylaxie vis-à-vis des effets curarisants ; 2° d'autre part, la réaction d'anaphylaxie chez le lapin n'est pas spécifique : elle se produit avec la même intensité quand on injecte dans les veines un liquide albumineux ou un venin donné, quel que soit celui de ces deux produits qui a servi à la préparation. Par contre, la réaction d'immunité est spécifique, car les lapins préparés avec le venin de Notechis ont la même sensibilité que des lapins neufs vis-à-vis d'un autre venin curarisant, comme le venin de Cobra.

L'immunité peu d'ailleurs succéder à l'anaphylaxie ; en effet, après l'inoculation sous la peau du lapin de doses faibles et répétées de venin de Crotalus adamanteus, on observe d'abord une exagération des symptômes protéotoxiques avec l'apparition de quelques symptômes surajoutés; puis, si l'on continue les inoculations, on constate que, vers la 6ᵉ ou 7ᵉ injection, ces symptômes s'amendent et finissent par disparaître.

Ces faits présentent un grand intérêt dans les précautions à prendre au cours de l'immunisation en vue de l'obtention des sérums antivenimeux.

Mécanisme de l'action du sérum antivenimeux, actions réciproques des venins et des antivenins

Nous avons vu que chez les animaux doués de l'immunité naturelle, le sang contient normalement des substances antitoxiques vis-à-vis du venin ; que chez les animaux vaccinés, sous l'influence de l'introduction d'antigènes tels que les venins entiers ou atténués, de sérum antivenimeux ou normal, et de diverses substances, le sang a acquis des propriétés antivenimeuses dont l'existence est corrélative de l'état d'immunité active.

Dans le cas des animaux envenimés ou des sujets mordus qui reçoivent du sérum antivenimeux, l'immunité passive s'établit par l'introduction des substances antitoxiques du sérum ; et, dans tous les cas, la même question se pose de savoir par quel mécanisme intime la substance antitoxique protège l'organisme qui élabore normalement le venin ou qui le reçoit.

Les cellules de l'organisme les plus sensibles au venin sont-elles rendues plus résistantes ou le venin est-il neutralisé soit chimiquement, soit physiologiquement par le sérum?

Ce sont des questions qui ont préoccupé tous ceux qui ont réussi à immuniser des animaux contre le venin.

La première idée qui s'est présentée à l'esprit est celle de l'antidotisme physiologique : E. Roux, après avoir constaté que le sérum antidiphtérique ne détruit pas la toxine *in vitro*, a pensé que le sérum antivenimeux ne détruit pas davantage le venin. Sous son inspiration, A. Calmette (1895), a fait l'expérience suivante : un mélange physiologiquement neutre de venin et d'antivenin a été préparé : une portion du mélange est portée à la température de 68°, qui coagule le sérum, et ainsi l'inactive ; l'autre est inoculée telle quelle aux lapins témoins : la portion chauffée fait périr les lapins qui la reçoivent, alors que la portion non chauffée reste neutre vis-à-vis des témoins. D'où il résulte que l'antivenin ne détruit pas le venin *in vitro* par simple contact, car la chaleur a pu effectuer la séparation des deux éléments en détruisant l'un d'entre eux, ce qui ne se produirait pas s'il s'agissait d'une combinaison chimique.

Peu de temps après (1896), Fraser adopte la neutralisation chimique, en se fondant sur les faits suivants : si on augmente progressivement la dose de venin, il faut pour neutraliser celui-ci augmenter proportionnellement la quantité de sérum : chaque augmentation qui correspond à une dose minima mortellle de venin nécessite o cc. 3 de sérum par kilogramme d'animal ; en outre, l'action du sérum est d'autant plus marquée qu'il est resté plus longtemps en contact avec le venin : ainsi, lorsqu'un mélange de 1 cc. 3 d'antivenin par kilogramme d'animal et de 5 fois la dose minima mortelle est essayé après 10 minutes de contact, il se montre encore mortel ; mais après 20 minutes et plus, le mélange est devenu inoffensif. Fraser en conclut à la neutralisation chimique. Il écarte la possibilité de l'action protectrice des leucocytes, stimulés par l'antivenin (théorie vitale), et celle d'une stimulation de l'organisme.

Calmette et Deléarde (1896), refusent d'admettre la neutralisation chimique ; ils citent quelques cas où la fonction antitoxique n'existe pas, malgré qu'une forte immunité ait été acquise contre certaines toxines ; certains immunes sérums exercent une protection non spécifique contre le venin, et *vice versa ;* le sérum des animaux doués d'immunité naturelle vis-à-vis des toxines ne possède que rarement des propriétés antitoxiques vis-à-vis de ces toxines ; faits que les auteurs considèrent comme en faveur de l'intervention de l'organisme.

Un peu plus tard (1898), C.-J. Martin et Cherry montrent que si l'on chauffe le mélange neutre de venin d'*Hoplocephalus curtus* et de *sérum anticobra*, dans les 10 minutes qui suivent sa préparation, le venin n'est pas encore détruit ou neutralisé par l'antivenin, et le mélange devient toxique : c'est ce qu'avait vu Calmette ; mais l'action toxique du venin ne réapparaitrait pas si on ne chauffe le mélange qu'après 20 minutes ou plus de contact.

Les auteurs appuient leur opinion en utilisant la filtration : ils préparent un mélange neutre de venin et d'antivenin et le maintiennent pendant 30 minutes à la température de 37° ; après quoi, le mélange est filtré sous pression à travers une bougie de porcelaine colmatée à la gélatine. Or, le filtrat obtenu est complètement inoffensif, ce qui montre que le venin, qui aurait pu passer, a été préalablement neutralisé.

Ces expériences sont considérées comme concluantes par les auteurs, et offrent pour eux comme pour Fraser les caractères de réaction diastasique.

En 1898, Stephens et Myers, en étudiant les effets de l'antivenin sur les propriétés hémolytiques et anticoagulantes du venin de Cobra, ont montré que la neutralisation de ces deux propriétés peut être effectuée *in vitro ;* d'où ils concluent à la nature exclusivement chimique de la neutralisation.

En 1911, M. Arthus et B. Stawska reprennent les expériences de C.-J. Martin et Cherry, mais en évitant les erreurs de ces auteurs : ceux-ci avaient admis que les mélanges de venin d'Hoplocephalus curtus et de

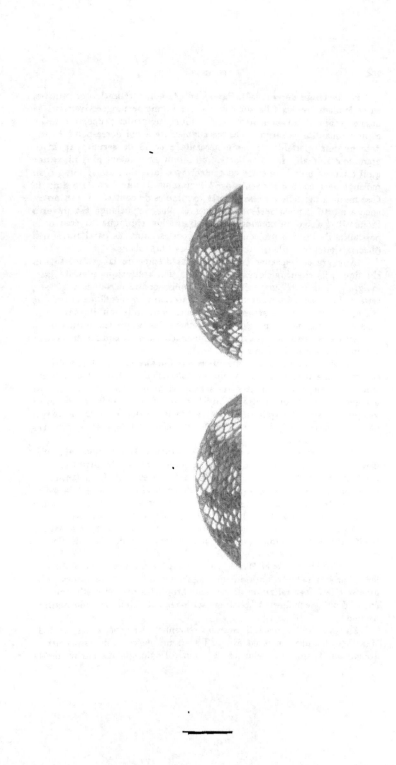

... Preston adopte la neutralisation chimique ...
... si on augmente progressivement ...
... peut réaliser celui-ci augmenter proportion ...
... par augmentation qui correspond ...
... nécessite ... 3 de sérum par ...
... du sérum est d'autant plus ... que ...
... en contact avec le venin ; ainsi, lorsqu ...
... par kilogramme d'animal et de 5 fois ...
... après 10 minutes de contact, il se mon...
... mais après 30 minutes et plus, le mélange est dev...
... en rapport à la neutralisation chimique. Il résulte ...
... action protectrice des leucocytes, stimulés par l'antive...
... une stimulation de l'organisme

... refusent d'admettre la neutralisa...
... le cas où la fonction antitoxique n'existe p...
... acquise contre certaines toxines ...
... exercent une protection non spé... ...
... le sérum des animaux doués d'immunité natur...
... possède quasi uniquement des propriétés antitox...
... Puis que les auteurs considèrent comme en favu...
... de l'organisme

... plus tard ... C. J. Martin et Cherry montrent que si l'...
... mélange non ... venin d'Hoptocephalus curtus et de se...
... dans les 10 minutes qui suivent sa préparation, le venin toxi...
... il n'est pas neutralisé par l'antivenin, et le mélange ...
... au contraire ; mais l'action toxique du ven...
... ne chauffe le mélange qu'après 30 minutes...

... et leur expérience en saisissant la température ; ils pro...
... que de venin et d'antivenin et le mélange porté ...
... à température de 15 après quoi, le mélange est ...
... que pendant de prolonger le contact à 15 ...
... sérum est complètement inoffensif, ce qui ...
... qui auraient pu passer pu probablement neutralise...
... observées sont considérées comme tranchantes par les auteurs...
... telles comme peu tranchées les caractères de réaction dias...

... Setchell et Myers en étudient les effets de l'antivenin ...
... les hémolytiques et anticoagulantes du venin de Cobra...
... de ces deux propriétés peut être effectué ...
... insèrement chimique de la toxi...

... d'Aitken et R. Stevens reprennent les expériences de ...
... mais en étudiant les effets de ces réseaux ...
... que le mélange de venin d'Hoptocephalus curtus et d...

ANCISTRODON PISCIVORUS
(D'après Bocourt.)

sérum anticobra, chauffés à 68° et injectés dans les veines du lapin sont d'autant plus toxiques qu'on les a chauffés plus tôt après leur préparation, comme si la neutralisation de la toxine par l'antitoxine (arrêtée par le chauffage), se faisait peu à peu et demandait un certain temps pour se parachever.

Or, comme TIDSWELL l'avait déjà constaté, le sérum anticobra ne neutralise pas le venin d'Hoplocephalus curtus ; le point de départ de C.-J. MARTIN et CHERRY est donc faux, et pour éviter cette cause d'erreur, ARTHUS et STAWSKA emploient le venin de Cobra et le sérum anticobra monovalent de VITAL BRAZIL.

Ils font des mélanges en proportions rigoureusement définies, et telles que la neutralisation ne soit que partielle ; ces mélanges sont chauffés au bain-marie à 68° pendant 30 minutes, soit aussitôt qu'ils sont faits, soit 1, 4 et 24 heures après, ayant été laissés dans l'intervalle à la température de 15 à 20°.

Injectés dans les veines de lapins, ces mélanges ont montré la même toxicité, quelle qu'ait été la durée du contact précédant le chauffage. Les très faibles différences, soit dans un sens, soit dans l'autre, tiennent à la vitesse d'évolution des accidents, suivant la sensibilité des animaux à l'envenimation.

La neutralisation du venin de Cobra par l'antivenin spécifique est instantanée ; les auteurs le démontrent de différentes manières :

1° Par la coagulation. On sait que les venins de Lachesis et de Crotale sont coagulants ; ajoutés en certaine quantité à une liqueur fibrinogénée (sang oxalaté, sang peptoné, solution de fibrinogène pure en eau salée), ils en provoquent la coagulation en 20 à 30 secondes. Or, si à un mélange de liqueur fibrinogénée et de sérum anti Lachésis ou anti Crotale, on ajoute le venin correspondant, on n'observe pas de coagulation ; la neutralisation du venin par l'antivenin est donc elle aussi instantanée.

2° Par la chute primaire de la pression sous l'influence du venin. On sait que celle-ci survient très rapidement, en 30 secondes environ après l'injection intraveineuse de venin ; elle peut être suivie aisément sur les tracés, même après l'introduction de moins de 1 milligramme de venin. Si on injecte au lapin des mélanges neutres de venin de Cobra et de sérum anticobra, on constate que la chute initiale de la pression ne se produit plus, même lorsque l'inoculation a été faite presque aussitôt après le mélange (5 secondes par exemple) ; la neutralisation s'est montrée encore ici instantanée.

La vitesse d'action de l'antivenin sur le venin ne rappelle donc pas les réactions diastasiques comme les expériences de FRASER le laissaient supposer, et comme C.-J. MARTIN et CHERRY pensaient l'avoir démontré, mais bien plutôt les réactions chimiques, telles que la neutralisation d'un acide par une base.

Il résulte de tous ces faits que le mécanisme par lequel le sérum antivenimeux annihile les effets du venin est assez complexe ; il exige l'intervention de plusieurs facteurs, parmi lesquels l'organisme joue le plus grand rôle, car le sérum à lui seul ne détruit pas le venin *in vitro*.

Le mélange préalable avec le venin n'est pas non plus nécessaire pour qu'il protège l'organisme auquel on l'inocule. On sait d'autre part que l'antitoxicité du sang n'est pas toujours suffisante pour protéger un animal contre la substance toxique correspondante : METCHNIKOFF a vu que le sang frais de l'écrevisse ne protège pas l'écrevisse elle-même contre le venin de scorpion, alors qu'il protège la souris ; c'est donc que le sang trouve dans l'organisme de la souris quelque condition ou quelque substance qui active ses propriétés. Or, il n'y a guère que les ferments dont les conditions d'activité soient aussi complexes, et c'est pourquoi C. PHISALIX pensait qu'ils sont les principaux agents de la destruction du venin : « Déjà nous savons, dit-il, que dans le duodénum, le venin est digéré par la bile et les ferments intestinaux ; que dans les solutions glycérinées de venin de Vipère, l'échidno-toxine est digérée au bout d'un certain temps par l'échidnase. Pourquoi ce qui a lieu dans le duodénum ne pourrait-il se produire dans la peau ou dans le sang ? les ferments n'y manquent pas ; mais il faut qu'ils se trouvent dans des conditions favorables à leur activité. »

Dans l'hypothèse de PHISALIX, *le rôle du sérum consisterait surtout à sensibiliser le venin vis-à-vis des ferments digestifs du sang*. De même que les sérums bactériolytiques, il contiendrait deux substances : la substance sensibilisatrice spécifique et une alexine ou cytase ; mais celle-ci serait insuffisante ou trop peu active pour agir efficacement *in vitro*. Elle serait complétée *in vivo* par l'apport constamment renouvelé de ferments plus actifs.

Régénération du venin et de l'antivenin de leur combinaison neutre

Les expériences de KYES et SACHS (1903) avaient montré : 1° que le sérum antivenimeux, dont l'action neutralisante *in vitro* est si manifeste sur le venin de Cobra, reste tout à fait inactif lorsqu'on l'ajoute au mélange venin + lécithine (cobra-lécithide) ; 2° que l'addition de lécithine à une combinaison neutre venin + sérum antivenimeux ne remet pas le venin en liberté et que, dans ces conditions, il ne se forme pas de cobra-lécithide.

Si, dans un mélange neutre *cobralysine + antivenin*, on pouvait réussir à dissocier les deux constituants, et à faire combiner ensuite la *cobralysine* avec la *lécithine*, on aurait simultanément une toxine et une antitoxine. Pour les raisons indiquées plus haut, cette toxine : *lécithide*, et l'antitoxine, *sérum antivenimeux*, ne seraient plus capables de se combiner, mais le lécithide, grâce à ses propriétés hémolytiques, pourrait être mis en évidence. C'est ce qu'a réalisé MORGENROTH (1905) : en ajoutant un peu d'acide chlorhydrique au mélange neutre toxine + antitoxine (venin + sérum antivenimeux), ce mélange se dissocie, et l'addition de lécithine y détermine la formation de cobra-lécithide.

L'expérience montre que la quantité de lécithide ainsi obtenue correspond intégralement à celle de la cobralysine primitivement ajoutée à l'antivenin, et que celui-ci peut être récupéré, même après 24 heures de contact, en saturant l'acide par la soude ou l'ammoniaque.

KYES et SACHS avaient aussi vu que sous l'influence de l'acide chlorhydrique, la cobralysine devient résistante à la chaleur à tel point qu'elle n'est pas détruite à 100°, même si on prolonge le chauffage.

Si, comme l'a fait MORGENROTH (1906), on chauffe à 100° pendant trente minutes le mélange neutre venin + antivenin, légèrement acidulé (par une solution à 3 % de HCl), on détruit l'antivenin, et on récupère au moins la moitié de la neurotoxine du mélange ; l'autre fraction a été définitivement modifiée par l'action de l'antivenin.

Dans le premier cas (acidification du mélange neutre venin + antivenin), l'acide modifie l'ambocepteur hémolytique du venin, de manière à empêcher sa combinaison avec l'antivenin, mais à permettre celle avec la lécithine pour former du cobra-lécithide. Celui-ci ne se combine pas avec l'antivenin préparé avec le venin ; la toxine et l'antitoxine sont ainsi séparées. Dans le second (chauffage à 100° pendant trente minutes du mélange acidulé venin + antivenin), la toxine résiste seule en totalité.

En 1907, MM. CALMETTE et MASSOL reprennent la question de la régénération des éléments du mélange venin + antivenin, considéré depuis longtemps par A. CALMETTE comme peu stable.

A l'action des acides et de la chaleur, ils ajoutent celle de l'alcool, ces actions étant appliquées séparément ou diversement associées. Les résultats qu'ils obtiennent peuvent être résumés comme il suit :

Le composé neutre et atoxique venin + antivenin a des propriétés distinctes de celles de ses composants, car il réagit différemment aux divers agents sus-indiqués.

1° *Action de l'alcool éthylique*. — La substance toxique du venin de Cobra est soluble dans les dilutions qui contiennent 50 à 80 % d'alcool; l'antivenin est insoluble dans l'alcool, qui le détruit par contact prolongé Or, dans le mélange : 1° le venin commence à devenir insoluble dans les dilutions à 50 % et l'est tout à fait dans les dilutions à 64 % ; 2° l'antivenin cesse d'être détruit par l'alcool, même à la dilution de 80 % ; il en est de même pour les dilutions contenant d'autres alcools et même quelques autres substances. (Les alcools méthylique et propylique, l'éther acétique, l'acétone ont été essayés) ; 3° les sulfates de magnésie et d'ammoniaque précipitent le mélange sans en dissocier les composants.

2° *Action de la chaleur*. — La substance toxique du venin de Cobra commence à coaguler vers 76° : à 80°, la coagulation est complète. L'antivenin est détruit à 68°.

Or, dans le mélange, l'antivenin est encore résistant à 75 et 80°.

A cette température, il se fait une dissociation partielle : une partie du venin reste dans la solution, une autre reste en combinaison insoluble.

3° *Action des acides et de la chaleur.* — Sous l'influence de la chaleur (à 72°), la plupart des acides minéraux ou organiques (les acides *sulfurique, formique, oxalique, acétique, butyrique, succinique, tartrique, citrique, malique, lactique, borique* ont été essayés), l'antivenin du mélange neutre redevient soluble, tandis que le venin est mis en liberté sous forme de précipité et peut être ainsi récupéré presque intégralement. Les acides borique, succinique et butyrique se montrent sans action.

4° *Action de l'alcool et des acides.* — Les dilutions à 5o % d'alcool acidifiées par l'un des acides actifs précédents dissocient le mélange neutre à la température ordinaire : le venin n'est pas détruit par l'antivenin et peut être presque intégralement récupéré ; l'antivenin, après 10 à 15 minutes de contact avec la solution alcoolique acidifiée, est si peu modifié qu'il peut, au moins en partie, être mélangé à nouveau avec du venin et reconstituer le mélange neutre.

Ainsi on doit admettre pour ce mélange la théorie d'une combinaison dissociable de la toxine et de l'antitoxine.

En 1907, TERUUCHI étudia l'action de la digestion pancréatique sur 'e mélange neutre venin de cobra + antivenin. Comme test réaction, il employait l'action hémolytique au contact d'une quantité adéquate de lécithine comme activateur. Il constata d'abord que le pouvoir hémolytique du venin et le pouvoir antihémolytique de l'antivenin sont tous deux détruits par le ferment pancréatique ; mais la propriété activante de la lécithine et le pouvoir hémolytique du lécithide ne sont pas modifiés.

Des mélanges neutres de venin + antivenin sont alors abandonnés pendant deux heures à la température ordinaire, puis pendant quarante-huit heures à la glacière, et soumis à la digestion pancréatique : l'expérience montra que environ un dixième du pouvoir hémolytique originel du venin était libéré, cette quantité étant un peu plus grande que celle qu'aurait fournie le venin seul soumis à la même action ; ce qui peut être dû au fait que les protéines du sérum antivenimeux ont été plus rapidement attaquées que le venin de Cobra, ce qui a restreint l'action du ferment sur ce dernier.

La libération du principe hémolytique du venin de Cobra par la digestion pancréatique ne se produit pas quand on a ajouté de la lécithine au mélange neutre, avant son séjour de 48 heures à la glacière.

En 18.9-1900, MYERS tenta de pénétrer plus profondément dans le mécanisme de l'action réciproque du venin et de l'antivenin, en employant la méthode de saturation partielle que EHRLICH et MADSEN avaient inaugurée pour l'étude de la toxine diphtérique et de la tétanolysine. MYERS emploie comme réaction d'essai le pouvoir hémolytique du venin de Cobra. Les mélanges de venin et d'antivenin sont abandonnés pendant deux heures à la température ordinaire avant d'être utilisés. Il faut 1 cc. 3

de sérum antivenimeux pour empêcher l'hémolyse par 1 milligramme de
venin de Cobra. Théoriquement, l'addition de 1/13 de cette quantité de
sérum devrait neutraliser 1/13 de milligramme de venin, et ainsi de
suite ; mais, en réalité, il n'en est pas ainsi ; la première fraction de la
solution venimeuse n'a perdu que les quatre cinquièmes de son action
hémolytique : l'interaction entre la cobralysine et son antilysine est donc
différente de celle d'une simple neutralisation, et MYERS en conclut qu'à
côté de la cobralysine, le venin de Cobra contient un certain nombre de
toxoïdes capables de s'unir avec l'antivenin. D'après cette hypothèse, la
neutralisation d'une certaine quantité de cobralysine équivaut à la neutralisation de toxines et de toxoïdes.

MYERS essaya enfin si les solutions de venin de Cobra conservent par
le vieillissement leurs propriétés hémolytiques aussi bien que leur faculté
de se combiner à l'antivenin. Les solutions de venin de Cobra étaient
faites à 0,2 % dans la solution physiologique à 0,8 %. Lorsque cette solution est abandonnée pendant six heures à la température de 35°, son
pouvoir hémolytique s'abaisse de 2.000 à 333 ; en 12 heures, il descend
à 250 doses hémolytiques minima par milligramme de venin ; alors que
la propriété de se combiner à l'antivenin reste pratiquement intacte : il
s'était donc, d'après MYERS, formé des toxoïdes dans une telle solution.

Tout en adoptant la théorie toxoïde d'EHRLICH et MADSEN, MYERS
admet néanmoins comme possible la réversabilité de la réaction entre la
toxine et l'antitoxine.

Peu de temps après, FLEXNER et NOGUCHI (1903) confirment les résultats obtenus par MYERS et étendent le même mode d'investigation à la
neurotoxine du venin de Cobra. La solution fraîche du venin employé est
neutralisée à la dose de 2 milligrammes par 2 cc. 25 de sérum anticobra
de CALMETTE.

Des solutions de venin soumises à la neutralisation fractionnée sont
abandonnées pendant 19 jours, les unes à la température ordinaire, les
autres à 37° : leur pouvoir hémolytique diminue beaucoup et plus rapidement à la température de 37° qu'à la température ordinaire, conformé-
ment à ce qu'avait vu MYERS. FLEXNER et NOGUCHI font des constatations
analogues relativement à la neurotoxine en employant le même mode
opératoire : la dose mortelle de venin de Cobra est de 0 milligr. 1 pour
un cobaye pesant 300 grammes ; 0 milligr. 4 est neutralisé *in vitro* par
0 cc. 4 à 0 cc. 5 de sérum. Après 19 jours de contact à la température
ordinaire, la toxicité était si affaiblie qu'il fallait 0 milligr. 4 de venin pour
tuer le cobaye ou seulement 0 cc. 3 de sérum pour neutraliser cette dose.

L'abaissement de la toxicité était plus grande encore quand la solution venimeuse était maintenue à la température de 37° : la dose minima
mortelle devenait 10 fois plus élevée, soit égale à 1 milligramme, et il
fallait 0 cc. 8 de sérum pour la neutraliser.

Ainsi, la diminution des pouvoirs hémolytique et neuro-toxique des
solutions de venin abandonnées au vieillissement, soit à la température

ordinaire, soit au-dessus de 20° déjà, est beaucoup plus marquée que celle de la faculté de se combiner à l'antivenin, bien que toutes deux subissent une diminution.

En 1903-1904, MADSEN et NOGUCHI étendent l'étude du phénomène de la neutralisation partielle à différents venins et aux antivenins spécifiques, au point de vue particulier de l'hémolyse et de la toxicité et de l'influence de la température sur la vitesse de la réaction. De leurs observations, les auteurs concluent que la neutralisation des principes toxiques des venins de *Cobra*, de *Mocassin* et de *Crotale* par leurs antivenins spécifiques, montre une analogie avec les résultats obtenus par MADSEN, ARRHÉNIUS et WALBUM avec beaucoup d'autres toxines et antitoxines, et peut être interprétée d'après les vues d'ARRHÉNIUS et MADSEN.

KYES (1904), critiquant les expériences de MADSEN et NOGUCHI, fait ressortir l'importance de la présence d'une quantité suffisante d'activateur (lécithine), afin d'obtenir l'expression réelle de la réaction. Avec une quantité insuffisante d'activateur, on n'obtient que de faux résultats KYES soutient son idée par une série d'expériences dans lesquelles l'activateur est employé en proportions variables : les courbes représentatives du phénomène sont différentes suivant ces proportions.

D'autre part, MADSEN et NOGUCHI (1906-1907) poursuivant leurs recherches dans la même voie, mesurent l'atténuation de la toxicité et du pouvoir hémolytique des venins de *Naja tripudians*, de *Crotalus adamanteus* et d'*Ancistrodon piscivorus*, sous l'influence des filtres, au moyen de la neutralisation partielle par les antisérums spécifiques. Ils constatent que le venin de Crotale perd environ la moitié de sa toxicité en traversant la bougie Chamberland, tandis que le venin de Cobra n'est pas modifié. L'addition de lécithine, qui modifie le pouvoir hémolytique du venin de Cobra, n'en accroît pas la toxicité.

En 1909, CALMETTE a montré que les précipités atoxiques de venin par le sérum antivenimeux émulsionnés, puis chauffés à 72° au contact d'une très petite quantité d'acide chlorhydrique, régénèrent le venin qui recouvre toute sa toxicité vis-à-vis de la souris.

En 1914, CALMETTE et MASSOL, dans une note sur la conservation du venin de Cobra et de son antitoxine, arrivent aux conclusions suivantes :

1° Le venin de Cobra perd lentement sa toxicité initiale, même en vase clos et à l'abri de la lumière, surtout lorsqu'il est conservé en poudre fine ;

2° Le sérum antivenimeux conserve sensiblement, au moins pendant six ans, le même pouvoir antitoxique ;

3° Dans le mélange neutre, 1 *milligramme de venin de cobra* + 1 cc. 3 *de sérum anticobra* l'antitoxine du sérum est absorbée non-seulement par la substance toxique du venin, mais aussi par d'autres substances qui accompagnent celle-ci, puisque le volume de sérum nécessaire, pour neutraliser un poids déterminé de venin, reste le même, alors que la toxicité de ce venin s'abaisse avec le temps. C'est une confirmation des vues de MYERS qui arrive aux mêmes conclusions par la méthode de neutralisation fractionnée ;

4° Dans les précipités atoxiques de venin par le sérum antivenimeux, la toxicité du venin est mieux conservée que dans le venin seul ; elle s'est montrée intacte au bout de cinq ans.

SCAFFIDI, la même année 1914, reprenant aussi la question des rapports de l'antitoxine et du venin, montre que les alcalis, en solution faible, permettent, comme les acides, de récupérer la neurotoxine, même dans le mélange neutre venin + antivenin abandonné pendant huit jours à lui-même. Toutefois, même avec des solutions faibles, la soude agit assez sur le venin pour rendre difficile l'évaluation exacte de la portion de venin libérée, qui ne dépasse pas la moitié de la dose totale de neurotoxine du mélange.

En 1914 également, M. ARTHUS montre, en utilisant le pouvoir coagulant du venin de *Crotalus terrificus*, que, dans le mélange neutre venin + antivenin, le venin n'est pas détruit, mais seulement masqué.

En effet : le venin de Crotale est coagulant *in vivo* et *in vitro* ; 1 milligramme de ce venin inoculé dans les veines d'un lapin le fait périr par thrombose généralisée ; cette. quantité fait coaguler en quelques minutes une liqueur fibrinogénée, non spontanément coagulable (plasma citraté ou oxalaté, solution saline de fibrinogène). Le sérum anticrotale neutralise le venin de Crotale dans les proportions de 6 cc. de solution à 1 % de venin pour 6 cc 3/4 de sérum antivenimeux dilué au 1/10°.

Si, à un mélange neutre de 2 cc. de plasma citraté et de 1 cc. du composé inactif venin + antivenin, qui ne coagule spontanément qu'au bout de 24 heures, on ajoute 4 à 8 cc. d'*eau distillée*, la coagulation massive se produit en moins d'une heure.

Donc l'eau distillée a libéré du venin.

Pour que cette libération se produise, il faut : 1° que le sérum anticrotale ne soit qu'en faible excès sur la solution venimeuse. Ainsi, avec 8 cc. au lieu de 6 cc. 3/4, elle n'a pas lieu ; 2° que la dilution du complexe venin + antivenin soit faite dans l'eau distillée ; avec l'eau salée à 1 % la régénération ne se produit pas.

ARTHUS a vu, en outre, que l'addition d'acide chlorhydrique dilué aux solutions neutres contenant le mélange venin + antivenin inactif, ne fait pas reparaître la propriété coagulante du venin.

Ainsi l'antivenin ne détruit pas le venin qu'il neutralise, conclusion conforme à celle des travaux précédents et à la notion des rapports des toxines et des antitoxines.

Bibliographie

Immunité naturelle

AMBROSOLI (D.). — Di une singolare proprietà osservata in alcuni giovani ricci, *Gaz. Med. It. di Lombardia, Milano*, 27 Ag. 1855.

AUDUBON. — Notes on the rattlesnake, *Froriep. Not.* 1827, XVIII, n° 377.

BILLARD (G.). — Immunité du lérot commun (Eliomys nitella Wag) contre le venin de la Vipère, *C. R. Soc. Biol.*, 1909, LXVII, p. 90.

BILLARD (G.). — Immunité naturelle du lérot après hibernation, et immunité naturelle du blaireau contre le venin de Vipère. *C. R. Soc. Biol.*, 1910, LXVIII, p. 982.

BILLARD (G.) et MAUBLANT. — Sur l'immunité naturelle du canard domestique et de la chouette (chevêche commune) contre le venin de Vipère, *C. R. Soc. Biol.*, 1910, LXIX, p. 316.

BILLARD (G.). — Sur l'immunité naturelle du Chat domestique contre le venin de Vipère, *id.* p. 318.

CALMETTE (A.). — Expériences sur l'immunité de la Mangouste, *Ann. Inst. Past.*, Avril 1895.

CALMETTE (A.) et DELÉARDE. — Sur la propriété des humeurs et des animaux réfractaires, *Ann. Inst. Past.*, Déc. 1896.

DUMÉRIL (Aug.). — Notice historique sur la ménagerie des Reptiles du Muséum d'Hist. Nat., *Arch. du Mus.*, 1854, VII, p. 273.

FLEXNER et NOGUCHI. — Snake venom in relation to hemolysis etc. (loc. cit.) (*signalent l'imm. nat. du Necturus vis-à-vis du venin d'Ancistrodon contortrix*).

FONTANA (F.). — Traité sur le venin de la Vipère, *Florence* 1781, p. 23.

FOUGÈRES (Marquis de). — La Mangouste contre les Rats et les Serpents, *Bull. de la Soc. Nat. d'Acclim.*, 1903, L, Avril.

GUYON (J.). — Le venin des Serpents exerce-t-il sur eux-mêmes l'action qu'il exerce sur d'autres animaux ? *C. R. Ac. des Sc.*, 1861, LIII, p. 12.

LEWIN. — Beiträge zu Lehre von der natürl. Immunität, *Deutsch. Med. Woch.*, 1898, XXIV, p. 629.

LIVONNIÈRE (A. de). — Le Hérisson, *Le Naturaliste*, sept. 1902.

MANGILI (G.). — Sul veleno della Vipera, *Paris* 1809.

PHISALIX (C.) ET BERTRAND (G.). — Recherches sur l'immunité du Hérisson contre le venin de Vipère, *C. R. Soc. Biol.*, 1895, XLIII, p. 639.

PHISALIX (C.) et BERTRAND (G.). — Sur l'immunité du Hérisson contre le venin de Vipère (Rép. à Lewin), *C. R. Soc. Biol.*, 1899, L., p. 77.

PHISALIX (C.). — Recherches sur les causes de l'immunité naturelle des Vipères et des Couleuvres, *C. R. Soc. Biol.*, 1903, LV, p. 1082.

PHISALIX (C.). — Sur un nouveau caractère distinctif entre le venin des Vipéridés et celui des Cobridés, *C. R. Soc. Biol.*, 1904, LVII, p. 486.

PHISALIX (Marie). — Action du virus rabique sur les Batraciens et les Serpents, *C. R. Ac. des Sc.*, 1914, CLVIII, p. 276.

PHISALIX (Marie). — Mécanisme de la résistance des Batraciens et des Serpents au virus rabique, *Bull. du Mus.*, 1915, p. 29.

RUFZ. — Enquête sur le Serpent de la Martinique, *Paris*, 1860.

Türk (R.). — Über die Wirkung des Bisses von giftschlangen aus einander, 1853, III.

Viaud-Grand-Marais. — Etude médicale sur les Serpents de la Vendée, Paris, 1867-69, p. 78.

Viaud-Grand-Marais. — Sur l'immunité contre les venins, Art. Dict. Dechambre et Lereboullet, 3ᵉ s., IX, p. 401.

Waddel. — Are venomous snakes auto toxic? an enquiry into the effects of Serpent venom upon the Serpents themselves, Calcutta govert. press., 1889 in-4° 28 p. et Sc. Mem. Med. offic. of Army in India, 1889, IV, p. 47-72.

Immunité acquise : Accoutumance, Vaccination

Billard (G.). — Immunisation du Cobaye contre le venin de Vipère par le suc d'autolyse de foie de porc, C. R. Soc. Biol., 1910, LXIX, p. 487.

Calmette (A.). — Le venin de Naja tripudians, Ann. Inst. Past., 1892, VI, p. 160.

Calmette (A.). — Immunisation des animaux et traitement de l'envenimation. Ann. Inst. Past., 1894, VIII, p. 275-291, ibid. 1895, IX, p. 225.

Calmette (A.). — L'immunisation artificielle des animaux contre le venin des Serpents et de la thérapeutique des morsures venimeuses, C. R. Soc. Biol., 1894, XLVI, 10 févr., p. 120.
C. R. Ac. des Sc., 1894, CXVIII, p. 720.

Fraser (T.-R.). — The rendering of animals immune against the venom of the Cobra and others Serpents; and on the antidotal properties of the blood serum of the immunised animals, Brit. Med. Journ., 1895, I, p. 1309.

Fraser (T.-R.). — The antivenomous properties of the bile of Serpents and other animals, Brit. Med. Journ., 1897, I, p. 125; II, p. 595.

Fraser (T.-R.). — Further note on bile as antidote to venom and disease toxins, Brit. med. Journ., 1898, II, p. 627.

Kanthack. — Report on snake venom in its prophylactic relation with poisons of the same and other sorts, Rep. med. offic. loc. gov., 1895-96, London 1897, p. 235-266.

Kaufmann (M.). — Sur le venin de la Vipère, ses principes actifs. La vaccination contre l'envenimation, C. R. Soc. Biol., 1894, XLVI, p. 113.

Noguchi (H.). — Immunisation against rattlesnake venom, Un. of Pensyl. Med. Bull., juillet-août 1904.

Phisalix (C.) et Bertrand (G.). — Atténuation du venin de Vipère par la chaleur et vaccination du Cobaye contre le venin, C. R. Ac. des Sc., 1894, CXVIII, 5 févr., p. 288; et C. R. Soc. Biol., 1894, XLVI, 10 févr., p. 111.; Arch. de Physiol. 1894, 5ᵉ s., VI, p. 567-582.

Phisalix (C.) et Bertrand (G.). — Sur la propriété antitoxique du sang des animaux vaccinés contre le venin de Vipère, C. R. Ac. des Sc. 1894, CXVIII, p. 356; Arch. de Physiol. 1894, 5ᵉ s., VI, p. 612-619.

Phisalix (C.). — Vaccination et accoutumance du Cobaye contre le venin de Vipère, Atti del Cong. inter., Roma, 1894, II ; Patol. gen. ed anat. path., p. 200.

Phisalix (C.). — Propriétés immunisantes du sérum d'Anguille contre le venin de Vipère, C. R. Soc. Biol., 1896, XLVIII, p. 1128.

Phisalix (C.). — Antagonisme physiologique entre les glandes labiales supérieures et les glandes à venin chez la Vipère et la Couleuvre : la sécrétion des premières vaccine contre le venin des secondes, *C. R. Soc. Biol.*, 1896, XLVIII, p. 963.

Phisalix (C.) et Bertrand (G.). — Sur les relations qui existent entre les deux procédés d'immunisation contre les venins : l'accoutumance et la vaccination, *Bull. du Mus.*, 1896, II, p. 36.

Phisalix (C.). — Propriétés immunisantes du venin de Salamandre du Japon vis-à-vis du venin de Vipère, *C. R. Soc. Biol.*, 1897, XLIX, p. 822.

Phisalix (C.). — Antagonisme entre le venin des Vespidés et celui de la Vipère; le premier vaccine contre le second. *C. R. Soc. Biol.*, 1897, XLIX, p. 1031.

Phisalix (C.). — La cholestérine et les sels biliaires vaccins chimiques du venin de Vipère, *C. R. Ac. des Sc.*, 1897, CXXV, p. 1063.

Phisalix (C.). — Les sucs de champignon vaccinent contre le venin de Vipère. *C. R. Soc. Biol.*, 1898, L, p. 1151.

Phisalix (C.). — La Tyrosine, vaccin chimique du venin de Vipère, *ibid.*. p. 153.

Phisalix (C.). — Sur quelques espèces de champignons étudiés au point de vue de leurs propriétés vaccinantes contre le venin de Vipère, *C. R. Ac. des Sc.*, 1898, CXXVII, p. 1036.

Phisalix (Marie). — Propriétés vaccinantes du venin cutané muqueux des Batraciens contre lui-même et contre celui de la Vipère aspic, *Bul. de la Soc. de Path. exot.*, 1913, VI, p. 190-195.

Phisalix (Marie). — Sur l'indépendance des propriétés toxiques et des propriétés vaccinantes dans la sécrétion cutanée muqueuse des Batraciens et de quelques Poissons, *C. R. Ac. des Sc.*, 1913, CLVII, p. 1160.

Phisalix (Marie). — Vaccination contre la rage expérimentale par le venin muqueux des Batraciens, puis par le venin de Vipère aspic, *C. R. Ac. des Sc.*, 1914, CLVIII, p. 111.

Sewall (H.). — Experiments on the preventive inoculation of Rattlesnake venom, *Journ. of Physiol.*, 1887, VIII, p. 203-210.

Sérothérapie

Acton (H.-W.) et Knowles (R.). — A new method of obtaining a Viperine antiserum. *Indian Journ. of Med. Reseach*, oct. 1913, I, 2 p. 326-335.

Acton (H.-W.) et Knowles (R.). — Studies in the treatment of snake bite, *id.* july 1914, II, 1, p. 46-148 ; *id.*, oct. 1915, III, p. 275-361.

Arthus (M.) et Stawska (B.). — Venins et antivenins, *C. R. Ac. des Sc.*, 1911, CLIII, p. 355; *C. R. Soc. Biol.*, id. LXXI, p. 233; *Arch. int. de Physiol.*, XI, p. 356.

Arthus (M.) et Stawska (B.). — Recherches expérimentales sur la sérothérapie anticobraïque, *Arch. int. de Physiol.*, 1912, XII, p. 28-46.

Arthus (M.). — De la spécificité des sérums antivenimeux, sérum anticobraïque et venins d'Hamadryas et de Krait, *C. R. Ac. des Sc.*, 1911, CLIII, p. 394.

Arthus (M.). — De la spécificité des sérums antivenimeux, sérum anticobraïque et anticrotalique. Venin de Lachesis lanceolatus, de Crotalus terrificus et de Crotalus adamanteus, *id.*, p. 1504.

Arthus (M.). — Etudes sur les venins des Serpents, *Arch. int. de Physiol.*, 1912, IX, p. 265-338.

ARTHUS (M.). — Venin-antivenin. *C. R. Soc. Biol.*, 1914, LXXVI, p. 268.

BASSEWITZ (Von). — Le traitement moderne de l'Ophidisme au Brésil, *Münch. med. Woch.* 10 mai 1904.

BEDDAERT. — Note sur quelques cas de morsures de Serpents traitées par le sérum antivenimeux de Calmette, *Janus, Amsterdam*, 1902, VII, p. 57-59.

BERTARELLI (E.). — Sulla presenza di anticorpi rivelabili colla deviazione dei complemento nel sieri contre il veleno dei Serpenti. *Riv. di Ig. et de San pub.*, 1913, XXIV.

BERTHOLDO. — La sieratherapia della morsicatura di Serpenti velenosi, *Corr. San, Milano*, 1898, IX, p. 516.

BRAZIL (V.). — Serumtherapia antiophidica, *Rev. med. de S. Paulo (Brésil).* 1901, 45 p. et 12 pls.; *id. in mem. apres. ao 4° Cong. lat. amer.*, 1909, IV, p. 549.

BRAZIL (V.). — Serum antiophidico, *Brazil med.*, *Rio-de-Jan*, 1903, XVII, p. 384.

BRAZIL (V.). — Tratamento das morderudas da Cobras pelos serums espicificos preparados no Instituto de Butantan, *Rev. med. de S. Paulo*, 1906, n° 20

BRAZIL (V.). — Das globulinas e serinas dos serums antitoxicos, *Rev. Med. de S. Paulo*, 1907, X, p. 196.

BRAZIL (V.). — A serumtherapia do ophidismo en relaçao a distribuiçaô geographica das Serpentes, *id.*

BRAZIL (V.). — Dosagem do valor antitoxico dos serums antiperçonhentos, *id.*, X, p. 457.

BRAZIL (V.) e PESTANA (B.). — Nova contribuiçaô as estudo do envenenamento ophidico, *id.* 1909, An. XII, p. 375 et 439; Anno XIII, p. 61 et 161.

BRAZIL (V.). — Serumtherapia antiophidico, *Sao-Paulo*, 1909, in-8° 45 p., 12 pls.

BRAZIL (V). — La défense contre l'ophidisme, *Sao-Paulo* 1911, Vol. in-8°, 181 p. *figs. et pls en couleur.*

CALMETTE (A.). — Propriété du sérum des animaux immunisés contre le venin des Serpents. Thérapeutique de l'envenimation, *C. R. Ac. des Sc.* 1894, CXVIII, p. 720.

CALMETTE (A.). — Contribution à l'étude des venins, toxines et sérums antitoxiques, *Ann. Inst. Past.*, 1895, IX, p. 225.

CALMETTE (A.). — Le venin des Serpents, physiologie de l'envenimation. Traitement des morsures venimeuses par le sérum des animaux vaccinés, 1 broch. in-8°, 96 p., 1896.

CALMETTE (A.) et DELÉARDE. — Sur les toxines non microbiennes et le mécanisme de l'immunité par les sérums antitoxiques, *Ann. I. Past.*, 1896, X, p. 675.

CALMETTE (A.). — Sur le venin des Serpents et sur l'emploi du sérum antivenimeux dans la thérapeutique des morsures venimeuses chez l'homme et chez les animaux, *id.* 1897, XI, p. 214.

CALMETTE (A.). — Sur le mécanisme de l'immunisation contre le venin, *id.* 1898, XII, p. 343-347.

CALMETTE (A.). — Les sérums antivenimeux polyvalents. Mesure de leur activité, *C. R. Ac. des Sc.*, 1904, CXXXVIII, p. 1079:

CALMETTE (A.) et MASSOL (L.). — Relations entre le venin de Cobra et son antitoxine, *Ann. Inst Past.*, 1907, XXI, p. 929-945.

CALMETTE (A.). — Les venins, les animaux venimeux et la sérothérapie antivenimeuse, *Paris-Masson*, 1907.

CALMETTE (A.) et MASSOL (L.). — Étude comparée des propriétés antitoxiques, préventives et thérapeutiques d'un sérum antivenimeux au cours des saignées successives, *Bull. de la Soc. de Path. exot.*, 1908, I, p. 90-94.

CALMETTE (A.) et MASSOL (L.). — Sur la conservation du venin de Cobra et de son antitoxine, *C. R. Ac. des Sc.*, 1914, CLIX, p. 152.

ELLIOT (R.-H.). — On the value of the serums of the Russel's Viper and the Cobra as antidotes to the venoms of those snakes. *Ind. Med. Gaz.*, 1901, March. and Ap.

FARLAND (J. Mc.). — Some studies of venoms and antivenenes, *Proc. Path. Soc., Philad.*, 1900.

FARLAND (J. Mc.). — Some investigations upon antivenene, *Journ. Am. Med. Ass.*, 1901, XXXVII, p. 1597-1601.

FARLAND (J. Mc). — The progress of knowledge concerning venom and antivenine, *Philad. Med. Jour.*, 1902, IX, p. 329-332; 369-372; 403-407; 450-457; 492-499.

FLEXNER AND NOGUCHI. — Upon the production and properties of anticrotalus venom, *Jour. of Med. Research.*, 1904, n. s. VI, p. 363-376.

FLEXNER AND NOGUCHI. — Therapeutic experiments with anticrotalus and antimocassin sera, *Journ. of Exp. Med.*, 1906, VIII, p. 614.

FRASER (T.-R.). — The rendering of animals immune against the venom of Cobra and other Serpents, and on the antidotal properties of the blood sérum of the immunized animals, *Brit. Med. Jour.*, 1895, I, p. 1309.

FRASER (T.-R.). — The treatment of snake poisoning with antivenene derived from animals protected against Serpents venom, *Brit. Med. Jour.*, 1895, II, p. 416.

FRASER (T.-R.). — Serpent's venom, *Proc. of the Roy Soc. of Edimb.*, 1895, XX, p. 448-474.

FRASER (T.-R.). — Address on immunisation against Serpents venom and the treatment of snake bites with antivenine, *Brit. Med. Jour.*, 1896, I, p. 957.

FRASER (T.-R.). — The limitations of the antidotal power of antivenine, *id.* II, p. 910.

HANNA (W.) AND LAMB (G.). — A case of Cobra poisoning treated with Calmette's antivenine, *Lancet*, 1901, I, p. 25-26.

HOUSSAY (Dr B.-A.). — Nociones acerca de los Serpientes venenosas de la Republica argentina y el suero antiofidico, *Buenos-Aires*, 1916.

ISHIZAKA (T.). — *Zeit. f. exp. Path. u. Th.* 1907, IV, p. 88 (loc. cit.).

JACOBY. — Uber die Wirkung des Kobragiftes auf das nervensystem, *Beit. z. wiss. Med. u. Chim.*, 1904, p. 200, Berlin.

KITASHIMA (T.). — On « habu » venom and its serumtherapy, *The Philip. Jour. of Sc.*, 1908, III, p. 151-164.

KOENIGSWALD. — Die brasilianischen Heilserum gegen Schlangengift, *Natur. Wosch.*, 1908, 31 mai.

KOENIGSWALD. — Die giftschlangengefahr in Brasilien und ihre Bekämpfung durch antitoxine, *Heiserum-globus*, 1909, XCV, n° 5.

KRAUSE (M.). — De l'obtention du venin de Serpent pour la préparation du sérum thérapeutique, *Arch. f. Sch. und Tropenhyg.*, 1907, XI, p. 219-224.

KYES (P.). — Cobragift und antitoxin, *Berl. Klin. Woch.*, 1904, XLI, p. 494-497.

LAMB AND HANNA. — Standardisation of Calmette's antivenomous serum with pure cobra venom; the deterioration of this serum through keeping in India, *Sc. Mem. offic. Med. Sanit. Dep. Gov-India*, 1902, n. s. 19 p. in-8°.

LAMB (G.). — Specificity of antivenomous sera, *Sc. Mem. offic. Med. Sanit Dep. Gov. India* 1903, 14 p. in-4°, *id.* second communication, *id.* 1904, n. s. n° 10.

LAMB (G.). — Snake venoms ; their physiological action and antidote, *Glascow Med. Jour.*, 1903, LIX, p. 81-98.

LAMB (G.). — On the serums therapeutic in cases of snake bite, *Lancet*, 1904, n° 4236, p. 1273-1277.

LAMB (G.). — The specificity of antivenomous sera with special reference to a serum prepared with the venom of Daboia russelli, in-4° 18 p. *Calcutta* 1905.

LANDENBACH (J.-P.). — Uber die Wirkung des schlangengiftes auf das Herz und den Blutdruck, *Kiev, Izv. Univ.*, 1908, XLVIII, p. 75-95 (en russe).

MADSEN (Th.) AND NOGUCHI (H.). — Toxins and antitoxins, the influence of temperature upon the rate of reaction, *Oversigt over det Kgl. Danske Videnskabernes selsbabs Forhandlinger*, 1904, I 425-446, II 447-456.
Ibid. Journ. of exp. Med., 1906, VIII, p. 337-364.

MADSEN (Th.) AND NOGUCHI (H.). — Venins-antivenins (Crotalus adamanteus, Naja tripudians, ancistrodon piscivorus, *Oversigt over det Kgl, Danke Videns. Sels. Forh*, 1906, p. 233-268.

MADSEN (Th.) AND NOGUCHI. — Snake venoms and antivenins. *Jour. of Exp. Med.* 1907, IX, p. 18-50.

MARTIN (C.-J.). — Concerning the curative value of antivenomous serum on animals inoculated with Australian snakes' venom, *Interc. Med. Jour.*, 1897, II p. 527, *Id.* 1898 III, p. 197.

MARTIN (C.-J.). — Advisability of administering curative serum by intraveinous injection, *id.* p. 537; *id.* 98, III, p. 713.

MARTIN (C.-J.) AND CHERRY. — Relation of the toxine and antitoxine of snake venom, *Proc. Roy. Soc. Lond.*, 1898, LXIII, p. 420.

MARTIN (C.-J.). — *Id. Proc. Roy. Soc. Lond.*, 1899, LXIV, p. 88.

MARTIN (C.-J.) AND HALLIBURTON (W.-D.). — Further observations concerning the relation of the toxin and antitoxin of snake venom, *P. R. S. of London*, 1898-99, LXIV, p. 88-94.

MARTIN (C.-J.). — The contribution of experiments with snake venom to the development of our knowledge of immunity, *Brit. Med. Jour.*, 1904, II. p. 574.

MEIRELLES (E.). — Envenamento ophidico e a serotherapia, *Gaz. Clin. S. Paulo*, 1904, II, p. 429-434.

MORAES (Costa). — Envenamento ophidico e sua therapeutica. *Thèse Rio-de-Janeiro*, 1908.

MORGENROTH (J.). — Weitere Beiträge z. Kenntnis der schlangengifte und ihre antitoxinen, *Arb. aus dem pathol. Inst., zu Berlin*, 1906, p. 437.

MYERS (W.). — Cobra poison in relation to Wasserman's new theory of immunity, *Lancet*, 1898, II, p. 23-24.

MYERS (W.). — On the interaction of toxin and antitoxin illustrated by the reaction between cobralysine and its antitoxin, *Jour. of Path. and Bact.*, 1899-1900, VI, p. 415-434.

NICOLLE (C.) et CATOUILLARD (G.). — Action du sérum antivenimeux sur le venin de Heterometrus maurus, C R. Soc. Biol., 1905, LVIII, p. 231.

NOGUCHI (H.). — Therapeutic experiments with anticrotalus and antimocassin sera, Jour. of exp. Med., 1906, VIII, p. 614-622.

PHISALIX (C.) et BERTRAND (G.). — Sur l'emploi du sang de Vipère et de Couleuvre comme substance antivenimeuse, C. R. Ac. des Sc., 1895, CXXI, p. 475.

PHISALIX (C.) et BERTRAND (G.). — Sur la propriété antitoxique du sang des animaux vaccinés contre le venin de Vipère, C. R. Ac. des Sc., 1894, CXVIII, p. 356., et Arch. de Physiol., 1894, 5e s., VI, p. 612-619.

PHISALIX (C.). — Sur les propriétés antitoxiques du sérum de Vipère comparées à celles du sérum antivenimeux obtenu artificiellement, C. R. Congr. de Méd. de Moscou, août 1897.

PHISALIX (C.). — La propriété préventive du sérum antivenimeux résulte d'une réaction de l'organisme; c'est donc en réalité une propriété vaccinante, C. R. Soc. Biol., 1898, L, p. 253.

PHISALIX (C.). — Essai sur le mécanisme des phénomènes en sérothérapie, Rev. Gén. des Sc., 15 nov. 1899.

SEMPLE et LAMB (G.). — The neutralizing power of Calmette antivenomous serum; its value in the treatment of snake bite, Brit. Med. Jour., 1899. I, p. 781.

STAWSKA (B.). — Etude sur le venin de Cobra et le sérum antivenimeux, C. R. Ac. des Sc., 1910, CL, p. 1539.

STEPHENS AND MYERS. — Test-tube reactions between cobra poison and its antitoxin, Brit. Med. Jour., 1898, I, p. 620.

STEPHENS AND MYERS. — The action of Cobra poison on the blood, a contribution to the study of passive immunity, Jour. of Path. and Bact., 1898, V, p. 279.

STEPHENSON (W.-D.-H.). — The preparation of an anti venomous serum from the Echis carinata, with notes on the toxicité and hœmolysing power of the venom. Ind. Jour. of Med. Reseach, Oct. 1913, I, 2, p. 310-325.

TAVARES. — Serumtherapia anthiophidica, Thèse da Escola Med. Cirurg. do Porto, 1904.

TERUUCHI. — Die Wirkung des pankresaftes auf das Hämolysin des Cobragiftes und seine Verbindungen mit dem antitoxin und Lecithin, Hope Seyler's Zeit. f. Physiol. Chem., 1907, LI, p. 478.

TIDSWELL (Fr.). — Preliminary note on the serumtherapy of snake bite, Aust. Med. Gaz., 1902, XXI, p. 177-181.

TIDSWELL (FR.). — Researches on Australian Venoms, Sydney, 1906.

Anaphylaxie   ..

ABELOUS (J.-E.) ET BARDIER (E.). — Sur le mécanisme de l'anaphylaxie. Production immédiate du choc anaphylactique sans injection préalable d'antigène. C. R. Ac. des Sc., 1912, CLIV, p. 1529.

ARTHUS (M.). — Anaphylaxie et immunité, C. R. Ac. des Sc., 1912, CLIV, p. 1263.

ARTHUS (M.). — Immunisation antisérique du Chien, C. R. Soc. Biol., 1914, LXXVI, p. 404.

Arthus (M.). — De l'anaphylaxie à l'Immunité. *Paris Masson* 1921, 361 p.

Belin (M.). — Des rapports existant entre l'anaphylaxie et l'immunité, *C. R. Ac. des Sc.*, 1913, CLVI, p. 1260.

Billard (G.). — Anaphylaxie du Cobaye pour l'hémorrhagine du venin de Vipère, *C. R. Soc. Biol.*, 1910, LXIX, p. 519.

Richet (Ch.). — Note sur l'anaphylaxie. Des propriétés différentes dissociables par la chaleur d'une substance toxique, *C. R. Soc. Biol.*, 1908, LXV, p. 404.

TRAITEMENT DES MORSURES DE SERPENTS

I. Traitement non spécifique

Il est relatif à trois indications principales, que nous rangeons comme il suit par ordre d'importance :

1° Ralentir l'absorption du venin ;

2° L'enlever ou le détruire sur place ;

3° Combattre les symptômes de l'envenimation.

1° Ralentir l'absorption du venin

Nous avons vu l'effet coagulant intense *in vivo* de certains venins (Da

Nous avons vu l'effet coagulant intense *in vivo* de certains venins (*Daboia russelli, Echis carinata, Notechis scutatus, Pseudechis porphyriacus*), qui peuvent tuer rapidement par thrombose vasculaire généralisée. La pénétration en masse du venin, même lorsqu'il est moins coagulant, est toujours dangereuse ; on la prévient par la ligature pratiquée au-dessus de la région mordue, c'est-à-dire entre la morsure et la racine du membre.

Il y a deux manières de s'en servir : 1° ou bien l'appliquer en un seul endroit, limitant aussitôt le territoire cutané où le venin est, suivant l'expression de Viaud-Grand-Marais, mis en quarantaine, pour donner le temps de recourir à d'autres remèdes. Le lien ne devra pas être laissé au delà de 30 minutes ; une heure est un maximum qu'il faut éviter pour ne pas déterminer de gangrène dans la partie ainsi œdématiée ; 2° ou bien, après avoir établi la ligature le plus près possible de la morsure, à quelques centimètres, la déplacer à intervalles de dix à quinze minutes, ce qui permet au venin de ne pénétrer dans l'organisme que par petites doses et de s'éliminer au fur et à mesure. Cette méthode de ligature intermittente a été formulée par Holbrook et Ogier de Charles-Town, qui l'ont empruntée aux Peaux-Rouges ; c'est un progrès sensible sur la ligature fixe et temporaire. Toutes deux sont réalisables avec un lien étroit que l'on serre modérément.

Un perfectionnement très intéressant peut être réalisé en utilisant la ligature élastique, d'après la méthode de Cl. Bernard. Une bande étroite de tissu caoutchouté ou de caoutchouc est appliquée à l'endroit choisi en serrant un peu plus fortement que s'il s'agissait d'un lien rigide ; la circulation superficielle n'est pas interrompue, mais seulement ralentie, et le venin pénètre constamment, mais lentement, réalisant d'une façon plus simple les avantages de la ligature intermittente.

2° Enlever ou détruire le venin sur place

L'excision large ou la cautérisation ignée de la région mordue ne sont plus guère employées en raison des délabrements qu'elles entraînent. On leur préfère les moyens suivants, qui sont à la hauteur de tous les courages.

Une des premières précautions à prendre est de *débrider la plaie et de la faire saigner* à l'aide d'un scarificateur, ou simplement d'une lame bien tranchante ; on fera une incision réunissant les points de pénétration des crochets, s'ils sont apparents (il arrive fréquemment, mais pas toujours, qu'ils soient marqués chacun par une gouttelette de sang). Il faut que l'entaille pénètre au moins à une profondeur correspondante à la longueur des crochets du serpent qui a mordu. Pour nos Vipères d'Europe, la longueur des crochets ne dépasse guère 7 à 8 millimètres ; mais pour les grosses espèces, elle peut atteindre 1,5 à 2 centimètres (*Lachesis mutus, Bitis...*)

Puis on fait saigner, en comprimant tout autour la région mordue, ce qui entraîne le venin au dehors. On peut également *sucer aussitôt la plaie ;* c'est le moyen pour ainsi dire instinctif, qui vient à l'idée de quiconque est mordu ou piqué. La succion a été pratiquée de tous temps par ceux qui manient des serpents venimeux ; elle suffit dans beaucoup de cas où les crochets n'ont qu'une faible longueur, et M. l'abbé CHABIRAND, qui a capturé en Vendée plus de 10.000 Vipères, nous écrit qu'il a employé ce moyen avec succès dans les occasions où il a été mordu en saisissant les Serpents.

La succion peut être employée même lorsque le suceur a quelque érosion buccale qui permettrait l'absorption du venin, à la condition de rejeter souvent le produit aspiré.

La ventouse peut être substituée avec avantage à la succion ; mais, dans tous les cas, l'intervention doit être immédiate, car la pénétration du venin dans la circulation générale s'effectue rapidement au début, alors que les effets congestifs locaux n'ont pas encore apparu. Vis-à-vis des morsures des grosses espèces venimeuses, dont les crochets acérés sont très longs et pénètrent profondément, la succion serait insuffisante à retirer à temps tout le venin introduit ; il est, dans ce cas, prudent de ne pas s'y attarder.

Plusieurs substances ont été préconisées pour détruire *in situ* le venin qui a été introduit par morsure. Elles ne peuvent donner de résultat que si elles sont introduites dans la profondeur même où les crochets venimeux ont pénétré ; il faut donc les introduire, soit après débridement de la plaie et écartement des lèvres de celle-ci, soit par inoculation directe au moyen de la seringue de Pravaz. Cette inoculation sera faite en trois ou quatre points, immédiatement autour de la région mordue. Parmi les substances préconisées, il n'est à retenir que celles dont l'action sur les tissus n'est pas par trop destructive :

1° *Permanganate de potasse.* — En 1869, FAYRER essaye le permanganate de potasse en application locale et en injections intraveineuses contre le venin de Cobra, mais sans succès bien apparent.

W. Blyth (1877) montre cependant l'action effective *in vitro* du permanganate sur le venin, qui est précipité en un produit inoffensif, aussi les essais devaient-ils être bientôt repris, et de divers côtés, par un certain nombre de chercheurs.

En 1881, de Lacerda essaye, au Brésil, l'action du permanganate sur les morsures de Bothrops, puis bientôt, en collaboration avec Couty, entreprend des expériences dont les résultats, donnés en 1882, établissent que non seulement le permanganate détruit *in vitro* l'action mortelle du venin, mais encore est capable de détruire le venin sur place, quand on en injecte, à la dose de o cc. 5 à l'endroit mordu, une solution aqueuse à 1 %.

Le mélange de venin de Lachesis avec le permanganate à 1 % n'a plus d'effet sensible chez les animaux auxquels on l'inocule, même par la voie veineuse. Couty et de Lacerda en concluent que le permanganate doit être considéré comme le meilleur antidote du venin des Serpents du Brésil. La solution de permanganate a été, depuis, utilisée avec des résultats variables :

En 1881-1882, le Docteur Vincent Richards a fait, aux Indes, des expériences montrant que le permanganate détruit *in vitro* l'action toxique du venin de Cobra, de telle sorte que l'inoculation du mélange n'est pas suivie de mort. Mais il n'a observé aucun effet curatif. Par contre, le médecin-major de 1re classe Driout a obtenu, dans la régence de Tunis, la guérison de deux soldats mordus par la Vipère cornue (*Cerastes*) : trois autres cas, où il n'avait pas été fait d'injections de permanganate autour et dans la plaie, se sont terminés par la mort.

Kaufmann a, depuis 1886, appliqué maintes fois le permanganate comme antidote du venin de la Vipère aspic ; il en a constaté les propriétés nettement antivenimeuses. C'est ainsi que, si l'on injecte à un animal un mélange de venin et d'une quantité égale d'une solution de permanganate à 1 %, on n'observe à peu près aucun accident local (ni gonflement, ni couleur livide), et les symptômes généraux sont très atténués. Même résultat si, après avoir fait mordre un animal par une Vipère, on lui injecte au point de pénétration des crochets o cc. 5 de la solution de permanganate.

En 1905, L. Rogers entreprend une série d'expériences pour rechercher l'action du permanganate de potasse sur divers venin : *Naja tripudians, Vipera russelli, Crotalus terrificus Bitis arietans, Bungarus fasciatus et Enhydrina valakadien.* Dans chaque cas, plus de dix fois la dose mortelle de venin était neutralisée par une très petite quantité d'une solution à 10 % de permanganate, et, dans la plupart d'entre eux, vingt doses minima mortelles étaient rendues inoffensives. Le permanganate neutralise son propre poids de venin, et se montre actif vis-à-vis de tous ceux qui ont été essayés.

Dans ses expériences, Rogers, après avoir fait l'inoculation de venin, appliquait la ligature après 3o secondes à 10 minutes ; il ne laissait cette ligature que pendant 2 à 5 minutes. Les résultats obtenus avec les lapins furent encourageants ; sur le chat, ils furent meilleurs, ce qui n'est pas étonnant, car cet animal a une certaine immunité contre le venin.

Rogers a recueilli aux Indes 17 observations de cas de morsures traitées par le permanganate de potasse, et dont deux seulement eurent une issue fatale ; naturellement, ces résultats ne peuvent nous apprendre rien de précis, la dose de venin inoculée par la morsure étant inconnue, mais ils indiquent au moins une influence favorable, car le pourcentage des morsures mortelles est généralement plus élevé. C.-W.-R. Crum (1906) a combiné à l'application locale de permanganate la réfrigération locale qui lui a donné des succès.

Le permanganate de potasse est actuellement un des antidotes les plus employés ; la solution fraîche à 1 %, inoculée dans la plaie même et autour des punctures faites par les crochets, a donné des résultats assez constants dans le cas de nos Vipères de France pour que l'emploi en soit justifié ; mais l'usage interne, préconisé par quelques-uns, est absolument inutile, comme l'ont montré Couty et aussi Vulpian (1882).

2° *Chlorure d'or, hypochlorites alcalins.* — A. Calmette a préconisé comme énergiques destructeurs du venin le *chlorure d'or* en solution à 1 %, les *hypochlorites alcalins* et le *chlorure de chaux*. Injectés aussitôt que possible après la morsure dans les mêmes conditions que le permanganate, ces diverses substances détruisent l'activité des divers venins et peuvent empêcher la mort. Ces agents ont l'avantage d'être moins caustiques pour les tissus que beaucoup d'autres substances. Le chlorure de chaux, fraîchement dissous dans les proportions de 1 gramme pour 6o grammes d'eau et titrant o l. 8oo à o l. 9oo cc. de chlore gazeux pour 1.000 cc., est fortement recommandé par Calmette. Dans le chlorure de chaux, ou chlore du commerce, l'action de l'eau donne un mélange de chlorure, d'hydrate et d'hypochlorite de calcium : MM. Phisalix et Bertrand ont montré que c'est l'hypochlorite seul qui possède l'action destructive locale sur le venin : les deux autres substances ne l'atténuent, ni ne le détruisent. L'hypochlorite, en mortifiant en outre les tissus, s'oppose à l'absorption du venin ; il n'a aucune action générale, et ne doit être inoculé qu'à l'endroit même de la morsure.

C'est un destructeur précieux par la facilité avec laquelle on le rencontre partout, ainsi que par son efficacité.

Dans la pratique, on emploiera la solution fraîche de une partie de chlore solide du commerce dans 6o parties d'eau distillée ou bouillie.

3° *Les composés chlorés, bromés, iodés.* — *L'eau chlorée* est délaissée ; les *solutions iodo-iodurées*, la *teinture d'iode*, les *solutions bromo-bromurées*, qui détruisent le curare, ont été essayées, d'abord en Illinois, par le Docteur Withmire, contre les morsures de Crotale. Brainard et Green, en 1853, communiquent leurs recherches à ce sujet à l'Académie des Sciences, et préconisent une solution iodo-iodurée, dont ils donnent la formule suivante :

Eau : 5o grammes.
Iodure de potassium : 4 grammes.
Iode : 1 gr. 25.

Ce mélange n'a donné aucun résultat, tant à WEIR-MITCHELL qu'à VIAUD-GRAND-MARAIS.

La *teinture d'iode* ne ferait que diminuer l'action phlogogène locale (WEIR-MITCHELL).

Quant au brome, abandonné longtemps comme remède externe en raison de sa haute causticité, CALMETTE en a préconisé l'emploi sous forme d'eau bromée. Il fait partie aussi d'un antidote dont la formule a été faussement, et sans qu'on sache pourquoi, attribuée à BIBRON. La formule ancienne est la suivante :

Iodure de potassium : 4 grains=o gr. 24 ;
Bichlorure de mercure : 2 grains=o gr. 12 ;
Brôme : 2 gros=18 gr. 75.

Cet antidote, employé aux Etats-Unis, à la dose de 10 gouttes, n'est regardé par WEIR-MITCHELL que comme un mélange d'action fort douteuse

Trichlorure d'iode. — La solution à 1 % a été préconisée par CAL-METTE comme agent local de destruction du venin.

4° *Perchlorure de fer.* — A été employé par RODET et expérimenté avec succès par GICQUIAU pour l'usage externe, associé aux autres acides d'après la formule suivante :

Perchlorure de fer ....
Acide citrique ....   à à 8 gr.
Acide chlorhydrique ....
Eau ....   5o gr.

5° *Les acides.* — En 1868, VIAUD-GRAND-MARAIS a essayé l'acide phénique, que LEMAIRE et GRATIOLET avaient préconisé quelques années auparavant contre les piqûres d'Hyménoptères et le venin de crapaud. Ses expériences sur des pigeons et des lapins, qu'il faisait mordre par une Vipère à un membre isolé par ligature, lui montrèrent qu'il suffit de déposer dans la plaie débridée quelques gouttes d'un mélange à parties égales d'*acide phénique et d'alcool* pour détruire le venin *in situ*.

L'*acide chromique*, en solution aqueuse à 1 %, détruit l'action phlogogène locale du venin, mais non la toxicité (KAUFMANN)

Récemment, MORGENROTH constata que des cobayes qui ont reçu une dose plusieurs fois mortelle de venin de Crotale dans le péritoine, peuvent être préservés par une injection faite aussitôt d'acide chlorhydrique dilué. NOGUCHI a confirmé le fait, mais n'a pas essayé si l'effet empêchant de l'acide se manifesterait après morsure ou inoculation du venin par la voie sous-cutanée.

6° L'*huile d'olives* était placée par LINNÉ parmi les meilleurs anti
dotes du venin ; employée en frictions, en lavements et même par la voie
buccale jusqu'à la limite de la tolérance (80 à 100 grammes), elle a eu
une grande vogue en Angleterre, où MORTIMER et BURTON l'employèrent
dans des cas heureux. En 1737, WILLIAMS en vante les bons effets, et
l'Académie des Sciences de Paris nomme une commission pour faire
des expériences démonstratives à ce sujet : les conclusions de HUNAUD et
GEOFFROY sont que l'huile ne préserve pas de la mort les petits animaux,
et qu'elle n'amène aucune amélioration chez les grands.

Malgré cette condamnation, son emploi est préconisé à nouveau, en
1849, par le Docteur DUSSOURD, de Saintes. Mais VIAUD-GRAND-MARAIS considère l'huile comme un antidote douteux, qui ne prévient point l'apparition des phénomènes généraux.

De toutes ces substances chimiques, les plus universellement employées sont le *permanganate de potasse* et les *hypochlorites*.

Quant aux spécifiques végétaux, ils forment de longues listes dans
tous les pays ; ils sont d'ordinaire employés comme remèdes à l'intérieur aussi bien que localement, et nous signalerons les principaux au
paragraphe suivant.

3° MÉDICATION SYMPTOMATIQUE

La plupart des substances qui ont été utilisées à titre curatif dans
l'envenimation visaient un symptôme déterminé, celui en général considéré comme le plus grave pour un venin déterminé. Nous les signalerons
toutefois, moins pour en recommander l'usage que pour rappeler, soit le
danger de leur emploi, soit leur inefficacité.

La strychnine. — FAYRER et BRUNTON préconisèrent l'emploi de la
strychnine en se fondant sur les résultats heureux qu'ils obtenaient avec
la respiration artificielle dans l'envenimation : la strychnine leur semblait
dès lors tout indiquée comme stimulant cardiaque et respiratoire. Mais
FEOKTISTOW, non plus que ARON, n'obtinrent de résultats manifestes par
l'un ou par l'autre moyen. ARON essaya d'autres stimulants, notamment
la *caféine*, sans en obtenir aucun résultat. Ces substances seraient même
nuisibles en ce sens qu'en élevant la pression sanguine, elles favorisent
les hémorragies si redoutables avec le venin des Vipéridés. L'emploi
de la strychnine a fait toutefois l'objet de recherches par V. RICHARDS
(1874), MUELLER (1888), SMITH (1893), qui rapportent des cas de succès ;
mais, d'autre part, ELLIOT considère que la strychnine ne produit plus
aucune stimulation chez les sujets qui se trouvent à la période aphasique
de l'envenimation. RAXTON-HUXTABLE, en 1892, réunit 426 observations de
morsures de serpents, dont 113 traitées par la strychnine avec 15 cas de
mort, soit une mortalité de 18,2 %, et 313 non traités avec 13 cas de
mort, soit une mortalité de 2,4 %. Ces chiffres, bien qu'ils ne se rapportent pas à une seule espèce des venins inoculés par morsure, n'en sont

pas moins éloquents, et montrent que la strychnine doit être bannie de la thérapeutique antivenimeuse.

L'alcool. — En Amérique, LINDSLEY et HOPKINS, simultanément (1852), préconisèrent l'emploi de l'alcool comme stimulant pour lutter contre la dépression nerveuse de l'envenimation. Certains investigateurs recommandèrent les boissons alcooliques jusqu'à la dose provoquant l'ivresse, en se fondant sur l'hypothèse où le venin absorbé serait partiellement éliminé par la muqueuse gastrique, et alors précipité par l'alcool ; mais on sait à présent que la précipitation n'enlève pas au venin son pouvoir toxique, d'où l'inutilité de superposer l'intoxication alcoolique qui irait jusqu'à l'ivresse à l'intoxication échidnique. WEIR-MITCHELL et REICHERT avaient d'ailleurs montré que dans l'envenimation expérimentale des animaux, l'alcool avait un effet funeste et hâtait la mort. VIAUD-GRAND-MARAIS le préconise au contraire, mais sous forme de vins capiteux ou aromatiques.

L'ammoniaque. — Cette substance est une de celles qu'on a le plus anciennement préconisées dans l'envenimation, malgré l'autorité de FONTANA, qui lui dénia toute valeur. FAYRER, en 1869, en reprit l'étude, et simultanément HALFORD, qui la prescrit même en injections intraveineuses (10 à 40 gouttes diluées dans 2 ou 3 parties d'eau) dans tous les cas de morsures de Serpents. VIAUD-GRAND-MARAIS, la recommande à la dose de quelques gouttes diluées dans l'eau, en boisson, comme stimulant dans la phase adynamique de l'envenimation.

L'injection d'ammoniaque n'est pas exempte de dangers : elle est fréquemment suivie d'altération des parois vasculaires, d'où les phlébites et les nécroses. L'expérimentation directe a prouvé, de plus, que l'ammoniaque n'a aucune valeur curative ; c'est, comme la strychnine et l'alcool à haute dose, un médicament non-seulement inefficace, mais encore dangereux, bien que ORÉ (1874) en préconise l'injection intraveineuse contre le venin de la Vipère, et que HARDISON (1880) le recommande encore pour les morsures des Reptiles et les piqûres des Insectes venimeux.

Chlorure d'adrénaline. — ROGERS a recommandé l'administration de chlorure d'adrénaline dans le cas des morsures de Serpents comme les Daboia, dont le venin a une action paralytique marquée sur les nerfs vasomoteurs, et MENGER (1903) en signale l'emploi effectif dans la morsure d'Ancistrodon comme tonique cardiaque. en même temps que comme ligature fonctionnelle, pour empêcher autant que possible l'absorption du venin.

Les arsénicaux. -- L'arsenic, ou plutôt l'acide arsénieux, entre dans la composition des pilules de Tanjore, dont se servent les charmeurs indiens pour guérir les morsures de Serpents. Chaque pilule peut contenir jusqu'à 38 milligrammes d'acide arsénieux. Malgré les faits favorables cités par W. PATERSON, TRAVERS, SOMMERAT et IRELAND, l'emploi des arsénieux est dangereux. Russel, qui a étudié aux Indes la question de leur emploi, les rejette complètement.

Remèdes végétaux. — Ce sont les amers, les diaphorétiques et les nauséeux que l'on rencontre le plus souvent dans la pharmacopée des guérisseurs de morsures venimeuses. Le *jaborandi* et la *pilocarpine* ont été employés dans le but de faire exsuder le venin par la surface cutanée : mais il n'y a pas d'observations, ni d'expériences montrant que le venin s'élimine par cette voie.

Divers *Galium* (*g. verum*, *g. cruciatum*), une *garance* (*Rubia peregrina*), les parties vertes du *frêne* (*Fraxinus excelsior*), la *bardane* (*Lappa minor*), les *gousses d'ail*, les *feuilles de molène*, l'*aigremoine*, les sommités du *genêt à balai*, la racine de *panais sauvage*, ont servi à préparer des œnolés complexes que les populations de l'ouest de la France administrent comme toniques sudorifiques et diurétiques. Le résidu insoluble de la macération des divers végétaux est, d'autre part, appliqué sur la plaie. Viaud-Grand-Marais donne une étude intéressante de ces préparations, parfois très complexes. En Amérique, les spécifiques végétaux ne sont pas moins nombreux ; nous citerons les principaux d'entre eux : le *guaco*, le *seneka*, le *cédron*, l'*aristoloche*.

Le *guaco* est une composée (*Mikania guaco H. et B.*) originaire de l'Amérique équatoriale, dont le principe est une résine amère découverte par Fauré, qui l'a appelée *guacine*. La réputation de cette plante est telle qu'au Mexique, en Colombie, dans l'Amérique centrale, lieux infestés d'espèces venimeuses, elle fait l'objet d'une culture spéciale. Posada-Arango confirme ses propriétés comme préventif, mais lui refuse toute action curative. Le Docteur Andrieux (1849) dit l'avoir employée avec succès sur des chiens mordus par des Vipères de France. On a confondu avec elle d'autres plantes tout à fait inactives, ce qui explique les contradictions que l'on rencontre au sujet du guaco. C'est ainsi que Rulz, à la Martinique, n'en a pas retiré d'effet utile vis-à-vis des morsures du Serpent fer-de-lance (*Lachesis lanceolatus*), et que Chambers n'a pu sauver des lapins de l'action du venin de Crotale.

Le *seneka* est la racine parfumée du *Polygala seneka L.*, qui doit ses propriétés à deux acides odorants : l'acide virginéique et l'acide polygalique. Cette plante est tonique et diurétique à faible dose ; à dose élevée, elle est purgative et vomitive. Les Peaux-Rouges l'administrent à l'intérieur, aux intervalles où ils déplacent la ligature, qu'ils emploient simultanément.

Le *cédron* est représenté par les cotylédons de la graine d'une Simarubée, le *Simaba cédron*. En 1828, des sauvages de Colombie firent une expérience publique à Carthagène : ils se firent mordre par des Serpents venimeux et appliquèrent leur remède apporté en grande quantité. La neutralisation fut si prompte que la foule, convaincue et enthousiasmée, acheta jusqu'à un prix élevé (équivalent à 80 francs) une seule graine. M. Henan, chargé d'affaires de la République de Costa-Rica, témoin de ces faits, se procura le précieux antidote et l'employa huit fois avec succès. Il l'apporta en France, où il fut essayé au Muséum d'Histoire naturelle par Auguste Duméril et le Docteur Dumont (1854). Administré à des lapins plusieurs heures avant la morsure, il prévint les symptômes généraux de l'envenimation, mais ne montra pas d'effet curatif. Toutefois, chez l'homme, où l'absorption du venin est moins rapide que chez les petits animaux, l'emploi, aussitôt morsure faite, serait capable d'empêcher l'envenimation.

Le cédron, râpé et délayé dans un peu de tafia (eau-de-vie), s'administre par la bouche à la dose de 20 à 25 centigrammes et en compresses sur la plaie débridée.

Plusieurs espèces d'aristoloches servent aussi, en Amérique, à combattre l'envenimation, entre autres l'*Aristolochia serpentaria* (snake root ou Serpentaire de Virginie), très commune en Floride ; l'*Aristolochia odorissima*, la liane contre-poison des Cayennais, très renommée à la Guyane et au Brésil, où elle est connue sous le nom de *Bejuco de Guaco*. Le principe actif des tiges est soluble dans l'eau bouillante et l'alcool. Viaud-Grand-Marais en a obtenu de bons effets dans l'envenimation vipérique.

Le *tabac* a été préconisé aussi en breuvage ou en application sur la plaie débridée ; mais aucune expérience précise n'a encore établi l'efficacité de son action.

Aux Indes, les principaux végétaux utilisés comme spécifiques sont : l'*Ophirohiza mungos* (ou *racine de Mangouste*), dont on emploie la racine, plusieurs variétés d'*aristoloches* (*Aristolochia bracteata* Retz et *A. indica* L.), le bois de *Strychnos colubrina*, l'*Ophioxylon*, le *Gardenia dumetorum* Retz, dont la noix, d'après le P. Desaint, est un des meilleurs émétiques de l'Inde. Ces végétaux, ainsi que d'autres diversement associés, forment avec les arsénicaux la base de préparations dont les deux principales sont le *Vichamaroundou* et les *Pilules de Tanjore*, préparés à Pondichéry sous la direction des Missionnaires français du Maduré.

Le *Vichamaroundou* (vicham : poison ; maroundou : remède), ou antidote du Maduré, est un remède indien très anciennement connu dans toute l'Inde. C'est un purgatif violent, et c'est probablement par cette propriété qu'il se montre efficace ; il ne rentre pas moins d'une quinzaine de substances dans sa constitution : racines d'Ophioxylum, d'Aconit férox, graines de cumin, de Croton tiglium, sel de roche, réalgar, orpiment, soufre, sel ammoniac, mercure, assa fœtida, qui lui communique son odeur, jus de feuilles de Cynanchum extensum, asclépiadée comme l'Ophioxylon, le tout broyé pendant une semaine avec du lait de coco, du charbon de coque de coco et du sucre brut.

Pour les morsures récentes, le Vichamaroundou est administré à la dose de 8 à 10 centigrammes (gros comme un grain de poivre). La pilule est mâchée dans une feuille de bétel avant d'être avalée. Si, au bout d'une demi-heure, il ne se produit pas d'effet purgatif, on administre une deuxième pilule et même une troisième.

Localement, la plaie est débridée et frottée avec la même quantité de Vichamaroundou dans du jus de bétel.

Pour les morsures anciennes, on donne une pilule le matin, trois jours de suite.

Cet électuaire, qui contient dans les proportions de un tiers les graines de Croton tiglium, drastique énergique, l'Aconit ferox, très toxique, un éméto-cathartique, le Cynanchum, deux sulfures d'arsenic purgatifs, est donc avant tout un violent éméto-cathartique, dans lequel l'action drastique domine.

Les *Pilules de Tanjore*, déjà vantées par ORFILA, dans sa toxicologie, ont une composition analogue bien qu'un peu moins compliquée que le Vichamaroundou (*Aconit férox, Ophioxylon, acide arsénieux et orpiment, réalgar*, et deux plantes qui ne font pas partie du remède précédent, l'*Aristolochia bracteata*, le *Gardenia dumetorum, jus de feuilles de bétel*, répartis en pilules de la grosseur d'un pois, ou de celle de la graine d'Abrus precatorius. On donne une de ces pilules, délayée dans du jus de bétel ; cinq minutes après une seconde, ce qui suffit d'ordinaire ; sinon, on en administre pareillement une troisième. Elles contiennent la dose énorme de o gr. o25 d'acide arsénieux par pilule, outre les sulfures d'arsenic. Elles ne sont d'ordinaire administrées que lorsque les autres moyens n'ont pas réussi. Les produits arsénicaux auraient-ils dans ces pilules une action spécifique contre l'envenimation, ainsi que le pensaient SHORT et plusieurs médecins anglais ? Ou bien, à doses massives, leur action, aidée par les substances végétales, serait-elle réduite au rôle d'éméto-cathartique? C'est ce qui est probable, bien qu'on ne puisse l'affirmer. Ces pilules, en tous cas, n'ont pas fourni à FAYRER des résultats bien concluants. Elles sont surtout employées contre les morsures du Naja tripudians.

Leur action se traduit, comme celle du Vichamaroundou, et plus encore, par de violentes évacuations gastro-intestinales entraînant le venin, dont la muqueuse digestive est la principale voie d'élimination.

La *bile et le foie*. — Dans son intéressant ouvrage sur les Ophidiens venimeux du Cauca (1896), le Docteur EVARISTO GARCIA signale la bile comme un spécifique de l'envenimation ; il ponctionne la vésicule biliaire du serpent qui a infligé la morsure, projette directement la bile dans une dilution d'alcool à 22°, agite et reprend le liquide pour l'inoculer sous la peau du sujet mordu. Il rapporte trois observations de guérison survenues par ce traitement après la morsure de Crotale et de Bothrops.

La même année, ALEXANDER, d'après un article d'un journal de New-York qui en préconisait l'emploi, essaie la bile des serpents sur un empailleur qui avait été mordu au genou par un Crotale ; l'application de bile sur la plaie débridée fut faite une demi-heure environ après l'accident, et un morceau de la paroi de la vésicule biliaire maintenu sur la blessure comme pansement. L'action locale fut minime, et nul autre traitement ne fut institué en dehors de quelques doses de carbonate d'ammonium comme stimulant général. Le sujet, qui était un vieillard, guérit.

En 1904, BASSEWITZ, partant de ce fait que les Serpents ont une grande immunité vis-à-vis de leur venin, et que cette immunité pourrait être due aux propriétés neutralisantes et antitoxiques de leur bile, démontrées antérieurement, essaya cette neutralisation *in vitro* sur des lapins. Il recommande de procéder de la manière suivante : comme dans la plupart des cas le serpent qui vient de mordre est tué sur-le-champ, rien n'est plus facile que d'utiliser son foie en vue de l'inoculation. A cet effet, on commence par extirper le foie aseptiquement, puis on le broie dans un mortier en ajoutant peu à peu 50 à 100 cc. de solution physiologique de NaCl stérilisée ; on filtre au coton, et on injecte le filtrat sous la peau des sujets. A titre d'adjuvant, on peut administrer *per os* le contenu de la vésicule biliaire du même serpent.

De tous temps, le foie de la Vipère a été considéré comme l'un des spécifiques les plus actifs des « remèdes exquis » que, d'après CHARAS, on peut retirer de la Vipère elle-même ; nous avons vu que les expériences modernes ont justifié, dans une certaine mesure, cet emploi du foie ou de la bile comme substance antivenimeuse.

Technique du traitement

Les détails que nous venons de donner sur les divers moyens préconisés dans l'envenimation nous permettent de résumer succinctement la conduite à tenir dans les cas de morsures venimeuses, qui exigent un traitement immédiat.

1° *Appliquer une ligature entre le cœur et la blessure*, à quelques centimètres de celle-ci (5 à 10 centimètres), la serrer modérément pour qu'elle fasse gonfler les veines, mais non pour qu'elle s'imprime en sillon. Si elle est faite en tissu élastique, la maintenir jusqu'à ce que l'on ait terminé le traitement local ; si elle est faite en tissu inextensible, la déplacer en la reportant plus haut sur le membre, de quart d'heure en quart d'heure, et n'en pas prolonger l'emploi dans tous les cas au delà d'une heure.

Quant la partie atteinte ne permet pas d'appliquer la ligature (*tête, cou, tronc*), on passe immédiatement au second temps.

2° *Débrider la plaie et la faire saigner*. Une incision réunissant les points de pénétration des crochets sera faite assez profonde pour correspondre à la longueur maxima probable de ceux-ci : 7 millimètres suffisent pour nos petites Vipères d'Europe ou pour les Colubridés, dont les crochets sont fixes et généralement courts.

Suivant les commodités de la région blessée, faire de l'expression avec les doigts autour de la plaie, ou bien appliquer une ventouse ; ou à défaut, faire une succion prolongée, qui a donné de bons résultats dans le cas des morsures peu profondes de serpents de petite taille.

3° *Détruire le venin sur place.* Dans la plaie bien débridée, introduire l'une des solutions suivantes :

permanganate de potasse à 1 % ;

chlore à 1 *pour* 60 (hypochlorite de chaux),

soit directement, soit, mieux encore, par inoculation en trois ou quatre points autour de la blessure, de 0 cc. 5 des liquides précédents.

L'eau de Javel ou la liqueur de Labarraque (hypochlorite de soude), étendues de cinq à six fois leur volume d'eau, pourront être substituées a l'hypochlorite de chaux.

Une compresse imbibée de l'une ou l'autre de ces solutions, ou recouverte de permanganate en poudre, si l'on a employé cette substance, et un pansement ordinaire, suffiront pour terminer ce traitement immédiat.

Lorsque celui-ci a pu être appliqué aussitôt, ou peu de temps après la morsure, celle-ci n'entraîne que peu d'accidents locaux, et il n'en reste plus trace le lendemain. Mais, bien souvent, les accidents se produisent en des lieux éloignés de toutes ressources et, avant que l'on ait pu réunir celles-ci, les accidents d'envenimation se développent. On est alors en face d'un malade angoissé, couvert de sueurs froides, vomissant, et dans un état d'adynamie impressionnant ; le traitement devient purement symptomatique: le blessé sera mis au lit enveloppé de couvertures chaudes, entouré de bouteilles d'eau chaude ; on lui administrera des liquides stimulants et toniques à petites doses répétées. VIAUD-GRAND-MARAIS s'est bien trouvé de l'emploi des infusions aromatiques et même des boissons vineuses, du café, du thé.

Le traitement symptomatique s'appliquera également aux complications ; il ne présente aucune difficulté, car, généralement, les symptômes n'affectent une allure inquiétante que dans les premières vingt-quatre heures ; mais il reste l'action locale, qu'il faut soigner comme toute plaie susceptible de devenir gangréneuse.

II. Traitement spécifique ; sérothérapie antivenimeuse

Le traitement spécifique s'adresse aux symptômes généraux de l'envenimation et, comme il n'a pas d'action sur les symptômes locaux, qui, chez les Vipéridés, prennent parfois une place prédominante, il importe de ne pas négliger le traitement local, tel que nous l'avons exposé. De plus, il est fort utile aussi d'employer la ligature élastique toutes les fois qu'elle sera applicable.

Le premier des sérums antivenimeux passés dans la pratique courante est celui qui a été préparé par A. CALMETTE à l'Institut Pasteur de Lille. C'était un sérum polyvalent avec action plus prononcée vis-à-vis du venin de Cobra. D'autres ont été préparés depuis, la plupart monovalents : contre les venins de Cobra et de Daboia (Institut Pasteur des Indes), contre le venin de Notechis scutatus (TIDSWELL, à Sydney), contre les venins de

Lachesis flavoviridis (Kitashima, à Tokio), etc. Actuellement, l'Institut Pasteur de Paris en délivre pour les espèces d'Europe et du nord de l'Afrique.

Jusqu'à présent, les sérums antivenimeux constituent la seule médication qui puisse neutraliser l'action toxique générale du venin quand celui-ci a pénétré dans l'organisme ; ils constituent donc un des moyens les plus efficaces de lutter contre l'envenimation, et l'on comprend les efforts tentés dans chaque Institut pour augmenter leur valeur antitoxique.

Mode d'emploi des sérums antivenimeux. — 1° Leur injection doit être faite aussitôt que possible après la morsure ;

2° Lorsque celle-ci a été sévère, l'injection de sérum peut être faite dans les veines ainsi qu'à l'endroit de la blessure. Dans la plupart des cas, on se contente de l'inoculation de sérum faite sous la peau du flanc et du traitement local au permanganate ou à l'hypochlorite de chaux avec injections de sérum autour de la blessure ;

3° Quant à la dose injectée, elle dépend à la fois du pouvoir antitoxique du sérum et du sujet qui le reçoit. A. Calmette recommande 10 cc. de sérum pour les enfants au-dessous de dix ans, et 20 cc. pour les adultes. Avec les vaccins monovalents, Noguchi pense qu'il faut au moins 100 cc. de sérum inoculé partie dans les veines et partie dans le membre blessé, pour assurer une neutralisation suffisante. Vis-à-vis du venin de Lachesis flavoviridis, le sérum de Kitashima assurerait cette neutralisation à la dose de 40 centimètres cubes. Vital Brazil recommande les sérums anticrotaliques et antibothropiques aux doses de 10 à 30 centimètres cubes suivant la gravité des morsures.

Bibliographie

Agents modificateurs de la toxicité des venins ; remèdes et antidotes

Acton (H.-W.) et Knowles (R.). — A new method of obtaining a viperine antiserum, *Ind. Journ. of Med. Research*, 1913, I, 2, 326-335.

Acton (H.-W.) et Knowles (R.). — Studies in the treatment of snake-bite, *id.*, 1914, II, 1, 46-148.

Acton (H.-W.) et Knowles (R.). — Studies in the treatment of snake-bite, *id.*, 1915, III, 2, 275-361.

Addi. — Alcoholic stimuli in snake bite, *Med. Time and Gaz.*, 1850.

Alexander (M.-D.). — Snakes bile for snake bite, *Med. Record*, 5 sept. 1896.

Andrieux. — Coup d'œil sur les accidents causés par la morsure des Serpents venimeux, énumération des différents moyens employés pour les combattre. *Jour. des Conn. méd. et pharm.*, 1849, p. 181.

BADALONI (B.). — Sul valore del permanganato di potassa, quale antidoto del veleno dei Serpenti, *Bol. d. Sc. med. di Bologna*, 1882, 6ᵉ s., IX, p. 5-19.

BAKER (T.-E.). — Treatment of snake bite, *India Jour. M. and Phys. Sc.*, 1836, n. s. I, p. 493.

BANCROFT (T.-L.). — Some further observations on the physiological action of snake venom, together with a reference to the strychnine cure of snake bite, *Aust. Med. Gaz.*, 1894, XIII, p. 228-230.

BANNERMAN (W.-B.). — Report on the treatment of snake bite with potassium permanganate. *Ind. Jour. of Med. Research*, July 1914, II, 1, p. 149-182.

BARON. — Des serpents à sonnettes, de leur morsure, des effets qu'elle produit et des moyens d'y remédier, *Clin. des Hôp. et de la Ville*, 1827, n° 57, p. 2 et 4.

BECKETT (W.-A.). — Injection of ammonia in snake poisoning, *Austr. Med. Jour.*, 1868, XIII, p. 390-392.

BETTENCOURT FERREIRA. — Sobra a peçonbra das Serpentes e sens antidotes, *Jorn. de Sc. math., phys. et nat. pub. sob. os ausp. da Acad. R. d. Sc. de Lisbonne*, 1896-1897, s. 2, IV, p. 235-248.

BERTRAM (R.-P.-F.). — Snakes and their venom. Trichinopoly, 1897.

BILLARD ET DECHAMBRE. — Action du suc d'autolyse de foie de porc sur le venin de Cobra, *C. R. Soc. de Biol.*, 1910, LXIX, p. 454.

BLYTH (W.). — The poison of Cobra di Capello, *The Analyst*, 1877, London, I, p. 204.

DORIES (E.). — Rattlesnake poisoning treated by potassium permanganate, *Polyclinic.*, Philad., 1883, I, p. 57.

BRACCHI (E.). — Un caso di ofidismo curato con il permanganato di potassio, *Gaz. degli osped*, 10 sept. 1905.

BRAINARD (D.). — Essay on a new method of treating serpent bites and other poisoned wounds, *Chicago*, 1854.

BRINTAL (J.). — On account of what he felt after being bit by a rattle-snake, *Philos. Trans.*, 1746, XLIV, p. 147.

BRUNTON (T.-L.) AND FAYRER (J.). — Note on the effect of various substances in destroying the activity of Cobra poison, *P. R. S. of London*, 1878, XXVII, p. 465-474.

BRUNTON (T.-L.). — Remarks on snake venom and its antidotes, *Brit. Med. Jour.*, 1891, I, p. 1-3.

BRUNTON (T.-L.), FAYRER (J.) AND ROGERS (L.). — A method of preventing death from snake bite, capable of common and easy practical application, *Ind. Med. Gaz.*, 1904, XXXIX, p. 327-333, et *P. R. S. of London*, 1904, LXXIII, p. 323-333.

BURTON (W.). — Letter concerning the viper catchers and their remedy for the bite of a Viper, *Philos. Trans.*, 1836, n° 443, p. 312.

CALMETTE (A.). — Etude expérimentale du venin de Cobra, *Ann. I. Past.*, 1892, p. 173 ; *Arch de Méd. Nav.*, 1892, p. 189 (chlorure d'or).

CALMETTE (A.). — Au sujet de l'atténuation des venins par le chauffage, *C. R. Soc. Biol.*, 1894, XLVI, p. 204.

CALMETTE (A.). — Contribution à l'étude du venin des serpents, *Ann. de l'Inst. Past.*, 1894, VIII, p. 275.

CARREAU. — Recherches sur les effets toxiques du venin de Serpent et sur leur traitement, *Sem. Med.*, 1893, 12 juillet, n° 43.

CASTELLANI (A.) ET CHALMERS (A.-J.). — Manual of Tropical Medicine, 3ᵉ édi., London 1919.

CHABERT (J.-L.). — Du Huaco et de ses vertus médicinales, In-8°, 1853.

CHEVALIER (TH). — Lettre sur l'efficacité de l'arsenic contre la morsure des Serpents, Dédillot, recueil périod. de la Soc. de Méd. de Paris, IV, p. 409.

CHONDEROI (L.-N.). — Report of a genuine case of viper bite in dog treated with permanganate of potash, recovery, Ind. Med. Gaz., 1905, XL, p. 400.

COUTY. — Action du permanganate de potasse contre les accidents du venin de Bothrops, C. R. Ac. des Sc., 1882, XCXIV, p. 1198.

CUNNINGHAM (D.). — Report of experiments on the action of various reputed antidotes to snake venom, Calcutta, 1895-1896, Sc. mem. by med. offic. of the army of India, 1895, IX, p. 1-30.

CRUM (C-W.-R.). — Treatment of the bites of Copperhead snakes by local freezing combined with the frequent application of a potassium permanganate solution, Jour. of the Am. Assoc., 12 mai 1906.

DECERFS. — Essai sur la morsure des Serpents venimeux de la France, Thèse de Paris, 1807.

DUMÉRIL (A.). — Notice sur la ménagerie des Reptiles du Muséum, Paris, 1854.

DUSSOURD. — Effets remarquables de l'huile d'olive employée à l'intérieur et à l'extérieur dans les cas de morsure de Vipère, Bull. de thérap., 1849, XXVII, p. 489.

ENCOGNÈRE (J.). — Des accidents causés par la piqûre des Serpents de la Martinique et de leur traitement, Montpellier, 1865.

FAYRER (J.). — Expériments on the influence of certain reputed antidotes for snake poison, Ind. Med. Gaz. Calcutta, 1869, IV, p. 25, 129-132, 177, 153-156, 201-225.

FAYRER (J.). — Another antidote for snake poison, Id., VI, p. 174.

FAYRER (J.). — On the immediate treatment of persons bitten by venomous snakes, Id., VI, p. 26.

FAYRER (J.). — Treatment of snake poisoning by artificial respiration, Id., 1872, VII, p. 218.

FAYRER (J.). — The Thanatophidia of India, London, 1872, p. 95.

FAYRER (J.). — Experiments on Cobra poison and on a reputed antidote, Ind. Med. Gaz., 1873, VIII, p. 6.

FAYRER (J.). — The ammonia treatment of snake poisoning, Med. Times and Gaz., 1874, I, p. 601-602.

FITZSIMONS. — The snakes of South Africa, their venom and the treatment of snake bite, Port Elisabeth, 1912.

FONTANA (F.). — Sur divers remèdes employés contre la Vipère, Opusc. scientifichi, in-4°, 1785.

FRANK (B.). — Chlor gegen Viperngift, Woch. schr. f. d. ges. Heilk., 1847, p. 527-532.

FRASER (T.-R.). — Remarks on the antivenomous properties of the bile of Serpents and other animals, to the poison action of venom introduced into the stomach, Brit. Med. Jour. London, 1897, II, p. 125-127 (17 juill.): Id., Wien Med. Blätter, 1897, XX, p. 481, 498.

GARCIA (Dᵣ EVARISTO). — Los ofidios venenosos del Cauca, Cali, 1896, 102 p.

GERRARD (J.). — Snake poisons and its alleged antidotes, Aust. Med. Gaz., 1870, II, p. 27.

GIRONNIÈRE (DE LA). — Heureux effets de l'action des alcooliques portés jusqu'à l'ivresse dans les cas de morsures par certains serpents, *C. R. Ac. des Sc.*, LII, p. 740.

GRANT (W.-J.). — The rattlesnake's poison and its remedies, *Georgia M. Comp.*, 1871, I, p. 457-459.

GRATTIER. — La Vipère en thérapeutique, *Thèse de Paris*, 1903.

HALFORD (G.-B.). — On the injection of anmonia into the circulation, *Melbourne*, 1869, 14 p. in-8°

HALFORD (G.-B.). — Tabular list of cases of snake bite treated by injection of liquor ammoniæ, *Aust. Med. Jour.*, 1870, XV, p. 5.

HALFORD (G.-B.). — Du traitement des morsures de serpents venimeux par les injections intraveineuses d'ammoniaque, *Bull. gén. de Thérap.*, Paris, 1874, LXXXVII, p. 258-271.

HALFORD (G.-B.). — On the effects of the injection of ammonia of snake poisoning, *Aust. Med. Jour.*, 1875, XX, p. 66-135.

HARDISON (W.-H.). — Ammonia in the treatment of bites of poisonous reptiles and insects, *Louisville Med. News*, 1880, IX, p. 270.

HARLAN (R.). — Experiments made on the poison of the rattlesnake ; in which the powers of the Hieraceum venosum as a specific were tested ; together with some anatomical observations on this animal, *Trans. Am. Phil. Soc. Philad.*, 1828, n. s. III, p. 300-314.

HARWOOD (E.). — Iodine, an antidote to the poison of the rattlesnake, *Northumb. Med. and Sc. Jour.*, Chicago, 1854-1855, n. s., XI, p. 187.

HEINZEL (L.). — Zur pathologie und Therapie der Vergiftung durch Vipernbiss, *Woch. d. Zeitsch. die k. k. Ges. der Aerzte in Wien*, 1866, pages 169, 181, 193, 205, 217, 229, 240.

HOPKINS (W.-K.). — Alcool as a remedy for the poison of the rattlesnake, *Northumb. Med. and Sc. Jour.*, Chicago, 1852-1853, n. s. IX, p. 389-391.

HUCHARD. — Traitement des morsures de Vipère, Paris, 1894.

HUXTABLE. — *Trans. of Third intercolonial Congress*, 1892, p. 152.

IRWIN (B.-J.-D.). — Notes on Euphorbia prostata as an antidote to the poison of the rattlesnake, *Am. Jour. Med. Sc.*, Philad., 1861, n. s., XLI, p. 89-91.

JACOLOT (A.-A.-M.). — Die curados de Culebras oder Impfung zum Schutze gegen den Biss giftiger Schlangen ein auf authentischer Forschung in Mexico basierter, Original bericht, *Wien. Med. Woch.*, 1867, p. 731-733, 747-749.

JENKINS (G.-W.). — Observations on the pathology and treatment of bite of the rattlesnake, *Tr. Wisconsin Med. Soc. Milwaukee*, 1878, XII, p. 63-65.

JUSSIEU (B. DE). — Sur les effets de l'eau de Luce contre la morsure des Vipères, *Mém. de l'Ac. des Sc. de Paris*, 1747, p. 54.

KANTHACK (A.-A.). — Report on snake venom in its prophylactic relation with poisons of the same and other sorts, *Rep. Med. off. loc. Govert, London*, 1895-1896 ; 1897, p. 235-266.

KAUFMANN (M.). — Traitement des morsures de Serpents, *Rev. Scient.*, 1890, XLV, p. 180-181.

KAUFMANN (M.). — Les Vipères de France (morsures, traitement), Paris, in-8°, 180 p., 1893.

KESTEVEN (W.-B.). — Is arsenic eating prophylactic against the effects of bites of venomous reptiles ? *Brit. Med. Jour.*, 1858, p. 174.

KING (E.-P.). — Bite of a Copperhead successfully treated by indigo, *Analist*, *N.-Y.*, 1847-1848, II, p. 229.

KINGHORN (J. Roy). — Snakes Their fangs and venom apparatus. The action of venom and the treatment of snake-bite. *Australian Museum Magazine*, Sydney, 1921.

KNOWLES (Major R.). — The mechanism and treatment of snake-bite in India, *Trans. of the R. S. of. Trop. Med. and Hyg.*, 1921, t. XV, n° 3, p. 71.

KNOX (R.). — On the treatment of wounds inflicted by poisonous snakes, *Lancet*, 1839-1840, I, p. 199-203.

LACERDA (J.-B. DE). — O permanganato de potassa como antidoto da peçonha das Cobras, *Uniao Med. Rio de Jan.*, 1881, I, p. 514-516 ; et *C. R. Ac. des Sc.*, *Paris*, 1882, LXXXIII, p. 466-468.

LACERDA (J.-B. DE). — A acção do alcool e do chloral sobre o veneno ophidico, *Uniao Med. Rio de Jan.*, 1882, II, 76-83, p. 109-116.

LACOMBE (A.). — Bites of Rattle and other poisonous snakes treated in Venezuela, *Boston Med. and Sc. Jour.*, 1851, XLIV, p. 289-292.

LANDERER (X.). — Des moyens usités en Orient pour se garantir des Serpents et se guérir de leurs morsures, *Echo Méd., Neufchâtel*, 1861, V, p. 498.

LANSZWEERT (L.). — Arseniate of Strychnia, a new antidote to the poison of snakes, *Pacif. Med. and Surg. Jour., San Francisco, Aug.* 1871, p. 108-115.

LEMAIRE (Dr J.). — De l'acide phénique : de son action sur les végétaux, les animaux, les ferments, les virus et les miasmes, *Paris*, 1865.

LEMERY (NICOLAS). — Dictionnaire du traité naturel des drogues simples, 3e éd., *Amsterdam*, 1716.

LEREINS. — Morsure de Vipère. Traitement par des injections hypodermiques d'acide phénique. Guérison rapide, *Union Méd.*, 29 juin 1882.

LINDSLEY (H.). — Alcohol as a remedy for the poison of the rattlesnake, *Stethoscope and Virg. Med. Gaz., Richmond*, 1852, II, p. 540-541.

MARMIER. — *Ann. Inst. Past.*, 1896, p. 489.

MASSOL (L.). — Action des radiations de la lampe en quart à vapeurs de mercure sur le venin de Cobra et sur son antitoxine, *C. R. Soc. Biol.*, 1911, LXXI, p. 183.

MENGER (Dr R.). — L'adrénaline contre les morsures des Serpents, *Sem. Méd.*, 21 octobre 1903.

MENGER (Dr R.). — Mocassin bite treated with adrenalin chloride, *Texas Med. Jour.*, 1904-1905, XX, p. 263-266.

MICHEL (L.). — Séparation par ultrafiltration de la toxine, de l'hémolysine et de l'agglutinine du venin de Crotalus adamanteus, *C. R. Soc. Biol.*, 1914, LXXVII, p. 130.

MIQUEL. — Morsures de Vipères, moyen de prévenir l'absorption du virus après la cautérisation de la plaie et de combattre l'engorgement consécutif du membre, *Bull. de thérap.*, 1848, XXXV, p. 283.

MITCHELL (S. WEIR). — On the treatment of rattlesnake bites, with experimental criticisms upon the various remedies now in use, *N. Am. Med. Chir. Rev., Philad.*, 1861, V, p. 269-310.

MORI (A.). — Un cas grave d'empoisonnement par le venin de Vipère gueri par le permanganate de potasse, *Gaz. degli ospedali*, mars 1904, p. 298.

MUELLER (Dr A.). — On the pathology and cure of snake bite, *Aust. Med. Gaz.*, 1888-1889, VIII, p. 41-42, 68-69, 124-126, 179-182, 209-210.

ORÉ. — Injection d'ammoniaque dans les veines pour combattre les accidents produits par la morsure de la Vipère, *C. R. Ac. des Sc.*, 1874.

PEAKE (M.-H.). — *New Orleans Med. and Surg. Jour.*, 1860.

PEUCH. — Sur l'action antivirulente du chlore et des hypochlorites alcalins, *Lyon Méd.*, 5 octobre 1879.

PHISALIX (C.) ET BERTRAND (G.). — Atténuation du venin de Vipère par la chaleur et vaccination du cobaye contre ce venin, *C. R. Ac. des Sc.*, 1894, CXVIII, p. 288.

PHISALIX (C.) ET BERTRAND (G.). — Sur l'emploi et le mode d'action du chlorure de chaux contre la morsure des Serpents venimeux, *C. R. Ac. des Sc.*, 1895, CXX, p. 1296.

PHISALIX (C.). — Variation de virulence du venin de Vipère, *Arch. de Physiol.*, 1895, 5e s., VII, p. 260-265.

PHISALIX (C.). — Influence de la saison sur la virulence du venin de Vipère, *Bull. du Mus.*, 1895, I, p. 66.

PHISALIX (C.). — Atténuation du venin de vipère par les courants à haute fréquence, *C. R. Soc. Biol.*, 1896, XLVIII, p. 233.

PHISALIX (C.). — Influence de l'émanation du radium sur la toxicité du venin de vipère, *C. R. Ac. des Sc.*, 1904, CXL, p. 600.

REDDIE (G.-D. Mc). — A case of snake bite ; treatment with permanganate of potash, *Ind. Med. Gaz.*, 1882, XVII, p. 267.

REMEDIOS MONTEIRO (J.). — Do permanganato de potassa contra o veneno das Cobras, *Gaz. Med. da Rabbia*, 1881-1882, 2e s., IV, p. 197-199.

RICHARDS (V.). — Snake poisoning antidotes, etc., *Ind. Ann. Med. Sc.*, 1872-1873, XV, p. 163-176.

RICHARDS (V.). — Experiments with strychnine as an antidote to snake poison, *Med. Times and Gaz. Lond.*, 1874, I, p. 595-597.

RICHARDS (V.). — Permanganate of potash and liq. potassa in snake poisoning, *Lancet*, 1882, I, p. 1097.

RICHARDS (V.). — Further experiments with permanganate of potash, liq. potassa, and iodine in Cobra poisoning, *Ind. Med. Gaz.*, 1882, XVII, p. 199-202.

RIOYEI (OKABE). — The treatment of snake bite, *Tokei Zasshi Osaka*, 1881.

REPORT of the Commission appointed to investigate the influence of artificial respiration, intraveinous injections of ammonia, etc., in Indian and Australian snake, *Ind. Ann. Med. Sc. Calcutta*, 1875, XVII, p. 191-252.

ROGERS (L.). — The physiological action and antidotes of Colubrine and Viperine snake venoms, *Philos. Trans. of the Roy. Soc. of Lond.*, 1904. CXCVII, p. 123-199.

ROGERS (L.). — The treatment of snake-bite, *Br. Med. Journ.*, 1904, VII, p. 252.

ROGERS (L.). — Five cases of snake bite successfully treated by the local application of permanganate of potash, *Ind. Med. Gaz.*, 1905, XL, p. 41.

ROGERS (L.). — Twelve cases of snake-bite treated by incision and application of permanganate of potash with ten recoveries, *Id.*, p. 369-371.

SCAFFIDI (V.). — Uber die Wirkung von alkali auf die Antitoxin Verbindung das Cobra neurotoxins, *Zeitsch. f. imm.*, 1914, XXI, p. 17.

SMITH. — La strychnine dans les morsures de Serpents, *Jour. des conn. méd*, 21 décembre 1893.

STEPHENSON (W.-D.-H.). — The preparation of an antivenomous serum from the Echis carinata, with notes on the toxicity and hemolysing power of the venom. *Ind. Journ. of Med. Research*, 1913, I, II, 310-325.

VALENTINO (CH.). — Alcool et strychnine ; alcool et venin, *Presse méd.*, 1905. XIII, n° 73.

VIAUD-GRAND-MARAIS (A.). — Quelques plantes américaines employées contre les morsures des Serpents venimeux, *Rev. méd. franç. et étrang.*, Paris, 1874, I, p. 362-371.

VIAUD-GRAND-MARAIS (A.). — Note sur le Vichamaroundou, les pilules de Tanjore, les pierres à serpents et quelques végétaux employés dans les Indes contre les morsures envenimées, *Journ. de Méd. de l'Ouest*, Nantes, 1879, 2° sér., XIII, p. 30-40.

WELLMANN (F.-C.). — Bite of the Ombuta (Clotho arietans Gray), treated with potassium permanganate. Recovery, *N.-York Md. Jour.*, 23 juin 1906.

WILLIAMS (S.). — Letter concerning the Viper's catchers and the efficacity of oil of olives in curing the bite of Vipers, *Philos. Trans.*, 1737, p. 27.

WOODWARD (B.). — Iodine as a remedy in rattle snake bite, *Northwest. Med. and Sc. Jour.*, *Chicago*, 1856, XIII, p. 61.

WUCHERER. — Sobre a mordedura das Cobras venenosas e seu tratamento, *Gaz. Med. da Bahia*, 1867, n. s., XVII, p. 20 et 21.

YARROW (Dr H.-C.). — Snake bites and its antidotes, *Forest and Stream*, N.-Y. 1888, p. 307, 327-328, 349-350, 369-370, 386-388.

MAMMIFÈRE VENIMEUX

ORNITHORHYNQUE

La fonction venimeuse, inconnue chez les Oiseaux, se rencontre exceptionnellement chez les Mammifères, où, si l'on en excepte le hérisson à sang venimeux, elle se limite au seul genre Ornithorhynchus, de l'ordre des Monotrèmes.

Par leur organisation, les Monotrèmes, qui comprennent seulement deux familles, réduites elles-mêmes respectivement aux genres *Ornithorhynchus* et *Echidna*, rattachent les Mammifères aux Reptiles et aux Oiseaux. Leurs pattes courtes, terminées par cinq doigts armés de fortes griffes, leurs mâchoires dépourvues de.dents et allongées en forme de bec, contrastent avec leurs téguments, poils ou piquants, et leur imprime un facies étrange et ambigu, que justifient encore les autres caractères anatomiques ou physiologiques. (Pl XIII.)

Par la structure du cerveau, l'absence de placenta et l'oviparité corrélative, la naissance précoce des jeunes, par la présence d'os marsupiaux qui, chez l'Echidné seulement, soutiennent une poche membraneuse dans laquelle s'abritent les jeunes, et où ils achèvent leur développement, en léchant le lait, que des muscles spéciaux expriment directement sur les parois, car les mamelles sont dépourvues de mamelon, les Monotrèmes se rapprochent des Marsupiaux ; mais la conformation des organes génitaux femelles, la présence d'un cloaque, le développement des mâchoires en un bec qui, chez les adultes, est dépourvu de dents, la présence d'une fourchette et d'une clavicule postérieure, la forme rudimentaire du corps calleux, les rapprochent par ailleurs des Oiseaux, et justifient leur mise à part en un ordre spécial.

D'après Sutherland, la température moyenne du corps des Monotrèmes est inférieure de 14 degrés à celle des autres Mammifères, et ces animaux sont affectés par les variations de la température : mais, toute·

---

fois, d'une manière un peu moins marquée que les Reptiles. C'est l'Echidné qui, sous ce rapport, en serait le plus voisin, car lorsqu'il est en hibernation, sa température n'est que d'une fraction de degré au-dessus de celle du milieu environnant.

Les œufs des Monotrèmes n'ont qu'une coquille molle et membra-neuse comme ceux de beaucoup de Reptiles ; ils sont comme eux pourvus d'un vitellus volumineux, et d'une chambre à air.

La femelle de l'Ornithorhynque en pond par saison de un à quatre ; elle les dépose au fond d'un terrier simplement recouvert d'herbe et de feuilles ; le jeune à l'éclosion applique sa large face contre la surface mammaire, par laquelle le lait sourd par de multiples orifices. L'Echidne ne pond qu'un œuf, qui est déposé dans la poche marsupiale, où il éclot.

Le développement des jeunes Monotrèmes a été étudié par MM. HILL et WILSON, auxquels on doit ce que l'on sait actuellement sur le sujet.

Sans insister davantage sur ces particularités, on doit noter que dans les deux familles, le mâle possède sur les pattes postérieures, au niveau de l'articulation tarso-métatarsienne, un éperon creusé dans toute sa longueur d'un canal faisant suite au conduit excréteur d'une glande située dans la région fémorale. C'est la sécrétion de cette glande qui chez l'Ornithorhynque, aussi bien d'après des observations nombreuses, que par les recherches directes de MM. C.-J. MARTIN et F. TIEDSWELL, possède des propriétés venimeuses.

Il est à remarquer que chez l'Echidné, qui doit précisément son nom à cette arme, présumée venimeuse, on n'a pu jusqu'à présent recueil-lir aucun fait positif qui en justifie la désignation.

Caractères du genre Ornithorhynchus. — Le corps est allongé et déprimé. Le museau a la forme d'un large bec aplati. La langue n'est pas protractile. Il existe chez les jeunes de vraies dents, qui tombent au cours du développement et ne sont pas remplacées, mais suppléées par une lame cornée. Le corps est protégé par une fourrure épaisse, courte et veloutée.

La queue est grosse, large et aplatie. Les cinq doigts des quatre pattes sont pourvus de longues griffes et réunis par une palmure. Les hémis-phères cérébraux sont lisses.

Le genre ne comprend que deux espèces, l'une qui habite encore l'Australie et la Tasmanie : c'est *l'Ornithorhynchus anatinus*, l'autre qui est fossile et qu'on rencontre dans le quaternaire des mêmes pays.

ORNITHORHYNCHUS ANATINUS

Il est désigné ordinairement sous le nom de *Platypus*. Le mâle me-sure en moyenne 50 centimètres de long et est un peu plus gros que la femelle. Sa fourrure est gris taupe, ou brun noirâtre en dessus, blanc grisâtre en dessous, un cercle blanc ou jaunâtre entoure l'œil. Le bec est noir en dessus, jaune et noir en dessous. Ses mœurs sont aquatiques. Il

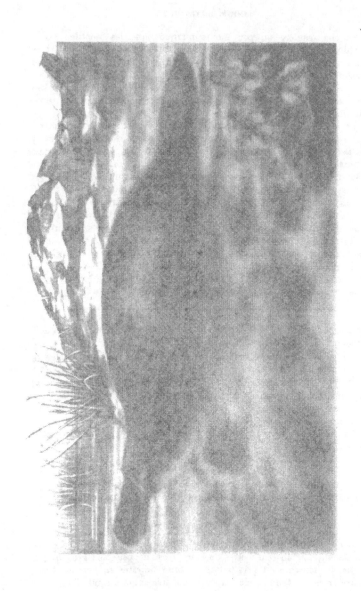

... ore un peu moins marquée que les Reptiles
... sous ce rapport, en serait le plus voisin, car lorsqu...
... sa température n'est que d'une fraction de de...
... de la température ambiant.

... des Mammifères n'ont qu'une coquille molle et ...
... comme ceux de beaucoup de Reptiles, ils sont comme eux ...
... les venimeux, et d'une chambre à air.

... melle de l'Ornithorhynque en pond par saison de un à ...
... se au fond d'un terrier simplement recouvert d'herb...
... e jeune à l'éclosion applique sa large face contre la s...
... et la pelle le lait sourd par de multiples orifices. L. P...
... qui est déposé dans la poche marsupiale, où il ...
... ... des jeunes Monotrèmes a été étudié par MM ...
... ... ts on doit ce que l'on sait actuellement sur le suj...
... ... sur ces particularités, on doit noter qu...
... ... le mâle porte sur les pattes postérieures, au ...
... le l'... metatarsienne, un éperon creusé dans tout...
... jour d'un canal faisant suite au conduit excréteur d'une ...
... située dans la région fémorale. C'est la sécrétion de cette glande qui ...
... l'Ornithorhynque, aussi bien d'après des observations nombreuses,
... par les recherches directes de MM. C.-J. Martin et F. Tidswell, ...
... des propriétés venimeuses.

Il est à remarquer que chez l'Échidné, qui doit précisément ...
... à cette glande, paraître venimeuse, on n'a pu jusqu'à présent ...
... ... t posé, qui en justifie la désignation.

... du genre Ornithorhynchus. — Le corps est all...
... de ... a la forme d'un large bec aplati. La langue ...
... ... existe chez les jeunes de vraies dents qui tomb...
... du dé... pparent et ne sont pas remplacées, mais supplé...
qui ... ... Le corps est protégé par une fourrure épaisse, ...
et ...

Le p... ... se, large et aplatie. Les cinq doigts des quatre p...
sont ... des ... es jointes et réunis par une palmure. Les h...
p... ... sont fixes.

... ... ne comprend que deux espèces, l'une qui habite ...
... la Tasmanie; c'est l'Ornithorhynchus anatinus. L'autre ...
... qu'on rencontre dans le plateau... des mêmes pays ...

ORNITHORYNCHUS ANATINUS

... ... onnu sous le nom de Platype. Le mâle
... cinquante centimètres de long et est un peu plus gros; ...
... brun grisâtre ou brun noirâtre en dessus ...
... ... blanc ou jaunâtre entoure l'œil. Le l...
... peut avoir un c... us. Ses mœurs sont aquatiqu...

ORNITHORHYNCUS PARADOXUS

(Orig.)

se tient volontiers dans les mares ou les eaux tranquilles, où les herbes croissent à profusion et où les rives sont escarpées et ombreuses. Il construit un terrier dont l'une des ouvertures est au-dessous du niveau de l'eau, terrier dont le sol s'élève jusqu'à une petite distance de la surface

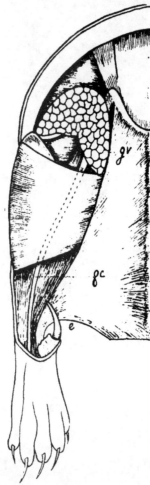

FIG. 288. — Appareil venimeux de l'*Ornithorhynque.* Gv, glande fémorale venimeuse; gc, son conduit excréteur; e, éperon. D'après C.-I. MARTIN et E. TIEDSWELL.

du sol des rives, et qui se termine par une sorte de chambre, que recouvrent grossièrement des feuilles et des herbes. Rarement, cette **portion**
communique directement avec la rive. Il chasse dans l'eau, dans le **vase**,
où les terminaisons sensitives très nombreuses de son bec mou, l'aver-
tissent, comme le canard, de la rencontre des êtres vivants qui s'y trouvent : vers, larves d'insectes, mollusques, et mêmes proies molles, qu'il

Fig. — 289. — Section transversale de quelques lobes périphériques de
la glande venimeuse de l'*Ornithorhynque*. a, glandes cellules granuleuses alvéolaires avec leurs noyaux aplatis; b, tissu fibreux du
stroma; c, tissu fibreux de la capsule; d, couche musculaire de la
capsule. D'après C.-I. Martin et E. Tiedswell..

entasse dans ses bajoues et vient manger à la surface, au moyen de ses
lames cornées, qui occupent la position des dents en avant et en **arrière**
des mâchoires.

Cet animal étrange est placé pour un certain temps sous la **protection**
du gouvernement australien pour en éviter la complète disparition.

Appareil venimeux

Cet appareil se compose de deux glandes symétriquement **placées**
dans la région fémorale, de part et d'autre de la colonne vertébrale. Le
canal excréteur de chacune d'elles aboutit à un éperon canaliculé **qui sert**
d'organe inoculateur à la sécrétion de la glande correspondante.

Glande fémorale. — Sur les sujets adultes, la glande mesure 3 centimètres de long sur 2 de large et 1 1/2 d'épaisseur. Elle est réniforme, le

bord interne étant fortement convexe, et l'externe marqué vers son milieu d'une échancrure ressemblant au hile d'un rein. Les extrémités sont arrondies ; l'antérieure plus grosse et plus épaisse, est dirigée en dehors ; la postérieure plus petite et plus mince, est dirigée en arrière. Elle est aplatie dans le sens dorso-ventral, la face dorsale étant légèrement convexe et la ventrale plus plane. Le canal excréteur émerge du bord externe dans sa moitié postérieure; il s'incurve vers le bas, avec les vaisseaux et les nerfs fémoraux sur le bord postérieur de la jambe. Dans sa portion cylindrique, il a en moyenne 5 centimètres de long et 2 millimètres de diamètre extérieur. A sa sortie de la glande, il passe sous le muscle biceps, longe le bord interne des tendons des muscles tibial postérieur et long fléchisseur, puis croise le tendon du gastrocnémien, et atteint la base de l'éperon. En cette région, il se dilate en un sac, qui est si profondément inclus dans les tissus ligamenteux de la face dorsale du tarse, qu'il est difficile de l'isoler.

Un prolongement membraneux du sac pénètre et traverse le canal de l'éperon.

Structure. C'est une glande en grappe, extérieurement lobulée ; ses alvéoles internes sont dilatés et recouverts d'une simple couche de cellules épithéliales appliquées sur une membrane basale.

Les cellules sont grandes, irrégulières et ont un noyau aplati situé vers la base. Le protoplasme est rempli de grosses granulations qui ne fixent pas les colorants nucléaires, apparence qui correspond à l'aspect de l'épithélium des glandes salivaires muqueuses avant la décharge de leur sécrétion. Les conduits intralobulaires sont tapissés par une simple couche de cellules cylindriques situées sur la membrane.

Le stroma présente les caractères ordinaires du tissu fibreux. Il est formé par les septa qui séparent les lobules, et qui sont issus de la capsule de la glande. Cette capsule est formée de deux couches : une interne fibreuse, qui émet les septa et qui est parcourue par les vaisseaux et les nerfs glandulaires, et une externe, formée de trois ou quatre rangées de fibres musculaires lisses, qui agissent sans doute dans l'expulsion du produit de la sécrétion.

Les larges espaces alvéolaires, de même que le conduit excréteur, servent de réservoir à la sécrétion.

Le canal excréteur est quelquefois cloisonné longitudinalement dans sa moitié supérieure ; mais la lumière en est unique vers son extrémité terminale ; en aucun point, il ne présente l'enveloppe musculaire qui existe sur l'acinus de la glande. Il est partout revêtu, même au niveau du renflement, de quatre ou cinq couches de cellules épithéliales : celles qui reposent directement sur la membrane basale ont de grands noyaux ovales, allongés parallèlement à la membrane, tandis que celles qui bordent la lumière du canal ont une forme irrégulière, et sont allongées radialement.

Cette structure de la glande correspond à la période de son activité sécrétrice et à celle où sa sécrétion se montre très nocive ; mais comme le font remarquer C.-J. Martin et F. Tiedswell auxquels nous empruntons cette description, la glande au repos présente des caractères de régression analogues à ceux que l'on observe pour la glande mammaire, et la sécrétion en est alors inoffensive pour les lapins, et probablement pour les autres animaux qui peuvent être blessés par l'Ornithorhynque.

Cette toxicité, pour ainsi dire saisonnière, de la sécrétion de la glande fémorale, que l'on croit être en rapport avec la période sexuelle, se présente comme nous l'avons vu pour un certain nombre d'autres sécrétions venimeuses.

Eperon venimeux. — Quant à l'organe inoculateur de cette sécrétion, il se compose simplement d'un dispositif particulier, qu'on ne peut assimiler ni à un ergot de coq, ni même à un ongle supplémentaire. De Blainville, en notant son acuité et le canal qui le traverse, canal qui laisse échapper la sécrétion de la glande fémorale, le considère avec beaucoup d'autres auteurs comme une arme de défense compensatrice de l'absence de dents.

D'après Knox et Owen, l'éperon existerait d'ailleurs à l'état rudimentaire chez les très jeunes femelles ; mais les femelles adultes ne possèdent plus à sa place qu'une dépression capable de loger l'ergot du mâle, de sorte que des auteurs comme Home, Bennett, ont pu considérer l'appareil comme un organe de fixation de la femelle pendant l'accouplement, et en font ainsi un organe accessoire de la génération. Toutefois, c'est là une interprétation qui n'a pu être vérifiée par l'observation directe ; non plus que l'opinion de Baden Powell, qui pense que la sécrétion peut être utilisée par l'animal pour sa toilette.

Parmi les interprétations auxquelles a donné lieu l'existence de cet appareil, il faut encore citer celle de Nicols, qui le considère comme un reste des conditions de vie très différente de celle que mène actuellement l'animal. Mais s'il est difficile de montrer que ce point de vue est faux, il est tout aussi malaisé de le considérer comme exact, car la perfection du fonctionnement physiologique de l'appareil ne permet pas de supposer qu'il est inutile à l'individu ou à l'espèce.

Au contraire, les accidents d'envenimation qui ont été observés, soit chez l'homme, soit chez les animaux blessés par l'Ornithorhynque, les expériences physiologiques faites avec la sécrétion de la glande fémorale, faits qui sont d'ordre positif, doivent faire considérer l'appareil comme une arme de défense, spécialement utile pendant la période d'accouplement, où ces animaux sont particulièrement exposés à leurs ennemis.

Venin de l'Ornithorhynque

Composition chimique de la sécrétion. L'étude chimique, très sommaire, en raison de la rareté des matériaux, a été surtout orientée vers la recherche des substances protéiques, et n'a porté que sur la sécrétion des glandes de trois sujets. Cette sécrétion a été directement exprimée dans l'alcool à 92 %, qui a précipité tous les albuminoïdes. Le précipité fut séparé par filtration, puis séché à la température de 40° C, et réduit en poudre. Six glandes fournirent un peu moins de 4 grammes de cette poudre, qui était, pour la plus grande partie, soluble dans l'eau et les liquides salins dilués, avec lesquels elle donne un produit opalescent.

Cette solution, qui contient la substance toxique de la sécrétion, est neutre, et, des essais qui ont été faits, il résulte :

1° Qu'elle est une solution de protéides ;

2° Que la plus grande partie appartient à la classe des albumines, le reste étant formé par une protéose ;

3° Qu'elle ne contient pas de nucléo-albumine.

La faible quantité de sécrétion traitée n'a pas permis de décider si la totalité des protéides est toxique, ou si l'action est limitée à la faible quantité de protéose.

De l'étude de cette sécrétion reprise à d'autres points de vue par F. Noc, il résulte qu'elle provoque la coagulation des plasmas décalcifiés, et qu'elle perd cette propriété par le chauffage à 100°.

Cette sécrétion n'a aucun pouvoir hémolytique, ni protéolytique *in vitro*, et elle perd à peu près complètement sa toxicité après dessiccation.

Action physiologique. Les expériences réalisées par C.-J. MARTIN et F. TIEDSWELL ont porté sur des lapins, et ont été faites avec la solution du précipité alcoolique de venin dans l'eau salée physiologique à 7,5 pour 1.000, administrée soit sous la peau, soit dans les veines.

Effets de l'inoculation sous-cutanée. Le lapin qui reçoit sous la peau du ventre la dose de o gr. o5 de venin dissous dans 5 cc. d'eau salée, manifeste pendant l'injection même une grande agitation ; puis il se calme peu à peu et demeure très tranquille sans manifester aucun symptôme notable. Le lendemain, un gonflement local, gros comme un œuf de canne, se montre au lieu d'inoculation ; il est mobile sur les plans sous-jacents et se déplace avec la peau ; il est très douloureux au toucher. L'animal est triste, indifférent à sa nourriture, se laisse manipuler sans résistance. Sa température n'a varié que de quelques dixièmes de degrés, et le sang ne présente rien d'anormal. L'action locale s'étend sur le thorax vers la fin du second jour, puis régresse dans les journées suivantes, en même temps que l'animal reprend en cinq ou six jours ses allures normales.

Ces symptômes sont précisément les mêmes que ceux qu'on observe soit chez l'homme, soit chez les chiens qui ont été blessés par l'éperon de l'Ornithorhynque, blessures qui équivalent, dans la majorité des cas, à une inoculation sous-cutanée.

Les blessures faites à la main ou à un seul doigt, chez l'homme, dans les observations de Sir JOHN JAMIESON, de M. E., de SPICER, ont été aussitôt suivies d'un gonflement douloureux du bras, qui s'est prolongé jusqu'à l'épaule, de défaillance cardiaque plus ou moins prolongée ; elles ont été comparées pour leurs effets à ceux de la morsure du Serpent noir d'Australie (Pseudechis porphyriacus).

Des cas de morts ont été rapportés pour des chiens blessés à la chasse par des Ornithorhynques, désignés localement sous le nom de Platypus. La gravité des symptômes dépend évidemment de la dose de poison inoculée, comme il arrive pour la morsure des Serpents venimeux.

Effets de l'inoculation intraveineuse. Trois lapins préparés pour permettre de prendre simultanément des tracés du pouls et de la respiration reçurent respectivement dans la jugulaire 6, 4, 2 centimètres cubes de solution venimeuse correspondant aux doses de 6, 4 et 2 centigrammes de précipité alcoolique du venin.

Chez le premier, la pression carotidienne tomba, en 3 secondes, de 97 à 60 millimètres de la colonne de mercure, en même temps que les battements du cœur se ralentissaient. La respiration était précipitée, ses mouvements amplifiés et les expirations devenaient convulsives, déterminant des élévations de pression, bientôt suivies de rechutes jusqu'à 27 millimètres. La mort survint 90 secondes après l'inoculation. L'autopsie immédiate montrait que le sang était coagulé dans le cœur droit et tous les vaisseaux veineux, et encore liquide dans le système artériel, exactement comme il arrive chez le chien et le lapin qui ont semblablement reçu du venin de Pseudechis porphyriacus ou de Notechis scutatus.

Le deuxième lapin, ayant reçu 4 centigrammes de venin, présenta les mêmes symptômes que le précédent sans expirations convulsives ; mais, ayant reçu au bout de 30 minutes la même dose qu'au début, il fut immédiatement pris de convulsions asphyxiques, qui déterminèrent la mort immédiate. Le sang était coagulé jusque dans les artères.

Quant au troisième lapin, il présenta aussi une chute brusque, puis graduelle de la pression, avec affaiblissement corrélatif des battements cardiaques. Une seconde injection de 2 centigrammes de venin, faite 90 secondes après la première, détermina une seconde chute de pression et l'arrêt du cœur au bout de 2 minutes et demie. La respiration, qui n'avait d'abord subi aucune modification, devint irrégulière, de plus en plus faible, puis s'éteignit.

La mort totale survint en 26 minutes. Le sang fut trouvé complètement fluide, sa coagulation même retardée, ne se produisit qu'au bout de 12 minutes au lieu du temps normal de 3 ou 4 minutes, ainsi qu'il se produit avec les venins des Serpents australiens dans les mêmes conditions d'expérimentation.

En résumé, ce qui domine dans l'envenimation par la sécrétion fémorale de l'Ornithorhynchus paradoxus, c'est la chute grande et soudaine de la pression artérielle, due plutôt à l'affaiblissement cardiaque qu'à la diminution de la résistance périphérique qui serait provoquée par la paralysie des centres vaso-moteurs ; puis l'action sur la coagulation du sang, produisant d'abord une thrombose plus ou moins généralisée avec les doses fortes, coagulation retardée avec les doses faibles, ainsi qu'on l'observe avec les venins des Serpents australiens.

De l'ensemble des observations qui ont pu être faites sur l'Ornithorhynque et des expériences qui ont été réalisées avec la sécrétion de ses glandes fémorales, on peut déduire les conclusions suivantes :

1° La sécrétion des glandes fémorales s'est montrée hautement toxique chez les sujets capturés au mois de juin, avant la période d'activité génitale, qui correspond à la fin d'août et au mois de septembre ; et, au contraire, tout à fait inoffensive chez les sujets capturés au mois d'avril;

2° L'action physiologique de la sécrétion fémorale est comparable à celle des venins des serpents venimeux australiens, le Black-snake (*Pseudechis porphyriacus*) et le Tiger-snake (*Notechis scutatus*).

Des recherches récentes de Noc, il résulte que la sécrétion venimeuse retirée de la glande fémorale de l'Ornithorhynque provoque la coagulation des plasmas décalcifiés. Le chauffage à 80° détruit ce pouvoir coagulant.

Le venin est dépourvu de propriétés hémolytiques et protéolytiques *in vitro*.

Sa toxicité, après dessiccation, peut être considérée comme à peu près nulle : la dose de 5 centigrammes d'extrait sec en injection sous-cutanée ne tue pas la souris et celle de 10 centigrammes ne détermine chez le cobaye qu'un léger œdème douloureux.

Bibliographie

BEDDARD (F.-E.). — On some points in the visceral anatomy of Ornithorhynchus, *P. R. S. of London*, 1894, p. 715-722.

BENNET (G.). — Notes on the natural History ands habits of the Ornithorhynchus paradoxus, *Trans. zool. Soc.*, 1835, I, p. 229.

BENNET (G.). — Notes on the Duck-Bill (Ornithorhynchus anatinus), *P. Z. S.*, 1859, p. 213.

CREIGHTON. — On the mammary glands of Echidna and Ornithorhynchus, *Jour. Anat. and Phys.*, 1876, XI, p. 29.

HILL (P.). — On the Ornithorhynchus paradoxus ; its venomous spur and general structure, *Trans. Lin. Soc.*, 1822, XIII, p. 622.

HOME (E.). — A description of the anatomy of the Ornithorhynchus paradoxus, *Phil. Trans.*, 1802, p. 72 ; *Id.*, *Lectures ou Comp. anat.*, 1823, III, p. 360.

JAMIESON (J.). — Note on the venomous nature of wounds inflicted by the spurs of the mâle Ornithorhynchus, *Trans. Lin. Soc.*, 1818, XII, p. 584.

KNOX (R.). — Observations on the anatomy of the Duckbilled animal of N. S. W., the Ornithorhynchus paradoxus of naturalists, *Mém. Wernerian Soc. Nat. Hist.*, 1824.

Knox (R.). — Notice respecting the presence of a rudimentary spur in the female Echidnæ, *Edim. N. Phil. Jour.*, 1826, I, p. 130.

Manners-Smith (T.). — On some points in the anatomy of Ornithorhynchus paradoxus, *P. Z. S. of London*, 1894, p. 694-722.

Martin (C.-J.) et Tidswell (F.). — Observations on the femoral gland of Ornithorhynchus and its sécrétion ; together with en experimental enquiry concerning its supposed toxic action, *Proc. Linn. Soc. of N. S. W.*, **1894**.

Noc (F.). — Note sur la sécrétion venimeuse de l'Ornithorhychus paradoxus, *C. R. Soc. Biol.*, 1904, LVI, p. 451.

Spicer. — On the effets of wounds inflicted by the spurs of the Platypus. *Papers and Proc. Roy. Soc. Tasmania*, 1876, p. 162.

Tiedswell (F.). — Researches on Australian venoms, *Sydney*, 1906.

CHAPITRE V

FONCTIONS ET USAGES DES VENINS

La qualité d'animal venimeux a pour celui-ci et pour les espèces avec lesquelles il est en rapport des conséquences importantes, qui nous ont apparu à propos de chacun des principaux groupes et qu'il est utile de résumer ici.

1° Role du venin dans l'attaque et la défense.

L'existence d'une arme vulnérante en connection avec les glandes venimeuses fait aussitôt penser à des bandits savants, assurés des résultats de leur opération, pourvu que leur dague empoisonnée atteigne la victime ; on voit effectivement des serpents venimeux frapper soudainement leur proie, non moins soudainement se retirer, et attendre, avant d'en entreprendre la déglutition, que cessent les mouvements convulsifs. Les Hyménoptères, les Arachnides, les Myriapodes procèdent de même lorsque le volume de la proie est disproportionné à leur propre taille ; les Cœlentérés déchargent leurs nombreuses batteries urticantes sur la proie qui passe, puis l'enlacent intimement de leurs filaments pêcheurs. Il est bien évident, dans tous les cas, que l'appareil vulnérant a un rôle important dans l'attaque et la capture de la proie : celle-ci, paralysée et quelquefois ligotée, peut être dépecée tout à loisir.

Nons moins évident est le rôle de défense : par les effets douloureux et toxiques des blessures qu'elle inflige, l'arme protège à la fois l'individu et l'espèce et, sans les supprimer tous, elle limite au moins le nombre de leurs ennemis. Comme les armées en campagne, les animaux venimeux se défendent en attaquant.

De la défense active exercée par la plupart des appareils venimeux, on passe à la défense passive avec les Poissons venimeux, qui ne peuvent volontairement ériger leurs épines, avec les Poissons vénéneux et les autres animaux marins toxicophores, dont l'ingestion détermine ces empoisonnements qualifiés de Ciguatera, avec les Batraciens, dont les venins cutanés amers et irritants rebutent le plus grand nombre des assaillants.

Les espèces parasites elles-mêmes (Vers, Microbes...) ont à se défendre contre les sécrétions digestives des organismes qu'elles infestent ou infectent, eu leurs sécrétions toxiques sont les armes chimiques qu'elles emploient à ce double but.

L'utilisation du venin à l'attaque de la proie et à la défense de l'individu et de l'espèce a donc un résultat le plus souvent réel et efficace ; mais ce n'est là que le côté extérieur de la fonction venimeuse, puisque le plus grand nombre des animaux manifestement venimeux ne sont ni vulnérants, ni parasites.

L'élaboration de substances toxiques par les organismes animaux sert d'abord à l'individu dans ses fonctions internes avant de servir à l'espèce ; mais comment sert-elle ?

2° Role du venin dans la nutrition de l'individu

Bon nombre de Vertébrés inférieurs et quelques Mammifères possèdent, avons-nous vu, un sang venimeux, doué aussi parfois de propriétés antivenimeuses ou antitoxiques.

Ces substances, qui proviennent de diverses glandes ou de tissus, arrivent dans le sang par apport direct ou par le mécanisme de la sécrétion interne. Pas plus que les toxines microbiennes, elles ne sauraient rester indifférentes au jeu des diverses fonctions organiques ; en circulant elles sont électivement fixées par certains tissus, le tissu nerveux en particulier, ou par certains organes dont elles sont les excitants naturels ou les lieux d'utilisation. VAILLARD a en effet montré que les testicules tout jeunes du poulet, et les œufs non pourvus encore de leur vitellus sont capables de fixer la toxine tétanique circulant dans le sang. C. PHISALIX a établi d'autre part, la corrélation fonctionnelle qui existe entre les glandes venimeuses et l'ovaire chez le Crapaud commun, glandes d'où l'on voit peu à peu disparaître le venin au moment de l'ovogénèse.

On connaît depuis longtemps la remarquable activité des Insectes Hyménoptères, dont le venin contient de l'acide formique, puissant stimulant musculaire. On sait également qu'un régime habituellement toxique, si abondant soit-il, n'aboutit pas à l'embonpoint, et créé un métabolisme particulier ; le Hérisson nourri exclusivement de Cantharides, comme l'a fait HOWARTH, se porte très bien, mais subit un léger amaigrissement ; on sait aussi que la présente permanente ou prolongée de poisons dans le sang : inoculations répétées de venins ou de toxines, parasitisme des Vers, infections chroniques à Bactéries ou à Protozoaires peut déterminer des cachexies progressives et mortelles, ou au contraire des effets salutaires, si l'action n'est qu'intermittente et modérée.

Il n'est pas toujours possible de suivre dans toutes leurs phases les actions intimes des substances actives des venins ; mais il est bien certain qu'elles agissent plus par action directe que par action indirecte sur le système nerveux. Elles créent pour les espèces qui les élaborent un métabolisme qui retentit sur l'individu tout entier, et qui est aussi la cause principale de son immunité naturelle.

3° Rôle du venin dans l'immunité naturelle

On connaît effectivement la grande résistance que possèdent les espèces venimeuses à leur propre venin, au venin d'autres espèces, aux toxines microbiennes, et aux poisons en général.

Cette résistance est surtout accusée chez les espèces à venins multiples comme les Batraciens et les Serpents.

C. Phisalix et Ch. Contejean, en 1891, ont montré que la *Salamandre terrestre*, d'un poids moyen de 30 gr. résiste à des doses respectives de 40, 43, 60 et 120 milligr. de duboisine, de curare, d'ésérine et de morphine. C. Phisalix a vu d'autre part, qu'elle résiste à une dose de son venin granuleux capable de convulsiver mortellement deux cents moineaux ou une centaine de souris ; nous avons constaté sa grande résistance à son venin muqueux.

Le *Bombinator* et le *Crapaud commun* résistent à de fortes doses de leurs deux sortes de venin, et de plus, le dernier a une immunité particulière pour les poisons, digitaline, helléborine, strophantine, scyllipicrine, dont l'action cardiaque est analogue à celle de la bufotaline de son venin dorsal.

La *Grenouille* résiste à la cantharidine, et peut impunément se nourrir de Cantharides et des autres insectes vésicants.

Les Batraciens résistent mieux que les espèces des autres groupes aux venins les uns des autres, et ont aussi une grande immunité vis-à-vis des venins des Serpents ; une *Rana catesbiana* du poids de 80 à 100 gr., peut tolérer 20 milligr. de venin de Crotale ; une *Rana esculenta* pesant 20 gr. ne meurt qu'avec une dose de venin de Vipère double de celle qui est mortelle pour un cobaye du poids de 500 grammes.

Quant aux Serpents, Fontana avait déjà observé que la Vipère et la Couleuvre résistent aux morsures de la première ; MM. Phisalix et Bertrand ont confirmé le fait, et fixé expérimentalement le degré de cette résistance : une Couleuvre du poids de 50 gr. tolère une dose de 5 milligr. de venin de Vipère, capable de tuer 15 à 20 Cobayes, et la Vipère elle même ne meurt qu'avec la dose de 120 milligr. de venin, soit 5 à 6 fois la quantité que peut fournir à un moment donné un vigoureux sujet.

La *Couleuvre à collier* et la *Vipère aspic* ont de même l'immunité vis-à-vis des venins cutanés des Batraciens, et nos essais ont montré qu'il ne faut pas moins de 19 milligr. de Salamandrine pour tuer une grosse Couleuvre du poids de 107 gr., qui résiste par ailleurs à une dose de venin muqueux de Grenouille verte capable de tuer 8 à 10 Lapins.

Parmi les Poissons, Fontana avait déjà remarqué l'*Anguille* comme résistant pendant 18 à 20 heures à l'inoculation de venin de Vipère, et nous avons vu nous-même qu'il ne faut pas moins de 10 milligr. de ce venin pour tuer un sujet du poids moyen de 350 grammes.

Noguchi a confirmé le fait pour la résistance du même poisson au venin de Crotale, et a vu qu'un certain nombre d'autres espèces (*Acan-*

thus, Fundulus, Microgadus...) ont une immunité manifeste vis-à-vis des venins de Naja, d'Ancistrodon et de Crotale.

Les Invertébrés doivent être placés tout à côté des Vertébrés inférieurs, aussi bien pour leur résistance que pour leur venimosité. BOURNE en 1887, a montré que le *Scorpion* résiste à sa piqûre, et le fait a été confirmé par METCHNIKOFF ainsi que par MM. PHISALIX et DE VARIGNY : le *Buthus australis* possède, à poids égal, pour son propre venin, une résistance 160 à 200 fois plus grande que celle du cobaye.

Les *Mygales*, les *Scorpions*, les *Grillons*, les *Larves d'Oryctes*, les *Reptiles*, le *Lézard vert*, le *Caïman (Alligator mississipiensis)*, la *Tortue des marais (Emys orbicularis)*, la *Grenouille verte*, résistent à la toxine tétanique, qu'on retrouve dans leur sang, d'où elle ne s'élimine que lentement, sans donner jamais lieu à des symptômes morbides (MORGENROTH, METCHNIKOFF), non plus qu'à la production d'une antitoxine (sauf en ce qui concerne le caïman maintenu à 32-37°).

Quelques Mammifères et Oiseaux se comportent comme les animaux venimeux au point de vue de l'immunité vis-à-vis des substances toxiques en général ; et le *Hérisson* est l'un des plus remarquables à cet égard ; OKEN rapporte qu'une personne qui avait essayé d'empoisonner des hérissons n'eut aucun succès avec l'opium, l'acide cyanhydrique, l'arsenic et le sublimé. C. PHISALIX a vu qu'un sujet du poids de 600 à 700 gr. supporte aisément 20 milligr. de venin de Vipère et, d'après nos expériences, sensiblement la même dose de venin d'Héloderme.

D'après LEWIN, le Hérisson résiste à une dose de poudre de cantharide qui dépasserait la dose mortelle pour l'homme, et qui serait capable de tuer 7 chiens.

HORVATH a pu nourrir des Hérissons pendant un certain temps avec des Cantharides vivantes, sans qu'ils présentent d'autres symptômes qu'un léger degré d'amaigrissement. C. PHISALIX a montré que cet animal résiste à la toxine tuberculeuse, et E. GLEY au sérum d'Anguille.

La *Mangouste*, d'après A. CALMETTE est 8 fois plus résistante que le lapin au venin de Cobra.

Les petits rongeurs (*Rats, Souris, Lérots*), possèdent aussi une certaine immunité contre les venins ; le Lérot paraît insensible aux morsures de la Vipère aspic, et peut résister à une dose de 4 milligr. de venin (BILLARD), nous avons constaté qu'un sujet pesant seulement 50 gr. n'a succombé qu'à la dose énorme de 10 milligr. de venin, mais il avait été mordu quelques jours auparavant par une Vipère, ce qui avait pu élever son immunité.

Certains Oiseaux, le *Corbeau*, d'après FONTANA, résistent à l'inoculation de venin de Vipère ; d'autres comme le *Circaète*, le *Canard domestique*, la *Chouette*, la *Buse*, l'*Oie*, résistent aux morsures, sans que la dose minima mortelle ait été déterminée (BILLARD).

Ces exemples suffisent pour montrer que l'immunité naturelle est aussi répandue parmi les animaux que la toxicité de leurs sécrétions, et l'un des points les plus intéressants à connaître est le mécanisme de cette résistance, que nous devons rappeler brièvement en général après l'avoir considéré dans chaque cas particulier.

Mécanisme de l'immunité naturelle. — 1° *Auto-accoutumance.* La plupart des Physiologistes qui ont observé la résistance des Serpents venimeux à leur propre morsure ou à l'inoculation de leur venin l'ont attribuée à l'accoutumance, sans entrer plus avant dans le mécanisme intime phénomène. En découvrant la toxicité du sang des serpents venimeux, toxicité qui se trouve précisément être la même pour la Vipère et la Couleuvre que celle du venin, C. PHISALIX et BERTRAND ont précisé la cause créatrice de l'accoutumance, car le sang toxique baignant tout l'organisme, les cellules des divers tissus pouvaient acquérir ainsi une résistance sans cesse entretenue par l'apport constant du poison dans le sang. Le *Hérisson*, réfractaire au venin de Vipère, et dont le sang est toxique, fournissait un argument de plus à cette manière de voir.

2° *Antagonisme physiologique.* Mais dans le sang des animaux réfractaires, il existe souvent aussi des substances antivenimeuses, dont l'action propre vient compliquer le précédent mécanisme. Leur indépendance des substances toxiques est établie par diverses catégories de preuves, entre autres par ce fait qu'elles existent seules en petite quantité dans le sang d'animaux non venimeux et sensibles au venin, comme le cobaye et le cheval. Mais leur production pour être intensive nécessite un excitant, et celui-ci est constitué par les substances toxiques du sang, qui se comportent ainsi comme certaines toxines microbiennes ; le premier acte de la réaction vitale de l'organisme à ces poisons se traduit par la formation de substances physiologiquement antagonistes ou antivenimeuses. Chez l'animal réfractaire normal, il s'établit ainsi un certain équilibre organique, et chez celui qu'on inocule avec le venin, l'immunité se manifeste par le rétablissement rapide de cet équilibre.

C'est par un tel mécanisme que la plupart des animaux venimeux résistent à leur propre venin (*Scorpion, Vipère*...) que la *Couleuvre*, l'*Anguille*, le *Hérisson*, le *Lérot*, résistent au venin de Vipère, que la *Salamandre* est insensible au curare.

Cet antagonisme peut s'exercer vis-à-vis d'autres venins, c'est le cas pour les deux venins du sang de la Salamandre ou du Crapaud, l'un convulsivant comme le venin dorsal, l'autre paralysant, comme le venin muqueux ; c'est également le cas pour la Vipère et la Couleuvre vis-à-vis de la Salamandrine ; nous avons montré en effet, que l'action convulsivante de 1 milligramme de Salamandrine est exactement neutralisée par le mélange de sa solution avec 2 cc. de sang ou de sérum *frais* de l'un ou l'autre de ces Serpents.

La Salamandrine garde au contraire son pouvoir convulsivant si on détruit préalablement le venin paralysant du sérum par un chauffage approprié, et les deux substances gardent leur action mortelle, si elles sont injectées séparément en deux régions différentes du corps.

Ce qui montre qu'il s'agit bien dans ces cas d'un antagonisme physiologique, et non-seulement d'une accoutumance, c'est que l'immunité disparaît si on porte directement les poisons au contact des cellules sensibles, c'est-à-dire, les cellules nerveuses; on peut ainsi convulsiver la Salamandre elle-même, paralyser la Vipère ou la Couleuvre avec leurs venins respectifs, en introduisant celui-ci à la surface du cerveau à travers la membrane occipito-atloïdienne. De sorte que, si l'inoculation sous-cutanée ou intrapéritonéale de fortes doses de venin ou de poison ne produit aucun effet sur les espèces réfractaires, c'est que le venin, avant de parvenir aux cellules sensibles, rencontre dans le milieu intérieur, le sang, des substances antagonistes avec lesquelles il forme un mélange physiologiquement neutre.

3° *Résistance cellulaire, immunité cytologique.* Mais la quantité de substances antivenimeuses ou antitoxiques contenues à un moment donné dans le sang d'un animal réfractaire ne suffit pas toujours à neutraliser la forte dose de poison à laquelle il résiste : la Vipère supporte effectivement une dose de son venin capable de tuer 1000 cobayes, et cependant tout le sang qu'elle possède suffit à peine à protéger un seul d'entre eux contre une dose deux fois mortelle de venin. Pareillement pour le sang de la Mangouste vis-à-vis du venin de Cobra. La Couleuvre à collier qui, sous le rapport des substances actives de son sang est si conforme à la Vipère, résiste à des doses 8 à 9 fois plus grandes de salamandrine, qui ne sauraient être complètement neutralisées par le sérum ; il faut donc admettre ou que la quantité de substances antivenimeuses peut augmenter rapidement après l'inoculation d'une forte dose de venin, ou qu'au mécanisme de neutralisation s'exerçant d'une façon limitée, s'ajoute une résistance particulière des cellules, une immunité cytologique ou histogène ; les deux processus n'étant d'ailleurs pas incompatibles.

La réalité de l'immunité cytologique est montrée par le fait que le sang ne contient pas toujours une substance antagoniste (venin ou antitoxine) des venins vis-à-vis desquels un animal est réfractaire : c'est le cas pour le Hérisson qui ne possède d'antitoxine ni contre l'Ichthyotoxine du sérum d'Anguille (E. GLEY), ni contre la toxine tuberculeuse (C. PHISALIX), ni contre le venin d'Héloderme (Marie PHISALIX). C'est également le cas du scorpion et de la poule vis-à-vis de la toxine tétanique.

Il apparaît nettement dans ces quelques exemples, choisis entre beaucoup d'autres, que la résistance propre des cellules est seule en jeu, à commencer par celle des hématies, qui ne sont pas altérées par les venins, ordinairement hémolysants pour les globules des espèces sensibles.

Ces faits montrent que l'immunité naturelle des espèces réfractaires aux venins, toxines et poisons relève de deux mécanismes principaux :

1° La résistance propre des cellules, *immunité cytologique*, ou celle qu'elles acquièrent par *auto-accoutumance;*

2° L'*antagonisme physiologique* entre les produits actifs qui se trouvent dans le sang, ou entre les substances toxiques et d'autres qui y sont introduites artificiellement ; c'est une immunité humorale.

Il est à remarquer que cette dernière, aussi bien que l'auto-accoutumance dérivent toutes deux de la présence dans le sang de produits toxiques

Il font ressortir aussi l'importance considérable que présente pour l'individu la faculté d'élaborer des poisons : lorsque ceux-ci sont inoculables par un appareil vulnérant, ou qu'ils sont déversés directement dans un organisme (animaux venimeux parasites), ils servent à la fois de moyens d'attaque de la proie et de défense contre les sécrétions digestives de l'individu attaqué. Ceux qui existent dans le sang ont une influence directe sur les phénomènes de nutrition, et aussi une influence indirecte en permettant l'usage de proies elles-mêmes venimeuses. Elles défendent aussi l'individu contre les toxines de ses parasites intérieurs possibles (Vers, Microbes), comme c'est le cas pour le Hérisson.

En dernier ressort, c'est toujours la conservation et la nutrition de l'individu venimeux qui sont en jeu, soit que l'arme empoisonnée, ou le poison seul, protègent l'individu contre ses ennemis extérieurs ou intérieurs, soit que le poison facilite la préhension de la proie et permette de comprendre dans celle-ci un plus grand nombre d'espèces animales ou végétales.

4° RÔLE DES VENINS EN THÉRAPEUTIQUE

Les venins et les animaux venimeux dans la thérapeutique ancienne. — L'Antiquité et le Moyen Age connaissaient plus d'animaux venimeux qu'il n'en existe actuellement, et les auréolaient d'une foule de légendes et de pouvoirs surnaturels qu'ils ont, on peut le regretter, perdus depuis.

La Salamandre, le Crapaud, la Vipère, la Vive, la Murène, la Raie pastenague, sont parmi la foule des bêtes malfaisantes, et parfois guérisseuses, celles qui occupent le plus l'imagination populaire.

La Salamandre maculée, qu'on rencontre, en quête de nourriture par les nuits sombres et orageuses, dont la livrée jaune et noire frappe aussitôt par le contraste heurté de ses couleurs, pourrait servir de blason à tous les animaux fabuleux de l'Antiquité. Nicandre, Pline le jeune, Paul Eginète, ont décrit en termes peu rassurants l'empoisonnement qu'elle est censée déterminer chez l'homme en projetant en gerbes aveuglantes son caustique venin : l'inflammation de la langue, la chute des cheveux, la perte de la mémoire et de l'intelligence, l'incoordination des mouvements, tels en étaient les principaux symptômes. « De toutes les bêtes venimeuses, dit Pline, nulle n'est plus dangereuse que la Salamandre ». Elle envenime par sa sueur et sa salive l'herbe et les fruits qu'elle foule; elle est capable de faire périr des familles entières en empoisonnant l'eau des puits, des sources et des fontaines. Le pain cuit dans un four avec du bois infecté par elle devient un poison. Sa vue seule est malfaisante : quiconque a été mordu, respiré (flairé) ou simplement regardé par une Salamandre avant de l'avoir aperçue lui-même, est en danger de mort pour toute une année.

C'est avec cette auréole impressionnante qu'elle traverse le Moyen Age, qui ajoute à son pouvoir occulte le pouvoir surnaturel, et la représente domptant le feu et vomissant la flamme. Avec sa devise « *Nutrisco et extinguo* » elle passe dans le blason royal, et se rencontre partout où figure François 1er, en particulier au château de Blois, ornant les plafonds, sculptée dans les boiseries, ciselée dans la pierre du célèbre escalier. On peut penser qu'elle pénètre aussi, avec une signification plus précise et sous une forme moins héraldique, dans les armoires redoutées et secrètes de Catherine de Médicis.

LAURENTIUS, qui a le premier observé le pouvoir convulsivant de la Salamandre, cite un cas qui a été présenté à l'Académie des Curieux de la Nature, dans lequel une femme avait tenté d'empoisonner son mari en faisant cuire une Salamandre dans son potage ; mais ce potage, mangé avec confiance et appétit, ne détermina aucun accident : la dose était simplement stimulante.

Cette Salamandre fabuleuse, à laquelle chaque période de civilisation semble apporter une superstition nouvelle, revit encore : les montagnards des Pyrénées, du Jura et des Vosges la redoutent et n'osent y toucher : elle mord comme la Vipère et pique comme le Scorpion.

La réputation du Crapaud n'est guère meilleure ; si on le craint moins, il inspire plus de répulsion et de dégoût : il projette aussi son venin, il bave sur sa victime, et empoisonne par simple contact les plantes auprès desquelles il cherche sa nourriture. Sa vue est malfaisante. D'après une légende du Pays de Galles, tout chien qui ose prendre un Crapaud dans sa bouche est soudainement frappé de folie.

On attribuait aux « signes » ou représentations, tels que le Serpent d'airain de Moïse, le même pouvoir néfaste, et parfois bienfaisant, qu'aux animaux eux-mêmes.

Leur simple contact a été employé à conjurer ou à guérir bien des maux : c'est ainsi que la Rubète (Grenouille), appliquée vivante sur le ventre, guérit l'érysipèle ; si elle est placée ventre en l'air sur la tête, elle guérit la méningite des enfants, en pompant l'eau des méninges ! C'est là surtout une indication que dès l'antiquité on connaissait le pouvoir hygrométrique élevé de la peau des Batraciens. Et, merveille plus extraordinaire encore, que nous enseigne *Démocrite* : la langue de Grenouille, arrachée sur la bête vivante, et mise au niveau du cœur sur la poitrine d'une femme endormie, fait que celle-ci répond sans mentir à toutes les questions qu'on lui pose.

Le port en amulettes, en ceinture ou en collier, des animaux desséchés, ou de quelque partie de leur corps, a eu ses périodes d'engouement et de succès : les ceintures de Vipères étaient recommandées contre l'hydropisie, et les colliers de Crapauds contre l'hémorrhagie nasale.

La chair même des bêtes venimeuses est entrée de bonne heure, et en guise de poisson, dans le régime des personnes empoisonnées et des malades atteints d'ulcères ou de gangrène : en Egypte, à l'époque des Pharaons, le bouillon et la chair de Vipère étaient déjà utilisés contre la lèpre et l'éléphantiasis, avant d'être employés comme toniques et dépuratifs par les contemporains de la Marquise de Sévigné. La chair des Grenouilles de rivière était utilisée contre le Serpent et le Lièvre marin.

Ces préparations n'ont assurément aucun pouvoir guérisseur ; mais au moins l'emploi en pourrait-il être justifié en se plaçant au point de vue strictement culinaire. De goût agréable, de digestion aisée, elles sont comme nous l'avons maintes fois constaté, complètement inoffensives, soit que la cuisson, la dilution et les aromates aient détruit ou entraîné les substances toxiques du peu de sang qui imprègne les tissus, soit que certaines substances toxiques, qui résistent à la chaleur, soient détruites dans le tube digestif, ou non absorbées par celui-ci. Le fait est acquis pour toutes les Grenouilles, les Discoglosses, les Pélobates, les Crapauds (qu'on a rencontré longtemps sous l'étiquette « Grenouilles » sur certains marchés de Paris), pour les Axolotls du Mexique et la grande Salamandre du Japon. La chair de plusieurs d'entre eux était cependant considérée comme venimeuse, sans doute quand on ne prenait pas la précaution d'en retirer la peau, qui est très amère et contient le venin. La chair de tous les Batraciens est comestible et il en est de même de celle des Serpents : la Vipère a été accommodée sous le nom d'*Anguille de montagne*, et toutes nos couleuvres indigènes sont couramment consommées par les chasseurs besogneux sous le nom d'*Anguilles de buissons*.

Outre ces emplois, relativement simples, Batraciens et Reptiles venimeux ont subi tous les mauvais traitements des Apothicaires qui, non contents de les tenir enfermés jusqu'à emploi, en leurs vaisseaux de grès dans leurs arrière-boutiques, les ont tortionnés de mille manières pour en exalter ou en développer le pouvoir guérisseur : broyés vivants et mis en cataplasmes, desséchés et réduits en poudre, calcinés et réduits en cendres, empalés et exposés au brasier, distillés et recueillis en esprit, en sel fixe ou volatil, mis à macérer tout vivants dans l'huile ou dans des vinaigres et vins aromatiques, fondus au bain-marie pour en retirer la graisse, qui passait pour favoriser l'accouchement, ils ont servi, intus et extra, en vins, en élixir, en potions, en pilules, en trochisques, en onguents, en emplâtres, en huiles essentielles, isolés, ou le plus souvent associés à d'autres substances, constituant des drogues complexes qui, par la multiplicité de leurs composants, devaient guérir tous les maux. Celles dont la vogue a été la plus grande et la plus durable puisqu'elles survecurent à la période d'obscurité du Moyen Age, le *Bézoard animal*, l'*Or-*

viétan et la *Thériaque*, devaient leur renommée, et pour les Anciens, la plus grande partie de leur action aux préparations de Vipère qui, dans l'esprit des guérisseurs, en faisaient des spécifiques contre toute espèce de venin et de maladie contagieuse.

La Thériaque d'Andromaque, ce chef-d'œuvre de l'empirisme, comme le dit Bordeu, ne contenait pas moins de soixante composants, y compris les trochisques de Vipère, et on conçoit que ceux qui la préparaient au complet aient cru pouvoir s'intituler « artistes apothicaires ».

Les Hyménoptères eux-mêmes ont été utilisés en thérapeutique : dans la 5ᵉ édition de la *Pharmacopée universelle*, de Nicolas Lémery, parue en 1764, on trouve la formule d'un liniment destiné à faire croître les cheveux. Ce liniment est constitué par de la poudre d'Abeilles ou de Guêpes séchées, qu'on incorpore à de l'huile de Lézard.

Les fourmis entraient comme principal ingrédient dans l'*Electuarium de Magnanimitatis* d'Hoffmann. La préparation de cette eau de magnanimité nous est indiquée dans la même publication de Lémery : c'est une sorte de macération de fourmis dans l'alcool, additionné d'eau et d'essence de canelle; elle était souveraine pour réveiller les esprits, dissoudre les humeurs froides, exciter la semence, et résister au venin.

Ces quelques exemples empruntés aux croyances admises sur les animaux les mieux connus suffisent à nous montrer combien étaient rares et vagues les faits relatifs aux espèces venimeuses et à leur venin.

2° *Les venins et les animaux venimeux dans la thérapeutique moderne.* — Il faut arriver jusqu'à la Renaissance, et même vers le milieu du xviiᵉ siècle pour avoir quelques notions certaines découlant de l'observation et de l'expérience scientifiquement menée.

Cette ère nouvelle commence avec Redi et Charas, qui discutent entre eux sur la localisation du pouvoir venimeux de la Vipère, pouvoir que l'on n'avait jamais séparé de celui de guérir.

Dans la deuxième partie de son ouvrage *Experimenta naturalia*, celle qui traite exclusivement de la Vipère, et qui est intitulée : *Observationes de Viperis* (1675), ainsi que dans une lettre datant de 1670, qui relate ses expériences, Redi montre que la salive de la Vipère peut agir, même quand on l'a retirée de l'animal, et qu'on l'inocule avec un instrument.

Le fait était précis et gros de conséquences ; il semblait facile de le vérifier ; mais il ne rencontra d'abord aucun crédit, et Moyse Charas, « apothicaire-artiste du Roy en son Jardin Royal des Plantes médicinales » fit tout exprès des expériences tendant à le réfuter, ainsi qu'il nous en informe dans le sous-titre de son livre. Celui-ci, paru en 1672, est intitulé: « *Nouvelles expériences sur la Vipère, où l'on verra une description de toutes ses parties, la source de son venin, ses divers effets, et les remèdes exquis que les artistes peuvent tirer du corps de cet animal.* »

Il avait officine ouverte faubourg St-Germain, avec enseigne « Aux Vipères d'Or », ce qui contribua beaucoup à faire connaître les « remèdes exquis » qui se réclamaient de cette enseigne, et à exalter l'estime dans laquelle ses contemporains de toutes conditions sociales tenaient le serpent.

Tout en réhabilitant le fiel qui, d'après les Anciens, montait aux gencives, où il acquérait des propriétés venimeuses, il s'ingénie, par des expériences faites sur tous les organes de la Vipère, à démontrer qu'aucun d'entre eux ne contient de venin, pas même les crochets, si la Vipère est morte. Ayant goûté, comme REDI, le suc jaune rejeté par les glandes de la Vipère, et ne lui ayant pas trouvé mauvais goût, l'ayant même impunément avalé, CHARAS tire de ces faits exacts, et pour la première fois mis en lumière, la conclusion très fausse « que l'effet du venin est tout spirituel. Pour que la salive inoculée par la morsure entraîne la mort, il faut qu'elle soit accompagnée des esprits irrités, et qu'ils trouvent les voies libres ; d'où la gravité des effets lorsque les crochets ont rencontré de gros vaisseaux ».

Malgré la réponse de REDI : *Epistola de quibusdam objectionibus contra suas de Viperis observationes*, et contre toute l'évidence de ces expériences, CHARAS confirme les divagations de VAN HELMONT, qui voit dans le venin « les esprits irrités de la Vipère, qu'elle pousse au dehors, en mordant, et qui sont si froids qu'ils coagulent le sang et l'empêchent de circuler ». Il faut plus d'un siècle encore pour que triomphe la vérité, et c'est à FONTANA que l'on doit d'avoir à nouveau affirmé, sur la foi de ses nombreuses expériences (1767) que toute la puissance de la Vipère réside dans son venin.

Les recherches de FONTANA, auxquelles on se reporte encore aujourd'hui, ralentirent un peu l'emploi des remèdes à base de Vipère.

C'est pour le Reptile une ère de sécurité relative, car les arrêtés préfectoraux n'ont pas encore mis sa tête à prix. On donne bien le bouillon de Vipère dans quelques hôpitaux; on administre encore la thériaque, mais dans laquelle il entre de moins en moins de trochisques de Vipère; l'emplâtre de VIGO survit aussi; mais il ne contient plus de graisse d'Aspic, et ce n'est qu'à intervalles très éloignés et dans les cas désespérés, que l'on invoque encore le pouvoir guérisseur de la Vipère.

En 1831, à l'hôpital de la Charité, le Dʳ CAYOL essaie la morsure de la Vipère sur une jeune femme atteinte de rage déclarée ; mais le sujet meurt en soixante-dix heures, comme il eût fait d'ailleurs avec n'importe quel autre traitement moderne. De divers côté, on constate des faits analogues, soit sur l'homme, soit sur les animaux, et on en conclut que le venin n'entrave pas la rage. Il semble que la Vipère, à laquelle on avait tant demandé, ait définitivement perdu tout pouvoir de guérir.

Après vingt siècles de gloire, allait-elle tomber dans un obscur oubli? Au point de vue thérapeutique, peut-être; mais cet oubli ne fut ni prolongé, ni absolu; et, s'il favorisa la pullulation de l'espèce, il fut du moins compensé par une série de recherches, qui préparèrent le retour de l'emploi du venin sous des auspices plus scientifiques.

L'idée d'employer les animaux venimeux et leurs préparations contre diverses maladies et même contre leur propre action, a dominé, comme nous l'avons vu, toute la thérapeutique ancienne, jusqu'au moment où les expériences de REDI, puis de FONTANA ont localisé définitivement l'action des serpents dans leur salive venimeuse.

Il est toutefois resté des anciennes croyances les pratiques d'opothérapie massive, encore en honneur chez certaines tribus du nord de l'Afrique, qui sont particulièrement ophiophages, et qui pensent même acquérir de cette manière l'immunité, non seulement pour eux-mêmes, mais encore pour plusieurs générations de leurs descendants. Or, FRASER a bien obtenu une certaine immunité en administrant le venin par la voie stomacale ; mais il faut employer de grandes quantités du produit, en raison de sa destruction partielle dans le tube digestif ; d'autre part, rien n'indique que les tribus ophiophages avalent toujours les glandes venimeuses et leur contenu.

Plus nombreuses sont les peuplades des diverses régions particulièrement infestées par les Serpents qui pratiquent des inoculations préventives avec les crochets des Serpents venimeux eux-mêmes.

Les *Curados de Culebras* de la côte orientale du Mexique, dont JACOLOT (*Arch. de Méd. nav.*, 1867, VII, p. 390), raconte l'histoire, entourent les inoculations de certains rites. Les piqûres se font sur le dos du pied, au poignet, à la cuisse, au bras, au sternum, à la langue ; et on applique sur chaque blessure un petit cataplasme de tubercule de Dorstenia, appelé par les indigènes *mano de sapo*, c'est-à-dire main de Crapaud.

Sept inoculations au minimum sont nécessaires pour conférer l'immunité aux Curados; quelques-uns en subissent jusqu'à quinze.

On sait également qu'à l'époque où les préparations de Vipère étaient le plus en renom, les marchands de Serpents qui étaient mordus par les Reptiles ne subissaient plus l'action générale du poison.

Il a suffi de substituer aux crochets du Serpent, vivant ou mort, l'aiguille d'abord sillonnée, puis canaliculée de la seringue de Pravaz pour que la méthode de l'inoculation préventive, aboutissant à l'accoutumance, passe dans le domaine scientifique, avec FORNARA pour le venin de Crapaud, SEWALL, pour celui de Sistrurus catenatus, et KAUFFMANN pour celui de Vipera aspic.

Mais la comparaison qui s'établit dès les premières recherches sur les microbes entre les venins et les toxines microbiennes devait conduire les biologistes à appliquer aux premiers les moyens d'atténuation employés pour les seconds, et aboutir d'abord à la vaccination, c'est-à-dire à l'immunisation par les venins privés de leur pouvoir toxique, et ne conservant que leurs propriétés vaccinantes, puis à la sérothérapie antivenimeuse, c'est-à-dire au traitement rationnel de l'envenimation.

Ces recherches inaugurées en France, au Muséum de Paris par MM. PHISALIX et BERTRAND pour le venin de Vipère aspic, et à l'Institut Pasteur, par A. CALMETTE pour le venin de Cobra, ont abouti à l'application à l'homme du traitement sérothérapique, qui a pris depuis cette époque (1893-94) un si grand développement dans toutes les régions infestées par les serpents.

La sérothérapie antivenimeuse est actuellement la principale application thérapeutique des venins, et nous avons donné à son sujet tout le développement nécessaire.

Le venin, capable de créer l'immunité contre sa propre action, peut aussi la créer contre d'autres venins : c'est ce que C. PHISALIX a montré à propos de l'ichthyotoxique du sang d'Anguille, du venin d'Abeille et du venin muqueux de Salamandre du Japon, dont l'action vaccine les animaux contre le venin de Vipère.

La vaccination contre un venin peut de même aboutir à l'immunité contre une toxine microbienne ou un virus : CALMETTE a effectivement montré que les lapins vaccinés contre le venin de Cobra résistent au virus rabique. Nous avons montré de même que ces animaux vaccinés d'une manière polyvalente contre le venin de Vipère et le venin muqueux de certains Batraciens (Grenouille verte, Salamandre...) se montrent insensibles à l'inoculation intracérébrale de virus rabique. L'idée ancienne d'employer le venin contre la rage n'avait donc rien d'excessif, mais jusqu'ici les venins, comme les autres traitements, n'ont montré qu'une valeur préventive sans aucune action curative sur la rage déclarée.

Inversement le sang des animaux vaccinés contre la rage est, d'après les expériences de E. ROUX, antitoxique vis-à-vis du venin de Cobra.

Par leur action directe, les venins ont pu être utilisés à combattre certaines maladies dues ou non aux infections microbiennes : l'antagonisme physiologique a guidé AMEDEN (1883) quand il proposa d'employer le venin de Crotale contre le tétanos. Dans le même ordre d'idées, la Salamandrine, par son action toni-musculaire, pourrait être utilisée à enrayer l'action du curare et celle du venin paralysant des Serpents. En 1859, A. DUGÈS, dans une lettre inédite, que nous a communiquée Henri Gervais, relate les succès qu'il obtint au Mexique dans le traitement de l'éléphantiasis (lèpre) par l'inoculation dans les tubercules de solutions diluées de venin de Crotale. Et, tout récemment ce même venin a donné de bons résultats dans le traitement de l'épilepsie, sans qu'on connaisse encore le mécanisme de cette action. (SELF DE CLAIRETTE, du Texas; R. H. SPANGLER, à New-York, 1910-1913 ; FACKENHEIM, 1911 ; CALMETTE et MÉZIE, 1914).

Contre le choléra, un médecin espagnol, cité par le *Heraldo Medico*, a proposé les inoculations du venin de la Vipère ammodyte ; et le D^r T DESMARTIS, de Bordeaux, dans un mémoire datant de 1855, et ayant pour titre : *De l'emploi médical des venins*, dit avoir guéri, par la piqûre de deux Scorpions, un cholérique qu'il considérait comme perdu. Il employait aussi dans sa pratique médicale le venin de divers Hyménoptères, et prescrivait aux rhumatisants dix à douze guêpes, comme les autres eussent ordonné des sangsues.

Ce traitement aux piqûres d'Hyménoptères (Guêpes, Abeilles, Frelons), reparaît de temps en temps, et l'on cite des observations assez nombreuses où elles ont suffi à juguler des poussées rhumatismales.

En 1903, le Dr Terc (de Marbourg en Styrie), a fait à la Société império-royale des médecins de Vienne une communication dans laquelle il donne les résultats de vingt-trois années de pratique, et plus de cinq cents cas, où il a employé avec succès les piqûres d'abeilles pour le traitement du rhumatisme articulaire aigu. Il considère le venin d'abeilles comme spécifique de cette affection, et même comme un moyen de diagnostic, car il agirait moins bien contre le rhumatisme musculaire et les névralgies. Pour traiter l'attaque rhumatismale, l'auteur fait piquer le malade au voisinage de l'articulation atteinte par un certain nombre d'abeilles, porté progressivement à 70 par séance. Après les piqûres les douleurs disparaîtraient bientôt, et pour obtenir la guérison, il suffirait de nouvelles séances.

Par leur action élective sur une ou plusieurs des fonctions organiques, les venins ou leurs principes actifs pourraient de même être utilisés à titre de médicaments ; la salamandrine servirait aisément de succédané à la strychnine, et la bufotaline à la digitale ; mais ce sont là des applications qui, malgré tout l'intérêt biologique qu'elles présentent, ont moins d'avenir que les précédentes, car, d'une part, le rendement en principes actifs des venins est en général peu élevé et, d'autre part, l'usage du venin brut, plus ou moins bien enrobé, nécessiterait le sacrifice d'un nombre trop grand de sujets, qui sont souvent par ailleurs des auxiliaires précieux des hygiénistes par leur rôle épurateur, en détruisant les larves et les insectes piqueurs, qui transportent et inoculent certaines infections.

Si la Salamandrine et la Bufotaline n'ont que peu de chances de passer dans la pratique courante, il n'en est pas de même l'acide formique.

Actuellement encore, les Moujicks, au moins ceux des environs de Moscou, traitent leurs douleurs rhumatismales par les bains de fourmis.

La préparation d'un bain s'effectue très simplement en enfermant dans un sachet de toile toutes les fourmis d'une fourmilière, et plongeant celui-ci dans l'eau chaude du bain, où il agit, par la mise en liberté de l'acide formique, comme antagoniste du classique sachet de son ; c'est un révulsif, à ce qu'il paraît, très efficace.

Après ces usages empiriques, l'acide formique et ses préparations. les formiates, ont fait leur entrée dans la thérapeutique officielle ; en 1902, le Dr Garrigue, qui en a essayé les effets sur lui-même, s'en montre un fervent partisan ; il les préconise dans le traitement des maladies infectieuses et chroniques, même dans celui de la tuberculose et du cancer. En juillet 1904, le Dr Huchard, communique à l'Académie de Médecine les bons résultats cliniques que le Dr Clément de Lyon, et lui-même, obtiennent avec cette médication dans la grippe, la pneumonie, la tuberculose, les troubles cardio-vasculaires et la néphrite, résultats que les auteurs attribuent à l'action toni-vasculaire et diurétique de l'acide formique, que l'on sait industriellement préparer.

On sait, par ailleurs, que la médecine homéopathique a toujours employé les venins de Vipère aspic et de Lachesis mutus, en dilution depuis le 1/100 jusqu'à l'infinitésimalité, contre les affections les plus diverses : l'épilepsie, les hémorrhagies graves de la ménopause, les gangrènes, les ulcères, l'angine diphtérique, l'ictère, la pneumonie, et beaucoup d'autres affections encore. Mais pour l'ancienneté de l'emploi des venins, ainsi que pour la multiplicité des maladies qu'ils sont censé guérir, elle est encore en retard sur la médecine allopathique qui, jusqu'à présent, a utilisé non seulement l'action directe toni-musculaire, toni-cardiaque, diurétique et antitoxique des venins, mais encore leurs propriétés vaccinantes, ayant comme corollaire la sérothérapie antivenimeuse.

Est-ce là tout ? On peut espérer que non ; les divers effets des venins, notamment ceux qui concernent leur influence manifeste sur les phénomènes de nutrition, leurs actions diastasiques si marquées, n'ont pas encore trouvé d'applications raisonnées dans la thérapeutique ; et sans aller jusqu'à préconiser l'ophioculture des espèces venimeuses, on peut souhaiter que l'emploi justifié et plus généralisé des venins devienne, comm au siècle de Louis XIV, qui était aussi celui des « Vipères d'or », le correctif légitime de la pullulation des serpents venimeux ; le maintien si longtemps prolongé de la Vipère dans la préparation de la thériaque en a peut-être été le but insconscient ou inavoué.

TABLE ALPHABÉTIQUE DES MATIÈRES

A

Ablabes, 393.
Acalyptophis, 240, 286.
Acanthophis antarcticus, 240, 286,
  287, 313, 318, 357, 435.
Accoutumance aux venins, 759.
Achrochordus javanicus, 313.
Acide cobrique, 490.
Agents modificateurs des venins,
  478.
Aglosses (Batraciens), 4.
Aglyphes (Colubridés), 238, 264,
  267, 291, 320, 500.
Aglutinines des venins, 620.
Aipysurus, 240, 287, 312, 340.
Alanine, 158.
Alluaudina bellyi, 239, 280, 281.
Amblycéphalidés, 223.
Amblycephalus mœllendorfii, 431,
  434.
Amblyodipsas, 239, 265.
Amblystomatidés, 3.
Amblystomum opacum, 17.
A. paroticum, 17.
A. punctatum, 17.
A. tenebrosum, 17.
A. tigrinum (Axolotl), 6, 19.
Amphignathodon, 5.
Amphiumidés, 3.
Amphiuma, 3, 11.
Amphiuma means, 57.
Amphiumophis, 2.
Amplorhinus, 239, 265.
Amphodus, 5.
Anaphylaxie, 782.
Ancistrodon, 242, 245, 263, 288, 323,
  329, 365.
A. bilineatus, 330.

A. blomhoffi, 288.
A. contortrix, 329, 489, 490, 653.
A. halys, 245, 263, 288, 307, 593.
A. hypnale, 288, 307.
A. himalayanus, 288, 307, 542, 564.
A. intermedius, 288.
A. milliardi, 288.
A. piscivorus, 329, 489, 490.
A. strauchi, 288.
A. tibetanus, 288.
A. rhodostoma, 288.
Anguidés, 177.
Anguis fragilis, 177.
Aguilla vulgaris, 85, 89, 90.
Anisodon, 239, 286.
ANOURES (Batraciens), 1, 4.
Aparallactus, 239, 266.
Apistocalamus, 240, 287.
APODES (Batraciens), 1.
Apostolepis, 239, 266, 323.
Appareil venimeux de l'Héloderme,
  179.
A. venimeux des Serpents, 336.
A. venimeux de l'Ornithorhynque,
  882.
Arcifera, 4.
Ascaphus, 4.
Aspidelaps, 240, 266.
Aproaspidelaps, 240.
Asproaspidops, 287.
Atheris, 242, 267, 279, 365.
Atractaspis, 233, 242, 267, 279, 288,
  382.
A. aterrima, 279, 263, 457, 452, 563.
Atractus, 238, 321, 394.
A. badius, 394.
Autodax, 3.
Azemiops, 241, 287, 305, 365.
A. feæ, 287, 305.

B

Batraciens, 1-174.
Batracine, 145.
Batrachoperus, 3.
Batrachophrynus, 4.
Batrachoseps, 3.
Bdellophis, 2.
Bitis, 225, 242, 266, 275, 365, 366, 368, 398, 411, 448.
B. atropos, 275.
B. arietans, 275, 542, 563.
B. nasicornis, 233.
B. peringueyi, 275.
B. cornuta, 275.
B. gabonica, 225, 275, 342, 367, 368, 441, 442.
B. inornata, 275.
Boïdés, 222, 223, 244, 264, 500.
Boodon fuliginosus, 389, 393.
Bombinator igneus, 27, 52.
B. maximus, 19.
B. pachypus, 27, 77, 90.
Bothrops (*Voir Lachesis*).
Boulengerina, 240, 266.
Boulengerula, 2.
Bufonidés, 4, 20, 55.
Bufo, 4, 52.
B. agua, 17, 19.
B. asper, 17.
B. bufo, 17, 52, 58, 62, 67, 91, 116, 130, 146, 150, 154.
B. calamita, 18, 19, 52, 142.
B. cinereus, 9, 58.
B. cruentatus, 17.
B. jerboa, 25.
B. peltocephalus, 17.
B. viridis, 18, 19, 58.
Bufonine, 132.
Bufotaline, 132, 133.
Bufoténine, 133.
Bungarus, 240, 287, 301, 593.
B. cœruleus, 234, 235, 341, 490, 519, 532, 576, 598.
B. ceylonicus, 406.
B. fasciatus, 234, 235, 287, 301, 490, 519, 534, 598.
B. flaviceps, 234, 235.
Brachyaspis, 240, 313.
Brachyophis, 239, 266.
Brachysoma diadema, 406.

C

Calamaria, 393.
Calamelaps, 239, 265.
Calophrynus, 25.
Callophis, 240, 287, 304.
Callula, 4, 25, 27.
Cantoria, 239.
C. violacea, 285.
Cantharidine, 161.
Causus, 241, 266, 273, 398, 399, 407, 409, 448.
C. defilippii, 274.
C. resimus, 274.
C. rhombeatus, 274, 362, 363, 407, 446, 448, 542, 562.
Cerastes, 241, 267, 277, 365, 366, 448.
C. cornutus, 233, 234, 278, 542, 561.
C. egyptiacus, 366, 387.
C. vipera, 278.
Ceratohyla, 5.
Ceratophrys, 4, 27, 55.
C. cornuta, 15, 17.
Cæcilidés, 2.
Cæcilia, 2, 11, 13, 25.
C. annulata, 5.
C. tentaculata, 2.
Cerberus, 239, 284, 296, 312.
C. australis, 312.
C. microlepis, 284.
C. rhynchops, 284, 297, 499, 509.
Cœlopeltis, 239, 244, 265, 337, 353, 390, 402, 405, 431, 435, 438, 439, 448, 499.
C. lacertina, 338.
C. moilensis, 285.
C. monspessulana, 227, 244, 253, 285, 351, 352, 368, 403, 475, 499, 502.
Chamætortus, 239, 265.
Chioglossa, 3.
Chlorophis, 238, 264.
Ch. emini, 394.
Ch. heterodermus, 394.
Chrysopelea, 239, 286, 353.
Ch. ornata, 286, 499.
Chthonerpeton, 2.
Coagulation par les venins, 659-697.
Cobra (voir Naja).
Cobra-lécithide, 626.
Cobralysine, 622, 648.
Cobranervine, 622.

Colubridés, 222, 238, 244, 264, 499.
Coluber, 238, 245, 393, 394.
C. deppei, 393.
C. esculapii, 351, 388, 393.
C. helena, 388.
C. lævis (voir Coronella).
C. porphyriacus, 388, 394.
C. quadrilineatus, 225.
C. radiatus, 388, 394.
C. scalaris (voir Rhinechis).
Calyptocephalus, 59.
Composition des venins, 72, 79, 488.
Conophis, 239, 322.
Contia, 238, 244, 253, 321, 392, 394.
C. modesta, 244, 253.
C. nasus, 394.
Coronella, 238, 244, 251, 264, 284, 321, 387, 394, 438, 499.
C. austriaca, 225, 244, 252, 351, 386, 392, 394, 475, 499, 511.
C. girondica, 244, 252, 394.
C. punctata, 394.
Crapaud (Voir Bufo).
Crepitaculum (Crotalon), 234.
Crotalinés, 242, 365.
Crotalus, 242, 324, 333, 365, 383, 448, 488, 489.
C. adamanteus (C. durissus), 489, 542, 568, 575, 576, 615, 618.
C. confluentus, 324, 334.
C. horridus, 334.
C. scutulatus, 324, 334.
C. terrificus, 324, 334, 430, 434.
Cryptobranchus, 3.
C. alleghanensis, 24.
C. japonicus (voir Megalobatrachus).
Curare, 160.
Cylindrophis, 283, 289, 385, 434.
C. maculatus, 237, 289.
C. rufus, 237, 289, 389.
Cynodontophis, 239, 265.
Cytolysines des venins, 602-613.
Cytotoxines des venins, 721, 730.
Cystignathidés, 4.
Cystignathus bibroni, 19.

D

Daboia russelli (V. Vipera russelli).
Dasypeltis scabra, 293.
Dendraspis, 240, 266, 273, 358, 359, 413, 441-443.

D. angusticeps, 273, 361, 429, 434, 443, 444.
D. mamba, 273.
Dendrelaphis, 238, 284, 392, 394.
Dendrobatidés, 4.
Dendrobates tinctorius, 91, 144, 149.
Dendrophis, 238, 284, 294, 387, 390, 394.
D. pictus, 294, 386, 394, 499, 514.
Dendrophrynicidés, 4.
Dents venimeuses, 179-183, 336-343.
Dermophis, 4, 13, 25.
D. thomensis, 2, 58, 62, 66.
Déséolécithine, 641, 642, 652.
Denisonia, 240, 287, 312, 339.
D. superba, 315.
Desmognathidés, 3.
Diemenia, 240, 287, 312, 314, 339.
D. psammophis, 356, 357.
D. textilis, 314.
Digitaline, 160.
Dinodon, 238, 392, 395.
Dipcamptodon, 3.
Dipsadoboa, 239, 265.
Dipsadophidium, 265.
Dipsadomorphinés, 239.
Dipsadomorphus cynodon, 352.
D. forsteni, 286, 297, 499, 509 (Dipsas forsteni).
Dipsas, 405.
D. ceylonensis, 405, 499, 509.
D. irregularis, 338.
Discoglossidés, 5.
Discoglossus, 5, 26, 67, 71.
D. pictus, 52, 62, 75, 77, 79, 85, 86, 89, 152, 156.
Dispholidus, 239, 265, 267.
D. typus, 267, 499, 510.
Distira, 240, 286, 299, 312, 340, 389.
D. cyanocincta, 340, 406, 519, 521.
D. ornata, 519.
Ditypophis, 265.
Doliophis, 240, 287, 304, 398, 399, 407, 448.
D. intestinalis, 287, 407, 413, 446, 447-449.
Dromicodryas, 238, 280.
D. bernieri, 394.
Dromicus, 238, 321, 392.
D. temminckii, 395.
Dromophis, 239, 265.
Drymobius, 238, 320, 392, 394.
Dryocalamus, 238, 394.

Dryophis, 239, 286, 298, 353, 390, 434, 438.
D. dispar ,499, 504.
D. mycterisans, 224, 286, 297, 385, 499, 504.
D. nasutus, 232, 353, 354.
D. perroteti, 285.
D. prasinus, 286, 297, 338, 353, 499, 503.
D. xanthosoma, 286.
Dryophops, 239, 286.

E

Echidnase, 489, 493, 494, 589.
Echidnine, 489, 493, 494.
Echidno-toxine, 493, 494, 589.
Echidno-vaccin, 493, 494, 589.
Echis, 242, 267, 307, 365.
E. carinatus, 227, 307, 542, 559.
Elachistodontinés, 240.
Elachistodon, 240, 286.
Elapechis, 240, 266.
Elaphine (Najine), 489.
Elapinés (C. Protéroglyphes), 240, 519, 523.
Elapocalamus, 239, 266.
Elapognathus, 240, 313, 319.
E. minor, 319.
Elapomorphus, 239, 323.
Elapomoius, 239, 323.
Elapops, 239, 266.
Elapotinus, 239.
Elaps, 240, 328, 382.
E. corallinus, 328, 357, 360, 406.
E. elegans, 328.
E. euryxanthus, 328.
E. frontalis, 328.
E. fulvius, 225, 328, 519, 536.
Engystomatidés, 4.
Enhydrina valakadyen, 240, 280, 286, 300, 519, 522, 598.
Enhydris, 240, 286, 339, 357, 389.
E. curtus, 284.
Eteirodipsas colubrina, 239, 280, 282.
Ethylcarbilamine, 124, 158.
Erythrolamprus, 239, 322, 326, 505.
E. esculapii, 338, 355, 392, 499.
E. venustissimus, 505.
Eryx, 227, 244, 245, 264, 283.
E. conicus, 237, 288, 395.

E. elegans, 283.
E. jaculus, 237, 244, 246, 264, 283, 395.
E. jahakari, 283.
E. johni, 223, 237, 283, 395, 396. 500, 517.
E. muelleri, 237, 264, 395.
E. thebaicus, 264.
Euproctus, 51.
E. dussumieri, 285.
E. montanus, 56, 67, 79.
Eurostus, 239, 285.

F

Ferments des venins, 698-706.
Firmisternia, 4.
Fonctions et usages des venins, 161, 215, 829.
Fordonia, 239, 285, 312.
F. leucobalia, 285.
Furina, 240, 313, 320.

G

Gastropyxis, 238, 264, 394.
G. smaragdina, 394.
Gegenophis, 2.
Geodipsas, 239, 264, 280, 281.
G. infralineata, 281.
G. boulengeri, 281.
Geomolge, 3.
Gerardia, 239, 285.
G. prevostiana, 285.
Gila (Voir Heloderma).
Glandes venimeuses, 9-67, 188-195, 384-413.
Glauconiidés, 222, 226.
Glyphodon, 240, 287, 300, 312, 339, 340.
Glyphodon tristis, 287, 301, 359.
Grayia, 238, 264, 392.
G. smithii, 394.
Gymnopis, 2.

H

Hapsidophrys, 238, 264, 394.
Helicops, 238, 320, 386.
H. infrateniatus, 227.
H. schistosus, 264, 284, 295, 394. 475, 513.

Hélodermatidés, 176, 177.
Heloderma horridum, 177, 178.
H. suspectum, 177, 178.
Helléborine, 160, 161.
Hemibungarus, 240, 287.
H. nigrescens, 233, 285, 287.
Hemiphractus, 59.
Hemirhagerrhis, 239, 265.
Hémolysines des venins, 620.
Hémolysines des sérums, 731.
Hémorragines des venins, 614, 721, 730.
Herpele, 2, 11, 26.
Herpetodryas, 226, 238, 320, 392, 394.
H. carinatus, 394.
Herpeton, 239, 285.
H. tentaculatum, 232, 285.
Heterodon, 238, 321, 386, 392, 395.
H. maculatus, 386.
H. nasicus, 321, 395.
Himantodes, 239, 321.
Hinobius, 3.
Hipistes, 239, 285.
H. hydrinus, 285.
Hipsirhina, 312.
Hologerrhum philippinum, 285.
Homalocranium, 239, 322.
Homalopsinés, 239.
Homalopsis buccata, 239, 285, 296, 338.
Homorelaps, 240.
Hoplocephalus, 240, 313, 315, 339.
H. bungaroïdes, 315.
H. curtus (Voir Notechis scutatus).
Hormonotus, 238, 264, 392, 395.
Hornea, 241.
Hydrelaps, 312, 314.
H. darwiniensis, 314.
Hydrocalamus, 239, 322.
Hydrophiinés (C. Protéroglyphes), 240, 519.
Hydrophis, 225, 286, 299, 312, 338, 339.
H. nigrocinctus, 286, 519, 520.
H. schistosus, 286, 519, 520.
Hydrus, 240, 280, 286, 298, 312, 323.
H. platurus, 286, 298, 356, 406, 519, 521.
Hylidés, 4, 55.
Hyla arborea, 67, 71.
H. viridis, 52.
Hylodes, 4.

Hymenochirus, 4, 52.
Hyperolius, 4.
Hypogeophis, 4, 13, 25.
H. rostratus, 2.
Hypoptophis, 239, 266.
Hypsirhina indica, 239, 284, 285, 295.

I

Ialtris, 239, 322.
Ichthyophis, 2, 11, 25, 71.
I. glutinosus, 6, 60, 62.
Idiophis, 280.
Ilysia, 320, 324, 385.
I. scytale, 237, 320, 325, 386, 388, 389, 392, 396.
Ilysidés, 223, 237.
Immunité naturelle, 83, 116, 141, 159, 210, 744.
Immunité acquise, 85, 214, 759.
Isoquinoléine, 105.
Ithycyphus goudoti, 239, 280, 281.
I. miniatus, 281.
Ixalus, 4.

L

Lachesis, 242, 288, 308, 323, 448, 593.
L. alternatus, 225, 331, 368.
L. anamallensis, 311, 542, 566.
L. bungarus, 234.
L. cantoris, 311.
L. flavoviridis (L. riukinanus), 542, 566, 593, 617, 628.
L. gramineus, 310, 542, 566.
L. lanceolatus, 330, 411, 542, 565, 576.
L. macrolepis, 310.
L. monticola, 309, 542, 566.
L. mutus, 330, 342, 365, 564.
L. neuwidii, 225, 332.
L. purpureomaculatus, 310.
L. strigatus, 309.
L. trigonocephalus, 311.
L. viridis, 224.
Lamprophis, 238, 264, 394.
Langaha, 239, 280, 282, 363, 438.
L. alluaudi, 282.
L. crista-galli, 232, 282.
L. intermedia, 282.
L. nasuta, 232, 282, 353.

Lanthanotus borneœnsis, 177.
Leptobatrachium feœ, 4, 15.
Leptodactylus, 4.
Leptodira, 239, 265, 267, 326.
L. annulata, 326.
L. hotambeia, 267, 321, 499, 511.
L. rufescens, 338.
Leptognathus, 320.
L. brevifascies, 237, 325, 388.
L. catesbyi, 325, 388.
L. elegans, 237, 325, 387, 388.
L. pavonina, 237, 325, 388.
L. viguieri, 237, 325, 388.
Leptophis, 238, 321, 394.
Leucolyse, 623.
Lézards venimeux.
Lioheterodon, 238, 392, 395.
Liophidium, 280.
Liophis, 238, 321, 392, 395.
Liopholidophis, 238, 280, 394.
Lycodon, 238, 284, 291, 392, 395.
L. aulicus, 227, 284, 292, 499, 501.
Lycodrias, 239, 280.
Lycognathus, 239, 321.
Lycophidium capense, 393.
Lysocithine, 641, 645.
Lystrophis, 238, 321, 392, 395.
L. d'orbigny, 395.
Lytorhynchus, 238, 264, 284, 320.
L. diadema, 394.

M

Macrelaps, 239.
Macropisthodon subminiatus, 238, 392, 395.
Macroprotodon cucullatus, 244, 255.
Manculus, 3.
Mantella, 4.
Mantidactylus, 4.
Mantipus, 4.
Manolepis, 239, 321.
Megalobatrachus, 3.
M. maximus (Crytobranchus japonicus), 23, 24, 55, 56, 61, 62, 67, 71, 77, 85, 89, 90, 156.
Melanophidium bilineatum, 225.
Menopoma gigantea, 55.
Méthylcarbilamine, 132, 158.
Micrelaps, 266.
Micropechis, 240, 287.
Mimometopon, 239, 322.
Mimophis, 239, 280, 283.

Miodon, 239, 266, 353.
M. acanthias, 354, 355.
Molge, 4, 29, 62, 71, 75, 77.
M. alpestris, 17, 65.
M. cristata, 17, 45, 57, 62, 65, 67, 71, 77, 91, 116, 123, 146.
M. montana, 17.
M. waltlii, 18.
Morelia, 431.
Morphine, 760.
Muscarine, 161.
Myron, 239, 312, 313.
M. richardsoni, 313.

N

Naja, 227, 240, 266, 270, 302, 338, 382, 398, 399, 431, 434, 443, 448.
N. bungarus, 302, 338, 341, 357, 358, 368, 406, 439, 440, 442, 519, 530, 576.
N. flava, 271.
N. haje, 270, 405, 406, 486, 519, 531.
N. tripudians, 234, 302, 341, 382, 486, 490, 519, 523, 575, 593, 598.
Najine, 489.
Nectophrynus, 4.
Necturus maculatus, 3.
Neurotoxines des venins, 589, 721, 725.
Nicotine, 160.
Notaden, 4.
Notechis scutatus, 241, 313, 317, 519, 576.

O

Œufs (Toxicité des), 154, 716, 740
Ogmius, 239, 322.
Ogmodon, 240, 287, 339, 340.
Oligodon, 238, 264, 284, 292, 394
O. subgriseus, 284, 499, 514.
Onychodactylus, 3, 52.
Ophidiens, (Voir Serpents).
Ophisaurus harti, 177.
253.
Opisthoglyphes (Colubridés), 24
Ornithorhyncus, 819.
Otolyphus margaritifer, 27, 52.
Oxybelis, 239, 322.
Oxyglossus, 4.
Oxyrhopus, 239, 321, 385.

P

Pachypalaminus, 3.
Pachytriton, 3.
Paroxyrhopus, 322.
Pélobatidés, 4.
Pelobates, 4, 11, 27, 59, 67.
P. cultripes, 10, 52, 64, 76, 77, 79
86, 90, 156.
P. fuscus, 52, 67.
Pelodytes, 4, 67.
P. punctatus, 57, 74.
PÉROMÈLES, 1.
Petrodymon cucullatus, 406.
Phanéroglosses, 4.
Philodryas schotti, 239, 322, 243.
Philothamnus dorsalis, 238, 264,
394.
P. semivariegatus, 394.
Phrynine, 131.
Phryniscus, 4.
Phrynolysine, 161.
Phyllobates chocœnsis (Dendro-
bates), 144.
Phyllomedusa bicolor, 4, 18, 59.
Physostigmine, 161.
Pipidés, 4.
Pipa americana, 14.
Platurus, 240, 287, 356, 359, 443,
448.
P. colubrinus, 287, 357, 359, 363,
P. fasciatus, 406, 440.
Platyplectrurus, 223, 284, 291.
P. madurensis, 237, 284, 291, 396,
397, 500, 517.
P. sanguineus, 237, 518.
P. trilineatus, 237, 517.
Plectrurus, 284, 290.
P. perroteti, 237, 284, 290, 396.
Pléthodontinés, 3.
Plethodon oregonensis, 3, 19, 20, 42,
66, 129.
P. hyla, 4.
Pleurodeles waltlii, 55.
Pleuronectes, 51.
Polémon, 239.
Polyodontophis collaris, 238, 284,
293, 320, 394, 499, 515.
Praslina, 2.
Précipitines des venins, 702-712.
Propriétés antibactéricides des ve-
nins, 713.
Protéidés, 3.

Proteus anguinus, 3, 57, 67, 72, 74,
88, 89, 90.
Protéroglyphes (Colubridés), 240.
Protopterus annectens, 85, 88, 89,
90.
Prozimna meleagris, 393.
Psammodynastes, 239, 286.
Psammophis, 239, 264, 267, 285.
P. moniliger, 338.
P. sibilans, 267, 353, 356.
Pseudablabes, 239, 322.
Pseudapistocalamus, 240, 287.
Pseudaspis cana, 392, 393.
Pseudechis porphyriacus, 240, 287,
312, 314, 315, 339, 405, 406, 480,
519, 537, 575, 576, 620, 622.
Pseudelaps, 240, 287, 312, 339.
Pseudobranchus striatus, 3.
Pseudocerastes, 242, 365.
Pseudophrynus güntheri, 24.
Pseudotomodon, 239, 321.
Pseudoxenodon, 238, 284, 392, 394.
P. macrops, 284, 394.
P. sinensis, 284, 394, 395.
Pseudoxyrhopus, 239, 522.
Pythonodipsas, 264.
Python, 225, 226, 389, 395, 431, 434.
P. regius, 343, 344, 368, 424, 427,
429, 432, 433, 437.

R

Ranidés, 4, 55.
Rana, 4, 11, 218.
R. afghana, 22.
R. alticola, 22.
R. ansorgei, 23.
R. curtipes, 22.
R. esculenta, 23, 58, 67, 74, 75, 79,
85-91, 152.
R. fusca, 594.
R. liebigii, 51.
R. mascareniensis, 24.
R. temporaria, 23, 36, 51, 58, 62, 67,
74, 85, 88-91, 142, 152.
R. tigrina, 23.
R. verrucosa, 23.
Rappia, 4.
Rhachidelus brasiliensis, 240, 322.
Rhacophorus, 4.
Rhadinea, 238, 393, 394.
R. fusca, 392, 393.
Rhamphiophis, 239, 265.

Rhinechis scalaris, 225, 227, 233, 388.
Rhinobotryum, 240, 321.
Rhinoderma, 4.
Rhinophis, 284, 291, 396.
R. trevelyanus, 237, 284, 291, 396.
Rhinophrynus, 25.
Rhinophrys, 27.
Rhinostoma, 240, 321.
Rhinhoplocephalus, 241, 313, 318.
R. bicolor, 318.
Rhynchelaps, 241, 313, 319.

S

Salamandridés, 3, 20.
Salamandra, 3 19, 62.
S. atra, 18, 27, 56, 58, 62, 71.
S. maculosa, 18, 27, 36, 57, 62, 65, 67, 75, 77, 79, 85, 86, 87, 91, 96, 116, 146, 150, 154.
S. perspicillata, 27.
Salamandrina, 3.
Salamandrine, 99-109.
Samandarin, 99.
Sang (Toxicité du), 149, 716, 721.
Scaphiophis albo-punctatus, 293.
Scolecophis, 240, 322.
Sepedon, 241, 266, 272.
S. hæmachates, 272, 519, 536.
Sérothérapie antivenimeuse, 767.
Serpents, 221.
Sérum antivenimeux, 767.
Scyllipicrine, 160, 161.
Silybura, 223, 284, 289.
S. brevis, 284, 500, 516.
S. broughami, 284, 500, 516.
S. melanogaster, 237, 284, 290, 396.
S. nigra, 237, 284, 290, 396, 500, 516.
S. pulneyensis, 237, 284, 290, 396, 500, 516.
Simocephalus capensis, 238, 264, 392, 394, 395.
Simotes, 238, 284, 292, 394.
S. arnensis, 499, 515.
S. tæniatus, 394.
S. violaceus, 394.
Siphonops, 2, 13, 25
S annulatus, 61, 62.
Siredon axolotl, 38, 57, 61, 63, 67, 71, 76, 77, 79, 85-88, 156.

S. mexicanus, 90.
Sirénidés, 3.
Siren, 72.
S. lacertina, 3, 57, 85, 89, 90.
Sistrurus, 242, 332.
S. catenatus, 333.
S. miliarius, 332.
Spécificité des antivenins, 772.
Spelerpes, 3, 11, 67, 71.
S. fuscus, 128, 146.
Spilotes, 393.
Stégocephales, 1.
Stenophis, 240, 280, 283.
Stenorhina, 240, 322.
Streptophorus atratus, 393.
Strophantine, 160, 161.

T

Tachymenis, 240, 321.
Taphrometopon, 240, 285. .
Tarbophis fallax, 240, 244, 255, 256, 265, 285, 499, 503.
T. iberus, 244, 256.
Thalassophis, 240.
Thamnodynastes natterei, 240, 321, 338.
Theletornis, 240.
Thorius, 3.
Tomodon, 240, 321, 353.
T. vittatus, 354, 355.
Toxicocalamus, 241, 287.
Toxicité des humeurs et des tissus, 716.
Trachischium fuscum, 238, 284, 394.
Traitement des blessures venimeuses, 800.
Trichobatrachus robustus, 4, 25, 60, 62.
Trimeresurus (Voir Lachesis, Bothrops).
Trimerorhinus, 240, 265.
T. rhombeatus, 267, 499, 511.
T. tritœniatus, 267.
Trimorphodon, 240, 321, 325.
T. biscutatus, 326, 499, 502.
Tripion, 59.
Triton (Voir Molge).
Tropidechis, 241, 313, 317.
Tropidonotus, 238, 264, 284, 294, 320, 389, 395, 438, 448, 499.
T. baileyi, 243.

T. fuliginosus, 264, 395.
T. himalayanus, 499.
T. lateralis, 395.
T. levissimus, 264.
T. melanogaster, 395.
T. natrix, 229, 244, 246, 264, 337, 379, 381, 386, 387, 390, 395, 400, 401, 413, 416, 431, 475, 499, 505.
T. olivaceus, 264.
T. ordinatus, 243.
T. parallelus, 395.
T. piscator, 294, 386, 387, 315, 475, 499, 506.
T. platyceps, 475, 499, 506.
T. stolatus, 395, 475, 499, 506.
T. subminiatus, 395, 499, 506.
T. tessellatus, 244, 247, 264.
T. viperinus, 225, 244, 248, 264, 395, 475, 499, 505.
T. vittatus, 395.
Trypanurgos, 240, 321.
Tylotriton verrucosus, 13, 15, 18, 27.
Typhlomolge, 3.
Typhlonectes, 2, 25.
T. natans, 13, 56.
T. rathburni, 57.
Typhlopidés, 222, 226.
Typhlops vermicularis, 245.
T. punctatus 397, 431.
Typhlotriton, 3, 51.

U

Ultrocalamus, 241, 287.
Ungalia maculata, 237, 320, 324, 395.
Uræotyphlus, 2.
Urodèles (Batraciens), 1, 2, 3.
Uropeltidés, 222, 500.

V

Vaccination, 85, 161, 214, 759.
Valterinnesia, 266.
Venin-lécithide, 625.
Vipéridés, 222, 240, 245, 273, 542.

Vipera, 241, 256, 266, 275, 288, 305, 365, 399, 431, 434, 435.
V. ammodytes, 231, 232, 245.
V. aspis, 225, 227, 230, 233, 234, 243, 245, 257, 339, 363-365, 370-378, 403, 407, 408, 410, 412-415, 418, 422, 426, 441, 444, 445, 480, 542, 543, 593.
V. berus, 243, 245, 257, 288, 377, 379, 384, 488, 542, 604, 605.
V. krasnakovi, 287.
V. latastei, 231, 245, 257, 275,
V. lebetina, 245, 257, 275, 287.
V. radii, 287.
V. renardi, 245, 257, 288.
V. russelli, 287, 305, 382, 490, 542, 553, 576, 593, 598.
V. ursini, 245, 257.
Vipérine, 488.

X

Xenocalamus, 240, 265.
Xenodon, 238, 321, 325, 351, 359, 390, 392, 395.
X. merremi, 359, 361.
X. severus, 325, 386, 390, 391, 395, 499.
Xenopeltidés, 222.
Xenopeltis unicolor, 225, 233, 235, 389, 431, 434.
Xenopholis, 240, 322.
Xenopus lœvis, 4, 90.
Xylophis, 238, 284, 395.
X. perroteti, 395.

Z

Zamenis, 238, 244, 264, 284, 293, 320, 351, 434, 438, 448.
Z. dahli, 250.
Z. gemonensis, 244, 249, 425, 499, 508.
Z. hippocrepis, 244, 250, 349, 350, 499, 508.
Z. mucosus, 284, 293, 386, 387, 499, 508.

LISTE DES AUTEURS CITES

A

Abel (J.), 170.
Abelous (J.-E.), 798.
Abderhalden (E.), 627, 654.
Acton (H.-W.), 794.
Addi, 812.
Aguirre (L.-F.), 579.
Albertoni, 477, 543, 549, 551, 583, 660, 693.
Albini, 170.
Alcock (A.), 293, 297, 298, 387, 504, 506, 508, 509, 583.
Alessandrini (A.), 466.
Alexander, 809, 812.
Allen (W.), 579.
Alt (K.), 580.
Alton (Ed.), 430, 433, 465, 497.
Ambrosoli, 792.
Ameden, 841.
Amstrong, 580.
Ancel (P.), 9, 36, 164.
Andrieux (Dr), 807, 812.
Arbuckle (H. E.), 563, 583.
Argaud, 580.
Arnaud, 99, 102.
Arnold (J.), 164.
Aron, 805.
Arrhénius, 641, 654.
Arthus (M.), 575-577, 583, 584, 594, 654, 670, 675, 676, 678, 680-682, 684, 688, 692-694, 705, 720, 729, 736, 737, 741, 761, 776, 782, 784, 791, 795, 798, 799.
Ascherson, 7, 164.
Athanasiu, 684.
Auché (B.), 612, 654.
Audubon, 792.

B

Badaloni, 812.
Baden-Powel, 824.
Baechtold (J. J.), 465.
Bailey, 597, 600, 602, 612.
Bavid (S.), 176.
Baker (T. E.), 812.
Ballowitz (E.), 464.
Bancroft (T.-L.), 812.
Bang (I.), 594, 600, 612, 637, 639-642, 650, 651, 654.
Bannermann, 813.
Bardier (E.), 798.
Barfurth (D.), 164.
Baron, 803.
Bartlet (C.-R.), 532, 584.
Barrat, 669.
Barret (J.-O.-W.), 654, 694.
Barstow, 580.
Bassewitz (Von), 795, 810.
Beaujean (R.), 584, 672, 676, 694, 702, 705.
Beckett (W.-A.), 813.
Becker, 580.
Beddard (F.-E.), 413, 827.
Beddaert, 795.
Beddoes, 160.
Belden (C.-D.), 217.
Belin (M.), 799.
Bendire C.-E.), 217.
Benedetti (A.), 128, 130, 170.
Bennett, 824, 827.
Bernard (Claude), 170, 173, 488, 527, 584, 745, 754, 800.
Bernecastle (J.), 464, 580.
Behring, 761.
Bertarelli (E.), 654, 795.
Berthelot (A.), 567, 586.

Bertholdo, 795.
Bertram (R.-P.-F.), 813.
Bertrand (G.), 132, 133, 150, 172, 387, 478, 479, 543, 601, 621, 699, 716-718, 724, 733, 738, 742, 747, 752, 754, 758, 759, 767, 768, 772, 778, 798, 803, 816, 831, 840.
Bert (Paul), 74, 170.
Bethe (A.), 164.
Bettany, 465.
Bettencourt-Ferreira, 813.
Bezzola (C.), 654.
Bibron, 176, 221, 458, 464, 468, 580, 804.
Biedermann (W.), 164.
Billard (G.), 580, 751, 753, 765, 792, 793, 799, 813.
Binz (C.), 580.
Bisogni (Ch.), 400, 468.
Blanchard (R.), 477.
Blainville (de), 580, 824.
Bland (W.), 580.
Blot (J.-Ch.), 565, 580.
Blyth (A.-W.), 490, 497, 802, 813.
Boag (W.), 580.
Bobeau (G.), 466.
Bochefontaine, 170.
Bocourt (F.), 176, 217.
Bolau, 164.
Boie (H.), 170, 385, 464.
Bonaparte (Prince Lucien), 488, 497, 698, 705.
Bordet (J.), 673, 694, 707.
Bories (E.), 813.
Borrel, 85, 747.
Bottard, 582.
Bouchard (Ch.), 761.
Boulenger (G.-A.), 2, 25, 164, 170, 177, 181, 183, 216, 222, 223, 338, 340, 464, 502.
Boulenger (E.-G.), 279, 464, 605, 663.
Bourne, 832.
Boyd (J.-E.-M.), 580.
Bracchi (E.), 813.
Bradford (T.-L.), 217.
Brainard, 659, 660, 676, 681, 694, 803, 813.
Brandt, 467.
Brazil (V.), 328, 331, 474, 580, 669, 670, 681, 682, 694, 770, 795.
Brehm, 751, 779, 780, 781, 812, 813.
Breton (.P.), 580, 584.
Brezina, 413.

Brimley, 580.
Bringard, 134, 169.
Brintal, 813.
Briot, 593, 606.
Bristol (C.-L.), 164.
Brown (C.-H.), 468.
Browning, 654.
Brown-Séquard, 151.
Bruner, 413, 421, 422, 467.
Bruno (A.), 164.
Brunton, 479, 523, 526, 527, 528, 530, 540, 573, 584, 589, 600, 606, 607, 612, 630, 655, 660, 694, 749, 805, 813.
Buffalini, 132, 170.
Bugnon, 164, 169.
Burnett, 745.
Burton, 805, 813.

C

Caccio, 164.
Cairo (Nilo), 580.
Caius (R.P.-F.), 290, 291-295, 504, 506-510, 512-518, 587, 720, 742.
Calmels (G.), 6, 8, 64, 67, 124, 127, 132, 135, 164, 170.
Calmette (A.), 473, 477, 478, 482-485, 548, 589, 593, 594, 600, 606, 607, 611, 612, 621, 625, 647, 650, 655, 665, 692, 694, 710, 711, 715, 717, 729, 732, 734, 738, 739, 741, 753, 758, 760, 761, 767-769, 772, 778, 780, 781, 784, 787, 790, 792, 795, 796, 803, 811, 813, 832, 840, 841.
Camus (J.), 570, 584, 694.
Cantor (Th.), 295, 299, 520, 521, 580.
Capparelli (A.), 66, 67, 124, 125, 127, 128, 170.
Carmichael (G.-S.), 533, 585, 695.
Carminati (B.), 580.
Cardoze, 580.
Carpi (U.), 657.
Carreau, 553, 813.
Carrière (J.), 6, 164.
Carvallo, 684.
Casali, 131.
Castellani, 813.
Catet (R.-P.), 311.
Catouillard (G.), 798.
Cayol (D'), 839.
Chabert (J.-L.), 813.

Chabirand (Abbé), 752, 801.
Chambers, 807.
Chalmers (A.-J.), 813.
Chapman, 712.
Charas (M.), 543, 580, 584, 838, 839.
Charrin (A.), 587, 595, 599, 601.
Chatenay (A.), 612, 741.
Chevalier, 813.
Cherry, 784, 785, 797.
Christison, 478.
Christophers, 655.
Clarke (W.-B.), 217.
Claude (H.), 595, 599, 601.
Clairette (Self. de), 841.
Clément (Dr), 842.
Cloez (S.), 131, 171.
Coe, 537, 580.
Coca (A.-F.), 591, 600, 631, 637, 638, 640, 641, 651, 655.
Coffin (F.-W.), 584.
Coghill (G.-E.), 164.
Contejean (Ch.), 92, 93, 95, 159, 172, 684, 694, 732, 831.
Cooke (E.), 217.
Cope (E.-D.), 176, 189, 221, 464.
Count (E.-R. le), 627, 654.
Couty, 584, 802, 803, 813.
Creighton, 827.
Cristina (G. di), 584.
Cunningham (D.-D.), 528, 557, 584, 621, 623, 655, 661, 680, 694, 813.
Cushny (A.-R.), 527, 528, 584.
Cuvier (G.), 458, 468.
Cruger (D.), 580.
Crum (C.-W.-R.), 803, 813.

D

Darwin (C.), 612.
Davy (Dr), 58.
Davy (J.), 131, 135, 170.
Decerf (J.-P.-E.), 580, 813.
Dechambre, 813.
Dehaut (E.-G.), 67, 80, 169, 170.
Delamazière, 170.
Delange, 673, 694.
Deléarde, 784, 792, 795.
Delezenne (C.), 628, 642, 644, 645, 652, 655, 662, 684, 694, 695, 700, 703, 705, 740, 742, 781.
Denburg (J. van), 177, 198, 200, 205-208, 217, 218.
Dendy, 413, 467.

Deregibus (C.), 502, 587.
Desaint (R.-P.), 808.
Desgrez (A.), 158, 173, 587.
Desmartis (Dr), 841.
Desmoulins (Ant.), 580.
Despax (R.), 56, 164.
Diétrich (B.), 580.
Donoghue (Ch.-H.-O.), 413, 415, 419, 420, 467.
Doumergue, 262.
Doyon (M.), 684, 694.
Drasch, 6, 7, 17, 98, 99, 165.
Drummond Hay (Dr), 311.
Dudebat, 580.
Dugès (Alf.), 177, 218, 458, 468, 502, 580.
Dugès (Ant.), 326, 431, 458, 464, 465, 468.
Duhot (E.), 655.
Duméril (Aug.), 176, 217, 221, 436, 458, 464, 468, 744, 792, 808, 813.
Duméril (Constant), 249, 580.
Dumont (Dr), 808.
Dungern (E. von), 591, 600, 631, 637, 638, 640, 641, 651, 655.
Dussourd (Dr), 805, 813.
Dutartre (A.), 120, 170.
Duvernoy (G.-L.), 294, 385, 386, 388, 392, 427, 428, 431, 445, 458, 465, 468, 751.
Dyche (L.-L.), 466.

E

Eberth, 165.
Eckardt, 165.
Eiffe (O.-E.), 256, 503, 580.
Elliot (R.-H.), 523, 533, 584, 585, 694, 796, 815.
Emery (C.), 405, 406, 466.
Encognère (J.), 814.
Engelmann (Th.-W.), 564, 165, 170.
Ehrlich, 655.
Escobar, 169.
Esterly, 42, 66, 165.
Evans, 531.
Ewart (J.), 464, 585.
Ewing (C.-B.), 596, 600, 602, 612 713, 715.

F

Fackenheim, 841.
Faneau-Delacour (E.), 580.

Fano (Lina), 9, 36, 165.
Farland (J.-Mc.), 570, 770, 781, 796.
Fauré, 807.
Faust (Ed.), 99, 102, 103, 113, 132, 133, 170, 171, 492, 493, 497, 591, 592, 593, 600, 655, 752.
Fayrer (J.), 177, 201, 218, 464, 479, 497, 501, 521, 523, 525, 528, 530, 532, 540, 554, 561, 573, 581, 585, 589, 600, 606, 607, 612, 620, 655, 660, 672, 680, 681, 694, 695, 745, 749, 753, 758, 801, 805, 806, 809, 813, 814.
Feoktistow (A.-E.), 549, 550, 552, 620, 660, 675, 695.
Féré, 610, 612.
Fergusson, 566.
Feuillée (L.), 581.
Ficcalbi (E.), 165.
Fischer (J.-G.), 176, 189, 217, 340.
Fitzgerald (F.-G.), 581.
Fitzsimons (F.-W.), 268, 269, 270, 510, 511, 536, 562, 581, 814.
Fleisher, 218.
Fletcher (R.), 585, 600.
Flexner (S.), 486, 487, 497, 564, 574, 589, 591, 593, 599, 602, 604, 608, 609, 613, 615, 619, 624, 628, 630, 631, 633, 637, 647, 653, 659, 700, 701, 705, 709, 713, 715, 719, 728, 730, 734, 735, 741, 758, 759, 770, 775, 779, 789, 792, 796.
Flury (F.), 75, 165, 171.
Fontana, 468, 474, 477, 483, 497, 543, 544, 585, 602, 614, 620, 659, 660, 675, 681, 685, 695, 744, 748, 750, 792, 814, 831, 832, 839, 840.
Fornara, 67, 124, 125, 132, 135, 171, 840.
Forssmann (D.), 654.
Fougères (Marquis de), 792.
Fourneau (E.), 645, 652.
Francis (C.-R.), 581.
Frank (B.), 814.
Fraser (T.-R.), 473, 486, 523, 536, 561, 585, 589, 594, 606, 761, 762, 765, 768, 769, 784, 793, 796, 814.
Frédet (G.-E.), 476, 543, 545, 581.
Frenckel (S.), 165.
Friedeberg, 153.
Frouin (G.), 656.
Furhmann, 13, 56, 165.

G

Gadow (H.), 165, 413.
Galeotti, 165.
Garcia (Dr Evaristo), 464, 765, 809, 814.
Garman (S.-W.), 177, 218.
Garrigue (D'), 842.
Gasco, 477, 531, 561, 587, 660, 697.
Gauthier (A.), 482, 485, 490, 497.
Gaupp, 468.
Gawke, 218.
Geerts (C. de), 165.
Gegenbaur, 36, 165.
Gemminger, 134, 171.
Gengou, 637, 656.
Geoffroy, 659, 681, 695, 805.
Gervais (P.), 176, 182, 183, 217.
Gerrard (J.), 814.
Gicquiau, 804.
Gidon, 67, 88, 169, 171.
Gilman (B.-T.), 581, 585, 611.
Gironnière (de la), 814.
Gley (E.), 684, 833, 834.
Gœbel (O.), 585, 611, 637, 639, 656.
Grandi (C.-R.), 581.
Grant (W.-J.), 814.
Gratia (A.), 695.
Gratiolet (F.), 131, 171.
Grattier, 814.
Gray (Ed.), 176, 221, 464.
Green, 803.
Grijs (P. de), 256.
Grosser, 413.
Guérin, 581, 655.
Günther (A.-C.), 177, 218, 221, 338.
Günn (J.-A.), 536, 561, 585.
Guyon (C.), 561, 581.
Guyon (J.), 744, 792.
György (P.), 658.

H

Hager (P.-K.), 436, 465.
Halford (G.-B.), 476, 656, 661, 682, 695, 814, 815.
Halliburton (W.-D.), 797.
Hallowell (E.), 581.
Hanna (W.), 554, 557, 559, 586, 656, 663, 675, 680, 681, 696, 796, 797.
Hardison (W.-H.), 805, 806.
Harlan, 815.
Harwood (E.), 815.

Haynes (J.-R.), 585.
Hédon, 766.
Heidenhain, 8, 65, 165.
Heidenschild, 660, 661, 676, 677, 695.
Heinzel (L.), 815.
Hénan, 807.
Henneguy (F.), 171.
Hermann, 171.
Hernandez (F.), 175, 218.
Hensche, 5, 6, 165.
Heuser (O.), 160, 173.
Heusinger, 581.
Hewlet (R.-J.), 131, 171.
Heymans, 766.
Hill (P.), 820, 827.
Hilson (D'), 523.
Hindale, 602, 613.
Hirschfeld, 666, 672, 695.
Hoffmann (C.-K.), 413, 430, 431, 433, 466, 467.
Holbrook, 800.
Holm (J.-F.), 177, 217.
Home (E.), 824, 827.
Homolle, 160.
Hopkinson (W.-R.), 806, 815.
Hopkinson, 413, 467.
Horau, 177.
Horwath, 832.
Houssay (D' B.-A.), 594, 666, 670, 673, 685, 688-683, 695, 696, 698, 702, 703, 705, 710, 711, 796.
Houssay ((F.), 740, 742.
Hubbard, 20, 166.
Huchard (D'), 815, 842.
Hunauld, 659, 681, 695, 805.
Hunter (A.), 711.
Hunter (W.-R.), 527, 534, 535, 598-600, 602, 688.
Huxley, 458.
Huxtable, 815.

I

Ihering (H.-V.), 466.
Imlach (C.-J.-F.), 581.
Ingalls (W.), 581.
Ireland, 806.
Irwing (D'), 177, 218, 815.
Ishizaka, 482, 483, 497, 567, 568, 585, 592, 593, 600, 619, 628, 710, 712, 770, 780, 796.
Iyengar (K.-R.-K.), 655.

J

Jacoby (M.), 600, 613, 775, 796.
Jackson (M.-H.), 581.
Jakabhazy (S.), 173.
Jacolot (A.-A.-M.), 815, 840.
Jacquart (H.), 413, 467.
Jamieson (J.), 825, 827.
Jan, 464.
Javillier, 704.
Jenkins (G.-V.), 815.
Jeter (A.-F.), 581.
John (J.-H.), 581.
Johnston (D'), 370.
Jordan, 171.
Josse (H.), 117.
Jouan (C.), 570, 584, 694.
Jourdain (P.), 468.
Jourdain (S.), 497, 503, 585.
Jourdran, 283.
Jousset (P.), 585, 602, 613.
Junius (P.), 66.
Jurgelunas, 152.

K

Kanthack (A.-A.), 479, 481-485, 491, 497, 589, 590, 600, 606, 661, 680, 692, 696, 762, 774, 793, 815.
Karlinski, 581, 602.
Kathariner (L.), 466, 468.
Kaufmann (M.), 476, 484, 494, 497, 543, 545, 549-551, 585, 718, 727.
Kaup (J.-J.), 176, 182, 217.
Kay (Mc.), 430, 441, 454, 458, 460, 464, 466.
Kaya, 642, 657, 715.
Kelly (H.-A.), 464.
Kelvington, 597, 600, 602.
Kennel, 158.
Kesteven (W.-B.), 815.
King (E.-P.), 160, 815.
Kingsbury (B.-F.), 165.
Kirtland, 333.
Kitashima (T.), 567, 771, 780, 796, 812.
Kitasato, 761.
Klein, 166.
Kleinschmidt (C.-H.-A.), 581.
Klinchœwstroem, 166.
Kline (L.-B.), 581.
Klinger, 666, 672, 695.
Knowles, 497, 794.

Knox (R.), 464, 815, 824, 827, 828.
Kobert (R.), 92, 122, 171, 173, 497, 742.
Kœnigswald, 796.
Kolmer (J.-A.), 656.
Kopaczewski, 731.
Krause (M.), 796.
Kravkov, 171.
Krefft (G.), 316, 318, 319, 464.
Kunstler (G.-A.), 581.
Kyes (P.), 492, 591, 593, 600, 610, 625, 628, 630, 639, 641, 647, 649, 656, 774, 775, 787, 796.

L

Laborde, 527, 585.
Lacerda (J.-B. de), 171, 476, 484, 489, 497, 584, 606, 620, 650, 696, 698, 699, 702, 705, 802, 815.
Lacombe (A.), 815.
Lacroix (A.), 101.
Laidlaw, 25.
Lamb (G.), 473, 527, 531, 533-535, 554, 557, 559, 581, 586, 589, 598, 600, 602, 623, 633, 634, 641, 656, 663-665, 671, 675, 677, 680, 681, 686, 688, 690, 693, 696, 707-709, 711, 712, 770, 779, 796-798.
Landenbach (J.-P.), 797.
Landerer (X), 816.
Langerhans, 6, 166.
Langlois (J.-P.), 171.
Langmann (G.), 582.
Lanzweert (L.), 816.
Lapicque (L.), 56, 166.
Lataste, 51-53, 139, 166, 169.
Launoy (L.), 45, 166, 400, 404, 466, 699, 700, 705.
Laurenti, 67, 171, 836.
Ledebt (S.), 497, 586, 628, 642, 644, 645, 652, 653, 703, 740, 742.
Lefas, 585.
Lemaire (Dr T.), 815.
Lémery (Nicolas), 816, 838.
Lereins, 816.
Leroy (A.), 142, 143, 176.
Levy (R.), 743.
Lewin, 792, 832.
Leydig (F.), 5-7, 32, 51, 55, 56, 337, 387, 388, 407, 466.
Lier (Van), 458, 468.
Liefman (H.), 741.

Lindeman (W.), 407, 466, 497.
Lindsley (H.), 816.
Linsley, 806.
Lingelsheim, 85.
Linossier, 743.
Lloyd (A.-E.), 301.
Livonnière (A. de), 792.
Lockington (W.-N.), 217.
Lœb (L.), 217, 218, 610.
Loisel (G.), 157, 173, 743.
Lord (R.-J.-H.), 566.
Lotze, 497.
Lubbock (J.), 196, 218.
Lüdecke, 641, 651, 656.
Lugeol, 582.
Lumière (A.), 479.

M

Macallum (A.-B.), 166.
Mackie, 654.
Macht (D.), 170.
Madsen (Th.), 623, 790, 797.
Magnan (A.), 166.
Malbranc, 27, 166.
Mangili (G.), 543, 586, 745, 792.
Manner-Smith (T.), 828.
Manon, 582.
Manwaring, 642, 656.
Marian, 20, 166.
Marnier, 816.
Martin-Colomb (V.), 582.
Martin (C.-J.), 218, 315, 466, 491, 492, 495, 497, 498, 525, 537-541, 550, 553, 557, 559, 573, 575, 582, 586, 589, 590, 594, 600, 602, 603, 620, 652, 656, 660, 663, 666, 667, 669, 675, 677, 681, 684, 688, 689, 690, 696, 774, 884, 885, 797, 820, 824, 825, 828.
Martin (H.), 371-375, 405, 406, 464, 466.
Martin (N.), 670, 681.
Martin (R.), 271.
Marshall (A.-M.), 166.
Masoin (P.), 586, 766.
Massie (J.-H.), 166.
Massol (L.), 479, 584, 593, 600, 606, 655, 672, 689, 690, 696, 698, 710, 711, 790, 795, 796, 816.
Maublant, 751, 792.
Maupertuis, 171.

Maurel (E.), 586.
Maurer (F.), 8, 32, 35, 56, 166.
Mazza, 582.
Mazzetti (P.), 152, 154, 720, 731, 741,
Mead (R.), 477, 543, 582, 586, 659,
681, 696.
Méhély (Von), 134.
Meirelles (E.), 797.
Mellamby, 666-669, 672, 673, 679,
695, 696.
Mémann, 326.
Menger (Dr R.), 806, 816.
Metchnikoff (E.), 786.
Meyer (A.-B.), 447, 467, 553.
Meynier, 170.
Mézie, 841.
Michel (L.), 480, 656, 816.
Mills, 498.
Milne-Edwards (A.), 752.
Minz (A.), 656.
Mioni (G.), 656.
Miquel, 816.
Mitchell (D.-T.), 672, 676, 691.
Mitchell (Weir), 177, 196, 200, 202,
203, 206, 208, 218, 330, 370, 410,
457-460, 465, 468, 477, 478, 480-
485, 489-491, 495, 498, 526, 541,
550, 552, 564, 568, 570-573, 575,
582, 586, 589, 590, 600-602, 606,
607, 611, 612, 614, 615, 619-622,
634, 652, 657, 660, 676, 681-683,
696-698, 700, 706, 745, 749, 804,
816.
Mitrophanoff, 166.
Mojsisovics, 56, 166.
Mongiardini, 160, 586.
Montès (O.), 582.
Moodie (R.-L.), 166.
Moog (R.), 173.
Moraes (Costa), 797.
Morawitz, 666, 669, 672, 684, 697.
Moreau de Jonnès, 465, 586.
Morel (H.), 704, 705.
Morgenroth (J.), 487, 591, 593, 601,
619, 626, 642, 647, 648, 655, 657,
715, 787, 797.
Mori (A.), 816.
Mortimer, 805.
Mosso (A.), 660, 681, 697.
Mueller (Dr A.), 805, 816.
Müller (J.), 167, 467.
Müller (O.-F.), 167.

Myers (W.), 152, 621-623, 647, 657,
658, 661, 680, 692, 697, 707-709,
712, 773, 774.

N

Nadine, 670,
Neidhard (C.), 582.
Negrete, 673, 674, 676, 678, 682, 684,
685, 688-693, 695, 696, 698, 699,
702, 703, 705, 710, 711.
Netolitzky (F.), 167.
Neuberg, 641, 651, 657, 703, 706.
Neumann (T.), 582.
Nicholson (E.), 525, 531, 582.
Nicoglu (Ph.), 8, 36, 65, 67.
Nicolas (A.), 467, 479.
Nicolle (C.), 567, 586, 798.
Nicols, 824.
Niemann (F.), 379, 408, 467, 504,
586.
Nireinstein (Ed), 167.
Noble (Raby), 531.
Noc (F.), 586, 589, 601, 611, 613, 632,
647, 657, 665, 676, 680, 682, 683,
689, 692, 697, 701, 705, 715, 716,
825, 828.
Noé (J.), 555, 582, 586.
Noguchi (H.), 478, 479, 487, 497, 498,
564, 574, 578, 586, 589-591, 593,
594, 600, 602-604, 607-610, 613,
615-619, 624, 628-631, 633-637,
647, 648, 653, 655, 657, 700, 701,
705, 707, 709, 713-715, 719, 728-
730, 734, 735, 741, 749, 750, 758,
759, 770, 775, 779, 780, 789, 790,
792, 793, 796, 797, 798.
Nolf (M.), 657, 697, 782.
Nowak (J.), 602, 604, 605, 613.
Nuttal (G.-H.-F.), 707, 710, 712.

O

Ogier, 800.
Ogle (W.), 582.
Omorokow (L.), 657.
Openchowski (Th.), 167.
Oppel, 466.
Oré, 816.
Orfila, 809.
Ormerod (Miss), 171.
Otero (M.-J.), 702, 706.

Ott (L.), 498, 564, 587.
Overton (E.), 594, 600, 612, 654.
Owen, 377, 423, 468, 824.

P

Packard (A.-S.), 218.
Pachon, 684.
Pagès, 693.
Panceri, 477, 531, 561, 587, 660, 697.
Pancoat (J.), 413.
Pane, 648.
Parker, 465.
Paul (J.-L.), 582.
Pastucci, 657.
Paulet, 582.
Passano (P.-A.), 582.
Paterson (W.), 806.
Paulicki, 6, 38, 167.
Peake (M.-H.), 816.
Pearce (R.), 604, 613.
Pedler (A.), 490, 498.
Pelletier, 131, 171.
Peracca (M.-G.), 502, 587.
Pestana (B.-R.), 657, 669, 670, 681, 682, 795.
Petetin (J.), 166.
Peuch, 816.
Peyrot, 613.
Pfitzner, 6, 32, 167.
Pickering, 697.
Piffard (H. G.), 582.
Phisalix (Césaire), 67, 71, 72, 85, 87, 91-93, 95, 99, 100-102, 104, 110, 111, 113, 115, 132, 133, 139, 150, 154, 155, 159, 169, 171-173, 378, 387, 473, 475, 478-481, 483-487, 493-496, 498, 502, 505, 543, 548, 551-553, 563, 587, 589, 590, 593-595, 599, 601, 606, 621, 630, 650, 652, 657, 660, 662, 663, 675, 681, 684, 685, 697, 699, 706, 716-718, 724, 729, 730, 732-734, 737, 738, 740-743, 747, 752, 755, 764, 765-771, 778, 786, 792-794, 798, 803, 816, 817, 830-833, 840, 841.
Phisalix (Marie), 9, 105, 167, 172, 173, 174, 213-214, 217, 218, 290-295, 337-339, 343, 349-351, 356, 357-367, 387-391, 396-398, 400-403, 406-412, 414, 416, 464, 467, 475, 501, 506-510, 512-518, 533, 587,

720, 721, 742, 765, 792, 794, 834, 835.
Pierotti (G.), 135, 136, 137, 139, 141, 175.
Pline, 835.
Poletta (G.-B.), 582.
Police (G.), 582, 170.
Polledro, 128, 130, 170.
Posada-Arango (A.), 144, 145, 149, 170.
Proscher (Pr.), 174.
Puzin (J.-B.), 582.

Q

Quatrefages (de), 587.
Quelch, 325, 327, 505, 587.
Quévenne, 160.

R

Rachat (N.), 697.
Ragotzi, 528, 587, 620, 658, 697.
Ralph (I.-S.), 658.
Rainey (G.), 5, 7, 58, 135.
Ranby (J.), 465, 468.
Ranson, 593, 766.
Ranvier, 39, 41, 167.
Rathke, 413, 468.
Raxton-Huxtable, 805.
Redi (F.), 469, 543, 587, 839.
Reddie (G. D. Mc), 817.
Reichel (P.), 407, 467.
Reichert (E. T.), 177, 200, 205, 206, 218, 478, 480-485, 490, 491, 498, 521, 550, 552, 564, 571-573, 575, 582, 590, 602, 606, 607, 614, 615, 619-621, 662, 676, 681-683, 697, 701.
Régnier (P.), 173.
Reinhardt (J.-Th.), 385, 466.
Reinhold (C.-H.), 560, 583.
Remedios Monteiro (J.), 817.
Return, 683.
Retzius (G.), 167.
Richards (D' V.), 583, 587, 697, 802, 805, 817.
Richet (Ch.), 799.
Richet (Ch. fils), 658.
Richters, 172.
Rioyei (Okabe), 817.

Ritz, 658.
Rœber (M.), 168.
Rogers (L.), 293, 297, 298, 300, 387, 473, 504, 506, 508, 509, 522, 523, 533-536, 566, 578, 583, 587, 601, 658, 665, 676, 681, 697, 802, 803, 813, 817.
Rollinat (R.), 171, 259.
Romiti (G.), 587, 60, 697.
Rosenberg, 641, 651, 657, 703, 706.
Rôsen (N.), 460, 469.
Rose (C.), 465.
Roth (W.), 172.
Roule (L.), 168.
Rousseau (E.), 587.
Roussy, 698, 743. •
Roux (E.), 85, 747, 783, 841.
Roy (G. C.), 658.
Rudek (E.), 498.
Rudolphi, 467.
Rufz, 582, 712.
Rufz de Lavison (E.), 467, 565.
Russel, 520, 745.

S

Sachs (H.), 626, 630, 647, 655, 656, 658, 742, 787.
Salaviez (J.-A.), 582.
Salisbury (T.-H.), 588, 611.
Sammartino (S.), 583, 697.
Santesson (C.-G.), 177, 194, 196, 205, 206, 217.
Sarazin (P. et F.), 6, 168.
Sauvage (H.-E.), 67, 172.
Scaffidi (V.), 791, 817.
Schlegel (H.), 38, 395, 467.
Schiller, 156, 743.
Schlem, 413, 468.
Schomburg, 565.
Schuberg, 168.
Schulze (F.-E.), 168.
Schulz (P.), 6, 7, 10, 67, 136, 168.
Sclater (Ph. L.), 218.
Scott (J.), 706.
Seek, 7, 10, 36, 64, 66, 168.
Seelig, 153.
Semple, 782, 798.
Sergent (Ed.), 781.
Sewall (H.), 553, 759, 794.
Short (R.-T.), 583.
Short (J.), 582, 588.
Shufeld, 177, 188, 197, 217, 218, 219.

Silberminz, 670, 697.
Sillar (W.-C.), 585, 695.
Sluiter, 370.
Smith (Th.), 340, 465, 469, 803, 817.
Smith (J. Mc Garvie), 491, 497, 586.
Shunkara-Marayana-Pillay (R), 341, 465.
Silmark, 497.
Sommerat, 806.
Sordelli, 464, 666, 673-679, 682, 685, 688-693, 695, 696.
Soubeiran, 410, 411, 459, 465, 466, 467, 469.
Spaar (Dr), 534.
Spangler (R. H.), 841.
Spicer (M.-E. de), 825, 828.
Sprengel (C.-T.), 583.
Staderini, 172.
Stannius, 160.
Stawska (B.), 670, 694, 697, 784, 794, 798.
Stefani, 693.
Stejneger (L.), 465.
Stephens (T.-W.-W.), 554, 621, 647, 658, 661, 680, 692, 697, 719, 732, 738, 742, 773, 776, 784, 798.
Stewart (C.), 177, 189, 217, 621, 634, 657.
Stieda (L.), 7, 168.
Stockbridge (W.), 583.
Stricker (S.), 168.
Sumichrast (F.), 177, 178, 202, 205, 219.
Sutherland, 819.
Szczesny, 168.

T

Takaki, 593.
Taton-Baulmont (E.), 502.
Tavares, 798.
Teutleben (E.), 466, 469.
Terc (Dr), 842.
Terruuchi, 487, 648, 658, 788, 798.
Théobald, 531.
Thilo (O.), 466.
Thomas, 52.
Tiedeman (F.), 467.
Tidswell (Fr.), 588, 770, 778, 798, 811, 820, 822, 824, 825, 828.
Tomes (Ch.-S.), 370, 377, 382-384, 465.

Tornier, 168.
Trambusti (A.), 8, 168.
Travers, 806.
Treadwell (G.-A.), 196, 197.
Troschel (F.-H.), 176, 182, 217.
Troisier (J.), 658.
Truc (F.-W.), 537, 583.
Tsurusaki (H.), 658.
Türk (R.), 793.
Tyson, 469.

U

Urueta, 613.

V

Valaortis (E.), 168.
Vaillant (L.), 168, 299, 503, 752.
Vaillant-Hovius (D' L.), 602-606, 613, 654.
Vaillard, 155, 740, 830.
Valentin (G.), 547, 588.
Valentino (Ch.), 817.
Varigny (H. de), 832.
Viaud-Grand-Marais (A.), 249, 259, 473, 477, 488, 489, 543-546, 583, 588, 698, 706, 744, 732, 793, 800, 804-808, 811, 817.
Vigier (P.), 45, 168.
Vignes (H.), 743.
Vriese (de), 413.
Vulpian, 67, 122, 125, 127, 134, 160, 172, 174, 803.

W

Waddel, 745, 754, 793.
Wagler, 175.
Waite (E.-R.), 314.
Wall (A.-J.), 476, 477, 483, 490, 498, 525, 528, 529, 532-535, 541, 546, 552, 554, 556-558, 589, 601, 660, 663, 672, 675, 680, 681, 697.

Wall (Major F.), 302, 465, 501, 502, 506, 525, 530, 535, 554, 559, 560, 564, 566, 583.
Wassermann, 593.
Wehrmann, 486, 487, 699, 706, 742.
Weiss (O.), 9, 68, 172.
Wellmann (F.-C.), 817.
Welsch, 712, 713, 715.
Werner (F.), 168, 465, 588.
Wertheimer, 503.
West (G.-S.), 234, 337, 392, 405, 406, 465, 468, 504.
Wiedersheim, 6, 32, 168.
Wiegmann (A.-F.), 175-177, 217.
Wight, 177, 200, 205, 208.
Wilder, 168.
Willey (D'), 501.
William (S.), 510, 817.
Wilson, 820.
Withmire (D'), 803.
Wolf, 583.
Wolfenden (N.), 490, 491, 498, 588, 589.
Wolmer (E.), 65, 168, 478, 588, 697.
Woods (F.-H.), 583.
Woodward (B.), 817.
Wucherer, 817.

Y

Yagi (S.), 529.
Yarrow (H.-C.), 177, 219, 330, 817.
Yearger, 196.

Z

Zalesky, 99, 103, 124, 172.
Zeliony, 602, 613.
Zist (J.-H.), 168.
Zung (Ed.), 658.

ERRATA

TOME II

Au titre des pages 151 et 153, *lire* toxicité du sang *au lieu de* toxicité des œufs.

A la page 193, dans la légende de la figure 76, *lire* Ga, *au lieu de* ba.

En titre des pages 217et 219, *lire* bibliographie *au lieu de* biologie.

En titre des pages 603, 605, 607, 609 et 611, *lire* cytolysines *au lieu de* neurolysines.

A la page 654, *lire* bibliographie *au lieu de* biblographie.

A la page 820, *lire* Ornithorhynque *au lieu de* Ornithorynque.

A la page 825, 19ᵉ ligne, *lire* TIDSWELL *au lieu de* TIEDSWELL.

A la page 250, dans la légende des figures 108 et 109, *lire* Zamenis hippocrepis *au lieu de* Zamenis gemonensis.

A la page 251, dans la légende des figures 110 et 111, *lire* Zamenis gemonensis *au lieu de* Zamenis hippocrepis.

IMP. HENRI DIEVAL, 57, RUE DE SEINE, PARIS

A000010245798

Aaron Bldg.